HEINRICH DÖRRIE · FUNKTIONENTHEORIE

EINFÜHRUNG IN DIE
FUNKTIONENTHEORIE

VON

HEINRICH DÖRRIE

MIT 64 ABBILDUNGEN

VERLAG VON R. OLDENBOURG
MÜNCHEN 1951

Satz und Druck: Deutsche Buch- und Landkarten-Druckerei VEB, Leipzig
(vormals Bibliographisches Institut)
Buchbinderarbeiten: R. Oldenbourg,
Graphische Betriebe G.m.b.H. München

VORWORT

Die Anregung zur Abfassung des vorliegenden Buches verdanke ich dem Leiter des Verlages R. Oldenbourg, Herrn Dr. Rudolf Oldenbourg. Auf Grund seiner wissenschaftlichen Erfahrungen als praktischer Ingenieur schwebte ihm schon lange ein Buch vor Augen, welches einerseits eine möglichst strenge wissenschaftliche Begründung der Hauptsätze der Funktionentheorie, andererseits aber auch als Beweis für die Fruchtbarkeit dieser Sätze eine Reihe funktionentheoretischer Anwendungen enthalten sollte.

Ein so angelegtes Buch dürfte nicht nur bei mathematisch interessierten Lesern auf eine freundliche Aufnahme rechnen; es würde vermutlich auch auf jene Kreise einen Anreiz ausüben, die noch dazu neigen, in der Funktionentheorie eine Art grauer Theorie zu erblicken und könnte damit zugleich — worauf es ankam — ein voraussichtlich immer weiteres nutzbringendes Eindringen funktionentheoretischer Ideen in manches Gebiet der Technik fördern.

Dem Verfasser, mit solchen Erwägungen gleichfalls seit langer Zeit vertraut, war es eine Freude, sich der gestellten Aufgabe zu unterziehen, sich an dieser unktionentheoretischen Arbeit zu versuchen, die dazu beitragen sollte, die großen Gedanken von Cauchy, Riemann, Weierstraß und ihrer Nachfolger mehr und mehr zu verbreiten.

Dabei hat er sich vor allen Dingen angelegen sein lassen, die einzigen Schwierigkeiten der Theorie für den Leser möglichst herabzumindern: die Beweise der Sätze klar und übersichtlich und dennoch kurz und einfach darzustellen.

Um den inhaltlichen Rahmen für den Lernenden nicht allzu weit zu spannen, erschienen gewisse Beschränkungen wie beispielsweise der Verzicht auf die Darstellung der Theorie der analytischen Funktionen mehrerer Variablen einstweilen geboten. Davon abgesehen, hofft der Verfasser aber, den Umfang doch so weitgehend gestaltet zu haben, daß ein praktisch brauchbares Maß funktionentheoretischer Kenntnisse vermittelt wird. Ein Blick auf das Inhaltsverzeichnis wird in dieser Beziehung hinreichenden Aufschluß geben.

Wiesbaden, im Dezember 1950.

H. Dörrie

INHALTSVERZEICHNIS

Einleitung: Entwicklung einiger in der Funktionentheorie benötigter mathematischer Hilfsmittel

Erster Teil:
Theorie der analytischen Funktionen einer komplexen Variable

ZEICHENERKLÄRUNG

Zeichen:	Bedeutung:
ι	-1
1^{α}	$\cos\alpha + i\sin\alpha$
$\mathcal{T}$	$1 : 2\pi i$
o	2π
$\varkappa$	$\pi/2$ (mangels anderer Festsetzung)
$\wp$	Weierstraß' Funktionszeichen für die $\wp$-Funktion
$\{z_n\}$	Folge $z_1, z_2, z_3, \ldots$
$Df(z)$	$\dfrac{df(z)}{dz}$

EINLEITUNG

Entwicklung einiger in der Funktionentheorie benötigten mathematischen Hilfsmittel

Erster Abschnitt

Die vier Grundrechnungsarten mit komplexen Zahlen

§ 1. DIE KOMPLEXE ZAHL

Die komplexen Zahlen begegnen dem Mathematiker erstmalig bei der Auflösung quadratischer Gleichungen.

Mit den rationalen und irrationalen Zahlen — den Zahlen der Zahlenachse —, den sog. Realzahlen, vertraut, erkennt er, daß jede quadratische Gleichung

$$ax^2 + bx + c = 0$$

mit reellen Koeffizienten a, b, c und nichtnegativer Diskriminante

$$D = b^2 - 4\,ac$$

zwei reelle Wurzeln hat, die in dem Grenzfalle eines verschwindenden D koinzidieren, daß dagegen eine solche quadratische Gleichung mit *negativer* Diskriminante keine (reellen) Wurzeln besitzt!

Um aber dem fundamentalen Satze „Jede quadratische Gleichung hat zwei Wurzeln" uneingeschränkte Gültigkeit zu verleihen, setzt man fest, daß eine quadratische Gleichung auch bei negativer Diskriminante zwei Wurzeln besitzen soll, die dann allerdings nicht reell sein können, sondern, wie man sagt, „*imaginär*" oder, mit Benutzung eines gebräuchlicheren Ausdrucks, „*komplex*" sind.

Die einfachste quadratische Gleichung mit negativer Diskriminante heißt

$$x^2 + 1 = 0\,.$$

Sie bildet eine Art Gegensatz zur Gleichung

$$x^2 - 1 = 0,$$

deren Wurzeln die positive und negative reelle Einheit: $+1$ bzw. -1 sind.

Man schreibt nun auch der Gleichung $x^2 + 1 = 0$ zwei Wurzeln: $+i$ und $-i$ oder ein wenig einfacher: i und $-i$ zu, die man analog die positive und negative *imaginäre* Einheit nennt.

Dieses i — die Bezeichnung stammt von Euler, findet aber erst durch Gauß weitere Verbreitung —, zunächst nur als ein Symbol in Erscheinung

tretend, wird nun als eine „Zahl" — eine *imaginäre* Zahl natürlich — aufgefaßt.
Diese Zahl i wird durch die fundamentale Eigenschaft charakterisiert, daß ihr Quadrat den Wert -1 haben soll:

$$\boxed{i^2 = -1}.$$

Auch der negativen imaginären Einheit legt man diese Eigenschaft bei.
Von der Einführung der imaginären Einheit zur Auflösung der quadratischen Gleichung negativer Diskriminante ist dann nur noch ein Schritt.
Handelt es sich z. B. um die quadratische Gleichung

$$x^2 - 6x + 25 = 0,$$

so „rechnet" man wie folgt:

$$(x-3)^2 = -16,$$

schreibt statt -16 $\quad 16 \cdot -1 = 16\, i^2$

und „folgert" aus $\quad (x-3)^2 = 16\, i^2$

rein formal $\quad x - 3 = \pm 4i \quad$ oder $\quad x = 3 \pm 4i.$

Man schreibt demgemäß

$$\alpha = 3 + 4i, \qquad \beta = 3 - 4i$$

und nennt α und β die Wurzeln der quadratischen Gleichung $x^2 - 6x + 25 = 0$.
Sind allgemein a und b zwei beliebige Realzahlen, so findet man in ähnlicher Weise für die quadratische Gleichung

$$x^2 - 2ax + (a^2 + b^2) = 0$$

die beiden Wurzeln

$$\alpha = a + bi, \qquad \beta = a - bi.$$

Damit ist man dann bei den „komplexen Zahlen" von der Gestalt

$$c = a + bi$$

mit reellem a und b angelangt, Zahlen ohne konkrete Bedeutung, auf welche man jedoch die gewöhnlichen Rechenregeln der Arithmetik anwendet, wobei nur vorkommendenfalls das Quadrat von i durch -1 ersetzt wird.
In dem neuen Zahlengebilde, der vermöge zweier Realzahlen a und b und der imaginären Einheit i aufgebauten „*komplexen Zahl*"

$$c = a + bi$$

nennt man a den *Realteil* und b den *Imaginärteil* von c und bringt diese Unterscheidung durch die Schreibung

$$a = \mathfrak{R}(c), \quad b = \mathfrak{J}(c) \qquad \text{oder kürzer:} \qquad a = \mathfrak{R}c, \quad b = \mathfrak{J}c$$

zum Ausdruck.
Neben der Zahl $\quad c = a + bi$

erscheint oft — man vergleiche z. B. die beiden Wurzeln der obigen quadratischen Gleichungen — die Zahl $a - bi$. Man nennt sie die zu c *konjugierte* Zahl und schreibt sie gewöhnlich

$$\bar{c} = a - bi.$$

Bisweilen treten auch die beiden Zahlen $a + bi$ und $-a - bi$ nebeneinander auf. Man nennt sie *entgegengesetzt* zueinander, nennt also $-a - bi$ die Entgegengesetzte von $a + bi$ und ebenso $a + bi$ die Entgegengesetzte zu $-a - bi$. Man schreibt dann

$$c = a + bi, \qquad -c = -a - bi.$$

Wenn in einer komplexen Zahl $c = a + bi$ der Realteil fehlt oder verschwindet, so heißt die komplexe Zahl $c = bi$ *rein imaginär*. Die rein imaginären Zahlen z. B. $i, 2i, 3i, \ldots, -2i, -3i, \ldots$ stellen einen wichtigen Sonderfall der komplexen Zahlen dar.

Auch die reellen Zahlen sind eine besondere Art komplexer Zahlen: eine reelle Zahl ist eine komplexe Zahl mit verschwindendem Imaginärteil.

Speziell ist auch die Zahl Null eine komplexe Zahl: die komplexe Zahl, in der sowohl der Realteil wie auch der Imaginärteil verschwindet.

Die komplexe Zahl $\qquad c = a + bi$

wird auch oft geschrieben: $\qquad c = a + ib.$

Es ist nun klar, daß der Satz „Jede quadratische Gleichung hat zwei Wurzeln" erst durch Einführung der komplexen Zahlen seine volle uneingeschränkte Gültigkeit erhält, so daß schon von diesem ganz elementaren Standpunkt aus die Einführung der komplexen Zahlen als ein glücklicher Gedanke gepriesen werden muß.

Die Übertragung des Zahlbegriffs auf Symbole von der Form $a + bi$ hat natürlich nur Sinn, wenn sich zeigen läßt, daß mit diesen komplexen Zahlen ähnliche Rechnungen ausgeführt werden können wie mit den gewöhnlichen Zahlen der reellen Zahlenachse.

Die Regeln über das Rechnen mit komplexen Zahlen sollen in den beiden nächsten Paragraphen erörtert werden.

§ 2. DIE VIER SPEZIES DER KOMPLEXEN ZAHLEN

I. Gleichheit komplexer Zahlen

Zwei komplexe Zahlen

$$c = a + bi \qquad \text{und} \qquad c' = a' + b'i$$

heißen *gleich*, wenn gleichzeitig

$$a = a' \qquad \text{und} \qquad b = b'$$

ist.

Insbesondere ist eine komplexe Zahl $c = a + bi$ gleich Null:

$$c = a + bi = 0 = 0 + 0i$$

dann und nur dann, wenn sowohl ihr Realteil als auch ihr Imaginärteil verschwindet.

II. Addition komplexer Zahlen

Unter der *Summe von zwei komplexen Zahlen*

$$c = a + bi \qquad \text{und} \qquad c' = a' + b'i$$

versteht man die komplexe Zahl

$$C = A + Bi,$$

in welcher $\qquad A = a + a' \qquad$ und $\qquad B = b + b'.$

In ausführlicher Schreibung:

$$(a + bi) + (a' + b'i) = (a + a') + (b + b')i$$

Demnach ist $\qquad \boxed{c + c' = c' + c}\,.$

In Worten: *Die Addition komplexer Zahlen befolgt das kommutative Gesetz.*

Bei beliebig vielen komplexen Zahlen

$$c_1 = a_1 + b_1 i, \qquad c_2 = a_2 + b_2 i, \quad \ldots, \quad c_n = a_n + b_n i$$

heißt die Zahl $\qquad C = A + Bi,$
in welcher

$$A = a_1 + a_2 + \cdots + a_n, \qquad B = b_1 + b_2 + \cdots + b_n$$

ist, die *Summe* der n Zahlen $c_1, c_2, \ldots, c_n$.
Für den Fall $n = 3$ erkennt man leicht die Richtigkeit der Relation

$$\boxed{(c_1 + c_2) + (c_3) = (c_1) + (c_2 + c_3)}\,.$$

Die Addition komplexer Zahlen befolgt also das assoziative Gesetz.

Wir merken uns die *Regel*:

Auch komplexe Zahlen können in beliebiger Reihenfolge addiert werden.

III. Multiplikation komplexer Zahlen

Um zur Definition des Produkts $c \cdot c'$ von zwei komplexen Zahlen $c = a + bi$ und $c' = a' + b'i$ zu gelangen, bildet man nach der bekannten Regel über die Multiplikation von Klammern das Produkt

$$(a + bi)(a' + b'i) = aa' + ab'i + ba'i + bb'i^2,$$

ersetzt i^2 durch -1 und schreibt

$$cc' = (aa' - bb') + (ab' + ba')i.$$

Folglich: Unter dem Produkt der beiden komplexen Zahlen

$$c = a + bi \qquad \text{und} \qquad c' = a' + b'i$$

versteht man die komplexe Zahl

$$C = A + Bi,$$

in welcher $\boxed{A = aa' - bb', \qquad B = ab' + ba'}$

ist. Man schreibt dieses Produkt $c \cdot c'$ oder kürzer cc' und hat

$$cc' = (aa' - bb') + (ab' + ba')i.$$

Man erkennt sofort die Richtigkeit der Gleichung

$$\boxed{c \cdot c' = c' \cdot c}\,.$$

Sie sagt aus:

Die Multiplikation komplexer Zahlen befolgt das kommutative Gesetz.

Von besonderer Bedeutung ist das Verschwinden eines Produkts. Hier gilt der fundamentale

Nullsatz:

Ein Produkt komplexer Zahlen verschwindet dann und nur dann, wenn ein Faktor verschwindet.

Beweis. $c = a + bi$ und $z = x + yi$ seien zwei komplexe Zahlen mit dem Produkt Null:

$$cz = 0.$$

Das bedeutet in ausführlicher Schreibung

$$(ax - by) + (ay + bx)i = 0$$

oder

$$\left\{\begin{array}{c} ax - by = 0 \\ ay + bx = 0 \end{array}\right\}.$$

Nach Eulers Formel ist aber

$$(a^2 + b^2)(x^2 + y^2) = (ax - by)^2 + (ay + bx)^2.$$

Folglich wird

$$(a^2 + b^2)(x^2 + y^2) = 0,$$

so daß mindestens eine der beiden Größen $a^2 + b^2$ und $x^2 + y^2$ verschwindet. Bei $a^2 + b^2 = 0$ wird $a = 0$ und $b = 0$, also auch $c = 0$; bei $x^2 + y^2 = 0$ wird $x = 0$ und $y = 0$, also auch $z = 0$.

Daß umgekehrt cz verschwindet, wenn einer der Faktoren verschwindet, ist nach der Produktformel selbstverständlich. Damit ist der Nullsatz bewiesen.

Im Anschluß an die Multiplikation von zwei komplexen Zahlen merken wir noch die wichtige *Formel für das Produkt komplexer Konjugierten*:

$$\boxed{(a + bi)(a - bi) = a^2 + b^2}\,.$$

Produkte aus drei und mehr komplexen Zahlen

Um das Produkt von drei komplexen Zahlen

$$c = a + bi, \qquad c' = a' + b'i, \qquad c'' = a'' + b''i$$

zu finden, welches gewöhnlich $cc'c''$ geschrieben wird, bildet man zunächst

$$C = c \cdot c' = A + Bi \qquad \text{mit} \quad A = aa' - bb', \quad B = ab' + ba',$$

sodann

$$\mathfrak{C} = C \cdot c'' = (A + Bi)(a'' + b''i) = (Aa'' - Bb'') + (Ab'' + Ba'')i$$

oder

$$\mathfrak{C} = \mathfrak{A} + \mathfrak{B}i$$

mit

$$\mathfrak{A} = aa'a'' - b'b''a - b''ba' - bb'a'', \quad \mathfrak{B} = a'a''b + a''ab' + aa'b'' - bb'b''$$

und nennt die komplexe Zahl $\mathfrak{C}$ das Produkt der drei Zahlen c, c', c''.
Wie aus dem Anblick des Real- und Imaginärteils von $\mathfrak{C}$ hervorgeht, kommt es auf die Reihenfolge, in der bei dieser Rechnung die drei Faktoren c, c', c'' gewählt werden, nicht an; es ist z. B.

$$\boxed{(cc') \cdot (c'') = (c'c'') \cdot (c) = (c''c) \cdot (c')}.$$

Diese wichtige Formel lehrt:

Die Multiplikation komplexer Zahlen befolgt das assoziative Gesetz.

Um in der Schreibung des Produkts der drei „Faktoren" c, c', c'' jeden einzeln hervortreten zu lassen, können wir sie also nach Belieben anordnen. Demnach schreibt sich unsere Produktformel etwa

$$\boxed{cc'c'' = (aa'a'' - b'b''a - b''ba' - bb'a'') + (a'a''b + a''ab' + aa'b'' - bb'b'')i}.$$

Es macht nun nicht die geringsten Schwierigkeiten, auch Produkte von mehr als drei Faktoren zu bilden. Auf Grund des kommutativen und assoziativen Gesetzes ist es völlig gleichgültig, in welcher Reihenfolge dabei die einzelnen Faktoren miteinander multipliziert werden.

Multiplikation mehrgliedriger Ausdrücke

Wir betrachten zunächst das Produkt aus dem Multiplikator $l = h + ki$ mit dem durch Addition der komplexen Zahlen $c = a + bi$ und $c' = a' + b'i$ entstandenen Multiplikandus $\gamma = \alpha + \beta i = c + c'$.
Es wird

$$l\gamma = (h + ki)(\alpha + \beta i) = (h\alpha - k\beta) + (h\beta + k\alpha)i,$$

mithin wegen $\alpha = a + a'$ und $\beta = b + b'$

$$l\gamma = [(ha - kb) + (hb + ka)i] + [(ha' - kb') + (hb' + ka')i].$$

Die erste der beiden rechts stehenden eckigen Klammern ist aber lc, die zweite lc'. Folglich gilt die Formel

$$\boxed{l(c + c') = lc + lc'}$$

und die für komplexe Zahlen gültige *Regel*: Eine Klammer wird mit einer Zahl multipliziert, indem man jedes Glied der Klammer mit der Zahl multipliziert.

Mit anderen Worten: ***Für die Rechnung mit komplexen Zahlen gilt das distributive Gesetz.***

Aus dem distributiven Gesetz folgt weiter die für komplexe Zahlen gültige

Klammerregel:

Zwei Klammern werden miteinander multipliziert, indem man jedes Glied der einen Klammer mit jedem Gliede der andern multipliziert.

IV. Division komplexer Zahlen

Unter dem Quotienten der beiden komplexen Zahlen:

Dividendus $C = A + Bi$ und Divisor $c = a + bi$

versteht man die komplexe Zahl $z = x + yi$, deren Produkt mit dem Divisor den Dividendus ergibt:

$$(a + bi)(x + yi) = A + Bi.$$

Diese Bedingung verwandelt sich zunächst in

$$(ax - by) + (ay + bx)i = A + Bi,$$

darauf in das Gleichungspaar

$$\left\{\begin{matrix} ax - by = A \\ ay + bx = B \end{matrix}\right\}.$$

Die Lösung dieser Gleichungen lautet

$$x = \frac{Aa + Bb}{a^2 + b^2}, \qquad y = \frac{Ba - Ab}{a^2 + b^2}.$$

Folglich ist

$$\boxed{\frac{A + Bi}{a + bi} = \frac{Aa + Bb}{a^2 + b^2} + \frac{Ba - Ab}{a^2 + b^2}\, i}\,.$$

Dieses Ergebnis erhält man auch durch Erweiterung des Ausgangsbruches $\frac{A + Bi}{a + bi}$ mit $a - bi$:

$$\frac{A + Bi}{a + bi} = \frac{(A + Bi)(a - bi)}{(a + bi)(a - bi)} = \frac{Aa + Bb}{a^2 + b^2} + \frac{Ba - Ab}{a^2 + b^2}\, i.$$

Der Quotient zweier komplexer Zahlen existiert nur, wenn der Divisor von Null verschieden ist.

§ 3. GEOMETRISCHE DARSTELLUNG DER KOMPLEXEN ZAHLEN IN DER ZAHLENEBENE

Die komplexen Zahlen lassen sich geometrisch veranschaulichen.

Die komplexe Zahl $z = x + yi$ mit dem Realteil x und dem Imaginärteil y, in welcher wir uns x und y unbeschränkt variabel denken, wird in einem zweiachsigen rechtwinkligen Koordinatensystem xy mit dem Ursprung O durch den Punkt P mit den Koordinaten x und y geometrisch dargestellt.

Die xy-Ebene, in welcher diese Darstellung der komplexen Zahlen z erfolgt, wird dann als *komplexe Zahlenebene* oder *z-Ebene* bezeichnet. Da Gauß der erste war, der diese geometrische Darstellung der komplexen Zahlen gezeigt und ihre Bedeutung erkannt hat (Göttinger gelehrte Anzeigen vom Jahre 1831, S. 64), so werden wir die komplexe Zahlenebene auch kurz *Gaußebene* nennen.

Der erste große Vorteil, den die Gaußsche Darstellung der komplexen Zahlen gewährt, liegt darin, daß der symbolische Ausdruck $x + yi$ nunmehr eine konkrete Bedeutung erhält. Im Verlaufe der folgenden Untersuchungen werden sich weitere noch erheblichere Vorteile dieser Darstellungsweise ergeben.

Die Verbundenheit zwischen der Zahl $z = x + yi$ und dem sie darstellenden Punkte $P(x, y)$ ist so eng, daß diese beiden Begriffe gewissermaßen zu *einem* verschmolzen sind: so spricht man vielfach vom „Punkte" z oder auch von der „Zahl" P. Mißverständnisse sind durch diese vertauschten Benennungen ebensowenig zu befürchten wie durch die übliche Gleichsetzung der reellen Zahlen mit den zugehörigen Punkten der Zahlenachse.

Wie man ohne weiteres sieht, werden in der Gaußschen Darstellung der komplexen Zahlen die reellen Zahlen durch die Punkte der x-Achse, die rein imaginären Zahlen durch die Punkte der y-Achse veranschaulicht. Speziell enthält die positive x-Achse die positiven Realzahlen. Der Ursprung O des Koordinatensystems endlich ist der Repräsentant der Zahl Null und heißt deshalb auch *Nullpunkt*.

Von zwei konjugiert komplexen Zahlen $z = x + yi$ und $\bar{z} = x - yi$ ist jede das Spiegelbild der andern in der x-Achse, von zwei entgegengesetzt komplexen Zahlen $z = x + yi$ und $-z = -x - yi$ jede das Spiegelbild der andern im Ursprunge O.

Trigonometrische Darstellung der komplexen Zahlen

Die Lage des Punktes P (des Punktes z) kann statt durch seine kartesischen Koordinaten: Abszisse (Realteil) x und Ordinate (Imaginärteil) y auch durch seine Polarkoordinaten: Radiusvektor r und Anomalie ϑ fixiert werden. Der (positive) Radiusvektor $OP = r$ heißt dann der *Modul* oder *Betrag*, ausführlicher der *absolute Betrag* der Zahl z, die Anomalie ϑ, d. h. der Winkel, um den man einen von O ausgehenden auf der positiven Realachse liegenden Strahl im positiven Sinne (im entgegengesetzten Sinne des Uhrzeigers, vgl. Abb. 1) drehen muß, damit er auf OP fällt, heißt der *Winkel* oder der *Arcus* der Zahl z. Man schreibt den Betrag von z meist $|z|$, den Winkel von z entweder $\sphericalangle z$ oder $\operatorname{arc} z$ und hat sonach

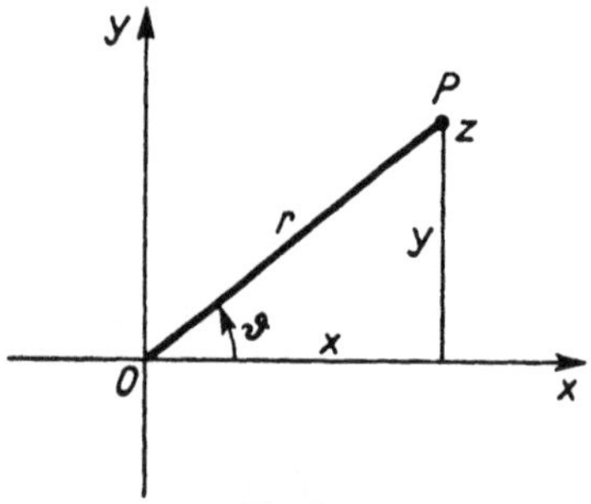

Abb. 1

$$r = |z| \quad \text{und} \quad \vartheta = \sphericalangle z = \operatorname{arc} z.$$

Während der Betrag $|z| = r$ von z stets eindeutig bestimmbar ist, läßt sich der Winkel ϑ von z im allgemeinen nur bis auf ein additives ganzzahliges Vielfaches von 2π angeben.

Man erkennt ohne weiteres, daß die zu $z = x + yi$ konjugierte Zahl $\bar{z} = x - yi$ denselben Betrag wie z hat.

Zwischen zwei konjugierten Zahlen z und $\bar{z}$ und ihrem gemeinsamen Betrage $|z|$ besteht die wichtige Relation

$$\boxed{z \cdot \bar{z} = |z|^2}.$$

Zur Gleichheit zweier komplexer Zahlen ist nötig und hinreichend, daß 1° ihre Beträge übereinstimmen, 2° ihre Winkel übereinstimmen oder sich um ein ganzzahliges Vielfaches von 2π unterscheiden.

Eine Ausnahmestellung nimmt die Zahl Null (der Ursprung) ein: ihr Betrag hat den nichtpositiven Wert Null, ein Winkel ist überhaupt nicht angebbar!
Die Berechnung von r und ϑ aus Realteil x und Imaginärteil y vollzieht sich vermöge der Formeln

$$r^2 = x^2 + y^2 \qquad \text{und} \qquad \cos\vartheta = x : r, \qquad \sin\vartheta = y : r.$$

Auch das Formelpaar $\cos\vartheta = x : r$, $\sin\vartheta = y : r$ liefert den Winkel ϑ von z nur bis auf ein ganzzahliges Vielfaches von 2π.
Sind umgekehrt Betrag r und Winkel ϑ der Zahl z gegeben, so schreibt sich die Zahl

$$\boxed{z = r(\cos\vartheta + i\sin\vartheta)},$$

und diese Formel heißt die *trigonometrische Darstellung der komplexen Zahl* z.
Der gefundene trigonometrische Ausdruck für z ist das Produkt aus der positiven Realzahl r und der komplexen Zahl

$$\varepsilon = \cos\vartheta + i\sin\vartheta.$$

Die Zahl ε hat, wie leicht zu sehen, den Betrag 1; sie liegt mithin in der komplexen Zahlenebene auf dem um den Ursprung O als Zentrum mit dem Radius 1 beschriebenen Kreise (Einheitskreis).
Derartige Zahlen (zumindest alle jene von der Form $\cos\varrho\pi + i\sin\varrho\pi$ mit beliebigem rationalem ϱ) hat als erster Gauß in seiner Lehre von der Kreisteilung (Disquisitiones Arithmeticae, 7. Abschnitt) genauer untersucht.
Wir nennen sie demgemäß kurz *Gaußzahlen* und den Einheitskreis, auf dem sie liegen, den *Gaußkreis.*
Wir können dann sagen:

Jede komplexe Zahl z ist das Produkt aus einem Betrage r und einer Gaußzahl ε.

Wir erwähnen noch:

Die Konjugierte einer Gaußzahl stimmt mit dem Kehrwert der Zahl überein, in Zeichen:

$$\boxed{\cos\vartheta - i\sin\vartheta = \frac{1}{\cos\vartheta + i\sin\vartheta}}.$$

Ist umgekehrt die konjugierte $\bar{z}$ einer Zahl dem Kehrwert $1 : z$ der Zahl gleich: $\bar{z} = 1 : z$, so ist z eine Gaußzahl.
Zusatz. In der trigonometrischen Darstellung $z = r(\cos\vartheta + i\sin\vartheta)$ der komplexen Zahl z wird der Ausdruck $\cos\vartheta + i\sin\vartheta$ auch als *Charakteristik* der Zahl z bezeichnet.
Wir können dann sagen:

Jede komplexe Zahl ist das Produkt aus ihrem Betrage und ihrer Charakteristik.

Die vier Spezies in der Zahlenebene

Wir setzen jetzt auseinander, wie sich die vier Grundrechnungsarten Addition, Subtraktion, Multiplikation und Division vermittels der geometrischen Darstellung komplexer Zahlen in der Gaußebene gestalten.

I. Addition

Die Summe s der beiden komplexen Zahlen

$$c = a + bi \qquad \text{und} \qquad c' = a' + b'i$$

wird gefunden, indem man das Dreieck mit den drei Ecken O, c, c' durch eine vierte Ecke s zu dem Parallelogramm ergänzt, dessen Ecke s der Ecke O gegenüberliegt; diese vierte Ecke ist die gesuchte Summe:

$$s = c + c'.$$

Die Richtigkeit dieser Aussage ergibt sich ohne weiteres daraus, daß der Punkt s die Koordinaten $a + a'$ und $b + b'$ hat.

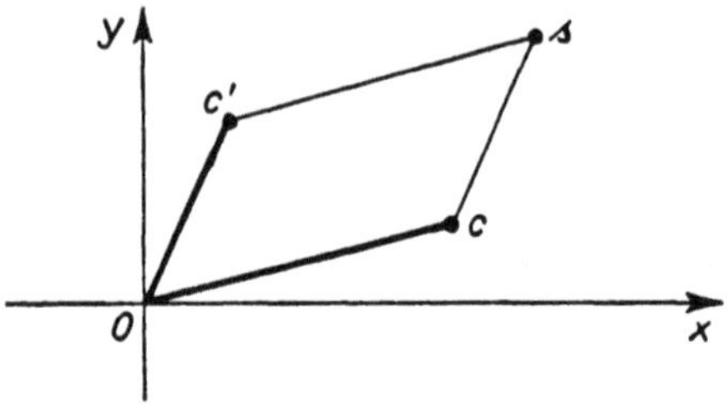

Abb. 2

II. Subtraktion

Die Differenz $d = c - c'$ der beiden komplexen Zahlen

$$c = a + bi \qquad \text{und} \qquad c' = a' - b'i$$

wird gefunden, indem man das Dreieck mit den drei Ecken O, c, c' zu dem Parallelogramm ergänzt, dessen vierte Ecke der Ecke c' gegenüberliegt; diese vierte Ecke ist die gesuchte Differenz

$$d = c - c'.$$

Die Richtigkeit der Behauptung folgt daraus, daß der Punkt d die Koordinaten $a - a'$ und $b - b'$ hat.

Von besonderer Wichtigkeit ist die trigonometrische Darstellung der Differenz $Z - z$ von zwei komplexen Zahlen $Z = X + iY$ und $z = x + iy$. Sie lautet

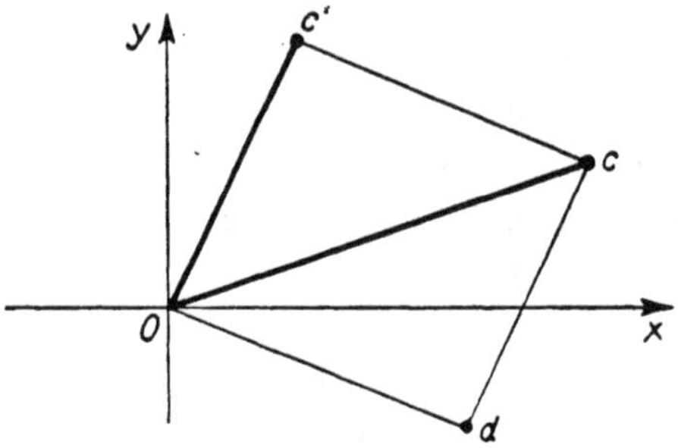

Abb. 3

$$\boxed{Z - z = \varrho\,(\cos\theta + i\sin\theta)},$$

wo ϱ die Verbindungsstrecke der beiden Punkte Z und z, zugleich den Betrag $|Z - z|$ und θ den Winkel bedeutet, den die von z nach Z laufende Richtung mit der Richtung der positiven x-Achse bildet.

Der Beweis folgt sofort daraus, daß $\xi = X - x$ und $\eta = Y - y$ (vgl. Abb. 4) die Achsenprojektionen der Verbindungsstrecke ϱ sind.

Man merke besonders:

Der gegenseitige Abstand zweier Punkte Z und z ist $|Z - z|$.

Aus den beiden die Addition und Subtraktion komplexer Zahlen c und c' darstellenden Figuren, in denen die Strecken Oc, Oc', Os, Od die Beträge

$|c|$, $|c'|$, $|s|$, $|d|$ darstellen, folgen die wichtigen Ungleichungen

$$|s| \leqq |c| + |c'| \quad \text{und} \quad |d| \geqq |c| - |c'|$$

oder $\boxed{|c+c'| \leqq |c| + |c'|}$ und $\boxed{|c-c'| \geqq |c| - |c'|}$,

wobei in den beiden gerahmten Ungleichungen das Gleichheitszeichen nur gilt, wenn die von O nach c und c' laufenden Richtungen übereinstimmen. *Der Betrag der Summe zweier komplexer Zahlen übertrifft also niemals die Summe der Beträge dieser Zahlen.*

Der Betrag der Differenz zweier komplexer Zahlen unterschreitet nie die Differenz der Beträge der Zahlen.

Allgemein:

Der Betrag der Summe beliebig vieler komplexer Zahlen ist höchstens gleich der Summe der Beträge dieser Zahlen, wobei das Gleichheitszeichen nur gilt, wenn die vom Ursprung nach den Zahlen laufenden Richtungen alle übereinstimmen.

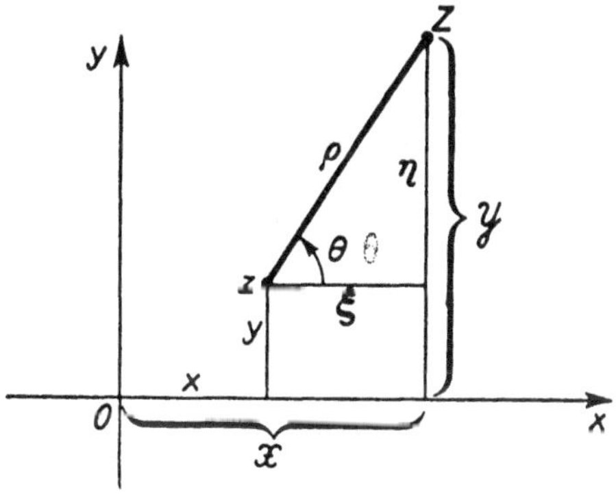

Abb. 4

III. Multiplikation

Die Multiplikation komplexer Zahlen in der Gaußebene erfolgt zweckmäßig durch Zurückführung auf die trigonometrische Form der komplexen Zahlen. Da bei dieser Form die Gaußzahlen eine Hauptrolle spielen, so erörtern wir zuvörderst die

Multiplikation von Gaußzahlen

Um dabei bequemes Schreiben zu haben, wollen wir die Gaußzahl $\cos\varphi + i\sin\varphi$ durch das Zeichen 1^{φ}, ihre Konjugierte $\cos\varphi - i\sin\varphi$ durch das Zeichen $\overline{1}^{\varphi}$ (oder auch $1^{-\varphi}$) abkürzen.

Nun ist

$$(\cos\alpha + i\sin\alpha)(\cos\beta + i\sin\beta) = A + Bi$$

mit $\quad A = \cos\alpha\cos\beta - \sin\alpha\sin\beta, \qquad B = \cos\alpha\sin\beta + \sin\alpha\cos\beta.$

Da sich aber nach dem Additionstheorem der Kreisfunktionen für A $\cos(\alpha+\beta)$, für B $\sin(\alpha+\beta)$ schreiben läßt, entsteht

$$\boxed{(\cos\alpha + i\sin\alpha)(\cos\beta + i\sin\beta) = \cos(\alpha+\beta) + i\sin(\alpha+\beta)},$$

in unserer abgekürzten Schreibung

$$\boxed{1^{\alpha} \cdot 1^{\beta} = 1^{\alpha+\beta}}.$$

Diese fundamentale Formel heißt in Worten:

Das Produkt zweier Gaußzahlen ist wieder eine Gaußzahl. Der Winkel des Produkts ist die Summe der Winkel der Faktoren.

Die gefundene Formel gestattet auch sofort die Ermittlung des Produkts von beliebig vielen Gaußzahlen 1^{α}, 1^{β}, 1^{γ}, 1^{δ}, ... Es wird nämlich sukzessiv

$$1^{\alpha}\cdot 1^{\beta}\cdot 1^{\gamma}\cdot 1^{\delta}\ldots = 1^{\alpha+\beta}\cdot 1^{\gamma}\cdot 1^{\delta}\ldots = 1^{\alpha+\beta+\gamma}\cdot 1^{\delta}\ldots = 1^{\alpha+\beta+\gamma+\delta}\ldots \text{ usw.}$$

Folglich gilt die erweiterte Formel

$$\boxed{1^{\alpha}\cdot 1^{\beta}\cdot 1^{\gamma}\cdot 1^{\delta}\ldots = 1^{\alpha+\beta+\gamma+\delta+\cdots}}\,.$$

Sie sagt aus: *Das Produkt beliebig vieler Gaußzahlen ist wieder eine Gaußzahl. Der Winkel des Produkts ist die Summe der Winkel der Faktoren.*

Wir fügen hinzu:

Auch für das Symbol ɭ^{φ} gilt die Formel

$$\text{ɭ}^{\alpha}\cdot \text{ɭ}^{\beta} = \text{ɭ}^{\alpha+\beta}\,.$$

Man findet sie entweder durch direkte Ausrechnung oder vermöge der Formel

$$1^{-\alpha}\cdot 1^{-\beta} = 1^{-\alpha-\beta}\,.$$

Das Multiplikationsgesetz für Gaußzahlen führt unmittelbar auf die Moivresche Formel. Handelt es sich nämlich um das Produkt von n gleichen Gaußzahlen 1^{φ}, so ist

$$1^{\varphi}\cdot 1^{\varphi}\cdot 1^{\varphi}\ldots = 1^{\varphi+\varphi+\varphi+\cdots} = 1^{n\varphi}$$

oder

$$(1^{\varphi})^{n} = 1^{n\varphi}$$

ausführlich:

$$\boxed{(\cos\varphi + i\sin\varphi)^{n} = \cos n\varphi + i\sin n\varphi}\,.$$

Dies ist die Formel von Moivre. Sie gilt, wie leicht zu sehen, auch für *negative* ganzzahlige Exponenten:

$$(\cos\varphi + i\sin\varphi)^{-n} = \cos n\,\varphi - i\sin n\,\varphi\,.$$

Auch kann in ihr i durch $-i$ ersetzt werden:

$$(\cos\varphi - i\sin\varphi)^{n} = \cos n\varphi - i\sin n\varphi\,.$$

Nun zur konstruktiven Bestimmung des Produkts

$$C = c\cdot c'$$

von zwei komplexen Zahlen

$$c = r\cdot 1^{\vartheta} \qquad \text{und} \qquad c' = r'\cdot 1^{\vartheta'}!$$

Es ist

$$c\cdot c' = rr'\cdot 1^{\vartheta}\cdot 1^{\vartheta'} = rr'\cdot 1^{\vartheta+\vartheta'}$$

der

$$C = R\cdot 1^{\Theta} \qquad \text{mit } R = r\cdot r' \qquad \text{und} \qquad \Theta = \vartheta + \vartheta'.$$

Folglich: *Der Betrag des Produkts aus zwei komplexen Faktoren ist gleich dem Produkt der Beträge der Faktoren, der Winkel des Produkts der beiden Faktoren ist gleich der Summe der Winkel der Faktoren.*

Um das Produkt C zu konstruieren, betrachten wir zunächst die beiden Dreiecke $O\,1\,c$ (mit den Ecken O, 1, c und dem zwischen den Seiten $O\,1 = 1$ und

$Oc = r$ gelegenen Winkel ϑ) und $O\,c'\,C$ (mit den Ecken O, c', C, in dem der zwischen den Seiten $Oc' = r'$ und $OC = R$ gelegene Winkel wegen $\Theta = \vartheta' + \vartheta$ ebenfalls gleich ϑ ist). Da sie im Verhältnis zweier Seiten

$$R : r' = r : 1$$

und dem Zwischenwinkel (ϑ) dieser Seiten übereinstimmen, sind sie ähnlich, so daß jeder der beiden homologen Winkel $\sphericalangle\, O\,1\,c$ und $\sphericalangle\, O\,c'\,C$ denselben Wert ω hat.

Damit ergibt sich folgende

Konstruktion des Produkts $C = c \cdot c'$

Man trägt den Winkel ϑ im positiven Sinne in O an die Strecke Oc', den Winkel ω in c' an $c'O$ an; der Schnittpunkt der freien Schenkel der angetragenen Winkel ist das gesuchte Produkt $C = c \cdot c'$. (Vgl. Abb. 5).

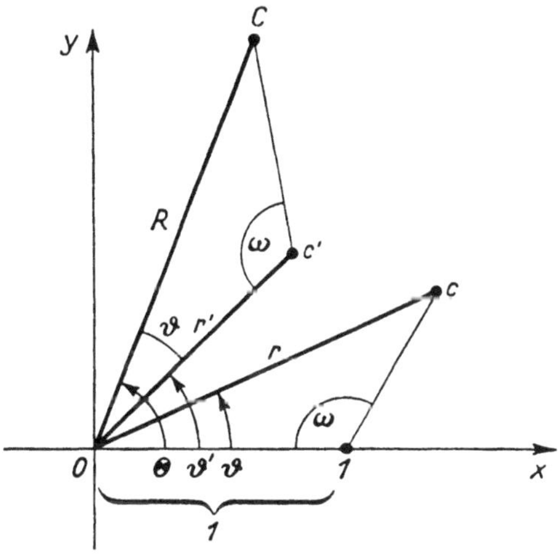

Abb. 5

Zusatz. Besteht ein Produkt aus mehr als zwei Faktoren, so gilt, wie ohne weiteres ersichtlich, die der obigen ähnliche

Multiplikationsregel:

Der Betrag eines Produkts aus beliebig viel Faktoren ist gleich dem Produkt der Beträge der Faktoren, der Winkel des Produkts jener Faktoren ist gleich der Summe der Winkel der Faktoren.

IV. Division

Die Division komplexer Zahlen wird ähnlich behandelt wie die Multiplikation. Ist $c = r \cdot 1^{\vartheta}$ der Dividendus, $c' = r' \cdot 1^{\vartheta'}$ der Divisor, $C = R \cdot 1^{\Theta}$ der Quotient, so folgt aus

$$R \cdot 1^{\Theta} = \frac{r \cdot 1^{\vartheta}}{r' \cdot 1^{\vartheta'}} = \frac{r}{r'} \cdot 1^{\vartheta - \vartheta'}$$

$$1^\circ \quad R = \frac{r}{r'}, \qquad 2^\circ \quad \Theta = \vartheta - \vartheta'$$

und damit die

Divisionsregel:

Der Betrag des Quotienten von zwei komplexen Zahlen ist der Quotient der Beträge der Zahlen, der Winkel des Quotienten ist die Differenz der Winkel der Zahlen.

Aus dieser Regel folgt leicht die Konstruktion des Quotienten C.

Diesmal vergleichen wir die beiden ähnlichen Dreiecke OCc und $O1c'$ (deren Ähnlichkeit aus den beiden Gleichungen

$$\sphericalangle cOC = \sphericalangle c'O1 \,(=\vartheta'), \qquad R:r = 1:r'$$

hervorgeht). In ihnen haben die bei c und c' liegenden homologen Winkel denselben Wert σ.

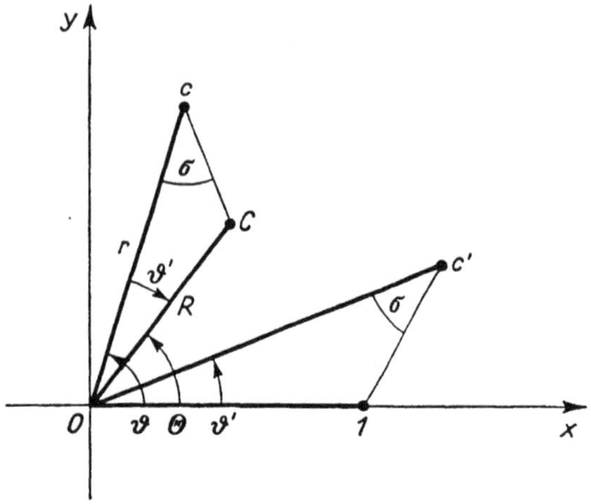

Abb. 6

Daraus ergibt sich folgende

Konstruktion des Quotienten $C = c:c'$

Man trägt in den Endpunkten O und c der Strecke Oc an diese die Winkel ϑ' (im Uhrzeigersinne) und σ an; der Schnittpunkt der beiden freien Schenkel ist der gesuchte Quotient $C = c:c'$ (vgl. Abb. 6).

§ 4. GEOMETRISCHE DARSTELLUNG DER KOMPLEXEN ZAHLEN AUF DER ZAHLENKUGEL

In einem dreiachsigen rechtwinkligen Koordinatensystem ξ, η, ζ mit dem Ursprung O diene die waagrechte $\xi\eta$-Ebene als Ebene (Gaußebene) der komplexen Zahlen $z = x + yi$, und zwar der Punkt O als Nullpunkt, die ξ-Achse als x-Achse und die η-Achse als y-Achse.

Eine Kugel $\mathfrak{K}$ mit dem markierten Durchmesser $NS = d$ liege auf der Gaußebene, diese mit dem Durchmesserende S in O berührend, während das andere Durchmesserende N auf der positiven ζ-Achse liegt.

Wir unterwerfen die Gaußebene einer stereographischen Projektion, indem wir ihre Punkte P bzw. z vom Projektionszentrum N aus auf die Kugel projizieren. Dadurch geht der Objektpunkt $P(x, y)$ in den Bildpunkt $\Pi(\xi, \eta, \zeta)$ über.

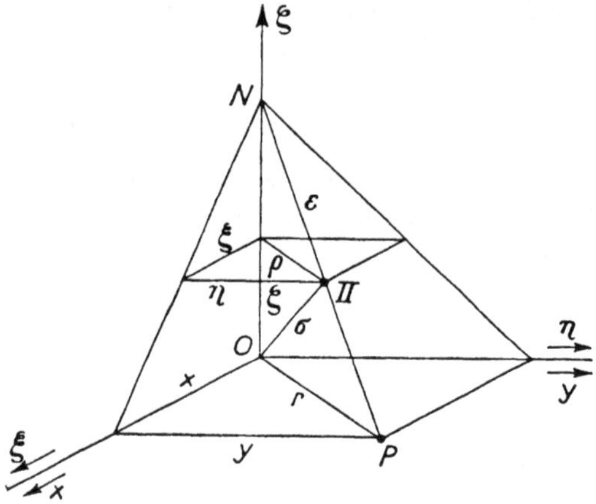

Abb. 7

Wir ermitteln zunächst die Beziehungen zwischen den Koordinaten x und y des Objektpunktes P und den Koordinaten ξ, η, ζ des Bildpunktes Π.

Wie eine einfache Überlegung zeigt (man vergleiche die Figur), gilt die Proportion

$$\frac{\xi}{x}=\frac{\eta}{y}=\frac{\varrho}{r},$$

in welcher r und ϱ die von P und Π auf die ζ-Achse gefällten Lote bedeuten. Um den gemeinsamen Wert w dieser drei Verhältnisse zu bekommen, führen wir die Entfernung e des Objektpunktes P vom Projektionszentrum N, die Entfernung ε bzw. σ des Bildpunktes Π von N bzw. O und den Cosinus o der Neigung des Projektionsstrahls NP gegen die Lotrechte NO ein.
Nun folgt einerseits aus dem bei Π rechtwinkligen Dreieck $NS\Pi$

$$o=\frac{\varepsilon}{d}=\frac{d-\zeta}{\varepsilon}=\frac{\varrho}{\sigma},$$

anderseits aus dem bei O rechtwinkligen Dreieck NOP

$$o=\frac{d}{e}=\frac{\sigma}{r}.$$

Mithin ist

$$1^\circ\quad o^2=\frac{\varrho}{\sigma}\cdot\frac{\sigma}{r}=\frac{\varrho}{r},\qquad 2^\circ\quad o^2=\frac{d^2}{e^2},\qquad 3^\circ\quad o^2=\frac{\varepsilon}{d}\cdot\frac{d-\zeta}{\varepsilon}=\frac{d-\zeta}{d}.$$

Das gesuchte Verhältnis hat also den Wert

$$w=o^2=\frac{d^2}{e^2},$$

worin noch $e^2=d^2+r^2$ mit $r^2=x^2+y^2$ gesetzt werden kann.
Demnach gilt der *Satz*:
Die drei Verhältnisse $\xi:x$, $\eta:y$ und $d-\zeta:d$ haben denselben Wert:

$$\boxed{\frac{\xi}{x}=\frac{\eta}{y}=\frac{d-\zeta}{d}};$$

dieser ist

$$w=\frac{d^2}{e^2}=\frac{d^2}{d^2+r^2}\qquad\text{mit}\quad r^2=x^2+y^2.$$

Dieser Satz gestattet die Berechnung von (ξ,η,ζ) bei gegebenem (x,y), aber auch ebenso die Berechnung von (x,y) bei gegebenem (ξ,η,ζ):
im ersten Falle durch die Vorschriften

$$\xi=xw,\qquad \eta=yw,\qquad \zeta=d-dw\qquad\text{mit}\quad w=\frac{d^2}{d^2+x^2+y^2},$$

im zweiten Falle durch die Vorschriften

$$x=d\frac{\xi}{d-\zeta},\qquad y=d\frac{\eta}{d-\zeta}.$$

Durch unsere stereographische Projektion lassen sich die Zahlen z der Gaußebene auf die Kugel $\mathfrak{K}$ „übertragen“, d. h. eindeutig beziehen, derart, daß (jedem Punkte P und damit) jeder komplexen Zahl z der Gaußebene ein Punkt Π der Kugel $\mathfrak{K}$ entspricht. Wie sonst die Punkte der Gaußebene zur geometrischen Darstellung der komplexen Zahlen dienen, so jetzt die Punkte der Kugel $\mathfrak{K}$.

Man nennt die Kugel $\mathfrak{K}$ deshalb die *Zahlenkugel* und hat den *Satz*:

Jede komplexe Zahl $z = x + yi$ läßt sich durch einen bestimmten Punkt der Zahlenkugel geometrisch darstellen. Dieser Punkt hat die Koordinaten

$$\xi = xw, \quad \eta = yw, \quad \zeta = d - dw, \qquad \text{mit} \quad w = \frac{d^2}{d^2 + r^2},$$

wo r den Betrag von z bedeutet.

Von besonderem Interesse ist dabei die *Darstellung der unendlichfernen Punkte der z-Ebene.*

Wie die aufgestellten drei Formeln lehren, wie aber einfacher aus der Projektion selbst erkannt wird, rückt das Bild Π der komplexen Zahl z (des Objektpunktes z) dem Projektionszentrum N um so näher, je weiter sich der Punkt z vom Ursprung O entfernt.

Bei unbegrenzt wachsender Entfernung $r = |z|$ konvergiert die Lage des Bildpunkts Π gegen die Stelle N.

Mit andern Worten: *Die Gesamtheit der unendlich fernen Punkte der z-Ebene liefert in ihrer geometrischen Darstellung auf der Zahlenkugel nur einen einzigen Punkt (N).*

Aus diesem Grunde faßt man in der Lehre von den komplexen Zahlen das Unendlichferne nur als einen einzigen Punkt auf, den man den unendlichfernen Punkt der Gaußebene nennt und kurz mit $z = \infty$ bezeichnet.

Es ist beachtlich, daß diese „funktionentheoretische" Auffassung des Unendlichfernen im Gegensatz zur Auffassung der projektiven Geometrie steht, wo bekanntlich das Unendlichferne einer Ebene als gerade Linie angesehen wird.

Die hier zur geometrischen Darstellung der komplexen Zahlen auf einer Kugel, insbesondere zur Begründung der Auffassung des Unendlichfernen als Punkt herangezogene stereographische Projektion spielt eine große Rolle in der Kartenkunde, in der ein Globus durch diese Projektion auf die Karte abgebildet wird.

Es erscheint daher angemessen, wenigstens die beiden wichtigsten Sätze über die stereographische Projektion hier nicht außer acht zu lassen:

I.

Die stereographische Projektion ist winkeltreu; d. h. das stereographische Bild eines Globuswinkels ist ein ebenso großer Kartenwinkel.

II. Satz von Chasles:

Das stereographische Bild eines Globuskreises ist ein Kartenkreis, dessen Zentrum das stereographische Bild des Scheitels des den Globus längs des Objektkreises berührenden Kegels ist.

Der abzubildende Globus liege mit dem Südpol S auf der Mitte des horizontalen Kartenblatts, während die Projektion seiner Punkte (auch irgendwelcher anderer Punkte) vom Nordpol N des Globus aus erfolge.

Die Beweise der ausgesprochenen Sätze lassen sich beide auf das Lemma zurückführen:

Das stereographische Bild einer Globustangente ist eine ebenso lange Kartentangente.

Dabei verstehen wir unter einer Globustangente das Stück einer den Globus berührenden Geraden, welches vom Berührungspunkte bis zum Schnitt der Geraden mit der Karte reicht.

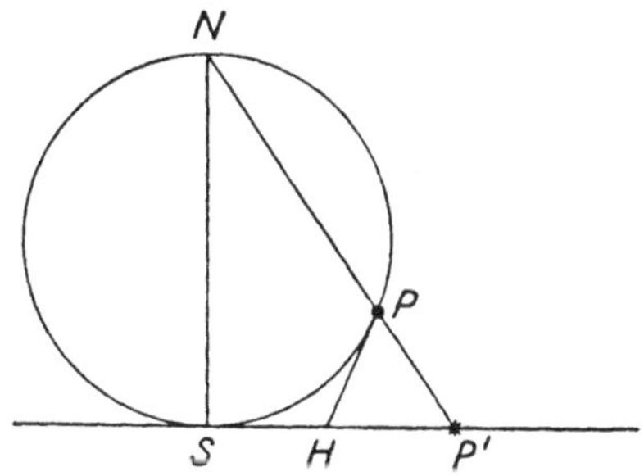

Abb. 8

Beweis des Lemma. P sei ein beliebiger Globuspunkt, PD eine beliebige durch P laufende Globustangente, D ihr Durchstoßungspunkt mit der Karte. Der in der Figur gezeichnete Kreis bedeute den durch P laufenden Globusmeridian, P' sei das Bild von P, DH das von D auf SP' gefällte Lot (D liegt oberhalb des Zeichenblatts).

Wegen der Gleichheit der beiden Tangenten HS und HP ist H im rechtwinkligen Dreieck SPP' der Mittelpunkt der Hypotenuse SP', mithin

$$HP = HP'$$

und wegen der beiden pythagoreischen Relationen

$$PD^2 = PH^2 + HD^2, \qquad P'D^2 = P'H^2 + HD^2$$

$$\boxed{PD = P'D},$$

womit das Lemma bewiesen ist.

Nunmehr führt die Kongruenz der beiden rechtwinkligen Dreiecke PDH und $P'DH$ auf die Gleichheit der beiden Winkel HPD und $HP'D$.

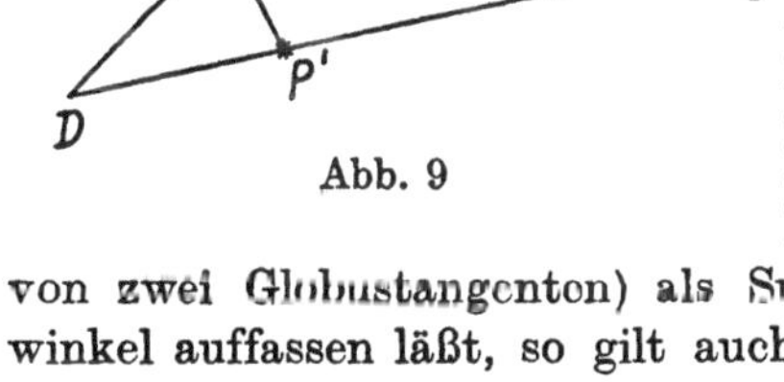

Abb. 9

Der erste dieser Winkel wird gebildet von der *beliebigen* Globustangente PD und der *meridionalen* Globustangente PH; wir nennen einen derartigen Winkel für den Augenblick einen Meridianwinkel. Die Gleichung

$$\sphericalangle HPD = \sphericalangle HP'D$$

heißt dann in Worten: das Bild eines Meridianwinkels ist ein ebenso großer Kartenwinkel.

Da sich nun jeder Globuswinkel (gebildet von zwei Globustangenten) als Summe oder Unterschied zweier Meridianwinkel auffassen läßt, so gilt auch für *jeden* Globuswinkel der Satz „Das Bild eines beliebigen Globuswinkels ist ein ebenso großer Kartenwinkel".

Beweis von II. Wir denken uns einen beliebigen Globuskreis $\mathfrak{k}$ und auf ihm einen beliebigen Punkt P. In der Figur sei N der Nordpol, P' das Bild von P,

O der Scheitel des den Globus längs $\mathfrak{k}$ berührenden Kegels, O' sein stereographisches Bild und D der Durchstoßungspunkt der Tangente PO mit der Karte.
Nach dem Satze von Menelaos gilt die Sechsgrößenbeziehung

$$\frac{O'P'}{P'D}\,\frac{DP}{PO}\,\frac{ON}{NO'} = 1\,.$$

Da nun nach dem Lemma $DP = DP'$ ist, so entsteht die Gleichung

$$O'P' = \frac{NO'}{NO} \cdot OP\,.$$

In Anbetracht der Konstanz des Bruches $NO' : NO$ lehrt sie: Während der Punkt P den Kreis $\mathfrak{k}$ durchläuft, bleibt der Abstand des beweglichen Kartenpunktes P' vom festen Kartenpunkte O' konstant; d. h. der Punkt P' beschreibt in der Karte einen Kreis: den Kreis $\mathfrak{k}'$.
Das Bild $\mathfrak{k}'$ des Globuskreises $\mathfrak{k}$ ist also ein Kreis.

Zweiter Abschnitt

Hilfsbegriffe und Hilfssätze aus der Analysis

§ 5. MENGEN

Eine *Zahlenmenge* oder *Punktmenge* ist der Inbegriff aller Zahlen oder Punkte der Zahlenebene, die durch eine gewisse allen diesen Zahlen gemeinsame Eigenschaft als zusammengehörig gekennzeichnet und zu einem Ganzen vereinigt sind.
Die zur Menge gehörigen Zahlen oder Punkte heißen die *Elemente* oder *Glieder* der Menge.
Im allgemeinen sind die Elemente einer Menge als untereinander verschieden zu denken; man kann aber auch Mengen betrachten, in denen einander gleiche Elemente vorkommen.
Eine Menge heißt *endlich* oder *unendlich*, je nachdem sie endlich viele oder unendlich viele Elemente enthält.
Aus Gründen der Vollständigkeit und im Interesse uneingeschränkter Gültigkeit vieler Sätze der Mengenlehre hat man auch ein „uneigentliche" Menge, die gar kein Element enthaltende *Nullmenge* oder *Leere Menge* eingeführt. Sie zählt natürlich zu den endlichen Mengen, und man sagt, daß sie in jeder Menge als Teilmenge enthalten ist.
Von den endlichen Mengen abgesehen, sind die einfachsten Mengen die abzählbaren Mengen.
Eine Menge heißt *abzählbar*, wenn man ihre Elemente numerieren kann, so daß sich die Menge als nicht notwendig unendliche *Zahlenfolge* (Punktfolge)

$$z_1,\ z_2,\ z_3,\ \ldots$$

darstellen läßt. (Eine Folge $z_1, z_2, \ldots$ wird abgekürzt $\{z_n\}$ geschrieben.) Die einfachste abzählbare unendliche Menge ist die Folge

$$1, \; 2, \; 3, \; 4, \; \ldots$$

der natürlichen Zahlen.

Die Menge aller reellen Rationalzahlen ist ebenfalls abzählbar.

Um das einzusehen, zeigen wir zunächst, daß die Menge aller rationalen positiven Echtbrüche abzählbar ist.

Diese Abzählbarkeit erkennt man sofort an der (nur irreduzible Brüche enthaltenden) Anordnung

$$\tfrac{1}{2};\ \tfrac{1}{3},\ \tfrac{2}{3};\ \tfrac{1}{4},\ \tfrac{3}{4};\ \tfrac{1}{5},\ \tfrac{2}{5},\ \tfrac{3}{5},\ \tfrac{4}{5};\ \tfrac{1}{6},\ \tfrac{5}{6};\ \tfrac{1}{7},\ \tfrac{2}{7},\ \tfrac{3}{7},\ \tfrac{4}{7},\ \tfrac{5}{7},\ \tfrac{6}{7};\ \tfrac{1}{8},\ \tfrac{3}{8},\ \tfrac{5}{8},\ \tfrac{7}{8};\ \ldots;$$

in welcher jedem positivrationalen Echtbruch seine Nummer zugewiesen ist. Beispielweise ist $\frac{1}{2}$ der 1., $\frac{2}{5}$ der 7., $\frac{5}{6}$ der 11. Echtbruch.

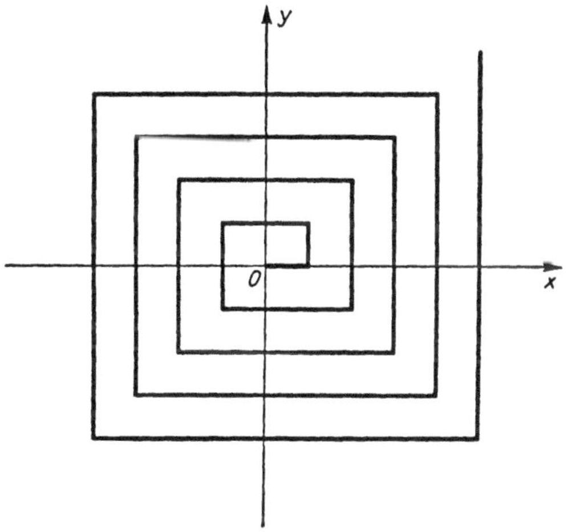

Abb. 10

Um weiter die Abzählbarkeit *aller* Rationalbrüche darzutun, schreiben wir die angegebene Folge der positiven Echtbrüche nochmals nieder, jedoch mit der Abänderung, daß zwischen zwei sukzessiven Gliedern $p:q$ und $r:s$ jeweils die neuen Brüche $q:p$, $-p:q$ und $-q:p$ eingeschaltet werden. Setzt man vor die so entstehende Folge noch die beiden Zahlen 0 und 1, so hat man *alle* Rationalzahlen in einer eindeutig bestimmten, also numerierbaren Anordnung.

Auch die Gitterpunkte der Zahlenebene bilden eine abzählbare Menge.
(Ein Gitterpunkt ist ein Punkt mit ganzzahligen Koordinaten.)

Beweis. Die Realachse der Zahlenebene laufe wie üblich nach rechts, die Imaginärachse nach oben; als Längeneinheit diene das cm.

Unter einem Rechtsknick (bzw. Linksknick) verstehen wir einen Streckenzug ABC, welcher aus einer nach rechts (bzw. links) laufenden Strecke AB und einer ebenso langen nach oben (bzw. unten) laufenden Strecke BC besteht. Die Länge der Strecke heiße die Breite des Knicks.

Wir zeichnen nun folgenden stetigen spiralförmigen unendlichen Streckenzug. Wir beginnen, wie figura zeigt, im Ursprung O mit einem 1 cm breiten Rechtsknick, reihen daran einen 2 cm breiten Linksknick, fahren fort mit einem 3 cm breiten Rechtsknick, setzen daran einen 4 cm breiten Linksknick usw. Die Spirale läuft sukzessive durch sämtlche Gitterpunkte der Ebene, so daß jeder nur einmal passiert wird und dabei seine Nummer erhält, womit die behauptete Abzählbarkeit bewiesen ist.

Als letztes Beispiel einer abzählbaren Menge betrachten wir die *Menge der algebraischen Realzahlen.* Unter einer *algebraischen Zahl* versteht man bekanntlich jede Wurzel einer algebraischen Gleichung

$$f(z) \equiv c_0 z^n + c_1 z^{n-1} + c_2 z^{n-2} + \cdots + c_n = 0$$

mit ganzzahligen Koeffizienten. Wir betrachten hier aber *nur die reellen Wurzeln* solcher Gleichungen. Die Menge dieser Wurzeln ist offensichtlich viel viel reichhaltiger als die obige Menge der Rationalzahlen, da letztere ja schon durch die Wurzeln *linearer* Gleichungen $c_0 z + c_1 = 0$ mit ganzzahligen Koeffizienten erschöpft sind. Dennoch gilt der *Satz:*

Die reellen algebraischen Zahlen bilden eine abzählbare Menge.

Beweis. Wir erhalten *alle* Zahlen unserer Menge, indem wir *nur irreduzible Gleichungen* betrachten und außerdem die Koeffizienten $c_0, c_1, \ldots, c_n$ jeder solchen Gleichung als teilerfremd sowie noch c_0 als positiv annehmen.
Um die unendlich vielen Realwurzeln dieser Gleichungen numerieren zu können, führen wir den Begriff „Höhe der Gleichung $f(z) = 0$" ein.
Unter der Höhe h der Gleichung $f(z) = 0$ verstehen wir den Ausdruck

$$h = n - 1 + C_0 + C_1 + \cdots + C_n,$$

wo C_ν den Betrag von c_ν bedeutet.
Zu gegebenem h gehört dann eine endliche Anzahl ganz bestimmter algebraischer Gleichungen.
Damit gehört aber zu jedem h nur eine endliche Anzahl $\bar{h}$ eindeutig bestimmter algebraischer Zahlen.
Wir lassen nun h sukzessive die Werte 1, 2, 3, ... durchlaufen und notieren zu jedem h die $\bar{h}$ zugehörigen algebraischen Zahlen, wobei wir sie nach ihrer Größe ordnen. Dadurch entstehen *alle* algebraischen Realzahlen in einer ganz bestimmten Anordnung, in welcher sie nun auch numeriert werden können.
Damit ist die Abzählbarkeit der algebraischen Realzahlen dargetan.
Außer den *algebraischen* Realzahlen gibt es noch *transzendente* Realzahlen, das sind solche, die *nicht* als Wurzeln algebraischer Gleichungen mit ganzzahligen Koeffizienten auftreten können.
Der Nachweis dieser überaus wichtigen Tatsache beruht auf dem

Satz von Georg Cantor:

Die Zahlen des Fundamentalintervalls sind nicht abzählbar. (Crelles Journal, Bd. 77.)

Beweis indirekt. Wir denken uns jede Zahl des Intervalls (0,1) als unendlichen Dezimalbruch geschrieben (der also nicht mit lauter Nullen endigt), so daß z. B. für $\frac{7}{8}$

$$0{,}8749999\ldots$$

geschrieben wird.
Angenommen nun, die Zahlen des Intervalls (0,1) seien abzählbar und durch die Folge

$$x_1,\ x_2,\ x_3,\ \ldots \text{ in inf.}$$

dargestellt.

Durch eine von Cantor ersonnene Vorschrift gelingt es jetzt, beliebig viele Zahlen des Fundamentalintervalls anzugeben, die der Folge $\{x_n\}$ *nicht* angehören!

Cantors Vorschrift lautet: Man bilde eine positive echt gebrochene Zahl y so, daß ihre νte Dezimalstelle ($\nu = 1, 2, 3, 4, \ldots$) von der νten Dezimalstelle von x_ν abweicht. Diese Zahl y kann der Folge $\{x_n\}$ *nicht* angehören, womit die angenommene Abzählbarkeit der Zahlen des Fundamentalintervalls hinfällig wird.

Da man bei Befolgung der Cantorschen Vorschrift bei jeder Dezimale die Wahl unter 8 verschiedenen Ziffern hat, so gibt es 8^∞ Zahlen y, die alle der Folge $\{x_n\}$ nicht angehören.

Umfaßt also die Folge $r_1, r_2, r_3, \ldots$ die sämtlichen algebraischen Zahlen des Fundamentalintervalls (die ja abzählbar sind), so liefert Cantors Vorschrift nicht weniger als 8^∞ transzendente (d. h. nicht algebraische) Zahlen des Fundamentalintervalls.

Etwas allgemeiner lautet

Cantors Satz:

Auf jeder noch so kleinen Strecke der Zahlenachse liegen unendlich viele Punkte, die einer vorgelegten abzählbaren Punktmenge der Strecke nicht angehören.

Beweis. $x = a$ und $x = b > a$ seien die Endpunkte der Strecke, und der bewegliche Punkt x durchlaufe die Strecke von links nach rechts. Durch die Vorschrift

$$x' = \frac{x - a}{b - a}$$

wird dann die Strecke eindeutig auf das Fundamentalintervall abgebildet, so daß jedem Punkte x der Strecke genau ein Punkt x' des Fundamentalintervalls entspricht und aus der vorgelegten abzählbaren Menge $\mathfrak{M}$ eine abzählbare Menge $\mathfrak{M}'$ des Fundamentalintervalls wird.

Nach Cantors Vorschrift lassen sich unendlich viele Punkte y' des Fundamentalintervalls bestimmen, welche der Menge $\mathfrak{M}'$ nicht angehören. Die den Punkten y' vermöge der Abbildungsformel

$$y' = \frac{y - a}{b - a}$$

entsprechenden Streckenpunkte y gehören dann der Menge $\mathfrak{M}$ nicht an, w. z. b. w.

Die Gesamtheit aller Punkte einer Strecke bildet ein sog. *Kontinuum*, das *Streckenkontinuum* (s. u.).

Mit Benutzung dieses Ausdrucks erhält unser Satz die prägnante Fassung:

Satz von Cantor

Das Streckenkontinuum ist nicht abzählbar.

Nach diesem Exkurs über abzählbare Mengen setzen wir unsere Betrachtung über Mengen im allgemeinen fort.

Eine Realzahlenmenge heißt *nach oben beschränkt*, wenn es eine endliche Zahl O gibt, die sämtliche Elemente der Menge überschreitet. Die Zahl O wird eine *obere Schranke* der Menge genannt. Eine Menge heißt *nach unten beschränkt*, wenn eine endliche Zahl U existiert, die alle Mengenglieder unterschreitet. Die Zahl U ist eine *untere Schranke* der Menge. Eine Zahlenmenge heißt *beschränkt*, wenn es eine endliche Zahl gibt, die den Betrag jedes Elements der Menge überschreitet.

Häufungsstellen

Ein Punkt der Zahlenebene heißt eine *Häufungsstelle* einer Menge, wenn in jeder reduzierten Umgebung des Punktes unendlich viele Mengenglieder liegen.

Dabei versteht man unter reduzierter Umgebung ε des Punktes c der Zahlenebene die Gesamtheit der von c verschiedenen Punkte z, für welche $|z-c|<\varepsilon$ ausfällt und wenn es sich nur um Realzahlen handelt, unter der reduzierten Umgebung ε des Punktes $x=a$ der Realachse die Gesamtheit der von a verschiedenen Punkte x der Realachse, für welche $|x-a|<\varepsilon$ ist.

Eine Häufungsstelle kann auch so definiert werden:

Ein Punkt heißt *Häufungsstelle* einer Menge, wenn in jeder Umgebung des Punktes außer ihm selbst mindestens ein Punkt der Menge liegt.

In dieser zweiten Definition ist die erste enthalten.

In der Tat: P sei ein Punkt der Menge derart, daß in jeder Umgebung von P außer P mindestens ein Punkt der Menge liegt. In der beliebig kleinen positiven Umgebung ε liege demgemäß das von P um $d<\varepsilon$ abstehende Mengenglied Q. Wir nehmen jetzt die Umgebung $\varepsilon_1=d:2$ von P; in ihr muß mindestens ein von P verschiedenes Mengenelement Q_1 liegen, dessen Abstand d_1 von $P<\varepsilon$ ist. Wir gehen zur Umgebung $\varepsilon_2=d_1:2$ über; in ihr muß mindestens ein von P verschiedenes Element Q_2 liegen, dessen Abstand d_2 von $P<\varepsilon_2$ ist. Darauf finden wir in der neuen Umgebung $\varepsilon_3=d_2:2$ einen neuen Mengenpunkt Q_3 usw. Wir haben damit das Vorhandensein von *unendlich vielen* Mengengliedern $Q, Q_1, Q_2, Q_3, \ldots$ in der beliebig vorgegebenen Umgebung ε von P festgestellt, so daß P auch nach der ersten Definition eine Häufungsstelle ist.

Eine Häufungsstelle einer Menge braucht der Menge nicht anzugehören.

Beispiele:

1. Die durch die Formel

$$x_n=\frac{n+\iota^n}{2n+\iota^n} \qquad (n=1,\ 2,\ 3,\ 4,\ \ldots)$$

definierte Realzahlenmenge oder Folge $\{x_n\}$ besteht aus den Elementen

$$0,\ \frac{3}{5},\ \frac{2}{5},\ \frac{5}{9},\ \frac{4}{9},\ \frac{7}{13},\ \frac{6}{13},\ \ldots$$

und hat die einzige der Menge nicht angehörige Häufungsstelle $x=\frac{1}{2}$.

2. Die Menge besteht aus den Zahlen der drei Folgen $\{x_n\}$, $\{y_n\}$ und $\{z_n\}$ mit

$$x_n = 1 + \frac{1}{2} + \frac{1}{2^2} + \cdots + \frac{1}{2^n}, \qquad y_n = 1 + \frac{1}{3} + \frac{1}{3^2} + \cdots + \frac{1}{3^n},$$

$$z_n = 1 + \frac{1}{5} + \frac{1}{5^2} + \cdots + \frac{1}{5^n}.$$

Die Menge hat genau 3 Häufungsstellen $x = 2$, $y = 1\frac{1}{2}$, $z = 1\frac{1}{4}$, von denen aber nur die zweite der Menge angehört: $y = x_1$.

3. Die Menge der Zahlen, die entsteht, wenn in dem Ausdruck

$$1 + \frac{1}{r+1} + \frac{1}{(r+1)^2} + \cdots + \frac{1}{(r+1)^s}$$

die beiden Variabeln r und s unabhängig voneinander alle natürlichen Zahlen durchlaufen, hat die unendlich vielen Häufungsstellen $2, \frac{3}{2}, \frac{4}{3}, \frac{5}{4}, \frac{6}{5}, \ldots$

4. Die Menge aller Rationalzahlen des Fundamentalintervalls hat unendlich viel mehr Häufungsstellen als sie selbst Elemente besitzt, da sie *jede* Zahl des Fundamentalintervalls zur Häufungsstelle hat.

5. Die Menge aller Punkte der Zahlenebene von der Form

$$z_n = \sqrt[n]{2} + 2\,\omega^n \qquad \text{mit } \omega = \frac{-1 + i\sqrt{3}}{2} \qquad \text{und} \qquad n = 1, 2, 3, \ldots$$

hat die 3 Häufungsstellen $i\sqrt{3}$, $-i\sqrt{3}$ und 3, von denen keine der Menge angehört.

6. Die Folge $\left\{z_n = \sqrt[n]{n} + i^n\right\}$ hat die 4 Häufungsstellen $1 + i$, 0, $1 - i$ und 2, von denen nur die erste der Menge angehört. (Es ist $\lim\limits_{n \to \infty} \sqrt[n]{n} = 1$.) *)

Punktarten einer Menge

Ein Punkt heißt *Innenpunkt einer Menge,* wenn er eine Umgebung besitzt, die der Menge angehört. Die Gesamtheit aller Innenpunkte bildet das *Innere* der Menge. Ein Punkt heißt *Außenpunkt einer Menge,* wenn er eine Umgebung besitzt, von der kein Punkt der Menge angehört. Die Gesamtheit aller Außenpunkte bildet das *Äußere* oder auch das *Komplement* der Menge.

Ein Punkt heißt *Randpunkt* einer Menge, wenn in jeder Umgebung desselben mindestens ein Punkt liegt, der der Menge angehört, und mindestens einer, der der Menge nicht angehört.

Die Gesamtheit aller Randpunkte einer Menge bildet den *Rand* oder die *Grenze* (Begrenzung) der Menge. Ein Punkt heißt *isolierter Punkt* einer Menge, wenn er selbst der Menge angehört und sich eine Umgebung des Punktes angeben läßt, von der außer ihm kein Punkt zur Menge gehört.

---

*) Nach dem binomischen Satz ist $\left(1 + \sqrt{\frac{2}{n}}\right)^n > 1 + \sqrt{2n} + (n-1) > n$, mithin $1 < \sqrt[n]{n} < 1 + \sqrt{\frac{2}{n}}$.

Offene und abgeschlossene Mengen

Eine Menge heißt *offen*, wenn sie nur aus Innenpunkten besteht.

Eine Menge heißt *abgeschlossen*, wenn sie alle ihre Häufungsstellen enthält, oder wenn sie überhaupt keine Häufungsstelle besitzt. Die Nullmenge gilt als abgeschlossen.

Dementsprechend heißt ein *Intervall* der Zahlenachse *abgeschlossen* oder *offen*, je nachdem die Endpunkte des Intervalls zum Intervall gerechnet werden oder nicht.

Sind a und $b > a$ die Intervallenden, so wird das offene Intervall mit (a, b), das abgeschlossene mit $[a, b]$ bezeichnet.

Ebenso heißt eine (in der Zahlenebene liegende) *Fläche* (als Menge ihrer Punkte) *abgeschlossen* oder *offen*, je nachdem ihre Randpunkte ihr zugerechnet werden oder nicht.

Zusammenhang

Eine Menge heißt *zusammenhängend*, wenn je zwei ihrer Punkte durch eine stetige Linie verbunden werden können, deren Punkte alle der Menge angehören.

Eine abgeschlossene zusammenhängende Punktmenge heißt *Kontinuum*.

Ableitung einer Menge

Unter der *Ableitung einer Menge* versteht man die Gesamtheit ihrer Häufungsstellen.

Die Ableitung der Menge $\mathfrak{M}$ wird mit $\mathfrak{M}'$ bezeichnet. *Die Ableitung einer Menge ist eine abgeschlossene Menge.*

Beweis. ε sei eine beliebige Umgebung einer Häufungsstelle g von $\mathfrak{M}'$. In der Umgebung $\varepsilon/2$ von g liegt mindestens ein Element z' von $\mathfrak{M}'$, so daß $|g - z'| < \varepsilon/2$ ist. Da z' eine Häufungsstelle von $\mathfrak{M}$ ist, liegt in der Umgebung $\varepsilon/2$ von z' mindestens ein von g verschiedener Punkt z von $\mathfrak{M}$ so, daß $|z' - z| < \varepsilon/2$ ist. Aus den beiden gefundenen Ungleichungen folgt $|g - z| < \varepsilon$. Damit liegt aber in der beliebigen Umgebung ε von g mindestens ein von g verschiedener Punkt (z) von $\mathfrak{M}$, d. h. g ist Häufungsstelle von $\mathfrak{M}$ und gehört als solche zu $\mathfrak{M}'$. Folglich enthält $\mathfrak{M}'$ jede seiner Häufungsstellen und ist somit abgeschlossen.

Mit Benutzung des Ableitungsbegriffs können wir noch sagen:

Eine Menge heißt *abgeschlossen*, wenn sie ihre Ableitung enthält.

Ist umgekehrt eine Menge in ihrer Ableitung enthalten, mit anderen Worten: ist jeder Punkt der Menge eine ihrer Häufungsstellen, so heißt die Menge *insichdicht*.

Eine Menge, die mit ihrer Ableitung übereinstimmt, d. h. die zugleich abgeschlossen und insichdicht ist, heißt *perfekt*.

Zusatz. Eine Punktmenge heißt *dicht*, wenn die Verbindungsstrecke je zweier ihrer Punkte mindestens einen weiteren Punkt der Menge enthält.

Durchmesser einer Menge

Die Verbindungsstrecke je zweier Punkte einer Menge heißt eine Strecke der Menge.
Unter dem *Durchmesser* einer Punktmenge versteht man die obere Grenze aller Strecken der Menge.

§ 6. WEGE UND GEBIETE

I. Wege

Eine ebene *Kurve* $\mathfrak{c}$ ist der Ort oder die Bahn des beweglichen Punktes (des Mobils) P, dessen Koordinaten x und y sich durch die Bahngleichungen (die Gleichungen der Kurve in Parameterdarstellung)

$$x = \varphi(t), \qquad y = \psi(t)$$

bestimmen. Während der veränderliche Parameter t, den wir uns zweckmäßig als Zeit vorstellen, vom Anfangswerte a bis zum Endwerte e eines vorgelegten Intervalls $I = [a, e]$ anwächst, durcheilt das Mobil P die Kurve oder, wie man auch sagt, den *Kurvenbogen* oder *Bogen* $\mathfrak{c}$ von seinem „Anfangspunkte" A bis zu seinem „Endpunkte" E.
Ein solcher Kurvenbogen ist „*orientiert*"; d. h. von zwei beliebigen seiner den Parameterwerten t_1 und $t_2 > t_1$ entsprechenden Punkten P_1 und P_2 liegt P_2 *vor* P_1, und der dem Teilintervall $[t_1, t_2]$ entsprechende Teil (Teilbogen) der Kurve liegt *zwischen* P_1 und P_2.
Da die Ebene, in welcher wir hier Kurven betrachten, die komplexe Zahlenebene ist, wird die Lage des Mobils P durch die Zahl z $(= x + iy)$ bestimmt, die in der geometrischen Darstellung der komplexen Zahlen dem Punkte P (mit den Koordinaten x und y) entspricht. Statt daher die Kurve $\mathfrak{c}$ durch das Gleichungspaar

$$x = \varphi(t), \qquad y = \psi(t)$$

festzulegen, genügt zur Festlegung eine einzige Gleichung

$$z = \mathfrak{F}(t),$$

wo dann $\mathfrak{F}(t)$ eine komplexe Funktion $[\mathfrak{F}(t) = \varphi(t) + i\psi(t)]$ der reellen Variable t bedeutet. Der Punkt z durcheilt die Kurve $\mathfrak{c}$, wenn das Argument t das vorgelegte Intervall I durchläuft.
Die Kurve $\mathfrak{c}$ heißt *stetig*, wenn die Funktionen φ und ψ stetige Funktionen von t sind.
Die Kurve heißt *doppelpunktfrei*, wenn *verschiedenen* Werten des Parameters stets *verschiedene* Kurvenpunkte entsprechen.
Eine doppelpunktfreie stetige Kurve heißt *Jordankurve* (nach dem Franzosen Camille Jordan, der solche Kurven als erster *genauer* untersucht hat).
Die Kurve $\mathfrak{c}$ heißt *geschlossen*, wenn ihr Endpunkt E mit ihrem Anfangspunkte A zusammenfällt, wenn mit anderen Worten [außer $t = a$] $t = e$ der einzige Parameterwert ist, für den $\varphi(t) = \varphi(a)$ und zugleich $\psi(t) = \psi(a)$ wird $[\varphi(e) = \varphi(a), \quad \psi(e) = \psi(a)]$.

Der zum Intervall $I = [a, e]$ gehörige Bogen $\mathfrak{c}$ heißt *glatt*, wenn die Funktionen φ und ψ in diesem Intervall stetige (endliche) Ableitungen

$$x' = \varphi'(t), \qquad y' = \psi'(t)$$

besitzen.

Ein glatter Bogen ist stets *rektifizierbar* oder *streckbar*, d. h. er besitzt eine endliche Länge l. Diese bestimmt sich durch das Integral

$$l = \int_a^e v\,dt,$$

wo $v = \sqrt{x'^2 + y'^2}$ die „Geschwindigkeit" des Mobils P im Punkte (x, y) bedeutet.

Eine aus endlich vielen, unmittelbar aufeinander folgenden glatten Bogen bestehende stetige Kurve soll im folgenden kurz ein *Weg* genannt werden.

Einen geschlossenen doppelpunktfreien Weg nennen wir kurz einen *Umlauf* oder eine *Kontur*.

Ein Weg kann in zwei verschiedenen Sinnen durchlaufen werden: einmal in dem schon beschriebenen Sinne vom Anfangspunkte A bis zum Endpunkte E, wobei der Parameter t von a bis e läuft, dann aber auch „im entgegengesetzten Sinne" von E bis A, indem man den Parameter t von e bis a laufen läßt.

Ebenso kann ein Umlauf in zwei verschiedenen Sinnen durchlaufen werden: *im positiven Sinne*, wobei das Umlaufsinnere zur Linken des den Umlauf durcheilenden Mobils z bleibt, dann aber auch *im negativen Sinne* (Uhrzeigersinne), wobei das Umlaufsinnere stets rechts vom Mobil liegt.

Kurven, Wege und Umläufe werden wir im folgenden im allgemeinen durch kleine deutsche Buchstaben bezeichnen.

II. Gebiete

Unter einem *Gebiet* verstehen wir eine zusammenhängende nur aus Innenpunkten bestehende Punktmenge der z-Ebene.

Die Randpunkte des Gebiets gehören demnach dem Gebiet *nicht* an.

Wegen dieser Ausschließung seiner Randpunkte heißt das Gebiet ausführlicher auch *„offenes Gebiet"*.

Wenn, wie es bisweilen geschieht, ein Teil der Randpunkte eines Gebiets zum Gebiet gerechnet wird, so ist das durch eine zusätzliche Angabe ausdrücklich festzulegen.

Eine Menge z. B., die aus den Punkten eines Gebiets und *allen* Randpunkten dieses Gebiets besteht, wird ein *„abgeschlossenes Gebiet"* oder ein *Bereich* genannt.

Ein *Bereich* ist also eine aus Innen- *und* Randpunkten bestehende zusammenhängende abgeschlossene Punktmenge.

Gebiete und Bereiche werden im folgenden im allgemeinen durch große deutsche Buchstaben, z. B. $\mathfrak{G}$ und $\mathfrak{B}$ bezeichnet. Das abgeschlossene Gebiet, welches aus dem Gebiet $\mathfrak{G}$ *und* seinen Randpunkten besteht, erhält gewöhnlich die Bezeichnung $\overline{\mathfrak{G}}$.

Besonders häufig kommen Gebiete und Bereiche von Kreisform vor.

Faßt man z. B. die im Innern einer Kreisfläche $\mathfrak{K}$ vom Mittelpunkte c und Halbmesser r liegenden Punkte zu einem Gebiet zusammen, so wird dieses Gebiet etwa auch durch den Buchstaben $\mathfrak{K}$ bezeichnet; man bezeichnet es aber auch als „*das Gebiet* $|z-c|<r$", weil es alle Punkte z (und keine anderen) umfaßt, die diese Ungleichung befriedigen.

Ebenso wird das abgeschlossene Gebiet $\overline{\mathfrak{K}}$ (der Bereich $\mathfrak{K}$) als „*Bereich* $|z-c|\leqq r$" bezeichnet.

Ein besonders häufig vorkommendes Gebiet ist das aus sämtlichen Innenpunkten des Gaußkreises bestehende *Gaußgebiet* (also das Gebiet $|z|<1$), bzw. der aus sämtlichen Punkten der Gaußkreisfläche bestehende *Gaußbereich* ($|z|\leqq 1$).

Unter der *Umgebung* $\mathfrak{U}$ des Punktes c versteht man das Gebiet, welches alle Innenpunkte eines um den Punkt c als Zentrum beschriebenen Kreises $\mathfrak{U}$ von hinlänglich kleinem Halbmesser δ umfaßt. Dieses durch die Bedingung $|z-c|<\delta$ festgelegte Gebiet wird auch oft die „*Umgebung* δ" des Punktes c genannt.

Unter der *Umgebung* δ *des unendlich fernen Punktes* versteht man die Gesamtheit aller Punkte, welche außerhalb des um den Ursprung als Zentrum beschriebenen Kreises mit dem sehr großen Radius $R=1:\delta$ liegen. Die *Umgebung* δ des Punktes $z=\infty$ ist also die Gesamtheit aller Punkte z, für welche $|z|>1:\delta$ ausfällt.

Wird aus der Umgebung eines Punktes dieser Punkt weggenommen, so verbleibt die „*reduzierte Umgebung*" des Punktes.

Unter der *Umgebung* δ *eines Weges* versteht man das Gebiet, welches aus der Umgebung δ jedes Wegpunktes besteht.

Unter dem *Gebiet eines Umlaufs* versteht man die Gesamtheit aller innerhalb des Umlaufs liegenden Punkte. Ebenso ist der *Bereich eines Umlaufs* die Gesamtheit aller Punkte, die innerhalb des Umlaufs oder auf dem Umlauf selbst liegen.

Ein Gebiet bzw. Bereich heißt *endlich*, wenn alle seine Punkte im Endlichen liegen, d. h. wenn sich ein Kreis mit endlichem Radius um den Ursprung beschreiben läßt derart, daß alle Punkte des Gebiets bzw. Bereichs im Innern dieses Kreises liegen.

Ein Gebiet oder Bereich heißt *k-fach zusammenhängend*, wenn sein Rand aus k getrennten Punkten oder Kontinuen besteht.

Ein *Kontinuum* ist, wie schon im § 5 gesagt wurde, eine zusammenhängende abgeschlossene Punktmenge.

Eine Kreisfläche ist z. B. einfach zusammenhängend, denn ihr Rand — der Umfang des Kreises — ist ein (lineares) Kontinuum.

Jeder Umlaufsbereich ist gleichfalls einfach zusammenhängend. Sein Rand — der Umlauf — ist ein lineares Kontinuum.

Die außerhalb eines Umlaufs liegenden Punkte der z-Ebene bilden gleichfalls ein einfach zusammenhängendes Gebiet.

Die *punktierte Ebene*, d. h. die Gesamtheit *aller* Punkte der z-Ebene mit alleiniger Ausnahme des Punktes $z = c$ stellt ebenfalls ein einfach zusammenhängendes Gebiet dar.

Liegt ein Umlauf ganz innerhalb eines anderen Umlaufs, so ist das zwischen den beiden Umläufen liegende Gebiet *zweifach zusammenhängend.*

Zeichnet man außerhalb eines Kreises $\mathfrak{a}$ einen zweiten Kreis $\mathfrak{b}$, sodann einen Kreis $\mathfrak{c}$ so, daß $\mathfrak{a}$ und $\mathfrak{b}$ innerhalb $\mathfrak{c}$ liegen, so bilden die Punkte, die zugleich außerhalb der beiden Kreise $\mathfrak{a}$ und $\mathfrak{b}$ und innerhalb des Kreises $\mathfrak{c}$ liegen, ein *dreifach zusammenhängendes Gebiet,* usw.

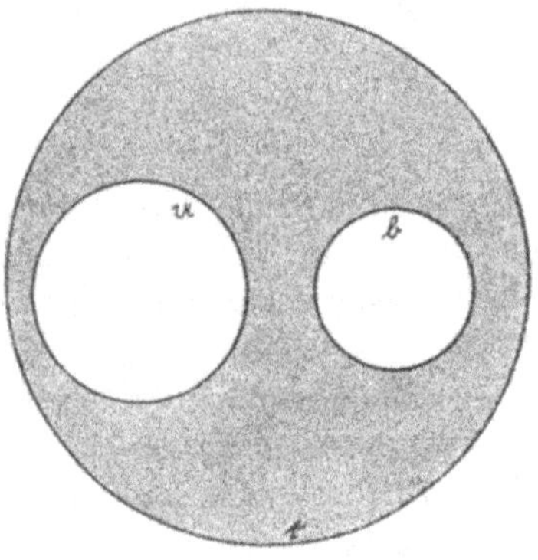

Abb. 11

§ 7. DEDEKINDS SCHNITTSATZ

Von größter Bedeutung für die Beweise vieler Sätze der Analysis ist die zuerst (1872) von Richard Dedekind genauer betrachtete *Klasseneinteilung der Realzahlen,* d. h. die Einteilung aller Realzahlen in zwei Klassen derart, daß jede Zahl der ersten Klasse kleiner ist als jede Zahl der zweiten Klasse.

Man nennt die erste Klasse zweckmäßig die *Unterklasse,* die zweite die *Oberklasse,* die Angehörigen der beiden Klassen entsprechend *Unterzahlen* und *Oberzahlen.*

Die einfachste derartige Klasseneinteilung entsteht, wenn man *nach Fixierung einer gewissen Realzahl r* die beliebige Zahl z in die Ober- oder Unterklasse tut, je nachdem z die feste Zahl r überschreitet oder nicht. Bei dieser Einteilung ist r die größte aller Unterzahlen.

Die Einteilung läßt sich auch so einrichten, daß die Fixzahl r die kleinste aller Oberzahlen wird: Man tut die beliebige Zahl z in die Unter- oder Oberklasse, je nachdem z die Fixzahl r unterschreitet oder nicht. Wie man sieht, ist r jetzt die kleinste Oberzahl.

Jede Realzahl r vermag demnach genau *zwei* solche Klasseneinteilungen zu „erzeugen".

Wir geben noch zwei Beispiele von Klasseneinteilungen.

1. In die Oberklasse kommt jede Zahl, deren Quadrat die gegebene positive Ganzzahl g überschreitet, in die Unterklasse jede andere Zahl.

Die Einteilung wird in diesem Beispiel durch die Quadratwurzel aus g hervorgebracht.

2. In die Unterklasse kommt jede Zahl von der Form $\varphi_n = \left(1 + \frac{1}{n}\right)^n$ mit positivem n, außerdem jede Zahl, die unterhalb eines solchen φ_n liegt; in die Oberklasse kommt jede andere Zahl. Die so bestimmte Klasseneinteilung wird durch die Eulersche Zahl e erzeugt, welche die kleinste Oberzahl der Einteilung ist.

Die Betrachtung der Klasseneinteilungen führt zu dem fundamentalen

Satz von Dedekind:

Jede Einteilung aller Realzahlen in eine Unter- und Oberklasse bestimmt eine einzige Zahl s derart, daß jede Zahl $<s$ zur Unterklasse, jede Zahl $>s$ zur Oberklasse gehört.

Am schnellsten sieht man das ein, wenn man jeden Punkt der Zahlenachse entweder gelb oder blau markiert derart, daß jeder gelb markierte Punkt links von jedem blau markierten liegt. Die gelb markierten Punkte bilden die Unterklasse, die blau markierten die Oberklasse der Einteilung. Dann ist klar, daß auf der Zahlenachse genau *ein* Punkt s (eine Zahl s) existiert derart, daß jeder Punkt links von s (jede Zahl $<s$) gelb, jeder Punkt rechts von s (jede Zahl $>s$) blau markiert ist. Dieses eindeutig bestimmte s ist die Zahl, deren Existenz in unserem Satze behauptet wird.

Eine Klasseneinteilung der Realzahlen wird auch ein *Dedekindschnitt*, die durch sie erzeugte Zahl s die *Schnittzahl* der Einteilung genannt.

Mit Benutzung dieser Ausdrücke erhält unser Satz die Form

Dedekinds Schnittsatz:

Jeder Dedekindschnitt erzeugt genau eine Schnittzahl derart, daß jede kleinere Zahl der Unterklasse, jede größere Zahl der Oberklasse des Schnitts angehört.

Die Schnittzahl selbst gehört zur Unter- oder Oberklasse.

Stellt man sich auf den Standpunkt, daß die Klasseneinteilung als durch die Schnittzahl s bewirkt angesehen wird, so kann man die Unterklasse bzw. Oberklasse der Einteilung auch als Unterklasse bzw. Oberklasse der Schnittzahl bezeichnen.

Bisweilen sagt man statt „Schnittzahl" auch kurzweg „Schnitt". Das erregt weiter keine Bedenken, wenn nur aus dem Zusammenhange hervorgeht, daß der Ausdruck „Schnitt" dann nicht den *Akt* der Einteilung, sondern das *Ergebnis* dieses Aktes bedeutet.

Anwendungen des Dedekindschen Satzes

I. Grenzen und Grenzwerte

1° Satz von der oberen Grenze:

Jede nach oben beschränkte Menge reeller Zahlen besitzt genau eine obere Grenze;

d. h. es existiert eine einzige, der Menge nicht notwendig angehörige Zahl G mit folgenden zwei Eigenschaften.

1. oberhalb von G liegt keine Zahl der Menge,
2. in jedem abgeschlossenen Intervall mit dem Rechtsende G liegt mindestens eine Zahl der Menge.

Diese Zahl G heißt *obere Grenze* der Menge.

Der *Beweis* dieses Satzes ergibt sich ohne weiteres aus folgender Definition der oberen Grenze:

Die *obere* Grenze ist der Schnitt, in dessen *Unter*klasse jede Zahl kommt, *oberhalb* welcher wenigstens ein Mengenglied liegt, in dessen Oberklasse jede andere Zahl kommt.

Ist also beispielsweise $x_1, x_2, x_3, \ldots, \quad x_n, \ldots$

eine Folge unaufhörlich wachsender reeller Zahlen, die sämtlich unterhalb einer endlichen Zahl E liegen, so besitzt die Folge eine obere Grenze G, und man schreibt

$$\lim_{n \to \infty} x_n = G.$$

Diese Gleichung bedeutet: zu jedem positiven ε existiert ein Zeiger n derart, daß für jeden größeren Zeiger N

$$G - \varepsilon < x_N < G$$

ist.

In der Tat: im Intervall $(G - \varepsilon, G)$ liegt mindestens eine Zahl, etwa x_n, der Menge. Demnach ist $G - \varepsilon \leqq x_n \leqq G$, also sicher $x_N > G - \varepsilon$. Da ferner für $M > N$ $x_N < x_M$ und $x_M \not> G$ oder $x_M \leqq G$ ist, folgt ferner $x_N < G$.

Die obere Grenze der steigenden Folge

$$x_1 = \left(1 + \frac{1}{1}\right)^1, \qquad x_2 = \left(1 + \frac{1}{2}\right)^2, \qquad x_3 = \left(1 + \frac{1}{3}\right)^3, \ldots$$

ist bekanntlich die Eulersche Zahl e.

2° Satz von der unteren Grenze:

Jede nach unten beschränkte Menge reeller Zahlen besitzt genau eine untere Grenze; d. h. es gibt eine einzige, der Menge nicht notwendig angehörende Zahl g mit folgenden zwei Eigenschaften:

1. unterhalb von g liegt keine Zahl der Menge,
2. in jedem abgeschlossenen Intervall mit dem Linksende g liegt wenigstens eine Zahl der Menge.

Die Zahl g heißt *untere Grenze* der Menge.

Der *Beweis* des Satzes folgt sofort aus folgender Definition der unteren Grenze: Die *untere* Grenze der Menge ist der Schnitt, in dessen *Ober*klasse jede Zahl kommt, *unter*halb welcher wenigstens ein Mengenglied liegt, in dessen Unterklasse jede andere Zahl kommt.

Eine Menge, die sowohl nach oben als auch nach unten beschränkt ist, besitzt sowohl eine obere als auch eine untere Grenze. Kurz:

Jede beschränkte Realzahlenmenge besitzt genau eine obere und eine untere Grenze.

Man spricht auch bei einer nach oben (bzw. unten) *nicht* beschränkten Zahlenmenge von einer oberen (bzw. unteren) Grenze der Menge und meint damit die „Zahl" $+\infty$ (bzw. $-\infty$).

Zusatz. Wenn die obere bzw. untere Grenze einer Menge der Menge angehört, heißt sie das *Maximum* bzw. *Minimum* der Menge.

3° Satz vom Oberlimes:

Jede beschränkte unendliche Menge reeller Zahlen besitzt genau einen Oberlimes; d. h. es gibt eine einzige, der Menge nicht notwendig angehörige endliche Zahl L mit folgenden zwei Eigenschaften: Für jedes positive ε liegen

rechts von $L - \varepsilon$ unendlich viele Mengenglieder,
rechts von $L + \varepsilon$ endlich viele oder keine Mengenglieder.

Die Zahl L heißt der *Oberlimes* oder *Superlimes* oder limes superior der gegebenen Menge $\mathfrak{M}$, und man schreibt

$$\overline{\lim}\, \mathfrak{M} = L \qquad \text{oder} \qquad \limsup \mathfrak{M} = L .$$

Der *Beweis* des Satzes folgt ohne weiteres aus der folgenden Definition des Oberlimes:
Der *Ober*limes einer beschränkten Realzahlenmenge ist der Schnitt, in dessen *Unter*klasse jede Zahl kommt, *ober*halb welcher unendlich viele Mengenglieder liegen, in dessen Oberklasse jede andere Zahl kommt.

4° Satz vom Unterlimes:

Jede beschränkte unendliche Menge reeller Zahlen besitzt einen einzigen Unterlimes; d.h. es gibt genau eine, der Menge nicht notwendig angehörige endliche Zahl l mit folgenden zwei Eigenschaften:
Für jedes positive ε liegen

links von $l+\varepsilon$ unendlich viele Mengenglieder,
links von $l-\varepsilon$ endlich viele oder keine Mengenglieder.

Diese Zahl l heißt *Unterlimes* oder *limes inferior* der gegebenen Menge $\mathfrak{M}$, und man schreibt

$$\underline{\lim}\, \mathfrak{M} = l \qquad \text{oder} \qquad \liminf \mathfrak{M} = l .$$

Den Beweis entnimmt man bequem der Definition:
Der *Unter*limes einer Zahlenmenge ist der Schnitt, in dessen *Ober*klasse jede Zahl kommt, *unter*halb welcher unendlich viele Mengenglieder liegen, in dessen Unterklasse jede andere Zahl kommt.

Korollar: Es ist stets $\boxed{l \leq L}$.

Von besonderer Bedeutung sind Punktmengen der Zahlenachse, welche abzählbar sind, welche also als Folgen geschrieben werden können.
Für Folgen können wir den Sätzen vom Ober- und Unterlimes die folgende Form geben:

Jede beschränkte Folge $\quad x_1, x_2, x_3, \ldots, x_n, \ldots$

reeller Zahlen besitzt genau einen Oberlimes L und einen Unterlimes l.
Die Zahl L ist der Oberlimes der Folge $x_1, x_2, \ldots$, wenn für jedes positive ε erstens ein Zeiger n existiert derart, daß für jeden größeren Zeiger N

$$x_N < L + \varepsilon$$

ist, zweitens beliebig große Zeiger M existieren, für welche

$$x_M > L - \varepsilon$$

ausfällt.
Die Zahl l ist der Unterlimes der Folge $x_1, x_2, \ldots$, wenn zu jedem positiven ε erstens ein Zeiger n existiert derart, daß für jeden größeren Zeiger N

$$x_N > l - \varepsilon$$

ist, zweitens beliebig große Zeiger M existieren, für welche

$$x_M < l + \varepsilon$$

ausfällt.

Man schreibt

$$\overline{\lim_{n\to\infty}}\, x_n = L, \qquad \underline{\lim_{n\to\infty}}\, x_n = l.$$

Bei einer nach unten beschränkten, nach oben nicht beschränkten Realzahlenmenge ist nur ein endlicher *Unter*limes l vorhanden; als *Ober*limes gilt die Zahl $L = +\infty$. Ebenso ist bei einer nur nach oben beschränkten Punktmenge der Zahlenachse nur ein endlicher *Ober*limes L vorhanden; als *Unter*limes gilt die Zahl $l = -\infty$.

5° Satz von Bolzano:

Jede beschränkte unendliche Punktmenge der Zahlenachse besitzt mindestens eine Häufungsstelle.

Beweis. Die Menge besitzt nach 3° und 4° einen Oberlimes L und einen Unterlimes l. Jeder von ihnen ist eine Häufungsstelle. Wenn also der Oberlimes vom Unterlimes verschieden ist, besitzt die Menge sogar mindestens *zwei* Häufungsstellen.

Man sieht leicht ein, daß *von allen Häufungsstellen einer beschränkten Zahlenmenge der Oberlimes die größte, der Unterlimes die kleinste ist.*

Wenn eine beschränkte unendliche Realzahlenmenge nur *eine* Häufungsstelle hat, so ist diese zugleich Ober- und Unterlimes der Menge.

Beispiele:

1. Die Menge der irreduziblen echten Brüche:

$$\pm\frac{1}{2}, \pm\frac{1}{3}, \pm\frac{2}{3}, \pm\frac{1}{4}, \pm\frac{3}{4}, \pm\frac{1}{5}, \pm\frac{2}{5}, \pm\frac{3}{5}, \pm\frac{4}{5}, \ldots$$

besitzt die drei Häufungsstellen -1, 0, $+1$, von denen die erste der Unterlimes, die dritte der Oberlimes der Menge ist. Ober- und Unterlimes gehören beide der Menge nicht an.

2. Die Menge aller Zahlen von der Form

$$x_n = \frac{n-1}{n+1}\cos n\tau \qquad \text{mit } \tau = \frac{\pi}{3},\ n = 1, 2, 3, 4, \ldots$$

hat die vier Häufungsstellen

$$l = -1, \quad h = -\frac{1}{2}, \quad H = +\frac{1}{2}, \quad L = +1,$$

von denen keine der Menge angehört.

3. Die Folge $\{x_n\}$ der Zahlen

$$x_n = \frac{n+1}{n}\sin n\sigma \qquad \text{mit } \sigma = \frac{\pi}{6} \text{ und } n = 1, 2, 3, \ldots.$$

hat die 7 Häufungsstellen

$$l=-1,\ h=-\frac{\sqrt{3}}{2},\quad k=-\frac{1}{2},\quad m=0,\quad K=+\frac{1}{2},\quad H=+\frac{\sqrt{3}}{2},\quad L=+1,$$

von denen nur m der Menge angehört ($m=x_6=x_{12}=x_{18}=\cdots$.)

4. Die Menge, die aus den Zahlen von der Form

$$x_n=\left(1+\frac{1}{n}\right)^n-1$$

und den Zahlen von der Form

$$X_n=\left(1+\frac{1}{n}\right)^{n+1}$$

besteht mit $n=1, 2, 3, \ldots$, hat nur zwei Häufungsstellen:

den Unterlimes $l=e-1$ und den Oberlimes $L=e$.

Beide Limiten gehören der Menge nicht an.

5. Die Folge $\qquad 1,\ \frac{1}{2},\ \frac{2}{3},\ \frac{3}{5},\ \frac{5}{8},\ \frac{8}{13},\ \ldots$

enthält nur die eine Häufungsstelle

$$L=l=\frac{\sqrt{5}-1}{2},$$

welche gleichzeitig Ober- und Unterlimes ist.
Die Folge besteht aus den Näherungswerten des Kettenbruches für die positive Wurzel L der Gleichung $x^2+x=1$.

6. Die Folge $\left\{x_n=\frac{n-1}{n+1}\sin^2 n\delta\right\}$ mit $\delta=\frac{\pi}{10}$ hat die sechs Häufungsstellen

$$l=0,\quad h=\frac{3-\sqrt{5}}{8},\quad k=\frac{5-\sqrt{5}}{8},\quad K=\frac{3+\sqrt{5}}{8},\quad H=\frac{5+\sqrt{5}}{8},\quad L=1,$$

aber nur ihr Unterlimes $l=0$ gehört der Folge an.

6° Cauchys Konvergenzkriterium

Wenn eine beschränkte Realzahlenmenge $\mathfrak{M}$ nur *eine* Häufungsstelle λ hat, d. h. wenn Ober- und Unterlimes der Menge denselben Wert λ haben, so sagt man, „die Menge $\mathfrak{M}$ ist konvergent“, sie konvergiert gegen den *Grenzwert* oder *Limes* λ, und man schreibt

$$\lim \mathfrak{M}=\lambda.$$

Am einfachsten läßt sich die Frage nach der Konvergenz einer Menge bei einer abzählbaren Menge entscheiden, also bei einer Menge, die als eine Folge $x_1, x_2, x_3, \ldots$ reeller Zahlen erscheint.
Wenn die Folge $x_1, x_2, \ldots$ gegen den endlichen Grenzwert λ konvergiert, so liegen wegen der Ober- *und* Unterlimeseigenschaft von λ bei jedem posi-

tiven ε im Intervalle $(\lambda - \varepsilon, \lambda + \varepsilon)$ unendlich viele Folgeglieder, außerhalb dieses Intervalls nur endlich viele Folgeglieder. Es muß daher einen Zeiger n geben derart, daß für jeden größeren Zeiger N x_N in diesem Intervalle liegt, also

$$|x_N - \lambda| < \varepsilon$$

ausfällt. Ist umgekehrt diese Bedingung erfüllt, so besitzt die Folge $x_1, x_2, \ldots$ die einzige Häufungsstelle λ, konvergiert also gegen den Grenzwert λ.
Wir halten fest:

Eine Realzahlenfolge $x_1, x_2, x_3, \ldots$ *in inf.*
konvergiert dann und nur dann gegen den endlichen Grenzwert λ, *wenn zu jedem positiven* ε *ein Zeiger* n *existiert derart, daß für jeden größeren Zeiger* N

$$|x_N - \lambda| < \varepsilon$$

ist.

Die Frage nach der Konvergenz einer Realzahlenfolge wird entschieden durch das

Konvergenzmerkmal von Cauchy:

Die Realzahlenfolge $x_1, x_2, x_3, \ldots$ *in inf.*
konvergiert dann und nur dann gegen einen endlichen Grenzwert, wenn zu jedem positiven ε *ein endlicher Zeiger* n *existiert derart, daß für jeden größeren Zeiger* N *die Cauchysche Ungleichung*

$$|x_N - x_n| < \varepsilon$$

gilt.

Beweis. I. Besitzt unsere Folge einen Limes λ, so existiert zu jedem positiven ε ein Zeiger n derart, daß für jeden Zeiger $N \geqq n$ $|x_N - \lambda| < \frac{\varepsilon}{2}$ ist. Aus $|x_n - \lambda| < \frac{\varepsilon}{2}$ und $|x_N - \lambda| < \frac{\varepsilon}{2}$ folgt

$$|x_N - x_n| < \varepsilon.$$

Die Cauchysche Ungleichung ist also notwendig. II. Ist umgekehrt die Cauchysche Ungleichung erfüllt, so folgt aus $|x_N| < |x_n| + \varepsilon$ die Beschränktheit der Menge $x_1, x_2, x_3, \ldots$ und daraus das Vorhandensein des Oberlimes L und des Unterlimes l.
Wir behaupten, daß L und l *denselben* Wert λ haben. *Beweis.* Ist $L \neq l$, so setzen wir $L - l = 4\varepsilon$.
Dann liegen in den beiden Intervallen $(l - \varepsilon, l + \varepsilon)$ und $(L - \varepsilon, L + \varepsilon)$ unendlich viele Folgeglieder. Nach Bestimmung von x_n ist dann, etwa für x_M mit $M > n$ aus dem ersten, für x_N mit $N > n$ aus dem zweiten dieser Intervalle, sowohl $|x_M - x_n|$ als auch $|x_N - x_n|$ kleiner als ε. Folglich ist $|x_M - x_N| < 2\varepsilon$, was aber unmöglich ist, da x_M und x_N um *mindestens* 2ε $[= (L - \varepsilon) - (l + \varepsilon)]$ auseinanderliegen.
Demnach ist tatsächlich $L = l = \lambda$, und dieses λ ist der Limes unserer Folge.

Eine Realzahlenfolge $x_1, x_2, \ldots,$ welche die Cauchysche Ungleichung $|x_N - x_n| < \varepsilon$ befriedigt, heißt *konzentriert* oder auch eine *Cauchyfolge*. Bei Benutzung dieser Ausdrucksweise lautet unser Konvergenzsatz kurz wie folgt.

Cauchys Konvergenzmerkmal:

Eine Realzahlenfolge konvergiert dann und nur dann gegen einen endlichen Grenzwert, wenn sie konzentriert ist.

II. Das Schachtelungsprinzip

1° Intervallschachtelung

Unter einer *Intervallschachtelung* versteht man eine Folge von unbegrenzt abnehmenden abgeschlossenen Intervallen $I_1, I_2, I_3, \ldots$ der Zahlenachse, bei welcher jedes Intervall der Folge im vorhergehenden liegt.
Jedes Intervall der Schachtelung enthält also alle folgenden Intervalle und ist selbst in allen vorhergehenden Intervallen enthalten.
Es gilt folgender

Intervallschachtelungssatz:

In jeder Intervallschachtelung existiert genau ein Punkt, der allen Intervallen der Schachtelung angehört.

In anderer Ausdrucksweise:

Die Intervalle einer Schachtelung schrumpfen schließlich auf einen Punkt, den „Schrumpfpunkt", zusammen.

Beweis. Zunächst ist klar, daß es nicht *zwei* allen Intervallen der Schachtelung angehörige Punkte A und B geben kann, da die endliche Strecke AB wegen der unbegrenzten Abnahme der Intervalle bei hinreichend hohem Zeiger n im Intervall I_n nicht mehr Platz hat.
Wir betrachten nun die Klasseneinteilung, bei welcher jedes linke Intervallende und jeder links von einem linken Intervallende gelegene Punkt in die Unterklasse, jeder andere Punkt der Zahlenachse in die Oberklasse kommt.
Da nach Voraussetzung kein rechtes Intervallende Linksende eines anderen Intervalls sein kann oder gar links vom Linksende eines Intervalls liegen kann, so ist jedes rechte Intervallende eine Oberzahl.
Dieser Dedekindschnitt definiert eine einzige Schnittzahl s derart, daß

$$u \leqq s \leqq o$$

ist, wo u eine beliebige Unterzahl, o irgendeine Oberzahl unserer Einteilung bedeutet.
Da nun das Linksende l_n des beliebigen Intervalls I_n eine Unterzahl, das Rechtsende r_n eine Oberzahl der Einteilung ist, so gilt auch die Ungleichung

$$l_n \leqq s \leqq r_n.$$

Sie zeigt, daß der Schnitt s sämtlichen Intervallen der Schachtelung angehört, womit unser Satz bewiesen ist.

Die Annahme der *Abgeschlossenheit* der Intervalle I_1, I_2, ... hat ihren guten Grund. Die offenen Intervalle $(0,\frac{1}{1})$, $(0,\frac{1}{2})$, $(0,\frac{1}{3})$, ... bilden z. B. auch eine Schachtelung; sie haben aber *keinen* Punkt gemeinsam.

2° Rechteckschachtelung

Unter einer *Rechteckschachtelung* verstehen wir eine Folge von abgeschlossenen Rechtecken R_1, R_2, ... der Zahlenebene, mit achsenparallelen unbegrenzt abnehmenden Seiten, bei welcher jedes Rechteck der Folge im vorhergehenden Rechteck liegt.

Jedes Rechteck der Schachtelung enthält also alle folgenden Rechtecke und ist selbst in allen vorhergehenden Rechtecken enthalten.

Es gilt der folgende

Rechteckschachtelungssatz:

Es gibt genau einen Punkt, der allen Rechtecken einer Rechteckschachtelung angehört.

Beweis. Zunächst steht fest, daß nicht *zwei* allen Rechtecken der Schachtelung angehörige Punkte A und B existieren können, da die Strecke AB bei hinreichend hohem n im Rechteck R_n nicht untergebracht werden kann.

Wir projizieren nun die der x-Achse parallelen Rechtecksseiten auf die x-Achse, die der y-Achse parallelen Rechtecksseiten auf die y-Achse. Dadurch entsteht auf jeder Achse eine Intervallschachtelung. Die erste von ihnen bestimmt auf der x-Achse einen allen hier liegenden Intervallen gemeinsamen Punkt mit der Abszisse x, ebenso die zweite auf der y-Achse einen allen ihren Intervallen angehörigen Punkt mit der Ordinate y.

Konstruieren wir noch den Punkt mit den Koordinaten x und y, so ist dieser der allen Rechtecken unserer Schachtelung angehörige Punkt (Schrumpfpunkt), dessen Existenz unser Satz behauptet.

3° Satz von Bolzano-Weierstraß:

Jede beschränkte unendliche Punktmenge der Zahlenebene besitzt mindestens eine Häufungsstelle.

Beweis. Wir zeichnen ein Quadrat Q_1 mit achsenparallelen Seiten, welches sämtliche Punkte der Menge enthält und teilen es durch zwei Achsenparallelen in vier gleiche Quadrate. Mindestens eins dieser Quadrate, etwa das Quadrat Q_2, enthält unendlich viele Punkte der Menge. Wir zerlegen auch Q_2 durch Achsenparallelen in vier gleiche Quadrate. Mindestens eins von ihnen, etwa Q_3, enthält unendlich viele Punkte der Menge. So fahren wir unaufhörlich fort und erhalten die Quadratschachtelung Q_1, Q_2, Q_3, ... Nach dem vorhergehenden Satze bestimmt diese genau einen allen Quadraten der Schachtelung gemeinsamen Punkt P.

Nun enthält jedes Quadrat Q_n einerseits unendlich viele Punkte der Menge, andererseits den Punkt P. Ist also r der Radius einer beliebig kleinen Umgebung $\mathfrak{U}$ des Punktes P, und das Quadrat Q_n so klein, daß seine Seite $< r/2$

ist, so liegt Q_n ganz in der Umgebung $\mathfrak{U}$, so daß letztere unendlich viele Punkte der Menge enthält.
Mithin ist P eine Häufungsstelle der Menge.

4° Cauchys Konvergenzkriterium

Besonderes Interesse erregen beschränkte Punktmengen der Zahlenebene, die 1. abzählbar sind und 2. nur eine Häufungsstelle besitzen.
Eine solche in Gestalt einer Punktfolge $z_1, z_2, z_3, \ldots$ mit einer einzigen Häufungsstelle L erscheinende Menge heißt dann *konvergent*; man sagt: sie *konvergiert* oder strebt gegen den *Grenzwert* oder *Limes* L und schreibt

$$\lim_{n \to \infty} z_n = L.$$

Wir betrachten eine konvergente Menge mit dem Limes L.
ε sei der Radius eines um das Zentrum L beschriebenen Kreises $\mathfrak{k}$, und der Zeiger ν der zu unserer Menge gehörigen Quadratschachtelung (s. o.) sei so groß, daß Q_ν innerhalb von $\mathfrak{k}$ liegt. Da unendlich viele Punkte der Menge in Q_ν liegen, dagegen (weil nur eine Häufungsstelle vorhanden) nur endlich viele Mengenpunkte außerhalb von Q_ν, so liegen auch innerhalb von $\mathfrak{k}$ unendlich viele Punkte der Folge $z_1, z_2, \ldots$, während außerhalb von $\mathfrak{k}$ nur endlich viele liegen können. Es gibt daher einen Zeiger n so beschaffen, daß für jeden größeren Zeiger N z_N innerhalb von $\mathfrak{k}$ liegt.
Wenn also die Folge $z_1, z_2, \ldots$ einen endlichen Grenzwert L hat, läßt sich zu jedem positiven ε ein Zeiger n angeben derart, daß für jeden größeren Zeiger N

$$|z_N - L| < \varepsilon$$

ausfällt.
Daß umgekehrt bei Erfülltsein dieser Ungleichung die Folge $z_1, z_2, \ldots$ die einzige Häufungsstelle L besitzt, ist klar.

Wir halten fest:

Die Punktfolge $z_1, z_2, z_3, \ldots$ *in inf.*

der Zahlenebene konvergiert dann und nur dann gegen den endlichen Grenzwert L, *wenn zu jedem positiven* ε *ein endlicher Zeiger* n *existiert, derart, daß für jeden größeren Zeiger* N

$$|z_N - L| < \varepsilon$$

ausfällt.

Die etwaige Konvergenz einer Punktfolge $z_1, z_2, \ldots$ erkennt man durch das

Konvergenzmerkmal von Cauchy

Die Punktfolge $z_1, z_2, z_3, \ldots$ *in inf.*

der Zahlenebene konvergiert dann und nur dann gegen einen endlichen Grenzwert, wenn zu jedem positiven ε *ein Zeiger* n *existiert derart, daß für jeden größeren Zeiger* N *die Cauchysche Ungleichung*

$$|z_N - z_n| < \varepsilon$$

gilt.

Beweis. I. Besitzt die Folge den Grenzwert L, so existiert zu jedem positiven ε ein Zeiger n derart, daß für jeden Zeiger $N \geqq n$ $|z_N - L| < \frac{\varepsilon}{2}$ ausfällt. Aus $|z_n - L| < \frac{\varepsilon}{2}$ und $|z_N - L| < \frac{\varepsilon}{2}$ folgt

$$|z_N - z_n| < \varepsilon.$$

Die Cauchysche Bedingung ist also notwendig. II. Ist umgekehrt die Cauchysche Ungleichung erfüllt, so folgt zunächst aus $|z_N| \leqq |z_n| + \varepsilon$, daß unsere Folge beschränkt ist. Daher besitzt sie nach dem Satze von Bolzano-Weierstraß mindestens eine Häufungsstelle H. Eine *zweite* Häufungsstelle K kann sie aber nicht besitzen, da sonst für zwei hinreichend hohe Zeiger M und N die Ungleichungen

$$|z_M - H| < \varepsilon \qquad \text{und} \qquad |z_N - K| < \varepsilon$$

gelten würden, aus denen unter Hinzunahme der beiden Cauchyschen Ungleichungen

$$|z_M - z_n| < \varepsilon \qquad \text{und} \qquad |z_N - z_n| < \varepsilon$$

die Ungleichung

$$|H - K| < 4\,\varepsilon$$

folgen würde. Letztere Ungleichung ist aber absurd, da die *feste* Zahl $|H - K|$ nicht unter die beliebig kleine positive Zahl 4ε herabgedrückt werden kann. Unsere Folge besitzt demnach nur die eine Häufungsstelle H, welche zugleich ihren Limes L darstellt.

Eine Folge $z_1, z_2, \ldots$, welche die Cauchysche Ungleichung $|z_N - z_n| < \varepsilon$ befriedigt, wird *konzentriert* oder eine *Cauchyfolge* genannt. Mit Benutzung dieser Redeweise drückt sich unser Satz kurz folgendermaßen aus:

Cauchys Konvergenzkriterium:

Eine Punktfolge der Zahlenebene konvergiert dann und nur dann gegen einen endlichen Grenzwert, wenn sie konzentriert ist.

5° Mengenschachtelung

Unter einer *Mengenschachtelung* versteht man eine Folge von beschränkten abgeschlossenen Punktmengen $M_1, M_2, M_3, \ldots$ mit unbegrenzt abnehmenden Durchmessern, bei welcher jede Menge in der vorhergehenden enthalten ist.

Jede Menge der Schachtelung enthält also alle folgenden Mengen und ist ihrerseits in jeder vorausgehenden Menge enthalten.

Mengenschachtelungssatz:

Bei einer Mengenschachtelung existiert genau ein Punkt, der sämtlichen Mengen der Schachtelung angehört.

Beweis. Zunächst stellen wir fest, daß es nicht *zwei* Punkte A und B geben kann, die allen Mengen der Schachtelung angehören, da ja z. B. die Menge M_m mit einem die Strecke AB unterschreitenden Durchmesser die beiden Punkte A und B nicht enthalten könnte.

Darauf greifen wir aus jeder der Mengen M_n einen beliebigen Punkt P_n heraus.

Die Folge $P_1, P_2, P_3, \ldots$ hat nach dem Satze von Bolzano-Weierstraß sicher eine Häufungsstelle H. Wir werden zeigen, daß H jeder Menge unserer Schachtelung, etwa der Menge M_ν, angehört.

H ist nämlich auch Häufungsstelle der Folge $P_\nu, P_{\nu+1}, P_{\nu+2}, \ldots$. Da aber $P_\nu, P_{\nu+1}, P_{\nu+2}, \ldots$ alle der Menge M_ν angehören, ist H auch Häufungsstelle von M_ν, und da M_ν abgeschlossen ist, gehört H zu M_ν. Der Punkt H, als allen Mengen der Schachtelung angehörig, ist sonach der Punkt, dessen Existenz unser Satz behauptet.

§ 8. HEINE-BORELS ÜBERDECKUNGSSATZ

Wenn ein System $\mathfrak{S}$ von gegebenen endlichen Intervallen einer Geraden so beschaffen ist, daß jeder Punkt einer gegebenen Punktmenge $\mathfrak{M}$ der Geraden im Innern mindestens eines der Systemintervalle liegt, so heißt das System $\mathfrak{S}$ ein *Überdeckungssystem* oder kurz *Decksystem* der Menge $\mathfrak{M}$, und man sagt: „das System $\mathfrak{S}$ überdeckt die Menge $\mathfrak{M}$". Das Decksystem heißt *endlich* oder *unendlich*, je nachdem es aus endlich vielen oder unendlich vielen Intervallen besteht.

Betrachtungen von E. Heine (Crelles Journal, Bd. 74) und E. Borel (Leçons sur les fonctions des variables réelles) führten auf den fundamentalen

Überdeckungssatz:

Jedes unendliche Decksystem einer abgeschlossenen beschränkten Punktmenge einer Geraden enthält mindestens ein endliches Decksystem der Menge.

In anderer Ausdrucksweise:

In jedem auf einer Geraden gegebenen unendlichen Überdeckungssystem einer vorgelegten abgeschlossenen beschränkten Punktmenge der Geraden gibt es stets endlich viele Intervalle, die allein schon ausreichen, in ihrer Gesamtheit die Menge zu überdecken.

Beweis. Wir weisen zunächst an Hand eines Beispiels darauf hin, daß die in unserm Satze gemachte Annahme der *Abgeschlossenheit* der Punktmenge im allgemeinen nicht fortgelassen werden darf.

Die geradlinige Punktmenge $\mathfrak{M}$ bestehe aus sämtlichen Punkten des *offenen* Fundamentalintervalls, d. h. aus allen Zahlen x der reellen Zahlenachse, welche die Bedingung $0 < x < 1$ erfüllen. Das Decksystem $\mathfrak{S}$ bestehe aus den Intervallen $[\frac{1}{2}, 1]$, $[\frac{1}{3}, \frac{2}{3}]$, $[\frac{1}{4}, \frac{2}{4}]$, $[\frac{1}{5}, \frac{2}{5}]$, ... in inf.

Jeder Punkt von $\mathfrak{M}$ liegt im Innern mindestens *eines* der Intervalle des Systems $\mathfrak{S}$, aber mit nur *endlich vielen* Intervallen von $\mathfrak{S}$ ist $\mathfrak{M}$ *nicht* zu überdecken.

1. Beweis des Überdeckungssatzes in dem besonders wichtigen Falle, in dem die von dem gegebenen System $\mathfrak{S}$ überdeckte Punktmenge $\mathfrak{M}$ aus sämtlichen Punkten eines abgeschlossenen Intervalls, etwa des Fundamentalintervalls $\mathfrak{F} = [0,1]$ besteht.

Da der Punkt 0 im Innern eines Intervalls I_0 des Systems $\mathfrak{S}$ liegt, so gibt es rechts von 0 noch weitere Punkte, die ebenfalls im Innern von I_0 liegen.
Wir sagen: Ein Punkt x von $\mathfrak{F}$ wird „erreicht“, wenn es endlich viele Intervalle $I_1, I_2, I_3, \ldots, I_n$ aus $\mathfrak{S}$ gibt, deren System alle Punkte des Intervalls $[0,x]$ überdeckt.
Unsere Behauptung lautet: „Der Punkt 1 wird erreicht“.
Wenn diese Behauptung *nicht* zutrifft, muß es auf der Strecke [0,1] einen links von 1 liegenden Punkt g geben, welcher entweder den letzten erreichten oder den ersten nicht erreichten Punkt darstellt, für den also das rechts offene Intervall $[0, g)$ etwa von dem aus den n Intervallen $I_1, I_2, \ldots, I_n$ bestehenden Teilsystem von $\mathfrak{S}$ überdeckt wird.
Nach Voraussetzung liegt ferner g im Innern eines Intervalls I von $\mathfrak{S}$.
Bedeutet also G einen *rechts* von g im Innern von I liegenden Punkt, so wird dieser durch das System der $(n+1)$ Intervalle $I_1, I_2, \ldots, I_n, I$ erreicht, im Widerspruch zu unserer Feststellung, daß g der *letzte* erreichte bzw. erste nicht erreichte Punkt sein sollte.
Mithin muß die Annahme, der Punkt 1 würde *nicht* erreicht, fallen; unser Satz ist richtig.

2. Beweis des Überdeckungssatzes für eine beliebige abgeschlossene beschränkte Punktmenge $\mathfrak{M}$ der Zahlenachse.
Der Beweis verläuft ganz ähnlich. Wir sagen: Der Punkt x der Menge $\mathfrak{M}$ wird „erreicht“, wenn es ein endliches (aus etwa m Intervallen von $\mathfrak{S}$ bestehendes) Teilsystem von $\mathfrak{S}$ gibt, welches sämtliche Mengenpunkte $\leqq x$ überdeckt.
Wird wieder angenommen, daß der letzte Punkt z der Menge $\mathfrak{M}$ *nicht* erreicht wird, daß vielmehr ein gewisser links von z gelegener Mengenpunkt g der letzte erreichte oder erste nicht erreichte Mengenpunkt ist, so haben wir etwa die n Intervalle $I_1, I_2, \ldots, I_n$ von $\mathfrak{S}$, deren System alle links von g liegenden Mengenpunkte überdeckt und weiter das Intervall J von $\mathfrak{S}$, in dessen Innern g liegt, so daß das System $(I_1, I_2, \ldots, I_n, I)$ alle Punkte x der Menge überdeckt, für die $x \leqq g$ ist. Der erste rechts von g liegende Mengenpunkt sei G; er ist entweder ein isolierter oder (linksseitiger) Häufungspunkt von $\mathfrak{M}$. In beiden Fällen gibt es ein Intervall I' aus $\mathfrak{S}$, in dessen Innern G liegt. Dann überdeckt aber das endliche System $(I_1, I_2, \ldots, I_n, I, I')$ von $\mathfrak{S}$ sämtliche Mengenpunkte $\leqq G$, womit — gegen unsere Annahme — auch G erreicht wird. Unsere Annahme muß sonach falsch sein. M. a. W.:
Der letzte Mengenpunkt z wird erreicht; unsere Menge läßt sich durch ein endliches Teilsystem von $\mathfrak{S}$ überdecken.

Der Überdeckungssatz für ebene Punktmengen

Der Satz von Heine-Borel läßt sich auf Punktmengen und Intervallsysteme der Zahlenebene übertragen.
Um ihn aussprechen zu können, setzen wir zuvörderst auseinander, was unter einem Intervall der Zahlenebene zu verstehen ist.
Unter einem *Intervall* der Ebene der komplexen Zahlen $z = x + iy$ versteht man die Gesamtheit der Punkte eines in der Zahlenebene liegenden

Rechtecks, dessen Seiten der x-Achse (Realzahlenachse) und y-Achse (Imaginärzahlenachse) parallel laufen.

Das Intervall heißt *abgeschlossen* oder *offen*, je nachdem die Randpunkte des Rechtecks ihm zugerechnet werden oder nicht.

Ist a die kleinst-, A die größtmögliche Abszisse, b die kleinst-, B die größtmögliche Ordinate eines Rechteckspunktes, so besteht das offene Intervall $\mathfrak{J}$ aus allen Punkten $z = x + iy$, für welche

$$a < x < A \qquad \text{und} \qquad b < y < B$$

ist, das abgeschlossene Intervall $\overline{\mathfrak{J}}$ aus allen Punkten z, für die

$$a \leqq x \leqq A \qquad \text{und} \qquad b \leqq y \leqq B$$

ist.

Nennen wir das durch die Ungleichung $a < x < A$ auf der x-Achse bestimmte Intervall I', das durch die Ungleichung $b < y < B$ definierte Intervall der y-Achse I'', so bezeichnet man das Intervall $\mathfrak{J}$ auch wohl durch das Zeichen $I' I''$.

Wenn ein System $\mathfrak{S}$ von gegebenen endlichen Intervallen der Zahlenebene so beschaffen ist, daß jeder Punkt z einer vorgelegten Punktmenge $\mathfrak{M}$ der Zahlenebene im Innern mindestens eines der Systemintervalle liegt, so nennt man das System $\mathfrak{S}$ ein *Überdeckungssystem* oder *Decksystem* der Menge $\mathfrak{M}$; und man sagt: „das System $\mathfrak{S}$ *überdeckt* die Menge $\mathfrak{M}$“. Das System heißt *endlich* oder *unendlich*, je nachdem es endlich viele oder unendlich viele Intervalle umfaßt.

Für *ebene* Punktmengen und Decksysteme lautet der Heine-Borelsche Satz wie folgt:

Überdeckungssatz:

Jedes unendliche Decksystem einer abgeschlossenen beschränkten ebenen Punktmenge enthält mindestens ein endliches Decksystem der Menge.

Ausführlicher: *Aus den unendlich vielen Intervallen eines Decksystems einer abgeschlossenen beschränkten ebenen Punktmenge lassen sich endlich viele auswählen, die allein schon ausreichen, die Menge zu überdecken.*

Der Beweis des Satzes läßt sich auf den Fall geradliniger Mengen und Systeme zurückführen. Doch kommen wir durch Benutzung des Schachtelungsprinzips schneller zum Ziele.

Das vorgelegte Intervallsystem heiße $\mathfrak{S}$, die gegebene Punktmenge $\mathfrak{M}$.

Angenommen, der Überdeckungssatz wäre falsch, es wären zur Überdeckung von $\mathfrak{M}$ vielmehr unendlich viele Intervalle von $\mathfrak{S}$ *nötig*.

Wir zeichnen ein alle Punkte von $\mathfrak{M}$ einschließendes achsenparalleles Quadrat Q_1 und zerlegen es durch zwei Achsenparallelen in vier gleiche Quadrate. Mindestens eins von diesen, etwa das Quadrat Q_2, enthält soviel Punkte von $\mathfrak{M}$, daß zu ihrer Überdeckung unendlich viele Intervalle von $\mathfrak{S}$ *nötig* sind.

Das Quadrat Q_2 zerlegen wir ebenfalls durch Achsenparallelen in vier gleiche Quadrate. Mindestens eins von diesen, etwa das Quadrat Q_3, enthält soviel Punkte von $\mathfrak{M}$, daß zu ihrer Überdeckung unendlich viele Intervalle von $\mathfrak{S}$ nötig sind usf.

Nach dem Schachtelungsprinzip bestimmen die ineinandergeschachtelten Quadrate $Q_1, Q_2, Q_3, \ldots$ einen einzigen sämtlichen Quadraten der Schachtelung angehörigen Punkt P. Dieser ist Häufungsstelle von $\mathfrak{M}$ und gehört infolge der Abgeschlossenheit von $\mathfrak{M}$ zu $\mathfrak{M}$.
Nun existiert ein Intervall $\mathfrak{J}$ von $\mathfrak{S}$, *in dessen Innern P* liegt. Im Innern dieses Intervalls liegt also auch ein hinreichend kleines Quadrat Q_n unserer Schachtelung. Nach obigem sind aber zur Überdeckung der in Q_n liegenden Punkte von $\mathfrak{M}$ *unendlich viele* Intervalle von $\mathfrak{S}$ nötig, während wir eben gesehen haben, daß zur Überdeckung von Q_n nur *ein einziges* Intervall $\mathfrak{J}$ von $\mathfrak{S}$ nötig ist.
Dieser Widerspruch verschwindet nur, wenn man die Richtigkeit des Überdeckungssatzes zugibt.

Korollar zum Überdeckungssatz:

Gibt es zu einer ebenen beschränkten abgeschlossenen Punktmenge $\mathfrak{M}$ ein unendliches System $\mathfrak{S}$ von Kreisen derart, daß jeder Punkt von $\mathfrak{M}$ Mittelpunkt eines Kreises von $\mathfrak{S}$ ist, so existiert mindestens ein aus endlich vielen Kreisen von $\mathfrak{S}$ bestehendes Decksystem $\mathfrak{s}$ von $\mathfrak{S}$ (derart also, daß jeder Punkt von $\mathfrak{M}$ im Innern mindestens eines Kreises von $\mathfrak{s}$ liegt).

Beweis. Ist ein Punkt der Menge $\mathfrak{M}$ Mittelpunkt des zu $\mathfrak{S}$ gehörigen Kreises $\mathfrak{K}$, so ist er auch Mittelpunkt des dem Kreise $\mathfrak{K}$ einbeschriebenen achsenparallelen Quadrats. Daher existiert ein aus unendlich vielen Quadraten bestehendes Decksystem $\mathfrak{S}'$ von $\mathfrak{M}$. Dieses enthält nach dem Überdeckungssatze ein endliches Decksystem $\mathfrak{s}'$ von $\mathfrak{M}$. Das System der Umkreise der Quadrate von $\mathfrak{s}'$ ist zugleich ein endliches Teilsystem $\mathfrak{s}$ von $\mathfrak{S}$ und ein Decksystem von $\mathfrak{M}$.

Wir zeigen die Wichtigkeit des Überdeckungssatzes an zwei Beispielen.

I. Satz von Cantor:

Eine in einem beschränkten abgeschlossenen Intervalle stetige Funktion einer reellen Veränderlichen ist in diesem Intervalle gleichmäßig stetig.

Das heißt: Ist $f(x)$ eine in dem beschränkten und abgeschlossenen Intervalle I der Zahlenachse stetige Funktion von x, so gibt es zu jedem positiven ε ein *nur von ε abhängiges* positives δ derart, daß für je zwei um weniger als δ voneinander abstehende Punkte x und x' des Intervalls I $[|x-x'|<\delta]$

$$|f(x)-f(x')|<\varepsilon$$

ausfällt.
Beweis. „Die Funktion $f(x)$ ist an der Stelle x stetig", heißt: zu jedem positiven ε gibt es stets eine positive (von x abhängige) Schranke $\Delta = \Delta_x$ derart, daß für je zwei beliebige Werte X und X' des Intervalls $(x-\Delta,\ x+\Delta)$

$$|f(X)-f(X')|<\varepsilon$$

ausfällt.
Wir ordnen jedem Punkte x aus I das von $x-\frac{1}{2}\Delta$ bis $x+\frac{1}{2}\Delta$ reichende Intervall I_x zu und bekommen so ein System $\mathfrak{S}$ von unendlich vielen Intervallen I_x derart, daß jeder Punkt von I im Innern eines Systemintervalls liegt.

Nach dem Überdeckungssatze gibt es ein etwa aus n Intervallen von $\mathfrak{S}$ bestehendes Teilsystem $\mathfrak{s}$ von $\mathfrak{S}$ derart, daß jeder Punkt von I im Innern eines der n Intervalle von $\mathfrak{s}$ liegt.
Das kleinste dieser n Intervalle habe die Länge $2\,\delta$.
Wir behaupten: Sind x und x' zwei beliebige, um weniger als δ voneinander entfernte Punkte aus I, so ist

$$|f(x)-f(x')|<\varepsilon$$

In der Tat! Liegt x etwa im Innern des dem System $\mathfrak{s}$ angehörigen Intervalls I mit dem Mittelpunkte m und der Länge Δ_m, so liegen wegen $|x-x'|<\delta<\frac{1}{2}\Delta_m$ x und x' *beide* im Innern des Intervalls $(m-\Delta_m,\ m+\Delta_m)$.
Nach Voraussetzung ist dann aber

$$|f(x)-f(x')|<\varepsilon.$$

Ergebnis:

Ist $f(x)$ im abgeschlossenen Intervall I stetig, so existiert zu jedem positiven ε ein positives δ derart, daß für zwei beliebige die Bedingung

$$|x-x'|<\delta$$

befriedigende Punkte x und x' aus I

$$|f(x)-f(x')|<\varepsilon$$

ausfällt. Diesen Sachverhalt aber nennt man die *gleichmäßige Stetigkeit* der Funktion $f(x)$ im Intervall I.

II. Gleichmäßige Stetigkeit in der Zahlenebene

Eine in einem beschränkten abgeschlossenen Gebiet $\mathfrak{B}$ der Zahlenebene stetige Funktion $f(z)$ der komplexen Variable z ist in $\mathfrak{B}$ gleichmäßig stetig.

Das heißt: Zu jedem positiven ε existiert ein nur von ε abhängiges positives δ derart, daß für je zwei die Bedingung

$$|z-z'|<\delta$$

befriedigende Punkte z und z' aus $\mathfrak{B}$

$$|f(z)-f(z')|<\varepsilon$$

ausfällt.
Beweis. ε sei eine beliebige kleine vorgegebene positive Größe.
Wegen der Stetigkeit von $f(z)$ in $\mathfrak{B}$ läßt sich zu jedem z aus $\mathfrak{B}$ eine von z abhängige Umgebung $\Delta=\Delta_z$ derart bestimmen, daß für je zwei Punkte Z und Z' dieser Umgebung $[|Z-z|<\Delta,\ |Z'-z|<\Delta]$

$$|f(Z)-f(Z')|<\varepsilon$$

ausfällt.
Wir ordnen jedem Punkte z von $\mathfrak{B}$ den Kreis $\mathfrak{K}_z$ mit dem Zentrum z und Radius $\frac{1}{2}\Delta_z$ zu. Dadurch entsteht das aus den unendlich vielen Kreisen $\mathfrak{K}_z$ bestehende Decksystem $\mathfrak{S}$ von $\mathfrak{B}$.
Nach dem Korollar des Überdeckungssatzes existiert ein *endliches* Teilsystem $\mathfrak{s}$ von $\mathfrak{S}$, welches allein schon die Überdeckung von $\mathfrak{B}$ bewerkstelligt (so daß jeder Punkt von $\mathfrak{B}$ im Innern eines Kreises von $\mathfrak{s}$ liegt).

Der kleinste der Kreise von $\mathfrak{S}$ habe den Halbmesser δ.
Wir behaupten: Sind z und z' zwei beliebige Punkte von $\mathfrak{B}$ derart, daß

$$|z - z'| < \delta$$

ist, so wird

$$|f(z) - f(z')| < \varepsilon.$$

Liegt nämlich z etwa im Innern des zu $\mathfrak{S}$ gehörigen Kreises $\mathfrak{K}_m$ mit dem Mittelpunkte m und dem Halbmesser $\frac{1}{2}\Delta_m$, so liegen wegen $|z - z'| < \delta \leqq \frac{1}{2}\Delta_m$ z und z' *beide* im Innern des Kreises mit dem Mittelpunkte m und dem Halbmesser Δ_m.
Nach Voraussetzung ist dann aber

$$|f(z) - f(z')| < \varepsilon.$$

Mit dieser Ungleichung ist die gleichmäßige Stetigkeit der Funktion $f(z)$ im Bereich $\mathfrak{B}$ bewiesen.

§ 9. KONVERGENZKRITERIEN

Der vorliegende Paragraph diene der Zusammenstellung einiger Konvergenzkriterien, die vielleicht nicht allgemein bekannt sind.

I. Raabes Konvergenzmerkmal:

Eine Reihe mit nur positiven Gliedern konvergiert oder divergiert, je nachdem

$$\boxed{\lim_{n\to\infty} n(1 - C_n) \gtrless 1}$$

ist,

wobei C_n den n-ten Cauchyquotient[1]) der Reihe bedeutet. (Raabe, Zeitschrift für Mathematik und Physik, Bd. X, 1832.)

Beweis. Der Beweis zerfällt in zwei Schritte. Es sei zunächst

$$\lim_{n\to\infty} n(1 - C_n) = g > 1.$$

Von einem hinreichend hohen Zeiger ab ist für jeden folgenden Zeiger m

$$m(1 - C_m) > \mu,$$

wo μ den positiven unechten Bruch $\frac{1+g}{2}$ bedeutet. Aus dieser Ungleichung folgt

$$C_m < 1 - \frac{\mu}{m}.$$

Da aber nach der Potenzungleichung

$$\left(\frac{n}{m}\right)^{\mu} > 1 - \frac{\mu}{m}$$

---

[1]) Der n-te Cauchyquotient der Reihe

$$x_1 + x_2 + x_3 + \dots$$

ist der Quotient $C_n = x_{n+1} : x_n$.

mit $n = m - 1$ ist, so ist erst recht

$$C_m < \left(\frac{n}{m}\right)^{\mu}.$$

Nun stellt aber $(n:m)^{\mu}$ den $m$ten Cauchyquotient Γ_m der konvergenten Reihe dar, deren m-tes Glied $1:n^{\mu}$ ist. Die gefundene Ungleichung schreibt sich demnach

$$C_m < \Gamma_m$$

und lehrt in dieser Schreibung, daß die vorgelegte Reihe konvergiert.

Es sei nunmehr

$$\lim_{n \to \infty} n\,(1 - C_n) = k < 1.$$

Dann ist von einem hinreichend hohen Zeiger ab für jeden folgenden Zeiger m

$$m\,(1 - C_m) < 1,$$

mithin

$$C_m > 1 - \frac{1}{m}$$

oder

$$C_m > \frac{n}{m}$$

mit $n = m - 1$. Nun ist aber $n:m$ der m-te Cauchyquotient Γ_m der divergenten Reihe, deren m-tes Glied $1:n$ heißt. Folglich ist

$$C_m > \Gamma_m,$$

und diese Ungleichung sagt aus, daß die vorgelegte Reihe divergiert.

II. Logarithmisches Konvergenzmerkmal:

Ist

$$C_n = \frac{n}{m + \theta_n} \qquad \textit{mit } m = n + 1$$

der Cauchyquotient einer Reihe mit nur positiven Gliedern und strebt θ_n bei unbegrenzt wachsendem n gegen Null, so konvergiert oder divergiert die Reihe, je nachdem

$$\lim_{n \to \infty} \theta_n\, ln \gtrless 1$$

ist.

Beweis. Wir setzen $ln = n'$, $lm = m'$. Es sei nun erstens

$$\lim_{n \to \infty} \theta_n ln = g > 1.$$

Von einem hinreichend hohen Index ab ist dann für jeden Zeiger n θ_n ein kleiner positiver echter Bruch und

$$\theta_n n' > M,$$

unter M etwa den zwischen 1 und g liegenden Wert $1 + \frac{2}{3}(g - 1)$ verstanden, mithin auch jeder der beiden Brüche

$$\frac{\theta_n}{m} \qquad \text{sowie} \qquad \frac{\theta_n}{m + \theta_n} > \frac{\mu}{n\,n'},$$

wo μ etwa den zwischen 1 und M liegenden Wert $1 + \frac{1}{3}(g - 1)$ bedeutet. Nun ist nach der bekannten Ungleichung

$$\frac{1}{X} < \frac{lX - lx}{X - x} < \frac{1}{x}$$

für den Differenzenquotient der logarithmischen Funktion

$$\frac{\theta_n}{m + \theta_n} < l(m + \theta_n) - lm < \frac{\theta_n}{m},$$

so daß auch

$$l\frac{m + \theta_n}{m} > \frac{\mu}{nn'} \tag{1}$$

wird.

Nach derselben Ungleichung haben wir

$$\frac{m' - n'}{m'} < lm' - ln' < \frac{m' - n'}{n'},$$

und da auch

$$\frac{1}{m} < m' - n' = lm - ln < \frac{1}{n}$$

ist, so gilt die Ungleichung

$$\frac{1}{mm'} < l\frac{m'}{n'} < \frac{1}{nn'}. \tag{2}$$

Aus (1) und (2) folgt nun

$$l\frac{m + \theta_n}{m} > \mu\, l\frac{m'}{n'}$$

oder

$$\frac{m + \theta_n}{m} > \left(\frac{m'}{n'}\right)^{\mu}.$$

Hieraus wird weiter

$$C_n < \frac{n}{m} \cdot \left(\frac{n'}{m'}\right)^{\mu}.$$

Nun ist die rechte Seite dieser Ungleichung der Cauchyquotient Γ_n der konvergenten Reihe, deren n-tes Glied $1 : nn'^{\mu} = 1 : n(ln)^{\mu}$ lautet. Die gewonnene Ungleichung schreibt sich daher

$$C_n < \Gamma_n$$

und lehrt in dieser Schreibung, daß die Ausgangsreihe konvergiert.

Es sei zweitens

$$\lim_{n \to \infty} \theta_n \, ln = k < 1.$$

Von einem hinreichend hohen Zeiger ab ist dann für jeden Zeiger n sicher

$$\theta_n n' < 1.$$

Wegen

$$m' - n' = lm - ln > \frac{1}{m}$$

ist also erst recht $\theta_n n' < m\,(m' - n')$

oder $$\frac{\theta_n}{m} < \frac{m' - n'}{n'}$$

oder $$\frac{m + \theta_n}{m} < \frac{m'}{n'}$$

oder endlich $$\frac{m + \theta_n}{n} < \frac{m}{n} \cdot \frac{m'}{n'}\,.$$

Wir schreiben die gefundene Ungleichung

$$C_n > \Gamma_n\,,$$

wo Γ_n den n-ten Cauchyquotient der divergenten Reihe bedeutet, deren n-tes Glied $1 : n\,ln$ ist.

Diese Ungleichung bedeutet aber, daß die vorgelegte Reihe divergiert.

Aus dem Raabeschen und dem logarithmischen Konvergenzmerkmal ergibt sich das folgende wichtige

III. Konvergenzkriterium:

Läßt sich der Cauchyquotient einer Reihe mit nur positiven Gliedern auf die Form

$$C_n = 1 - \frac{K}{n} + \frac{E_n}{n^{1+p}}$$

bringen, wo K eine Konstante, p einen positiven Exponenten und E_n eine Funktion von n bedeutet, deren Betrag für jedes noch so große n unterhalb einer endlichen Schranke E liegt, so konvergiert die Reihe oder nicht, je nachdem die Konstante K größer als 1 ist oder nicht.

Beweis. Zunächst folgt aus

$$n\,(1 - C_n) = K - \frac{E_n}{n^p}$$

nach Raabes Kriterium, daß unsere Reihe für $K > 1$ konvergiert, für $K < 1$ divergiert. Über den Fall $K = 1$ erteilt das Raabesche Kriterium keine Auskunft. Hier setzt das logarithmische Kriterium ein. Wir schreiben

$$C_n = \frac{n}{m + \theta_n} = 1 - \frac{1}{n} + \frac{E_n}{n^{1+p}}$$

und bekommen für θ_n den Ausdruck

$$\theta_n = \left(\frac{1}{n} - \frac{m\,E_n}{n^{1+p}}\right) : \left(1 - \frac{1}{n} + \frac{E_n}{n^{1+p}}\right).$$

Damit wird $$\theta_n\,ln = \frac{\dfrac{ln}{n} - \dfrac{m}{n} \cdot E_n \cdot \dfrac{ln}{n^p}}{1 - \dfrac{1}{n} + \dfrac{E_n}{n^{1+p}}}\,.$$

Der Anblick dieser Gleichung lehrt, daß (wegen $\lim\limits_{n\to\infty} ln : n^p = 0$) das Produkt $\theta_n ln$ mit unbegrenzt wachsendem n gegen Null konvergiert, also

$$\lim_{n\to\infty} \theta_n\, ln < 1$$

wird. Nach dem logarithmischen Kriterium divergiert dann die Reihe.

IV. Konvergenzmerkmal von Gauß:

Läßt sich der Cauchyquotient einer Reihe mit nur positiven Gliedern auf die Form

$$C_n = \frac{n^p + a_1 n^{p-1} + a_2 n^{p-2} + \cdots}{n^p + b_1 n^{p-1} + b_2 n^{p-2} + \cdots}$$

bringen, so konvergiert oder divergiert die Reihe, je nachdem der Überschuß $b_1 - a_1$ des ersten Nennerkoeffizienten über den ersten Zählerkoeffizienten oberhalb der Einheit liegt oder nicht.

C. F. Gauß, Disquisitiones generales circa seriem infinitam $1 + \frac{\alpha \cdot \beta}{1 \cdot \gamma} x + \cdots$ (Gesammelte Werke, Bd. III, S. 138).

Beweis. Bei teilweiser Ausführung der durch den Bruchstrich vorgeschriebenen Division findet sich

$$C_n = 1 - \frac{b_1 - a_1}{n} + \frac{E_n}{n^2},$$

wobei E_n eine rationale Funktion von n darstellt, deren Betrag für hinreichend hohe n unterhalb einer gewissen endlichen Schranke E liegt. Nach dem obigen Kriterium konvergiert oder divergiert daher die vorgelegte Reihe, je nachdem $(b_1 - a_1)$ größer als 1 ist oder nicht.

§ 10. CAUCHYS MULTIPLIKATIONSSATZ FÜR UNENDLICHE REIHEN

Konvergieren die beiden unendlichen Reihen

$$\mathfrak{u} = u_0 + u_1 + u_2 + \ldots \qquad \textit{und} \qquad \mathfrak{v} = v_0 + v_1 + v_2 + \ldots$$

absolut, so konvergiert auch die Reihe

$$\mathfrak{w} = w_0 + w_1 + w_2 + \ldots \qquad \textit{mit} \quad w_\nu = u_0 v_\nu + u_0\, v_{\nu-1} + u_2\, v_{\nu-2} + \cdots + u_\nu\, v_0$$

absolut und stellt das Produkt der beiden vorgelegten Reihen dar:

$$\mathfrak{w} = \mathfrak{u}\,\mathfrak{v}.$$

Beweis. Zur Vereinfachung der Schreibweise bezeichnen wir den Betrag jeder mit einem kleinen lateinischen Buchstaben geschriebenen Größe durch den gleichnamigen großen lateinischen Buchstaben.

Wir betrachten zunächst die Hilfsreihen

$$\mathfrak{U} = U_0 + U_1 + U_2 + \cdots, \qquad \mathfrak{V} = V_0 + V_1 + V_2 + \cdots$$

und

$$\mathfrak{H} = H_0 + H_1 + H_2 + \cdots \qquad \text{mit} \quad H_\nu = U_0\, V_\nu + U_1\, V_{\nu-1} + U_2 V_{\nu-2} + \cdots + U_\nu V_0$$

und ihre Teilsummen

$$\mathfrak{U}_n = U_0 + U_1 + \cdots + U_n, \qquad \mathfrak{V}_n = V_0 + V_1 + \cdots + V_n$$
$$\mathfrak{H}_n = H_0 + H_1 + \cdots + H_n.$$

Wir bilden das quadratische Schema

$$\begin{matrix} U_0V_0 & U_0V_1 & U_0V_2 & U_0V_3 & U_0V_4 & U_0V_5\cdots \\ U_1V_0 & U_1V_1 & U_1V_2 & U_1V_3 & U_1V_4 & U_1V_5\cdots \\ U_2V_0 & U_2V_1 & U_2V_2 & U_2V_3 & U_2V_4 & U_2V_5\cdots \\ U_3V_0 & U_3V_1 & U_3V_2 & U_3V_3 & U_3V_4 & U_3V_5\cdots \\ U_4V_0 & U_4V_1 & U_4V_2 & U_4V_3 & U_4V_4 & U_4V_5\cdots \\ U_5V_0 & U_5V_1 & U_5V_2 & U_5V_3 & U_5V_4 & U_5V_5\cdots \end{matrix}$$

Es besitzt zwei wichtige Eigenschaften:

1. Das aus den ersten $(m+1)$ Zeilen und ersten $(n+1)$ Spalten bestehende Rechteck enthält gerade die mn-Glieder, die das Produkt $\mathfrak{U}_m\mathfrak{V}_n$ ausmachen; wir nennen es kurzweg das Rechteck $\mathfrak{U}_m\mathfrak{V}_n$.

2. Zieht man vom $(n+1)$-ten Gliede der ersten Spalte einen Strich unter 45° rechts aufwärts, so passiert dieser die $(n+1)$ Glieder, die die Hilfsgröße H_n bilden; wir nennen den Strich kurz die Schräge H_n. Die Schrägen H_0, H_1, $H_2, \ldots, H_n$ bilden ein gleichschenklig-rechtwinkliges Dreieck, dessen Glieder die Teilsumme $\mathfrak{H}_n$ ausmachen, so daß wir das Dreieck kurz als Dreieck $\mathfrak{H}_n$ bezeichnen.

Der Anblick des Schemas zeigt, daß z. B. die Summe $\mathfrak{H}_5$ (das Dreieck $\mathfrak{H}_5$) *weniger* Glieder enthält als das Produkt (Quadrat) $\mathfrak{U}_5\mathfrak{V}_5$, daß sie dagegen *mehr* Glieder enthält als das Produkt (Rechteck) $\mathfrak{U}_3\mathfrak{V}_2$ (oder auch $\mathfrak{U}_2\mathfrak{V}_3$).
Allgemein enthält die Summe $\mathfrak{H}_n$ weniger Glieder als das Produkt $\mathfrak{U}_n\mathfrak{V}_n$, dagegen mehr Glieder als das Produkt $\mathfrak{U}_\mu\mathfrak{V}_\nu$ mit $\mu+\nu=n$.
Daher gilt die Ungleichung

$$\boxed{\mathfrak{U}_\mu\mathfrak{V}_\nu < \mathfrak{H}_n < \mathfrak{U}_n\mathfrak{V}_n}$$

mit $\mu=\nu=\dfrac{n}{2}$ bei geradem n, mit $\mu=\dfrac{n+1}{2}$, $\nu=\dfrac{n-1}{2}$ bei ungeradem n.
Bei unbegrenzt wachsendem n konvergieren $\mathfrak{U}_n$ und $\mathfrak{U}_\mu$ gegen $\mathfrak{U}$, $\mathfrak{V}_n$ und $\mathfrak{V}_\nu$

gegen $\mathfrak{V}$, die Außenseiten der Ungleichung also gegen das Produkt $\mathfrak{U}\mathfrak{V}$. Daher konvergiert die Hilfsreihe $\mathfrak{H}$; ihr Wert ist

$$\mathfrak{H} = \mathfrak{U}\mathfrak{V}.$$

Wir achten noch auf das Dreieck, welches übrig bleibt, wenn wir aus dem Quadrat $\mathfrak{U}_n\mathfrak{V}_n$ des Schemas die Glieder des Dreiecks $\mathfrak{H}_n$ beseitigen, und welches aus Gliedern $U_r V_s$ mit $1 \leqq r \leqq n$, $1 \leqq s \leqq n$, $r + s \leqq 2n$ aufgebaut ist. Wir nennen die Summe der Glieder des neuen Dreiecks sowie auch das Dreieck selbst $\mathfrak{K}_n$ und haben

$$\mathfrak{K}_n = \mathfrak{U}_n \mathfrak{V}_n - \mathfrak{H}_n.$$

Ersetzen wir nun in unserem Schema die großen Buchstaben durch kleine, so haben wir entsprechend das Quadrat $\mathfrak{u}_n \mathfrak{v}_n$ und die Dreiecke $\mathfrak{h}_n$ und $\mathfrak{k}_n$, wobei

$$\mathfrak{u}_n = u_0 + u_1 + \cdots + u_n, \qquad \mathfrak{v}_n = v_0 + v_1 + \cdots + v_n$$

$$\mathfrak{h}_n = \mathfrak{w}_n = w_0 + w_1 + w_2 + \cdots + w_n$$

und

$$\mathfrak{k}_n = \mathfrak{u}_n \mathfrak{v}_n - \mathfrak{h}_n$$

ist.

Da aber die Beträge der Glieder von $\mathfrak{k}_n$ die Glieder von $\mathfrak{K}_n$ bilden, ist

$$|\mathfrak{k}_n| \leqq \mathfrak{K}_n$$

oder

$$|\mathfrak{u}_n \mathfrak{v}_n - \mathfrak{w}_n| = |\mathfrak{u}_n \mathfrak{v}_n - \mathfrak{h}_n| \leqq |\mathfrak{U}_n \mathfrak{V}_n - \mathfrak{H}_n|.$$

Bei unbegrenzt wachsendem n streben $\mathfrak{u}_n$ und $\mathfrak{v}_n$ gegen $\mathfrak{u}$ und $\mathfrak{v}$, während nach obigem die rechte Seite unserer Ungleichung gegen Null konvergiert. Folglich ist

$$\lim_{n \to \infty} \mathfrak{w}_n = \mathfrak{u}\mathfrak{v}.$$

Die Reihe $\mathfrak{w}$ konvergiert, ihr Wert ist $\mathfrak{u}\mathfrak{v}$.

Daß sie absolut konvergiert, folgt ohne weiteres aus der Ungleichung $W_\nu \leqq H_\nu$ und der Konvergenz der Reihe $\mathfrak{H}$.

§ 11. UNENDLICHE PRODUKTE

Das aus den Faktoren $f_1, f_2, f_3, \ldots$ bestehende unendliche Produkt

$$f_1 \cdot f_2 \cdot f_3 \cdots = \prod_{\nu}^{1,\infty} f_\nu$$

heißt *konvergent* oder *divergent*, je nachdem das Produkt

$$p_n = \prod_{\nu}^{1,n} f_\nu$$

bei unbegrenzt wachsendem n einem endlichen Grenzwert p zustrebt oder nicht.

Die Zahl p heißt der Wert des unendlichen Produkts.

Das Produkt heißt *eigentlich konvergent*, wenn es konvergent ist, und wenn außerdem von einem gewissen endlichen Zeiger n ab kein Faktor des Produkts verschwindet.

Meist stellt man nicht den Faktor f_n selbst, sondern seinen Überschuß u_n über die Einheit in den Vordergrund der Betrachtung und schreibt

$$f_n = 1 + u_n$$

und

$$p_n = \prod_{\nu}^{1,n} (1 + u_\nu).$$

Die Konvergenz bzw. Divergenz eines unendlichen Produkts wird vielfach auf die Konvergenz bzw. Divergenz einer unendlichen Reihe zurückgeführt. Ausgehend von der Gleichung

$$p_n - p_{n-1} = u_n p_{n-1}$$

führt man die Größen

$$v_1 = u_1, \quad v_2 = u_2 p_1, \quad v_3 = u_3 p_2, \quad \ldots, \quad v_n = u_n p_{n-1}, \quad \ldots$$

ein und hat wegen $p_n - p_{n-1} = v_n \quad (p_0 = 1)$ die Formel

$$1 + v_1 + v_2 + \cdots + v_n = p_n.$$

Sie lehrt: *Das unendliche Produkt*

$$\prod_{\nu}^{1,\infty} (1 + u_\nu)$$

konvergiert oder divergiert, je nachdem die unendliche Reihe

$$\sum_{\nu}^{1,\infty} v_\nu \qquad \textit{mit } v_\nu = u_\nu p_{\nu-1}$$

konvergiert oder divergiert.

Das unendliche Produkt

$$\prod_{\nu}^{1,\infty} (1 + u_\nu)$$

heißt *absolut konvergent,* wenn das unendliche Produkt

$$\prod_{\nu}^{1,\infty} (1 + U_\nu) \qquad \text{mit} \quad U_\nu = |u_\nu|$$

konvergiert.

Die absolute Konvergenz des unendlichen Produkts begreift die gewöhnliche Konvergenz in sich.

Beweis in vier Schritten:

1. Aus der Konvergenz des unendlichen Produkts

$$\prod_{\nu}^{1,\infty} (1 + U_\nu)$$

folgt die Konvergenz der unendlichen Reihe

$$\sum_{\nu}^{1,\infty} V_\nu \qquad \text{mit} \quad V_\nu = U_\nu P_{\nu-1},$$

wo P_ν für $v \geqq 1$ das Produkt $(1 + U_1)(1 + U_2) \cdots (1 + U_\nu)$ bedeutet und $P_0 = 1$ ist.

2. Aus den beiden Formeln

$v_\nu = u_\nu(1+u_1)(1+u_2)\cdots(1+u_{\nu-1})$ und $V_\nu = U_\nu(1+U_1)(1+U_2)\cdots(1+U_{\nu-1})$

folgt
$$|v_\nu| \leqq V_\nu .$$

3. Aus dieser Ungleichung folgt die Konvergenz der Minorante
$$v_1 + v_2 + v_3 + \cdots \text{ in inf}$$
der konvergenten Reihe
$$V_1 + V_2 + V_3 + \cdots \text{ in inf}.$$

4. Aus der Konvergenz der unendlichen Reihe
$$\sum_{\nu}^{1,\infty} v_\nu$$
endlich folgt die Konvergenz des unendlichen Produkts
$$\prod_{\nu}^{1,\infty}(1+u_\nu).$$
Es gilt der

Satz:

Das unendliche Produkt
$$\prod_{\nu}^{1,\infty}(1+u_\nu)$$
konvergiert dann und nur dann absolut, wenn die unendliche Reihe
$$\sum_{\nu}^{1,\infty} u_\nu$$
absolut konvergiert.

Beweis. Es sei
$$U_1 + U_2 + \cdots + U_n = S_n .$$
Nun ist einerseits
$$P_n = (1+U_1)(1+U_2)\cdots(1+U_n) > U_1 + U_2 + \cdots + U_n ,$$
oder
$$P_n > S_n ,$$
anderseits nach der Ungleichung $e^x > 1 + x$ der Exponentialfunktion
$$P_n < e^{U_1} e^{U_2} \ldots e^{U_n} = e^{S_n} .$$
Damit haben wir P_n in zwei Schranken eingeschlossen:
$$S_n < P_n < e^{S_n} .$$
Die größere sagt aus: bei Konvergenz der unendlichen Reihe
$$U_1 + U_2 + \cdots \text{ in inf}$$
konvergiert auch das unendliche Produkt
$$(1+U_1)(1+U_2)\cdots \text{ in inf},$$
die kleinere: bei Konvergenz des unendlichen Produkts konvergiert auch die unendliche Reihe.

Von großer Wichtigkeit ist der

Satz:

Ein absolut konvergentes Produkt kann nur verschwinden, wenn mindestens einer der Faktoren verschwindet.

Beweis. Angenommen, jeder Faktor des absolut konvergenten unendlichen Produkts

$$p = \prod_{\nu}^{1,\infty} (1 + u_\nu)$$

sei von Null verschieden.
Wir spalten das Produkt p in die beiden Faktoren

$$p_n = \prod_{\nu}^{1,n} (1 + u_\nu) \qquad \text{und} \qquad \pi_n = \prod_{\nu}^{1,\infty} (1 + u_{n+\nu})$$

und betrachten das Teilprodukt

$$\mathfrak{p}_r = (1 + u_{n+1})(1 + u_{n+2}) \cdots (1 + u_{n+r})$$

des zweiten Faktors.

Es ist, $|u_\nu| = U_\nu$ gesetzt,

$$|(1+u_{n+1})(1+u_{n+2})\cdots(1+u_{n+r})-1| \leqq (1+U_{n+1})(1+U_{n+2})\cdots(1+U_{n+r})-1,$$

mithin (wegen $1 + U_\nu < e^{U_\nu}$) erst recht

$$|\mathfrak{p}_r - 1| \leqq e^{\mathfrak{S}_r} - 1 \qquad \text{mit} \quad \mathfrak{S}_r = U_{n+1} + U_{n+2} + \cdots + U_{n+r}.$$

Da die Reihe $U_1 + U_2 + \cdots$ konvergiert, existiert ein endlicher Zeiger n derart, daß die Teilsumme $\mathfrak{S}_r$ für *jeden* Zeiger r kleiner ausfällt als eine beliebig vorgegebene positive Größe ε, kleiner also z. B. als $l\,1{,}1$. Für dieses n ist dann $e^{\mathfrak{S}_r} < 1{,}1$ und die rechte Seite der gefundenen Ungleichung kleiner als 0,1. Mithin ist für jeden Zeiger r

$$|\mathfrak{p}_r - 1| < 0{,}1, \qquad \text{also} \qquad |\mathfrak{p}_r| > 0{,}9.$$

Bei unbegrenzt wachsendem r strebt $\mathfrak{p}_r$ gegen den Grenzwert π_n; folglich ist

$$|\pi_n| \geqq 0{,}9.$$

Damit ist festgestellt, daß π_n *nicht* verschwindet.
Da auch p_n als ein Produkt von lauter nicht verschwindenden Faktoren $(1 + u_\nu)$ von Null verschieden ist, so muß auch

$$p = p_n \cdot \pi_n$$

von Null verschieden sein.
Unser unendliches Produkt kann also tatsächlich nur verschwinden, wenn mindestens einer seiner Faktoren verschwindet.
Daß die *absolute* Konvergenz unseres Produkts p für die Gültigkeit des bewiesenen Satzes wesentlich ist, läßt sich schon an ganz einfachen Beispielen erkennen.

Es sei etwa
$$u_n = -\frac{n-1}{n} = \frac{1}{n} - 1.$$

Dann wird
$$p_n = \frac{1}{1} \cdot \frac{1}{2} \cdot \frac{1}{3} \cdots \cdot \frac{1}{n}$$
und
$$\lim_{n \to \infty} p_n = 0.$$
Das konvergente unendliche Produkt
$$\frac{1}{1} \cdot \frac{1}{2} \cdot \frac{1}{3} \cdot \frac{1}{4} \cdots$$
verschwindet, ohne daß einer seiner Faktoren verschwindet.

Ändert man in einem absolut konvergenten unendlichen Produkt die Anordnung der Faktoren, so ändert sich der Wert des Produkts nicht.

Beweis. Die Ausgangsanordnung sei
$$p = f_1 f_2 \cdots \text{ in inf},$$
die geänderte Anordnung
$$q = g_1 g_2 \cdots \text{ in inf}.$$
Wegen der absoluten Konvergenz des vorgelegten Produkts läßt sich zu beliebig vorgegebenem positiven ε ein Zeiger n im Produkt p so bestimmen, daß die Teilsumme
$$U_{n+1} + U_{n+2} + \cdots + U_{n+r}$$
für jedes r kleiner als ε ausfällt.
Für dieses n ist also auch die beliebig viele Glieder umfassende Teilsumme
$$U_\alpha + U_\beta + \cdots,$$
in welcher $\alpha, \beta, \ldots$ beliebige oberhalb n gelegene Zeiger bedeuten, kleiner als ε.
Wegen der Ungleichung
$$|(1 + u_\alpha)(1 + u_\beta) \cdots - 1| < (1 + U_\alpha)(1 + U_\beta) \cdots - 1 < e^{U_\alpha + U_\beta + \cdots} - 1 < e^\varepsilon - 1$$
läßt sich demnach die Differenz
$$(1 + u_\alpha)(1 + u_\beta) \cdots - 1$$
betraglich beliebig klein machen.
Wir betrachten nun das Produkt $q_m = g_1 g_2 \cdots g_m$, in dem m einen beliebigen oberhalb n gelegenen Zeiger bedeutet.
Dann hat der Quotient $q_m : p_n$ die Form
$$(1 + u_\alpha)(1 + u_\beta) \ldots,$$
ist mithin
$$\left| \frac{q_m}{p_n} - 1 \right| < e^\varepsilon - 1.$$
Aus dieser Ungleichung folgt sofort
$$\lim_{m \to \infty} q_m = \lim_{n \to \infty} p_n = p$$
oder
$$q = p,$$
w. z. b. w.

ERSTER TEIL

Theorie der analytischen Funktionen einer komplexen Variable

Erster Abschnitt

Komplexe Funktionen

§ 12. DIE REGULÄRFUNKTION

Eine komplexe Zahl $z = x + yi$, deren Realteil x und Imaginärteil y veränderlich sind, heißt eine komplexe Variable.

Hängen die Werte einer zweiten komplexen Variable $\zeta = \xi + \eta i$ von den Werten der Variable z ab, so heißt ζ eine *komplexe Funktion* von z, und man schreibt etwa

$$\zeta = f(z) .$$

Die Veränderliche z ist die *unabhängige Variable* oder das *Argument,* die Veränderliche ζ die *abhängige Variable* oder die *Funktion.*

Der Argumentwert z kann jede Stelle eines geeignet vorgegebenen Gebiets $\mathfrak{G}$ (oder Bereichs $\mathfrak{B}$) der z-Ebene bedeuten. Da der Wert von $f(z)$ für jede Stelle z des Gebiets (Bereichs) definiert ist, so heißt $\mathfrak{G}$ ($\mathfrak{B}$) das *Definitionsgebiet* (der Definitionsbereich) *der Funktion* $f(z)$, und man spricht von *der im Gebiet* $\mathfrak{G}$ (Bereich $\mathfrak{B}$) *definierten Funktion* $f(z)$. Da der Wertevorrat der Funktion durch die Gesamtheit der das Gebiet $\mathfrak{G}$ (den Bereich $\mathfrak{B}$) erfüllenden Punkte z festgelegt ist, bezeichnet man $f(z)$ bisweilen auch als *eine Funktion des Gebiets* $\mathfrak{G}$ (des Bereichs $\mathfrak{B}$).

Realteil ξ und Imaginärteil η der Funktion ζ sind reelle Funktionen der beiden reellen Variablen x und y, etwa

$$\xi = \varphi(x, y), \qquad \eta = \psi(x, y),$$

so daß man schreiben kann

$$\zeta = f(z) = \varphi + i\psi = \varphi(x, y) + i\psi(x, y),$$

wo nun φ und ψ *ganz beliebige* reelle Funktionen der beiden reellen Variablen x und y sind.

Bei dieser außerordentlich weiten Fassung des Begriffs der komplexen Funktion käme das Studium der komplexen Funktionen auf nichts anderes hinaus als auf das Studium der reellen Funktionen von zwei reellen Argumenten x

und y; von einfachen charakteristischen Eigenschaften der komplexen Funktionen könnte kaum die Rede sein, und der Gebrauch des Symbols i wäre vollends illusorisch.

Um zu Funktionen zu gelangen, die von einfachen Gesetzen beherrscht werden, müssen wir den obigen Begriff der komplexen Funktion durch zweckmäßige Zusatzforderungen geeignet verengern.

Die erste Forderung dabei wird natürlich die der *Stetigkeit* sein.

Um aber zu Funktionen zu gelangen, die in ihren Eigenschaften eine gewisse Analogie mit den reellen Funktionen $f(x)$ der Differentialrechnung aufweisen, werden wir verlangen, daß auch eine komplexe Funktion $f(z)$ in jedem Punkte ihres Definitionsgebiets einen bestimmten Differentialquotient besitzt.

Den Differentialquotient eine komplexen Funktion $\zeta = f(z)$ erklärt man folgendermaßen: Ist $z = x + iy$ ein beliebiger, aber fester Punkt des Definitionsgebiets $\mathfrak{G}$ der Funktion $\zeta = f(z)$, $Z = X + iY$ ein beweglicher Punkt von $\mathfrak{G}$, so führt man zunächst den Differenzenquotient

$$\mathfrak{D} = \frac{f(Z) - f(z)}{Z - z}$$

der Funktion für das Punktepaar (z, Z) ein.

Nunmehr wandre der variable Punkt Z auf irgendeinem in $\mathfrak{G}$ verlaufenden Wege $\mathfrak{w}$ nach der Stelle z; wenn dann bei unbegrenzter Annäherung des Punktes Z an die Stelle z der Differenzenquotient $\mathfrak{D}$ gegen einen bestimmten endlichen Grenzwert ζ' konvergiert, gleichgültig auf welchem Wege das Mobil Z der Stelle z zueilt, so heißt dieser Grenzwert der *Differentialquotient* oder die *Ableitung* der Funktion $f(z)$ an der Stelle z.

Man kann auch sagen:

Die Funktion $\zeta = f(z)$ hat an der Stelle z den Differentialquotient ζ', wenn zu jedem positiven ε eine Umgebung δ des Punktes z existiert derart, daß für jedes Z der Umgebung $(|Z - z| < \delta)$

$$\left| \frac{f(Z) - f(z)}{Z - z} - \zeta' \right| < \varepsilon$$

ausfällt.

Für den Differentialquotient benutzt man wie in der Differentialrechnung die vier Bezeichnungen

$$\zeta' = f'(z) = D\zeta = \frac{d\zeta}{dz}.$$

Eine komplexe Funktion $\zeta = f(z) = \varphi + i\psi$, die in jedem Punkte z ihres Definitionsgebiets $\mathfrak{G}$ (oder -bereiches $\mathfrak{B}$) stetig ist und hier einen bestimmten endlichen Differentialquotient besitzt, wird eine *im Gebiet* $\mathfrak{G}$ (*im Bereich* $\mathfrak{B}$) *reguläre Funktion* oder eine *Regulärfunktion* des Gebiets $\mathfrak{G}$ (Bereichs $\mathfrak{B}$) genannt.

Da übrigens aus dem Vorhandensein der Ableitung ζ' die Stetigkeit der Funktion folgt, so genügt es zu sagen:

Eine Funktion $f(z)$ der komplexen Variable z heißt *in einem Gebiete (Bereiche) regulär*, wenn sie in jedem Punkte des Gebiets (Bereichs) einen bestimmten endlichen Differentialquotient besitzt.

Statt „regulär" sagt man vielfach „*holomorph*". Auch sagt man: „Die Funktion $f(z)$ *verhält sich in jenem Gebiete regulär*".
Welche Bedingungen müssen nun der Realteil φ und der Imaginärteil ψ einer Funktion $f(z)=\varphi+i\psi$ in einem Gebiet befriedigen, damit die Funktion in dem Gebiet regulär genannt werden kann?
Als Weg $\mathfrak{w}$ des Mobils Z zum Ziel z wählen wir zunächst eine von z ausgehende der Realachse parallele Strecke. Es ist dann etwa

$$z=x+iy, \qquad Z=X+iy, \qquad Z-z=X-x,$$

und wir erhalten für den Differenzenquotient den Ausdruck

$$\mathfrak{D}=\frac{f(Z)-f(z)}{Z-z}=\frac{\varphi(X,y)-\varphi(x,y)}{X-x}+i\frac{\psi(X,y)-\psi(x,y)}{X-x}.$$

Bei unbegrenzter Annäherung der Variable X an den festen Wert x müssen nun Realteil und Imaginärteil dieses Ausdrucks bestimmten endlichen Grenzen zueilen. Diese Grenzen sind aber nichts anderes als die nach x genommenen Partialableitungen

$$\frac{\partial\varphi}{\partial x}=\varphi_x \qquad \text{und} \qquad \frac{\partial\psi}{\partial x}=\psi_x$$

der Funktionen $\varphi(x,y)$ und $\psi(x,y)$.
Mithin muß sein

(1) $$\zeta'=\varphi_x+i\psi_x.$$

Nunmehr wählen wir als Weg $\mathfrak{w}$ des Mobils Z zum Ziel z eine von z ausgehende der Imaginärachse parallele Strecke. Auf dieser ist etwa

$$z=x+iy, \qquad Z=x+iY, \qquad Z-z=i(Y-y)$$

und der Differenzenquotient wird jetzt

$$\mathfrak{D}=\frac{f(Z)-f(z)}{Z-z}=\frac{\psi(x,Y)-\psi(x,y)}{Y-y}-i\frac{\varphi(x,Y)-\varphi(x,y)}{Y-y}.$$

Auch hier müssen Realteil und Imaginärteil von $\mathfrak{D}$ beim Grenzübergang $Z\to z$ gegen bestimmte endliche Werte konvergieren. Diese sind

$$\frac{\partial\psi}{\partial y}=\psi_y \qquad \text{und} \qquad -\frac{\partial\varphi}{\partial y}=-\varphi_y.$$

Damit wird

(2) $$\zeta'=\psi_y-i\varphi_y.$$

Aus den Gleichungen (1) und (2) folgen als *notwendige* Bedingungen für die Existenz der Ableitung $\zeta'=f'(z)$ die

Differentialgleichungen von Cauchy-Riemann:

$$\boxed{\varphi_x=\psi_y} \qquad \text{und} \qquad \boxed{\varphi_y=-\psi_x},$$

ausführlicher geschrieben:

$$\boxed{\frac{\partial\varphi}{\partial x}=\frac{\partial\psi}{\partial y}} \qquad \text{und} \qquad \boxed{\frac{\partial\varphi}{\partial y}=-\frac{\partial\psi}{\partial x}}.$$

Sind diese Bedingungen auch *hinreichend?* Die Antwort lautet bejahend:

Wenn die vier Partialableitungen der beiden Realfunktionen $\varphi(x, y)$ und $\psi(x, y)$ in jedem Punkte (x, y) eines Gebiets $\mathfrak{G}$ endliche, die Cauchy-Riemannschen Differentialgleichungen $\varphi_x = \psi_y$ und $\varphi_y = -\psi_x$ befriedigende Werte sind, so ist die Funktion $\varphi + i\psi$ im Gebiet $\mathfrak{G}$ regulär.

Doch beweisen wir diesen Satz hier nur unter der zusätzlichen Voraussetzung, daß die vier Partialableitungen in $\mathfrak{G}$ stetig sind.

Zur Abkürzung sei $\frac{\partial\varphi}{\partial x} = \varphi_1$, $\frac{\partial\varphi}{\partial y} = \varphi_2$, $\frac{\partial\psi}{\partial x} = \psi_1$, $\frac{\partial\psi}{\partial y} = \psi_2$, $X - x = u$, $Y - y = v$, $Z - z = w$.

Der Differenzenquotient $\mathfrak{D}$ der Funktion $f(z) = \varphi + i\psi$ an der Stelle $z = x + iy$ ist

$$\mathfrak{D} = \frac{f(Z) - f(z)}{Z - z} = \frac{\varphi(X, Y) - \varphi(x, y)}{w} + i\frac{\psi(X, Y) - \psi(x, y)}{w} = I + i\,II.$$

Wir schreiben

$$\varphi(X, Y) - \varphi(x, y) = [\varphi(X, Y) - \varphi(x, Y)] + \{\varphi(x, Y) - \varphi(x, y)\},$$

wenden auf jeden der beiden Klammerausdrücke den Mittelwertsatz an und haben

$$[\ ] = u\varphi_1(\mathfrak{x}, Y), \qquad \{\ \} = v\varphi_2(x, \mathfrak{y}),$$

wo $\mathfrak{x}$ einen gewissen zwischen x und X, $\mathfrak{y}$ einen gewissen zwischen y und Y liegenden Wert bedeutet.

Wir schreiben weiter

$$\varphi_1(\mathfrak{x}, Y) = \varphi_1 + \varrho_1 \qquad \text{und} \qquad \varphi_2(x, \mathfrak{y}) = \varphi_2 + \varrho_2$$

mit

$$\varphi_1 = \varphi_1(x, y),\quad \varphi_2 = \varphi_2(x, y),\quad \varrho_1 = \varphi_1(\mathfrak{x}, Y) - \varphi_1(x, y),\quad \varrho_2 = \varphi_2(x, \mathfrak{y}) - \varphi_2(x, y),$$

so daß schließlich

$$I = \frac{u\varphi_1 + v\varphi_2}{w} + \varrho \qquad \text{mit} \quad \varrho = \frac{u}{w}\varrho_1 + \frac{v}{w}\varrho_2.$$

Ebenso wird

$$II = \frac{u\psi_1 + v\psi_2}{w} + \sigma \qquad \text{mit} \quad \sigma = \frac{u}{w}\sigma_1 + \frac{v}{w}\sigma_2,$$

wo $\sigma_1 = \psi_1(\mathfrak{X}, Y) - \psi_1(x, y)$ und $\sigma_2 = \psi_2(x, \mathfrak{Y}) - \psi_2(x, y)$

ist und $\mathfrak{X}$ einen gewissen zwischen x und X, $\mathfrak{Y}$ einen gewissen zwischen y und Y liegenden Wert bedeutet.

Nach den Cauchy-Riemannschen Differentialgleichungen können wir die gefundenen Formeln auch so schreiben:

$$I = \frac{u\varphi_1 - v\psi_1}{w} + \varrho, \qquad II = \frac{u\psi_1 + v\varphi_1}{w} + \sigma.$$

Damit wird

$$\mathfrak{D} = I + i\,II = \varphi_1 + i\psi_1 + \varrho + i\sigma.$$

Bei unbegrenzter Annäherung des Mobils Z an den Zielpunkt z streben wegen der vorausgesetzten Stetigkeit der vier Partialableitungen die Differenzen $\varrho_1, \varrho_2, \sigma_1, \sigma_2$ gegen Null.
Was die in ϱ und σ vorkommenden Brüche $u:w$ und $v:w$ anbetrifft, so lassen sie sich auf Grund der trigonometrischen Darstellung

$$w = u + iv = r(\cos\omega + i\sin\omega)$$

der Zahl w

$$\frac{u}{w} = \frac{\cos\omega}{\cos\omega + i\sin\omega}, \qquad \frac{v}{w} = \frac{\sin\omega}{\cos\omega + i\sin\omega}$$

schreiben und bleiben daher für jede Lage des Punktes Z endliche Werte.
Folglich konvergiert das Aggregat $\varrho + i\sigma$ beim Grenzübergang $Z \to z$ gegen Null, und es wird

$$\lim_{Z \to z} \mathfrak{D} = \lim_{Z \to z} \frac{f(Z) - f(z)}{Z - z} = \varphi_1 + i\psi_1;$$

d. h. unsere Funktion $f(z)$ hat an der Stelle z die Ableitung $\frac{\partial\varphi}{\partial x} + i\frac{\partial\psi}{\partial x}$. Sie verhält sich also im Gebiet $\mathfrak{G}$ regulär, w. z. b. w.
Wir werden später (mittels der Cauchyschen Integralformel von § 30) zeigen, daß die in unserem Beweise benutzte Voraussetzung der Stetigkeit der Partialableitungen von φ und ψ nicht gemacht zu werden braucht. Es wird sich herausstellen, daß sämtliche Partialableitungen des Realteils φ und Imaginärteils ψ einer in einem Gebiet $\mathfrak{G}$ regulären Funktion stetige Funktionen von x und y in $\mathfrak{G}$ sind.
Einstweilen aber genügt für unsere Zwecke der

Satz:

Eine in einem Gebiet (Bereich) reguläre Funktion $\varphi + i\psi$ befriedigt hier die Cauchy-Riemannschen Differentialgleichungen

$$\frac{\partial\varphi}{\partial x} = \frac{\partial\psi}{\partial y}, \qquad \frac{\partial\varphi}{\partial y} = -\frac{\partial\psi}{\partial x}.$$

Regularität und Singularität

Wenn man von der Regularität einer Funktion $f(z)$ spricht, hat man stets ein Gebiet oder einen Bereich im Auge, in welchem die Funktion „sich regulär verhält", „die Eigenschaft der Regularität besitzt". Doch sagt man auch: „die Funktion ist in jedem Punkte des Gebiets regulär" und bezieht die Eigenschaft der Regularität sonach auch auf Einzelpunkte.
Die Aussage „die Funktion $f(z)$ ist im Punkte z regulär" bedeutet eigentlich nur, daß die Funktion an der Stelle z eine bestimmte endliche Ableitung besitzt.
Wenn aber der Punkt z einem Regularitätsgebiet einer Funktion angehört, so ist dieser Punkt ganz von selbst ein *Innen*punkt des Gebiets, und der Satz „die Funktion ist im Punkte z regulär" bedeutet dann darüber hinaus, daß die Funktion in einer gewissen Umgebung des Punktes z regulär ist.

Ein Punkt z, in dem eine Funktion regulär ist, heißt ein *regulärer Punkt* der Funktion.
Ein Punkt z, in dem die Funktion nicht regulär ist, wird ein *singulärer Punkt* der Funktion genannt; man sagt auch: „die Funktion weist an der Stelle z eine *Singularität* auf".
Die einfache Funktion $f(z) = 1 : (z - c)$ z. B. ist im Punkte $z = c$ singulär, da sie hier unendlich groß wird, also nicht stetig und damit auch nicht regulär ist, während sie sich sonst überall regulär verhält.

Die Funktion $$f(z) = \frac{1}{(z - c_1)(z - c_2) \ldots (z - c_n)}$$

hat n singuläre Stellen: sie ist an jeder der n Stellen $c_1, c_2, \ldots, c_n$ singulär, während sie sich sonst überall regulär verhält.
Es gibt zahlreiche komplexe Funktionen, die in den Gebieten, wo man sie betrachtet, zwar im allgemeinen regulär sind, jedoch gewisse Singularitäten aufweisen. Um diese ebenfalls wichtigen Funktionen und die in einem Gebiet überall regulären Funktionen mit einem gemeinsamen Namen zu bezeichnen, verwendet man den Ausdruck „Analytische Funktion":
Eine Funktion $f(z)$ heißt in einem Gebiet *analytisch*, wenn sie sich im Gebiet regulär verhält mit eventueller Ausnahme von Singularitäten, die die Stetigkeit des Gebiets nicht unterbrechen; d. h. die so verteilt sind, daß je zwei reguläre Punkte des Gebiets durch eine im Gebiet verlaufende, aus lauter regulären Punkten bestehende stetige Linie verbunden werden können.
Hierzu muß bemerkt werden, daß in der Literatur die Ausdrücke „regulär" und „analytisch" unglücklicherweise meist als gleichbedeutend gebraucht werden.

Differentiationsregeln

Bei der Bestimmung des Differentialquotienten einer vorgelegten Regulärfunktion bedient man sich meist der Differentiationsregeln.
Die Herleitung dieser Regeln erfolgt ganz ähnlich wie in der gewöhnlichen Differentialrechnung, so daß es genügen wird, die Regeln hier zusammenzustellen.

Regel I: Die Ableitung einer Konstante ist Null.

Regel II: Eine Summe von Regulärfunktionen wird gliedweise differenziert.

Regel III: Die Ableitung des Produkts $p = uv$ von zwei Regulärfunktionen $u = u(z)$ und $v = v(z)$ ist

$$p' = uv' + vu'.$$

Regel IIIa: Eine multiplikative Konstante geht durch die Differentiation ungeändert hindurch: Aus $F(z) = Cf(z)$ folgt

$$F'(z) = Cf'(z).$$

Regel IV: Die Ableitung des Quotienten $q = u:v$ ist

$$q' = \frac{vu' - uv'}{v^2}.$$

Regel V: Die bezogene Ableitung des Ausdrucks

$$f = \frac{U V W \ldots}{u v w \ldots},$$

in welchem $U, V, W, \ldots, u, v, w, \ldots$ Regulärfunktionen von z sind, hat den Wert

$$\frac{f'}{f} = \frac{U'}{U} + \frac{V'}{V} + \frac{W'}{W} + \cdots - \frac{u'}{u} - \frac{v'}{v} - \frac{w'}{w} - \cdots.$$

Regel VI (Kettenregel): Ist $F(z) = f(w)$ eine Funktion der komplexen Variable w derart, daß w und $f(w)$ in einem Gebiet der z-Ebene Regulärfunktionen von z sind, so ist in diesem Gebiet

$$F'(z) = f'(w) \cdot w'.$$

Dabei bedeutet $F'(z)$ bzw. w' die Ableitung von F bzw. w nach z, $f'(w)$ die Ableitung von f nach w.

Zwei Konstantensätze:

I. Verschwindet die Ableitung einer in einem Gebiet regulären Funktion überall im Gebiet, so ist die Funktion eine Konstante.

II. Ist der Betrag einer in einem Gebiet regulären Funktion im Gebiet konstant, so ist die Funktion selbst hier auch konstant.

Beweis zu I. $f(z) = \varphi(x, y) + i\psi(x, y) = \varphi + i\psi$ sei eine im Gebiet $\mathfrak{G}$ reguläre Funktion, deren Ableitung in $\mathfrak{G}$ überall verschwindet. Aus

$$f'(z) = 0 \qquad \text{und} \qquad f'(z) = \varphi_x + i\psi_x$$

folgt dann für jeden Punkt (x, y) von $\mathfrak{G}$

$$\varphi_x + i\psi_x = 0$$

oder
$$\varphi_x = 0 \qquad \text{und} \qquad \psi_x = 0.$$

Nach den Cauchy-Riemannschen Gleichungen ist dann auch in jedem Punkte von $\mathfrak{G}$

$$\psi_y = 0 \qquad \text{und} \qquad \varphi_y = 0.$$

Die Gleichungen $\varphi_x = 0$ und $\varphi_y = 0$ sagen aus, daß φ weder von x noch von y abhängt, also konstant, etwa $\varphi = a$ ist.
Ebenso bekunden die Gleichungen $\psi_x = 0$ und $\psi_y = 0$, daß auch ψ konstant, etwa $\psi = b$ ist.
Damit haben wir

$$f(z) = \varphi + i\psi = a + ib = \text{const},$$

w. z. b. w.

Beweis zu II. Der Satz braucht nicht bewiesen zu werden, wenn die Konstante Null ist. Demgemäß sei

$$|f(z)| = \text{const} = k \neq 0$$

oder
$$\varphi^2 + \psi^2 = k^2.$$

Durch Ableitung dieser Gleichung nach x bzw. y ergibt sich

$$\varphi\varphi_x + \psi\psi_x = 0 \qquad \text{bzw.} \qquad \varphi\varphi_y + \psi\psi_y = 0.$$

Diese Gleichungen schreiben sich auf Grund der Cauchy-Riemannschen Formeln

$$\varphi\,\varphi_x - \psi\,\varphi_y = 0 \qquad \text{und} \qquad \varphi\,\varphi_y + \psi\,\varphi_x = 0.$$

Nun ist aber identisch (Eulers Identität)

$$(\varphi^2 + \psi^2)\,(\varphi_x^2 + \varphi_y^2) = (\varphi\,\varphi_x - \psi\,\varphi_y)^2 + (\varphi\,\varphi_y + \psi\,\varphi_x)^2,$$

mithin $\quad (\varphi^2 + \psi^2)\,(\varphi_x^2 + \varphi_y^2) = 0 \quad$ oder $\quad k^2\,(\varphi_x^2 + \varphi_y^2) = 0,$

sodann wegen $k \neq 0 \qquad \varphi_x^2 + \varphi_y^2 = 0$

und schließlich $\qquad \varphi_x = 0 \quad$ und $\quad \varphi_y = 0$

sowie nach Cauchy-Riemanns Formeln auch

$$\psi_x = 0 \qquad \text{und} \qquad \psi_y = 0.$$

Die vier letzten Gleichungen bedeuten wie unter I. die Konstanz von φ und ψ und damit von f.

§ 13. BEISPIELE VON REGULÄRFUNKTIONEN

Ehe wir die allgemeine Theorie der Regulärfunktionen auseinandersetzen, ist es nützlich, einige Beispiele von solchen Funktionen zu betrachten.
Die einfachsten Beispiele von Funktionen, die sich überall im Endlichen oder in gewissen endlichen Gebieten regulär verhalten, sind einmal die fünf sogenannten *Elementarfunktionen:*

1. die *Potenz*: z^n,
2. die *Exponentialfunktion*: e^z,
3. die *logarithmische Funktion*: lz,
4. die *Kreisfunktionen*: $\sin z$ und $\cos z$,
5. die *zyklometrischen Funktionen:* $\operatorname{arc} \sin z$ und $\operatorname{arc} \operatorname{tg} z$,

sodann die *ganzen und gebrochenen Rationalfunktionen*.

Elementarfunktionen

I. Die Potenz

Die Potenz oder Potenzfunktion ζ ist definiert durch die Gleichung

$$\zeta = z^n,$$

in welcher n zunächst als natürliche Zahl vorausgesetzt wird.

Die Potenzfunktion verhält sich überall im Endlichen regulär.

Beweis. z sei ein beliebiger im Endlichen gelegener fester Punkt, Z ein beweglicher Nachbarpunkt. Der Differenzenquotient der Funktion

$$\frac{Z^n - z^n}{Z - z}$$

läßt sich schreiben

$$Z^{n-1} + Z^{n-2}\,z + Z^{n-3}\,z^2 + \cdots + Z\,z^{n-2} + z^{n-1}.$$

Wie man sieht, strebt er bei unbegrenzter Annäherung des variablen Punktes Z an die Stelle z gegen den Wert nz^{n-1}:

$$\lim_{Z \to z} \frac{Z^n - z^n}{Z - z} = n\, z^{n-1}.$$

Unsere Funktion besitzt also an jeder Stelle z die Ableitung

$$\zeta' = n\, z^{n-1};$$

d. h. sie ist im Endlichen überall regulär.

II. Die Exponentialfunktion

Unter der Exponentialfunktion versteht man die Funktion

$$\zeta = E(z) = \varphi + i\,\psi$$

mit $$\varphi = e^x \cos y, \qquad \psi = e^x \sin y,$$

wo e die Eulersche Zahl bedeutet.

Da die Funktionen φ und ψ, wie man leicht bestätigt, die Cauchy-Riemannschen Differentialgleichungen

$$\varphi_x = \psi_y, \qquad \varphi_y = -\psi_x$$

erfüllen, verhält sich die Funktion $E(z)$ überall im Endlichen regulär.

Die Exponentialfunktion befriedigt die *Funktionalgleichung*

$$E(Z) \cdot E(z) = E(Z + z).$$

In der Tat. Sind $z = x + iy$ und $Z = X + iY$ zwei beliebige Werte des Arguments, so ist

$$E(z) = e^x(\cos y + i \sin y), \qquad E(Z) = e^X(\cos Y + i \sin Y),$$

mithin, nach Moivres Formel,

$$E(z) \cdot E(Z) = e^{X+x}[\cos(Y + y) + i \sin(Y + y)],$$

und die rechte Seite dieser Gleichung ist $E(Z + z)$.

Die Funktionalgleichung führt uns darauf, statt $E(z)$ e^z zu schreiben, so daß

$$\boxed{e^z = e^x(\cos y + i \sin y)}$$

ist, und liefert so die Erklärung für die Benennung „Exponentialfunktion".

Als Spezialfall unserer Definitionsgleichung erscheint die *Eulersche Formel*:

$$\boxed{e^{iy} = \cos y + i \sin y}\,.$$

Man merke: *Der* **Betrag** *der Exponentialfunktion* $e^z = e^{x+iy}$ *ist* e^x, *der* **Winkel** y.

Aus $\varphi_x = e^x \cos y$ und $\psi_x = e^x \sin y$ ergibt sich wegen $\zeta' = \varphi_x + i\,\psi_x$

$$\zeta' = E'(z) = e^x \cos y + i\, e^x \sin y = e^z.$$

Folglich:

Die Ableitung von e^z ist e^z.

Natürlich wird man auch das Produkt aus e^z und einer Konstante k:

$$w = k\,e^z$$

als Exponentialfunktion bezeichnen, zumal auch für die Funktion w der bemerkenswerte Satz gilt:
Die Ableitung von w ist w.

Die Exponentialfunktion $w = k\,e^z$ ist die einzige Funktion, die sich selbst zur Ableitung hat.

Beweis. Außer w sei noch $v = f(z)$ eine Regulärfunktion, die sich selbst zur Ableitung hat. Dann ist die Ableitung des Quotienten

$$q = v : w$$

$$q' = (wv' - vw') : w^2 = 0.$$

Folglich ist $q = \text{const} = c$, und v hat dieselbe Form — $K\,e^z$ (mit $K = c\,k$) — wie w.

Eine der wichtigsten Eigenschaften der Exponentialfunktion ist ihre Periodizität. Die Exponentialfunktion e^z hat die Periode $P = 2\pi i$.

Beweis. Es ist

$$e^{z+P} = e^z \cdot e^{2\pi i} = e^z (\cos 2\pi + i \sin 2\pi) = e^z.$$

Andere Perioden als P und seine ganzzahligen Vielfachen $g P$ kann e^z nicht besitzen. Ist nämlich $c = a + b\,i$ (mit reellem a und b) eine Periode von e^z, so folgt aus

$$e^{c+z} = e^z$$

$$e^c = 1 \qquad \text{oder} \qquad e^a (\cos b + i \sin b) = 1$$

und hieraus $\quad e^a = 1 \qquad$ und $\qquad \cos b + i \sin b = 1,$

also $a = 0$ und $b = g\,2\pi$ (mit ganzzahligem g). Die angenommene Periode c ist sonach ein ganzzahliges Vielfaches der „Grundperiode" $P = 2\pi i$.

III. Die Kreisfunktionen

Die beiden Kreisfunktionen

$$\cos z \qquad \text{und} \qquad \sin z$$

werden hier nicht geometrisch definiert, sondern in Anlehnung an die Eulersche Formel analytisch. Dieser Formel zufolge ist

$$e^{iy} = \cos y + i \sin y \qquad \text{sowie} \qquad e^{-y} = \cos y - i \sin y.$$

Aus diesen beiden Relationen ergibt sich

$$\cos y = \frac{e^{iy} + e^{-iy}}{2}, \qquad \sin y = \frac{e^{iy} - e^{-iy}}{2\,i},$$

und in Anlehnung an diese Formeln definiert man den Cosinus und Sinus des komplexen Arguments z durch die Vorschriften

$$\boxed{\cos z = \frac{e^{iz} + e^{-iz}}{2}, \qquad \sin z = \frac{e^{iz} - e^{-iz}}{2i}}\,.$$

Die so definierten Funktionen $\cos z$ und $\sin z$ fallen natürlich für *reelle* z mit den trigonometrischen Funktionen $\cos z$ und $\sin z$ zusammen.

Die beiden Kreisfunktionen $\cos z$ und $\sin z$ verhalten sich überall im Endlichen regulär. Ihre Differentialquotienten sind, wie man leicht findet,

$$\boxed{D\cos z = -\sin z, \qquad D\sin z = \cos z}\,.$$

Aus den Definitionsgleichungen

$$\cos z = \frac{e^{iz} + e^{-iz}}{2}, \qquad \sin z = \frac{e^{iz} - e^{-iz}}{2i}$$

ergibt sich leicht:

Die Funktionen $\cos z$ und $\sin z$ befriedigen die bekannten Formeln der Goniometrie.

So gelten z. B. die *pythagoreische Relation*

$$\cos^2 z + \sin^2 z = 1$$

und das *Additionstheorem*

$$\begin{cases} \sin(\alpha \pm \beta) = \sin\alpha\cos\beta \pm \cos\alpha\sin\beta, \\ \cos(\alpha \pm \beta) = \cos\alpha\cos\beta \mp \sin\alpha\sin\beta, \end{cases}$$

wobei jetzt aber α und β beliebige komplexe Zahlen sein dürfen.

Nullstellen der Kreisfunktionen $\cos z$ und $\sin z$

Um die Nullstellen z der beiden Kreisfunktionen $\cos z$ und $\sin z$ zu finden, haben wir die beiden Gleichungen

$$e^{iz} + e^{-iz} = 0 \qquad \text{und} \qquad e^{iz} - e^{-iz} = 0$$

oder

$$e^{2iz} = -1 \qquad \text{und} \qquad e^{2iz} = +1$$

oder, $z = x + iy$ gesetzt,

$$e^{-2y}(\cos 2x + i\sin 2x) = -1 \quad \text{und} \quad e^{-2y}(\cos 2x + i\sin 2x) = 1\,.$$

Die erste dieser beiden Gleichungen liefert

$$e^{-2y} = 1, \qquad \cos 2x = -1, \qquad \sin 2x = 0,$$

die zweite

$$e^{-2y} = 1, \qquad \cos 2x = 1, \qquad \sin 2x = 0.$$

Im ersten Falle wird

$$y = 0, \qquad 2x = (2g + 1)\pi,$$

im zweiten

$$y = 0, \qquad 2x = 2g\pi,$$

wobei g eine beliebige Ganzzahl bedeutet.

Folglich: *Die Nullstellen der Cosinusfunktion sind die ungraden Vielfachen von $\pi/2$, die der Sinusfunktion die Vielfachen von π.*

Die Kreisfunktionen sec z *und* tg z werden durch die Formeln

$$\sec z = \frac{1}{\cos z}, \qquad \operatorname{tg} z = \frac{\sin z}{\cos z}$$

definiert.

Im Gegensatz zu den Funktionen cos z und sin z sind sie nicht überall regulär; an den Stellen, wo cos z verschwindet, also sec z und tg z unendlich werden, liegt Irregularität vor.

Die Funktionen sec z *und* tg z *sind im Endlichen überall regulär mit Ausnahme der auf der Realachse gelegenen Stellen, die ganzzahlige ungrade Vielfache von* $\pi/2$ *sind.*

Die Ableitungen von sec z *und* tg z *sind* sec z tg z *und* $\sec^2 z$.

IV. Die logarithmische Funktion

Unter dem *Logarithmus des Arguments* z — geschrieben Lz — versteht man den Exponenten ζ, mit dem man Eulers Zahl e potenzieren muß, um z zu erhalten. Der durch die Definitionsgleichung

$$\zeta = Lz$$

zwischen dem Argument z und der Funktion ζ vermittelte Zusammenhang wird also erklärt durch die Relation

$$e^{\zeta} = z.$$

Wir setzen, indem wir den Betrag von z mit r, den Winkel mit t bezeichnen,

$$z = x + iy = r\,e^{it} \qquad \text{mit} \quad -\pi < t \leqq +\pi, \qquad \text{sowie} \quad \zeta = \xi + i\eta$$

und finden aus

$$e^{\xi + i\eta} = r\,e^{it}$$

$$e^{\xi} = r \qquad \text{und} \qquad e^{i(\eta - t)} = 1.$$

Aus der ersten dieser beiden Bedingungsgleichungen folgt

$$\xi = l\,r,$$

unter $l\,r$ den Logarithmus naturalis von r verstanden, aus der zweiten

$$\cos(\eta - t) + i\sin(\eta - t) = 1$$

oder

$$\eta = t + g \cdot 2\pi,$$

wobei g eine ***beliebige*** ganze Zahl bedeutet.

Der Logarithmus Lz von z ist also in Ansehung der Willkür von g eine *unendlich vieldeutige* Funktion von z.

Wählen wir als einfachste Möglichkeit $g = 0$, so erhalten wir den sog. *Hauptwert des Logarithmus*:

$$\zeta = \xi + i\eta = l\,r + it.$$

Wir schreiben ihn lz und haben

$$\boxed{lz = lr + it} \qquad \text{mit } r = |z| \quad \text{und} \quad -\pi < t \leqq \pi.$$

Lassen wir das Argument z einen um den Nullpunkt beschriebenen Kreis $\mathfrak{k}$ von beliebigem Halbmesser r durchlaufen, wobei wir im Schnittpunkt von $\mathfrak{k}$

mit der positiven Realachse beginnen, so strebt $\zeta = lz$, nach Durchlaufung des oberhalb bzw. unterhalb der Realachse liegenden Halbkreises von $\mathfrak{k}$ gegen den Wert $lr + i\pi$ bzw. $lr - i\pi$. Die logarithmische Funktion

$$\zeta = lz$$

ist demnach in den Punkten der negativen Realachse *unstetig*.
Sie ist also sicher nicht überall regulär, wie ja auch schon aus dem Unendlichwerden von lz im Nullpunkt hervorgeht.
Wir führen jetzt das Gebiet $\mathfrak{L}$ ein, welches aus den Punkten der z-Ebene mit Ausnahme des Nullpunktes, des unendlich fernen Punktes und der Punkte der negativen Realachse besteht.
Wir behaupten:

Die logarithmische Funktion $\zeta = lz$ ist im Gebiet $\mathfrak{L}$ regulär.

Beweis. In $\mathfrak{L}$ sind die Funktionen

$$\varphi(x, y) = lr = l\sqrt{x^2 + y^2}$$

und

$$\psi(x, y) = t = \operatorname{arc\,tg} \frac{y}{x},$$

die den Real- und Imaginärteil von lz bilden, stetige Funktionen von x und y, und es ist

$$\varphi_x = \frac{x}{r^2}, \qquad \varphi_y = \frac{y}{r^2}, \qquad \psi_x = -\frac{y}{r^2}, \qquad \psi_y = \frac{x}{r^2}.$$

Daher gelten die Cauchy-Riemannschen Differentialgleichungen

$$\varphi_x = \psi_y \qquad \text{und} \qquad \varphi_y = -\psi_x,$$

und $lz = \varphi + i\psi$ verhält sich in $\mathfrak{L}$ regulär.
Für den Differentialquotient ζ' von $\zeta = lz$ findet sich

$$\zeta' = \varphi_x + i\psi_x = \frac{x}{r^2} - i\frac{y}{r^2} = \frac{1}{x + iy} = \frac{1}{z}.$$

Die Ableitung der logarithmischen Funktionen lz ist $1:z$.

In Cauchys Schreibung:

$$\boxed{Dlz = \frac{1}{z}}.$$

Die Funktion

$$\zeta = \xi + i\eta = Lz$$

mit $\xi = lr$, $\eta = t + g\,2\pi$ und *nicht* verschwindendem g hat den Wert

$$Lz = lz + g \cdot 2\pi i$$

unterscheidet sich demnach vom Hauptwert lz nur durch die additive Konstante $g \cdot 2\pi i$.
Folglich: *Auch die Funktion Lz verhält sich in $\mathfrak{L}$ überall regulär, auch sie hat die Ableitung* $1:z$.

V. Die allgemeine Potenz und Exponentialfunktion

Die *allgemeine Potenz* $\zeta = z^c$, wo c eine beliebig gegebene Konstante bedeutet, wird durch die Vorschrift

$$\zeta = z^c = e^{cLz}$$

definiert. Hierbei ist, unter g eine beliebige Ganzzahl verstanden,

$$Lz = lz + g \cdot 2i\pi,$$

wo $lz = lr + it$ mit $-\pi < t \leqq +\pi$ den Hauptwert der logarithmischen Funktion bedeutet.

Der Vieldeutigkeit von Lz entsprechend, ist die Potenz z^c im allgemeinen unendlich vieldeutig; nur bei rationalem Exponenten c — $c = r : s$ mit ganzzahligem r und ganzzahligem, positivem, zu r teilerfremdem s — besitzt sie genau s verschiedene Werte:

$$\zeta_1 = e^{clz}, \quad \zeta_2 = \zeta_1 \varepsilon, \quad \zeta_3 = \zeta_1 \varepsilon^2, \ldots, \quad \zeta_s = \zeta_1 \varepsilon^{s-1} \qquad \text{mit} \quad \varepsilon = e^{2i\pi c}.$$

In der Tat liefert die Fortsetzung der Folge $\zeta_1, \zeta_2, \ldots, \zeta_s$ wegen $\varepsilon^s = 1$ keine neuen Werte mehr. (Zum Beispiel ist $\zeta_{s+3} = \zeta_1 \varepsilon^{s+2} = \zeta_3$.)

Dieser Sachverhalt war vorauszusehen, da

$$z^c = z^{r:s} = \sqrt[s]{z^r}$$

als s-te Wurzel nur s verschiedene Werte vorstellen kann.

Die Potenz $\zeta = z^c = e^{cLz}$ verhält sich in jedem Gebiet regulär, in welchem sich Lz regulär verhält.

Für die Ableitung von $\zeta = z^c$ findet man

$$\boxed{\zeta' = Dz^c = cz^{c-1} = c\zeta : z}\,.$$

Die *allgemeine Exponentialfunktion* $\zeta = c^z$ mit beliebig konstantem c wird zweckmäßig durch die Vorschrift

$$\zeta = c^z = e^{zlc}$$

definiert, so daß c^z eine eindeutige Funktion von z darstellt.

Besonders einfach wird ζ, wenn c eine positive Zahl ist, da lc dann keinen Imaginärteil besitzt, sonach nur den gewöhnlichen natürlichen Logarithmus von c bedeutet.

Die Funktion c^z verhält sich (wie e^z) überall im Endlichen regulär und besitzt die Ableitung

$$\boxed{Dc^z = c^z \cdot lc}\,.$$

VI. Die zyklometrischen Funktionen

$$\varphi = \text{as}\, z = \text{arc}\sin z \qquad \text{und} \qquad \psi = \text{at}\, z = \text{arc}\,\text{tg}\, z.$$

Unter $\text{arc}\sin z$ bzw. $\text{arc}\,\text{tg}\, z$ versteht man die (komplexe) Zahl φ bzw. ψ, deren Sinus bzw. Tangens den Wert z hat.

Es gilt also die Gleichung

$$\sin\varphi = z \qquad \text{bzw.} \qquad \text{tg}\,\psi = z$$

oder $\dfrac{e^{i\varphi}-e^{-i\varphi}}{2}=i\,z$ bzw. $\dfrac{e^{i\psi}-e^{-i\psi}}{e^{i\psi}+e^{-i\psi}}=i\,z\,.$

Aus ihr ergibt sich

$$e^{2i\varphi}-2\,i\,z\,e^{i\varphi}-1=0 \qquad \text{bzw.} \qquad e^{2i\psi}=\frac{1+i\,z}{1-i\,z}\,.$$

Aus der ersten dieser Gleichungen folgt

$$e^{i\varphi}=i\,z+w \qquad \text{mit} \quad w^2=1-z^2$$

und hieraus $i\varphi=L\,(iz+w)\,,$

aus der zweiten $i\,\psi=\dfrac{1}{2}\,L\,\dfrac{1+i\,z}{1-i\,z}\,.$

Da sich $L\,z$ vom Hauptwert $l\,z$ nur durch eine additive Konstante unterscheidet, beschränken wir uns auf die Hauptwerte und definieren demgemäß die zyklometrischen Funktionen

$$\varphi=\operatorname{as} z \qquad \text{und} \qquad \psi=\operatorname{at} z$$

durch die Vorschriften

$$\boxed{i\,\varphi=l\,(i\,z+w)}\,, \qquad \boxed{i\,\psi=\frac{1}{2}\,l\,\frac{1+i\,z}{1-i\,z}}\,.$$

Betrachtung von φ

Da man gewöhnlich arc sin $0=0$ setzt, bestimmen wir das Vorzeichen von w so, daß die Funktion w im Nullpunkte den Wert $+1$ annimmt.
Demgemäß setzen wir

$$w=u+iv \qquad \text{mit} \quad 2\,u^2=R+S,\ \ 2\,v^2=R-S,$$

wobei R den Betrag, S den Realteil von $1-z^2$ bedeutet, also

$$R^2=(1-x^2+y^2)^2+4\,x^2y^2, \qquad S=1-x^2+y^2$$

ist. Damit w im Nullpunkte den Wert $+1$ annimmt, wählen wir u positiv. Das Vorzeichen von v muß dann mit dem von $-x\,y$ übereinstimmen (der Imaginärteil von w^2 ist $2\,u\,v=-2\,xy$). Die einzigen Stellen, an denen die positive Wahl von u nicht gelingt, sind $z=+1$ und $z=-1$. Hier werden R, S, u, v und w Null, und wir erhalten $\varphi=\operatorname{as}(\pm 1)=\pm\pi/2$.
Durch diese Festsetzungen über die Wurzel w ist diese als eindeutige Funktion von z definiert. Doch ist diese Funktion in der Umgebung von Punkten der Realachse mit **unecht** gebrochenem Realteil x *nicht stetig*! Für solche Punkte ist nämlich $u=0$, $v^2=x^2-1$ positiv und $w:i\,(=v)$ *positiv* oder *negativ endlich*, je nachdem der Punkt z *dicht* oberhalb oder unterhalb (bei negativem x) bzw. dicht unterhalb oder oberhalb (bei positivem x) der Realachse liegt.
Um diesen kritischen Punkten aus dem Wege zu gehen, beschränken wir uns auf Punkte z, deren Betrag unterhalb 1 liegt, betrachten also die Funktion w nur im Innern des Gaußkreises.
Bedeutet nun z einen festen, Z einen benachbarten variablen Punkt dieses Gebietes, w den zu z, W den zu Z gehörigen Wurzelwert, so ist

$$w^2=1-z^2 \qquad \text{und} \qquad W^2=1-Z^2.$$

Der Differenzenquotient der Funktion w hat daher den Wert

$$\frac{W-w}{Z-z}=-\frac{Z+z}{W+w}.$$

Wandert der Punkt Z nach der Stelle z, so strebt der Differenzenquotient gegen den Grenzwert $-z:w$, und wir haben den Satz:

Der Differentialquotient der Funktion $w=\sqrt{1-z^2}$ *hat den Wert* $w'=-z:w$.

Da dieser Differentialquotient in unserem Gebiet überall endlich ist, so haben wir den Satz:

Die Funktion w verhält sich im Gaußgebiet regulär.

Wir achten jetzt auf die Funktion $iz+w$. Im Gaußgebiet ist x^2+y^2-1 negativ, mithin $R>x^2+y^2-1$ und $R+S>2y^2$ oder $u^2>y^2$. Daher ist $u>y$ und der Realteil $(u-y)$ von $iz+w$ positiv.
Aus letzterem Umstande folgt:

Die Funktion arc sin z *verhält sich im Gaußgebiet regulär.*

Für die Ableitung von φ erhalten wir

$$\varphi'=\frac{1}{i}\cdot\frac{1}{iz+w}\cdot\left(i-\frac{z}{w}\right)=\frac{1}{w}.$$

Folglich: *Der Differentialquotient von* arc sin z *ist* $1:\sqrt{1-z^2}$.
In Cauchys Schreibung:

$$\boxed{D\text{as}\; z=\frac{1}{\sqrt{1-z^2}}}.$$

Betrachtung von ψ

Der Realteil des Quotienten

$$\frac{1+iz}{1-iz}=\frac{1-y+ix}{1+y-ix}$$

hat den Wert

$$\frac{1-x^2-y^2}{(1+y)^2+x^2},$$

ist also im Innern des Gaußkreises positiv. Daher ist $l\frac{1+iz}{1-iz}$ im Innern des Gaußkreises regulär, und wir haben den Satz:

Die Funktion arc tg z *verhält sich im Gebiet des Gaußkreises regulär.*

Für die Ableitung von $\psi=\text{at}\, z$ erhalten wir

$$2i\psi'=\frac{1-iz}{1+iz}\cdot\frac{2i}{(1-iz)^2}=\frac{2i}{1+z^2}.$$

Folglich: *Der Differentialquotient von* arc tg z *ist* $1:(1+z^2)$.
In Cauchyscher Schreibung:

$$\boxed{D\text{at}\; z=\frac{1}{1+z^2}}.$$

Rationalfunktionen

I. Polynome

Das Polynom oder die ganze rationale Funktion

$$f(z) = a_0 z^m + a_1 z^{m-1} + a_2 z^{m-2} + \cdots + a_m,$$

in welchem $a_0, a_1, a_2, \ldots, a_m$ gegebene Konstanten bedeuten, verhält sich überall im Endlichen regulär.
Seine Ableitung ist

$$f'(z) = m a_0 z^{m-1} + (m-1) a_1 z^{m-2} + \cdots + a_{m-1}.$$

II. Gebrochene Rationalfunktionen

Die allgemeinste Rationalfunktion hat die Form

$$f(z) = \frac{\varphi(z)}{\psi(z)},$$

wo $\varphi(z)$ und $\psi(z)$ Polynome [mit gegebenen konstanten Koeffizienten] bedeuten, die wir ohne gemeinsamen Teiler voraussetzen.
Die Funktion $f(z)$ verhält sich überall im Endlichen regulär, wo nicht zufällig der Nenner $\psi(z)$ verschwindet.
Ihre Ableitung ist

$$f'(z) = \frac{\psi(z)\varphi'(z) - \varphi(z)\psi'(z)}{\psi^2(z)}.$$

§ 14. DAS INTEGRAL DER STETIGEN KOMPLEXEN FUNKTION

In einem Gebiet $\mathfrak{G}$ der z-Ebene sei eine eindeutige *stetige* Funktion

$$f(z) = \varphi(x, y) + i\psi(x, y)$$

der komplexen Variable $z = x + iy$ vorgelegt.
Ein vom Anfangspunkte z_0 bis zum Endpunkte z ganz in $\mathfrak{G}$ verlaufender Weg $\mathfrak{w}$ von der endlichen Länge l habe in Parameterdarstellung die Gleichung

$$x = x(t), \qquad y = y(t),$$

so daß der Punkt z den Weg durcheilt, wenn der Parameter von seinem Anfangswerte t_0 bis zu seinem Endwerte t ansteigt.
Wir teilen den Weg $\mathfrak{w}$ in n-kleine, nicht notwendig gleiche, sukzessive Teile $\mathfrak{w}_1, \mathfrak{w}_2, \ldots, \mathfrak{w}_n$ (wo also n eine große Zahl bedeutet) und nennen den Anfangspunkt bzw. Endpunkt des Wegteils $\mathfrak{w}_\nu$ $z_{\nu-1}$ bzw. z_ν, so daß $z_n = z$ ist, wobei $z_\nu = x_\nu + iy_\nu$ dem Parameterwerte t_ν entspricht. Dadurch haben wir eine, durch die Teilpunkte $z_1, z_2, \ldots, z_{n-1}$ gekennzeichnete *Wegteilung* bekommen, welche wir die zu den Teilpunkten $z_1, z_2, \ldots, z_{n-1}$ gehörige *Teilung* nennen.
Auf jedem der n-Wegteile greifen wir irgendeinen Punkt heraus, auf $\mathfrak{w}_\nu$ etwa den (dem Parameterwerte $\mathfrak{t}_\nu$ entsprechenden) Punkt $\mathfrak{z}_\nu = \mathfrak{x}_\nu + i\mathfrak{y}_\nu$, bestimmen

den zugehörigen Funktionswert $f_\nu = f_\nu(\mathfrak{z})$, multiplizieren ihn mit dem Argumentzuwachs $\zeta_\nu = z_\nu - z_{\nu-1}$ und bekommen das Produkt

$$\mathfrak{p}_\nu = f_\nu \cdot \zeta_\nu = f(\mathfrak{z}_\nu) \cdot (z_\nu - z_{\nu-1}).$$

Hierauf bilden wir die n-Glieder umfassende Summe

$$S_n = \sum_\nu^{1,n} \mathfrak{p}_\nu$$

und nennen sie die zu den Teilpunkten $z_1, z_2, \ldots$ (und den Zwischenpunkten $\mathfrak{z}_1, \mathfrak{z}_2, \ldots$) gehörige *Teilungssumme*. Die Zahl n heiße der *Index* der Summe. Wir achten auf die Teilungssummen, die sich ergeben, wenn die Längen *aller* Wegteile unbegrenzt abnehmen, wenn, wie wir kurz sagen wollen, die Wegteilung „*unbegrenzt*" ist.

Es gilt dann folgender

Fundamentalsatz:

Bei unbegrenzter Wegteilung konvergieren die Teilungssummen S_n gegen einen bestimmten endlichen Grenzwert S.

Diesen Grenzwert nennt man das *Integral der Funktion $f(z)$ für den Weg $\mathfrak{w}$* oder das *über den Weg $\mathfrak{w}$ erstreckte Integral der Funktion $f(z)$* und schreibt es, als „Integrationsvariable" den Buchstaben z verwendend,

$$\int_\mathfrak{w} f(z)\, dz$$

oder bei Verwendung einer anderen Integrationsvariable ζ

$$\int_\mathfrak{w} f(\zeta)\, d\zeta$$

oder auch — wenn über den „Integrationsweg" $\mathfrak{w}$ kein Zweifel herrscht —

$$\int_{z_0}^{z} f(\zeta)\, d\zeta\,.$$

Damit haben wir dann die

Fundamentalformel

$$\boxed{\int_\mathfrak{w} f(\zeta)\, d\zeta = \int_{z_0}^{z} f(\zeta)\, d\zeta = S = \lim_{n\to\infty} S_n}$$

mit $$\boxed{S_n = \sum_\nu^{1,n} \mathfrak{p}_\nu = \sum_\nu^{1,n} f_\nu\, \zeta_\nu = \sum_\nu^{1,n} f(\mathfrak{z}_\nu) \cdot (z_\nu - z_{\nu-1})}\,,$$

wobei das Zeichen $\lim\limits_{n\to\infty}$ zusätzlich bedeuten soll, daß die Längen *aller* Wegteile $\mathfrak{w}_1, \mathfrak{w}_2, \ldots, \mathfrak{w}_n$ unbegrenzt abnehmen sollen.

Wir fassen den Inhalt unseres Fundamentalsatzes bzw. der Fundamentalformel in etwas anderer Ausdrucksweise nochmals in Worte:

Integralexistenz:

Ist eine komplexe Funktion $f(z)$ längs eines endlichen Weges eindeutig und stetig, so existiert das über den Weg erstreckte Integral der Funktion und hat einen endlichen Wert.

Der Beweis des Fundamentalsatzes beruht auf drei Hilfssätzen.

Hilfssatz 1:

Der Grenzwert S — sofern er existiert — hängt nicht von der Wahl der Zwischenpunkte $\mathfrak{z}_1, \mathfrak{z}_2, \ldots$ ab.

Beweis. Wir greifen auf dem Wegteil $\mathfrak{w}_\nu$ als Zwischenpunkt speziell den Endpunkt z_ν heraus und erhalten als Teilungssumme

$$s_n = \sum_\nu^{1,n} f(z_\nu) \cdot (z_\nu - z_{\nu-1}) \, .$$

Wir zeigen nun: „konvergiert eine der beiden Teilungssummen S_n und s_n bei unbegrenzter Wegteilung gegen einen endlichen Grenzwert, so konvergiert die andere gegen denselben Grenzwert".
Ist also z. B. $\lim S_n = S$, so ist auch $\lim s_n = S$.
Die Richtigkeit dieser Behauptung ergibt sich daraus, daß die Differenz

$$S_n - s_n = \sum_\nu^{1,n} [f(\mathfrak{z}_\nu) - f(z_\nu)] (z_\nu - z_{\nu-1})$$

bei unbegrenzter Wegteilung gegen Null konvergiert.
Ist nämlich die Wegteilung schon so weit gediehen, daß jede der Differenzen $f(\mathfrak{z}_\nu) - f(z_\nu)$ betraglich kleiner als die beliebig kleine vorgegebene positive Größe ε ausfällt [was wegen der vorausgesetzten Stetigkeit der Funktion $f(z)$ sicher einmal eintritt], so wird

$$|S_n - s_n| < \varepsilon \sum_\nu^{1,n} |z_\nu - z_{\nu-1}| \, .$$

Da aber der dem Wege $\mathfrak{w}$ einbeschriebene Sehnenzug $\Sigma |z_\nu - z_{\nu-1}| < l$ ist, so haben wir

$$|S_n - s_n| < \varepsilon l .$$

Aus dieser Ungleichung folgt sofort

$$\lim S_n = \lim s_n \, , \qquad \text{w. z. b. w.}$$

Auf Grund dieses Hilfssatzes kümmern wir uns *im folgenden nur noch um Teilungssummen von der Form s_n.*
Von den Längen der Wegteile $\mathfrak{w}_1, \mathfrak{w}_2, \ldots, \mathfrak{w}_n$ unseres Weges $\mathfrak{w}$ sei λ die größte. Sind dann $\mathfrak{Z}$ und $\mathfrak{z}$ zwei *beliebige* Punkte des Weges $\mathfrak{w}$, deren auf $\mathfrak{w}$ gemessener Abstand unterhalb λ liegt, so unterscheiden sich die beiden Funktionswerte $f(\mathfrak{Z})$ und $f(\mathfrak{z})$ bei hinreichend kleinem λ nur beliebig wenig voneinander, so daß [wieder infolge der Stetigkeit der Funktion $f(z)$] die obere Grenze des Ausdrucks $|f(\mathfrak{Z}) - f(\mathfrak{z})|$ unter jeden beliebig vorgegebenen positiven Wert ε herabgedrückt werden kann. Wir wollen diese obere Grenze kurz die zur Teilung gehörige *Schranke* nennen. Es gilt dann

Hilfssatz 2:

Der Unterschied zweier Teilungssummen liegt betraglich unterhalb des Produkts aus der Weglänge und der Summe der beiden Teilungsschranken.

Beweis: $$\ldots, a, b, c, \ldots$$

seien die sukzessiven Teilpunkte der ersten,

$$\ldots, \alpha, \beta, \gamma, \ldots$$

die der zweiten Teilung,

$$\ldots, A, B, C, \ldots$$

endlich die sukzessiven Teilpunkte der aus sämtlichen Teilpunkten der beiden ersten Teilungen zusammengesetzten dritten Teilung. In der beifolgenden Skizze

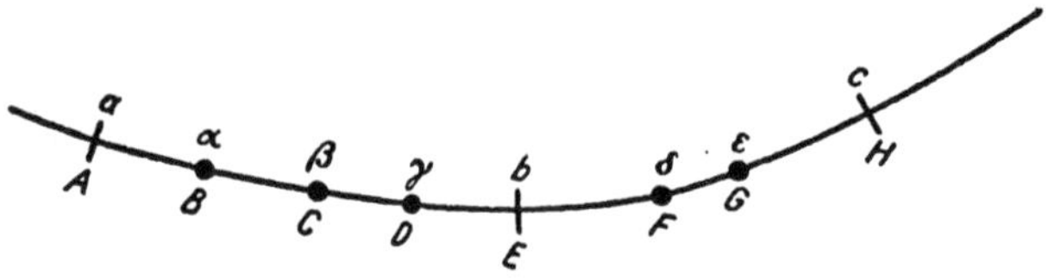

Abb. 12

sind einige Teilpunkte dargestellt. Dabei ist angenommen, daß untereinander stehende Buchstaben jeweils denselben Punkt des Weges $\mathfrak{w}$ bedeuten. Die erste Teilungssumme lautet

$$I = \cdots + f(b)(b-a) + f(c)(c-b) + f(d)(d-c) + \cdots,$$

die zweite

$$II = \cdots + f(\beta)(\beta-\alpha) + f(\gamma)(\gamma-\beta) + f(\delta)(\delta-\gamma) + \cdots,$$

die dritte

$$III = \cdots + f(B)(B-A) + f(C)(C-B) + f(D)(D-C) + f(E)(E-D) + \cdots.$$

Wir schreiben I wie folgt unter III [cfr. Figur!]:

$$I = \cdots + f(b)(B-A) + f(b)(C-B) + f(b)(D-C) + f(b)(E-D) + \cdots,$$

subtrahieren I spaltenweise von III und erhalten

$$III - I = \cdots + [f(B) - f(b)](B-A) + [f(C) - f(b)](C-B) + [f(D) - f(b)](D-C) + \cdots.$$

Hier ist jede eckige Klammer betraglich kleiner als die Schranke s der ersten Teilung, so daß

$$|III - I| < \cdots + s|B-A| + s|C-B| + s|D-C| + \cdots$$

oder $$|III - I| < s\{\cdots + |B-A| + |C-B| + |D-C| + \cdots\}$$

wird. Da nun die geschweifte Klammer als Länge eines dem Wege $\mathfrak{w}$ einbeschriebenen Sehnenzuges kleiner ist als die Weglänge l, so entsteht die Ungleichung

$$|III - I| < sl.$$

Bedeutet σ die Schranke der zweiten Teilung, so ist ebenso

$$|III - II| < \sigma l.$$

Durch Addition der beiden letzten Ungleichungen ergibt sich

$$|I - II| < l(s + \sigma),$$

welche Ungleichung den Inhalt des Hilfssatzes 2 darstellt.

Nunmehr betrachten wir die Sonderteilungen $\mathfrak{T}_1, \mathfrak{T}_2, \mathfrak{T}_3, \ldots$, welche durch fortgesetzte Weghalbierung entstehen, bei denen wir also zur Teilung $\mathfrak{T}_n$ und der zugehörigen Teilungssumme $\mathfrak{S}_n$ gelangen, indem wir den Weg $\mathfrak{w}$ in 2^n gleiche Teile teilen.

Wir wählen n so groß, daß die Schranke der Teilung $\mathfrak{T}_n$ kleiner als die beliebig vorgegebene positive Größe ε ausfällt. Dann ist die Schranke jeder späteren Teilung, z. B. der Teilung $\mathfrak{T}_N$ mit $N > n$ erst recht kleiner als ε, und nach Hilfssatz 2 haben wir

$$|\mathfrak{S}_N - \mathfrak{S}_n| < 2\varepsilon l.$$

Diese Ungleichung stellt den dritten der angekündigten Hilfssätze dar.

Unter Heranziehung des Cauchyschen Konvergenzmerkmals folgern wir zunächst aus Hilfssatz 3, daß die Teilungssumme $\mathfrak{S}_n$ bei unbegrenzt wachsendem n gegen einen bestimmten endlichen Grenzwert S strebt:

$$\lim_{n \to \infty} \mathfrak{S}_n = S.$$

Aus dem dritten Hilfssatze folgt weiter

$$|\mathfrak{S}_n - S| \leqq 2\varepsilon l.$$

Hierbei ist also ε eine beliebig vorgegebene positive Größe und n ein Index so groß, daß die Schranke der zugehörigen Sonderteilung $\mathfrak{T}_n$ unterhalb ε liegt.

Bedeutet endlich T_m eine *beliebige* aus m-Wegstücken (des Weges $\mathfrak{w}$) bestehende Teilung, deren längster Wegteil kürzer ist als jeder Wegteil der Sonderteilung $\mathfrak{T}_n$, so liegt die Schranke von T_m unterhalb der von $\mathfrak{T}_n$.

Bedeutet also S_m die zur Teilung T_m gehörige Teilungssumme, so ist nach Hilfssatz 2

$$|S_m - \mathfrak{S}_n| < \varepsilon l + \varepsilon l.$$

Durch Addition der beiden letzten Ungleichungen ergibt sich

$$|S_m - S| < 4\varepsilon l,$$

und diese Ungleichung lehrt:

Bei unbegrenzter Teilung strebt die Teilungssumme S_m gegen den Grenzwert S.

Damit ist der Beweis unseres Fundamentalsatzes erbracht.

Als Beispiel berechnen wir das Integral

$$S = \int_{\mathfrak{w}} f(\zeta)\, d\zeta = \int_{\mathfrak{w}} \zeta^p\, d\zeta$$

der Funktion $f(z) = z^p$, in welcher p einen beliebigen ganzzahligen positiven Exponent bedeutet, für den vom Anfangspunkte z_0 bis zum Endpunkte z laufenden beliebigen Weg $\mathfrak{w}$ von der endlichen Länge l.

Zur Bildung der Teilungssummen S_n legen wir die Teilung des Weges in n *gleiche* Teile mit den Teilpunkten $z_1, z_2, \ldots, z_{n-1}$ zugrunde und wählen für S_n die Summe

$$S_n = \sum_{\nu}^{1,n} z_\nu^p \zeta_\nu \qquad \text{mit} \qquad \zeta_\nu = z_\nu - z_{\nu-1}$$

(wobei $z_n = z$ ist).
Wir vergleichen diese Summe mit der n-gliedrigen Hilfssumme

$$[r]_n = \sum_{\nu}^{1,n} z_\nu^r z_{\nu-1}^s \zeta_\nu,$$

in welcher r und s zwei beliebige nicht negative Ganzzahlen der Summe p bedeuten $(r+s=p)$.

Auch die Hilfssumme konvergiert bei unbegrenzt zunehmendem n gegen den Grenzwert S.

Der Beweis dieser Behauptung beruht auf dem Hilfssatze:

Ist O eine positive Zahl, die jeden der Beträge der beiden beliebigen komplexen Zahlen a und b überschreitet, so liegt der Quotient $(a^m - b^m):(a-b)$ betraglich unterhalb der Schranke $m\,O^{m-1}$;

$$\left|\frac{a^m - b^m}{a-b}\right| < m\,O^{m-1}.$$

[Die Richtigkeit dieses Hilfssatzes ergibt sich sofort aus der bekannten Identität

$$\frac{a^m - b^m}{a-b} = a^{m-1} + a^{m-2}b + a^{m-3}b^2 + \cdots + b^{m-1}\Big].$$

Die Differenz der beiden Summen S_n und $[r]_n$ hat den Wert

$$S_n - [r]_n = \sum_{\nu}^{1,n} z_\nu^r (z_\nu^s - z_{\nu-1}^s)\,\zeta_\nu .$$

Bedeutet nun G den größten Wert, den $|z|$ längs des Weges $\mathfrak{w}$ annimmt, so ist

$$|z_\nu^r| < G^r, \quad |z_\nu^s - z_{\nu-1}^s| \text{ laut Hilfssatz } < sG^{s-1}|\zeta_\nu|, \quad |\zeta_\nu| < \frac{l}{n},$$

mithin
$$|S_n - [r]_n| < \sum_{\nu}^{1,n} s\,G^{p-1}\frac{l^2}{n^2} = s\,G^{p-1}l^2 : n$$

und folglich
$$\lim_{n\to\infty} S_n = \lim_{n\to\infty} [r]_n .$$

Setzen wir in dieser Formel sukzessive $r = 0, 1, 2, \ldots, p$ und addieren die entstehenden $(p+1)$ Gleichungen, so erhalten wir die Formel

$$(p+1)\,S = \lim_{n\to\infty}\left\{[0]_n + [1]_n + [2]_n + \cdots + [p]_n\right\}.$$

Die hier in der geschweiften Klammer stehende Größe ist

$$\sum_{\nu}^{1,n} \mathfrak{S}_\nu \zeta_\nu$$

mit
$$\mathfrak{S}_\nu = z_{\nu-1}^p + z_\nu z_{\nu-1}^{p-1} + z_\nu^2 z_{\nu-1}^{p-2} + \cdots + z_\nu^p$$

oder
$$\mathfrak{S}_\nu = \frac{z_\nu^{p+1} - z_{\nu-1}^{p+1}}{z_\nu - z_{\nu-1}}.$$

Folglich ist
$$\mathfrak{S}_\nu \zeta_\nu = z_\nu^{p+1} - z_{\nu-1}^{p+1},$$
$$\{\,\} = \sum_\nu^{1,n} \mathfrak{S}_\nu \zeta_\nu = z_n^{p+1} - z_0^{p+1}$$

und
$$\lim_{n\to\infty} \{\,\} = z^{p+1} - z_0^{p+1}.$$

Ergebnis:

Das über einen beliebigen vom Punkt z_0 zum Punkte z laufenden endlichen Weg erstreckte Integral der Funktion z^p hat bei ganzzahligem positiven p den Wert

$$\boxed{\int_{z_0}^{z} \zeta^p \, d\zeta = \frac{z^{p+1} - z_0^{p+1}}{p+1}};$$

es ist vom Wege völlig unabhängig, nur abhängig von den Endpunkten des Weges.

$f(z) = z^n$ ist natürlich nicht die einzige Funktion, für die das Integral $\int fz\,dz$ vom Wege unabhängig ist. Es gibt vielmehr unendlich viele Funktionen, die sich durch diese einfache Eigenschaft auszeichnen (es sind, wie im § 28 gezeigt werden wird, gerade die im § 12 eingeführten Regulärfunktionen). Für solche Funktionen gilt der folgende wichtige

Satz:

Ist $f(z)$ eine in einem Gebiet $\mathfrak{G}$ eindeutige überall stetige Funktion von z, $\mathfrak{w}$ ein beliebiger vom festen Anfangspunkte z_0 zum variablen Endpunkte z führender, ganz in $\mathfrak{G}$ verlaufender Weg, und hängt das über den Weg $\mathfrak{w}$ erstreckte Integral der Funktion nicht vom Wege, sondern nur vom Endpunkt z des Weges ab, so stellt das Integral

$$F(z) = \int_{z_0}^{z} f(\zeta)\,d\zeta = \int_{\mathfrak{w}} f(\zeta)\,d\zeta$$

eine Regulärfunktion seiner oberen Grenze z dar, und die Ableitung dieser Funktion ist

$$F'(z) = f(z):$$

„die Ableitung des Integrals ist der Integrand".

Beweis. Wir nehmen den Punkt z irgendwo in $\mathfrak{G}$ an, halten seine Lage dann fest und verbinden z_0 mit z durch einen beliebigen in $\mathfrak{G}$ verlaufenden Weg $\mathfrak{w}$. ε sei eine beliebig kleine positive Größe. Wir bestimmen eine ganz in $\mathfrak{G}$ liegende Umgebung δ des Punktes z so, daß für jeden Punkt $\mathfrak{z}$ dieser Umgebung $|f(\mathfrak{z}) - f(z)| < \varepsilon$ ausfällt. In dieser Umgebung nehmen wir irgendwo einen variablen Punkt Z an und setzen den Weg $\mathfrak{w}$ längs der von z nach Z führenden Strecke s fort, wobei dann jeder Punkt der Strecke s der Umgebung angehört. Nun vergleichen wir die beiden Integrale

$$F(z) = \int_{z_0}^{z} f(\zeta)\,d\zeta \quad \text{und} \quad F|(Z) = \int_{z_0}^{Z} f(\zeta)\,d\zeta,$$

wobei der Integrationsweg im ersten Integral $\mathfrak{w}$, im zweiten der aus dem Wege $\mathfrak{w}$ und der Strecke s zusammengesetzte Weg ist. Das gibt zunächst

$$u = F(Z) - F(z) = \int_z^Z f(\zeta)\, d\zeta\,,$$

wobei die Integration rechts über den Weg s zu erstrecken ist.
Wir nähern das Integral der rechten Seite dieser Gleichung durch eine Teilungssumme

$$S_n = \sum_\nu^{1,n} f(z_\nu) \cdot (z_\nu - z_{\nu-1})$$

an, deren Teilungspunkte $z_1, z_2, \ldots, z_{n-1}$ auf der Strecke s liegen (dabei ist $z_0 = z$ und $z_n = Z$).
Wir vergleichen diese Teilungssumme mit der Hilfssumme

$$H = f(z)(Z - z) = \sum_\nu^{1,n} f(z)(z_\nu - z_{\nu-1})$$

und bekommen

$$S_n - H = \sum_\nu^{1,n} [f(z_\nu) - f(z)](z_\nu - z_{\nu-1})\,.$$

Da nun für jedes ν der Betrag $|f(z_\nu) - f(z)|$ unterhalb ε liegt, so wird

$$|S_n - H| < \varepsilon \sum_\nu^{1,n} |z_\nu - z_{\nu-1}| = \varepsilon s\,,$$

und wir können schreiben

$$S_n = H + \vartheta_n \varepsilon s \qquad \text{mit} \quad |\vartheta_n| < 1\,.$$

Nun ist

$$\lim_{n\to\infty} S_n = u\,,$$

mithin

$$u = H + \vartheta \varepsilon s \qquad \text{mit} \quad |\vartheta| \leqq 1\,.$$

Hieraus ergibt sich sofort

$$\frac{F(Z) - F(z)}{Z - z} - f(z) = \vartheta \frac{s}{Z - z}\, \varepsilon\,,$$

so daß wegen $|Z - z| = s$

$$\left| \frac{F(Z) - F(z)}{Z - z} - f(z) \right| < \varepsilon$$

ausfällt.
Diese für alle Z der Umgebung δ geltende Ungleichung lehrt, daß die Funktion $F(z)$ an der Stelle z die Ableitung $f(z)$ besitzt, sich mithin, da z einen beliebigen Punkt von $\mathfrak{G}$ bedeutet, im Gebiet $\mathfrak{G}$ regulär verhält, w. z. b. w.

Zurückführung des Integrals $\int_{\mathfrak{w}} f(z)\, dz$ auf reelle Kurvenintegrale.

Um den Realteil U und Imaginärteil V des über den Weg $\mathfrak{w}$ erstreckten Integrals

$$W = \int_{\mathfrak{w}} f(z)\, dz$$

als reelle Kurvenintegrale darzustellen, bedenken wir, daß der Summand

$$w_\nu = f(z_\nu)\,(z_\nu - z_{\nu-1})$$

der n-gliedrigen Teilungssumme

$$W_n = \sum_{\nu}^{1,n} w_\nu$$

wegen $z_\nu = x_\nu + i y_\nu$ und $f(z_\nu) = \varphi\,(x_\nu, y_\nu) + i\,\psi_\nu(x_\nu, y_\nu)$ den Wert

$$w_\nu = u_\nu + i v_\nu$$

mit
$$\begin{cases} u_\nu = \varphi(x_\nu, y_\nu)\,(x_\nu - x_{\nu-1}) - \psi(x_\nu, y_\nu)\,(y_\nu - y_{\nu-1}) \\ v_\nu = \psi(x_\nu, y_\nu)\,(x_\nu - x_{\nu-1}) + \varphi\,(x_\nu, y_\nu)\,(y_\nu - y_{\nu-1}) \end{cases}$$

hat.

Da nun der Realteil U_n und Imaginärteil V_n von W_n die Summen

$$U_n = \sum_{\nu}^{1,n} u_\nu, \qquad V_n = \sum_{\nu}^{1,n} v_\nu$$

sind, so haben wir sofort $\varphi(x, y) = \varphi$, $\psi(x, y) = \psi$ setzend,

$$U = \lim_{n\to\infty} U_n = \int_{\mathfrak{w}} \varphi\,dx - \psi\,dy$$

und
$$V = \lim_{n\to\infty} V_n = \int_{\mathfrak{w}} \psi\,dx + \varphi\,dy,$$

womit die gewünschte Darstellung von U und V als Kurvenintegrale bewirkt ist.

Um sie dem Gedächtnis bequem einzuprägen, schreiben wir in

$$W = \int_{\mathfrak{w}} f(z)\,dz$$

einfach

$$f(z)\cdot dz = (\varphi + i\psi)\cdot(dx + i dy) = (\varphi\,dx - \psi\,dy) + i\,(\psi\,dx + \varphi dy)$$

und haben
$$\boxed{\int_{\mathfrak{w}} f(z)\,dz = \int_{\mathfrak{w}} \varphi\,dx - \psi\,dy + i \int_{\mathfrak{w}} \psi dx + \varphi\,dy}\,.$$

Diese Formel enthält die Zurückführung eines über einen Weg $\mathfrak{w}$ erstreckten Integrals einer stetigen Funktion der komplexen Variable z auf zwei über denselben Weg erstreckte reelle Kurvenintegrale.

Den Abschluß dieses Paragraphen bilde die Zusammenstellung einiger *Integrationsregeln,* die häufig angewandt werden.

Wenn ein Integral über einen Weg $\mathfrak{w}$ zu erstrecken ist, wird angegeben, in welchem Sinne die Integrationsvariable z den Weg zu durcheilen hat. Dieser Weg läßt sich durch die Anordnung A, B, C von drei Wegpunkten kennzeichnen, die das Mobil z in dieser Reihenfolge passiert. Durchläuft das Mobil z den Weg im entgegengesetzten Sinne, wobei die genannten drei Punkte dann in der Reihenfolge C, B, A passiert werden, so sprechen wir vom „*entgegengesetzten Wege*" und bezeichnen diesen zweckmäßig mit $\overline{\mathfrak{w}}$.

Die diesbezügliche Integrationsregel lautet, wie leicht einzusehen, folgendermaßen:

Integrationsregel 1:

Die über entgegengesetzte Wege erstreckten Integrale einer Funktion $f(z)$ sind entgegengesetzt gleich.

In Formeldarstellung:

$$\boxed{\int_{\overline{\mathfrak{w}}} f(z)\,dz = -\int_{\mathfrak{w}} f(z)\,dz}$$

oder auch, wenn der Weg die Endpunkte a und b hat,

$$\boxed{\int_a^b f(z)\,dz = -\int_b^a f(z)\,dz}\,.$$

Eine zweite wichtige Integrationsregel bezieht sich auf die Zerlegung eines Integrationsweges $\mathfrak{w}$ in zwei Teilwege $\mathfrak{u}$ und $\mathfrak{v}$ oder auf die Zusammensetzung zweier unmittelbar aufeinander folgender Wege $\mathfrak{u}$ und $\mathfrak{v}$ zu *einem Wege* $\mathfrak{w}$. Sie lautet:

Integrationsregel 2:

$$\boxed{\int_{\mathfrak{u}} f(z)\,dz + \int_{\mathfrak{v}} f(z)\,dz = \int_{\mathfrak{w}} f(z)\,dz}$$

oder, wenn a der Anfangspunkt, b der Endpunkt von $\mathfrak{u}$, b der Anfangspunkt und c der Endpunkt von $\mathfrak{v}$ ist,

$$\boxed{\int_a^b f(z)\,dz + \int_b^c f(z)\,dz = \int_a^c f(z)\,dz}\,.$$

Integrationsregel 3:

Eine Summe wird gliedweise integriert.

Das soll heißen:

Sind u und v zwei (integrable) Funktionen von z mit der Summe $u + v = w$, so ist

$$\int u\,dz + \int v\,dz = \int w\,dz$$

oder

$$\boxed{\int (u+v)\,dz = \int u\,dz + \int v\,dz}\,,$$

wobei alle Integrationen über denselben Weg zu erstrecken sind.

Integralabschätzung

Wir suchen eine obere Schranke für den Betrag des über den Weg $\mathfrak{w}$ erstreckten Integrals S der stetigen Funktion $f(z)$.

l sei die Länge des Integrationsweges $\mathfrak{w}$, M eine obere Schranke der Werte, die der Betrag von $f(z)$ annimmt, wenn z den Weg $\mathfrak{w}$ durchläuft, so daß also für alle Wegpunkte z

$$|f(z)| < M$$

ausfällt. Die n-gliedrige Teilungssumme, die bei unbegrenzter Wegteilung gegen den Grenzwert S strebt, ist

$$S_n = \sum_{\nu}^{1,n} f(\mathfrak{z}_\nu)\,(z_\nu - z_{\nu-1}),$$

wobei $\mathfrak{z}_\nu$ irgendeinen Punkt des ν-ten Wegteils, $z_{\nu-1}$ und z_ν die Endpunkte dieses Wegteils bedeuten.
Aus der obigen Ungleichung folgt

$$|S_n| < M \sum_{\nu}^{1,n} |z_\nu - z_{\nu-1}|$$

und hieraus, da die rechtsstehende Summe als dem Wege $\mathfrak{w}$ eingeschriebener Sehnenzug kleiner als die Weglänge l ist,

$$|S_n| < M l.$$

Beim Grenzübergang $n \to \infty$ wird hieraus

$$S < M l$$

oder

$$\boxed{\left|\int_{\mathfrak{w}} f(z)\,dz\right| < M l}.$$

Diese wichtige Ungleichung enthält die

Abschätzungsregel:

Liegt der Betrag der stetigen Funktion $f(z)$ in allen Punkten eines Weges unterhalb einer festen endlichen Schranke, so liegt der Betrag des über den Weg erstreckten Integrals der Funktion unterhalb des Produkts aus dieser Schranke und der Weglänge.

Zweiter Abschnitt

Die homographische Funktion

§ 15. DIE HOMOGRAPHISCHE FUNKTION UND DIE DURCH SIE VERMITTELTE ABBILDUNG

Unter der *homographischen Funktion von z* versteht man die linear gebrochene Funktion

$$\zeta = \frac{a z + b}{c z + d},$$

in welcher a, b, c, d gegebene Konstanten mit nicht verschwindender Determinante $e = a d - b c$ bedeuten.
[Ist $e = 0$, so gilt die Proportion $a : c = b : d$, ist also, unter g den gemeinsamen Wert der beiden Brüche $a : c$ und $b : d$ verstanden, $a = c g$, $b = d g$ und $\zeta = g = \text{const}$, welcher Fall keiner Untersuchung bedarf.]
Für den Differenzenquotient der homographischen Funktion ergibt sich der Wert

$$\mathfrak{D} = \frac{Z - \zeta}{Z - z} = \frac{e}{(c z + d)(c Z + d)},$$

wobei Z den Wert unserer Funktion an der Stelle Z bedeutet.
Daraus folgt

$$\lim_{Z\to z} \mathfrak{D} = \lim_{Z\to z} \frac{\mathsf{Z}-\zeta}{Z-z} = \frac{e}{(cz+d)^2}.$$

Die homographische Funktion

$$\zeta = \frac{az+b}{cz+d}$$

verhält sich mit Ausnahme des Punktes $z = -d:c$ (in dem sie Unendlich wird) überall regulär; ihre Ableitung hat den Wert

$$\zeta' = \frac{e}{(cz+d)^2},$$

wo $e = ad - bc$ die Koeffizientendeterminante ist.

Im folgenden sollen die Eigenschaften der homographischen Funktion ausführlicher erörtert werden.

Die homographische Abbildung

Bestimmt man zu jedem Punkte $z = x + iy$ der komplexen Zahlenebene oder z-Ebene eine neue komplexe Zahl $\zeta = \xi + i\eta$ vermöge der Vorschrift

$$\zeta = \frac{az+b}{cz+d},$$

in welcher a, b, c, d gegebene Konstanten (mit nicht verschwindender Determinante $e = ad - bc$) bedeuten, und stellt man diese Zahl ζ in einem neuen Koordinatensystem $\xi\eta$ einer neuen komplexen Zahlenebene, der ζ-Ebene, geometrisch dar, so erhält man eine *Abbildung* der z-Ebene auf die ζ-Ebene und nennt daraufhin die obige Vorschrift eine Abbildungsvorschrift. Da ζ eine homographische Funktion von z ist, nennt man diese Abbildung *homographische Abbildung* oder *Homographie.*

In der Abbildung entspricht jedem *Objekt* der z-Ebene, d. h. einer beliebig vorgegebenen Figur der z-Ebene ein *Bild* in der ζ-Ebene derart, daß zu jedem Punkte z der Figur der Punkt

$$\zeta = \frac{az+b}{cz+d}$$

des Bildes gehört. In diesem Sinne wird überhaupt jeder Punkt z, dem gemäß der Abbildungsvorschrift der Punkt ζ entspricht, als *Objektpunkt,* der zugehörige Punkt ζ als *Bildpunkt* bezeichnet. Auch führt die z-Ebene nunmehr den Namen *Objektebene,* die ζ-Ebene den Namen *Bildebene.*

Oft denkt man sich der bequemeren Orientierung halber die Bildebene auf die Objektebene gelegt derart, daß die ξ-Achse auf die x-Achse und die η-Achse auf die y-Achse fällt.

Wir setzen zunächst $c \neq 0$ voraus. Wir können dann schreiben

$$\zeta = \frac{a}{c} + \frac{\varepsilon}{cz+d} \qquad \text{mit} \quad \varepsilon = -e:c.$$

Aus dieser Schreibung geht wieder hervor, daß die Größe ε und damit die Determinante $e = ad - bc$ der Abbildungsfunktion ζ nicht verschwinden darf, da die mit $e = 0$ sich ergebende Abbildung

$$\zeta = \frac{a}{c},$$

insofern sie aus *jedem* Objektpunkte z immer nur den *einen* Bildpunkt $\zeta = a : c$ entwerfen würde, keinen Sinn hat.

Unsere Aufgabe besteht sonach in der Untersuchung der homographischen Abbildung

$$\zeta = \frac{az + b}{cz + d} \qquad \text{mit} \quad e = ad - bc \neq 0.$$

Zur geometrischen Interpretation der Abbildungsvorschrift verfahren wir folgendermaßen.

Wir schreiben zunächst

$$\zeta = \frac{a}{c} + \frac{\varepsilon}{cz + d}$$

und bewirken den Übergang von der z-Ebene zur ζ-Ebene auf dem Umwege über vier sukzessiv zu benutzende Hilfsebenen.

Im ersten Schritt bewirken wir die Abbildung der z-Ebene auf die T-Ebene vermöge der Abbildungsvorschrift

$$T = cz, \tag{1}$$

im zweiten Schritt die Abbildung der T-Ebene auf die P-Ebene vermöge der Vorschrift

$$P = T + d, \tag{2}$$

im dritten die Abbildung der P-Ebene auf die R-Ebene nach der Vorschrift

$$R = 1 : P, \tag{3}$$

im vierten die Abbildung der R-Ebene auf die $\mathfrak{T}$-Ebene auf Grund der Relation

$$\mathfrak{T} = \varepsilon R, \tag{4}$$

im fünften Schritt endlich die Abbildung der $\mathfrak{T}$-Ebene auf die ζ-Ebene nach der Gleichung

$$\zeta = \mathfrak{T} + \frac{a}{c}. \tag{5}$$

Alle fünf durch die Gleichungen (1) bis (5) vermittelten Abbildungen sind Homographien; sie weisen aber nur *drei* wesentlich verschiedene Abbildungsformen auf, die Formen

$$1.\ \zeta = z + k, \qquad 2.\ \zeta = kz, \qquad 3.\ \zeta = \frac{1}{z},$$

wobei k eine gegebene Konstante ist.

Die geometrische Bedeutung dieser drei Abbildungsvorschriften zu ermitteln, ist jetzt unsere Aufgabe.

Bei den vorkommenden Konstruktionen denken wir uns der Einfachheit wegen die ζ-Ebene auf die z-Ebene gelegt so, daß die ξ-Achse auf die x-Achse, die η-Achse auf die y-Achse fällt.

1. Die Parallelverschiebung $\zeta = z + k$

Diese Abbildung ist von den drei Typen die einfachste.
Die trigonometrische Darstellung der Konstante k sei $k = l\,1^{\alpha}$.
Wenn wir aus dem Punkte z der Objektebene den Punkt ζ der Bildebene finden wollen, haben wir nur einen beweglichen Punkt von der Stelle z aus um eine unter dem Winkel α gegen die positive x-Achse geneigte Strecke von der Länge l zu verschieben; der durch die Verschiebung erreichte Punkt ist der gesuchte Bildpunkt ζ.
Da alle Objektpunkte einer Figur dieselbe Verschiebung (nach Betrag und Richtung) erfahren, so erfährt die ganze Figur eine Parallelverschiebung.

Folglich: *Die Abbildung*

$$\zeta = z + k$$

stellt eine Parallelverschiebung dar.

2. Die Torsion $\zeta = kz$

Sind

$$k = \mu\,1^{\delta}, \qquad z = r\,1^{t}, \qquad \zeta = \varrho\,1^{\tau}$$

die trigonometrischen Darstellungen von k, z und ζ, so schreibt sich die Abbildungsvorschrift

$$\varrho \cdot 1^{\tau} = \mu r \cdot 1^{t+\delta}.$$

Sie zerfällt in die beiden Bedingungsgleichungen

$$1^{\circ} \quad \tau = t + \delta, \qquad 2^{\circ} \quad \varrho = \mu r.$$

Um nach diesen Bedingungsgleichungen den Punkt ζ zu konstruieren, *drehen* wir zunächst auf Grund der Vorschrift $\tau = t + \delta$ die von O nach z führende Strecke OP um O als Drehpunkt im positiven Sinne um den Drehungswinkel δ in die Lage OQ; sodann bestimmen wir der Bedingung $\varrho = \mu r$ zufolge auf dem von O nach Q laufenden Strahle einen Punkt Π derart, daß $O\Pi = \mu \cdot OQ$ ist: „Wir *dehnen* die Strecke OQ vom Dehnungspol O aus im Maßstabe μ".
Der Punkt Π ist das gesuchte Bild ζ von z.

Die Abbildung

$$\zeta = kz$$

besteht also in der Aufeinanderfolge einer Drehung und einer Dehnung und heißt deshalb Torsion.
Der Faktor k wird Torsionsfaktor oder Torsionskonstante genannt.

Der Drehungswinkel oder *Torsionswinkel* ist der Arcus, der Dehnungsmaßstab oder *Torsionsmaßstab* der Betrag der Konstante k.
Eine Drehung ist eine so einfache Operation, daß sich ein näheres Eingehen auf ihre Gesetzmäßigkeiten hier erübrigt.
Dagegen sollen die Hauptgesetze der *Dehnung* oder *Homothetie* hier kurz entwickelt werden.

Dehnung oder Homothetie

Einer Dehnung liegen zugrunde ein fester Punkt O als „*Dehnungspol*“ und eine feste positive oder negative Zahl μ als *Maßstab*.
Unter dem Dehnungsbilde oder homothetischen Bilde eines Punktes P versteht man einen auf der Geraden OP liegenden Punkt P' derart, daß

$$OP' = \mu \cdot OP$$

ist, wobei der Pol O außerhalb oder innerhalb der Strecke PP' liegt, je nachdem der Maßstab μ positiv oder negativ ist.
Die wichtigsten Dehnungssätze lauten:

Dehnungssatz I:

Das Dehnungsbild einer Strecke ist eine μ mal so lange Parallelstrecke.

Dehnungssatz II:

Das Dehnungsbild eines Winkels ist ein ebenso großer Parallelwinkel.
(Der Ausdruck „Parallelwinkel“ soll bedeuten, daß die Schenkel des Bildwinkels den entsprechenden Schenkeln des Objektwinkels parallel laufen.)

Dehnungssatz III:

Das Dehnungsbild eines Kreises ist ein Kreis mit μ-fachem Radius, dessen Zentrum vom Dehnungspol μ mal so weit entfernt ist wie das Zentrum des Objektkreises.

Die Beweise dieser drei Sätze sind sehr einfach.

Beweis zu I. Wir nennen die Objektstrecke s, ihre Endpunkte A und B, irgendeinen auf s liegenden Punkt P, die Bilder von s, A, B, P bzw. s', A', B', P'. Dann gilt die Proportion

$$OP' : OP = OB' : OB = OA' : OA \quad (= \mu).$$

Mithin ist sowohl

$$\underline{A'B' \parallel AB} \qquad \text{als auch} \qquad A'P' \parallel AP,$$

so daß P' auf $A'B'$ liegt. Das Bild der Strecke AB ist daher $A'B' = s'$. Außerdem wird wegen $A'B' : AB = OA' : OA$

$$\underline{A'B' = \mu \cdot AB.}$$

Beweis zu II. Der abzubildende Winkel sei ω, sein Bild ω'. Da nach Satz I die Schenkel von ω' den Schenkeln von ω parallel laufen, ist

$$\omega' = \omega.$$

Beweis zu III. Der Objektkreis $\mathfrak{k}$ habe den Radius r und Mittelpunkt M. Das Bild von M sei M', das Bild irgendeines Punktes P von $\mathfrak{k}$ sei P'. Nach Satz I ist dann

$$M'P' = \mu \cdot MP.$$

Diese Gleichung sagt aus, daß der Punkt P' seinen Abstand von M' nicht ändert, wenn P den Kreis $\mathfrak{k}$ durchläuft. Da außerdem $M'P' \parallel MP$, also P'

seine Lage mit P dauernd ändert, ist das Bild $\mathfrak{k}'$ von $\mathfrak{k}$ ein Kreis mit dem Radius

$$r' = \mu r.$$

3. Die Reziprozität $\zeta = 1 : z$

Da bei dieser Abbildung die Spiegelung in einem Kreise oder Inversion eine Hauptrolle spielt, tun wir gut, um uns weiter unten bequem ausdrücken zu können, der Reziprozität $\zeta = 1 : z$ einen Exkurs über Inversion vorauszuschicken.

Spiegelung in einem Kreise oder Inversion

Dieser äußerst wichtigen Abbildung liegt ein fester Kreis $\mathfrak{J}$, der *Inversionskreis* oder *Spiegel* zugrunde, dessen Mittelpunkt O *Inversionspol*, dessen Radiusquadrat $k^2 = K$ *Inversionskonstante* genannt wird.

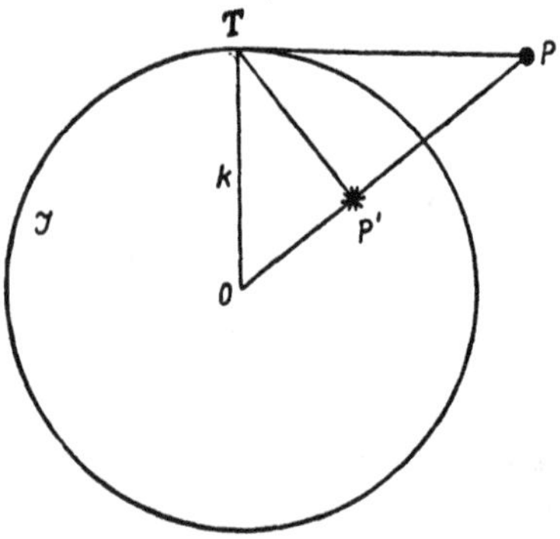

Abb. 13

Unter der Inverse eines Punktes P oder dem Spiegelbilde des Punktes P im Kreise $\mathfrak{J}$ versteht man den auf der Geraden OP liegenden Punkt P', der die Inversionsbedingung oder Spiegelungsvorschrift

$$OP \cdot OP' = K$$

befriedigt mit der zusätzlichne Bedingung, daß der Inversionspol O außerhalb der Strecke PP' liegen soll.

Benutzt man statt der Abstände der Punkte P und P' vom Kreiszentrum O Abstände p und p' vom Kreise selbst, so verwandelt sich die obige Spiegelungsbedingung in

$$p - p' = pp' : k.$$

Aus dieser Gleichung folgt: Das Spiegelbild eines Punktes P in einer Geraden (als einem Kreise mit unendlich großem Radius $[k = \infty]$) ist der Endpunkt P' der Verlängerung des von P auf die Gerade gefällten Lots um sich selbst, im Einklange mit dem Spiegelbildbegriffe der Optik.

Die Spiegelung ist eine wechselseitige Abbildung: Ist P' das Spiegelbild von P, so ist auch P das Spiegelbild von P'.

Konstruktion des Spiegelbildes

Bei der Konstruktion des Spiegelbildes P' eines Punktes P im Kreise $\mathfrak{J}$ unterscheidet man zwei Fälle.

Liegt P außerhalb von $\mathfrak{J}$, so zieht man eine Tangente von P an $\mathfrak{J}$ und fällt vom Berührungspunkte T das Lot auf OP. Der Fußpunkt des Lotes ist die Inverse P' von P.

Liegt P innerhalb des Kreises $\mathfrak{J}$, so errichtet man in P auf OP die Senkrechte und legt durch den Schnittpunkt T dieser Senkrechten mit $\mathfrak{J}$ die

Tangente an $\mathfrak{J}$. Der Schnittpunkt der Tangente mit der Verlängerung von OP ist das Spiegelbild P' von P.

Der Beweis ergibt sich aus dem auf das rechtwinklige Dreieck OPT bzw. $OP'T$ angewandten Satze vom Kathetenquadrat, demzufolge $OT^2 = OP \cdot OP'$ oder

$$OP \cdot OP' = K.$$

Berechnung des Spiegelbildes

Die *rechnerische* Festlegung des Spiegelbildes erfolgt am bequemsten, indem wir uns die Ebene des Spiegels $\mathfrak{J}$ als komplexe Zahlenebene und den Mittelpunkt O als Nullpunkt dieser Ebene denken. Bedeuten dann z und z' die durch

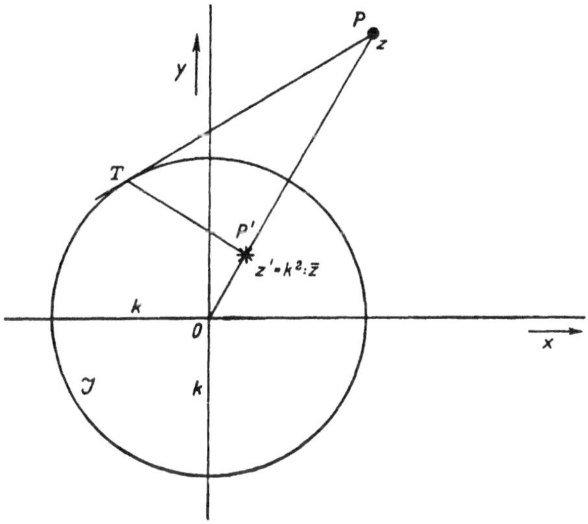

Abb. 14

die Punkte P und P' dargestellten komplexen Zahlen, ϑ und $\vartheta' = \vartheta$ ihre Winkel, r und r' die Strecken OP und OP', so ist

$$z' = r' \, 1^{\vartheta'} = r r' : r \, \underline{1}^{\vartheta} = K : \bar{z}.$$

Folglich: *Das Spiegelbild des Punktes z in dem Kreise mit dem Mittelpunkte O und dem Halbmesser k ist*

$$z' = k^2 : \bar{z}.$$

Speziell ist das Spiegelbild von z im Gaußkreise $1 : \bar{z}$.

Allgemein bestimmt sich das Spiegelbild z' des Punktes z im Kreise mit dem Zentrum c und Halbmesser k durch die Formel

$$z' - c = k^2 : \overline{z - c}.$$

Spiegelung und Orthogonalität

Damit ein Punkt P' das Spiegelbild eines Punktes P in einem Kreise $\mathfrak{J}$ darstellt, ist nötig und hinreichend, daß jeder durch P und P' laufende Kreis auf $\mathfrak{J}$ senkrecht steht.

Beweis. I. Ist $\mathfrak{h}$ ein beliebiger durch die beiden Spiegelbilder P und P' laufender Kreis mit dem Halbmesser h, so hat seine Potenz im Mittelpunkte O des Kreises $\mathfrak{K}$ den Wert

$$OP \cdot OP' = c^2 - h^2,$$

unter c die Zentrale der Kreise $\mathfrak{K}$ und $\mathfrak{h}$ verstanden. Ersetzen wir in dieser Gleichung das Produkt $OP \cdot OP'$ durch das Quadrat k^2 des Halbmessers von $\mathfrak{K}$, so verwandelt sie sich in

$$h^2 + k^2 = c^2,$$

welche Gleichung bekanntlich die Bedingung für die Orthogonalität der beiden Kreise $\mathfrak{K}$ und $\mathfrak{h}$ darstellt.

II. Bedeutet $\mathfrak{h}$ einen Kreis vom Halbmesser h, der durch P läuft, auf $\mathfrak{K}$ senkrecht steht und mit $\mathfrak{K}$ die Zentrale c hat, P' das Spiegelbild von P in $\mathfrak{K}$, so gelten die beiden Gleichungen

$$OP \cdot OP' = k^2 \qquad \text{und} \qquad c^2 - h^2 = k^2,$$

so daß $OP \cdot OP'$ der Potenz des Kreises $\mathfrak{h}$ in O gleicht. Letzteres bedeutet: jeder durch P laufende zu $\mathfrak{K}$ normale Kreis läuft auch durch P'. M. a. W.: Alle zu $\mathfrak{K}$ normalen Kreise mit zwei gemeinsamen festen Schnittpunkten bestimmen in diesen Spiegelbilder bezüglich $\mathfrak{K}$.

Die Grundpunkte eines Apolloniuskreises liegen zu diesem spiegelbildlich.

Beweis. Der Apolloniuskreis mit den Grundpunkten A und B ist bekanntlich der Ort des Punktes, dessen Abstände von den zwei festen Punkten A und B ein unveränderliches Verhältnis $m:n$ haben. Sein Mittelpunkt M bestimmt sich z. B., indem man in einem beliebigen Punkte P des Ortes den Winkel BAP an PB anträgt (s. Fig.); der Schnittpunkt des freien Schenkels des angetragenen Winkels mit der Verlängerung von AB ist M. Da nämlich die Dreiecke MAP und MPB ähnlich sind, so gilt

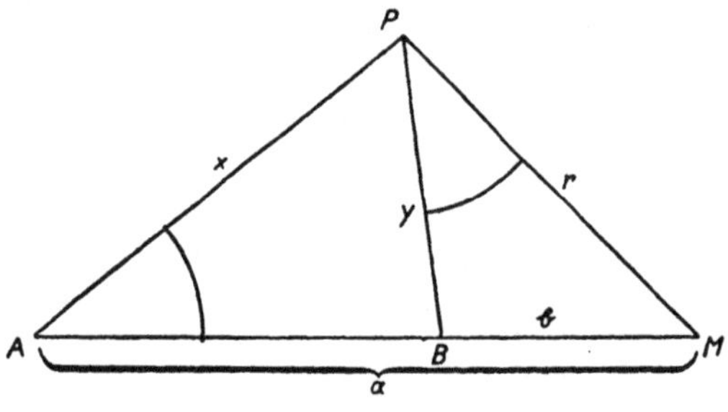

Abb. 15

$$AP = x, \qquad BP = y, \qquad AM = a, \qquad BM = b, \qquad MP = r$$

gesetzt, die Proportion $\quad \dfrac{x}{y} = \dfrac{r}{b} = \dfrac{a}{r}.$

Wenn nun $x:y = \text{const} = m:n$ ist, so wird

$$1^\circ \quad \frac{a}{b} = \frac{m^2}{n^2}, \qquad 2^\circ \quad r^2 = ab.$$

Aus der ersten dieser Gleichungen folgt, daß M ein fester Punkt ist, aus der zweiten, daß r konstant ist.

Mithin ist der Ort des Punktes P der Kreis $\mathfrak{k}$ mit dem Mittelpunkte M und dem Radius r.

Zugleich bedeutet die Relation $r^2 = ab$ die Spiegelbildlichkeit der Grundpunkte A und B für den Apolloniuskreis $\mathfrak{k}$.

Durch Umschreibung der Gleichung (1) folgt noch die beachtliche Relation

$$\boxed{x : y = \sqrt{a : b}}$$

für das apollonische Verhältnis $x : y = m : n$.

Sind im besonderen in der komplexen Zahlenebene $\mathfrak{k}$ der Gaußkreis, $z = \alpha$ und $z = \beta$ die Grundpunkte A und B, endlich $P(z)$ irgendeine Stelle des Gaußkreises, so bedeuten $|\alpha|$ und $|\beta|$ die Abstände (a und b) der Grundpunkte A und B vom Mittelpunkte O des Gaußkreises, ferner $|z - \alpha|$ und $|z - \beta|$ die Abstände (x und y) des Punktes P von A und B, und wir erhalten den

Apollonischen Satz:

Ist β das Spiegelbild zu α im Gaußkreise, so gilt für alle Punkte z des Gaußkreises und nur für diese die Formel

$$\boxed{|z - \alpha| : |z - \beta| = \sqrt{|\alpha : \beta|}}\,.$$

Inversion eines Punktpaares

Sind P und Q zwei beliebige Punkte, P' und Q' ihre Spiegelbilder in $\mathfrak{J}$, so folgt aus den ähnlichen Dreiecken OPQ und $OP'Q'$ (sie stimmen im Winkel bei O und dem Anseitenverhältnis dieses Winkels überein)

$$P'Q' : PQ = OP' : OQ$$

und hieraus

$$\frac{P'Q'}{PQ} = \frac{OP \cdot OP'}{OP \cdot OQ} = \frac{K}{OP \cdot OQ}\,.$$

Daher ist $$\boxed{P'Q' = \frac{K}{OP \cdot OQ} \cdot PQ}\,.$$

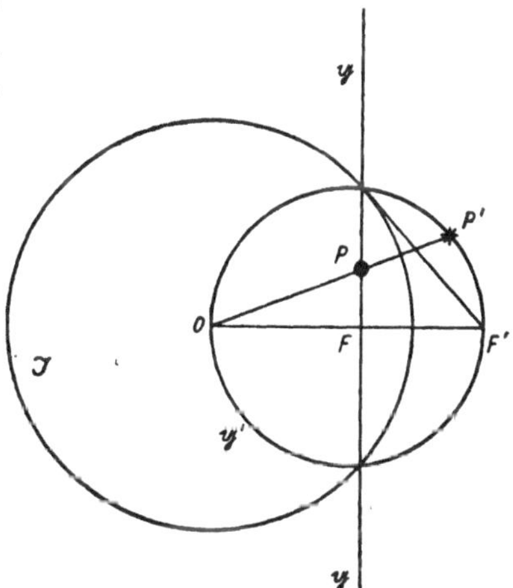

Abb. 16

Inversion einer Geraden

Es sei $\mathfrak{g}$ eine beliebige (nicht durch den Inversionspol O laufende) Gerade, F der Fußpunkt des von O auf sie gefällten Lotes, F' sein Spiegelbild, P ein beliebiger Punkt von $\mathfrak{g}$, P' sein Spiegelbild.

Aus der Ähnlichkeit der beiden Dreiecke OFP und $OP'F'$ folgt

$$\sphericalangle OP'F' = \sphericalangle OFP = 90^\circ.$$

Daher liegt P' auf dem Kreise mit dem Durchmesser OF', und es gilt der *Satz*:

Die Inverse einer Geraden ist ein durch den Inversionspol laufender Kreis. Der Durchmesser dieses Kreises wird gefunden, indem man die Inversionskonstante durch das vom Inversionspol auf die Gerade gefällte Lot dividiert.

Da dieser Durchmesser bei einer durch den Pol laufenden Geraden unendlich groß wird, ist die Inverse einer durch den Pol laufenden Geraden ebenfalls eine Gerade, was aber von vornherein klar ist, indem eine derartige Gerade durch die Inversion in sich selbst übergeht.

Inversion eines Kreises

Wir suchen das Spiegelbild $\mathfrak{k}'$ des Kreises $\mathfrak{k}$ mit dem Mittelpunkte M und dem Radius r.
P' sei das Spiegelbild eines beliebigen Punktes P von $\mathfrak{k}$, Q der Schnitt der Verbindungslinie PP' mit $\mathfrak{k}$.

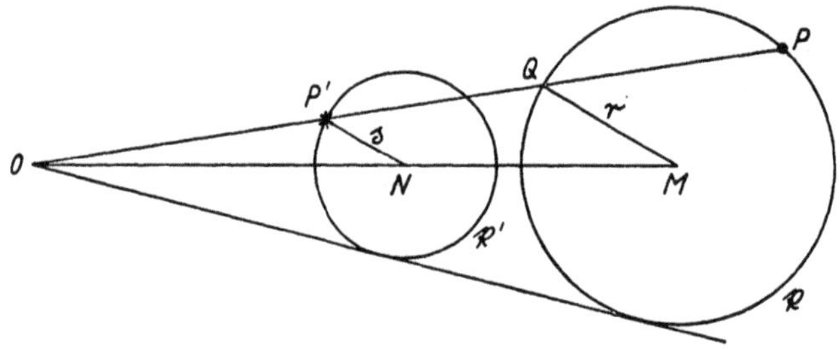

Abb. 17

Wir zeichnen durch P' die Parallele zu QM bis zum Schnitt N mit OM. Dann haben die beiden Verhältnisse $ON : OM$ und $NP' : MQ = NP' : r$ nach dem Strahlensatze denselben Wert, nämlich den Wert

$$\frac{OP'}{OQ} = \frac{OP \cdot OP'}{OP \cdot OQ} = \frac{K}{\Pi},$$

unter Π die Potenz des Kreises $\mathfrak{k}$ in O verstanden.
Demnach gelten die beiden Formeln

$$1^\circ \quad ON = \frac{K}{\Pi} OM, \qquad 2^\circ \quad NP' = \frac{K}{\Pi} r.$$

Aus der ersten folgt: der Punkt N ist ein fester Punkt, dann aus der zweiten: durchläuft der Punkt P den Kreis $\mathfrak{k}$, so beschreibt sein Spiegelbild P' (in $\mathfrak{J}$) den Kreis $\mathfrak{k}'$ mit dem Mittelpunkte N und dem Halbmesser $s = \frac{K}{\Pi} r$.

Ergebnis:

Die Inverse eines Kreises ist ein Kreis. Das Zentrum N des Bildkreises liegt auf der Verbindungslinie des Inversionspols O mit dem Zentrum M des Objektkreises *im Abstande* $ON = \frac{K}{\Pi} \cdot OM$, *der Halbmesser des Bildkreises ist das* $\frac{K}{\Pi}$*fache des Objektkreishalbmessers.*

Dabei bedeutet K die Inversionskonstante, Π die Potenz des Objektkreises im Inversionspol.

Läuft der Objektkreis durch den Pol, so verschwindet Π, und der Bildkreis, dessen Radius unendlich groß wird, artet in eine Gerade aus.

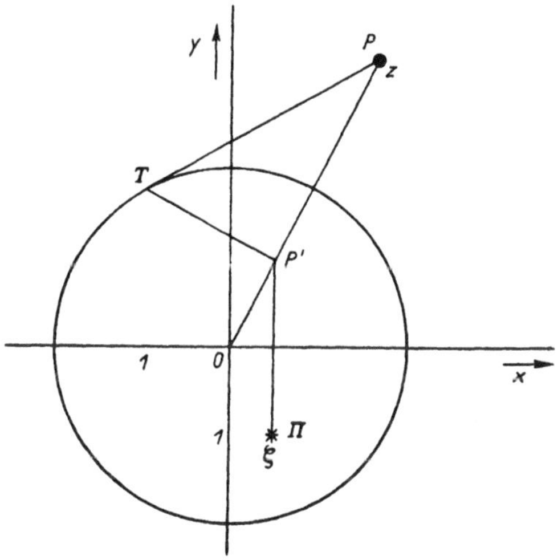

Abb. 18

Nun zur reziproken Abbildung $\zeta = 1 : z$!

Wir setzen wieder $$z = r 1^t, \qquad \zeta = \varrho 1^\tau$$

und haben $$\varrho \cdot 1^\tau = \frac{1}{r} \cdot 1^{-t}.$$

Diese Beziehung zerfällt in die beiden Bedingungsgleichungen

$$1^\circ \quad \varrho = 1 : r, \qquad 2^\circ \quad \tau = -t,$$

und diese ergeben folgende

Konstruktion des Bildpunktes ζ:

Man zeichnet nach 1° das Spiegelbild P' des Punktes $P(z)$ im Gaußkreise, sodann nach 2° das Spiegelbild Π des Punktes P' in der Realachse. Der Punkt Π ist das Bild ζ des Objektpunktes z.

Folglich: *Die reziproke Abbildung* $\zeta = 1 : z$ *setzt sich aus einer Spiegelung im Gaußkreise und einer darauffolgenden Spiegelung in der Realachse zusammen.*

Aus den vorstehenden Untersuchungen ergibt sich der

Abbildungssatz:

Die Homographie $$\zeta = \frac{az + b}{cz + d}$$

besteht aus einer Folge der drei Abbildungsarten: Parallelverschiebung, Torsion und Reziprozität.

Zuerst kommt die Torsion

$$T = c z,$$

dann die Parallelverschiebung

$$P = T + d,$$

darauf die Reziprozität

$$R = 1 : P,$$

sodann die Torsion

$$\mathfrak{T} = \varepsilon R \qquad \text{mit} \quad \varepsilon = -e : c$$

und schließlich die Parallelverschiebung

$$\zeta = \mathfrak{T} + \frac{a}{c}.$$

Bei verschwindendem c hat die Homographie die einfache Form

$$\zeta = A z + B$$

und setzt sich aus einer Torsion und einer Parallelverschiebung zusammen. Da jeder der drei Typen Parallelverschiebung, Torsion, Reziprozität einen Kreis in einen Kreis verwandelt, haben wir den fundamentalen

Satz von der Erhaltung der Kreisform:

Die homographische Abbildung bildet jeden Kreis in einen Kreis ab.

Dabei gilt die Gerade als Sonderfall des Kreises (nämlich als Kreis mit unendlich großem Halbmesser).

§ 16. DOPPELVERHÄLTNIS UND HOMOGRAPHIE

Unter dem Doppelverhältnis von vier Zahlen (Punkten) a, b, c, d der Gaußebene versteht man den Quotienten der beiden „Teilverhältnisse" $(c - a) : (c - b)$ und $(d - a) : (d - b)$. Wir bezeichnen es mit $[a b c d]$ und haben die Definitionsgleichung

$$[a b c d] = \frac{c - a}{c - b} : \frac{d - a}{d - b}.$$

Um es geometrisch darzustellen, betrachten wir zunächst die geometrische Darstellung des „Teilverhältnisses" $(c - a) : (c - b)$.

Wir nennen die von a bzw. b nach c führende Strecke ac bzw. bc (ac bedeutet also hier *nicht* das Produkt $a \cdot c$ der Zahlen a und c), den Winkel, den diese Strecke mit der positiven Realachse bildet, α bzw. β und haben

$$c - a = ac \cdot 1^{\alpha} \qquad \text{bzw.} \qquad c - b = bc \cdot 1^{\beta}.$$

Hieraus entsteht für das genannte Teilverhältnis der Wert

$$\frac{c - a}{c - b} = \frac{a c}{b c} \cdot 1^{\alpha - \beta}.$$

Nun ist aber die Differenz $\alpha - \beta$ (vgl. Fig.) — von einem etwaigen Abzug von 2π abgesehen — der Winkel w, um den sich der Strahl ca um den Drehpunkt c im Uhrzeigersinne drehen muß, damit er auf den Strahl cb fällt. Wir bezeichnen diesen Winkel zweckmäßig mit acb und haben

$$\alpha - \beta = w = acb.$$

Damit erhalten wir die für das Teilverhältnis $(c-a):(c-b)$ gesuchte geometrische Darstellung in Gestalt der

Teilverhältnisformel

$$\boxed{\frac{c-a}{c-b} = \frac{ac}{bc} \cdot 1^{acb}},$$

wobei also der Winkel acb im Uhrzeigersinne gemessen wird.

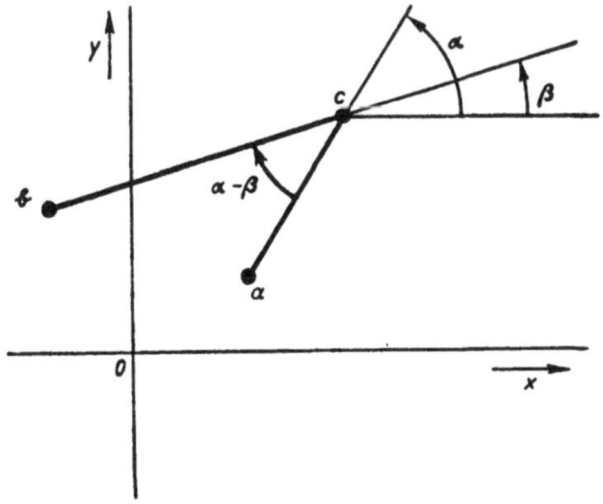

Abb. 19

Rechnet man diesen Winkel lieber im umgekehrten sog. positiven Sinne, so hat man natürlich

$$\frac{c-a}{c-b} = \frac{ac}{bc} \cdot \rotatebox{180}{1^{acb}

zu schreiben. Für das Teilverhältnis $(d-a):(d-b)$ wird gerade so

$$\frac{d-a}{d-b} = \frac{ad}{bd} \cdot 1^{adb}.$$

Damit ergibt sich für das Doppelverhältnis $[abcd]$ die geometrische Darstellung

$$[a\,b\,c\,d] = \left(\frac{ac}{bc} : \frac{ad}{bd}\right) \cdot 1^{acb - adb},$$

wobei die Winkel acb und adb im Uhrzeigersinne zu messen sind.

Der gefundene Ausdruck gestattet die schnelle Beantwortung der Frage

„Wann ist das Doppelverhältnis der vier komplexen Zahlen a, b, c, d reell?“

Die Antwort lautet: Das Doppelverhältnis ist dann und nur dann reell, wenn die Differenz der beiden Winkel acb und adb verschwindet oder den Wert $\pm\pi$ hat; und das bedeutet geometrisch, wie man sich leicht klar macht, wenn die vier Punkte a, b, c, d auf einer Geraden oder auf einem Kreise liegen. Fassen wir die Gerade als Sonderfall des Kreises auf, so können wir unser Ergebnis folgendermaßen aussprechen:

Das Doppelverhältnis von vier Punkten der Gaußebene ist dann und nur dann reell, wenn die vier Punkte auf einem Kreise liegen.

Nun ist bekanntlich das Doppelverhältnis $(abcd)$ von vier Punkten a, b, c, d einer Geraden bzw. eines Kreises

$$(abcd) = \pm \frac{ac}{bc} : \frac{ad}{bd},$$

wobei die vier Strecken ac, bc, ad, bd als positive Größen zu denken sind und das untere oder obere Vorzeichen gilt, je nachdem die beiden Strecken bzw. Kreisbögen ab und cd verkettet sind oder nicht.
[Die Strecken bzw. Bögen ab und cd heißen verkettet, wenn einer der beiden Punkte c und d auf ab liegt, der andere nicht.]
Auch stellt man leicht fest, daß bei vier kollinearen oder konzyklischen Punkten a, b, c, d die Differenz $acb - adb$ den Wert $\pm\pi$ oder 0 hat, je nachdem ab und cd verkettet sind oder nicht. (Beim Kreise kommt hier der Satz vom Sehnenviereck bzw. der Satz von den gleichen Randwinkeln über demselben Bogen in Frage.)
Dieser Überlegung entsprechend können wir hinzufügen:
Bei Realität des Doppelverhältnisses $[abcd]$ von vier Punkten a, b, c, d der Gaußebene ist

$$[abcd] = (abcd).$$

Zusammenfassend können wir sagen:

Das Doppelverhältnis $[abcd]$ von vier Punkten a, b, c, d der Gaußebene ist dann und nur dann reell, wenn die vier Punkte auf einem Kreise liegen; es hat in diesem Falle den Wert

$$[abcd] = (abcd).$$

Wir fragen jetzt: Was wird aus dem Doppelverhältnis $[abcd]$ von vier Punkten a, b, c, d der Gaußebene durch die homographische Abbildung

$$\zeta = \frac{pz+q}{rz+s}\;?$$

Die Abbildung führe die Punkte a, b, c, d in die Punkte $\alpha, \beta, \gamma, \delta$ über. Es ist also z. B.

$$\alpha = \frac{pa+q}{ra+s}, \qquad \gamma = \frac{pc+q}{rc+s}.$$

Hieraus folgt, die Abbildungsdeterminante $ps - qr = \Delta$ gesetzt,

$$\gamma - \alpha = \Delta \frac{c-a}{\tilde{a} \cdot \tilde{c}} \qquad \text{mit} \qquad \left\{ \begin{array}{l} \tilde{a} = ra+s \\ \tilde{c} = rc+s \end{array} \right\}.$$

Ebenso wird

$$\gamma - \beta = \Delta \frac{c-b}{\tilde{b} \cdot \tilde{c}} \qquad \text{mit} \qquad \tilde{b} = rb+s.$$

Aus diesen beiden Gleichungen entsteht

$$\frac{\gamma-\alpha}{\gamma-\beta} = \frac{c-a}{c-b} : \frac{\tilde{a}}{\tilde{b}}.$$

Genau so wird

$$\frac{\delta-\alpha}{\delta-\beta} = \frac{d-a}{d-b} : \frac{\tilde{a}}{\tilde{b}}.$$

Durch Division der beiden letzten Gleichungen ergibt sich

$$\frac{\gamma-\alpha}{\gamma-\beta}:\frac{\delta-\alpha}{\delta-\beta}=\frac{c-a}{c-b}:\frac{d-a}{d-b}$$

oder

$$\boxed{[\alpha\beta\gamma\delta]=[abcd]}\,.$$

Die gefundene Formel enthält den

Satz von der Invarianz des Doppelverhältnisses:

Bei homographischer Abbildung bleibt das Doppelverhältnis von vier beliebigen Punkten der Gaußebene unverändert.

M. a. W.: *Das Doppelverhältnis ist eine Invariante der Homographie.*

Die beiden entwickelten Sätze über das Doppelverhältnis liefern einen kurzen Beweis des fundamentalen

Satzes von der Erhaltung der Kreisform:

Das homographische Bild eines Kreises ist wieder ein Kreis.

In der Tat. Die Homographie

$$\zeta=\frac{pz+q}{rz+s}$$

bilde die z-Ebene auf die ζ-Ebene ab.

In dieser Abbildung bleibt das Doppelverhältnis von vier beliebigen Punkten unverändert. Sind also l, m, n, z vier Punkte eines Kreises $\mathfrak{k}$ der z-Ebene, λ, μ, ν, ζ ihre homographischen Bilder in der ζ-Ebene, so ist

$$[\lambda\mu\nu\zeta]=[lmnz].$$

Da nun $[lmnz]$ reell ist, muß auch $[\lambda\mu\nu\zeta]$ reell sein, und hieraus folgt, daß die vier Punkte λ, μ, ν, ζ auf einem Kreise k der ζ-Ebene liegen müssen. Denkt man sich l, m, n, mithin auch λ, μ, ν als *feste* Punkte, so beschreibt ζ den Umkreis k des Dreiecks $\lambda\mu\nu$, wenn z den Umkreis $\mathfrak{k}$ des Dreiecks lmn durchläuft.

Damit ist der Fundamentalsatz über die homographische Abbildung des Kreises bewiesen.

§ 17. KONFORMITÄT DER HOMOGRAPHIE

Wir betrachten ein in der z-Ebene liegendes Dreieck rst mit den Ecken r, s, t sowie sein in der ζ-Ebene liegendes durch die Homographie

$$\zeta=\frac{Az+B}{Cz+D}$$

vermitteltes Bild $\varrho\sigma\tau$ (wobei also bzw. ϱ, σ, τ das Bild von r, s, t ist). Nach der Teilverhältnisformel gelten die beiden Gleichungen

$$\frac{r-s}{t-s}=\frac{sr}{st}\,1^{rst}\qquad\text{und}\qquad\frac{\varrho-\sigma}{\tau-\sigma}=\frac{\sigma\varrho}{\sigma\tau}\cdot 1^{\varrho\sigma\tau}$$

mit Uhrzeigersinn der Winkel rst und $\varrho\sigma\tau$, nach der Abbildungsvorschrift ist

$$\frac{\varrho-\sigma}{\tau-\sigma}=\frac{r-s}{t-s}:\frac{\tilde{r}}{\tilde{t}} \qquad \text{mit} \qquad \left\{\begin{matrix}\tilde{r}=Cr+D\\ \tilde{t}=Ct+D\end{matrix}\right\}.$$

Durch Verknüpfung dieser drei Gleichungen entsteht

$$\frac{\sigma\varrho}{\sigma\tau}\cdot 1^{\varrho\sigma\tau}=\frac{sr}{st}\cdot 1^{rst}:\frac{\tilde{r}}{\tilde{t}}.$$

Bei hinreichender Kleinheit des Dreiecks rst weichen die Größen $\tilde{r}$ und $\tilde{t}$ nicht merklich voneinander ab, so daß der Bruch $\tilde{r}:\tilde{t}$ nur unmerklich wenig von 1 verschieden ist. Die gewonnene Formel vereinfacht sich also *für hinreichend kleine Dreiecke* rst zu

$$\frac{\sigma\varrho}{\sigma\tau}\cdot 1^{\varrho\sigma\tau}=\frac{sr}{st}\cdot 1^{rst},$$

und diese Gleichung spaltet sich weiter in die beiden Einzelformen

$$\sigma\varrho:\sigma\tau=sr:st \qquad \text{und} \qquad \varrho\sigma\tau=rst,$$

wobei noch darauf zu achten ist, daß die beiden Winkel rst und $\varrho\sigma\tau$ denselben Drehungssinn (Uhrzeigersinn) haben. Das gefundene Gleichungspaar lehrt:

Das Bilddreieck $\varrho\sigma\tau$ ist dem Objektdreieck rst ähnlich, und zwar mit Beibehaltung des Drehungssinnes jedes Dreieckswinkels (wohlgemerkt nur bei hinreichender Kleinheit des Objektdreiecks).

Wir betrachten jetzt den Maßstab $\mu=\sigma\varrho:sr$ der Abbildung (im Punkte s). Er hat den beiden Gleichungen

$$\varrho=\frac{Ar+B}{Cr+D}, \qquad \sigma=\frac{As+B}{Cs+D}$$

entsprechend den Wert

$$\mu=\left|\frac{\varrho-\sigma}{r-s}\right|=\left|\frac{\Delta}{\tilde{r}\cdot\tilde{s}}\right| \qquad \text{mit} \qquad \Delta=AD-BC,$$

d. h. in Anbetracht des unendlich kleinen Unterschiedes zwischen $\tilde{r}$ und $\tilde{s}$ den Wert

$$\mu=\left|\frac{\Delta}{(Cs+D)^2}\right|.$$

Dieser Wert ist, wie man leicht erkennt, nichts anderes als der Betrag der Ableitung ζ' der Funktion ζ an der Stelle $z=s$.

Das Ergebnis unserer Überlegung ist der

Homographiehauptsatz:

Die Homographie

$$\zeta=\frac{Az+B}{Cz+D}$$

vermittelt eine konforme (winkeltreue) Abbildung der z-Ebene auf die ζ-Ebene, d. h. jeder Objektwinkel wird in einen ebenso großen Bildwinkel verwandelt, wobei auch der Drehungssinn des Winkels erhalten bleibt.

Der Maßstab der Abbildung an der Stelle z ist der Betrag der Ableitung

$$\zeta' = \frac{AD - BC}{(Cz + D)^2}$$

von ζ nach z.

Die Abbildung ist im allgemeinen aber nur in den kleinsten Teilen ähnlich: d. h. in Gemäßheit der Formel

$$\frac{\sigma\varrho}{\sigma\tau} \cdot 1^{\varrho\sigma\tau} = \frac{sr}{st} \cdot 1^{rst} : \frac{\tilde{r}}{\tilde{t}}$$

wird im allgemeinen *nur ein unendlich kleines Dreieck* in ein ähnliches verwandelt. Soll ein Dreieck rst mit *nicht* unendlich kleinen Seiten in ein ähnliches Dreieck $\varrho\sigma\tau$ verwandelt werden, so muß $\tilde{r} = \tilde{t}$ oder $Cr + D = Ct + D$ d. h. $C = 0$ sein. Wir haben daher noch das

Korollar:

Nur die lineare Abbildung $\zeta = Az + B$ *verwandelt jedes Dreieck in ein ähnliches.*

Zusatz. Die obige Schlußweise versagt, wenn die beteiligten Nenner $\tilde{r}$, $\tilde{s}$, $\tilde{t}$ verschwinden.

Die Konformität der homographischen Abbildung kann sonach nur für Stellen der z-Ebene behauptet werden, in denen die Ableitung ζ' nicht verschwindet.

Der Satz von der Winkeltreue der Homographie liefert uns jetzt im Verein mit dem Satz von der Erhaltung der Kreisform einen einfachen Beweis für den wichtigen

Satz von der Erhaltung der Spiegelung:

Spiegelung wird durch Homographie nicht aufgehoben.

Ausführlich: Ist Q das Spiegelbild eines Punktes P in einem Kreise $\mathfrak{k}$, so ist auch das homographische Bild Q' von Q das Spiegelbild des homographischen Bildes P' von P in dem homographischen Bildkreise $\mathfrak{k}'$ von $\mathfrak{k}$.

Beweis. Wir betrachten zwei durch P und Q laufende, also zu $\mathfrak{k}$ orthogonale Kreise $\mathfrak{a}$ und $\mathfrak{b}$. Sie gehen durch die Homographie in zwei Kreise $\mathfrak{a}'$ und $\mathfrak{b}'$ über, die wegen der Winkeltreue der Homographie ebenfalls auf $\mathfrak{k}'$ senkrecht stehen. Die Schnittpunkte der beiden Kreise $\mathfrak{a}'$ und $\mathfrak{b}'$ sind die homographischen Bilder P' und Q' von P und Q, und da $\mathfrak{a}'$ und $\mathfrak{b}'$ auf $\mathfrak{k}'$ senkrecht stehen, ist Q' das Spiegelbild von P' in $\mathfrak{k}'$.

§ 18. KREISVERWANDTSCHAFT

Die Untersuchungen von § 15 über die homographische Abbildung wie auch die Betrachtungen über Invarianz und Realität von Doppelverhältnissen des § 16 lieferten den wichtigen

Satz:

Die homographische Abbildung verwandelt jeden Kreis in einen Kreis.

Dabei ist auch die Gerade als Kreis aufzufassen, indem sowohl der Objektkreis als auch der Bildkreis als auch beides zugleich in eine Gerade „ausarten“ kann.

Eine Abbildung, welche Kreise stets in Kreise verwandelt (wobei Gerade als ausgeartete Kreise gelten) heißt eine *Kreisverwandtschaft.* Wir sagen demgemäß:

Die homographische Abbildung ist eine Kreisverwandtschaft.

Indem wir dieses fundamentale Theorem durch einen wichtigen Zusatz noch weiter vervollkommnen, sprechen wir es folgendermaßen aus:

Kreisverwandtschaft der Homographie:

Jede Homographie

$$\zeta = \frac{az + b}{cz + d}$$

verwandelt jeden Kreis der z-Ebene in einen Kreis der ζ-Ebene (wobei auch Gerade als Kreise gelten).

Es gibt stets eine einzige Homographie, die einen vorgelegten Kreis der z-Ebene in einen vorgelegten Kreis der ζ-Ebene verwandelt derart, daß drei beliebig vorgegebene Punkte des Objektkreises in drei gegebene Punkte des Bildkreises übergehen.

Dabei wird das Innere des Objektkreises in das Innere oder Äußere des Bildkreises verwandelt, je nachdem das gegebene Objektpunkttripel und das homologe Bildpunkttripel denselben Umlaufssinn haben oder nicht.

Beweis. l, m, n seien die gegebenen Punkte des Objektkreises, λ, μ, ν die homologen Punkte des Bildkreises. Wir zeigen zunächst, daß nicht *zwei* verschiedene Homographien

$$\zeta = \frac{az + b}{cz + d} \qquad \text{und} \qquad \zeta = \frac{Az + B}{Cz + D}$$

existieren können, die die Punkte l, m, n in bzw. λ, μ, ν überführen.

Aus
$$\lambda = \frac{al + b}{cl + d} \qquad \text{und} \qquad \lambda = \frac{Al + B}{Cl + D}$$

folgt nämlich
$$\frac{al + b}{cl + d} = \frac{Al + B}{Cl + D}$$

oder
$$Pl^2 + Ql + R = 0$$

mit
$$P = Ac - Ca, \qquad Q = Ad - Da + Bc - Cb, \qquad R = Bd - Db.$$

In gleicher Weise entstehen die Gleichungen

$$Pm^2 + Qm + R = 0$$

und
$$Pn^2 + Qn + R = 0.$$

Somit müßte die quadratische Gleichung $Pt^2 + Qt + R = 0$ die *drei* Wurzeln l, m, n haben. Das ist nur möglich, wenn

$$1^\circ\ P = 0, \qquad 2^\circ\ Q = 0, \qquad 3^\circ\ R = 0.$$

Aus 1° folgt $A = au$, $C = cu$, aus 3° $B = bv$, $D = dv$ (wo u der gemeinsame Wert der beiden gleichen Verhältnisse $A : a$ und $C : c$, v der gemeinsame Wert der beiden Verhältnisse $B:b$ und $D:d$ ist). Setzen wir diese Werte in 2° ein, so entsteht

$$e(u-v)=0 \qquad \text{mit} \qquad e=ad-bc.$$

Hieraus folgt $u=v$ und weiter

$$A=au, \qquad B=bu, \qquad C=cu, \qquad D=du.$$

Die letzten vier Gleichungen lehren aber, daß zwischen den beiden Homographien

$$\zeta=\frac{az+b}{cz+d} \qquad \text{und} \qquad \zeta=\frac{Az+B}{Cz+D}$$

kein Unterschied besteht.

Es gibt demnach *nur eine* Homographie, welche die gegebenen Punkte l, m, n in die vorgelegten Punkte λ, μ, ν verwandelt. Diese ist übrigens leicht angebbar: sie bestimmt sich durch die Formel

$$\boxed{\frac{\zeta-\lambda}{\zeta-\mu}:\frac{\nu-\lambda}{\nu-\mu}=\frac{z-l}{z-m}:\frac{n-l}{n-m}}.$$

Der Anblick dieser Formel lehrt in der Tat, daß aus $z=l, m, n$ bzw. $\zeta=\lambda, \mu, \nu$ wird.

Die Richtigkeit der am Schlusse unseres Satzes ausgesprochenen Behauptung über die Verwandlung des Objektkreis*innern* folgt ohne weiteres aus der Winkeltreue der Abbildung.

Wir betrachten einige bemerkenswerte Beispiele.

Homographie der oberen Halbebene in sich selbst

Wir suchen die homographische Abbildung

$$\zeta=\frac{az+b}{cz+d},$$

welche die obere Halbebene in sich selbst verwandelt.

Wir setzen $c \neq 0$ voraus, schreiben

$$a:c=A, \qquad b:c=B, \qquad d:c=D$$

und haben

$$\zeta=\frac{Az+B}{z+D}.$$

Da die Punkte $z=0$, $z=1$ und $z=\infty$ der Realachse in Punkte der Realachse übergehen sollen, müssen die drei Größen $\zeta=B:D$, $\zeta=(A+B):(1+D)$ und $\zeta=A:1$ reell sein. Hieraus folgt die Realität von A, B und D.

Da es nun wenig Sinn hat, in der Homographie

$$\zeta=\frac{az+b}{cz+d}=\frac{cAz+cB}{cz+cD}$$

den gemeinsamen Faktor c komplex anzunehmen, wählen wir ihn und damit auch a, b, d reell. Folglich: Die Koeffizienten a, b, c, d sind reell.

Damit weiter die obere Halbebene in die *obere* Halbebene verwandelt wird, muß z. B. der Punkt $z = i$ in einen Punkt ζ mit positivem Imaginärteil übergehen. Da nun

$$\frac{ai+b}{ci+d} = \frac{(ac+bd)+i(ad-bc)}{c^2+d^2}$$

ist, heißt dies, daß die Determinante $e = ad - bc$ positiv sein muß.
Man erkennt leicht, daß auch in dem bislang nicht erörterten Falle $c = 0$ die Koeffizienten reell sind und die Determinante e [hier gleich ad] positiv sein muß.

Ergebnis:

Damit die Homographie

$$\zeta = \frac{az+b}{cz+d}$$

die obere Halbebene in sich selbst verwandelt, sind lediglich die Koeffizienten a, b, c, d reell und ihre Determinante e positiv anzunehmen.

Die *homographische Abbildung der rechten Halbebene in sich selbst* wird auf analoge Weise gefunden, so daß es genügen wird, das Ergebnis hier auszusprechen.

Die Homographie

$$\zeta = \frac{az+b}{cz+d}$$

bildet die rechte Halbebene nur dann auf sich selbst ab, wenn a und d rein imaginär, b und c reell und die Koeffizientendeterminante e negativ angenommen werden können.

Dieselbe Homographie (und nur diese) bildet natürlich auch die linke Halbebene auf sich selbst ab.
Auch die Homographie, welche die rechte Halbebene auf die linke abbildet, hat die beschriebene Form mit dem Unterschiede jedoch, daß e positiv sein muß.

Homographische Abbildung der oberen Halbebene auf den Gaußkreis

Wir suchen die Homographie

$$\zeta = \frac{az+b}{cz+d},$$

welche die obere Halbebene in den Gaußbereich verwandelt.
Zunächst ist klar, daß c nicht verschwinden darf, da eine Homographie von der Form $\zeta = Az + B$ offensichtlich die obere Halbebene nicht auf den Gaußbereich abbilden kann.
Wir setzen daher $c \neq 0$ voraus und schreiben

$$\zeta = q\,\frac{z-\alpha}{z-\beta} \qquad \text{mit} \quad q = \frac{a}{c}, \quad \alpha = -\frac{b}{a}, \quad \beta = -\frac{d}{c}.$$

Nun sind die Bilder von $z = \alpha$ und $z = \beta$ $\zeta = 0$ und $\zeta = \infty$. Da letztere zum Gaußkreis spiegelbildlich liegen und Spiegelung durch die Abbildung nicht

aufgehoben wird, müssen α und β zur Realachse (die in den Gaußkreis abgebildet wird) spiegelbildlich liegen, muß also $\beta = \bar{\alpha}$ sein.
Wenn nun z die Realachse durchläuft, beschreibt ζ den Gaußkreis $|\zeta| = 1$, ist also

$$|q| \left| \frac{z-\alpha}{z-\beta} \right| = 1 .$$

Da hier aber $|z-\alpha| = |z-\beta|$ ist, muß $|q| = 1$, d. h. q eine Gaußzahl sein.
Da nun $-\beta = d : c$ die Konjugierte von $-\alpha = b : a$ ist, so gilt die Proportion

$$d : c = \bar{b} : \bar{a} ,$$

welche sich

$$d = \varepsilon \bar{b}, \qquad c = \varepsilon \bar{a}$$

schreiben läßt (wo ε den gemeinsamen Wert der beiden Brüche $d : \bar{b}$ und $c : \bar{a}$ bedeutet).
Aus $c = \varepsilon \bar{a} = \varepsilon \overline{cq}$ folgt noch, daß auch ε als Produkt der beiden Gaußzahlen q und $c : \bar{c}$ eine Gaußzahl ist.
Unsere Homographie muß also die Form

$$\zeta = \frac{az+b}{cz+d} \qquad \text{mit} \quad c = \varepsilon \bar{a}, \quad d = \varepsilon \bar{b}$$

haben, wo ε eine Gaußzahl bedeutet.
Ist 2φ der Winkel von ε, so läßt sich $1 : \varepsilon$ als Quotient der Gaußzahlen g und $\bar{g}$ mit den Winkeln $-\varphi$ und φ darstellen, und unsere Homographie erhält die Form

$$\zeta = \frac{gaz + gb}{\overline{ga}z + \overline{gb}}$$

oder, wenn wir statt ga und gb wieder kurz a und b schreiben,

$$\zeta = \frac{az+b}{cz+d} \qquad \text{mit} \quad c = \bar{a}, \quad d = \bar{b}.$$

Umgekehrt ist leicht zu verifizieren, daß eine derart geformte Homographie die Realachse in den Gaußkreis verwandelt.
Damit die obere Halbebene durch unsere Homographie auf das *Innere* des Gaußkreises abgebildet wird, muß noch etwa der Punkt $z = i$ in einen Punkt ζ verwandelt werden, dessen Betrag unterhalb 1 liegt.
Ist nun

$$a = h + ik, \qquad b = m + in, \qquad c = h - ik, \qquad d = m - in,$$

so wird für $z = i$

$$\zeta = \frac{(m-k) + i(h+n)}{(m+k) + i(h-n)} ,$$

und damit dies betraglich < 1 wird, muß $mk > hn$ sein, was darauf hinauskommt, daß der Imaginärteil von $a : b$ positiv ausfällt.

Folglich: *Eine Homographie bildet die obere Halbebene nur dann auf den Gaußkreis ab, wenn sie sich auf die Form bringen läßt*

$$\zeta = \frac{az+b}{\bar{a}z+\bar{b}}, \qquad \textit{und wenn zugleich } \Im\frac{a}{b} \textit{ positiv ausfällt.}$$

Beispiel:

$$\zeta = \frac{1+iz}{1-iz}.$$

Die *homographische Abbildung der rechten Halbebene auf den Gaußkreis* bestimmt sich durch ähnliche Überlegungen. Wir beschränken uns daher auf die Niederschrift des Ergebnisses.

Eine Homographie führt die rechte Halbebene nur dann in den Gaußkreis über, wenn sie sich auf die Form bringen läßt

$$\zeta = \frac{az+b}{-\bar{a}z+\bar{b}}, \qquad \textit{und wenn zugleich } \Re\frac{a}{b} \textit{ negativ ausfällt.}$$

Beispiel:

$$\zeta = \frac{1-z}{1+z}.$$

Wir fügen hinzu:

Die homographische Abbildung der unteren bzw. linken Halbebene auf den Gaußkreis hat die Form

$$\zeta = \frac{az+b}{cz+d}$$

mit $c = \bar{a}, \quad d = \bar{b}, \quad \Im\frac{a}{b} < 0,$

bzw. $c = -\bar{a}, \quad d = \bar{b}, \quad \Re\frac{a}{b} > 0.$

Homographie des Gaußkreises in sich

Wir suchen die homographische Abbildung

$$\zeta = \frac{az+b}{cz+d},$$

die den Gaußkreis in sich selbst überführt.

Zuvörderst ist klar, daß bei verschwindendem c auch b verschwinden und die Abbildung dann die Form $\zeta = az$ haben muß. Hierin muß außerdem $|a| = 1$ sein, da zu $|z| = 1$ auch $|\zeta| = 1$ gehören soll. Die Abbildung ist dann also nichts weiter als eine Drehung des Gaußkreises um den Drehpunkt O.

Daher setzen wir im folgenden $c \neq 0$ voraus. Wir schreiben die Abbildung

$$\zeta = \frac{z-\alpha}{z-\beta} : \gamma \qquad \text{mit} \quad \alpha = -\frac{b}{a}, \quad \beta = -\frac{d}{c}, \quad \gamma = \frac{c}{a},$$

wobei wir $a \neq 0$ voraussetzen.

Wenn nun ζ den Gaußkreis $\mathfrak{g}$ durchläuft, beschreibt auch z den Gaußkreis und muß wegen $|\zeta| = 1$ auch $\left|\frac{z-\alpha}{z-\beta} : \gamma\right| = 1$

oder
$$\left|\frac{z-\alpha}{z-\beta}\right|=|\gamma|$$
sein.

Diese Gleichung lehrt, daß der Ort des Punktes z der Apolloniuskreis mit den Grundpunkten α und β und dem apollonischen Verhältnis $|\gamma|$ ist. Mithin ist

1. β das Spiegelbild zu α in $\mathfrak{g}$, also $\beta=1:\bar{\alpha}$,
2. $|\gamma|=\sqrt{|\alpha:\beta|}=\sqrt{|\alpha\bar{\alpha}|}=|\alpha|=|\bar{\alpha}|$, also $\gamma=-\varepsilon\alpha$,

wo ε eine Gaußzahl bedeutet.
Durch Verknüpfung der Ausgangsgleichungen
$$b=-a\alpha,\qquad d=-c\beta,\qquad c=a\gamma$$
mit den gefundenen Gleichungen
$$\beta\bar{\alpha}=1,\qquad \gamma=-\varepsilon\alpha$$
folgt
$$1^\circ\quad d\bar{b}=c\bar{a},\qquad 2^\circ\quad c=b\varepsilon.$$

Auf Grund von 1° setzen wir, unter q den Quotienten $d:\bar{a}=c:\bar{b}$ verstanden, $d=\bar{a}q$ und $c=\bar{b}q$. Die zweite dieser Gleichungen liefert wegen 2° $q=\varepsilon\cdot\frac{b}{\bar{b}}$.
Nun ist aber der Bruch $b:\bar{b}$ eine Gaußzahl; folglich ist auch q eine Gaußzahl.
Unser Ergebnis lautet
$$d=q\bar{a},\qquad c=q\bar{b}\quad\text{mit}\quad |q|=1,$$
so daß unsere Homographie die Form
$$\zeta=\frac{az+b}{q\bar{b}z+q\bar{d}}\quad\text{mit}\quad |q|=1$$
hat. Stellen wir noch ähnlich wie oben $1:q$ als Quotient zweier Gaußzahlen g und $\bar{g}$ dar, so können wir sagen:
Jede Homographie, die den Gaußkreis in sich selbst überführt, hat die Form
$$\zeta=\frac{az+b}{cz+d}\qquad\text{mit}\quad c=\bar{b}\ \text{und}\ d=\bar{a}.$$

Man bestätigt leicht, daß der gefundenen Form auch die oben vorweg genommene Form $\zeta=az$ sowie auch die noch nicht erledigte Form $\zeta=b:(cz+d)$ [mit verschwindendem a] angehören.
Soll nun durch unsere Abbildung
$$\zeta=\frac{az+b}{cz+d}\qquad\text{mit}\quad c=\bar{b},\ d=\bar{a}$$
auch das Innere des Gaußkreises auf das Innere von $\mathfrak{g}$ abgebildet werden, so ist dazu nötig und hinreichend, daß das Zentrum $z=0$ in einen *Innen*punkt von $\mathfrak{g}$ übergeführt wird. Daher muß noch $|b:d|<1$ sein.

Setzen wir also

$$a = h + ik, \qquad b = m + in, \qquad c = m - in, \qquad d = h - ik,$$

so muß

$$m^2 + n^2 < h^2 + k^2$$

oder $|a| > |b|$ sein.

Ergebnis:

Eine Homographie bildet nur dann den Gaußkreis auf sich selbst ab, wenn sie sich auf die Form bringen läßt

$$\zeta = \frac{az + b}{\bar{b}z + \bar{a}}, \quad \textit{und wenn zugleich } |a| > |b| \textit{ ist.}$$

§ 19. FIXPUNKTE UND NORMALFORMEN DER HOMOGRAPHIE

In einer Homographie

$$\zeta = \frac{az + b}{cz + d}$$

mit zusammenfallenden Abbildungsebenen sind die Punkte z von besonderer Bedeutung, die ihre Lage durch die Abbildung nicht ändern, und die man deshalb die *Fixpunkte* der Abbildung nennt.

Wir denken uns die Koinzidenz der Objekt- und Bildebene möglichst einfach, nämlich so, daß die positive Realachse der ζ-Ebene auf die positive Realachse der z-Ebene sowie die positive Imaginärachse der ζ-Ebene auf die positive Imaginärachse der z-Ebene fällt. Die Unveränderlichkeit der Lage eines Fixpunktes z wird dann durch die Bedingung

$$\zeta = z$$

ausgedrückt, und wir erhalten für z die Relation

$$z = \frac{az + b}{cz + d},$$

d. h. die quadratische Gleichung

$$cz^2 + (d - a)z - b = 0.$$

Von dem trivialen Ausnahmefalle, daß alle drei Koeffizienten dieser Gleichung verschwinden:

$$c = 0, \qquad d - a = 0, \qquad b = 0$$

sehen wir hier ab. Er würde auf die identische Abbildung

$$\zeta = z$$

führen, in welcher *jeder* Punkt an Ort und Stelle bleibt, die uns mithin nicht interessiert.

Die Homographie

$$\zeta = \frac{az + b}{cz + d}$$

besitzt demnach im allgemeinen zwei Fixpunkte; diese sind die Wurzeln α und β der quadratischen Gleichung

$$cz^2 + (d - a)\,z - b = 0.$$

Allgemeiner Fall

Die Wurzeln α und β sind ungleich.

Wir nehmen ferner zunächst an, daß α und β beides endliche Werte sind. Wir behaupten:

Das Doppelverhältnis $[\alpha\beta z\zeta]$ ist eine Konstante der Abbildung.

Beweis. l sei ein nicht mit α oder β zusammenfallender fester Punkt der z-Ebene, λ sein Bild. Da die Punkte α, β, l, z durch die Homographie in bzw. α, β, λ, ζ übergehen und ihr Doppelverhältnis nach dem Invarianzsatze (§ 16) dabei keine Änderung erfährt, so ist

$$[\alpha\beta l z] = [\alpha\beta\lambda\zeta]$$

oder

$$\frac{l-\alpha}{l-\beta} : \frac{z-\alpha}{z-\beta} = \frac{\lambda-\alpha}{\lambda-\beta} : \frac{\zeta-\alpha}{\zeta-\beta}$$

oder

$$\frac{z-\alpha}{z-\beta} : \frac{\zeta-\alpha}{\zeta-\beta} = \frac{l-\alpha}{l-\beta} : \frac{\lambda-\alpha}{\lambda-\beta}$$

oder endlich

$$[\alpha\beta z\zeta] = [\alpha\beta l\lambda].$$

Diese Gleichung sagt aus, daß das Doppelverhältnis $[\alpha\beta z\zeta]$ einen von der Lage des Objektpunktes z unabhängigen Wert besitzt, daß es also eine Konstante ist.

Wir schreiben demgemäß

$$\frac{z-\alpha}{z-\beta} : \frac{\zeta-\alpha}{\zeta-\beta} = \text{const}$$

und haben den

Satz:

Bei zwei ungleichen Fixpunkten α und β läßt sich die Abbildungsvorschrift auf die Form

$$\frac{\zeta-\alpha}{\zeta-\beta} = K \cdot \frac{z-\alpha}{z-\beta} \qquad \textit{(Normalform)}$$

bringen, wo K eine Abbildungskonstante bedeutet.

Je nach dem Werte der Abbildungskonstante K teilt man nun die Homographien mit ungleichen Fixpunkten in drei Gruppen ein:

Die erste Gruppe der sog. *hyperbolischen Homographien* umfaßt alle Abbildungen mit reellem K, die zweite Gruppe der *elliptischen Homographien* enthält die Abbildungen, bei denen K eine Gaußzahl ist, zur dritten Gruppe der *loxodromischen Homographien* gehören alle Abbildungen, bei denen K komplex, jedoch keine Gaußzahl ist.

Die Abbildungen der ersten und zweiten Gruppe gestatten eine einfache geometrische Kennzeichnung. Um diese bequem angeben zu können, führen wir die beiden Kreisbüschel S mit den (allen Kreisen des Büschels) gemeinsamen Schnittpunkten α und β und O mit den Grenzpunkten α und β ein. (Die Kreise des Büschels O umfassen alle Apolloniuskreise mit den Grundpunkten α und β.) Jeder Kreis des Büschels O ist zu jedem Kreise des Büschels S orthogonal.

Bei einer hyperbolischen Abbildung ist das Doppelverhältnis $[\alpha\beta z\zeta]$ der vier Punkte α, β, z, ζ reell. Das bedeutet, daß diese vier Punkte auf einem Kreise liegen. Da dieser Kreis durch α und β läuft, ist er ein Kreis s des Büschels S; und da außer dem Objektpunkt z auch der Bildpunkt ζ auf ihm liegt, geht der Kreis s durch die Abbildung in sich selbst über.

Bei einer elliptischen Abbildung ist

$$|\zeta-\alpha| : |\zeta-\beta| = |z-\alpha| : |z-\beta| .$$

Diese Gleichung sagt aus, daß der apollonische Kreis o des Büschels O mit den Grundpunkten α und β und dem Umfangspunkte z auch durch den Punkt ζ läuft. Der Kreis o geht also durch die elliptische Abbildung in sich selbst über.

Folglich: *Die hyperbolische Homographie ist dadurch gekennzeichnet, daß jeder Kreis des Büschels S in sich selbst übergeht, die elliptische dadurch, daß jeder Kreis des Orthogonalbüschels O in sich selbst verwandelt wird.*

Wir können hinzufügen:

Die hyperbolische Abbildung verwandelt jeden Kreis des Büschels O in einen *andern* Kreis dieses Büschels, die elliptische Abbildung verwandelt jeden Kreis von S in einen *andern* Kreis von S.

Rückt einer der beiden Fixpunkte, etwa β, ins Unendliche, so schreiben wir

$$\zeta-\alpha = K(z-\alpha)\cdot Q \qquad \text{mit} \qquad Q = \frac{\zeta-\beta}{z-\beta} .$$

Bei unbegrenzt wachsendem $|\beta|$ strebt der Quotient Q gegen die Einheit, und wir erhalten den Satz:

Eine Homographie mit ungleichen Fixpunkten, von denen einer im Unendlichen liegt, hat die Form

$$\zeta-\alpha = K(z-\alpha),$$

wo α der im Endlichen liegende Fixpunkt ist und K eine Abbildungskonstante bedeutet.

Die Homographien dieser Form zerfallen wieder in hyperbolische, elliptische und loxodromische, je nachdem die Konstante K reell ist, eine Gaußzahl darstellt oder eine komplexe Zahl mit von unechtgebrochenem Betrage ist.

Die hyperbolische Homographie mit einem unendlich fernen Fixpunkt ist eine Homothetie oder Dehnung mit dem Dehnungspol α und dem Maßstabe K.
Sie verwandelt jede durch α laufende Gerade in sich selbst, jeden Kreis mit dem Mittelpunkte α in einen konzentrischen Kreis.
Die elliptische Homographie mit einem unendlich fernen Fixpunkt ist eine Drehung um den Punkt α als Drehpunkt. Sie verwandelt jeden Kreis mit dem Mittelpunkte α in sich selbst, jede durch α laufende Gerade in eine andere durch α laufende Gerade.
Die loxodromische Homographie mit einem unendlich fernen Fixpunkt ist eine Torsion mit dem Torsionspol α. Sie verwandelt ein System logarithmischer Spiralen mit dem Pol α in sich selbst.

(Die Spirale $r = e^{Mt+m}$, in welcher Gleichung t die Anomalie und r den Radiusvektor bedeutet, geht durch die loxodromische Abbildung

$$\zeta-\alpha = K(z-\alpha) \qquad \text{mit} \qquad K = k\,1\varkappa$$

in die Spirale $\varrho = e^{M\vartheta+\mu}$ über mit $\mu = m + lk - M\varkappa$, wo ϑ die Anomalie und ϱ den Radiusvektor bedeutet.)
Dieser Umstand erklärt die Benennung „loxodromisch“, insofern logarithmische Spiralen auch Loxodromen heißen.

Parabolischer Fall:

Die Wurzeln α und β sind gleich.
Wenn die beiden Wurzeln der Fixpunktgleichung zusammenfallen, nennt man die Homographie *parabolisch*.
Wir betrachten zuerst den Fall einer *endlichen* Doppelwurzel α.
Wir setzen $z - \alpha = t$, $\zeta - \alpha = \tau$ und haben

$$\alpha + \tau = \frac{a(\alpha + t) + b}{c(\alpha + t) + d} = \frac{at + a\alpha + b}{ct + c\alpha + d}$$

oder
$$\tau = \frac{(a - c\alpha)\, t}{ct + c\alpha + d}$$

oder
$$\frac{1}{\tau} = \frac{c\alpha + d}{a - c\alpha} \cdot \frac{1}{t} + \frac{c}{a - c\alpha}$$

oder, da für die Doppelwurzel α $c\alpha + d = a - c\alpha$ ist,

$$\frac{1}{\tau} = \frac{1}{t} + f \qquad \text{mit} \quad f = \frac{c}{a - c\alpha}$$

oder endlich
$$\frac{1}{\zeta - \alpha} = \frac{1}{z - \alpha} + f.$$

Dies ist die *Normalform der parabolischen Homographie.*
Die parabolische Homographie ist der Grenzfall der Homographie mit *zwei* Fixpunkten, welcher dadurch zustande kommt, daß der Punkt β in α hineinrückt. Das Kreisbüschel S verwandelt sich dabei in ein Kreisbüschel, dessen Angehörige in α eine gemeinsame Tangente haben, das Büschel O in das zu S orthogonale Büschel, dessen Kreise gleichfalls in α eine gemeinsame zu der obigen orthogonale Tangente besitzen.
Rückt die Doppelwurzel α ins Unendliche, so folgt aus

$$\alpha = \frac{a - d}{2c} = \frac{2b}{d - a} = \infty$$

1° $a = d$, 2° $c = 0$ und hieraus

$$\zeta = \frac{az + b}{cz + d} = z + \frac{b}{d}.$$

Liegen also beide Fixpunkte der Homographie im Unendlichen, so ist die Homographie eine Translation:

$$\zeta = z + \text{const}.$$

Dritter Abschnitt

Potenzreihen

§ 20. DIE POTENZREIHE AN BEISPIELEN ERLÄUTERT

Vielleicht das wichtigste arithmetische Gebilde der Funktionentheorie ist die *Potenzreihe*, d. i. eine unendliche Reihe von der Form

$$\mathfrak{P}(z) = c_0 + c_1 z + c_2 z^2 + c_3 z^3 + \cdots$$

oder, etwas allgemeiner, unter $l = h + ki$ eine vorgelegte Stelle der Gaußebene verstanden,

$$\mathfrak{P}(z - l) = c_0 + c_1(z - l) + c_2(z - l)^2 + c_3(z - l)^3 + \cdots,$$

wo die Koeffizienten $c_0, c_1, c_2, \ldots$ gegebene reelle oder komplexe Zahlen sind. Zunächst leuchtet ein, daß sich die zweite Form durch die Koordinatentransformation

$$x = h + \xi, \qquad y = k + \eta,$$

kürzer: $$z = l + \zeta \qquad \text{mit} \qquad \zeta = \xi + \eta i$$

zu den neuen durch den Punkt l laufenden Koordinatenachsen ξ und η auf die erste Form zurückführen läßt.

Wir werden uns deshalb vorerst auf die Betrachtung von Potenzreihen der einfachen Form

$$\mathfrak{P}(z) = c_0 + c_1 z + c_2 z^2 + \cdots$$

beschränken.

In diesem einleitenden Paragraphen werden wir das Verhalten solcher Potenzreihen hinsichtlich ihrer Konvergenz oder Divergenz an einigen Beispielen ins Auge fassen.

I. Das einfachste Beispiel einer Potenzreihe bildet die allgemein bekannte unendliche geometrische Reihe

$$\mathfrak{p}(z) = 1 + z + z^2 + z^3 + \cdots$$

mit dem Anfangsgliede 1 und dem Quotienten z. Wie bekannt, konvergiert diese Reihe für jedes z, dessen Betrag kleiner als 1 ist, während sie für jedes z, dessen Betrag die Einheit überschreitet, divergiert.

An den Stellen z, deren Betrag der Einheit *gleicht*, findet ebenfalls Divergenz statt.

An einer solchen Stelle hat nämlich z die Form

$$z = \cos\varphi + i\sin\varphi,$$

so daß $$z^n = \cos n\varphi + i\sin n\varphi$$

ist. Da aber die Gaußzahl $\cos n\varphi + i\sin n\varphi$ bei gegebenem φ und unbegrenzt wachsendem n nur im Falle $\varphi = 0$ einen Grenzwert — den Wert 1 — besitzt, so existiert $\lim\limits_{n\to\infty} z^n$ nur im Falle $z = 1$ und hat in diesem Falle den Wert 1, während doch bei Konvergenz der Reihe $\lim\limits_{n\to\infty} z^n$ gleich Null sein müßte. Die Reihe divergiert sonach für jedes φ.

Die unendliche geometrische Reihe

$$1 + z + z^2 + z^3 + \dots$$

ist konvergent oder divergent, je nachdem $|z| < 1$ *ist oder nicht.*

II. $$\mathfrak{q}(z) = 1 + 2z + 3z^2 + 4z^3 + \cdots.$$

Wir bilden zunächst die Summe S_n der ersten n-Glieder der Reihe:

$$S_n = 1 + 2z + 3z^2 + \cdots + nz^{n-1}.$$

Durch Multiplikation mit z wird hieraus

$$S_n z = z + 2z^2 + \cdots + (n-1)z^{n-1} + nz^n,$$

und durch Subtraktion dieser Gleichung von der vorletzten entsteht

$$S_n(1-z) = 1 + z + z^2 + z^3 + \cdots + z^{n-1} - nz^n$$

oder $$S_n(1-z) = \frac{1-z^n}{1-z} - nz^n.$$

Ist nun der Betrag Z von z ein echter Bruch, so kann man schreiben

$$Z = \frac{1}{1+p},$$

wo p eine positive Größe bedeutet, und hat

$$Z^n = \frac{1}{(1+p)^n}, \qquad nZ^n = \frac{n}{(1+p)^n} = \frac{n}{1 + np + n_2 p^2 + \cdots}.$$

Jeder der beiden Werte Z^n und nZ^n strebt also mit unbegrenzt wachsendem Zeiger n gegen Null, und wir erhalten, $\lim\limits_{n\to\infty} S_n = S$ gesetzt, die Formel

$$S \cdot (1-z) = \frac{1}{1-z} \qquad (\text{bei } |z| < 1).$$

Die Reihe

$$\mathfrak{q}(z) = 1 + 2z + 3z^2 + 4z^3 + \cdots$$

konvergiert demnach für jedes z, dessen Betrag unterhalb 1 liegt, und hat für solche z den Wert

$$\mathfrak{q}(z) = \frac{1}{(1-z)^2}.$$

Daß die Reihe für jedes andere z divergiert, ist ohne weiteres zu sehen. Folglich: *Die Potenzreihe*

$$1 + 2z + 3z^2 + 4z^3 + \dots$$

konvergiert oder divergiert, je nachdem $|z| < 1$ *ist oder nicht; und zwar hat sie im ersten Falle den Wert* $1 : (1-z)^2$.

III. Als drittes Beispiel betrachten wir die sog. *Exponentialreihe*:

$$E(z) = 1 + \frac{z}{1!} + \frac{z^2}{2!} + \frac{z^3}{3!} + \cdots.$$

Hier gilt der

Satz:

Die Exponentialreihe konvergiert für jedes endliche z absolut.

Der Beweis dieses Satzes beruht auf der Ungleichung

$$n! > \sqrt{n^n},$$

die wir deshalb zunächst herleiten.

Bekanntlich ist (der Formel $4xy = (x+y)^2 - (x-y)^2$ entsprechend) das Produkt (xy) von zwei reellen Zahlen (x und y) konstanter Summe ($x+y=$ const) um so größer, je näher die beiden Zahlen aneinander liegen.

Daher gelten folgende $(n-2)$ Ungleichungen

$$\begin{aligned} 2\cdot(n-1) &> 1\cdot n, \\ 3\cdot(n-2) &> 1\cdot n, \\ 4\cdot(n-3) &> 1\cdot n, \\ \dots\dots & \dots\dots \\ (n-1)\cdot 2 &> 1\cdot n. \end{aligned}$$

Durch Multiplikation dieser Ungleichungen ergibt sich

$$(n-1)!^2 > n^{n-2}$$

und durch Multiplikation dieser Ungleichung mit n^2

$$n!^2 > n^n$$

oder

$$n! > \sqrt{n^n}, \qquad \text{w. z. b. w.}$$

Es sei nunmehr z ein endlicher Wert von im übrigen beliebig großem Betrage Z. Wir bestimmen einen Zeiger n, dessen Quadratwurzel oberhalb Z liegt, so daß der Quotient

$$q = \frac{Z}{\sqrt{n}}$$

kleiner als 1 ausfällt. Dann ist nach der obigen Ungleichung

$$\frac{Z^n}{n!} < \frac{Z^n}{\sqrt{n^n}} = q^n,$$

mithin

$$\frac{Z^{n+p}}{(n+p)!} = \frac{Z^n}{n!}\cdot\frac{Z}{n+1}\cdot\frac{Z}{n+2}\cdots\frac{Z}{n+p} < q^n\cdot q^p = q^{n+p}.$$

Folglich ist die Reihe

$$\frac{Z^{n+1}}{(n+1)!} + \frac{Z^{n+2}}{(n+2)!} + \cdots$$

und damit auch die Reihe

$$\frac{z^{n+1}}{(n+1)!} + \frac{z^{n+2}}{(n+2)!} + \cdots$$

eine Minorante der konvergenten Reihe

$$q^{n+1} + q^{n+2} + \cdots,$$

so daß die Reihe

$$\frac{z^{n+1}}{(n+1)!}+\frac{z^{n+2}}{(n+2)!}+\cdots$$

absolut konvergiert. Damit konvergiert auch die Reihe

$$E(z)=1+\frac{z}{1!}+\frac{z^2}{2!}+\frac{z^3}{3!}+\cdots$$

absolut.

Die Reihe $E(z)$ heißt Exponentialreihe, weil sie die Übertragung der für reelle x bekannten Reihe

$$1+\frac{x}{1!}+\frac{x^2}{2!}+\frac{x^3}{3!}+\cdots$$

aufs Komplexe ist und letztere Reihe die Exponentialfunktion e^x darstellt, in welcher die Basis e die Eulersche Zahl

$$e=1+\frac{1}{1!}+\frac{1}{2!}+\frac{1}{3!}+\cdots=\lim_{n\to\infty}\left(1+\frac{1}{n}\right)^n=2{,}718281828459\ldots$$

ist. Sie heißt auch so, weil sie die Funktionalgleichung $f(u)\cdot f(v)=f(u+v)$ der Exponentialfunktion $f(x)=e^x$ befriedigt. Es gilt nämlich für beliebige reelle *und auch komplexe* Werte u und v die Funktionalgleichung

$$\boxed{E(u)\cdot E(v)=E(u+v)}\,.$$

Beweis. Aus

$$E(u)=1+\frac{u}{1!}+\frac{u^2}{2!}+\frac{u^3}{3!}+\cdots$$

und

$$E(v)=1+\frac{v}{1!}+\frac{v^2}{2!}+\frac{v^3}{3!}+\cdots$$

folgt nach Cauchys Multiplikationsregel für unendliche Reihen (§ 10)

$$E(u)\cdot E(v)=\sum_n^{0,\infty}\left[\frac{u^n}{n!}+\frac{u^{n-1}}{(n-1)!}\cdot\frac{v}{1!}+\frac{u^{n-2}}{(n-2)!}\cdot\frac{v^2}{2!}+\cdots+\frac{v^n}{n!}\right].$$

Das hier in der eckigen Klammer stehende Polynom läßt sich schreiben

$$\frac{1}{n!}\cdot(u^n+n_1u^{n-1}v+n_2u^{n-2}v^2+\cdots+v^n)=\frac{(u+v)^n}{n!}.$$

Daher wird

$$E(u)\cdot E(v)=\sum_n^{0,\infty}\frac{(u+v)^n}{n!}=E(u+v)\,.$$

In Ansehung dieser Funktionalgleichung schreibt man für die Exponentialreihe gewöhnlich nicht $E(z)$, sondern e^z. Die *Exponentialfunktion* e^z ist dann definiert durch die für alle endlichen z absolut konvergente Reihe

$$\boxed{e^z=1+z+\frac{z^2}{2!}+\frac{z^3}{3!}+\cdots}\,.$$

Bedeutet x den Realteil, y den Imaginärteil von z, so haben wir

$$e^z = e^{x+iy} = e^x \cdot e^{iy}.$$

Nun ist

$$e^{iy} = 1 + iy + \frac{(iy)^2}{2!} + \cdots = \left(1 - \frac{y^2}{2!} + \frac{y^4}{4!} - + \cdots\right) + i\left[y - \frac{y^3}{3!} + \frac{y^5}{5!} - + \cdots\right].$$

Da die runde Klammer der rechten Seite dieser Gleichung bekanntlich $\cos y$, die eckige $\sin y$ ist, erhalten wir

Eulers Formel:

$$\boxed{e^{iy} = \cos y + i \sin y}.$$

e^{iy} ist also eine Gaußzahl und hat als solche den Betrag 1.

Aus

$$e^z = e^x (\cos y + i \sin y)$$

folgt nunmehr:

Der Betrag von $e^z = e^{x+iy}$ *ist* e^x, *der Winkel von* e^z *ist* y.

IV. $F(z) = 1 + z + 2!z^2 + 3!z^3 + \cdots$.

Daß diese Reihe für jedes z, dessen Betrag $\geqq 1$ ist, divergiert, ist ohne weiteres klar.

Die Reihe divergiert aber auch für jedes nicht verschwindende z, dessen Betrag < 1 ist.

Ist nämlich Z der Betrag von z, so bestimme man einen Zeiger n so groß, daß $Z\sqrt{n} > 1$ ist. Dann ist für jeden größeren Zeiger N erst recht $Z\sqrt{N} > 1$, also auch $(Z\sqrt{N})^N > 1$ und wegen der Ungleichung $N! > \sqrt{N^N}$ erst recht

$$N!\,Z^N > 1.$$

Da sonach

$$\lim_{N\to\infty} N!\,Z^N \neq 0$$

ist, divergiert die Reihe.

Die Reihe

$$F(z) = 1 + z + 2!\,z^2 + 3!\,z^3 + \ldots$$

divergiert für jedes nicht verschwindende z; *sie konvergiert nur an der einen Stelle* $z = 0$, *und zwar ist*

$$F(0) = 0.$$

V.

$$\lambda(z) = z + \frac{1}{2} z^2 + \frac{1}{3} z^3 + \frac{1}{4} z^4 + \cdots.$$

Diese Reihe konvergiert oder divergiert, je nachdem der Betrag Z von z ein echter oder unechter Bruch ist.

Beweis. Bei echt gebrochenem Z ist die Summe

$$s_p = \frac{Z^{n+1}}{n+1} + \frac{Z^{n+2}}{n+2} + \cdots + \frac{Z^{n+p}}{n+p}$$

kleiner als

$$\frac{1}{n+1}\left[Z^{n+1} + Z^{n+2} + Z^{n+3} + \cdots\right] = \frac{1}{n+1}\,\frac{Z^{n+1}}{1-Z},$$

und läßt sich deshalb durch hinreichend hohes n unter jede vorgegebene positive Zahl ε herabdrücken. Die Reihe $\lambda(z)$ konvergiert absolut.

Bei unecht gebrochenem Z

$$Z = 1 + P \qquad \text{mit} \quad P > 0$$

hat das n-te Reihenglied den Betrag

$$\frac{Z^n}{n} = \frac{(1+P)^n}{n} = \frac{1}{n} + P + \frac{n-1}{2} P^2 + \cdots$$

und wächst mit unbegrenzt zunehmendem n über alle Grenzen, während doch bei Konvergenz $\lim\limits_{n\to\infty} z^n : n = 0$ sein müßte. Daher divergiert $\lambda(z)$.

Nicht ganz so einfach läßt sich die Konvergenzfrage für jene z beantworten, deren Betrag Z *gleich* 1 ist.

Ist φ der Winkel eines solchen z, also

$$z = \cos\varphi + i \sin\varphi,$$

so wird wegen $z^n = \cos n\varphi + i \sin n\varphi$

$$\lambda(z) = U + iV$$

mit

$$\left\{\begin{aligned} U &= \cos\varphi + \frac{\cos 2\varphi}{2} + \frac{\cos 3\varphi}{3} + \cdots, \\ V &= \sin\varphi + \frac{\sin 2\varphi}{2} + \frac{\sin 3\varphi}{3} + \cdots \end{aligned}\right\}.$$

Um über die Konvergenz oder Divergenz dieser beiden trigonometrischen Reihen Aufschluß zu gewinnen, betrachte man die Summen

$$u_p = \frac{\cos(n+1)\varphi}{n+1} + \frac{\cos(n+2)\varphi}{n+2} + \cdots + \frac{\cos(n+p)\varphi}{n+p}$$

und

$$v_p = \frac{\sin(n+1)\varphi}{n+1} + \frac{\sin(n+2)\varphi}{n+2} + \cdots + \frac{\sin(n+p)\varphi}{n+p}.$$

Um u_p abzuschätzen, schreibe man 2τ statt φ und multipliziere mit $2\sin\tau$. Das gibt

$$2\sin\tau \cdot u_p = \sum_{\nu}^{1,p} \frac{2\cos(n+\nu)2\tau \cdot \sin\tau}{n+\nu} = \sum_{\nu}^{1,p} \frac{\sin(2n+2\nu+1)\tau - \sin(2n+2\nu-1)\tau}{n+\nu}$$

$$= -\frac{\sin(2n+1)\tau}{n+1} + \sum_{\nu}^{1,p-1} \left[\frac{1}{n+\nu} - \frac{1}{n+\nu+1}\right] \sin(2n+2\nu+1)\tau$$

$$+ \frac{\sin(2n+2p+1)\tau}{n+p}.$$

Ersetzt man hier rechts jeden Sinus durch die betraglich größere Einheit, so entsteht

$$|\, 2\sin\tau \cdot u_p \,| < \frac{1}{n+1} + \sum_{\nu}^{1,p-1} \left[\frac{1}{n+\nu} - \frac{1}{n+\nu+1}\right] + \frac{1}{n+p}.$$

Da die rechte Seite dieser Ungleichung gleich $\frac{2}{n+1}$, also $< 2:n$ ist, so ergibt sich

$$|u_p| < \frac{1}{n\,|\sin\tau|} \qquad \text{mit} \quad \tau = \frac{\varphi}{2}.$$

Falls sonach φ kein ganzzahliges Multiplum von 2π ist, läßt sich u_p durch hinreichend hohes n unter jedes vorgelegte positive ε herabdrücken. Das bedeutet:

Die Reihe $$U = \cos\varphi + \frac{\cos 2\varphi}{2} + \frac{\cos 3\varphi}{3} + \cdots$$

konvergiert für jedes φ, welches kein ganzzahliges Multiplum von 2π ist.

Was die ganzzahligen Multipla von 2π anbetrifft, so ist für diese ohne weiteres zu sehen, daß *die Reihe U divergiert,* da für ein solches Multiplum

$$U = 1 + \frac{1}{2} + \frac{1}{3} + \cdots = \infty.$$

Die ebenfalls mittels des Multiplikators $2\sin\tau$ vorgenommene Abschätzung von v_p führt wieder auf die Ungleichung

$$|v_p| < \frac{1}{n\,|\sin\tau|},$$

so daß man für die Reihe V zunächst dasselbe Resultat wie für U bekommt. Da aber die Reihe V, wie ihr bloßer Anblick lehrt, für $\varphi = 0, \ \pm 2\pi, \ \pm 4\pi, \ldots$ konvergiert, so ergibt sich:

Die Reihe $$V = \sin\varphi + \frac{\sin 2\varphi}{2} + \frac{\sin 3\varphi}{3} + \cdots$$

konvergiert für jedes endliche φ.

Die für unsere trigonometrischen Reihen erzielten Resultate lehren:
Die Reihe $\lambda(z)$ konvergiert für jedes z vom Betrage 1 mit Ausnahme von $z = 1$, für welchen Wert die Reihe divergiert.

Zusammenfassung:

Die Reihe $$\lambda(z) = z + \frac{1}{2}z^2 + \frac{1}{3}z^3 + \cdots$$

konvergiert für jedes z, dessen Betrag die Einheit nicht überschreitet, mit alleiniger Ausnahme der Stelle $z = 1$; sie divergiert für $z = 1$ und für jedes z, dessen Betrag die Einheit überschreitet.

VI. $$\mu(z) = z - \frac{1}{2}z^2 + \frac{1}{3}z^3 - \frac{1}{4}z^4 + - \cdots.$$

Hier gilt wegen $\mu(z) = -\lambda(-z)$ der Satz:

Die Reihe $$\mu(z) = z - \frac{1}{2}z^2 + \frac{1}{3}z^3 - \frac{1}{4}z^4 + - \cdots$$

divergiert oder konvergiert, je nachdem der Betrag von z die Einheit überschreitet oder nicht. Eine Ausnahme bildet die Stelle $z = -1$, an welcher die Reihe divergiert.

§ 21. DER KONVERGENZKREIS

Eine der bemerkenswertesten Eigenschaften einer Potenzreihe ist der folgende

Konvergenzsatz von Abel:

Konvergiert die Potenzreihe

$$\mathfrak{P}(z) = c_0 + c_1 z + c_2 z^2 + \ldots$$

an der Stelle z, so konvergiert sie absolut und gleichmäßig in jedem um den Ursprung als Zentrum beschriebenen Kreise, dessen Halbmesser kleiner als $|z|$ *ist.*

Wir gründen den Beweis dieser wichtigen Eigenschaft auf den folgenden Hilfssatz, der auch sonst nützliche Dienste leistet.

Lemma:

Konvergiert die Potenzreihe

$$\mathfrak{P}(z) = c_0 + c_1 z + c_2 z^2 + \ldots$$

an der Stelle z, so liegt jedes ihrer Glieder

$$c_0, \quad c_1 z, \quad c_2 z^2, \quad c_3 z^3, \ldots$$

betraglich unterhalb einer gewissen festen endlichen positiven Zahl E.

Beweis. Es sei $|c_\nu| = C_\nu$, $|z| = Z$.

Wegen der Konvergenz der Reihe an der Stelle z läßt sich zu der beliebig ausgewählten positiven echt gebrochenen Zahl ε ein Zeiger n derart angeben, daß die Summe

$$s_p = c_{n+1} z^{n+1} + c_{n+2} z^{n+2} + \ldots + c_{n+p} z^{n+p}$$

für jedes natürliche p betraglich unterhalb ε liegt.

Es ist also z. B. auch

$$s_{p-1} = c_{n+1} z^{n+1} + c_{n+2} z^{n+2} + \ldots + c_{n+p-1} z^{n+p-1}$$

betraglich kleiner als ε.

Durch Subtraktion dieser beiden Gleichungen folgt

(1) $$|c_{n+p} z^{n+p}| < 2\varepsilon.$$

Weiter sei von den Zahlen

$$C_0, \quad C_1 Z, \quad C_2 Z^2, \quad \ldots, \quad C_n Z^n$$

g die größte und e eine endliche Zahl $> g$. Dann ist

(2) $$|c_\nu z^\nu| < e, \qquad \nu = 0, 1, 2, \ldots, n.$$

Bedeutet also E die größere der beiden Zahlen 2ε und e, so gilt den Ungleichungen (1) und (2) zufolge für *jeden* Zeiger r die Ungleichung

$$|c_r z^r| < E,$$

womit das Lemma bewiesen ist.

Nun zum Beweise des obigen Konvergenzsatzes!

$\mathfrak{z}$ sei ein Argumentwert, der betraglich kleiner ist als der vorgegebene Wert z, für den die Potenzreihe $\mathfrak{P}(z)$ konvergiert. Der Betrag von $\mathfrak{z}$ heiße $\mathfrak{Z}$.

Wir schreiben
$$C_n \mathfrak{Z}^n = C_n Z^n \cdot q^n,$$
wobei q den positiven *echten* Bruch $q = \mathfrak{Z} : Z$ bedeutet, bedenken, daß nach dem Lemma $C_n Z^n$ für jeden Zeiger n unterhalb einer gewissen endlichen Größe E liegt, und haben
$$C_n \mathfrak{Z}^n < E q^n.$$
Dieser Ungleichung zufolge ist die unendliche Reihe
$$\mathfrak{P}(\mathfrak{z}) = c_0 + c_1 \mathfrak{z} + c_2 \mathfrak{z}^2 + \dots$$
eine Minorante der unendlichen geometrischen Reihe $E + Eq + Eq^2 + \dots$ (mit echt gebrochenem positivem Quotienten q) und konvergiert demgemäß absolut.

Denken wir uns also einen Kreis, dessen Halbmesser $h < |z|$ ist, so daß der Quotient $h : |z|$ einen positiven echten Bruch Q darstellt, und ist jetzt $\mathfrak{z}$ ein beliebiger Punkt der Fläche dieses Kreises, so ist die Potenzreihe
$$\mathfrak{P}(\mathfrak{z}) = c_0 + c_1 \mathfrak{z} + c_2 \mathfrak{z}^2 + \dots$$
wegen $q = \mathfrak{Z} : Z < Q$ eine Minorante der konvergenten unendlichen geometrischen Reihe
$$E + EQ + EQ^2 + \dots .$$
Die Reihe $\mathfrak{P}(\mathfrak{z})$ konvergiert demnach in unserm Kreise gleichmäßig und absolut. Damit ist der Konvergenzsatz bewiesen.

Auf Grund dieses Satzes zerfallen nun die Zahlen der positiven reellen Zahlenachse durch einen gewissen Schnitt k in zwei Klassen, eine Unter- und eine Oberklasse, von folgender Eigenschaft:

Die Potenzreihe $\mathfrak{P}(z)$ konvergiert oder divergiert für eine beliebige positive Zahl z, je nachdem z der durch den Schnitt k bestimmten Unter- oder Oberklasse angehört. Ob sie für $z = k$ konvergiert oder divergiert, läßt sich nicht ohne weiteres angeben.

Satz vom Konvergenzkreis:

Zu jeder Potenzreihe
$$\mathfrak{P}(z) = c_0 + c_1 z + c_2 z^2 + \dots$$
existiert ein um den Ursprung als Zentrum beschriebener Kreis $\mathfrak{k}$ *vom Halbmesser* k *derart, daß die Reihe für jeden Punkt* z *innerhalb des Kreises* $\mathfrak{k}$ *konvergiert, in jedem Punkte* z *außerhalb des Kreises* $\mathfrak{k}$ *divergiert. Dieser Kreis heißt der* **Konvergenzkreis**, *sein Radius* k *der* **Konvergenzradius** *der Reihe.*

In welchen Punkten des Konvergenzkreises selbst die Reihe konvergiert bzw. divergiert, muß in jedem Einzelfalle besonders festgestellt werden.

Beispiele:

Die Reihen
$$1 + z + z^2 + z^3 + \dots,$$
$$1 + 2z + 3z^2 + 4z^3 + \dots,$$
$$z + \frac{1}{2} z^2 + \frac{1}{3} z^3 + \dots,$$
$$z + \frac{z^2}{2^2} + \frac{z^3}{3^2} + \frac{z^4}{4^2} + \dots$$

haben alle vier den Konvergenzradius 1, d. h. den Gaußkreis als Konvergenzkreis.

Die beiden ersten Reihen divergieren in jedem Punkte ihres Konvergenzkreises. Die dritte Reihe konvergiert in sämtlichen Punkten ihres Konvergenzkreises mit Ausnahme des Punktes $z = 1$, in welchem sie divergiert. Die vierte Reihe konvergiert in jedem Punkte ihres Konvergenzkreises.

Daß die vierte Reihe in keinem, die dritte in nur einem Punkte des Konvergenzkreises divergiert, liegt u. a. natürlich daran, daß der Grenzwert des Koeffizienten c_n von z^n

$$\lim_{n\to\infty} c_n = 0$$

ist. Doch ist diese Bedingung für ein derart günstiges Konvergenzverhalten keineswegs immer ausreichend.

Es gibt Potenzreihen $\mathfrak{P}(z) = c_0 + c_1 z + c_2 z^2 + \cdots$, bei denen die Bedingung $\lim_{n\to\infty} c_n = 0$ erfüllt ist, und die dennoch in sämtlichen Punkten ihres Konvergenzkreises divergieren.

Ein Beispiel dafür bietet die interessante Reihe des russischen Mathematikers N. Lusin.

Die Lusinsche Reihe ist folgendermaßen gebaut:

$$\mathfrak{L}(z) = Z_1 + Z_4 \cdot \frac{z}{\sqrt{2}} + Z_9 \cdot \frac{z^5}{\sqrt{3}} + Z_{16} \cdot \frac{z^{14}}{\sqrt{4}} + \cdots + Z_N \cdot \frac{z^{\mathfrak{N}}}{\sqrt{n}} + \cdots .$$

Dabei hat der Exponent $\mathfrak{N}$ den Wert

$$\mathfrak{N} = 1^2 + 2^2 + 3^2 + \cdots + (n-1)^2 ,$$

der Zeiger N ist n^2, und Z_N bedeutet das N-gliedrige Polynom

$$Z_N = \left\{ \begin{array}{l} [1 + z + z^2 + \cdots + z^{n-1}] \\ + z^n [1 + (\nu z) + (\nu z)^2 + \cdots + (\nu z)^{n-1}] \\ + z^{2n} [1 + (\nu^2 z) + (\nu^2 z)^2 + \cdots + (\nu^2 z)^{n-1}] \\ \cdots\cdots\cdots\cdots\cdots\cdots\cdots\cdots \\ + z^{sn} [1 + (\nu^s z) + (\nu^s z)^2 + \cdots + (\nu^s z)^{n-1}] \\ \cdots\cdots\cdots\cdots\cdots\cdots\cdots\cdots \\ + z^{n(n-1)} [1 + (\nu^{n-1} z) + (\nu^{n-1} z)^2 + \cdots + (\nu^{n-1} z)^{n-1}] \end{array} \right\},$$

wobei $\nu = e^{-2\pi i : n}$ ist.

Im besonderen ist also $Z_1 = 1$,

$$Z_4 = \left\{ \begin{array}{l} [1 + z] \\ + z^2 [1 + \alpha z] \end{array} \right\}, \qquad \alpha = e^{-2\pi i : 2},$$

$$Z_9 = \left\{ \begin{array}{l} [1 + z + z^2] \\ + z^3 [1 + (\beta z) + (\beta z)^2] \\ + z^6 [1 + (\beta^2 z) + (\beta^2 z)^2] \end{array} \right\}, \qquad \beta = e^{-2\pi i : 3},$$

$$Z_{16} = \left\{ \begin{array}{l} [1 + z + z^2 + z^3] \\ + z^4 [1 + (\gamma z) + (\gamma z)^2 + (\gamma z)^3] \\ + z^8 [1 + (\gamma^2 z) + (\gamma^2 z)^2 + (\gamma^2 z)^3] \\ + z^{12} [1 + (\gamma^3 z) + (\gamma^3 z)^2 + (\gamma^3 z)^3] \end{array} \right\}. \qquad \gamma = e^{-2\pi i : 4}.$$

Denken wir uns in jedem Gliede $Z_N z^{\mathfrak{N}} : \sqrt{n}$ die Multiplikation von Z_N mit $z^{\mathfrak{N}}$ ausgeführt, so erscheint Lusins Reihe in der üblichen Potenzreihengestalt

$$\mathfrak{L}(z) = c_0 + c_1 z + c_2 z^2 + c_3 z^3 + \ldots,$$

wobei z. B.

$$c_0 = 1, \; c_1 = \frac{1}{\sqrt{2}}, \quad c_2 = \frac{1}{\sqrt{2}}, \quad c_3 = \frac{1}{\sqrt{2}}, \quad c_4 = \frac{\alpha}{\sqrt{2}}, \ldots$$

und

$$\lim_{n \to \infty} c_n = 0 .$$

Da (bis auf c_0) alle Koeffizienten c_r betraglich unter der Einheit liegen, konvergiert die Reihe sicher für jedes z, dessen Betrag kleiner als 1 ist, also sicher im Innern des Gaußkreises.

Wir zeigen jetzt, daß sie für jedes z vom Betrage 1, d. h. für jeden Punkt des Gaußkreises, divergiert.

Zu dem Zwecke ermitteln wir zunächst eine untere Schranke für den Betrag der in der $(s+1)$ten Zeile von Z_N stehenden n-gliedrigen geometrischen Reihe

$$S = 1 + (\nu^s z) + (\nu^s z)^2 + \cdots + (\nu^s z)^{n-1} .$$

Es ist, $z = e^{i\varphi}$ gesetzt,

$$S = \frac{1 - \nu^{ns} z^n}{1 - \nu^s z} = \frac{1 - e^{2n\psi i}}{1 - e^{2\psi i}} \qquad \text{mit} \qquad 2\psi = \varphi - \frac{s}{n} 2\pi ,$$

mithin

$$|S| = \left| \frac{1 - e^{2n\psi i}}{1 - e^{2\psi i}} \right| = \left| \frac{e^{n\psi i}}{e^{\psi i}} \right| \cdot \left| \frac{e^{-n\psi i} - e^{n\psi i}}{e^{-\psi i} - e^{\psi i}} \right| = \left| \frac{\sin n\psi}{\sin \psi} \right| .$$

Wir wählen den Zeiger s jetzt so, daß $|2\psi| \leqq \frac{\pi}{n}$ ausfällt. Dann ist $|n\psi| \leqq \frac{\pi}{2}$, mithin $|\sin n\psi| > |\frac{2}{\pi} n\psi|$, und da $|\sin\psi| < |\psi|$ ist,

wird

$$\left| \frac{\sin n\psi}{\sin \psi} \right| > \frac{2}{\pi} n$$

oder

$$|S| > \frac{2}{\pi} n .$$

Wir achten jetzt auf die Summe $\mathfrak{S}$ der n Glieder der Lusinschen Reihe, die wir erhalten, wenn wir von Z_N nur die n Glieder der $(s+1)$ten Zeile nehmen und ihr Aggregat — wie vorgeschrieben — mit dem Faktor $z^{\mathfrak{N}} : \sqrt{n}$ behaften.

Das gibt

$$\mathfrak{S} = z^{ns} \cdot S \cdot z^{\mathfrak{N}} : \sqrt{n} .$$

Da nun die hier stehenden Faktoren z^{ns} und $z^{\mathfrak{N}}$ den Betrag 1 haben, entsteht zufolge der für $|S|$ gefundenen Schranke die Ungleichung

$$|\mathfrak{S}| > \frac{2}{\pi} \sqrt{n} .$$

Die Summe $\mathfrak{S}$ wächst also bei unbegrenzt zunehmendem n über alle Grenzen, während sie doch bei Konvergenz der Reihe gegen Null streben müßte.

Lusins Reihe divergiert demnach für *jedes* z vom Betrage 1. Da sie nun, wie oben festgestellt wurde, für jedes z von geringerem Betrage konvergiert, so ist der Gaußkreis ihr Konvergenzkreis, und wir haben den *Satz*:

Die Lusinsche Reihe divergiert in sämtlichen Punkten ihres Konvergenzkreises, obwohl der Koeffizient c_n von z^n bei unbegrenzt wachsendem n gegen Null strebt.

Unser obiges Beispiel $$z+\frac{1}{2}z^2+\frac{1}{3}z^3+\cdots$$

stellt eine Reihe dar, die nur in *einem* Punkte ihres Konvergenzkreises divergiert.

Der polnische Mathematiker Sierpinsky hat *eine Potenzreihe angegeben, die nur in einem Punkte ihres Konvergenzkreises konvergiert.* Sierpinskys Reihe lautet

$$S(z)=c_0-c_0z+c_1z^2-c_1z^3+c_2z^4-c_2z^5+-\cdots,$$

wobei die c die Koeffizienten der Lusinschen Reihe bedeuten.

Man hat nämlich

$$S(z)=(1-z)[c_0+c_1z^2+c_2z^4+\cdots],$$

und da die in der eckigen Klammer stehende Reihe nach dem obigen Lusinschen Satze für jedes z vom Betrage 1 divergiert, konvergiert $S(z)$ auf dem Gaußkreise nur an der Stelle $z=1$.

In Ausnahmefällen kann der Konvergenzradius einer Potenzreihe Null oder Unendlich sein.

Die Reihe $$1+z+2!\,z^2+3!\,z^3+\cdots$$

hat den Konvergenzradius Null; sie konvergiert nur für $z=0$.

Die Reihe $$1+z+\frac{z^2}{2!}+\frac{z^3}{3!}+\cdots$$

hat den Konvergenzradius Unendlich.

Eine durch eine überall konvergente unendliche Potenzreihe darstellbare Funktion heißt eine *ganze transzendente* Funktion.

Den Konvergenzradius einer vorgelegten Potenzreihe liefert der

Satz von Cauchy-Hadamard:

Der Konvergenzradius k der Potenzreihe

$$\mathfrak{P}(z)=c_0+c_1z+c_2z^2+c_3z^3+\cdots$$

ist der Kehrwert des Oberlimes L der Folge

$$C_1,\ \sqrt[2]{C_2},\ \sqrt[3]{C_3},\ \sqrt[4]{C_4},\ \ldots,$$

in welcher C_ν den Betrag des Koeffizienten c_ν bedeutet.

Formelmäßig:

$$\boxed{k=1:L} \qquad \text{mit} \quad L=\overline{\lim_{n\to\infty}}\sqrt[n]{C_n} \quad \text{und} \quad C_n=|c_n|.$$

Beweis. Es sei erstens z ein Punkt im Innern des um $z=0$ beschriebenen Kreises $\mathfrak{k}$ vom Halbmesser $k=1:L$, Z der Betrag von z, also $Z<k$ oder

$$P=LZ<1.$$

Dann ist der Oberlimes der Folge

$$C_1 Z,\quad \sqrt[2]{C_2 Z^2},\quad \sqrt[3]{C_3 Z^3},\ \ldots,\ \sqrt[n]{C_n Z^n},\ \ldots$$

der echte Bruch $P = LZ$.

Dem Begriff des Oberlimes entsprechend gibt es zu jedem positiven ε einen Zeiger n derart, daß für jeden größeren Zeiger N

$$\sqrt[N]{C_N Z^N} < P + \varepsilon$$

ausfällt. Wählen wir etwa $\varepsilon = \frac{1-P}{2}$, so wird für jedes $N > n$

$$\sqrt[N]{C_N Z^N} \text{ kleiner als der Echtbruch } E = \frac{1+P}{2}$$

oder
$$C_N Z^N < E^N.$$

Diese Ungleichung lehrt, daß die konvergente geometrische Reihe

$$E^{n+1} + E^{n+2} + E^{n+3} + \cdots$$

eine Majorante der Reihe

$$C_{n+1} Z^{n+1} + C_{n+2} Z^{n+2} + C_{n+3} Z^{n+3} + \cdots$$

und damit auch der Reihe

$$c_{n+1} z^{n+1} + c_{n+2} z^{n+2} + c_{n+3} z^{n+3} + \cdots$$

ist. Das heißt: die Potenzreihe

$$\mathfrak{P}(z) = c_0 + c_1 z + c_2 z^2 + c_3 z^3 + \cdots$$

konvergiert an der angenommenen Stelle z und das sogar absolut.

Es sei zweitens z ein Punkt außerhalb von $\mathfrak{k}$, wieder Z der Betrag von z also $Z > k$ oder

$$P = LZ > 1.$$

Der Oberlimes der Folge

$$C_1 Z,\quad \sqrt[2]{C_2 Z^2},\quad \sqrt[3]{C_3 Z^3},\ \ldots,\ \sqrt[n]{C_n Z^n},\ \ldots$$

ist der unechte Bruch $P = LZ$.

Der bekannten Eigenschaft des Oberlimes entsprechend gibt es dann zu jedem positiven ε Zeiger N so groß wie man will, für welche

$$\sqrt[N]{C_N Z^N} > P - \varepsilon$$

ausfällt. Wählen wir etwa $\varepsilon = \frac{P-1}{2}$, so lautet diese Ungleichung

$$\sqrt[N]{C_N Z^N} > F,$$

wo F den unechten Bruch $\frac{1+P}{2}$ bedeutet. Für jeden wie oben gekennzeichneten Zeiger N hat demnach das Glied $c_N z^N$ unserer Potenzreihe einen Betrag, der F^N und damit auch die Einheit überschreitet, und das besagt, daß die Reihe $\mathfrak{P}(z)$ divergiert.

Damit ist der Cauchy-Hadamardsche Satz bewiesen.

Beispiele:

1. $$\mathfrak{p}(z) = 1 + z + z^2 + z^3 + \cdots.$$

Der zugehörige Oberlimes ist $L = 1$, der Konvergenzradius der Reihe daher $k = 1$.

2. $$E(z) = 1 + \frac{z}{1!} + \frac{z^2}{2!} + \frac{z^3}{3!} + \cdots.$$

Hier ist $c_n = C_n = 1 : n!$. Nun ist bekanntlich (§ 20) $n! > \sqrt{n^n}$, mithin $\sqrt[n]{C_n} < 1 : \sqrt{n}$ und $L = 0$. Der Konvergenzradius der Exponentialreihe ist unendlich groß; die Reihe konvergiert für jedes endliche z.

3. $$\mu(z) = z - \frac{1}{2} z^2 + \frac{1}{3} z^3 - \frac{1}{4} z^4 + - \cdots.$$

Hier ist $$C_n = 1 : n \quad \text{und} \quad \sqrt[n]{C_n} = 1 : \sqrt[n]{n}.$$

Wegen $\lim\limits_{n\to\infty} \sqrt[n]{n} = 1$ hat $\lim\limits_{n\to\infty} \sqrt[n]{C_n}$ den Wert 1.

Somit ist der unserer Potenzreihe zugehörige Oberlimes

$$L = \overline{\lim_{n\to\infty}} \sqrt[n]{C_n} = 1.$$

Der Konvergenzradius der Reihe

$$z - \frac{z^2}{2} + \frac{z^3}{3} - \frac{z^4}{4} + - \cdots$$

hat den Wert 1.

4. $$\mathfrak{P}(z) = 1 + z + 2!\,z^2 + 3!\,z^3 + 4!\,z^4 + \cdots.$$

Hier ist $$c_n = C_n = n! \quad \text{und} \quad \sqrt[n]{C_n} = \sqrt[n]{n!}.$$

Aus $\sqrt[n]{n!} > \sqrt{n}$ folgt $L = \infty$ und $k = 0$. Der Konvergenzradius dieser Reihe ist Null; die Reihe konvergiert nur an der Stelle $z = 0$.

5. Die unendliche Binomialreihe, d. i. die Potenzreihe

$$c_0 + c_1 z + c_2 z^2 + c_3 z^3 + \cdots,$$

in welcher

$$c_0 = 1 \quad \text{und} \quad c_n = \frac{c}{1} \cdot \frac{c-1}{2} \cdot \frac{c-2}{3} \cdots \frac{c-n+1}{n} \quad \text{für } n > 1$$

und c eine beliebige nichtnatürliche Zahl ist. Wir beschränken uns hier aber auf reelle Werte von c.

Wir schreiben c_n als Produkt von zwei Faktoren, deren erster die oberhalb, deren zweiter die unterhalb -1 gelegenen Zähler enthält. Die Beträge dieser Faktoren sind dann

$$E = \left| \frac{c}{1} \cdot \frac{c-1}{2} \cdot \frac{c-2}{3} \cdots \frac{c-\nu+1}{\nu} \right| \quad \text{und} \quad F_n = \frac{\mu+1}{\nu+1} \cdot \frac{\mu+2}{\nu+2} \cdots \frac{\mu+n-\nu}{n},$$

wo $\mu + 1 = \nu - c > 1$, also μ positiv ist.

Der erste dieser Faktoren ist, wie groß auch n sein möge, eine endliche positive Zahl. Aus der bekannten Ungleichung

$$\frac{1}{1-\frac{E-1}{En}} < \sqrt[n]{E} < 1+\frac{E-1}{n}$$

folgt sofort

$$(1) \qquad \lim_{n\to\infty} \sqrt[n]{E} = 1.$$

Den Faktor F_n fassen wir als Quotient der beiden gleichartig gebauten Größen

$$A_m = \frac{\mu+1}{1}\cdot\frac{\mu+2}{2}\cdots\cdot\frac{\mu+m}{m}, \qquad B_m = \frac{\nu+1}{1}\cdot\frac{\nu+2}{2}\cdots\cdot\frac{\nu+m}{m}$$

mit $m = n-\nu$ auf, deren m-te Wurzeln, wie wir gleich sehen werden, bei unbegrenzt wachsendem n beide gegen Eins konvergieren.
Zunächst ist nämlich beispielsweise

$$\sqrt[m]{A_m} > 1,$$

sodann nach dem Satze vom arithmetischen und geometrischen Mittel

$$\sqrt[m]{A_m} < 1+\mu\cdot\frac{\frac{1}{1}+\frac{1}{2}+\cdots+\frac{1}{m}}{m}.$$

Nun liegt aber der Zähler des in der zweiten dieser Ungleichungen auftretenden Bruches zwischen $lm+\frac{1}{m}$ und $lm+1$, so daß der Bruch bei unbegrenzt wachsendem m gegen Null konvergiert. Mithin ist in der Tat

$$\lim_{m\to\infty} \sqrt[m]{A_m} = 1 \qquad \text{und ebenso} \qquad \lim_{m\to\infty} \sqrt[m]{B_m} = 1.$$

Folglich wird

$$(2) \qquad \lim_{n\to\infty} \sqrt[n]{F_n} = \lim_{m\to\infty} \sqrt[m]{A_m} : \lim_{m\to\infty} \sqrt[m]{B_m} = 1.$$

Aus (1) und (2) resultiert

$$\lim_{n\to\infty} \sqrt[n]{|c_n|} = 1.$$

Die Binomialreihe hat den Konvergenzradius 1.

6. $$\mathfrak{P}(z) = 1+z+z^4+z^9+z^{16}+z^{25}+\cdots.$$

Hier ist $\sqrt[n]{c_n}$ gleich 1 oder 0, je nachdem n eine Quadratzahl ist oder nicht. Die Folge

$$\sqrt[1]{c_1}, \quad \sqrt[2]{c_2}, \quad \sqrt[3]{c_3}, \ldots$$

hat also die beiden Häufungswerte 1 und 0, und $\overline{\lim}\,\sqrt[n]{c_n}$ ist gleich 1. Unsere Potenzreihe hat den Konvergenzradius 1.

Es gibt noch ein anderes viel angewandtes von Cauchy herrührendes Konvergenzmerkmal, welches den Quotienten zweier Nachbarglieder der Potenzreihe zur Entscheidung heranzieht:

Cauchys Konvergenzkriterium:

Hat in der Potenzreihe

$$c_0 + c_1 z + c_2 z^2 + \dots$$

der Quotient $C_{n+1} : C_n = |c_{n+1}| : |c_n|$ *bei unbegrenzt wachsendem Zeiger n einen Grenzwert:*

$$\lim_{n \to \infty} \frac{C_{n+1}}{C_n} = L,$$

so ist der Konvergenzradius der Reihe

$$k = 1 : L.$$

Der Beweis dieses wichtigen Gesetzes beruht auf folgendem Lemma.

Quotient-Wurzel-Satz:

Ist $p_1, p_2, p_3, \dots$ *eine unendliche Folge positiver Zahlen derart, daß der Cauchyquotient* $p_{n+1} : p_n$ *mit unbegrenzt wachsendem Zeiger n gegen den Grenzwert L konvergiert, so konvergiert auch die Cauchywurzel* $\sqrt[n]{p_n}$ *mit unbegrenzt wachsendem Zeiger gegen den Grenzwert L.*

Beweis. Es sei zunächst L eine endliche positive Zahl.
Zu jedem positiven ε läßt sich ein Zeiger n angeben derart, daß für jeden größeren Zeiger r sich der Quotient $p_r : p_{r-1}$ von L um weniger als ε unterscheidet. Demnach ist, indem wir $\varepsilon < L$ annehmen,

$$L - \varepsilon < \frac{p_{n+1}}{p_n} < L + \varepsilon,$$

$$L - \varepsilon < \frac{p_{n+2}}{p_{n+1}} < L + \varepsilon,$$

$$\dots\dots\dots\dots\dots$$

$$L - \varepsilon < \frac{p_N}{p_{N-1}} < L + \varepsilon,$$

wobei N ein weit oberhalb n liegender Zeiger sein soll. Die Multiplikation dieser $(N - n)$ Ungleichungen ergibt

$$(L - \varepsilon)^{N-n} < \frac{p_N}{p_n} < (L + \varepsilon)^{N-n}$$

oder
$$(L - \varepsilon)^N : (L - \varepsilon)^n < \frac{p_N}{p_n} < (L + \varepsilon)^N : (L + \varepsilon)^n,$$

so daß erst recht

$$(L - \varepsilon)^N : L^n < \frac{p_N}{p_n} < (L + \varepsilon)^N : L^n.$$

Durch Radizierung folgt aus dieser Ungleichung

$$L - \varepsilon < \frac{\sqrt[N]{p_N}}{\sqrt[N]{p_n : L^n}} < L + \varepsilon$$

und hieraus

$$\lim_{N \to \infty} \frac{\sqrt[N]{p_N}}{\sqrt[N]{p_n : L^n}} = L.$$

Da aber die Nte Wurzel aus der endlichen Zahl $p_n : L^n$ mit unbegrenzt wachsendem N gegen die Einheit konvergiert, so schreibt sich die gewonnene Formel

$$\lim_{N \to \infty} \sqrt[N]{p_N} = L,$$ w. z. b. w.

Es sei zweitens $L = 0$.
Hier erhalten wir ähnlich wie oben die Ungleichungen

$$\frac{p_{n+1}}{p_n} < \varepsilon,$$

$$\frac{p_{n+2}}{p_{n+1}} < \varepsilon,$$

$$\cdot \quad \cdot \quad \cdot \quad \cdot$$

$$\frac{p_N}{p_{N-1}} < \varepsilon$$

und aus ihnen durch Multiplikation

$$\frac{p_N}{p_n} < \varepsilon^{N-n}.$$

Die Radizierung dieser Ungleichung gibt zunächst

$$\sqrt[N]{p_N} : \sqrt[N]{p_n} < \varepsilon^{1 - \frac{n}{N}},$$

darauf durch Anwendung der Potenzungleichung

$$x^c < 1 + c\,(x - 1) \qquad \text{mit} \quad 0 < c < 1$$

$$\sqrt[N]{p_N} : \sqrt[N]{p_n} < \varepsilon\left(1 - \frac{n}{N}\right) + \frac{n}{N}.$$

Bei unbegrenzt zunehmendem N wird hieraus

$$\lim_{N \to \infty} \sqrt[N]{p_N} = 0$$

oder

$$\lim_{N \to \infty} \sqrt[N]{p_N} = L.$$

Drittens endlich sei $L = \infty$.
Wenn wir sagen, daß der Quotient $p_{n+1} : p_n$ mit unbegrenzt wachsendem Zeiger n gegen den Grenzwert ∞ strebt, so bedeutet das: zu jedem noch so

großen ω läßt sich ein Zeiger n angeben derart, daß für jeden größeren Zeiger r der Quotient $p_r : p_{r-1}$ oberhalb ω liegt.
Diesmal gelten also die $(N-n)$ Ungleichungen

$$\frac{p_{n+1}}{p_n} > \omega,$$
$$\frac{p_{n+2}}{p_{n+1}} > \omega,$$
$$\cdot \quad \cdot \quad \cdot$$
$$\frac{p_N}{p_{N-1}} > \omega.$$

Ihre Multiplikation liefert

$$\frac{p_N}{p_n} > \omega^{N-n},$$

und hieraus folgt durch Radizierung

$$\sqrt[N]{p_N} : \sqrt[N]{p_n} > \omega^{1-\frac{n}{N}}.$$

Bei unbegrenzt ansteigendem N verwandelt sich diese Ungleichung in

$$\lim_{N\to\infty} \sqrt[N]{p_N} = \infty$$

oder

$$\lim_{N\to\infty} \sqrt[N]{p_N} = L.$$

Damit ist unser Satz für alle möglichen Fälle bewiesen.
Hat man nun bei der Potenzreihe

$$c_0 + c_1 z + c_2 z^2 + \cdots$$
$$\lim_{n\to\infty} C_{n+1} : C_n = L,$$

so ist zunächst nach dem Quotient-Wurzel-Satze

$$\lim_{n\to\infty} \sqrt[n]{C_n} = L,$$

darauf nach dem Satze von Cauchy-Hadamard der Konvergenzradius der Reihe

$$k = 1 : L.$$

Cauchys Konvergenzkriterium bewährt sich oft dort, wo die Anwendung des Cauchy-Hadamardschen Satzes Schwierigkeiten bietet.
Nehmen wir z. B. die Potenzreihe

$$f(z) = c_0 + c_1 z + c_2 z^2 + \cdots,$$

in welcher

$$c_n = \frac{1 \cdot 3 \cdot 5 \cdot 7 \cdots (2n-1)}{2 \cdot 4 \cdot 6 \cdot 8 \cdots (2n)}$$

ist. Hier gestaltet sich die direkte Ermittlung von $\lim \sqrt[n]{C_n}$ nicht einfach, während sich $\lim C_{n+1} : C_n$ ohne weiteres zu 1 bestimmt.
Der Konvergenzradius unserer Reihe hat den Wert 1.

Die Binomialreihe für komplexe Exponenten

Wir beschließen unsere Konvergenzkreisbetrachtungen mit einer Untersuchung der Binomialreihe

$$1 + c_1 z + c_2 z^2 + c_3 z^3 + \cdots \qquad \left[c_n = \frac{c(c-1)(c-2)\cdots(c-n+1)}{n!}\right],$$

falls in dieser der Exponent c eine komplexe Zahl:

$$c = a + ib$$

bedeutet. $[a = \Re c,\ b = \Im c]$.

Das Cauchysche Verhältnis $c_n : c_{n-1}$ hat den Wert

$$q_n = \frac{c_n}{c_{n-1}} = \frac{c-n+1}{n}.$$

Sein Betrag ist wegen $c - n + 1 = (a + 1 - n) + ib$

$$Q_n = \sqrt{1 - 2\frac{A}{n} + \frac{B^2}{n^2}} \qquad \text{mit} \qquad \left\{\begin{matrix} A = a+1 \\ B^2 = b^2 + A^2 \end{matrix}\right\}.$$

Aus

$$\lim_{n\to\infty} Q_n = 1$$

folgt:

Die Binomialreihe

$$1 + c_1 z + c_2 z^2 + c_3 z^3 + \ldots$$

mit beliebigem komplexen Exponenten c hat den Konvergenzradius 1.

Wir betrachten das Verhalten der Binomialreihe auf ihrem Konvergenzkreise, setzen also für das Folgende $|z| = 1$ voraus.

Es handelt sich darum, Q_n in Schranken einzuschließen.

Zunächst findet sich

$$Q_n \geqq 1 - \frac{A}{n}.$$

Weiter ist

$$Q_n < 1 - \frac{A}{n} + \frac{b^2}{n^2},$$

da das Quadrat der linken bzw. rechten Seite dieser Ungleichung den Wert

$$1 - \frac{2A}{n} + \frac{B^2}{n^2} \qquad \text{bzw.} \qquad 1 - \frac{2A}{n} + \frac{B^2}{n^2} + \frac{b^2}{n^2}\left[1 - 2\frac{A}{n} + \frac{b^2}{n^2}\right]$$

hat und die eckige Klammer für hinreichend hohe n positiv ausfällt.

Wir können also schreiben

$$Q_n = 1 - \frac{A}{n} + \frac{E_n}{n^2},$$

wo E_n einen positiven Bruchteil von b^2 bedeutet.

Nach dem zu dieser Formel gehörigen Konvergenzkriterium (§ 9) konvergiert oder divergiert die Reihe

$$1 + |c_1| + |c_2| + |c_3| + \cdots,$$

je nachdem A die Einheit übertrifft oder nicht. Aus $A > 1$ wird $a > 0$.

Folglich: Bei positivem Realteil (a) des Exponenten (c) konvergiert die Binomialreihe in sämtlichen Punkten des Konvergenzkreises und das sogar absolut.

Bei nicht positivem A ist stets $Q_n \geqq 1$, mithin $|c_{n+1}| \geqq |c_n|$, so daß die sukzessiven Glieder der Binomialreihe betraglich niemals fallen. Das bedeutet aber, daß die Reihe divergiert:

Die Binomialreihe divergiert in sämtlichen Punkten ihres Konvergenzkreises, wenn $a \leqq -1$ ist.

Bleibt noch der Fall

$$-1 < a \leqq 0 \qquad \text{oder} \qquad 0 < A \leqq 1$$

zu untersuchen. Hier achten wir zunächst auf die Hilfsreihe

$$1 + h_1 + h_2 + h_3 + \cdots \qquad \text{mit} \quad h_n = |c_n|^p \quad \text{und} \quad p > 0.$$

Ihr Cauchyquotient hat den Wert

$$\left(1 - \frac{A}{n} + \frac{E_n}{n^2}\right)^p = 1 - \frac{pA}{n} + \frac{F_n}{n^2},$$

wobei der Betrag von F_n bei hinreichend hohem n unterhalb einer gewissen endlichen Schranke F liegt.

Bei hinreichend hohem Exponenten p übertrifft der Zähler des zweiten rechtsseitigen Gliedes der erhaltenen Gleichung die Einheit, und die Hilfsreihe konvergiert. Daher konvergiert bei unbegrenzt wachsendem n h_n, damit aber auch c_n gegen Null.

Nachdem dieser Punkt erledigt ist, multiplizieren wir die Teilsumme

$$s_n = 1 + c_1 z + c_2 z^2 + \cdots + c_n z^n$$

mit $1 + z$ und erhalten in Gemäßheit der bekannten Binomialkoeffizientenformel

$$c_n + c_{n+1} = C_{n+1} \qquad \text{mit} \quad C = c + 1$$

$$(1 + z) s_n = S_n + c_n z^{n+1} \qquad \text{mit} \quad S_n = 1 + C_1 z + C_2 z^2 + \cdots + C_n z^n.$$

Da nun der Realteil A von C positiv ist ($0 < A \leqq 1$), so konvergiert nach obigem die Reihe

$$1 + C_1 z + C_2 z^2 + C_3 z^3 + \cdots$$

in sämtlichen Punkten des Gaußkreises, strebt also S_n bei unbegrenzt wachsendem n gegen einen endlichen Grenzwert.

Der Gleichung $(1 + z) s_n = S_n + c_n z^{n+1}$ zufolge strebt dann aber auch s_n in allen Punkten des Gaußkreises mit alleiniger Ausnahme des Punktes $z = -1$ bei unbegrenzt wachsendem n gegen einen endlichen Grenzwert. Mit anderen Worten: Die Reihe

$$1 + c_1 z + c_2 z^2 + c_3 z^3 + \cdots$$

konvergiert mit Ausnahme des Punktes $z = -1$ in allen Punkten des Konvergenzkreises für jedes c, dessen Realteil a die Ungleichung

$$-1 < a \leqq 0$$

befriedigt.

Das Ergebnis der vorstehenden Untersuchung ist der

Satz
vom Verhalten der Binomialreihe auf ihrem Konvergenzkreis:

Die Binomialreihe $$1 + c_1 z + c_2 z^2 + c_3 z^3 + \dots$$

mit dem beliebigen komplexen Exponenten

$$c = a + bi$$

konvergiert in allen Punkten des Konvergenzkreises und das sogar absolut, wenn

$$a > 0$$

ist; konvergiert in allen Punkten des Konvergenzkreises mit Ausnahme der Stelle $z = -1$, ***wenn***

$$-1 < a \leqq 0$$

ist; sie divergiert in allen Punkten des Konvergenzkreises, wenn

$$a \leqq -1 \qquad \textit{ist.}$$

§ 22. DIE ABLEITUNG EINER POTENZREIHE

In diesem Paragraphen zeigen wir, daß jede Potenzreihe von der Form

$$f(z) = c_0 + c_1 z + c_2 z^2 + \cdots$$

im Innern ihres Konvergenzkreises eine Regulärfunktion darstellt.
Wir haben dazu lediglich nachzuweisen, daß $f(z)$ innerhalb seines Konvergenzkreises überall einen endlichen Differentialquotienten $f'(z)$ besitzt.
Der Konvergenzkreis von $f(z)$ sei $\mathfrak{k}$, der Konvergenzradius k.
Wir bilden die Hilfsreihe

$$g(z) = c_1 + 2 c_2 z + 3 c_3 z^2 + 4 c_4 z^3 + \cdots,$$

die aus der Reihe $f(z)$ durch Ableitung ihrer sukzessiven Glieder entsteht, und beweisen zunächst den Hilfssatz:

Die Reihe $g(z)$ hat denselben Konvergenzkreis wie die Reihe $f(z)$.

Beweis. Der Konvergenzradius $\varkappa$ der Reihe $g(z)$ ist der Kehrwert des Oberlimes

$$\Lambda = \overline{\lim_{n \to \infty}} \sqrt[n]{n C_n},$$

wo C_n den Betrag von c_n bedeutet.
Nun ist

$$\Lambda = \overline{\lim_{n \to \infty}} \sqrt[n]{n C_n} = \overline{\lim_{n \to \infty}} \sqrt[n]{n} \cdot \overline{\lim_{n \to \infty}} \sqrt[n]{C_n}.$$

Da aber $\overline{\lim\limits_{n \to \infty}} \sqrt[n]{n}$ den Wert $\lim\limits_{n \to \infty} \sqrt[n]{n} = 1$ hat, ist

$$\Lambda = L,$$

wo L den Oberlimes $\overline{\lim}_{n\to\infty} \sqrt[n]{C_n}$ bedeutet. Da ferner

$$\varkappa = 1 : \Lambda \qquad \text{und} \qquad k = 1 : L$$

ist, wird

$$\varkappa = k, \qquad \text{q. e. d.}$$

Bildet man weiter aus der zweiten Reihe durch gliedweise Ableitung die folgende dritte Reihe:

$$h(z) = 2 \cdot c_2 + 3 \cdot 2 \cdot c_3 z + 4 \cdot 3 \cdot c_4 z^2 + 5 \cdot 4 \cdot c_5 z^3 + \cdots,$$

so besitzt auch diese denselben Konvergenzkreis wie die Ausgangsreihe usw.

Wir können nun leicht zeigen, daß die vorgelegte Potenzreihe

$$f(z) = c_0 + c_1 z + c_2 z^2 + \cdots$$

in jedem Innenpunkte z ihres Konvergenzkreises $\mathfrak{k}$ einen endlichen Differentialquotienten $f'(z)$ besitzt.

Um den Punkt z als Zentrum beschreiben wir einen Hilfskreis $\mathfrak{h}$, der ganz innerhalb von $\mathfrak{k}$ verläuft. Wir betrachten einen im Innern von $\mathfrak{h}$ beweglichen Punkt

$$Z = z + \zeta$$

und bilden den Differenzenquotient

$$\mathfrak{D} = \frac{f(Z) - f(z)}{Z - z} = \frac{f(z+\zeta) - f(z)}{\zeta}$$

der Funktion $f(z)$. Er hat den Wert

$$\mathfrak{D} = \sum_n^{1,\infty} Q_n \qquad \text{mit} \qquad Q_n = c_n \frac{(z+\zeta)^n - z^n}{\zeta}.$$

Nun ist nach dem binomischen Satze

$$Q_n = n\, c_n z^{n-1} + n_2 c_n \zeta \varphi_n$$

mit
$$\varphi_n = z^{n-2} + \frac{n-2}{3} z^{n-3} \zeta + \frac{n-2}{3} \cdot \frac{n-3}{4} z^{n-4} \zeta^2 + \cdots.$$

Bedeutet r den Betrag von z, ϱ den von ζ, so ist

$$|\varphi_n| < r^{n-2} + (n-2) r^{n-3} \varrho + (n-2)_2 r^{n-4} \varrho^2 + \cdots$$

oder
$$|\varphi_n| < (r + \varrho)^{n-2}.$$

Nennen wir also den im Innern von $\mathfrak{k}$ auf der positiven Zahlenachse liegenden Punkt $z = r + \varrho$ kurz R, so ist

$$\varphi_n = \Theta_n R^{n-2},$$

wo Θ_n eine von n abhängige Zahl bedeutet, deren Betrag < 1 ist.

Nunmehr haben wir für den Differenzenquotient $\mathfrak{D}$ die Formel

$$\mathfrak{D} = \sum_n^{1,\infty} n\, c_n z^{n-1} + \zeta \sum_n^{2,\infty} n_2 c_n \Theta_n R^{n-2}$$

oder einfacher $\mathfrak{D} = g(z) + P\zeta,$

wo P die Potenzreihe $P = \sum_{n}^{2,\infty} n_2 c_n \Theta_n R^{n-2}$

bedeutet.

Da die Reihe P eine Minorante der nach obigem konvergenten Reihe

$$h(R) = \sum_{n}^{2,\infty} n(n-1)\,|c_n|\,R^{n-2}$$

ist, stellt sie für jedes im Hilfskreise $\mathfrak{h}$ liegende $Z = z + \zeta$ einen endlichen Wert dar. Folglich ist, der Gleichung $\mathfrak{D} = g(z) + P\zeta$ gemäß,

$$\lim_{Z \to z} \mathfrak{D} = \lim_{Z \to z} \frac{f(Z) - f(z)}{Z - z} = \lim_{\zeta \to 0} \frac{f(z+\zeta) - f(z)}{\zeta} = g(z).$$

In Worten:

Satz von der Potenzreihenableitung:

Die Potenzreihe

$$f(z) = c_0 + c_1 z + c_2 z^2 + \dots$$

besitzt in jedem Innenpunkte z ihres Konvergenzkreises einen endlichen Differentialquotienten:

$$f'(z) = c_1 + 2c_2 z + 3c_3 z^2 + 4c_4 z^3 + \cdots.$$

Eine Potenzreihe stellt also in jedem innerhalb ihres Konvergenzkreises liegenden Bereiche eine reguläre Funktion ihres Arguments z dar.

Wie man sieht, erfolgt die rechnerische Ermittlung des Differentialquotienten $f'(z)$ durch formale gliedweise Ableitung von $f(z)$.

Man spricht deshalb den Satz von der Ableitung der Potenzreihe auch kurz und verständlich so aus:

Eine Potenzreihe darf im Innern ihres Konvergenzkreises gliedweise differenziert werden.

Da die Ableitung

$$f'(z) = c_1 + 2c_2 z + 3c_3 z^2 + \cdots$$

der Reihe

$$f(z) = c_0 + c_1 z + c_2 z^2 + c_3 z^3 + \cdots$$

denselben Konvergenzkreis $\mathfrak{k}$ wie $f(z)$ hat, besitzt auch sie im Innern von $\mathfrak{k}$ eine Ableitung, die Reihe

$$f''(z) = 2c_2 + 3 \cdot 2c_3 z + 4 \cdot 3c_4 z^2 + \cdots \qquad \text{usw.}$$

Eine Potenzreihe

$$f(z) = c_0 + c_1 z + c_2 z^2 + \dots$$

besitzt demnach im Innern ihres Konvergenzkreises $\mathfrak{k}$ sämtliche Ableitungen, von denen jede durch gliedweise Differentiation der ihr unmittelbar vorausgehenden gewonnen wird. Alle diese Ableitungen besitzen denselben Konvergenzkreis $\mathfrak{k}$ und stellen auf jedem im Innern von $\mathfrak{k}$ liegenden Bereiche reguläre Funktionen von z dar.

§ 23. DER KEHRWERT EINER POTENZREIHE

Wir stellen uns die Aufgabe, den reziproken Wert einer Potenzreihe, die im Ursprung nicht verschwindet, in eine Potenzreihe zu verwandeln.
Die vorgelegte Potenzreihe habe zunächst die vereinfachte Form

$$\mathfrak{p}(z) = 1 - a_1 z - a_2 z^2 - a_3 z^3 - \cdots.$$

Ihr Konvergenzkreis $\mathfrak{a}$ besitze den nicht verschwindenden Radius a.
Wir versuchen, eine Potenzreihe

$$\mathfrak{q}(z) = 1 + b_1 z + b_2 z^2 + b_3 z^3 + \cdots$$

zu finden, die gleichfalls einen Konvergenzkreis ($\mathfrak{b}$) mit nicht verschwindendem Radius (b) besitzt und die im Innern des kleineren der beiden Kreise $\mathfrak{a}$ und $\mathfrak{b}$ den Kehrwert von $\mathfrak{p}(z)$ darstellt:

$$\mathfrak{q}(z) = 1 : \mathfrak{p}(z)\,.$$

Wir setzen die Existenz einer derartigen Reihe $\mathfrak{q}(z)$ zunächst voraus und bilden in der üblichen Weise formal das Produkt der beiden Reihen $\mathfrak{p}(z)$ und $\mathfrak{q}(z)$:

$$\mathfrak{p}(z) \cdot \mathfrak{q}(z) = c_0 + c_1 z + c_2 z^2 + c_3 z^3 + \cdots$$

nach den Vorschriften

$$c_0 = 1, \qquad c_1 = b_1 - a_1, \qquad c_2 = b_2 - a_1 b_1 - a_2,$$
$$c_3 = b_3 - a_1 b_2 - a_2 b_1 - a_3, \quad \text{usw.}$$

Damit die neue Reihe der Bedingung $\mathfrak{p}\mathfrak{q} = 1$ gemäß den Wert 1 hat, bestimmen wir die Koeffizienten b_ν so, daß alle Koeffizienten c_ν bis auf c_0, welches den Wert 1 bekommen soll, verschwinden. Das gibt für die Koeffizienten b_ν die Rekursionsformeln:

$$b_1 = a_1, \qquad b_2 = a_2 + a_1 b_1, \qquad b_3 = a_3 + a_2 b_1 + a_1 b_2,$$
$$b_4 = a_4 + a_3 b_1 + a_2 b_2 + a_1 b_3, \quad \text{usw.}$$

Wir nennen die Beträge der Größen a_ν und b_ν A_ν und B_ν.
Nach Cauchy-Hadamards Satz ist der Konvergenzradius a der Reihe $\mathfrak{p}(z)$ der Kehrwert des Superlimes L der unendlichen Folge

$$A_1, \quad \sqrt[2]{A_2}, \quad \sqrt[3]{A_3}, \quad \sqrt[4]{A_4}, \quad \ldots.$$

Bedeutet demnach α eine (zweckmäßig möglichst klein gewählte) Zahl, die sämtliche Angehörigen der Folge überschreitet, so ist für jeden Zeiger ν

$$A_\nu < \alpha^\nu.$$

Wenden wir diese Ungleichung sukzessive auf die obigen Rekursionsformeln an, so ergibt sich

$$B_1 < \alpha,$$
$$B_2 < \alpha^2 + \alpha \cdot \alpha = 2\,\alpha^2,$$
$$B_3 < \alpha^3 + \alpha^2 \cdot \alpha + \alpha \cdot 2\,\alpha^2 = 4\,\alpha^3,$$
$$B_4 < \alpha^4 + \alpha^3 \cdot \alpha + \alpha^2 \cdot 2\,\alpha^2 + \alpha \cdot 4\,\alpha^3 = 8\,\alpha^4,$$

. . . .

und, wenn wir die Ungleichungen

$$B_1 < \alpha, \quad B_2 < 2\alpha^2, \quad B_3 < 4\alpha^3, \quad B_4 < 8\alpha^4, \quad B_5 < 16\alpha^5, \ldots$$

bis zur n-ten:

$$B_n < 2^{n-1}\alpha^n$$

als erfüllt ansehen,

$$B_{n+1} < \alpha^{n+1} + \alpha^n \cdot \alpha + \alpha^{n-1} \cdot 2\alpha^2 + \alpha^{n-2} \cdot 4\alpha^3 + \alpha^{n-3} \cdot 8\alpha^4 + \cdots + \alpha \cdot 2^{n-1}\alpha^n$$

oder

$$B_{n+1} < 2^n \alpha^{n+1}.$$

Danach ist für jeden Zeiger ν

$$B_\nu < 2^{\nu-1} \cdot \alpha^\nu.$$

Nunmehr bilden wir die Hilfsreihe

$$\mathfrak{r}(z) = 1 + \alpha z + 2\alpha^2 z^2 + 4\alpha^3 z^3 + \cdots + 2^{n-1}\alpha^n z^n + \cdots$$

und vergleichen sie mit

$$\mathfrak{q}(z) = 1 + b_1 z + b_2 z^2 + b_3 z^3 + \cdots + b_n z^n + \cdots.$$

Wir sehen sofort, daß sie gemäß der für B_ν gefundenen Ungleichung eine Majorante von $\mathfrak{q}(z)$ ist. $\mathfrak{r}(z)$ aber konvergiert für jedes z, dessen Betrag unterhalb $h = 1 : 2\alpha$ liegt.

Die Reihe $\mathfrak{q}(z)$, deren Koeffizienten sich nach den obigen Rekursionsformeln bestimmen, konvergiert daher erst recht für jedes betraglich unterhalb h gelegene z.

Denken wir uns also einen Hilfskreis $\mathfrak{h}$ vom Halbmesser h, so konvergiert die Reihe $\mathfrak{q}(z)$ überall im Innern dieses Kreises.

Innerhalb dieses Kreises konvergiert aber auch die Ausgangsreihe $\mathfrak{p}(z)$, da ja der Konvergenzradius a dieser Reihe gleich $1 : L$ ist und $\alpha > L$, also $a > 1 : \alpha$ und $a \cdot f \cdot a > h$ ist.

Ergebnis:

Die beiden Reihen

$$\mathfrak{p}(z) = 1 - a_1 z - a_2 z^2 - a_3 z^3 - \ldots$$

und

$$\mathfrak{q}(z) = 1 + b_1 z + b_2 z^2 + b_3 z^3 + \ldots,$$

wobei die Koeffizienten b_ν sich durch die Rekursionsformeln

$$b_1 = a_1, \quad b_2 = a_2 + a_1 b_1, \quad b_3 = a_3 + a_2 b_1 + a_1 b_2, \ldots$$

bestimmen, konvergieren absolut im Innern des Kreises $\mathfrak{h}$, dessen Halbmesser

$$h = 1 : 2\alpha$$

ist, wobei α eine (möglichst kleine) Zahl bedeutet, die sämtliche Angehörigen der Folge

$$|a_1|, \quad \sqrt[2]{|a_2|}, \quad \sqrt[3]{|a_3|}, \quad \sqrt[4]{|a_4|}, \ldots$$

überschreitet; und für jeden Innenpunkt z des Kreises $\mathfrak{h}$ ist $\mathfrak{q}(z)$ der reziproke Wert von $\mathfrak{p}(z)$:

$$\boxed{\mathfrak{q}(z) = \frac{1}{\mathfrak{p}(z)}}.$$

Es handelt sich noch darum, das gefundene Ergebnis auf eine beliebige Potenzreihe

$$\varphi(z) = c_0 + c_1 z + c_2 z^2 + \cdots$$

mit nichtverschwindendem Anfangsglied c_0 und nichtverschwindendem Konvergenzradius zu übertragen.

Wir schreiben

$$\varphi(z) = c_0 \mathfrak{p}(z)$$

mit

$$\left\{\begin{array}{l} \mathfrak{p}(z) = 1 - a_1 z - a_2 z^2 - a_3 z^3 - \cdots \\ a_1 = -\dfrac{c_1}{c_0}, \quad a_2 = -\dfrac{c_2}{c_0}, \quad a_3 = -\dfrac{c_3}{c_0}, \ \ldots \end{array}\right\},$$

bilden nach obigem den reziproken Wert

$$\mathfrak{q}(z) = 1 + b_1 z + b_2 z^2 + \cdots$$

von $\mathfrak{p}(z)$ und haben im Hilfskreise $\mathfrak{h}$

$$\frac{1}{\varphi(z)} = \frac{1}{c_0 \mathfrak{p}(z)} = \frac{\mathfrak{q}(z)}{c_0} = \frac{1}{c_0} + \frac{b_1}{c_0} z + \frac{b_2}{c_0} z^2 + \cdots.$$

Setzen wir also

$$\frac{1}{c_0} = d_0, \quad \frac{b_1}{c_0} = d_1, \quad \frac{b_2}{c_0} = d_2, \quad \frac{b_3}{c_0} = d_3, \ \ldots$$

und

$$\psi(z) = d_0 + d_1 z + d_2 z^2 + \cdots,$$

so ist $\psi(z)$ für jeden Innenpunkt z von $\mathfrak{h}$ der Kehrwert zu $\varphi(z)$:

$$\psi(z) = 1 : \varphi(z).$$

Damit haben wir den

Satz vom Potenzreihenkehrwert:

Jede Potenzreihe

$$\varphi(z) = c_0 + c_1 z + c_2 z^2 + \ldots$$

mit nichtverschwindendem Anfangsgliede c_0 und nichtverschwindendem Konvergenzradius besitzt den Kehrwert

$$\psi(z) = d_0 + d_1 z + d_2 z^2 + \ldots,$$

derart, daß $\psi(z)$ in jedem Innenpunkte z eines gewissen Kreises $\mathfrak{h}$ um den Ursprung absolut konvergiert und hier den reziproken Wert von $\varphi(z)$ darstellt. Der Koeffizient d_n von $\psi(z)$ hat den Wert

$$d_n = b_n : c_0,$$

wo $b_0 = 1$ ist, b_n sich für jeden von 1 verschiedenen Index nach der Rekursionsformel $b_n = a_n + a_{n-1} b_1 + a_{n-2} b_2 + \ldots + a_1 b_{n-1}$ berechnet und $a_n = -c_n : c_0$ ist.

Der Radius des Kreises $\mathfrak{h}$ *hat mindestens den Wert*

$$h = 1 : 2\alpha,$$

wo α *die obere Grenze der Folge*

$$|a_1|, \quad \sqrt[2]{|a_2|}, \quad \sqrt[3]{|a_3|}, \ldots$$

bedeutet.

§ 24. SUBSTITUTION EINER REIHE IN EINE ANDERE

Vorgelegt seien die beiden Potenzreihen

$$\zeta = \Phi(z) = a_0 + a_1 z + a_2 z^2 + \cdots$$

und

$$z = f(w) = b_0 + b_1 w + b_2 w^2 + \cdots$$

mit den Konvergenzradien H und K.

Wir fragen, unter welchen Bedingungen die zweite Reihe in die erste substituiert werden darf.

Bei formaler Ausführung der Substitution legen wir für jedes Glied der Reihe $\Phi(z)$ eine besondere Spalte an, für das n-te Glied

$$a_n z^n = a_n (b_0 + b_1 w + b_2 w^2 + \cdots)^n$$

also die n-te Spalte und schreiben in jeder Spalte die nach steigenden Potenzen von w geordneten Posten sukzessiv untereinander. Wir erhalten so das folgende Doppelreihenschema:

a_0	$+ a_1 b_0$	$+ a_2 b_0^2$		$+ a_n b_0^n$	
	$+ a_1 b_1 w$	$+ 2 a_2 b_0 b_1 w$		$+ n_1 a_n b_0^{n-1} b_1 w$	
	$+ a_1 b_2 w^2$	$+ a_2 (2 b_0 b_2 + b_1^2) w^2$	$\ldots$	$+ a_n b_0^{n-2} (n_1 b_0 b_2 + n_2 b_1^2) w^2$	$\ldots$
	$\ldots$	$\ldots$		$\ldots$	
	$\ldots$	$\ldots$		$\ldots$	
	$\ldots$	$\ldots$		$\ldots$	

Die weitere Umformung besteht dann darin, jeweils die Posten einer Zeile zu einem einzigen Gliede zusammenzufassen, so daß die Summe der in der

0-ten, 1-ten, 2-ten, 3-ten, ... Zeile

stehenden Posten bzw. die Form

$$c_0, \quad c_1 w, \quad c_2 w^2, \quad c_3 w^3, \quad \ldots$$

erhält.

Diese Zusammenfassung ist sicher erlaubt, wenn die Doppelreihe absolut konvergiert.

Dazu ist zunächst notwendig, daß die Terme jeder Spalte und jeder Zeile eine absolut konvergente Reihe bilden.

Es muß also z. B. $c_0 = a_0 + a_1 b_0 + a_2 b_0^2 + a_3 b_0^3 + \cdots$ eine absolut konvergente Reihe, mithin der Betrag B von b_0 unterhalb H liegen. Wir setzen diese erste Bedingung

$$B < H$$

als erfüllt voraus.

Um die absolute Konvergenz jeder Spalte mit Sicherheit verbürgen zu können, verschaffen wir uns zunächst geeignete Majoranten der Reihen $f(w)$ und $\Phi(z)$. Was f anbetrifft, so sei $\mathfrak{B}$ die obere Grenze der Zahlenmenge

$$B_0, \qquad B_1 k, \qquad B_2 k^2, \ \ldots,$$

in welcher B_ν den Betrag von b_ν, k eine (wenig) unterhalb K liegende positive Zahl bedeutet. (Diese obere Grenze ist endlich, da die Reihe $B_0 + B_1 k + B_2 k^2 + \cdots$ konvergiert.)

Es ist dann für jeden Zeiger n

$$B_n k^n \leqq \mathfrak{B}$$

und

$$\sum_0^\infty \mathfrak{B}\left(\frac{W}{k}\right)^n = \frac{\mathfrak{B}}{1-\frac{W}{k}} \qquad \text{mit} \quad W = |w|$$

eine Majorante von $f(w)$ im Kreise $W < k$, insofern

$$B_n W^n \leqq \mathfrak{B}\cdot\left(\frac{W}{k}\right)^n, \qquad \text{mithin auch} \quad \sum_0^\infty B_n W^n \leqq \frac{\mathfrak{B}}{1-\frac{W}{k}} \quad \text{ist.}$$

Durch Gebietsverkleinerung können wir erreichen, daß der Ausdruck

$$\frac{B}{1-\frac{W}{\varkappa}} \qquad \text{mit} \quad \varkappa = \frac{B}{\mathfrak{B}}k$$

Majorante wird. Es ist nämlich

$$B_n \varkappa^n = B_n k^n \cdot \left(\frac{\varkappa}{k}\right)^n \leqq \mathfrak{B}\cdot\frac{\varkappa}{k} = B,$$

folglich für jedes $W < \varkappa$

$$\sum B_n W^n = \sum B_n \varkappa^n \cdot \left(\frac{W}{\varkappa}\right)^n \leqq B \sum \left(\frac{W}{\varkappa}\right)^n = \frac{B}{1-\frac{W}{\varkappa}}.$$

Demnach ist im Gebiet

$$W < \varkappa \qquad \text{mit} \quad \varkappa = \frac{B}{\mathfrak{B}}k$$

$\dfrac{B}{1-\frac{W}{\varkappa}}$ eine Majorante von $f(w)$.

Was die Reihe $\Phi(z)$ anbetrifft, so besitzt sie im Gebiet $Z = |z| < h$, unter h eine wenig unterhalb H liegende positive Zahl verstanden, die Majorante

$$\frac{\mathfrak{A}}{1-\frac{Z}{h}},$$

wo $\mathfrak{A}$ die obere Grenze der Zahlenmenge

$$A_0, \qquad A_1 h, \qquad A_2 h^2, \ \ldots \qquad \text{mit} \quad A_\nu = |a_\nu|$$

bedeutet.

Nunmehr sind wir imstande, eine Majorante der $n$ten Spalte unserer Doppelreihe und damit auch eine Majorante der Doppelreihe selbst anzugeben. Die Majorante der n-ten Spalte ist wegen $A_n h^n \leqq \mathfrak{A}$

$$\frac{\mathfrak{A}}{h^n}\left(\frac{B}{1-\frac{W}{\varkappa}}\right)^n,$$

die der Doppelreihe die geometrische Reihe

$$\sum_0^\infty \mathfrak{A}\left[\frac{B}{h\left(1-\frac{W}{\varkappa}\right)}\right]^n,$$

deren Konvergenz durch die Bedingung

$$\frac{B}{h\left(1-\frac{W}{\varkappa}\right)} < 1$$

gesichert ist.

Unsere Doppelreihe konvergiert also sicher absolut, wenn w auf das Gebiet

$$W < \varkappa\left(1-\frac{B}{h}\right)$$

beschränkt bleibt.

Damit diese Ungleichung einen Sinn hat, müssen wir allerdings $h > B$ annehmen, was aber keine Bedenken hat, da ja $B < H$ ist, mithin h nur zwischen B und H angenommen zu werden braucht. Letztere Bedingung ist aber im allgemeinen schon von vornherein erfüllt, da wir ja h dicht neben H annehmen wollten. Folglich:

Ist $$B < h < H, \quad \varkappa = \frac{B}{\mathfrak{B}}k, \quad k < K,$$

so konvergiert unsere Doppelreihe im Gebiet

$$W < \varkappa\left(1-\frac{B}{h}\right)$$

absolut.

Unter diesen Bedingungen ist also die Substitution von $z = f(w)$ in $\zeta = \Phi(z)$ gestattet.

Als Ergebnis der Substitution erscheint die Potenzreihe

$$\zeta = \Phi(z) = \Phi f((w)) = c_0 + c_1 w + c_2 w^2 + \cdots,$$

wo $c_n w^n$ die Summe der in der n-ten Zeile unseres Schemas stehenden Glieder bedeutet.

Das Resultat unserer Überlegung ist folgender

Substitutionssatz:

Sind $$\zeta = \Phi(z) = a_0 + a_1 z + a_2 z^2 + \ldots$$

und $$z = f(w) = b_0 + b_1 w + b_2 w^2 + \ldots \qquad \textit{mit } b_0 \neq 0$$

zwei Potenzreihen mit den Konvergenzradien H und K, so kann die zweite Reihe in der ersten substituiert werden, wofern w auf den Kreis

$$|w| < \frac{B}{\mathfrak{B}}\left(1 - \frac{B}{H}\right)k$$

beschränkt bleibt.

Dabei bedeutet B den nicht verschwindenden Betrag des Freigliedes (b_0) von $f(w)$, k einen beliebigen unterhalb K liegenden Radius und $\mathfrak{B}$ die obere Grenze der Zahlenmenge

$$B_0,\ B_1 k,\ B_2 k^2,\ B_3 k^3,\ \ldots \quad (B_n = |b_n|).$$

Die entstehende Reihe hat die Form

$$\zeta = \Phi(z) = \Phi(f(w)) = c_0 + c_1 w + c_2 w^2 + \ldots$$

und konvergiert sicher absolut im Innern jenes Kreises.

Beim Beweise dieses Satzes wurde b_0 als von Null verschieden vorausgesetzt. Bei verschwindendem b_0 nehme man als Majorante der Reihe $f(w)$ die Reihe

$$\frac{\mathfrak{B}}{k} W + \frac{\mathfrak{B}}{k^2} W^2 + \frac{\mathfrak{B}}{k^3} W^3 + \cdots = \frac{\mathfrak{B} W}{k - W}.$$

Im übrigen verläuft die Betrachtung ganz ähnlich. Als Bedingung für die Durchführbarkeit der Substitution erscheint jetzt die Ungleichung

$$\frac{\mathfrak{B} W}{h(k - W)} < 1 \qquad \text{oder} \qquad W < \frac{hk}{h + \mathfrak{B}},$$

die wir noch, da h beliebig dicht neben H liegen darf, in

$$W < \frac{Hk}{H + \mathfrak{B}}$$

abändern können.

Daher gilt folgende

Ergänzung zum Substitutionssatz:

Die Reihe $\qquad z = f(w) = b_1 w + b_2 w^2 + \ldots$

darf in der Reihe $\qquad \zeta = \Phi(z) = a_0 + a_1 z + a_2 z^2 + \ldots$

substituiert werden, wenn w auf den Kreis

$$|w| < \frac{H}{H + \mathfrak{B}} \cdot k$$

beschränkt bleibt.

Dabei haben H, $\mathfrak{B}$ und k dieselbe Bedeutung wie oben.

Wiederum konvergiert die durch die Substitution entstehende Reihe

$$\Phi(f(w)) = c_0 + c_1 w + c_2 w^2 + \ldots$$

im Innern dieses Kreises absolut.

Der zu dieser Ergänzung gehörige Kreis ist größer als der obige.

§ 25. METHODE DER UNBESTIMMTEN KOEFFIZIENTEN

Die Aufgabe, *eine vorgelegte Funktion in eine Potenzreihe zu verwandeln*, ist schon sehr alt. Ihre Lösung wird oft mittels der *Methode der unbestimmten Koeffizienten* bewerkstelligt.

Handelt es sich beispielsweise um die Ableitung des binomischen Satzes (bzw. der Binomialreihe), so kann man folgendermaßen verfahren. Man setzt an

$$(1+z)^n = 1 + n_1 z + n_2 z^2 + n_3 z^3 + \cdots,$$

wobei die Koeffizienten $n_1, n_2, n_3, \ldots$ einstweilen *unbestimmt* sind.

Man differenziert diese Gleichung und bekommt

$$n(1+z)^{n-1} = n_1 + 2n_2 z + 3n_3 z^2 + \cdots.$$

Durch Multiplikation dieser neuen Gleichung mit $(1+z)$ entsteht

$$n(1+z)^n = n_1 + (n_1 + 2n_2)z + (2n_2 + 3n_3)z^2 + (3n_3 + 4n_4)z^3 + \cdots,$$

während die Multiplikation der Ausgangsgleichung mit n

$$n(1+z)^n = n + n n_1 z + n n_2 z^2 + n n_3 z^3 + \cdots$$

ergibt.

Aus den beiden letzten Gleichungen folgt nunmehr

$$\begin{aligned} n_1 + (n_1 + 2n_2)z + (2n_2 + 3n_3)z^2 + (3n_3 + 4n_4)z^3 + \cdots \\ = n + n n_1 z + n n_2 z^2 + n n_3 z^3 + \cdots, \end{aligned}$$

und jetzt schließt man aus dieser für alle oder doch wenigstens für unendlich viele z übereinstimmenden Gleichung auf die Übereinstimmung je zweier zu gleich hohen Potenzen von z gehörigen Koeffizienten:

$$n_1 = n, \qquad n_1 + 2n_2 = n n_1, \qquad 2n_2 + 3n_3 = n n_2, \quad \ldots.$$

Aus diesen Relationen ergeben sich dann leicht die Werte der gesuchten Koeffizienten, nämlich:

$$n_1 = n, \quad n_2 = n_1 \cdot \frac{n-1}{2} = \frac{n}{1} \cdot \frac{n-1}{2}, \quad n_3 = n_2 \cdot \frac{n-2}{3} = \frac{n}{1} \cdot \frac{n-1}{2} \cdot \frac{n-2}{3}, \ldots.$$

Wir sehen: Die „Methode der unbestimmten Koeffizienten" gipfelt darin, aus der Übereinstimmung zweier Potenzreihen:

$$a_0 + a_1 z + a_2 z^2 + \cdots = b_0 + b_1 z + b_2 z^2 + \cdots$$

die Übereinstimmung je zweier entsprechenden Koeffizienten zu folgern:

$$a_0 = b_0, \qquad a_1 = b_1, \qquad a_2 = b_2, \quad \ldots.$$

In früherer Zeit erschien diese Schlußweise den Mathematikern fast als eine Selbstverständlichkeit. Heute ist man in dieser Hinsicht etwas vorsichtiger und fordert eine ordnungsmäßige Begründung dieser zwar einleuchtenden, aber doch nicht ganz einwandfreien Schlußweise.

Die geforderte Begründung beruht auf einem Lemma aus der Lehre von den Potenzreihen.

I. Wir betrachten zunächst eine Potenzreihe

$$f(z) = c_0 + c_1 z + c_2 z^2 + \cdots,$$

deren Freiglied c_0 nicht verschwindet, und die auch einen nichtverschwindenden Konvergenzradius k besitzt.

Wir zeigen, daß sich ein Kreis $\mathfrak{h}$ um den Ursprung angeben läßt, in dessen Innern $f(z)$ nirgends verschwindet.

Bedeutet P eine unterhalb k gelegene positive Zahl, so konvergiert die Reihe $f(z)$ für $z = P$ absolut, und nach dem Lemma von § 21 läßt sich eine endliche Zahl E angeben derart, daß für jeden Zeiger r

$$C_r P^r < E$$

ausfällt, wo C_r den Betrag von c_r bedeutet.

Bedeutet weiter z einen Argumentwert, dessen Betrag Z unterhalb P liegt, so ist wegen

$$|c_1 z + c_2 z^2 + c_3 z^3 + \cdots| < C_1 Z + C_2 Z^2 + C_3 Z^3 + \cdots$$

und

$$C_r Z^r = C_r P^r q^r < E q^r \qquad \text{mit} \quad q = \frac{Z}{P}$$

$$|c_1 z + c_2 z^2 + \cdots| < E(q + q^2 + q^3 + \cdots) = \frac{Eq}{1-q} = \frac{EZ}{P-Z}.$$

Betrachten wir also weiterhin nur solche z, für die

$$\frac{EZ}{P-Z} < C_0 \qquad \text{oder} \qquad Z < \frac{PC_0}{E+C_0}$$

ausfällt, und denken wir uns einen Kreis $\mathfrak{h}$ um den Ursprung, dessen Halbmesser

$$h = \frac{PC_0}{E+C_0}$$

ist, so wird für jeden Innenpunkt dieses Kreises $|c_1 z + c_2 z^2 + \cdots| < |c_0|$,

also

$$f(z) \neq 0.$$

II. Es sei weiter

$$f(z) = c_n z^n + c_{n+1} z^{n+1} + \cdots$$

eine Potenzreihe mit nicht verschwindendem Konvergenzradius, in welcher c_n der erste nicht verschwindende Koeffizient ist.

Wir schreiben

$$f(z) = z^n \cdot \varphi(z)$$

mit

$$\varphi(z) = c_n + c_{n+1} z + c_{n+2} z^2 + \cdots.$$

Nach I läßt sich ein Kreis $\mathfrak{h}$ um den Ursprung angeben, in dessen Innern $\varphi(z)$ nirgends verschwindet. In diesem Kreise verschwindet dann $f(z)$ nur an der einen Stelle $z = 0$.

Folglich:

Lemma:

Zu jeder Potenzreihe

$$f(z) = c_0 + c_1 z + c_2 z^2 + \cdots$$

mit nicht verschwindendem Konvergenzradius und nicht sämtlich verschwindenden Koeffizienten läßt sich ein Kreis um den Ursprung angeben, in dessen Innern die Potenzreihe, außer vielleicht im Ursprung selbst, nirgends verschwindet.

M. a. W.:
Die Nullstellen einer Potenzreihe

$$c_0 + c_1 z + c_2 z^2 + \cdots$$

mit nicht verschwindendem Konvergenzradius und nicht sämtlich verschwindenden Koeffizienten können nicht die Häufungsstelle $z = 0$ *besitzen.*

Aus diesem Lemma folgt unmittelbar der

Satz vom identischen Verschwinden einer Potenzreihe (Nullsatz):

Verschwindet die Potenzreihe

$$c_0 + c_1 z + c_2 z^2 + \ldots$$

an unendlich vielen Stellen mit der Häufungsstelle Null, so verschwindet die Potenzreihe identisch,

d. h. so sind ihre sämtlichen Koeffizienten Null.
Aus diesem Satze ergibt sich schließlich der

Satz von den unbestimmten Koeffizienten:

Stimmen zwei Potenzreihen

$$a_0 + a_1 z + a_2 z^2 + \ldots \qquad \textit{und} \qquad b_0 + b_1 z + b_2 z^2 + \ldots$$

mit nichtverschwindenden Konvergenzradien an unendlich vielen Stellen mit der Häufungsstelle Null überein, so stimmen je zwei entsprechende Koeffizienten überein:

$$a_0 = b_0, \qquad a_1 = b_1, \qquad a_2 = b_2, \quad \ldots.$$

In der Tat: die Potenzreihe

$$c_0 + c_1 z + c_2 z^2 + \cdots \qquad \text{mit} \quad c_\nu = a_\nu - b_\nu$$

verschwindet an unendlich vielen Stellen mit der Häufungsstelle $z = 0$; sie verschwindet daher identisch, d. h. ihre sämtlichen Koeffizienten verschwinden.

Der weitaus am meisten vorkommende Spezialfall unseres Satzes liegt vor, wenn die beiden Potenzreihen innerhalb eines gewissen Kreises um den Ursprung übereinstimmen, d. h. wenn *in sämtlichen Punkten z dieses Kreises*

$$a_0 + a_1 z + a_2 z^2 + \cdots = b_0 + b_1 z + b_2 z^2 + \cdots$$

ist. Aus dieser Übereinstimmung ergibt sich dann auf Grund unseres Satzes ohne weiteres die Übereinstimmung entsprechender Koeffizienten.

Es muß auffallen, wie unnötig weit gefaßt die Voraussetzung dieses Spezialsatzes gegenüber der knappen Voraussetzung des obigen Satzes ist:

Um die Übereinstimmung entsprechender Koeffizienten zu gewährleisten, brauchen die beiden Potenzreihen keineswegs in sämtlichen Punkten ihres gemeinsamen Konvergenzkreises oder sonst eines Kreises übereinzustimmen: es genügt, wenn sie in unendlich vielen Punkten mit der Häufungsstelle Null übereinstimmen.

Drei Anwendungen der Methode der unbestimmten Koeffizienten

Aufgabe 1. *Die Funktion* $f(z) = \frac{1}{\sqrt{1-z^2}}$ *in eine Potenzreihe zu verwandeln.*

Lösung. Wir suchen zuerst die Potenzreihenentwicklung der Funktion

$$F(z) = \frac{1}{\sqrt{1+z}}.$$

Wir nehmen einstweilen mal an, daß eine solche Entwicklung existiert und setzen demgemäß

$$F(z) = a_0 + a_1 z + a_2 z^2 + \cdots,$$

wobei $a_0 = F(0) = 1$ sei und die angesetzte Potenzreihe im Innern eines gewissen Kreises $\mathfrak{k}$ vom echtgebrochenen Radius k absolut konvergiere. Schreiben wir dieselbe Reihe

$$F(z) = b_0 + b_1 z + b_2 z^2 + \cdots \qquad (\text{mit} \quad b_\nu = a_\nu),$$

so wird nach Cauchys Produktsatz

$$F^2(z) = p_0 + p_1 z + p_2 z^2 + \cdots$$

mit
$$p_n = a_0 b_n + a_1 b_{n-1} + a_2 b_{n-2} + \cdots + a_n b_0,$$

und die neue Reihe konvergiert im Innern von $\mathfrak{k}$ ebenfalls absolut.
Nun ist aber

$$F^2(z) = \frac{1}{1+z} = 1 - z + z^2 - z^3 + z^4 - + \cdots,$$

wobei die rechts stehende Potenzreihe den Konvergenzradius 1 hat.
Aus der im Innern von $\mathfrak{k}$ überall gültigen Gleichung

$$\sum_n^{0,\infty} p_n z^n = \sum_n^{0,\infty} \iota^n z^n$$

folgt nun auf Grund des Satzes von den unbestimmten Koeffizienten für jeden Zeiger n

$$p_n = \iota^n$$

oder
$$a_n b_0 + a_{n-1} b_1 + \cdots + a_0 b_n = \iota^n$$

oder, wenn wir bedenken, daß ι^n gleichzeitig der n-te Binomialkoeffizient zur Basis ι ist,

$$a_n b_0 + a_{n-1} b_1 + \cdots + a_0 b_n = \iota_n.$$

Die Lösung dieser Gleichung, deren Anblick an die Vandermondesche Formel

$$(a+b)_n = a_n b_0 + a_{n-1} b_1 + \cdots + a_0 b_n$$

(Binomischer Satz für Binomialkoeffizienten) erinnert, gelingt sofort durch den Ansatz

$$a + b = \iota, \qquad \text{also} \quad a = -\frac{1}{2} \quad \text{und} \quad b = -\frac{1}{2},$$

$$a_\nu = b_\nu = \frac{a(a-1)(a-2)\cdots(a-\nu+1)}{\nu!} = \iota^\nu c_\nu$$

mit
$$c_\nu = \frac{1\cdot 3\cdot 5\ldots\cdot(2\nu-1)}{2\cdot 4\cdot 6\ldots\cdot(2\nu)}, \qquad [\nu = 1, 2, 3, \ldots].$$

Unsere Voraufgabe ist gelöst; es ist

$$\frac{1}{\sqrt{1+z}} = c_0 - c_1 z + c_2 z^2 - c_3 z^3 + - \cdots$$

mit
$$c_0 = 1, \qquad c_n = \frac{1\cdot 3\cdot 5\ldots(2n-1)}{2\cdot 4\cdot 6\ldots(2n)} \qquad \text{für } n > 0.$$

Der Konvergenzradius der gefundenen Reihe hat, wie aus $\lim\limits_{n\to\infty} |c_{n+1} : c_n| = 1$ und dem Cauchyschen Konvergenzkriterium hervorgeht, den Wert 1. Ersetzen wir in der gefundenen Entwicklung z durch $-z^2$, so erhalten wir die für $f(z)$ gesuchte Potenzreihe:

$$\boxed{\frac{1}{\sqrt{1-z^2}} = c_0 + c_1 z^2 + c_2 z^4 + c_3 z^6 + \cdots},$$

wobei $c_0 = 1$ ist und für positive Zeiger n

$$c_n = \frac{1\cdot 3\cdot 5\ldots\cdot(2n-1)}{2\cdot 4\cdot 6\ldots\cdot(2n)}$$

ist. Der Konvergenzradius der Reihe hat den Wert 1.

Aufgabe 2. *Die Funktion* $\varphi(z) = \arcsin z$ *in eine Potenzreihe zu entwickeln.*

Lösung. Wir setzen versuchsweise an

$$\varphi(z) = h_0 + h_1 z + h_2 z^2 + \cdots,$$

wobei die rechtsstehende Reihe einen nicht verschwindenden Konvergenzkreis $\mathfrak{k}$ besitzen möge.

Wir bilden die Ableitung von $\varphi(z)$. Sie ist die im Innern von $\mathfrak{k}$ überall reguläre Funktion

$$\varphi'(z) = h_1 + 2h_2 z + 3h_3 z^2 + \cdots.$$

Nun folgt aber aus

$$i\varphi(z) = l(iz + w) \qquad \text{mit} \qquad w = \sqrt{1-z^2}$$

(vgl. § 13)

$$\varphi'(z) = \frac{1}{w}.$$

Mithin ist
$$\frac{1}{w} = h_1 + 2h_2 z + 3h_3 z^2 + \cdots$$

und wegen der oben für $1 : w$ gefundenen Reihe

$$h_1 + 2h_2 z + 3h_3 z^2 + 4h_4 z^3 + \cdots = c_0 + c_1 z^2 + c_2 z^4 + \cdots.$$

Da diese Gleichung für jedes z eines gewissen Kreises gilt, ist nach dem Satze von den unbestimmten Koeffizienten

$$h_1 = c_0, \quad h_2 = 0, \quad 3\,h_3 = c_1, \quad h_4 = 0, \quad 5\,h_5 = c_2, \quad h_6 = 0, \quad 7\,h_7 = c_3, \ldots.$$

Bei Zulässigkeit des obigen Ansatzes ist also

$$\varphi(z) = c_0 z + c_1 \frac{z^3}{3} + c_2 \frac{z^5}{5} + c_3 \frac{z^7}{7} + \cdots.$$

Um die Richtigkeit dieser durch die Methode der unbestimmten Koeffizienten gefundenen Relation vollends zu *beweisen*, betrachten wir neben $\varphi(z) = as\,z$ die Funktion

$$\Phi(z) = c_0 z + c_1 \frac{z^3}{3} + c_2 \frac{z^5}{5} + c_3 \frac{z^7}{7} + \cdots.$$

Man sieht leicht ein, daß die Reihe $\Phi(z)$ den Konvergenzradius 1 besitzt. Die Funktionen $\Phi(z)$ und $\varphi(z)$ sind sonach beide im Innern des Gaußkreises regulär. Hier gelten also die Gleichungen

$$\Phi'(z) = c_0 + c_1 z^2 + c_2 z^4 + \cdots$$

und

$$\varphi'(z) = \frac{1}{w} = c_0 + c_1 z^2 + c_2 z^4 + \cdots.$$

Im Gaußgebiet verschwindet daher die Ableitung der Regulärfunktion $\Phi(z) - \varphi(z)$. Folglich ist im Gaußgebiet

$$\Phi(z) - \varphi(z) = \text{const}.$$

Da im Nullpunkte $\Phi(z) - \varphi(z)$ verschwindet, verschwindet auch die Konstante, ist also in der Tat

$$\Phi(z) = \varphi(z).$$

Die *Arcus-Sinusreihe* lautet

$$\boxed{\arcsin z = z + c_1 \frac{z^3}{3} + c_2 \frac{z^5}{5} + c_3 \frac{z^7}{7} + \cdots}$$

mit

$$c_n = \frac{1 \cdot 3 \cdot 5 \ldots \cdot (2n-1)}{2 \cdot 4 \cdot 6 \ldots \cdot (2n)}.$$

Der Konvergenzradius der Reihe ist 1.

Aufgabe 3. *Die Funktion* $\zeta = as^2 z = (\arcsin z)^2$ *in eine Potenzreihe zu entwickeln.*

Lösung. Die Quadrierung der im Gaußgebiet absolut konvergenten Reihe

$$as\,z = z + c_1 \frac{z^3}{3} + c_2 \frac{z^5}{5} + \cdots$$

zeigt, daß die gesuchte Entwicklung existiert, gleichfalls im Gaußgebiet absolut konvergiert und nur Potenzen von $Z = z^2$ aufweist. Wir dürfen also schreiben

$$\zeta = Z + e_1 \frac{Z^2}{2} + e_2 \frac{Z^3}{3} + e_3 \frac{Z^4}{4} + \cdots,$$

wo jetzt lediglich die Koeffizienten $e_1, e_2, e_3, \ldots$ zu bestimmen sind.

Im Gaußgebiet ist nun einerseits (mit $w = \sqrt{1-z^2}$)

$$w\zeta' = 2\,as\,z \qquad \text{und} \qquad w^2\zeta'' = 2 + z\zeta',$$

anderseits

$$\zeta' = 2z(1 + e_1 Z + e_2 Z^2 + e_3 Z^3 + \cdots) \text{ und } \zeta'' = 2[1 + 3e_1 Z + 5e_2 Z^2 + 7e_3 Z^3 + \cdots].$$

Daher wird

$$(1-Z)\,[1 + 3\,e_1 Z + 5\,e_2 Z^2 + 7\,e_3 Z^3 + \cdots] = 1 + Z + e_1 Z^2 + e_2 Z^3 + e_3 Z^4 + \cdots$$

oder

$$1 + (3\,e_1 - 1)\,Z + (5\,e_2 - 3\,e_1)\,Z^2 + (7\,e_3 - 5\,e_2)\,Z^3 + \cdots = 1 + Z + e_1 Z^2 + e_2 Z^3 + \cdots.$$

Da diese Gleichung für alle z des Gaußgebiets gilt, ist nach dem Satze von den unbestimmten Koeffizienten

$$3\,e_1 - 1 = 1, \quad 5\,e_2 - 3\,e_1 = e_1, \quad 7\,e_3 - 5\,e_2 = e_2, \quad 9\,e_4 - 7\,e_3 = e_3, \;\ldots .$$

Diese Gleichungen liefern sukzessive

$$e_1 = \frac{2}{3}, \quad e_2 = \frac{2}{3}\cdot\frac{4}{5}, \quad e_3 = \frac{2}{3}\cdot\frac{4}{5}\cdot\frac{6}{7}, \quad e_4 = \frac{2}{3}\cdot\frac{4}{5}\cdot\frac{6}{7}\cdot\frac{8}{9}, \;\ldots .$$

Folglich ist

$$\boxed{as^2 z = z^2 + e_1\frac{z^4}{2} + e_2\frac{z^6}{3} + e_3\frac{z^8}{4} + \cdots}$$

mit

$$e_n = \frac{2\cdot 4\cdot 6\ldots\cdot(2n)}{3\cdot 5\cdot 7\ldots\cdot(2n+1)}.$$

Der Konvergenzradius dieser Reihe ist 1.

§ 26. ABELS STETIGKEITSSATZ

Konvergiert die Potenzreihe

$$f(z) = c_0 + c_1 z + c_2 z^2 + \ldots$$

in einem gewissen Punkte Z ihres Konvergenzkreises $\mathfrak{k}$, so ist sie im Raume des Randwinkels von $\mathfrak{k}$, dessen Schenkel durch den Punkt Z laufende Sehnen von $\mathfrak{k}$ sind, an der Stelle Z stetig.

In anderer Ausdrucksweise:

Konvergiert die Potenzreihe

$$f(z) = c_0 + c_1 z + c_2 z^2 + \ldots$$

in einem Punkte Z ihres Konvergenzkreises, so ist

$$\lim_{z\to Z} f(z) = f(Z),$$

wenn der Punkt z auf einer im Innern des Konvergenzkreises verlaufenden, diesen Kreis nicht berührenden Kurve auf den Punkt Z zueilt.

Beweis. Wir nennen den Halbmesser des Konvergenzkreises $\mathfrak{k}$, zugleich den Abstand des Punktes Z vom Ursprungs O h, den Abstand des variablen Punktes z von O bzw. Z r bzw. u. Den Randwinkel, in dessen Raume der Punkt z auf den Punkt Z zuwandern soll, nehmen wir der Einfachheit wegen gleichschenklig, mit dem Schenkel $2s$, an und beschränken z auf den im Randwinkelraume gelegenen Kreissektor, der von den Schenkeln des Randwinkels und dem Kreisbogen vom Zentrum Z und Halbmesser s begrenzt wird, so daß also $u < s$ ist.

Um das Verhalten von $f(z)$ bei Annäherung des Punktes z an den Festpunkt Z zu überblicken, müssen wir vor allem auf den Restteil

$$s_p = c_{n+1} z^{n+1} + c_{n+2} z^{n+2} + \cdots + c_{n+p} z^{n+p}$$

achten, ihn insbesondere mit dem entsprechenden Restteil

$$S_p = c_{n+1} Z^{n+1} + c_{n+2} Z^{n+2} + \cdots + c_{n+p} Z^{n+p}$$

für $f(Z)$ vergleichen.

Der Konvergenz der Reihe $f(Z)$ gemäß wählen wir — bei beliebig kleinem vorgegebenem positivem ε — den Zeiger n so groß, daß die Summe S_p für jedes p betraglich unterhalb ε liegt.

Darauf schreiben wir

$$s_p = c_{n+1} Z^{n+1} q^{n+1} + c_{n+2} Z^{n+2} q^{n+2} + \cdots + c_{n+p} Z^{n+p} q^{n+p}$$

mit

$$q = z : Z$$

und ersetzen nun in dieser Summe die Größen

$$c_{n+1} Z^{n+1}, \quad c_{n+2} Z^{n+2}, \quad \ldots, \quad c_{n+p} Z^{n+p}$$

durch

$$S_1, \quad S_2 - S_1, \quad \ldots, \quad S_p - S_{p-1}.$$

Das gibt

$$\begin{aligned} s_p &= S_1 q^{n+1} + (S_2 - S_1) q^{n+2} + (S_3 - S_2) q^{n+3} + \cdots + (S_p - S_{p-1}) q^{n+p} \\ &= q^{n+1} [S_1 + (S_2 - S_1) q + (S_3 - S_2) q^2 + \cdots + (S_p - S_{p-1}) q^{p-1}] \\ &= q^{n+1} [S_1 (1-q) + S_2 q (1-q) + \cdots + S_{p-1} q^{p-2} (1-q)] + S_p q^{n+p} \\ &= q^{n+1} (1-q) [S_1 + S_2 q + \cdots + S_{p-1} q^{p-2}] + S_p q^{n+p}. \end{aligned}$$

Nun ist die eckige Klammer der letzten Zeile betraglich kleiner als $\varepsilon : (1 - |q|)$, ferner sowohl q^{n+1} als auch q^{n+p} betraglich kleiner als 1. Daher liegt s_p betraglich unterhalb $|1-q| \cdot \varepsilon : (1 - |q|) + \varepsilon$, so daß

$$|s_p| < \varepsilon \left\{1 + \frac{|1-q|}{1-|q|}\right\}$$

wird.

Jetzt kommt es darauf an, den Bruch

$$Q = \frac{|1-q|}{1-|q|}$$

abzuschätzen.

Es ist

$$Q = \frac{|Z-z|}{|Z| - |z|} = \frac{u}{h-r}.$$

Da aber die Potenz des Kreises $\mathfrak{k}$ im Punkte z jeden der Werte $h^2 - r^2$ und $u\,v$ hat, wo v die vom Punkte z bis zum Kreise $\mathfrak{k}$ reichende Verlängerung der Strecke Zz bedeutet, so hat wegen der Relation $h^2 - r^2 = uv$ das Verhältnis $u : (h - r)$ den Wert $(h + r) : v$, ist also

$$Q = \frac{h+r}{v}.$$

Nun ist aber wegen $\quad u < s \quad$ und $\quad u + v > 2\,s$

$$v > s,$$

mithin

$$\boxed{Q < \frac{2\,h}{s}},$$

womit die gewünschte Abschätzung vollzogen ist.

Wir setzen den unechten, aber *endlichen* Bruch $2\,h : s$ gleich e und haben

$$|\,s_p\,| < \varepsilon\,(1 + e).$$

Wir sind nunmehr imstande, die Differenz $f(z) - f(Z)$ abzuschätzen.

Wir zerlegen $f(z)$ wie $f(Z)$ in je zwei Teile:

$$f(z) = \varphi + \psi, \qquad f(Z) = \Phi + \Psi$$

mit

$$\begin{aligned} \varphi &= c_0 + c_1 z + c_2 z^2 + \cdots + c_n z^n, \\ \psi &= c_{n+1} z^{n+1} + c_{n+2} z^{n+2} + \cdots \text{ in inf}, \\ \Phi &= c_0 + c_1 Z + c_2 Z^2 + \cdots + c_n Z^n, \\ \Psi &= c_{n+1} Z^{n+1} + c_{n+2} Z^{n+2} + \cdots \text{ in inf}. \end{aligned}$$

Aus den beiden für jedes p gültigen Ungleichungen

$$|\,S_p\,| < \varepsilon \qquad \text{und} \qquad |\,s_p\,| < \varepsilon\,(1 + e)$$

folgt zunächst

$$|\,\Psi\,| \leqq \varepsilon \qquad \text{und} \qquad |\,\psi\,| \leqq \varepsilon\,(1 + e).$$

Wir wählen weiterhin den wandernden Punkt z dem Festpunkte Z so dicht benachbart, daß

$$|\,\varphi - \Phi\,| < \varepsilon$$

ausfällt.

Dann folgt aus

$$f(z) - f(Z) = (\varphi - \Phi) + (\psi) + (-\Psi)$$
$$|\,f(z) - f(Z)\,| < \varepsilon + \varepsilon\,(1 + e) + \varepsilon.$$

Das heißt: Bei hinreichender Annäherung des beweglichen Punktes z an den festen Punkt Z kann der Unterschied $f(z) - f(Z)$ betraglich beliebig klein gemacht werden, so daß

$$\lim_{z \to Z} f(z) = f(Z)$$

und Abels Stetigkeitssatz bewiesen ist.

Eine Anwendung möge den Nutzen des Abelschen Satzes zeigen. Wir betrachten die logarithmische Reihe

$$f(z) = l\,(1 + z) = z - \frac{1}{2} z^2 + \frac{1}{3} z^3 - + \cdots.$$

Ihr Konvergenzradius hat den Wert 1, ihr Konvergenzkreis ist der Gaußkreis. Für einen Punkt Z des Konvergenzkreises mit dem Winkel ϑ ist

$$Z = e^{i\vartheta} .$$

Wir beschränken uns auf Winkel ϑ, die der Bedingung

$$0 \leqq \vartheta < \pi$$

unterworfen sind (im Punkte $Z = e^{i\pi} = -1$ divergiert die Reihe).
Für einen solchen Punkt Z ergibt sich

$$f(Z) = \varphi + \psi i$$

mit
$$\varphi = \cos\vartheta - \frac{1}{2}\cos 2\vartheta + \frac{1}{3}\cos 3\vartheta - + \cdots ,$$

$$\psi = \sin\vartheta - \frac{1}{2}\sin 2\vartheta + \frac{1}{3}\sin 3\vartheta - + \cdots ,$$

und da diese beiden Reihen für jedes der obigen Bedingung unterworfene ϑ konvergieren (§ 20), so konvergiert unsere Potenzreihe in jedem Punkte Z des Konvergenzkreises, für den $0 \leqq \vartheta < \pi$ ist.
Wir verbinden einen solchen Punkt $Z = e^{i\vartheta}$ durch einen Radius mit dem Ursprung, lassen einen beweglichen Punkt z auf diesem Radius gen Z wandern und bestimmen den Grenzwert $\lim f(z)$, dem $f(z)$ bei dieser Wanderung zustrebt.
Nun, unterwegs ist

$$f(z) = l(1+z) = l\,|1+z| + i \sphericalangle (1+z),$$

d. h. für $z = re^{i\vartheta}$

$$f(z) = l\sqrt{(1 + r\cos\vartheta)^2 + (r\sin\vartheta)^2} + i \sphericalangle (1 + re^{i\vartheta}) .$$

Der Realteil dieses Ausdrucks strebt für $r \to 1$ dem Grenzwert

$$l\sqrt{(1+\cos\vartheta)^2 + \sin^2\vartheta} = l\sqrt{2 + 2\cos\vartheta} = l\left(2\cos\frac{\vartheta}{2}\right),$$

der Imaginärteil dem Grenzwert

$$\sphericalangle\left((1 + e^{i\vartheta}\right) = \frac{\vartheta}{2}$$

zu. Daher wird

$$\lim_{z \to Z} f(z) = l\left(2\cos\frac{\vartheta}{2}\right) + i\,\frac{\vartheta}{2} .$$

Nach Abels Stetigkeitssatze $\lim\limits_{z \to Z} f(z) = f(z)$ erhalten wir demnach die beiden bemerkenswerten Formeln

$$\boxed{\cos\vartheta - \frac{1}{2}\cos 2\vartheta + \frac{1}{3}\cos 3\vartheta - + \cdots = l\,2 + l\cos\frac{\vartheta}{2}},$$

$$\boxed{\sin\vartheta - \frac{1}{2}\sin 2\vartheta + \frac{1}{3}\sin 3\vartheta - + \cdots = \frac{\vartheta}{2}},$$

welche für jedes der Bedingung

$$0 \leq \vartheta < \pi$$

unterworfene ϑ gültig sind.

§ 27. DIE POTENZREIHE $\mathfrak{P}(z-c)$

Es macht nicht die geringsten Schwierigkeiten, die in den Paragraphen 20 bis 26 entwickelten Sätze über Potenzreihen von der Form

$$\mathfrak{P}(z) = k_0 + k_1 z + k_2 z^2 + \cdots$$

auf Potenzreihen von der Form

$$\mathfrak{P}(z-c) = \mathfrak{P}(z|c) = k_0 + k_1(z-c) + k_2(z-c)^2 + \cdots$$

zu übertragen, wo $c = a + bi$ eine beliebig gegebene, durch den Punkt P der z-Ebene dargestellte komplexe Zahl bedeutet.

Denken wir uns nämlich in der xy-Ebene ein neues Koordinatensystem $\xi\eta$, dessen Ursprung der Punkt P ist, dessen ξ- bzw. η-Achse der x- bzw. y-Achse gleichgerichtet ist, so erhält der Punkt z in diesem Koordinatensystem die Bezeichnung $\zeta = \xi + i\eta$, wobei

$$x = a + \xi, \qquad y = b + \eta \qquad \text{oder} \qquad z = c + \zeta \qquad \text{ist.}$$

Unsere Potenzreihe nimmt für die neue Zahlenebene (ζ-Ebene) die Form

$$\mathfrak{P}(\zeta) = k_0 + k_1 \zeta + k_2 \zeta^2 + \cdots$$

an, womit die vorgelegte Potenzreihe auf eine Potenzreihe der früheren Form zurückgeführt ist.

Die Potenzreihe $\mathfrak{P}(\zeta)$ hat einen Konvergenzkreis $\mathfrak{k}$, dessen Zentrum der Punkt $P(c)$ ist, dessen Halbmesser k sei.

Die Bedingung $|\zeta| < k$ bzw. $|\zeta| \leq k$, welche die Punkte ζ des Konvergenzgebiets bzw. -bereiches erfüllen müssen, schreibt sich jetzt

$$|z-c| < k \qquad \text{bzw.} \qquad |z-c| \leq k\,.$$

Es gilt also der Satz:

Die Potenzreihe

$$\mathfrak{P}(z-c) = k_0 + k_1(z-c) + k_2(z-c)^2 + \cdots$$

konvergiert oder divergiert im Punkte z, je nachdem dieser Punkt innerhalb oder außerhalb eines gewissen Kreises $\mathfrak{k}$ mit dem Mittelpunkt c liegt. Dieser feste Kreis ist der *Konvergenzkreis,* sein Radius k der *Konvergenzradius der Reihe* $\mathfrak{P}(z-c)$.

In jedem innerhalb des Konvergenzkreises $\mathfrak{k}$ liegenden Bereiche $\mathfrak{B}$ konvergiert die Potenzreihe $\mathfrak{P}(z-c)$ sogar absolut und gleichmäßig.

Die Potenzreihe $\mathfrak{P}(z-c)$ stellt demnach in $\mathfrak{B}$ eine Regulärfunktion von z dar.

Die Ableitung dieser Regulärfunktion in jedem Punkte z von $\mathfrak{B}$ ist

$$\mathfrak{P}'(z-c) = k_1 + 2k_2(z-c) + 3k_3(z-c)^2 + \cdots.$$

Der Nullsatz von § 25 nimmt jetzt folgende Form an:

Wenn nicht ausnahmsweise alle Koeffizienten $k_0, k_1, k_2, \ldots$ der Potenzreihe $\mathfrak{P}(z-c)$ verschwinden, läßt sich um c als Mittelpunkt ein Kreis beschreiben, innerhalb *dessen $\mathfrak{P}(z-c)$ — mit etwaiger Ausnahme der Stelle c selbst — nirgends verschwindet.*

Diese wenigen Hinweise werden genügen, zu zeigen, wie einfach sich in jedem Falle der Übergang von der Potenzreihe $\mathfrak{P}(z)$ zur Potenzreihe $\mathfrak{P}(z-c)$ vollzieht.

Ein Punkt bedarf jedoch noch einer kurzen Erläuterung: der

unendliche ferne Punkt $c=\infty$.

Auch mit diesem Punkte verbindet man die Vorstellung des Potenzreihenbegriffs $\mathfrak{P}(z-c)$ bzw. $\mathfrak{P}(z\,|\,c)$.

Unter der *Potenzreihe*

$$\mathfrak{P}(z-c)=\mathfrak{P}(z\,|\,c) \qquad \text{mit} \quad c=\infty$$

versteht man eine Potenzreihe von der Form

$$f(z)=k_0+\frac{k_1}{z}+\frac{k_2}{z^2}+\cdots,$$

eine Potenzreihe also, die nach steigenden positiven Potenzen von $1:z$ fortschreitet.

Zur Festlegung des Konvergenzgebiets dieser Reihe benötigen wir den Konvergenzkreis $\mathfrak{k}$ der Reihe $k_0+k_1z+k_2z^2+\cdots$. Wie leicht zu sehen, gilt der

Satz:

Die unendliche Reihe

$$f(z)=k_0+\frac{k_1}{z}+\frac{k_2}{z^2}+\ldots$$

konvergiert oder divergiert, je nachdem z außerhalb oder innerhalb des um den Ursprung als Zentrum beschriebenen Kreises $\mathfrak{k}$ liegt. Dieser Kreis ist der „Konvergenzkreis" der Reihe $f(z)=\mathfrak{P}(z-c)$.

Die Konvergenz oder Divergenz der Reihe in den *Umfangs*punkten des Konvergenzkreises hängt vom Bau der Koeffizienten $k_0, k_1, k_2, \ldots$ ab, bedarf mithin in jedem Einzelfalle einer besonderen Untersuchung.

Vierter Abschnitt

Cauchys Integralsätze und ihre Anwendung

§ 28. CAUCHYS HAUPTSATZ

»C'est à Cauchy que revient la gloire d'avoir fondé la théorie des fonctions d'une variable complexe.« (Borel)

Den Grundstein zu dem Riesenbau der modernen Funktionentheorie legte Cauchy in seiner 1825 erschienenen Abhandlung „Memoire sur les intégrales définies, prises entre des limites imaginaires". Diese Abhandlung enthält schon den sog. Cauchyschen Fundamentalsatz, der als der Hauptsatz der ganzen Funktionentheorie bezeichnet werden muß. Wir sprechen ihn folgendermaßen aus.

Cauchys Hauptsatz:

Das über den Rand $\mathfrak{r}$ eines Bereichs erstreckte Integral einer im Bereich regulären Funktion $f(z)$ verschwindet:

$$\boxed{\int\limits_{\mathfrak{r}} f(z)\,dz = 0}\,.$$

Beweis. Wir führen den Beweis zunächst nur für einen einfach zusammenhängenden Bereich $\mathfrak{B}$, der also aus den Punkten des Umlaufs $\mathfrak{r}$ und den von $\mathfrak{r}$ umschlossenen Punkten besteht. Es wird sich unten zeigen, daß sich jeder andere Fall auf diesen einfachen Fall zurückführen läßt.

Die früheren Beweise des Satzes mußten die Voraussetzung machen, daß die Ableitung $f'(z)$ im Bereich stetig ist. Von dieser einengenden Voraussetzung frei ist der Beweis des französischen Mathematikers E. Goursat („Acta mathematica“, IV, sowie „Transactions of the American Mathematical Society“, 1900). Der Goursatsche Beweis, der sich durch wahrhaft klassische Einfachheit auszeichnet, beruht auf einem Hilfssatze, den wir dem eigentlichen Beweise vorausschicken. Um diesen Hilfssatz bequem aussprechen zu können, bedienen wir uns folgender Redeweise:

Ein Bereich, in dem die Funktion $f(z)$ regulär ist, erfüllt die *Goursatbedingung für die positive Zahl* ε, wenn ein fester Bereichpunkt z existiert derart, daß für jeden Randpunkt ζ des Bereiches der Betrag der Abweichung $f(\zeta) - f(z) - (\zeta - z)\,f'(z)$ das ε-fache der Distanz $|\zeta - c|$ der Punkte z und ζ unterschreitet.

Goursats Lemma:

Ein Bereich, in dem die Funktion $f(z)$ regulär ist, läßt sich stets in eine endliche Anzahl von Teilbereichen zerlegen, die alle die Goursatbedingung für ein und dieselbe beliebig gewählte positive Zahl ε erfüllen.

Beweis (indirekt). Eine Bereichzerlegung wie die im Lemma erwähnte heiße kurz eine *Sonderzerlegung*. Die Zahl $\varepsilon > 0$ sei beliebig vorgegeben. Angenommen, die behauptete Sonderzerlegung sei nicht möglich. Wir zerlegen den vorgelegten Bereich $\mathfrak{B}$ durch Parallelen zu den Koordinatenachsen (etwa durch die Mittellinien des kleinsten den Bereich enthaltenden Rechtecks) in Teilbereiche. Für mindestens einen, $\mathfrak{B}_1$, dieser Teilbereiche ist dann die Sonderzerlegung nicht möglich.

Auf dieselbe Weise zerlegen wir $\mathfrak{B}_1$ in Teilbereiche. Für mindestens einen von ihnen, etwa $\mathfrak{B}_2$, ist die Sonderzerlegung nicht möglich.

So fahren wir fort und erhalten — Methode der sukzessiven Subdivisionen — eine Folge $\mathfrak{B}_1, \mathfrak{B}_2, \mathfrak{B}_3, \ldots$ von unbegrenzt abnehmenden Bereichen, von denen 1. jeder ganz dem ihm in der Folge vorausgehenden Bereiche angehört, 2. keiner die Sonderzerlegung gestattet.

Die Bereichfolge definiert einen festen in $\mathfrak{B}$ gelegenen Punkt z, der gleichzeitig *allen* Bereichen der Folge angehört.

Wegen der Regularität von $f(z)$ läßt sich eine positive Zahl δ angeben derart, daß für jedes im Kreise $\mathfrak{K}: |\zeta - z| \leqq \delta$ liegende ζ

$$|f(\zeta) - f(z) - (\zeta - z) f'(z)| < \varepsilon |\zeta - z|$$

ausfällt.

Bedeutet demnach $\mathfrak{B}_n$ einen ganz innerhalb $\mathfrak{K}$ gelegenen Bereich unserer Folge, so ist auf Grund dieser Ungleichung für jeden Randpunkt ζ des Bereiches $\mathfrak{B}_n$

$$|f(\zeta) - f(z) - (\zeta - z) f'(z)| < \varepsilon |\zeta - z|,$$

während doch diese Goursatbedingung für den Bereich $\mathfrak{B}_n$ *nicht* erfüllt sein sollte!

Der vorliegende Widerspruch verschwindet nur, wenn die Richtigkeit des Goursatschen Lemmas zugegeben wird.

Nun zum Beweise des Cauchyschen Fundamentalsatzes!

Wir beginnen mit den im Verlauf des Beweises benötigten *zwei einfachsten Spezialfällen des Cauchyschen Satzes*:

Die über einen beliebigen Umlauf erstreckten Integrale $\int dz$ und $\int z\,dz$ verschwinden.

Die erste dieser Aussagen ist ohne weiteres klar; die zweite bewahrheitet sich am einfachsten wie folgt:

Wir wählen auf dem Umlauf sukzessive die n-Punkte $z_0, z_1, z_2 \ldots z_n$, wobei z_n mit z_0 zusammenfällt und je zwei unmittelbar aufeinander folgende Umlaufpunkte z_ν und $z_{\nu+1}$ um nicht mehr als etwa $1/n$ der Umlauflänge voneinander entfernt sind. Dann läßt sich das Integral $\int z\,dz$ als Grenzwert H bzw. K jeder der beiden Summen

$$H_n = z_0(z_1 - z_0) + z_1(z_2 - z_1) + z_2(z_3 - z_2) + \cdots + z_{n-1}(z_n - z_{n-1})$$

und

$$K_n = z_1(z_1 - z_0) + z_2(z_2 - z_1) + z_3(z_3 - z_2) + \cdots + z_n(z_n - z_{n-1})$$

für unbegrenzt wachsendes n auffassen:

$$\int z\,dz = \lim H_n = H \qquad \text{bzw.} \qquad = \lim K_n = K.$$

Nun ist aber

$$\begin{aligned} H_n + K_n &= (z_1 + z_0)(z_1 - z_0) + (z_2 + z_1)(z_2 - z_1) + \cdots + (z_n + z_{n-1})(z_n - z_{n-1}) \\ &= (z_1^2 - z_0^2) + (z_2^2 - z_1^2) + \cdots + (z_n^2 - z_{n-1}^2) = z_n^2 - z_0^2 = 0, \end{aligned}$$

mithin auch

$$H + K = 0$$

und

$$\int z\,dz = \frac{H + K}{2} = 0, \qquad \text{w. z. b. w.}$$

Nach Erledigung dieser beiden Spezialfälle sei der Integrand eine beliebige in dem durch den Umlauf $\mathfrak{r}$ berandeten Bereiche $\mathfrak{B}$ reguläre Funktion $f(z)$. Wir zerlegen den Bereich $\mathfrak{B}$ durch äquidistante Achsenparallelen in Teilbereiche $\mathfrak{B}_\nu$, die die Goursatbedingung für die beliebig vorgegebene positive Zahl ε erfüllen. Der Rand von $\mathfrak{B}_\nu$ sei $\mathfrak{r}_\nu$. Der Zerlegung des Bereichs $\mathfrak{B}$ entsprechend zerlegen wir Cauchys Integral

$$J = \int_{\mathfrak{r}} f(\zeta)\,d\zeta$$

folgendermaßen:

$$J = \int_{\mathfrak{r}} f(\zeta)\,d\zeta = \sum_\nu \int_{\mathfrak{r}_\nu} f(\zeta)\,d\zeta.$$

Im Bereich $\mathfrak{B}_\nu$ ist für einen gewissen festen Punkt z des Bereichs und für jeden Punkt ζ des Randes $\mathfrak{r}_\nu$

$$f(\zeta) - f(z) - (\zeta - z) f'(z) = \eta (\zeta - z) \qquad \text{mit} \quad |\eta| < \varepsilon.$$

Folglich ist

$$f(\zeta) = f(z) - z f'(z) + \zeta f'(z) + \eta (\zeta - z)$$

und

$$\int_{\mathfrak{r}_\nu} f(\zeta)\, d\zeta = \left[f(z) - z f'(z)\right] \int_{\mathfrak{r}_\nu} d\zeta + f'(z) \int_{\mathfrak{r}_\nu} \zeta\, d\zeta + \int_{\mathfrak{r}_\nu} \eta(\zeta - z)\, d\zeta.$$

Das erste und zweite der rechtsstehenden Integrale verschwinden auf Grund der oben erörterten Spezialfälle des Cauchyschen Satzes. Das dritte Integral liegt betraglich unterhalb

$$P_\nu = \varepsilon\, a \sqrt{2}\, (4\, a + l_\nu),$$

wobei a den Abstand benachbarter Teilungsparallelen bedeutet, und l_ν verschwindet, wenn $\mathfrak{r}_\nu$ keinen Punkt mit $\mathfrak{r}$ gemeinsam hat, oder die Länge des gleichzeitig zu $\mathfrak{r}_\nu$ und $\mathfrak{r}$ gehörigen Randstücks bedeutet.

Der Betrag von J ist daher sicher kleiner als die Summe aller P_ν:

$$|J| < \varepsilon\, 4 \sqrt{2}\, \Sigma Q_\nu + \varepsilon \sqrt{2}\, a\, \Sigma l_\nu,$$

wobei Q den Inhalt des quadratischen Teilbereichs $\mathfrak{B}_\nu$ bedeutet.

Da nun die Summe ΣQ_ν der quadratischen Teilbereiche den Flächeninhalt F von $\mathfrak{B}$ nicht erreicht bzw. nicht überschreitet und die Summe $\Sigma\, l_\nu$ der Randstücke l_ν die Länge l des Bereichrandes $\mathfrak{r}$ ist, so haben wir

$$|J| < \varepsilon \left(4 \sqrt{2}\, F + \sqrt{2}\, a l\right).$$

Diese Ungleichung sagt aus, daß sich der Betrag des Cauchyintegrals J unter jede noch so kleine positive Größe herunterdrücken läßt. Das aber ist nur denkbar, wenn J den Wert Null hat, q. e. d.

Der vorstehende Beweis des Cauchyschen Hauptsatzes gilt für einfach zusammenhängende Bereiche. Es erübrigt noch, den Beweis für einen beliebigen Bereich zu führen.

Der Bereich $\mathfrak{B}$ sei etwa *dreifach* zusammenhängend, so daß sein Rand $\mathfrak{r}$ aus den drei Umläufen $\mathfrak{a}$, $\mathfrak{b}$, $\mathfrak{c}$ besteht, von denen $\mathfrak{a}$ und $\mathfrak{b}$ sich ausschließen, $\mathfrak{c}$ die Umläufe $\mathfrak{a}$ und $\mathfrak{b}$ umschließt.

Auch jetzt ist

$$\int_{\mathfrak{r}} f(z)\, dz = 0,$$

wobei von den drei Teilen $\mathfrak{a}$, $\mathfrak{b}$, $\mathfrak{c}$ des Randes $\mathfrak{r}$ die beiden Umläufe $\mathfrak{a}$ und $\mathfrak{b}$ im negativen Sinne, der Umlauf $\mathfrak{c}$ im positiven Sinne zu durchlaufen sind.

Um das einzusehen, zerlegen wir $\mathfrak{B}$ durch *drei* Querschnitte 1, 2, 3 in zwei einfach zusammenhängende Bereiche und wenden auf jeden von ihnen Cauchys Satz an. Addieren wir dann die beiden entstandenen Gleichungen, so lassen sich die auf die Randstücke 1, 2, 3 bezogenen Anteile der beiden Cauchyschen Integrale herausheben, und es bleibt

$$\int_{\mathfrak{a}} f(z)\, dz + \int_{\mathfrak{b}} f(z)\, dz + \int_{\mathfrak{c}} f(z)\, dz = 0$$

oder kurz $$\int_{\mathfrak{r}} f(z)\, dz = 0.$$

Wir erkennen damit, daß Cauchys Satz für beliebig geformte Bereiche Gültigkeit besitzt.

Korollar:

Cauchys Hauptsatz gilt auch, wenn nur für das Bereichinnere die Regularität der Funktion $f(z)$, für den Bereichrand lediglich ihre Stetigkeit vorausgesetzt wird.

Um das einzusehen, ersetzen wir den Rand $\mathfrak{r}$ unseres Bereichs durch einen in der Nachbarschaft von $\mathfrak{r}$ verlaufenden, dem Bereich*inneren* angehörigen Umlauf $\mathfrak{r}'$. Für diesen ist sicher

$$J' = \int_{\mathfrak{r}'} f(z)\, dz = 0.$$

Weiter folgt aus der vorausgesetzten Stetigkeit von $f(z)$ leicht, daß der Unterschied der beiden Integrale

$$J = \int_{\mathfrak{r}} f(z)\, dz \qquad \text{und} \qquad J' = \int_{\mathfrak{r}'} f(z)\, dz$$

bei hinreichender Nähe der beiden Kurven $\mathfrak{r}$ und $\mathfrak{r}'$ betraglich beliebig klein ausfällt. Das ist aber nur möglich, wenn auch J verschwindet.

Umkehrung des Cauchyschen Hauptsatzes.

Cauchys Hauptsatz läßt sich umkehren, was Cauchy selbst natürlich auch schon bemerkt hat. Da die Umkehrung öffentlich zuerst von dem Italiener Morera hervorgehoben wurde (Rendiconti dell Istituto Lombardo, Bd. 19, 1886), ist es zweckmäßig, sie als „Satz von Morera“ zu bezeichnen.

Satz von Morera:

Ist die Funktion $f(z)$ im Gebiet $\mathfrak{G}$ stetig, und verschwindet das Integral von $f(z)$ über jeden in $\mathfrak{G}$ liegenden Umlauf, so verhält sich $f(z)$ in $\mathfrak{G}$ regulär.

Beweis. Für zwei Gebietspunkte z_0 und z, von denen wir den ersten als fest, den zweiten als beweglich annehmen, ist das Integral

$$\int_{z_0}^{z} f(\zeta)\, d\zeta$$

unabhängig vom Wege, der z_0 mit z verbindet, und demnach eine Funktion $F(z)$ von z.

Es sei $\mathfrak{w}$ ein in $\mathfrak{G}$ von z_0 nach z führender Weg, Z ein in $\mathfrak{G}$ liegender Nachbarpunkt von z und $\mathfrak{W}$ der von z nach Z führende Weg, der aus $\mathfrak{w}$ und der die Punkte z und Z verbindenden, dem Gebiet $\mathfrak{G}$ angehörigen Strecke $\mathfrak{s}$ besteht. Dann folgt aus

$$F(Z) = \int_{\mathfrak{W}} f(\zeta)\, d\zeta \qquad \text{und} \qquad F(z) = \int_{\mathfrak{w}} f(\zeta)\, d\zeta$$

$$F(Z) - F(z) = \int_{\mathfrak{s}} f(\zeta)\, d\zeta = \int_{z}^{Z} f(\zeta)\, d\zeta.$$

Wegen der Stetigkeit von $f(z)$ läßt sich zu jedem positiven ε ein positives δ derart bestimmen, daß für jeden vom Punkte z um weniger als δ entfernten Punkt ζ der Wert $|f(\zeta)-f(z)|$ kleiner als ε ausfällt.
Der Punkt Z liege der Stelle z so nahe, daß $|Z-z|<\delta$ ist; dann ist auch für jedes ζ der Strecke $\mathfrak{s}$ $|\zeta-z|<\delta$. Daher ist für jedes ζ von $\mathfrak{s}$

$$f(\zeta)=f(z)+\Theta\varepsilon \qquad \text{mit} \quad |\Theta|<1.$$

Durch Integration dieser Gleichung längs des Weges $\mathfrak{s}$ ergibt sich

$$\int_{\mathfrak{s}} f(\zeta)\,d\zeta=\int_{\mathfrak{s}} f(z)\,d\zeta+\int_{\mathfrak{s}} \Theta\varepsilon\,d\zeta.$$

Das Integral der linken Seite dieser Relation ist $F(Z)-F(z)$, das erste Integral der rechten Seite $f(z)\cdot(Z-z)$, das zweite betraglich kleiner als $\varepsilon|Z-z|$.
Mithin ist [für $|Z-z|<\delta$]

$$\left|\frac{F(Z)-F(z)}{Z-z}-f(z)\right|<\varepsilon.$$

Das bedeutet aber:

$$\lim_{Z\to z}\frac{F(Z)-F(z)}{Z-z}=f(z).$$

M. a. W.: Die Funktion $F(z)$ hat an jeder Stelle z des Gebiets die Ableitung $f(z)$, verhält sich demnach im Gebiet regulär.
Nach Cauchys Integralformel (§ 30), der zufolge auch die Ableitung einer Regulärfunktion regulär ist, muß sonach auch $f(z)$ selbst im Gebiet $\mathfrak{G}$ regulär sein, w. z. b. w.

§ 29. ANWENDUNGEN DES CAUCHYSCHEN HAUPTSATZES ZUR BERECHNUNG BESTIMMTER INTEGRALE

I. Die Funktion heiße

$$f(z)=e^{-z^2},$$

der betrachtete Regularitätsbereich sei ein Kreisoktant, begrenzt durch 1. das Stück $\mathfrak{a}$ der positiven Realachse mit den Endpunkten $O(0,0)$ und $H(h,0)$, 2. den $45°$ umfassenden Kreisbogen $HK=\mathfrak{b}$ mit dem Zentrum O und dem Halbmesser h, und 3. den Radius $KO=\mathfrak{c}$, so daß der Bereichrand $\mathfrak{r}$ aus den drei Stücken $\mathfrak{a}$, $\mathfrak{b}$, $\mathfrak{c}$ besteht. Nach Cauchys Hauptsatz ist

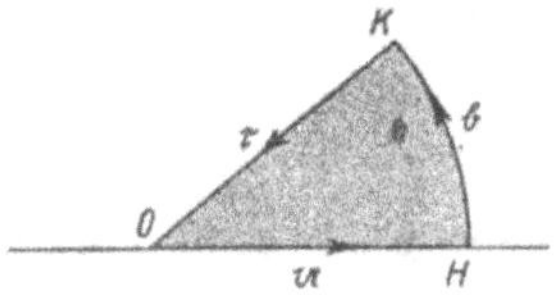

Abb. 20

$$\int_{\mathfrak{r}} f(z)\,dz=0$$

oder

$$A+B+C=0$$

mit

$$A=\int_{\mathfrak{a}} f(z)\,dz,\qquad B=\int_{\mathfrak{b}} f(z)\,dz,\qquad C=\int_{\mathfrak{c}} f(z)\,dz.$$

Das erste dieser drei Integrale hat den Wert

$$A=\int_0^h e^{-x^2}\,dx.$$

Beim zweiten schreiben wir

$$B = \int_{\mathfrak{b}} f\,dz = \int_{\mathfrak{b}} \frac{1}{2z} \cdot 2zf\,dz$$

und integrieren, der Relation $Df = -2zf$ gemäß, partiell (vgl. § 31). Das gibt

$$B = \left| \frac{f}{2z} \right|_K^H - \int_{\mathfrak{b}} \frac{f}{2z^2}\,dz.$$

Bei unbegrenzt wachsendem h streben $f : 2z$ und $f : 2z^2$ gegen Null, folglich auch beide Bestandteile der Rechtsseite dieser Gleichung und damit auch B gegen Null.

Im Integral C setzen wir $z = cx$ mit $c = \frac{1+i}{\sqrt{2}}$, wobei die Integrationsvariable x von h bis 0 läuft, und haben

$$C = -c \int_0^h e^{-ix^2}\,dx.$$

Nunmehr lassen wir in der Cauchyschen Gleichung

$$A + B + C = 0$$

den Oktantenradius h unbegrenzt wachsen. Dann strebt B gegen Null, und es entsteht die Formel

$$c \int_0^\infty e^{-ix^2}\,dx = \int_0^\infty e^{-x^2}\,dx$$

oder, da das rechts stehende Integral bekanntlich den Wert $\sqrt{\pi} : 2$ hat,

$$\int_0^\infty e^{-ix^2}\,dx = \frac{1-i}{2} \sqrt{\frac{\pi}{2}}.$$

Hieraus erhalten wir durch Trennung des Imaginären vom Reellen die beiden berühmten

Integrale von Fresnel:

$$\boxed{\int_0^\infty \cos x^2\,dx = \frac{1}{2}\sqrt{\varkappa}, \qquad \int_0^\infty \sin x^2\,dx = \frac{1}{2}\sqrt{\varkappa}} \qquad \text{mit } 2\varkappa = \pi.$$

I. Wiederum sei $\qquad f(z) = e^{-z^2};$

als Regularitätsbereich aber gelte das Rechteck $ABCD$ mit den Ecken

$$A(-a, 0), \qquad B(+a, 0), \qquad C(+a, k), \qquad D(-a, k),$$

wo a und k positive Größen sind, von denen wir die erste später unbegrenzt wachsen lassen.

Nach Cauchys Hauptsatz verschwindet das über den Rand des Rechtecks erstreckte Integral von $f(z)$. Dieses Integral besteht aus den über die vier Seiten $AB=\mathfrak{a}$, $BC=\mathfrak{b}$, $CD=\mathfrak{c}$, $DA=\mathfrak{d}$ erstreckten Teilintegralen, so daß

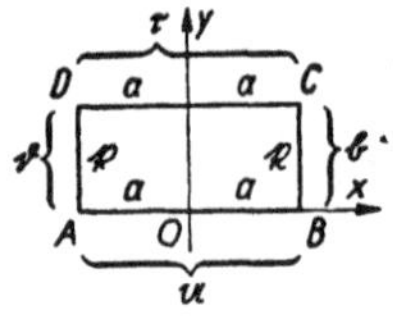

Abb. 21

$$\int_{\mathfrak{a}} f(z)\,dz+\int_{\mathfrak{b}} f(z)\,dz+\int_{\mathfrak{c}} f(z)\,dz+\int_{\mathfrak{d}} f(z)\,dz=0$$

wird.

Im ersten dieser Integrale setzen wir $z=x$ (x läuft dann von $-a$ bis $+a$), im zweiten $z=a+yi$ (y läuft von 0 bis k), im dritten $z=x+ki$ (x läuft von $+a$ bis $-a$) und im vierten $z=-a+yi$ (y von k bis 0). Durch diese Substitutionen wird aus obiger Ausgangsgleichung

$$\int_{-a}^{+a} e^{-x^2}\,dx+e^{-a^2} i\int_0^k e^{-2ayi} e^{y^2}\,dy=e^{k^2}\int_{-a}^{+a} e^{-x^2} e^{-2kxi}\,dx+ie^{-a^2}\int_0^k e^{2ayi} e^{y^2}\,dy.$$

Lassen wir in dieser Gleichung a unbegrenzt wachsen, so konvergiert der zweite Posten jeder Seite gegen Null, und es bleibt

$$\int_{-\infty}^{+\infty} e^{-x^2}\,dx=e^{k^2}\int_{-\infty}^{+\infty} e^{-x^2} e^{-2kxi}\,dx.$$

Da das auf der rechten Seite dieser Gleichung stehende Integral den Wert

$$\int_{-\infty}^{+\infty} e^{-x^2}\cos 2kx\,dx-i\int_{-\infty}^{+\infty} e^{-x^2}\sin 2\,kx\,dx$$

hat und der imaginäre Bestandteil dieses Wertes verschwindet, so entsteht schließlich die Integralformel

$$\int_{-\infty}^{+\infty} e^{-x^2}\cos 2kx\,dx=e^{-k^2}\int_{-\infty}^{+\infty} e^{-x^2}\,dx$$

oder einfacher

$$\boxed{\int_{-\infty}^{+\infty} e^{-x^2}\cos 2kx\,dx=e^{-k^2}\sqrt{\pi}}\,.$$

Wie der Leser unschwer bestätigen wird, läßt sich diesem Ergebnis auch die folgende markante Form geben:

Das über eine Realachsenparallele von links nach rechts erstreckte Integral der Funktion e^{-pz^2}, in welcher p eine positive Konstante bedeutet, hat — *unabhängig von der Lage der Parallele!* — den Wert

$$\boxed{\int e^{-pz^2}\,dz=\sqrt{\pi : p}}\,.$$

III. Die Funktion heiße

$$f(z)=\frac{e^{iz}}{z},$$

der betrachtete Regularitätsbereich sei ein oberhalb der reellen Zahlenachse gelegener Halbkreisring, begrenzt von den beiden Halbkreisen $\mathfrak{a}$ und $\mathfrak{c}$ mit den auf der Realachse liegenden Endpunktpaaren $H\,(h, 0)$, $H'\,(-h, 0)$ und $K\,(k, 0)$, $K'\,(-k, 0)$ mit $k > h$ und den die Endpunkte verbindenden Strecken $HK = \mathfrak{b}$ und $K'H' = \mathfrak{d}$ der Realachse, so daß der Bereichrand $\mathfrak{r}$ aus den vier Stücken $\mathfrak{a}$, $\mathfrak{b}$, $\mathfrak{c}$, $\mathfrak{d}$ besteht.

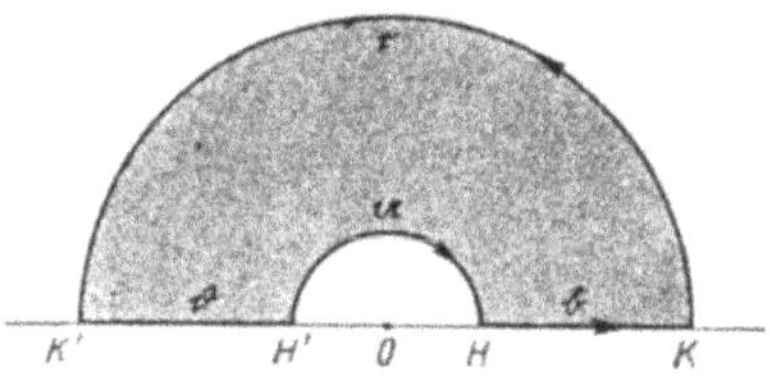

Abb. 22

Nach Cauchys Hauptsatz ist

$$\int_{\mathfrak{r}} f(z)\,dz = 0$$

oder

$$A + B + C + D = 0$$

mit $A = \int_{\mathfrak{a}} f(z)\,dz$, $\quad B = \int_{\mathfrak{b}} f(z)\,dz$, $\quad C = \int_{\mathfrak{c}} f(z)\,dz$, $\quad D = \int_{\mathfrak{d}} f(z)\,dz$.

In diesen Integralen setzen wir sukzessive

$z = he^{i\vartheta}$, wobei ϑ von π bis 0 läuft, $z = x$, wobei x von h bis k läuft,
$z = ke^{i\vartheta}$, wobei ϑ von 0 bis π läuft, $z = x$, wobei x von $-k$ bis $-h$ läuft,

und erhalten

$$A = -i\int_0^\pi e^{-h\mu}\, e^{ih\lambda}\, d\vartheta, \qquad C = +i\int_0^\pi e^{-k\mu}\, e^{ik\lambda}\, d\vartheta$$

wobei $\lambda = \cos\vartheta$, $\quad \mu = \sin\vartheta$ ist, sowie

$$B = \int_h^k \frac{e^{ix}}{x}\, dx, \qquad D = -\int_h^k \frac{e^{-ix}}{x}\, dx.$$

Dabei fassen wir die beiden Integrale B und D noch zu

$$B + D = 2i\int_h^k \frac{\sin x}{x}\, dx$$

zusammen.

Wir lassen nun den Halbmesser h unbegrenzt abnehmen, den Halbmesser k unbegrenzt zunehmen.

Dann verwandelt sich das Integral A in $-i\pi$, die Summe $B + D$ in

$$\lim\,(B + D) = 2i\int_0^\infty \frac{\sin x}{x}\, dx,$$

während, wie wir gleich zeigen werden, das Integral C gegen Null konvergiert.

In der Tat, der Betrag von C ist kleiner als

$$J = \int_0^\pi e^{-k\mu}\, d\vartheta.$$

Da $\mu = \sin\vartheta$ im zweiten Quadranten dieselben Werte wie im ersten durchläuft, ist

$$J = 2\int_0^{\varkappa} e^{-k\mu}\,d\vartheta.$$

Nun ist
$$e^{k\mu} > 1 + k\mu > 1 + k\mu^2,$$

mithin
$$\frac{J}{2} < \int_0^{\varkappa} \frac{d\vartheta}{1 + k\mu^2}.$$

Führen wir in dem entstandenen Integral die neue Integrationsvariable $t = \operatorname{tg}\vartheta$ ein, so verwandelt es sich in

$$l^2 \int_0^{\infty} \frac{dt}{l^2 + t^2} \qquad \text{mit} \quad l^2 = 1 : (1 + k).$$

Da das neu auftretende Integral den Wert

$$\frac{1}{l}\Big|_0^{\infty} \operatorname{arc\,tg}\frac{t}{l} = \frac{\varkappa}{l}$$

hat, wird
$$J < 2\varkappa l \qquad \text{und, wie behauptet wurde,}$$
$$\lim_{k\to\infty} C = 0.$$

Die Cauchysche Gleichung

$$A + B + C + D = 0$$

geht sonach bei unserem Grenzübergange in $\lim(B + D) = i\pi$ über, und wir erhalten das bemerkenswerte Integral

$$\boxed{\int_0^{\infty} \frac{\sin x}{x}\,dx = \frac{\pi}{2}}\,.$$

§ 30. CAUCHYS INTEGRALFORMEL

Aus Cauchys Hauptsatz (§ 28) ergibt sich fast unmittelbar die hochwichtige Cauchysche Integralformel, welche Cauchy im Jahre 1831 in seiner zu Turin erschienenen Abhandlung «Sur la mécanique céleste et sur un nouveau calcul appelé calcul des limites» aufgestellt hat.

Wir geben ihren Inhalt folgendermaßen wieder:

Verhält sich die Funktion $f(z)$ in einem Bereiche $\mathfrak{B}$ regulär, so gilt für jeden Innenpunkt z des Bereiches Cauchys Integralformel:

$$\boxed{f(z) = \tau \int_{\mathfrak{r}} \frac{f(\zeta)}{\zeta - z}\,d\zeta} \qquad \text{mit } \tau = \frac{1}{2\pi i},$$

wobei die Integration über den Rand $\mathfrak{r}$ des Bereiches zu erstrecken ist.

Dabei durchläuft der Randpunkt ζ den Rand $\mathfrak{r}$ so, daß der Bereich stets zur linken bleibt.

Das Faszinierende der Cauchyschen Formel liegt in der ohne weiteres aus ihr ablesbaren Tatsache:

Die Werte $[f(z)]$ einer Regulärfunktion sind im Innern des Regularitätsbereiches vollständig bestimmt, wenn nur die Randwerte $[f(\zeta)]$ der Funktion bekannt sind.

Zum Beweise der Formel beschreiben wir um den beliebig gewählten Innenpunkt z des Bereiches $\mathfrak{B}$ als Zentrum einen im Innern von $\mathfrak{B}$ liegenden kleinen Kreis $\mathfrak{k}$ vom Radius k und schließen das Innere, $\mathfrak{K}$, von $\mathfrak{k}$ vom Bereich $\mathfrak{B}$ aus, so daß in dem verbleibenden Bereich $\mathfrak{B}'$ die Funktion

$$\varphi(\zeta) = \frac{f(\zeta)}{\zeta - z}$$

regulär ist. Sodann wenden wir auf diese Funktion und den Bereich $\mathfrak{B}'$ Cauchys Hauptsatz an:

$$\int_{\mathfrak{r}'} \frac{f(\zeta)}{\zeta - z} d\zeta = 0.$$

Da der Rand $\mathfrak{r}'$ von $\mathfrak{B}'$ aus dem alten Rande $\mathfrak{r}$ und dem Kreise $\mathfrak{k}$ besteht, so schreibt sich diese Gleichung

$$\int_{\mathfrak{r}} \frac{f(\zeta)}{\zeta - z} d\zeta = \int_{\mathfrak{k}} \frac{f(\zeta)}{\zeta - z} d\zeta,$$

wobei $\mathfrak{k}$ im entgegengesetzten Sinne des Uhrzeigers zu durchlaufen ist.

Um das hier auf der rechten Seite stehende Integral K auszuwerten, führen wir als neue Integrationsvariable den Winkel ϑ ein, den der vom Zentrum z des Kreises $\mathfrak{k}$ nach dem Kreispunkte ζ führende Radius mit der positiven x-Achse bildet. Die Substitution lautet

$$\zeta = z + \mathfrak{z} = z + ke^{i\vartheta}, \qquad d\zeta = kie^{i\vartheta} d\vartheta$$

und liefert

$$K = i\int_0^{2\pi} f(z + \mathfrak{z})\, d\vartheta = i\int_0^{2\pi} f(z)\, d\vartheta + i\int_0^{2\pi} [f(z + \mathfrak{z}) - f(z)]\, d\vartheta.$$

Das erste Integral der rechten Seite hat den Wert $2\pi i f(z)$, das zweite kann wegen der Stetigkeit der Funktion f durch Wahl eines hinreichend kleinen Halbmessers k betraglich unter jeden noch so kleinen positiven Wert herabgedrückt werden, kann mithin nicht von Null verschieden sein.

Damit wird

$$K = 2\pi i\, f(z),$$

und folglich

$$\int_{\mathfrak{r}} \frac{f(\zeta)}{\zeta - z} d\zeta = 2\pi i f(z),$$

womit Cauchys Integralformel bewiesen ist.

Das über die geschlossene Kurve $\mathfrak{r}$ erstreckte Cauchysche Integral

$$\int_{\mathfrak{r}} \frac{f(\zeta)}{\zeta - z} d\zeta$$

gibt uns Veranlassung, ganz allgemein Integrale von der Form

$$s = \varphi(z) = \int_{\mathfrak{w}} \frac{f(\zeta)}{(\zeta - z)^n} d\zeta$$

zu betrachten, wobei n eine natürliche Zahl, $\mathfrak{w}$ ein beliebiger endlicher, *nicht notwendig geschlossener* Weg und $f(\zeta)$ eine längs des Weges stetige, *nicht notwendig reguläre* Funktion des variablen Wegpunktes ζ bedeutet.
Wir werden zeigen, daß ein solches Integral in jedem Gebiete, welches keinen Punkt des Weges $\mathfrak{w}$ enthält, eine reguläre Funktion der Gebietspunkte z ist.
Es sei also z ein nicht auf $\mathfrak{w}$ gelegener Punkt, $\mathfrak{K}$ eine Kreisfläche mit dem Mittelpunkte z, von der ebenfalls kein Punkt auf $\mathfrak{w}$ liegt. Wir achten auf einen variablen Punkt Z in $\mathfrak{K}$, den wir später auf z zulaufen lassen. In ihm hat unsere Funktion φ den Wert

$$S = \varphi(Z) = \int_{\mathfrak{w}} \frac{f(\zeta)}{(\zeta - Z)^n} d\zeta .$$

Daher ist der Differenzenquotient der Funktion $\varphi(z)$

$$\mathfrak{D} = \frac{S - s}{Z - z} = \frac{\varphi(Z) - \varphi(z)}{Z - z} = \int_{\mathfrak{w}} Q f(\zeta)\, d\zeta$$

mit

$$Q = \left[\frac{1}{(\zeta - Z)^n} - \frac{1}{(\zeta - z)^n} \right] : (Z - z) .$$

Wir führen die Differenzen

$$\zeta - z = u \qquad \text{und} \qquad \zeta - Z = U$$

ein und schreiben

$$Q = \frac{1 : U^n - 1 : u^n}{u - U} = \frac{u^n - U^n}{U^n u^n (u - U)}$$

oder

$$Q = \frac{u^{n-1} + u^{n-2} U + u^{n-3} U^2 + \cdots + U^{n-1}}{U^n u^n} .$$

Da bei dem oben schon angedeuteten Grenzübergang $Z \to z$ U in u und Q in $\frac{n}{u^{n+1}}$ übergeht, schätzen wir den Überschuß

$$v = Q - \frac{n}{u^{n+1}}$$

von Q über $n : u^{n+1}$ ab.
Es ist

$$v = \frac{u^n + u^{n-1} U + u^{n-2} U^2 + \cdots + u U^{n-1} - n U^n}{U^n u^{n+1}} .$$

Der Zähler des hier auftretenden Bruches schreibt sich

$V = (u^n - U^n) + U(u^{n-1} - U^{n-1}) + U^2(u^{n-2} - U^{n-2}) + \ldots + U^{n-1}(u - U).$

Nun ist der Formel

$$\frac{u^\nu - U^\nu}{u - U} = u^{\nu-1} + u^{\nu-2}U + u^{\nu-3}U^2 + \cdots + U^{\nu-1}$$

gemäß

$$|u^\nu - U^\nu| < \nu\,\mathfrak{U}^{\nu-1}\,|u - U|,$$

wo $\mathfrak{U}$ den größeren der beiden Beträge $|u|$ und $|U|$ bedeutet. Nach dieser Ungleichung wird

$$|V| < \left[n\,\mathfrak{U}^{n-1} + (n-1)\,\mathfrak{U}^{n-1} + (n-2)\,\mathfrak{U}^{n-1} + \ldots + \mathfrak{U}^{n-1}\right]|u - U|$$

oder

$$|V| < n\frac{n+1}{2}\,\mathfrak{U}^{n-1}\,|u - U|.$$

Bedeutet also e die Entfernung des Punktes Z vom Punkte z, k die kürzeste und g die größte Entfernung des Kreises $\mathfrak{K}$ vom Wege $\mathfrak{w}$, so ist

wegen

$$|Z - z| = |u - U| = e$$

und

$$|\mathfrak{U}| < g, \qquad |u| > k, \qquad |U| > k$$

$$|v| < n\frac{n+1}{2}\,e g^{n-1} : k^{2n+1}$$

oder, wenn wir die endliche Größe

$$n\frac{n+1}{2}\,g^{n-1} : k^{2n+1} = E$$

setzen,

$$|v| < Ee,$$

mithin

$$v = \Theta E e \qquad \text{mit} \quad |\Theta| < 1.$$

Nunmehr wird

$$Q = \frac{n}{u^{n+1}} + v = \frac{n}{u^{n+1}} + \Theta E e.$$

und unser Differenzenquotient erhält den Wert

$$\mathfrak{D} = \frac{\varphi(Z) - \varphi(z)}{Z - z} = \int\limits_{\mathfrak{w}} \frac{n f(\zeta)}{u^{n+1}}\,d\zeta + EeW \qquad \text{mit} \quad W = \int\limits_{\mathfrak{w}} \Theta f(\zeta)\,d\zeta.$$

Lassen wir jetzt den beweglichen Punkt Z irgendwie auf z zueilen, so strebt wegen der endlichen Werte von E und W das in unserer Formel für $\mathfrak{D}$ stehende Zusatzglied EeW gegen Null, und es wird schließlich

$$\lim_{Z \to z} \mathfrak{D} = \lim_{Z \to z} \frac{\varphi(Z) - \varphi(z)}{Z - z} = n\int\limits_{\mathfrak{w}} \frac{f(\zeta)}{(\zeta - z)^{n+1}}\,d\zeta.$$

Als Ergebnis unserer Untersuchung erscheint der wichtige

Stetigkeit-Regularität-Satz:

Das über den endlichen Weg $\mathfrak{w}$ erstreckte Integral

$$s = \varphi(z) = \int\limits_{\mathfrak{w}} \frac{f(\zeta)}{(\zeta - z)^n}\,d\zeta,$$

in welchem n eine natürliche Zahl, $f(\zeta)$ eine längs des Weges $\mathfrak{w}$ stetige — nicht notwendig reguläre — Funktion des Wegpunktes ζ bedeutet, ist in jedem Gebiete, dem kein Punkt des Weges $\mathfrak{w}$ angehört, eine reguläre Funktion von z. Der Differentialquotient dieser Funktion im Gebietspunkte z hat den Wert

$$\varphi'(z) = n \int\limits_{\mathfrak{w}} \frac{f(\zeta)}{(\zeta - z)^{n+1}} d\zeta .$$

Nach dieser Verallgemeinerung des Cauchyintegrals kehren wir zur Cauchyschen Integralformel

$$f(z) = \mathfrak{T} \int \frac{f(\zeta)}{\zeta - z} d\zeta \qquad (\mathfrak{T} = 1:2\pi i)$$

zurück.

Die einzige ihr zugrunde liegende Voraussetzung ist die Regularität der Funktion $f(z)$ in dem Bereiche, über dessen Rand $\mathfrak{r}$ die Integration erfolgt. Wenden wir den Stetigkeit-Regularität-Satz auf sie an, so erhalten wir sukzessiv die Formeln

$$f'(z) = \mathfrak{T} \int\limits_{\mathfrak{r}} \frac{f(\zeta)}{(\zeta - z)^2} d\zeta , \quad f''(z) = 2\mathfrak{T} \int\limits_{\mathfrak{r}} \frac{f(\zeta)}{(\zeta - z)^3} d\zeta , \quad f^n(z) = n!\,\mathfrak{T} \int\limits_{\mathfrak{r}} \frac{f(\zeta)}{(\zeta - z)^{n+1}} d\zeta$$

und damit den überaus bemerkenswerten

Satz von den Ableitungen einer Regulärfunktion:

Eine in einem Bereiche reguläre Funktion $f(z)$ besitzt hier überall sämtliche Ableitungen. Ihre n-te Ableitung im Punkte z ist

$$\boxed{f^n(z) = n!\,\mathfrak{T} \int\limits_{\mathfrak{r}} \frac{f(\zeta)}{(\zeta - z)^{n+1}} d\zeta} ,$$

wobei die Integration über den Rand $\mathfrak{r}$ des Bereichs zu erstrecken ist.

Sämtliche Ableitungen einer Regulärfunktion sind also wieder Regulärfunktionen des Ausgangsbereichs.

Während also bei den Funktionen $f(x)$ einer *reellen* Variablen x aus der Existenz der Erstableitung $f'(x)$ nichts über die weiteren Ableitungen geschlossen werden kann, folgt bei den Regulärfunktionen $f(z)$ bloß aus der Existenz der Erstableitung $f'(z)$ die Existenz aller übrigen Ableitungen.

Auf einen merkwürdigen Umstand möge noch besonders verwiesen werden. Bei der Definition der Regulärfunktion

$$f(z) = \varphi(x, y) + i\psi(x, y)$$

stellten wir als erforderliche Eigenschaften der Funktionen φ und ψ nur die Existenz ihrer Erstableitungen und die Cauchy-Riemannschen Differentialgleichungen

$$\varphi_x = \psi_y , \qquad \varphi_y = -\psi_x$$

fest. Jetzt erfahren wir durch den Satz von den Ableitungen der Regulärfunktion, daß *Real- und Imaginärteil einer Regulärfunktion sämtliche partiellen Ableitungen besitzen.*

Bei der obigen Ableitung des Stetigkeit-Regularität-Satzes nahmen wir wegen der beabsichtigten Anwendung auf Cauchys Integralformel den Integrand in der speziellen Form

$$\frac{f(\zeta)}{(\zeta - z)^n}$$

an. Ersetzen wir diese Spezialform durch die allgemeine

$$f(\zeta, z),$$

wo f eine Funktion der beiden komplexen Variablen ζ und z ist, die mit Bezug auf das Argument z sich in einem vorgelegten Gebiet $\mathfrak{G}$ regulär verhält, mit Bezug auf das Argument ζ sich lediglich längs eines gegebenen Weges stetig verhält, so entsteht das wichtige Integral

$$F(z) = \int_{\mathfrak{w}} f(\zeta, z)\, d\zeta,$$

welches eine Funktion von z im Gebiet $\mathfrak{G}$ darstellt.

Wir werden zeigen, daß sich $F(z)$ in $\mathfrak{G}$ regulär verhält.

Nach Cauchys Integralformel bekommen wir zunächst

$$F(z) = \mathfrak{C} \int_{\mathfrak{w}} d\zeta \int_{\mathfrak{k}} \frac{f(\zeta, \mathfrak{z})}{\mathfrak{z} - z}\, d\mathfrak{z},$$

wo $\mathfrak{z}$ einen den Punkt z umgebenden Kreis $\mathfrak{k}$ vom Halbmesser k durchläuft, dessen Fläche $\mathfrak{K}$ ganz in $\mathfrak{G}$ liegt.

Wir bilden den Differenzenquotient

$$\mathfrak{D} = \frac{F(Z) - F(z)}{Z - z}$$

von $F(z)$, wobei wir Z im Innern des Kreises mit dem Zentrum z und dem Radius $k:2$ annehmen. Wir erhalten

$$\mathfrak{D} = \mathfrak{C} \int_{\mathfrak{w}} d\zeta \int_{\mathfrak{k}} f(\zeta, \mathfrak{z})\, q\, d\mathfrak{z} \qquad \text{mit} \quad q = \left(\frac{1}{\mathfrak{z} - Z} - \frac{1}{\mathfrak{z} - z}\right) : (Z - z).$$

Wir achten auf den Überschuß

$$u = \frac{Z - z}{(\mathfrak{z} - z)^2 (\mathfrak{z} - Z)}$$

von q über $1 : (\mathfrak{z} - z)^2$, führen die Entfernung e des variablen Punktes Z vom festen Punkte z ein, bedenken, daß $|\mathfrak{z} - z| = k$, $|\mathfrak{z} - Z| > k:2$ ist, und haben

$$|u| < \frac{2e}{k^3} \qquad \text{oder} \qquad u = \frac{2\Theta e}{k^3} \qquad \text{mit} \quad |\Theta| < 1.$$

Daher wird

$$\frac{F(Z) - F(z)}{Z - z} = \mathfrak{C} \int_{\mathfrak{w}} d\zeta \int_{\mathfrak{k}} \frac{f(\zeta, \mathfrak{z})}{(\mathfrak{z} - z)^2}\, d\mathfrak{z} + U$$

mit

$$U = 2\mathfrak{C} e \int_{\mathfrak{w}} d\zeta \int_{\mathfrak{k}} \Theta f(\zeta, \mathfrak{z})\, d\mathfrak{z} : k^3.$$

Bedeutet l die Länge des Weges $\mathfrak{w}$, M das Maximum von $|f(\zeta, \mathfrak{z})|$, wenn ζ den Weg $\mathfrak{w}$, $\mathfrak{z}$ den Kreis $\mathfrak{k}$ durcheilt, so wird

$$|U| < 2eMl : k^2,$$

und wir erhalten

$$\lim_{Z \to z} \frac{F(Z) - F(z)}{Z - z} = \mathfrak{T} \int\limits_{\mathfrak{w}} d\zeta \int\limits_{\mathfrak{k}} \frac{f(\zeta, \mathfrak{z})}{(\mathfrak{z} - z)^2} d\mathfrak{z}.$$

Die Funktion $F(z)$ besitzt mithin an jeder Stelle z des Gebiets $\mathfrak{G}$ einen endlichen Differentialquotienten und stellt demnach eine in $\mathfrak{G}$ reguläre Funktion von z dar.

Bedenken wir noch, daß nach Cauchys Integralformel

$$\mathfrak{T} \int\limits_{\mathfrak{w}} \frac{f(\zeta, \mathfrak{z})}{(\mathfrak{z} - z)^2} d\mathfrak{z} = \frac{\partial f(\zeta, z)}{\partial z},$$

ist, so ergibt sich die bemerkenswerte Formel

$$F'(z) = \int\limits_{\mathfrak{w}} \frac{\partial f(\zeta, z)}{\partial z} d\zeta$$

und damit der fundamentale

Satz von der Ableitung unter dem Integralzeichen:

Ist der Integrand des Integrals

$$F(z) = \int\limits_{\mathfrak{w}} f(\zeta, z)\, d\zeta$$

auf dem Integrationswege $\mathfrak{w}$ *eine stetige Funktion der komplexen Variable* ζ *und im Gebiet* $\mathfrak{G}$ *eine reguläre Funktion des veränderlichen komplexen Parameters* z*, so stellt* $F(z)$ *eine Regulärfunktion des Gebiets* $\mathfrak{G}$ *dar, und ihre Ableitung bestimmt sich durch partielle Differentiation nach dem Parameter* z *unter dem Integralzeichen:*

$$F'(z) = \int\limits_{\mathfrak{w}} \frac{\partial f(\zeta, z)}{\partial z} d\zeta.$$

Dieser Satz bildet die Übertragung von *Leibniz' Regel* aufs Komplexe.

§ 31. INTEGRATIONSMETHODEN

Die beiden wichtigsten Hilfsmittel zur Auswertung von bestimmten Integralen oder Wegintegralen, d. h. Integralen von Regulärfunktionen, die sich über bestimmte Wege der komplexen Ebene erstrecken, sind die *partielle Integration* und das *Substitutionsverfahren*.

Dieser Paragraph verfolgt den Zweck, sie kurz zu beschreiben.

I. Partielle Integration

Wir beginnen unsere Betrachtung mit dem

Lemma:

Bedeutet $f(z)$ eine Regulärfunktion des Gebiets $\mathfrak{G}$, so hat das über irgendeinen von $z = a$ nach $z = b$ laufenden Gebietsweg $\mathfrak{w}$ erstreckte Integral der Ableitung $f'(z)$ der Funktion den Wert $f(b) - f(a)$; in Zeichen:

$$\int_{\mathfrak{w}} f'(z)\,dz = \int_a^b f'(z)\,dz = \Big|_a^b f(z) = f(b) - f(a).$$

Beweis. Zunächst vermerken wir, daß nach Cauchys Integralformel $f'(z)$ eine in $\mathfrak{G}$ reguläre Funktion von z ist. Weiter sei z irgendein Punkt von $\mathfrak{G}$ und $\mathfrak{v}$ ein in $\mathfrak{G}$ von a nach z führender Weg. Dann ist nach Cauchys Hauptsatz das über den Weg $\mathfrak{v}$ erstreckte Integral

$$g(z) = \int_{\mathfrak{v}} f'(z)\,dz = \int_a^z f'(z)\,dz$$

vom Wege $\mathfrak{v}$ unabhängig, nur abhängig vom Endpunkt z des Weges und stellt eine in $\mathfrak{G}$ reguläre Funktion von z dar, deren Ableitung (§ 14)

$$g'(z) = f'(z) \qquad \text{ist.}$$

Da die Ableitung der in $\mathfrak{G}$ regulären Funktion $g(z) - f(z)$ überall in $\mathfrak{G}$ verschwindet, ist diese Funktion in $\mathfrak{G}$ eine Konstante:

$$g(z) - f(z) = \text{const} = C.$$

Zur Ermittlung der Konstante bedenken wir, daß $g(a)$ verschwindet, und finden

$$C = -f(a).$$

Folglich wird

$$g(z) = f(z) - f(a)$$

oder

$$\int_a^z f'(z)\,dz = f(z) - f(a)$$

und

$$\boxed{\int_a^b f'(z)\,dz = f(b) - f(a)}\,, \qquad \text{w. z. b. w.}$$

Auch diese einfache, fast selbstverständliche Formel kann oft nutzbringend verwandt werden.

Beispiel 1. Es sei, unter $C = A + Bi$ eine vorläufig beliebige komplexe Konstante verstanden,

$$f(z) = e^{Cz} : C, \qquad f'(z) = e^{Cz}$$

und $\mathfrak{w}$ der vom Punkte $z = 0$ bis zur Stelle $z = \omega$ der positiven Realachse führende gerade Weg. Dann ist

$$\int_0^\omega e^{Cz}\,dz = \int_0^\omega e^{Cx}\,dx = (e^{C\omega} - 1) : C.$$

Wenn der Realteil A von C negativ ist: $A = -p$, der Imaginärteil $B = q$ beliebig positiv oder negativ, so strebt $e^{C\omega}$ mit unbegrenzt wachsendem ω gegen Null und es entsteht die Formel

$$\int_0^\infty e^{(-p+qi)x}\,dx = \frac{1}{p - qi}.$$

Trennen wir in ihr das Imaginäre vom Reellen, so erhalten wir das bemerkenswerte Formelpaar

$$\boxed{\int_0^\infty e^{-px}\cos qx\,dx=\frac{p}{p^2+q^2},\quad \int_0^\infty e^{-px}\sin qx\,dx=\frac{q}{p^2+q^2}},$$

dessen Gewinnung in der reellen Integralrechnung umständlicher ist.

Beispiel 2. Es sei

$$f(z)=l\,(1+qz),\qquad f'(z)=\frac{q}{1+qz},$$

wobei q einen echten Bruch bedeuten soll, und $\mathfrak{w}$ der längs des Gaußkreises von $z=+1$ über $z=i$ nach $z=-1$ führende Weg. Da beide Funktionen in der Umgebung des Weges $\mathfrak{w}$ regulär sind, ist

$$\int_{\mathfrak{w}} f'(z)\,dz=\int_1^{-1}\frac{q\,dz}{1+qz}=\Big|_{+1}^{-1} f(z)=\Big|_{+1}^{-1} l\,(1+qz)$$

oder, da längs des Weges

$$z=\cos t+i\sin t,\qquad dz=(-\sin t+i\cos t)\,dt$$

ist und der Winkel t von z von 0 bis π läuft,

$$\int_0^\pi \frac{-q\sin t+iq\cos t}{1+q\cos t+iq\sin t}\,dt=l\,\frac{1-q}{1+q}.$$

Durch Trennung des Imaginären vom Reellen wird hieraus

$$\int_0^\pi \frac{\sin t}{1+2q\cos t+q^2}\,dt=\frac{1}{q}\,l\,\frac{1+q}{1-q},\qquad \int_0^\pi \frac{q+\cos t}{1+2q\cos t+q^2}\,dt=0.$$

Um auch die beiden Integrale

$$U=\int_0^\pi \frac{1}{1+2q\cos t+q^2}\,dt\qquad\text{und}\qquad V=\int_0^\pi \frac{\cos t}{1+2q\cos t+q^2}\,dt$$

zu erhalten, bedenken wir, daß nach der zweiten gefundenen Formel

$$qU+V=0$$

und daß

$$(1+q^2)\,U+2qV=\int_0^\pi \frac{1+2q\cos t+q^2}{1+2q\cos t+q^2}\,dt=\pi$$

ist. Das System dieser beiden Lineargleichungen für die Unbekannten U und V gibt U und V. Damit haben wir das Formeltripel

$$\int_0^\pi \frac{dt}{1+2q\cos t+q^2}=\frac{\pi}{1-q^2}, \quad \int_0^\pi \frac{\cos t\,dt}{1+2q\cos t+q^2}=-\frac{\pi q}{1-q^2},$$

$$\int_0^\pi \frac{\sin t\,dt}{1+2q\cos t+q^2}=\frac{1}{q}\,l\,\frac{1+q}{1-q}.$$

Beispiel 3. Ein besonders wichtiges Beispiel bildet das häufig vorkommende über den von A nach B führenden Weg $\mathfrak{w}$ erstreckte Integral

$$I=\int_{\mathfrak{w}} \frac{f'(z)}{f(z)}\,dz=\int_A^B \frac{f'(z)}{f(z)}\,dz,$$

wo $f(z)$ eine in der Umgebung des Weges $\mathfrak{w}$ reguläre Funktion ist, die in keinem Wegpunkte verschwindet.

Infolge des letzteren Umstandes existiert zu jedem Wegpunkte eine Umgebung $\delta > 0$, in welcher die Funktion

$$F(z)=l\,f(z)$$

sich regulär verhält.

Wir bestimmen den Logarithmus von $f(z)$ von Punkt zu Punkt des Weges nach dem Stetigkeitsprinzip, d. h. so, daß jedem sehr kurzen Wegstück auch eine sehr geringe Änderung von $l\,f(z)$ entspricht. Dann ist $F(z)$ in einer hinreichend kleinen Umgebung jedes Wegpunktes z eine Regulärfunktion mit der Ableitung

$$F'(z)=f'(z):f(z)$$

und unser Integral hat den Wert

$$I=F(B)-F(A).$$

Demnach gilt die

Fundamentalformel:

$$\int_A^B \frac{f'(z)}{f(z)}\,dz=\Big|_A^B\, l f(z)=l f(B)-l f(A).$$

Hierbei ist $f(z)$ eine in der Umgebung des Weges AB reguläre, auf dem Wege nirgends verschwindende Funktion, und $lf(B)$ bestimmt sich aus dem beliebig gewählten Anfangswerte $lf(A)$ durch stetige Änderung von $lf(z)$ längs des Weges AB. Der Weg kann krumm oder grade sein.

Partielle Integration

Nunmehr seien u und v zwei im Gebiet $\mathfrak{G}$ reguläre Funktionen von z, $\mathfrak{w}$ ein beliebiger, zwischen den festen Punkten a und b in $\mathfrak{G}$ verlaufender Weg.

Nach dem Lemma gilt dann für die Ableitung w' des Produkts $w = uv$ die Formel

$$\int\limits_{\mathfrak{w}} w'\,dz = \int\limits_a^b w'\,dz = \Big|_a^b w$$

oder wegen

$$w' = uv' + vu'$$

$$\int\limits_a^b (uv' + vu')\,dz = \Big|_a^b w$$

oder endlich

$$\boxed{\int\limits_a^b uv'\,dz = \Big|_a^b uv - \int\limits_a^b vu'\,dz}\,.$$

Dies ist die wichtige *Formel der partiellen Integration.*

Wie man sieht, unterscheidet sie sich von der bekannten Formel für teilweise Integration der reellen Integralrechnung äußerlich gar nicht. Zweierlei ist hier aber neu: Erstens ist die Integrationsveränderliche z eine *komplexe* Variable, zweitens braucht der von a nach b führende Integrationsweg *nicht geradlinig* zu sein, kann vielmehr beliebig krummlinig sein und ist es auch meist. Dieser weitgehenden Verallgemeinerung einer ursprünglich nur im Reellen und nur für geradlinige Integrationswege gültigen Formel steht allerdings eine gewisse Einschränkung gegenüber: der Integrand muß eine *Regulär*funktion der Integrationsvariable sein.

II. Substitution einer neuen Variable in einem Integral

$f(z)$ sei eine in einem den Weg l umschließenden Bereiche L der z-Ebene reguläre Funktion von $z = x + iy$, $\Phi(\zeta)$ eine in einem Bereiche Λ der ζ-Ebene stetige Funktion von $\zeta = \xi + i\eta$, und der Punkt $\zeta = f(z)$ durchlaufe einen in Λ liegenden Weg λ, wenn z den Weg l durcheilt.

Wir betrachten das über den Weg λ erstreckte Integral

$$W = \int\limits_\lambda \Phi(\zeta)\,d\zeta\,.$$

Wir reduzieren es zunächst auf reelle Kurvenintegrale.

Ist $$\Phi(\zeta) = \varrho(\xi,\eta) + i\,\sigma(\xi,\eta) = \varrho + i\,\sigma,$$

so wird $$W = U + i\,V$$

mit $$U = \int\limits_\lambda \varrho\,d\xi - \sigma\,d\eta\,, \qquad V = \int\limits_\lambda \sigma\,d\xi + \varrho\,d\eta\,.$$

In diesen Kurvenintegralen substituieren wir, der Gleichung

$$\zeta = \xi + i\eta = f(z) = \varphi(x,y) + i\,\psi(x,y) = \varphi + i\,\psi$$

gemäß, $$\xi = \varphi(x,y)\,, \qquad \eta = \psi(x,y)$$

$$d\xi = \varphi_1\,dx + \varphi_2\,dy\,, \qquad d\eta = \psi_1\,dx + \psi_2\,dy\,,$$

wo der Index 1 bzw. 2 die partielle Ableitung nach x bzw. y anzeigt, und erhalten, indem wir noch statt φ_2 und ψ_2 den Cauchy-Riemannschen Formeln zufolge $-\psi_1$ und φ_1 schreiben,

$$U = \int_l (\varrho\varphi_1 - \sigma\psi_1)\,dx - (\sigma\varphi_1 + \varrho\psi_1)\,dy\,,$$

$$V = \int_l (\sigma\varphi_1 + \varrho\psi_1)\,dx + (\varrho\varphi_1 - \sigma\psi_1)\,dy\,.$$

Das gibt

$$W = U + iV = \int_l (\varrho\varphi_1 - \sigma\psi_1)\,dz + i\,(\sigma\varphi_1 + \varrho\psi_1)\,dz$$

oder

$$W = \int_l (\varrho + i\sigma)\,(\varphi_1 + i\psi_1)\,dz$$

oder endlich

$$W = \int_l \Phi(\zeta)\,f'(z)\,dz\,.$$

Damit haben wir folgende wichtige

Substitutionsregel für Integration:

Substituiert man in dem über den Weg λ der ζ-Ebene erstreckten Integral der stetigen Funktion $\Phi(\zeta)$ von ζ

$$\zeta = f(z)\,,$$

wo $f(z)$ eine in einem Bereiche L der z-Ebene reguläre Funktion von z bedeutet, so beschaffen, daß ζ [$= f(z)$] den Weg λ durcheilt, wenn z den in L liegenden Weg l durchläuft, so ist

$$\boxed{\int_\lambda \Phi(\zeta)\,d\zeta = \int_l F(z)\,f'(z)\,dz} \qquad \textit{mit} \quad F(z) = \Phi\big(f(z)\big).$$

Um die Substitution zu bewerkstelligen, ersetzt man also

λ durch l, $\quad \Phi(\zeta)$ durch $\Phi(f(z))$ $\quad$ und $\quad d\zeta$ durch $f'(z)\,dz$.

§ 32. DIE TAYLORREIHE

Eine Funktion $f(z)$, die sich in der Umgebung einer Stelle $z = c$ regulär verhält, läßt sich hier in eine nach steigenden Potenzen von $z - c$ fortschreitende konvergente Reihe entwickeln. Es ist dies die Taylorsche Reihe oder Entwicklung der Funktion $f(z)$ für die Umgebung der Stelle $z = c$. Die Ableitung dieser überaus wichtigen Potenzreihe vollzieht sich, wie wir jetzt zeigen werden, am einfachsten und bequemsten mittels der Cauchyschen Integralformel.

Die Funktion $f(z)$ sei in dem durch den Umlauf $\mathfrak{u}$ begrenzten Bereiche $\mathfrak{B}$ überall regulär, und $z = c$ sei ein Innenpunkt von $\mathfrak{B}$. Wir beschreiben einen Kreis $\mathfrak{k}$ mit dem Radius k um den Punkt c als Zentrum, der gleichfalls ganz innerhalb von $\mathfrak{u}$ liegt. Bedeutet also m die kleinste Entfernung des Punktes c vom Umlauf $\mathfrak{u}$, so ist $k < m$ oder der Quotient $Q = k:m$ ein echter Bruch.

Für jeden Punkt z der Kreisfläche $\mathfrak{K}$ mit dem Rande $\mathfrak{k}$ gilt nun die Cauchysche Formel

$$f(z) = \tau \int\limits_{\mathfrak{u}} \frac{f(\zeta)}{\zeta - z} d\zeta, \qquad \left(\tau = \frac{1}{2\pi i}\right).$$

Wir schreiben

$$\frac{1}{\zeta - z} = \frac{1}{(\zeta - c) - (z - c)} = \frac{1}{\zeta - c} \cdot \frac{1}{1 - q} \qquad \text{mit} \quad q = \frac{z - c}{\zeta - c},$$

ersetzen $1 : (1 - q)$ nach der Summenformel der geometrischen Reihen durch

$$1 + q + q^2 + \cdots + q^{n-1} + \frac{q^n}{1 - q}$$

und haben daher

$$\frac{1}{\zeta - z} = \frac{1}{\zeta - c} + \frac{z - c}{(\zeta - c)^2} + \frac{(z - c)^2}{(\zeta - c)^3} + \cdots + \frac{(z - c)^{n-1}}{(\zeta - c)^n} + \frac{q^n}{\zeta - z}.$$

Diesen Wert für $1 : (\zeta - z)$ substituieren wir im Integranden der Cauchyschen Formel und erhalten

$$f(z) = a_0 + a_1 (z - c) + a_2 (z - c)^2 + \cdots + a_{n-1} (z - c)^{n-1} + R$$

mit
$$a_\nu = \tau \int\limits_{\mathfrak{u}} \frac{f(\zeta)}{(\zeta - c)^{\nu+1}} d\zeta, \qquad R = \tau \int\limits_{\mathfrak{u}} \frac{q^n f(\zeta)}{\zeta - z} d\zeta.$$

Der Cauchyschen Integralformel

$$\frac{f^\nu(c)}{\nu!} = \tau \int\limits_{\mathfrak{u}} \frac{f(\zeta)}{(\zeta - c)^{\nu+1}} d\zeta$$

gemäß (§ 30) haben wir

$$a_\nu = \frac{f^\nu(c)}{\nu!}.$$

Was den Rest R anbetrifft, so läßt er sich leicht abschätzen.
Bedeutet M das Maximum von $|f(\zeta)|$ auf $\mathfrak{u}$, K die kürzeste Entfernung der Kurven $\mathfrak{k}$ und $\mathfrak{u}$, l die Länge von $\mathfrak{u}$, so ist wegen

$$|z - c| \leqq k, \qquad |\zeta - c| \geqq m, \qquad \text{also} \qquad |q| = \left|\frac{z - c}{\zeta - c}\right| \leqq k : m = Q$$

$$|R| < EQ^n \qquad \text{mit} \quad E = \frac{Ml}{2\pi K}.$$

Sonach lautet unser Ergebnis:

$$f(z) = a_0 + a_1 (z - c) + a_2 (z - c)^2 + \cdots + a_{n-1} (z - c)^{n-1} + R$$

mit
$$a_\nu = \frac{f^\nu(c)}{\nu!} \qquad \text{und} \qquad |R| < EQ^n,$$

wo E eine positive endliche Zahl und Q ein positiver echter Bruch ist.
Bei unbegrenzt wachsendem Zeiger n strebt der Rest R gegen Null, und wir haben den

Satz von der Taylorreihe:

Verhält sich die Funktion $f(z)$ in dem kreisförmigen Bereiche $\mathfrak{K}$ mit dem Zentrum c überall regulär, so läßt sich $f(z)$ für jeden Punkt z des Bereichs auf eine einzige Weise in eine nach steigenden Potenzen von $z-c$ fortschreitende Reihe – Taylorreihe – entwickeln:

$$f(z) = a_0 + a_1(z-c) + a_2(z-c)^2 + a_3(z-c)^3 + \dots,$$

wobei der Koeffizient a_ν ($\nu = 0, 1, 2, 3, \dots$) den Wert

$$a_\nu = \frac{f^\nu(c)}{\nu!}$$

hat.

Die Taylorreihe konvergiert überall in $\mathfrak{K}$ absolut und gleichmäßig.

Daß die gefundene Entwicklung die einzig mögliche ist, folgt unmittelbar aus dem Satze von den unbestimmten Koeffizienten, demzufolge zwei in der Umgebung des Punktes $z = c$ konvergente Potenzreihen nur dann übereinstimmen können, wenn sie in allen entsprechenden Koeffizienten übereinstimmen, wenn sie mit anderen Worten identisch sind.

Beispiele von Taylorentwicklungen

1. Die logarithmische Reihe

Es handelt sich um die Aufgabe, die Funktion

$$f(z) = l(1+z)$$

in eine Taylorreihe, d. h. in eine nach steigenden Potenzen von z fortschreitende Reihe zu entwickeln.

Die Entwicklung ist möglich, da die Funktion $l(1+z)$ im Innern des Gaußkreises überall regulär ist. Daher gilt für jeden Punkt z der Kreisfläche $|z| \leqq r$ mit echt gebrochenem r die Entwicklung

$$f(z) = l(1+z) = c_0 + c_1 z + c_2 z^2 + c_3 z^3 + \cdots.$$

mit

$$c_n = \frac{f^n(0)}{n!}.$$

Zur Ermittlung des Entwicklungskoeffizienten c_n benötigen wir die n-te Ableitung $f^n(z)$ von $f(z)$. Wir finden sukzessiv

$$f^1(z) = \frac{1}{1+z}, \qquad f^2(z) = -\frac{1}{(1+z)^2}, \qquad f^3(z) = +\frac{2}{(1+z)^3},$$

usw., allgemein für positive n

$$f^n(z) = \iota^{n-1}\frac{(n-1)!}{(1+z)^n}.$$

Aus dieser Formel ergibt sich

$$c_n = \frac{\iota^{n-1}}{n}.$$

Diese Bestimmungsgleichung gilt für jeden positiven Zeiger. Für $n = 0$ finden wir direkt

$$c_0 = f(0) = l\,1 = 0\,.$$

Damit erhalten wir die

logarithmische Reihe:

$$\boxed{l\,(1+z) = z - \tfrac{1}{2} z^2 + \tfrac{1}{3} z^3 - + \dots} \qquad |z| < 1\,.$$

Die logarithmische Reihe konvergiert absolut und gleichmäßig in jedem innerhalb des Gaußkreises gelegenen Bereiche.

Der Konvergenzkreis der Reihe ist der Gaußkreis. Wie aus § 26 hervorgeht, konvergiert die Reihe auch noch in sämtlichen Punkten des Gaußkreises mit Ausnahme des Punktes $z = -1$, wo sie divergiert.

2. Die Binominalreihe

Wir suchen die Taylorentwicklung der Funktion

$$f(z) = (1+z)^c,$$

wo der Exponent c eine beliebige reelle Konstante bedeutet.

Bei positiv ganzzahligem Exponenten bietet die von selbst mit dem Gliede z^c *abbrechende* Entwicklung

$$(1+z)^c = 1 + c_1 z + c_2 z^2 + c_3 z^3 + \cdots + c_c z^c\,,$$

in der c_ν den ν-ten Binomialkoeffizienten zur Basis c bedeutet, für uns kein besonderes Interesse.

Wir setzen daher c als nichtnatürliche Zahl voraus.

Aus der Schreibung

$$f(z) = (1+z)^c = e^{c\,l\,(1+z)}$$

erkennen wir zunächst, daß unsere Funktion im Regularitätsgebiet von $l\,(1+z)$ — dem Gaußkreise — sich regulär verhält.

Die Taylorentwicklung von $f\,(z)$ existiert daher und konvergiert absolut und gleichmäßig auf jeder Kreisfläche $|z| \leqq r$ mit echt gebrochenem r.

Aus

$$f(z) = e^{c\,l\,(1+z)}$$

folgt durch Differentiation zunächst

$$D\,(1+z)^c = f'(z) = e^{c\,l\,(1+z)} \cdot \frac{c}{1+z} = c\,(1+z)^{c-1}$$

und weiter durch fortgesetzte Anwendung der in dieser Formel enthaltenen Differentiationsregel für die n-te Ableitung von $f\,(z)$

$$f^n(z) = c\,(c-1)\,(c-2) \cdots \cdot (c-n+1)\,(1+z)^{c-n}\,.$$

Demnach wird der zu z^n gehörige Koeffizient der für $f(z)$ gesuchten Taylorreihe

$$\frac{f^n(0)}{n!} = c_n = \frac{c}{1} \cdot \frac{c-1}{2} \cdot \frac{c-2}{3} \cdots \cdot \frac{c-n+1}{n}\,.$$

Die gesuchte Taylorentwicklung lautet daher

$$\boxed{(1+z)^c = 1 + c_1 z + c_2 z^2 + c_3 z^3 + \cdots}\,, \qquad |z| < 1$$

mit
$$c_n = \frac{c}{1}\cdot\frac{c-1}{2}\cdot\frac{c-2}{3}\cdot\ldots\cdot\frac{c-n+1}{n}\,.$$

Der Konvergenzkreis der „Binomialreihe" $1+c_1z+c_2z^2+c_3z^3+\ldots$ *ist der Gaußkreis* (§ 31).

3. Die Tangensreihe

Die Funktion
$$f(z) = \operatorname{tg} z = \sin z : \cos z$$

ist in der Umgebung des Nullpunkts regulär. Die dem Nullpunkt nächstgelegene singuläre Stelle ist der Pol $z = \varkappa$ (bzw. $z = -\varkappa$) mit $2\varkappa = \pi$. Die Taylorentwicklung der Tangensfunktion:

$$f(z) = c_0 + c_1 z + c_2 z^2 + \cdots, \qquad \left[c_\nu = \frac{f^\nu(0)}{\nu!}\right]$$

hat daher den Konvergenzradius $k = \varkappa$.
Zur Bestimmung des Koeffizienten c_ν benötigt man den ν-ten Differentialquotienten, $f^\nu(z)$, von $f(z)$ an der Stelle $z = 0$.
Eine independente Formel für $f^\nu(z)$ aufzustellen, würde uns hier zu weit führen; wir begnügen uns mit einer Rekursionsformel.

Wir schreiben.
$$\sin z = \cos z \cdot f(z)$$

und berechnen den ν-ten Differentialquotienten der rechten Seite dieser Gleichung nach Leibniz symbolischer Formel

$$(uv)^\nu = (u+v)^\nu\,.$$

Da der ν-te Differentialquotient von $\sin z$ bzw. $\cos z$ den Wert $\sin(z+\nu\varkappa)$ bzw. $\cos(z+\nu\varkappa)$ hat, so erhalten wir die Formel

$$\sin(z+\nu\varkappa) = \cos z \cdot f^\nu(z) + \nu_1 \cos(z+\varkappa)\cdot f^{\nu-1}(z) + \nu_2 \cos(z+2\varkappa)\cdot f^{\nu-2}(z) + \cdots.$$

Setzen wir in ihr $z = 0$, so entsteht die angekündigte Rekursionsformel:

$$t_\nu - \nu_2 t_{\nu-2} + \nu_4 t_{\nu-4} - \nu_6 t_{\nu-6} + - \cdots = \sin \nu\varkappa,$$

in welcher t_ν die ν-te Ableitung von $f(z) = \operatorname{tg} z$ an der Stelle $z = 0$ und $\varkappa$ den Kreisquadranten bedeutet $(2\varkappa = \pi)$.

Nach dieser Formel folgen sukzessiv

aus $t_0 = 0$ $\quad t_2 = 0,\quad t_4 = 0,\quad t_6 = 0,\ \ldots$

aus $t_1 = 1$ $\quad t_3 = 2,\quad t_5 = 16,\quad t_7 = 272,\ \ldots$

Alle t-Werte sind Ganzzahlen. Alle t-Werte mit geradem Index verschwinden.

Ergebnis:

Die *Tangensreihe* lautet

$$\boxed{\operatorname{tg} z = t_1 z + \frac{t_3}{3!} z^3 + \frac{t_5}{5!} z^5 + \frac{t_7}{7!} z^7 + \cdots},$$

wobei die Koeffizienten t_3, t_5, t_7, ... durch die Rekursionsformel

$$\boxed{t_\nu - \nu_2 t_{\nu-2} + \nu_4 t_{\nu-4} - + \cdots = \sin \nu \varkappa} \qquad \text{mit } t_1 = 1 \text{ und } 2\varkappa = \pi$$

bestimmt sind und der Konvergenzradius der Reihe den Wert $\varkappa$ hat.
Bei Beschränkung auf nur vier Reihenglieder haben wir

$$\operatorname{tg} z = z + \frac{1}{3} z^3 + \frac{2}{15} z^5 + \frac{17}{315} z^7.$$

4. Die Secansreihe

Die Herleitung der Reihe für $\sec z$ ist der der Tangensreihe ganz ähnlich. Wie die Tangensfunktion verhält sich die Funktion

$$\varphi(z) = \sec z = 1 : \cos z$$

in der Umgebung des Ursprungs regulär, und ihre dem Ursprung nächstgelegene Stelle ist der Pol $z = \varkappa$.
Die Taylorentwicklung

$$\varphi(z) = \sec z = \gamma_0 + \gamma_1 z + \gamma_2 z^2 + \cdots, \qquad \left[\gamma_\nu = \frac{\varphi^\nu(0)}{\nu!}\right]$$

der Secansfunktion hat gleichfalls den Konvergenzradius $\varkappa$.
Um eine Rekursionsformel für die ν-te Ableitung $\varphi^\nu(z)$ von $\varphi(z)$ zu bekommen, wenden wir auf die Gleichung

$$\sec z \cdot \cos z = 1$$

die Leibnizsche Symbolformel an. Das gibt

$$\cos z \cdot \varphi^\nu(z) + \nu_1 \cos(z + \varkappa) \cdot \varphi^{\nu-1}(z) + \nu_2 \cos(z + 2\varkappa) \cdot \varphi^{\nu-2}(z) + \cdots = 0.$$

In dieser Relation setzen wir $z = 0$, und erhalten die Rekursionsformel

$$s_\nu - \nu_2 s_{\nu-2} + \nu_4 s_{\nu-4} - \nu_6 s_{\nu-6} + - \cdots = 0,$$

in welcher s_ν die ν-te Ableitung von $\sec z$ an der Stelle $z = 0$ bedeutet.
Nach dieser Rekursionsformel ergibt sich sukzessiv

$$\begin{array}{llll} \text{aus } s_0 = 1 & s_2 = 1, & s_4 = 5, & s_6 = 61, \ \ldots, \\ \text{aus } s_1 = 0 & s_3 = 0, & s_5 = 0, & s_7 = 0, \ \ldots . \end{array}$$

Alle s-Werte sind Ganzzahlen. Alle s-Werte mit ungeradem Zeiger verschwinden.

Ergebnis:

Die *Secansreihe lautet*

$$\boxed{\sec z = s_0 + \frac{s_2}{2!} z^2 + \frac{s_4}{4!} z^4 + \cdots},$$

wobei die Koeffizienten s_2, s_4, s_6, ... durch die Rekursionsformel

$$\boxed{s_\nu - \nu_2 s_{\nu-2} + \nu_4 s_{\nu-4} - + \dots = 0} \qquad \text{mit } s_0 = 1$$

bestimmt sind und der Konvergenzradius der Reihe den Wert $\varkappa$ hat.
Bei Beschränkung auf drei Glieder wird

$$\sec z = 1 + \frac{1}{2} z^2 + \frac{5}{24} z^4 .$$

5. Die Arcustangensreihe

Die durch die Formel

$$i\psi(z) = \frac{1}{2}\, l \frac{1+iz}{1-iz}$$

definierte Arcustangensfunktion

$$\psi(z) = \operatorname{at} z = \operatorname{arc\,tg} z$$

verhält sich im Gaußgebiet regulär, ist also hier in eine Taylorreihe

$$\psi(z) = a_0 + a_1 z + a_2 z^2 + \cdots$$

entwickelbar.
Um diese zu finden, benötigen wir die durch die Vorschrift

$$a_n = \psi^n(0) : n!$$

bestimmten Koeffizienten a_n.
Wir berechnen demgemäß die n-te Ableitung $\psi^n(z)$ von $\psi(z)$.
Nun ist zunächst

$$\psi^1(z) = \frac{1}{1+z^2} = \frac{1}{1+\operatorname{tg}^2\psi} = \cos^2\psi .$$

Um bei den weiteren Ableitungen die beim Differenzieren von $\cos\psi$ auftretenden Minuszeichen zu vermeiden, setzen wir

$$\psi + \varkappa = \sigma$$

und schreiben

$$\psi^1(z) = \sin^2 \sigma .$$

Die zweite Ableitung wird dann

$$\psi^2(z) = 2 \sin\sigma \cos\sigma \cdot \sigma' = \sin 2\sigma \cdot \sin^2\sigma ,$$

die dritte

$$\begin{aligned}\psi^3(z) &= \cos 2\sigma \cdot 2\sigma' \cdot \sin^2\sigma + \sin 2\sigma \cdot 2 \sin\sigma \cos\sigma \cdot \sigma' \\ &= 2\sigma^1 \sin\sigma \sin 3\sigma = 2 \sin 3\sigma \cdot \sin^3\sigma ,\end{aligned}$$

die vierte

$$\begin{aligned}\psi^4(z) &= 2\cos 3\sigma \cdot 3\sigma' \cdot \sin^3\sigma + 2 \sin 3\sigma \cdot 3 \sin^2\sigma \cos\sigma \cdot \sigma' \\ &= 2 \cdot 3\sigma' \sin^2\sigma \sin 4\sigma = 3! \sin 4\sigma \sin^4\sigma ,\end{aligned}$$

die fünfte

$$\begin{aligned}\psi^5(z) &= 3! \cos 4\sigma \cdot 4\sigma' \cdot \sin^4\sigma + 3! \sin 4\sigma \;\; 4 \sin^3\sigma \cos\sigma \cdot \sigma' \\ &= 4!\, \sigma' \sin^3\sigma \cdot \sin 5\sigma = 4! \sin 5\sigma \sin^5\sigma \qquad \text{usw.}\end{aligned}$$

Demnach gilt die Formel

$$\psi^n(z) = D^n \operatorname{at} z = (n-1)!\sin n\sigma \sin^n \sigma .$$

Für $z = 0$ wird $\psi = 0$, also $\sigma = \varkappa$ und $\sin n\sigma = 0$ oder $\iota^{\frac{n-1}{2}}$, je nachdem n gerade oder ungerade ist, mithin

bei geradem n $\qquad \psi^n(0) = 0,$
bei ungeradem n $\qquad \psi^n(0) = (n-1)!\,\iota^{\frac{n-1}{2}}.$

Daher ist $a_n = 0$ oder $\iota^{\frac{n-1}{2}} : n$, je nachdem n gerade oder ungerade ist, und die Arcustangensreihe heißt

$$\boxed{\operatorname{at} z = z - \tfrac{1}{3} z^3 + \tfrac{1}{5} z^5 - \tfrac{1}{7} z^7 + - \cdots}$$

Der Konvergenzradius ist 1.

§ 33. DIE LAURENTSCHE REIHE

Im Jahre 1843 stellte der französische Mathematiker P. A. Laurent im 17. Bande der Comptes rendus de l'Académie des Sciences (S. 938) den fundamentalen Satz auf:

Jede in einem Kreisringe vom Zentrum c reguläre Funktion $f(z)$ läßt sich im Ringinnern auf eine einzige Weise in eine nach positiven und negativen Potenzen von $z - c$ fortschreitende gleichmäßig konvergente Reihe:

$$f(z) = \sum_{-\infty}^{+\infty} c_n (z-c)^n \qquad \text{mit} \quad c_n = \mathfrak{T} \int_{\mathfrak{k}} \frac{f(\zeta)\,d\zeta}{(\zeta - c)^{n+1}}$$

entwickeln, wobei der im positiven Sinne zu durchlaufende Integrationsweg $\mathfrak{k}$ irgendein im Ringinnern liegender, den Ringrändern konzentrischer Kreis ist.

[Der Koeffizient c_n hat für alle Zwischenkreise $\mathfrak{k}$ denselben Wert.]

Beweis des Laurentschen Satzes. Die Funktion $f(z)$ verhalte sich in dem von den konzentrischen Kreisen $\mathfrak{a}$ (mit dem Radius a) und $\mathfrak{b}$ (mit dem Radius $b < a$) begrenzten Bereiche $\mathfrak{B}$ vom Zentrum c regulär. Dann gilt nach Cauchys Integralformel für jeden Punkt z im Innern vom $\mathfrak{B}$ die Gleichung

$$f(z) = \mathfrak{T} \int \frac{f(\zeta)}{\zeta - z}\, d\zeta,$$

wobei die Integration über den Rand des Ringes zu erstrecken ist. Das bedeutet hier

$$f(z) = \mathfrak{T} \int_{\mathfrak{a}} \frac{f(\zeta)}{\zeta - z}\, d\zeta + \mathfrak{T} \int_{\mathfrak{b}} \frac{f(\zeta)}{z - \zeta}\, d\zeta,$$

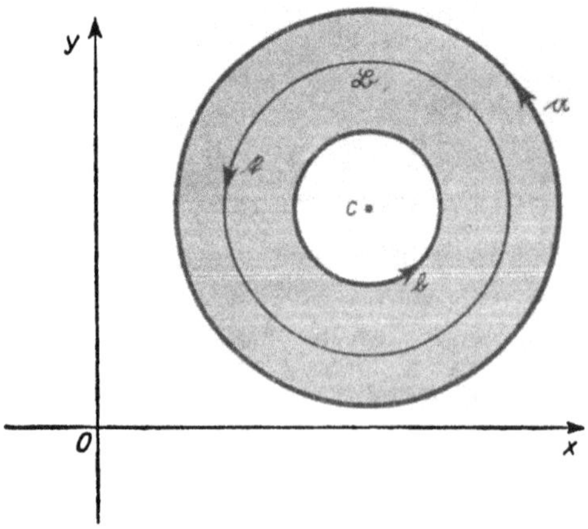

Abb. 23

wobei die Integrationswege $\mathfrak{a}$ und $\mathfrak{b}$ beide im positiven Sinne zu durchlaufen sind.

Wir nennen das erste Glied der rechten Seite unserer Formel u, das zweite v, setzen

$$\zeta - z = (\zeta - c) - (z - c)$$

und schreiben

$$\text{in } u \quad \zeta - z = (\zeta - c)\,[1 - q], \qquad \text{in } v \quad z - \zeta = (z - c)\,[1 - q],$$

wobei q in u bzw. v den echtgebrochenen Quotienten $(z - c) : (\zeta - c)$ bzw. $(\zeta - c) : (z - c)$ bedeutet.

Darauf ersetzen wir der Summenformel der geometrischen Reihe gemäß in u und v den Quotienten $1 : [1 - q]$ durch

$$\frac{1}{1-q} = 1 + q + q^2 + \cdots + q^{n-1} + \frac{q^n}{1-q}.$$

Wir integrieren dann gliedweise und ersetzen überall, außer in q^n, q durch seinen ursprünglichen Wert. Das gibt

$$\left.\begin{aligned} u &= a_0 + a_1 t + a_2 t^2 + \cdots + a_{n-1} t^{n-1} + u_n \\ v &= \frac{b_1}{t} + \frac{b_2}{t^2} + \cdots + \frac{b_n}{t^n} + v_n \end{aligned}\right\} \quad \text{mit} \quad t = z - c$$

und

$$\left\{\begin{aligned} a_\nu &= \mathfrak{C}\int_{\mathfrak{a}} \frac{f(\zeta)}{(\zeta - c)^{\nu+1}}\,d\zeta, \qquad & u_n &= \mathfrak{C}\int_{\mathfrak{a}} \frac{f(\zeta)\cdot q^n}{\zeta - z}\,d\zeta, \\ b_\nu &= \mathfrak{C}\int_{\mathfrak{b}} f(\zeta)\,(\zeta - c)^{\nu-1}\,d\zeta, \qquad & v_n &= \mathfrak{C}\int_{\mathfrak{b}} \frac{f(\zeta)\cdot q^n}{z - \zeta}\,d\zeta, \end{aligned}\right.$$

wobei natürlich q in u_n bzw. v_n den Bruch $(z - c) : (\zeta - c)$ bzw. $(\zeta - c) : (z - c)$ bedeutet.

Ist nun der Abstand des Punktes z von c, $\mathfrak{a}$, $\mathfrak{b}$ bzw. r, h, k, so hat der Betrag von q im Restintegral u_n bzw. v_n den echt gebrochenen Wert $\alpha = r : a$ bzw. $\beta = b : r$, während der Betrag des Integrandennenners in u_n bzw. v_n nicht unter h bzw. k heruntersinkt. Bedeutet also M den größten Wert, den der Betrag der Funktion $f(z)$ im Ringe annimmt, so ist

$$|u_n| < \frac{aM}{h}\cdot\alpha^n, \qquad |v_n| < \frac{bM}{k}\cdot\beta^n.$$

So lange demnach z auf einen Bereich $\overline{\mathfrak{B}}$ beschränkt bleibt, der ganz im Innern von $\mathfrak{B}$ liegt, streben u_n und v_n bei unbegrenzt wachsendem Zeiger n gegen Null, und es ergibt sich

Laurents Formel:

$$f(z) = u + v = \sum_n^{0,\infty} a_n (z - c)^n + \sum_n^{1,\infty} b_n (z - c)^{-n}$$

mit

$$a_n = \mathfrak{C}\int_{\mathfrak{a}} \frac{f(\zeta)}{(\zeta - c)^{n+1}}\,d\zeta, \qquad b_n = \mathfrak{C}\int_{\mathfrak{b}} f(\zeta)\,(\zeta - c)^{n-1}\,d\zeta.$$

Es sei jetzt $\mathfrak{k}$ ein zwischen $\mathfrak{a}$ und $\mathfrak{b}$ verlaufender zu $\mathfrak{a}$ und $\mathfrak{b}$ konzentrischer Kreis.

Da die Funktion $f(z):(z-c)^{n+1}$ bzw. $f(z)\cdot(z-c)^{n-1}$ im Bereich, der durch die Kreise $\mathfrak{a}$ und $\mathfrak{k}$ bzw. durch die Kreise $\mathfrak{b}$ und $\mathfrak{k}$ begrenzt wird, regulär ist, so verschwindet das über den Rand dieses Bereichs erstreckte Integral der Funktion (Cauchys Hauptsatz). Das bedeutet:

$$\tau\int_{\mathfrak{a}}\frac{f(\zeta)}{(\zeta-c)^{n+1}}\,d\zeta=\tau\int_{\mathfrak{k}}\frac{f(\zeta)}{(\zeta-c)^{n+1}}\,d\zeta$$

bzw.
$$\tau\int_{\mathfrak{b}}f(\zeta)\,(\zeta-c)^{n-1}\,d\zeta=\tau\int_{\mathfrak{k}}f(\zeta)\,(\zeta-c)^{n-1}\,d\zeta.$$

Das heißt, es ist

$$a_n=\tau\int_{\mathfrak{k}}\frac{f(\zeta)}{(\zeta-c)^{n+1}}\,d\zeta,\qquad b_n=\tau\int_{\mathfrak{k}}f(\zeta)\,(\zeta-c)^{n-1}\,d\zeta.$$

Setzen wir weiter für beliebige ganzzahlige n

$$c_n=\tau\int_{\mathfrak{k}}\frac{f(\zeta)}{(\zeta-c)^{n+1}}\,d\zeta,$$

so ist
$$a_n=c_n\qquad\text{und}\qquad b_n=c_{-n}.$$

Damit erhalten wir folgende vereinfachte Schreibweise für

Laurents Formel:

$$\boxed{f(z)=\sum_{-\infty}^{+\infty}c_n\,(z-c)^n\qquad\text{mit}\quad c_n=\tau\int_{\mathfrak{k}}\frac{f(\zeta)}{(\zeta-c)^{n+1}}\,d\zeta}\,.$$

Daß Laurents Reihe

$$\sum_{-\infty}^{+\infty}c_n\,(z-c)^n$$

im Bereiche $\overline{\mathfrak{B}}$ gleichmäßig konvergiert, folgt ohne weiteres aus den für $|u_n|$ und $|v_n|$ aufgestellten Ungleichungen.
Eine Reihe, die nach positiven und negativen Potenzen eines Arguments t fortschreitet, heißt eine *Laurentreihe,* die Summe (v) ihrer Glieder mit negativen Potenzen wird *Hauptteil* der Reihe, die Summe (u) der übrigen Glieder *Nebenteil* der Reihe genannt.

Konvergiert der Hauptteil (Nebenteil) einer Laurentreihe für einen gewissen Argumentwert t, so konvergiert er für jeden betraglich größeren (kleineren) Argumentwert erst recht und das sogar absolut.

Von dieser Tatsache machen wir Gebrauch, um den Beweis für die Eindeutigkeit der Entwicklung einer Regulärfunktion in eine Laurentreihe zu führen.

$$\sum_{-\infty}^{+\infty}h_n\,(z-c)^n\qquad\text{und}\qquad\sum_{-\infty}^{+\infty}k_n\,(z-c)^n$$

seien zwei Laurentreihen, die in einem Kreisringe mit dem Zentrum c konvergieren, und die beide dort die Regulärfunktion $f(z)$ darstellen.

Aus der eben angeführten Tatsache folgt, daß beide Reihen auf jedem im Ringinnern verlaufenden Kreise $\mathfrak{k}$ gleichmäßig konvergieren, hier also gliedweise Integration gestatten.

Wir multiplizieren die Gleichungen

$$f(z) = \sum h_\nu (z-c)^\nu \qquad \text{und} \qquad f(z) = \sum k_\nu (z-c)^\nu$$

mit $(z-c)^{-n-1}$ und integrieren dann über einen im Ringinnern verlaufenden Kreis $\mathfrak{k}$ vom Zentrum c. Wir erhalten

$$\mathfrak{T}\int_{\mathfrak{k}} \frac{f(z)\,dz}{(z-c)^{n+1}} = h_n \qquad \text{und} \qquad \mathfrak{T}\int_{\mathfrak{k}} \frac{f(z)\,dz}{(z-c)^{n+1}} = k_n\,,$$

also

$$h_n = k_n\,.$$

Es existiert demnach nur *eine* Laurentreihe, die eine in einem Kreisringe reguläre Funktion $f(z)$ darstellt.

Damit ist der Beweis des Laurentschen Satzes in allen Punkten erbracht.

Es erübrigt noch, auf die Laurentreihe hinzuweisen, die zum unendlich fernen Punkte ($c = \infty$) gehört.

Um zu dieser Reihe zu gelangen, müssen wir zunächst voraussetzen, daß die vorgelegte Funktion $f(z)$ sich in einem „um den unendlich fernen Punkt beschriebenen" Kreisringe regulär verhält, d. h. in einem Kreisringe mit dem Zentrum $z = 0$ und den *sehr großen* Radien a und $b > a$.

Unter der zum Punkte $c = \infty$ gehörigen Laurententwicklung der Funktion $f(z)$ versteht man dann eine nach positiven und negativen Potenzen von $1:z$ fortschreitende $f(z)$ im Ringe darstellende Reihe, so daß überall im Ringe

$$f(z) = \sum_{-\infty}^{+\infty} c_n \left(\frac{1}{z}\right)^n$$

ist. [Beim Übergange von im Endlichen liegenden Punkten c zum unendlich fernen Punkte tritt an Stelle des Binoms $z-c$ das Verhältnis $1:z$.]

Um diese Entwicklung zu bekommen, notieren wir zunächst die in unserem Kreisringe geltende, zum Punkte $z = 0$ gehörige Laurentreihe. Sie lautet

$$f(z) = \sum_{-\infty}^{+\infty} h_n z^n \qquad \text{mit} \quad h_n = \mathfrak{T}\int_{\mathfrak{k}} \frac{f(\zeta)}{\zeta^{n+1}}\,d\zeta,$$

wobei die Integration im positiven Sinne (im entgegengesetzten Sinne des Uhrzeigers) über einen beliebigen im Ringe verlaufenden Kreis $\mathfrak{k}$ zu erstrecken ist.

Wenn aber der Kreis $\mathfrak{k}$ vom unendlich fernen Punkte aus gesehen im positiven Sinne durchlaufen wird, so bedeutet das (wie auch die Übertragung dieser Verhältnisse auf die Zahlenkugel zeigt) für einen im Endlichen über der z-Ebene stehenden Beobachter Durchlaufung des Kreises $\mathfrak{k}$ im Uhrzeigersinne. Demgemäß schreiben wir jetzt

$$h_n = -\mathfrak{T}\int_{\mathfrak{k}} \frac{f(\zeta)}{\zeta^{n+1}}\,d\zeta,$$

wobei nun aber der Kreis $\mathfrak{k}$ im Uhrzeigersinne zu durchlaufen ist.

Daher wird der Koeffizient c_n von $(1:z)^n$ in der gesuchten Laurententwicklung

$$c_n = h_{-n} = -\mathfrak{T}\int_{\mathfrak{k}} \frac{f(\zeta)}{\zeta^{-n+1}}\,d\zeta$$

oder

$$c_n = \mathfrak{T}\int_{\mathfrak{k}} \frac{f(\zeta)}{\left(\frac{1}{\zeta}\right)^{n+1}}\,d\,\frac{1}{\zeta} \qquad \text{mit Uhrzeigersinn für } \mathfrak{k}.$$

Ergebnis:

Die zum unendlich fernen Punkte gehörige Laurententwicklung der in einem Kreisringe mit sehr großen Randradien regulären Funktion $f(z)$ lautet

$$f(z) = \sum_{-\infty}^{+\infty} c_n \left(\frac{1}{z}\right)^n \qquad \textit{mit} \quad c_n = \mathfrak{T}\int_{\mathfrak{k}} \frac{f(\zeta)}{\left(\frac{1}{\zeta}\right)^{n+1}}\,d\,\frac{1}{\zeta},$$

wobei der im Ringe liegende Kreis $\mathfrak{k}$ im Uhrzeigersinne zu durchlaufen ist.

Die Bedeutung des Laurentschen Satzes liegt vornehmlich darin, daß er eine Potenzreihenentwicklung einer analytischen Funktion $f(z)$ in einer ringförmigen Umgebung einer Stelle c gestattet, an welcher sich die Funktion nicht mehr regulär verhält.

§ 34. ABSCHÄTZUNGSFORMELN

Die Cauchysche Integralformel eignet sich dazu, für eine Regulärfunktion und ihre Ableitungen obere Schranken aufzustellen oder, wie man meist sagt, die genannten Funktionen *abzuschätzen.*

Wir schreiben die Cauchysche Formel

$$\frac{f^n(c)}{n!} = \mathfrak{T}\int_{\mathfrak{u}} \frac{f(z)}{(z-c)^{n+1}}\,dz$$

und stellen uns den Integrationsweg $\mathfrak{u}$ als einen den Punkt c umschlingenden Umlauf vor, der mit seinen sämtlichen Rand- und Innenpunkten dem Regularitätsgebiet der Funktion $f(z)$ angehört.

Verhält sich $f(z)$ in dem kreisförmigen Bereiche $\mathfrak{K}$ mit dem Mittelpunkte c und dem Halbmesser R regulär, so kann man z. B. für $\mathfrak{u}$ den Kreis $\mathfrak{r}$ mit dem Zentrum c und dem beliebigen Radius $r \leq R$ wählen. Bedenken wir noch, daß $f^n(c):n!$ den Koeffizienten a_n von $(z-c)^n$ der auf $\mathfrak{K}$ überall gültigen Taylorentwicklung

$$f(z) = a_0 + a_1(z-c) + a_2(z-c)^2 + \cdots$$

darstellt, so können wir schreiben

$$a_n = \mathfrak{T}\int_{\mathfrak{r}} \frac{f(z)}{(z-c)^{n+1}}\,dz\,.$$

In diesem Integral substituieren wir

$$z - c = re^{it}, \qquad dz = ire^{it}\,dt,$$

wobei t von 0 bis 2π läuft, setzen weiter

$$f(z) = Fe^{iT}, \qquad a_n = A_n e^{i\alpha_n},$$

wo F den Betrag, T den Winkel von $f(z)$, A_n den Betrag und α_n den Winkel von a_n bedeutet, und bekommen

$$2\pi A_n r^n = \int_0^{2\pi} F e^{i(T - nt - \alpha_n)}\,dt.$$

Da die linke Seite dieser Formel reell ist, muß auch die rechte reell sein, ist also

$$2\pi A_n r^n = \int_0^{2\pi} F \cos(T - nt - \alpha_n)\,dt.$$

Bedeutet nun $M \equiv M(r)$ das Maximum von $F = |f(z)|$ auf dem Kreise $\mathfrak{r}$, so ist der Integrand $\leqq M$, und wir erhalten

$$2\pi A_n r^n \leqq \int_0^{2\pi} M\,dt = 2\pi M.$$

Damit entsteht

Cauchys Abschätzungsformel:

$$(1) \qquad \boxed{A_n = |f^n(c) : n!| \leqq M : r^n} \qquad \text{mit } r \leqq R.$$

Im allgemeinen wird dabei

$$A_n < M : r^n$$

sein; das Gleichheitszeichen wird nur ausnahmsweise vorkommen.

Wir wollen gleich die Frage entscheiden, wann in der Abschätzungsformel das Gleichheitszeichen stehen muß.

Der Annahme $\qquad A_n = M : r^n$

und der daraus (s. o.) sich ergebenden Gleichung

$$2\pi M = \int_0^{2\pi} F \cos(T - nt - \alpha_n)\,dt$$

entsprechend, dann und nur dann, wenn überall auf dem Kreise $\mathfrak{r}$

$$1^\circ\ F = M, \qquad 2^\circ\ T - nt - \alpha_n = 0$$

ist.

Aus diesen beiden Bedingungen folgt, daß überall auf $\mathfrak{r}$

$$f(z) = Fe^{iT} = Me^{int}e^{i\alpha_n} = A_n e^{i\alpha_n} \cdot r^n e^{int} = a_n(z - c)^n$$

ist.

In (1) steht also *nur dann* das Gleichheitszeichen, wenn überall auf dem Kreise $\mathfrak{r}$ die Funktion $f(z)$ die Form

$$f(z) = a_n(z - c)^n \qquad \text{hat.}$$

In diesem Ausnahmefalle stimmen die beiden in $\mathfrak{K}$ regulären Funktionen

$$f(z) = \sum_{\nu}^{0,\infty} a_\nu (z-c)^\nu \qquad \text{und} \qquad g(z) = a_n (z-c)^n$$

in unendlich vielen Punkten — nämlich den Punkten des Kreises $\mathfrak{r}$ — überein. Nach dem Übereinstimmungssatze (§ 25) stimmen sie dann in sämtlichen Punkten ihres Regularitätsbereiches $\mathfrak{K}$ überein. Daher ist dann *überall in* $\mathfrak{K}$

$$f(z) = g(z) = a_n (z-c)^n.$$

Das Ergebnis unserer Untersuchung ist

Cauchys Abschätzungssatz:

Verhält sich die Funktion $f(z)$ in einem kreisförmigen Bereiche mit dem Zentrum c und dem Radius R regulär, so ist für den beliebigen nichtnegativen Zeiger n und für den beliebigen R nicht überschreitenden Radius r

$$\left| a_n = \frac{f^n(c)}{n!} \right| \leqq \frac{M}{r^n},$$

wo M das Maximum des Betrags $| f(z) |$ der Funktion auf dem um c mit dem Radius r beschriebenen Kreise bedeutet.
Das Gleichheitszeichen gilt für einen solchen Radius r nur, wenn die Funktion eine n-te Potenz von $(z-c)$:

$$f(z) = a_n (z-c)^n$$

ist.

Cauchys Abschätzungsformel folgt auch unmittelbar aus dem

Satz von Gutzmer:

Wenn die Reihe

$$f = f(z) = \sum_0^\infty a_n u^n \qquad \text{mit} \quad u = z - c$$

auf jedem Kreise $\mathfrak{K}$ vom Zentrum c und Radius $r < R$ konvergiert und hier nirgends den Wert M betraglich überschreitet, so ist

$$\sum_0^\infty A_n^2 R^{2n} \leqq M^2 \qquad \text{mit} \quad A_n = | a_n |.$$

[A. Gutzmer, Math. Annalen, Bd. XXXII, 1888.]
Beweis. Man betrachte das Integral

$$J = \int_0^{2\pi} | f |^2 d\vartheta,$$

in welchem z den Rand des Kreises $\mathfrak{K}$ durchläuft und ϑ die Neigung des von c nach z gehenden Radius gegen die positive Realachse bedeutet. Es ist

$$J = \int_0^{2\pi} f \cdot \bar{f} d\vartheta = \int_0^{2\pi} (a_0 + a_1 r \, 1^\vartheta + a_2 r^2 \, 1^{2\vartheta} + \cdots)(\bar{a}_0 + \bar{a}_1 r \, 1^{-\vartheta} + \bar{a}_2 r^2 \, 1^{-2\vartheta} + \cdots) \, d\vartheta.$$

Bei Multiplikation der Klammern und gliedweiser Integration liefern nur die Glieder $A_n^2 r^{2n}$ Beiträge, so daß

$$J = 2\pi \sum_0^\infty A_n^2 r^{2n}.$$

Da aber nach Voraussetzung $|f|$ auf $\mathfrak{K}$ M nicht überschreiten kann, muß

$$J \leqq 2\pi M^2$$

sein. Folglich ist

$$\sum_0^\infty A_n^2 r^{2n} \leqq M^2,$$

und da diese Ungleichung für *jedes* $r < R$ gilt, kann die Summe $\sum_0^\infty A_n^2 R^{2n}$ die Schranke M^2 nicht überschreiten, muß also

$$\boxed{\sum_0^\infty A_n^2 R^{2n} \leqq M^2}$$

sein. Q. E. D.

Anwendungen von Cauchys Abschätzungssatz

I. Der Satz vom Maximum

Wir setzen in der Abschätzungsformel $n = 0$ und erhalten

$$|f(c)| \leqq M,$$

worin das Gleichheitszeichen nur in dem Falle gilt, wo $f(z)$ eine Konstante ist. Für jede nichtkonstante Regulärfunktion gilt daher die Ungleichung

$$|f(c)| < M,$$

in welcher M das Maximum bedeutet, das der Betrag der Funktion auf irgendeinem um c beschriebenen, dem Regularitätsbereiche angehörigen Kreise erreicht. Damit erhalten wir den

Satz vom Maximum:

Eine in einem Bereiche nicht konstante Regulärfunktion erreicht das Maximum ihres Betrages nur auf dem Bereichrande.

Läge nämlich dieses Maximum in einem Innenpunkte c des Bereiches

$$|f(c)| = \text{Max}\,|f(z)|,$$

so wäre das Maximum M von $|f(z)|$ in den Punkten eines um c beschriebenen, dem Regularitätsbereich angehörigen Kreises zufolge der obigen Ungleichung größer als das Maximum $|f(c)|$ von $|f(z)|$ im Bereiche überhaupt, *q. e. a.*

II. Liouvilles Satz

Wir setzen in der Abschätzungsformel $n = 1$ und erhalten

$$|f'(c)| \leqq \frac{M}{r}.$$

Hieraus ergibt sich sofort der

Satz von Liouville:

Eine überall im Endlichen beschränkte Regulärfunktion ist eine Konstante.

In der Tat: liegt $|f(z)|$ überall im Endlichen unterhalb einer festen endlichen Schranke E, so ist auch $M < E$ und demnach

$$|f'(c)| < \frac{E}{r}.$$

In dieser Ungleichung darf man für c einen beliebigen endlichen Wert und für r einen beliebig großen (endlichen) Radius nehmen. Da auf diese Weise die rechte Seite der Ungleichung auf einen beliebig kleinen positiven Wert herabgedrückt werden kann, muß die linke Seite Null sein.
Demnach ist für jeden endlichen Wert c

$$f'(c) = 0.$$

Wenn aber die Ableitung einer Regulärfunktion im Regularitätsgebiet überall verschwindet, so ist die Funktion eine Konstante:

$$f(z) = \text{const}, \qquad \text{w. z. b. w.}$$

Laurents Abschätzungsformel

Wie die Koeffizienten a_n der Taylorentwicklung einer Regulärfunktion können auch die Koeffizienten c_n einer in einem Kreisringe $\mathfrak{R}$ regulären Funktion $f(z)$ abgeschätzt werden. Ist c das Ringzentrum, $\mathfrak{r}$ ein im Ringe verlaufender, den Ringrändern konzentrischer Kreis vom Radius r, so lautet die für alle Ringpunkte gültige Laurententwicklung der Funktion

$$f(z) = \sum_{-\infty}^{+\infty} c_n (z-c)^n \qquad \text{mit} \qquad c_n = \mathfrak{T} \int_{\mathfrak{r}} \frac{f(z)}{(z-c)^{n+1}} dz.$$

Der Unterschied zwischen den Formeln für a_n und c_n liegt darin, daß bei c_n der Zeiger n im allgemeinen auch *negativ* wird.

Genau wie oben finden wir auch hier die

Abschätzungsformel:

$$(2) \qquad \boxed{|c_n| \leqq M : r^n} \qquad (n \text{ beliebig ganzzahlig}),$$

wobei wieder M das Maximum von $|f(z)|$ auf dem Kreise $\mathfrak{r}$ bedeutet. Auch hier gilt das Gleichheitszeichen nur ausnahmsweise, nämlich nur dann, wenn $f(z)$ in den Punkten des Kreises $\mathfrak{r}$ die Form

$$f(z) = c_n (z-c)^n$$

hat.
Da in diesem Ausnahmefalle die beiden auf der Ringfläche $\mathfrak{R}$ regulären Funktionen $f(z)$ und $g(z) = c_n (z-c)^n$ in unendlich vielen Punkten von $\mathfrak{R}$ — nämlich

den Punkten von $\mathfrak{r}$ — übereinstimmen, so stimmen sie in *allen* Ringpunkten überein, ist also nicht nur auf $\mathfrak{r}$, sondern *überall im Ringe*

$$f(z) = c_n(z-c)^n.$$

Damit haben wir

Laurents Abschätzungssatz:

Verhält sich die Funktion $f(z)$ in einem Kreisringe mit dem Zentrum c überall regulär, so ist für jeden ganzzahligen Zeiger n und für jeden zwischen den Radien der beiden Ringränder liegenden Radius r der Betrag des Koeffizienten c_n der Laurententwicklung von $f(z)$

$$|c_n| \leqq \frac{M}{r^n},$$

wo M das Maximum von $|f(z)|$ auf dem um c mit dem Radius r beschriebenen Kreise bedeutet.

Das Gleichheitszeichen gilt für einen solchen Radius r nur dann, wenn die Funktion $f(z)$ überall im Ringe die Form

$$f(z) = c_n(z-c)^n$$

hat.

§ 35. SINGULARITÄTEN

Bei einer analytischen Funktion $f(z)$ unterscheidet man reguläre und singuläre Punkte.

Ein Punkt heißt *regulär*, wenn sich um ihn ein Kreis beschreiben läßt, auf dessen Fläche sich die Funktion überall regulär verhält.

Da sich die Funktion in diesem Kreise in eine konvergente Potenzreihe (Taylorreihe) entwickeln läßt, da ferner jede in diesem Kreise konvergente Potenzreihe eine Regulärfunktion darstellt, so können wir auch sagen:

Ein Punkt ist ein *regulärer Punkt* einer analytischen Funktion, wenn sich die Funktion in seiner Umgebung in eine konvergente Potenzreihe entwickeln läßt.

Jeder nicht reguläre Punkt heißt *singulär*. Man sagt auch: die Funktion weist in dem betreffenden Punkte eine *Singularität* auf.

Die einfachsten Singularitäten sind die Pole.

Ein Punkt c heißt ein *Pol* der analytischen Funktion $f(z)$, wenn die Funktion in der Umgebung des Punktes c die Form

$$f(z) = F(z) : (z-c)^n$$

hat, wo $F(z)$ eine im Punkte c nicht verschwindende, in der Umgebung des Punktes reguläre Funktion darstellt und der Exponent n — die sog. *Ordnung des Pols* — eine natürliche Zahl ist. Ein Pol n-ter Ordnung wird auch ein n-facher Pol genannt.

Da sich das Reziprok einer in c nicht verschwindenden, in der Umgebung von c regulären Funktion $F(z)$ in eine in der Umgebung von c konvergente

Potenzreihe entwickeln läßt, so stellt

$$1 : f(z) = (z - c)^n : F(z)$$

eine in der Umgebung von c reguläre Funktion dar.

Ist umgekehrt $1 : f(z)$ in der Umgebung von c in eine konvergente Potenzreihe entwickelbar:

$$1 : f(z) = A\,(z - c)^n + B(z - c)^{n+1} + C(z - c)^{n+2} + \cdots,$$

mit $A \neq 0$, $n > 0$, so besitzt $f(z)$ in c einen Pol n-ter Ordnung.

Wir können daher auch sagen:

Ein Punkt c ist ein *Pol der analytischen Funktion* $f(z)$, wenn er für die Funktion, nicht aber für ihr Reziprok singulär ist.

Eine analytische Funktion, die in einem Gebiete keine anderen Singularitäten als Pole besitzt, heißt in dem Gebiete *meromorph*.

Der *ohne* besonderen Gebietshinweis gebrauchte Ausdruck „*meromorphe Funktion*" bedeutet eine analytische Funktion, die — von etwaigen diskreten Polen abgesehen — nirgends *im Endlichen* eine Singularität aufweist.

Eine meromorphe Funktion kann in einem endlichen Gebiete niemals unendlich viele Pole haben.

Im Falle unendlich vieler Pole existiert nämlich im Gebiet eine Häufungsstelle H von Polen. Die Stelle H ist dann zwar singulär, kann aber der Definition des Pols zufolge kein Pol sein. Dieser Widerspruch verschwindet nur, wenn man zugibt, daß eine meromorphe Funktion in einem endlichen Gebiet nur endlich viele Pole haben kann.

Eine in der ganzen Ebene meromorphe Funktion kann natürlich unendlich viele Pole besitzen.

Die einfachsten meromorphen Funktionen sind die rationalen Funktionen, Funktionen von der Form

$$f(z) = \frac{\varphi(z)}{\psi(z)},$$

wo φ und ψ Polynome in z, und zwar, wie wir gleich annehmen wollen, ohne gemeinsame Nullstellen bedeuten.

Ist das Polynom $\psi(z)$ vom n-ten Grade, so verschwindet es nach dem Fundamentalsatz der Algebra (vgl. § 38) an n Stellen $\alpha_1, \alpha_2, \ldots, \alpha_n$. Die Rationalfunktion $f(z)$ hat dann im Endlichen genau n Pole: die Stellen $\alpha_1, \alpha_2, \ldots, \alpha_n$. Kommen unter diesen Stellen gleiche vor, ist z. B. $\alpha_1 = \alpha_2 = \alpha_3 = \alpha$ dagegen für $\nu > 3$ $\alpha_\nu \neq \alpha$, so ist die Stelle α ein Pol 3. Ordnung von $f(z)$.

Außerdem besitzt $f(z)$, wenn der Grad m von φ den von ψ übersteigt, noch im Unendlichen einen Pol $(m - n)$-ter Ordnung. Diese Tatsache deren Richtigkeit man leicht nachweist, indem man zeigt, daß die Stelle $\zeta = 0$ ein Pol $(m - n)$-ter Ordnung für die Funktion $\varrho(\zeta) = f(1 : \zeta)$ ist, kann als Verallgemeinerung des Satzes aufgefaßt werden:

Jedes Polynom n-ten Grades

$$f(z) = Az^n + Bz^{n-1} + Cz^{n-2} + \ldots + H$$

besitzt im Unendlichen einen Pol n-ter Ordnung.

Es ist nämlich mit $z = 1 : \zeta$

$$f(z) = f\left(\frac{1}{\zeta}\right) = \varphi(\zeta) = \frac{A + B\zeta + C\zeta^2 + \cdots + H\zeta^n}{\zeta^n}$$

eine Funktion von ζ, die an der Stelle $\zeta = 0$ einen Pol n-ter Ordnung besitzt. Als Erweiterung des Polynoms n-ter Ordnung kann die innerhalb ihres Konvergenzkreises $\mathfrak{k}$ konvergente Potenzreihe

$$f(z) = c_0 + c_1 z + c_2 z^2 + \cdots \text{ in inf.}$$

aufgefaßt werden.

Während das Polynom im Endlichen keine Singularität aufweist, ist das bei der Funktion $f(z)$ bei endlichem Konvergenzradius nicht mehr der Fall. Vielmehr gilt der beachtliche

Satz:

Die durch eine Potenzreihe mit endlichem Konvergenzradius definierte analytische Funktion besitzt auf dem Rande ihres Konvergenzkreises mindestens einen singulären Punkt.

Beweis. Angenommen, auf dem Konvergenzkreise $\mathfrak{k}$ der Funktion $f(z)$ lägen nur reguläre Punkte von $f(z)$. Dann läßt sich die Funktion $f(z)$ in der Umgebung jedes Konvergenzkreispunktes in eine konvergente Taylorreihe entwickeln, die in der Umgebung sich regulär verhält. Nach Heine-Borels Überdeckungssatz läßt sich $\mathfrak{k}$ mit *endlich* vielen der genannten Umgebungskreise überdecken, deren Schnittpunkte teils außerhalb, teils innerhalb $\mathfrak{k}$ liegen. Von den außerhalb gelegenen Schnittpunkten habe der dem Kreise $\mathfrak{k}$ am nächsten kommende vom Ursprung 0 den Abstand $k + p$, wo k den Radius von $\mathfrak{k}$ und p eine positive Größe bedeutet. Zeichnen wir nun um 0 den Kreis $\mathfrak{k}'$ mit dem Halbmesser $k' = k + p$, so ist die Funktion $f(z)$ im Innern von $\mathfrak{k}'$ überall regulär, konvergiert also die Reihe

$$c_0 + c_1 z + c_2 z^2 + \cdots$$

überall im Innern von $\mathfrak{k}'$ absolut.

Das ist aber ein Widerspruch gegen unsere Voraussetzung, derzufolge diese Reihe ja außerhalb des Kreises $\mathfrak{k}$ nicht mehr konvergieren sollte. Der Widerspruch verschwindet nur, wenn man die Existenz mindestens einer Singularität der Potenzreihe $f(z)$ auf ihrem Konvergenzkreise zugibt.

Satz von Vivanti:

Sind speziell die Koeffizienten $c_0, c_1, c_2, \ldots$ der Potenzreihe

$$f(z) = c_0 + c_1 z + c_2 z^2 + \ldots$$

mit dem Konvergenzradius k alle positiv, so ist der Punkt $z = k$ sicher ein singulärer Punkt von $f(z)$.

Beweis. Wäre $z = k$ ein regulärer Punkt von $f(z)$, so ließe sich $f(z)$ in der Umgebung von $z = k$ in eine konvergente Taylorreihe

$$f(z) = \sum_0^\infty f^n(k) \frac{(z-k)^n}{n!}$$

entwickeln, deren Konvergenzradius r sein möge.

Ist nun $\varkappa$ ein beliebiger Punkt des Konvergenzkreises $\mathfrak{k}$ von $f(z)$, so ist zunächst wegen der Posivität der Koeffizienten $c_0, c_1, c_2, \ldots$

$$|f^n(\varkappa)| \leqq f^n(k).$$

Wegen dieser Ungleichung konvergiert die Reihe

$$\sum_0^\infty f^n(\varkappa)\frac{(z-\varkappa)^n}{n!}$$

in sämtlichen Punkten der Kreisfläche $|z-\varkappa| < r$.
Da diese Reihe aber die Taylorentwicklung der Funktion $f(z)$ in der Umgebung r des Punktes $\varkappa$ darstellt, ist auch der *beliebige* Konvergenzkreispunkt $\varkappa$ ein regulärer Punkt von $f(z)$, im Widerspruche zu dem obigen Satze, demzufolge $\mathfrak{k}$ doch mindestens *eine* Singularität von $f(z)$ aufweisen muß.

Eine besondere Art von Singularitäten bilden die Verzweigungspunkte der algebraischen Funktionen.
Die Funktion

$$f(z) = \sqrt{z-c}$$

läßt sich z. B. in der Umgebung des Punktes $z = c$ nicht mehr eindeutig definieren, ist somit an der Stelle $z = c$ (trotz ihres harmlosen Wertes Null) nicht mehr regulär.
Dasselbe gilt von der Funktion

$$f(z) = \sqrt[n]{z-c},$$

wo n eine natürliche Zahl > 2 ist.
Auch die logarithmische Funktion

$$f(z) = l\,(z-c)$$

ist im Punkte $z = c$ singulär; auch bei dieser Funktion ist eine eindeutige Festlegung für die Umgebung der Stelle $z = c$ nicht möglich.

Wir beschränken uns hier auf die Betrachtung isolierter Singularitäten eindeutiger analytischer Funktionen.
Eine Singularität einer analytischen Funktion heißt *isoliert*, wenn sich um den singulären Punkt c ein Kreis beschreiben läßt, auf dessen Fläche die Funktion außer c keine Singularität aufweist.
Die isolierten Singularitäten lassen sich mittels der Laurentschen Entwicklung in zwei Arten spalten.
Der Punkt $z = c$ sei eine isolierte singuläre Stelle der eindeutigen analytischen Funktion $f(z)$. Dann existiert ein Kreis $\mathfrak{a}$ vom Zentrum c und Halbmesser a, auf dessen Fläche außer c kein singulärer Punkt mehr liegt. Wir denken uns einen zweiten Kreis $\mathfrak{b}$ vom Mittelpunkt c und Radius $b < a$. In dem Kreisringe $b \leqq |z-c| \leqq a$ verhält sich dann $f(z)$ regulär, ist also $f(z)$ in die Laurentreihe

$$f(z) = \sum_{-\infty}^{+\infty} c_\nu (z-c)^\nu$$

mit dem Hauptteil

$$\varphi(z) = \frac{b_1}{z-c} + \frac{b_2}{(z-c)^2} + \frac{b_3}{(z-c)^3} + \cdots$$

und dem Nebenteil

$$\varphi(z) = a_0 + a_1(z - c) + a_2(z - c)^2 + \cdots$$

entwickelbar.

Zwei Fälle können sich darbieten:

1. Der Hauptteil bricht mit dem n-ten Gliede $b_n : (z - c)^n$ ab; es ist

$$\psi(z) = \frac{b_1}{z - c} + \frac{b_2}{(z - c)^2} + \cdots + \frac{b_n}{(z - c)^n} \qquad \text{mit} \quad b_n \neq 0.$$

2. Der Hauptteil bricht nicht ab.

Im Falle 1. haben wir

$$f(z) = F(z) : (z - c)^n,$$

wobei $F(z)$ die überall innerhalb $\mathfrak{a}$ konvergente Reihe

$$b_n + b_{n-1}(z - c) + b_{n-2}(z - c)^2 + \cdots + b_1(z - c)^{n-1} + a_0(z - c)^n + a_1(z - c)^{n+1} + \cdots$$

bedeutet, deren Freiglied b_n nicht verschwindet, so daß $F(c) \neq 0$ ist.

Wir sehen, die Funktion $f(z)$ besitzt an der Stelle c einen Pol n-ter Ordnung.

Die im Falle 2. vorliegende Singularität ist, wie wir gleich zeigen werden, weit komplizierter.

Einstweilen merken wir uns:

Eine isolierte singuläre Stelle c einer analytischen Funktion heißt (nach Weierstraß) *wesentlich singulär* oder *außerwesentlich singulär*, je nachdem der Hauptteil der zur Stelle c gehörigen Laurententwicklung der Funktion unendlich viele Glieder zählt oder nicht.

Damit ist eine außerwesentlich singuläre Stelle nichts anderes als ein Pol, und wir gewinnen zu den beiden obigen Erklärungen des Begriffs „Pol" noch folgende dritte Definition:

Ein Punkt c ist ein *Pol n-ter Ordnung* einer analytischen Funktion, wenn der Hauptteil der zugehörigen Laurentreihe der Funktion mit dem n-ten Gliede abbricht.

Die folgenden Sätze zeigen den gewaltigen Unterschied, der zwischen den wesentlich singulären und außerwesentlich singulären Stellen einer analytischen Funktion besteht.

Satz 1:

Bei der Annäherung an eine außerwesentlich singuläre Stelle c wird die Funktion $f(z)$ bestimmt Unendlich;

d. h. *auf welchem Wege auch* der Punkt z der Stelle c zueilt, bei unbegrenzter Annäherung an die Stelle c wird $|f(z)|$ Unendlich.

Beweis. Wenn z dem Punkte c zueilt — der Weg spielt dabei keine Rolle — strebt in

$$f(z) = F(z) : (z - c)^n$$

[s. o.] der Zähler $F(z)$ gegen den nicht verschwindenden endlichen Wert $F(c) = b_n$, der Nenner gegen Null. Folglich wird

$$\lim_{z \to c} f(z) = \infty.$$

Was eine *wesentlich* singuläre Stelle c angeht, so könnte man zunächst vermuten, daß die Funktion $f(z)$ bei unbegrenzter Annäherung an die Stelle c erst recht gegen Unendlich strebt. Das trifft aber nur insofern zu, als sich folgender Satz aussprechen läßt:

Satz 2:

Eine analytische Funktion $f(z)$ vermag in der Umgebung einer wesentlich singulären Stelle c Werte beliebig hohen Betrages anzunehmen.

Beweis. Der Hauptteilkoeffizient b_n der zur Stelle c gehörigen Laurententwicklung unserer Funktion hat den Wert

$$b_n = \mathfrak{T} \int_{\mathfrak{b}} f(z) \cdot (z-c)^{n-1}\, dz.$$

Ist nun G eine sehr große (aber noch endliche) positive Zahl, und bliebe $|f(z)|$ überall in der Umgebung von c *unterhalb* G, so wäre nach Laurents Abschätzungsformel

$$|b_n| < G\, b^n.$$

Nach dieser Ungleichung, in welcher der Radius b beliebig klein (positiv) angenommen werden darf, müßte b_n für jeden Zeiger n verschwinden. Die Laurententwicklung wäre also nichts anderes als eine Taylorentwicklung, und unsere Funktion wäre in c — gegen die Voraussetzung — gar nicht singulär.
Daß aber die Funktion $f(z)$ bei *beliebiger* unbegrenzter Annäherung an die wesentlich singuläre Stelle c — wie im Falle der außerwesentlich singulären Stelle — gegen Unendlich strebt, ist *nicht* der Fall. Vielmehr gilt der bemerkenswerte

Satz 3:

Satz von Casorati-Weierstraß:

Eine analytische Funktion $f(z)$ kommt in beliebiger Nähe einer wesentlich singulären Stelle c jedem beliebigen endlichen Werte E beliebig nahe.

Wir schicken dem Beweise dieses Satzes einen Hilfssatz voraus:

Lemma:

Hat die eine, $f(z)$, von zwei reziproken analytischen Funktionen in c eine wesentlich singuläre Stelle, so auch die andere: $\varphi(z) = 1 : f(z)$.

Beweis. 1. Wäre $\varphi(z)$ regulär in c, so wäre um c etwa

$$\varphi(z) = A\,(z-c)^n + B\,(z-c)^{n+1} + \cdots \qquad \text{mit} \quad A \neq 0,$$

mithin
$$f(z) = 1 : \varphi(z) = F(z) : (z-c)^n \qquad \text{mit} \quad F(c) \neq 0.$$

Also hätte $f(z)$ in c eine außerwesentlich singuläre Stelle (den Pol n-ter Ordnung c) gegen die Voraussetzung.
2. Hätte φ in c einen Pol etwa n-ter Ordnung, so daß $\varphi(z) = \Phi(z) : (z-c)^n$ mit $\Phi(c) \neq 0$ wäre, so wäre $f(z) = 1 : \varphi(z) = (z-c)^n : \Phi(z)$ in c regulär, wieder gegen die Voraussetzung.
Es bleibt sonach nichts anderes übrig, als auch $\varphi(z)$ in c wesentlich singulär anzunehmen.

Im Anschluß an dieses Lemma und die obigen Poldefinitionen können wir noch folgende Definition der isolierten wesentlich und außerwesentlich singulären Stelle anführen:
Ein isolierter singulärer Punkt einer analytischen Funktion ist *wesentlich* oder *außerwesentlich* singulär, je nachdem er für das Reziprok der Funktion singulär ist oder nicht.
Nun zum Beweise des Satzes von Casorati-Weierstraß!
Käme die Funktion $f(z)$ in beliebiger Nähe der Stelle c dem Werte E nicht beliebig nahe, so wäre die Funktion

$$\varphi(z)=\frac{1}{f(z)-E}$$

in einem gewissen Kreisringe $b \leqq |z-c| \leqq a$ regulär und beschränkt, so daß hier etwa

$$|\varphi(z)|<M$$

wäre, unter M eine endliche Zahl verstanden.
Nach Laurents Abschätzungsformel bestände dann für den Koeffizienten β_n des Hauptteils der Laurententwicklung von $\varphi(z)$ die Ungleichung

$$|\beta_n|<M\cdot b^n;$$

und da diese Ungleichung für jedes noch so kleine positive b gilt, müßte β_n für jeden Zeiger n verschwinden. Damit wäre aber $\varphi(z)$ in der Umgebung von c regulär, q. e. a., da es doch als Reziprok von $f(z)-E$ in c eine wesentlich singuläre Stelle hat.

§ 36. CAUCHYS RESIDUENSATZ

Die eindeutige analytische Funktion $f(z)$ sei in dem durch den Umlauf $\mathfrak{u}$ berandeten Bereiche mit Ausnahme eines einzigen im Innern von $\mathfrak{u}$ liegenden singulären Punktes c regulär.
Wir stellen uns die Aufgabe, das über den Umlauf $\mathfrak{u}$ erstreckte Integral

$$I=\int_{\mathfrak{u}} f(z)\,dz$$

der Funktion zu berechnen.
Nach Cauchys Hauptsatz läßt sich dieses Integral auch schreiben

$$I=\int_{\mathfrak{r}} f(z)\,dz,$$

wo $\mathfrak{r}$ einen mit dem hinreichend kleinen Radius r um den singulären Punkt c beschriebenen Kreis bedeutet. Nun ist nach Laurent in einem den Kreis $\mathfrak{r}$ enthaltenden innerhalb $\mathfrak{u}$ gelegenen Kreisringe mit dem Zentrum c

$$f(z)=\sum_{-\infty}^{+\infty} c_n (z-c)^n=\sum_{0}^{\infty} a_n (z-c)^n+\sum_{1}^{\infty} b_n:(z-c)^n$$

mit

$$c_n=\mathfrak{C}\int_{\mathfrak{r}} \frac{f(z)}{(z-c)^{n+1}}\,dz.$$

Da diese Laurentreihe auf $\mathfrak{r}$ gleichmäßig konvergiert, kann sie gliedweise integriert werden. Durch die Substitution

$$z = c + re^{it}, \qquad dz = rie^{it}dt$$

geht dabei das Integral

$$\int_{\mathfrak{r}} c_n (z-c)^n dz \qquad \text{in} \qquad c_n r^{n+1} i \int_0^{2\pi} e^{(n+1)it} dt$$

über.

Das neue Integral hat für jedes von $\iota = -1$ verschiedene n den Wert Null, während es für $n = \iota$ den Wert $2\pi i c_\iota = 2\pi i b_1$ besitzt. Daher gilt

Cauchys Residuenformel:

$$\boxed{\int_{\mathfrak{u}} f(z)\, dz = 2\pi i c_\iota = 2\pi i b_1},$$

wo $c_\iota = b_1$ den Koeffizienten von $1 : (z-c)$ in der zur singulären Stelle c gehörigen Laurententwicklung der Funktion $f(z)$ bedeutet.

Wir nennen diesen Koeffizienten nach Cauchy das zur Stelle c gehörige *Residuum* der Funktion $f(z)$, auch das Residuum der Stelle c für die Funktion $f(z)$ (oder das Residuum der Funktion $f(z)$ an der Stelle c) und bezeichnen es mit $R_c f(z)$ oder kürzer, wenn über die Funktion f kein Zweifel besteht, mit R_c. Die Residuenformel schreibt sich dann

$$\boxed{\int_{\mathfrak{u}} f(z)\, dz = 2\pi i R_c}.$$

Liegen statt *eines* singulären Punktes im Innern des Umlaufs $\mathfrak{u}$ n singuläre Punkte $a, b, c, \ldots$, so umgeben wir sie mit einander ausschließenden, innerhalb $\mathfrak{u}$ verlaufenden kleinen Kreisen $\mathfrak{a}, \mathfrak{b}, \mathfrak{c}, \ldots$ und haben nach Cauchys Hauptsatz zunächst

$$\int_{\mathfrak{u}} f(z)\, dz = \int_{\mathfrak{a}} f(z)\, dz + \int_{\mathfrak{b}} f(z)\, dz + \int_{\mathfrak{c}} f(z)\, dz + \cdots,$$

darauf nach der obigen Residuenformel

$$\int_{\mathfrak{a}} f(z)\, dz = 2\pi i R_a, \qquad \int_{\mathfrak{b}} f(z)\, dz = 2\pi i R_b, \ \ldots,$$

so daß sich die Formel

$$\boxed{\int_{\mathfrak{u}} f(z) dz = 2\pi i (R_a + R_b + R_c + \cdots)}$$

ergibt.

Dies ist *Cauchys Residuenformel*, eine der wichtigsten Formeln der Funktionentheorie. Wir fassen sie folgendermaßen in Worte:

Cauchys Residuensatz:

Besitzt eine analytische Funktion nur isolierte Singularitäten, so gleicht das über einen singularitätenfreien Umlauf erstreckte Integral der Funktion dem $2\pi i$ fachen der Summe der Residuen aller innerhalb des Umlaufs liegenden Singularitäten.

Dabei versteht man, um es zu wiederholen, unter dem *Residuum* einer singulären Stelle c den Koeffizienten von $(z-c)^{\iota}$ in der zur Stelle c gehörigen Laurententwicklung der Funktion.

Der Cauchysche Residuensatz gestattet überaus zahlreiche Anwendungen. Um bei diesen Anwendungen an Rechenwerk zu sparen, stellen wir einige hierher gehörige nützliche Rechenregeln zusammen.

Sehr oft sind die Singularitäten der Funktion $f(z)$ einfache Pole, so daß die zur singulären Stelle c gehörige Laurentreihe nur einen *ein*gliedrigen Hauptteil $c_{\iota}:(z-c)$ besitzt. In diesem Falle ist

$$f(c+\varepsilon)=\frac{c_{\iota}}{\varepsilon}+c_0+c_1\varepsilon+c_2\varepsilon^2+\cdots,$$

mithin

$$\varepsilon f(c+\varepsilon)=c_{\iota}+c_0\varepsilon+c_1\varepsilon^2+c_2\varepsilon^3+\cdots.$$

Daher wird

$$\lim_{\varepsilon\to 0}\varepsilon f(c+\varepsilon)=c_{\iota}.$$

Das gibt

Regel 1:

Für jeden einfachen Pol c einer analytischen Funktion $f(z)$ hat das Residuum den Wert

$$\boxed{R_c=\lim_{\varepsilon\to 0}\varepsilon f(c+\varepsilon)}\,.$$

Besonders häufig hat die vorgelegte analytische Funktion in der Umgebung einer singulären Stelle c die Form

$$f(z)=\varphi(z):\psi(z),$$

wo $\psi(z)$ im Punkte c eine einfache Nullstelle besitzt und $\varphi(z)$ im Punkte c nicht verschwindet. In diesem Falle ist

$$\varepsilon f(c+\varepsilon)=\frac{\varepsilon\varphi(c+\varepsilon)}{\psi(c+\varepsilon)}=\frac{\varepsilon\varphi(c+\varepsilon)}{\psi(c)+\varepsilon\psi'(c)+\frac{\varepsilon^2}{2}\psi''(c)+\cdots},$$

mithin

$$\lim_{\varepsilon\to 0}\varepsilon f(c+\varepsilon)=\frac{\varphi(c)}{\psi'(c)}.$$

Demnach gilt

Regel 2:

Das Residuum der analytischen Funktion $f(z)=\varphi(z):\psi(z)$ für die singuläre Stelle c, an welcher $\psi(z)$ von erster Ordnung verschwindet, $\varphi(z)$ aber nicht verschwindet, *hat den Wert*

$$\boxed{R_c=\varphi(c):\psi'(c)}\,.$$

Ist der singuläre Punkt c ein Pol n-ter Ordnung der Funktion $f(z)$, so hat das Produkt $(z-c)^n f(z)$ in c keine Singularität mehr, und da die zur Stelle c gehörige Taylorentwicklung dieses Produkts

$$b_n + b_{n-1}(z-c) + b_{n-2}(z-c)^2 + \cdots + b_1(z-c)^{n-1} + a_0(z-c)^n + a_1(z-c)^{n+1} + \cdots$$

lautet und b_1 das Residuum von $f(z)$ für die Stelle c ist, so gilt

Regel 3:

Das Residuum der analytischen Funktion $f(z)$ für einen Pol c n-ter Ordnung von $f(z)$ ist der Koeffizient von $(z-c)^{n-1}$ in der Taylorentwicklung der um c regulären Funktion $(z-c)^n f(z)$.

Residuum im unendlich fernen Punkte

Bedeutet R_c das Residuum der analytischen Funktion $f(z)$ im singulären Punkte c, so ist das über einen den Punkt c umschlingenden hinreichend kleinen Kreis $\mathfrak{k}$ im positiven Sinne erstreckte Integral

$$\int_{\mathfrak{k}} f(z)\,dz = 2\pi i R_c .$$

Wir können das Residuum R_c deshalb auch durch die Berechnungsvorschrift

$$R = \mathfrak{T} \int_{\mathfrak{k}} f(z)\,dz$$

definieren.

Diese Gleichung hat den Vorzug, daß sie am einfachsten das Residuum einer analytischen Funktion $f(z)$ für den Punkt $z = \infty$ zu definieren gestattet. Wir erklären demgemäß:

Das Residuum R_∞ der analytischen Funktion $f(z)$ für den — isoliert singulär zu denkenden — unendlich fernen Punkt ist

$$R_\infty = \mathfrak{T} \int_{\mathfrak{k}} f(z)\,dz ,$$

wobei $\mathfrak{k}$ einen um den Ursprung mit dem sehr großen Radius r beschriebenen Kreis bedeutet, außerhalb dessen außer dem Punkte $z = \infty$ keine singulären Punkte der Funktion liegen. Doch muß dieser Kreis, damit er, vom unendlich fernen Punkte aus gesehen, im positiven Sinne durchlaufen erscheint, im Gegensatz zu der obigen Formel für R_c, im Uhrzeigersinne durchlaufen werden, was die Übertragung auf die Zahlenkugel auch bestätigt.

Nun sei die Laurententwicklung der Funktion $f(z)$ in der Umgebung des Punktes $z = \infty$

$$f(z) = \sum_{-\infty}^{+\infty} c_n \left(\frac{1}{z}\right)^n = \sum_{0}^{\infty} a_n \left(\frac{1}{z}\right)^n + \sum_{1}^{\infty} b_n z^n .$$

Ihre gliedweise Integration über den Kreis $\mathfrak{k}$ führt nur bei dem Gliede $a_1 : z$ auf einen nicht verschwindenden Wert, nämlich auf den Wert $-2\pi i a_1$. Unser Residuum hat also den Wert

$$\boxed{R_\infty = -a_1 = -c_1} .$$

Das Residuum der Funktion $f(z)$ im unendlich fernen Punkte ist sonach der entgegengesetzte Koeffizient von $\frac{1}{z}$ in der zum unendlich fernen Punkte gehörigen Laurententwicklung der Funktion.

Überträgt man die Residuumdefinition

$$R_c = \mathfrak{C} \int_{\mathfrak{k}} f(z)\, dz$$

auch auf *reguläre* Punkte c der Funktion, so wird natürlich

$$R_c = 0,$$

jedoch mit etwaiger Ausnahme des Punktes $c = \infty$.

Das Residuum einer im Punkte $z = \infty$ regulären Funktion hat für diesen Punkt im allgemeinen — dann nämlich, wenn c_1 nicht verschwindet — einen von Null verschiedenen Wert.

Den Abschluß unserer Betrachtungen bilde der

Satz von Cauchy:

*Die Summe **aller** Residuen einer analytischen Funktion mit einer endlichen Anzahl von Singularitäten verschwindet.*

Beweis. Sind a, b, c, ... die im Endlichen liegenden singulären Stellen der Funktion $f(z)$, $\mathfrak{a}$, $\mathfrak{b}$, $\mathfrak{c}$, ... hinreichend kleine sie umschlingende Kreise, so ist

$$R_a + R_b + R_c + \cdots = \mathfrak{C}\left[\int_{\mathfrak{a}} f(z)\, dz + \int_{\mathfrak{b}} f(z)\, dz + \int_{\mathfrak{c}} f(z)\, dz + \cdots\right].$$

Nach Cauchys Hauptsatz läßt sich hier die eckige Klammer durch das über den die Kreise a, b, c, ... umschließenden großen Kreis $\mathfrak{k}$ erstreckte Integral

$$\int_{\mathfrak{k}} f(z)\, dz$$

ersetzen. Das $\mathfrak{C}$fache dieses Integrals ist aber nach obigem $-R_\infty$. Folglich wird

$$R_a + R_b + R_c + \cdots + R_\infty = 0, \qquad \text{w. z. b. w.}$$

§ 37. ANWENDUNGEN DES RESIDUENSATZES ZUR BERECHNUNG BESTIMMTER INTEGRALE

I. Wir betrachten die Funktion

$$f(z) = \frac{e^{p i z}}{1 + z^2},$$

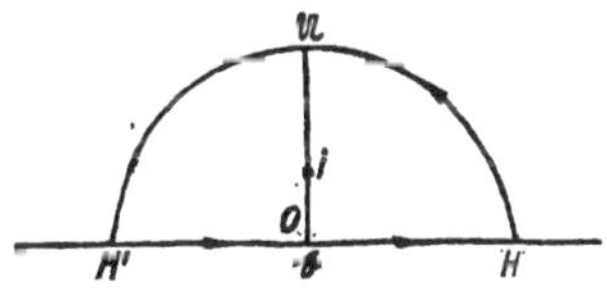

Abb. 24

wo p eine positive Konstante bedeutet, in dem Bereiche $\mathfrak{B}$, dessen Rand $\mathfrak{r}$ 1° aus dem oberhalb der Realachse liegenden Halbkreise $\mathfrak{a}$ mit dem unecht gebrochenen Halbmesser h und den auf der Realachse liegenden Endpunkten $H(h, 0)$ und $H'(-h, 0)$ sowie 2° aus der Strecke $H'H = \mathfrak{b}$ besteht.

Der einzige Ausnahmepunkt der Funktion $f(z)$ im Bereich $\mathfrak{B}$ ist der Pol erster

Ordnung $z = i$, das zugehörige Residuum mithin

$$R = R_i f(z) = \lim_{\varepsilon \to 0} \varepsilon f(i + \varepsilon) = e^{-p} : 2i.$$

Nach dem Residuensatze ist daher

$$\int_{\mathfrak{r}} f(z)\, dz = 2 i \pi R = \pi e^{-p}.$$

Das hier links stehende Integral besteht aus den beiden Teilen

$$A = \int_{\mathfrak{a}} f(z)\, dz \qquad \text{und} \qquad B = \int_{\mathfrak{b}} f(z)\, dz.$$

Um diese zu berechnen bzw. abzuschätzen, setzen wir in A $z = h e^{i\vartheta}$, in B $z = x$, wo dann ϑ von 0 bis π und x von $-h$ bis $+h$ läuft.
Was zunächst A anbetrifft, so entsteht

$$A = i \int_0^{\pi} \frac{h e^{pihE}}{1 + h^2 E^2} E\, d\vartheta \qquad \text{mit} \qquad E = e^{i\vartheta}.$$

Nun ist für hinreichend großes h

$$| 1 + h^2 E^2 | \geqq | h^2 E^2 | - 1 = h^2 - 1$$

und

$$| e^{pihE} | = e^{-ph \sin\vartheta} \leqq 1,$$

mithin der Integrand von A betraglich kleiner als $h : (h^2 - 1)$. Folglich wird

$$|A| \leqq \frac{\pi h}{h^2 - 1},$$

womit für den Betrag des Integrals A eine obere Schranke gefunden ist.
Für das Integral B bekommen wir

$$B = \int_{-h}^{+h} \frac{e^{pix}}{1 + x^2} dx.$$

Lassen wir nun in der Residuumformel

$$A + B = \pi e^{-p}$$

den Halbmesser h unbegrenzt wachsen, so strebt A wegen der obigen Ungleichung gegen Null, und es resultiert die Formel

$$\int_{-\infty}^{+\infty} \frac{e^{pix}}{1 + x^2} dx = \pi e^{-p}.$$

Da hier der imaginäre Bestandteil der linken Seite verschwinden muß, so erhalten wir die bemerkenswerte Integralformel

$$\boxed{\int_{-\infty}^{+\infty} \frac{\cos px}{1 + x^2} dx = \pi e^{-p}}\ .$$

Wie man leicht nachprüft, gilt diese Formel auch für $p = 0$.

II. Wir betrachten die Funktion

$$f(z)=\frac{e^{iz}}{p+iz},$$

in der p eine positive Konstante bedeutet, in dem Bereiche $\mathfrak{B}$, dessen Rand $\mathfrak{r}$ aus dem oberhalb der Realachse liegenden Halbkreise $\mathfrak{a}$ mit dem Halbmesser h und den beiden Endpunkten $H(h, 0)$ und $H'(-h, 0)$ sowie dem Durchmesser $H'H=\mathfrak{b}$ besteht. Es sei $h>p$. Die Funktion f verhält sich dann in diesem Bereiche regulär mit Ausnahme des Punktes $z=pi$, wo sie einen Pol erster Ordnung besitzt. Nach dem Residuensatze ist daher

$$\int_{\mathfrak{r}} f(z)\,dz=2\pi i R,$$

wo R das Residuum von $f(z)$ an der Stelle $z=pi$ bedeutet.
Dieses Residuum hat den Wert

$$R=\lim_{\varepsilon\to 0}\varepsilon f(pi+\varepsilon)=-ie^{-p}.$$

Das auf der linken Seite unserer Residuengleichung stehende Integral besteht aus den beiden Teilen

$$A=\int_{\mathfrak{a}} f(z)\,dz \qquad \text{und} \qquad B=\int_{\mathfrak{b}} f(z)\,dz.$$

Im Integral A setzen wir $z=he^{i\vartheta}$. Das gibt

$$A=i\int_0^\pi \frac{he^{ihE}}{p+ihE}E\,d\vartheta \qquad \text{mit} \quad E=e^{i\vartheta}.$$

Wir schätzen das Integral A ab. Da der Nenner des Integranden betraglich $\geqq h-p$, der Zähler betraglich $=h\,e^{-h\mu}$ (mit $\mu=\sin\vartheta$) ist, so liegt A betraglich unterhalb

$$J=\frac{h}{h-p}\int_0^\pi e^{-h\mu}d\vartheta=\frac{2h}{h-p}\int_0^\varkappa e^{-h\mu}d\vartheta \qquad \text{mit} \quad 2\varkappa=\pi.$$

Da nun (§ 29) $\int_0^\varkappa e^{-h\mu}d\vartheta$ unterhalb $\varkappa:\sqrt{1+h}$ liegt, so gewinnen wir die Ungleichung

$$|A|<\pi\frac{h}{h-p}\frac{1}{\sqrt{1+h}}$$

und sehen hieraus, daß das Integral A mit unbegrenzt wachsendem h gegen Null konvergiert.
Im Integral B setzen wir $z=x$, lassen x von $-h$ bis $+h$ laufen und bekommen

$$B=\int_{-h}^{+h}\frac{e^{ix}}{p+ix}dx.$$

Die Residuenformel schreibt sich jetzt

$$A+B=2\pi e^{-p}.$$

Lassen wir in ihr h unbegrenzt wachsen, so konvergiert, wie oben bemerkt, A gegen Null, und es bleibt

$$\int_{-\infty}^{+\infty}\frac{e^{ix}}{p+ix}\,dx=2\pi e^{-p}.$$

Nun ist der reelle Bestandteil der linken Seite dieser Gleichung

$$\int_{-\infty}^{+\infty}\frac{p\cos x+x\sin x}{p^2+x^2}\,dx,$$

der imaginäre

$$\int_{-\infty}^{+\infty}\frac{p\sin x-x\cos x}{p^2+x^2}\,dx.$$

Daher entsteht das Formelpaar

$$\int_{-\infty}^{+\infty}\frac{p\cos x+x\sin x}{p^2+x^2}\,dx=2\pi e^{-p},\qquad \int_{-\infty}^{+\infty}\frac{p\sin x-x\cos x}{p^2+x^2}\,dx=0.$$

Wir berücksichtigen jetzt, daß die Funktion

$$g(z)=\frac{e^{iz}}{p-iz}$$

sich im Bereich $\mathfrak{B}$ überall regulär verhält. Nach Cauchys Hauptsatz ist dann

$$\int_{\mathfrak{r}} g(z)\,dz=0\,.$$

Behandeln wir diese Gleichung ähnlich wie die entsprechende für $f(z)$, so gelangen wir in derselben Weise zum Formelpaar

$$\int_{-\infty}^{+\infty}\frac{p\cos x-x\sin x}{p^2+x^2}\,dx=0\,,\qquad \int_{-\infty}^{+\infty}\frac{p\sin x+x\cos x}{p^2+x^2}\,dx=0\,.$$

Nunmehr kommen wir durch Addition und Subtraktion der beiden Erstformeln der gefundenen Formelpaare zu den bemerkenswerten Integralformeln

$$\int_{-\infty}^{+\infty}\frac{p\cos x}{p^2+x^2}\,dx=\pi e^{-p}\qquad\text{und}\qquad \int_{-\infty}^{+\infty}\frac{x\sin x}{p^2+x^2}\,dx=\pi e^{-p}$$

oder

$$\boxed{\int_0^{\infty}\frac{\cos x}{p^2+x^2}\,dx=\frac{\varkappa e^{-p}}{p}}\,,\qquad \boxed{\int_0^{\infty}\frac{x\sin x}{p^2+x^2}\,dx=\varkappa e^{-p}}\qquad \text{mit}\quad 2\varkappa=\pi.$$

III. Es sei
$$f(z)=\frac{z^{2m}}{1+z^{2n}},$$
wobei m und n zwei natürliche Zahlen bedeuten sollen. Der Rand $\mathfrak{r}$ des Bereichs $\mathfrak{B}$, in dem wir die Funktion f betrachten, bestehe aus dem oberhalb der Realachse liegenden Halbkreise $\mathfrak{a}$ mit den auf der Realachse liegenden Endpunkten $H(h, 0)$ und $H'(-h, 0)$ sowie dem Durchmesser $H'H=\mathfrak{b}$. Den Halbkreishalbmesser h nehmen wir größer als 1 an. Unsere Funktion verhält sich im Bereich $\mathfrak{B}$ regulär mit Ausnahme der n-Stellen
$$\alpha_\nu=\cos\frac{\nu\pi}{2n}+i\sin\frac{\nu\pi}{2n}, \qquad \nu=1,\ 3,\ 5,\ \cdots,\ 2n-1,$$
in welchen der Nenner verschwindet und $f(z)$ Pole erster Ordnung besitzt. Wir setzen
$$\alpha=\cos\frac{\pi}{2n}+i\sin\frac{\pi}{2n}$$
und haben
$$\alpha_\nu=\alpha^\nu.$$
Bezeichnen wir das zum Pol α_ν gehörige Residuum von $f(z)$ mit R_ν, so ist nach dem Residuensatze
$$\int_{\mathfrak{r}} f(z)\,dz=2i\pi\sum_\nu R_\nu,$$
wobei der Zeiger ν die ungeraden Zahlen von 1 bis $2n-1$ durchläuft. Das auf der linken Seite dieser Gleichung stehende Integral besteht aus den beiden Teilen
$$A=\int_{\mathfrak{a}} f(z)\,dz \qquad \text{und} \qquad B=\int_{\mathfrak{b}} f(z)\,dz,$$
so daß unsere Gleichung in
$$A+B=2\pi i\,\Sigma R_\nu$$
übergeht.

Im Integral A setzen wir $z=he^{i\vartheta}$, wo dann ϑ von 0 bis π läuft, und bekommen
$$A=i\int_0^\pi\frac{h^{2m+1}\,E^{2m+1}}{1+h^{2n}\,E^{2n}}\,d\vartheta \qquad \text{mit } E=e^{i\vartheta}.$$
Hier ist der Zähler des Integranden betraglich gleich h^{2m+1}, der Nenner betraglich größer als $h^{2n}-1$. Folglich wird
$$|A|<\pi\frac{h^{2m+1}}{h^{2n}-1}.$$
Bei unbegrenzt wachsendem h strebt der auf der rechten Seite dieser Ungleichung stehende Bruch gegen Null, wofern
$$\boxed{2m+1<2n}$$
ist. Wir unterwerfen die beiden Zahlen dieser Bedingung — die sich auch kürzer
$$m<n$$
schreiben läßt — und haben dann
$$\lim_{h\to\infty} A=0.$$

Im Integral B setzen wir $z=x$ und bekommen

$$B=\int_{-h}^{+h}\frac{x^{2m}}{1+x^{2n}}\,dx\,.$$

Das Residuum R_ν bestimmen wir aus

$$R_\nu=\lim_{\varepsilon\to 0}\varepsilon f(\alpha_\nu+\varepsilon)\,.$$

Es ist
$$\varepsilon f(\alpha_\nu+\varepsilon)=\frac{\varepsilon\,(\alpha_\nu+\varepsilon)^{2m}}{1+(\alpha_\nu+\varepsilon)^{2n}}=\frac{\varepsilon\,(\alpha_\nu+\varepsilon)^{2m}}{2n\,\alpha_\nu^{2n-1}\varepsilon+\cdots}\,,$$

mithin wegen $\alpha_\nu^{2n}=-1$

$$R_\nu=-\frac{\alpha_\nu^{2m+1}}{2n}$$

und
$$2i\pi R_\nu=-\frac{\pi i}{n}\beta^\nu \qquad \text{mit } \beta=\alpha^{2m+1}.$$

Demnach wird

$$\Sigma 2\pi i R_\nu=-\frac{\pi i}{n}[\beta+\beta^3+\beta^5+\cdots+\beta^{2n-1}]=-\frac{\pi i}{n}\beta\frac{1-\beta^{2n}}{1-\beta^2}\,.$$

Hier ist

$$1-\beta^{2n}=1-(\alpha^{2n})^{2m+1}=1-(-1)^{2m+1}=2\,,$$

und, $\frac{2m+1}{2n}\pi=\tau$ gesetzt,

$$\frac{\beta}{1-\beta^2}=\frac{\beta}{1-\cos 2\tau-i\sin 2\tau}=\frac{\beta i}{2\sin\tau\cdot e^{i\tau}}=\frac{\beta i}{2\beta\sin\tau}=\frac{i}{2\sin\tau}\,.$$

Folglich wird
$$\sum 2\pi i\,R_\nu=\frac{\pi}{n\sin\tau}\,,$$

und die Residuengleichung geht in

$$A+B=\frac{\pi}{n\sin\tau}$$

über.

Lassen wir in der gefundenen Gleichung h unbegrenzt wachsen, so strebt A gegen Null, und es entsteht

$$\int_{-\infty}^{+\infty}\frac{x^{2m}}{1+x^{2n}}\,dx=\frac{\pi}{n\sin\tau} \qquad \text{mit } \tau=\frac{2m+1}{2n}\pi.$$

Ergebnis:

Sind m und $n>m$ zwei natürliche Zahlen, so ist

$$\boxed{\int_0^\infty\frac{x^{2m}}{1+x^{2n}}\,dx=\frac{\pi}{2n\sin\frac{2m+1}{2n}\pi}}\,.$$

Führen wir noch in der gefundenen Formel die neue Variable $u = x^{2n}$ ein und setzen den echten Bruch

$$\frac{2m+1}{2n} = e,$$

so verwandelt sich die Formel in

$$\boxed{\int_0^\infty \frac{u^{e-1}}{1+u}\, du = \frac{\pi}{\sin \pi e}} \qquad 0 < e < 1\,.$$

Zwar ist diese Formel nur für rationale echte Brüche e hergeleitet worden. Da aber ihre linke wie rechte Seite stetige Funktionen von e sind, gilt sie für jeden positiven Echtbruch e.

Aus dieser Formel erhält man weiter durch die Substitution $u = \operatorname{tg}^2 \vartheta$ die Relation

$$\boxed{\int_0^\varkappa \operatorname{tg}^\varepsilon \vartheta \, d\vartheta = \varkappa \sec \varkappa\varepsilon} \qquad \begin{array}{l} 2\varkappa = \pi, \\ -1 < \varepsilon < 1 \end{array}$$

oder den

Satz:

Der Mittelwert der Funktion $\operatorname{tg}^\varepsilon \vartheta$ *im ersten Quadranten für echt gebrochenes positives oder negatives* ε *ist* $\sec \varkappa\varepsilon$.

IV. Es sei
$$f(z) = \frac{1}{(1+z^2)^n},$$

wobei n eine natürliche Zahl bedeutet. Der Rand $\mathfrak{r}$ des Funktionsbereichs bestehe aus dem über der Realachse liegenden Halbkreis $\mathfrak{a}$ mit dem unecht gebrochenen Halbmesser h und den Endpunkten $H\,(h, 0)$ und $H'\,(-h, 0)$ sowie der Verbindungsgraden $\mathfrak{b}$ dieser Endpunkte.

Die Funktion $f(z)$ ist in diesem Bereiche regulär mit Ausnahme des Punktes $z = i$, wo sie einen Pol n-ter Ordnung besitzt.

Nach dem Residuensatze ist

$$\int_{\mathfrak{r}} f(z)\, dz = 2\pi i R\,,$$

wo R das zum Pol $z = i$ gehörige Residuum von $f(z)$ bedeutet.

Da $\mathfrak{r}$ aus den beiden Teilen $\mathfrak{a}$ und $\mathfrak{b}$ besteht, schreibt sich diese Gleichung

$$A + B = 2\pi i R$$

mit
$$A = \int_{\mathfrak{a}} f(z)\, dz\,, \qquad B = \int_{\mathfrak{b}} f(z)\, dz\,.$$

Im Integral A substituieren wir $z = hE$ mit $E = e^{i\vartheta}$ und erhalten

$$A = i\int_0^\pi \frac{hE}{(1+h^2E^2)^n}\, d\vartheta\,.$$

Der Zähler des Integranden hat den Betrag h, der Nenner ist betraglich größer als $(h^2-1)^n$, so daß

$$|A| < \frac{\pi h}{(h^2-1)^n}$$

ausfällt und bei unbegrenzt wachsendem h

$$\lim_{h\to\infty} A = 0$$

wird.

Im Integral B setzen wir $z=x$ und bekommen

$$B=\int_{-h}^{+h}\frac{dx}{(1+x^2)^n}.$$

Um das Residuum R zu berechnen, setzen wir in $f(z)$ $z=i+u$ und entwickeln $f(z)$ in eine Laurentreihe:

$$f(z)=\frac{1}{2^n i^n u^n\left(1-\frac{u i}{2}\right)^n}=\frac{1}{2^n i^n u^n}\sum_\nu \overset{\nu}{n}\,\frac{i^\nu}{2^\nu}\cdot u^\nu$$

mit

$$\overset{\nu}{n}=\frac{n(n+1)(n+2)\ldots(n+\nu-1)}{\nu!},$$

wobei der Zeiger ν alle nichtnegativen ganzen Zahlen durchläuft.

In dieser Laurentreihe hat die für $\nu=n-1$ entstehende Potenz u^{-1} den Koeffizient

$$R=\frac{1}{2^n i^n}\cdot\overset{n-1}{n}\cdot\frac{i^{n-1}}{2^{n-1}}=\frac{n(n+1)(n+2)\ldots(2n-2)^\nu}{2^{2n-1}(n-1)!\,i},$$

so daß

$$R=\frac{(2n-2)!}{2^{2n-1}\cdot(n-1)!^2\,i}$$

wird.

Die Gleichung $$A+B=2\pi i R$$

verwandelt sich nun bei unbegrenzt wachsendem h wegen $\lim A=0$ in

$$\int_{-\infty}^{+\infty}\frac{dx}{(1+x^2)^n}=\pi\,\frac{(2n-2)!}{2^{2n-2}(n-1)!^2}.$$

Daher gilt die Integralformel

$$\boxed{\int_0^\infty\frac{dx}{(1+x^2)^n}=\frac{\pi}{2^{2n-1}}\cdot\frac{(2n-2)!}{(n-1)!^2}},$$

wobei n eine natürliche Zahl bedeutet.

V. Es sei

$$f(z)=\left(z+\frac{1}{z}\right)^{2n}:z,$$

wobei n eine natürliche Zahl bedeutet; und die Funktion werde betrachtet im Gaußkreise $|z| \leq 1$. Sie ist hier überall regulär, mit Ausnahme des Nullpunktes, wo sie einen Pol $(2n+1)$-ter Ordnung besitzt. Nach dem Residuensatze ist daher

$$\int_{\mathfrak{g}} f(z)\,dz = 2\pi i R,$$

wo das links stehende Integral über den Rand $\mathfrak{g}$ des Gaußkreises zu erstrecken ist und R das Residuum der Funktion $f(z)$ an der Stelle $z=0$ bedeutet. Das Residuum R berechnet sich am bequemsten nach der Residuenregel 3. Es ist der Koeffizient von z^{2n} in der Taylorentwicklung der Funktion $z^{2n+1}\cdot f(z)$ (für die Umgebung des Punktes $z=0$), hat also gemäß der Binomialentwicklung von $(1+z^2)^{2n}$ den Wert

$$R = (2n)_n = \frac{(2n)!}{n!^2}.$$

Um das Integral

$$\int_{\mathfrak{g}} f(z)\,dz$$

auszuwerten, setzen wir $z = e^{it}$, lassen t von 0 bis 2π laufen und erhalten

$$\int_{\mathfrak{g}} f(z)\,dz = i\int_0^{2\pi} (2\cos t)^{2n}\,dt.$$

Damit verwandelt sich unsere Ausgangsgleichung in

$$\int_0^{2\pi} 2^{2n}\cos^{2n} t\,dt = 2\pi\frac{(2n)!}{n!^2}$$

oder in

$$\int_0^{2\pi} \cos^{2n} t\,dt = 2\pi\cdot\frac{(2n)!}{2^{2n}\,n!^2}.$$

Der zweite Faktor der rechten Seite dieser Formel ist nichts anderes als der Koeffizient

$$c_n = \frac{1\cdot 3\cdot 5\cdots(2n-1)}{2\cdot 4\cdot 6\cdots(2n)}$$

von x^n der Binomialentwicklung für

$$\frac{1}{\sqrt{1-x}} = 1 + c_1 x + c_2 x^2 + \cdots.$$

Sonach erhalten wir die bemerkenswerte Integralformel

$$\boxed{\int_0^{\varkappa} \cos^{2n} t\,dt = c_n\cdot\varkappa} \qquad \text{mit} \quad 2\varkappa = \pi \quad \text{und} \quad c_n = \frac{1\cdot 3\cdot 5\cdots(2n-1)}{2\cdot 4\cdot 6\cdots(2n)}.$$

VI. Das Integral

$$J = \int_0^{2\pi} \frac{d\vartheta}{1 + \varepsilon \cos \vartheta}$$

für echt gebrochenes ε zu berechnen.

Lösung. Wir führen als neue Variable

$$z = e^{i\vartheta}$$

ein. Dann ist einerseits $2\cos\vartheta = z + \frac{1}{z}$, andererseits $dz = izd\vartheta$, mithin

$$J = \frac{2}{i} \cdot \int_{\mathfrak{g}} \frac{dz}{\varepsilon z^2 + 2z + \varepsilon},$$

wobei die Integration über den Rand $\mathfrak{g}$ des Gaußkreises zu erstrecken ist. Der Integrand schreibt sich

$$f(z) = \frac{1}{\varepsilon z^2 + 2z + \varepsilon} = \frac{1}{\varepsilon(z-\alpha)(z-\beta)}$$

$$\text{mit} \quad \alpha = \frac{-1 + \sqrt{1-\varepsilon^2}}{\varepsilon} \quad \text{und} \quad \beta = \frac{-1 - \sqrt{1-\varepsilon^2}}{\varepsilon},$$

hat also die beiden Pole α und β, von denen α innerhalb, β außerhalb $\mathfrak{g}$ liegt. Das Residuum der Funktion $f(z)$ an der Stelle $z = \alpha$ ist

$$R = \lim_{w \to 0} w f(\alpha + w) = \lim \frac{w}{\varepsilon w(\alpha - \beta + w)} = \frac{1}{\varepsilon(\alpha - \beta)} = \frac{1}{2\sqrt{1-\varepsilon^2}},$$

das Integral also

$$\int_{\mathfrak{g}} f(z)\,dz = 2\pi i R = \frac{\pi i}{\sqrt{1-\varepsilon^2}}$$

und

$$\boxed{J = \int_0^{2\pi} \frac{d\vartheta}{1 + \varepsilon \cos\vartheta} = \frac{2\pi}{\sqrt{1-\varepsilon^2}}}.$$

VII. *Die Gaußsche Summe.*

Schon im Alter von 17 Jahren kam Gauß auf Summen von der Form

$$S = S_n = E_1 + E_2 + \cdots + E_n,$$

wobei das ν-te Glied gebildet wird, indem die n-te Einheitswurzel $\varepsilon = e^{\frac{2i\pi}{n}}$ mit dem Quadrat des Zeigers ν potenziert wird:

$$E_\nu = \varepsilon^{\nu^2}.$$

Die endgültige Bestimmung der Summe S vollzog Gauß in der Abhandlung „Summatio quarundam serierum singularium". (Commentationes societatis regiae scientiarum Gottingensis, 1808—1810, auch Gauß' Werke, Bd. II.)

Die folgende Ermittlung der Summe S beruht auf dem Residuensatz.
Da für zwei sich zu n ergänzende Zeiger r und s

$$(\text{wegen } E_r : E_s = \varepsilon^{(r+s)(r-s)} = e^{2\pi i(r-s)} = 1)$$

$$E_r = E_s, \qquad (r + s = n)$$

ist, so genügt es, von den beiden gleichen Summen

$$\mathfrak{S} = E_1 + E_2 + \cdots + E_\nu,$$
$$\mathfrak{S} = E_{n-1} + E_{n-2} + \cdots + E_{n-\nu}$$

die erste zu bestimmen, wo ν die größte unterhalb $\mu = n : 2$ liegende Ganzzahl bedeutet ($\nu = \mu - 1$ bei gradem, $\nu = \mu - 0{,}5$ bei ungradem n), um in

$$S = 2\,\mathfrak{S} + E_\mu + E_n = 2\,\mathfrak{S} + E_\mu + 1 \text{ bei gradem } n,$$
$$S = 2\,\mathfrak{S} + E_n = 2\,\mathfrak{S} + 1 \text{ bei ungradem } n$$

die gesuchte Summe zu haben.
Um aber die Summe

$$\mathfrak{S} = E_1 + E_2 + \cdots + E_\nu$$

zu bekommen, wenden wir den Residuensatz auf die Funktion

$$f(z) = \frac{e^{\frac{\alpha}{n} z^2}}{e^{\alpha z} - 1} \qquad \text{mit} \quad \alpha = 2\pi i$$

und den Bereich an, dessen Rand $\mathfrak{u}$ folgende 8 Stücke enthält:

1. das von $z = Hi$ bis $z = hi$ (mit $h < \frac{1}{2} < H$) reichende Stück $\mathfrak{y}$ der y-Achse,
2. den von $z = hi$ über $z = h$ nach $z = -hi$ laufenden Halbkreis $\mathfrak{h}$,
3. das von $z = -hi$ bis $z = -Hi$ reichende Stück $\mathfrak{y}'$ der y-Achse,

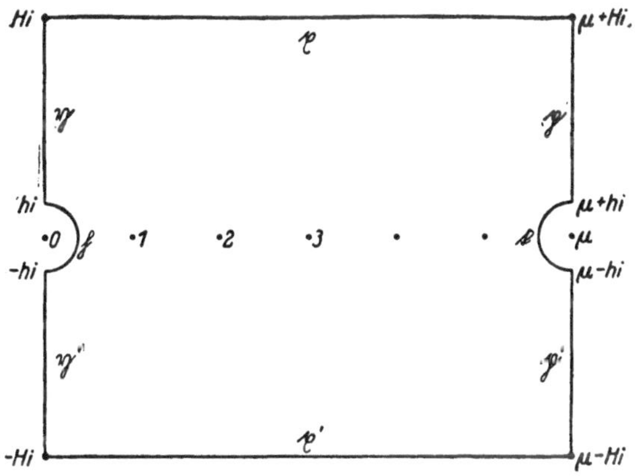

Abb. 25

4. die von $z = -Hi$ bis $z = \mu - Hi$ reichende der x-Achse parallele Strecke $\mathfrak{x}'$
5. die von $z = \mu - Hi$ bis $z = \mu - hi$ reichende der y-Achse parallele Strecke $\mathfrak{p}'$,
6. den von $z = \mu - hi$ über $z = \mu - h$ nach $z = \mu + hi$ laufenden Halbkreis $\mathfrak{k}$,
7. die von $z = \mu + hi$ bis $z = \mu + Hi$ reichende Strecke $\mathfrak{p}$,
8. endlich die von $z = \mu + Hi$ bis $z = Hi$ reichende der x-Achse parallele Strecke $\mathfrak{x}$.

Die einzigen Singularitäten, welche die Funktion $f(z)$ im Bereich des Umlaufs $\mathfrak{u}$ aufweist, sind die an den ν Stellen $z = 1, 2, 3, \ldots, \nu$ vorhandenen Pole erster Ordnung. Das Residuum R_s an der Stelle $z = s$ hat daher den Wert

$$R_s = \lim_{\delta \to 0} \delta f(s+\delta) = \lim_{\delta \to 0} \delta \frac{e^{\frac{\alpha}{n}(s+\delta)^2}}{e^{\alpha(s+\delta)} - 1} = e^{\frac{\alpha}{n}s^2} \lim \frac{\delta}{e^{\alpha\delta} - 1} = \frac{\varepsilon^{s^2}}{\alpha} = \frac{E_s}{\alpha}.$$

Nach dem Residuensatze ist nun

$$\tau \int_{\mathfrak{u}} f(z)\,dz = \sum_s^{1,\nu} R_s = \frac{1}{\alpha} \sum_s^{1,\nu} E_s = \frac{\mathfrak{S}}{\alpha}$$

und damit die gesuchte Summe

$$\mathfrak{S} = \int_{\mathfrak{u}} f(z)\,dz.$$

Es handelt sich also lediglich um die Auswertung des auf der rechten Seite dieser Gleichung stehenden Integrals.

Der Zusammensetzung des Umlaufs $\mathfrak{u}$ aus den 8 Stücken $\mathfrak{h}, \mathfrak{k}, \mathfrak{x}, \mathfrak{x}', \mathfrak{y}, \mathfrak{y}', \mathfrak{p}, \mathfrak{p}'$ gemäß besteht dieses Integral aus den den 8 Stücken entsprechenden Teilintegralen $\mathfrak{H}, \mathfrak{K}, \mathfrak{X}, \mathfrak{X}', \mathfrak{Y}, \mathfrak{Y}', \mathfrak{P}, \mathfrak{P}'$.

Da wir später h unbegrenzt abnehmen, H dagegen unbegrenzt wachsen lassen, wird es sich weniger um eine genaue Berechnung dieser Teilintegrale als vielmehr um die Ermittlung der Grenzwerte handeln, denen die Teilintegrale bei unbegrenzt abnehmendem h bzw. unbegrenzt zunehmendem H zustreben.

Um

$$\mathfrak{H} = \int_{\mathfrak{h}} f(z)\,dz$$

zu berechnen, substituieren wir $z = he^{it}$, $dz = iz\,dt$ und bekommen (mit $2\varkappa = \pi$)

$$\mathfrak{H} = i \int_{\varkappa}^{-\varkappa} \frac{z e^{\frac{\alpha}{n}z^2}}{e^{\alpha z} - 1}\,dt = i \int_{\varkappa}^{-\varkappa} \frac{1 + \frac{\alpha}{n}z^2 + \cdots}{\alpha + \frac{1}{2}\alpha^2 z + \cdots}\,dt,$$

mithin

$$\lim_{h \to 0} \mathfrak{H} = \frac{-2i\varkappa}{\alpha} = -\frac{1}{2}. \tag{1}$$

Bei

$$\mathfrak{K} = \int_{\mathfrak{k}} f(z)\,dz$$

substituieren wir $z = \mu - \zeta$ mit $\zeta = h e^{-it}$, $dz = i\zeta\,dt$ und erhalten

$$\mathfrak{K} = i \int_{-\varkappa}^{+\varkappa} \frac{e^{\frac{\alpha}{n}(\mu-\zeta)^2} \cdot \zeta}{e^{\alpha\mu}(1 - \alpha\zeta + \frac{1}{2}\alpha^2\zeta^2 - \cdots) - 1}\,dt.$$

Hier ist der im Nenner des Integranden stehende Faktor $e^{\alpha\mu} = e^{2i\pi\mu} = i^n$, folglich

(2) $$\lim_{h\to 0} \mathfrak{K} = -\tfrac{1}{2} E_\mu \qquad \text{oder} \qquad = 0\,,$$

je nachdem n grade oder ungrade ist.

In

$$\mathfrak{X} = \int_{\mathfrak{x}} f(z)\,dz$$

substituieren wir $z = x + Hi$, $dz = dx$ und haben

$$\mathfrak{X} = \int_\mu^0 \frac{e^{\frac{\alpha}{n}z^2}}{e^{\alpha z} - 1}\,dx\,.$$

Hier hat der Zähler des Integranden den Betrag $e^{-4\pi Hx:n}$, der Nenner einen Betrag, welcher oberhalb $1 - e^{-2\pi H}$ liegt. Deshalb wird

(3) $$\lim_{H\to\infty} \mathfrak{X} = 0\,.$$

Bei

$$\mathfrak{X}' = \int_{\mathfrak{x}'} f(z)\,dz$$

bekommen wir durch die Substitution $z = x - Hi$, $dz = dx$ zunächst

$$\mathfrak{X}' = \int_0^\mu \frac{e^{\frac{\alpha}{n}(x-Hi)^2}}{e^{\alpha(x-Hi)} - 1}\,dx\,.$$

Hier substituieren wir weiter $x = \mu - \xi$, $dx = -d\xi$ und erhalten

$$\mathfrak{X}' = -\int_0^\mu \frac{e^{\frac{\alpha}{n}(\mu-\xi-Hi)^2}}{e^{\alpha(\mu-\xi-Hi)} - 1}\,d\xi\,.$$

Wir erweitern den Integrand mit $e^{\alpha(\xi+Hi)}$ und bekommen wegen $e^{\alpha\mu} = i^n$ und $e^{\frac{\alpha}{n}\mu^2} = i^n$

$$\mathfrak{X}' = -\int_0^\mu \frac{i^n e^{\frac{\alpha}{n}(\xi+Hi)^2}}{i^n - e^{\alpha(\xi+Hi)}}\,d\xi\,.$$

Hier ist der Betrag des Integrandenzählers $e^{-4\pi H\xi:n}$ und der Betrag des Integrandennenners liegt oberhalb $1 - e^{-2\pi H}$. Daher wird auch

(4) $$\lim_{H\to\infty} \mathfrak{X}' = 0.$$

Bei den Integralen

$$\mathfrak{Y} = \int_{\mathfrak{y}} f(z)\,dz \qquad \text{und} \qquad \mathfrak{Y}' = \int_{\mathfrak{y}'} f(z)\,dz$$

substituieren wir $z = iy$ und erhalten

$$\mathfrak{Y} = i \int_H^h \frac{e^{-\frac{\alpha}{n}y^2}}{e^{\alpha i y} - 1}\,dy, \qquad \mathfrak{Y}' = i \int_{-h}^{-H} \frac{e^{-\frac{\alpha}{n}y^2}}{e^{\alpha i y} - 1}\,dy.$$

Im ersten dieser Integrale setzen wir $y = r\eta$, im zweiten $y = -r\eta$ mit $r = +\sqrt{n}$ und bekommen

$$\mathfrak{Y} = -ir \int_k^K \frac{e^{-\alpha\eta^2}}{e^{\alpha i r \eta} - 1}\,d\eta, \quad \mathfrak{Y}' = -ir \int_k^K \frac{e^{-\alpha\eta^2}}{e^{-\alpha i r \eta} - 1}\,d\eta \qquad \text{mit} \begin{Bmatrix} rK = H \\ rk = h \end{Bmatrix}.$$

Die Summation ergibt

$$\mathfrak{Y} + \mathfrak{Y}' = ir \int_k^K e^{-\alpha\eta^2}\,d\eta,$$

mithin

$$\lim_{\substack{H \to \infty \\ h \to 0}} (\mathfrak{Y} + \mathfrak{Y}') = ir \int_0^\infty e^{-\alpha\eta^2}\,d\eta. \tag{5}$$

Zum Schluß berechnen wir die Integrale

$$\mathfrak{P} = \int_{\mathfrak{p}} f(z)\,dz \qquad \text{und} \qquad \mathfrak{P}' = \int_{\mathfrak{p}'} f(z)\,dz.$$

Die Substitution $z = \mu + iy$, $dz = i\,dy$ ergibt

$$\mathfrak{P} = i \int_h^H \frac{e^{\frac{\alpha}{n}(\mu + iy)^2}}{e^{\alpha(\mu + iy)} - 1}\,dy, \qquad \mathfrak{P}' = ir \int_{-H}^{-h} \frac{e^{\frac{\alpha}{n}(\mu + iy)^2}}{e^{\alpha(\mu + iy)} - 1}.$$

Wir setzen wieder in $\mathfrak{P}$ $y = r\eta$ und in $\mathfrak{P}'$ $y = -r\eta$ und erhalten

$$\mathfrak{P} = ir \int_k^K \frac{i^n e^{\alpha i r \eta} e^{-\alpha\eta^2}}{\iota^n e^{\alpha i r \eta} - 1}\,d\eta, \qquad \mathfrak{P}' = ir \int_k^K \frac{i^n e^{-\alpha i r \eta} e^{-\alpha\eta^2}}{\iota^n e^{-\alpha i r \eta} - 1}\,d\eta.$$

Folglich wird

$$\mathfrak{P} + \mathfrak{P}' = r i^{n+1} \iota^n \int_k^K e^{-\alpha\eta^2}\,d\eta$$

und

$$\lim_{\substack{H \to \infty \\ h \to 0}} (\mathfrak{P} + \mathfrak{P}') = r i^{3n+1} \int_0^\infty e^{-\alpha\eta^2}\,d\eta. \tag{6}$$

Durch Addition der 6 Gleichungen (1) bis (6) erhalten wir nun als Wert des gesuchten Integrals

$$\mathfrak{S} = \int_{\mathfrak{u}} f(z)\,dz = -\tfrac{1}{2} - \tfrac{1}{2} E_\mu + ir(1 + i^{3n}) \int_0^\infty e^{-\alpha\eta^2} d\eta\,,$$

wobei jedoch bei ungradem n der zweite Posten der rechten Seite wegfällt. Da aber bei geradem n $S = 2\,\mathfrak{S} + E_\mu + 1$, bei ungeradem n $S = 2\,\mathfrak{S} + 1$ ist, so wird die Gaußsche Summe

$$S = 2\,ir(1 + i^{3n}) \int_0^\infty e^{-\alpha\eta^2} d\eta\,.$$

Hier bleibt noch das rechts stehende Integral J zu ermitteln. Wir finden es schnell, wenn wir $n = 4$, also $r = 2$ setzen. Dann ist $\varepsilon = i$,

$$S = i + i^4 + i^9 + i^{16} = 2\,(1 + i)\,,$$

und die gefundene Formel verwandelt sich in

$$1 + i = 4\,iJ\,.$$

Die Gaußsche Summe hat also den Wert

$$\boxed{S = \varepsilon^{1^2} + \varepsilon^{2^2} + \varepsilon^{3^2} + \cdots + \varepsilon^{n^2} = \frac{1+i}{2}(1 + i^{3n})\sqrt{n}}\,, \quad \left(\varepsilon = e^{\frac{2\pi i}{n}}\right).$$

§ 38. CAUCHYS STELLENSATZ

Die Stellen einer analytischen Funktion $f(z)$, die stets besondere Beachtung erregt haben, sind die Stellen, an denen die Funktion einen der beiden ausgezeichneten Werte Null und Unendlich annimmt, die sog. *Nullstellen* und *Unendlichkeitsstellen* oder, wie man letztere meist nennt, *Pole*.

Wir betrachten hier nur Nullstellen und Pole, deren Ordnung eine natürliche Zahl n ist. Die Stelle $z = \alpha$ heißt eine *Nullstelle* oder ein *Pol* n-ter *Ordnung* der Funktion $f(z)$, je nachdem sich die Funktion in der Umgebung der Stelle α auf die Form

$$f(z) = (z - \alpha)^n g(z) \qquad \text{oder} \qquad f(z) = \frac{g(z)}{(z-\alpha)^n}$$

bringen läßt, wo $g(z)$ eine in dieser Umgebung reguläre Funktion darstellt, die an der Stelle α nicht verschwindet.

Die Nullstellen und Pole einer analytischen Funktion stehen in einer merkwürdigen Beziehung zu dem sog. Cauchyintegral.

Unter einem *Cauchyintegral* verstehen wir das über einem Umlauf $\mathfrak{u}$ der z-Ebene erstreckte Integral

$$C = \mathfrak{T} \int_{\mathfrak{u}} F(z)\,dz\,, \qquad \left(\mathfrak{T} = \frac{1}{2\pi i}\right),$$

dessen Integrand die Form hat

$$F(z) = \frac{f'(z)}{f(z)} \cdot \varphi(z)\,,$$

wobei f und φ zwei im Bereich $\mathfrak{U}$ des Umlaufs analytische Funktionen mit folgenden Eigenschaften sind:

1. die Funktion f ist im Bereich $\mathfrak{U}$ mit eventueller Ausnahme innerhalb $\mathfrak{u}$ gelegener isolierter Pole regulär; auf dem Umlauf selbst besitzt sie weder Nullstellen noch Pole,

2. die Funktion φ verhält sich im Bereich $\mathfrak{U}$ überall regulär.

Das so definierte Integral C nennen wir das *Cauchyintegral der beiden Funktionen f und φ für den Umlauf* $\mathfrak{u}$.

Wir stellen uns die Aufgabe, das Cauchyintegral C auszuwerten. Wir werden sehen, daß zur Berechnung von C die Kenntnis der Nullstellen und Pole von f in $\mathfrak{U}$ und der Werte, die φ an diesen Stellen annimmt, ausreicht.

Angenommen, die Nullstellen von f im Bereich $\mathfrak{U}$ seien $\alpha_1, \alpha_2, \ldots, \alpha_m$, die Pole $\beta_1, \beta_2, \ldots, \beta_n$; und zwar habe die Nullstelle α_μ $[\mu = 1, 2, \ldots, m]$ die Ordnung a_μ, der Pol β_ν $[\nu = 1, 2, \ldots, n]$ die Ordnung b_ν.

Nach dem Residuensatze ist C gleich der Summe der Residuen der Funktion

$$F(z) = \frac{f'(z)}{f(z)} \cdot \varphi(z)$$

an den in $\mathfrak{U}$ liegenden singulären Stellen von F, d. h. in diesem Falle, da $F(z)$ nur Pole zu Singularitäten haben kann, an den in $\mathfrak{U}$ liegenden Polen von $F(z)$.

Nun, einen Pol kann $F(z)$ nur an einer der Stellen $\alpha_1, \alpha_2, \ldots, \alpha_m; \beta_1, \beta_2, \ldots, \beta_n$ haben.

Um das Residuum von F an der Stelle α_μ zu berechnen, setzen wir $\alpha_\mu = \alpha$, $a_\mu = a$ und bedenken, daß in einer gewissen Umgebung $\mathfrak{K}$ dieser Stelle

$$f(z) = (z - \alpha)^a \cdot g(z)$$

ist, wo $g(z)$ eine in $\mathfrak{K}$ reguläre Funktion bedeutet, die an der Stelle α nicht verschwindet.

Demnach ist in $\mathfrak{K}$

$$f'(z) = a(z - \alpha)^{a-1} g(z) + (z - \alpha)^a g'(z),$$

$$\frac{f'(z)}{f(z)} = \frac{a}{z - \alpha} + \frac{g'(z)}{g(z)}$$

und

$$F(z) = \frac{a\,\varphi(z)}{z - \alpha} + \frac{g'(z)}{g(z)}\varphi(z).$$

Daher ist die Stelle α [bei nichtverschwindendem $\varphi(\alpha)$] ein Pol erster Ordnung von F, und das Residuum von F in α hat den Wert

$$\lim_{z \to \alpha} (z - \alpha) F(z) = a\,\varphi(\alpha).$$

Um das Residuum von $F(z)$ in $z = \beta_\nu$ zu berechnen, setzen wir $\beta_\nu = \beta$, $b_\nu = b$ und bedenken, daß in einer gewissen Umgebung $\mathfrak{K}$ der Stelle β

$$f(z) = \frac{g(z)}{(z - \beta)^b}$$

ist, wo $g(z)$ eine in $\mathfrak{K}$ reguläre Funktion bedeutet, die an der Stelle β nicht verschwindet.

Demnach ist in $\mathfrak{K}$
$$f'(z) = -\frac{b\,g(z)}{(z-\beta)^{b+1}} + \frac{g'(z)}{(z-\beta)^b},$$
$$\frac{f'(z)}{f(z)} = \frac{-b}{z-\beta} + \frac{g'(z)}{g(z)}$$
und
$$F(z) = \frac{-b\,\varphi(z)}{z-\beta} + \frac{g'(z)}{g(z)}\varphi(z).$$

Daher ist auch die Stelle β [bei nichtverschwindendem $\varphi(\beta)$] ein Pol erster Ordnung für $F(z)$, und das Residuum von F in β hat den Wert
$$\lim_{z\to\beta}(z-\beta)\,F(z) = -b\varphi(\beta).$$

Substituieren wir die gefundenen Residuenwerte in der Residuenformel
$$\mathfrak{T}\int_{\mathfrak{U}} F(z)\,dz = \Sigma R,$$
wo R sämtliche Residuen der Funktion F im Bereich $\mathfrak{U}$ durchläuft, so ergibt sich für das Cauchyintegral der Wert
$$C = \int_{\mathfrak{U}} \frac{f'(z)}{f(z)}\varphi(z)\,dz = \sum_{\mu}^{1,m} a_\mu\,\varphi(\alpha_\mu) - \sum_{\nu}^{1,n} b_\nu\,\varphi(\beta_\nu).$$

Wenn alle Nullstellen und Pole von f in $\mathfrak{U}$ *einfach* (d. h. *erster* Ordnung) sind, lautet die Formel einfacher
$$\boxed{C = \int_{\mathfrak{U}} \frac{f'(z)}{f(z)}\varphi(z)\,dz = \Sigma\,\varphi(\alpha_\mu) - \Sigma\,\varphi(\beta_\nu)}\,.$$

Doch kann diese Formel auch im *allgemeinen* Falle verwandt werden, wenn man nur jede Nullstelle bzw. jeden Pol n-ter Ordnung als n einfache Nullstellen bzw. Pole zählt.

Das Ergebnis unserer Betrachtung ist der fundamentale

Stellensatz:

Verhält sich die analytische Funktion $f(z)$ in einem Umlaufsbereiche, von diskreten Polen abgesehen, überall regulär, und wird sie auf dem Umlaufe selbst nirgends Null oder Unendlich, ist ferner $\varphi(z)$ eine im Bereiche überall reguläre Funktion, so hat das über den Umlauf erstreckte Cauchyintegral
$$C = \mathfrak{T}\int \frac{f'(z)}{f(z)}\varphi(z)\,dz \qquad (2\pi i\mathfrak{T} = 1)$$
den Wert
$$\Sigma\,\varphi(\alpha) - \Sigma\,\varphi(\beta),$$
wobei in der ersten Summe α alle Nullstellen, in der zweiten Summe β alle Pole von f im Bereiche durchläuft und jede Nullstelle bzw. jeder Pol n-ter Ordnung als n einfache Nullstellen bzw. Pole zu zählen ist.

Von besonderer Bedeutung sind die drei Spezialfälle

$$1^\circ \quad \varphi = 1, \qquad 2^\circ \quad \varphi = z, \qquad 3^\circ \quad \varphi = z^p.$$

Sie liefern die drei wichtigen, häufig angewandten Formeln

$$\boxed{\mathfrak{C}\int \frac{f'(z)}{f(z)}\,dz = m - n,}$$

wo also m bzw. n die Anzahl der im Umlaufsinnern liegenden Nullstellen bzw. Pole von f bedeutet,

$$\boxed{\mathfrak{C}\int z\,\frac{f'(z)}{f(z)}\,dz = \sum\alpha - \sum\beta}$$

und

$$\boxed{\mathfrak{C}\int z^p\,\frac{f'(z)}{f(z)}\,dz = \sum\alpha^p - \sum\beta^p.}$$

Verhält sich f im Umlaufsbereich überall regulär, so lauten diese Formeln einfach

$$\mathfrak{C}\int \frac{f'(z)}{f(z)}\,dz = m, \qquad \mathfrak{C}\int z\,\frac{f'(z)}{f(z)}\,dz = \sum\alpha, \qquad \mathfrak{C}\int z^p\,\frac{f'(z)}{f(z)}\,dz = \sum\alpha^p.$$

Cauchys Stellensatz gestattet zahlreiche Anwendungen.
Wir geben gleich hier einige Beispiele.

I. Gauß' Fundamentalsatz der Algebra: Jede Gleichung n-ten Grades hat n Wurzeln.
Beweis. $f(z) = az^n + bz^{n-1} + cz^{n-2} + \cdots$ $(a \neq 0)$ sei ein beliebiges Polynom n-ten Grades. Da es, wie aus der Schreibung

$$f(z) = z^n\left(a + \frac{b}{z} + \frac{c}{z^2} + \cdots\right)$$

unmittelbar hervorgeht, bei hinreichend großem $|z|$ niemals verschwinden kann, läßt sich ein Kreis $\mathfrak{k}$ vom endlichen Radius R angeben derart, daß *alle* Nullstellen von f im Innern von $\mathfrak{k}$ liegen. Diesen Kreis wählen wir als Umlauf für das Cauchyintegral

$$C = \mathfrak{C}\int \frac{f'(z)}{f(z)}\,dz.$$

Hier hat der Integrand die Form

$$\frac{n a z^{n-1} + (n-1)\, b z^{n-2} + (n-2)\, c z^{n-3} + \cdots}{a z^n + b z^{n-1} + c z^{n-2} + \cdots} = \frac{n}{z}\cdot q(z)\,,$$

wobei der Faktor $q(z)$ den Quotient

$$q(z) = \frac{1 + \dfrac{n-1}{n}\,\dfrac{a}{b}\cdot\dfrac{1}{z} + \dfrac{n-2}{n}\,\dfrac{c}{a}\cdot\dfrac{1}{z^2} + \cdots}{1 + \dfrac{b}{a}\cdot\dfrac{1}{z} + \dfrac{c}{a}\cdot\dfrac{1}{z^2} + \cdots}$$

bedeutet, welcher bei hinreichend großem $|z|$ nahezu den Wert 1 hat.

Wir denken uns R so groß gewählt, daß $q(z)$ überall auf dem Kreise $\mathfrak{k}$ von 1 betraglich um weniger als die beliebig klein vorgegebene positive Größe ε abweicht:

$$|q(z)-1|<\varepsilon.$$

Wir können dann auf $\mathfrak{k}$

$$q(z)=1+\Theta\varepsilon \qquad \text{mit} \quad |\Theta|<1$$

setzen, so daß der Integrand

$$\frac{n}{z}q(z)=\frac{n}{z}+n\varepsilon\frac{\Theta}{z}$$

ist. Dadurch wird

$$C=\mathfrak{T}\int_{\mathfrak{k}}\frac{n}{z}\,dz+n\varepsilon\mathfrak{T}\int_{\mathfrak{k}}\frac{\Theta}{z}\,dz.$$

Hier hat das erste Integral der rechten Seite den Wert $2\pi n i$, und das zweite kann nach der Abschätzungsregel (§ 14) die Schranke $\frac{1}{R}\cdot 2\pi R = 2\pi$ betraglich nicht überschreiten, so daß

$$C=n+u \qquad \text{mit} \quad |u|\leqq n\varepsilon$$

wird.

In der gefundenen Gleichung steht auf der linken Seite die Ganzzahl C (Anzahl der Nullstellen von f), auf der rechten Seite die positive Ganzzahl n vermehrt um eine Größe u, deren Betrag durch Wahl eines hinreichend großen R unter jeden noch so kleinen positiven Wert herabgedrückt werden kann. Eine solche Gleichung kann aber nur bestehen, wenn die Größe u verschwindet. Folglich ist die Anzahl der Nullstellen von f

$$C=n, \qquad \text{w. z. b. w.}$$

II. Lagranges Reihe

Der Cauchysche Stellensatz gestattet, wie Hermite zuerst gezeigt hat, eine einfache Herleitung der berühmten Lagrangeschen Reihe.

Sind $f(z)$ und $\varphi(z)$ im Bereiche eines Umlaufs $\mathfrak{u}$ *reguläre Funktionen von z, c ein innerhalb des Umlaufs liegender Punkt, endlich p ein variabler Parameter so klein, daß auf dem Umlaufe überall*

$$\left|\frac{pf(z)}{z-c}\right|<1$$

ausfällt, so besitzt die Gleichung

$$z-c-pf(z)=0$$

im Umlaufsinnern nur eine Wurzel $z=\alpha$ und der Wert der Funktion φ an der Stelle α ergibt sich durch die konvergente

Reihe von Lagrange:

$$\boxed{\varphi(\alpha)=\varphi(c)+\sum_{n}^{1,\infty}C_n p^n},$$

in welcher der Koeffizient von p^n den Wert

$$C_n = D^{n-1}\left\{[f(c)]^n \cdot \varphi'(c)\right\} : n!$$

hat.

Dabei bedeutet das Zeichen $D^n \mathfrak{F}(c)$ die n-te Ableitung der Funktion $\mathfrak{F}(c)$ nach c und $D^0 \mathfrak{F}(c)$ den Wert $\mathfrak{F}(c)$.

Beweis. Da die Funktion

$$F(z) = z - c - pf(z)$$

im Umlaufsbereich keinen Pol hat, und da sie auf dem Umlaufe nirgends verschwindet, hat das über den Umlauf erstreckte Cauchyintegral der beiden Funktionen $f(z)$ und $\varphi(z)$ den Wert

$$C = \mathfrak{T} \int\limits_{\mathfrak{u}} \frac{F'(z)}{F(z)} \varphi(z)\, dz = \sum \varphi(\alpha),$$

wo in der rechts stehenden Summe α sämtliche Nullstellen von $F(z)$ im Bereiche durchläuft.

Um C auszuwerten, entwickeln wir den Integrand J in eine auf $\mathfrak{u}$ gleichmäßig konvergente Reihe, welche dann die gliedweise Integration gestattet. Es ist, $f(z) = f$ gesetzt,

$$\frac{1}{F(z)} = \frac{1}{z-c} \cdot \frac{1}{1 - \dfrac{pf}{z-c}} = \frac{1}{z-c} \sum_0^\infty \left(\frac{pf}{z-c}\right)^n = \sum_0^\infty \frac{p^n f^n}{(z-c)^{n+1}}.$$

Daß diese Reihe auf $\mathfrak{u}$ gleichmäßig konvergiert, folgt daraus, daß die Reihe

$$\sum_0^\infty \left(\frac{pf}{z-c}\right)^n$$

eine Minorante der konvergenten Reihe

$$\sum_0^\infty q^n$$

ist, in der q das echtgebrochene Maximum von $|\,pf : (z-c)\,|$ auf $\mathfrak{u}$ bedeutet. Damit ist auch

$$J = \frac{F'}{F}\varphi = \frac{1 - pf'}{F}\varphi = \sum_0^\infty p^n \frac{\Phi_n(z)}{(z-c)^{n+1}}$$

mit

$$\Phi_n(z) = \varphi(z)\,[1 - pf'(z)]\,[f(z)]^n$$

auf $\mathfrak{u}$ gleichmäßig konvergent.

Die gliedweise Integration gibt, da nach Cauchys Integralformel

$$\mathfrak{T} \int \frac{\Phi_n(z)}{(z-c)^{n+1}}\, dz = D^n \Phi_n(c) : n!$$

ist,

$$C = \sum_0^\infty \frac{p^n}{n!} D^n \Phi_n(c) = \sum_0^\infty \frac{p^n}{n!} D^n \varphi(c)\,[1 - pf'(c)]\,[f(c)]^n$$

$$= \varphi(c) + \sum_1^\infty \frac{p^n}{n!} D^n \varphi(c) [f(c)]^n - \sum_1^\infty \frac{p^n}{(n-1)!} D^{n-1} \varphi(c) f'(c) [f(c)]^{n-1}$$

$$= \varphi(c) + \sum_1^\infty \frac{p^n}{n!} D^{n-1} \{D \varphi(c) [f(c)]^n - n \varphi(c) f'(c) [f(c)]^{n-1}\},$$

mithin
$$C = \varphi(c) + \sum_1^\infty \frac{p^n}{n!} D^{n-1} [f(c)]^n \varphi'(c).$$

In dem speziellen Falle, wo $\varphi(z) = 1$ ist, reduziert sich die rechte Seite auf den Wert 1, und das bedeutet, daß die Funktion

$$F(z) = z - c - pf(z)$$

im Umlaufsbereich genau eine Wurzel α hat.

Damit ist dann auch $\Sigma \varphi(\alpha)$ gefunden:

$$\Sigma \varphi(\alpha) = \varphi(\alpha),$$

und unser Ergebnis lautet

$$\varphi(\alpha) = \varphi(c) + \sum_1^\infty \frac{p^n}{n!} D^{n-1} \varphi'(c) [f(c)]^n,$$

womit die Gültigkeit der Lagrangeschen Entwicklung bewiesen ist.

III. Satz von der Bereichtreue

Ist $f(z)$ eine im Bereich L eines Umlaufs l der z-Ebene reguläre Funktion, und bildet die Abbildungsvorschrift

$$\zeta = f(z)$$

den Umlauf l umkehrbar eindeutig auf einen Umlauf λ der ζ-Ebene ab, so bildet diese Vorschrift den Bereich L umkehrbar eindeutig auf den Bereich Λ des Umlaufs λ ab.

Beweis. γ sei ein beliebiger Innenpunkt von Λ. Wir betrachten das über den Umlauf λ erstreckte Cauchyintegral

$$C = \mathfrak{T} \int_\lambda \frac{d\zeta}{\zeta - \gamma}$$

der beiden Funktionen $\zeta - \gamma$ und 1.

Es ist nach Cauchys Stellensatz gleich der Anzahl der innerhalb des Umlaufs λ liegenden Nullstellen der Funktion $\zeta - \gamma$, mithin (da $\zeta - \gamma$ nur einmal innerhalb λ, nämlich in γ, verschwindet) gleich 1:

(1) $$C = 1.$$

Im Integral substituieren wir

$$\zeta = f(z), \qquad d\zeta = f'(z) dz$$

und erhalten nach der Substitutionsregel für Integration

$$C = \mathfrak{T} \int \frac{f'(z)}{f(z) - \gamma} dz.$$

Das neue Integral ist das Cauchyintegral der Funktionen $f(z)-\gamma$ und 1 für den Umlauf l und stellt als solches die Anzahl m der innerhalb l gelegenen Nullstellen der Funktion $f(z)-\gamma$ dar. Folglich ist

(2) $$C=m\,.$$

Aus (1) und (2) ergibt sich

$$m=1\,;$$

d. h. die Funktion $f(z)-\gamma$ wird in L nur *ein*mal Null, etwa an der im Innern von l liegenden Stelle c, für die dann

$$f(c)=\gamma$$ ist.

Die Abbildungsvorschrift

$$\zeta=f(z)$$

bildet also den Bereich L umkehrbar eindeutig auf den Bereich Λ ab.

Anhang

Cauchys Nullstellensatz

„*Die Anzahl der in einem singularitätfreien Umlaufsbereiche liegenden Nullstellen einer auf dem Umlauf l selbst nicht verschwindenden Regulärfunktion $f(z)$ ist das über den Umlauf erstreckte Integral*

$$m=\mathfrak{C}\int\limits_l \frac{f'(z)}{f(z)}\,dz\text{“}$$

wird oft in einer anderen Fassung verwandt.

Um diese zu bekommen, formen wir das Integral m etwas um.

Wir setzen $\zeta=f(z)$ und betrachten den geschlossenen Weg λ, den der Punkt ζ in der ζ-Ebene zurücklegt, wenn z den Umlauf l beschreibt, sowie das über diesen Weg erstreckte Integral

$$\mathfrak{C}\int\limits_\lambda \frac{d\,\zeta}{\zeta}\,,$$

insofern dieses Integral durch die Substitution $\zeta=f(z)$, $d\zeta=f'(z)\,dz$ in m übergeht, so daß

$$m=\mathfrak{C}\int\limits_\lambda \frac{d\,\zeta}{\zeta}$$ ist.

Zur Auswertung dieses Integrals setzen wir

$$\zeta=\varrho\,1^{\vartheta},\qquad d\zeta=1^{\vartheta}(d\varrho+i\varrho\,d\vartheta)$$

und erhalten

$$m=\mathfrak{C}\int\limits_\lambda \frac{d\varrho}{\varrho}+\frac{1}{2\pi}\int\limits_\lambda d\vartheta\,.$$

Das erste der beiden rechtsstehenden Integrale schreibt sich mit $\sigma=ln\,\varrho$ $\mathfrak{C}\int\limits_\lambda d\sigma$ und verschwindet wegen der Geschlossenheit des Weges λ.

Daher wird

$$m = \frac{1}{2\pi} \int_{\lambda} d\vartheta.$$

Nun ist das über irgendeinen Weg $\mathfrak{w}$ der ζ-Ebene erstreckte Integral

$$\int_{\mathfrak{w}} d\vartheta$$

nichts anderes als die Änderung, die der Winkel ϑ des Punktes ζ erfährt, wenn das Mobil ζ den Weg $\mathfrak{w}$ durcheilt; wir nennen es die *Winkeländerung des Punktes ζ für den Weg $\mathfrak{w}$*.

Man sieht ohne weiteres, daß diese Winkeländerung vom Anfangswerte des Winkels ganz unabhängig ist, und daß sie den entgegengesetzten Wert erhält, wenn der Weg in entgegengesetzter Richtung durcheilt wird.

Unser Integral $\int_{\lambda} d\vartheta$ ist sonach die Winkeländerung des Punktes ζ für den Weg λ.

Da der Weg λ geschlossen ist, so bildet er eine den Nullpunkt der ζ-Ebene etwa μ-mal umschlingende Kurve, wobei $\mu = 0$ ist, wenn der Nullpunkt nicht umschlungen wird. Daher ist die Winkeländerung von ζ für den Weg λ gleich $\mu \cdot 2\pi$ und

$$\frac{1}{2\pi} \int_{\lambda} d\vartheta = \mu$$

oder auch

$$m = \mu.$$

Damit haben wir folgenden

Nullstellensatz:

Verhält sich die Funktion $\zeta = f(z)$ in einem Umlaufsbereiche der z-Ebene regulär und verschwindet sie auf dem Umlaufe selbst nirgends, so ist die Anzahl der im Bereich liegenden Nullstellen der Funktion gleich der durch 2π geteilten Winkeländerung, die der Punkt $\zeta = f(z)$ in der ζ-Ebene erfährt, wenn der Punkt z den Umlauf durcheilt.

§ 39. DER SATZ VON ROUCHÉ

Sind $F(z)$ und $f(z)$ zwei auf einer Fläche $\mathfrak{S}$ reguläre Funktionen derart, daß auf dem Flächenrande überall

$$|F| > |f|$$

ausfällt, so hat die Funktion $F + f$ in der Fläche genau so viele Nullstellen wie die Funktion F.

Beweis. Zunächst ist klar, daß weder F noch $F + f$ auf dem Rande $\mathfrak{r}$ von $\mathfrak{S}$ eine Nullstelle haben kann. Aus $F = 0$ und $|f| < |F|$ folgt nämlich die widersinnige Ungleichung $|f| < 0$ und aus $F + f = 0$ die gegen die Voraussetzung $|f| < |F|$ verstoßende Gleichung $|f| = |F|$.

Die auf $\mathfrak{S}$ gelegenen Nullstellen von F und $F+f$ liegen also alle im *Innern* von $\mathfrak{S}$. Nach Cauchys Stellenformel ist nun die Anzahl n bzw. N der in $\mathfrak{S}$ gelegenen Nullstellen von F bzw. $F+f$

$$n = \mathcal{T}\int\limits_{\mathfrak{r}} \frac{F'(z)}{F(z)}\,dz \qquad \text{bzw.} \qquad N = \mathcal{T}\int\limits_{\mathfrak{r}} \frac{F'(z)+f'(z)}{F(z)+f(z)}\,dz \qquad \text{mit } \mathcal{T} = \frac{1}{2\pi i}.$$

Wir schreiben

$$F+f = F\left(1+\frac{f}{F}\right) = F\Phi \qquad \text{mit} \quad \Phi = 1+\varphi,\ \varphi = \frac{f}{F}$$

und finden durch Übergang zu den bezogenen Ableitungen

$$\frac{F'+f'}{F+f} = \frac{F'}{F} + \frac{\Phi'}{\Phi}$$

und damit

$$N = n + \mathcal{T}\int\limits_{\mathfrak{r}} \frac{\Phi'}{\Phi}\,dz$$

oder

$$N = n + \Phi_{\mathfrak{r}},$$

wo $\Phi_{\mathfrak{r}}$ den (in Vollwinkeln gemessenen) Winkelzuwachs bedeutet, den die Funktion $\Phi(z)$ erfährt, wenn z den Rand $\mathfrak{r}$ von $\mathfrak{S}$ durcheilt.

Auf $\mathfrak{r}$ ist aber $|\varphi| < 1$, mithin auch das Maximum M von $|\varphi|$ kleiner als 1, so daß auf $\mathfrak{r}$ überall $|\varphi| \leqq M$ ist und der Punkt Φ in der Φ-Ebene aus dem um den Punkt 1 mit dem Radius M beschriebenen Kreise nicht herauskommt. Daher ist $\Phi_{\mathfrak{r}} = 0$ und

$$N = n,$$

womit Rouchés Satz bewiesen ist.

Drei Anwendungen des Rouchéschen Satzes

I.

Satz vom Maximum und Minimum des Betrages einer Regulärfunktion:

Der Betrag einer auf einer Fläche $\mathfrak{S}$ regulären Funktion $f(z)$ erreicht sein Maximum und — falls f auf $\mathfrak{S}$ nirgends verschwindet — auch sein Minimum auf dem Flächenrande.

Beweis.

Nehmen wir an, daß das Maximum von $|f|$ nicht auf $\mathfrak{r}$, sondern im Innern von $\mathfrak{S}$, etwa an der Stelle z_1, erreicht wird, dann ist auf $\mathfrak{r}$

$$|-f(z)| < |f(z_1)|,$$

so daß nach Rouchés Satz die beiden Funktionen $f(z_1)$ und $f(z_1) - f(z)$ in $\mathfrak{S}$ gleichviel Nullstellen haben müssen. Die erste dieser beiden Funktionen kann aber laut Voraussetzung nicht gleich Null sein, während die andere an der Stelle z_1 verschwindet. Also führt unsere Annahme auf einen Widerspruch.

Angenommen jetzt, das Minimum von $|f|$ läge nicht auf dem Rande $\mathfrak{r}$ von $\mathfrak{S}$, sondern im Innern, etwa in z_0. Dann ist auf $\mathfrak{r}$ überall

$$|-f(z_0)| < |f(z)|,$$

so daß nach Rouches Satz die Funktionen $f(z)$ und $f(z) - f(z_0)$ in $\mathfrak{S}$ gleichviel Nullstellen haben. Nun hat aber in $\mathfrak{S}$ $f(z)$ *keine*, $f(z) - f(z_0)$ mindestens *eine* Nullstelle $(z = z_0)$. Unsere Annahme führt sonach zu einem Widerspruche. Die Extreme von f müssen somit *auf dem Rande* von $\mathfrak{S}$ liegen, w. z. b. w.

II.

Der Fundamentalsatz der Algebra:

Jedes Polynom n-ten Grades

$$\Phi(z) = z^n + az^{n-1} + bz^{n-2} + cz^{n-3} + \dots$$

hat genau n Nullstellen.

Beweis. $\mathfrak{S}$ sei eine Kreisfläche mit dem Zentrum $z = 0$ und mit so großem Radius r, daß auf dem Rande $\mathfrak{r}$ von $\mathfrak{S}$ der Betrag der Funktion

$$F(z) = z^n$$

den Betrag von

$$f(z) = az^{n-1} + bz^{n-2} + cz^{n-3} + \cdots$$

überall überschreitet. (Zur Erfüllung dieser Bedingung wählen wir r so groß, daß sogar

$$\frac{A}{r} + \frac{B}{r^2} + \frac{C}{r^3} + \cdots \qquad < 1$$

ausfällt, wo $A, B, C, \dots$ die Beträge von $a, b, c, \dots$ darstellen.)

Dann haben nach Rouchés Satz die Funktionen F und $\Phi = F + f$ in $\mathfrak{S}$ gleichviel Nullstellen. Nun hat F die n zusammenfallenden Nullstellen $0, 0, 0, \dots$. Mithin besitzt auch Φ in $\mathfrak{S}$ genau n Nullstellen.

Auf $\mathfrak{r}$ selbst und außerhalb $\mathfrak{r}$ kann aber Φ keine weitere Nullstelle z haben, da aus

$$\Phi(z) = F(z) + f(z) = 0$$

$$\left|\frac{f(z)}{F(z)}\right| = 1, \qquad \text{also} \qquad \left|\frac{a}{z} + \frac{b}{z^2} + \frac{c}{z^3} + \cdots\right| = 1$$

folgen würde, während doch, unter Z den Betrag von z verstanden, nach obigem

$$\frac{A}{Z} + \frac{B}{Z^2} + \frac{C}{Z^3} + \cdots \qquad < 1,$$

erst recht also

$$\left|\frac{a}{z} + \frac{b}{z^2} + \frac{c}{z^3} + \cdots\right| < 1 \qquad \text{ist.}$$

Das Polynom Φ verschwindet daher in der ganzen z-Ebene genau n mal.

III.

Das Lemma von Schwarz:

Wenn die im Gaußgebiet 𝔊 reguläre Funktion $f(z)$ an keiner Stelle des Gebiets die Einheit betraglich überschreitet und außerdem im Gebietszentrum verschwindet, so liegt der Quotient $f:z$ im ganzen Gebiet betraglich* unterhalb *der Einheit, es sei denn, daß f die Linearfunktion εz ist, in welcher die Konstante ε eine Gaußzahl bedeutet.

Beweis. 𝔎 sei eine mit 𝔊 konzentrische Kreisfläche, deren Halbmesser k nur wenig unterhalb der Einheit liege. Im Bereich 𝔎 stellt der Quotient $f:z$ eine Regulärfunktion dar, die als solche ihr Maximum auf dem Bereichrande erreicht. Daher ist überall in 𝔎

$$|f:z| \leqq 1:k.$$

Da hierin k der Einheit beliebig genähert werden darf, so gilt auch überall in 𝔊 die Ungleichung

$$|f:z| \leqq 1.$$

Nun sind zwei Fälle zu unterscheiden: Entweder — allgemeiner Fall — es ist überall in 𝔊 $|f:z| < 1$.

Oder es ist irgendwo in 𝔊 einmal, etwa an der Stelle c, $|f(c):c| = 1$.

Im letzteren Falle ist aber nach dem Satze vom Maximum des Betrages einer Regulärfunktion in *jedem* Punkte von 𝔎 $|f(z):z| = 1$.

Da aber der Halbmesser k von 𝔎 der Einheit beliebig genähert werden darf, so muß dann auch im ganzen Gebiet 𝔊 die Gleichung

$$|f(z):z| = 1$$

gelten.

Hieraus folgt weiter, daß die Funktion $f(z):z$ eine Konstante ist; und da diese Konstante den Betrag 1 hat, muß sie eine Gaußzahl ε sein, ist also

$$f(z) = \varepsilon z.$$

Demnach ist

entweder überall in 𝔊	$|f:z| < 1$		
oder überall in 𝔊	$f:z = \varepsilon$	mit	$|\varepsilon| = 1.$

Damit ist das Schwarzsche Lemma bewiesen.

§ 40. UMKEHRUNG EINER REGULÄRFUNKTION

Es sei $$\zeta = f(z) = a_1 z + a_2 z^2 + a_3 z^3 + \cdots \qquad \text{mit } a_1 \neq 0$$

eine in einem kreisförmigen Bereiche 𝔈 mit dem Zentrum $z = 0$ reguläre Funktion von z, und der Radius r von 𝔈 sei so gewählt, daß $f(z)$ in 𝔈 nur die eine Nullstelle $z = 0$ hat. Das nicht verschwindende Minimum von $|\zeta|$ auf dem Rande 𝔯 von 𝔈 sei μ.

Wir lenken unser Augenmerk auf die Punkte ζ der ζ-Ebene, die auf dem um $\zeta = 0$ beschriebenen Kreise Γ liegen, dessen Halbmesser (ein wenig) kleiner als μ sei.

Nun sei ζ ein beliebiger Punkt auf Γ. Da die Funktion $f(z)$ auf $\mathfrak{C}$ nur eine Nullstelle besitzt, und da auf $\mathfrak{r}$ überall

$$|f(z)| > |-\zeta|$$

ist, so besitzt die Funktion

$$f(z) - \zeta$$

nach Rouchés Satz auf $\mathfrak{C}$ ebenfalls nur eine Nullstelle z. Dieses eindeutig fixierte z, dessen Betrag den Wert r nicht überschreitet, ist eine Funktion von ζ. Damit ist also im Kreise Γ der ζ-Ebene eine eindeutige Funktion

$$z = \varphi(\zeta) = f^{-1}(\zeta),$$

die sog. *Umkehrung* oder *Umkehrfunktion* von $f(z)$, auch „die zu $f(z)$ *inverse Funktion*", definiert, deren Werte im Bereich $\mathfrak{C}$ der z-Ebene liegen, und die speziell an der Stelle $\zeta = 0$ den Wert $z = \varphi(0) = 0$ hat.

Wir zeigen, daß die Umkehrfunktion $z = \varphi(\zeta)$ im Bereich Γ regulär ist.

Nach Cauchys Stellenformel gilt nämlich für die eine Nullstelle z der Gleichung

$$f(z) = \zeta \qquad (|\zeta| < \mu)$$

die Relation

$$z = \mathfrak{T} \int_{\mathfrak{r}} Z \frac{F'}{F - \zeta} dZ \qquad \text{mit} \quad F = f(Z), \ F' = f'(Z).$$

Nun ist auf $\mathfrak{r}$ überall

$$\left| \frac{\zeta}{F} \right| < 1.$$

Daher konvergiert die Reihe

$$\frac{1}{F - \zeta} = \frac{1}{F} + \frac{\zeta}{F^2} + \frac{\zeta^2}{F^3} + \cdots$$

und damit auch die Reihe

$$\frac{ZF'}{F - \zeta} = \frac{ZF'}{F} + \frac{ZF'}{F^2}\zeta + \frac{ZF'}{F^3}\zeta^2 + \cdots$$

gleichmäßig auf $\mathfrak{r}$, und obige Integration kann gliedweise vollzogen werden. Das gibt [da für $\zeta = 0 \quad z = 0$ ist]

$$z = \alpha_1 \zeta + \alpha_2 \zeta^2 + \alpha_3 \zeta^3 + \cdots$$

mit

$$\alpha_n = \mathfrak{T} \int_{\mathfrak{r}} \frac{ZF'}{F^{n+1}} dZ.$$

Wir schreiben

$$\alpha_n = -\frac{\mathfrak{T}}{n} \int_{\mathfrak{r}} Z\, d\frac{1}{F^n} = +\mathfrak{T} \int_{\mathfrak{r}} \frac{1}{nF^n} dZ.$$

Da die Funktion $1 : F = 1 : f(Z)$ auf $\mathfrak{C}$ nur den einen Pol $Z = 0$ hat, so ist das hier rechts stehende Integral nach Cauchys Residuensatz das Residuum der Funktion $1 : nF^n$ für die Stelle $Z = 0$ und damit der Koeffizient A von Z^{-1} in der Laurententwicklung von $1 : nF^n$ für den Pol $Z = 0$.

Es sei demnach

$$\frac{1}{n F^n} = \frac{A}{Z} + \frac{B}{Z^2} + \frac{C}{Z^3} + \cdots + \mathsf{A} + \mathsf{B}\, Z + \Gamma Z^2 + \cdots.$$

Durch Multiplikation mit Z^n wird hieraus

$$\frac{1}{n}\left(\frac{Z}{F}\right)^n = A\, Z^{n-1} + B\, Z^{n-2} + \cdots,$$

wobei die rechte Seite dieser Gleichung die Maclaurinentwicklung der Funktion $\frac{1}{n}\left(\frac{Z}{F}\right)^n$ darstellt. In dieser ist aber der Koeffizient von Z^{n-1} bekanntlich der durch $(n-1)!$ dividierte $(n-1)$-te Differentialquotient der Funktion $\frac{1}{n}\left(\frac{Z}{F}\right)^n$ an der Stelle $Z = 0$. Demgemäß wird*)

$$\alpha_n = A = \frac{1}{n!} D_0^{n-1}\left(\frac{Z}{F}\right)^n.$$

Ergebnis:

Die Umkehrung der Funktion

$$\zeta = f(z) = a_1 z + a_2 z^2 + a_3 z^3 + \ldots \qquad \text{mit } a_1 \neq 0$$

die im Kreise $\mathfrak{C}$ *um den Punkt* $z = 0$ *regulär ist und hier nur im Kreiszentrum verschwindet, lautet*

$$z = \varphi(\zeta) = \alpha_1 \zeta + \alpha_2 \zeta^2 + \alpha_3 \zeta^3 + \ldots$$

mit

$$\alpha_n = \frac{1}{n!} D_0^{n-1}\left[\frac{z}{f(z)}\right]^n.$$

Die Umkehrfunktion $\varphi(\zeta)$ *ist in jedem Kreise* Γ *der* ζ*-Ebene regulär, dessen Radius das Minimum von* $|f(z)|$ *auf dem Rande von* $\mathfrak{C}$ *unterschreitet, und ihre Werte liegen im Innern des Bereiches* $\mathfrak{C}$.
Jede hinreichend kleine Umgebung des Punktes $z = 0$ *wird demnach durch die Gleichung*

$$\zeta = a_1 z + a_2 z^2 + \ldots \qquad \text{mit } a_1 \neq 0$$

eindeutig auf eine Umgebung des Punktes $\zeta = 0$ *abgebildet [„Satz von der Gebietstreue“].*

Wir wollen die Frage nach dem

Konvergenzradius der Umkehrfunktion

$$z = \varphi(\zeta) = \alpha_1 \zeta + \alpha_2 \zeta^2 + \alpha_3 \zeta^3 + \cdots$$

noch von einer anderen Seite aus betrachten.
Die umzukehrende Reihe sei

$$\zeta = f(z) = a_1 z + a_2 z^2 + a_3 z^3 + \cdots,$$

---

*) Ist φ eine Funktion des Arguments u, so bedeutet das Zeichen $D_0^n\, \varphi$ den Wert der n-ten Ableitung der Funktion φ an der Stelle $u = 0$.

wobei der erste Koeffizient, a_1, nicht verschwinden möge. Ihr Konvergenzradius sei R, so daß die Reihe in jedem Kreise $\mathfrak{K}$, dessen Halbmesser r unterhalb R liegt, überall absolut konvergiert. Das auf dem Rande $\mathfrak{r}$ von $\mathfrak{K}$ gelegene Maximum von $|\zeta|$ sei M. Nach Cauchys Abschätzungsformel ist dann für jeden Zeiger n

$$|a_n| \leqq \frac{M}{r^n}.$$

Um die Koeffizienten α der Umkehrfunktion

$$z = \varphi(\zeta) = \alpha_1 \zeta + \alpha_2 \zeta^2 + \alpha_3 \zeta^3 + \cdots$$

zu bestimmen, ersetzen wir hier ζ durch die obige Potenzreihe und haben

$$z = \alpha_1 (a_1 z + a_2 z^2 + \cdots) + \alpha_2 (a_1 z + a_2 z^2 + \cdots)^2 + \alpha_3 (a_1 z + a_2 z^2 + \cdots)^3 + \cdots.$$

Dieser Identität in z zufolge bekommen wir für die gesuchten Koeffizienten α_ν sukzessive die Bestimmungsgleichungen

$$\begin{aligned} a_1 \alpha_1 &= 1, \\ a_1^2 \alpha_2 + a_2 \alpha_1 &= 0, \\ a_1^3 \alpha_3 + 2\, a_1\, a_2 \alpha_2 + a_3 \alpha_1 &= 0, \\ \cdots\cdots\cdots\cdots &, \end{aligned}$$

allgemein für α_n eine Rekursionsformel von der Form

$$a_1^n \alpha_n + p_{n-1}(a_1, a_2, \ldots)\, \alpha_{n-1} + p_{n-2}(a_1, a_2, \ldots)\, \alpha_{n-2} + \cdots = 0,$$

wo die p gewisse leicht hinschreibbare Polynome der Ausgangskoeffizienten $a_1, a_2, a_3, \ldots$ mit *positiven* Koeffizienten sind. Diese Rekursionsformeln liefern nacheinander $\alpha_1, \alpha_2, \alpha_3, \ldots$.

Wir vergleichen die gefundenen Ergebnisse mit der ebenfalls umzukehrenden

Hilfsreihe

$$\zeta = F(z) = A_1 z + A_2 z^2 + A_3 z^3 + \cdots,$$

deren Koeffizienten durch folgende Vorschriften festgelegt sind:

$$A_1 = A = |a_1|, \quad A_2 = -\frac{M}{r^2}, \quad A_3 = -\frac{M}{r^2}, \quad A_4 = -\frac{M}{r^4}, \cdots,$$

so daß für jeden Zeiger ν

$$|a_\nu| \leqq |A_\nu| \qquad \text{ist.}$$

Die Umkehrungsfunktion der Hilfsreihe sei

$$z = \Phi(\zeta) = \mathsf{A}_1 \zeta + \mathsf{A}_2 \zeta^2 + \mathsf{A}_3 \zeta^3 + \cdots.$$

Das zur Bestimmung der unbekannten Koeffizienten $\mathsf{A}_1, \mathsf{A}_2, \mathsf{A}_3, \ldots$ dienende Rekursionsformelsystem lautet genau wie oben:

$$\begin{aligned} A_1 \mathsf{A}_1 &= 1, \\ A_1^2 \mathsf{A}_2 + A_2 \mathsf{A}_1 &= 0, \\ A_1^3 \mathsf{A}_3 + 2\, A_1\, A_2 \mathsf{A}_2 + A_3 \mathsf{A}_1 &= 0, \\ \cdots\cdots\cdots\cdots & \\ A_1^n \mathsf{A}_n + p_{n-1}(A_1, A_2, \ldots)\, \mathsf{A}_{n-1} + p_{n-2}(A_1, A_2, \ldots)\, \mathsf{A}_{n-2} + \cdots &= 0. \end{aligned}$$

Aus der ersten bzw. zweiten bzw. dritten Formel der beiden Rekursionsformelsysteme folgt nun

$$|\alpha_1| = |A_1|, \qquad |\alpha_2| \leqq |A_2|, \qquad |\alpha_3| \leqq |A_3|,$$

so daß wir ganz allgemein das Bestehen der Ungleichung

$$|\alpha_n| \leqq |A_n|$$

vermuten dürfen. Durch den Schluß von n auf $n+1$ läßt sich die Vermutung zur Gewißheit erheben. Nehmen wir nämlich an, daß für jeden unterhalb n gelegenen Zeiger die vermutete Ungleichung schon bewiesen ist, dann folgt aus den Rekursionsformeln für α_n und A_n wegen der für jedes der zugehörigen Polynome p gültigen Ungleichung

$$\left| p(|a_1|, |a_2|, |a_3|, \ldots)\right| < \left| p(|A_1|, |A_2|, |A_3|, \ldots)\right|$$

auch noch

$$|\alpha_n| \leqq |A_n|,$$

womit dann die Richtigkeit der Ungleichung

$$|\alpha_n| \leqq |A_n|$$

für *jeden* Zeiger n dargetan ist.

Durch diese Überlegung sind wir zu der Erkenntnis gekommen, daß die Reihe

$$\Phi(\zeta) = A_1\zeta + A_2\zeta^2 + A_3\zeta^3 + \cdots$$

eine *Majorante* der Reihe

$$\varphi(\zeta) = \alpha_1\zeta + \alpha_2\zeta^2 + \alpha_3\zeta^3 + \cdots \qquad \text{ist.}$$

Wenn wir also zeigen können, daß die Reihe $\Phi(\zeta)$ für jedes betraglich unterhalb einer gewissen positiven Größe ϱ gelegene ζ konvergiert, dann konvergiert die Reihe $\varphi(\zeta)$ erst recht für jedes solche ζ.

Nun folgt aus

$$\zeta = Az - \frac{M}{r^2}z^2 - \frac{M}{r^3}z^3 - \cdots$$

zunächst

$$\zeta = Az - \frac{Mz^2}{r(r-z)},$$

und diese quadratische Gleichung für z liefert dann

$$\frac{z}{r} = \frac{\alpha + \zeta + \sqrt{\alpha^2 - 2\beta\zeta + \zeta^2}}{\alpha + \beta}$$

mit

$$\alpha = Ar \qquad \text{und} \qquad \beta = Ar + 2M.$$

Hier achten wir zuerst auf die beiden Nullstellen des Quadratwurzelradikanden. Sie sind die positiven Werte

$$\varrho = \beta - \sqrt{\beta^2 - \alpha^2} \qquad \text{und} \qquad \sigma = \beta + \sqrt{\beta^2 - \alpha^2}.$$

So lange also ζ betraglich unterhalb ϱ liegt, verschwindet jener Radikand nicht, und indem wir das Wurzelvorzeichen so wählen, daß die Wurzel an der Stelle $\zeta = 0$ den Wert $-\alpha$ annimmt, stellt die Funktion

$$z = r\,\frac{\alpha + \zeta + \sqrt{\alpha^2 - 2\beta\zeta + \zeta^2}}{\alpha + \beta} = A_1\zeta + A_2\zeta^2 + A_3\zeta^3 + \cdots$$

die im Kreise $|\zeta| \leqq \varrho$ konvergente Umkehrung der Reihe

$$\zeta = F(z) = A_1 z + A_2 z^2 + A_3 z^3 + \cdots \qquad \text{dar.}$$

Zugleich stellen wir fest, daß der Bruch

$$\frac{\alpha + \zeta + \sqrt{\alpha^2 - 2\beta\zeta + \zeta^2}}{\alpha + \beta}$$

betraglich unterhalb der Einheit liegt, daß also das zugehörige Umkehrungs-z betraglich *unterhalb* r liegt.

[Angenommen, es wäre für $|\zeta| = \xi \leqq \varrho$

$$a + \zeta \pm \sqrt{\alpha^2 - 2\beta\zeta + \zeta^2} = S\varepsilon,$$

wo die positive Zahl $S \geqq s = \alpha + \beta$ ist und $\varepsilon = h + ki$ eine Gaußzahl (vom Betrage 1) bedeutet. Dann wäre sukzessive

$$\alpha + \zeta - S\varepsilon = \mp \sqrt{\alpha^2 - 2\beta\zeta + \zeta^2},$$

$$\alpha^2 + \zeta^2 + 2\alpha\zeta - 2\alpha S\varepsilon - 2\zeta S\varepsilon + S^2\varepsilon^2 = \alpha^2 - 2\beta\zeta + \zeta^2,$$

$$2\zeta(s - S\varepsilon) = S(2\alpha\varepsilon - S\varepsilon^2),$$

$$2\zeta(S - s : \varepsilon) = S(S\varepsilon - 2\alpha),$$

$$2\zeta = S(Sh - 2\alpha + Ski) : (S - sh + ski),$$

$$4\xi^2 = S^2(S^2 + 4\alpha^2 - 4\alpha Sh) : (S^2 + s^2 - 2Ssh),$$

$$4hS[\alpha S^2 - 2s\xi^2] = S^2(S^2 + 4\alpha^2) - 4\xi^2(S^2 + s^2).$$

Nun ist $\varrho < \alpha$, also $2\varrho < s$ und $2s\xi^2 \leqq 2s\varrho^2 < \alpha s^2$. Folglich ist die eckige Klammer positiv, so daß

$$4S[\alpha S^2 - 2s\xi^2] \geqq S^2(S^2 + 4\alpha^2) - 4\xi^2(S^2 + s^2)$$

oder

$$S^2(S^2 + 4\alpha^2 - 4S\alpha) \leqq 4\xi^2(S^2 + s^2 - 2Ss)$$

oder

$$S^2(S - 2\alpha)^2 \leqq 4\xi^2(S - s)^2$$

oder endlich

$$S(S - 2\alpha) \leqq 2\xi(S - s)$$

wäre. Letztere Ungleichung ist aber absurd, da

$$\text{sowohl} \quad S > 2\xi \qquad \text{als auch} \quad S - 2\alpha > S - s$$

ist.]

Da nun schon die Majorante Φ im Kreise $|\zeta| \leqq \varrho$ konvergiert und hier betraglich kleiner als r ausfällt, so tut das die Minorante φ erst recht, und wir haben folgendes

Ergebnis:

Konvergiert die Potenzreihe

$$\zeta = a_1 z + a_2 z^2 + a_3 z^3 + \ldots \qquad (a_1 \neq 0)$$

im Kreise $|z| \leqq r$, und liegt sie dort betraglich unterhalb M, so konvergiert die Umkehrreihe

$$z = \alpha_1\zeta + \alpha_2\zeta^2 + \alpha_3\zeta^3 + \ldots$$

sicher im Kreise $|\zeta| \leqq \varrho$ und liegt dort betraglich unterhalb r. Dabei ist

$$\varrho = \beta - \sqrt{\beta^2 - \alpha^2} \qquad \textit{mit} \quad \alpha = r\,|a_1| \quad \textit{und} \quad \beta = \alpha + 2M.$$

Fünfter Abschnitt

Der Satz von Picard

§ 41. DIE BEIDEN SÄTZE VON BLOCH

Satz I:

Die Regulärfunktion $w = g(z)$ des Gaußkreises $|z| \leqq 1$, deren Ableitung im Nullpunkt die Einheit betraglich nicht unterschreitet, nimmt im Gaußkreisinnern jeden Wert eines gewissen Bezirks der w-Ebene mit dem Radius $b = {}^1/_{16}$ an.

Bei dem folgenden Beweise des Satzes benötigen wir das

Lemma:

Eine im Nullpunkt verschwindende Regulärfunktion $F(z)$ des Kreises $|z| \leqq r$, deren Ableitung auf dem Kreise die Schranke S betraglich nicht überschreitet und im Nullpunkt den nicht verschwindenden Wert θ hat, nimmt im Kreisinnern jeden betraglich unterhalb $r\,|\,\theta\,|^2 : 4\,S$ liegenden Wert an.

Beweis des Lemma: ε sei ein Wert, den F im Kreisinnern nicht annimmt, E sein Betrag. Dann ist die Funktion

$$\Phi = 1 - \frac{F}{\varepsilon}$$

auf dem Kreise regulär und in seinem Innern nirgends gleich Null. Daher ist die Funktion

$$\varphi = \sqrt{\Phi} = 1 - \frac{\theta}{2\,\varepsilon} z + \cdots$$

im Kreisinnern regulär. Nach Gutzmers Satz (§ 34) ist daher (mit $\Theta = |\,\theta\,|$)

$$1 + \frac{\Theta^2}{4\,E^2} r^2 + \ldots \quad \leqq M, \tag{1}$$

wo M das Maximum von $\Phi = \varphi^2$ auf dem Kreise bedeutet.

Aus $\quad \Phi = 1 - \dfrac{F}{\varepsilon} \quad$ folgt $\quad |\,\Phi(z)\,| \leqq 1 + \dfrac{|F(z)|}{E}$,

aus $\quad F(z) - F(0) = \displaystyle\int_0^z F'(z)\,dz \quad |\,F(z)\,| \leqq r\,S \quad$ [mit $|\,z\,| \leqq r$].

Daher entsteht die weitere Ungleichung

$$M \leqq 1 + \frac{r\,S}{E}. \tag{2}$$

Aus (1) und (2) ergibt sich

$$\frac{\Theta^2}{4\,E^2} r^2 \leqq \frac{r\,S}{E}$$

und hieraus

$$E \geqq \frac{r\,\Theta^2}{4\,S}.$$

Diese Ungleichung zeigt die Richtigkeit des Lemma.

Nun zum Beweise des Blochschen Satzes! Wir führen im Intervall $[0 \leqq \varrho \leqq 1]$ das Maximum $M(\varrho)$ von $|g'(z)|$ im Kreise $|z| \leqq \varrho$ ein und betrachten die Zahlenfolge

$$\left\{t_\nu = \frac{1}{2^\nu} M\left(1 - \frac{1}{2^\nu}\right)\right\} \qquad \text{für } \nu = 0, 1, 2, 3, \ldots .$$

Letztere beginnt bei $\nu = 0$ mit $t_0 \geqq 1$ [wegen $|g'(0)| \geqq 1$] und endigt bei $\nu = \infty$ mit $t_\infty = 0$. Daher gibt es in ihr zwei Sukzessivzeiger n und $m = n + 1$ derart, daß

$$t_n \geqq 1, \qquad \text{jedoch } t_m < 1$$

ist. Setzen wir also

$$\frac{1}{2^n} = 2\mathfrak{r}, \qquad \frac{1}{2^m} = \mathfrak{r},$$

so gilt die Ungleichung

$$2\mathfrak{r} M(1 - 2\mathfrak{r}) \geqq 1 > \mathfrak{r} M(1 - \mathfrak{r}).$$

Das Maximum $M(1 - 2\mathfrak{r})$ werde im Punkte c mit $C = |c| = 1 - 2\mathfrak{r}$ erreicht. Dann erfüllt die Funktion

$$f(z) = g(z + c) - g(c)$$

im Kreise $\overline{\mathfrak{K}}$ $(|z| \leqq \mathfrak{r})$ die vier Lemmabedingungen: 1° $f(z)$ ist in $\mathfrak{K}$ regulär, 2° $f(0) = 0$,

$$3° \quad \Theta = |\theta| = |f'(0)| = |g'(c)| = M(1 - 2\mathfrak{r}) \geqq \frac{1}{2\mathfrak{r}},$$

4° das Maximum von $|f'(z)|$ in $\overline{\mathfrak{K}}$, zugleich das Maximum von $|g'(z + c)|$ ist wegen

$$|z + c| \leqq |z| + |c| \leqq (\mathfrak{r}) + (1 - 2\mathfrak{r}) = 1 - \mathfrak{r}$$

$$\leqq M(1 - \mathfrak{r}) \qquad \text{und deshalb} \qquad < S = \frac{1}{\mathfrak{r}}.$$

Daher nimmt $f(z)$ in $\mathfrak{K}$ $(|z| < \mathfrak{r})$ jeden betraglich unterhalb

$$b = \frac{1}{16} \qquad \left(\text{da } \frac{1}{16} < \frac{\mathfrak{r}\Theta^2}{4S}\right)$$

liegenden Wert an.

Es sei nunmehr ζ ein beliebiger Punkt des Kreises Γ $(|\zeta - \gamma| < b)$ mit $\gamma = g(c)$. Dieses $\zeta - \gamma$ (weil betraglich $< b$) gleicht also dem Werte der Funktion $f(z)$ für einen gewissen Argumentwert z mit $|z| < \mathfrak{r}$, und es ist $f(z) = g(Z) - g(c)$ mit $Z = z + c$. Aus

$$\zeta - \gamma = g(Z) - g(c)$$

folgt

$$\zeta = g(Z),$$

wobei

$$|Z| = |z + c| \leqq |z| + |c| < \mathfrak{r} + (1 - 2\mathfrak{r}) = 1 - \mathfrak{r}$$

ist. Mithin ist sicher

$$|Z| < 1,$$

und der Punkt Z gehört dem Gaußkreisinnern an.

Aus
$$| g(Z) - \gamma | < b$$
folgt, daß der beliebige Innenpunkt $\zeta = g(Z)$ des Kreises Γ vom Zentrum γ und Radius b von unserer Funktion $g(z)$ und zwar an der Stelle Z angenommen wird.

Damit ist der erste Blochsche Satz bewiesen.

Zusatz. Unser Kreis Γ vom Radius b ist keineswegs der größte Kreis, dessen Inneres von der Funktion g „bedeckt" wird. Der Radius des größten Kreises, dessen Inneres von der Funktion g bedeckt wird, die sog. *Blochsche Konstante B*, ist noch nicht genau bekannt. Im 30. Bande der Mathematischen Zeitschrift hat Landau gezeigt, daß B oberhalb $1 + 3\, l\, \frac{3}{4} = 0{,}1369$, dagegen unterhalb $\frac{9}{16} = 0{,}56$ liegt.

Satz II:

Der zweite Blochsche Satz handelt von einer gewissen durch die vorgelegte Funktion $F(z)$ erzeugten Hilfsfunktion $f(z)$, die wir kurz die *Blochfunktion* der Funktion $F(z)$ nennen werden.

Die vorgelegte Funktion $F(z)$ verhalte sich im Kreise $\mathfrak{G}(|z| \leqq r)$ oder aber in der ganzen z-Ebene $\mathfrak{G}$ regulär und nehme hier keinen der Werte 0 und 1 an. Dann konstruiert Bloch aus $F(z)$ die Hilfsfunktion $f(z)$ vermöge der Vorschrift
$$F = e^{\omega\, \mathfrak{U}},$$
wo ω die Periode $2\pi i$ der Exponentialfunktion und $\mathfrak{U}$ das Quadrat des hyperbolischen Cosinus von f bedeutet.

Die Bestimmung von f erfolgt in vier Schritten:

1° Aus F entsteht durch die Vorschrift $F = e^{\omega \mathfrak{U}}$ die Funktion
$$\mathfrak{U} = \frac{1}{\omega}\, lF\,.$$
Da F in $\mathfrak{G}$ nirgends verschwindet, ist $\mathfrak{U}$ in $\mathfrak{G}$ regulär und überdies nirgends in $\mathfrak{G}$ gleich 0 oder 1, da sonst F den Wert 1 annehmen könnte, was nach Voraussetzung ausgeschlossen ist.

2° Aus $\mathfrak{U}$ entsteht durch die Vorschrift $U^2 = \mathfrak{U}$ die Funktion
$$U = \sqrt{\mathfrak{U}}\,.$$
Da $\mathfrak{U}$ in $\mathfrak{G}$ erstens nirgends verschwindet, zweitens nirgends der Einheit gleicht, ist U in $\mathfrak{G}$ erstens regulär und zweitens nirgends gleich 1.

3° Aus U entsteht durch die Vorschrift $U^2 - V^2 = 1$ [$\mathrm{Cos}^2 - \mathrm{Sin}^2 = 1$] die Funktion
$$V = \sqrt{U^2 - 1}\,.$$
Da U in $\mathfrak{G}$ regulär ist und hier nirgends den Wert [0 oder] 1 annimmt, verhält sich auch V in $\mathfrak{G}$ regulär und verschwindet hier nirgends.

4° $U = \mathrm{Cos}\, f$, $V = \mathrm{Sin}\, f$ setzend, bestimmt man die Funktion f durch die Vorschrift
$$e^f = U + V \qquad \text{bzw.} \qquad e^{-f} = U - V.$$

Da [wegen $(U+V)(U-V)=U^2-V^2=1$] $U+V$ in $\mathfrak{G}$ nirgends verschwindet, ist

$$f=l(U+V)$$

überall in $\mathfrak{G}$ regulär, und da V in $\mathfrak{G}$ nirgends verschwindet, verschwindet auch f hier nirgends.
Die so konstruierte Funktion $f=f(z)$ ist *die Blochfunktion der vorgelegten Funktion $F=F(z)$.*

Zweiter Blochscher Satz:

Die durch die im Kreise $\mathfrak{G}(|z|\leqq r)$ oder in der z-Ebene $\mathfrak{G}$ reguläre und hier nirgends gleich Null oder Eins werdende Funktion $F(z)$ erzeugte, gleichfalls in $\mathfrak{G}$ reguläre Blochfunktion $w=f(z)$ vermag kein Einheitskreisinneres der w-Ebene zu bedecken.

Beweis. Zum Beweise konstruieren wir in der w-Ebene das Zahlgitter

$$w_n^\nu=\pm l\left(\sqrt{m}+\sqrt{n}\right)+\nu\varkappa i \quad \text{mit } 2\varkappa=\pi,\ m=n+1, \begin{Bmatrix} n=0,1,2,3,\cdots \\ \nu=0,\pm1,\pm2,\pm3,\cdots \end{Bmatrix}.$$

Es besteht aus rechteckigen Maschen mit der konstanten Höhe $h=\varkappa$ und der mit n variabeln Breite $k=l\left[\left(\sqrt{m}+\sqrt{n}\right):\left(\sqrt{n}+\sqrt{n-1}\right)\right]$. Da

$$\text{für } n=1 \qquad \left(\sqrt{m}+\sqrt{n}\right):\left(\sqrt{n}+\sqrt{n-1}\right)=\sqrt{2}+1,$$

$$\text{für } n>1 \qquad \left(\sqrt{m}+\sqrt{n}\right):\left(\sqrt{n}+\sqrt{n-1}\right)<\sqrt{n+1}:\sqrt{n-1}<\sqrt{3},$$

ist in jedem Falle $k<1$. Da die längste aller Maschendiagonalen unterhalb $\sqrt{\varkappa^2+1^2}=\sqrt{3{,}467}<2$ liegt, ist *die Halbdiagonale jeder Masche kleiner als* 1. Folglich gibt es zu jedem Punkte $w=c$ der w-Ebene einen Gitterpunkt $w_n^\nu=\gamma$ derart, daß $|c-\gamma|<1$ ausfällt.
Die *Blochfunktion* f aber *kann den Wert γ nicht annehmen.*
Wäre nämlich $f(z)=\gamma$, so wäre

$$e^{f(z)}=e^\gamma=\left(\sqrt{m}\pm\sqrt{n}\right)i^\nu, \qquad e^{-f(z)}=\left(\sqrt{m}\mp\sqrt{n}\right)i^{-\nu}$$

und
$$2\,U=e^f+e^{-f}=\sqrt{m}\,(i^\nu+i^{-\nu})\pm\sqrt{n}\,(i^\nu-i^{-\nu}),$$

mithin
$$\mathfrak{U}=U^2=n\iota^\nu+\frac{1+\iota^\nu}{2}=g,$$

wo g eine Ganzzahl ist. Das gibt

$$\omega\mathfrak{U}=g\omega \qquad \text{und} \qquad F(\gamma)=e^{\omega\mathfrak{U}}=1, \qquad \text{q. e. a.}$$

Denkt man sich jetzt einen irgendwo in der w-Ebene liegenden Einheitskreis mit dem Zentrum c, so liegt der dem Punkte c nächstgelegene Gitterpunkt γ

wegen
$$|c-\gamma|<1$$

im Innern dieses Einheitskreises, und diesen Wert γ (Punkt γ) kann die Blochfunktion f nicht annehmen (nicht bedecken).
Es gibt also keinen Einheitskreis der w-Ebene, dessen Inneres vollständig von $w=f(z)$ bedeckt wird. Q. E. D.

§ 42. PICARDS GANZFUNKTIONENSATZ

Die Blochschen Sätze reichen aus, den berühmten Picardschen Satz über den Wertevorrat einer ganzen transzendenten Funktion zu beweisen.

Picards Ganzfunktionensatz:

Eine ganze transzendente Funktion läßt höchstens einen Wert aus.

Das heißt: sie vermag — mit möglicherweise einer einzigen Ausnahme — jeden vorgegebenen endlichen Wert anzunehmen.
So nimmt beispielsweise die Exponentialfunktion e^z jeden Wert mit Ausnahme der Null an. Die Sinusfunktion $\sin z$ oder die Cosinusfunktion $\cos z$ vermag dagegen jeden Wert anzunehmen.
Beweis. Angenommen, die ganze transzendente Funktion $G(z)$ [die also keine Konstante ist] nehme zwei Werte α und β nicht an. Wir bilden die ganze transzendente Funktion

$$F(z) = \frac{G(z) - \alpha}{\beta - \alpha}.$$

Diese vermag dann die beiden Werte 0 und 1 nicht anzunehmen.
Wir bilden die Blochfunktion $f(z)$ von $F(z)$. Da F ganz und transzendent ist, kann f nicht konstant sein, und f' nicht identisch verschwinden. Sicher existiert also ein Argumentwert $z = c$, für welchen

$$\gamma = f'(c) \neq 0$$

ist. Die Funktion

$$\varphi(z) = \frac{f(c + kz)}{16} = a + z + \ldots \qquad \text{mit } k = \frac{16}{\gamma}, \quad a = \frac{f(c)}{16}$$

ist dann in der z-Ebene regulär, und ihre Ableitung im Nullpunkt hat den nicht echtgebrochenen Wert 1.
Daher *bedeckt* φ nach Blochs erstem Satze sicher *das Innere eines gewissen Kreises vom Radius* $b = {}^1/_{16}$.
Da ferner nach Blochs zweitem Satze $f(z)$ als Blochfunktion kein Einheitskreisinneres bedecken kann, *vermag* φ *nicht das Innere eines Kreises vom Radius* ${}^1/_{16} = b$ *zu bedecken.*
Damit haben wir einen Widerspruch, welcher nur verschwindet, wenn wir die Richtigkeit des Picardschen Satzes zugeben.

§ 43. DER SATZ VON SCHOTTKY-LANDAU

Satz von Landau:

Wenn die Funktion

$$F(z) = a + a_1 z + a_2 z^2 + \cdots$$

auf dem Gaußkreise $|z| \leqq 1$ *regulär ist und hier nirgends die beiden Werte* 0 *und* 1 *annimmt, so läßt sich zu jedem* $P \geqq A$ *(mit* $A = |a|$*) und jedem positiven Echtbruch* Q *eine nur von* P *und* Q *abhängige Schranke*

$$S = S(P, Q)$$

angeben derart, daß

auf dem Kreise $|z| \leqq Q$ *überall* $|F(z)| < S$ *ausfällt.*

Beweis. Wir nehmen an, was für unseren Zweck ausreicht, daß P nicht unterhalb 2 liegt.

Um die im Verlauf des Beweises auftretende Ungleichung

$$|lA| \leqq lP$$

auch für echtgebrochene A verbürgen zu können, setzen wir zunächst voraus, daß außer $P \geqq A$ auch noch

$$P \geqq \frac{1}{A} \qquad \text{ist.}$$

In der Blochschen Formel

$$F(z) = e^{\omega \mathfrak{U}(z)}$$

ist $\mathfrak{U}$ durch die Vorschrift

$$\omega \mathfrak{U}(0) = la$$

festgelegt. Es folgt dann wegen $la = lA + i\vartheta$ mit $-\pi < \vartheta \leqq +\pi$

$$\mathfrak{U}(0) = \frac{la}{\omega} = \frac{\vartheta}{2\pi} - i\frac{lA}{2\pi}$$

und hieraus
$$|\mathfrak{U}(0)| < \frac{1}{2} + \frac{lA}{2\pi} < \frac{1}{2} + \frac{lP}{2\pi} = S_1,$$

mithin
$$|U(0)| = |\sqrt{\mathfrak{U}}| < \sqrt{S_1} = S_2,$$

$$|V(0)| = |\sqrt{U^2(0) - 1}| < \sqrt{S_1 + 1} = S_3,$$

$$|U(0) + V(0)| < S_2 + S_3 = S_4,$$

wo S_1, S_2, S_3, S_4 nur von P abhängige Schranken sind.

In
$$e^{f(z)} = U + V$$

ist $f(z)$ durch die Vorschrift

$$f(0) = l[U(0) + V(0)]$$

festgelegt, so daß

$$|f(0)| \leqq \big| l\,|U(0) + V(0)|\big| + \pi = \mathfrak{S} = \mathfrak{S}(P)$$

ist, wo $\mathfrak{S}$ eine angebbare nur von P abhängige Schranke darstellt.

Um eine Schranke für $|f(z)|$ zu bekommen, verschaffen wir uns in Anlehnung an die Formel

$$f(z) - f(0) = \int_0^z f'(z)\,dz$$

zunächst eine Schranke für $|f'(z)|$.

Bedeutet c einen *beliebigen* Punkt des Kreises $|z| \leqq Q$, in welchem f' nicht verschwindet, so ist die Funktion

$$\varphi(z) = \frac{f(c + qz)}{qf'(c)} = h + z + \cdots \qquad \text{mit} \quad q = 1 - Q$$

auf dem Gaußkreise $|z| \leqq 1$ regulär, bedeckt nach Blochs erstem Satze das Innere eines gewissen Kreises vom Radius $^1/_{16}$, nach Blochs zweitem Satze aber kein Kreisinneres vom Radius $1 : q\,|f'(c)|$. Folglich muß

$$\frac{1}{q\,|f'(c)|} > \frac{1}{16} \qquad \text{also} \qquad |f'(c)| < \frac{16}{1-Q} \qquad \text{sein.}$$

Da die gefundene Ungleichung auch in jedem Punkte c gilt, in welchem f' verschwindet, so ist

$$\text{in jedem Punkte } z \text{ des Kreises } |z| \leqq Q \qquad |f'(z)| < \frac{16}{1-Q},$$

womit die gewünschte Schranke für $|f'(z)|$ gefunden ist.
In Gemäßheit der obigen Formel

$$f(z) - f(0) = \int_0^z f'(z)\,dz,$$

in welcher z einen beliebigen Punkt des Kreises $|z| \leqq Q$ bedeutet, haben wir nun

$$|f(z) - f(0)| < \frac{16}{1-Q}\,|z| < \frac{16}{1-Q}$$

und damit wegen $|f(0)| \leqq \mathfrak{s}$ die Ungleichung

$$|f(z)| < \mathfrak{s} + \frac{16}{1-Q} \qquad \text{mit} \quad |z| \leqq Q.$$

Der erhaltene Ausdruck

$$s = s(P, Q) = \mathfrak{s}(P) + \frac{16}{1-Q}$$

ist eine nur von P und Q abhängige Schranke, welche in jedem Punkte z des Kreises $|z| \leqq Q$ oberhalb $|f(z)|$ liegt.
Weiter wird nun auf diesem Kreise

$$|\operatorname{Cos} f| < \operatorname{Cos} |f| < e^{|f|} < e^s,$$

$$|\omega \operatorname{Cos}^2 f| < 2\pi e^{2s}$$

und schließlich

$$|F(z)| < e^{2\pi e^{2s}} \qquad \text{mit} \quad |z| \leqq Q.$$

Die nur von P und Q abhängige Größe

$$S = S(P, Q) = e^{2\pi e^{2s}}$$

ist die in unserm Satze erwähnte Schranke, für welche — wenigstens im Falle $P \geqq 1 : A$ — die Ungleichung

$$|F(z)| < S(P, Q) \qquad \text{mit} \quad |z| \leqq Q$$

gilt.
Im Falle $P < 1 : A$ verfahren wir wie folgt.
Zunächst haben wir $A < {}^1/_2$ und damit

$$^1/_2 < |1 - a| < 2.$$

Wenden wir nun die obige Überlegung auf die Funktion

$$\mathfrak{F}(z) = 1 - F(z) = \mathfrak{a} + \mathfrak{a}_1 z + \mathfrak{a}_2 z^2 + \cdots \qquad \text{mit} \quad \mathfrak{a} = 1 - a, \ \mathfrak{a}_\nu = -a$$

und den P-Wert $P = 2$ an, für den ja (mit $\mathfrak{A} = |\,\mathfrak{a}\,|$)

$$P > \mathfrak{A} \qquad \text{und auch} \qquad P > 1 : \mathfrak{A}$$

ist, so entsteht wie oben die Ungleichung

$$|\,\mathfrak{F}(z)\,| < \mathfrak{T}(Q) \qquad \text{mit} \quad |\,z\,| \leqq Q,$$

wo $\mathfrak{T}(Q)$ den Ausdruck bedeutet, der aus $S(P, Q)$ hervorgeht, wenn man $P = 2$ setzt.

Aus dieser Ungleichung folgt sofort

$$|\,F(z)\,| < \mathfrak{S}(Q) \qquad \text{mit} \quad \mathfrak{S}(Q) = 1 + \mathfrak{T}(Q), \ |\,z\,| \leqq Q,$$

und diese Ungleichung zeigt, daß im Falle $A < {}^1/_2$ sogar eine nur von Q abhängige Schranke angegeben werden kann, $S(P, Q) = \mathfrak{S}(Q)$, welche überall im Kreise $|\,z\,| \leqq Q$ die Funktion $F(z)$ betraglich überschreitet.

Damit ist Landaus Satz bewiesen.

Setzt man im ersten Teil unserer Überlegung $P = A$, so ergibt sich der *Satz von Schottky*, den dieser schon vor Landau gefunden hatte, und in welchem die Schranke S unseres Satzes ein nur von A und Q abhängiger Ausdruck ist:

$$S = S(A, Q).$$

Hierin ist a das an keine zusätzliche Bedingung gebundene nicht verschwindende Freiglied der Maclaurinreihe für $F(z)$.

§ 44. PICARDS SATZ

Weierstraß hat gezeigt (vgl. § 35), daß eine analytische Funktion $f(z)$ in jeder Umgebung $\mathfrak{D}$ einer isolierten wesentlich singulären Stelle jedem endlichen Werte E beliebig nahekommt. Damit ist aber noch nicht gesagt, ob der Wert E von f in $\mathfrak{D}$ auch wirklich angenommen wird, und es erhebt sich die Frage:

Wieviel Werte nimmt die Funktion f in einer solchen Umgebung nicht an?

Diese fundamentale Frage hat zuerst E. Picard im Jahre 1879 unter Zuhilfenahme der Theorie der elliptischen Modulfunktionen beantwortet, beantwortet durch den

Satz von Picard:

Eine analytische Funktion läßt in jeder Umgebung einer isolierten wesentlich singulären Stelle, in der sie regulär ist, höchstens einen Wert aus.

Der folgende *elementare* Beweis dieses fundamentalen Satzes beruht auf den obigen Sätzen von Bloch und Landau.

Angenommen, die in der reduzierten Umgebung $\mathfrak{D}(0 < |\,z - c\,| < r)$ der Stelle $z = c$ reguläre Funktion $f(z)$ nehme in $\mathfrak{D}$ die *beiden* Werte α und β nicht an. Wir werden zeigen, daß c dann keine wesentlich singuläre Stelle der Funktion sein kann, sondern entweder eine reguläre Stelle oder ein Pol ist.

Wir bilden zunächst die Funktion

$$\varphi(z) = \frac{f(c+rz)-\alpha}{\beta-\alpha}.$$

Sie ist im Gebiet $0 < |z| < 1$ regulär und vermag hier keinen der Werte 0 und 1 anzunehmen.

Angenommen, $z=0$ wäre eine wesentlich singuläre Stelle von φ. Nach Weierstraß kommt dann φ in beliebiger Nähe der Stelle 0 jedem Werte beliebig nahe.

Daher läßt sich eine Punktfolge $\{z_n\}$ so angeben, daß

$$e^{-4\pi} > |z_1| > |z_2| > |z_3| \ldots \qquad \text{mit} \quad z_n \to 0$$

und beispielsweise für jedes n

$$|\varphi(z_n) - 2| < 1/2 \qquad \text{ist.}$$

Wir führen die neue Variable $w = u + iv$ durch die Vorschrift

$$e^w = z$$

ein, wobei der zu $z = z_n$ gehörige w-Wert w_n durch die Festsetzung

$$e^{w_n} = z_n \qquad \text{mit} \quad w_n = l\, z_n$$

bestimmt sei. So kommen wir zur Funktion

$$\psi(w) = \varphi(e^w) = \varphi(z)$$

von w. Sie ist in der Halbebene $u < 0$ regulär und hat die Periode $\omega = 2\pi i$ der Exponentialfunktion. Zugleich ist

$$-4\pi > u_1 > u_2 > u_3 \ldots \qquad \text{mit} \quad u_n \to -\infty.$$

In der durch die Gleichung

$$z = e^w$$

vermittelten Abbildung ist das Bild der durch den Punkt w_n der w-Ebene laufenden realachsennormalen Strecke mit den Endpunkten $w_n - i\pi$ und $w_n + i\pi$ der Kreis $|z| = |z_n|$.

Nunmehr bilden wir mit $w = w_n + 4\pi\zeta$ und $z = e^w = e^{w_n + 4\pi\zeta}$ die Funktion

$$\chi(\zeta) = \psi(w_n + 4\pi\zeta) = \varphi(e^{w_n + 4\pi\zeta}) = \varphi(z).$$

Diese Funktion von ζ ist im Kreis $|\zeta| \leqq 1$ (wegen $\Re(w_n + 4\pi\zeta) < u_n + 4\pi < 0$ und der hieraus folgenden Ungleichung $|z| < 1$) regulär und nimmt hier die Werte 0 und 1 nicht an. Außerdem gilt für

$$\chi(0) = \psi(w_n) = \varphi(z_n)$$

die Ungleichung

$$|\chi(0) - 2| < 1/2 \qquad \text{oder} \qquad |\chi(0)| < P \qquad \text{mit} \quad P = 2{,}5$$

und für den Echtbruch $Q = 1/2$ und jeden Punkt ζ des Kreises $|\zeta| \leqq Q$ die Landausche Ungleichung

$$|\chi(\zeta)| < C,$$

wo $C = S(P, Q) = S(2{,}5, {}^1/_2)$ die Landausche Schranke bedeutet, die hier eine absolute (z. B. auch von n unabhängige) Konstante ist.
Der Kreis $|\zeta| \leqq {}^1/_2$ geht aber durch die Abbildungsvorschrift $w = w_n + 4\pi\zeta$ in den Kreis $|w - w_n| \leqq 2\pi$ der w-Ebene über, so daß jedenfalls auf dem realachsennormalen Durchmesser dieses Kreises (mit den Endpunkten $w_n - 2\pi i$ und $w_n + 2\pi i$)

$$|\psi(w)| \quad [\text{weil} = \chi(\zeta)] \quad < C$$

ist. Da aber das von den Punkten $w_n - \pi i$ und $w_n + \pi i$ begrenzte Stück dieses Durchmessers dem Kreise $|z| = |z_n|$ entspricht und $\psi(w) = \varphi(z)$ ist, so wird auch

$$|\varphi(z)| < C \qquad \text{mit} \quad |z| = |z_n|.$$

Folglich:
Auf jedem Kreise $|z| = |z_n|$ gilt die Ungleichung

$$|\varphi(z)| < C.$$

Diese Ungleichung gilt also auch im Kreisringe mit den Radien $|z_n|$ und $|z_m|$ (mit $m = n + 1$), gilt daher überall im Gebiet

$$0 < |z| \leqq |z_1|.$$

Die Ungleichung

$$|\varphi(z)| < C \qquad \text{mit} \quad 0 < |z| \leqq |z_1|$$

steht aber im Widerspruch zu unserer obigen Annahme, daß der Punkt $z = 0$ eine wesentliche Singularität von $\varphi(z)$ liefert. Mithin muß diese Annahme aufgegeben werden, und damit ist der Picardsche Satz bewiesen.

Sechster Abschnitt

Die Lemniskatenfunktion

§ 45. DEFINITION DER LEMNISKATENFUNKTION

Die Lemniskate hat bekanntlich in Polarkoordinaten — Anomalie t und Radiusvektor r — die Gleichung

$$r = \sqrt{\cos 2t},$$

falls ihre Halbachse als Längeneinheit genommen wird. Ihre kartesischen Koordinaten haben die Gestalt

$$x = r\sqrt{\frac{1 + r^2}{2}}, \qquad y = r\sqrt{\frac{1 - r^2}{2}},$$

und ihr Bogenelement ds bestimmt sich zu

$$ds = \frac{dr}{\sqrt{1 - r^4}}.$$

Daher ist die Länge s des vom Zentrum bis zum Punkte $P(r, t)$ reichenden Lemniskatenbogens

$$s = \int_0^r \frac{dr}{\sqrt{1-r^4}}.$$

Für den Lemniskatenquadrant ergibt sich so die Länge

$$\varkappa = \int_0^1 \frac{dr}{\sqrt{1-r^4}} = 1{,}311029\dots .$$

Hierbei ist der Bogen s als Funktion des Fahrstrahls r aufgefaßt.
Faßt man umgekehrt den Fahrstrahl r als Funktion des Bogens s auf, so entsteht die *Lemniskatenfunktion*

$$r = f(s),$$

die damit für alle Werte des Intervalls $[0, 2\varkappa]$ definiert ist.
Speziell ist

$$f(0) = 0, \qquad f(\varkappa) = 1, \qquad f(2\varkappa) = 0.$$

Für den Differentialquotient $r' = f'(s)$ erhalten wir den Wert

$$r' = \sqrt{1-r^4},$$

wo das Vorzeichen der Wurzel im ersten Quadrant positiv, im zweiten negativ zu nehmen ist.
Die lemniskatische Funktion $r = f(s)$ befriedigt also die Differentialgleichung

$$\boxed{r'^2 = 1 - r^4}.$$

Additionstheorem der Lemniskatenfunktion:

Die lemniskatische Funktion besitzt ein algebraisches Additionstheorem, d. h. zwischen den zu den Argumentwerten $u, v, w = u + v$ gehörigen Funktionswerten $f(u), f(v), f(w)$ besteht eine algebraische Relation.

Die folgende einfache Herleitung des Additionstheorems der Funktion $f(s)$ stammt von Darboux.
Setzen wir

$$f(u) = x, \qquad f(v) = y, \qquad f(w) = z,$$

so ist

$$u = \int_0^x \frac{dx}{\sqrt{1-x^4}}, \qquad v = \int_0^y \frac{dy}{\sqrt{1-y^4}}, \qquad w = \int_0^z \frac{dz}{\sqrt{1-z^4}}$$

und die Gleichung $u + v = w$ schreibt sich

$$\boxed{\int_0^x \frac{dx}{\sqrt{1-x^4}} + \int_0^y \frac{dy}{\sqrt{1-y^4}} = \int_0^z \frac{dz}{\sqrt{1-z^4}}}.$$

Wir denken uns u als Argument, w als Konstante und v als Funktion von u, so daß $v' = -1$ ist.
Wir haben dann die beiden Differentialgleichungen

$$x'^2 = 1 - x^4 \qquad \text{und} \qquad y'^2 = 1 - y^4$$

Aus ihnen folgt durch Differentiation

$$x'' = -2x^3 \qquad \text{und} \qquad y'' = -2y^3$$

Es liegt nun nahe, die beiden Determinanten

$$xy'' - yx'' \qquad \text{und} \qquad x^2y'^2 - y^2x'^2$$

zu bilden.
Für die erste finden wir

$$xy'' - yx'' = 2xy(x^2 - y^2),$$

für die zweite

$$x^2y'^2 - y^2x'^2 = (x^2 - y^2)(1 + x^2y^2).$$

Nun liefert die Division der vorletzten Gleichung durch die letzte

$$\frac{xy'' - yx''}{xy' - yx'} = \frac{2xy(xy' + yx')}{1 + x^2y^2}.$$

Hier steht auf der linken Seite die bezogene Ableitung von $xy' - yx'$, auf der rechten die bezogene Ableitung von $1 + x^2y^2$. Mithin muß der Quotient dieser beiden Größen eine Konstante sein:

$$\frac{xy' - yx'}{1 + x^2y^2} = \text{const}.$$

Um die Konstante zu bestimmen, setzen wir $u = 0$; das gibt $x = 0$, $v = w$ und $y = z$ sowie $x' = 1$ und damit const $= -z$.

Folglich wird $\left(\text{wegen } y' = \frac{dy}{dv} \cdot \frac{dv}{du} = -\sqrt{1 - y^4}\right)$

$$z = \frac{x\sqrt{1 - y^4} + y\sqrt{1 - x^4}}{1 + x^2y^2},$$

welche Gleichung schon das gesuchte Additionstheorem darstellt. Setzt man $x = f(u)$, $y = f(v)$, $z = f(w)$ ein, so erscheint das Theorem in der Form

$$f(u + v) = \frac{f(u)\sqrt{1 - f^4(v)} + f(v)\sqrt{1 - f^4(u)}}{1 + f^2(u)f^2(v)}.$$

Um eine einfachere Schreibung zu erzielen, führen wir neben $f(s)$ die zweite Lemniskatenfunktion

$$g(s) = f'(s)$$

ein und bekommen die fundamentale Formel

$$\boxed{f(u + v) = \frac{f(u)g(v) + f(v)g(u)}{1 + f^2(u)f^2(v)}}$$

als einfachste Form des *Additionstheorems der Lemniskatenfunktion* $f(s)$.

Dabei besteht zwischen den Funktionen $f(s)$ und $g(s)$ die Relation

$$\boxed{g^2 = 1 - f^4},$$

wobei g für $0 \leqq s < \varkappa$ positiv, für $\varkappa < s \leqq 2\varkappa$ negativ ist. [$g(\varkappa) = 0$, $g(2\varkappa) = -1$.] Führt man dieselbe Untersuchung mit der Ausgangsgleichung $u - v = w = \text{const}$ durch, wobei zweckmäßig v als Argument dient, so entsteht als Ergebnis das

Subtraktionstheorem der Lemniskatenfunktion:

$$f(u-v) = \frac{f(u)\,g(v) - f(v)\,g(u)}{1 + f^2(u)\,f^2(v)}.$$

Bisher wurden nur *positive* Werte des Arguments s der Funktion $f(s)$ betrachtet. Wir definieren jetzt $f(s)$ und $g(s)$ für *negative* Argumentwerte.
Dazu kann sowohl die Figur der Lemniskate als auch das Subtraktionstheorem dienen.
Aus der Figur würde man „entnehmen“:

$$f(-s) = -f(s),$$

aus dem Subtraktionstheorem für $u = 0$, $v = s$ ebenfalls

$$f(-s) = -f(s),$$

da ja $g(0) = 1$ ist.
Um auch $g(-s)$ zu gewinnen, differenzieren wir die Identität $f(-s) = -f(s)$ und bekommen

$$g(-s) = g(s).$$

Wir definieren also für jeden Argumentwert s:

$$\boxed{f(-s) = -f(s), \qquad g(-s) = g(s)}.$$

Die Funktion f ist eine ungrade, die Funktion g eine grade Funktion.

Vermittels des Additionstheorems — dessen Allgemeingültigkeit unangetastet bleibt — lassen sich nun die beiden Funktionen $f(s)$ und $g(s)$ für *jeden* reellen Wert des Arguments s definieren.

Vermehrung oder Verminderung des Arguments um $2\varkappa$

Auf Grund des Additionstheorems erhalten wir [wegen $f(2\varkappa) = 0$ und $g(2\varkappa) = -1$] sofort

$$\boxed{f(s \pm 2\varkappa) = -f(s)}$$

und hieraus durch Ableitung

$$\boxed{g(s \pm 2\varkappa) = -g(s)}.$$

Das gibt die wichtige *Regel*:

Die Vermehrung oder Verminderung des Arguments um $2\varkappa$ bewirkt bei beiden lemniskatischen Funktionen nur eine Vorzeichenänderung des Funktionswertes.

(Wie bei sin s und cos s, wenn das Argument um den doppelten Kreisquadrant vermehrt oder vermindert wird.)
Aus der Regel folgt speziell

$$f(s+4\varkappa)=f(s), \qquad g(s+4\varkappa)=g(s).$$

Die beiden Lemniskatenfunktionen $f(s)$ und $g(s)$ sind periodisch: sie besitzen beide die Periode $4\varkappa$.

Diese Periodizität „folgt" auch unmittelbar aus dem Anblick der Lemniskate. Die angegebene Regel kann dazu dienen, den Wert von $f(s)$ und $g(s)$ für jeden reellen Wert s des Arguments zu bestimmen. Man zerlegt s in ein ganzzahliges Vielfaches $n \cdot 2\varkappa$ von $2\varkappa$ und einen Rest σ, der betraglich unterhalb $2\varkappa$ liegt: $s = n \cdot 2\varkappa + \sigma$ und hat

$$f(s)=\iota^n f(\sigma), \qquad g(s)=\iota^n g(\sigma).$$

Die Regel dient auch dazu, die Schaukurven der Funktionen $f(s)$ und $g(s)$ zu entwerfen, falls $f(s)$ und $g(s)$ für alle s des Intervalls $[0, \varkappa]$ bekannt sind. Diese Schaukurven haben Ähnlichkeit mit der Sinus- und Cosinuslinie.

Vermehrung und Verminderung des Arguments um $\varkappa$

Auf Grund des Additionstheorems setzen wir

$$f(s\pm\varkappa)=\frac{f(s)\,g(\varkappa)\pm f(\varkappa)\,g(s)}{1+f^2(s)\,f^2(\varkappa)}=\pm\frac{g(s)}{1+f^2(s)}$$

oder, zur Abkürzung

$$1+f^2(s)=H(s)$$

schreibend,

$$\boxed{f(s\pm\varkappa)=\pm g(s):H(s)}\,.$$

Durch Ableitung dieser Relation nach s entsteht ($g'=f''=-2f^3$)

$$g(s\pm\varkappa)=\pm\frac{-2Hf^3-2fg^2}{H^2}=\mp 2fH:H^2, \quad \text{d.h.}$$

$$\boxed{g(s\pm\varkappa)=\mp 2f(s):H(s)}\,.$$

Aus den beiden gefundenen Formeln, die wir unten mit zwei anderen ähnlich gebauten Formeln zusammenstellen werden, folgt noch

$$\boxed{f(\varkappa+s)=f(\varkappa-s), \qquad g(\varkappa+s)=-g(\varkappa-s)}\,,$$

zwei Formeln, die den entsprechenden

$$\sin(\varkappa+s)=\sin(\varkappa-s), \qquad \cos(\varkappa+s)=-\cos(\varkappa-s)$$

für den Kreisquadrant $\varkappa=\pi:2$ ganz analog sind.

Die Lemniskatenfunktion für komplexes Argument

Wir suchen eine Regulärfunktion

$$\zeta=f(z) \qquad\qquad (\zeta=\xi+i\eta)$$

des komplexen Arguments $z=x+iy$, die für reelles z, $z=x$, in die reelle lemniskatische Funktion $\zeta=\xi=f(x)$ übergeht.
Wir definieren $f(z)$ zunächst für rein imaginäres z, $z=iy$. Dabei gehen wir von der Vermutung aus, daß zu rein imaginären Argumentwerten iy auch rein imaginäre Funktionswerte $i\eta$ gehören:

$$i\eta=f(iy).$$

Zur Prüfung dieser Vermutung schreiben wir in Anlehnung an unsere Ausgangsgleichung

$$s=\int_0^r \frac{dr}{\sqrt{1-r^4}} \qquad \text{bzw.} \quad r=f(s)$$

$$z=iy=\int_0^\zeta \frac{d\zeta}{\sqrt{1-\zeta^4}}=\int_0^\eta \frac{i\,d\eta}{\sqrt{1-\eta^4}} \qquad [\text{mit } \zeta=f(z)]$$

und bekommen so

$$y=\int_0^\eta \frac{d\eta}{\sqrt{1-\eta^4}},$$

d. h.

$$\eta=f(y).$$

Demgemäß definieren wir für rein imaginäres Argument iy

$$\boxed{f(iy)=if(y)}$$

und natürlich, im Einklange mit der früheren Relation $f(-s)=-f(s)$,

$$f(-iy)=-if(y).$$

Durch Ableitung dieser Gleichung entsteht die weitere Definitionsformel

$$\boxed{g(iy)=g(y)},$$

in welcher links statt iy auch $-iy$ stehen darf.
Die Ausdehnung der Funktionsdefinition auf beliebiges komplexes Argument $z=x+iy$ erfolgt nun unter Heranziehung des Additionstheorems.
Wir setzen also an

$$f(z)=f(x+iy)=\frac{f(x)\,g(iy)+f(iy)\,g(x)}{1+f^2(x)\,f^2(iy)}$$

$$=\frac{f(x)\,g(y)+if(y)\,g(x)}{1-f^2(x)\,f^2(y)}$$

und erhalten damit die folgende

Definition der Lemniskatenfunktion $f(z)$ für komplexes Argument $z=x+iy$:

$$\zeta=f(z)=\varphi(x,y)+i\psi(x,y)$$

mit $\varphi(x,y)=\dfrac{f(x)g(y)}{N}$, $\psi(x,y)=\dfrac{f(y)g(x)}{N}$ und $N=1-f^2(x)f^2(y)$.

Wir zeigen, daß die Funktionen φ und ψ die Cauchy-Riemannschen Differentialgleichungen befriedigen.
Es ist, $f(x) = X,\ f(y) = Y,\ g(x) = X',\ g(y) = Y'$ gesetzt,

$$\varphi_x = X'\,Y'\,\frac{1 + X^2\,Y^2}{N^2}, \qquad \varphi_y = 2\,X\,Y\,\frac{X^2 - Y^2}{N^2},$$

$$\psi_x = 2\,X\,Y\,\frac{Y^2 - X^2}{N^2}, \qquad \psi_y = X'\,Y'\,\frac{1 + X^2\,Y^2}{N^2}$$

$$\text{mit} \quad N = 1 - X^2 Y^2.$$

Aus dem Anblick dieser Formeln folgt in der Tat

$$\varphi_x = \psi_y \qquad \text{und} \qquad \varphi_y = -\psi_x.$$

Die Lemniskatenfunktion

$$\boxed{\zeta = f(z) = \frac{X\,Y' + i\,Y\,X'}{N} = \frac{f(x)\,g(y) + i f(y)\,g(x)}{N}}$$

[*mit* $X = f(x),\quad Y = f(y),\quad X' = f'(x) = g(x),\quad Y' = f'(y) = g(y)$
und $N = 1 - X^2 Y^2$]

stellt demnach überall, wo nicht zufällig der Nenner N verschwindet, eine Regulärfunktion dar.

Die durch die Gleichung $N = 0$ bestimmten Ausnahmepunkte liegen diskret: es sind die Punkte

$$z = (2\,m + 1)\,\varkappa + i\,(2\,n + 1)\,\varkappa,$$

wo m und n beliebige Ganzzahlen bedeuten. In der Tat verschwindet N nur dort, wo $X^2 Y^2 = 1$ ist, d. h., da $X = f(x)$ und $Y = f(y)$ maximal gleich 1 sind $[f(\varkappa) = 1]$, nur dort, wo gleichzeitig

$$f(x) = \pm 1 \qquad \text{und} \qquad f(y) = \pm 1$$

ist. Das gibt, wie behauptet,

$$x = (2\,m + 1)\,\varkappa \qquad \text{und} \qquad y = (2\,n + 1)\,\varkappa.$$

Die Natur dieser Ausnahmepunkte werden wir weiter unten feststellen.
Für die Ableitung $f'(z)$ der lemniskatischen Funktion erhalten wir die Vorschrift

$$\zeta' = f'(z) = \varphi_x + i\psi_x.$$

Ihr zufolge wird

$$\zeta' = f'(z) = X'\,Y'\,\frac{1 + X^2 Y^2}{N^2} + i\,2\,X\,Y\,\frac{Y^2 - X^2}{N^2}.$$

Damit ist zugleich die lemniskatische Funktion $g(z)$ für komplexes Argument z definiert:

$$\boxed{g(z) = g(x)\,g(y)\,\frac{1 + f^2(x)\,f^2(y)}{N^2} + i\,2\,f(x)\,f(y)\,\frac{f^2(y) - f^2(x)}{N^2}}$$

mit $$N = 1 - f^2(x)\,f^2(y).$$

Aus den Definitionen der Lemniskatenfunktionen folgen sofort die zu merkenden Formeln

$$\boxed{f(-z)=-f(z),\quad g(-z)=g(z),\quad f(iz)=if(z),\quad g(iz)=g(z)}\,.$$

Auch gilt z. B. für die Funktion f der Satz: *Aus* $f(x+iy)=\xi+i\eta$ *folgt* $f(x-iy)=\xi-i\eta$ *sowie* $f(-x+iy)=-\xi+i\eta$.

Die erste dieser Folgerungen läßt sich auch so schreiben:

$$\boxed{f(\bar{z})=\overline{f(z)}}\,.$$

Ebenso gilt die Formel

$$\boxed{g(\bar{z})=\overline{g(z)}}\,.$$

§ 46. EIGENSCHAFTEN DER LEMNISKATENFUNKTION

Differentialgleichung der Lemniskatenfunktion

Die neu geschaffene Funktion $\zeta=f(z)$ *befriedigt die Differentialgleichung*

$$\boxed{\zeta'^2=1-\zeta^4}\,.$$

Beweis. Aus

$$\zeta'=X'Y'\frac{1+X^2Y^2}{N^2}+i\,2\,XY\frac{Y^2-X^2}{N^2}$$

und

$$\zeta^2=\frac{(X^2-Y^2)(1+X^2Y^2)}{N^2}+i\,2\,XY\frac{X'Y'}{N^2}$$

bilden wir

$$\zeta'+i\,\zeta^2=\frac{(1-XY)^2}{N^2}\,[X'Y'+i(X^2-Y^2)]$$

und

$$\zeta'-i\zeta^2=\frac{(1+XY)^2}{N^2}\,[X'Y'-i\,(X^2-Y^2)],$$

woraus dann durch Multiplikation

$$\zeta'^2+\zeta^4=\frac{(1-X^2Y^2)^2}{N^4}\cdot(1-X^2Y^2)^2=1$$

folgt.

Additionstheorem der Regulärfunktion $f(z)$

Es seien jetzt u und v zwei *komplexe* Variablen mit der konstanten Summe w:

$$u+v=w$$

sowie

$$x=f(u),\qquad y=f(v)\,.$$

Wir nehmen u als Argument und haben $v'=-1$. Da die beiden Differentialgleichungen $\quad x'^2=1-x^4,\qquad y'^2=1-y^4$

gelten, läßt sich das Darbouxsche Verfahren wörtlich wiederholen und führt zu der

Fundamentalformel

$$\boxed{f(u+v)=\frac{f(u)\,g(v)+f(v)\,g(u)}{1+f^2(u)f^2(v)}}$$

mit
$$g(u)=f'(u), \qquad g(v)=f'(v),$$

die das *Additionstheorem der Lemniskatenfunktion für beliebige komplexe Argumentwerte* u und v darstellt.

Wir wenden das Additionstheorem auf einige wichtige Sonderfälle an, in denen z eine beliebige komplexe Zahl bedeutet.

Zunächst ist — „nach wie vor" —

$$\boxed{f(z\pm 2\varkappa)=-f(z), \qquad g(z\pm 2\varkappa)=-g(z)}\,.$$

Daran knüpfen sich die ähnlichen Relationen

$$\boxed{f(z\pm 2\varkappa i)=-f(z), \qquad g(z\pm 2\varkappa i)=-g(z)}\,.$$

Sodann wird wie oben

$$f(z\pm\varkappa)=\pm g(z):H(z), \qquad g(z\pm\varkappa)=\mp 2f(z):H(z)$$

mit
$$H(z)=1+f^2(z).$$

Neu sind dagegen die Formeln

$$f(z\pm\varkappa i)=\pm i g(z):K(z), \qquad g(z\pm\varkappa i)=\pm i\,2f(z):K(z)$$

mit
$$K(z)=1-f^2(z).$$

(Die zweite Formel des neuen Paares entsteht durch Ableitung der ersten.)

Die letzten vier Formeln lassen sich zu folgendem Formelpaar zusammenfassen:

$$\boxed{f(z+i^n\varkappa)=i^n\,\frac{g(z)}{1+i^n f^2(z)}, \qquad i^n g(z+i^n\varkappa)=\frac{-2f(z)}{1+i^n f^2(z)}}\,,$$

wobei n eine beliebige Ganzzahl bedeutet.

Von besonderem Interesse ist noch die Wirkung des Argumentzuwachses $\varepsilon\varkappa+ei\varkappa$, wo ε und e Einheiten sind ($\varepsilon^2=1$, $e^2=1$).

Nach der ersten Formel des letzten Gleichungspaares ist

$$f(z+\varepsilon\varkappa+ei\varkappa)=ei\,\frac{g(z+\varepsilon\varkappa)}{1-f^2(z+\varepsilon\varkappa)},$$

und der gewonnene Ausdruck schreibt sich unter Anwendung beider Formeln dieses Paares, $f(z)=f$ gesetzt,

$$ei\,\frac{-2\varepsilon f:(1+f^2)}{1-g^2:(1+f^2)^2}=-2\varepsilon e i\,\frac{f(1+f^2)}{(1+f^2)^2-(1-f^4)}=-\varepsilon e i:f.$$

Daher wird

$$\boxed{f(z+\varepsilon\varkappa+e\varkappa i)=-\varepsilon e i:f(z)} \qquad \text{mit } \varepsilon^2=e^2=1.$$

Diese wichtige Formel läßt sich auch als Formelpaar

$$\boxed{1:f(z)=f(iz+h), \qquad 1:f(z)=f(-iz+k)}$$

schreiben, wobei h eine Hauptecke $[-\varkappa+\varkappa i$ oder $+\varkappa-\varkappa i]$; k eine Nebenecke $[\varkappa+\varkappa i$ oder $-\varkappa-\varkappa i]$ des Quadrats mit den vier Ecken

$$-\varkappa+\varkappa i, \qquad -\varkappa-\varkappa i, \qquad \varkappa-\varkappa i, \qquad \varkappa+\varkappa i$$

bedeutet.

Durch Ableitung der Formel findet sich

$$g(z+\varepsilon\varkappa+ei\varkappa)=\varepsilon e i g(z):f^2(z).$$

Ausnahmepunkte der Funktionen f und g

Wir sind nun imstande, die genauere Beschaffenheit der Ausnahmestellen

$$Z=(2m+1)\varkappa+(2n+1)\varkappa i$$

der Funktionen $f(z)$ und $g(z)$ festzustellen.

Nach dem Formelpaare

$$f(z+2m\varkappa)=\iota^m f(z), \qquad f(z+2n\varkappa i)=\iota^n f(z)$$

wird

$$f(Z+\tau)=\iota^{m+n}f(\lambda+\tau) \qquad \text{mit } \lambda=\varkappa+i\varkappa,$$

so daß es nur darauf ankommt, die Funktion $f(z)$ in der Nähe des Punktes λ zu untersuchen.

Nun ist

$$f(\lambda+\tau)=-i:f(\tau),$$

so daß das Verhalten der Funktion $f(z)$ in der Umgebung des Nullpunkts bestimmt werden muß.

Da sich $f(z)$ um den Ursprung herum regulär verhält, existiert in der Umgebung des Nullpunkts die Taylorentwicklung (§ 32)

$$\zeta=f(z)=\sum_{\nu}^{0,\infty}c_\nu z^\nu \qquad \text{mit } c_\nu=\frac{f^\nu(0)}{\nu!}.$$

Die Koeffizienten der Entwicklung bekommt man aus der Differentialgleichung

$$\zeta'^2=1-\zeta^4$$

und ihren sukzessiven Ableitungen:

$$\frac{\zeta^{\mathrm{II}}}{2!}=-\zeta^3, \qquad \frac{\zeta^{\mathrm{III}}}{3!}=-\zeta^2\zeta', \qquad \frac{\zeta^{\mathrm{IV}}}{4!}=\zeta^5-\frac{\zeta}{2},$$

$$\frac{\zeta^{\mathrm{V}}}{5!}=\zeta^4\zeta'-\frac{1}{10}\zeta', \qquad \frac{\zeta^{\mathrm{VI}}}{6!}=\frac{7}{10}\zeta^3-\zeta^7, \quad \text{usw.},$$

indem man in diesen Relationen $z=0$, d. h. $\zeta=0$ und $\zeta'=1$ setzt. Das gibt

$$\zeta=f(z)=z-\frac{1}{10}z^5+\frac{1}{120}z^9+\cdots.$$

Diese Entwicklung konvergiert für alle z, deren Betrag unterhalb $\varkappa\sqrt{2}$ liegt (§ 32).

Nunmehr wird

$$f(\lambda+\tau)=\frac{-i}{f(\tau)}=\frac{-i}{\tau}:\left(1-\frac{1}{10}\tau^4+\frac{1}{120}\tau^8+\cdots\right).$$

Die Funktion $f(z)$ wird demnach in den Ausnahmepunkten

$$Z=(2m+1)\varkappa+i(2n+1)\varkappa$$

— und nur in diesen Punkten — von erster Ordnung unendlich; sie besitzt hier einfache Pole (§ 35). *Wir können hinzufügen* (§ 36):

Das Residuum der Lemniskatenfunktion $f(z)$ im Ausnahmepunkte

$$Z=(2m+1)\varkappa+i(2n+1)\varkappa$$

hat den Wert $$R=-\iota^{m+n}\cdot i=i^{2m+2n+3}.$$

Aus den Gleichungen

$$g(z)=[X'Y'(1+X^2Y^2)+i\,2XY(Y^2-X^2)]:N^2,$$

$$g(Z+\tau)=\iota^{m+n}g(\lambda+\tau),\qquad g(\lambda+\tau)=ig(\tau):f^2(\tau)$$

$$\frac{g(\tau)}{f^2(\tau)}=\frac{1-\frac{1}{2}\tau^4+\frac{3}{40}\tau^8+\cdots}{\left(1-\frac{1}{10}\tau^4+\frac{1}{120}\tau^8+\cdots\right)^2}:\tau^2$$

folgt in derselben Weise:

Die Funktion $g(z)$ wird nur singulär an den Stellen $(2m+1)\varkappa+i(2n+1)\varkappa$, wo sie Pole zweiter Ordnung besitzt. Ihre Singularitäten fallen also mit denen der Funktion $f(z)$ zusammen.

Nullstellen der Lemniskatenfunktion

Der Definitionsgleichung

$$f(z)=(XY'+iYX'):N$$

entsprechend kann $f(z)$ nur dort eine Nullstelle haben, wo eins der beiden Wertpaare (X, Y und X', Y') verschwindet. [Das Verschwinden des Wertpaares (X, X') z. B. ist wegen $X'^2+X^4=1$, das Unendlichwerden des Nenners N wegen der Endlichkeit von X und Y ausgeschlossen.)

Aus $X=f(x)=0$ und $Y=f(y)=0$

folgt $x=2m\varkappa$ und $y=2n\varkappa$,

wo m und n beliebige Ganzzahlen bedeuten, und damit

$$z=2m\varkappa+i\,2n\varkappa.$$

Aus $X'=g(x)=0$ und $Y'=g(y)=0$

folgt, der Relation

$$g(v)=f(v+\varkappa)\cdot H(v)$$

entsprechend,

$$f(x+\varkappa)=0 \qquad \text{und} \qquad f(y+\varkappa)=0,$$

d. h.

$$x=(2m+1)\varkappa \qquad \text{und} \qquad y=(2n+1)\varkappa$$

und damit

$$z=(2m+1)\varkappa+i(2n+1)\varkappa,$$

welche Stelle als Pol von $f(z)$ aber nicht paßt. Folglich:

Die Nullstellen von $f(z)$ sind die Stellen

$$z=2m\varkappa+i\,2n\varkappa$$

mit beliebigem ganzzahligen m und n.

Aus

$$f(z+\tau)=\iota^{m+n}f(\tau) \qquad \text{mit } z=2m\varkappa+i\,2n\varkappa$$

und

$$f(\tau)=\tau-\frac{1}{10}\tau^5+\frac{1}{120}\tau^9+\cdots$$

folgt noch, daß die Nullstellen alle *einfach* sind.

Die Nullstellen der Funktion

$$g(z)=[X'Y'(1+X^2Y^2)+i\,2\,XY(Y^2-X^2)]:N^2$$

können nur dort liegen, wo eines der vier Wertpaare

$$(X',Y), \qquad (X',X^2-Y^2), \qquad (Y',X), \qquad (Y',X^2-Y^2)$$

verschwindet.

Aus

$$X'=g(x)=0 \qquad \text{und} \qquad Y=f(y)=0$$

folgt

$$x=(2m+1)\varkappa \qquad \text{und} \qquad y=2n\varkappa,$$

also

$$z=(2m+1)\varkappa+i\,2n\varkappa.$$

Aus

$$X'=g(x)=0 \qquad \text{und} \qquad f(y)=\pm f(x)$$

folgt

$$x=(2m+1)\varkappa \qquad \text{und} \qquad y=(2n+1)\varkappa,$$

also

$$z=(2m+1)\varkappa+i(2n+1)\varkappa.$$

Eine solche Stelle ist aber ein Pol!

Aus

$$Y'=g(y)=0 \qquad \text{und} \qquad X=f(x)=0$$

folgt

$$y=(2m+1)\varkappa \qquad \text{und} \qquad x=2n\varkappa,$$

also

$$z=2n\varkappa+i(2m+1)\varkappa.$$

Fall 4 führt wieder auf Pole.

Demnach sind die Stellen einer der beiden Formen

$$z=(2m+1)\varkappa+i\,2n\varkappa, \qquad z=2m\varkappa+i(2n+1)\varkappa$$

die einzigen Nullstellen der Funktion $g(z)$.

Alle diese Nullstellen sind einfach.

Die letzte Behauptung ergibt sich aus der Relation

$$g(z)=-f(z-\varkappa)\cdot H(z) \qquad \text{bzw.} \qquad =if(z-\varkappa i)\,K(z),$$

insofern $f(z-\varkappa)$ im Punkte $z=(2m+1)\varkappa+i\,2n\varkappa$ bzw. $f(z-\varkappa i)$ im Punkte $z=2m\varkappa+i(2n+1)\varkappa$ eine einfache Nullstelle hat und $H(z)$ bzw. $K(z)$ hier weder Null noch Unendlich wird.

Die Gleichung $f(z)=\gamma$

Nach unserer Untersuchung gehört zu jedem Wert $c=a+bi$ des Arguments z ein einziger Wert $\gamma=\alpha+\beta i=f(c)$ der Lemniskatenfunktion $\zeta=f(z)$, und dieser Wert läßt sich auch auf Grund des Additionstheorems und etwa der Schaukurve $X=f(x)$ der lemniskatischen Funktion oder einer Tabelle der Werte des bestimmten Integrals

$$x=\int_0^X \frac{dv}{\sqrt{1-v^4}}$$

ermitteln.

Kurz: Zu beliebig gegebenem z läßt sich die Unbekannte ζ der Gleichung

$$\zeta=f(z)$$

bestimmen.

Wir stellen nun die umgekehrte Frage: Läßt sich zu beliebig gegebenem ζ aus der Gleichung

$$\zeta=f(z)$$

die Unbekannte z bestimmen?

Vermag also die Lemniskatenfunktion jeden vorgegebenen Funktionswert anzunehmen?

Unsere *Aufgabe* lautet demnach:

Die Wurzeln z der Gleichung

$$f(z)=\gamma$$

zu finden, in welcher $\gamma=\alpha+\beta i$ eine beliebig vorgegebene komplexe Zahl bedeutet.

Wir werden zunächst nachweisen, daß mindestens *eine* Wurzel $c=a+bi$ dieser Gleichung existiert, und dann zeigen, daß sich alle übrigen Wurzeln der Gleichung leicht angeben lassen.

Wir setzen die gesuchte Unbekannte $z=x+iy$, schreiben

$$f(z)=\frac{XY'+iYX'}{1-X^2Y^2}=\alpha+i\beta$$

mit $\qquad X=f(x), \quad Y=f(y), \quad X'=f'(x), \quad Y'=f'(y)$

und haben die beiden Bestimmungsgleichungen

$$\frac{XY'}{1-X^2Y^2}=\alpha, \qquad \frac{YX'}{1-X^2Y^2}=\beta$$

für die beiden Unbekannten X und Y.

Durch Quadrierung dieser Gleichungen entsteht unter Benutzung der Formeln $X'^2=1-X^4$, $Y'^2=1-Y^4$ und der Abkürzungen

$$\mathsf{A}=\alpha^2, \qquad \mathsf{B}=\beta^2$$

das Gleichungspaar

$$\frac{X^2(1-Y^4)}{(1-X^2Y^2)^2}=\mathsf{A}, \qquad \frac{Y^2(1-X^4)}{(1-X^2Y^2)^2}=\mathsf{B}.$$

Wir bestimmen eine Lösung (X, Y) dieses Gleichungspaares, bei welcher X und Y *echte* Brüche sind, und finden dann aus

$$f(x) = X, \qquad f(y) = Y$$

$x = a$, $y = b$ und damit $z = a + bi = c$.
Zur Lösung des Gleichungspaares führen wir zunächst die neuen Unbekannten

$$S = X^2 + Y^2, \qquad U = X^2 - Y^2 \qquad \text{und} \qquad \mathfrak{P} = X^2 Y^2$$

ein. Durch Addition der Paargleichungen entsteht dann

$$S = H(1 - \mathfrak{P}) \qquad \text{mit} \quad H = \mathsf{A} + \mathsf{B},$$

durch Subtraktion

$$U = K(1 - \mathfrak{P})^2 : (1 + \mathfrak{P}) \qquad \text{mit} \quad K = \mathsf{A} - \mathsf{B}.$$

Substituieren wir diese Werte von S und U in die Identität

$$\frac{S+U}{2} \cdot \frac{S-U}{2} = \mathfrak{P},$$

so ergibt sich

$$\frac{1-\mathfrak{P}}{2}\left(H + K\frac{1-\mathfrak{P}}{1+\mathfrak{P}}\right) \cdot \frac{1-\mathfrak{P}}{2}\left(H - K\frac{1-\mathfrak{P}}{1+\mathfrak{P}}\right) = \mathfrak{P}$$

und hieraus durch Einführung der neuen Unbekannte

$$V = \frac{1-\mathfrak{P}}{1+\mathfrak{P}}$$

$$V(H + KV) \cdot V(H - KV) = 1 - V^2$$

oder

$$K^2 V^4 - (H^2 + 1) V^2 + 1 = 0,$$

wobei darauf zu achten ist, daß

$$X^2 = \frac{V}{1+V}(H + KV), \qquad Y^2 = \frac{V}{1+V}(H - KV).$$

Als Wurzel der für V gefundenen Gleichung wählen wir

$$V = \sqrt{\frac{H^2 + 1 - W}{2}} : K \qquad \text{mit} \quad W^2 = (H^2 + 1)^2 - 4K^2.$$

Es ist dann gleichzeitig

$$1 : V = \sqrt{\frac{H^2 + 1 + W}{2}}.$$

Die Größe W ist positiv, da $W^2 = (H^2 - 1)^2 + 4(H^2 - K^2) = (H^2 - 1)^2 + 16\,\mathsf{AB} > 0$ ist. Da sie zugleich unterhalb $H^2 + 1$ liegt, ist V^2 und damit auch V positiv. Da ferner $H^2 + 1 - W < 2K^2$ (weil $K^2 < H^2$) ist, stellt V einen positiven Echtbruch dar.
Aus dem so bestimmten V berechnen wir

$$X^2 = \frac{V}{1+V}(H + KV) \qquad \text{und} \qquad Y^2 = \frac{V}{1+V}(H - KV).$$

Beide Größen sind positive Echtbrüche.

Für Y^2 folgt das (wegen $X^2 > Y^2$) sofort aus der Relation

$$X^2 \cdot Y^2 = \mathfrak{P} = \frac{1-V}{1+V},$$

für X^2 folgt es aus der Ungleichungskette

$$\frac{V}{1+V}(H+KV) < 1, \quad H+KV < 1+\frac{1}{V}, \quad H-1 < \frac{1}{V} - KV,$$

$$H-1 < \sqrt{\frac{H^2+1+W}{2}} - \sqrt{\frac{H^2+1-W}{2}}, \quad (H-1)^2 < H^2+1-2K, \; H > K),$$

wenn man sie rückwärts liest.

Es existiert also tatsächlich mindestens ein Wertepaar (x, y), etwa $x = a$, $y = b$, und damit ein Argumentwert

$$z = c = a + bi,$$

für den $f(z) = f(x+iy) = f(c) = \gamma$ ist.

Die vollständige Lösung unserer Aufgabe kommt nunmehr hinaus auf die

Lösung der Gleichung $f(z) = f(c)$.

Bei der folgenden einfachen Lösung dieser Gleichung denken wir uns c als beliebig gegebene komplexe Zahl.

Wir setzen $z = u + v$, $c = u - v$, bekommen

$$f(z) = f(u+v) = \frac{f(u)\,g(v) + f(v)\,g(u)}{N}, \qquad f(c) = f(u-v) = \frac{f(u)\,g(v) - f(v)\,g(u)}{N}$$

mit $N = 1 + f^2(u) f^2(v)$

und verwandeln die vorgelegte Gleichung dadurch in

$$\frac{f(v)\,g(u)}{1 + f^2(u)\,f^2(v)} = 0.$$

Um diese Gleichung zu befriedigen, muß mindestens eine der folgenden vier Bedingungen erfüllt werden:

$$1^\circ\; f(v) = 0, \qquad 2^\circ\; g(u) = 0, \qquad 3^\circ\; f(u) = \infty, \qquad 4^\circ\; f(v) = \infty.$$

1° liefert $v = 2m\varkappa + i\,2n\varkappa$,

2° liefert $u = (2m+1)\varkappa + i\,2n\varkappa$ bzw. $2m\varkappa + i\,(2n+1)\varkappa$,

3° liefert $u = (2m+1)\varkappa + i\,(2n+1)\varkappa$,

4° liefert $v = (2m+1)\varkappa + i\,(2n+1)\varkappa$.

Den Gleichungen $\frac{z+c}{2} = u$, $\frac{z-c}{2} = v$ entsprechend führt

1° auf $z = c + 4m\varkappa + i\,4n\varkappa$,

2° auf $z = -c + 4m\varkappa + i4n\varkappa + 2\varkappa$ bzw. $z = -c + 4m\varkappa + i4n\varkappa + 2i\varkappa$,

3° auf $z = -c + 4m\varkappa + i\,4n\varkappa + 2\varkappa + 2\varkappa i$,

4° auf $z = c + 4m\varkappa + i\,4n\varkappa + 2\varkappa + 2\varkappa i$.

Die Substitution dieser Werte in die vorgelegte Gleichung $f(z) = f(c)$ zeigt, daß der dritte der angegebenen z-Werte versagt, die übrigen z-Werte aber die Gleichung befriedigen.

Durch Einführung der Hilfsgrößen

$$\omega = 2\varkappa + 2\varkappa i \qquad \text{und} \qquad \omega = 2\varkappa - 2\varkappa i$$

lassen sich, wie leicht zu sehen, die gefundenen Lösungen auf eine der beiden Formen

$$c + h\omega + k\bar{\omega}, \qquad 2\varkappa - c + h\omega + k\bar{\omega}$$

bringen, wo h und k beliebige Ganzzahlen bedeuten.

Ergebnis:

Die Gleichung

$$f(z) = f(c)$$

mit beliebig gegebenem c hat unendlich viele Wurzeln. Eine Zahl z ist dann und nur dann Wurzel der Gleichung, wenn sie eine der beiden Formen

$$c + P, \qquad 2\varkappa - c + P$$

hat, wo

$$P = h\omega + k\bar{\omega}$$

ein Linearaggregat der Größen $\omega = 2\varkappa + 2\varkappa i$ und $\bar{\omega} = 2\varkappa - 2\varkappa i$ mit ganzzahligen Koeffizienten bedeutet.

Die Gleichung

$$f(z) = \gamma$$

mit beliebig gegebenem γ hat unendlich viele Wurzeln, so daß die lemniskatische Funktion $f(z)$ jeden vorgelegten Wert und zwar unendlich oft anzunehmen vermag. Ist c eine beliebige dieser Wurzeln, so bestimmt sich jede andere Wurzel z durch eine der Formeln

$$z = c + P, \qquad z = 2\varkappa - c + P.$$

Doppelperiodizität der lemniskatischen Funktion

Die Gleichung $f(z) = f(c)$ führt uns sofort zur bedeutsamsten Eigenschaft der Lemniskatenfunktion: der *doppelten Periodizität.*

Aus der Gleichung

$$f(z + P) = f(z),$$

in welcher P ein Linearaggregat $P = h\omega + k\bar{\omega}$ von $\omega = 2\varkappa + 2\varkappa i$ und $\bar{\omega} = 2\varkappa - 2\varkappa i$ mit beliebigen ganzzahligen Koeffizienten h und k bedeutet, folgt z. B. für

$$h = 1,\ k = 0 \qquad \text{und} \qquad h = 0,\ k = 1$$

$$f(z + \omega) = f(z) \qquad \text{und} \qquad f(z + \bar{\omega}) = f(z).$$

Das heißt: *Die Lemniskatenfunktion $f(z)$ hat die beiden Perioden*

$$\omega = 2\varkappa + 2\varkappa i \qquad \textit{und} \qquad \bar{\omega} = 2\varkappa - 2\varkappa i;$$

sie ist „doppeltperiodisch".

Natürlich ist auch jedes Linearkompositum

$$P = h\omega + k\overline{\omega}$$

mit ganzzahligen Koeffizienten h und k eine Periode der Funktion $f(z)$; denn es ist

$$f(z + P) = f(z).$$

Andere Perioden besitzt aber $f(z)$ nicht.

Beweis. Bedeutet Π eine Periode von $f(z)$, so ist, unter c eine *beliebige* komplexe Zahl verstanden,

$$f(c + \Pi) = f(c),$$

so daß die Gleichung

$$f(z) = f(c)$$

die Wurzel $z = c + \Pi$

besitzt. Nach dem Satze von den Wurzeln der Gleichung $f(z) = f(c)$ *muß* z die Form $c + P$ haben, also

$$c + \Pi = c + P \qquad \text{oder} \qquad \Pi = P$$

sein, wo P ein Linearkompositum von ω und $\overline{\omega}$ ist.
Die beiden Perioden ω und $\overline{\omega}$, durch deren lineare Komposition jede Periode P aufgebaut wird, heißen die *Grundperioden* oder *Primitivperioden* der Funktion f. Sie sind gleichzeitig die *betragskleinsten Perioden.*
(Es ist $|P|^2 = |h\omega + k\overline{\omega}|^2 = 8\varkappa^2(h^2 + k^2)$; und dieser Ausdruck wird am kleinsten, nämlich gleich $8\varkappa^2$, für $h = 1$, $k = 0$ sowie für $h = 0$, $k = 1$.)
Unter den Perioden kommen den Relationen

$$f(z + 2\varkappa) = -f(z) \qquad \text{und} \qquad f(z + 2\varkappa i) = -f(z)$$

zufolge natürlich auch reelle und imaginäre Perioden vor. Die „kleinste" reelle Periode ist $4\varkappa$, die „kleinste" imaginäre $4\varkappa i$. Die sie aufbauenden Linearaggregate sind

$$4\varkappa = \omega + \overline{\omega} \qquad \text{und} \qquad 4\varkappa i = \omega - \overline{\omega}.$$

Markiert man in der z-Ebene alle Perioden

$$P = h\omega + k\overline{\omega},$$

indem man h und k unabhängig voneinander alle Ganzzahlen durchlaufen läßt, so entsteht ein *quadratisches Zahlgitter*, in welchem alle Perioden mit variablem h und konstantem k jeweils auf einer Geraden mit der Steigung 1, alle Perioden mit konstantem h und variablem k jeweils auf einer Geraden mit dem Gefälle 1 liegen. Da die beiden so gekennzeichneten Scharen paralleler Geraden orthogonal sind und $|\overline{\omega}| = |\omega|$ ist, bildet das System der Gitterpunkte ein quadratisches Netz, in welchem jede (quadratische) Netzmasche die Seite $\varkappa\sqrt{8}$ hat.
Eine Masche $ABCD$ mit den Ecken A, $B = A + \omega$, $C = A + \overline{\omega}$, $D = A + \omega + \overline{\omega}$ wird ein *Periodenquadrat* genannt. Die Ecken A, B, C, D des Quadrats werden in dieser Reihenfolge 1, 2, 3, 4 numeriert.

Das gewissermaßen einfachste Periodenquadrat ist das Quadrat mit den Ecken 0, ω, $\bar{\omega}$, $\omega + \bar{\omega} = 4\varkappa$; es kann als Ausgangsquadrat oder *Grundquadrat* des Netzes bezeichnet werden.

Das Grundquadrat besteht aus allen Punkten z von der Form

$$z = r\omega + s\bar{\omega} \qquad \text{mit} \quad 0 \leqq r < 1, \quad 0 \leqq s < 1.$$

Es enthält also alle Innenpunkte, dann die Ecke 0 und außerdem die Innen-

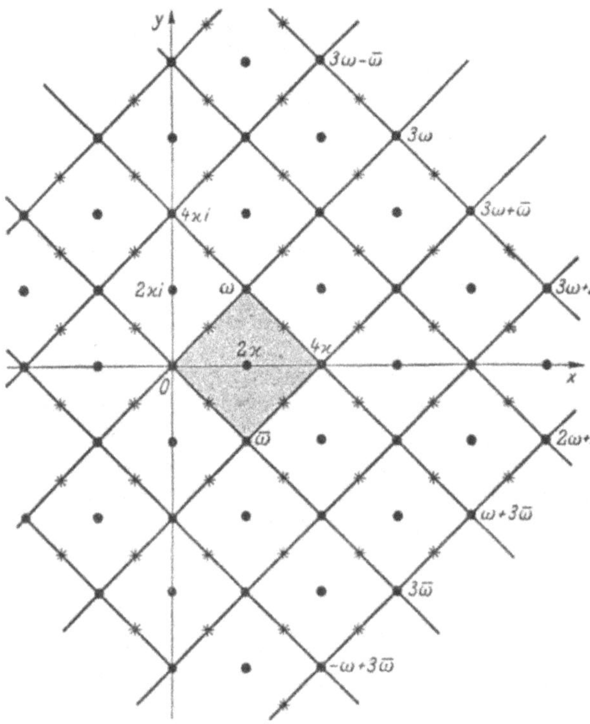

Abb. 26

punkte der beiden von der Ecke 0 ausgehenden Quadratseiten. [Die Ecke ω und die Innenpunkte der die Ecken ω und $4\varkappa$ verbindenden Strecke gehören beispielsweise zum Periodenquadrat mit den vier Ecken ω, 2ω, $\omega + \bar{\omega}$, $2\omega + \bar{\omega}$.)

Ebenso enthält das Periodenquadrat mit den vier Ecken A, $A + \omega$, $A + \bar{\omega}$, $A + 4\varkappa$ alle Punkte z (und nur diese) von der Form

$$z = A + r\omega + s\bar{\omega} \qquad \text{mit} \quad 0 \leqq r < 1, \ 0 \leqq s < 1.$$

„Zwei Periodenquadrate zur Deckung bringen", heißt sie so aufeinander legen, daß gleichnumerierte Ecken koinzidieren.

Zwei Punkte c und C verschiedener Periodenquadrate heißen *homolog* oder *kongruent*, wenn sie bei der Deckung der beiden Quadrate aufeinander fallen. Zwei homologe Punkte c und C sind durch eine Relation von der Form $C - c = h\omega + k\bar{\omega}$ mit ganzzahligem h und k miteinander verknüpft.

Zu homologen Punkten (kongruenten Argumentwerten) gehören gleiche Werte der Lemniskatenfunktion.

Infolge dieses Umstandes genügt es, sich bei der Erfassung des Wertevorrats der lemniskatischen Funktion auf das Grundquadrat zu beschränken.

Die lemniskatische Funktion $f(z)$ nimmt jeden Wert bereits im Grundquadrat an.

In präziserer Aussage:

Die lemniskatische Funktion $f(z)$ nimmt jeden Wert im Grundquadrat genau zweimal an. Sie hat also beispielsweise im Grundquadrat zwei Nullstellen und zwei Pole.

Beweis. $\gamma = f(c)$ sei der Wert, den die Funktion $\zeta = f(z)$ im Punkte $z = c$ des Grundquadrats annimmt. Nun ist, wie oben gezeigt wurde,

$$f(z) = \gamma \qquad \text{oder} \qquad f(z) = f(c)$$

für ein im Grundquadrat liegendes, von c verschiedenes z nur dann, wenn z die Form

$$z = 2\varkappa - c + P$$

hat, wo P eine geeignete Periode bedeutet.
Es fragt sich also, ob eine im Grundquadrat liegende Zahl

$$C = 2\varkappa - c + h\overline{\omega} + k\omega \quad \text{(mit ganzzahligem } h \text{ und } k)$$

existiert.
Demgemäß sei etwa

$c = r\omega + s\overline{\omega}$ mit $0 \leqq r < 1$, $0 \leqq s < 1$ und $C = R\omega + S\overline{\omega}$ mit $0 \leqq R < 1$, $0 \leqq S < 1$.

Aus $\quad R\omega + S\overline{\omega} = 2\varkappa + (h - r)\,\omega + (k - s)\,\overline{\omega} = (h, 5 - r)\,\omega + (k, 5 - s)\,\overline{\omega}$

folgt $\quad R = h, 5 - r \quad$ und $\quad S = k, 5 - s$.

Das gibt für die Ganzzahlen h und k die Bedingungen

$$r - 0{,}5 \leqq h < r + 0{,}5$$

und $\quad s - 0{,}5 \leqq k < s + 0{,}5$.

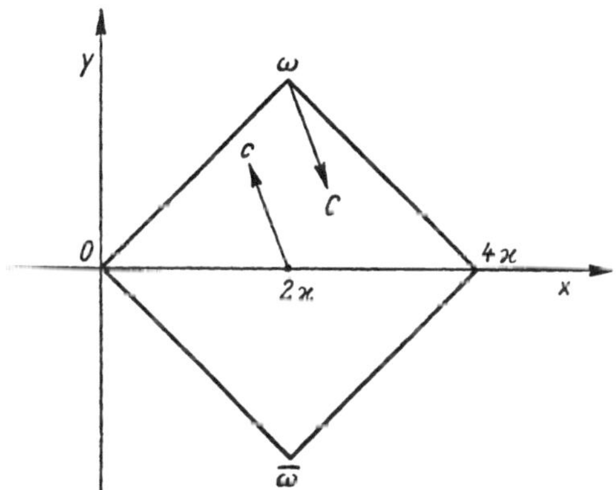

Abb. 27

Diese Ungleichungen bestimmen wegen des der Einheit gleichen Intervalles ihrer Schranken stets genau *ein* Zahlpaar (h, k) [mit $0 \leqq h \leqq 1$, $0 \leqq k \leqq 1$]. Die Punkte des Grundquadrats, in denen die Lemniskatenfunktion $f(z)$ denselben Wert annimmt, treten also stets paarweise auf: zu jedem Punkte c gehört ein zweiter: C. Man findet dieses C konstruktiv, indem man den vom Quadratzentrum $2\varkappa$ nach der Stelle c führenden Vektor zeichnet und von einer passenden Ecke des Quadrats den entgegengesetzten Vektor zieht; sein Endpunkt ist C.

Ausnahmsweise kann dabei C auf c fallen, dann nämlich, wenn $R = r$ und zugleich $S = s$ oder

$$2r = h,5 \qquad \text{und} \qquad 2s = k,5 \qquad \text{ist.}$$

Das gibt genau vier Ausnahmepunkte — „Doppelpunkte“ — die vier Stellen

$$C = c = \varkappa, \qquad C = c = 3\varkappa, \qquad C = c = 2\varkappa + \varkappa i, \qquad C = c = 2\varkappa - \varkappa i.$$

An jeder dieser vier Stellen verschwindet aber $f'(c)$, während $f''(c)$ $[= -2f^3(c)]$ nicht verschwindet. In der Umgebung jedes derartigen Ausnahmepunktes ist also nach Taylors Reihe (§ 32)

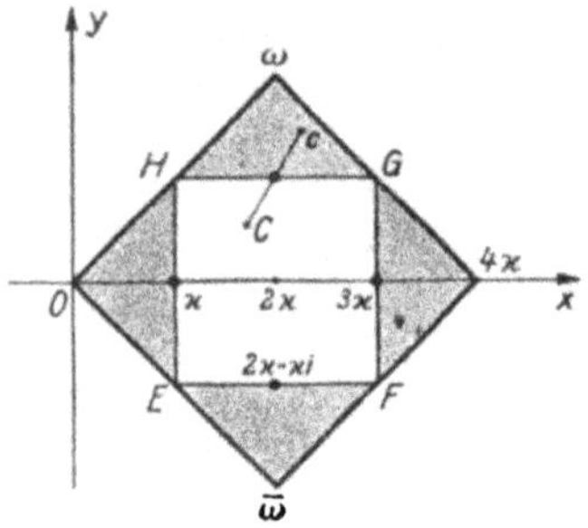

Abb. 28

$$f(z) - f(c) = (z - c)^2\, \mathfrak{P}(z - c),$$

wo $\mathfrak{P}(z - c)$ eine Potenzreihe von $z - c$ bedeutet, die an der Stelle $z = c$ nicht verschwindet.

Diese Gleichung lehrt, daß die Funktion

$$f(z) - f(c)$$

im Punkte $z = c$ eine Nullstelle zweiter Ordnung besitzt, daß m. a. W. $f(z)$ im Punkte c den Wert $\gamma = f(c)$ genau zweimal annimmt.

Wir können auch sagen:

Die Gleichung $f(z) = f(c)$ besitzt an jeder der vier Ausnahmestellen $c = \varkappa$, $c = 3\varkappa$, $c = 2\varkappa + \varkappa i$, $c = 2\varkappa - \varkappa i$ eine Doppelwurzel.

Figur 26 zeigt das Netz der Periodenquadrate mit dem durch Schraffierung hervorgehobenen Grundquadrat. Die durch dicke Punkte markierten Nullstellen von $f(z)$ liegen in den Ecken und Zentren der Periodenquadrate, die durch Sterne markierten Pole in den Seitenmitten der Quadrate.

Figur 28 zeigt das Grundquadrat mit den vier markierten Doppelpunkten und den sie durchsetzenden Achsenparallelen, die aus dem Grundquadrat das halb so große Hilfsquadrat $EFGH$ mit den Ecken $\varkappa - \varkappa i$, $3\varkappa - \varkappa i$, $3\varkappa + \varkappa i$, $\varkappa + \varkappa i$ herausheben. Der außerhalb des Hilfsquadrats liegende Teil des Grundquadrats besteht aus vier durch Schraffierung hervorgehobenen gleichschenklig rechtwinkligen Hilfsdreiecken, deren Hypotenusenmitten die vier Doppelpunkte sind.

Spiegelt man einen Punkt c eines Hilfsdreiecks im Doppelpunkte dieses Dreiecks, so kommt man in das Innere des Hilfsquadrats, und zwar an die Stelle C, in welcher $f(C) = f(c)$ ist.

Wir können unseren Satz demnach noch folgendermaßen ergänzen:

Der Wertevorrat der lemniskatischen Funktion wird schon im Hilfsquadrat vollständig erreicht.

Ebenso wird er im Ring der vier Hilfsdreiecke vollständig angenommen.

Dabei wird jeder Wert nur einmal erreicht, es sei denn, daß der Punkt z auf einer Seite des Hilfsquadrats liegt, in welchem Falle der Wert $f(z)$ auch im Spiegelbilde des Punktes z in der Seitenmitte angenommen wird.

Siebenter Abschnitt

Algebraische Funktionen

§ 47. EINFACHE IRRATIONALFUNKTIONEN

Zweige einer Irrationalfunktion

Wir betrachten im folgenden einige einfache irrationale Funktionen. Da wir dabei vornehmlich auf die stetige Änderung zu achten haben, die eine derartige Funktion bei Änderung ihres Arguments erfährt, und da die genannten Änderungen hauptsächlich von den Änderungen abhängen, die die Winkel von Argument und Funktion erleiden, so wollen wir einleitend einige bemerkenswerte Winkeländerungen kurz besprechen.

Wenn das Argument z eine stetige Kurve durchläuft, ändern sich sein Realteil x, Imaginärteil y, Betrag r und Winkel t *stetig*. Beim Winkel müssen wir allerdings voraussetzen, daß die Kurve den Ursprung nicht durchsetzt, da sich ja im allgemeinen dem Punkte $z = 0$ kein bestimmter Winkelwert zuordnen läßt.

Wenn der Punkt z eine geschlossene Kurve Δ beschreibt, kehren, wenn z wieder im Ausgangspunkte angekommen ist, die drei Variablen x, y, r zu ihren Ausgangswerten zurück, während der Winkel t seinen Ausgangswert nur dann wieder annimmt, wenn die Kurve Δ den Ursprung nicht umschließt. Wenn die Kurve Δ den Ursprung einmal umschlingt und der Punkt z beim Durchwandern von Δ den Ursprung im positiven Sinne umläuft, vermehrt sich der Winkel von z um 2π; umwandert z dagegen den Ursprung im negativen Sinne, so vermindert sich t um 2π. Allgemein:

Wenn die Variable z eine den Ursprung $n$mal umschlingende Kurve beschreibt, so erfährt der Winkel von z eine Vermehrung oder Verminderung von $n \cdot 2\pi$, je nachdem der Punkt z den Ursprung im positiven oder negativen Sinne umwandert.

Ganz ähnlich findet sich:

Wenn die Variable z eine den Punkt $z = c$ nicht umschlingende geschlossene Kurve durchläuft, kehrt der Winkel der Differenz $z - c$ zu seinem Ausgangswerte zurück.

Wenn z dagegen eine den Punkt c $n$mal umschlingende geschlossene Kurve beschreibt, so erfährt der Winkel von $z - c$ eine Vermehrung oder Verminderung von $n \cdot 2\pi$, je nachdem das Mobil z den Punkt c im positiven oder negativen Sinne umwandert.

Nach dieser Einleitung betrachten wir als erstes Beispiel einer Irrationalfunktion die Funktion

$$\zeta = \sqrt[3]{z}\,.$$

Betrag und Winkel von z bzw. ζ seien r und t bzw. ϱ und ϑ. Dann ist

$$\varrho^3 1^{3\vartheta} = r 1^t\,.$$

Hieraus folgt zunächst

$$\varrho = \sqrt[3]{r}.$$

Für ϑ ergeben sich die drei möglichen Werte

$$\vartheta_1 = \frac{t}{3}, \qquad \vartheta_2 = \frac{t}{3} + \omega, \qquad \vartheta_3 = \frac{t}{3} + 2\,\omega \qquad \text{mit} \quad \omega = \frac{2\,\pi}{3}.$$

Die dritte Wurzel aus z ist demnach *dreier* Werte fähig; diese sind

$$\zeta_1 = \varrho\, 1^{\vartheta_1}, \qquad \zeta_2 = \varrho\, 1^{\vartheta_2}, \qquad \zeta_3 = \varrho\, 1^{\vartheta_3},$$

so daß jedem dieser drei Werte die Bezeichnung $\sqrt[3]{z}$ zukommt.

Zunächst leuchtet ein, daß jede der drei gefundenen Wurzeln eine stetige Funktion von z darstellt.

Wir achten im besonderen auf die Änderung, die die drei Funktionen erfahren, wenn der Punkt z eine stetige geschlossene Kurve $\varDelta$ durchwandert.

Wenn die Kurve $\varDelta$ den Ursprung nicht umschlingt, kehrt dabei jede der drei Funktionen ζ_1, ζ_2, ζ_3 zu ihrem Ausgangswerte zurück, durchläuft also jede der drei Funktionen eine geschlossene Kurve.

Wenn dagegen die Kurve $\varDelta$ den Ursprung einmal umschlingt und z den Ursprung auf $\varDelta$ im positiven Sinne einmal umkreist, so läuft nach den drei Gleichungen

$$\vartheta_1 = \frac{t}{3}, \qquad \vartheta_2 = \vartheta_1 + \omega, \qquad \vartheta_3 = \vartheta_2 + \omega,$$

in denen t von 0 bis $2\,\pi$ variiert,

$$\vartheta_1 \text{ von } 0 \text{ bis } \omega, \qquad \vartheta_2 \text{ von } \omega \text{ bis } 2\,\omega, \qquad \vartheta_3 \text{ von } 2\,\omega \text{ bis } 3\,\omega = 2\,\pi.$$

Wenn also z nach seiner Umwanderung des Ursprungs zu seinem Ausgangspunkte zurückkehrt, *gehen ζ_1, ζ_2, ζ_3, anstatt zu ihren Ausgangswerten zurückzukehren, in die Anfangswerte von bzw. ζ_2, ζ_3, ζ_1 über.*

Während der Wanderung des Punktes z durchlaufen demnach ζ_1, ζ_2, ζ_3 drei Wege $A_1 E_1$, $A_2 E_2$, $A_3 E_3$, bei denen A_2 mit E_1, A_3 mit E_2, A_1 mit E_3 zusammenfällt, die also in ihrer Gesamtheit eine einzige geschlossene Kurve $A_1 A_2 A_3 A_1$ bilden.

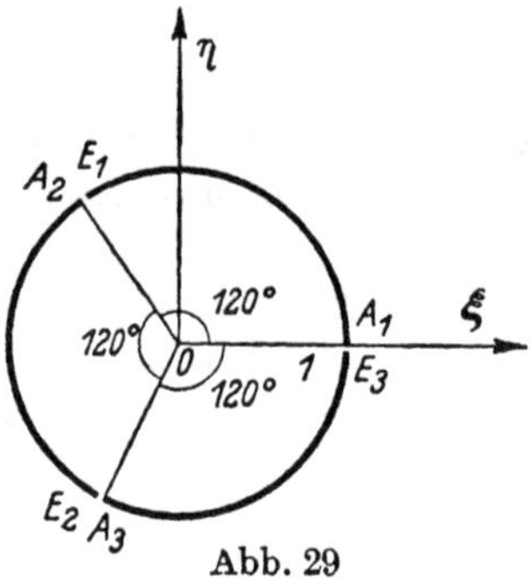

Abb. 29

Wir können diesen Sachverhalt kurz folgendermaßen ausdrücken:

Durchläuft der Punkt z eine den Ursprung einmal umschlingende Kurve im positiven Sinne, so vertauschen sich die drei Funktionen ζ_1, ζ_2, ζ_3 zyklisch. (Aus ζ_1, ζ_2, ζ_3 wird bzw. ζ_2, ζ_3, ζ_1.)

Eine Zeichnung möge die gefundenen Ergebnisse veranschaulichen. Als Beispiel für die Kurve $\varDelta$ wählen wir den Einheitskreis einmal mit dem Zentrum $z = 2$ (den Ursprung ausschließend), dann mit dem Zentrum $z = 0$ (den Ursprung umschlingend).

Im ersten Falle besteht zwischen dem Betrage r und Winkel t von z die Relation

$$r^2 - 4\,r \cos t + 3 = 0,$$

so daß $$r = 2\cos t \pm \sqrt{2\cos 2t - 1}$$

ist. Wenn z den Kreis
$$(x-2)^2 + y^2 = 1$$
durchläuft, beschreibt jede der drei Funktionen ζ_1, ζ_2, ζ_3, wie wir schon wissen, eine geschlossene Kurve. Die erste dieser Kurven hat die Gleichung
$$\varrho = \sqrt[3]{r}, \qquad \vartheta_1 = \frac{t}{3}$$
und stellt, wie man z. B. graphisch findet, ein zur positiven Realachse symmetrisch liegendes Oval dar, dessen waagrechte Achse von $x = \sqrt[3]{1} = 1$ bis $x = \sqrt[3]{3} = 1{,}44$ reicht.

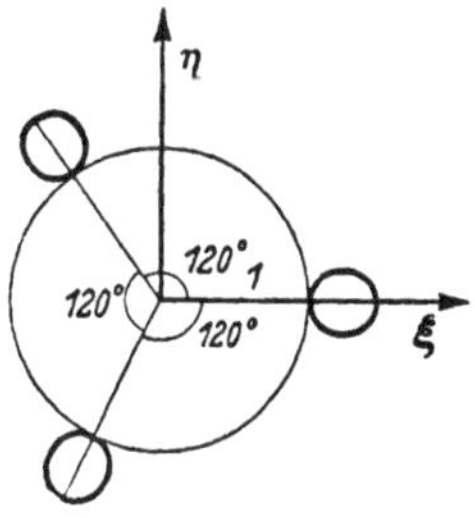

Abb. 30

Die andern beiden Kurven erhält man, indem man dieses Oval um O als Drehpunkt um den Winkel ω bzw. 2ω dreht. Nach den Gleichungen
$$\zeta^3 = z \qquad \text{oder} \qquad (\xi + i\eta)^3 = x + iy \qquad \text{und} \qquad (x-2)^2 + y^2 = 1$$
machen übrigens die drei Ovale die Sextik
$$(\xi^3 - 3\xi\eta^2 - 2)^2 + (3\xi^2\eta - \eta^3)^2 = 1$$
aus.

Wenn z dagegen den Einheitskreis mit dem Zentrum O durchläuft, beschreibt jede der drei Funktionen ζ_1, ζ_2, ζ_3 den Gleichungen
$$\varrho = \sqrt[3]{r} = 1, \qquad \vartheta_1 = \frac{t}{3}, \qquad \vartheta_2 = \vartheta_1 + \omega, \qquad \vartheta_3 = \vartheta_2 + \omega$$
gemäß ein Drittel des Gaußkreises. [Die Gleichung der zugehörigen Sextik
$$(\xi^3 - 3\xi\eta^2)^2 + (3\xi^2\eta - \eta^3)^2 = 1$$
reduziert sich in Anbetracht ihrer Schreibung
$$(\xi^2 + \eta^2)^3 = 1$$
auf die Gleichung des Gaußkreises.]

Als erste und wichtigste Eigenschaft einer Funktion gilt uns ihre Stetigkeit. Wenn wir diese fundamentale Eigenschaft auch dem Verlauf der Funktionen ζ_1, ζ_2, ζ_3 zugrunde legen — wie wir es stillschweigend oben schon getan haben — so lehrt unsere Untersuchung, *daß wir die drei verschiedenen Werte* ζ_1, ζ_2, ζ_3 *nicht als* d r e i *verschiedene Funktionen von* z *ansehen dürfen, daß wir sie vielmehr als Zweige ein und derselben Funktion*
$$\zeta = \sqrt[3]{z}$$
auffassen müssen.

Für ein beliebiges ganzzahliges n hat die Funktion
$$\zeta = \sqrt[n]{z}$$

die n verschiedenen Werte

$$\zeta_\nu = \varrho\, 1^{\vartheta_\nu} \qquad (\nu = 1, 2, 3, \ldots, n)$$

mit

$$\varrho = \sqrt[n]{r}\,, \qquad \vartheta_\nu = \frac{t}{n} + \nu \cdot \frac{2\pi}{n}\,;$$

und es gilt der

Satz:

Fordert man als wichtigste Eigenschaft der Funktion

$$\zeta = \sqrt[n]{z}$$

ihre Stetigkeit, so sind die n verschiedenen Werte von $\sqrt[n]{z}$ nicht als ebenso viele selbständige Funktionen von z, sondern als die n Zweige einer einzigen „algebraischen" Funktion

$$\zeta = \sqrt[n]{z}$$

anzusehen.

Durchläuft der Punkt z eine den Ursprung O nicht umschlingende geschlossene Kurve, so kehrt jeder der n Zweige zu seinem Ausgangswerte zurück.
Durchläuft z eine den Ursprung einmal umschlingende geschlossene Kurve im positiven Sinne, so vertauschen sich die n Zweige zyklisch: ζ_ν geht in $\zeta_{\nu+1}$ und ζ_n in ζ_1 über.
Der Punkt $z = 0$, bei dessen Umkreisung diese zyklische Vertauschung eintritt, wird *Verzweigungspunkt* oder *Windungspunkt* der Funktion genannt.
Auch der Punkt $z = \infty$ ist ein Verzweigungspunkt der Funktion: durchwandert der Punkt z einen den unendlich fernen Punkt umschlingenden Umlauf im positiven Sinne [d. h. durchwandert z einen den Ursprung umschlingenden Umlauf, dessen Punkte außerhalb eines sehr großen Kreises mit dem Zentrum O liegen, im negativen Sinne], so geht der Zweig ζ_ν in $\zeta_{\nu-1}$ (ζ_1 in ζ_n) über, findet also ebenfalls eine zyklische Vertauschung der n Zweige statt.
Die nächstliegende Erweiterung der Funktion $\sqrt[n]{z}$ ist die Funktion

$$\zeta = \sqrt[n]{z - c} \qquad (\text{mit } c = \text{const}),$$

die sich gleichfalls aus n Zweigen zusammensetzt.
Bedeutet r den Betrag, t den Winkel von $z - c$, m. a. W. r den Abstand des variablen Punktes z vom festen Punkte c, t den Winkel, den die von c nach z führende Richtung mit der Richtung der positiven Realachse bildet, ist weiter

$$\varrho = \sqrt[n]{r}\,, \qquad \vartheta_\nu = \frac{t}{n} + \nu \cdot \frac{2\pi}{n}\,,$$

so sind die n Zweige der Funktion

$$\zeta_\nu = \varrho\, 1^{\vartheta_\nu} \qquad (\nu = 1, 2, 3, \ldots, n).$$

Die algebraische Funktion $\zeta = \sqrt[n]{z - c}$ hat die beiden Verzweigungspunkte $z = c$ und $z = \infty$. Wenn das Mobil z einen Verzweigungspunkt (im positiven Sinne) einmal umwandert, findet eine zyklische Vertauschung der n Funktionszweige statt.

Als letztes Beispiel betrachten wir die Funktion

$$\zeta = \sqrt{(z-c_1)(z-c_2)\ldots(z-c_n)}\,,$$

wo die n Größen $c_1, c_2, \ldots, c_n$ paarweise verschiedene Konstanten sind. Hier setzen wir

$$z - c_\nu = r_\nu 1^{t_\nu}, \qquad r_1 r_2 \ldots r_n = R, \qquad t_1 + t_2 + \cdots + t_n = T, \qquad \zeta = \varrho 1^\vartheta$$

und bekommen wegen $\varrho^2 1^{2\vartheta} = R 1^T$

$$\varrho = \sqrt{R} \qquad \text{und} \qquad \vartheta = \vartheta_1 = \frac{T}{2} \qquad \text{oder} \qquad \vartheta = \vartheta_2 = \frac{T}{2} + \pi.$$

Unsere Funktion hat also die beiden einander entgegengesetzten Werte — Zweige —

$$\zeta_1 = \varrho 1^{\vartheta_1}, \qquad \zeta_2 = \varrho 1^{\vartheta_2}.$$

Wenn das Mobil z einen Umlauf beschreibt, der μ von den Punkten $c_1, c_2, \ldots, c_n$ umschlingt, so vermehren sich die zu diesen μ Punkten gehörigen Winkel t_ν um je 2π, während die übrigen Winkel t_ν wieder zu ihren Ausgangswerten zurückkehren. Dabei erfahren die Winkel ϑ_1 und ϑ_2 der beiden Werte ζ_1 und ζ_2 je eine Vermehrung um $\mu\pi$. Bei geradem μ kehren demnach die Funktionen ζ_1 und ζ_2 zu ihren Ausgangswerten zurück, bei ungeradem μ geht jede der beiden Funktionen in die andere über. Ist im besonderen $\mu = 1$, d. h. umschließt der Umlauf nur *einen* der Punkte $c_1, c_2, \ldots, c_n$, so bewirkt die Wanderung des Punktes z Vertauschung der beiden Zweige ζ_1 und ζ_2.

Die Punkte $c_1, c_2, \ldots, c_n$ sind *Verzweigungspunkte* der Funktion

$$\zeta = \sqrt{(z-c_1)(z-c_2)\ldots(z-c_n)}\,,$$

und es gilt der

Satz:

Beschreibt das Mobil z einen Umlauf, der μ Verzweigungspunkte umschlingt, so bleiben die beiden Funktionszweige ζ_1 und ζ_2 unverändert oder vertauschen sich, je nachdem μ gerade oder ungerade ist.

§ 48. REGULARITÄT EINER IRRATIONALFUNKTION

Verzichten wir auf die uneingeschränkte Stetigkeit der im vorigen Paragraphen betrachteten Funktion

$$\zeta = \sqrt[n]{z}\,,$$

so läßt sich jeder einzelne Zweig der Funktion als *selbständige* Funktion behandeln. Dieses Ziel erreichen wir durch den Kunstgriff der *aufgeschnittenen Ebene.*

Wir ziehen vom Ursprung der z-Ebene in irgendeiner Richtung $\mathfrak{R}$, etwa in der Richtung, die mit der Richtung der positiven Realachse den beliebig vorgegebenen Winkel α bildet, einen bis ins Unendliche laufenden Strahl $\mathfrak{s}$, schneiden die z-Ebene längs dieses Strahls auf und setzen fest, daß der bewegliche Punkt z diesen *Schnitt* — er heiße $\mathfrak{f}$ — *nicht erreichen,* also auch *nicht passieren darf.* Dadurch ist ein Gebiet $\mathfrak{G}$ entstanden, das sämtliche Punkte der z-Ebene mit Ausnahme der Punkte des Strahls $\mathfrak{z}$ oder des Schnitts $\mathfrak{f}$ umfaßt. Als Rand dieses Gebiets gelten die beiden Ufer des Schnitts $\mathfrak{f}$: das — von O aus gesehene — linke und rechte Ufer, die beide von O aus in der Richtung $\mathfrak{R}$ ins Unendliche führen.

In diesem Gebiete betrachten wir einen bestimmten der n Werte von $\sqrt[n]{z}$, etwa den Wert

$$\zeta = \varrho\, 1^{\vartheta_\nu},$$

wo $\qquad \varrho = \sqrt[n]{r} \qquad$ und $\qquad \vartheta_\nu = \frac{t}{n} + \nu \cdot \frac{2\pi}{n} \qquad$ ist,

r den Betrag und t den Winkel von z bedeutet, welch letzterer zwischen den Schranken α und $-(2\pi - \alpha)$ gewählt werden soll:

$$-(2\pi - \alpha) < t < \alpha.$$

Die so definierte Funktion

$$\zeta = \sqrt[n]{z}$$

ist im Gebiet $\mathfrak{G}$ eine eindeutige Funktion von z, *die überall in $\mathfrak{G}$ stetig ist.*

Diese Stetigkeit gilt nicht in beiderseitiger unmittelbarer Nähe des Gebietsrandes.

Um das einzusehen, setzen wir $\cos\alpha = \lambda$, $\sin\alpha = \mu$, nehmen auf dem Strahl $\mathfrak{z}$ einen Punkt $z = h + ki$ mit dem Betrage $l = \sqrt{h^2 + k^2}$ an, errichten auf $\mathfrak{z}$ in z die Senkrechte und betrachten auf dieser die beiden um den sehr geringen Betrag e von z abstehenden Punkte

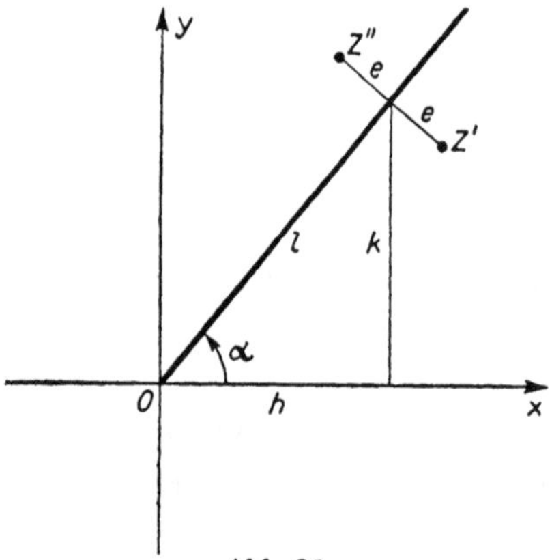

Abb. 31

$$z' = (h + e\mu) + (k - e\lambda)\, i$$

auf dem rechten Ufer und

$$z'' = (h - e\mu) + (k + e\lambda)\, i$$

auf dem linken Ufer des Schnitts $\mathfrak{f}$. Die beiden Zahlen z' und z'' haben denselben Betrag $r = \sqrt{l^2 + e^2}$; ihre Winkel sind $\alpha - \varepsilon$ und $-(2\pi - \alpha - \varepsilon)$, wo ε den sehr kleinen Winkel bedeutet, dessen Tangens $e : l$ ist.

Die Werte der Funktion ζ an den Stellen z' und z'' sind

$$\zeta' = \varrho\, 1^{\vartheta'} \qquad \text{und} \qquad \zeta'' = \varrho\, 1^{\vartheta''}$$

mit $\qquad \varrho = \sqrt[n]{r}, \qquad \vartheta' = \frac{\alpha - \varepsilon}{n}, \qquad \vartheta'' = -\frac{2\pi - \alpha - \varepsilon}{n}.$

Demnach ist der Quotient dieser Funktionswerte

$$\zeta' : \zeta'' = 1^{\vartheta' - \vartheta''} = 1^{2\frac{\pi - \varepsilon}{n}}.$$

Daher wird nicht

$$\lim_{\varepsilon \to 0} \frac{\zeta'}{\zeta''} = 1 \text{ (wie es sein müßte, wenn } \zeta \text{ an der Stelle } z \text{ stetig wäre),}$$

sondern $$\lim_{\varepsilon \to 0} \frac{\zeta'}{\zeta''} = 1^{\frac{2\pi}{n}} = \cos\frac{2\pi}{n} + i\sin\frac{2\pi}{n}.$$

In Worten: *Wandert z aus dem Innern des Gebiets 𝔊 auf einem um den Ursprung beschriebenen Kreise das eine Mal im positiven, das andere Mal im negativen Sinne dem Schnitt ʃ zu, so wird der Quotient der Werte der Funktion $\zeta = \sqrt[n]{z}$ in den beiden erreichten Uferpunkten $\cos\frac{2\pi}{n} + i\sin\frac{2\pi}{n}$ (während dieser Quotient 1 werden müßte, wenn die Funktion ζ in der Umgebung des Schnitts stetig wäre).*

Regularität der irrationalen Funktion $\sqrt[n]{z}$

Die in unserer aufgeschnittenen Ebene eindeutige Funktion

$$\zeta = f(z) = \sqrt[n]{z}$$

verhält sich im Gebiet 𝔊 regulär.

Beweis. z sei ein beliebig ausgewählter, dann aber fest gehaltener Punkt von 𝔊, Z ein beweglicher Nachbarpunkt. Die zugehörigen eindeutig bestimmten Funktionswerte seien $\zeta = f(z)$ und $\mathsf{Z} = f(Z)$. Dann gelten die Gleichungen

$$\zeta^n = z \qquad \text{und} \qquad \mathsf{Z}^n = Z.$$

Aus ihnen folgt

$$\frac{Z - z}{\mathsf{Z} - \zeta} = S = \mathsf{Z}^{n-1} + \mathsf{Z}^{n-2}\zeta + \mathsf{Z}^{n-3}\zeta^2 + \cdots + \zeta^{n-1},$$

so daß sich für den Differenzenquotient der Funktion ζ der Wert

$$\frac{\mathsf{Z} - \zeta}{Z - z} = \frac{f(Z) - f(z)}{Z - z} = 1 : S$$

ergibt.

Nähert sich jetzt der variable Punkt Z unbegrenzt dem festen Punkte z, so strebt die Summe S gegen den Grenzwert $n\,\zeta^{n-1}$, und wir erhalten den Differentialquotient der Funktion ζ:

$$\zeta' = \frac{d\zeta}{dz} = f'(z) = \lim_{Z \to z} \frac{\mathsf{Z} - \zeta}{Z - z} = \frac{1}{n\,\zeta^{n-1}} = \frac{1}{n}\,\frac{\zeta}{z}.$$

Die im Gebiet 𝔊 eindeutige Irrationalfunktion

$$\zeta = \sqrt[n]{z}$$

hat in einem beliebigen Punkte z des Gebiets 𝔊 den Differentialquotient

$$\zeta' = \frac{d\zeta}{dz} = \frac{1}{n}\,\frac{\zeta}{z},$$

was nach Bedarf auch $1 : n\sqrt[n]{z^{n-1}}$ geschrieben werden kann.

Damit ist die Regularität von $\sqrt[n]{z}$ im Gebiet 𝔊 bewiesen.

Wir haben hier als Eindeutigkeitsgebiet der Irrationalfunktion $\sqrt[n]{z}$ die längs der Richtung $\mathfrak{R}(\alpha)$ aufgeschnittene Ebene gewählt.
Eine einfache Überlegung zeigt, daß jedes Gebiet als Eindeutigkeits- und Regularitätsgebiet unserer Funktion zugrunde gelegt werden kann, in welchem sich keine den Ursprung umschlingende geschlossene Kurve ziehen läßt. Ein solches Gebiet ist z. B. jeder den Punkt $z=0$ nicht enthaltende Umlaufsbereich $\mathfrak{B}$.

Wir definieren die Irrationalfunktion $\zeta = f(z) = \sqrt[n]{z}$ in den Punkten von $\mathfrak{B}$ folgendermaßen.
Wir wählen zunächst willkürlich in $\mathfrak{B}$ den festen Punkt z_0 und setzen als Wert ζ_0 von ζ in diesem Punkte einen beliebig ausgewählten der n Werte von $\sqrt[n]{z_0}$ fest (etwa den Wert $\varrho_0 1^{\vartheta_0}$ mit $\varrho_0 = \sqrt[n]{r_0}$, $r_0 = |z_0|$, $\vartheta_0 = \frac{t_0}{n} + \nu \frac{2\pi}{n}$, $t_0 = \operatorname{arc} z_0$).
Um dann den Funktionswert $\mathbf{Z} = \sqrt[n]{Z}$ in einem beliebigen Punkte Z von $\mathfrak{B}$ zu bekommen, verbinden wir z_0 mit Z durch einen in $\mathfrak{B}$ verlaufenden Weg, lassen das Mobil z diesen Weg beschreiben und definieren als Wert von ζ im Punkte Z denjenigen der n Werte von $\sqrt[n]{Z}$, zu dem man, mit dem Ausgangswerte ζ_0 beginnend, bei unausgesetzter [auf Grund der Gleichungen $\zeta = \varrho 1^{\vartheta}$, $\varrho = \sqrt[n]{r}$, $\vartheta = \frac{t}{n} + \nu \frac{2\pi}{n}$ erfolgender] *stetiger* Änderung der Funktion $\zeta = \sqrt[n]{z}$ längs des Weges, im Endpunkte Z des Weges gelangt.
Der gefundene Endwert $\mathbf{Z}$ ist vom Wege unabhängig, da der Winkel t auf allen in $\mathfrak{B}$ von z_0 nach Z verlaufenden Wegen [der Punkt $z=0$ liegt *außerhalb* des Bereichs $\mathfrak{B}$] *denselben* Endwert T erreicht.
Für die so definierte Irrationalfunktion $\sqrt[n]{z}$ gilt der

Satz:

Die in einem den Punkt $z = 0$ nicht enthaltenden Umlaufsbereiche eindeutige stetige Irrationalfunktion

$$\zeta = \sqrt[n]{z}$$

verhält sich in diesem Bereiche regulär. Ihre Ableitung ist hier

$$\zeta' = \frac{1}{n} \frac{\zeta}{z} .$$

Die Rolle, die bei der Funktion $\sqrt[n]{z}$ dem Punkte $z=0$ übertragen ist, spielt bei der verallgemeinerten Funktion

$$\zeta = \sqrt[n]{z-c}$$

der Punkt $z = c$.
Um ein Gebiet zu bekommen, in welchem die Funktion $\sqrt[n]{z-c}$ eindeutig sowie regulär ist, schneiden wir die z-Ebene längs eines von der Stelle $z=c$ bis ins Unendliche verlaufenden Strahls auf und fassen nun das Gebiet $\mathfrak{G}$ ins Auge, dessen Rand aus den beiden Ufern des so geführten Schnitts besteht, zu dem also sämtliche Punkte der z-Ebene mit Ausnahme der Uferpunkte gehören.

In dem so bestimmten Gebiet 𝔊 ist die (stetig veränderliche) Funktion

$$\zeta = \sqrt[n]{z - c}$$

eindeutig und regulär; ihre Ableitung an der Stelle z hat den Wert

$$\zeta' = \frac{1}{n}\,\frac{\zeta}{z - c}.$$

In etwas anderer Fassung:
Die in einem den Punkt $z = c$ nicht enthaltenden Umlaufsbereiche eindeutige stetige Irrationalfunktion

$$\zeta = \sqrt[n]{z - c}$$

verhält sich in diesem Bereiche regulär. Ihre Ableitung ist

$$\zeta' = \frac{1}{n}\,\frac{\zeta}{z - c}.$$

Als drittes Beispiel nehmen wir die irrationale Funktion

$$\zeta = \sqrt{(z - \alpha)(z - \beta)(z - \gamma)(z - \delta)},$$

in welcher $\alpha, \beta, \gamma, \delta$ vier paarweise verschiedene Konstanten bedeuten, die wir uns so geordnet denken, daß die α mit β verbindende Strecke 1 die γ mit δ verbindende Strecke 2 nicht trifft.
Wir führen dann in der z-Ebene die beiden Schnitte I längs der Strecke 1 von α nach β und II längs der Strecke 2 von γ nach δ und betrachten das Gebiet 𝔊, dessen Rand aus den vier Ufern der beiden Schnitte besteht, dem also sämtliche Punkte der z-Ebene mit Ausnahme der Uferpunkte der Schnitte angehören.

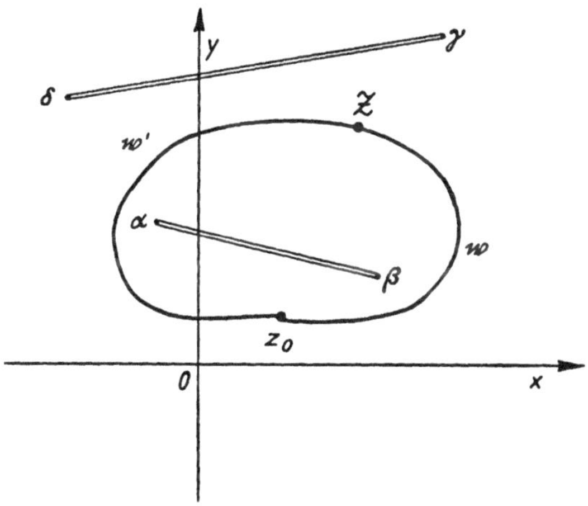

Abb. 32

Wir greifen irgendeinen Punkt z_0 von 𝔊 heraus und wählen einen der beiden Werte von $\sqrt{(z_0-\alpha)(z_0-\beta)(z_0-\gamma)(z_0-\delta)}$ als zugehörigen Funktionswert ζ_0.
Den zur beliebigen Stelle Z von 𝔊 gehörigen Funktionswert **Z** bestimmen wir so, daß wir das Argument z einen in 𝔊 von z_0 nach Z führenden Weg 𝔴 durchlaufen lassen und jedem Punkte z dieses Weges denjenigen Wert von $\sqrt{(z-\alpha)(z-\beta)(z-\gamma)(z-\delta)}$ als Funktionswert ζ zuweisen, der sich bei *stetigem* Fortschreiten von ζ ergibt.
Der so erreichte Endwert **Z** von ζ ist von dem durchlaufenen Wege 𝔴 unabhängig.
Ist nämlich 𝔴' ein anderer in 𝔊 von z_0 nach Z führender Weg, so bildet er mit 𝔴 eine geschlossene Kurve Δ, die von z_0 längs 𝔴 nach Z führt, darauf von Z längs 𝔴' nach z_0 zurückführt.

Durchläuft z diese Kurve, so kehrt das sich stetig ändernde ζ, da Δ eine *gerade* Anzahl der Punkte $\alpha, \beta, \gamma, \delta$ umschlingt, zu seinem Ausgangswerte ζ_0 zurück, variiert also ζ auf dem zweiten Teile $\mathfrak{w}'$ der Kurve Δ von Z bis ζ_0, muß es mithin auf dem umgekehrten, von z_0 nach Z führenden Wege $\mathfrak{w}'$ von ζ_0 bis Z variieren.

Der im Punkte Z erreichte Funktionswert $\mathsf{Z} = \sqrt{(Z-\alpha)(Z-\beta)(Z-\gamma)(Z-\delta)}$ ist demnach eine eindeutige Funktion *des Ortes Z.*

Unsere im Gebiet $\mathfrak{G}$ eindeutige Funktion

$$\zeta = \sqrt{(z-\alpha)(z-\beta)(z-\gamma)(z-\delta)}$$

verhält sich im Gebiet regulär. Ihre Ableitung ζ' bestimmt sich aus der Gleichung

$$2\frac{\zeta'}{\zeta} = \frac{1}{z-\alpha} + \frac{1}{z-\beta} + \frac{1}{z-\gamma} + \frac{1}{z-\delta}.$$

(In gegenüberliegenden Uferpunkten ist die Funktion nicht stetig.)

Bei der Funktion

$$\zeta = \sqrt{(z-\alpha)(z-\beta)(z-\gamma)}$$

mit paarweise verschiedenen Nullstellen des Radikanden führen wir wie im vorigen Beispiele zwei Schnitte: einen von α nach β, den andern von $z=\gamma$ bis $z=\infty$ und wählen als Funktionsgebiet das Gebiet $\mathfrak{G}$, dessen Rand aus den Ufern der beiden Schnitte besteht, welches also sämtliche Punkte der z-Ebene mit Ausnahme der Uferpunkte der beiden Schnitte enthält.

Die Definition der in $\mathfrak{G}$ *eindeutigen* Funktion $\zeta = \sqrt{(z-\alpha)(z-\beta)(z-\gamma)}$ vollzieht sich genau wie im vorhergehenden Beispiel.

Die im Gebiet $\mathfrak{G}$ definierte eindeutige Funktion

$$\zeta = \sqrt{(z-\alpha)(z-\beta)(z-\gamma)}$$

verhält sich in $\mathfrak{G}$ regulär. Ihre Ableitung an der Stelle z bestimmt sich durch die Relation

$$2\frac{\zeta'}{\zeta} = \frac{1}{z-\alpha} + \frac{1}{z-\beta} + \frac{1}{z-\gamma}.$$

§ 49. RIEMANNSCHE FLÄCHEN VON IRRATIONALFUNKTIONEN

Wenn wir uns über die Gesamtheit der Werte, die eine eindeutige Funktion $f(z)$ anzunehmen vermag, ein übersichtliches Bild verschaffen wollen, so denken wir uns zweckmäßig in jedem Punkte z der z-Ebene den zum Argumentwert z gehörigen Funktionswert $f(z)$ aufgetragen oder sonst irgendwie angebracht. Die z-Ebene wird dadurch in ihren Punkten mit den zugehörigen Funktionswerten „*belegt*". Durch diese „*Belegung*" der z-Ebene ist der gesamte Wertevorrat der Funktion $f(z)$ auf der z-Ebene „*ausgebreitet*", die Funktion $f(z)$ erscheint als eindeutige Funktion des Ortes.

Würde man in derselben Weise in jedem Punkte z der z-Ebene zum Beispiel die drei verschiedenen Werte der dreideutigen Funktion $f(z) = \sqrt[3]{z}$ notieren, so wäre diese Darstellung des Wertevorrats der Funktion unklar und unübersichtlich, so gut wie wertlos.

Hier hat nun Riemann den glücklichen Gedanken gehabt, mit Hilfe eines Gefüges von *drei* in geeigneter Weise miteinander verbundenen Exemplaren der z-Ebene — welches Gefüge heute die *Riemannsche Fläche der Funktion* $\sqrt[3]{z}$ heißt — die von vornherein mehrdeutige Funktion $\sqrt[3]{z}$ gleichwohl *als eindeutige Funktion des Ortes* darzustellen.
Um die Riemannsche Fläche unserer Funktion zu bekommen, denken wir uns die z-Ebene in drei Exemplaren oder „*Blättern*" E_1, E_2, E_3 und belegen jeden Punkt z von E_1 bzw. E_2, E_3 mit dem Funktionswert

$$\zeta_1 = \varrho 1^{\vartheta_1} \quad \left(\text{mit } \varrho = \sqrt[3]{r}\,, \qquad \vartheta_1 = \frac{t}{3}\right)$$

bzw. $\zeta_2 = \varrho 1^{\vartheta_2} \left(\text{mit } \vartheta_2 = \frac{t}{3} + \omega\right), \quad \zeta_3 = \varrho 1^{\vartheta_3} \left(\text{mit } \vartheta_3 = \frac{t}{3} + 2\omega\right)$,

wo r den Betrag und t den Winkel von z bedeutet und $3\omega = 2\pi$ ist. In E_1 bzw. E_2, E_3 zeichnen wir dann um den Ursprung O_1 bzw. O_2, O_3 den Kreis $\mathfrak{k}_1$ bzw. $\mathfrak{k}_2$, $\mathfrak{k}_3$ mit dem Radius r, dessen Anfangspunkt wir auf der linken, dessen Endpunkt wir auf der rechten Seite der zugehörigen positiven Realachse annehmen und lassen z diesen Kreis im positiven Sinne durchlaufen. Der Anfangspunkt des Kreises trägt dann die Belegung ϱ bzw. $\varrho 1^{\omega}$, $\varrho 1^{2\omega}$, der Endpunkt die Belegung $\varrho 1^{\omega}$ bzw. $\varrho 1^{2\omega}$, $\varrho 1^{3\omega} = \varrho$.
Nunmehr *schneiden* wir *jedes Blatt* etwa längs der positiven Realachse *auf* und unterscheiden auf jedem der drei von $x = 0$ bis $x = \infty$ laufenden *Schnitte* ein linkes und rechtes Ufer.
Diese drei *Schnitte* dienen dazu, die Verbindung oder Vernietung der drei Blätter miteinander zu einer sog. *Windungsfläche* herzustellen.
Wir legen zunächst die drei Blätter so aufeinander, daß sie mit dem Ursprung, der positiven Realachse und der positiven Imaginärachse koinzidieren, und daß etwa das erste Blatt zu oberst, das dritte zu unterst liegt. Darauf wird das rechte Ufer des bzw. ersten, zweiten, dritten Blattes mit dem linken Ufer des bzw. zweiten, dritten, ersten Blattes „vernietet".
Durch diese Verbindung der drei Blätter zu einem einzigen geometrischen Gebilde, einer „*Windungsfläche dritter Ordnung*", ist die Riemannsche Fläche der algebraischen Funktion

$$\zeta = \sqrt[3]{z}$$

entstanden.
Dabei wird noch zusätzlich verfügt, daß die drei übereinanderliegenden Ursprünge sowie die drei übereinanderliegenden unendlich fernen Punkte der drei Blätter als je ein *einziger* Punkt gelten sollen (s. u.).

Auf der Riemannschen Fläche ist der gesamte Wertevorrat der Funktion $\sqrt[3]{z}$ *derart ausgebreitet, daß die Funktion als eindeutige und stetige Funktion des Ortes erscheint.*

In anderer Ausdrucksweise:

Zwischen den die Gleichung $\zeta^3 = z$

befriedigenden Wertepaaren (z, ζ) *und den Punkten der Riemannschen Fläche besteht eine umkehrbare eindeutige Zuordnung derart, daß einer stetigen Bewegung des Punktes auf der Fläche eine stetige Änderung des zugehörigen Wertepaares* (z, ζ) *entspricht.*

Das im Punkte z eines beliebigen Blattes unserer Riemannschen Fläche auf der Fläche errichtete Lot durchbohrt die Fläche in den drei Punkten eines Punkttripels: den Trägern der drei Wertepaare (z, ζ_1), (z, ζ_2) und (z, ζ_3). Diese Wertepaare stimmen *nur* für die beiden Werte $z=0$ und $z=\infty$ überein. Zur uneingeschränkten Gültigkeit des eben ausgesprochenen Satzes ist es also notwendig, die obige Verfügung zu treffen, nämlich jedes der beiden zum Punkte $z=0$ und zum Punkte $z=\infty$ gehörigen Punkt*tripel* als *Einzelpunkt* zu zählen.

Jeder dieser beiden ausgezeichneten Punkte der Riemannschen Fläche heißt ein *dreiblättriger Verzweigungspunkt* oder *Windungspunkt,* auch ein *Verzweigungspunkt dritter Ordnung* unserer Fläche. Die in den Blättern der Riemannschen Fläche geführten Schnitte heißen *Verzweigungsschnitte.*

Was hier über die Riemannsche Fläche der dreideutigen Funktion $\sqrt[3]{z}$ ausgeführt wurde, überträgt sich ohne weiteres auf die Riemannsche Fläche der n-deutigen Funktion $\qquad \zeta=\sqrt[n]{z}.$

Die Riemannsche Fläche der Funktion

$$\zeta=\sqrt[n]{z}$$

besteht aus n Blättern, die etwa längs der positiven Realachse ineinander übergehen derart, daß jedes Blatt mit dem folgenden und das n-te mit dem ersten verwachsen ist. Die Fläche besitzt zwei sämtlichen Blättern gemeinsame Verzweigungspunkte n-ter Ordnung an den Stellen $z=0$ und $z=\infty$. Auf dieser Fläche ist der Wertevorrat der Funktion als eindeutige und stetige Funktion des Orts ausgebreitet so, daß das ν-te Blatt die Werte des Zweiges

$$\zeta_\nu=\varrho\, 1^{\vartheta_\nu} \qquad \text{mit} \quad \vartheta_\nu=\frac{t}{n}+\nu\frac{2\pi}{n}$$

trägt (wo t den Winkel und $r=\varrho^n$ den Betrag von z bedeutet). Jeder stetigen Bewegung des Punktes auf der Fläche entspricht eine stetige Veränderung des die Gleichung $\zeta^n=z$ befriedigenden Wertepaares (z, ζ).

Wir haben oben die vor dem Zusammenfügen der einzelnen Blätter geführten Schnitte in der Richtung der positiven Realachse vorgenommen. Es muß erwähnt werden, daß diese Schnitte ebensogut in irgendeiner anderen unter dem beliebigen Winkel α gegen die Realachse geneigten Richtung geführt werden können. Zur Berechnung des den ν-ten Zweig ζ_ν der Funktion bestimmenden Winkels ϑ_ν (es ist $\zeta_\nu=\varrho\, 1^{\vartheta_\nu}$) gilt dann die Vorschrift $\vartheta_\nu=\frac{t}{n}+\nu\cdot\frac{2\pi}{n}$, wo der Winkel t von z das Intervall von $-(2\pi-\alpha)$ bis α zu durchlaufen hat.

Wieder stimmt dann der Endwert des ν-ten Zweiges $\left[\vartheta_\nu=\frac{\alpha}{n}+\nu\cdot\frac{2\pi}{n}\right]$ mit dem Anfangswerte des $(\nu+1)$-ten Zweiges $\left[\vartheta_{\nu+1}=-\frac{2\pi-\alpha}{n}+(\nu+1)\cdot\frac{2\pi}{n}\right]$

überein, und das rechte Ufer jeden Blattes ist mit dem linken Ufer des folgenden Blattes (das rechte Ufer des n-ten Blattes mit dem linken des ersten Blattes) zu verlöten.

Im übrigen bleibt alles beim alten.

Auf Grund der vorstehenden Auseinandersetzung ist auch die Konstruktion der Riemannschen Fläche der Funktion

$$\zeta = \sqrt[n]{z-c}$$

klar: n Blätter der z-Ebene werden wie oben aufeinandergelegt und in den n Punkten $z=c$ wie auch in ihren n unendlich fernen Punkten zu je einem Verzweigungspunkte n-ter Ordnung verschmolzen. Unter den vom Punkte $z=c$ ausgehenden Richtungen wird eine, den beliebigen oder aus gewissen Erwägungen heraus bestimmten Winkel α mit der positiven Realachse bildende Richtung ausgewählt und jedes Blatt längs dieser Richtung von $z=c$ bis $z=\infty$ aufgeschnitten. Darauf wird das ν-te Blatt (wo ν von 1 bis n läuft) mit dem Zweige

$$\zeta_\nu = \varrho\, 1^{\vartheta_\nu}$$

der Funktion belegt, wo ϱ den Betrag von $\sqrt[n]{z-c}$, ϑ_ν den Winkel $(t+\nu 2\pi):n$ bedeutet und der Winkel t der Variablen $z-c$ von $-(2\pi-\alpha)$ bis α wächst. Schließlich wird das rechte Ufer des ν-ten Blattes mit dem linken des $(\nu+1)$-ten Blattes (das rechte des n-ten mit dem linken des ersten) verschweißt.

Die so konstruierte Riemannsche Fläche der Funktion

$$\zeta = \sqrt[n]{z-c}$$

bildet die eindeutige stetige Zuordnung der Punkte der Fläche zu den die Gleichung $\zeta^n = z-c$ befriedigenden Wertepaaren (z, ζ).

Als letztes Beispiel diene die Riemannsche Fläche der Quadratwurzel

$$\zeta = \sqrt{(z-\alpha)(z-\beta)(z-\gamma)(z-\delta)},$$

in welcher α, β, γ, δ paarweise verschiedene Konstanten bedeuten, so beschaffen, daß die von α nach β führende Strecke 1 mit der von γ nach δ führenden Strecke 2 keinen Punkt gemeinsam hat.

Wir legen zwei Blätter der z-Ebene so aufeinander, daß die positiven Realachsen wie auch die positiven Imaginärachsen zusammenfallen, verschmelzen jeden der Punkte α, β, γ, δ des oberen Blattes mit dem gleichnamigen Punkte des unteren Blattes zu *einem einzigen* Verzweigungspunkte α, β, γ, δ zweiter Ordnung und führen in jedem Blatt längs der Strecken 1 und 2 die Schnitte I und II.

Darauf machen wir den beliebigen, aber festen Punkt z_0 des oberen bzw. unteren Blattes zum Träger des Funktionswertes $\zeta_0 = \sqrt{(z_0-\alpha)(z_0-\beta)(z_0-\gamma)(z_0-\delta)}$ bzw. $-\zeta_0$ und nehmen in jedem Blatte als Belegung des *beliebigen* Punktes z denjenigen Wert von ζ, der sich bei *stetiger* Änderung der Funktion auf einem beliebigen in diesem Blatte von z_0 nach z führenden, die Schnitte vermeidenden Wege ergibt, wobei natürlich im oberen Blatte mit $+\zeta_0$, im unteren mit $-\zeta_0$ begonnen wird. [Vgl. das vorletzte Beispiel in § 48.]

Bei diesem Vorgehen fällt die Belegung der Schnittufer ganz von selbst so aus, daß ein beliebiger linksufriger (bzw. rechtsufriger) Punkt des oberen Schnitts dieselbe Belegung trägt wie der gegenüberliegende rechtsufrige (bzw. linksufrige) Punkt des unteren Schnitts.
Durch Verschweißung des linken Ufers des oberen Schnitts mit dem rechten Ufer des darunterliegenden Schnitts sowie des rechten Ufers des oberen Schnitts mit dem linken Ufer des darunterliegenden Schnitts ist dann die Konstruktion der gesuchten Riemannschen Fläche beendet.

Auf der gefundenen Riemannschen Fläche ist die Quadratwurzel

$$\zeta = \sqrt{(z-\alpha)(z-\beta)(z-\gamma)(z-\delta)}$$

als umkehrbar eindeutige stetige Funktion des Orts ausgebreitet.

Jedem Punkt der Fläche entspricht genau ein Wertepaar (z, ζ), jeder stetigen Änderung des Punktes eine stetige Änderung des Wertepaares.

§ 50. ALGEBRAISCHE FUNKTIONEN

Die im vorigen Paragraph betrachteten Irrationalfunktionen sind spezielle Fälle algebraischer Funktionen (s. u.), wie man sofort erkennt, wenn man ihre Definitionsgleichungen rational macht.
Unter einer *algebraischen Funktion* des Arguments z versteht man eine Größe ζ, deren Abhängigkeit von z durch eine zwischen z und ζ bestehende algebraische Gleichung

$$F(z, \zeta) = 0$$

festgelegt ist. Hierbei ist $F(z, \zeta)$ ein irreduzibles Polynom der beiden Größen z und ζ mit gegebenen komplexen Koeffizienten. [„Irreduzibel" heißt: das Polynom ist nicht in ein Produkt von zwei anderen Polynomen in z und ζ zerlegbar.]
Die allgemeine Form des Polynoms F lautet demnach

$$F = F(z, \zeta) = f(z) \cdot \zeta^n + g(z) \cdot \zeta^{n-1} + h(z) \cdot \zeta^{n-2} + \cdots,$$

wo $f(z)$, $g(z)$, $h(z)$, ... Polynome in z mit konstanten Koeffizienten bedeuten. Indem wir voraussetzen, daß das erste dieser Polynome, $f(z)$, nicht identisch verschwindet, nennen wir die vermöge dieser Gleichung von z abhängige Größe ζ eine *algebraische Funktion n-ten Grades* oder n-ter Ordnung.
Nach dem Fundamentalsatz der Algebra gehören zu jedem Argumentwert z n im allgemeinen verschiedene, ausnahmsweise auch teilweise gleiche Funktionswerte ζ. Wenn sich das Argument ändert, ändern sich auf Grund der Relation $F(z, \zeta) = 0$ auch diese Funktionswerte. Die Größe ζ *ist also eine n-deutige oder n-wertige Funktion von z.*
Wenn man sich für jeden Argumentwert z die n zugehörigen Funktionswerte ζ_1, $\zeta_2, \ldots, \zeta_n$ ermittelt denkt, kommt es darauf an, diese Funktionswerte in geeigneter Weise *anzuordnen*. Diese Anordnung wird nach dem *Prinzip der Stetigkeit* vollzogen. Das soll heißen: Variiert das Argument z in einem Gebiet $\mathfrak{G}$ der z-Ebene, und bestimmt man zu jedem Punkt z des Gebiets die n zugehörigen Funktionswerte $\zeta_1, \zeta_2, \ldots, \zeta_n$, so wird man — wenn irgend möglich —

diese Numerierung jeweils so vornehmen, daß jeder der n Werte, z. B. der Wert ζ_1, eine *stetige* Funktion von z in $\mathfrak{G}$ darstellt. Die so durch das Stetigkeitsprinzip erhaltenen n Funktionen $\zeta_1, \zeta_2, \ldots, \zeta_n$ des Gebiets $\mathfrak{G}$ nennt man die *n Zweige der algebraischen Funktion ζ.*

Im folgenden wird es sich darum handeln, diese Funktionszweige genau festzulegen sowie nachzuweisen, daß sie Regulärfunktionen des Arguments z darstellen.

Wir benötigen dazu zunächst den sog. zweiten Fundamentalsatz der Algebra, den

Kontinuitätssatz,
Satz von der Stetigkeit der Wurzeln:

Hat die Gleichung $F(z, \zeta) = 0$ an der Stelle $z = c$ genau ν gleiche Wurzeln $\zeta = \gamma$, so besitzt sie an jeder hinreichend nahe neben $z = c$ liegenden Stelle genau ν in der Nähe von $\zeta = \gamma$ liegende Wurzeln.

In kürzerer Ausdrucksweise:

Die Wurzeln ζ der algebraischen Gleichung $F(z, \zeta) = 0$ sind stetige Funktionen von z.

Beweis. Wir setzen abkürzungsweise

$$z - c = t, \qquad \zeta - \gamma = \tau \qquad \text{oder} \qquad z = c + t, \qquad \zeta = \gamma + \tau$$

und bekommen durch Anwendung des binomischen Satzes

$$F(z, \zeta) = F = \mathfrak{T}_0 + \mathfrak{T}_1 \tau + \mathfrak{T}_2 \tau^2 + \cdots,$$

wo die Koeffizienten $\mathfrak{T}_0, \mathfrak{T}_1, \mathfrak{T}_2, \ldots$ Polynome von t sind [$\mathfrak{T}_0$ speziell $= F(c+t, \gamma)$], welche bis $\mathfrak{T}_\nu$ ausschließlich an der Stelle $t = 0$ verschwinden. Wir schreiben

$$F = \mathfrak{T}_\nu \tau^\nu (1 + u + v) \qquad \text{mit}$$

$$u = \frac{\mathfrak{T}_0 + \mathfrak{T}_1 \tau + \cdots + \mathfrak{T}_{\nu-1} \tau^{\nu-1}}{\mathfrak{T}_\nu \tau^\nu}, \qquad v = \frac{\mathfrak{T}_{\nu+1} \tau + \mathfrak{T}_{\nu+2} \tau^2 + \cdots + \mathfrak{T}_n \tau^{n-\nu}}{\mathfrak{T}_\nu}$$

Wir wählen zunächst die Umgebung K von c so klein, daß in K überall erstens $|\mathfrak{T}_\nu|$ oberhalb einer endlichen nicht verschwindenden festen Größe e, zweitens $|\mathfrak{T}_{\nu+1}|, |\mathfrak{T}_{\nu+2}|, \ldots, |\mathfrak{T}_n|$ unterhalb einer endlichen festen Größe E liegen. Darauf wählen wir einen echtgebrochenen Radius ϱ so klein, daß für jedes z aus K und jedes ϱ betraglich nicht überschreitende τ

$$|v| < \frac{1}{2}$$

ausfällt. Das ist möglich, da die linke Seite dieser Ungleichung kleiner als

$$\frac{E}{e} (\varrho + \varrho^2 + \cdots) = \frac{E}{e} \varrho \frac{1}{1-\varrho}$$

ist, man also nur

$$\varrho < \frac{e}{2E + e}$$

anzunehmen braucht. Wir denken uns den Radius ϱ dieser Ungleichung gemäß, sonst aber beliebig gewählt.

Nunmehr verkleinern wir die Umgebung K von c auf eine Umgebung k von so kleinem Halbmesser r, daß in jedem Punkte z des Kreises k

$$|u| < \frac{1}{2}$$

ausfällt. Auch das ist zu machen, da die ν Funktionen $\mathfrak{T}_0, \mathfrak{T}_1, \ldots, \mathfrak{T}_{\nu-1}$ von t an der Stelle $t = 0$ $[z = c]$ verschwinden, in hinreichender Nähe dieser Stelle also betraglich beliebig herabgedrückt werden können, so tief jedenfalls, daß unser Wunsch $|u| < 1/_2$ in Erfüllung geht.

Nach diesen Abmachungen nehmen wir in k einen beliebigen Punkt $z = c + t$ fest an, betrachten das Polynom n-ten Grades von ζ bzw. τ

$$F(z, \zeta) = F = \mathfrak{T}_\nu \quad \tau^\nu \cdot (1 + u + v) \qquad \text{mit} \quad \tau = \zeta - \gamma$$

und fragen nach der Anzahl $\mathfrak{N}$ seiner Nullstellen im Kreise $\varkappa$ mit dem Zentrum γ und Radius ϱ.

Auf dem Kreise selbst liegt keine Nullstelle von F, da hier auf Grund der beiden Ungleichungen $|u| < 1/_2$, $|v| < 1/_2$ der Faktor $1 + u + v$ nicht verschwinden kann. Nach Cauchys Nullstellensatze ist die gesuchte Anzahl $\mathfrak{N}$ daher gleich dem durch 2π geteilten Winkelzuwachs, den F erfährt, wenn ζ den Kreis $\varkappa$ durcheilt. Nun: bei dieser Bewegung ändert der erste Faktor ($\mathfrak{T}_\nu$) von F seinen Winkel überhaupt nicht, der zweite Faktor, $\tau^\nu = (\zeta - \gamma)^\nu$, erfährt den Winkelzuwachs $\nu \cdot 2\pi$, und der dritte Faktor, $1 + u + v$, welcher in der ζ-Ebene eine geschlossene Kurve beschreibt, die ganz innerhalb eines Kreises mit dem Zentrum $\zeta = 1$ und echtgebrochenem Halbmesser [es ist $|u + v| < 1$] verläuft, erfährt keinen Winkelzuwachs. Folglich wird

$$\mathfrak{N} = \nu,$$

und unser Satz ist bewiesen.

Korollar:

Hat die Gleichung $F(z, \zeta) = 0$ an der Stelle $z = c$ eine einfache Wurzel $\zeta = \gamma$, so besitzt sie auch an jeder dem Punkte c benachbarten Stelle z eine einfache, dem Wert γ benachbarte Wurzel ζ.

M. a. W.: *Ist $\zeta = \gamma$ eine einfache Wurzel der Gleichung $F(c, \zeta) = 0$, so lassen sich zwei Kreise k und $\varkappa$ mit den Zentren c und γ, den Radien r und ϱ angeben derart, daß jedem innerhalb k liegenden Argumentwert z genau* **ein** *innerhalb $\varkappa$ liegender Funktionswert ζ entspricht.*

Dieses ζ ist sonach eine *eindeutige* und *stetige* Funktion von z im Kreisgebiet k.

Es gilt sogar folgender fundamentaler

Satz:

Die der Gleichung $F(z, \zeta) = 0$ entspringende algebraische Funktion $\zeta = \varphi(z)$, welche in der Umgebung der Stelle $z = c$ dadurch eindeutig definiert ist, daß ihr Wert $\gamma = \varphi(c)$ an der Stelle c eine einfache Wurzel der Gleichung $F(c, \zeta) = 0$ darstellt, verhält sich in der Umgebung der Stelle $z = c$ regulär.

Beweis. Ist z ein fester, Z ein beweglicher Punkt in der oben bestimmten Umgebung k des Punktes c, so gehört zu z bzw. Z genau ein im Innern des Kreises $\varkappa$ liegender Funktionswert ζ bzw. $\mathbf{Z}$.

Da $F(z, \zeta)$ eine Summe von Ausdrücken von der Form $C_{s\sigma} z^s \zeta^\sigma$ ist, schreiben wir

$$F(z, \zeta) = \sum C_{s\sigma} z^s \zeta^\sigma, \qquad F(Z, \mathbf{Z}) = \sum C_{s\sigma} Z^s \mathbf{Z}^\sigma$$

und haben

$$F(Z, \mathbf{Z}) - F(z, \zeta) = \sum C_{s\sigma} [Z^s \mathbf{Z}^\sigma - z^s \zeta^\sigma].$$

Ein Ausdruck von der Form

$$A^m B^n - a^m b^n$$

läßt sich aber, wie man ohne weiteres übersieht,

$$(A - a) \overset{m}{\overline{A, a}}\, B^n + (B - b) \overset{n}{\overline{B, b}}\, a^m$$

schreiben, wobei das Symbol $\overset{n}{\overline{x, y}}$ das oft vorkommende Polynom

$$x^{n-1} + x^{n-2} y + x^{n-3} y^2 + \cdots + y^{n-1}$$

bedeutet, welches für $x = y$ in $nx^{n-1} = ny^{n-1}$ übergeht.

Demnach wird

$$F(Z, \mathbf{Z}) - F(z, \zeta) = (Z - z) \sum C_{s\sigma} \overset{s}{\overline{Z, z}}\, \mathbf{Z}^\sigma + (\mathbf{Z} - \zeta) \sum C_{s\sigma} \overset{\sigma}{\overline{\mathbf{Z}, \zeta}}\, z^s.$$

Da die linke Seite dieser Gleichung als Differenz zweier Nullen verschwindet, bleibt

$$\frac{\mathbf{Z} - \zeta}{Z - z} = -\frac{F_1}{F_2}$$

mit

$$F_1 = \sum C_{s\sigma} \overset{s}{\overline{Z, z}}\, \mathbf{Z}^\sigma, \qquad F_2 = \sum C_{s\sigma} \overset{\sigma}{\overline{\mathbf{Z}, \zeta}}\, z^s.$$

Nähert sich nun der bewegliche Punkt Z dem festen Punkte z, so nähert sich auch der bewegliche Punkt $\mathbf{Z}$ dem festen Punkte ζ, und die beiden Werte F_1 und F_2 streben, wie man sofort übersieht, gegen die Partialableitungen F_z und F_ζ der Funktion $F(z, \zeta)$ an der Stelle (z, ζ).

Daher wird

$$\lim_{Z \to z} \frac{\mathbf{Z} - \zeta}{Z - z} = -\frac{\partial F}{\partial z} : \frac{\partial F}{\partial \zeta}.$$

Daß der rechts auftretende Nenner $\frac{\partial F}{\partial \zeta}$ an der Stelle (z, ζ) nicht verschwindet, folgt unmittelbar daraus, daß die Wurzel ζ der Gleichung $F(z, \zeta) = 0$ eine *einfache* Wurzel ist.

Die gefundene Formel lehrt:

Die algebraische eindeutige Funktion $\zeta = \varphi(z)$ hat an jeder Stelle z der Kreisfläche k eine endliche Ableitung; sie ist mithin eine Regulärfunktion des Gebiets k, w. z. b. w.

Die Ableitung berechnet sich — wie in der Differentialrechnung die Ableitung einer impliziten Funktion ζ von z — durch die wichtige Formel

$$\boxed{\frac{d\zeta}{dz} = -\frac{\partial F}{\partial z} : \frac{\partial F}{\partial \zeta}}.$$

Singuläre Stellen

Man unterscheidet zwei Arten singulärer Punkte der durch die Gleichung $F(z, \zeta) = 0$ definierten algebraischen Funktion $\zeta = \varphi(z)$:

1° außerwesentlich singuläre Stellen,

das sind diejenigen Punkte z, in denen der Koeffizient $f(z)$ der höchsten Potenz (ζ^n) von ζ in der Gleichung $F(z, \zeta) = 0$ verschwindet, in denen also mindestens eine Wurzel ζ der Gleichung $F = 0$ unendlich wird. wobei jedoch, der Relation

$$f(z) \cdot \zeta = -g(z) - h(z) : \zeta - k(z) : \zeta^2 - \cdots$$

entsprechend, das Produkt $f(z) \cdot \zeta$ endlich bleibt;

2° wesentlich singuläre Stellen, auch kritische Punkte genannt, das sind diejenigen Punkte z, in denen mindestens zwei Wurzeln ζ der Gleichung $F(z, \zeta) = 0$ einander gleich werden, in denen die algebraische Gleichung also Doppelwurzeln oder mehrfache Wurzeln besitzt, und die bekanntlich durch die Bedingung

$$\frac{\partial F}{\partial \zeta} = 0$$ gekennzeichnet sind.

Wir verfolgen nun die algebraische Funktion $\zeta = \varphi(z)$ auf einem vom Anfangspunkte $z = a$ zum Endpunkte $z = e$ führenden Wege $\mathfrak{w}$ der z-Ebene, welcher keinen singulären Punkt der Funktion aufweist. Wir greifen in a einen der n Werte der Funktion beliebig heraus, er heiße ζ_1, und ordnen dann jedem Punkte Z des Weges $\mathfrak{w}$ denjenigen Funktionswert zu, welcher aus ζ_1 nach dem Stetigkeitsprinzip entsteht, wenn z auf $\mathfrak{w}$ von a nach Z eilt; wir *belegen* so *den Weg* $\mathfrak{w}$ *mit Funktionswerten*, genauer gesagt, mit den Werten eines Zweiges der algebraischen Funktion $\zeta = \varphi(z)$.
Hier gilt nun folgender

Fundamentalsatz:

Enthält ein einfach zusammenhängender Bereich der z-Ebene keine Singularität der algebraischen Funktion und belegt man einen beliebigen im Bereich liegenden Umlauf nach dem Stetigkeitsprinzip mit Funktionswerten, so stimmt der nach Durcheilung des Umlaufs sich ergebende letzte Funktionswert stets mit dem Ausgangswert überein.

Wir führen den Beweis indirekt; wir nehmen an, der Satz wäre falsch, und zeigen, daß diese Annahme auf einen Widerspruch führt.
Angenommen also, wir kommen nach Durcheilung des Umlaufs $\mathfrak{u}$ im Ausgangspunkte a nicht mit dem Ausgangswerte ζ_0, sondern mit einem andern

Funktionswerte ζ^0 an. Wir zerlegen den Umlaufsbereich in zwei flächengleiche durch die Umläufe *ahka* und *hekh* berandete Teilbereiche und nennen die den Punkten h und k zugeordneten Funktionswerte ζ_1 und ζ_2.

Wir behaupten: unser Satz ist auch für wenigstens einen der beiden Teilumläufe falsch.

Zwei Fälle sind nämlich möglich: Entweder kommt man beim Durcheilen des Umlaufs *ahka* in k mit dem Funktionswerte ζ_2 oder aber mit dem von ζ_2 abweichenden Funktionswerte ζ_3 an. Im *ersten* Falle kommt man beim Durcheilen des Umlaufs *ahka* in a mit ζ^0 an, und unser Satz ist für den Umlauf *ahka* falsch. Im *zweiten* Falle kommt man beim Durcheilen des Umlaufs *khek* — in k mit dem Funktionswert ζ_3 beginnend — in k mit ζ_2 ($\neq \zeta_3$) an, und unser Satz ist für den Umlauf *khek* falsch.

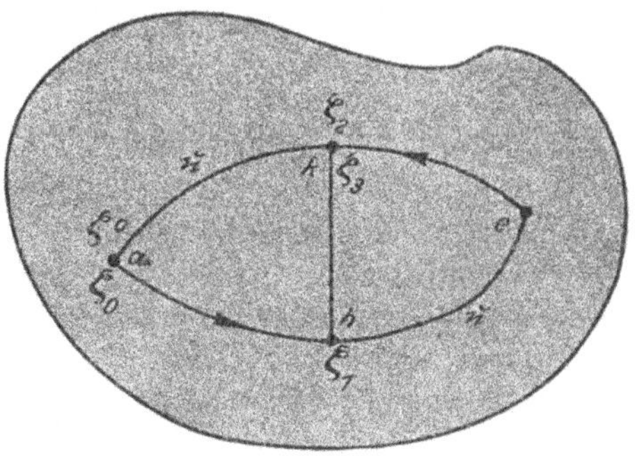

Abb. 33

Wir haben also sicher einen halb so großen Umlaufsbereich, für den der Satz falsch ist.

Aus diesem können wir abermals einen kleineren Umlaufsbereich ermitteln, für den der Satz falsch ist, aus diesem wieder einen, noch kleineren Bereich usf. Schließlich kommen wir so zu einem beliebig kleinen Umlaufsbereich, für dessen Rand der Satz falsch sein müßte. Das geht aber nicht an, da man bei Durcheilung des Randes eines hinreichend kleinen singularitätenfreien Bereiches (nach dem Kontinuitätssatze) zum Ausgangswert der Funktion zurückkommt.

Wir können dem Fundamentalsatze auch folgende Fassung geben:

Enthält ein Umlaufsbereich der z-Ebene keine Singularität der algebraischen Funktion, und belegt man zwei beliebige im Bereich von einem festen Anfangspunkt zu einem beliebigen Endpunkt führende Wege nach dem Stetigkeitsprinzip mit Funktionswerten, auf beiden Wegen mit demselben Anfangswerte beginnend, so gelangt man auf beiden Wegen zu demselben Endwert der Funktion.

Auf Grund des Fundamentalsatzes ist jeder Zweig der durch die Gleichung $F(z, \zeta) = 0$ definierten algebraischen Funktion ζ in jedem singularitätenfreien Umlaufsbereich als *eindeutige* und *stetige* Funktion der Bereichpunkte z bestimmt.

Aus dieser Eindeutigkeit und Stetigkeit und aus der schon oben benutzten Form

$$F(z, \zeta) = \Sigma\, C_{s\sigma}\, z^s\, \zeta^\sigma$$

des Polynoms F folgt genau wie oben auch noch die *Regularität* des Zweiges im Bereich.

Folglich: *Enthält ein Umlaufsbereich der z-Ebene keine Singularität der durch die Gleichung*

$$F(z, \zeta) = 0$$

definierten algebraischen Funktion, so verhält sich jeder Zweig ζ der Funktion im Bereich regulär, und seine Ableitung hat an der Stelle z den Wert

$$\zeta' = \frac{d\zeta}{dz} = -\frac{\partial F}{\partial z} : \frac{\partial F}{\partial \zeta}.$$

§ 51. ZYKELN

Es erübrigt noch, das Verhalten einer algebraischen Funktion in der Umgebung eines singulären Punktes zu betrachten.

$z = c$ sei eine Stelle, an welcher die Gleichung $F(z, \zeta) = 0$ die μ-fache Wurzel $\zeta = \gamma$ hat. Nach dem Kontinuitätssatze hat die Gleichung in einem der Stelle c benachbarten Punkte z_0 μ dem Werte γ benachbarte Wurzeln $\zeta_1, \zeta_2, \ldots, \zeta_\mu$. Wir beschreiben den durch z_0 laufenden kleinen Kreis $\mathfrak{k}$ mit dem Mittelpunkte c, lassen z diesen Kreis vom Anfangspunkte z_0 aus im positiven Sinne durcheilen und belegen den Kreis, im Ausgangspunkte z_0 mit dem Funktionswerte ζ_1 beginnend, nach dem Stetigkeitsprinzip mit Funktionswerten. Wenn z nach seiner Wanderung wieder im Ausgangspunkte z_0 ankommt, muß ζ einen der Werte $\zeta_1, \zeta_2, \ldots, \zeta_\mu$ annehmen, sagen wir den Wert ζ_2. Lassen wir jetzt z den Kreis $\mathfrak{k}$ zum zweiten Male durchlaufen, wobei mit dem Anfangswerte ζ_2 begonnen wird, so gelangen wir bei der Rückkunft an die Stelle z_0 etwa zum Funktionswerte ζ_3, bei der anschließenden dritten Durcheilung des Kreises $\mathfrak{k}$ etwa zum Endwert ζ_4, bei der folgenden vierten Tour zum Endwert ζ_5, und bei der fünften Tour möge es sich fügen, daß ζ am Abschluß der Wanderung zum ursprünglichen Ausgangswerte ζ_1 zurückkehrt. Wir sagen dann: die 5 Wurzeln $\zeta_1, \zeta_2, \zeta_3, \zeta_4, \zeta_5$ bilden ein fünfgliedriges *Zykel.*

Ein zur singulären Stelle c gehöriges p-gliedriges Zykel besteht also aus p Wurzeln ζ, etwa den Wurzeln $\zeta_1, \zeta_2, \ldots, \zeta_p$ derart, daß bei der durch das Mobil z ausgeführten p-maligen Durcheilung eines kleinen Kreises mit dem Zentrum c (und gleichzeitiger Belegung des Kreises mit Funktionswerten ζ) die p Wurzeln $\zeta_1, \zeta_2, \ldots, \zeta_{p-1}, \zeta_p$ sich zyklisch vertauschen, d. h. in bzw. $\zeta_2, \zeta_3, \ldots, \zeta_p, \zeta_1$ übergehen.

Bei der Bildung eines solchen Zykels kann es nicht vorkommen, daß man nach der p-ten Tour zu ζ_2 oder ζ_3 oder $\zeta_4 \ldots$ oder ζ_{p-1} oder ζ_p zurückkommt; man kommt nur entweder zu einer noch nicht notierten Wurzel ζ_{p+1} oder aber — und dann liegt eben ein p-gliedriges Zykel vor — zu ζ_1 zurück. Würde beispielsweise die p-te Tour mit ζ_3 endigen, so müßte die rückwärtige Tour, die doch ihres Ablaufs gemäß nach ζ_p zurückführt, im Widerspruch hierzu, mit Rücksicht auf den Anfangswert ζ_3 und den Verlauf der zweiten Tour, nach ζ_2 zurückführen.

Das Ergebnis unserer Betrachtung lautet:

Zykelsatz:

Hat die Gleichung $F(z, \zeta) = 0$ im singulären Punkte $z = c$ eine μ-fache Wurzel $\zeta = \gamma$, so bilden die zu einer Nachbarstelle des Punktes c gehörigen, dem Werte γ benachbarten μ Wurzeln ein oder mehrere Zykeln.

Dabei kann es vorkommen, daß ein Zykel nur ein einziges Glied, etwa ζ_ν, enthält. In diesem Falle ist ζ_ν in der Umgebung der Stelle c eine eindeutige Funktion von z.
Es kann sich aber auch ereignen, daß die μ Wurzeln $\zeta_1, \zeta_2, \ldots, \zeta_\mu$ ein einziges Zykel bilden.

Taylorentwicklung für die Funktionen eines Zykels

$\zeta_1, \zeta_2, \ldots, \zeta_p$ sei ein p-gliedriges zur singulären Stelle c der algebraischen Funktion ζ gehöriges Zykel. Wir führen an Stelle von z das mit z durch die Relation

$$z = c + t^p$$

verknüpfte neue Argument t ein. Dadurch wird unsere algebraische Funktion ζ eine Funktion von t, werden speziell die in der Umgebung von c bestimmten p Funktionen unseres Zykels Funktionen von t.
Wir behaupten:
In einer hinreichend kleinen Umgebung des Punktes $t = 0$ sind die p Funktionen $\zeta_1, \zeta_2, \ldots, \zeta_p$ des Zykels *eindeutige* Funktionen von t.
Beweis. Beschreibt t in einer hinreichend kleinen Umgebung $\mathfrak{U}$ des Punktes $t = 0$ einen kleinen diesen Punkt nicht umschlingenden Umlauf, so beschreibt auch z in der Umgebung des Punktes $z = c$ eine geschlossene den Punkt c nicht umschlingende Kurve, und jede der p Funktionen $\zeta_1, \zeta_2, \ldots, \zeta_p$ kehrt (nach dem obigen Fundamentalsatze) zu ihrem Ausgangswerte zurück.
Beschreibt t in $\mathfrak{U}$ einen kleinen den Punkt $t = 0$ umschlingenden Umlauf, so beschreibt z in der Umgebung des Punktes $z = c$ eine diesen Punkt p mal umschlingende Kurve, und jede der p Funktionen $\zeta_1, \zeta_2, \ldots, \zeta_p$ kehrt nach dem Zykelsatze zu ihrem Ausgangswerte zurück.
Wie also auch t in der Umgebung $\mathfrak{U}$ des Punktes $t = 0$ variieren mag, jede der p Zykelfunktionen, z. B. ζ_1, ist eine *eindeutige* und stetige Funktion von t. Da sie außerdem, der Gleichung $F(c + t^p, \zeta) = 0$ zufolge, an jeder Stelle von $\mathfrak{U}$ eine endliche Ableitung besitzt, so verhält sie sich in $\mathfrak{U}$ regulär, und es gilt für alle betraglich unterhalb einer gewissen Schranke h liegenden t die Taylorenentwicklung

$$\zeta_1 = \gamma + \gamma_1 t + \gamma_2 t^2 + \cdots.$$

Schreiben wir hier statt t $\sqrt[p]{z-c}$, so erhalten wir die im Kreise mit dem Zentrum c und Radius $r = h^p$ konvergente Entwicklung

$$\zeta_1 = \gamma + \gamma_1 \sqrt[p]{z-c} + \gamma_2 \sqrt[p]{z-c}^{\,2} + \gamma_3 \sqrt[p]{z-c}^{\,3} + \cdots$$

oder

$$\zeta_1 = \gamma + \gamma_1 (z-c)^{\frac{1}{p}} + \gamma_2 (z-c)^{\frac{2}{p}} + \gamma_3 (z-c)^{\frac{3}{p}} + \cdots.$$

Für die andern $(p-1)$ Funktionen des Zykels gelten ähnliche Entwicklungen.
Lassen wir z den kleinen Kreis $\mathfrak{k}$ mit dem Zentrum c durchlaufen, so geht

$$\sqrt[p]{z-c} \qquad \text{in} \qquad \varepsilon \sqrt[p]{z-c} \qquad \left[\text{mit } \varepsilon = \cos\frac{2\pi}{p} + i \sin\frac{2\pi}{p}\right]$$

und ζ_1 in ζ_2 über, so daß

$$\zeta_2 = \gamma + \gamma_1 \varepsilon \sqrt[p]{z-c} + \gamma_2 \varepsilon^2 \sqrt[p]{z-c}^{\,2} + \gamma_3 \varepsilon^3 \sqrt[p]{z-c}^{\,3} + \cdots \qquad \text{wird.}$$

Ebenso wird

$$\zeta_3 = \gamma + \gamma_1 \varepsilon^2 \sqrt[p]{z-c} + \gamma_2 \varepsilon^4 \sqrt[p]{z-c}^{\,2} + \gamma_3 \varepsilon^6 \sqrt[p]{z-c}^{\,3} + \cdots \qquad \text{usw.}$$

Nun sind aber $t, t\varepsilon, t\varepsilon^2, \ldots, t\varepsilon^{p-1}$ die p möglichen Werte der p-ten Wurzel aus $z-c$. Folglich:

Die p-Funktionen $\zeta_1, \zeta_2, \ldots, \zeta_p$ eines zur singulären Stelle c der algebraischen Funktion ζ gehörigen Zykels lassen sich durch die in einer gewissen Umgebung r der Stelle konvergente Taylorentwicklung

$$\zeta = \gamma + \gamma_1 \sqrt[p]{z-c} + \gamma_2 \sqrt[p]{z-c}^{\,2} + \gamma_3 \sqrt[p]{z-c}^{\,3} + \cdots \qquad [|z-c| < r$$

darstellen, wenn man in dieser $\sqrt[p]{z-c}$ sukzessiv durch seine p möglichen Werte ersetzt.

Außer den hier untersuchten Singulärpunkten, in denen die Gleichung $F(c, \zeta) = 0$ eine vielfache Wurzel besitzt, sind noch die singulären Stellen zu betrachten, in denen die Gleichung eine unendlich große Wurzel hat. $z = c$ sei eine solche Stelle, so daß in dem Polynom

$$F \equiv f(z)\,\zeta^n + g(z)\,\zeta^{n-1} + h(z)\,\zeta^{n-2} + \cdots + l(z)$$

der Koeffizient $f(z)$, möglicherweise auch noch einige unmittelbar folgende weitere Koeffizienten, $g(z)$, $h(z)$, ... an der Stelle $z = c$ verschwinden.
Wir ersetzen ζ durch $1 : Z$ und achten auf die transformierte Gleichung

$$\Phi(z, Z) \equiv l(z)\,Z^n + k(z)\,Z^{n-1} + \cdots + g(z) Z + f(z) = 0,$$

welche an der Stelle $z = c$ eine einfache oder vielfache Wurzel $Z = 0$ besitzt.
Wie wir aus der obigen Untersuchung wissen, zerfallen die Wurzeln Z der Gleichung $\Phi(z, Z) = 0$ in der Umgebung der Stelle $z = c$ in Zykeln, so zwar, daß die Wurzeln eines p-gliedrigen Zykels eine Taylorentwicklung von der Form

$$Z = \Gamma_0 + \Gamma_1 t + \Gamma_2 t^2 + \cdots \qquad \text{mit} \quad t = \sqrt[p]{z-c}$$

gestatten, wo jeder der p möglichen Werte der p-ten Wurzel aus $z-c$ eine Funktion des Zykels liefert.
Da hier Z für $t = 0$ verschwindet, mithin Γ_0, möglicherweise auch noch Γ_1, $\Gamma_2, \ldots,$ bis $\Gamma_{\mu-1}$ inkl. verschwindet, so lautet die Entwicklung genauer

$$Z = \Gamma_\mu t^\mu + \Gamma_{\mu+1} t^{\mu+1} + \Gamma_{\mu+2} t^{\mu+2} + \cdots \qquad \text{mit} \ \Gamma_\mu \neq 0.$$

Damit wird in der Umgebung der Stelle $z = c$

$$\zeta = \frac{1}{Z} = \frac{1}{t^\mu} \cdot \frac{1}{\Gamma_\mu + \Gamma_{\mu+1} t + \Gamma_{\mu+2} t^2 + \cdots}.$$

Nun läßt sich nach dem Kehrwertsatze von § 23 der zweite Faktor der rechten Seite dieser Gleichung in einer gewissen Umgebung von $t = 0$ in eine konvergente Potenzreihe

$$\gamma_0 + \gamma_1 t + \gamma_2 t^2 + \cdots$$

entwickeln. Demnach erhalten wir für die p Funktionen ζ unseres Zykels die Entwicklung

$$\zeta = \gamma_0 t^{-\mu} + \gamma_1 t^{-\mu+1} + \gamma_2 t^{-\mu+2} + \cdots \qquad \text{mit } t = \sqrt[p]{z-c}$$

oder

$$\zeta = \frac{\gamma_0}{\sqrt[p]{z-c}^{\,\mu}} + \frac{\gamma_1}{\sqrt[p]{z-c}^{\,\mu-1}} + \cdots + \frac{\gamma_{\mu-1}}{\sqrt[p]{z-c}} + \gamma_\mu + \gamma_{\mu+1}\sqrt[p]{z-c} + \cdots,$$

wobei jeder der p möglichen Werte von $\sqrt[p]{z-c}$ eine der p Funktionen des Zykels liefert.

Wir sehen, daß die Wurzeln ζ der Gleichung $F(z, \zeta) = 0$, welche für $z = c$ unendlich werden, eine nach steigenden Potenzen von $\sqrt[p]{z-c}$ fortschreitende Reihenentwicklung in der Umgebung von $z = c$ gestatten, daß aber in dieser Entwicklung einige Potenzen von $\sqrt[p]{z-c}$ mit negativen Exponenten vorkommen. Die algebraischen Funktionen ζ unseres Zykels haben an der Stelle $z = c$ einen Pol von der Ordnung $\mu : p$, welcher unter Umständen, z. B. bei $p = 1$, ein gewöhnlicher Pol sein kann. In einem Pol c einer algebraischen Funktion wird die Funktion unendlich, jedoch so, daß ihr Reziprok in der Umgebung des Pols eine nach positiven Potenzen von $\sqrt[p]{z-c}$ fortschreitende konvergente Reihe bildet.

Um schließlich auch noch die Wurzeln der Gleichung $F(z, \zeta) = 0$ für $z = \infty$ zu betrachten, setzen wir

$$z = 1 : Z,$$

erhalten eine Gleichung von der Form

$$\mathfrak{F}(Z, \zeta) = 0$$

vom n-ten Grade in ζ und achten auf die Wurzeln ζ dieser Gleichung an der Stelle $Z = 0$.

Für jede solche Wurzel gilt eine Entwicklung von der Form

$$\zeta = \sum \gamma_s T^s \qquad \text{mit } T = \sqrt[p]{Z},$$

wobei nach obigem auch einige Potenzen von T mit negativen Exponenten s auftreten können.

Ersetzen wir Z wieder durch $1 : z$, so ergibt sich

$$\zeta - \sum \gamma_s \sqrt[p]{\frac{1}{z}}^{\,s},$$

wobei der Summationszeiger s etwa von $-\mu$ bis $+\infty$ läuft.

Durch Zusammenfassung aller im vorstehenden behandelten Fälle entsteht der

Satz:

Jede Wurzel ζ der algebraischen Gleichung $F(z, \zeta) = 0$ läßt sich in einer gewissen Umgebung einer beliebigen Stelle $z = c$ durch eine konvergente Reihe von der Form

$$\zeta = \sum_s \gamma_s (z-c)^{\frac{s}{p}}$$

darstellen, wobei der Zeiger s im allgemeinen von 0 *bis* $+\infty$, *im Falle einer Polstelle* $z = c$ *der Ordnung* $\mu : p$ *von* $-\mu$ *bis* $+\infty$ *läuft, und wo für* $c = \infty$ *nicht* $z - \infty$, *sondern* $1 : z$ *zu schreiben ist.*

§ 52. DIE RIEMANNSCHE FLÄCHE DER IMPLIZITEN ALGEBRAISCHEN FUNKTION

Wie wir im vorigen Paragraphen gesehen haben, gestattet Riemanns Verfahren, eine mehrdeutige explizite algebraische Funktion als eindeutige Funktion des Orts darzustellen. Diese Darstellung als eindeutige Ortsfunktion mittels einer Riemannschen Fläche läßt sich auch bei der impliziten durch die Gleichung $F(z, \zeta) = 0$ definierten algebraischen Funktion ζ n-ten Grades bewirken, dadurch, daß n Blätter der z-Ebene längs geeignet geführter Verzweigungsschnitte miteinander zur Riemannschen Fläche der Funktion verbunden werden.

Wir setzen voraus, daß der Punkt $z = 0$ keine singuläre Stelle der algebraischen Funktion ζ ist, so daß die Gleichung $F(0, \zeta) = 0$ n endliche einfache Wurzeln $\alpha_1, \alpha_2, \ldots, \alpha_n$ besitzt.

Wir legen n Blätter $E_1, E_2, \ldots, E_n$ der z-Ebene so aufeinander, und zwar das erste zuoberst, das n-te zuunterst, daß ihre Nullpunkte und gleichnamigen Koordinatenachsen koinzidieren und belegen das Blatt E_ν im Nullpunkte mit dem Funktionswerte α_ν.

Darauf markieren wir in jedem Blatte die singulären Stellen $\varkappa_1, \varkappa_2, \ldots, \varkappa_m$ der Funktion ζ, so daß jeweils n Punkte namens $\varkappa_\mu$ übereinander liegen.

Von jedem Punkte $\varkappa_\mu$ führen wir nun in jedem Blatte E_ν einen gradlinigen oder auch, falls besondere Gründe vorliegen, krummlinigen Schnitt $\mathfrak{s}_\mu^\nu$ bis ins Unendliche, wobei die Schnitte $\mathfrak{s}_\mu^1, \mathfrak{s}_\mu^2, \ldots, \mathfrak{s}_\mu^n$ übereinander liegen, und zwar so, daß keine dieser Schnittkurven sich selbst oder eine andere Schnittkurve schneidet. Jeder dieser Schnitte hat ein linkes und ein rechtes Ufer. Nach dieser Vorbereitung verbinden wir einen beliebigen Punkt z des Blattes E_ν mit dem Nullpunkte durch einen Weg, welcher keinen Schnitt trifft, und belegen, im Nullpunkte mit α_ν beginnend, jeden Punkt des Weges mit dem Funktionswerte, welcher nach dem Stetigkeitsprinzip aus dem Anfangswerte α_ν hervorgeht. Dadurch ordnen wir (auf Grund des Fundamentalsatzes) jedem Punkte z der Ebene E_ν einen bestimmten Funktionswert ζ_ν zu, und der so für das Blatt E_ν hergestellte Zweig ζ_ν der algebraischen Funktion ζ stellt in E_ν eine eindeutige Funktion von z dar, welche in E_ν mit eventueller Ausnahme von Schnittuferpunkten auch überall stetig ist.

Durch Ausführung dieses Verfahrens für jedes der n Blätter entstehen die n Zweige $\zeta_1, \zeta_2, \ldots, \zeta_n$ der algebraischen Funktion ζ.

Nunmehr handelt es sich darum, festzustellen, ob der im Blatte E_ν vom singulären Punkte $\varkappa_\mu$ ausgeführte Schnitt $\mathfrak{s}_\mu^\nu$ als Verzweigungsschnitt fungiert oder ob ζ_ν auch beim Übergange von einem Ufer dieses Schnittes auf das andere stetig bleibt, der Schnitt damit also illusorisch wird und zu beseitigen ist.

Zur Entscheidung dieser Frage umgibt man den Punkt $\varkappa_\mu$ im Blatt E_ν mit einem kleinen Kreise $\mathfrak{k}$ und läßt z diesen Kreis durchlaufen, indem man etwa im Punkte z_0 auf dem linken Ufer des Schnitts $\mathfrak{s}_\mu^\nu$ beginnt, um nach der Durcheilung im Punkte z_0 des rechten Ufers zu enden.

Wenn der Funktionswert ζ_ν bei dieser Tour zum Anfangswerte zurückkehrt, so ist die Funktion ζ_ν auch beim Überschreiten des Schnitts $\mathfrak{s}_\mu^\nu$ stetig, gleichgültig übrigens, an welcher Stelle der Schnitt überschritten wird; sie stellt dann auch in der Umgebung des Schnitts $\mathfrak{s}_\mu^\nu$ eine eindeutige *stetige* Funktion von z dar, und der Schnitt $\mathfrak{s}_\mu^\nu$, weil überflüssig, wird beseitigt. Wir sagen: der Schnitt $\mathfrak{s}_\mu^\nu$ führt aus dem Blatt E_ν in dieses Blatt zurück.

Wenn aber der Funktionswert ζ_ν nach Durcheilung des Kreises $\mathfrak{k}$ nicht zum Ausgangswerte ζ_ν zurückkehrt, sondern den dem Punkte z_0 des linken Ufers des Schnitts $\mathfrak{s}_\mu^\lambda$ des Blattes E_λ zugeordneten Funktionswert ζ_λ annimmt, ist der Schnitt $\mathfrak{s}_\mu^\nu = \mathfrak{s}_\mu^\lambda$ als *Verzweigungsschnitt für die beiden Blätter* E_ν und E_λ (s. u.) zu verwenden. Wir sagen: der Schnitt $\mathfrak{s}_\mu^\nu$ führt vom Blatte E_ν zum Blatt E_λ. Der Punkt $\varkappa_\mu$ heißt nunmehr ein *Verzweigungspunkt*.

Es ist nun schon klar, wie die Verbindung der einzelnen Blätter längs der gefundenen Verzweigungsschnitte hergestellt werden muß.

Wir beginnen etwa mit Blatt E_1. $\mathfrak{s}_\mu^1$ sei ein vom singulären Punkte $\varkappa_\mu$ (Verzweigungspunkte $\varkappa_\mu$) ausgehender Verzweigungsschnitt, der vom Blatte E_1 zum Blatte E_a führe. Wir heften dann das rechte Ufer des Schnitts $\mathfrak{s}_\mu^1$ an das linke von $\mathfrak{s}_\mu^a$, während das linke Ufer von $\mathfrak{s}_\mu^1$ einstweilen noch frei bleibt.

Der Schnitt $\mathfrak{s}_\mu^a$ führe weiter aus dem Blatte E_a in das von E_1 und E_a verschiedene Blatt E_b, der Schnitt $\mathfrak{s}_\mu^b$ aus dem Blatte E_b in das von E_1, E_a und E_b verschiedene Blatt E_c, der Schnitt $\mathfrak{s}_\mu^c$ aus E_c in das von E_1, E_a, E_b, E_c verschiedene Blatt E_d und der Schnitt $\mathfrak{s}_\mu^d$ endlich aus E_d in das Blatt E_1 zurück. Wir heften dann das rechte Ufer von $\mathfrak{s}_\mu^a$, $\mathfrak{s}_\mu^b$, $\mathfrak{s}_\mu^c$, $\mathfrak{s}_\mu^d$ an das linke von bzw. $\mathfrak{s}_\mu^b$, $\mathfrak{s}_\mu^c$, $\mathfrak{s}_\mu^d$, $\mathfrak{s}_\mu^1$ und haben dann um den Verzweigungspunkt $\varkappa_\mu$ eine aus den 5 Blättern E_1, E_a, E_b, E_c, E_d aufgebaute *Windungsfläche 5-ter Ordnung* konstruiert, welche dem Funktionenzykel ζ_1, ζ_a, ζ_b, ζ_c, ζ_d entspricht.

Umkreist man den Punkt $\varkappa_\mu$ im Blatte E_1, so gelangt man nach Vollendung dieser Tour in das Blatt E_a, bei nochmaliger Umkreisung, diesmal im Blatte E_a, aus E_a in das Blatt E_b usw. Nach 5 sukzessiven Umkreisungen gelangt man wieder in das Blatt E_1 zurück.

So gehören im allgemeinen zu jedem singulären Punkte — der dann Verzweigungspunkt heißt — gewisse Windungsflächen von höchstens n-ter Ordnung, deren Blätter längs der dem Verzweigungspunkte zugehörigen Verzweigungsschnitte zusammenhängen, und die den oben betrachteten Funktionenzykeln entsprechen.

In der Umgebung eines Verzweigungspunktes hängen die Blätter der Windungsfläche in der beschriebenen Weise zusammen, während sie von den andern Blättern (der Riemannschen Fläche) hier vollständig getrennt sind. Das System der so miteinander verschweißten Blätter E_1, E_2, $\ldots$, E_n bildet

die *n-blättrige Riemannsche Fläche* der durch die Gleichung $F(z, \zeta) = 0$ definierten *algebraischen Funktion* ζ.
Auf jedem in der Riemannschen Fläche verlaufenden Wege, ob der Weg einen Verzweigungsschnitt überschreitet oder nicht, ist die algebraische Funktion ζ eine eindeutige und — von den Polstellen natürlich abgesehen — stetige Funktion des Ortes, die sich in jedem singularitätenfreien Gebiet zudem regulär verhält.

Der Punkt $z = \infty$ als Verzweigungspunkt

Es muß noch festgestellt werden, wann der unendlich ferne Punkt als Verzweigungspunkt fungiert.
Das geschieht, indem man die Variation der algebraischen Funktion ζ für einen den unendlich fernen Punkt umschlingenden Kreis verfolgt.
Unter einem den Punkt $z = \infty$ umschlingenden Kreise versteht man einen Kreis mit dem Nullpunkt als Zentrum und sehr großem Radius, außerhalb dessen kein endlicher Verzweigungspunkt der Funktion mehr liegt, und welcher im Uhrzeigersinne zu durchlaufen ist.

Der unendlich ferne Punkt ist kein Verzweigungspunkt der algebraischen Funktion, wenn die Funktion bei seiner Umkreisung zu ihrem Ausgangswerte zurückkehrt.
Wenn dagegen die hinreichend oft, etwa p mal, vorgenommene Umkreisung zu einem p-gliedrigen Zykel, etwa dem Zykel $\zeta_1, \zeta_2, \ldots, \zeta_p$, führt mit $p > 1$, so ist der Unendlichkeitspunkt ein Verzweigungspunkt p-ter Ordnung oder ein Verzweigungspunkt für die p Blätter $E_1, E_2, \ldots, E_p$.
Als Beispiel diene die Riemannsche Fläche der durch die Gleichung

$$\zeta^3 + z^3 = z\zeta$$

definierten dreiwertigen Funktion ζ.
Wir beginnen mit der Singulärstelle $z = c = 0$, an welcher die Gleichung eine dreifache Wurzel $\zeta = \gamma = 0$ hat. Die der Stelle γ benachbarten Funktionswerte $\zeta_1, \zeta_2, \zeta_3$ für die Umgebung der Stelle c zerfallen in zwei Zykeln: ein nur *eine* Wurzel, ζ_1, enthaltendes eingliedriges Zykel und ein zweigliedriges Zykel mit den Wurzeln ζ_2 und ζ_3.
Um das eingliedrige Zykel zu bekommen, setzen wir versuchsweise an

$$\zeta = Az + Bz^2 + Cz^3 + \cdots.$$

Wir substituieren zunächst $\zeta = z^2 \mathsf{Z}$ und bekommen

$$z^3 \mathsf{Z}^3 + 1 = \mathsf{Z},$$

so daß Z als Funktion von $Z = z^3$ erscheint. Der Gleichung

$$\mathsf{Z}^3 = \frac{\mathsf{Z} - 1}{Z}$$

entsprechend, präzisieren wir unsern Versuch zu

$$\mathsf{Z} = 1 + \mathfrak{A} Z + \mathfrak{B} Z^2 + \mathfrak{C} Z^3 + \cdots$$

und erhalten nach der Methode der unbestimmten Koeffizienten

$$\mathfrak{A} = 1, \qquad \mathfrak{B} = 3, \qquad \mathfrak{C} = 12, \; \ldots .$$

Das gibt $\zeta_1 = z^2 + z^5 + 3\,z^8 + 12\,z^{11} + \cdots .$

Um das zweigliedrige Zykel zu bekommen, haben wir (s. o.)

$$z = t^2$$

zu setzen, wodurch sich die Ausgangsgleichung in

$$\zeta^3 + t^6 = t^2\,\zeta$$

verwandelt. Hier substituieren wir zunächst $\zeta = t\boldsymbol{Z}$ und bekommen

$$\boldsymbol{Z}^3 + t^3 = \boldsymbol{Z}.$$

Damit erscheint $\boldsymbol{Z}$ als Funktion von $T = t^3$. Wir schreiben demgemäß

$$\boldsymbol{Z}^3 = \boldsymbol{Z} - T,$$

setzen an

$$\boldsymbol{Z} = 1 + \mathfrak{A}T + \mathfrak{B}T^2 + \cdots$$

und erhalten nach der Methode der unbestimmten Koeffizienten

$$\mathfrak{A} = -\frac{1}{2}, \qquad \mathfrak{B} = -\frac{3}{8}, \; \ldots .$$

Das gibt

$$\zeta_{2,3} = t - \frac{1}{2}\,t^4 - \frac{3}{8}\,t^7 + \cdots \qquad \text{mit} \quad t = \sqrt{z}\,,$$

wobei wir ζ_2 für kleine positive z positiv, ζ_3 negativ annehmen.

Damit sind die drei Funktionszweige ζ_1, ζ_2, ζ_3 für die Umgebung der Stelle $z = 0$ festgelegt und zugleich die Blätter E_1, E_2, E_3 der Riemannschen Fläche der Funktion ζ bestimmt, wobei natürlich das Blatt E_ν mit den Werten des Zweiges ζ_ν belegt wird.

Wir sehen: der Nullpunkt ist Verzweigungspunkt der beiden Zweige bzw. Blätter ζ_2, ζ_3 bzw. E_2, E_3, und die Blätter E_2 und E_3 sind längs eines vom Nullpunkt ins Unendliche verlaufenden Verzweigungsschnittes, etwa der negativen y-Achse, miteinander verschweißt.

Um auch die andern Verzweigungspunkte und -schnitte unserer Funktion zu bekommen, müssen wir alle Singulärpunkte bestimmen. Sie sind durch die Gleichung $\partial F : \partial\zeta = 0$ festgelegt, welche hier die Form

$$z = 3\,\zeta^2$$

annimmt. Wir erhalten die Bedingungsgleichung

$$27\,z^4 - 4\,z = 0,$$

welche vier singuläre Punkte

$$z = a, \qquad z = b, \qquad z = c, \qquad z = 0$$

mit $\quad a^3 = \dfrac{4}{27}, \qquad b = aJ, \qquad c = aJ^2, \qquad J = \dfrac{-1 + i\sqrt{3}}{2}$

liefert, wobei a positiv sei.

Da der Punkt $z = 0$ schon vorausgenommen wurde, kümmern wir uns nur noch um die Stellen $z = a$, b, c. An jeder dieser Stellen hat die Gleichung $z^3 + \zeta^3 = z\zeta$ eine Einfach- und eine Doppelwurzel. Die Doppelwurzel ist

bzw. $$\alpha = \frac{3}{2} a^2, \qquad \beta = \frac{3}{2} b^2, \qquad \gamma = \frac{3}{2} c^2,$$

die Einfachwurzel bzw.

$$-2\alpha, \qquad -2\beta, \qquad -2\gamma.$$

Wir beginnen mit der Stelle $z = a$.

Die dem Funktionswerte α (für diese Stelle) benachbarten Funktionswerte

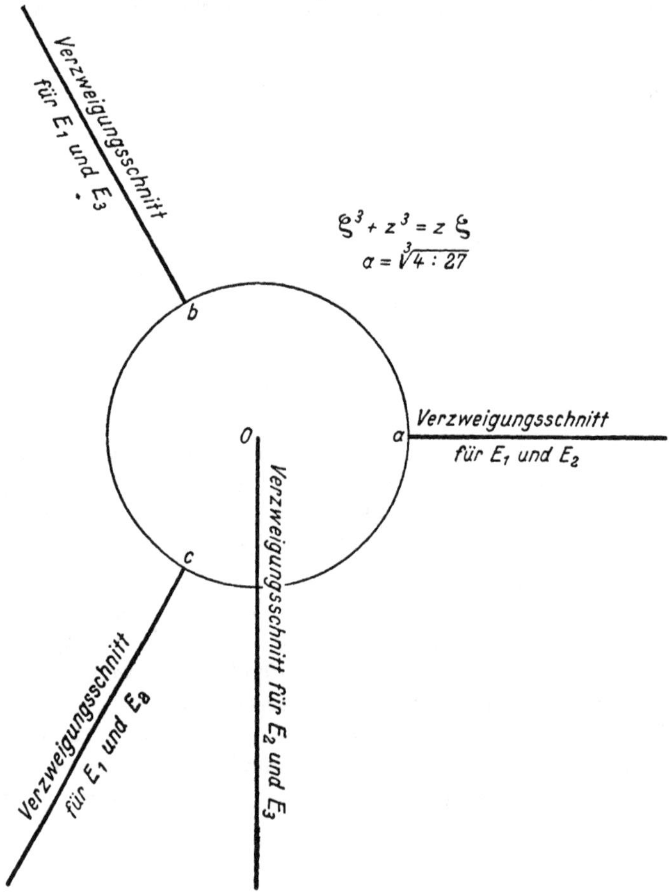

Abb. 34

für die Umgebung der Stelle $z = a$ bilden, wie man gleich sehen wird, ein zweigliedriges Zykel. Um es zu bekommen, setzen wir

$$z = a + t^2, \qquad \zeta = \alpha + \tau,$$

und haben so die Gleichung

$$(\alpha + \tau)^3 + (a + t^2)^3 = (a + t^2)(\alpha + \tau),$$

welche wegen $a = 3\alpha^2$ und $2\alpha = 3a^2$ in

$$3\alpha\tau^2 + \tau^3 + \alpha t^2 + 3at^4 + t^6 = t^2\tau$$

übergeht.

Diese Gleichung versuchen wir, durch die in einer gewissen Umgebung von $t = 0$ konvergente Potenzreihe

$$\tau = \mathfrak{A}t + \mathfrak{B}t^2 + \mathfrak{C}t^3 + \cdots$$

zu befriedigen. Die Methode der unbestimmten Koeffizienten liefert

$$\mathfrak{A} = \frac{i}{\sqrt{3}}, \qquad \mathfrak{B} = \frac{2}{9\alpha}, \ \cdots,$$

und wir erhalten die beiden Werte

$$\left.\begin{matrix}\zeta' \\ \zeta''\end{matrix}\right\} = \alpha + \frac{i}{\sqrt{3}}t + \frac{2}{9\alpha}t^2 + \cdots \qquad \text{mit} \quad t = \sqrt{z - a}.$$

Um auch den dem Funktionswerte -2α benachbarten Funktionswert $\zeta = \zeta'''$ für die Umgebung der Stelle $z = a$ zu erhalten, setzen wir

$$z = a + t, \qquad \zeta = -2\alpha + \tau,$$

haben

$$(-2\alpha + \tau)^3 + (a + t)^3 = (a + t)(-2\alpha + \tau)$$

und weiter wegen $a = 3\alpha^2$ und $2\alpha = 3a^2$

$$3a\tau - 6\alpha\tau^2 + \tau^3 + 4\alpha t + 3at^2 + t^3 = t\tau.$$

Der Ansatz
$$\tau = \mathfrak{A}t + \mathfrak{B}t^2 + \mathfrak{C}t^3 + \cdots$$

führt auf

$$\mathfrak{A} = -2a, \qquad \mathfrak{B} = \frac{1}{9}, \ \cdots$$

und wir bekommen

$$\zeta''' = -2\alpha - 2a(z - a) + \frac{1}{9}(z - a)^2 + \cdots.$$

Jetzt muß festgestellt werden, welcher von den drei Werten ζ', ζ'', ζ''' den Funktionszweig ζ_1 bzw. ζ_2 bzw. ζ_3 darstellt.

Nun sind ζ_1 und ζ_2 auf der positiven Realachse, wenigstens in der Nähe des Ursprungs, positiv, während ζ_3 hier negativ ausfällt. Diese Vorzeichen gelten aber für das ganze Intervall $(0, a)$ der Realachse, da die Diskriminante $\theta = z^3(4 - 27z^3)$ der kubischen Gleichung $\zeta^3 + z^3 = z\zeta$ in diesem Intervall überall positiv ist, die Wurzeln mithin stets reell bleiben und überdies im Intervall nirgends verschwinden können. Von den Werten ζ', ζ'', ζ''' stellen also diejenigen die Zweige ζ_1 und ζ_2 dar, welche im Intervall $(0, a)$ in der Nachbarschaft der Stelle a positiv ausfallen. Das sind aber ζ' und ζ''. Folglich ist etwa

$$\zeta' = \zeta_1, \qquad \zeta'' = \zeta_2 \qquad \text{und weiter} \qquad \zeta''' = \zeta_3.$$

Der Punkt $z = a$ ist demnach Verzweigungspunkt für die Blätter E_1 und E_2, ebenso der etwa längs der positiven Realachse von $z = a$ ins Unendliche geführte Schnitt Verzweigungsschnitt für die Blätter E_1 und E_2.

Für die Umgebung des Singulärpunktes $z = b$ ergeben sich genau so die Funktionszweige

$$\left.\begin{matrix}\zeta' \\ \zeta''\end{matrix}\right\} = \beta + \frac{i}{\sqrt{3}}\,t + \frac{2}{9\beta}\,t^2 + \cdots \qquad \text{mit} \quad t = \sqrt{z-b}$$

und
$$\zeta''' = -2\beta - 2b\,(z-b) + \frac{1}{9}\,(z-b)^2 + \cdots .$$

Wiederum muß festgestellt werden, welcher von diesen Zweigen ζ_1 bzw. ζ_2 bzw. ζ_3 darstellt.

Nun ist in der Nachbarschaft des Nullpunktes in einem Punkte z der von $z = 0$ nach $z = b$ führenden Strecke $\mathfrak{b}$ mit großer Annäherung

$$\zeta_1 = r^2 J^2, \qquad \zeta_2 = -\sqrt{r}\,J^2, \qquad \zeta_3 = +\sqrt{r}\,J^2 \qquad \text{mit} \quad r = |z|,$$

also sind hier

$$Z_1 = \frac{\zeta_1}{J^2} \quad \text{und} \quad Z_3 = \frac{\zeta_3}{J^2} \ \text{positiv}, \qquad Z_2 = \frac{\zeta_2}{J^2} \ \text{negativ}.$$

Anderseits ist $Z = z : J$ auf der ganzen Strecke $\mathfrak{b}$ positiv, und die drei Größen Z_1, Z_2, Z_3 sind die Wurzeln der Gleichung

$$Z^3 + Z^3 = ZZ,$$

deren Diskriminante im Intervall $Z = 0$ bis $Z = a$ das Zeichen nicht ändert (s. o.). Daher müssen Z_1 und Z_3 auf der *ganzen* Strecke $\mathfrak{b}$ positiv bleiben, Z_2 auf der ganzen Strecke negativ sein.

Nun sind aber auf $\mathfrak{b}$ unmittelbar vor der Stelle b $\zeta' : J^2$ und $\zeta'' : J^2$ gleich $\beta : J^2 = \alpha$, also positiv.

Daher stellen ζ' und ζ'' die Zweige ζ_1 und ζ_3 dar.

Der Punkt b ist Verzweigungspunkt für die beiden Blätter E_1 und E_3, der von ihm als Verlängerung der Strecke $\mathfrak{b}$ ins Unendliche laufende Schnitt Verzweigungsschnitt für E_1 und E_3.

In derselben Weise läßt sich der Singulärpunkt c behandeln. Er ist Verzweigungspunkt für die Blätter E_1 und E_2, der von ihm ins Unendliche laufende Schnitt Verzweigungsschnitt für diese Blätter.

Was schließlich den Punkt $z = \infty$ anbetrifft, so ist er kein Verzweigungspunkt, da seine Umkreisung als gleichzeitige entgegengesetzte Umkreisung der vier endlichen Verzweigungspunkte $z = 0$, a, b, c jeden Funktionszweig in sich selbst zurückführt.

Achter Abschnitt

Weierstraß' Konvergenzsatz und seine Folgerungen

§ 53. WEIERSTRASS' KONVERGENZSATZ

Die Fundamentalsätze für die Theorie der unendlichen Reihen und Produkte von Regulärfunktionen sind zuerst von Weierstraß bewiesen worden (Crelles Journal, Bd. 51).

Weierstraß' Konvergenzsatz:

Konvergiert eine Folge in einem Gebiet $\mathfrak{G}$ regulärer Funktionen

$$f_1(z), \quad f_2(z), \quad f_3(z), \quad \cdots$$

in $\mathfrak{G}$ gleichmäßig gegen eine Grenzfunktion

$$f(z)$$

so verhält sich diese Grenzfunktion in $\mathfrak{G}$ regulär.
Außerdem konvergiert (für jeden Zeiger ν) die ν-te Ableitung

$$f_1^{\nu}(z), \quad f_2^{\nu}(z), \quad f_3^{\nu}(z), \cdots$$

der Folge in $\mathfrak{G}$, in jedem Teilbereich von $\mathfrak{G}$ sogar gleichmäßig, gegen die ν-te Ableitung

$$f^{\nu}(z)$$

der Grenzfunktion $f(z)$, und das über irgendeinen in $\mathfrak{G}$ verlaufenden Weg $\mathfrak{w}$ erstreckte Integral

$$\int\limits_{\mathfrak{w}} f_1(z)\,dz, \quad \int\limits_{\mathfrak{w}} f_2(z)\,dz, \quad \int\limits_{\mathfrak{w}} f_3(z)\,dz, \cdots$$

der Folge konvergiert gleichmäßig gegen das über den Weg $\mathfrak{w}$ erstreckte Integral

$$\int\limits_{\mathfrak{w}} f(z)\,dz$$

der Grenzfunktion.

Beweis. z sei irgendein Punkt von $\mathfrak{G}$, $\mathfrak{u}$ ein den Punkt z umgebender Umlauf, auf welchem und in dessen Innern nur Punkte von $\mathfrak{G}$ liegen. Nach dem Stetigkeit-Regularität-Satze (§ 30) ist dann

$$\varphi(z) = \mathfrak{T} \int\limits_{\mathfrak{u}} \frac{f(\zeta)}{\zeta - z}\,d\zeta$$

eine im Innern von $\mathfrak{u}$ reguläre Funktion.
Wir subtrahieren von dieser Formel die folgende

$$f_n(z) = \mathfrak{T} \int\limits_{\mathfrak{u}} \frac{f_n(\zeta)}{\zeta - z}\,d\zeta$$

und erhalten

$$\varphi(z) - f_n(z) = \mathfrak{T} \int\limits_{\mathfrak{u}} \frac{f(\zeta) - f_n(\zeta)}{\zeta - z}\,d\zeta.$$

Nach Voraussetzung läßt sich der Zähler des Integranden der rechten Seite für hinreichend große Zeiger n und alle ζ des Umlaufs $\mathfrak{u}$ betraglich beliebig klein machen. Dasselbe gilt dann auch für die rechte Seite selbst. Daher läßt sich zu jedem positiven ε ein Zeiger n angeben derart, daß für jeden größeren Zeiger N

$$|\,\varphi(z) - f_N(z)\,| < \varepsilon$$

ausfällt. Das heißt aber: die obige Funktion $\varphi(z)$ ist nichts anderes als die Grenzfunktion $f(z)$. Letztere verhält sich also in $\mathfrak{G}$ regulär.

Der Beweis des zweiten Teils des Weierstraßschen Satzes verläuft ganz ähnlich. Die Ausgangsgleichungen lauten jetzt

$$f^{\nu}(z) = \mathfrak{C}\int\limits_{\mathfrak{u}} \frac{f(\zeta)}{(\zeta - z)^{\nu+1}}\, d\zeta \qquad (\text{wegen } \varphi(z) = f(z))$$

und

$$f_n^{\nu}(z) = \mathfrak{C}\int\limits_{\mathfrak{u}} \frac{f_n(\zeta)}{(\zeta - z)^{\nu+1}}\, d\zeta;$$

und aus

$$f^{\nu}(z) - f_n^{\nu}(z) = \mathfrak{C}\int\limits_{\mathfrak{u}} \frac{f(\zeta) - f_n(\zeta)}{(\zeta - z)^{\nu+1}}\, d\zeta$$

folgt wie oben, daß $f_n^{\nu}(z)$ mit unbegrenzt zunehmendem n gegen die ν-te Ableitung der Grenzfunktion $f(z)$ konvergiert.

Daß diese Konvergenz in jedem abgeschlossenen Teilgebiet von $\mathfrak{G}$ sogar gleichmäßig ist, folgt ohne weiteres, wenn man sich die Integrationskurve $\mathfrak{u}$ so gezogen denkt, daß sie keinen Punkt des Teilbereichs passiert.

Um auch den dritten Teil des Weierstraßschen Satzes einzusehen, sei $\mathfrak{w}$ ein den festen Ausgangspunkt c von $\mathfrak{G}$ mit dem variablen Endpunkte z von $\mathfrak{G}$ verbindender beliebiger in $\mathfrak{G}$ verlaufender Weg und

$$F(z) = \int\limits_{\mathfrak{w}} f(\zeta)\, d\zeta.$$

Wir vergleichen dieses Integral mit

$$F_n(z) = \int\limits_{\mathfrak{w}} f_n(\zeta)\, d\zeta$$

und haben

$$F(z) - F_n(z) = \int\limits_{\mathfrak{w}} [f(\zeta) - f_n(\zeta)]\, d\zeta.$$

Nach Voraussetzung läßt sich die eckige Klammer für alle Punkte ζ des Weges $\mathfrak{w}$ (ja für alle Punkte ζ von $\mathfrak{G}$) bei hinreichend großem n betraglich beliebig klein machen. Dasselbe gilt daher für die rechte Seite unserer Gleichung und damit für die Differenz $F(z) - F_n(z)$.

M. a. W.: Das Integral

$$F_n(z) = \int\limits_c^z f_n(\zeta)\, d\zeta$$

der Folgefunktion $f_n(z)$ konvergiert gleichmäßig gegen das Integral $F(z)$ der Grenzfunktion $f(z)$.

Anwendungen des Weierstraßschen Konvergenzsatzes auf unendliche Reihen und Produkte

I. Unendliche Reihen

Von größter Wichtigkeit ist der Fall, wo die vorgelegte Funktionenfolge

$$f_1(z), \qquad f_2(z), \qquad f_3(z), \ \ldots$$

durch die Vorschrift

$$f_\nu(z) = \varphi_1(z) + \varphi_2(z) + \cdots + \varphi_\nu(z), \qquad \nu = 1, 2, 3, \ldots$$

bestimmt ist und die Funktionen $\varphi_1(z)$, $\varphi_2(z)$, $\varphi_3(z)$, ... in $\mathfrak{G}$ regulär sind. Die zugehörigen Deriviertenfolgen und Integralfolge sind dann durch die Vorschriften

$$f_\nu^r(z) = \varphi_1^r(z) + \varphi_2^r(z) + \cdots + \varphi_\nu^r(z)$$

und

$$F_\nu(z) = \int\limits_{\mathfrak{w}} f_\nu(\zeta)\, d\zeta = \int\limits_{\mathfrak{w}} \varphi_1(\zeta)\, d\zeta + \int\limits_{\mathfrak{w}} \varphi_2(\zeta)\, d\zeta + \cdots + \int\limits_{\mathfrak{w}} \varphi_\nu(\zeta)\, d\zeta$$

festgelegt (wobei der Weg $\mathfrak{w}$ vom festen Punkte c von $\mathfrak{G}$ zum variablen Punkte z von $\mathfrak{G}$ führt).

Konvergiert nun die Folge

$$f_1(z), \qquad f_2(z), \qquad f_3(z), \ldots$$

in $\mathfrak{G}$ gleichmäßig, m. a. W.: konvergiert die unendliche Reihe

$$\varphi_1(z) + \varphi_2(z) + \varphi_3(z) + \cdots$$

in $\mathfrak{G}$ gleichmäßig, so ist

1° $$f(z) = \lim_{n\to\infty} f_n(z) = \varphi_1(z) + \varphi_2(z) + \varphi_3(z) + \cdots$$

eine in $\mathfrak{G}$ reguläre Funktion, konvergiert

2° $$f^r(z) = \lim_{n\to\infty} f_n^r(z) = \varphi_1^r(z) + \varphi_2^r(z) + \varphi_3^r(z) + \cdots$$

in jedem Teilbereiche von $\mathfrak{G}$ gleichmäßig und stellt hier eine reguläre Funktion dar und konvergiert

3° $$F(z) = \lim_{n\to\infty} \int\limits_{\mathfrak{w}} f_n(\zeta)\, d\zeta = \int\limits_{\mathfrak{w}} \varphi_1(\zeta)\, d\zeta + \int\limits_{\mathfrak{w}} \varphi_2(\zeta)\, d\zeta + \cdots$$

gleichmäßig gegen das über den in $\mathfrak{G}$ von c nach z führenden Weg $\mathfrak{w}$ erstreckte Integral

$$\int\limits_{\mathfrak{w}} f(\zeta)\, d\zeta$$

der Reihe und bildet ebenfalls eine Regulärfunktion von z.

Damit haben wir

Weierstraß' Summensatz:

Konvergiert eine unendliche Reihe regulärer Funktionen eines Gebiets $\mathfrak{G}$ im Gebiet gleichmäßig, so stellt sie eine Regulärfunktion im Gebiet dar.

Sie darf beliebig oft gliedweise differenziert werden: die entstehenden Reihen konvergieren in jedem Teilbereich von $\mathfrak{G}$ gleichmäßig und stellen hier die Ableitungen der Ausgangsreihe dar.

Auch die gliedweise Integration der Reihe für beliebige in $\mathfrak{G}$ verlaufende endliche Wege zwischen einem festen Ausgangspunkte c und dem beweglichen Endpunkte z ist gestattet: die entstehende Reihe konvergiert in $\mathfrak{G}$ gleichmäßig und stellt hier das Integral der vorgelegten Reihe dar.

Korollar

Weierstraß' Doppelreihensatz:

Sind die Potenzreihen

$$\mathfrak{p}_n(z) = \sum_s^{0,\infty} c_s^n (z-a)^s, \qquad n = 1, 2, 3, \ldots$$

im Kreise $|z-a| \leqq r$ *regulär, und konvergiert die Potenzreihenreihe*

$$\mathfrak{S}(z) = \mathfrak{p}_1(z) + \mathfrak{p}_2(z) + \mathfrak{p}_3(z) + \ldots$$

in diesem Kreise gleichmäßig, so ist auch die Potenzreihe

$$\mathfrak{P}(z) = C_0 + C_1(z-a) + C_2(z-a)^2 + \ldots \qquad \textit{mit} \quad C_\nu = c_\nu^1 + c_\nu^2 + c_\nu^3 + \ldots$$

in diesem Kreise regulär und stellt hier die genannte Potenzreihenreihe dar.

In der Tat, nach Weierstraß' Summensatz ist $\mathfrak{S}(z)$ im Kreise $|z-a| \leqq r$ regulär, mithin nach Taylor hier in eine Potenzreihe

$$\mathfrak{S}(z) = \sum \Gamma_s (z-a)^s$$

entwickelbar, deren ν-ter Koeffizient

$$\Gamma_\nu = \mathfrak{S}^\nu(a) : \nu!$$

ist. Nach Weierstraß' Summensatz ist aber

$$\mathfrak{S}^\nu(z) = \mathfrak{p}_1^\nu(z) + \mathfrak{p}_2^\nu(z) + \cdots,$$

z. B. also

$$\mathfrak{S}^\nu(a) = \mathfrak{p}_1^\nu(a) + \mathfrak{p}_2^\nu(a) + \cdots \;= \nu!\, c_\nu^1 + \nu!\, c_\nu^2 + \cdots$$

Aus unseren Gleichungen folgt sofort

$$\Gamma_\nu = c_\nu^1 + c_\nu^2 + c_\nu^3 + \cdots$$

und damit

$$\Gamma_\nu = C_\nu$$

oder

$$\mathfrak{S}(z) = \mathfrak{P}(z).$$

II. Unendliche Produkte

Ein weiterer Fall von besonderer Wichtigkeit liegt vor, wenn die gegebene Folge

$$f_1(z), \qquad f_2(z), \qquad f_3(z), \quad \ldots$$

durch die Vorschrift

$$f_\nu(z) = g_1(z) \cdot g_2(z) \ldots g_\nu(z), \qquad \nu = 1, 2, 3, \ldots$$

definiert ist, wo die Glieder des rechts stehenden Produkts die Form

$$g_r(z) = 1 + \varphi_r(z)$$

haben und die Reihe

$$\varphi_1(z) + \varphi_2(z) + \varphi_3(z) + \cdots$$

der in einem Gebiete $\mathfrak{G}$ regulären Funktionen $\varphi_1(z)$, $\varphi_2(z)$ ... in diesem Gebiete *gleichmäßig und absolut konvergiert.*

Auch in diesem Falle konvergiert die Folge

$$f_1(z), \qquad f_2(z), \qquad f_3(z), \ \ldots$$

oder, wie wir auch sagen, das unendliche Produkt $\prod_{\nu}^{1,\infty} g_\nu(z)$ in $\mathfrak{G}$ gleichmäßig.

Beweis. Laut Voraussetzung läßt sich zu jedem positiven ε ein Zeiger n derart bestimmen, daß, $|\varphi_r(z)| = \Phi_r$ gesetzt,

$$\Phi_{n+1} + \Phi_{n+2} + \cdots + \Phi_N$$

für jedes $N > n$ im Gebiet kleiner als ε ausfällt. Diese Ungleichung führt uns zu einer oberen Schranke des Betrages der Differenz

$$u = f_N(z) - f_n(z).$$

Es ist nämlich u das Produkt der beiden Faktoren

$$\mathrm{I} = g_1(z) \cdot g_2(z) \cdot \ldots \cdot g_n(z) \qquad \text{und} \qquad \mathrm{II} = g_{n+1}(z) \cdot \ldots \cdot g_N(z) - 1.$$

Wegen der Regularität der Funktionen $g_1(z), g_2(z), \ldots, g_n(z)$ liegt der Faktor I in $\mathfrak{G}$ betraglich unter einer gewissen endlichen Schranke E. Der zweite Faktor

$$\mathrm{II} = [1 + \varphi_{n+1}(z)] \cdot [1 + \varphi_{n+2}(z)] \cdot \ldots \cdot [1 + \varphi_N(z)] - 1$$

liegt betraglich unterhalb

$$O - [1 + \Phi_{n+1}] \cdot [1 + \Phi_{n+2}] \ldots [1 + \Phi_N] - 1.$$

Wegen der bekannten Ungleichung

$$1 + x < e^x$$

ist aber
$$O < e^{\Phi_{n+1} + \Phi_{n+2} + \cdots + \Phi_N} - 1$$

und wegen
$$\Phi_{n+1} + \Phi_{n+2} + \cdots + \Phi_N < \varepsilon$$

$$O < e^\varepsilon - 1.$$

Folglich liegt u betraglich unterhalb

$$E(e^\varepsilon - 1),$$

kann daher durch hinreichend kleines ε unter jeden vorgelegten positiven Wert herabgedrückt werden. Das heißt aber:

Die Folge $f_1(z), f_2(z), \ldots$

konvergiert in $\mathfrak{G}$ gleichmäßig.

Damit läßt sich der obige Konvergenzsatz anwenden, und wir erhalten

Weierstraß' Produktsatz:

Das unendliche Produkt

$$[1 + \varphi_1(z)] \cdot [1 + \varphi_2(z)] \cdot [1 + \varphi_3(z)] \ldots,$$

in welchem $\varphi_1(z), \varphi_2(z), \ldots$ reguläre Funktionen eines Gebiets sind, deren Summe im Gebiet absolut und gleichmäßig konvergiert, konvergiert im Gebiet gleichmäßig und stellt hier eine Regulärfunktion dar.

Korollar:

In jedem Teilbereich des Gebiets, in dem kein Faktor des Produkts verschwindet, konvergiert die Summe der bezogenen Ableitungen der Faktoren des Produkts gleichmäßig und stellt dort die bezogene Ableitung des Produkts dar.

Der Beweis des Zusatzes folgt ohne weiteres aus dem auf die unendliche Reihe

$$\sigma = \frac{g_1'(z)}{g_1(z)} + \frac{g_2'(z)}{g_2(z)} + \cdots$$

angewandten Weierstraßschen Summensatze. Diese Reihe konvergiert nämlich in dem Teilbereiche gleichmäßig, da ihre Glieder betraglich unterhalb $|g_1'(z)|:m$, $|g_2'(z)|:m, \ldots$ liegen, wo m die positive untere Grenze der Minima von $|g_1(z)|$, $|g_2(z)|, \ldots$ im Teilbereiche ist, und da die Majorante

$$\frac{g_1'(z)}{m} + \frac{g_2'(z)}{m} + \cdots = \frac{\varphi_1'(z)}{m} + \frac{\varphi_2'(z)}{m} + \cdots$$

der Reihe σ nach dem auf die Reihen

$$\varphi_1(z) + \varphi_2(z) + \cdots, \qquad \varphi_1'(z) + \varphi_2'(z) + \cdots$$

angewandten Weierstraßschen Summensatze im Teilbereich gleichmäßig konvergiert.

Aus der Relation

$$\frac{f_n'(z)}{f_n(z)} = \frac{g_1'(z)}{g_1(z)} + \frac{g_2'(z)}{g_2(z)} + \cdots + \frac{g_n'(z)}{g_n(z)}$$

folgt nun die gleichmäßige Konvergenz der linken Seite gegen eine Grenzfunktion. Diese aber ist $f'(z):f(z)$, da wegen der gleichmäßigen Konvergenz der Folge $\quad f_1(z), \quad f_2(z), \quad f_3(z), \ldots$

gegen $f(z)$ auch die Folge

$$f_1'(z), \qquad f_2'(z), \qquad f_3'(z), \ldots$$

gleichmäßig gegen ihre Grenzfunktion $f'(z)$ konvergiert.

Demnach gilt in der Tat die behauptete Formel

$$\frac{f'(z)}{f(z)} = \frac{g_1'(z)}{g_1(z)} + \frac{g_2'(z)}{g_2(z)} + \cdots, \qquad q.\ e.\ d.$$

§ 54. GLEICHMÄSSIGE KONVERGENZ EINES INTEGRALS

Bedeutet $f(\zeta, z)$ eine Funktion der beiden komplexen Variablen ζ und z, die sich stetig ändert, wenn ζ einen gewissen von der Stelle a ins Unendliche führenden Weg $\mathfrak{w}$ durcheilt und sich regulär verhält, wenn z ein vorgelegtes Gebiet $\mathfrak{G}$ beschreibt, so sagt man „das über den Weg $\mathfrak{w}$ erstreckte Integral

$$\int_{\mathfrak{w}} f(\zeta, z)\, d\zeta = \int_a^\infty f(\zeta, z)\, d\zeta$$

konvergiert gleichmäßig, wenn sich zu jedem positiven ε ein im Endlichen liegender Punkt p des Weges $\mathfrak{w}$ angeben läßt derart, daß für jeden zwischen p und ∞ liegenden Punkt P des Weges $\mathfrak{w}$ das über den zwischen P und ∞ liegenden Wegteil erstreckte Integral

$$\int_P^\infty f(\zeta, z)\, d\zeta$$

für alle z des Gebiets $\mathfrak{G}$ betraglich unterhalb ε liegt".

Wir setzen diese Bedingung als erfüllt voraus und schreiben

$$\varphi(z) = \int_a^\infty f(\zeta, z)\, d\zeta .$$

Wir zerlegen den Weg $\mathfrak{w}$ durch die unendlich vielen sukzessiven Punkte p_1, $p_2, p_3, \ldots$ des Weges in die endlichen Wegstücke $\mathfrak{w}_1, \mathfrak{w}_2, \mathfrak{w}_3, \ldots$, die wir zweckmäßig gleichlang voraussetzen, und schreiben

$$\varphi_n(z) = \int_{\mathfrak{w}_n} f(\zeta, z)\, d\zeta .$$

Dann wird

$$\Phi(z) = \varphi_1(z) + \varphi_2(z) + \varphi_3(z) + \cdots .$$

Da diese Reihe nach der obigen Voraussetzung in $\mathfrak{G}$ gleichmäßig konvergiert, so stellt sie nach Weierstraß' Konvergenzsatze eine Regulärfunktion von $\mathfrak{G}$ dar. Folglich:

Konvergiert das Integral

$$\int_{\mathfrak{w}} f(\zeta, z)\, d\zeta = \int_a^\infty f(\zeta, z)\, d\zeta$$

der Funktion $f(\zeta, z)$, die auf dem von a nach ∞ führenden Wege $\mathfrak{w}$ eine stetige Funktion von ζ, im Gebiet $\mathfrak{G}$ eine reguläre Funktion von z darstellt, gleichmäßig, so ist es eine Regulärfunktion von z im Gebiet $\mathfrak{G}$.

Nach Weierstraß' Konvergenzsatz können wir noch schreiben

$$\Phi'(z) = \varphi_1'(z) + \varphi_2'(z) + \varphi_3'(z) + \cdots .$$

Ferner ist nach dem Satze von der Differentiation unter dem Integralzeichen (§ 30) für jeden Zeiger ν

$$\varphi_\nu'(z) = \int_{\mathfrak{w}_\nu} \frac{\partial f(\zeta, z)}{\partial z}\, d\zeta .$$

Setzen wir also

$$\frac{\partial f(\zeta, z)}{\partial z} = g(\zeta, z), \qquad \int_{\mathfrak{w}_\nu} g(\zeta, z)\, d\zeta = \psi_\nu(z),$$

so entsteht

$$\Phi'(z) = \psi_1(z) + \psi_2(z) + \psi_3(z) + \cdots .$$

Nehmen wir nun an, daß auch das Integral

$$\int_{\mathfrak{w}} g(\zeta, z)\, d\zeta = \int_a^\infty g(\zeta, z)\, d\zeta$$

gleichmäßig konvergiert, so ist

$$\int_a^\infty g(\zeta, z)\, d\zeta = \psi_1(z) + \psi_2(z) + \psi_3(z) + \cdots$$

und die rechtsstehende Reihe gleichmäßig konvergent. Mithin wird

$$\Phi'(z) = \int_a^\infty g(\zeta, z)\, d\zeta = \int_a^\infty \frac{\partial f(\zeta, z)}{\partial z}\, d\zeta$$

oder

$$\boxed{\frac{\partial}{\partial z}\int_a^\infty f(\zeta, z)\, d\zeta = \int_a^\infty \frac{\partial f(\zeta, z)}{\partial z}\, d\zeta}\,.$$

Unter Hinzunahme dieser fundamentalen Formel erhält das obige Ergebnis die Gestalt:

Satz von der gleichmäßigen Konvergenz eines Integrals:
Bei gleichmäßiger Konvergenz des Integrals

$$\int_{\mathfrak{w}} f(\zeta, z)\, d\zeta = \int_a^\infty f(\zeta, z)\, d\zeta$$

stellt dieses Integral eine Regulärfunktion des Parameters z dar. Konvergiert auch das durch Partialableitung unter dem Integralzeichen entstehende Integral

$$\int_{\mathfrak{w}} \frac{\partial f(\zeta, z)}{\partial z}\, d\zeta = \int_a^\infty \frac{\partial f}{\partial z}\, d\zeta$$

gleichmäßig, so bildet dieses Integral die Ableitung des ersten Integrals.

Dabei ist $f(\zeta, z)$ eine stetige Funktion von ζ auf dem von a nach ∞ führenden Wege $\mathfrak{w}$ und eine Regulärfunktion von z im gegebenen Gebiet $\mathfrak{G}$, auf welches Gebiet auch die Aussage dieses Satzes sich bezieht.
Auch wenn die Funktion $f(\zeta, z)$ in einem der beiden Endpunkte a und b eines endlichen Weges $\mathfrak{w}$ (und nur in diesem Punkte) unendlich wird, erweist sich die gleichmäßige Konvergenz des Integrals

$$\Phi(z) = \int_{\mathfrak{w}} f(\zeta, z)\, d\zeta = \int_a^b f(\zeta, z)\, d\zeta$$

als bedeutungsvoll.
Wird $f(\zeta, z)$ — als Funktion von ζ — z. B. im Anfangspunkte a unendlich, so heißt das Integral *gleichmäßig konvergent* im Gebiet $\mathfrak{G}$ des Parameters z, wenn sich zu jedem positiven ε ein Punkt p des Weges $\mathfrak{w}$ angeben läßt derart, daß für *jeden* der Stelle a näheren Wegpunkt q und für *alle* z des Gebiets $\mathfrak{G}$

$$\left|\int_q^p f(\zeta, z)\, d\zeta\right| < \varepsilon$$

ausfällt.
Für diesen gleichfalls oft vorkommenden Fall erhält der Satz von der gleichmäßigen Konvergenz des Integrals folgende Form:

Konvergiert das Integral

$$\Phi(z)=\int_{\mathfrak{w}} f(\zeta, z)\, d\zeta=\int_a^b f(\zeta, z)\, d\zeta$$

der an der Stelle $\zeta=a$ unendlich werdenden Funktion $f(\zeta, z)$ im Gebiet $\mathfrak{G}$ des Parameters z gleichmäßig, so stellt es in $\mathfrak{G}$ eine Regulärfunktion von z dar. Konvergiert auch das Integral

$$\int_{\mathfrak{w}} \frac{\partial f(\zeta, z)}{\partial z}\, d\zeta=\int_a^b \frac{\partial f}{\partial z}\, d\zeta$$

n $\mathfrak{G}$ gleichmäßig, so ist die Ableitung von Φ

$$\Phi'(z)=\int_{\mathfrak{w}} \frac{\partial f}{\partial z}\, d\zeta .$$

Der Beweis ist dem obigen ganz ähnlich. Wir setzen $b=p_0$, nehmen auf $\mathfrak{w}$, in b beginnend, eine Folge von Punkten $p_1, p_2, p_3, \ldots$ an, die sich der Stelle a unbegrenzt nähern, und haben

$$\Phi(z)=\sum_1^\infty \varphi_\nu(z) \qquad \text{mit} \quad \varphi_\nu(z)=\int_{p_\nu}^{p_{\nu-1}} f(\zeta, z)\, d\zeta,$$

wo nun die rechtsstehende Reihe von Funktionen φ_ν in $\mathfrak{G}$ gleichmäßig konvergiert, mithin nach Weierstraß' Konvergenzsatz eine in $\mathfrak{G}$ reguläre Funktion von z darstellt.

Nach dem Satze von der Ableitung unter dem Integralzeichen (§ 30) ist weiter

$$\varphi_\nu'(z)=\psi_\nu(z)=\int_{p_\nu}^{p_{\nu-1}} g(\zeta, z)\, d\zeta \qquad \text{mit} \quad g(\zeta, z)=\frac{\partial f(\zeta, z)}{\partial z}$$

und folglich nach Weierstraß' Konvergenzsatz

$$\Phi'(z)=\sum_1^\infty \psi_\nu(z).$$

Bei gleichmäßiger Konvergenz des Integrals $\int_a^b g(\zeta, z)\, d\zeta$ konvergiert die rechte Seite der letzten Gleichung gleichmäßig und stellt dieses Integral dar.

§ 55. DER SATZ VON VITALI

Bei der obigen Formulierung des Weierstraßschen Konvergenzsatzes wurde die gleichmäßige Konvergenz der betrachteten Funktionenfolge im Definitionsgebiet der Funktionen vorausgesetzt. Der Italiener Vitali hat gezeigt, daß diese Voraussetzung weitestgehend eingeschränkt werden kann, so weit, daß noch nicht einmal die schlichte Konvergenz der Folgefunktionen in sämtlichen Punkten des vorgelegten Gebiets vorausgesetzt zu werden braucht [Vitali, Sopra le serie di funzioni analitiche, Rendiconti del R Istituto lombardo, 2. Serie, Bd. XXXVI, 1903].

Wir schicken der vereinfachten Formulierung des Konvergenzsatzes einige Erklärungen voraus.

Eine in einem Gebiet $\mathfrak{G}$ definierte Folge

$$f_1(z), \quad f_2(z), \quad f_3 z),$$

von Funktionen heißt *beschränkt in* $\mathfrak{G}$, wenn eine endliche Zahl E existiert derart, daß für *jeden* Zeiger n und *jeden* Punkt z von $\mathfrak{G}$

$$|f_n(z)| < E$$

ist.

Ein Punkt z von $\mathfrak{G}$ heißt ein *Konvergenzpunkt der Folge*, wenn die Folge der Zahlwerte $f_1(z), f_2(z), \ldots$ gegen einen endlichen Grenzwert $f(z)$ konvergiert.

Eine Folge von Regulärfunktionen

$$f_1(z), \quad f_2(z), \quad f_3(z), \ldots$$

eines Gebiets $\mathfrak{G}$, die in $\mathfrak{G}$ erstens beschränkt ist, zweitens in G unendlich viele Konvergenzpunkte mit mindestens einer in $\mathfrak{G}$ liegenden Häufungsstelle besitzt, soll kurz eine *Vitalifolge* des Gebiets $\mathfrak{G}$ genannt werden.

Mit Benutzung dieser Redeweise spricht sich der Konvergenzsatz nun kurz folgendermaßen aus:

Vitalis Satz:

Eine Vitalifolge eines Gebiets $\mathfrak{G}$ konvergiert in jedem Bereiche von $\mathfrak{G}$ gleichmäßig gegen eine in $\mathfrak{G}$ reguläre Grenzfunktion $f(z)$.

Beweis. Die in dem vorgelegten Gebiet $\mathfrak{G}$ gegebene Vitalifolge V bestehe aus den in $\mathfrak{G}$ regulären Funktionen

$$f_1(z), \quad f_2(z), \quad f_3(z), \ldots;$$

ihre Konvergenzpunkte seien $z', z'', \ldots$, und h sei eine zu $\mathfrak{G}$ gehörige Häufungsstelle dieses Konvergenzpunktsystems.

Der folgende einfache Beweis des Vitalischen Satzes stammt von Ernst Lindelöf. Er beruht im wesentlichen auf dem

Hilfssatze:

Ist

$$f_n(z) = c_0^n + c_1^n(z-h) + c_2^n(z-h)^2 + \ldots$$

die Taylorentwicklung von $f_n(z)$ in der Umgebung der Häufungsstelle h, so strebt jeder der Koeffizienten $c_0^n, c_1^n, c_2^n, \ldots$ dieser Reihe mit unbegrenzt wachsendem Zeiger n gegen einen endlichen Grenzwert:

$$\lim_{n\to\infty} c_\nu^n = c_\nu, \qquad (\nu = 0, 1, 2, \ldots).$$

Beweis des Hilfssatzes. Die angegebene Taylorreihe konvergiert sicher auf der Fläche $\mathfrak{K}$ des um h beschriebenen ganz in $\mathfrak{G}$ liegenden fast bis zum Rande von $\mathfrak{G}$ reichenden Kreises $\mathfrak{k}$ vom Halbmesser k; außerdem ist nach Cauchys Abschätzungsformel

$$|c_\nu^n| < E : k^\nu.$$

Für jeden Punkt von $\mathfrak{K}$ ist also

$$f_N(z) - f_n(z) = d_0 + d_1 u + d_2 u^2 + \cdots$$

mit $$N > n, \qquad d_\nu = c_\nu^N - c_\nu^n, \qquad u = z - h.$$

Wir betrachten für den Augenblick nur Punkte z im Innern des zu $\mathfrak{k}$ konzentrischen Kreises $\mathfrak{k}'$ vom Halbmesser $k' < k$ und schätzen

$$v = d_1 u + d_2 u^2 + d_3 u^3 + \cdots$$

ab.

Aus $$|d_\nu| < 2E : k^\nu \qquad \text{und} \qquad |u| < k'$$

folgt $$|v| < 2E\left[\frac{k'}{k} + \left(\frac{k'}{k}\right)^2 + \cdots\right] = 2E\frac{k'}{k-k'}.$$

Wir wählen k' so klein, daß die rechte Seite dieser Ungleichung kleiner als $\frac{1}{2}\varepsilon$ ausfällt, wo ε eine beliebig kleine vorgegebene positive Größe bedeutet. Dann ist

$$|v| < \frac{\varepsilon}{2}.$$

Darauf greifen wir aus dem Innern von $\mathfrak{k}'$ einen Konvergenzpunkt z beliebig aus und wählen den Zeiger n so groß, daß für jeden Zeiger $N > n$

$$|f_N(z) - f_n(z)| < \varepsilon$$ ausfällt.

Dann folgt aus den beiden letzten Ungleichungen und der Gleichung

$$f_N(z) - f_n(z) = d_0 + v$$

$$|d_0| < \varepsilon$$

oder $$|c_0^N - c_0^n| < \varepsilon.$$

Diese Ungleichung sagt auf Grund von Cauchys Konvergenzmerkmal aus: Bei unbegrenzt zunehmendem Zeiger n konvergiert das Freiglied c_0^n unserer Taylorentwicklung gegen einen endlichen Grenzwert c_0:

$$\lim_{n\to\infty} c_0^n = c_0.$$

Um diese Limesgleichung auch für den Koeffizienten c_1^n herzuleiten, definieren wir die neue Folge in $\mathfrak{G}$ regulärer Funktionen

$$g_1(z), \qquad g_2(z), \qquad g_3(z), \ \ldots$$

durch die Vorschrift

$$g_n(z) = c_1^n + c_2^n(z-h) + c_3^n(z-h)^2 + \cdots = \frac{f_n(z) - c_0^n}{z-h}.$$

Nach der Ungleichung $|c_\nu^n| < E : k^\nu$ ist in jedem Kreise $\mathfrak{r}$ mit dem Zentrum h, dessen Radius r unterhalb k liegt,

$$|g_n(z)| < E\left(1 + \frac{r}{k} + \frac{r^2}{k^2} + \cdots\right) = E\frac{k}{k-r}.$$

Daher ist die neue Folge in jedem innerhalb $\mathfrak{k}$ gelegenen Kreise beschränkt.

Nach der zweiten Schreibung besitzt die neue Folge dieselben Konvergenzpunkte wie die Ausgangsfolge V.

Die neue Folge ist demnach im Kreise $\mathfrak{r}$ eine Vitalifolge; und ihr Freiglied c_1^n strebt dem oben Bewiesenen zufolge mit unbegrenzt wachsendem Zeiger n gegen einen endlichen Grenzwert c_1:

$$\lim_{n \to \infty} c_1^n = c_1 .$$

Um die analoge Limesformel für c_2^n zu bekommen, definieren wir die neue Folge

$$h_1(z), \quad h_2(z), \quad h_3(z), \; \ldots$$

durch die Vorschrift

$$h_n(z) = c_2^n + c_3^n (z - h) + c_4^n (z - h)^2 + \cdots = \frac{f_n(z) - c_0^n - c_1^n (z - h)}{(z - h)^2}$$

und zeigen in ähnlicher Weise, daß

$$\lim_{n \to \infty} c_2^n = c_2$$

ist. Und so weiter.

Allgemein wird, wie behauptet wurde,

$$\lim_{n \to \infty} c_\nu^n = c_\nu .$$

Nach diesem Beweise des Hilfssatzes bilden wir die Funktion

$$f(z) = c_0 + c_1 (z - h) + c_2 (z - h)^2 + \cdots .$$

Sie stellt wegen der aus $| c_\nu^n | < E : k^\nu$ folgenden Ungleichung

$$| c_\nu | \leqq E : k^\nu$$

eine im Innern des Kreises $\mathfrak{k}$ gleichmäßig konvergente Potenzreihe und Regulärfunktion dar.

Wir zeigen, daß in jedem zu $\mathfrak{k}$ konzentrischen Kreise $\mathfrak{r}$ mit kleinerem Halbmesser r $(r < k)$ $f(z)$ die Grenzfunktion von $f_n(z)$ ist, und daß in $\mathfrak{r}$ $f_n(z)$ gleichmäßig gegen $f(z)$ konvergiert.

Es ist

$$f_N(z) - f(z) = \sum_{\nu}^{0,\infty} \delta_\nu u^\nu \qquad \text{mit} \quad \delta_\nu = c_\nu^N - c_\nu , \quad u = z - h .$$

Wir spalten die rechte Seite dieser Gleichung in die beiden Teile

$$I = \sum_{0}^{e-1} \delta_\nu u^\nu \qquad \text{und} \qquad II = \sum_{e}^{\infty} \delta_\nu u^\nu .$$

Für den zweiten Teil finden wir wegen $| c_\nu^N | < E : k^\nu$ und $| c_\nu | \leqq E : k^\nu$, also $| \delta_\nu | < 2\,E : k^\nu$ sowie $| u | \leqq r$

$$| II | < 2\,E \left(\frac{r}{k}\right)^e \frac{k}{k - r} .$$

Wir wählen e so groß (aber natürlich endlich), daß die rechte Seite dieser Ungleichung kleiner als $\varepsilon/2$ ausfällt, wobei ε eine beliebig kleine positive Zahl bedeutet.

Sodann wählen wir den Zeiger n so groß, daß für jeden größeren Zeiger N auch $| I |$ kleiner als $\varepsilon/2$ ausfällt. [Das ist möglich, weil I nur aus e Posten besteht

und der Koeffizient δ_ν jedes Postens bei hinreichend großem N betraglich beliebig herabgedrückt werden kann.]
Demnach wird für jedes $N > n$ und jedes z aus dem Kreise $\mathfrak{r}$

$$|f_N(z) - f(z)| < \varepsilon,$$

und diese Ungleichung sagt aus, daß die Folge V im Kreise $\mathfrak{r}$ gleichmäßig gegen die Funktion $f(z)$ — ihre Grenzfunktion — konvergiert.
Diese Grenzfunktion $f(z)$ stellt also nach Weierstraß' Konvergenzsatz im Innern des Kreises $\mathfrak{k}$ eine reguläre Funktion dar.
Wir können nunmehr einen beliebigen Innenpunkt H des Kreises $\mathfrak{k}$ als Häufungsstelle von Konvergenzpunkten der Vitalifolge V annehmen und obige Überlegung für einen möglichst großen in $\mathfrak{G}$ liegenden Kreis $\mathfrak{K}$ mit dem Zentrum H wiederholen: auch in diesem Kreise konvergiert die Folge gleichmäßig gegen eine reguläre Grenzfunktion $f(z)$.
Durch zweckmäßige Ausdehnung und Fortsetzung dieses Verfahrens kann man, wie leicht einzusehen, jedem Punkte von $\mathfrak{G}$ als Zentrum einen in $\mathfrak{G}$ liegenden Kreis zuordnen, in welchem die Folge V gleichmäßig gegen eine in diesem Kreise reguläre Grenzfunktion $f(z)$ konvergiert.
Da jeder Bereich $\mathfrak{B}$ von $\mathfrak{G}$ mit einer endlichen Anzahl derartiger Kreise bedeckt werden kann, konvergiert die Folge V auch im Bereich $\mathfrak{B}$ gleichmäßig gegen eine reguläre Grenzfunktion, w. z. b. w.
Bei der hohen Bedeutung des Vitalischen Satzes wird dem Leser ein zweiter Beweis willkommen sein. Der folgende Beweis beruht auf dem Satze von Montel, den wir deshalb zuvor herleiten. Dieser Montelsche Satz bezieht sich auf beschränkte Folgen $\{f_\nu(z)\}$ regulärer Funktionen $f_\nu(z)$ eines Gebiets $\mathfrak{G}$, die wir kurz *Normalfolgen* nennen wollen. Er lautet

Montels Satz:

Aus einer Normalfolge eines Gebiets $\mathfrak{G}$ läßt sich stets eine Teilfolge auswählen, die in jedem Innenbereich $\mathfrak{J}$ von $\mathfrak{G}$ gleichmäßig konvergiert.

Beweis. Die Folge bestehe aus den in $\mathfrak{G}$ regulären Funktionen

$$(0) \qquad f_1(z), \quad f_2(z), \quad f_3(z), \quad \ldots,$$

und es sei für jeden Zeiger n und jeden Punkt z von $\mathfrak{G}$

$$|f_n(z)| < E,$$

wo E eine gewisse endliche Zahl bedeutet.
Der folgende Beweis des Montelschen Satzes besteht aus drei Schritten.

I. Aufstellung einer Hilfsungleichung

$2e$ sei eine positive Größe, die den Abstand der Ränder von $\mathfrak{G}$ und $\mathfrak{J}$ unterschreitet, so daß jeder Kreis, dessen Zentrum in $\mathfrak{J}$ liegt, dessen Radius $2e$ unterschreitet, nur Punkte von $\mathfrak{G}$ enthält. Bedeutet nun z einen beliebigen Punkt von $\mathfrak{J}$, $\mathfrak{k}$ einen Kreis vom Zentrum z und Radius $2e$, Z einen zweiten

Punkt, dessen Abstand von z unterhalb e liegt, so gelten die Cauchyschen Gleichungen

$$f_n(z) = \tau \int_{\mathfrak{k}} \frac{f_n(\zeta)\, d\zeta}{\zeta - z} \qquad \text{und} \qquad f_n(Z) = \tau \int_{\mathfrak{k}} \frac{f_n(\zeta)\, d\zeta}{\zeta - Z},$$

so daß

$$f_n(Z) - f_n(z) = \tau (Z - z) \int_{\mathfrak{k}} \frac{f_n(\zeta)\, d\zeta}{(\zeta - z)(\zeta - Z)} \qquad \text{ist.}$$

Da

$$|f_n(\zeta)| < \mathsf{E}, \qquad |\zeta - z| > e, \qquad |\zeta - Z| > e$$

ist, so wird

$$\left| f_n(Z) - f_n(z) \right| < \frac{2\,\mathsf{E}}{e} \left| Z - z \right|.$$

Bedeutet also ε eine (unterhalb $2\,\mathsf{E}$) liegende kleine positive Größe und ϱ den festen Bruch

$$\varrho = \frac{e\,\varepsilon}{2\,\mathsf{E}},$$

so gilt der *Hilfssatz*:

Für jeden Zeiger n und jedes Punktepaar aus $\mathfrak{J}$, welches die Ungleichung

$$|Z - z| < \varrho$$

befriedigt, besteht die Ungleichung

$$\text{(I)} \qquad |f_n(Z) - f_n(z)| < \varepsilon.$$

II. Auswahl einer gewissen Teilfolge (Δ)

Wir achten auf die Menge aller Rationalpunkte von $\mathfrak{J}$ [Ein Rationalpunkt ist ein Punkt mit rationalen Koordinaten.] und denken sie uns, was wegen ihrer Abzählbarkeit möglich ist, numeriert:

$$z_1, \quad z_2, \quad z_3, \quad z_4, \quad \ldots.$$

Wir beginnen mit z_1 und betrachten die beschränkte Zahlenfolge

$$f_1(z_1), \quad f_2(z_1), \quad f_3(z_1), \quad \ldots.$$

Sie besitzt mindestens eine Häufungsstelle, etwa F_1, so daß wir aus der Folge (0) eine Teilfolge

$$\text{(1)} \qquad \alpha_1(z), \quad \beta_1(z), \quad \gamma_1(z), \quad \ldots$$

[Die Funktionszeichen $\alpha_1, \beta_1, \gamma_1, \ldots$ sind Zeichen der Zeichenfolge $f_1, f_2, f_3, \ldots$] bilden können, die an der Stelle z_1 (gegen den Wert F_1) konvergiert. Jetzt betrachten wir die Zahlenfolge

$$\alpha_1(z_2), \quad \beta_1(z_2), \quad \gamma_1(z_2), \quad \ldots.$$

Sie besitzt mindestens eine Häufungsstelle, etwa F_2, so daß wir aus der Folge (1) eine Teilfolge

$$\text{(2)} \qquad \alpha_2(z), \quad \beta_2(z), \quad \gamma_2(z), \quad \ldots.$$

[Die Zeichen α_2, β_2, $\gamma_2, \ldots$ finden sich unter den Funktionszeichen α_1, β_1, $\gamma_1, \ldots$.] bilden können, die an der Stelle z_2 (gegen den Wert F_2) konvergiert. Als Teilfolge von (1) konvergiert (2) natürlich auch an der Stelle z_1.
Wir betrachten drittens die Zahlenfolge

$$\alpha_2(z_3), \quad \beta_2(z_3), \quad \gamma_2(z_3), \ldots,$$

die wiederum mindestens eine Häufungsstelle F_3 besitzt, so daß wir aus der Folge (2) eine Teilfolge

$$(3) \qquad \alpha_3(z), \quad \beta_3(z), \quad \gamma_3(z), \ldots$$

bilden können, die an der Stelle z_3 konvergiert. Als Teilfolge von (2) konvergiert sie auch an der Stelle z_2 und als Teilfolge von (1) auch an der Stelle z_1.
So fahren wir fort und erhalten die unendlich vielen Folgen (1), (2), (3), ..., von denen jede eine Teilfolge jeder vorhergehenden Folge ist, und von denen die Folge (n) an jeder der n Stellen z_1, z_2, $z_3, \ldots, z_n$ konvergiert.
Damit ist es nun leicht geworden, eine Folge zu bilden, die in jedem Rationalpunkte von $\mathfrak{J}$ konvergiert. Es ist das die „Diagonalfolge"

$$(\Delta) \qquad \alpha_1(z), \quad \beta_2(z), \quad \gamma_3(z), \quad \delta_4(z), \ldots,$$

die wir zweckmäßiger

$$(\Delta) \qquad \varphi_1(z), \quad \varphi_2(z), \quad \varphi_3(z), \quad \varphi_4(z), \ldots$$

schreiben.
Betrachten wir beispielsweise die Stelle z_n. Unsere Folge (Δ) ist von ihrer n-ten Funktion [$\varphi_n(z)$] an eine Teilfolge von (n); mithin konvergiert (Δ) an der Stelle z_n.

Unsere Folge (Δ) konvergiert in jedem Rationalpunkte von $\mathfrak{J}$.

III. Gleichmäßige Konvergenz der Teilfolge (Δ) in $\mathfrak{J}$

Wir denken uns um jeden Rationalpunkt von $\mathfrak{J}$ einen Kreis vom Radius ϱ gezeichnet. Es ist klar, daß schon eine *endliche* Anzahl dieser Kreise ausreicht, den Bereich $\mathfrak{J}$ vollständig zu bedecken. Dies seien die Kreise $\mathfrak{A}$, $\mathfrak{B}$, $\mathfrak{C}, \ldots$ mit den Zentren $\mathfrak{a}$, $\mathfrak{b}$, $\mathfrak{c}, \ldots$.
Wir greifen den Kreis $\mathfrak{A}$ und einen beliebigen seiner Punkte, $\mathfrak{x}$, heraus.
Wegen der Ungleichung (I) gilt für jeden Zeiger A die Unformel

$$|\varphi_A(\mathfrak{x}) - \varphi_A(\mathfrak{a})| < \varepsilon;$$

wegen der Konvergenz von (Δ) an der Stelle $\mathfrak{a}$ läßt sich ein endlicher Zeiger a angeben derart, daß für jeden Zeiger $A \geqq a$ die Ungleichung

$$|\varphi_A(\mathfrak{a}) - \varphi_a(\mathfrak{a})| < \varepsilon$$

gilt.
Aus den beiden letzten Ungleichungen folgt

$$|\varphi_A(\mathfrak{x}) - \varphi_a(\mathfrak{a})| < 2\,\varepsilon$$

und hieraus noch

$$|\varphi_a(\mathfrak{x}) - \varphi_a(\mathfrak{a})| < 2\,\varepsilon,$$

so daß wir die Ungleichung

(a) $$|\varphi_A(\mathfrak{x}) - \varphi_a(\mathfrak{x})| < 4\varepsilon$$

verbuchen können.

Genau so finden wir die entsprechende Ungleichung

(b) $$|\varphi_B(\mathfrak{y}) - \varphi_b(\mathfrak{y})| < 4\varepsilon$$

für beliebige Punkte $\mathfrak{y}$ des Kreises $\mathfrak{B}$, für einen gewissen endlichen Zeiger b und für jedes $B \geqq b$.

Ebenso für den dritten Kreis $\mathfrak{C}$ und einen beliebigen Punkt $\mathfrak{z}$ aus ihm

(c) $$|\varphi_C(\mathfrak{z}) - \varphi_c(\mathfrak{z})| < 4\varepsilon,$$

mit einem gewissen endlichen Zeiger c und $C \geqq c$. Usw.

Bedeutet nun i den größten der Indizes $a, b, c, \ldots, I$ einen beliebigen Zeiger $\geqq i$ und z irgendeinen Punkt von $\mathfrak{J}$, so gilt in Anbetracht der gefundenen Ungleichungen (a), (b), (c), ... sicher die Unformel

$$|\varphi_I(z) - \varphi_i(z)| < 4\varepsilon,$$

und diese bedeutet die gleichmäßige Konvergenz der Folge

$$\varphi_1(z), \quad \varphi_2(z), \quad \varphi_3(z), \quad \ldots$$

im Innenbereich $\mathfrak{J}$ von $\mathfrak{G}$. $Q.E.D.$

Zusatz. Zugleich erkennen wir, daß alle Schlüsse von III unverändert gelten, wenn die Folge $\{\varphi_n(z)\}$ nicht die obige ausgewählte, sondern eine beliebige Teilfolge von (0) ist, wofern diese letztere nur in $\mathfrak{J}$ (oder nur in den Rationalpunkten von $\mathfrak{J}$ oder gar nur in den Punkten $\mathfrak{a}$, $\mathfrak{b}$, $\mathfrak{c}$, ...) konvergiert. Folglich:

Korollar:

Jede in $\mathfrak{J}$ konvergente Teilfolge einer Normalfolge konvergiert in $\mathfrak{J}$ gleichmäßig.

Aus Montels Satz ergibt sich sofort der

Satz von Vitali:

Konvergiert eine im Gebiet $\mathfrak{G}$ normale Funktionenfolge in den Punkten einer zu $\mathfrak{G}$ gehörigen Punktmenge, die in $\mathfrak{G}$ eine Häufungsstelle H besitzt, so konvergiert die Folge in jedem Innenbereich $\mathfrak{J}$ von $\mathfrak{G}$ gleichmäßig.

Beweis. $\mathfrak{F} \equiv \{f_n(z)\}$ sei die vorgelegte Folge. Angenommen, es gäbe in $\mathfrak{J}$ einen Punkt c, in welchem $\mathfrak{F}$ nicht konvergiert. Dann besitzt die Folge $\mathfrak{F}$ für $z = c$ wenigstens zwei Häufungsstellen. Nach Montels Satz können wir dann aus $\mathfrak{F}$ wenigstens zwei Teilfolgen $\{\varphi_n(z)\}$ und $\{\psi_n(z)\}$ auswählen, die in $\mathfrak{J}$ gleichmäßig konvergieren, deren Grenzfunktionen $\varphi(z)$ und $\psi(z)$ also in $\mathfrak{J}$ reguläre Funktionen darstellen. Denken wir $\mathfrak{J}$ so groß gewählt, daß es eine Umgebung $\mathfrak{U}$ von H enthält, so stimmen $\varphi(z)$ und $\psi(z)$ in unendlich vielen Punkten von $\mathfrak{U}$ nach Voraussetzung überein, stimmen mithin nach dem Nullsatz aus § 25 in *allen* Punkten von $\mathfrak{J}$ überein gegen unsere Annahme $\varphi(c) \neq \psi(c)$. Dieser Widerspruch verschwindet nur, wenn man die Konvergenz von $\mathfrak{F}$ in *allen* Punkten von $\mathfrak{J}$ zugibt. Da weiter beim Beweise des Montelschen Satzes gezeigt wurde, daß *jede* in $\mathfrak{J}$ konvergente Teilfolge hier auch *gleichmäßig* konvergiert, so muß auch $\mathfrak{F}$ selbst in $\mathfrak{J}$ gleichmäßig konvergieren. Damit ist der Beweis von Vitalis Satz erbracht.

§ 56. GANZE FUNKTIONEN MIT GEGEBENEN NULLSTELLEN

Zu den Fundamentalaufgaben der Funktionentheorie gehört die *Bestimmung einer ganzen (transzendenten) Funktion, deren Nullstellen gegeben sind.*
Die Lösung dieser Aufgabe ist sehr einfach, wenn die Anzahl der vorgeschriebenen Nullstellen *endlich* ist.
Sind nämlich

$$\alpha_1, \quad \alpha_2, \quad \alpha_3, \quad \ldots, \quad \alpha_n$$

die vorgeschriebenen Nullstellen, so ist das Polynom n-ten Grades

$$g(z) = (z - \alpha_1)(z - \alpha_2) \ldots (z - \alpha_n)$$

eine ganze Funktion, die die vorgelegten Stellen und nur diese als Nullstellen besitzt.
Dabei ist $\alpha_1 = \alpha_2 = \alpha_3 = \cdots = \alpha_\nu$ zu denken, wenn α_1 eine Nullstelle ν-ter Ordnung sein sollte.
Größeres Interesse erregt also nur der Fall, wo es sich um *unendlich viele* und zwar, wie wir zunächst annehmen, nichtverschwindende Nullstellen handelt.
Demgemäß sei

$$\alpha_1, \quad \alpha_2, \quad \alpha_3, \quad \ldots \text{ in inf}$$

die unendliche Folge der gegebenen Nullstellen. Wir ordnen die Nullstellen nach ihrem Betrage, so daß also

$$0 < |\alpha_1| \leqq |\alpha_2| \leqq |\alpha_3| \ldots$$

ist, wo bei einer Nullstelle ν-ter Ordnung ν Gleichheitszeichen aufeinander folgen.
Wir unterscheiden drei Fälle:
1° Die Reihe

$$\frac{1}{\alpha_1} + \frac{1}{\alpha_2} + \frac{1}{\alpha_3} + \cdots$$

konvergiert absolut,
2° es gibt eine natürliche Zahl p derart, daß die Reihe

$$\frac{1}{\alpha_1^{p+1}} + \frac{1}{\alpha_2^{p+1}} + \frac{1}{\alpha_3^{p+1}} + \cdots$$

absolut konvergiert,
3° es existiert keine natürliche Zahl p, für welche die Reihe

$$\frac{1}{\alpha_1^{p+1}} + \frac{1}{\alpha_2^{p+1}} + \frac{1}{\alpha_3^{p+1}} + \cdots$$

absolut konvergiert.

Im *ersten Falle* ist die Lösung unserer Aufgabe einfach:

$$\boxed{g(z) = \left(1 - \frac{z}{\alpha_1}\right) \cdot \left(1 - \frac{z}{\alpha_2}\right) \cdot \left(1 - \frac{z}{\alpha_3}\right) \ldots} \quad \text{in inf}$$

stellt eine ganze Funktion dar, die die gegebenen Stellen $\alpha_1, \alpha_2, \alpha_3, \ldots$ und keine anderen als Nullstellen besitzt.

Die Richtigkeit dieser Angabe folgt ohne weiteres aus Weierstraß' Produktsatz (§ 53), insofern

$$\frac{z}{\alpha_1} + \frac{z}{\alpha_2} + \frac{z}{\alpha_3} + \cdots$$

eine in jedem endlichen Gebiete absolut und gleichmäßig konvergente Reihe darstellt.

Im *zweiten Falle* bekommen wir die gewünschte ganze Funktion durch Einführung der sog. *Weierstraßschen Konvergenz erzeugenden Faktoren*, indem wir nämlich wie im Falle 1° von den Faktoren $\left(1 - \frac{z}{\alpha_1}\right), \left(1 - \frac{z}{\alpha_2}\right), \ldots$ ausgehen und dann jeden derartigen Faktor $\left(1 - \frac{z}{\alpha_\nu}\right)$ mit dem Zusatzfaktor e^{w_ν} behaften, wo w_ν das Polynom p-ten Grades

$$w_\nu = q_\nu + \frac{1}{2} q_\nu^2 + \frac{1}{3} q_\nu^3 + \cdots + \frac{1}{p} q_\nu^p \qquad \text{mit} \quad q_\nu = \frac{z}{\alpha_\nu}$$

bedeutet.

Demnach erhält die gesuchte ganze Funktion $g(z)$ die Form

$$\boxed{g(z) = \prod_\nu^{1,\infty} \left(1 - \frac{z}{\alpha_\nu}\right) e^{w_\nu}}$$

mit $$w_\nu = q_\nu + \frac{1}{2} q_\nu^2 + \frac{1}{3} q_\nu^3 + \cdots + \frac{1}{p} q_\nu^p, \qquad q_\nu = \frac{z}{\alpha_\nu}.$$

Daß dieses $g(z)$ tatsächlich eine überall im Endlichen reguläre Funktion von z darstellt, folgt so:

$\mathfrak{G}$ sei ein beliebig ausgewähltes endliches Gebiet, M eine den Betrag jeder Gebietsstelle z übertreffende endliche Zahl.

Wir teilen die Zahlen α_ν in zwei Klassen, indem wir die Nullstelle α_ν zur ersten oder zweiten Klasse rechnen, je nachdem $|\alpha_\nu|$ unterhalb $2M$ liegt oder nicht. Auf diese Weise mögen $\alpha_1, \alpha_2, \ldots, \alpha_n$ zur ersten, $\alpha_m, \alpha_{m+1}, \ldots$ in inf mit $m = n+1$ zur zweiten Klasse gehören. Dieser Einteilung entsprechend zerlegen wir das Produkt $g(z)$ in die zwei Faktoren

$$I = \prod_\nu^{1,n} \left(1 - \frac{z}{\alpha_\nu}\right) e^{w_\nu} \qquad \text{und} \qquad II = \prod_\nu^{m,\infty} \left(1 - \frac{z}{\alpha_\nu}\right) e^{w_\nu}.$$

Der erste Faktor ist eine ganze Funktion, welche nur die Nullstellen $\alpha_1, \alpha_2, \ldots, \alpha_n$ hat.

Um den Faktor II zu erfassen, setzen wir

$$f_\nu = \left(1 - \frac{z}{\alpha_\nu}\right) e^{w_\nu} = e^{w_\nu + l\left(1 - \frac{z}{\alpha_\nu}\right)}.$$

Wegen

$$l\left(1 - \frac{z}{\alpha_\nu}\right) = -q_\nu - \frac{1}{2} q_\nu^2 - \frac{1}{3} q_\nu^3 - \cdots$$

wird

$$f_\nu = e^{v_\nu} \qquad \text{mit } v_\nu = -\frac{1}{p+1} q_\nu^{p+1} - \frac{1}{p+2} q_\nu^{p+2} - \cdots.$$

Wir schreiben

$$f_\nu = 1 + \varphi_\nu \qquad \text{mit } \varphi_\nu = e^{v_\nu} - 1$$

und haben nur die absolute und gleichmäßige Konvergenz der Reihe

$$\sum_\nu^{m,\infty} \varphi_\nu$$

nachzuweisen, um auf Grund des Weierstraßschen Produktsatzes (§ 53) die Regularität des Faktors II im Gebiet $\mathfrak{G}$ zu erkennen.
Die Beträge von $z, \alpha_\nu, q_\nu, v_\nu, \varphi_\nu$ seien $Z, A_\nu, Q_\nu, V_\nu, \Phi_\nu$.
Nun ist zunächst

$$V_\nu < \frac{1}{p}\left(Q_\nu^{p+1} + Q_\nu^{p+2} + Q_\nu^{p+3} + \cdots\right) = \frac{1}{p} \frac{Q_\nu^{p+1}}{1 - Q_\nu},$$

und da

$$Q_\nu = \frac{Z}{A_\nu} < \frac{M}{2M} = \frac{1}{2} \qquad \text{ist,}$$

$$V_\nu < \frac{2M^{p+1}}{p} : A_\nu^{p+1} < 1 : p\,2^p.$$

Weiter hat man

$$\Phi_\nu = \left| e^{v_\nu} - 1 \right| < e^{V_\nu} - 1 < V_\nu e^{V_\nu} < e^\varepsilon V_\nu \qquad \text{mit } \varepsilon = 1 : p\,2^p$$

und damit

$$\Phi_\nu < E : A_\nu^{p+1} \qquad \text{mit } E = \frac{2M^{p+1} e^\varepsilon}{p}.$$

Folglich ist die Reihe

$$\Phi_m + \Phi_{m+1} + \Phi_{m+2} + \cdots$$

eine Minorante der konvergenten Reihe

$$\frac{E}{A_m^{p+1}} + \frac{E}{A_{m+1}^{p+1}} + \frac{E}{A_{m+2}^{p+1}} + \cdots$$

und damit in $\mathfrak{G}$ absolut und gleichmäßig konvergent. Folglich ist II in $\mathfrak{G}$ regulär.
Nachdem so die Regularität von I und II und damit der Funktion $g(z)$ erkannt wurde, zeigt ein Blick auf die Faktoren

$$f_\nu = \left(1 - \frac{z}{\alpha_\nu}\right) e^{w_\nu}$$

von $g(z)$, daß die ganze Funktion $g(z)$ die vorgegebenen Zahlen $\alpha_1, \alpha_2, \alpha_3, \ldots$ und nur diese Zahlen zu Nullstellen hat.

Die den Ausgangsfaktoren $\left(1-\frac{z}{\alpha_\nu}\right)$ beigegebenen Zusatzfaktoren e^{w_ν} sind die oben erwähnten *Weierstraßschen Konvergenz erzeugenden Faktoren.*

Im *dritten Falle* versuchen wir ebenfalls durch Einführung solcher Konvergenz erzeugender Faktoren die geforderte ganze Funktion $g(z)$ zu finden. Auch hier versuchen wir, unser Ziel durch Anbringung eines Zusatzfaktors von der Form
$$e^{w_\nu}$$
am Ausgangsfaktor $\left(1-\frac{z}{\alpha_\nu}\right)$ zu erreichen, wobei der Exponent w_ν wieder ein geeignetes Polynom p-ten Grades von $q_\nu = z:\alpha_\nu$ ist:

$$w_\nu = q_\nu + \frac{1}{2}q_\nu^2 + \frac{1}{3}q_\nu^3 + \cdots + \frac{1}{p}q_\nu^p \qquad \text{mit} \quad q_\nu = z:\alpha_\nu,$$

diesmal jedoch p keine Konstante, sondern eine Funktion des Zeigers ν sein soll. Wie im zweiten Falle teilen wir die Zahlen α_ν und Faktoren

$$f_\nu = \left(1-\frac{z}{\alpha_\nu}\right)e^{w_\nu}$$

in zwei Klassen, wo wir wieder α_ν zur ersten oder zweiten Klasse rechnen, je nachdem $|\alpha_\nu|$ unterhalb $2\,M$ liegt oder nicht.

Den beiden Klassen entsprechen wieder die Produkte

$$I = \prod_\nu^{1,n} f_\nu \qquad \text{und} \qquad II = \prod_\nu^{m,\infty} f_\nu.$$

Die Regularität von I in $\mathfrak{G}$ ist ohne weiteres einzusehen, so daß es sich lediglich um die Untersuchung von II handelt.

Wie im zweiten Falle schreiben wir

$$f_\nu = 1 + \varphi_\nu \quad \text{mit} \quad \varphi_\nu = e^{v_\nu} - 1 \quad \text{und} \quad v_\nu = -\frac{1}{p+1}q_\nu^{p+1} - \frac{1}{p+2}q_\nu^{p+2} - - \cdots.$$

Wie dort wird

$$V_\nu < \frac{1}{p\,2^p} \qquad \text{und} \qquad \Phi_\nu < e^\varepsilon V_\nu \qquad \text{mit} \quad \varepsilon = 1 : p\,2^p.$$

Die denkbar einfachste Funktion p von ν:

$$\boxed{p = \nu}$$

leistet bereits das Gewünschte.

Bei dieser Wahl von p wird nämlich ε ein echter Bruch, also $e^\varepsilon < e$ und

$$\Phi_\nu < \frac{e}{\nu\,2^\nu}.$$

Dann ist aber die Reihe

$$\Phi_m + \Phi_{m+1} + \Phi_{m+2} + \cdots$$

eine Minorante der konvergenten Reihe

$$\frac{e}{m\,2^m}+\frac{e}{(m+1)\,2^{m+1}}+\frac{e}{(m+2)\,2^{m+2}}+\cdots,$$

und die Funktion II verhält sich in $\mathfrak{G}$ regulär.
Mit I und II ist aber auch $g = I \cdot II$ in $\mathfrak{G}$ regulär.
Im dritten Falle stellt sonach

$$g(z) = \prod_{\nu}^{1,\infty}\left(1-\frac{z}{\alpha_\nu}\right)e^{w_\nu}$$

$$\text{mit} \quad w_\nu = q_\nu + \frac{1}{2}q_\nu^2 + \frac{1}{3}q_\nu^3 + \cdots + \frac{1}{\nu}q_\nu^\nu, \qquad q_\nu = \frac{z}{\alpha_\nu}$$

die gesuchte ganze Funktion dar.
Daß sie die vorgelegten Zahlen $\alpha_1, \alpha_2, \alpha_3, \ldots$ und nur diese zu Nullstellen hat, leuchtet ohne weiteres ein.
Das hier für w_ν gewählte Polynom

$$w_\nu = q_\nu + \frac{1}{2}q_\nu^2 + \frac{1}{3}q_\nu^3 + \cdots + \frac{1}{p}q_\nu^p$$

ist vom ν-ten Grade. Dieser Grad läßt sich noch beträchtlich herabdrücken. Es ist beispielsweise möglich, mit einem Polynom auszukommen, dessen Grad p die größte Ganzzahl ist, welche $l\nu$ nicht überschreitet:

$$p = \perp l\nu.$$

Um das einzusehen, teilen wir die Zahlen α_ν und entsprechend die Faktoren $f_\nu = \left(1-\frac{z}{\alpha_\nu}\right)e^{w_\nu}$ von neuem in zwei Klassen, indem wir die Zahl α_ν in die erste oder zweite Klasse tun, je nachdem ihr Betrag A_ν unterhalb $e^2 M$ liegt oder nicht. [Dabei wird stillschweigend vorausgesetzt, daß das Gebiet $\mathfrak{G}$ eine Reihe von Nullstellen α_ν enthält.]
Nun ist $Q_\nu < 1 : e^2$, also

$$\frac{1}{1-Q_\nu} < \frac{e^2}{e^2-1} < 2$$

und

$$V_\nu < \frac{2}{p+1}Q_\nu^{p+1},$$

sowie

$$e^{V_\nu} < e.$$

Bei unserer Wahl

$$p = \perp l\nu$$

wird

$$p+1 > l\nu,$$

mithin

$$Q_\nu^{p+1} < \frac{1}{e^{2l\nu}} = \frac{1}{\nu^2}$$

und

$$\Phi_\nu < V_\nu e^{V_\nu} < \frac{2e}{l\nu \cdot \nu^2}.$$

Folglich ist die Reihe

$$\Phi_m + \Phi_{m+1} + \Phi_{m+2} + \cdots$$

eine Minorante der konvergenten Reihe

$$\frac{2e}{m^2 l m} + \frac{2e}{(m+1)^2 l(m+1)} + \frac{2e}{(m+2)^2 l(m+2)} + \cdots$$

und damit in $\mathfrak{G}$ gleichmäßig konvergent.
Demnach ist (neben I auch) II in $\mathfrak{G}$ regulär. Folglich:
Im dritten Falle stellt

$$g(z) = \prod_{\nu}^{1,\infty} \left(1 - \frac{z}{\alpha_\nu}\right) e^{w_\nu}$$

$$\text{mit } w_\nu = q_\nu + \frac{1}{2} q_\nu^2 + \frac{1}{3} q_\nu^3 + \cdots + \frac{1}{p} q_\nu^p, \quad q_\nu = \frac{z}{\alpha_\nu}, \quad p = \perp l\nu$$

die gesuchte ganze Funktion mit den Nullstellen $\alpha_1, \alpha_2, \alpha_3, \ldots$ dar.
[Für $\nu < 3$ nimmt man, da hier die Formel für w_ν nicht paßt, einfach $w_\nu = 1$.]

§ 57. DIE UNENDLICHEN PRODUKTE FÜR $\sin z$ UND $\cos z$

I. Das unendliche Produkt für $\sin z$

Wir stellen uns die Aufgabe, die Funktion $\sin z$ in ein unendliches Produkt zu verwandeln.
Die Lösung der Aufgabe beruht auf der wiederholten Anwendung der Formel

$$\sin\varphi = 2\sin\frac{\varphi}{2}\sin\frac{\varphi+\pi}{2}.$$

Dieser Formel zufolge ist

$$\sin z = 2\sin\frac{z}{2}\sin\frac{z+\pi}{2},$$

darauf

$$\sin\frac{z}{2} = 2\sin\frac{z}{4}\sin\frac{z+2\pi}{4}, \qquad \sin\frac{z+\pi}{2} = 2\sin\frac{z+\pi}{4}\sin\frac{z+3\pi}{4},$$

mithin

$$\sin z = 2^3\sin\frac{z}{4}\sin\frac{z+\pi}{4}\sin\frac{z+2\pi}{4}\sin\frac{z+3\pi}{4},$$

sodann durch Anwendung der Formel auf jeden der vier rechtsstehenden Sinus

$$\sin z =$$
$$2^7\sin\frac{z}{8}\sin\frac{z+\pi}{8}\sin\frac{z+2\pi}{8}\sin\frac{z+3\pi}{8}\sin\frac{z+4\pi}{8}\sin\frac{z+5\pi}{8}\sin\frac{z+6\pi}{8}\sin\frac{z+7\pi}{8}$$

usf., so daß wir schließlich die Relation

$$\sin z = 2^n\sin\frac{z}{m}\sin\frac{z+\pi}{m}\sin\frac{z+2\pi}{m}\sin\frac{z+3\pi}{m}\cdots\cdot\sin\frac{z+n\pi}{m}$$

erhalten, in welcher $m = 2^g$ eine Potenz von 2 mit positiv ganzzahligem g und $n = m - 1$ ist.

In dieser Relation ersetzen wir $\sin\frac{z+(m-r)\pi}{m}$ für die ν Zeiger $r = 1, 2, 3, \ldots,$ $\nu = \mu - 1$ mit $m = 2\mu$ durch $\sin\frac{r\pi - z}{m}$, $\sin\frac{z+\mu\pi}{m}$ durch $\cos\frac{z}{m}$ und bekommen

$$\sin z = 2^n \sin\frac{z}{m}\cos\frac{z}{m}\cdot\sin\frac{z+\pi}{m}\sin\frac{z+2\pi}{m}\cdots\cdot\sin\frac{z+\nu\pi}{m}\cdot\sin\frac{\nu\pi - z}{m}$$
$$\cdot\cdots\sin\frac{2\pi - z}{m}\sin\frac{\pi - z}{m}$$

oder, unter Anwendung der Formel

$$\sin(\alpha+\beta)\sin(\alpha-\beta) = \sin^2\alpha - \sin^2\beta,$$

$$\frac{\sin z}{2^n\sin\frac{z}{m}\cos\frac{z}{m}} = \left(\sin^2\frac{\pi}{m} - \sin^2\frac{z}{m}\right)\left(\sin^2\frac{2\pi}{m} - \sin^2\frac{z}{m}\right)\cdots\cdot\left(\sin^2\frac{\nu\pi}{m} - \sin^2\frac{z}{m}\right).$$

Speziell wird für $z \to 0$ $\left[\text{da } \lim\left(\sin z : \sin\frac{z}{m}\right) = m \text{ ist}\right]$

$$\frac{m}{2^n} = \sin^2\frac{\pi}{m}\sin^2\frac{2\pi}{m}\cdots\cdot\sin^2\frac{\nu\pi}{m}.$$

Dividiert man die spezielle Formel in die allgemeine, so entsteht

$$\frac{\sin z}{m\sin\frac{z}{m}\cos\frac{z}{m}} = f_1 f_2 \cdots f_\nu \qquad \text{mit} \quad f_r = 1 - q_r$$

und
$$q_r = \sin^2\frac{z}{m} : \sin^2\frac{r\pi}{m}.$$

Wir wählen m sehr groß (später werden wir es unbegrenzt wachsen lassen) und spalten das Produkt der ν Faktoren f_r in die beiden Teilprodukte

$$\Pi_k = f_1 f_2 \cdots\cdot f_k \qquad \text{und} \qquad R_k = f_{k+1} f_{k+2}\cdots\cdot f_\nu,$$

unter k eine zwischen 1 und ν gelegene Ganzzahl verstanden.

Es handelt sich darum, R_k abzuschätzen. Es ist

$$|R_k - 1| = |(1-q_{k+1})(1-q_{k+2})\cdots\cdot(1-q_\nu) - 1|$$
$$< (1+Q_{k+1})(1+Q_{k+2})\cdots\cdot(1+Q_\nu) - 1,$$

wo Q_r den Betrag von q_r bedeutet.

Da nun nach der Ungleichung der Exponentialfunktion $e^{Q_r} > 1 + Q_r$ ist, so liegt die rechte Seite der gefundenen Ungleichung unterhalb $e^{S_k} - 1$, wo S_k die Summe $Q_{k+1} + Q_{k+2} + \cdots + Q_\nu$ bedeutet.

Wir suchen eine obere Schranke für S_k.

Dabei setzen wir den Betrag Z von z kleiner als $k\pi$ voraus.

Dann ist sicher $Z : m < \sqrt{3}$, also*

$$\left|\sin \frac{z}{m}\right| < 2\frac{Z}{m}.$$

Ferner ist für jeden unterhalb μ gelegenen Zeiger r der Winkel $r\pi : m < \pi : 2$, also

$$\sin \frac{r\pi}{m} > \frac{2r}{m}.$$

Aus den beiden letzten Ungleichungen folgt durch Division

$$Q_r < Z^2 : r^2$$

und hieraus

$$S_k < Z^2\left[\frac{1}{(k+1)^2} + \frac{1}{(k+2)^2} + \cdots + \frac{1}{\nu^2}\right].$$

Nun ist

$$\frac{1}{(k+1)^2} < \frac{1}{k} - \frac{1}{k+1}, \quad \frac{1}{(k+2)^2} < \frac{1}{k+1} - \frac{1}{k+2}, \quad \ldots \quad \frac{1}{\nu^2} < \frac{1}{\nu-1} - \frac{1}{\nu}.$$

Die Addition dieser $(\nu - k)$ Ungleichungen zeigt, daß die eckige Klammer unterhalb $1 : k$ liegt. Mithin wird

$$S_k < Z^2 : k,$$

womit die gesuchte obere Schranke für S_k gefunden ist.
Damit gilt die Abschätzungsformel

$$| R_k - 1 | < e^{Z^2 : k} - 1.$$

Aus ihr folgt noch

$$R_k = 1 + \Theta_k \left(e^{Z^2 : k} - 1\right),$$

wo Θ_k eine Zahl bedeutet, deren Betrag unterhalb 1 liegt.
Als Ergebnis unserer Untersuchung erscheint die Formel

$$\frac{\sin z}{m \sin \frac{z}{m} \cos \frac{z}{m}} = \Pi_k R_k,$$

in welcher

$$\Pi_k = (1 - q_1)(1 - q_2) \cdots (1 - q_k) \qquad \text{mit} \quad q_r = \sin^2 \frac{z}{m} : \sin^2 \frac{r\pi}{m}$$

und

$$R_k = 1 + \Theta_k \left(e^{Z^2 : k} - 1\right) \qquad \text{mit} \quad | \Theta_k | < 1$$

ist und $Z = | z | < k\pi$ angenommen wurde.

---

* Für $|z| = Z < r = \sqrt{3}$ ist laut Sinusreihe

$$|\sin z| < Z\left[1 + \frac{r^2}{3!} + \frac{r^4}{5!} + \cdots\right] < Z\left[1 + \frac{1}{2} + \frac{1}{2^2} + \cdots\right] = 2Z.$$

Wir halten jetzt k fest, lassen aber m unbegrenzt wachsen. Dann konvergiert in Π_k der Subtrahend q_r des r-ten Faktors gegen $z^2 : r^2 \pi^2$ und der Nenner der linken Seite unserer Formel gegen z. Daher gilt die Fundamentalformel

$$\frac{\sin z}{z} = \left(1 - \frac{z^2}{\pi^2}\right)\left(1 - \frac{z^2}{2^2 \pi^2}\right)\left(1 - \frac{z^2}{3^2 \pi^2}\right) \cdots \cdot \left(1 - \frac{z^2}{k^2 \pi^2}\right) \cdot \mathfrak{R}_k$$

mit $\quad \mathfrak{R}_k = 1 + \vartheta_k (e^{Z^2 : k} - 1) \quad$ und $\quad |\vartheta_k| \leqq 1.$

Lassen wir in ihr k unbegrenzt wachsen, so strebt $\mathfrak{R}_k$ gegen die Einheit, und wir erhalten das gesuchte

unendliche Produkt für die Sinusfunktion:

$$\boxed{\sin z = z\left(1 - \frac{z^2}{\pi^2}\right)\left(1 - \frac{z^2}{2^2 \pi^2}\right)\left(1 - \frac{z^2}{3^2 \pi^2}\right) \cdots}.$$

Die gefundene Produktentwicklung konvergiert in jedem endlichen Gebiet gleichmäßig gegen sin z.

II. Das unendliche Produkt für cos z

Um das unendliche Produkt für cos z zu bekommen, ersetzen wir in der Fundamentalformel einmal k durch die grade Zahl $2k$, einmal z durch $\frac{z}{2}$. Das gibt

$$\frac{\sin z}{z} = \left(1 - \frac{z^2}{\pi^2}\right)\left(1 - \frac{z^2}{2^2 \pi^2}\right)\left(1 - \frac{z^2}{3^2 \pi^2}\right)\left(1 - \frac{z^2}{4^2 \pi^2}\right) \cdots \cdot \left(1 - \frac{z^2}{(2k)^2 \pi^2}\right) \mathfrak{R}$$

mit $\quad \mathfrak{R} = 1 + \Theta (e^{Z^2 : 2k} - 1) \quad$ und $\quad |\Theta| \leqq 1$

und

$$\frac{2 \sin \frac{z}{2}}{z} = \left(1 - \frac{z^2}{2^2 \pi^2}\right)\left(1 - \frac{z^2}{4^2 \pi^2}\right)\left(1 - \frac{z^2}{6^2 \pi^2}\right)\left(1 - \frac{z^2}{8^2 \pi^2}\right) \cdots \cdot \left(1 - \frac{z^2}{(2k)^2 \pi^2}\right) \mathfrak{r}$$

mit $\quad \mathfrak{r} = 1 + \vartheta (e^{Z^2 : 4k} - 1) \quad$ und $\quad |\vartheta| \leqq 1.$

Durch Division dieser beiden Gleichungen entsteht

$$\cos \frac{z}{2} = \left(1 - \frac{z^2}{\pi^2}\right)\left(1 - \frac{z^2}{3^2 \pi^2}\right)\left(1 - \frac{z^2}{5^2 \pi^2}\right) \cdots \cdot \left(1 - \frac{z^2}{(2k-1)^2 \pi^2}\right) \cdot \frac{\mathfrak{R}}{\mathfrak{r}}.$$

Bei unbegrenzt wachsendem k verwandelt sich diese Gleichung in

$$\cos \frac{z}{2} = \left(1 - \frac{z^2}{\pi^2}\right)\left(1 - \frac{z^2}{3^2 \pi^2}\right)\left(1 - \frac{z^2}{5^2 \pi^2}\right) \cdots.$$

Ersetzen wir hier z durch $2z$, so ergibt sich schließlich das

unendliche Produkt für die Cosinusfunktion:

$$\boxed{\cos z = \left(1 - \frac{z^2}{\varkappa^2}\right)\left(1 - \frac{z^2}{3^2 \varkappa^2}\right)\left(1 - \frac{z^2}{5^2 \varkappa^2}\right) \cdots} \qquad \text{mit} \quad \varkappa = \frac{\pi}{2}.$$

Auch diese Produktentwicklung konvergiert in jedem endlichen Gebiet gleichmäßig.

Man bemerkt sofort, daß das für $\sin z$ bzw. $\cos z$ gefundene unendliche Produkt nur in *den* Punkten verschwindet, in denen $\sin z$ bzw. $\cos z$ eine Nullstelle hat.

Daß im übrigen die beiden gefundenen Produkte

$$z\left(1-\frac{z^2}{\pi^2}\right)\left(1-\frac{z^2}{2^2\pi^2}\right)\left(1-\frac{z^2}{3^2\pi^2}\right)\cdots \text{ und } \left(1-\frac{z^2}{\varkappa^2}\right)\left(1-\frac{z^2}{3^2\varkappa^2}\right)\left(1-\frac{z^2}{5^2\varkappa^2}\right)\cdots$$

sich in jedem endlichen Bereiche regulär verhalten, geht auch aus Weierstraß' Produktsatz hervor, insofern die Reihen

$$\frac{z^2}{\pi^2}+\frac{z^2}{2^2\pi^2}+\frac{z^2}{3^2\pi^2}+\cdots \qquad \text{und} \qquad \frac{z^2}{\varkappa^2}+\frac{z^2}{3^2\varkappa^2}+\frac{z^2}{5^2\varkappa^2}+\cdots$$

in jedem endlichen Bereiche gleichmäßig und absolut konvergieren.

§ 58. DIE REIHEN FÜR DIE VIER FUNKTIONEN $\sec z$, $\operatorname{tg} z$, $\operatorname{cosec} z$, $\operatorname{cotg} z$

Im vorigen Paragraphen fanden wir die beiden in jedem endlichen Bereiche der z-Ebene gleichmäßig konvergenten Produktentwicklungen der beiden Kreisfunktionen Sinus und Cosinus:

$$\sin z = z\left(1-\frac{z^2}{\pi^2}\right)\left(1-\frac{z^2}{2^2\pi^2}\right)\left(1-\frac{z^2}{3^2\pi^2}\right)\cdots,$$

$$\cos z = \left(1-\frac{z^2}{\varkappa^2}\right)\left(1-\frac{z^2}{3^2\varkappa^2}\right)\left(1-\frac{z^2}{5^2\varkappa^2}\right)\cdots, \qquad \left(\varkappa=\frac{\pi}{2}\right).$$

Nach dem Korollar zum Produktsatz (§ 53) konvergiert die Summe der bezogenen Ableitungen der Faktoren jedes dieser beiden Produkte in jedem endlichen Bereich $\mathfrak{B}$, in dem kein Faktor des Produkts verschwindet, gleichmäßig und stellt in $\mathfrak{B}$ die bezogene Ableitung des Produkts dar.

Folglich ist in $\mathfrak{B}$

$$\frac{\cos z}{\sin z}=\frac{1}{z}-\frac{2z}{\pi^2-z^2}-\frac{2z}{2^2\pi^2-z^2}-\frac{2z}{3^2\pi^2-z^2}-\cdots,$$

$$\frac{-\sin z}{\cos z}= -\frac{2z}{\varkappa^2-z^2}-\frac{2z}{3^2\varkappa^2-z^2}-\frac{2z}{5^2\varkappa^2-z^2}-\cdots, \qquad \left(\varkappa=\frac{\pi}{2}\right)$$

oder

$$\text{(1)} \qquad \pi^2\cdot\frac{\frac{1}{z}-\operatorname{cotg} z}{2z}=\frac{1:1^2}{1-\frac{z^2}{\pi^2}}+\frac{1:2^2}{1-\frac{z^2}{2^2\pi^2}}+\frac{1:3^2}{1-\frac{z^2}{3^2\pi^2}}+\cdots,$$

$$\text{(2)} \qquad \varkappa^2\cdot\frac{\operatorname{tg} z}{2z}=\frac{1:1^2}{1-\frac{z^2}{\varkappa^2}}+\frac{1:3^2}{1-\frac{z^2}{3^2\varkappa^2}}+\frac{1:5^2}{1-\frac{z^2}{5^2\varkappa^2}}+\cdots.$$

Nun gestattet jeder der rechtsseitigen Brüche der Gleichung (1) bzw. (2) in einem um den Ursprung O als Zentrum beschriebenen Kreise $\mathfrak{C}$ bzw. $\mathfrak{K}$ mit einem unterhalb π bzw. $\varkappa$ liegenden Radius die Entwicklung in eine gleichmäßig konvergente geometrische Reihe.

Das gibt für die rechte Seite von (1) die Doppelreihe

$$\left.\begin{array}{l} \frac{1}{1^2}+\frac{1}{1^4}\frac{z^2}{\pi^2}+\frac{1}{1^6}\frac{z^4}{\pi^4}+\frac{1}{1^8}\frac{z^6}{\pi^6}+\cdots \\ \frac{1}{2^2}+\frac{1}{2^4}\frac{z^2}{\pi^2}+\frac{1}{2^6}\frac{z^4}{\pi^4}+\frac{1}{2^8}\frac{z^6}{\pi^6}+\cdots \\ \frac{1}{3^2}+\frac{1}{3^4}\frac{z^2}{\pi^2}+\frac{1}{3^6}\frac{z^4}{\pi^4}+\frac{1}{3^8}\frac{z^6}{\pi^6}+\cdots \\ \frac{1}{4^2}+\frac{1}{4^4}\frac{z^2}{\pi^2}+\frac{1}{4^6}\frac{z^4}{\pi^4}+\frac{1}{4^8}\frac{z^6}{\pi^6}+\cdots \end{array}\right\}, \qquad |z|<\pi,$$

für die rechte Seite von (2) die Doppelreihe

$$\left.\begin{array}{l} \frac{1}{1^2}+\frac{1}{1^4}\frac{z^2}{\varkappa^2}+\frac{1}{1^6}\frac{z^4}{\varkappa^4}+\frac{1}{1^8}\frac{z^6}{\varkappa^6}+\cdots \\ \frac{1}{3^2}+\frac{1}{3^4}\frac{z^2}{\varkappa^2}+\frac{1}{3^6}\frac{z^4}{\varkappa^4}+\frac{1}{3^8}\frac{z^6}{\varkappa^6}+\cdots \\ \frac{1}{5^2}+\frac{1}{5^4}\frac{z^2}{\varkappa^2}+\frac{1}{5^6}\frac{z^4}{\varkappa^4}+\frac{1}{5^8}\frac{z^6}{\varkappa^6}+\cdots \\ \frac{1}{7^2}+\frac{1}{7^4}\frac{z^2}{\varkappa^2}+\frac{1}{7^6}\frac{z^4}{\varkappa^4}+\frac{1}{7^8}\frac{z^6}{\varkappa^6}+\cdots \end{array}\right\}, \qquad |z|<\varkappa.$$

Da die rechte Seite von (1) bzw. (2) in $\mathfrak{C}$ bzw. $\mathfrak{K}$ gleichmäßig konvergiert, so gestattet nach Weierstraß' Doppelreihensatz jede der beiden Doppelreihen die spaltenweise Addition. Um diese bequem ausführen zu können, setzen wir abkürzungsweise

$$S_n=\frac{1}{1^n}+\frac{1}{2^n}+\frac{1}{3^n}+\frac{1}{4^n}+\cdots, \qquad U_n=\frac{1}{1^n}+\frac{1}{3^n}+\frac{1}{5^n}+\frac{1}{7^n}+\cdots.$$

Wir bekommen dann als Summe der ersten Doppelreihe die in $\mathfrak{C}$ reguläre Funktion

$$S_2+S_4\frac{z^2}{\pi^2}+S_6\frac{z^4}{\pi^4}+S_8\frac{z^6}{\pi^6}+\cdots,$$

als Summe der zweiten die in $\mathfrak{K}$ reguläre Funktion

$$U_2+U_4\frac{z^2}{\varkappa^2}+U_6\frac{z^4}{\varkappa^4}+U_8\frac{z^6}{\varkappa^6}+\cdots,$$

wobei nicht unerwähnt bleiben darf, daß sich die Größen U_n durch die S_n gemäß der ohne weiteres ersichtlichen Formel

$$U_n=S_n-\frac{1}{2^n}S_n$$

ausdrücken lassen.

Setzen wir die gefundenen Potenzreihen für die rechten Seiten von (1) und (2) ein, so haben wir die Entwicklungen

$$(1') \qquad \frac{\frac{1}{z}-\cot z}{2}=\frac{S_2}{\pi^2}z+\frac{S_4}{\pi^4}z^3+\frac{S_6}{\pi^6}z^5+\cdots, \qquad |z|<\pi,$$

$$(2') \qquad \frac{\operatorname{tg} z}{2}=\frac{U_2}{\varkappa^2}z+\frac{U_4}{\varkappa^4}z^3+\frac{U_6}{\varkappa^6}z^5+\cdots, \qquad |z|<\varkappa$$

für die Funktionen $\cot z$ und $\operatorname{tg} z$.
Daß die Konvergenzradien der gefundenen Potenzreihen π und $\varkappa$ sind, folgt sofort aus der Tatsache, daß die dem Ursprung zunächst liegende singuläre Stelle der Funktion $\frac{1}{z}-\cot z$ bzw. $\operatorname{tg} z$ die Stelle π bzw. $\varkappa$ ist.
Um eine Potenzreihe für die Funktion

$$\operatorname{cosec} z=\frac{1}{\sin z}$$

zu erhalten, gehen wir aus von der obigen Reihe

$$\cot z=\frac{1}{z}-\frac{2z}{\pi^2-z^2}-\frac{2z}{2^2\pi^2-z^2}-\frac{2z}{3^2\pi^2-z^2}-\cdots$$

und wenden sie auf die bekannte trigonometrische Formel

$$\frac{1}{\sin z}=\cot\frac{z}{2}-\cot z$$

an. Das gibt

$$\frac{1}{\sin z}=\frac{1}{z}+\frac{2z}{\pi^2-z^2}-\frac{2z}{2^2\pi^2-z^2}+\frac{2z}{3^2\pi^2-z^2}-\frac{2z}{4^2\pi^2-z^2}+-\cdots$$

oder

$$(3) \qquad \pi^2\cdot\frac{\frac{1}{\sin z}-\frac{1}{z}}{2z}=\frac{1:1^2}{1-\frac{z^2}{\pi^2}}-\frac{1:2^2}{1-\frac{z^2}{2^2\pi^2}}+\frac{1:3^2}{1-\frac{z^2}{3^2\pi^2}}-\frac{1:4^2}{1-\frac{z^2}{4^2\pi^2}}+-\cdots.$$

Behandeln wir Gleichung (3) in derselben Weise wie oben Gleichung (1), so ergibt sich

$$(3') \qquad \frac{\frac{1}{\sin z}-\frac{1}{z}}{2}=\frac{s_2}{\pi^2}z+\frac{s_4}{\pi^4}z^3+\frac{s_6}{\pi^6}z^5+\cdots, \qquad |z|<\pi$$

mit

$$s_n=\frac{1}{1^n}-\frac{1}{2^n}+\frac{1}{3^n}-\frac{1}{4^n}+-\cdots.$$

Wenn man will, kann man hier s_n durch S_n ausdrücken:

$$s_n=U_n-\frac{1}{2^n}S_n=S_n-\frac{1}{2^{n-1}}S_n=\frac{2^{n-1}-1}{2^{n-1}}S_n$$

und erhält dann

$$\frac{\frac{1}{\sin z}-\frac{1}{z}}{2}=\frac{2^1-1}{2^1}\frac{S_2}{\pi^2}z+\frac{2^3-1}{2^3}\frac{S_4}{\pi^4}z^3+\frac{2^5-1}{2^5}\frac{S_6}{\pi^6}z^5+\cdots.$$

Um schließlich noch eine Potenzreihe für die Funktion sec z zu gewinnen, schreiben wir die obige Formel

$$\frac{1}{\sin z}=\frac{1}{z}+\frac{2z}{\pi^2-z^2}-\frac{2z}{2^2\pi^2-z^2}+\frac{2z}{3^2\pi^2-z^2}-+\cdots$$

zunächst

$$\frac{1}{\sin z}=\frac{1}{z}+\left(\frac{1}{\pi-z}-\frac{1}{\pi+z}\right)-\left(\frac{1}{2\pi-z}-\frac{1}{2\pi+z}\right)+\left(\frac{1}{3\pi-z}-\frac{1}{3\pi+z}\right)-+\cdots,$$

ersetzen dann in ihr z durch $\varkappa - z$, schreiben

$$\sec z=\left(\frac{1}{\varkappa-z}+\frac{1}{\varkappa+z}\right)-\left(\frac{1}{3\varkappa-z}+\frac{1}{3\varkappa+z}\right)+\left(\frac{1}{5\varkappa-z}+\frac{1}{5\varkappa+z}\right)-+\cdots$$

und haben

$$\frac{\sec z}{\pi}=\frac{1}{\varkappa^2-z^2}-\frac{3}{3^2\varkappa^2-z^2}+\frac{5}{5^2\varkappa^2-z^2}-\frac{7}{7^2\varkappa^2-z^2}+-\cdots$$

oder

$$\varkappa\frac{\sec z}{2}=\frac{1}{1-\frac{z^2}{\varkappa^2}}-\frac{1:3}{1-\frac{z^2}{3^2\varkappa^2}}+\frac{1:5}{1-\frac{z^2}{5^2\varkappa^2}}-\frac{1:7}{1-\frac{z^2}{7^2\varkappa^2}}+-\cdots. \tag{4}$$

Hier formen wir die rechte Seite der Gleichung, uns auf z-Werte des Gebiets $|z|<\varkappa$ beschränkend, in derselben Weise um, wie wir es oben schon dreimal getan haben, und erhalten die Doppelreihe

$$\left.\begin{array}{l} 1+\frac{z^2}{\varkappa^2}+\frac{z^4}{\varkappa^4}+\frac{z^6}{\varkappa^6}+\cdots \\ -\frac{1}{3}-\frac{1}{3^3}\frac{z^2}{\varkappa^2}-\frac{1}{3^5}\frac{z^4}{\varkappa^4}-\frac{1}{3^7}\frac{z^6}{\varkappa^6}-\cdots \\ +\frac{1}{5}+\frac{1}{5^3}\frac{z^2}{\varkappa^2}+\frac{1}{5^5}\frac{z^4}{\varkappa^4}+\frac{1}{5^7}\frac{z^6}{\varkappa^6}+\cdots \\ -\frac{1}{7}-\frac{1}{7^3}\frac{z^2}{\varkappa^2}-\frac{1}{7^5}\frac{z^4}{\varkappa^4}-\frac{1}{7^7}\frac{z^6}{\varkappa^6}-\cdots \\ \cdot\quad\cdot\quad\cdot\quad\cdot\quad\cdot\quad\cdot\quad\cdot\quad\cdot\quad\cdots \end{array}\right\},\qquad |z|<\varkappa.$$

Da die rechte Seite von (4) in $\mathfrak{K}$ gleichmäßig konvergiert, so gestattet auch diese Doppelreihe die spaltenweise Addition, und die Summe der Doppelreihe wird die in $\mathfrak{K}$ reguläre Reihe

$$u_1+u_3\frac{z^2}{\varkappa^2}+u_5\frac{z^4}{\varkappa^4}+u_7\frac{z^6}{\varkappa^6}+\cdots\qquad \text{mit}\quad u_n=\frac{1}{1^n}-\frac{1}{3^n}+\frac{1}{5^n}-\frac{1}{7^n}+-\cdots.$$

Damit entsteht die Entwicklung

(4′) $$\frac{\sec z}{2} = \frac{u_1}{\varkappa} + \frac{u_3}{\varkappa^3} z^2 + \frac{u_5}{\varkappa^5} z^4 + \frac{u_7}{\varkappa^7} z^6 + \cdots, \qquad |z| < \varkappa$$

für die Secansfunktion.

Unser Ziel ist erreicht: wir haben die vier Funktionen

$$\sec z, \qquad \operatorname{tg} z, \qquad \operatorname{cosec} z, \qquad \operatorname{cotg} z$$

in Potenzreihen entwickelt.

Es wird nicht überflüssig sein, die vier diesbezüglichen Formeln zusammenzustellen:

$$\left.\begin{aligned} \sec z &= 2\frac{u_1}{\varkappa} + 2\frac{u_3}{\varkappa^3} z^2 + 2\frac{u_5}{\varkappa^5} z^4 + \cdots \\ \operatorname{tg} z &= 2\frac{U_2}{\varkappa^2} z + 2\frac{U_4}{\varkappa^4} z^3 + 2\frac{U_6}{\varkappa^6} z^5 + \cdots \end{aligned}\right\} \quad |z| < \varkappa$$

$$\left.\begin{aligned} \csc z &= \frac{1}{z} + 2\frac{s_2}{\pi^2} z + 2\frac{s_4}{\pi^4} z^3 + 2\frac{s_6}{\pi^6} z^5 + \cdots \\ \cot z &= \frac{1}{z} - 2\frac{S_2}{\pi^2} z - 2\frac{S_4}{\pi^4} z^3 - 2\frac{S_6}{\pi^6} z^5 - \cdots \end{aligned}\right\} \quad |z| < \pi.$$

Dabei ist

$$S_n = \frac{1}{1^n} + \frac{1}{2^n} + \frac{1}{3^n} + \frac{1}{4^n} + \cdots, \qquad U_n = \frac{1}{1^n} + \frac{1}{3^n} + \frac{1}{5^n} + \frac{1}{7^n} + \cdots,$$

$$s_n = \frac{1}{1^n} - \frac{1}{2^n} + \frac{1}{3^n} - \frac{1}{4^n} + - \cdots, \qquad u_n = \frac{1}{1^n} - \frac{1}{3^n} + \frac{1}{5^n} - \frac{1}{7^n} + - \cdots,$$

und außerdem hat man die Relationen

$$U_n = S_n - \frac{1}{2^n} S_n, \qquad s_n = S_n - \frac{1}{2^{n-1}} S_n.$$

Von hohem Interesse ist der (auf der Methode der unbestimmten Koeffizienten beruhende) Vergleich der hier für $\sec z$ und $\operatorname{tg} z$ gefundenen Potenzreihen mit den für diese Funktionen im § 32 gewonnenen Potenzreihen. Nach den dortigen Ergebnissen ist

$$\sec z = e_0 + e_2 \frac{z^2}{2!} + e_4 \frac{z^4}{4!} + e_6 \frac{z^6}{6!} + \cdots,$$

$$\operatorname{tg} z = e_1 z + e_3 \frac{z^3}{3!} + e_5 \frac{z^5}{5!} + e_7 \frac{z^7}{7!} + \cdots,$$

wobei sich die Koeffizienten $e_0, e_1, e_2, \ldots$ sukzessive vermöge der Rekursionsformel

$$e_n - n_2 e_{n-2} + n_4 e_{n-4} - n_6 e_{n-6} + - \ldots = \sin n\varkappa$$

und der beiden Anfangskoeffizienten $e_0 = 1$, $e_1 = 1$ bestimmen.

Es ist also z. B.

$$e_0 = 1, \quad e_1 = 1, \quad e_2 = 1, \quad e_3 = 2, \quad e_4 = 5, \quad e_5 = 16, \quad e_6 = 61, \quad e_7 = 272, \ldots$$

Aus der Vergleichung der beiden Secansreihen entspringt die Formel

$$\text{(I)} \qquad 2\frac{u_m}{\varkappa^m}=\frac{e_n}{n!} \qquad \text{mit} \quad n=m-1$$

aus der der beiden Tangensreihen die Formel

$$\text{(II)} \qquad 2\frac{U_n}{\varkappa^n}=\frac{e_m}{m!} \qquad \text{mit} \quad m=n-1,$$

wobei in (I) m eine beliebige ungrade, in (II) n eine beliebige grade Zahl ist. Die beiden Formeln (I) und (II) *gestatten die Berechnung der unendlichen Reihen*

$$u_m=\frac{1}{1^m}-\frac{1}{3^m}+\frac{1}{5^m}-\frac{1}{7^m}+-\cdots \text{ für ungrade } m$$

und

$$U_n=\frac{1}{1^n}+\frac{1}{3^n}+\frac{1}{5^n}+\frac{1}{7^n}+\cdots \quad \text{für grade } n.$$

So wird z. B. (die Leibnizsche Reihe)

$$u_1=\frac{1}{1}-\frac{1}{3}+\frac{1}{5}-\frac{1}{7}+-\cdots=\frac{\pi}{4},$$

dann

$$u_3=\frac{1}{1^3}-\frac{1}{3^3}+\frac{1}{5^3}-\frac{1}{7^3}+-\cdots=\frac{\pi^3}{32},$$

$$u_5=\frac{1}{1^5}-\frac{1}{3^5}+\frac{1}{5^5}-\frac{1}{7^5}+-\cdots=\frac{5}{1536}\pi^5,$$

ferner

$$U_2=\frac{1}{1^2}+\frac{1}{3^2}+\frac{1}{5^2}+\frac{1}{7^2}+\cdots=\frac{\pi^2}{8},$$

$$U_4=\frac{1}{1^4}+\frac{1}{3^4}+\frac{1}{5^4}+\frac{1}{7^4}+\cdots=\frac{\pi^4}{96},$$

$$U_6=\frac{1}{1^6}+\frac{1}{3^6}+\frac{1}{5^6}+\frac{1}{7^6}+\cdots=\frac{\pi^6}{960} \qquad \text{usw.}$$

Aus U_n läßt sich schließlich vermöge der Formel

$$S_n=\frac{2^n}{2^n-1}U_n$$

auch die unendliche Reihe

$$S_n=\frac{1}{1^n}+\frac{1}{2^n}+\frac{1}{3^n}+\frac{1}{4^n}+\cdots$$

für grades n berechnen. Das gibt z. B.

$$S_2=\frac{1}{1^2}+\frac{1}{2^2}+\frac{1}{3^2}+\frac{1}{4^2}+\cdots=\frac{\pi^2}{6},$$

$$S_4=\frac{1}{1^4}+\frac{1}{2^4}+\frac{1}{3^4}+\frac{1}{4^4}+\cdots=\frac{\pi^4}{90},$$

$$S_6=\frac{1}{1^6}+\frac{1}{2^6}+\frac{1}{3^6}+\frac{1}{4^6}+\cdots=\frac{\pi^6}{945},$$

$$S_8=\frac{1}{1^8}+\frac{1}{2^8}+\frac{1}{3^8}+\frac{1}{4^8}+\cdots=\frac{\pi^8}{9450}.$$

Zur Abrundung unserer Untersuchung betrachten wir noch den

Zusammenhang zwischen den Summen S_n und den Bernoullizahlen $\mathfrak{B}^n$.

Wir verabreden zunächst die Ausdrücke $(z+\mathfrak{B})^n$, $e^{\mathfrak{B}z}$, $\sin \mathfrak{B}z$ usw. als abgekürzte Schreibungen für die Summen

$$z^n\mathfrak{B}^0 + n_1 z^{n-1}\mathfrak{B}^1 + n_2 z^{n-2}\mathfrak{B}^2 + \cdots,$$

$$\mathfrak{B}^0 + \mathfrak{B}^1\frac{z^1}{1!} + \mathfrak{B}^2\frac{z^2}{2!} + \mathfrak{B}^3\frac{z^3}{3!} + \cdots,$$

$$\mathfrak{B}^1\frac{z^1}{1!} - \mathfrak{B}^3\frac{z^3}{3!} + \mathfrak{B}^5\frac{z^5}{5!} - + \cdots,$$

in denen die Größen

$$\mathfrak{B}^0 = 1,\ \mathfrak{B}^1,\ \mathfrak{B}^2,\ \mathfrak{B}^3, \ldots.$$

keine Potenzen, sondern die nullte, erste, zweite, dritte, ... *Bernoullizahl* bedeuten sollen, wobei die Bernoullizahlen

$$\mathfrak{B}^1,\quad \mathfrak{B}^2,\quad \mathfrak{B}^3, \ldots.$$

durch das unendliche System von Rekursionsformeln

$$\boxed{(\mathfrak{B}-1)^n = \mathfrak{B}^n} \qquad \text{mit } n = 2,\ 3,\ 4,\ 5, \ldots.$$

definiert sind. Wie man auf dieses System kommt, wird man weiter unten sehen.

Die ersten Gleichungen des Systems lauten

$$-2\mathfrak{B}^1 + 1 = 0,$$
$$-3\mathfrak{B}^2 + 3\mathfrak{B}^1 - 1 = 0,$$
$$-4\mathfrak{B}^3 + 6\mathfrak{B}^2 - 4\mathfrak{B}^1 + 1 = 0,$$
$$\cdots\cdots\cdots\cdots\cdots\cdots$$

Sie liefern sukzessive

$$\mathfrak{B}^1 = \frac{1}{2},\ \mathfrak{B}^2 = \frac{1}{6},\ \mathfrak{B}^3 = 0,\ \mathfrak{B}^4 = -\frac{1}{30},\ \mathfrak{B}^5 = 0,\ \mathfrak{B}^6 = \frac{1}{42},$$

$$\mathfrak{B}^7 = 0,\ \mathfrak{B}^8 = -\frac{1}{30},\ \mathfrak{B}^9 = 0,\ \mathfrak{B}^{10} = \frac{5}{66},\ \cdots$$

Daß mit Ausnahme von $\mathfrak{B}^1$ *alle Bernoullizahlen mit ungradem Zeiger verschwinden,* folgt so:

Es ist

$$\begin{aligned}(\mathfrak{B}+1)^n &= \mathfrak{B}^n + n_1\mathfrak{B}^{n-1} + n_2\mathfrak{B}^{n-2} + \cdots + n_1\mathfrak{B}^1 + 1\\ &= (\mathfrak{B}-1)^n + n_1(\mathfrak{B}-1)^{n-1} + n_2(\mathfrak{B}-1)^{n-2} + \cdots + n_1(\mathfrak{B}-1)^1 + 1 + n\\ &= (\mathfrak{B}-1+1)^n + n = \mathfrak{B}^n + n.\end{aligned}$$

Daher gilt die neue Rekursionsformel

$$\boxed{(\mathfrak{B}+1)^n - \mathfrak{B}^n = n},$$

welche ebenfalls zur sukzessiven Berechnung von $\mathfrak{B}^1$, $\mathfrak{B}^2$, $\mathfrak{B}^3$, ... dienen kann.

Ersetzen wir in ihr $\mathfrak{B}^n$ durch $(\mathfrak{B}-1)^n$, so entsteht die dritte Rekursionsformel

$$\boxed{(\mathfrak{B}+1)^n-(\mathfrak{B}-1)^n=n},$$

welche den Nachweis der Gleichung

$$\mathfrak{B}^m=0$$

bei ungradem m sofort liefert.

Die Formel schreibt sich für *grades* n

$$n_1\,\mathfrak{B}^1+n_3\,\mathfrak{B}^3+n_5\,\mathfrak{B}^5+\cdots=\frac{n}{2}$$

oder wegen $\mathfrak{B}^1=\dfrac{1}{2}$

$$n_3\,\mathfrak{B}^3+n_5\,\mathfrak{B}^5+n_7\,\mathfrak{B}^7+\ldots=0\,.$$

Setzen wir in dieser Gleichung sukzessive $n=4,\ 6,\ 8,\ 10,\ldots$, so ergibt sich

$$\mathfrak{B}^3=0,\qquad \mathfrak{B}^5=0,\qquad \mathfrak{B}^7=0,\qquad \text{usw.}$$

Die einfachste, historisch wahrscheinlich erste Anwendung der Bernoullizahlen ist die Ermittlung der

Summe der n-ten Potenzen der ersten z natürlichen Zahlen:

Wir setzen $m=n+1$ und haben nach dem binomischen Satze

$$(z+\mathfrak{B})^m-(z+\mathfrak{B}-1)^m=m\,z^n+\left\{\begin{array}{l} m_2\,z^{n-1}\,[\mathfrak{B}^2-(\mathfrak{B}-1)^2]\\ m_3\,z^{n-2}\,[\mathfrak{B}^3-(\mathfrak{B}-1)^3]\\ m_4\,z^{n-3}\,[\mathfrak{B}^4-(\mathfrak{B}-1)^4]\\ \ldots\ldots\ldots\ldots\ldots\ldots\ldots\ldots \end{array}\right.$$

Hier verschwinden rechts sämtliche eckigen Klammern (Definition der Bernoullizahlen!), und es bleibt

$$(z+\mathfrak{B})^m-(z-1+\mathfrak{B})^m=m\,z^n.$$

In dieser Relation setzen wir statt z sukzessive $1, 2, 3, \ldots., z$ und addieren die entstehenden z Gleichungen. Das gibt

$$(z+\mathfrak{B})^m-\mathfrak{B}^m=m\,(1^n+2^n+\cdots+z^n)\,.$$

Folglich:

Die Summe der n-ten Potenzen der ersten z natürlichen Zahlen hat den Wert

$$\boxed{1^n+2^n+3^n+\cdots+z^n=\frac{(z+\mathfrak{B})^m-\mathfrak{B}^m}{m}},\qquad m=n+1.$$

So ist z. B.

$$1^2+2^2+3^2+\cdots+z^2=\frac{z^3+3\,z^2\,\mathfrak{B}^1+3\,z\,\mathfrak{B}^2}{3}=\frac{1}{6}\,z\,(z+1)\,(2\,z+1),$$

$$1^3+2^3+3^3+\cdots+z^3=\frac{z^4+4\,z^3\,\mathfrak{B}^1+6\,z^2\,\mathfrak{B}^2+4\,z\,\mathfrak{B}^3}{4}=\left(z\,\frac{z+1}{2}\right)^2.$$

Wir stellen uns jetzt die

Aufgabe: *Die analytische Funktion*

$$f(z) = \frac{z}{1 - e^{-z}}$$

um den Punkt $z = 0$ in eine Taylorreihe zu entwickeln.

Wir setzen an
$$f(z) = \sum_0^\infty B_n \frac{z^n}{n!}, \qquad (B_0 = 1).$$

Da die dem Ursprunge am nächsten liegende Singularität von $f(z)$ der Pol $z = 2\pi i$ ist, so hat der Konvergenzkreis $\mathfrak{K}$ der Reihe den Radius 2π. Wir haben nun

$$z = \left(\frac{z^1}{1!} - \frac{z^2}{2!} + \frac{z^3}{3!} - \frac{z^4}{4!} + - \cdots\right) \cdot \sum_0^\infty B_n \frac{z^n}{n!},$$

wo beide Faktoren der rechten Seite für $|z| < 2\pi$ absolut konvergente Reihen sind, die also nach Cauchys Multiplikationsregel multipliziert werden dürfen (§ 10). Für den Koeffizient von z^m mit $m = n + 1$ des entstehenden Produkts ergibt sich dabei der Wert

$$\frac{B_n}{n!\,1!} - \frac{B_{n-1}}{(n-1)!\,2!} + \frac{B_{n-2}}{(n-2)!\,3!} - + \cdots + \iota^n \frac{B_0}{0!\,m!}$$
$$= \frac{1}{m!}\left[m_1 B_n - m_2 B_{n-1} + m_3 B_{n-3} - + \cdots\right].$$

Da jener Koeffizient aber verschwindet, ist

$$m_1 B_n - m_2 B_{n-1} + m_3 B_{n-3} - + \cdots = 0.$$

Vergleichen wir diese Relation mit der gleichgebauten Bestimmungsgleichung

$$\mathfrak{B}^m - (\mathfrak{B} - 1)^m = 0$$

oder

$$m_1 \mathfrak{B}^n - m_2 \mathfrak{B}^{n-1} + m_3 \mathfrak{B}^{n-2} - + \cdots = 0$$

der Bernoullizahlen, so erkennen wir, daß

$$B_n = \mathfrak{B}^n$$

ist.

Daher wird
$$f(z) = \sum_0^\infty \mathfrak{B}^n \frac{z^n}{n!} = e^{\mathfrak{B} z},$$

und wir erhalten die einfache Formel

$$\boxed{\frac{z}{1 - e^{-z}} = e^{\mathfrak{B} z}}, \qquad |z| < 2\pi.$$

Von ihr zur Taylorentwicklung der Funktion $z \cot z$ ist nur ein Schritt. Wir subtrahieren zunächst beiderseits $\frac{1}{2} z$ und bekommen die Gleichung

$$\frac{z}{2}\,\frac{e^z + 1}{e^z - 1} = e^{\mathfrak{B} z} - \frac{1}{2} z.$$

In ihr ersetzen wir z durch $2\,iz$ und erhalten

$$i z \frac{e^{iz}+e^{-iz}}{e^{iz}-e^{-iz}} = e^{2\mathfrak{B} iz} - iz$$

oder

$$z \cot z = 1 - \frac{(2\,\mathfrak{B}\,z)^2}{2!} + \frac{(2\,\mathfrak{B}\,z)^4}{4!} - + \cdots$$

oder endlich

$$\boxed{z \cot z = \cos 2\,\mathfrak{B}\,z} \qquad |z| < \pi,$$

womit die Taylorentwicklung der Funktion $z \cot z$ gefunden ist.
Nunmehr haben wir zwei Potenzreihen für $z \cot z$, die oben gewonnene:

$$z \cot z = 1 - 2\frac{S_2}{\pi^2} z^2 - 2\frac{S_4}{\pi^4} z^4 - 2\frac{S_6}{\pi^6} z^6 - \cdots$$

und die soeben gefundene:

$$z \cot z = 1 - \frac{2^2}{2!}\mathfrak{B}^2 z^2 + \frac{2^4}{4!}\mathfrak{B}^4 z^4 - \frac{2^6}{6!}\mathfrak{B}^6 z^6 + - \cdots.$$

Ihr Vergleich vermittelt uns den oben angekündigten

Zusammenhang
zwischen den Potenzsummen S_n und den Bernoullizahlen $\mathfrak{B}^n$:

$$\boxed{2\,S_n = -\,i^{\frac{n}{2}} \frac{(2\,\pi)^n}{n!}\mathfrak{B}^n}.$$

In dieser fundamentalen Formel bedeutet n eine beliebige positive *grade* Zahl.

§ 59. DER SATZ VON MITTAG-LEFFLER

Der Satz des schwedischen Mathematikers G. Mittag-Leffler enthält die Lösung der wichtigen *Aufgabe*
„*Eine analytische Funktion mit vorgeschriebenen Singularitäten zu konstruieren*“.
Diese Singularitäten sind dabei wie folgt gegeben zu denken:
Vorgelegt sind in der z-Ebene unendlich viele diskrete Punkte, die im Endlichen nirgends eine Häufungsstelle besitzen, die sich demgemäß in einer Folge

$$c_0,\quad c_1,\quad c_2,\quad c_3,\ \ldots$$

mit monoton wachsenden Beträgen anordnen lassen, so daß also für je zwei sukzessive Zeiger n und $m = n + 1$

$$|c_n| \leq |c_m| \qquad \text{und} \qquad c_m \neq c_n$$

ist und außerdem $|c_n|$ mit unbegrenzt wachsendem Zeiger n unbegrenzt zunimmt.
Die gesuchte Funktion $f(z)$ soll in den Punkten $c_0, c_1, c_2, \ldots$ — und nur in diesen Punkten — Singularitäten besitzen, so daß sie in der Umgebung des

Punktes c_n in eine Laurentreihe entwickelbar ist, wobei die Koeffizienten des Hauptteils

$$H_n(z) = \frac{A_n}{u} + \frac{B_n}{u^2} + \frac{C_n}{u^3} + \cdots \qquad \text{mit} \quad u = z - c_n$$

dieser Entwicklung *als bekannt* anzusehen sind.
Sodann lautet der

Satz von Mittag-Leffler:

Zu jedem singulären Punkte c_n läßt sich ein Polynom

$$P_n(z) = \alpha_n + \beta_n z + \gamma_n z^2 + \cdots$$

N-ten Grades von z angeben (wobei N eine ganzzahlige Funktion von n ist) *derart, daß die Funktion*

$$f(z) = \sum_n^{0,\infty} [H_n(z) - P_n(z)]$$

1° *in jedem endlichen Gebiete analytisch ist,*
2° *genau die vorgeschriebenen Singularitäten $c_0, c_1, c_2, \ldots$ besitzt..*

Der Beweis dieses Satzes ist recht einfach. Die Funktion $H_n(z)$ verhält sich im Innern des Kreises $|z| = |c_n|$ [sofern nicht ausnahmsweise $c_0 = 0$ ist] regulär, stellt also erst recht im Kreise $|z| \leqq \frac{1}{2}|c_n|$ eine Regulärfunktion dar, die sich in eine in diesem Kreise gleichmäßig konvergente Reihe

$$\mathfrak{P}_n(z) = \alpha_n + \beta_n z + \gamma_n z^2 + \cdots \qquad [= H_n(z)]$$

entwickeln läßt.
Wir wählen die Zahl N derart, daß die Summe $P_n(z)$ der ersten N Glieder von $\mathfrak{P}_n(z)$ betraglich um weniger als $1 : n^2$ abweicht:

$$|\mathfrak{P}_n(z) - P_n(z)| < \frac{1}{n^2} \quad \text{oder} \quad |H_n(z) - P_n(z)| < \frac{1}{n^2}, \quad |z| \leqq \frac{1}{2}|c_n|.$$

Speziell für $n = 0$ wählen wir $P_n(z) = 0$.
Nunmehr sei $\mathfrak{K}$ eine Kreisfläche mit dem Mittelpunkt $z = 0$ von *beliebig großem* endlichen Radius R, z ein beliebiger Punkt in $\mathfrak{K}$, ferner m ein Zeiger derart daß für jeden kleineren Zeiger μ $|c_\mu| \leqq 2R$, für jeden Zeiger $\mu \geqq m$ $|c_\mu| > 2R$ ist.
Wir betrachten die Reihe

$$f(z) = \sum_\nu^{0,\infty} d_\nu(z) \qquad \text{mit} \quad d_\nu(z) = H_\nu(z) - P_\nu(z).$$

Wir zerlegen sie in die beiden Teile

$$f_1(z) = \sum_0^{m-1} d_\nu(z) \qquad \text{und} \qquad f_2(z) = \sum_m^{\infty} d_\nu(z).$$

Was $f_2(z)$ anbetrifft, so ist für jedes $\mu \geqq m$ wegen $|z| \leqq R < |c_\mu| : 2$

$$|d_\mu(z)| < \frac{1}{\mu^2}$$

und deshalb die Reihe $f_2(z)$ eine Minorante der konvergenten Reihe

$$\frac{1}{m^2}+\frac{1}{(m+1)^2}+\frac{1}{(m+2)^2}+\cdots.$$

Demnach konvergiert die Reihe $f_2(z)$ in $\mathfrak{K}$ gleichmäßig und stellt somit nach Weierstraß' Konvergenzsatz in $\mathfrak{K}$ eine Regulärfunktion von z dar.
Die Reihe $f_1(z)$ verhält sich in $\mathfrak{K}$ mit Ausnahme der Stellen c_μ, für die $|c_\mu| \leqq R$ ist, ebenfalls regulär; an den bezeichneten Ausnahmestellen besitzt sie die für diese Stellen vorgeschriebenen Singularitäten.
Folglich: Die Funktion

$$f(z)=f_1(z)+f_2(z) \qquad \text{oder} \qquad f(z)=\sum_0^\infty [H_n(z)-P_n(z)]$$

verhält sich in $\mathfrak{K}$ mit Ausnahme der in $\mathfrak{K}$ liegenden Stellen c_μ überall regulär; in den Ausnahmestellen c_μ besitzt sie die für diese Stellen vorgeschriebenen Singularitäten.
Da der Radius R des Kreises $\mathfrak{K}$ beliebig groß angenommen werden darf, so besitzt die Funktion

$$f(z)=\sum_0^\infty [H_n(z)-P_n(z)]$$

in der Tat die beiden im Satze von Mittag-Leffler angegebenen Eigenschaften, und der Satz ist bewiesen.
Zusatz 1. Wir fragen: Gibt es außer $f(z)$ noch eine andere Funktion $F(z)$ mit den im Mittag-Lefflerschen Satze genannten Eigenschaften?
Wenn ja, so verhält sich die Differenz

$$g(z)=F(z)-f(z),$$

da sich in ihr alle Singularitäten wegheben, im Endlichen überall regulär, ist mithin $g(z)$ entweder eine ganze rationale oder eine ganze transzendente Funktion.
Auch leuchtet ein, daß jede Funktion

$$F(z)=f(z)+g(z),$$

die durch Vermehrung von $f(z)$ um eine ganze (rationale oder transzendente) Funktion $g(z)$ entsteht, die Bedingungen des Mittag-Lefflerschen Satzes erfüllt. Folglich:
Damit eine Funktion die im Mittag-Lefflerschen Satze angegebenen Eigenschaften besitzt, ist nötig und hinreichend, daß sie die Form $f(z)+g(z)$ hat, wo $f(z)$ die oben angegebene unendliche Reihe und $g(z)$ eine gewisse ganze Funktion darstellt.

Zusatz 2. Der einfachste Fall des Mittag-Lefflerschen Problems liegt vor, wenn die gesuchte Funktion meromorph sein soll, d. h. wenn alle kritischen Stellen $c_0, c_1, c_2, \ldots$ Pole sind.

In diesem Falle ist $H_n(z)$ ein *Polynom* von $\dfrac{1}{z-c_n}$ und das allgemeine Glied $d_n(z)=H_n(z)-P_n(z)$ unserer Reihe $f(z)$ eine *Rationalfunktion.*
Der Satz von Mittag-Leffler enthält daher folgendes

Korollar:

Jede meromorphe Funktion $f(z)$ *mit den Polen* $c_0, c_1, c_2, \ldots$ *läßt sich in eine konvergente Summe von unendlich vielen rationalen Funktionen zerlegen:*

$$f(z) = \sum_0^\infty r_n(z)$$

derart, daß die Rationalfunktion $r_n(z)$ *im Endlichen nur den einen Pol* c_n *hat.*

Diese Mittag-Lefflersche Darstellung einer beliebigen meromorphen Funktion $f(z)$ ist die Verallgemeinerung der bekannten Partialbruchzerlegung einer beliebigen rationalen Funktion.

Beispiel: *Eine meromorphe Funktion zu finden, deren Pole die Knoten eines gegebenen, die z-Ebene bedeckenden Parallelogrammnetzes sind so zwar, daß der Hauptteil der zum Pole p gehörigen Laurententwicklung den einfachen Wert*

$$\frac{1}{(z-p)^2}$$

hat.

Das Netz bestehe aus den Punkten

$$nc + \nu\gamma,$$

wo $c = a + ib$ und $\gamma = \alpha + i\beta$ zwei vorgelegte komplexe Zahlen sind und n und ν unabhängig voneinander alle Ganzzahlen durchlaufen.

Lösung. Da die drei Punkte $0, c, \gamma$ nicht kollinear sind, kann nicht $b : a = \beta : \alpha$ sein, so daß die Determinante

$$a\beta - b\alpha$$

von Null verschieden ist. Hieraus folgt durch eine einfache Rechnung, daß das Minimum des Quotienten

$$q = s : r \quad \text{mit} \quad s = |cx + \gamma\xi|, \qquad r = \sqrt{x^2 + \xi^2},$$

wo x und ξ reelle Variablen sind, einen von Null verschiedenen endlichen Wert E besitzt, so daß für jedes reelle Wertepaar x, ξ

$$s \geqq E r$$

ist.

Nunmehr sei $k = nc + \nu\gamma$ ein beliebiger Knoten des gegebenen Parallelogrammnetzes.

Wir betrachten die Differenz

$$d = \frac{1}{(z-k)^2} - \frac{1}{k^2} = \frac{2kz - z^2}{k^2(z-k)^2}.$$

Wir schreiben $$d = \frac{2z}{k^3} \cdot Q \qquad \text{mit} \quad Q = \frac{1 - \frac{z}{2k}}{\left(1 - \frac{z}{k}\right)^2}.$$

Als Bereich für die Variable z wählen wir den Kreis $\mathfrak{K}$ mit dem Zentrum $z = 0$ und dem beliebig großen endlichen Radius R.

Wir teilen die Netzknoten in zwei Klassen, indem wir einen Knoten k in die erste oder zweite Klasse werfen, je nachdem $|k|$ den Wert $2R$ unterschreitet oder nicht.

Für jeden Knoten k der zweiten Klasse ist also

$$\left|\frac{z}{k}\right| \leqq \frac{R}{2R} = \frac{1}{2},$$

mithin der Nenner von Q betraglich $\geqq \frac{1}{4}$, der Zähler betraglich $\leqq 1\frac{1}{4}$, $|Q|$ selbst also < 5. Daher ist für jeden Knoten der zweiten Klasse

$$|d| < \frac{10R}{|k|^3}.$$

Nunmehr bilden wir die über alle Netzknoten erstreckte Summe

$$f(z) = \sum d = \sum \left[\frac{1}{(z-k)^2} - \frac{1}{k^2}\right]$$

und spalten sie in zwei Teile I und II, von denen I bzw. II alle Glieder umfaßt, in denen $|k| \leqq 2R$ bzw. $|k| > 2R$ ist. Die Anzahl der zu I gehörigen Glieder d ist endlich, die Gliederzahl von II unendlich, so daß wir uns nur um II zu sorgen brauchen.

Für jedes Glied d von II ist wegen $\quad |k| \geqq Er \quad$ mit $\quad r = \sqrt{n^2 + \nu^2}$

$$|d| < \frac{F}{r^3} \qquad \text{mit} \quad F = 10R : E^3.$$

Nun ist $r\sqrt{2} > \mathfrak{s} = |n| + |\nu|$, mithin $1 : r^3 < 3 : \mathfrak{s}^3$ und

$$|d| < \frac{G}{\mathfrak{s}^3} \qquad \text{mit} \quad G = 30\,R : E^3.$$

Demnach wird die Summe S der Beträge der Glieder von II kleiner als $G \cdot \Sigma 1 : \mathfrak{s}^3$ oder, wenn wir uns auf nichtnegative n und ν beschränken,

$$S < H \sum \frac{1}{(n+\nu)^3} \qquad \text{mit } H = 4G = 120\,R : E^3.$$

Da in der hier auftretenden Summe das Glied $1 : m^3$ höchstens $(m+1)$-mal vorkommt, so ist

$$\sum \frac{1}{(n+\nu)^3} < \sum_m^{1,\infty} \frac{m+1}{m^3} < \sum_1^\infty \frac{2m}{m^3} = 2\sum_1^\infty \frac{1}{m^2},$$

und S konvergiert!

Folglich konvergiert II in $\mathfrak{K}$ gleichmäßig (und absolut) und stellt hier eine Regulärfunktion von z dar.

Die Reihe I verhält sich in $\mathfrak{K}$ mit Ausnahme der in $\mathfrak{K}$ liegenden Knoten regulär.

Daher ist die über alle Netzknoten erstreckte Summe

$$f(z) = \sum \left[\frac{1}{(z-k)^2} - \frac{1}{k^2}\right]$$

im Kreise $\mathfrak{K}$ meromorph; ihre in $\mathfrak{K}$ liegenden Pole sind die in $\mathfrak{K}$ liegenden Knoten, und der Hauptteil der zum Knoten k gehörigen Laurententwicklung ist $1 : (z-k)^2$.

Da der Kreis $\mathfrak{K}$ beliebig groß gemacht werden kann, ist $f(z)$ die gesuchte meromorphe Funktion.

§ 60. CAUCHYS PARTIALBRUCHZERLEGUNG

Vorgelegt sei eine meromorphe Funktion $f(z)$ mit unendlich vielen Polen.
Die untereinander verschiedenen, nicht verschwindenden Pole seien $\alpha_1, \alpha_2, \alpha_3, \ldots$. Von der Stelle $\alpha_0 = 0$ bleibe es dahingestellt, ob sie Pol ist oder nicht. Die Folge

$$\alpha_0, \quad \alpha_1, \quad \alpha_2, \quad \alpha_3, \ldots$$

denken wir uns so geordnet, daß

$$|\alpha_0| < |\alpha_1| \leqq |\alpha_2| \leqq |\alpha_3|, \ldots$$

ist.
Der Hauptteil der zum Pol α_ν gehörigen Laurententwicklung von $f(z)$ sei $g_\nu\left(\frac{1}{z-\alpha_\nu}\right)$. Speziell bedeute $g_0\left(\frac{1}{z}\right)$ den Hauptteil der zu α_0 gehörigen Laurententwicklung, falls α_0 Pol ist, dagegen die Null, wenn α_0 nicht Pol ist.
Wir greifen eine größere Anzahl von Punkten der Folge, etwa die Punkte

$$\alpha_0, \quad \alpha_1, \quad \alpha_2, \ldots, \alpha_N,$$

heraus und denken uns eine vom Umlauf $\mathfrak{r}$ umschlossene Fläche $\mathfrak{S}$ derart, daß die Punkte $\alpha_0, \alpha_1, \alpha_2, \ldots, \alpha_N$ innerhalb, die anderen Punkte der Folge außerhalb der Fläche $\mathfrak{S}$ liegen, so daß also auf dem Rande $\mathfrak{r}$ selbst kein Punkt der Folge liegt.
Wir gehen aus vom Cauchyintegral

$$I = \tau \int_{\mathfrak{r}} \frac{f(\zeta)}{\zeta - z}\, d\zeta \qquad \tau = \frac{1}{2\pi i},$$

in welchem z einen beliebigen im Innern von $\mathfrak{S}$ gelegenen mit keinem Pole von f zusammenfallenden Punkt bedeutet.
Es ist, unter n und $m = n + 1$ zwei sukzessive natürliche Zahlen verstanden,

$$\frac{1-\left(\frac{z}{\zeta}\right)^m}{1-\frac{z}{\zeta}} = 1 + \frac{z}{\zeta} + \frac{z^2}{\zeta^2} + \cdots + \frac{z^n}{\zeta^n}$$

oder

$$\frac{1}{\zeta - z} - \frac{1}{\zeta} - \frac{z}{\zeta^2} - \frac{z^2}{\zeta^3} - \cdots - \frac{z^n}{\zeta^m} = \frac{z^m}{\zeta^m} \cdot \frac{1}{\zeta - z}.$$

Setzen wir demnach

$$f(\zeta)\left[\frac{1}{\zeta - z} - \frac{1}{\zeta} - \frac{z}{\zeta^2} - \frac{z^2}{\zeta^3} - \cdots - \frac{z^n}{\zeta^m}\right] = u, \quad f(\zeta) \cdot \frac{z^m}{\zeta^m} \cdot \frac{1}{\zeta - z} = v,$$

$$\tau \int_{\mathfrak{r}} u\, d\zeta = U, \qquad \tau \int_{\mathfrak{r}} v\, d\zeta = V,$$

so ist

$$u = v \qquad \text{und} \qquad U = V.$$

Da die einzigen Singularitäten des im Integral $U = V$ auftretenden Integranden $u = v$ in $\mathfrak{S}$ die Pole

$$\alpha_0 \text{ (falls } \alpha_0 \text{ Pol von } f \text{ ist)}, \quad \alpha_1, \quad \alpha_2, \quad \ldots, \quad \alpha_N, \quad z$$

sind, so ist nach Cauchys Residuensatz

$$U = V = R_{\alpha_0} u + R_{\alpha_1} u + R_{\alpha_2} u + \cdots + R_{\alpha_N} u + R_z u .$$

Wir berechnen die hier aufgeführten Residuen.

Berechnung von $R_{\alpha_0} u$.

In der Umgebung des Punktes α_0 sei, uns im Hauptteil der Laurententwicklung auf etwa drei Glieder beschränkend,

$$f(\zeta) = \frac{A}{\zeta} + \frac{B}{\zeta^2} + \frac{C}{\zeta^3} + a_0 + a_1 \zeta + a_2 \zeta^2 + a_3 \zeta^3 + \cdots .$$

Für

$$\frac{1}{\zeta - z} = -\frac{1}{z} \cdot \frac{1}{1 - \frac{\zeta}{z}}$$

erhalten wir die Entwicklung

$$\frac{1}{\zeta - z} = -\frac{1}{z} - \frac{\zeta}{z^2} - \frac{\zeta^2}{z^3} - \cdots,$$

so daß

$$\frac{z^m}{\zeta^m} \cdot \frac{1}{\zeta - z} = -\frac{z^n}{\zeta^m} - \frac{z^{n-1}}{\zeta^{m-1}} - \cdots - \frac{z}{\zeta^2} - \frac{1}{\zeta} - \frac{1}{z} - \frac{\zeta}{z^2} - \frac{\zeta^2}{z^3} - \cdots$$

ist.

Demnach wird der Koeffizient von ζ^{-1} in der Laurententwicklung der Funktion $v\,(= u)$, d. h. des Produkts aus

$$f(\zeta) \qquad \text{und} \qquad \frac{z^m}{\zeta^m} \cdot \frac{1}{\zeta - z}$$

$$-\frac{A}{z} - \frac{B}{z^2} - \frac{C}{z^3} - a_0 - a_1 z - a_2 z^2 - \cdots - a_n z^n .$$

Folglich ist

$$(1) \qquad R_{\alpha_0} u = R_{\alpha_0} v = -g_0\left(\frac{1}{z}\right) - a_0 - a_1 z - a_2 z^2 - \cdots - a_n z^n .$$

Berechnung von $R_{\alpha_p} u$, $\quad p \neq 0$.

Die Laurententwicklung von $f(\zeta)$ in der Umgebung der Stelle $\alpha = \alpha_p$, wo p einen der Zeiger $1, 2, \ldots, N$ bedeutet, sei etwa

$$f(\zeta) = \frac{A}{\tau} + \frac{B}{\tau^2} + \frac{C}{\tau^3} + \frac{D}{\tau^4} + a + b\tau + c\tau^2 + \cdots \qquad \text{mit} \quad \tau = \zeta - \alpha .$$

[Die Koeffizienten A, B, C dieser Gleichung sind nicht mit den obigen Koeffizienten A, B, C zu verwechseln.]

Die Laurententwicklung von $z^\nu : \zeta^\mu$ (wo ν einen der Zeiger $0, 1, 2, \ldots, n$, und μ den Zeiger $\nu + 1$ bedeutet) in der Umgebung der Stelle α lautet

$$\frac{z^\nu}{\zeta^\mu} = \frac{z^\nu}{(\alpha+\tau)^\mu} = \frac{z^\nu}{\alpha^\mu} : \left(1+\frac{\tau}{\alpha}\right)^\mu = \frac{z^\nu}{\alpha^\mu} - \overset{1}{\mu}\frac{z^\nu}{\alpha^{\mu+1}}\cdot\tau + \overset{2}{\mu}\frac{z^\nu}{\alpha^{\mu+2}}\cdot\tau^2 - \overset{3}{\mu}\frac{z^\nu}{\alpha^{\mu+3}}\cdot\tau^3 + - \cdots,$$

wobei $\overset{r}{\mu}$ den bekannten Binomialkoeffizient

$$\overset{r}{\mu} = \frac{\mu\cdot(\mu+1)\cdot(\mu+2)\cdots(\mu+r-1)}{1\cdot 2\cdot 3\cdots r}$$

darstellt.

Durch Multiplikation der beiden Laurententwicklungen bekommen wir für das Residuum von $-\frac{z^\nu}{\zeta^\mu} f(\zeta)$ den Wert

$$\mathrm{R}_\alpha - f(\zeta)\cdot\frac{z^\nu}{\zeta^\mu} = K z^\nu$$

mit

$$K = -\frac{A}{\alpha^\mu} + \overset{1}{\mu}\frac{B}{\alpha^{\mu+1}} - \overset{2}{\mu}\frac{C}{\alpha^{\mu+2}} + \overset{3}{\mu}\frac{D}{\alpha^{\mu+3}}.$$

Es zeigt sich nun, daß dieser Wert mit dem Koeffizienten $\mathfrak{K}$ von z^ν in der Maclaurinentwicklung von

$$g\left(\frac{1}{z-\alpha}\right) = \frac{A}{z-\alpha} + \frac{B}{(z-\alpha)^2} + \frac{C}{(z-\alpha)^3} + \frac{D}{(z-\alpha)^4}$$

in engster Beziehung steht. Man erhält nämlich

$$g\left(\frac{1}{z-\alpha}\right) = \frac{-A:\alpha}{1-\frac{z}{\alpha}} + \frac{B:\alpha^2}{\left(1-\frac{z}{\alpha}\right)^2} + \frac{-C:\alpha^3}{\left(1-\frac{z}{\alpha}\right)^3} + \frac{D:\alpha^4}{\left(1-\frac{z}{\alpha}\right)^4}$$

$$= \left\{\begin{aligned} &-\frac{A}{\alpha}\left(1+\frac{z}{\alpha}+\frac{z^2}{\alpha^2}+\frac{z^3}{\alpha^3}+\cdots\right)\\ &+\frac{B}{\alpha^2}\left(1+\overset{1}{2}\frac{z}{\alpha}+\overset{2}{2}\frac{z^2}{\alpha^2}+\overset{3}{2}\frac{z^3}{\alpha^3}+\cdots\right)\\ &-\frac{C}{\alpha^3}\left(1+\overset{1}{3}\frac{z}{\alpha}+\overset{2}{3}\frac{z^2}{\alpha^2}+\overset{3}{3}\frac{z^3}{\alpha^3}+\cdots\right)\\ &+\frac{D}{\alpha^4}\left(1+\overset{1}{4}\frac{z}{\alpha}+\overset{2}{4}\frac{z^2}{\alpha^2}+\overset{3}{4}\frac{z^3}{\alpha^3}+\cdots\right)\end{aligned}\right\}.$$

Der Koeffizient von z^ν in diesem Ausdruck hat den Wert

$$\mathfrak{K} = -\frac{A}{\alpha^\mu} + \overset{\nu}{2}\frac{B}{\alpha^{\mu+1}} - \overset{\nu}{3}\frac{C}{\alpha^{\mu+2}} + \overset{\nu}{4}\frac{D}{\alpha^{\mu+3}}.$$

Nun ist aber

$$\overset{\nu}{2} = \frac{2\cdot 3\ldots\nu\cdot\mu}{\nu!} = \overset{1}{\mu},\quad \overset{\nu}{3} = \frac{3\cdot 4\ldots\nu\mu(\mu+1)}{\nu!} = \overset{2}{\mu},\quad \overset{\nu}{4} = \frac{4\cdot 5\ldots\mu(\mu+1)(\mu+2)}{\nu!} = \overset{3}{\mu}.$$

Folglich wird

$$\mathfrak{K} = K,$$

und wir können sagen:

Das zum Pol α_p gehörige Residuum von $-\frac{z^\nu}{\zeta^\mu} f(\zeta)$ ist der Koeffizient von z^ν in der Maclaurinentwicklung von $g_p\left(\frac{1}{z-\alpha_p}\right)$.

Hieraus folgt sofort:

Das zum Pol α_p gehörige Residuum von

$$-f(\zeta)\left[\frac{1}{\zeta}+\frac{z}{\zeta^2}+\frac{z^2}{\zeta^3}+\cdots+\frac{z^n}{\zeta^m}\right]$$

ist das aus den ersten m Gliedern der Maclaurinentwicklung von $g_p\left(\frac{1}{z-\alpha_p}\right)$ bestehende Polynom von der Form

$$h_0 + h_1 z + h_2 z^2 + \cdots + h_n z^n.$$

Wir bezeichnen dieses Polynom mit

$$\bar{g}_p\left(\frac{1}{z-\alpha_p}\right).$$

Zur vollständigen Bestimmung von $R_\alpha u$ fehlt uns noch das zum Pol α gehörige Residuum der Funktion

$$F(\zeta) = \frac{f(\zeta)}{\zeta - z}.$$

Wie oben ist

$$f(\zeta) = \frac{A}{\tau} + \frac{B}{\tau^2} + \frac{C}{\tau^3} + \frac{D}{\tau^4} + a + b\tau + c\tau^2 + \cdots.$$

Für $1:(\zeta - z)$ erhalten wir, $\zeta = \alpha + \tau$, $z = \alpha + t$ schreibend,

$$\frac{1}{\zeta - z} = \frac{1}{\tau - t} = -\frac{1}{t}\cdot\frac{1}{1-\frac{\tau}{t}} = -\frac{1}{t} - \frac{\tau}{t^2} - \frac{\tau^2}{t^3} - \cdots.$$

Die Multiplikation der Entwicklungen für $f(\zeta)$ und $1:(\zeta - z)$ liefert als Residuum von $f(\zeta)\cdot\frac{1}{\zeta - z}$ den Wert

$$-\frac{A}{t} - \frac{B}{t^2} - \frac{C}{t^3} - \frac{D}{t^4} = -g_p\left(\frac{1}{t}\right) = -g_p\left(\frac{1}{z-\alpha}\right).$$

Durch Zusammenfassung der beiden gefundenen Teilergebnisse bekommen wir für das gesuchte Residuum $R_{\alpha_p} u$ den Wert

$$(2) \qquad R_{\alpha_p} u = -g_p\left(\frac{1}{z-\alpha_p}\right) + \bar{g}_p\left(\frac{1}{z-\alpha_p}\right).$$

Berechnung von $R_z u$

Diesmal legen wir statt u den Ausdruck v zugrunde.
In der Umgebung $\zeta = z + w$ der Stelle z ist

$$\frac{f(\zeta)}{\zeta - z} = \frac{f(z+w)}{w} = \frac{f(z)}{w} + f'(z) + \frac{f''(z)}{2!} w + \cdots ,$$

$$\frac{z^m}{\zeta^m} = \frac{z^m}{(z+w)^m} = \frac{1}{\left(1+\frac{w}{z}\right)^m} = 1 - \overset{1}{m} \frac{w}{z} + \overset{2}{m} \frac{w^2}{z^2} - + \cdots .$$

Durch Multiplikation dieser beiden Entwicklungen finden wir als Residuum von $\frac{z^m}{\zeta^m} \cdot \frac{f(\zeta)}{\zeta - z}$ für den Pol z [d. h. als Koeffizient von w^{-1}] den Wert $f(z)$.
Folglich:

$$R_z u = f(z). \tag{3}$$

Aus den drei Formeln (1), (2), (3) ergibt sich

$$V = -a_0 - a_1 z - a_2 z^2 - \cdots - a_n z^n - \sum_0^N g_s\left(\frac{1}{z-\alpha_s}\right) + \sum_1^N \bar{g}_s\left(\frac{1}{z-\alpha_s}\right) + f(z)$$

und damit für $f(z)$ die Darstellung

$$f(z) = a_0 + a_1 z + a_2 z^2 + \cdots + a_n z^n + \sum_0^N g_s\left(\frac{1}{z-\alpha_s}\right) - \sum_1^N \bar{g}_s\left(\frac{1}{z-\alpha_s}\right) + V$$

$$\text{mit} \quad V = \mathfrak{C} \int_{\mathfrak{r}} \frac{z^m}{\zeta^m} \frac{f(\zeta)}{\zeta - z} d\zeta .$$

In vielen Fällen wird nun das Integral V bei hinreichender Ausdehnung der Fläche $\mathfrak{S}$ wegen des großen Betrages von ζ auf dem Rande $\mathfrak{r}$ von $\mathfrak{S}$ gegen Null konvergieren. Das ist z. B. sicher der Fall, wenn bei hinreichend fern gelegenem Rande $\mathfrak{r}$ das Integral

$$\int_{\mathfrak{r}} \left| \frac{f(\zeta)\, d\zeta}{\zeta^{m+1}} \right|$$

gegen die Null konvergiert.
Ist nämlich $\mathfrak{G}$ das für die Variable z ausgewählte Gebiet und die das Gebiet $\mathfrak{G}$ enthaltende Fläche $\mathfrak{S}$ so groß, daß für jeden Punkt z von $\mathfrak{G}$ und für jeden Punkt ζ des Randes $\mathfrak{r}$ $|z| < \frac{1}{2}|\zeta|$ ausfällt, so folgt aus $|\zeta - z| \geqq |\zeta| - |z| > \frac{1}{2}|\zeta|$

$$\left| \int_{\mathfrak{r}} \frac{z^m}{\zeta^m} \frac{f(\zeta)}{\zeta - z} d\zeta \right| < 2\,|z|^m \int \left| \frac{f(\zeta)\, d\zeta}{\zeta^{m+1}} \right|,$$

so daß dann bei hinreichend fernem $\mathfrak{r}$ auch das Integral V gegen Null konvergiert.
So entsteht der

Satz von Cauchy:

Hat die meromorphe Funktion $f(z)$ die unendlich vielen Pole

$$(\alpha_0),\ \alpha_1,\ \alpha_2,\ \ldots ,$$

und konvergiert bei hinreichend weiter Entfernung des Umlaufs $\mathfrak{r}$ *vom Punkte* $\alpha_0 = 0$ *und für eine hinreichend große natürliche Zahl* m *das Integral*

$$\int_{\mathfrak{r}} \left| \frac{f(\zeta)\, d\zeta}{\zeta^{m+1}} \right|$$

gegen Null, so gilt folgende Partialbruchentwicklung der Funktion $f(z)$:

$$f(z) = a_0 + a_1 z + a_2 z^2 + \ldots + a_{m-1} z^{m-1} + \sum_0^\infty g_s\left(\frac{1}{z-\alpha_s}\right) - \sum_1^\infty \bar{g}_s\left(\frac{1}{z-\alpha_s}\right).$$

Dabei ist das m-gliedrige Anfangspolynom der rechten Seite die Summe der ersten m Glieder des Nebenteils der zur Stelle $\alpha_0 = 0$ gehörigen Laurententwicklung von $f(z)$, $g_s\left(\frac{1}{z-\alpha_s}\right)$ der Hauptteil der zur Stelle α_s gehörigen Laurententwicklung von $f(z)$ und $\bar{g}_s\left(\frac{1}{z-\alpha_s}\right)$ das aus den ersten m Gliedern der Maclaurinentwicklung von $g_s\left(\frac{1}{z-\alpha_s}\right)$ bestehende Polynom in z.

Neunter Abschnitt

Konforme Abbildung

§ 61. REGULARITÄT UND KONFORMITÄT

Vorgelegt sei eine in einem Gebiet D der z-Ebene reguläre Funktion von z:

$$\zeta = f(z)$$

Konstruieren wir zu jedem Punkte z einer in D liegenden Figur S in einer zweiten Ebene, der ζ-Ebene, den Punkt $\zeta = f(z)$, so sprechen wir von einer *Abbildung* der Figur S auf die ζ-Ebene. Der Punkt ζ heißt das *Bild* oder der *Bildpunkt* des Punktes oder *Objektpunktes* z und die Gesamtheit Σ der so aus den Punkten z der Figur S entstehenden Bildpunkte ζ das *Bild* Σ des *Objekts* S. Auch wird in diesem Zusammenhang die z-Ebene die *Objektebene*, die ζ-Ebene die *Bildebene* genannt.
Wir denken uns das Bild ζ eines bestimmten Objektpunktes z konstruiert und achten auf die Abbildung der *in der Nähe von* z liegenden Objektpunkte. Z sei ein solcher Objektpunkt, Z der zugehörige Bildpunkt, so daß

$$\zeta = f(z) \qquad \text{und} \qquad \mathsf{Z} = f(Z)$$

ist. Außerdem gelten die Relationen

$$Z - z = r\,1^t, \qquad \mathsf{Z} - \zeta = \varrho\,1^\vartheta,$$

in denen r und ϱ die Beträge, t und ϑ die Winkel der Differenzen $Z - z$ und $\mathsf{Z} - \zeta$ bedeuten.

Der Differentialquotient $q = \zeta' = f'(z)$ der Funktion $f(z)$ an der Stelle z sei von Null verschieden.

Zu jedem noch so kleinen positiven ε gibt es eine Umgebung δ des Punktes z derart, daß für jedes Z dieser Umgebung der Differenzenquotient der Funktion $f(z)$ von q betraglich um weniger als ε abweicht, so daß also

$$\left|\frac{Z-\zeta}{Z-z} - q\right| < \varepsilon$$

ausfällt.

Daher können wir schreiben

$$Z - \zeta = (Z - z)(q + \varkappa\varepsilon)$$

oder

$$\varrho\, 1^{\vartheta} = r\, 1^{t}(q + \varkappa\varepsilon),$$

wobei $\varkappa$ eine Zahl bedeutet, deren Betrag unterhalb 1 liegt.

Sind also z_1 und z_2 zwei Punkte unserer Umgebung, so gelten die beiden Gleichungen

$$\varrho_1\, 1^{\vartheta_1} = r_1\, 1^{t_1}(q + \varkappa_1\varepsilon) \qquad \text{und} \qquad \varrho_2\, 1^{\vartheta_2} = r_2\, 1^{t_2}(q + \varkappa_2\varepsilon)$$

mit

$$z_1 - z = r_1\, 1^{t_1}, \qquad z_2 - z = r_2\, 1^{t_2}, \qquad \zeta_1 - \zeta = \varrho_1\, 1^{\vartheta_1}, \qquad \zeta_2 - \zeta = \varrho_2\, 1^{\vartheta_2},$$

$$|\varkappa_1| < 1 \qquad \text{und} \qquad |\varkappa_2| < 1.$$

Wir denken uns z_1 und z_2 so gewählt, daß der von z nach z_1 führende Strahl durch eine positive Drehung um den konkaven Winkel w auf den von z nach z_2 führenden Strahl fällt. Dann ist

$$w = t_2 - t_1.$$

Führen wir noch den Winkel

$$\omega = \vartheta_2 - \vartheta_1$$

ein, um den man den von ζ nach ζ_1 laufenden Strahl drehen muß, damit er auf den von ζ nach ζ_2 gehenden Strahl fällt, so erhalten wir durch Division der beiden gefundenen Gleichungen die Formel

$$\frac{\varrho_2}{\varrho_1}\cdot 1^{\omega} = \frac{r_2}{r_1}\cdot 1^{w}\cdot\frac{q + \varkappa_2\varepsilon}{q + \varkappa_1\varepsilon}$$

oder

$$\frac{\varrho_2}{\varrho_1}\cdot 1^{\omega} = \frac{r_2}{r_1}\cdot 1^{w}\cdot\frac{1 + K_2\varepsilon}{1 + K_1\varepsilon},$$

in welcher

$$K_1 = \varkappa_1 : q \qquad \text{und} \qquad K_2 = \varkappa_2 : q$$

unserer obigen Voraussetzung für q zufolge endliche, den reziproken Wert von q betraglich unterschreitende Zahlen sind.

Bedeutet l den Betrag, λ den Winkel des Quotienten $(1 + K_2\varepsilon) : (1 + K_1\varepsilon)$, so geht die erhaltene Formel in

$$\frac{\varrho_2}{\varrho_1}\cdot 1^{\omega} = l\,\frac{r_2}{r_1}\cdot 1^{w+\lambda}$$

über, und diese Relation spaltet sich in die beiden Formeln

$$\frac{\varrho_2}{\varrho_1} = l\cdot\frac{r_2}{r_1} \qquad \text{und} \qquad \omega = w + \lambda.$$

Bei hinreichend kleinem ε liegen die beiden Zahlen $1 + K_1 \varepsilon$ und $1 + K_2 \varepsilon$ dicht neben 1, so daß sich l von 1 und λ von 0 um beliebig wenig unterscheidet. Bei hinreichend kleinem ε gelten demnach mit jedem gewünschten Genauigkeitsgrade die beiden Formeln

$$\boxed{\varrho_2 : \varrho_1 = r_2 : r_1} \qquad \text{und} \qquad \boxed{\omega = w}.$$

Das heißt: Durch hinreichend klein gewähltes ε können wir erreichen, daß

1° die beiden Verhältnisse $\varrho_2 : \varrho_1$ und $r_2 : r_1$,
2° die beiden Dehnungswinkel ω und w

um beliebig wenig voneinander abweichen.

Die beiden Formeln bedeuten geometrisch, daß die beiden Dreiecke zz_1z_2 und $\zeta\zeta_1\zeta_2$ ähnlich sind.

Mithin gilt der

Satz:

Die Bilder der drei Ecken eines hinreichend kleinen Objektdreiecks sind die Ecken eines dem Objektdreieck ähnlichen Dreiecks, wobei je eine Ecke des Objektdreiecks und ihr Bild homologe Ecken darstellen.

Bedenken wir, daß bei hinreichend kleinem ε, der Gleichung

$$\frac{Z - \zeta}{Z - z} = q + \varkappa \varepsilon\,, \qquad (|\varkappa| < 1)$$

gemäß, der Bildpunkt Z die Strecke $\zeta\zeta_1$ bzw. $\zeta\zeta_2$ durcheilt, wenn der Objektpunkt Z die Strecke zz_1 bzw. zz_2 durchläuft, daß also bei hinreichend kleinem Objektdreieck das Dreieck $\zeta\zeta_1\zeta_2$ als Bild des Dreiecks zz_1z_2 aufgefaßt werden kann, so erhält unser Satz die noch etwas kürzere Form.

Bei hinreichend kleinem Objektdreieck sind Bild- und Objektdreieck ähnlich, derart, daß jede Ecke des Objektdreiecks ihrem Bilde homolog ist.

Für Punkte Z, die der Stelle z unendlich nahe liegen, läßt sich die Ausgangsgleichung

$$Z - \zeta = (Z - z)(q + \varkappa \varepsilon)$$

unserer Untersuchung kurz

$$Z - \zeta = q(Z - z) \qquad \text{oder} \qquad \varrho\, 1^{\vartheta} = qr\, 1^{t}$$

schreiben. Bedeutet also μ den Betrag, δ den Winkel von q, so wird

$$\varrho \cdot 1^{\vartheta} = \mu r \cdot 1^{t+\delta}$$

oder $\qquad \varrho = \mu r \qquad$ und $\qquad \vartheta = t + \delta$.

Das gefundene Gleichungspaar lehrt:

Das Bild eines unendlich kleinen Objektdreiecks entsteht aus dem Objektdreieck durch eine Torsion vom Maßstabe μ und Drehungswinkel δ.

Ergebnis:

Die durch eine Regulärfunktion $\zeta = f(z)$ vermittelte Abbildung ist an den Stellen nicht verschwindender Ableitung $\zeta' = f'(z)$ formtreu oder konform oder winkeltreu, d. h. sie ist in den kleinsten Teilen ähnlich. Das Bild eines unendlich kleinen

Objektdreiecks entsteht aus diesem durch eine Torsion mit dem Betrage von ζ' als Dehnungsmaßstab, mit dem Arkus von ζ' als Drehungswinkel.

Zusatz. Daß bei verschwindender Ableitung $f'(z)$ an der Stelle z die Konformität (Winkeltreue) der Abbildung aufhört, zeigt schon das einfache Beispiel

$$\zeta = f(z) = z^2.$$

Die durch diese Funktion bewirkte Abbildung ist an der Stelle $z = 0$, wo die Ableitung $\zeta' = 2z$ der Funktion verschwindet, durchaus nicht winkeltreu. Vielmehr geht, den Darstellungen $\zeta = \varrho\,\mathbf{1}^{\vartheta}$, $z = r\,\mathbf{1}^{t}$ und der Abbildungs-Vorschrift

$$\varrho \cdot \mathbf{1}^{\vartheta} = r^2 \cdot \mathbf{1}^{2t}$$

oder dem Formelpaar

$$\varrho = r^2, \qquad \underline{\vartheta = 2t}$$

gemäß, jeder Objektwinkel w mit dem Scheitel $z = 0$ in einen doppelt so großen Bildwinkel ω mit dem Scheitel $\zeta = 0$ über.

Wir fragen nun umgekehrt:

Welche Bedingungen muß eine stetige Funktion $\zeta = f(z)$ der komplexen Variable z erfüllen, damit sie eine *konforme* Abbildung eines Gebiets D der z-Ebene auf die ζ-Ebene vermittelt?

Wir wählen in D in *unmittelbarer*, sonst aber beliebiger Nähe des festen Punktes z zwei weitere Punkte z_1 und z_2 und konstruieren die durch die Abbildungsvorschrift

$$\zeta = f(z)$$

bestimmten in der ζ-Ebene liegenden Bilder ζ, ζ_1 und ζ_2 der drei Punkte z, z_1 und z_2. Wegen der vorgeschriebenen Konformität der Abbildung entsteht das Bild $\zeta\zeta_1\zeta_2$ des Dreiecks zz_1z_2 durch Torsion. Ist m der Maßstab (Dehnungsmaßstab) und δ der Winkel (Drehungswinkel), also $q = m\,\mathbf{1}^{\delta}$ der Faktor dieser Torsion (wobei q eine nur von z, nicht aber von z_1 und z_2 abhängige nicht verschwindende Größe ist, wofern nur die Differenzen $z_1 - z$ und $z_2 - z$ betraglich hinreichend klein sind), so gelten die Torsionsformeln

$$\zeta_1 - \zeta = q\,(z_1 - z) \qquad \text{und} \qquad \zeta_2 - \zeta = q\,(z_2 - z).$$

Aus ihnen folgt die Gleichung

$$\frac{\zeta_2 - \zeta}{z_2 - z} = \frac{\zeta_1 - \zeta}{z_1 - z} = q.$$

Diese Gleichung zeigt, daß der Quotient

$$\frac{Z - \zeta}{Z - z},$$

in welchem $Z = f(z)$ das Bild des Objektpunktes Z darstellt, bei hinreichender absoluter Kleinheit der Differenz $Z - z$ für *alle* von z ausgehenden, nach benachbarten Punkten Z führenden Richtungen *denselben* nicht verschwindenden Wert (q) hat. Diese Eigenschaft unserer Funktion $f(z)$ bedeutet aber, daß die Funktion an der Stelle z einen bestimmten endlichen Differentialquotienten $q = f'(z)$ besitzt.

Folglich:

Wenn eine in einem Gebiet der z-Ebene stetige Funktion $\zeta = f(z)$ eine konforme Abbildung des Gebiets auf die ζ-Ebene vermittelt, so muß sich die Funktion im Gebiet regulär verhalten.

Das Resultat unserer Betrachtungen in diesem Paragraphen ist der fundamentale

Konformitätssatz:

Die Abbildungsvorschrift

$$\zeta = f(z)$$

bewirkt dann und nur dann eine konforme Abbildung von Figuren der z-Ebene auf die ζ-Ebene, wenn ζ eine reguläre Funktion von z mit nicht verschwindender Ableitung ist.

§ 62. KREUZUNGSPUNKTE

Wir haben schon oben ein Beispiel für den wichtigen Ausnahmefall angegeben, in welchem die Konformität der durch die Formel $\zeta = f(z)$ vermittelten Abbildung an einer Stelle aufhört, obwohl sich die Funktion in der Umgebung dieser Stelle regulär verhält.

Wir betrachten diese Ausnahmeerscheinung etwas näher.

Wie wir gesehen haben, ist die durch die Regulärfunktion $\zeta = f(z)$ vermittelte Abbildung in der unmittelbaren Umgebung des Objektpunktes z — wofern $\zeta' = f'(z)$ an der Stelle z nicht verschwindet! — eine Torsion mit dem Dehnungsmaßstabe $\mu = |\zeta'|$ und dem Drehungswinkel $\delta = \operatorname{arc} \zeta'$. Daß dieser Sachverhalt seine Gültigkeit verliert, wenn ζ' an der Stelle z verschwindet, geht schon daraus hervor, daß die erste der beiden Abbildungsrelationen, $\varrho = \mu r$, dann wegen $\mu = 0$ auf $\varrho = 0$, d. h. auf die ungereimte Aussage führen würde, daß sich jede von z ausgehende kurze Strecke (r) infolge dieser Abbildungsgleichung auf die Länge Null zusammenziehen würde.

Ein Punkt z, in welchem die Abbildungsfunktion $\zeta = f(z)$ sich zwar regulär verhält, aber verschwindet, heißt nach F. Klein ein *Kreuzungspunkt* der Funktion bzw. der Abbildung oder Transformation $\zeta = f(z)$, und wir haben den *Satz*:

Die durch die Regulärfunktion $\zeta = f(z)$ vermittelte Abbildung verliert ihre Konformität in den Kreuzungspunkten der Funktion.

Es sei nunmehr $z = c$ ein Kreuzungspunkt der Transformation $\zeta = f(z)$.

Der Allgemeinheit wegen nehmen wir an, daß an der Stelle $z = c$ die n sukzessiven Ableitungen

$$f'(z), \quad f''(z) \ldots, \quad f^n(z)$$

verschwinden, während die erste an der Stelle c nicht verschwindende Ableitung $f^m(z)$ mit $m = n + 1$ ist.

Wir nennen einen solchen Kreuzungspunkt einen Kreuzungspunkt von der *Multiplizität m* oder kürzer einen *m-fachen Kreuzungspunkt*. (Die niedrigste Multiplizität eines Kreuzungspunktes ist also $m = 2$.)

Bei dieser Annahme lautet die Taylorentwicklung der Funktion ζ für die Umgebung der Stelle c

$$\zeta = f(z) = f(c) + A\,(z-c)^m + B\,(z-c)^{m+1} + \cdots,$$

so daß

$$\zeta' = f'(z) = \mathfrak{A}\,(z-c)^n + \mathfrak{B}\,(z-c)^{n+1} + \cdots$$

wird mit $\mathfrak{A} = mA, \quad \mathfrak{B} = (m+1)\,B, \ldots.$

Für Punkte z, welche der Stelle c hinreichend nahe liegen, läßt sich die Abbildungsgleichung

$$\zeta - \gamma = A\,(z-c)^m \qquad \text{mit } \gamma = f(c)$$

schreiben. Sie spaltet sich in die beiden Formeln

$$\varrho = \mu r^m, \qquad \vartheta = \alpha + mt,$$

wo r bzw. ϱ den Abstand des Objektpunktes z bzw. Bildpunktes ζ von c bzw. γ, t bzw. ϑ die Neigung des Vektors $\overrightarrow{cz}$ bzw. $\overrightarrow{\gamma\zeta}$ gegen die x- bzw. ξ-Achse und μ den Betrag, α den Winkel von A bedeutet.

Wir sehen: *In einem Kreuzungspunkte c ist die Abbildung keine Torsion mehr;* vielmehr hat das Bild einer vom Punkte c ausgehenden, hinreichend kurzen Strecke r die Länge

$$\varrho = \mu \cdot r^m,$$

Ist ferner w der Winkel zwischen zwei von c ausgehenden Kurzstrecken, ω das Bild dieses Winkels, so gilt die Formel

$$\omega = mw.$$

Das Bild eines Winkels, dessen Scheitel in einem m-fachen Kreuzungspunkte liegt, ist das m-fache des Objektwinkels.

Hierbei hat also m zumindest den Wert 2.

Die Benennung „Kreuzungspunkt" erklärt sich folgendermaßen.

Wir betrachten etwa die Funktion

$$\zeta = z^m \qquad \text{mit} \quad m > 1,$$

die im Nullpunkte einen m-fachen Kreuzungspunkt besitzt.

Wir fassen sie als komplexes Potential einer quellen- und wirbelfreien Flüssigkeitsbewegung auf (§ 65).

Setzen wir $z = r\,1^t$, so wird $\zeta = \varphi + i\psi = r^m \cos mt + i r^m \sin mt$, wo $\varphi = r^m \cos mt$ das Geschwindigkeitspotential und $\psi = r^m \sin mt$ die Stromfunktion ist.

Die Niveaulinien bzw. Stromlinien der Bewegung haben die Gleichung

$$\varphi = \text{const} \qquad \text{bzw.} \qquad \psi = \text{const}$$

oder

$$r^m \cos mt = \text{const} \qquad \text{bzw.} \qquad r^m \sin mt = \text{const}\,.$$

Die einfachsten dieser Linien sind die Niveaulinien bzw. Stromlinien

$$\varphi = 0 \qquad \text{bzw.} \qquad \psi = 0$$

oder

$$\cos mt = 0 \qquad \text{bzw.} \qquad \sin mt = 0.$$

Führen wir den Winkel $\varkappa : m$ (mit $2\varkappa = \pi$) ein, so sehen wir:
Die Niveaulinie $\varphi = 0$ besteht aus den den Punkt $z = 0$ durchsetzenden m Geraden

$$t = \alpha, \qquad t = 3\alpha, \qquad t = 5\alpha, \ \ldots, \qquad t = (2m-1)\alpha,$$

d. h. den Geraden

$$y = a_1 x, \qquad y = a_3 x, \ \ldots, \qquad y = a_{2m-1} x$$

mit $\quad a_\nu = \operatorname{tg} \nu\alpha, \qquad \nu = 1, 3, 5, \ \ldots, \qquad 2m-1,$

die Stromlinie $\psi = 0$ aus den den Nullpunkt durchsetzenden m Geraden

$$t = 2\alpha, \qquad t = 4\alpha, \ \ldots, \qquad t = 2m\alpha$$

oder $\quad y = a_2 x, \qquad y = a_4 x, \ \ldots, \qquad y = a_{2m} x$

mit $\quad a_\nu = \operatorname{tg} \nu\alpha, \qquad \nu = 2, 4, \ldots, \qquad 2m.$

Im m-fachen Kreuzungspunkte kreuzen sich m Stromlinien unter gleichen Winkeln, während ebenso viele Niveaulinien als Halbierer der von den Stromlinien gebildeten Winkel fungieren.

Wir zeigen noch, daß ein Kreuzungspunkt c der Funktion $\zeta = f(z)$ eine singuläre Stelle der Umkehrfunktion $z = \varphi(\zeta) = f^{-1}(\zeta)$ darstellt.
Wir schreiben die Gleichung

$$\zeta - \gamma = A(z-c)^m + B(z-c)^{m+1} + \cdots$$
$$\zeta - \gamma = A w^m [1 + \mathfrak{p}],$$

wo w die Differenz $z - c$ bedeutet und $\mathfrak{p} = \mathfrak{p}(w)$ eine mit w verschwindende Potenzreihe von w ist.
Wir beschränken uns auf das Gebiet $\mathfrak{G}$ eines Kreises, in welchem $|\mathfrak{p}|$ unterhalb 1 liegt. Dann können wir $\sqrt[m]{1+\mathfrak{p}}$ in eine Binomialreihe entwickeln und haben,

$$\sqrt[m]{(\zeta - \gamma) : A} = \omega$$

gesetzt,

$$\omega = w\left[1 + \frac{1}{m}\mathfrak{p} - \frac{m-1}{2m^2}\mathfrak{p}^2 + \cdots\right].$$

Hier entwickeln wir die eckige Klammer nach Weierstraß' Doppelreihensatz (§ 53) in eine nach Potenzen von w fortschreitende Reihe

$$1 + \mathfrak{b} w + \mathfrak{c} w^2 + \cdots$$

und erhalten die Entwicklung

$$\omega = \mathfrak{a} w + \mathfrak{b} w^2 + \mathfrak{c} w^3 + \cdots, \qquad [\mathfrak{a} = 1]$$

die sicher im Innern eines gewissen Kreises $\mathfrak{C}$ $[|z - c| \leq r]$ mit dem Zentrum c und Radius r gleichmäßig und absolut konvergiert.
Nach dem Satze von der Umkehrung einer Regulärfunktion (§ 40) gilt nun für alle Punkte ω im Innern eines gewissen Kreises Δ vom Zentrum $\omega = 0$ und Halbmesser σ die Umkehrung

$$w = \alpha\omega + \beta\omega^2 + \cdots, \qquad |\omega| < \sigma.$$

Mit andern Worten:
Für die Punkte des Kreisgebiets Γ der ζ-Ebene mit dem Zentrum γ und Radius $\varrho = |A|\sigma^m$ gilt die Entwicklung

$$z - c = \alpha\omega + \beta\omega^2 + \cdots \qquad \text{mit } \omega = \sqrt[m]{(\zeta - \gamma) : A},$$

welche jedem Punkte ζ von Γ zufolge der m-Wertigkeit der Wurzel ω m verschiedene im Kreisgebiet $\mathfrak{C}$ liegende Werte von z zuordnet.
Damit gilt der *Satz*:
Die Umkehrung einer Funktion

$$\zeta = \gamma + A(z - c)^m + B(z - c)^{m+1} + \ldots$$

mit einem an der Stelle $z = c$ liegenden m-fachen Kreuzungspunkte verhält sich an der Stelle $\zeta = \gamma$ singulär: sie bildet in der Umgebung des Punktes $\zeta = \gamma$ eine nach positiven Potenzen der m-wertigen Irrationalität

$$\omega = \sqrt[m]{(\zeta - \gamma) : A}$$

fortschreitende m-wertige Potenzreihe.

§ 63. KONFORME ABBILDUNG DES QUADRATS AUF DEN KREIS UND DIE EBENE

Am Schlusse von § 46 wurde gezeigt, daß die lemniskatische Funktion $f(z)$ im Quadrat mit den Ecken $\varkappa + \varkappa i$, $3\varkappa + \varkappa i$, $3\varkappa - \varkappa i$, $\varkappa - \varkappa i$ ihren ganzen Wertevorrat annimmt. Durch Verschiebung des Quadrats um $2\varkappa$ nach links, wobei sein Zentrum auf den Nullpunkt O der z-Ebene fällt, entsteht ein neues Quadrat $ABCD$ mit den Ecken

$$A = +\varkappa + \varkappa i, \quad B = -\varkappa + \varkappa i, \quad C = -\varkappa - \varkappa i, \quad D = +\varkappa - \varkappa i.$$

Infolge der Relation $f(z + 2\varkappa) = -f(z)$ nimmt die Lemniskatenfunktion in diesem Quadrat ihren ganzen Wertevorrat, und zwar jeden beliebig vorgelegten Wert genau *ein*mal an; nur der Wert ∞ wird viermal angenommen, nämlich in den Ecken A, B, C, D, und der Wert $f(z)$, falls z auf einer Seite des Quadrats liegt, genau zweimal: nämlich in z selbst und im Spiegelbilde des Punktes z in der Seitenmitte, da ja $f(i^n\varkappa + u) = f(i^n\varkappa - u)$ ist. [Auch in einer Seitenmitte c wird der Funktionswert $f(c)$ „zweimal angenommen", da die Seitenmitte c eine Nullstelle zweiter Ordnung von $f(z) - f(c)$ ist, in der Umgebung von c also $f(z) - f(c) = (z - c)^2\, \mathfrak{P}(z - c)$ mit nichtverschwindendem $\mathfrak{P}(0)$ ist.]

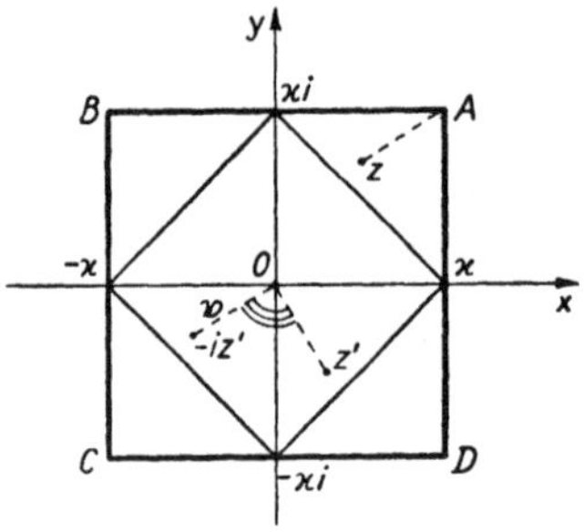

Abb. 35

Durch die lemniskatische Abbildung

$$\zeta = f(z)$$

wird demnach das Quadrat $ABCD$ der z-Ebene umkehrbar eindeutig und konform auf die ζ-Ebene abgebildet.

Wir achten zunächst auf die Abbildung des Quadrats l, dessen Ecken $\varkappa$, $\varkappa i$, $-\varkappa$, $-\varkappa i$ die Seitenmitten des Quadrats $DABC$ sind. Die Abbildung bringt die vier Ecken an die Stellen $\zeta = 1$, $\zeta = i$, $\zeta = -1$, $\zeta = -i$. Da ferner in den Doppelpunkten $\varkappa$, $\varkappa i$, $-\varkappa$, $-\varkappa i$ die Winkeltreue der Abbildung aufhört, hier vielmehr, der für den Doppelpunkt c gültigen Gleichung

$$f(z) - f(c) = (z - c)^2\, \mathfrak{P}(z - c)$$

[mit in c nicht verschwindendem $\mathfrak{P}(z - c)$] entsprechend, jeder Objektwinkel verdoppelt wird, also die rechten Winkel des Quadrats l in gestreckte verwandelt werden, so kann man auf den Gedanken kommen, daß die Abbildung das Quadrat l in einen Kreis λ überführt.

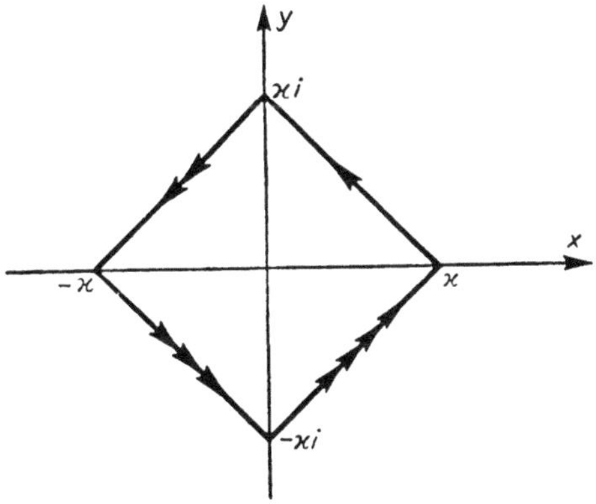

Abb. 36

Nun, die erste Quadratseite reicht vom Punkte $\varkappa$ bis zum Punkte $\varkappa i$. Ihre Gleichung lautet $x + y = \varkappa$, mithin ist auf ihr

$$z = \varkappa + (i - 1)\, y,$$

wo nun der Parameter y von 0 bis $\varkappa$ läuft. Demnach wird nach der Definitionsformel der lemniskatischen Funktion

$$\zeta = f(z) = f(\varkappa - y + iy) = \frac{f(\varkappa - y)\, g(y) + i f(y)\, g(\varkappa - y)}{1 - f^2(\varkappa - y) f^2(y)}.$$

Hier ersetzen wir rechts $f(\varkappa - y)$ und $g(\varkappa - y)$ gemäß den Formeln

$$f(\varkappa - y) = g : (1 + f^2), \qquad g(\varkappa - y) = 2f : (1 + f^2),$$

in denen statt $f(y)$ und $g(y)$ abgekürzt f und g geschrieben ist, und erhalten wegen $g^2 = 1 - f^4 = (1 - f^2)(1 + f^2)$

$$\zeta = \frac{(g^2 + 2f^2 i)(1 + f^2)}{(1 + f^2)^2 - f^2 (1 - f^2)(1 + f^2)} = \frac{g^2 + 2f^2 i}{1 + f^4}$$

und damit, $\zeta = \xi + i\eta$ gesetzt,

$$\xi = \frac{1 - f^4(y)}{1 + f^4(y)}, \qquad \eta = \frac{2f^2(y)}{1 + f^4(y)}.$$

Wie leicht zu sehen, nimmt die Funktion ξ, während y das Intervall $(0, \varkappa)$ durcheilt, von 1 bis 0 ab, die Funktion η dagegen von 0 bis 1 zu. Da außerdem

$$\xi^2 + \eta^2 = 1$$

ist, so durchläuft ζ in der Tat den ersten Quadrant des Einheitskreises $\xi^2 + \eta^2 = 1$, wenn z die erste Quadratseite durcheilt.

Auf der zweiten Quadratseite, die vom Punkte $\varkappa i$ bis zur Stelle $-\varkappa$ reicht, haben wir

$$z = iy - (\varkappa - y),$$

wobei der Parameter y von $\varkappa$ bis 0 fällt. Aus

$$\zeta = f(z) = f(iy - \overline{\varkappa - y}) = \frac{-f(\varkappa - y)\, g(y) + i f(y)\, g(\varkappa - y)}{1 + f^2(\varkappa - y) f^2(y)}$$

folgt jetzt

$$\xi = -\frac{1 - f^4(y)}{1 + f^4(y)}, \qquad \eta = \frac{2 f^2(y)}{1 + f^4(y)}.$$

Während also z die zweite Quadratseite durchmißt, beschreibt ζ den zweiten Quadrant des Einheitskreises $\xi^2 + \eta^2 = 1$.

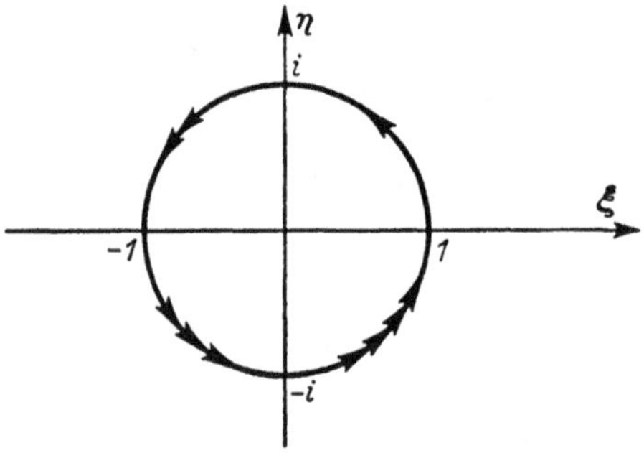

Abb. 37

Wenn weiter der Objektpunkt z die dritte und vierte Quadratseite durcheilt — wobei gleichzeitig der Punkt $-z$ die erste und zweite Quadratseite durcheilt — beschreibt der Bildpunkt $\zeta = f(z)$, der Relation

$$\zeta = -f(-z)$$

gemäß, den dritten und vierten Quadrant des Einheitskreises $|\zeta| = 1$. Damit wird die Bedeutung des in der Bildebene um den Ursprung beschriebenen Einheitskreises λ evident:

Wenn der Objektpunkt z die vier Quadranten (Seiten) des Quadrats l sukzessiv im positiven Sinne durchläuft, beschreibt der Bildpunkt

$$\zeta = f(z)$$

im positiven Sinne sukzessiv die vier Quadranten des Einheitskreises λ.

Kurz gesagt: *Das Bild des Quadrats l in der lemniskatischen Abbildung $\zeta = f(z)$ ist der Einheitskreis λ.*

Es steht weiter zu vermuten, daß unsere Abbildung die Fläche L des Quadrats l in die Fläche Λ des Kreises λ verwandelt.

Diese Vermutung findet sofort ihre Bestätigung durch den Satz von der Gebietstreue: Bildet die Regulärfunktion $\zeta = f(z)$ den Umlauf l der z-Ebene umkehrbar eindeutig auf den Umlauf λ der ζ-Ebene ab (wobei beide Umläufe im positiven Sinne beschrieben gedacht werden), so bildet die Vorschrift $\zeta = f(z)$ auch den Bereich L des Umlaufs l umkehrbar eindeutig auf den Bereich Λ des Umlaufs λ ab.

Das Ergebnis unserer Untersuchung ist der bemerkenswerte

Satz:

Die Lemniskatenfunktion

$$\zeta = f(z)$$

bildet den in der Objektebene liegenden quadratischen Bereich mit den Ecken $\varkappa, \varkappa i, -\varkappa, -\varkappa i$ auf den Bereich des um den Ursprung der Bildebene beschriebenen Einheitskreises umkehrbar eindeutig ab, wobei die vier Quadratecken in die vier

Kreispunkte 1, i, -1, $-i$, *die Quadratseiten in die vier Kreisquadranten übergehen. Die Abbildung ist überall konform, ausgenommen an den vier Quadratecken, wo der Objektwinkel nicht erhalten bleibt, sondern verdoppelt wird.*

Diese Verdopplung erklärt sich sofort aus dem Verschwinden der Ableitung $f'(z)$ in den vier Quadratecken.

Nun zur Abbildung des Quadrats $s \equiv ABCD$ auf die ζ-Ebene!

Zunächst bilden wir wie oben das Quadrat L auf den Einheitskreis Λ der ζ-Ebene ab.

Darauf greifen wir einen beliebigen Punkt des noch nicht abgebildeten Teils des Quadrats s, etwa den im Dreieck mit den Ecken $\varkappa$, $\varkappa + \varkappa i$, $\varkappa i$ liegenden Objektpunkt z heraus. Wir konstruieren — unter Bezugnahme auf die Formel

$$1 : f(z) = f(iz + \varkappa - \varkappa i)$$

von § **46** — den durch die Bedingung

$$z' = iz + \varkappa - \varkappa i \qquad \text{oder} \qquad -iz' = z - (\varkappa + \varkappa i)$$

bestimmten Hilfspunkt z': Wir bekommen zunächst den Punkt $-iz'$, indem wir von 0 aus den Vektor $\mathfrak{v}$ ziehen, welcher dem von der Ecke A $(= \varkappa + \varkappa i)$ nach z führenden Vektor gleicht; der Endpunkt von $\mathfrak{v}$ ist $-iz'$. Durch positive Drehung des Vektors $\mathfrak{v}$ um den Drehpunkt 0 um 90° kommt der Endpunkt von $\mathfrak{v}$ nach z'. (Vgl. Fig. 35.)

Nunmehr bestimmen wir auf Grund der Abbildungsvorschrift in der Bildebene das Bild $\zeta' = f(z')$ des Objektpunkts z'; es liegt, wie wir schon wissen, im vierten Quadrant der Fläche Λ des Kreises λ.

Wir spiegeln ζ' in der ξ-Achse nach $\overline{\zeta'}$, sodann $\overline{\zeta'}$ im Kreise λ nach Z.

Dann ist

$$Z = 1 : \zeta' = 1 : f(z') = 1 : f(iz + \varkappa - \varkappa i) = f(z) = \zeta,$$

d. h. der konstruierte Punkt Z ist das Bild ζ des Objektpunkts z.

Das Dreieck mit den Ecken $\varkappa$, $\varkappa + \varkappa i$, $\varkappa i$ wird demnach durch die lemniskatische Abbildung in den außerhalb des Kreises λ liegenden Teil des ersten Quadranten der ζ-Ebene verwandelt.

Ebenso läßt sich zeigen, daß das Objektdreieck mit den Ecken $\varkappa i$, $-\varkappa + \varkappa i$, $\varkappa$ in den außerhalb des Kreises λ liegenden Teil des zweiten Quadranten der ζ-Ebene verwandelt wird usf.

Ergebnis:

Die lemniskatische Abbildung

$$\zeta = f(z)$$

bildet das in der z-Ebene liegende Quadrat mit den Ecken $\pm \varkappa \pm \varkappa i$ — von den Randpunkten abgesehen — umkehrbar eindeutig auf die ζ-Ebene ab. Dabei geht das dem Quadrat einbeschriebene Minimalquadrat in den Gaußkreis λ der ζ-Ebene über, während die vier außerhalb des Minimalquadrats liegenden Dreiecke in die außerhalb des Kreises λ liegenden Quadrantenteile der Bildebene verwandelt werden.

Für die Punkte des Quadratrandes gilt die Eineindeutigkeit der Abbildung nicht mehr: jede der beiden Hälften einer Quadratseite geht in den außerhalb des Kreises λ liegenden Teil einer Koordinatenachse über; jede der beiden Hälften der rechten Quadratseite z. B. in den außerhalb des Kreises λ liegenden Teil der positiven ξ-Achse, jede der beiden Hälften der oberen Quadratseite in den außerhalb des Kreises λ liegenden Teil der positiven η-Achse usf.
Die Abbildung ist — von den vier Doppelpunkten $\varkappa$, $\varkappa i$, $-\varkappa$, $-\varkappa i$ abgesehen — im Endlichen überall konform; an den Bildstellen der vier genannten Ausnahmepunkte ist der Bildwinkel doppelt so groß wie der Objektwinkel.

§ 64. WINKELTREUE KARTENPROJEKTIONEN

Vielleicht die wichtigste geographische Karte ist die sog. Mercatorkarte (Gerhard Kremer, genannt Mercator, 1512—1594). Sie gehört zur Kartengruppe der Zylinderprojektionen.
Eine Zylinderprojektion ist eine Karte, deren Breitenparallelen parallele Gerade sind. Wenn in einer solchen Karte auch die Meridiane parallele, und zwar zu den Breitenparallelen orthogonale Gerade sind, heißt die Zylinderprojektion echt.
Die *Mercatorkarte* ist nun die (einzige) *winkeltreue* echte Zylinderprojektion.

Herstellung der Mercatorkarte

Der Radius des Globus, von dem wir eine Mercatorkarte herstellen wollen, diene als Längeneinheit. Ein Punkt P des Globus werde durch seine Länge λ und Breite φ festgelegt.
Die Punkte der Karte beziehen wir auf ein orthogonales Koordinatensystem xy, dessen x-Achse der Kartenäquator, dessen y-Achse der Nullmeridian der Karte sei. Das Kartenbild des Globuspunktes P, welches wir ebenfalls mit P bezeichnen, habe in diesem System die Koordinaten x und y.
Es handelt sich darum, die Kartenlänge x und Kartenbreite y als Funktionen der geographischen Koordinaten λ und φ darzustellen.
Die Ermittlung der Länge x des Kartenpunktes P ist äußerst einfach. Nach der Definition der Mercatorkarte haben wir sofort

$$(1) \qquad x = \lambda.$$

Durch diese erste Abbildungsvorschrift erscheint auf der Karte jeder Breitenparallel (mit Ausnahme des längentreu abgebildeten Äquators) verzerrt, und zwar, da der Breitenparallel in der Breite φ auf dem Globus die Länge $2\pi \cos\varphi$, auf der Karte die Länge 2π hat, im Verhältnis $\sec\varphi : 1$ vergrößert.
M. a. W.: Der Abbildungsmaßstab für Bögen des Breitenkreises φ ist $\sec\varphi$.
Während die Ermittlung der Kartenlänge x so einfach war, ist die Bestimmung der Kartenbreite y als Funktion der Breite φ:

$$y = \Phi = \Phi(\varphi)$$

wesentlich schwieriger.
Wir denken uns außer den durch den Punkt P auf Globus und Karte laufenden Netzlinien: Meridian m und Parallel p noch zwei benachbarte Netzlinien ge-

zogen: den um den *sehr kleinen* Längenzuwachs L östlich von m verlaufenden Meridian m' und den um den *sehr kleinen* Breitenzuwachs b auf dem Globus bzw. B auf der Karte nördlich von p verlaufenden Parallel p'. Die vier Netzlinien

$$m, \ p, \ m', \ p'$$

bilden dann auf dem Globus eine sehr kleine rechteckige Masche mit den Seiten $L \cos \varphi$ und b, auf der Karte eine gleichfalls sehr kleine rechteckige Masche mit den Seiten L und $B \, [= \Phi(\varphi + b) - \Phi(\varphi)]$.

Nun ist bekanntlich bei hinreichend kleinem Argumentszuwachs der Funktionszuwachs dem Argumentszuwachs proportional, wobei die Ableitung der Funktion als Proportionalitätskonstante fungiert.

Daher ist bei hinreichend kleinem b

$$B = y' \cdot b \qquad \text{mit} \quad y' = \Phi'(\varphi).$$

Da die Mercatorkarte winkeltreu sein soll, müssen unsere beiden Maschen ähnlich sein, muß also die Proportion

$$B : L = b : L \cos \varphi$$

gelten oder

$$B = b \sec \varphi \qquad \text{sein.}$$

Aus den beiden für B gefundenen Gleichungen folgt

$$y' = \sec \varphi,$$

d. h. die gesuchte Kartenbreite $y = \Phi$ hat die Ableitung $\sec \varphi$.

Um eine Funktion y von φ zu finden, deren Ableitung $\sec \varphi$ ist, bilden wir die Ableitungen von $s = \sec \varphi$ und $t = \operatorname{tg} \varphi$:

$$s' = st, \qquad t' = ss$$

und bekommen so

$$\frac{s' + t'}{s + t} = s.$$

Folglich hat die gesuchte Funktion y die Form

$$y = l\,(s + t) + \text{const}.$$

Da für $\varphi = 0$ $y = 0$ sein muß, verschwindet die Konstante, und wir haben als zweite Abbildungsvorschrift

$$(2) \qquad y = \Phi = \Phi(\varphi) = l\,(s + t).$$

Auf Grund der bekannten goniometrischen Relation

$$\sec \varphi + \operatorname{tg} \varphi = \operatorname{tg}\left(\frac{\pi}{4} + \frac{\varphi}{2}\right)$$

kann man — was für die logarithmische Berechnung bequemer ist —

$$(2) \qquad y = l \operatorname{tg}\left(\frac{\pi}{4} + \frac{\varphi}{2}\right)$$

schreiben.

Durch die beiden Abbildungsvorschriften (1) und (2) ist die Konstruktion der Mercatorkarte festgelegt.

Wir erwähnen noch, daß die Größe

$$y = \Phi = l\,\mathrm{tg}\left(\frac{\pi}{4} + \frac{\varphi}{2}\right)$$

vergrößerte Breite genannt wird.
Wir fassen zusammen:

Bei der Mercatorkarte entspricht dem Globuspunkt (λ, φ) *der Kartenpunkt*

$$\boxed{x = \lambda, \qquad y = l\,\mathrm{tg}\left(\frac{\pi}{4} + \frac{\varphi}{2}\right)}.$$

Dabei dient der Globusradius als Längeneinheit.

Um *jede weitere winkeltreue geographische Karte* zu bekommen, brauchen wir nur die Ebene der Mercatorkarte — mit dem beliebigen Kartenpunkte (x, y) als Bild des Globuspunktes (λ, φ) — als Ebene der komplexen Zahlen $z = x + iy$ aufzufassen und diese vermöge einer beliebigen Regulärfunktion

$$\zeta = f(z)$$

von z auf die ζ-Ebene abzubilden; die ζ-Ebene stellt dann eine winkeltreue geographische Karte dar.
Und zwar ist der Punkt ζ (als Bild des Mercatorkartenpunktes $z = \lambda + i\Phi$) das Kartenbild des Globuspunktes $P(\lambda, \varphi)$. Damit haben wir den kartographischen

Fundamentalsatz:

Jede winkeltreue geographische Karte ergibt sich durch die vermöge einer geeigneten Regulärfunktion bewirkte konforme Abbildung der als Zahlenebene aufgefaßten Mercatorkarte.

Betrachten wir z. B. die wichtige *Hipparchkarte* oder *stereographische Projektion* (auch *winkeltreue Azimutalprojektion* genannt)!
Hier leistet die einfache Regulärfunktion

$$\boxed{\zeta = e^{-iz}}$$

das Gewünschte.
In der Tat! Wir schreiben

$$\zeta = e^{y} \cdot e^{-ix}$$

und haben für den Betrag ϱ und Winkel ϑ von ζ die Vorschriften

$$\varrho = e^{y}, \qquad \vartheta = -x$$

oder

$$\varrho = \mathrm{tg}\left(\frac{\pi}{4} + \frac{\varphi}{2}\right), \qquad \vartheta = -\lambda.$$

Die durch diese zwei Formeln definierte Karte erhalten wir geometrisch durch Zentralprojektion des Globus mit dem Nordpol als Projektionszentrum und der Äquatorebene E als Projektionsebene und zugleich Kartenebene.

Projizieren wir nämlich den Globuspunkt (λ, φ) auf E, so ist der Abstand des Kartenbildes P vom Kartenmittelpunkt (Globusmittelpunkt) S, wie man leicht erkennt,

$$SP = \operatorname{tg}\left(\frac{\pi}{4} + \frac{\varphi}{2}\right), \qquad \text{also} \quad SP = \varrho.$$

Bei der Hipparchkarte bildet der Südpol den Kartenmittelpunkt S, der um S als Zentrum mit dem Halbmesser 1 beschriebene Kreis den Äquator. Die Breitenparallelen sind zum Äquator konzentrische Kreise, die Meridiane bilden ein Strahlenbüschel mit dem Zentrum S. (Aus $\varphi = \text{const}$ folgt $\varrho = \text{konst.}$, aus $\lambda = \text{Const.}$ folgt $\vartheta = \text{Konst.}$) Die Arktis gerät auf der Hipparchkarte (mit dem Nordpol! als Projektionszentrum) in weite Ferne, der Nordpol selbst ins Unendliche.

Die stereographische Projektion stellt eine Kreisverwandtschaft dar, d. h. sie verwandelt jeden Kreis des Globus in einen Kreis der Karte.

Beweis. Ist $\lambda = \alpha$, $\varphi = \beta$ der Mittelpunkt M des Globuskreises $\mathfrak{k}$ vom sphärischen Radius r, so lautet die Gleichung dieses Kreises in geographischen Koordinaten λ, φ

$$\sin\beta \sin\varphi + \cos\beta \cos\varphi \cos(\lambda - \alpha) = \cos r,$$

wie ohne weiteres aus dem auf das Dreieck mit den Ecken N, M und $P(\lambda, \varphi)$ angewandten Cosinussatze hervorgeht.

Durch die Projektion geht der Objektpunkt P in den Bildpunkt $\zeta = \xi + i\eta$ mit den Koordinaten

$$\xi = \varrho \cos\vartheta = \varrho \cos\lambda, \qquad \eta = \varrho \sin\vartheta = -\varrho \sin\lambda$$

über, wo

$$\varrho = s + t = \sec\varphi + \operatorname{tg}\varphi$$

ist.

Wir drücken zunächst $\cos\varphi$ und $\sin\varphi$ durch s und t aus:

$$\cos\varphi = 1 : s, \qquad \sin\varphi = t : s,$$

substituieren diese Werte in der Ausgangsgleichung und bekommen

$$s \cos r - t \sin\beta = \cos\beta \cos(\lambda - \alpha).$$

Darauf drücken wir auf Grund der Gleichungen $s + t = \varrho$ und $s^2 - t^2 = 1$ s und t durch ϱ aus:

$$2s = \varrho + \frac{1}{\varrho}, \qquad 2t = \varrho - \frac{1}{\varrho},$$

substituieren diese Werte in der letzten Gleichung und erhalten

$$(\cos r - \sin\beta)\,\varrho + (\cos r + \sin\beta)\frac{1}{\varrho} = 2\cos\beta \cos(\lambda - \alpha).$$

Hier schreiben wir rechts statt $\cos(\lambda - \alpha)$ $\cos\alpha \cos\lambda + \sin\alpha \sin\lambda$, ersetzen $\cos\lambda$ und $\sin\lambda$ durch $\xi : \varrho$ und $-\eta : \varrho$ und bekommen als Gleichung für das Bild von $\mathfrak{k}$

$$\varrho^2 - 2a\xi - 2b\eta + c = 0$$

mit $a = \dfrac{\cos\alpha \cos\beta}{\cos r - \sin\beta}$, $\quad b = -\dfrac{\sin\alpha \cos\beta}{\cos r - \sin\beta}$, $\quad c = \dfrac{\cos r + \sin\beta}{\cos r - \sin\beta}$.

Die gefundene Ortsgleichung lehrt:
Das Kartenbild des Globuskreises $\mathfrak{k}$ ist ein Kreis mit den Mittelpunktskoordinaten a und b und dem Radius

$$\mathfrak{r} = \frac{\sin r}{\cos r - \sin \beta}.$$

[Es ist $\mathfrak{r}^2 = a^2 + b^2 - c = \sin^2 r : (\cos r - \sin \beta)^2$.] Hierbei bedeutet r den sphärischen Radius des Objektkreises, β die Breite des Objektkreiszentrums. Wir sehen — was von vornherein klar war —, daß der Radius des Bildkreises nur von der Breite, nicht auch von der Länge des Objektkreiszentrums abhängt.
Die für $\mathfrak{r}$ gefundene Formel zeigt weiter, daß jeder durch das Projektionszentrum N laufende Objektkreis in eine gerade Linie abgebildet wird, was gleichfalls von vornherein klar war.

Die Peircesche Quincuncialprojektion

Der Engländer Peirce hat die lemniskatische Funktion $f(z)$ dazu benutzt, die Erdkugel konform auf ein Quadrat abzubilden.
Wir betrachten die durch die Lemniskatenfunktion $\zeta = f(z)$ [mit der reellen Minimalperiode $4\varkappa$] vermittelte konforme Abbildung des in der z-Ebene liegenden Quadrats $ABCD$ mit dem Zentrum O und den vier Ecken $+\varkappa+\varkappa i$, $-\varkappa+\varkappa i$, $-\varkappa-\varkappa i$, $+\varkappa-\varkappa i$ auf die ζ-Ebene (§ 63). Wie wir schon wissen, wird dabei das einbeschriebene Quadrat mit den in den Seitenmitten von $ABCD$ liegenden Ecken $+\varkappa i$, $-\varkappa$, $-\varkappa i$, $+\varkappa$ in den Gaußkreis der ζ-Ebene verwandelt; die vier Streckenzüge $(O, \varkappa, A)$ [ebenso auch $(O, \varkappa, D)$], $(O, \varkappa i, B)$ [wie auch $(O, \varkappa i, A)$], $(O, -\varkappa, C)$ [wie auch $(O, -\varkappa, B)$] und $(O, -\varkappa i, D)$ [auch $(O, -\varkappa i, C)$] werden auf bzw. die positive ξ-Achse, positive η-Achse, negative ξ-Achse und negative η-Achse abgebildet; die von O nach den vier Ecken A, B, C, D laufenden Halbdiagonalen des Quadrats $ABCD$ werden in die Winkelhalbierer der vier Quadranten der ζ-Ebene verwandelt.
Aus diesen Bemerkungen geht schon klar hervor, wie die Karte herzustellen ist. Wir verwenden die ζ-Ebene als Kartenblatt einer stereographischen Projektion des Einheitsglobus oder einer Hipparchkarte, wobei der Südpol als Projektionszentrum diene, die Globusmitte N Kartenmitte und zugleich Kartennordpol, der Gaußkreis der ζ-Ebene Äquator und die positive ξ-Achse Nullmeridian wird.
Auf dieser Karte sind die Meridiane von N auslaufende Strahlen, wobei der Meridian λ (in der Länge $\lambda°$ Ost) mit der positiven ξ-Achse den Winkel λ bildet; während die Breitenkreise zum Kartenäquator konzentrische Kreise sind, wobei der Breitenkreis φ von N den Abstand $\operatorname{tg}\left(45° - \frac{\varphi}{2}\right)$ hat.
Die so mit dem Gradnetz bedeckte ξ-Ebene oder Hipparchkarte bilden wir nun vermöge der lemniskatischen Abbildungsvorschrift

$$\zeta = f(z)$$

auf die z-Ebene ab!
Sie geht dann in das oben besprochene Quadrat $ABCD$ über.

Da die Hipparchkarte eine konforme Abbildung der Erdkugel darstellt, *wird durch die lemniskatische Abbildung die Erdkugel konform auf ein Quadrat abgebildet.* Nur in den Schnittpunkten der Meridiane 0°, 90°, 180°, 270° mit dem Äquator geht die Winkeltreue der Peircekarte verloren, da ja diese Meridiane als die oben genannten Streckenzüge erscheinen.

Vier Meridiane der Peircekarte sind gerade Linien: die vier Meridiane 45°, 135°, 225° und 315° östlicher Länge sind die Halbdiagonalen OA, OB, OC, OD. Vier andere Meridiane sind aus je zwei gleichen Strecken bestehende Streckenzüge, die Meridiane 0°, 90°, 180°, 270°, wobei die südliche Hälfte jedes dieser Meridiane *zwei*mal vorkommt: der Meridian 0° z. B. kann sowohl als der Streckenzug $O, \varkappa, A$ als auch als der Streckenzug $O, \varkappa, D$ aufgefaßt werden, der Meridian 90° sowohl als Streckenzug $O, \varkappa i, A$, als auch als Streckenzug $O, \varkappa i, B$, der Meridian 180° als Streckenzug $O, -\varkappa, B$ wie auch als Streckenzug $O, -\varkappa, C$, endlich der Meridian 270° als Streckenzug $O, -\varkappa i, C$ und als Streckenzug $O, -\varkappa i, D$. Damit ist zugleich gesagt, daß der Südpol in der Peircekarte nicht weniger als *vier*mal auftritt, nämlich in den vier Quadratecken A, B, C, D.

Alle andern als die genannten acht ausgezeichneten Meridiane sind krummlinige Bögen, die in den Bereichen 0° bis 90°, 90° bis 180°, 180° bis 270° und 270° bis 360° von O nach bzw. A, B, C, D laufen. Die Gleichung des Meridians $\lambda°$ Ost in der Peircekarte lautet

$$\left(\frac{\eta}{\xi}=\right)\frac{f(y)\,g(x)}{f(x)\,g(y)}=\operatorname{tg}\lambda.$$

Jeder Meridian liegt zum Kartenäquator [dem Quadrat mit den vier Ecken $\varkappa$, $\varkappa i$, $-\varkappa$, $-\varkappa i$] *symmetrisch.*

Um das zu beweisen, brauchen wir nur zu zeigen, daß der durch den Punkt $p(x, y)$ etwa des ersten Quadranten laufende Meridian auch durch das Spiegelbild $P(X, Y)$ des Punktes p im Äquator $(\varkappa, \varkappa i)$ läuft. Dabei ist

$$X=\varkappa-y \qquad \text{und} \qquad Y=\varkappa-x,$$

mithin (mit $\varkappa+i\varkappa=\nu$)

$$Z=X+iY=\varkappa-y+i(\varkappa-x)=\nu-i(x-iy)=\nu-i\bar{z}$$

und weiter (§ 46)

$$1:f(\bar{z})=f(-i\bar{z}+\nu)=f(Z)$$

oder, $\qquad \zeta=f(z)=\xi+i\eta, \qquad \mathsf{Z}=f(Z)=\Xi+iH$

gesetzt,

$$\Xi+iH=\frac{1}{\xi-i\eta} \qquad \text{oder} \qquad \mathsf{Z}=1:\bar{\zeta}.$$

Aus dieser Gleichung ergibt sich sofort

$$H:\Xi=\eta:\xi,$$

so daß wegen $\eta:\xi=\operatorname{tg}\lambda$ auch $H:\Xi=\operatorname{tg}\lambda$ ist und P auf dem durch p laufenden Meridian liegt.

Auch die zu gleicher nördlicher und südlicher Breite φ gehörigen Breitenkreise liegen auf der Karte zum Äquator symmetrisch.

Beweis. Dem zur Breite φ und Länge λ gehörigen Kartenpunkte $p\ (x, y)$ entspricht in der Hipparchkarte der Punkt ζ oder

$$\xi = \varrho \cos \lambda, \quad \eta = \varrho \sin \lambda \qquad \text{mit} \quad \varrho = |\zeta| = |\xi + i\eta| = \operatorname{tg}\left(45^\circ - \frac{\varphi}{2}\right),$$

dem Punkte $P\ (X, Y)$ oder Z also der Hipparchkartenpunkt Z oder

$$\varXi = \frac{1}{\varrho^2}\xi = \frac{1}{\varrho}\cos \lambda = \operatorname{tg}\left(45^\circ + \frac{\varphi}{2}\right)\cos \lambda,$$

$$H = \frac{1}{\varrho^2}\eta = \frac{1}{\varrho}\sin \lambda = \operatorname{tg}\left(45^\circ + \frac{\varphi}{2}\right)\sin \lambda.$$

Demnach gehört der Punkt $(\varXi, H)$ zum Breitenkreise $-\varphi$, mithin auch der Punkt (X, Y) der Peircekarte.

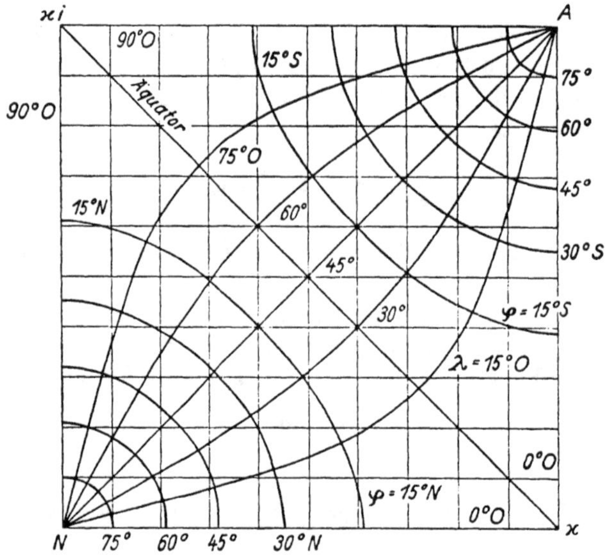

Abb. 38

In beistehender Figur sind die Meridiane 0°, 15°, 30°, 45°, 60°, 75°, 90° sowie die Breitenkreise 0°, ±15°, ± 30°, ± 45°, ± 60, ± 75° zeichnerisch dargestellt.

Der Vorzug der Peircekarte anderen konformen Karten gegenüber besteht darin, daß sie weit geringere Längenverzerrungen hervorruft.

Das Gebiet der Karte, in welchem der maximale Längenmaßstab z. B. den Wert 2 überschreitet, beträgt auf der Peircekarte nur 9% der Globusoberfläche, während es bei der Hipparchkarte 50%, bei der Merkatorkarte 13,5% ausmacht.

§ 65. DAS KOMPLEXE POTENTIAL

Wir betrachten eine ebene Flüssigkeitsbewegung, d. h. die Bewegung einer Flüssigkeit, die ein Gebiet 𝔊 einer Ebene E in überall gleichdicker Schicht und homogener Verteilung bedeckt und parallel zu dieser Ebene dahinströmt, wobei jeweils alle auf einem Lot der Ebene befindlichen Flüssigkeitsteilchen *dieselbe* Bewegung parallel zur Ebene ausführen. Die Schichtdicke denken wir uns klein und nehmen sie zweckmäßig als Längeneinheit.

Die Bewegung sei *einfach*, d. h. quellen- und wirbelfrei.

Die Bewegung heißt *quellenfrei*, wenn im Gebiet 𝔊 nirgends neue Flüssigkeitsmengen zutage treten, nirgends Teile der Flüssigkeit versickern; sie heißt *wirbelfrei*, wenn in der Flüssigkeit keine Wirbel auftreten (s. unten).

Um die Bewegung der Flüssigkeit in einem vorgelegten Punkte A — dem sog. *Aufpunkte* — zu beschreiben, beziehen wir die Punkte der Ebene E auf ein rechtwinkliges Koordinatensystem $x\,y$ mit dem Ursprung O und nennen die Koordinaten des Aufpunkts x und y. Die Bewegung der Flüssigkeit im Aufpunkt ist dann durch den Geschwindigkeitsvektor $\mathfrak{p}$ oder durch die Komponenten u und v der Geschwindigkeit in A bestimmt, wobei letztere mit dem Betrage p der Geschwindigkeit durch die pythagoreische Relation $u^2 + v^2 = p^2$ verbunden sind.

Wir drücken die Bedingungen der Quellenfreiheit und Wirbelfreiheit analytisch aus.

Zu dem Zwecke führen wir die beiden wichtigen Integrale

$$\varphi = \int \mathfrak{p} \cdot d\mathfrak{s} \qquad \text{und} \qquad \psi = \int \mathfrak{p} \times d\mathfrak{s}$$

ein, in denen die Integrationen über einen vom Fixpunkte F bis zum Aufpunkt A führenden Weg $\mathfrak{w}$ zu erstrecken sind und $d\,\mathfrak{s}$ das vektorische Bogenelement dieses Weges bedeutet.

Der feste Punkt F wird irgendwo in 𝔊 passend angenommen. Wird statt der angenommenen Stelle F ein anderer Fixpunkt J gewählt, so führe man von J nach F einen geeigneten in 𝔊 verlaufenden, festzuhaltenden Weg $\mathfrak{f}$ und erstrecke die beiden Integrale über den Weg $\mathfrak{f} + \mathfrak{w}$. Sie erfahren dadurch beide eine Vermehrung um einen von der Lage des variablen Punktes A und des variablen Weges $\mathfrak{w}$ unabhängigen konstanten Wert. Die beiden Integrale φ und ψ sind also nur bis auf eine additive Konstante bestimmt. Dieser im ersten Augenblick lästig erscheinende Umstand ist aber nur von untergeordneter Bedeutung, weil es weniger die Integrale φ und ψ selbst als vielmehr ihre Ableitungen

$$\frac{\partial\varphi}{\partial x}, \quad \frac{\partial\varphi}{\partial y}, \quad \frac{\partial\psi}{\partial x}, \quad \frac{\partial\psi}{\partial y}, \quad \frac{\partial^2\varphi}{\partial x^2}, \quad \frac{\partial^2\varphi}{\partial y^2}, \quad \frac{\partial^2\psi}{\partial x^2}, \quad \frac{\partial^2\psi}{\partial y^2}$$

sind, auf die es im folgenden ankommen wird.

Das zweite dieser Integrale ist eigentlich ein Vektor. Da dieser aber auf der Flüssigkeitsebene senkrecht steht, sehen wir von seiner Richtung ab und betrachten nur den Zahlwert des Vektors, den wir dann ψ nennen. Führen wir also die Neigung ν des Vektors $\mathfrak{p}$ gegen den Vektor $d\,\mathfrak{s}$ ein, so handelt es sich um die Betrachtung der beiden über den Weg $\mathfrak{w}$ erstreckten Kurvenintegrale

$$\varphi = \int p \cos \nu \, ds, \qquad \psi = \int p \sin \nu \, ds,$$

in denen ds die Länge des Bogenelements $d\mathfrak{s}$ bedeutet.

Da $p \cos \nu$ die nach der Richtung von $d\mathfrak{s}$ weisende Komponente, $p \sin \nu$ die zu $d\mathfrak{s}$ orthogonale Komponente der Geschwindigkeit p darstellt und das Produkt $p \cos \nu \cdot ds$ bzw. $p \sin \nu \cdot ds$ das Flüssigkeitsquantum angibt, welches ein am Orte $d\mathfrak{s}$ senkrecht zu E und senkrecht bzw. parallel zu $d\mathfrak{s}$ aufgestelltes Rechteck von der Breite ds sekundlich durchströmt, so nennt man φ die *Längsströmung*, ψ die *Querströmung* für den Weg $\mathfrak{w}$.

Was speziell die Querströmung ψ anbetrifft, so stellt sie das Flüssigkeitsquantum dar, welches den Weg $\mathfrak{w}$ sekundlich durchsetzt.

Eine weitere Umformung von φ und ψ ergibt sich mittels der Neigungen σ und π der Vektoren $d\mathfrak{s}$ und $\mathfrak{p}$ gegen die x-Achse. Aus $\nu = \sigma - \pi$ folgt nämlich

$$\cos \nu = \cos \sigma \cos \pi + \sin \sigma \sin \pi = \frac{dx}{ds} \cdot \frac{u}{p} + \frac{dy}{ds} \cdot \frac{v}{p}$$

und

$$\sin \nu = \sin \sigma \cos \pi - \cos \sigma \sin \pi = \frac{dy}{ds} \cdot \frac{u}{p} - \frac{dx}{ds} \cdot \frac{v}{p}$$

und hieraus

$$\varphi = \int u\,dx + v\,dy, \qquad \psi = \int u\,dy - v\,dx.$$

Die Längsströmung φ für geschlossene Wege — sog. *Zirkulation* — hängt eng zusammen mit dem Wirbelbegriff.

Unter dem *Wirbel* an der Stelle $A(x, y)$ versteht man nach Helmholtz die Größe

$$\omega = \frac{v_x - u_y}{2} = \frac{1}{2}\left(\frac{\partial v}{\partial x} - \frac{\partial u}{\partial y}\right).$$

Nach dem Satze von Stokes ist die Zirkulation für einen Umlauf $\mathfrak{u}$ das Doppelte des übes den Bereich $\mathfrak{U}$ des Umlaufs erstreckten Wirbelintegrals:

$$\int_{\mathfrak{u}} u\,dx + v\,dy = 2 \int_{\mathfrak{U}} \omega \, d\,\mathfrak{U}.$$

Wählen wir als Umlaufsbereich speziell eine Kreisfläche $\mathfrak{K}$ mit dem Aufpunkte A als Mittelpunkt, mit dem Rande $\mathfrak{k}$ und Radius r und nennen die Tangentialkomponente ($p \cos \nu$) der Geschwindigkeit längs $\mathfrak{k}$ t, so wird

$$\int_{\mathfrak{k}} t\,ds = 2 \int_{\mathfrak{K}} \omega \, d\,\mathfrak{K}.$$

Führen wir statt der Umfangsgeschwindigkeit t die mit ihr durch die Gleichung $t = r\,k$ verbundene Winkelgeschwindigkeit oder Drehgeschwindigkeit k ein, wobei wir den von 0 bis 2π laufenden Winkel mit ϑ bezeichnen, so verwandelt sich unsere Gleichung wegen $t = rk$ und $ds = r\,d\vartheta$ in

$$r^2 \int_0^{2\pi} k \, d\vartheta = 2 \int_{\mathfrak{K}} \omega \, d\,\mathfrak{K}.$$

Wählen wir den Radius r hinreichend klein, so können wir das rechtsstehende Integral durch $\pi r^2 \omega$ ersetzen, wo ω den Wert des Wirbels in $A(x, y)$ bedeutet, und bekommen

$$\omega = \frac{1}{2\pi} \int_0^{2\pi} k \, d\vartheta .$$

Diese Gleichung sagt aus:

Der Wirbel ω ist die mittlere Drehgeschwindigkeit der Flüssigkeit an der Stelle $A(x, y)$, d. h. die durchschnittliche Drehschnelle, mit welcher die Flüssigkeit um die Stelle $A(x, y)$ herumwirbelt.

Unsere Bewegung heißt nun wirbelfrei, wenn im Gebiet 𝔊 der Wirbel ω überall verschwindet:

$$\omega = 0$$

oder

$$v_x = u_y .$$

Bei wirbelfreier Bewegung nimmt der Stokessche Satz die Form an:

$$\int_{\mathfrak{u}} u \, dx + v \, dy = 0 .$$

In Worten:

Bei wirbelfreier Flüssigkeitsbewegung verschwindet überall in der Flüssigkeit die Zirkulation.

Nehmen wir zwei beliebige von F nach A führende Wege $\mathfrak{v}$ und $\mathfrak{w}$ (die, passend durchlaufen, einen Umlauf bilden), so ist also

$$\int_{\mathfrak{v}} u \, dx + v \, dy = \int_{\mathfrak{w}} u \, dx + v \, dy ;$$

und das bedeutet:

Bei wirbelfreier Bewegung ist die Längsströmung für einen vom Ursprung zum Aufpunkt führenden Weg vom Wege unabhängig, nur abhängig sonach vom Aufpunkt; das Integral $\int u \, dx + v \, dy$ ist dann lediglich eine Funktion von x und y:

$$\varphi = \varphi(x, y) = \int_F^A u \, dx + v \, dy .$$

Aus der gewonnenen Gleichung folgt

$$\frac{\partial \varphi}{\partial x} = u \qquad \text{und} \qquad \frac{\partial \varphi}{\partial y} = v .$$

Bei wirbelfreier Bewegung lassen sich also die Geschwindigkeitskomponenten als Partialableitungen einer Punktfunktion $\varphi(x, y)$ darstellen:

$$u = \frac{\partial \varphi}{\partial x} , \qquad v = \frac{\partial \varphi}{\partial y} .$$

Aus diesem Grunde hat Helmholtz die Funktion $\varphi(x, y)$ das *Geschwindigkeitspotential* der Flüssigkeitsbewegung genannt, und unser Ergebnis erhält die Form:

Bei wirbelfreier Bewegung sind die Geschwindigkeitskomponenten u und v die Partialableitungen des Geschwindigkeitspotentials φ:

(1) $$\boxed{u = \frac{\partial \varphi}{\partial x}, \qquad v = \frac{\partial \varphi}{\partial y}}.$$

Da auch umgekehrt aus den Gleichungen

$$u = \frac{\partial \varphi}{\partial x}, \qquad v = \frac{\partial \varphi}{\partial y}$$

die Unabhängigkeit der Längsströmung vom Wege und damit die Wirbelfreiheit der Bewegung folgt, so gilt der

Satz:

Unsere Flüssigkeitsbewegung ist dann und nur dann wirbelfrei, wenn sie ein Geschwindigkeitspotential besitzt.

Das Potential φ der Bewegung erfreut sich noch einer zweiten wichtigen Eigenschaft.

Zeichnen wir an der Stelle A ein unendlich kleines Rechteck mit den achsenparallelen Seiten dx und dy, so ist das in das Reckteck von links und unten her *einfließende* Flüssigkeitsquantum

$$e = u \cdot dy + v \cdot dx,$$

das aus dem Rechteck rechts und oben *herausfließende* Quantum

$$a = (u + u_x\, dx) \cdot dy + (v + v_y\, dy) \cdot dx,$$

mithin $$a = e + (u_x + v_y) \cdot dx\, dy.$$

Da aber wegen der Quellenfreiheit der Bewegung ebensoviel Flüssigkeit ausfließen wie einfließen muß, also $a = e$ ist, so gilt die Gleichung

$$u_x + v_y = 0 \qquad \text{oder} \qquad \frac{\partial u}{\partial x} + \frac{\partial v}{\partial y} = 0.$$

Ersetzen wir hier u und v durch φ_x und φ_y, so entsteht die Differentialgleichung

$$\frac{\partial^2 \varphi}{\partial x^2} + \frac{\partial^2 \varphi}{\partial y^2} = 0.$$

Diese Differentialgleichung wurde zuerst von Laplace studiert und wird deshalb *Laplacesche Differentialgleichung*, der Operator (Lückenausdruck)

$$\Delta = \frac{\partial^2}{\partial x^2} + \frac{\partial^2}{\partial y^2}$$

Laplaceoperator genannt.

Damit haben wir den

Satz:

Das Geschwindigkeitspotential

$$\varphi = \varphi(x, y) = \int_F^A u\, dx + v\, dy$$

einer quellen- und wirbelfreien ebenen Flüssigkeitsbewegung befriedigt die Laplacesche Differentialgleichung

$$\boxed{\Delta\varphi = 0}.$$

Nun zur Querströmung

$$\psi = \int_{\mathfrak{w}} u\,dy - v\,dx\,!$$

Wie wir oben schon erkannt haben, stellt sie das Flüssigkeitsquantum dar, welches sekundlich den vom Fixpunkt F bis zum Aufpunkt A führenden Weg $\mathfrak{w}$ durchsetzt.

Bei quellenfreier Bewegung ist die Querströmung vom Wege $\mathfrak{w}$ *unabhängig, nur abhängig von den Endpunktskoordinaten* x *und* y *des Weges.*

Beweis. Ist $\mathfrak{v}$ ein zweiter von F nach $A\,(x, y)$ führender Weg, so ist

$$\int_{\mathfrak{v}} u\,dy - v\,dx$$

das Flüssigkeitsquantum, welches sekundlich diesen Weg durchsetzt. Wenn wir annehmen, daß der aus den Wegen $\mathfrak{w}$ und $\mathfrak{v}$ zusammengesetzte Umlauf $\mathfrak{u}$ im positiven Sinne durcheilt wird, wenn $\mathfrak{w}$ im direkten, $\mathfrak{v}$ im entgegengesetzten Sinne durchlaufen wird, so stellt die Querströmung für $\mathfrak{v}$ das in den Bereich $\mathfrak{U}$ des Umlaufs *hinein*fließende, die Querströmung für $\mathfrak{w}$ das aus $\mathfrak{U}$ *heraus*fließende Flüssigkeitsquantum dar. Daher ist

$$\int_{\mathfrak{u}} u\,dy - v\,dx$$

das in den Bereich $\mathfrak{U}$ hineinfließende *und in ihm verbleibende* Flüssigkeitsquantum. Da dieses aber auf Grund der Quellenfreiheit verschwinden muß, haben wir

$$\int_{\mathfrak{u}} u\,dy - v\,dx = 0$$

oder

$$\int_{\mathfrak{v}} u\,dy - v\,dx = \int_{\mathfrak{w}} u\,dy - v\,dx\,,$$

und diese Gleichung sagt aus, daß die Querströmung vom Wege unabhängig ist. [Es ist zu beachten, daß aus der Gleichung

$$\int_{\mathfrak{u}} u\,dy - v\,dx = 0$$

und der Stokesschen Formel

$$\int_{\mathfrak{u}} u\,dy - v\,dx = \int_{\mathfrak{U}} (u_x + v_y)\,d\,\mathfrak{U}$$

die Identität

$$\int_{\mathfrak{U}} (u_x + v_y)\,d\mathfrak{U} = 0$$

folgt. Da diese für *jeden* in $\mathfrak{G}$ liegenden Umlaufsbereich $\mathfrak{U}$ gilt, so muß identisch

$$u_x + v_y = 0$$

sein. Diese Gleichung ist aber die schon oben erkannte Bedingung für Quellenfreiheit.]

Die Unabhängigkeit der Querströmung vom Wege und die Quellenfreiheitsbedingung

$$\frac{\partial u}{\partial x}+\frac{\partial v}{\partial y}=0$$

sind sonach gleichbedeutende Aussagen.

Das bei Quellenfreiheit nur vom Aufpunkt A abhängige Integral

$$\psi=\psi(x,y)=\int_F^A u\,dy-v\,dx$$

heißt die *Stromfunktion* des Aufpunkts.

Die Stromfunktion eines Punktes ist also das Flüssigkeitsquantum, welches einen beliebigen von F nach dem Punkte laufenden Weg sekundlich durchsetzt.

Ähnlich wie oben haben wir den

Satz:

Die Flüssigkeitsbewegung ist dann und nur dann quellenfrei, wenn sie eine Stromfunktion besitzt.

Wie oben das Geschwindigkeitspotential die Ermittlung der Geschwindigkeitskomponenten u und v gestattete, so läßt sich auch die Stromfunktion zur Berechnung von u und v verwenden. Aus

$$\psi=\int_F^A u\,dy-v\,dx$$

lesen wir ohne weiteres ab:

$$\frac{\partial\psi}{\partial y}=u,\qquad \frac{\partial\psi}{\partial x}=-v.$$

Folglich:

Bei quellenfreier Bewegung sind die Geschwindigkeitskomponenten u und v Partialableitungen der Stromfunktion ψ:

$$\boxed{u=\frac{\partial\psi}{\partial y},\qquad v=-\frac{\partial\psi}{dx}}. \tag{2}$$

Auch die Stromfunktion ψ befriedigt Laplaces Differentialgleichung:

$$\boxed{\Delta\psi=0}.$$

Beweis. Es ist

$$\Delta\psi=\frac{\partial^2\psi}{\partial x^2}+\frac{\partial^2\psi}{\partial y^2}=-\frac{\partial v}{\partial x}+\frac{\partial u}{\partial y}=-2\omega.$$

Da aber der Wirbel ω wegen der Wirbelfreiheit der Bewegung verschwindet, so ist auch $\Delta\psi=0$.

Die bedeutungsvollsten Relationen unserer Untersuchung sind wohl die Gleichungen (1) und (2). Sie liefern das Formelpaar

$$\boxed{\frac{\partial \varphi}{\partial x}=\frac{\partial \psi}{\partial y}, \qquad \frac{\partial \varphi}{\partial y}=-\frac{\partial \psi}{\partial x}};$$

d. h.: *die Funktionen φ und ψ befriedigen die Differentialgleichungen von Cauchy-Riemann!* Daher gilt der

Fundamentalsatz:

Die aus Geschwindigkeitspotential φ und Stromfunktion ψ einer in einem Gebiete der z-Ebene einfachen Flüssigkeitsbewegung zusammengesetzte Funktion

$$\chi=f(z)=\varphi(x, y)+i\psi(x, y)$$

der komplexen Variable z ist eine Regulärfunktion im Gebiet.

Die analytische Funktion $\chi=f(z)$ wird das *komplexe Potential* der Flüssigkeitsbewegung genannt.

Neben dem komplexen Potential betrachtet man die *komplexe Geschwindigkeit*

$$w=u-iv.$$

Aus $u=\varphi_x$ und $v=\varphi_y=-\psi_x$ einerseits, $\chi'=f'(z)=\varphi_x+i\psi_x$ anderseits folgt:

Die komplexe Geschwindigkeit der Flüssigkeit ist die Ableitung des komplexen Potentials

$$w=u-iv=\chi'=f'(z).$$

Umgekehrt liefert jede in einem Gebiet der z-Ebene reguläre Funktion

$$\chi=f(z)=\varphi(x, y)+i\psi(x, y)$$

der komplexen Variable z eine einfache Flüssigkeitsbewegung in der z-Ebene, wenn geeignete physikalische Maßnahmen am Gebietsrande bewirken, daß der im Gebiet hervorgerufene Bewegungszustand ungehindert fortbesteht. Der Realteil dieser Funktion ist das Geschwindigkeitspotential, der Imaginärteil die Stromfunktion der Bewegung.

Wir vervollständigen unsere Betrachtungen über das komplexe Potential χ durch Angabe einiger weiterer Eigenschaften seiner Bestandteile φ und ψ.

1. Bestimmung der für irgendeine Richtung genommenen Geschwindigkeitskomponente durch das Geschwindigkeitspotential φ bzw. die Stromfunktion ψ.

Wir haben gesehen, daß φ_x und φ_y oder, wenn man will, ψ_y und $-\psi_x$ die axialen Geschwindigkeitskomponenten im Aufpunkt $A\,(x, y)$ sind. Wir wollen noch die Geschwindigkeitskomponente *nach irgendeiner Richtung* durch φ bzw. ψ ausdrücken.

Wir zeichnen demgemäß im Punkte A den unendlich kurzen Vektor $\overrightarrow{AN}$ mit der Länge dn und der Neigung ν gegen die x-Achse, so daß

$$dx=dn\cdot\cos\nu \qquad \text{und} \qquad dy=dn\cdot\sin\nu$$

die Axialprojektionen von AN sind.

Nun hat die Geschwindigkeitskomponente nach der Richtung dn den Wert

$$p_n = u\cos\nu + v\sin\nu = u\frac{dx}{dn} + v\frac{dy}{dn} = \frac{\partial\varphi}{\partial x}\,\frac{\partial x}{\partial n} + \frac{\partial\varphi}{\partial y}\,\frac{\partial y}{\partial n} = \frac{\partial\varphi}{\partial n}\,.$$

Folglich ist

$$p_n = \frac{\partial\varphi}{\partial n} = \varphi_n\,,$$

wobei φ_n eine Abkürzung für die Ableitung $\dfrac{\partial\varphi}{\partial n}$ bedeutet.

Drehen wir jetzt den Vektor dn im positiven Sinne um 90° in die Lage $dm = \delta n$, so daß seine Länge $dm = \delta n$ gleich dn bleibt, seine Neigung gegen die x-Achse $\nu + 90°$ wird und seine Axialprojektionen nunmehr

$$\delta x = -\delta n \cdot \sin\nu \qquad \text{und} \qquad \delta y = \delta n \cdot \cos\nu$$

sind, so können wir schreiben

$$p_n = u\frac{\delta y}{\delta n} - v\frac{\delta x}{\delta n} = \frac{\partial\psi}{\partial y}\,\frac{\partial y}{\partial m} + \frac{\partial\psi}{\partial x}\,\frac{\partial x}{\partial m} = \frac{\partial\psi}{\partial m}.$$

Folglich ist auch

$$p_n = \frac{\partial\psi}{\partial m} = \psi_m\,.$$

Die beiden für p_n gefundenen Formeln enthalten die

Komponentenregeln:

Die Geschwindigkeitskomponente nach irgendeiner Richtung ist die nach dieser Richtung genommene Ableitung des Geschwindigkeitspotentials φ.

Die Geschwindigkeitskomponente nach einer beliebigen Richtung ist die nach der um 90° vorgedrehten Richtung genommene Ableitung der Stromfunktion ψ.

II. Niveau- oder Äquipotentiallinien und Stromlinien

Unter einer *Niveaulinie* oder *Potentiallinie* (Äquipotentiallinie) versteht man eine Kurve, deren Gleichung

$$\varphi = \text{const}$$

lautet.

Nehmen wir auf der Niveaukurve $\varphi = C$ einen Punkt $A(x, y)$ beliebig an und betrachten das Bogenelement ds der Kurve an der Stelle A, so verschwindet wegen der Konstanz von φ auf der Kurve die Partialderivierte $\partial\varphi : \partial s$. Das bedeutet aber nach der ersten Komponentenregel, daß die Geschwindigkeit $\mathfrak{p}$ in A auf der Niveaulinie senkrecht steht.

Unter einer *Stromlinie* oder Strömungslinie versteht man eine Kurve, längs welcher die Flüssigkeit strömt, d. h. eine Kurve, deren Tangente die Richtung der am Berührungspunkte A vorhandenen Geschwindigkeit $\mathfrak{p}$ anzeigt.

Da die in A herrschende Geschwindigkeit $\mathfrak{p}$ auf der durch A laufenden Niveaulinie senkrecht steht, so gilt der

Satz:

Die Stromlinien stehen auf den Niveaulinien senkrecht.

Mit anderen Worten: *Die Stromlinien und Niveaulinien einer einfachen Flüssigkeitsbewegung bilden ein System orthogonaler Trajektorien.*

Nun ist (wegen $u = \varphi_x = \psi_y$, $v = \varphi_y = -\psi_x$)

$$\frac{\partial \varphi}{\partial x} \cdot \frac{\partial \psi}{\partial x} + \frac{\partial \varphi}{\partial y} \cdot \frac{\partial \psi}{\partial y} = 0 .$$

Diese Gleichung bedeutet aber geometrisch die Orthogonalität der Kurven

$$\varphi = \text{const} \qquad \text{und} \qquad \psi = \text{const} .$$

Folglich: *Die Gleichung einer Stromlinie lautet*

$$\psi = \text{const} .$$

Die auf der linken Seite dieser Gleichung stehende Funktion $\psi(x, y)$ ist die „Stromfunktion für diese Stromlinie".

Dieser Satz geht auch aus der zweiten Komponentenregel hervor, derzufolge die im Punkte $A(x, y)$ der Kurve $\psi = \text{const}$ zur Kurve normale Geschwindigkeitskomponente die partielle Ableitung von ψ nach der Kurvenrichtung in A ist. Da aber wegen $\psi = \text{const}$ diese Partialableitung verschwindet, verschwindet auch besagte Normalkomponente, hat also die Flüssigkeitsgeschwindigkeit in A gerade die Richtung der Kurve $\psi = \text{const}$, muß mithin diese Kurve die durch A laufende Strömungslinie sein.

Zusammenfassend können wir sagen:

Die Strömungsgeschwindigkeit im Aufpunkte A hat die Richtung der durch A laufenden Stromlinie

$$\psi = \text{const}$$

und steht auf der durch A laufenden Niveaulinie

$$\varphi = \text{const}$$

senkrecht.

Betrachten wir zwei benachbarte Niveaulinien

$$\varphi = m \qquad \text{und} \qquad \varphi = M\,!$$

Dabei sei der Überschuß der Konstante M über die Konstante m eine sehr kleine positive Größe μ.

Das auf der ersten Niveaulinie im Punkte $A(x, y)$ der Kurve errichtete Lot treffe die benachbarte Niveaulinie in A', so daß $AA' = a$ den Abstand der zweiten Niveaulinie von der ersten an der Stelle A bedeutet.

Nun hat die Strömungsgeschwindigkeit $\mathfrak{p}$ in A die Richtung AA' und den

Betrag $$p = \frac{\varphi(A') - \varphi(A)}{AA'} = \frac{M - m}{a} = \frac{\mu}{a} .$$

Da μ für die beiden Niveaulinien eine Konstante ist, gilt sonach der

Satz:

Konstruiert man zwei benachbarte Niveaulinien und verfolgt man auf der ersten von Punkt zu Punkt die (zu ihr normale) Strömungsgeschwindigkeit, so ist diese dem Abstand der zweiten Niveaulinie von der ersten umgekehrt proportional.

Konstruiert man demgemäß im Flüssigkeitsgebiet zahlreiche Niveaulinien $\varphi = m$, bei denen der Parameter m die sukzessiven Glieder einer arithmetischen Reihe mit der sehr kleinen Differenz μ durchläuft, so liefert diese Niveaulinienschar ein anschauliches Bild von der Verteilung der Strömungsgeschwindigkeit im Gebiet:

Die an irgendeiner Stelle herrschende Strömungsgeschwindigkeit steht auf der die Stelle passierenden Niveaulinie senkrecht und ist um so größer, je näher die Niveaulinien der Schar an jener Stelle einander kommen.

Ein anschauliches Bild der Geschwindigkeitsverteilung kann auch erzielt werden durch eine Schar von Stromlinien $\psi = n$, wobei der Parameter n sukzessive die Glieder einer arithmetischen Reihe mit der sehr kleinen Differenz ν durchläuft.

Betrachten wir zunächst zwei benachbarte Stromlinien

$$\psi = n \qquad \text{und} \qquad \psi = N$$

mit $N - n = \nu$!

Das auf der ersten Stromlinie im Punkte $B\,(x, y)$ der Kurve auf ihr errichtete Lot treffe die zweite Stromlinie in B', so daß $BB' = b$ den Abstand der zweiten Stromlinie von der ersten an der Stelle B darstellt.

Nun steht die Geschwindigkeit $\mathfrak{p}$ in B auf BB' senkrecht und hat (nach der zweiten Komponentenregel) den Betrag

$$p = \frac{\psi(B') - \psi(B)}{BB'} = \frac{N - n}{b} = \frac{\nu}{b}.$$

Diese Formel enthält den

Satz:

Die Strömungsgeschwindigkeit in den sukzessiven Punkten einer Stromlinie ist dem Abstande des Aufpunktes von der benachbarten Stromlinie umgekehrt proportional.

Schreibt man die gefundene Formel

$$\nu = bp,$$

und bedenkt, daß die rechte Seite dieser Formel das Flüssigkeitsquantum darstellt, welches den Zwischenraum BB' zwischen den beiden Stromlinien sekundlich durchsetzt, nennt man ferner das von den beiden benachbarten Stromlinien $\psi = n$ und $\psi = n + \nu$ begrenzte Gebiet einen *Stromfaden*, so gilt der

Satz:

Das jeden Querschnitt eines Stromfadens sekundlich passierende Flüssigkeitsquantum ist gleich dem Unterschied der beiden Stromfunktionen für die den Faden begrenzenden Stromlinien.

Betrachten wir jetzt die schon erwähnte Stromlinienschar $\psi = n$ benachbarter äquidistanter n-Werte! Auch sie liefert eine gute Veranschaulichung der Geschwindigkeitsverteilung:

Die an irgendeiner Stelle herrschende Strömungsgeschwindigkeit hat die Richtung der die Stelle passierenden Stromlinie, und ihr Betrag ist um so größer, je näher die Stromlinien der Schar einander an jener Stelle kommen.

Eine noch etwas weitergehende Veranschaulichung der Geschwindigkeitsverteilung erhält man, wenn man ein *Netz* von Niveaulinien $\varphi = m + r\mu$ und Stromlinien $\psi = n + s\nu$ konstruiert, wobei die Zeiger r und s unabhängig voneinander die natürliche Zahlenreihe durchlaufen, und wo μ und ν zwei *sehr kleine* Konstanten sind, die wir zweckmäßig als einander *gleich* annehmen. Aus den obigen Formeln $p = \mu : a$ und $p = \nu : b$ ergibt sich dann $a = b$.

Folglich: *Durch die beiden Scharen von Niveau- und Stromlinien wird das Flüssigkeitsgebiet mit einem Netz winziger quadratischer Maschen bedeckt. Von den beiden eine beliebige Stelle A passierenden Netzlinien gibt die Stromlinie die Richtung der Geschwindigkeit, die Niveaulinie die zur Geschwindigkeit senkrechte Richtung an. Der Betrag der Geschwindigkeit ist der Seite der an der Stelle A liegenden quadratischen Masche umgekehrt proportional.*

§ 66. STRÖMUNGSBEISPIELE

Wir betrachten in diesem Paragraphen einige, spezielle einfache ebene Flüssigkeitsbewegungen.

I. Parallelströmung

Das einfachste Beispiel einer Strömung ist die durch Konstanz des Geschwindigkeitsvektors gekennzeichnete „*gleichförmige*“ oder „*parallele*“ Strömung.
Wählen wir die unveränderliche Richtung der Geschwindigkeit als Richtung der x-Achse und nennen den Betrag der Geschwindigkeit c, so wird das komplexe Potential dieser Strömung

$$\chi = cz,$$

und für Geschwindigkeitspotential und Stromfunktion haben wir die einfachen Formeln

$$\varphi = cx, \qquad \psi = cy.$$

Die durch die Gleichung $\psi =$ const gekennzeichneten Stromlinien laufen alle der x-Achse parallel, womit die Benennung „Parallelströmung“ ihre Erklärung findet.

II. Quellströmung

Bei den allgemeinen Betrachtungen des vorigen Paragraphen wurde angenommen, daß in den von der Flüssigkeit durchströmten Bereichen nirgends Flüssigkeit neu entstehen oder verschwinden solle. Diese einschränkende Bestimmung wird nunmehr für gewisse Stellen — sog. Quellen oder Senken — im Innern des Flüssigkeitsgebiets aufgehoben. Eine *Quelle* bzw. *Senke* des Flüssigkeitsgebiets ist eine Stelle, an welcher dauernd Flüssigkeit neu entsteht bzw. verschwindet. Eine Senke wird auch als *negative Quelle* bezeichnet. Die an einer Quelle sekundlich entstehende Flüssigkeitsmenge heißt die *Stärke* oder *Ergiebigkeit* der Quelle. Die Stärke (Ergiebigkeit) einer Senke als einer negativen Quelle wird negativ in Rechnung gestellt: sie ist der entgegengesetzte Wert der in der Senke sekundlich verschwindenden Flüssigkeitsmenge.

Die einfachste Quellströmung wird durch das Potential

$$\chi = \frac{m}{2\pi} lz$$

definiert, wobei m eine vorgelegte Konstante (die Stärke der Quelle) ist.

Wir nennen den Betrag von z r, den (zwischen 0 und 2π genommenen) Winkel von z t und erhalten aus

$$\chi = \frac{m}{2\pi} lr + i\frac{m}{2\pi} t$$

für Geschwindigkeitspotential φ und Stromfunktion ψ die Relationen

$$\varphi = \frac{m}{2\pi} lr, \qquad \psi = \frac{m}{2\pi} t.$$

Die Niveaulinien $r = \text{const}$ sind Kreise, die den Ursprung O des Koordinatensystems konzentrisch umgeben, die Stromlinien $t = \text{const}$ sind aus dem Ursprung herauskommende Strahlen. Schon hieraus läßt sich vermuten, daß es sich um eine Strömung handelt, die durch eine in O befindliche Quelle hervorgebracht wird.

Die Geschwindigkeitskomponenten an der Stelle $z = x + iy$ sind

$$u = \varphi_x = \frac{m}{2\pi} \cdot \frac{x}{r^2} \qquad \text{und} \qquad v = \varphi_y = \frac{m}{2\pi} \cdot \frac{y}{r^2};$$

die Geschwindigkeit $\mathfrak{p}$ hat also den Betrag

$$p = \frac{m}{2\pi} \cdot \frac{1}{r}$$

und die Richtung des Vektors $\overrightarrow{Oz}$.

Das aus O hervorbrechende und den Kreis $|z| = h$ sekundlich von innen nach außen durchsetzende Flüssigkeitsquantum hat den Wert

$$\int_0^{2\pi} \frac{m}{2\pi h} \cdot h\,dt = m.$$

Womit unsere Vermutung ihre Bestätigung findet:

Die Funktion

$$\chi = \frac{m}{2\pi} lz$$

ist das Potential einer Strömung, die von einer im Ursprung befindlichen Quelle von der Stärke m hervorgebracht wird.

III. Überlagerung von Parallelstrom und Quellstrom

Wir untersuchen die Strömung, deren Potential

$$\chi = cz + \frac{m}{2\pi} l z$$

sich durch Addition des Potentials cz einer Parallelströmung und des Potentials $\frac{m}{2\pi} lz$ eines Quellstromes ergibt. Da m die Dimension (Geschwindigkeit mal Länge) hat, setzen wir, unter h eine geeignete konstante Länge verstanden, $m = 2\,ch$ und haben etwas einfacher

$$\chi = c\left(z + \frac{h}{\pi} lz\right).$$

Für Geschwindigkeitspotential φ und Stromfunktion ψ unserer Überlagerungsströmung ergeben sich die Formeln

$$\varphi = c\left(x + \frac{h}{\pi} l r\right) \qquad \text{und} \qquad \psi = c\left(y + \frac{h}{\pi} t\right)$$

mit

$$r = |z| \qquad \text{und} \qquad t = \operatorname{arc} z.$$

Die Geschwindigkeitskomponenten u und v entnimmt man am bequemsten der Formel

$$u - iv = \chi'$$

für die komplexe Geschwindigkeit; das gibt

$$u = c\left(1 + \frac{h}{\pi}\frac{x}{r^2}\right), \qquad v = c\frac{h}{\pi}\frac{y}{r^2}$$

oder

$$u = c\left(1 + \frac{h}{\pi}\frac{\cos t}{r}\right), \qquad v = c\frac{h}{\pi}\frac{\sin t}{r}.$$

Wir betrachten die Strömungslinien

$$\psi = \text{const}.$$

Ihr Verlauf wird am besten an Hand einer Zeichnung erkannt. Um diese Zeichnung beispielsweise für den Fall $c = 1$, $h = 1$ herzustellen, verfahren wir folgendermaßen.

Wir zeichnen eine Schar äquidistanter Achsenparallelen:

$$y = 0, \quad y = 0{,}1, \quad y = 0{,}2, \quad \ldots, \quad y = -0{,}1, \quad y = -0{,}2, \quad \ldots$$

sowie eine Schar äquidistanter Strahlen durch O:

$$\frac{t}{\pi} = 0, \qquad \frac{t}{\pi} = 0{,}1, \qquad \frac{t}{\pi} = 0{,}2, \quad \cdots.$$

Um nun z. B. die durch den Schnittpunkt der beiden Geraden $y = 0{,}3$ und $t : \pi = 0{,}9$ laufende Stromlinie

$$y + \frac{t}{\pi} = 1{,}2$$

zu bekommen, setzen wir die rechte Seite dieser Gleichung auf alle möglichen Arten als Summe eines y und eines $t:\pi$ zusammen, z. B.:

$$0{,}3+0{,}9=1{,}2, \qquad 0{,}4+0{,}8=1{,}2, \qquad 0{,}5+0{,}7=1{,}2, \quad \ldots$$

Unsere Stromlinie läuft dann durch den Schnittpunkt ($y=0{,}4$, $t:\pi=0{,}8$) der beiden Geraden $y=0{,}4$ und $t:\pi=0{,}8$, ebenso durch die Schnittpunkte ($y=0{,}5$, $t:\pi=0{,}7$), ($y=0{,}6$, $t:\pi=0{,}6$) usf. Die Verbindung der so ausgewählten Schnittpunkte durch freie Handzeichnung liefert die Stromlinie

$$y+\frac{t}{\pi}=1{,}2.$$

Unter den Stromlinien ist die Linie $\psi=h$ oder

$$y+\frac{h}{\pi}t=h$$

von besonderer Bedeutung.

Um ihre Gleichung in kartesischen Koordinaten x und y zu bekommen, schreiben wir

$$t=\frac{\pi}{h}(h-y)$$

und bedenken, daß $\operatorname{tg} t=y:x$ ist. Das gibt als Gleichung dieser ausgezeichneten Stromlinie

$$x=-y:\operatorname{tg}\pi\frac{y}{h}.$$

Diese Stromlinie läuft durch die in der folgenden kleinen Tafel vermerkten Punkte

x	$-h:\pi$	$-\frac{1}{4}h$	$-\frac{\sqrt{3}}{6}h$	$-\frac{\sqrt{3}}{9}h$	0	$\frac{2\sqrt{3}}{9}h$	$\frac{3}{4}h$	$\frac{5}{6}\sqrt{3}\,h$	$\ldots$	$+\infty$
y	0	$\pm\frac{1}{4}h$	$\pm\frac{1}{6}h$	$\pm\frac{1}{3}h$	$\pm\frac{h}{2}$	$\pm\frac{2}{3}h$	$\pm\frac{3}{4}h$	$\pm\frac{5}{6}h$	$\ldots$	$\pm h$

In unserem Beispiel ($h=1$) können zur Zeichnung dieser Linie auch die Schnittpunkte

$y=$	0,9	0,8	0,7	0,6	0,5	0,4	0,3	0,2	0
$t:\pi=$	0,1	0,2	0,3	0,4	0,5	0,6	0,7	0,8	1

verwandt werden.

Die Stromlinie $y+\frac{t}{\pi}=1$ erweist sich sonach als eine nach rechts geöffnete, zur x-Achse symmetrische parabelartige Kurve $\mathfrak{c}$ mit dem Scheitel S ($x=-h:\pi$, $y=0$), die sich jedoch im Unendlichen den beiden Achsenparallelen $y=h$ und $y=-h$ asymptotisch nähert. Der Kurvengleichung $y+\frac{h}{\pi}t=h$ gemäß gehört unserer Stromlinie auch noch der von $x=-\infty$ bis $x=-h:\pi$ und der von $x=0$ bis $x=-h:\pi$ verlaufende Teil der negativen x-Achse an. (Die beiden Achsenteile sind hier richtungsmäßig unterschieden, da nach der Formel

$$u = c + c\frac{h}{\pi}\frac{x}{r^2} = c\left[1 + \frac{h}{\pi} : x\right]$$

die Flüssigkeit auf dem außerhalb $\mathfrak{c}$ liegenden Teile der x-Achse nach rechts, auf dem innerhalb $\mathfrak{c}$ liegenden Teile nach links strömt.)

Die Stromlinie

$$y + \frac{h}{\pi}t = h$$

besitzt demnach an der Stelle S ($x = -h : \pi$, $y = 0$) eine markante Richtungsdiskontinuität und wird deshalb *Diskontinuitätslinie* genannt.

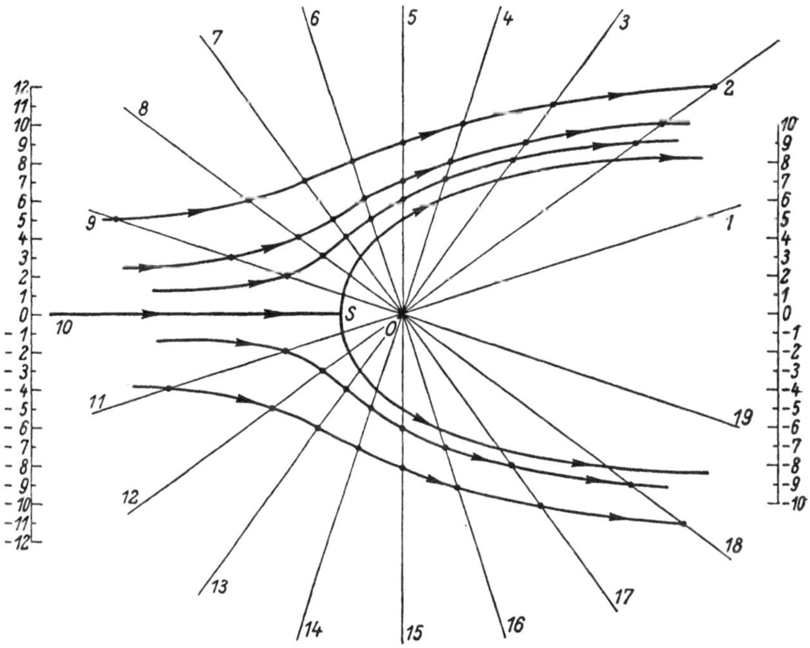

Abb. 39

Da die Stromlinie $\mathfrak{c}$ nirgends von der Flüssigkeit durchsetzt wird, kann sie durch eine starre Wand ersetzt werden, ohne daß die Flüssigkeitsbewegung außerhalb und innerhalb der Kurve $\mathfrak{c}$ dadurch eine Störung erleidet.

Die aus der Quelle O hervorbrechende Strömung verläuft ganz innerhalb der Kurve $\mathfrak{c}$ und soll hier außer Acht gelassen werden.

Wir interessieren uns hier lediglich für den Strömungsverlauf außerhalb der Kurve $\mathfrak{c}$. Die Flüssigkeit kommt aus dem negativen Unendlichen zunächst noch (den Geschwindigkeitsformeln entsprechend) in gleichförmiger Parallelströmung. Sie stößt dann bei S auf die Klippe $\mathfrak{c}$ und wird durch diese nach beiden Seiten abgelenkt (vgl. Figur). Hier findet die stärkste Störung des Parallelstroms durch die Quelle statt. In dem Maße wie die Flüssigkeit außerhalb der Klippe $\mathfrak{c}$ nach rechts weiterströmt, läßt die Ungleichförmigkeit der

Bewegung allmählich wieder nach. Im positiven Unendlichen haben wir außerhalb der Klippe wieder gleichförmige Bewegung

$$(\lim u = c, \quad \lim v = 0)\,.$$

Für die Strömungsgeschwindigkeit p auf der Diskontinuitätslinie gilt folgendes: Auf dem links von $\mathfrak{c}$ liegenden geradlinigen Teile der Linie nimmt p von $p = c$ bis $p = 0$ (in S) monoton ab. Auf den beiden von S ausgehenden Bogen von $\mathfrak{c}$ nimmt p zunächst zu, bis es für $t = 62°\,58'$ seinen maximalen Wert $p_{\max} = 1{,}26\,c$ erreicht, um dann wieder allmählich bis auf seinen Anfangswert c herabzusinken.

IV. Quelle und Senke

Im Punkte E $(e, 0)$ der x-Achse befinde sich eine Quelle von der Stärke m, im Punkte F $(-e, 0)$ der x-Achse eine gleich starke Senke. Das durch dieses Quellenpaar erzeugte Potential ist

$$\chi = \frac{m}{2\pi}\, l\, \frac{z-e}{z+e}\,.$$

Sind ϱ und σ die Abstände des Punktes z von E und F, Φ und Ψ ihre Neigungen gegen die x-Achse, Θ ihr Zwischenwinkel, so haben Geschwindigkeitspotential φ und Stromfunktion ψ die Werte

$$\varphi = \frac{m}{2\pi}\, l\, \frac{\varrho}{\sigma}\,, \qquad \psi = \frac{m}{2\pi}\,\Theta\,.$$

Die Stromlinien

$$\psi = \text{const} \qquad \text{oder} \qquad \Theta = \text{const}$$

sind Kreise, die durch die beiden Quellen laufen, die Niveaulinien

$$\varphi = \text{const} \qquad \text{oder} \qquad \varrho : \sigma = \text{const}$$

ebenfalls Kreise, und zwar apollonische Kreise mit den Grundpunkten E und F und dem apollonischen Verhältnis $\varrho : \sigma$ oder auch Kreise, für welche die beiden Punkte E und F spiegelbildlich liegen.

Mit anderen Worten: *Die Stromlinien eines aus Quelle und gleich starker Senke bestehenden Quellenpaares bilden das Büschel der durch die beiden Quellen laufenden Kreise, die Niveaulinien bilden das konjugierte Kreisbüschel;* d. h. das Büschel der Kreise, welche die Quellen als Grenzpunkte, die Mittelsenkrechte der Verbindungslinie der Quellen als gemeinsame Chordale besitzen.

V. Doppelquelle (Dipol)

Unter einer *Doppelquelle* (man sagt auch *Dipol*) versteht man ein Paar von zwei um den *sehr kleinen* Abstand $2\,e$ voneinander entfernten Quellen von entgegengesetzt gleichen *sehr großen* Stärken m und $-m$ derart, daß das Produkt $2\,e \cdot m$ aus Abstand und Stärke einen endlichen Wert μ hat. Die Größe μ heißt *Stärke* oder *Ergiebigkeit* der Doppelquelle, die von ihrem negativen Teile zum positiven führende Richtung *Richtung der Doppelquelle.*

Wir bestimmen das komplexe Potential χ der Doppelquelle.
Die positive Quelle befinde sich im Punkte $E\,(-e, 0)$, die negative im Punkte F $(+e, 0)$ der x-Achse. Die Abstände des Aufpunktes $z = x + iy$ von den drei Stellen E, O, F seien ϱ, r, σ, die Neigungen der Strecken Ez und Fz gegen die x-Achse seien Φ und Ψ.
Das Potential des Quellenpaares ist

$$\chi = \frac{m}{2\pi}\, l\, \frac{z+e}{z-e},$$

so daß sich für Geschwindigkeitspotential φ und Stromfunktion ψ die Werte

$$\varphi = \frac{m}{2\pi}\, l\, \frac{\varrho}{\sigma}, \qquad \psi = \frac{m}{2\pi}(\Phi - \Psi)$$

ergeben.
Nun ist $m = \mu : 2e$, also

$$\varphi = \frac{\mu}{2\pi} \cdot \frac{1}{2e}\, l\, \frac{\varrho}{\sigma}, \qquad \psi = \frac{\mu}{2\pi} \cdot \frac{\Phi - \Psi}{2e},$$

so daß es sich darum handelt,

$$I = \lim_{e \to 0} \frac{1}{2e}\, l\, \frac{\varrho}{\sigma} \qquad \text{und} \qquad II = \lim_{e \to 0} \frac{\Phi - \Psi}{2e}$$

zu ermitteln.

Aus $\qquad \varrho^2 = r^2 + e^2 + 2ex \qquad$ und $\qquad \sigma^2 = r^2 + e^2 - 2ex$

folgt aber

$$l\, \frac{\varrho^2}{\sigma^2} = l\, \frac{1 + (2ex + e^2) : r^2}{1 - (2ex - e^2) : r^2},$$

so daß für hinreichend kleines e

$$\frac{1}{2e}\, l\, \frac{\varrho}{\sigma} = I = \frac{x}{r^2}$$

wird.
Ebenso folgt aus

$$\operatorname{tg} \Phi = \frac{y}{x+e} \qquad \text{und} \qquad \operatorname{tg} \Psi = \frac{y}{x-e}$$

$$\operatorname{tg}(\Phi - \Psi) = \frac{\operatorname{tg}\Phi - \operatorname{tg}\Psi}{1 + \operatorname{tg}\Phi \operatorname{tg}\Psi} = \frac{-2ey}{r^2 - e^2}$$

$$II = \lim \frac{1}{2e} \operatorname{arc\,tg} \frac{-2ey}{r^2 - e^2} = -\frac{y}{r^2}.$$

Daher wird

$$\chi = \varphi + i\psi = \frac{\mu}{2\pi}(I + i\,II) = \frac{\mu}{2\pi}\,\frac{x - iy}{r^2} = \frac{\mu}{2\pi} \cdot \frac{1}{z}.$$

Folglich: *Das komplexe Potential einer im Ursprung liegenden Doppelquelle von der Stärke μ, deren Richtung der Richtung der x-Achse entgegengesetzt ist, hat den Wert*

$$\chi = \frac{\mu}{2\pi} \cdot \frac{1}{z}.$$

Für Geschwindigkeitspotential und Stromfunktion dieser Doppelquelle gelten die Formeln

$$\varphi = \frac{\mu}{2\pi}\frac{x}{r^2}, \qquad \psi = -\frac{\mu}{2\pi}\frac{y}{r^2}.$$

Da die Kurve $\varphi = \text{const}$ bzw. $\psi = \text{const}$ ein die y-Achse bzw. x-Achse in O berührender Kreis ist, so haben wir den

Satz:

Die Niveaulinien bzw. Stromlinien unserer Doppelquelle bilden ein Kreisbüschel, dessen Angehörige die y-Achse bzw. x-Achse im Ursprung berühren.

VI. Doppelquelle im Parallelstrom

Muschelströmung

Wir betrachten die Flüssigkeitsbewegung mit dem Potential

$$\chi = cz + \frac{\mu}{2\pi}\cdot\frac{1}{z},$$

welche durch Überlagerung der Parallelströmung I und des Doppelquellstromes V entsteht.

Wir setzen $\mu = 2\pi h^2 c$, wo h eine neue positive Konstante bedeutet, und bekommen etwas übersichtlicher

$$\chi = c\left(z + \frac{h^2}{z}\right).$$

Hieraus folgen für das Geschwindigkeitspotential φ und die Stromfunktion ψ die Formeln

$$\varphi = cx\left(1 + \frac{h^2}{r^2}\right), \qquad \psi = cy\left(1 - \frac{h^2}{r^2}\right).$$

Demnach sind die Geschwindigkeitskomponenten unserer Strömung

$$u = \psi_y = c - ch^2\cdot\frac{x^2 - y^2}{r^4}, \qquad v = -\psi_x = -ch^2\cdot\frac{2xy}{r^4}.$$

Das gibt in großen Entfernungen r vom Ursprung mit großer Annäherung $u = c$ und $v = 0$. In großer Entfernung vom Ursprung herrscht also gleichförmige Bewegung, wie wenn die Doppelquelle überhaupt nicht vorhanden wäre.

Die Stromlinien $\psi = \text{const}$ oder

$$y\left(1 - \frac{h^2}{r^2}\right) = \text{const}$$

sind Kurven dritter Ordnung; nur eine von ihnen, die Kurve

$$y\left(1 - \frac{h^2}{r^2}\right) = 0$$

zerfällt: in eine Gerade ($y = 0$) und einen Kreis $\mathfrak{k}$ ($r = h$), ist also eine Diskontinuitätslinie (vgl. III).

Achten wir nur auf die Bewegung der Flüssigkeit außerhalb des Kreises $\mathfrak{k}$, den wir uns wieder als feste Wand vorstellen, so besteht die ausgezeichnete Stromlinie $\psi = 0$ aus dem von $x = -\infty$ bis $x = -h$ reichenden Teile der x-Achse, aus den beiden oberhalb und unterhalb der x-Achse liegenden Hälften des Kreises $\mathfrak{k}$ und dem von $x = +h$ bis $x = +\infty$ reichenden Teile der x-Achse. Auf dem linken geradlinigen Teile der Diskontinuitätslinie sinkt die Geschwindigkeit p von $p = c$ (im Unendlichen) allmählich bis auf $p = 0$ [an der Stelle A $(x = -h,\ y = 0)$ (*Staupunkt*)] herab; auf dem Kreise $\mathfrak{k}$ variiert die Geschwindigkeit, den Formeln $u = 2\,c\,y^2 : h^2,\ v = -2\,c\,x\,y : h^2$ entsprechend, vom Anfangswerte $p = 0$ über den im Scheitel der Kurve erreichten Maximalwert $p = 2\,c$ bis wieder zum Endwerte $p = 0$ an der Stelle B $(x = h,\ y = 0)$; auf dem rechten geradlinigen Teile steigt dann die Geschwindigkeit vom Anfangswerte 0 im Staupunkte $(x = h,\ y = 0)$ bis zum Endwerte $p = c$ im Unendlichen empor.

Da sich die Flüssigkeit im Staupunkte A „spaltet“, um dann teils die obere, teils die untere Hälfte des Kreises $\mathfrak{k}$ bis zur Stelle B zu durchlaufen, wo sich die beiden Flüssigkeitsfäden dann wieder vereinigen, so nennt man die Stellen A und B auch *Spaltpunkte.*

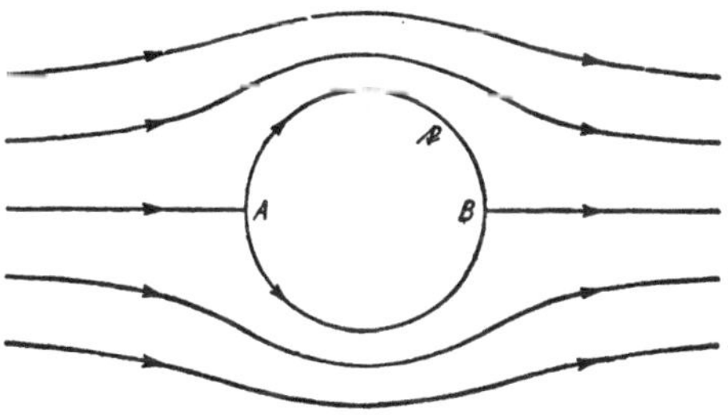

Abb. 40

Berücksichtigen wir nur die außerhalb des Kreises $\mathfrak{k}$ verlaufenden Stromlinien, so entsteht die beiliegende Figur. Sie veranschaulicht die Flüssigkeitsbewegung, welche sich ausbildet, wenn ein in einen Parallelstrom getauchter starrer Zylinder vom Halbmesser h die gleichförmige Bewegung des Parallelstromes stört.

Da der Anblick der Strömungslinien in der Umgebung des Diskontinuitätskreises an eine Muschel erinnert, kann man die beschriebene Strömung eine *Muschelströmung* nennen.

Ergebnis:

Das Potential

$$\chi = c\left(z + \frac{h^2}{z}\right)$$

beschreibt die Flüssigkeitsbewegung, welche sich ausbildet, wenn ein starrer Zylinder mit dem Halbmesser h und dem Zentrum O von einer in großer Entfernung der x-Achse parallelen gleichförmigen Strömung umflossen wird.

VII. Zirkulation

Die im vorigen Beispiel behandelte Muschelströmung stellt eine ***Flüssigkeitsbewegung um einen Zylinder*** dar, welcher einem Parallelstrom eingelagert ist,

wobei dann die Bewegung in weitem Abstand vom Zylinder so gut wie ungestört *parallel zur x-Achse* vor sich geht.
Es gibt auch Bewegungen, bei denen die Flüssigkeit als Ganzes um einen eingetauchten Zylinder *rotiert.*
Die einfachste derartige Bewegung liegt vor, wenn jede Stromlinie ein dem Zylinderkreis konzentrischer Kreis ist und die Geschwindigkeit in jedem Punkte der Stromlinie die Richtung der Stromlinie und denselben Betrag hat. Um das Potential dieser Bewegung, die man als Zirkulation bezeichnet, zu bekommen, erwägen wir, daß die Gleichung einer Stromlinie $r = \text{const}$, die einer Niveaulinie $t = \text{const}$ heißen muß. Das führt uns sofort auf die Form

$$\chi = i\frac{K}{2\pi} lz \qquad \text{mit reellem } K,$$

wenn wir den Ursprung O als Zentrum des Zylinders annehmen. Bei dieser Form, in der K natürlich konstant zu denken ist, wird nämlich

$$\varphi = -\frac{K}{2\pi} t, \qquad \psi = \frac{K}{2\pi} lr.$$

Die Geschwindigkeitskomponenten werden

$$u = \frac{K}{2\pi}\cdot\frac{y}{r^2}, \qquad v = -\frac{K}{2\pi}\cdot\frac{x}{r^2},$$

die Geschwindigkeit selbst wird

$$p = \frac{K}{2\pi} : r.$$

Die Proportion $u : v = y : -x$ zeigt, daß die Geschwindigkeit $\mathfrak{p}$ im Punkte (x, y) des Kreises $\mathfrak{k}$ $(x^2 + y^2 = r^2$, bei konstantem $r)$ die Richtung der an den Kreis gelegten Tangente hat, daß die Strömung längs dieses Kreises im Uhrzeigersinne erfolgt, und daß p in allen Punkten von $\mathfrak{k}$ denselben Wert hat.
Für die Längsströmung oder Zirkulation auf unserm Kreise bekommen wir den Wert $$p \cdot 2\pi r = K.$$
Folglich:

Das Potential $$\chi = i\frac{K}{2\pi} lz \qquad \textit{mit reeller Konstante } K$$

stellt die Flüssigkeitsbewegung dar, bei welcher die Flüssigkeit den Ursprung O des Koordinatensystems auf Kreisbahnen im Uhrzeigersinne umströmt.

Die Konstante K ist die Zirkulation, die jedem den Ursprung O umschlingenden Umlaufe zukommt.

$$\left(\text{Es ist} \quad \int p\cdot\cos\nu\, ds = \int \frac{K}{2\pi r}\cdot r\, dt = \int \frac{K}{2\pi} dt = K.\right)$$

Die Geschwindigkeit im Aufpunkte ist dem Abstande des Aufpunktes vom Ursprung umgekehrt proportional. Die Proportionalitätskonstante ist $K : 2\pi$.

VIII. Überlagerung von Muschelstrom und Zirkulationsstrom

Als letztes Beispiel behandeln wir die Strömung, deren Potential

$$\chi = c\left(z + \frac{h^2}{z}\right) + iCh\, lz$$

sich aus dem des Muschelstroms und dem des Zirkulationsstroms zusammensetzt. Hierbei bedeutet C die Geschwindigkeit des Zirkulationsstromes längs des Kreises $\mathfrak{k}$ $(x^2+y^2=h^2)$.

Bei dieser Überlagerungsströmung wird der Zirkulationsstrom oder der Muschelstrom die Oberhand gewinnen, je nachdem C gegen c groß oder klein ist. Die Strömungsfunktion wird

$$\psi = cy\left(1-\frac{h^2}{r^2}\right)+Ch\,lr \qquad \text{mit} \quad r^2=x^2+y^2$$

oder, wenn t den Winkel von z bedeutet,

$$\psi = c\left(r-\frac{h^2}{r}\right)\sin t + Ch\,lr,$$

mithin die Radialkomponente der Geschwindigkeit im Punkte (t, r)

$$\frac{1}{r}\,\psi_t - c\left(1-\frac{h^2}{r^2}\right)\cos t,$$

die Tangentialkomponente

$$-\psi_r = -c\left(1+\frac{h^2}{r^2}\right)\sin t - \frac{Ch}{r},$$

so daß sich für die *im Uhrzeigersinn* gerechnete Tangentialkomponente der Geschwindigkeit auf dem Kreise $x^2+y^2=r^2$ der Wert

$$c\left(1+\frac{h^2}{r^2}\right)\sin t + \frac{Ch}{r}$$

ergibt.

Für die komplexe Geschwindigkeit w finden wir

$$w = u - iv = \chi' = c\left(1-\frac{h^2}{z^2}\right)+i\,\frac{Ch}{z}.$$

Die Staupunkte $(u=0,\ v=0)$ bestimmen sich durch die Gleichung $w=0$ oder

$$cz^2 + iCh\,z - ch^2 = 0.$$

Es gibt also *zwei Staupunkte*:

$$z=\alpha=h\,\frac{-iC+\gamma}{2c} \qquad \text{und} \qquad z=\beta=h\,\frac{-iC-\gamma}{2c}$$

mit $$\gamma^2=(2c)^2-C^2.$$

Für die Praxis kommt nur der Fall in Frage, wo

$$C < 2c$$

ist. In diesem Falle ist

$$|\alpha| = |\beta| = h.$$

Die Staupunkte liegen auf dem Kreise $\mathfrak{k}$ spiegelbildlich zur Imaginärachse um $\frac{C}{2c}\,h$ unterhalb der Realachse.

Die Zirkulationsströmung bewirkt also, daß die Staupunkte A und B der Muschelströmung (vgl. VI) um $C:2c$ des Halbmessers h nach unten wandern.

Die Staupunkte α und β fallen im tiefsten Punkte des Kreises $\mathfrak{k}$ zusammen, wenn die Zirkulationsgeschwindigkeit C doppelt so groß wird wie die Geschwindigkeit c der Muschelströmung.
In der beistehenden Figur ist unsere Überlagerungsströmung für den Fall veranschaulicht, wo die Staupunkte oder Spaltpunkte aus der Lage A, B um die Hälfte des Halbmessers h nach unten gewandert sind ($C = c$).

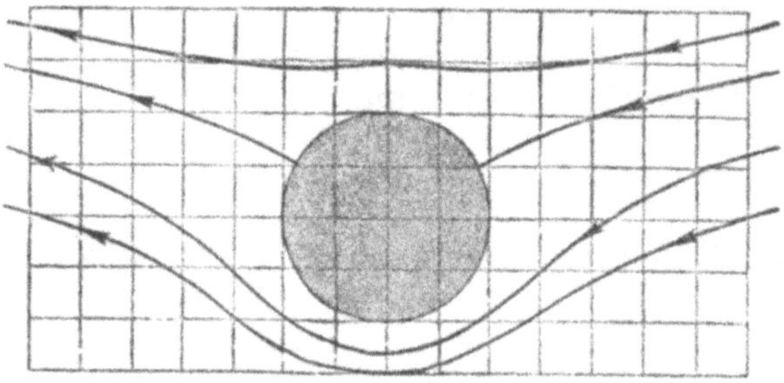

Abb. 41

Zusatz. In dem für die Praxis nicht in Betracht kommenden Falle $C > 2\,c$ verharrt ein Teil der Flüssigkeit in Rotation um den Zylinder $\mathfrak{k}$, nimmt also an der Fortbewegung der Flüssigkeit nicht teil. In diesem Falle existiert ein einziger auf der Imaginärachse unterhalb des Kreises $\mathfrak{k}$ liegender Staupunkt. Es wird dem Leser keine Mühe bereiten, die zugehörige Figur zu entwerfen.

§ 67. KONFORME ABBILDUNG EINER STRÖMUNG

$$\Sigma(Z) = \Phi(X, Y) + i\Psi(X, Y)$$

sei das komplexe Potential einer in der Ebene der komplexen Variable $Z = X + iY$ die Kontur $\mathfrak{K}$ umfließenden Strömung $\mathfrak{S}$, also Φ das Geschwindigkeitspotential, Ψ die Stromfunktion dieser Strömung.
Wenn nun die analytische Funktion

$$Z = f(z)$$

die Kontur $\mathfrak{K}$ der Z-Ebene auf die Kontur $\mathfrak{k}$ der Ebene der komplexen Variable $z = x + iy$ und das außerhalb der Kontur $\mathfrak{K}$ liegende Strömungsgebiet auf das außerhalb der Kontur $\mathfrak{k}$ liegende Gebiet der z-Ebene konform abbildet, so verwandelt sich das komplexe Potential der Ausgangsströmung in

$$\Sigma\left(f(z)\right) = \sigma(z) = \varphi(x, y) + i\psi(x, y),$$

und die neue analytische Funktion $\sigma(z)$ ist das komplexe Potential einer die Kontur $\mathfrak{k}$ umfließenden Strömung $\mathfrak{s}$ der z-Ebene, deren Geschwindigkeitspotential $\varphi(x, y)$ $[= \Phi(X, Y)]$, deren Stromfunktion $\psi(x, y)$ $[= \Psi(X, Y)]$ ist. Die Strömung $\mathfrak{s}$ heißt *das konforme Bild der Strömung* $\mathfrak{S}$.

Durch die Transformation $Z = f(z)$ geht jede Niveaulinie $\Phi(X, Y) = A$ der Strömung $\mathfrak{S}$ in eine Niveaulinie $\varphi(x, y) = a$ $[= A]$ der Strömung $\mathfrak{s}$ über, wird jede Stromlinie $\Psi(X, Y) = B$ der Z-Ebene in eine Stromlinie $\psi(x, y) = b$ $[= B]$ der z-Ebene, speziell die Kontur $\mathfrak{K}$ in die Kontur $\mathfrak{k}$ verwandelt.

Was die Stromgeschwindigkeiten anbetrifft, so ist die komplexe Geschwindigkeit in der Z-Ebene bzw. z-Ebene

$$W = U - iV = \frac{d\Sigma}{dZ}, \qquad w = u - iv = \frac{d\sigma}{dz},$$

und der Quotient dieser beiden Geschwindigkeiten hat den Wert

$$W : w = \frac{d\Sigma}{dZ} : \frac{d\sigma}{dz} = \frac{d\Sigma}{dZ} : \left(\frac{d\Sigma}{dZ} \cdot \frac{dZ}{dz}\right) = 1 : \frac{dZ}{dz} = 1 : f'(z).$$

Zwischen den beiden komplexen Geschwindigkeiten besteht demnach die einfache Beziehung

$$w = W f'(z),$$

leichter zu merken in der Form

$$\boxed{W : w = dz : dZ}.$$

Nun ist das komplexe Potential der allgemeinen, einen Kreis $\mathfrak{K}$ der Z-Ebene umschließenden Strömung bekannt:

$$\Sigma = c\left(Z + \frac{H^2}{Z}\right) + iCHlZ \qquad (\S\ 66).$$

Wenn es also gelingt, eine analytische Funktion $Z = f(z)$ anzugeben, welche den Kreis $\mathfrak{K}$ in eine vorgelegte Kontur $\mathfrak{k}$ der z-Ebene abbildet, so ist damit gleichzeitig das *Problem der Umströmung der Kontur* $\mathfrak{k}$ *gelöst.*

Die Joukowskitransformation

Eine große Bedeutung für die Strömungslehre hat die sog. *Joukowskitransformation*

$$\boxed{2Z = z + \frac{h^2}{z}}$$

erlangt. [N. Joukowski, „Über die Konturen der Tragflächen der Drachenflieger", Zeitschrift für Flugtechnik und Motorluftschiffahrt, 1910; Joukowski, Aérodynamique, p. 174ff.]

In dieser Transformation bedeutet h den Halbmesser des um den Nullpunkt O der z-Ebene als Zentrum beschriebenen sog. *Grundkreises* $\mathfrak{h}$.

Um einen Überblick über die Joukowskiabbildung zu gewinnen, führen wir, der Formel

$$z = x + iy = r(\cos t + i \sin t)$$

entsprechend, Polarkoordinaten r, t ein und erhalten als Abbildungsvorschriften die Gleichungen

$$2X = \left(r + \frac{h^2}{r}\right)\cos t, \qquad 2Y = \left(r - \frac{h^2}{r}\right)\sin t.$$

Diese Vorschriften lehren:

Der Kreis $\mathfrak{r}$ mit dem Zentrum O und dem Halbmesser r geht über in die Ellipse $\mathfrak{R}$ mit den Achsen

$$2a = r + \frac{h^2}{r} \qquad \text{und} \qquad 2b = \left| r - \frac{h^2}{r} \right|,$$

mit der Linearexzentrizität

$$e = \sqrt{a^2 - b^2} = h$$

und mit den beiden auf die Schnittpunkte von x-Achse und Grundkreis fallenden Brennpunkten E und F, deren Abszissen $-h$ und $+h$ sind.

Die Bilder der Kreise $\mathfrak{r}$ *sind also die konfokalen Ellipsen* $\mathfrak{R}$

Eine Sonderstellung unter den Kreisen $\mathfrak{r}$ nimmt der Grundkreis $\mathfrak{h}$ ein: er geht durch die Abbildung in die *ausgeartete* Ellipse $\mathfrak{H}$:

$$X = h \cos t, \qquad Y = 0$$

über, d. h. in die Ellipse $\mathfrak{H}$ mit der großen Achse $2h$ und der kleinen Achse 0, die wir also auch als die aus einem oberen und einem unteren Teile bestehende Doppelstrecke EF auffassen können.

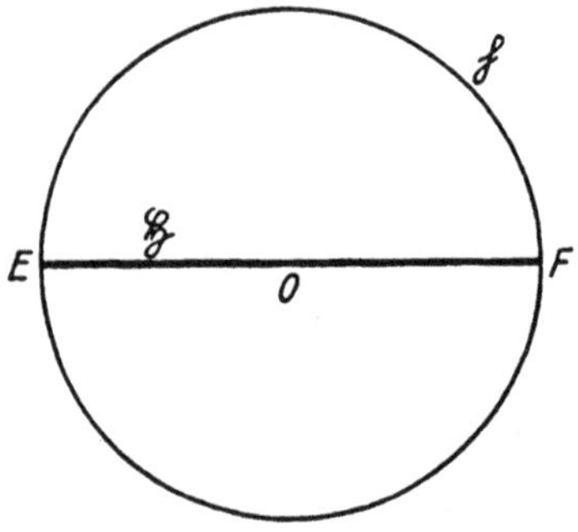

Abb. 42

Wenn der Kreis $\mathfrak{r}$, mit $\mathfrak{h}$ beginnend, stetig zusammenschrumpft, um schließlich zum Nullkreis zu werden, überstreicht die Ellipse $\mathfrak{R}$ die Z-Ebene, wobei sie stetig aus der Anfangslage $\mathfrak{H}$ in den unendlich großen Kreis der Z-Ebene mit dem Zentrum $Z = 0$ übergeht.

Wenn der Kreis $\mathfrak{r}$, wieder mit $\mathfrak{h}$ beginnend, sich stetig ausdehnt, um schließlich in den unendlich großen Kreis der z-Ebene mit dem Zentrum $z = 0$ überzugehen, so bestreicht die Ellipse $\mathfrak{R}$ erneut, mit $\mathfrak{H}$ beginnend, die ganze Z-Ebene.

Es ist von Interesse, auch das Bild einer den Punkt O durchsetzenden Geraden $t = \alpha = \text{const}$ zu betrachten. Aus

$$\frac{X^2}{\cos^2\alpha} - \frac{Y^2}{\sin^2\alpha} = h^2$$

folgt, daß das Bild der Geraden $t = \alpha$ eine Hyperbel mit den Halbachsen $h \cos\alpha$ und $h \sin\alpha$, also mit der Linearexzentrizität $e = h$ und den Brennpunkten E und F ist.

Die Bilder der Kreise $r = \text{const}$ *bzw. der zu diesen Kreisen orthogonalen Geraden* $t = \text{const}$ *sind demnach konfokale Ellipsen bzw. zu diesen orthogonale konfokale Hyperbeln.*

Aus dem *zwei*maligen Überstreichen der Z-Ebene durch die Ellipse $\mathfrak{R}$ folgt, daß jedem Punkte Z der Z-Ebene genau *zwei* Punkte z der z-Ebene, einer innerhalb, der andere außerhalb des Kreises $\mathfrak{h}$ entsprechen.

Fassen wir den Kreis 𝔥 als feste von einer Flüssigkeit umströmte Kontur auf, so haben wir für die Innenpunkte des Grundkreises kein Interesse mehr. Es gilt für uns dann lediglich folgendes:

Durch die Joukowskitransformation

$$2Z = z + \frac{h^2}{z}$$

wird das Äußere des Grundkreises auf die ganze Z-Ebene abgebildet. Die Abbildung ist umkehrbar eindeutig mit Ausnahme des Grundkreises 𝔥 und seines Bildes 𝔋, insofern jedem Punkte von 𝔋 zwei symmetrisch zur x-Achse liegende Punkte von 𝔥 entsprechen. Die Abbildung ist konform mit Ausnahme der Punkte E und F: in diesen verschwindet die Ableitung dZ : dz (Kreuzungspunkte), und jedem Winkel mit dem Scheitel E oder F entspricht in den Bildpunkten ein doppelt so großer Winkel.

[Um das einzusehen, setzt man etwa $z = h + u$, $Z = h + U$ und erhält für hinreichend kleine u $2U = u^2 : h$, so daß, wenn ω den Winkel von u, Ω den von U bedeutet, $\Omega = 2\omega$ ist.]

Wir wenden die Joukowskitransformation

$$2Z = z + \frac{h^2}{z}$$

auf die einfache Parallelströmung 𝔖 der Z-Ebene mit dem Potential

$$\Sigma = 2cZ$$

an.

Wir können diese Strömung auffassen als eine Strömung, welche die Kontur 𝔋 umfließt.

Wir bilden die Z-Ebene durch die Joukowskitransformation auf das Äußere des Grundkreises 𝔥 ab. Dadurch geht die Kontur 𝔋 in den Kreis 𝔥 und die Strömung 𝔖 in die den Kreis 𝔥 umfließende Muschelströmung 𝔰 mit dem Potential

$$\sigma = c\left(z + \frac{h^2}{z}\right)$$

und den Stau- oder Spaltpunkten $z = -h$ und $z = +h$ über.

Wir gelangen so durch die Methode der konformen Abbildung schnell und bequem zu derselben Strömung, die wir im Beispiel VI des vorigen Paragraphen auf viel umständlichere Weise gefunden haben.

Joukowskiprofile

Wir beschließen unsere Strömungsbetrachtungen mit einer kurzen Darlegung der durch die Joukowskitransformation

$$2Z = z + \frac{h^2}{z}$$

bewirkten *Verwandlung einer geeigneten kreisförmigen Kontur 𝔨 der z-Ebene in die in der Z-Ebene liegende Kontur 𝔎 des Profils eines Flugzeugtragflügels.*

Joukowski wählt den Kreis $\mathfrak{k}$ so, daß der Punkt E auf dem Kreis*umfange*, der *Punkt* F im Kreis*innern* liegt.

Der Mittelpunkt M von $\mathfrak{k}$ liege demgemäß oberhalb der x-Achse, etwas rechts von der y-Achse, der Radius sei $ME = k$.

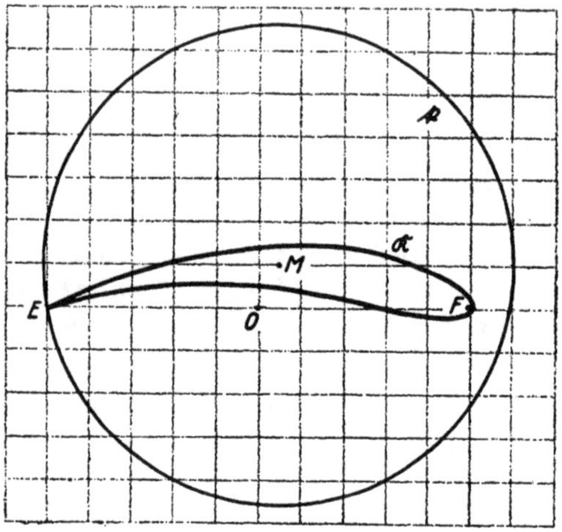

Abb. 43

Praktisch brauchbare Tragflügelprofile entstehen nur, wenn M in der Nähe der y-Achse liegt und die Neigung von EM gegen die x-Achse klein ist.

Das durch die Abbildungsvorschrift

$$2Z = z + \frac{h^2}{z}$$

in der Z-Ebene — die wir der Einfachheit wegen mit der z-Ebene zusammenfallen lassen — entstehende Bild des Kreises $\mathfrak{k}$ ist eine gewisse Kontur $\mathfrak{K}$, die durch den Punkt E läuft und hier wegen des Verschwindens der Ableitung $dZ:dz$ eine Spitze besitzt.

Die Konstruktion des Bildes $\mathfrak{K}$ von $\mathfrak{k}$ gelingt am einfachsten durch das Verfahren von E. Trefftz [„Graphische Konstruktion Joukowskischer Tragflächen", Zeitschrift für Flugtechnik und Motorluftschiffahrt, 1913].

Dieses Verfahren besteht darin, den Kreis $\mathfrak{k}$ zunächst durch die Abbildung

$$z' = h^2 : z$$

in den Hilfskreis $\mathfrak{k}'$ zu verwandeln, zu jedem Punkte z des Kreises $\mathfrak{k}$ den zu-

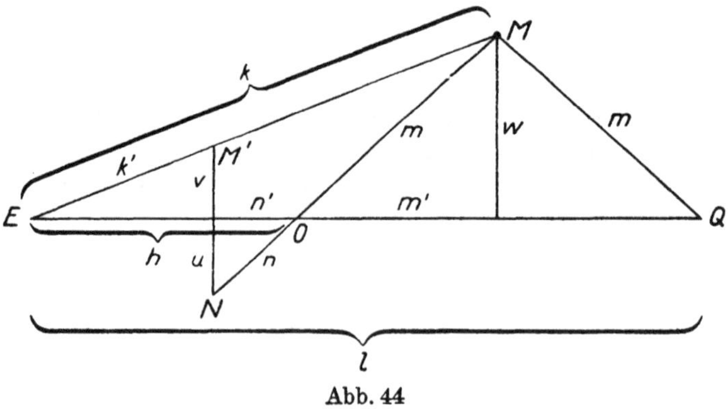

Abb. 44

gehörigen Punkt z' des Kreises $\mathfrak{k}'$ zu zeichnen und den jeweiligen Mittelpunkt Z der Verbindungslinie der beiden Punkte z und z' als Punkt der gesuchten Kontur $\mathfrak{K}$ zu markieren.

Es kommt also alles darauf an, den Hilfskreis $\mathfrak{k}'$ zu zeichnen.
Dieser wird bekanntlich (§ 15) gefunden, indem man zunächst $\mathfrak{k}$ im Grundkreise $\mathfrak{h}$ nach $\mathfrak{c}$, darauf den Kreis $\mathfrak{c}$ in der x-Achse nach $\mathfrak{k}'$ spiegelt.
Der Mittelpunkt N von $\mathfrak{c}$ liegt auf der Verlängerung von $MO = m$ im Abstande

$$ON = n = \frac{h^2}{k^2 - m^2} \cdot m,$$

und der Radius von $\mathfrak{c}$ (und damit auch von $\mathfrak{k}'$) ist

$$k' = \frac{h^2}{k^2 - m^2} \cdot k.$$

Zur Vereinfachung dieser Ausdrücke bestimmen wir auf der Verlängerung von

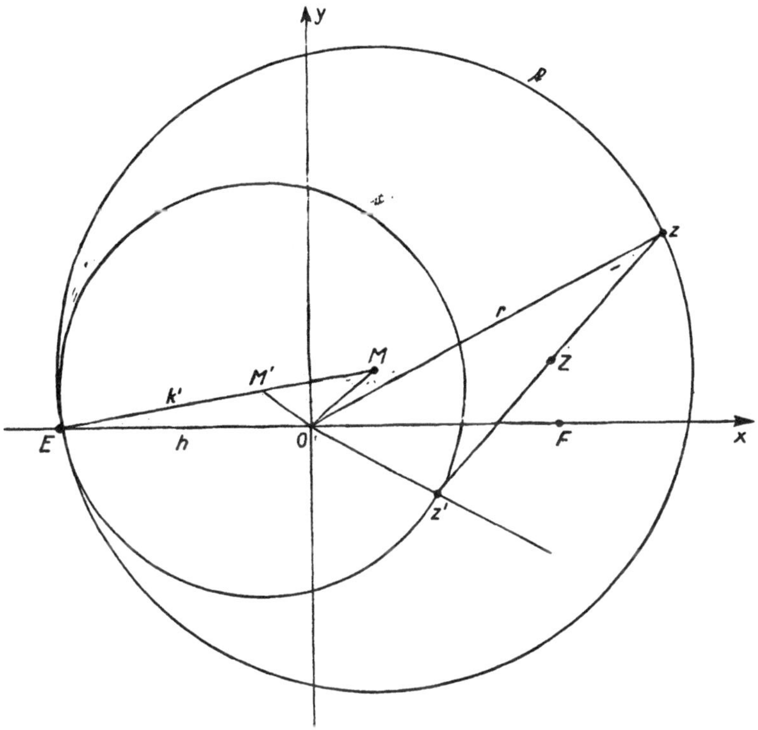

Abb. 45

EO den Punkt Q so, daß $MQ = MO = m$ ist, und haben, $EQ = l$ gesetzt, nach dem auf die Figur $EOQM$ angewandten Spitzentransversalensatze

$$hl = k^2 - m^2.$$

Daher wird

$$n = \frac{h}{l} m \qquad \text{und} \qquad k' = \frac{h}{l} k.$$

Wir fällen das Lot w von M auf EQ sowie das Lot u von N auf EO und verlängern u um v bis zum Schnittpunkt M' mit EM. Dann ist, wenn m' und n'

die Projektionen von m und n auf EQ bedeuten, nach dem Strahlensatze

$$n : m = u : w.$$

Ferner ist

$$\frac{h}{l} = \frac{n'}{m'} = \frac{h - n'}{l - m'} = \frac{v}{w}.$$

Daher wird $u : w = v : w$ oder

$$u = v.$$

Das heißt: M' ist das Spiegelbild des Mittelpunktes N des Kreises $\mathfrak{c}$ in der x-Achse und damit zugleich der Mittelpunkt des Kreises $\mathfrak{k}'$.

Der Mittelpunkt M' des gesuchten Kreises $\mathfrak{k}'$ ist sonach die Stelle, wo das Spiegelbild der Geraden OM in der Imaginärachse die Gerade EM schneidet.

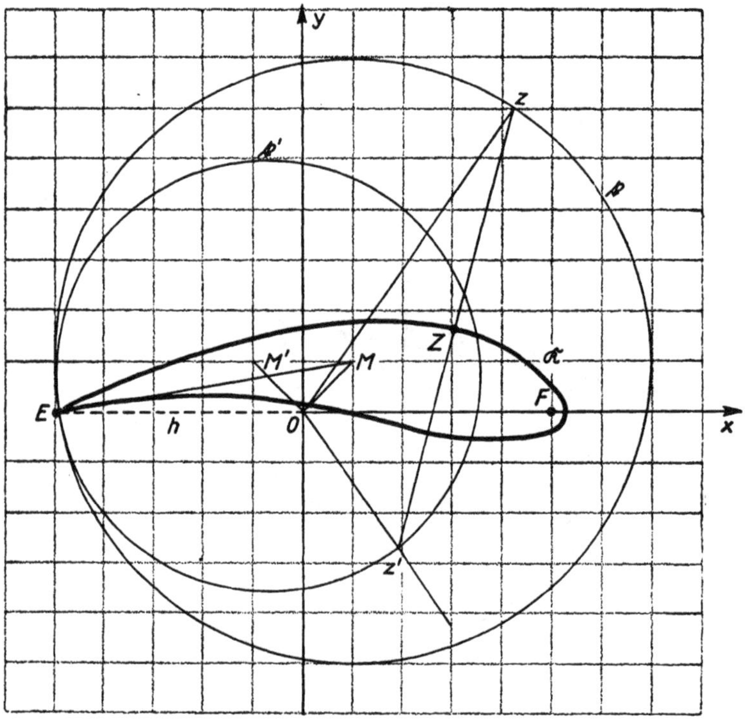

Abb. 46

Da $\mathfrak{k}'$ auch durch E läuft, so ist der Kreis mit dem Mittelpunkte M' und dem Radius $M'E = k'$ der gesuchte Hilfskreis $\mathfrak{k}'$.
Zugleich erkennen wir, daß der Hilfskreis $\mathfrak{k}'$ den gegebenen Kreis $\mathfrak{k}$ in E innerlich berührt.

Konstruktion der Kontur $\mathfrak{K}$

Man verbindet irgendeinen Punkt z von $\mathfrak{k}$ mit O und spiegelt diese Verbindungslinie in der x-Achse. Der Schnittpunkt dieses Spiegelbildes mit $\mathfrak{k}'$ ist $z' = h^2 : z$.

Der Mittelpunkt der Verbindungslinie zz' ist der gesuchte Punkt

$$Z = \frac{1}{2}\left(z + \frac{h^2}{z}\right).$$

Die hinreichend häufige Wiederholung dieser Konstruktion mit immer anderen Punkten z von $\mathfrak{k}$ liefert beliebig viele Punkte Z von $\mathfrak{K}$, durch deren krummlinige Verbindung $\mathfrak{K}$ mit hinreichender Genauigkeit gefunden werden kann.
Die Zeichnung läßt erkennen, daß — bei passend gewählten Lagen des Punktes M — die Kontur $\mathfrak{K}$ Profile von Tragflügeln liefert, die den in der Flugtechnik üblichen schon sehr nahe kommen.
Durch geringfügige Modifikationen des beschriebenen Verfahrens läßt sich eine ganze Mannigfaltigkeit von brauchbaren Tragflügelprofilen gewinnen. [Joukowski, Aérodynamique, Fuchs & Hopf, Aerodynamik, usw.]

§ 68. RIEMANNS ABBILDUNGSSATZ

Wir können unsere Betrachtungen über konforme Abbildung nicht abschließen, ohne des wichtigsten Satzes der ganzen Theorie, des Riemannschen Abbildungssatzes, gedacht zu haben.
Bernhard Riemann hat in seiner Inauguraldissertation die Frage aufgeworfen, ob es möglich ist, ein durch einen beliebig vorgegebenen Umlauf eingeschlossenes Gebiet konform auf einen gegebenen Kreis abzubilden. („Konform" bedeutet hier „schlicht [d. h. umkehrbar eindeutig] und winkeltreu".)
Diese überaus wichtige Frage beantwortet

Riemanns Abbildungssatz:

Jedes einfach zusammenhängende Gebiet mit mindestens zwei Randpunkten läßt sich auf das Gebiet eines gegebenen Kreises konform abbilden.

Schreibt man noch vor, daß in dieser Abbildung ein gegebener Punkt des vorgelegten Gebiets und eine von diesem Punkte ausgehende gegebene Richtung in das Zentrum des Kreises und eine vom Zentrum ausgehende vorgegebene Richtung übergehen sollen, so existiert nur eine einzige Möglichkeit, die gewünschte Abbildung zu bewirken.
Der Riemannsche Beweis dieses fundamentalen Satzes ist zwar hochinteressant, aber auch ziemlich schwierig, insofern er auf der Verwendung eines gewissen Problems der Variationsrechnung beruht, dessen Lösung seinerzeit erhebliche Schwierigkeiten bereitet hat. Deshalb ist der Wunsch berechtigt, einen Beweis zu haben, der mit einem einfacheren Hilfsmittel auskommt.
Dieses einfache Hilfsmittel wurde in neuerer Zeit von Caratheodory und Koebe in Gestalt einer funktionentheoretischen Methode geschaffen und die Durchführung des Beweises von Fejér, Ostrowski und Rieß weiter vereinfacht.
Wir denken uns die das gegebene Gebiet $\mathfrak{G}$ enthaltende Objektebene als z-Ebene, die das Bild $\mathfrak{G}'$ enthaltende Bildebene als z'-Ebene und vermitteln die Abbildung durch die in $\mathfrak{G}$ reguläre Funktion

$$z' = \varphi(z).$$

Dabei denken wir uns $\mathfrak{G}'$ zweckmäßig als Gaußgebiet $[|z'| < 1]$ der Bildebene.

Zunächst stellt man fest, daß das abzubildende Gebiet $\mathfrak{G}$ mehr als einen Randpunkt haben muß.

1° Die volle z-Ebene kann nicht durch eine Regulärfunktion auf $\mathfrak{G}'$ abgebildet werden, da die einzige Funktion, die in der ganzen Ebene regulär ist, eine Konstante ist.

2° Die z-Ebene mit Ausnahme des unendlich fernen Punktes kann ebenfalls nicht durch eine Regulärfunktion auf $\mathfrak{G}'$ abgebildet werden, da die einzige Regulärfunktion, die überall im Endlichen betraglich unterhalb der endlichen Schranke 1 liegt, nach Liouvilles Satz eine Konstante ist.

3° Die punktierte Ebene, d. h. die z-Ebene mit Ausnahme des im Endlichen liegenden Punktes c kann gleichfalls nicht auf $\mathfrak{G}'$ abgebildet werden, weil dieser Fall durch Einführung der Hilfsvariable $\zeta = 1:(z-c)$ auf 2° zurückkommt.

Folglich muß $\mathfrak{G}$ *mindestens zwei* Randpunkte besitzen.

Weiter ist klar, daß man einen beliebig gegebenen Punkt O von $\mathfrak{G}$ als Ursprung, eine beliebig gegebene von O auslaufende Richtung als Richtung der positiven x-Achse der Objektebene annehmen kann.

Da man ferner den Kreis $\mathfrak{G}'$ vermöge einer Homographie so auf sich selbst abbilden kann, daß zwei beliebig vorgegebene Linienelemente einander entsprechen, so kommt Riemanns Problem darauf hinaus, eine in $\mathfrak{G}$ reguläre Funktion $z' = \varphi(z)$ anzugeben, welche $\mathfrak{G}$ in $\mathfrak{G}'$ verwandelt und zugleich den Nullpunkt O der z-Ebene in den Nullpunkt O' der z'-Ebene und die Richtung der positiven x-Achse in O in die Richtung der positiven x'-Achse in O' überführt.

Damit erscheint *Riemanns Satz* in der Fassung:

Jedes den Nullpunkt der Objektebene enthaltende einfach zusammenhängende Gebiet $\mathfrak{G}$ mit mindestens zwei Randpunkten läßt sich auf eine und nur eine Weise konform auf das Gaußgebiet $\mathfrak{G}'$ der Bildebene abbilden derart, daß die Nullpunkte der beiden Ebenen und die von ihnen auslaufenden positiven Realachsenrichtungen einander entsprechen.

Ist also

$$z' = \varphi(z)$$

die gesuchte Abbildungsfunktion, so gelten die beiden *Zusatzbedingungen*

$$\varphi(0) = 0 \qquad \text{und} \qquad \varphi'(0) > 0 .$$

Beweis. Wir betrachten die Menge $\mathfrak{F}$ aller betraglich unterhalb 1 liegenden Regulärfunktionen

$$z' = f(z)$$

des Gebiets $\mathfrak{G}$, die das Gebiet schlicht auf die z'-Ebene abbilden, wobei diesen Funktionen noch die Zusatzbedingungen

$$f(0) = 0 \qquad \text{und} \qquad f'(0) > 0$$

auferlegt sind.

Wir setzen kurz $f'(0) = p$ und nennen die obere Grenze aller p P. Sicher existiert dann eine etwa aus den Funktionen

$$f_1(z), \quad f_2(z), \quad f_3(z), \ldots$$

bestehende Teilmenge $\mathfrak{f}$ von $\mathfrak{F}$, für welche, $f'_n(0) = p_n$ gesetzt,

$$\lim_{n \to \infty} p_n = P$$

ist.

Da die Funktionen von $\mathfrak{f}$ eine Normalfolge des Gebiets $\mathfrak{G}$ bilden, kann man nach Montels Satz eine Teilfolge

$$\varphi_1(z), \quad \varphi_2(z), \quad \varphi_3(z), \ldots$$

aus $\mathfrak{f}$ auswählen, die in jedem Innenbereich $\mathfrak{J}$ von $\mathfrak{G}$ gleichmäßig konvergiert, sagen wir gegen die Grenzfunktion $\varphi(z)$.

Wir behaupten:

Die Grenzfunktion

$$z' = \varphi(z)$$

bildet das Gebiet $\mathfrak{G}$ konform auf das Gaußgebiet $\mathfrak{G}'$ ab, so zwar, daß die Nullpunkte und die von ihnen ausstrahlenden Realachsenrichtungen einander entsprechen.

Um das einzusehen, zeigen wir zunächst, daß die Grenzfunktion φ zur Menge $\mathfrak{F}$ gehört.

1° Da für jeden Zeiger n und jedes z aus $\mathfrak{G}$

$$|\varphi_n(z)| \leqq 1$$

ist, ist auch

$$|\varphi(z)| \leqq 1.$$

2° Da für jeden Zeiger n

$$\varphi_n(0) = 0$$

ist, muß auch

$$\varphi(0) = 0$$

sein, und wegen der gleichmäßigen Konvergenz der Teilfolge $\{\varphi_n(z)\}$ von $\{f_n(z)\}$ gegen die Grenzfunktion $\varphi(z)$ gilt [mit $\pi_n = \varphi_n'(0)$] die Relation

$$\varphi'(0) = \lim_{n \to \infty} \pi_n = P$$

und deshalb die Ungleichung

$$\varphi'(0) > 0.$$

3° Die Grenzfunktion $\varphi(z)$ liefert eine schlichte Abbildung von $\mathfrak{G}$ auf die Bildebene.

Angenommen nämlich, es gäbe *zwei* Punkte h und k aus $\mathfrak{G}$, in denen $\varphi(z)$ *denselben* Wert

$$\varphi(h) = \varphi(k) = \lambda$$

erreicht. Wir beschreiben um h und k als Zentren zwei innerhalb $\mathfrak{G}$ liegende einander ausschließende Kreisflächen $\mathfrak{H}$ und $\mathfrak{K}$ mit den Rändern $\mathfrak{h}$ und $\mathfrak{k}$

derart, daß φ weder auf $\mathfrak{h}$ noch auf $\mathfrak{k}$ den Wert λ annimmt. Dann existiert gewiß eine Positivzahl $\mathfrak{p}$ so, daß auf $\mathfrak{h}$ und $\mathfrak{k}$ überall

$$|\varphi(z)-\lambda|>\mathfrak{p}$$

und ein Zeiger n derart, daß auf $\mathfrak{h}$ und $\mathfrak{k}$ überall

$$|\varphi_n(z)-\varphi(z)|<\mathfrak{p}$$

ausfällt.

Nach Rouchés Satz hat wegen

$$|\varphi(z)-\lambda|>|\varphi_n(z)-\varphi(z)| \qquad [\text{auf } \mathfrak{h} \text{ und } \mathfrak{k}]$$

die Funktion

$$\varphi_n(z)-\lambda \qquad \text{weil} = [\varphi(z)-\lambda]+[\varphi_n(z)-\varphi(z)]$$

auf $\mathfrak{H}$ wie auf $\mathfrak{K}$ ebensoviel Wurzeln wie $[\varphi(z)-\lambda]$. Da nun $\varphi-\lambda$ auf $\mathfrak{H}$ mindestens eine Wurzel (h), auf $\mathfrak{K}$ ebenfalls mindestens eine Wurzel (k) hat, so müßte auch $\varphi_n(z)-\lambda$ auf $\mathfrak{H}+\mathfrak{K}$ und damit auf $\mathfrak{G}$ mindestens zwei Wurzeln haben, während doch wegen der Schlichtheit der durch $\varphi_n(z)$ vermittelten Abbildung in $\mathfrak{G}$ höchstens *ein*mal $\varphi_n(z)=\lambda$ sein kann. Mit Rücksicht auf diesen Widerspruch muß die Annahme, es gäbe mehr als einen Punkt auf $\mathfrak{G}$, in welchem φ denselben Wert annimmt, verworfen werden.

Die Grenzfunktion φ vermittelt demnach eine schlichte Abbildung von $\mathfrak{G}$ auf die Bildebene.

Auch kann das Bild nach 1° über die Fläche $\mathfrak{G}'$ nicht hinausragen.

Es ist nur noch zu zeigen, daß das Bild *jeden* Punkt von $\mathfrak{G}'$ bedeckt.

Angenommen, das Bild bedecke nur einen Teil $\mathfrak{g}'$ von $\mathfrak{G}'$, so daß das Bild $\mathfrak{g}'$ des Gebiets $\mathfrak{G}$ in $\mathfrak{G}'$ gelegene Randpunkte besitzt. Ein solcher Randpunkt sei $-a^2$, und der echtgebrochene Betrag von a sei A. Wir konstruieren uns aus $\varphi(z)$ folgendermaßen eine neue der Menge $\mathfrak{F}$ angehörige Abbildungsfunktion $\Phi(z)$.

Zunächst bilden wir die Hilfsfunktion r, definiert durch die Vorschriften

$$r^2=\frac{\varphi+A^2}{1+A^2\varphi}, \qquad r=A \text{ für } z=0.$$

Zugleich notieren wir die Relation

$$1+A^2\varphi=\frac{1-A^4}{1-A^2r^2}.$$

Da φ für jedes z aus $\mathfrak{G}$ in $\mathfrak{G}'$ liegt, so liegt auch r für jedes z aus $\mathfrak{G}$ in $\mathfrak{G}'$. Aus r konstruieren wir die Funktion

$$\Phi=\frac{r-A}{1-Ar},$$

welche jeden Punkt r aus $\mathfrak{G}'$ in einen Punkt Φ aus $\mathfrak{G}'$ verwandelt.

Die so konstruierte neue Abbildungsfunktion Φ verwandelt also jeden Punkt aus $\mathfrak{G}$ in einen Punkt aus $\mathfrak{G}'$; sie vermittelt eine schlichte Abbildung von $\mathfrak{G}$ auf die Bildebene.

Sehen wir uns nach $\Phi(0)$ und $\Pi = \Phi'(0)$ um! Für $z = 0$ wird $r = A$, folglich $\Phi = 0$, und wir haben

$$\Phi(0) = 0.$$

Um $\Pi = \Phi'(0)$ zu berechnen, finden wir zunächst

$$\Phi'(z) = \Phi_z = \Phi_r \cdot r_z = \frac{1 - A^2}{(1 - Ar)^2} \cdot \frac{1 - A^4}{(1 + A^2\varphi)^2} \cdot \frac{\varphi'}{2r} = \frac{1 - A^2}{(1 - Ar)^2} \cdot \frac{(1 - A^2 r^2)^2}{1 - A^4} \cdot \frac{\varphi'}{2r},$$

also

$$\Phi'(z) = \frac{(1 + Ar)^2}{1 + A^2} \cdot \frac{\varphi'}{2r}$$

und hieraus wegen $\varphi'(0) = P$

$$\Pi = \Phi'(0) = \frac{1 + A^2}{2A} \cdot P,$$

so daß

$$\Pi > 0$$

ist.

Unsere Funktion Φ erfüllt daher alle Bedingungen, die an die Funktionen der Menge $\mathfrak{F}$ geknüpft sind.

Aber die wegen $1 + A^2 > 2A$ gültige Ungleichung

$$\Pi > P$$

widerspricht der Tatsache, daß P die *obere* Grenze aller p ist, und dieser Widerspruch verschwindet nur, wenn man zugibt, daß das Bild $\mathfrak{g}'$ von $\mathfrak{G}$ innerhalb $\mathfrak{G}'$ keinen Randpunkt besitzt, daß mit anderen Worten $\mathfrak{g}'$ mit $\mathfrak{G}'$ koinzidiert.

Damit ist der Kernpunkt des Riemannschen Abbildungssatzes bewiesen: die oben konstruierte Regulärfunktion $\varphi(z)$ des Gebiets $\mathfrak{G}$ bildet dieses Gebiet konform auf das Gaußgebiet der Bildebene ab.

Es muß noch gezeigt werden, daß neben $\varphi(z)$ keine zweite Regulärfunktion $\psi(z)$ existiert, die die geschilderte Abbildung bewirkt.

Angenommen $\xi = \varphi(z)$ und $\eta = \psi(z)$ seien zwei Regulärfunktionen, die das vorgelegte Gebiet $\mathfrak{G}$ konform auf das Gaußgebiet $\mathfrak{G}'$ der Bildebene abbilden so zwar, daß in jeder dieser Abbildungen die Nullpunkte und die von ihnen auslaufenden Realachsenrichtungen von Objekt- und Bildebene einander entsprechen.

Vermöge der beiden Gleichungen

$$\xi = \varphi(z) \qquad \text{und} \qquad \eta = \psi(z)$$

läßt sich sowohl η als Regulärfunktion von ξ als auch ξ als Regulärfunktion von η in $\mathfrak{G}'$ auffassen. Nun ist $\eta : \xi$ bzw. $\xi : \eta$ in $\mathfrak{G}'$ eine Regulärfunktion von ξ bzw. η. Bedeutet also ϱ einen positiven Echtbruch, so erreicht $|\eta : \xi|$ bzw. $|\xi : \eta|$ im Kreise $|\xi| \leqq \varrho$ bzw. $|\eta| \leqq \varrho$ sein Maximum auf dem Kreisrande, so daß

$$\text{für } |\xi| \leqq \varrho \quad \left|\frac{\eta}{\xi}\right| < \frac{1}{\varrho}, \qquad \text{für } |\eta| \leqq \varrho \quad \left|\frac{\xi}{\eta}\right| < \frac{1}{\varrho}$$

ist. Da man mit ϱ der Einheit beliebig nahe kommen kann, gelten auch noch die Ungleichungen

$$\left|\frac{\eta}{\xi}\right| \leqq 1 \quad \text{für } |\xi| < 1 \qquad \text{und} \qquad \left|\frac{\xi}{\eta}\right| \leqq 1 \quad \text{für } |\eta| < 1.$$

Aus

$$\left|\frac{\eta}{\xi}\right| \leqq 1 \qquad \text{und} \qquad \left|\frac{\xi}{\eta}\right| \leqq 1$$

oder

$$|\eta| \leqq |\xi| \qquad \text{und} \qquad |\xi| \leqq |\eta|$$

folgt aber

$$|\xi| = |\eta| \qquad \text{oder} \qquad \left|\frac{\eta}{\xi}\right| = 1 .$$

Daher wird für

$$|\xi| < 1 \qquad \eta : \xi = \text{const} = e^{i\alpha}$$

und

$$\eta = e^{i\alpha}\xi .$$

Die Ableitung dieser Formel nach z gibt

$$\eta' = e^{i\alpha}\xi',$$

und da ξ' und η' im Nullpunkt ($z = 0$) nach Voraussetzung positive Werte haben, muß $\alpha = 0$ und •

$$\eta = \xi$$

sein.

Es gibt also nur die *eine* Funktion

$$\xi = \varphi(z),$$

welche die vorgeschriebene Abbildung des Gebiets $\mathfrak{G}$ auf das Gaußgebiet $\mathfrak{G}'$ der Bildebene bewirkt.

Zehnter Abschnitt

Analytische Fortsetzung

§ 69. RIEMANNS ERWEITERUNGSSATZ

Eins der Fundamente der Funktionentheorie bildet der von Riemann aufgestellte Satz, demzufolge es zur Übereinstimmung zweier Regulärfunktionen eines Gebiets in sämtlichen Punkten des Gebiets genügt, wenn die beiden Funktionen in den Punkten eines noch so kleinen endlichen Weges dieses Gebiets übereinstimmen.

Um dieses fundamentale Theorem darzulegen, beweisen wir zunächst folgenden

Satz:

Kennt man die Werte einer in einem Gebiet regulären Funktion $f(z)$ und ihrer sämtlichen Ableitungen $f'(z), f''(z) \cdots$ an einer einzigen Stelle des Gebiets, so kennt man sie an allen Stellen des Gebiets.

Beweis. Das Gebiet, in dem sich f regulär verhält, heiße $\mathfrak{G}$, der Punkt, in dem die Werte der Funktion und ihrer sämtlichen Ableitungen bekannt sind, a. Dann sind also die Zahlen der Folge

$$f(a), \qquad f'(a), \qquad f''(a), \ \ldots$$

sämtlich bekannt.

Ein beliebiger anderer Punkt von $\mathfrak{G}$ heiße e. Wir werden zeigen, daß auch die Zahlen der Folge

$$f(e), \quad f'(e), \quad f''(e), \ldots$$

bekannt sind.

Zu dem Zwecke verbinden wir a mit e durch einen ganz in $\mathfrak{G}$ verlaufenden Weg $\mathfrak{w}$.

Für Wege, die ganz in einem Gebiet verlaufen, gilt folgendes Lemma:

Zu jedem ganz in einem Gebiet $\mathfrak{G}$ verlaufenden Wege $\mathfrak{w}$ existiert eine positive Zahl h derart, daß jede Kreisfläche vom Halbmesser h, deren Zentrum auf $\mathfrak{w}$ liegt, ganz in $\mathfrak{G}$ liegt.

Der Beweis dieses Lemmas beruht auf Heine-Borels Überdeckungssatz.

Um jeden Punkt P des Weges $\mathfrak{w}$ als Zentrum läßt sich ein Kreis zeichnen -- sein Radius sei $2\,p$ — dessen Fläche in $\mathfrak{G}$ liegt. Wir zeichnen aber nicht diesen Kreis, sondern den Kreis $\mathfrak{p}$ um P mit dem Halbmesser p. Dann wird die aus den Punkten des Weges $\mathfrak{w}$ bestehende Punktmenge von dem System der Kreise $\mathfrak{p}$ überdeckt. Nach dem Überdeckungssatze genügen zur Überdeckung von $\mathfrak{w}$ *endlich* viele dieser Kreise: $\mathfrak{p}_1, \mathfrak{p}_2, \ldots, \mathfrak{p}_n$. Der Radius des kleinsten dieser n Kreise ist die Zahl h, deren Existenz das Lemma behauptet. In der Tat: eine Kreisfläche vom Halbmesser h liegt sogar dann noch in $\mathfrak{G}$, wenn ihr Zentrum *irgendwo* auf der Fläche eines Kreises $\mathfrak{p}_\nu$ liegt. Damit ist das Lemma bewiesen.

Nachdem die Existenz des Hilfshalbmessers h für unsern Weg $\mathfrak{w}$ sichergestellt ist, beachten wir, daß im Kreise $\mathfrak{a}$ mit dem Zentrum a und dem Halbmesser h, da die Fläche $\mathfrak{A}$ des Kreises $\mathfrak{a}$ ganz in $\mathfrak{G}$ liegt, die Funktion $f(z)$ sich regulär verhält, mithin auf $\mathfrak{A}$ die Taylorentwicklung

$$(1) \qquad f(z) = f(a) + f'(a)\,(z - a) + \frac{f''(a)}{2!}\,(z - a)^2 + \cdots$$

gestattet.

Sollte e auf $\mathfrak{A}$ liegen, würde diese Reihe schon ausreichen, die Zahlen der Folge $\{f^{\nu}(e)\}$ zu berechnen.

Nehmen wir also an, e liege außerhalb $\mathfrak{A}$. Der Kreis $\mathfrak{a}$ möge den von a nach e führenden Weg $\mathfrak{w}$ in α schneiden, und b sei ein auf dem Stücke $a\,\alpha$ dieses Weges liegender Punkt derart, daß

$$|\, b - \alpha \,| < \frac{h}{2}, \qquad \text{also} \qquad |\, b - a \,| > \frac{h}{2}$$

ist.

Wir berechnen mittels (1) die Zahlen der Folge

$$f(b), \; f'(b), \; f''(b), \; \ldots$$

und haben für $f(z)$ in der Umgebung von b die Taylorentwicklung

$$(2) \qquad f(z) = f(b) + f'(b)\,(z - b) + \frac{f''(b)}{2!}\,(z - b)^2 + \cdots,$$

welche sicher auf der Fläche $\mathfrak{B}$ des mit dem Zentrum b und Halbmesser h beschriebenen Kreises $\mathfrak{b}$ konvergiert.

Wenn der Endpunkt e des Weges $\mathfrak{w}$ auf $\mathfrak{B}$ liegt, lassen sich die Glieder der Folge $\{f^\nu(e)\}$ vermöge (2) berechnen.
Liegt e noch außerhalb $\mathfrak{B}$, so markieren wir den Schnittpunkt β des Kreises $\mathfrak{b}$ mit dem von b nach e führenden Teile des Weges $\mathfrak{w}$ und wählen auf dem von b nach β führenden Stück dieses Weges einen Punkt c derart, daß

$$|c-\beta|<\frac{h}{2}, \qquad \text{also} \qquad |c-b|>\frac{h}{2}$$

ist.
Vermöge (2) bestimmen sich $f(c)$, $f'(c)$, $f''(c)$, ..., und wir haben die sicher auf der Fläche $\mathfrak{C}$ des Kreises $\mathfrak{c}$ mit dem Mittelpunkt c und Halbmesser h konvergierende Taylorreihe

$$f(z)=f(c)+f'(c)(z-c)+\frac{f''(c)}{2!}(z-c)^2+\cdots. \tag{3}$$

Liegt e auf $\mathfrak{C}$, so lassen sich die Glieder der Folge $\{f^\nu(e)\}$ mittels (3) berechnen.
Liegt e noch außerhalb $\mathfrak{C}$, so sei γ der Schnittpunkt des von c nach e führenden Teiles des Weges $\mathfrak{w}$ und d ein auf dem Stück $c\gamma$ dieses Wegteils liegender Punkt derart, daß

$$|d-\gamma|<\frac{h}{2} \qquad \text{und} \qquad |d-c|>\frac{h}{2}$$

ist, usf.
Wir behaupten, daß das beschriebene Verfahren — man nennt es *analytische Fortsetzung* — nach einer endlichen Anzahl von Schritten zu einer Kreisfläche führt, die den Wegendpunkt e enthält.

Es gibt nämlich sicher eine natürliche Zahl m derart, daß die Summe $m\cdot\frac{h}{2}+h$ größer als die Länge l des Weges $\mathfrak{w}$ ausfällt; es sei etwa $m=\underline{3}$ (diese Spezialisierung bedeutet keinerlei Einschränkung der Allgemeingültigkeit unserer Beweisführung).
Dann ist also

$$3\cdot\frac{h}{2}+h>l.$$

Wir kommen dann mit den *drei* Kreisen $\mathfrak{B}$, $\mathfrak{C}$, $\mathfrak{D}$ mit den Zentren b. c, d aus: der Endpunkt e liegt sicher in $\mathfrak{D}$.
Aus

$$l>|e-d|+|d-c|+|c-b|+|b-a|$$

einerseits,

$$|b-a|>\frac{h}{2}, \qquad |c-b|>\frac{h}{2}, \qquad |d-c|>\frac{h}{2}$$

anderseits folgt nämlich

$$3\cdot\frac{h}{2}+h>|e-d|+\frac{h}{2}+\frac{h}{2}+\frac{h}{2}$$

oder

$$|e-d|<h,$$

und diese Ungleichung lehrt, daß e auf $\mathfrak{D}$ liegt.

Daher lassen sich die Glieder der Folge

$$f(e),\ f'(e),\ f''(e),\ \ldots$$

aus der in $\mathfrak{D}$ konvergierenden Reihe

$$f(z) = f(d) + f'(d)\,(z-d) + \frac{f''(d)}{2!}\,(z-d)^2 + \cdots$$

berechnen. Unser Satz ist bewiesen.
Aus diesem Satze ergibt sich nun unmittelbar

Riemanns Erweiterungssatz:

Jede Regulärfunktion eines Gebiets ist überall im Gebiet bekannt, wenn sie in einem noch so kleinen Teile des Gebiets bekannt ist, ja sogar dann, wenn man sie nur in den Punkten eines noch so kurzen im Gebiet liegenden Weges kennt.

Beweis. Die Bekanntschaft der Funktion $f(z)$ in allen Punkten eines Weges vermittelt die Bekanntschaft der Ableitung $f'(z)$ für alle Wegpunkte. Wegen der Regularität von $f'(z)$ folgt ebenso die Bekanntschaft der Werte der zweiten Ableitung $f''(z)$ für alle Wegpunkte usw. Daher kennt man für den beliebig ausgewählten Wegpunkt a sämtliche Glieder der Folge

$$f(a),\ f'(a),\ f''(a),\ \ldots$$

und kann daraufhin nach dem obigen Satze $f(z)$ für jeden Punkt e des Gebiets berechnen.

Korollar zu Riemanns Satz:

Identitätssatz für Regulärfunktionen:

Zwei Regulärfunktionen eines Gebiets, die in unendlich vielen sich an einer Gebietsstelle häufenden Punkten des Gebiets übereinstimmen, sind identisch; d. h. sie stimmen in sämtlichen Punkten des Gebiets überein.

Es folgt dies unmittelbar durch Verknüpfung des am Eingange dieses Paragraphen bewiesenen Satzes mit dem Satz von den unbestimmten Koeffizienten aus § 25.
Man merke sich vor allem die Form, in welcher Riemanns Satz bei den Anwendungen am häufigsten erscheint:

Zwei (eindeutige) Regulärfunktionen eines Gebiets, die in den Punkten eines noch so kleinen dem Gebiet angehörigen Flächen- oder Wegstücks übereinstimmen, stimmen in sämtlichen Punkten des Gebiets überein.

§ 70. ANALYTISCHE FORTSETZUNG DURCH POTENZREIHEN

Die Potenzreihe

$$\mathfrak{p}(z) = \mathfrak{P}(z-\alpha) = A_0 + A_1(z-\alpha) + A_2(z-\alpha)^2 + \cdots$$

habe den endlichen Konvergenzkreis $\mathfrak{a}$ mit dem Radius a. Sie stellt dann in dem durch die Bedingung $|z-\alpha| < a$ definierten offenen Kreise $\mathfrak{A}$ eine Regulärfunktion dar.

Bedeutet β eine in $\mathfrak{A}$ liegende Stelle, so konvergiert die Reihe

$$\mathfrak{q}(z) = \mathfrak{Q}(z-\beta) = B_0 + B_1(z-\beta) + B_2(z-\beta)^2 + \cdots \qquad \text{mit } B_\nu = \frac{\mathfrak{p}^{\nu}(\beta)}{\nu!}$$

in jeder nicht zu großen Umgebung der Stelle. Ist b der Konvergenzradius der Reihe, so verhält sich $\mathfrak{q}(z)$ in dem innerhalb ihres Konvergenzkreises $\mathfrak{b}$ liegenden durch die Ungleichung $|z-\beta| < b$ definierten Kreise $\mathfrak{B}$ regulär und stimmt zudem in dem den beiden Kreisen $\mathfrak{A}$ und $\mathfrak{B}$ gemeinsamen Gebiet mit $\mathfrak{p}(z)$ überein.

Der Konvergenzradius b der neuen Reihe kann nach Taylors Satz nicht kleiner sein als der kleinste Abstand $k = a - |\beta - \alpha|$ des Punktes β vom Kreise $\mathfrak{a}$. Er kann aber auch nicht größer sein als der größte Abstand $g = a + |\beta - \alpha|$ des Punktes β von $\mathfrak{a}$. Wäre nämlich $b > g$, so würde der Kreis $\mathfrak{b}$, in dessen Innern sich $\mathfrak{q}(z)$ regulär verhält, den Kreis $\mathfrak{a}$ umgeben. Da $\mathfrak{q}(z)$ innerhalb $\mathfrak{a}$ mit $\mathfrak{p}(z)$ übereinstimmt, gilt im Kreise $\mathfrak{H}$ mit der Mitte α, dessen Radius h der Abstand des Punktes α von $\mathfrak{b}$ ist, der also den Kreis $\mathfrak{a}$ umschlingt, die konvergente Entwicklung

$$\mathfrak{q}(z) = A_0 + A_1(z-\alpha) + A_2(z-\alpha)^2 + \cdots,$$

so daß die Ausgangsreihe $\mathfrak{p}(z)$ im Kreise $\mathfrak{H}$ konvergieren würde und damit der Konvergenzradius von $\mathfrak{p}(z)$ *gegen die Voraussetzung* $> a$ wäre.

Im allgemeinen wird der Konvergenzradius b der neuen Reihe $\mathfrak{q}(z)$ *zwischen* k und g liegen:

$$k < b < g.$$

Gehen wir von dieser Annahme aus, so haben wir also ein Gebiet $\mathfrak{G}$ ausfindig gemacht, welches aus den außerhalb des Kreises $\mathfrak{a}$ und auf dem Kreise $\mathfrak{a}$ liegenden Punkten von $\mathfrak{B}$ besteht, in dem sich die Funktion $\mathfrak{q}(z)$ regulär verhält. Daher ist die in $\mathfrak{A}$ durch die Vorschrift $f(z) = \mathfrak{p}(z)$, in $\mathfrak{G}$ durch die Vorschrift $f(z) = \mathfrak{q}(z)$ definierte Funktion $f(z)$ in dem aus den beiden Teilen $\mathfrak{A}$ und $\mathfrak{G}$ bestehenden Gebiet $\mathfrak{A} + \mathfrak{G}$ regulär; wir haben die Ausgangsfunktion $\mathfrak{p}(z)$ über ihren Konvergenzkreis $\mathfrak{a}$ (genauer über den in $\mathfrak{B}$ liegenden Bogen von $\mathfrak{a}$) hinaus in das Gebiet $\mathfrak{G}$ „*fortgesetzt*" oder „*erweitert*", die Funktion $\mathfrak{q}(z)$ bildet die „*analytische Fortsetzung*" oder „*Erweiterung*" der Funktion $\mathfrak{p}(z)$ aus dem Gebiet $\mathfrak{A}$ ins Gebiet $\mathfrak{G}$ (oder auch $\mathfrak{B}$).

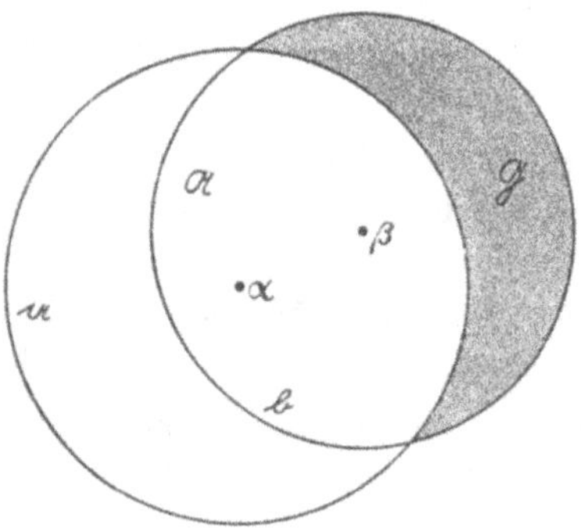

Abb. 47

Auch der *Übergang* von $\mathfrak{p}(z)$ zu $\mathfrak{q}(z)$ wird *analytische Fortsetzung* genannt.

Allgemein: Sind $\mathfrak{F}$ und $\mathfrak{G}$ zwei Gebiete, die ein Gebiet $\mathfrak{C}$, sonst aber keinen Punkt gemeinsam haben, so daß $\mathfrak{F}$ aus den beiden Teilen $\mathfrak{F}'$ und $\mathfrak{C}$ nebst ihrem gemeinsamen Randstück, $\mathfrak{G}$ aus den beiden Teilen $\mathfrak{G}'$ und $\mathfrak{C}$ nebst gemeinsamem Randstück besteht; ist ferner in $\mathfrak{F}$ bzw. $\mathfrak{G}$ die Regulärfunktion $f(z)$ bzw. $g(z)$ vorgelegt, und stimmen diese beiden Funktionen in dem gemeinsamen Gebiet 𝔈 überein, so heißt $g(z)$ die *analytische Fortsetzung von $f(z)$ aus dem Gebiet 𝔉 in das Gebiet 𝔊* (oder auch aus dem Gebiet 𝔉 in das Gebiet 𝔊′), ebenso heißt natürlich $f(z)$ die Fortsetzung von $g(z)$ aus 𝔊 in 𝔉 (𝔉′). Wir haben es dann eigentlich nur mit einer einzigen Regulärfunktion $\varphi(z)$ zu tun, die in 𝔉 durch die Vorschrift $\varphi(z) = f(z)$, in 𝔊 durch die Vorschrift $\varphi(z) = g(z)$ festgelegt ist.

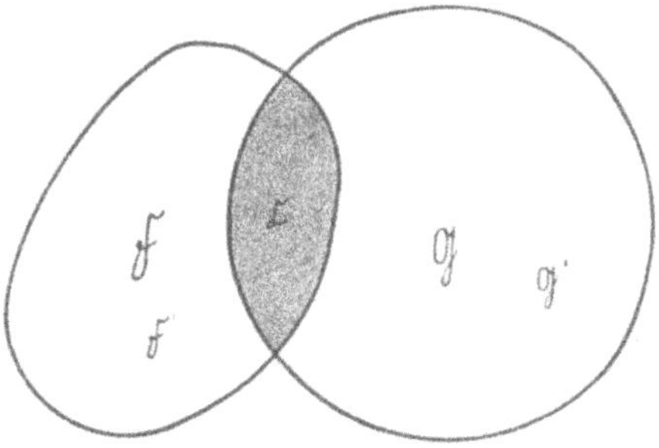

Abb. 48

Nach Riemanns Satz (§ 69) läßt sich eine Regulärfunktion $f(z)$ eines Gebiets 𝔊 in allen Punkten des Gebiets eindeutig bestimmen, wenn sie nur in den Punkten eines in 𝔊 liegenden — noch so kleinen — Weges 𝔴 gegeben ist. Auch in diesem Falle, wo die Werte der Funktion von vornherein nur in den Punkten von 𝔴 bekannt sind und die Funktionswerte in allen übrigen Punkten des Gebiets auf Grund dieser Kenntnis erst berechnet worden sind, sagt man, „man habe die Funktion $f(z)$ *von 𝔴 aus in das Gebiet 𝔊 analytisch fortgesetzt*". Speziell sagt man bei der Fortsetzung von einem Stück 𝔴 der *Real*achse (auf welchem die Funktionswerte aber nicht notwendig reell zu sein brauchen) in ein die Strecke 𝔴 enthaltendes Gebiet 𝔊, „man habe die Funktion *ins Komplexe fortgesetzt*".

Nach dieser Zwischenbetrachtung kehren wir wieder zur analytischen Fortsetzung der obigen Potenzreihe $\mathfrak{p}(z)$ über ihren Konvergenzkreis $\mathfrak{a}$ hinaus zurück.

Wählen wir statt des Punktes β einen andern in $\mathfrak{A}$ liegenden Punkt β', so können wir entsprechend mit diesem Punkte und vermittels der im Kreise $\mathfrak{B}'$ mit dem Rande $\mathfrak{b}'$ und Radius b' konvergenten Potenzreihe

$$\mathfrak{q}_1(z) = \mathfrak{Q}_1(z-\beta') = \mathfrak{B}_0' + \mathfrak{B}_1'(z-\beta') + \mathfrak{B}_2'(z-\beta')^2 + \cdots$$

(mit dem Konvergenzradius b') den beschriebenen Vorgang wiederholen und so im allgemeinen zu einem außerhalb des Kreises $\mathfrak{a}$ liegenden Gebiet 𝔊′ gelangen, in welches damit die Ausgangsfunktion $\mathfrak{p}(z)$ fortgesetzt ist.

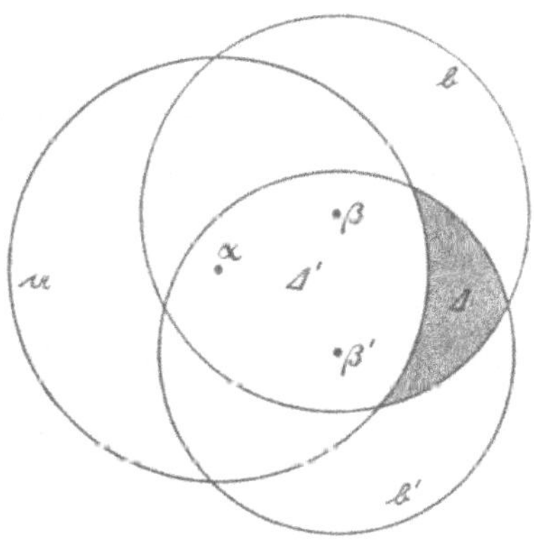

Abb. 49

Wenn die beiden Gebiete 𝔊 und 𝔊′ keinen Punkt gemeinsam haben, ist nichts Besonderes zu bemerken.

Wenn aber die Gebiete 𝔊 und 𝔊′ ein Gebiet, nämlich ein Kreisbogendreieck Δ, gemeinsam haben, insofern dann die beiden Kreise $\mathfrak{B}$ und $\mathfrak{B}'$ ein Kreisbogenzweieck gemeinsam haben, welches aus dem außerhalb des Kreises $\mathfrak{a}$ liegenden Kreisbogendreieck Δ und dem innerhalb des Kreises $\mathfrak{a}$

liegenden Kreisbogendreieck Δ' besteht, kann man fragen, wie sich die beiden Fortsetzungen $\mathfrak{q}(z)$, $\mathfrak{q}_1(z)$ von $\mathfrak{p}(z)$ im Gebiet Δ verhalten. Nun, da $\mathfrak{q}(z)$ und $\mathfrak{q}_1(z)$ in Δ' übereinstimmen, müssen sie nach Riemanns Satze auch in Δ übereinstimmen!

Die Fortsetzung der Reihe $\mathfrak{p}(z)$ über den Rand ihres Konvergenzkreises hinaus mittels beliebig vieler über den Ausgangskreis $\mathfrak{a}$ hinausgreifender Kreise $\mathfrak{B}$, $\mathfrak{B}'$, $\mathfrak{B}''$, ... und der zu diesen gehörigen Potenzreihen $\mathfrak{q}(z)$, $\mathfrak{q}_1(z)$, $\mathfrak{q}_2(z)$, ... in Gebiete $\mathfrak{G}$, $\mathfrak{G}'$, $\mathfrak{G}''$, ..., die außerhalb des Kreises $\mathfrak{a}$ liegen, führt also auf keinen Widerspruch. Vielmehr entsteht vermittels der Kreise $\mathfrak{B}$, $\mathfrak{B}'$, $\mathfrak{B}''$, ... ein einziges Gebiet $\mathfrak{S}$, welches aus dem Kreise $\mathfrak{A}$ und den über ihn hinausgreifenden Teilen $\mathfrak{G}$, $\mathfrak{G}'$, $\mathfrak{G}''$, ... der Kreise $\mathfrak{B}$, $\mathfrak{B}'$, $\mathfrak{B}''$, ... besteht, in welchen eine einzige Regulärfunktion $f(z)$ existiert, die in $\mathfrak{A}$ durch die Vorschrift $f(z) = \mathfrak{p}(z)$, im Kreise $\mathfrak{B}^\nu$ (im Gebiet $\mathfrak{G}^\nu$) durch die Vorschrift $f(z) = \mathfrak{q}_\nu(z)$ definiert ist, und die die analytische Fortsetzung der Ausgangsfunktion $\mathfrak{p}(z)$ auf das Gebiet $\mathfrak{S}$ darstellt.

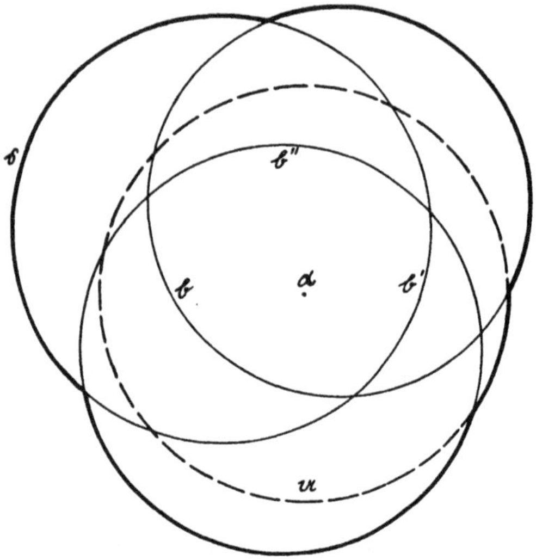

Abb. 50

In obenstehender Figur ist ein solches aus dem Kreise $\mathfrak{A}$ und drei Kreisen $\mathfrak{B}$, $\mathfrak{B}'$, $\mathfrak{B}''$ entstandenes Gebiet $\mathfrak{S}$ mit seinem Rande $\mathfrak{s}$ veranschaulicht.

Zwei wichtige Punkte sind noch zu beachten.

1. Stetigkeit des Konvergenzkreisradius

Bei der Fortsetzung einer Potenzreihe über ihren Konvergenzkreis hinaus vermittels einer zweiten Potenzreihe und ihres Konvergenzkreises $\mathfrak{K}$ liegt das Zentrum $\varkappa$ von $\mathfrak{K}$ im allgemeinen irgendwo im Konvergenzkreise der Ausgangsreihe, und der Radius k von $\mathfrak{K}$ ist eine Funktion von $\varkappa$. Wir behaupten:

Der Radius des zur Fortsetzung dienenden Konvergenzkreises ist eine stetige Funktion des Konvergenzkreiszentrums.

Der Beweis ist sehr einfach. $\varkappa'$ sei ein in der Nähe von $\varkappa$ liegender Punkt von $\mathfrak{K}$. Wir wählen ihn als Mittelpunkt eines „*Fortsetzungskreises*", d. h. eines zur Fortsetzung der Ausgangsreihe dienenden Konvergenzkreises $\mathfrak{K}'$. Der Konvergenzradius k' der zugehörigen, nach Potenzen von $z - \varkappa'$ fortschreitenden Reihe kann nun einerseits (da ja $\varkappa'$ dem Kreise $\mathfrak{K}$ angehört) nicht kleiner als $k - |\varkappa' - \varkappa|$ sein, er kann aber auch anderseits, da k der *Konvergenzradius* der zweiten Potenzreihe ist, den Betrag $k + |\varkappa' - \varkappa|$ nicht überschreiten. Mithin ist

$$|k' - k| \leqq |\varkappa' - \varkappa|.$$

Diese Ungleichung sagt aus, daß die Differenz $k' - k$ mit $\varkappa' - \varkappa$ gegen Null eilt, d. h. daß k eine stetige Funktion von $\varkappa$ ist.

II. Unmöglichkeit der Fortsetzung

Die vom Zentrum des Konvergenzkreises der Ausgangsreihe zum Zentrum des Konvergenzkreises einer Fortsetzungsreihe führende Richtung wird passend als *Fortsetzungsrichtung* bezeichnet.

Nun liegt auf dem Konvergenzkreise der Ausgangsreihe sicher mindestens ein singulärer Punkt der Reihe (§ 35), und dieser kann natürlich niemals *im Innern* eines Fortsetzungskreises liegen.

Folglich: *Eine Potenzreihe kann in der Richtung, die vom Zentrum ihres Konvergenzkreises zu einem ihrer auf dem Konvergenzkreisrande liegenden singulären Punkte führt, nicht fortgesetzt werden.*

Es kommt vor, daß die singulären Punkte einer Potenzreihe auf dem Rande ihres Konvergenzkreises überall dicht liegen (d. h., daß auf jedem noch so kleinen Randbogen mindestens *ein* singulärer Punkt der Reihe liegt). Das ist z. B. der Fall bei der Reihe von Lerch

$$f(z) = z^{1!} + z^{2!} + z^{3!} + z^{4!} + \cdots,$$

welche, wie leicht zu sehen, in sämtlichen Punkten von der Form

$$z = \cos\frac{r}{s}2\pi + i\sin\frac{r}{s}2\pi,$$

wo r und s beliebige Ganzzahlen sind, divergiert.

Eine derartige Reihe ist in keiner einzigen Richtung fortsetzbar und ist damit überhaupt nicht fortsetzbar. Der Konvergenzkreis ist eine *natürliche Grenze* der durch die Reihe erklärten Funktion.

Fortsetzung längs eines Weges

Wir kehren nochmals zur Ausgangsreihe

$$\mathfrak{p}(z) = \mathfrak{P}(z-\alpha) = \sum_0^\infty A_\nu (z-\alpha)^\nu$$

und ihrem Konvergenzkreise $\mathfrak{a}$ bzw. $\mathfrak{A}$ zurück.

Wir denken uns einen vom Anfangspunkte α zum außerhalb $\mathfrak{a}$ liegenden Endpunkte ε führenden Weg $\mathfrak{w}$.

Wir setzen $\mathfrak{p}(z)$ durch die Reihe

$$\mathfrak{q}(z) = \mathfrak{Q}(z-\beta) = \sum_0^\infty B_\nu (z-\beta)^\nu$$

mit dem Konvergenzkreise $\mathfrak{b}$ bzw. $\mathfrak{B}$, wo β einen in $\mathfrak{A}$ liegenden Punkt des Weges $\mathfrak{w}$ bedeutet, über $\mathfrak{A}$ hinaus fort.

Wir nehmen auf $\mathfrak{w}$, und zwar auf der Verlängerung des Wegstücks $\alpha\beta$ einen noch in $\mathfrak{B}$ liegenden Punkt γ an und setzen in derselben Weise die Funktion $\mathfrak{q}(z)$ mittels der Reihe

$$\mathfrak{r}(z) = \sum_0^\infty C_\nu (z-\gamma)^\nu$$

mit dem Konvergenzkreise $\mathfrak{c}$ bzw. $\mathfrak{C}$ über den Kreis $\mathfrak{B}$ hinaus fort.

Ebenso nehmen wir auf der Verlängerung des Wegstücks $\alpha\beta\gamma$ einen in $\mathfrak{C}$ liegenden Punkt δ an und setzen die Funktion $\mathfrak{r}(z)$ mittels der Reihe

$$\mathfrak{s}(z) = \sum_0^\infty D_\nu (z-\delta)^\nu$$

mit dem Konvergenzkreise $\mathfrak{d}$ bzw. $\mathfrak{D}$ über den Kreis $\mathfrak{C}$ hinaus fort.
Nehmen wir an, daß der Endpunkt ε des Weges $\mathfrak{w}$ in $\mathfrak{D}$ liegt, so können wir auch noch $\mathfrak{s}(z)$ mittels der Reihe

$$\mathfrak{t}(z) = \sum_0^\infty E_\nu (z-\varepsilon)^\nu$$

mit dem Konvergenzkreise $\mathfrak{e}$ bzw. $\mathfrak{E}$ über den Kreis $\mathfrak{D}$ hinaus fortsetzen.
Bei jeder der angegebenen Fortsetzungen wird die Möglichkeit der Fortsetzung stillschweigend vorausgesetzt.
Wir haben dann die Ausgangsfunktion $\mathfrak{p}(z)$ *längs des Weges* $\mathfrak{w}$ *fortgesetzt.* Die

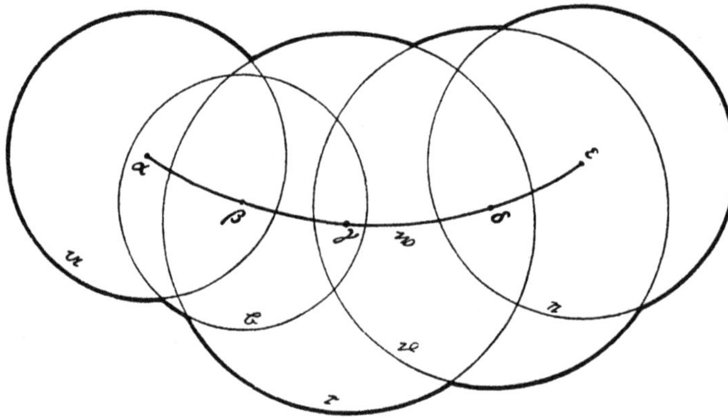

Abb. 51

zur Fortsetzung benutzten Kreise $\mathfrak{A}$, $\mathfrak{B}$, $\mathfrak{C}$, $\mathfrak{D}$, $\mathfrak{E}$, von denen jeder über den vorhergehenden hinausgreift, bilden eine „*Kreiskette*", und das beschriebene Verfahren heißt demgemäß das *Kreiskettenverfahren* der analytischen Fortsetzung.
Unsere aus den fünf Kreisen $\mathfrak{A}$, $\mathfrak{B}$, $\mathfrak{C}$, $\mathfrak{D}$, $\mathfrak{E}$ bestehende Kette bedeckt ein gewisses Gebiet $\mathfrak{G}$ der z-Ebene (die stark umrandete Fläche der Figur), und das Kreiskettenverfahren hat uns die Kenntnis einer gewissen *in* $\mathfrak{G}$ *regulären Funktion* $f(z)$ vermittelt, welche in $\mathfrak{A}$, $\mathfrak{B}$, $\mathfrak{C}$, $\mathfrak{D}$, $\mathfrak{E}$ bzw. durch die Vorschrift

$$f(z) = \mathfrak{p}(z), \qquad \mathfrak{q}(z), \qquad \mathfrak{r}(z), \qquad \mathfrak{s}(z), \qquad \mathfrak{t}(z)$$

definiert ist.
Die Potenzreihen $\mathfrak{p}(z)$, $\mathfrak{q}(z)$, $\mathfrak{r}(z)$, $\mathfrak{s}(z)$, $\mathfrak{t}(z)$ (die man auch $\mathfrak{P}(z-\alpha)$, $\mathfrak{Q}(z-\beta)$, $\mathfrak{R}(z-\gamma)$, $\mathfrak{S}(z-\delta)$, $\mathfrak{T}(z-\varepsilon)$ schreibt) heißen

Elemente der Funktion $f(z)$.

Allgemein versteht man unter einem *Funktionselement* jede in einem endlichen Konvergenzkreise konvergierende Potenzreihe; diese ist ein *Element der Funk-*

tion $f(z)$, wenn die Funktion $f(z)$ in dem betreffenden Konvergenzkreise der Potenzreihe gleicht.

Wir haben demnach im Vorhergehenden die im Gebiet $\mathfrak{G}$ definierte Regulärfunktion $f(z)$ aus den Funktionselementen $\mathfrak{p}(z)$, $\mathfrak{q}(z)$, $\mathfrak{r}(z)$, $\mathfrak{s}(z)$, $\mathfrak{t}(z)$ aufgebaut, von denen jedes die „*unmittelbare*" *Fortsetzung* seines Vorgängers bildet.

Wir stehen damit an der Schwelle des *von Weierstraß* geprägten Begriffs der analytischen Funktion.

Weierstraß versteht unter einer *analytischen Funktion* die Gesamtheit der Elemente dieser Funktion, die man aus *einem* — als gegeben gedachten — Element der Funktion durch sukzessive Fortsetzung mittels Kreisketten erhalten kann. Das Gebiet, in welchem die analytische Funktion definiert ist, besteht aus den Flächen der Konvergenzkreise der benutzten Funktionselemente.

§ 71. DIE SÄTZE VON PAINLEVÉ UND SCHWARZ

M. P. Painlevé hat (Annales de la Faculté de Toulouse, 1888) auf einen bemerkenswerten Fall aufmerksam gemacht, in welchem eine Regulärfunktion über ein Randstück ihres Definitionsgebiets hinaus leicht fortgesetzt werden kann.

Es gilt der folgende

Satz von Painlevé:

Sind $\mathfrak{F}$ und $\mathfrak{G}$ zwei Gebiete, die längs des beiden Gebieten angehörigen Weges $\mathfrak{w}$ aneinandergrenzen, außer den Punkten von $\mathfrak{w}$ aber keinen weiteren Punkt gemeinsam haben, ist ferner $f(z)$ eine in $\mathfrak{F}$, $g(z)$ eine in $\mathfrak{G}$ reguläre Funktion von z derart, daß die beiden Funktionen $f(z)$ und $g(z)$ in den Punkten des gemeinsamen Randstücks $\mathfrak{w}$ stetig sind und in diesen Punkten übereinstimmen, so ist $g(z)$ die analytische Fortsetzung von $f(z)$ ins Gebiet $\mathfrak{G}$.

Beweis. Die Endpunkte des Weges $\mathfrak{w}$ seien E und F. Wir ergänzen $\mathfrak{w}$ durch einen ganz in $\mathfrak{F}$ verlaufenden, mit $\mathfrak{w}$ nur die Punkte E und F gemeinsam habenden Bogen $FAE = \mathfrak{a}$ zum Umlauf $\mathfrak{u}$, ebenso durch einen in $\mathfrak{G}$ verlaufenden, gleichfalls mit $\mathfrak{w}$ nur die Punkte E und F gemeinsam habenden Bogen $EBF = \mathfrak{b}$ zum Umlauf $\mathfrak{v}$.

Nunmehr sei z ein beliebiger Punkt im Gebiet $\mathfrak{U}$ des Umlaufs $\mathfrak{u}$. Dann ist nach Cauchys Integralformel

$$f(z) = \mathfrak{T} \int\limits_{\mathfrak{u}} \frac{f(\zeta)}{\zeta - z}\, d\zeta$$

oder

$$f(z) = \mathfrak{T} \int\limits_{EF} \frac{f(\zeta)}{\zeta - z}\, d\zeta + \mathfrak{T} \int\limits_{\mathfrak{a}} \frac{f(\zeta)}{\zeta - z}\, d\zeta. \tag{1}$$

Da sich die Funktion $g(\zeta) : (\zeta - z)$ in $\mathfrak{G}$ überall regulär verhält, ist nach Cauchys Hauptsatz

$$0 = \mathfrak{T} \int\limits_{\mathfrak{v}} \frac{g(\zeta)}{\zeta - z}\, d\zeta$$

oder

$$(2)\qquad 0=\mathfrak{T}\int\limits_{FE}\frac{g(\zeta)}{\zeta-z}d\zeta+\mathfrak{T}\int\limits_{\mathfrak{b}}\frac{g(\zeta)}{\zeta-z}d\zeta.$$

Wir führen nun die (nicht notwendig reguläre) Funktion $h(z)$ ein, welche folgendermaßen definiert ist:

überall in $\mathfrak{F}$ ist $h(z)=f(z)$, überall in $\mathfrak{G}$ ist $h(z)=g(z)$.

Dann schreiben wir die Formeln (1) und (2)

$$h(z)=\mathfrak{T}\int\limits_{EF}\frac{h(\zeta)}{\zeta-z}d\zeta+\mathfrak{T}\int\limits_{\mathfrak{a}}\frac{h(\zeta)}{\zeta-z}d\zeta,$$

$$0=\mathfrak{T}\int\limits_{FE}\frac{h(\zeta)}{\zeta-z}d\zeta+\mathfrak{T}\int\limits_{\mathfrak{b}}\frac{h(\zeta)}{\zeta-z}d\zeta.$$

Durch Addition dieser zwei Gleichungen entsteht

$$h(z)=\mathfrak{T}\int\limits_{\mathfrak{c}}\frac{h(\zeta)}{\zeta-z}d\zeta,$$

wo $\mathfrak{c}$ den aus den Wegen $\mathfrak{a}$ und $\mathfrak{b}$ zusammengesetzten Umlauf und z einen im Gebiet $\mathfrak{U}$ von $\mathfrak{u}$ liegenden Punkt bedeutet.

Die Formel läßt sich aber in ganz ähnlicher Weise für die Punkte z des Gebiets $\mathfrak{V}$ des Umlaufs $\mathfrak{v}$ gewinnen. Sie gilt sonach für *jeden* Punkt z im Innern des Umlaufs $\mathfrak{c}$ (auch für die Punkte z von $\mathfrak{w}$).

Nach dem Stetigkeit-Regularität-Satze (§ 30) ist $h(z)$ eine im Gebiet $\mathfrak{C}$ des Umlaufs $\mathfrak{c}$ *reguläre* Funktion von z. Diese Funktion ist in $\mathfrak{U}$ überall gleich $f(z)$, in $\mathfrak{V}$ überall gleich $g(z)$; sie ist also sowohl die Fortsetzung von $f(z)$ aus dem Gebiet $\mathfrak{F}$ ins Gebiet $\mathfrak{V}$ als auch die Fortsetzung von $g(z)$ aus dem Gebiet $\mathfrak{G}$ ins Gebiet $\mathfrak{U}$.

Nach Riemanns Erweiterungssatz ist demnach $g(z)$ die Fortsetzung von $f(z)$ aus dem Gebiet $\mathfrak{F}$ ins Gebiet $\mathfrak{G}$ (natürlich auch $f(z)$ die Fortsetzung der Funktion $g(z)$ von $\mathfrak{G}$ nach $\mathfrak{F}$), w. z. b. w.

Schwarz' Spiegelungsprinzip

H. A. Schwarz hat gezeigt, daß die analytische Fortsetzung einer Regulärfunktion $\zeta=f(z)$ leicht ausgeführt werden kann, wenn der Rand des vorgelegten Regularitätsgebiets ein geradliniges oder kreisbogenförmiges Stück enthält, dem in der Abbildung $\zeta=f(z)$ ein ebensolches Stück der ζ-Ebene entspricht.

Wir beginnen mit dem einfachsten Falle des Schwarzschen Theorems.

Satz:

Verhält sich die Funktion $\zeta=f(z)$ in einem Gebiet $\mathfrak{G}$, dem eine Strecke $\mathfrak{r}$ der Realachse als Randstück angehört, regulär, und ist $f(z)$ auf $\mathfrak{r}$ eine stetige und reelle Funktion von z $(=x)$, so bekommt man die analytische Fortsetzung von $f(z)$ auf das Spiegelbild $\mathfrak{G}'$ des Gebiets $\mathfrak{G}$ in der Realachse, indem man konjugierten Argumentwerten konjugierte Funktionswerte zuweist.

Die Funktion $g(z)$, welche die analytische Fortsetzung von $f(z)$ im Gebiet $\mathfrak{G}'$ bildet, ist also durch die Berechnungsvorschrift

$$g(z) = \overline{f(\bar{z})}$$

erklärt, wobei z einen beliebigen Punkt aus $\mathfrak{G}'$, $\bar{z}$ sein in $\mathfrak{G}$ liegendes Spiegelbild in der Realachse bedeutet.

Beweis. Der Satz ist eine Folgerung des Painlevéschen Satzes.
Es sei $Z = X + iY$ ein beliebiger Punkt aus $\mathfrak{G}'$, $z = x + iy$ sein Spiegelbild in der Realachse (so daß $X = x$, $Y = -y$) sowie

$$g(Z) = \Phi(X, Y) + i\,\Psi(X, Y) \qquad \text{und} \qquad g(z) = \varphi(x,y) + i\,\psi(x,y).$$

Dann ist also

$$\Phi(X, Y) = \varphi(x, y) \qquad \text{und} \qquad \Psi(X, Y) = -\psi(x, y).$$

Durch Ableitung entsteht

$$\Phi_X = \varphi_x, \qquad \Phi_Y = -\varphi_y, \qquad \Psi_X = -\psi_x, \qquad \Psi_Y = \psi_y.$$

Damit haben wir die Cauchy-Riemannschen Differentialgleichungen

$$\Phi_X = \Psi_Y, \qquad \Phi_Y = -\Psi_X$$

für die Funktionen Φ und Ψ. Sie lehren, daß sich die Funktion $g(Z)$ oder, wie wir auch sagen können, die Funktion $g(z)$ [die ja nur in $\mathfrak{G}'$ definiert war] im Gebiet $\mathfrak{G}'$ regulär verhält. Da aber die Funktionen $f(z)$ und $g(z)$ in den Punkten von $\mathfrak{r}$ übereinstimmen und stetig sind, bildet die im Gebiet $\mathfrak{G}'$ definierte Funktion $g(z) = \overline{f(\bar{z})}$ nach Painlevés Satz die analytische Fortsetzung der Funktion $f(z)$ von $\mathfrak{G}$ nach $\mathfrak{G}'$.
Als Verallgemeinerung des bewiesenen Schwarzschen Satzes erscheint

Schwarz' Spiegelungsprinzip:

Enthält das Regularitätsgebiet $\mathfrak{G}$ der Funktion $\zeta = f(z)$ ein kreisbogenförmiges Randstück k, welches durch die Abbildungsvorschrift $\zeta = f(z)$ in einen Kreisbogen $\varkappa$ der ζ-Ebene übergeht, so läßt sich die Regulärfunktion $f(z)$ auf das Spiegelbild $\mathfrak{G}'$ von $\mathfrak{G}$ in k erweitern derart, daß man spiegelbildlich zu k liegenden Objektpunkten (z und z') spiegelbildlich zu $\varkappa$ liegende Bildpunkte (ζ und ζ') zuordnet.

Um also den der Stelle z' von $\mathfrak{G}'$ zugeordneten Funktionswert zu bekommen, spiegelt man z' in k nach z (auf $\mathfrak{G}$), bestimmt in der ζ-Ebene den Punkt $\zeta = f(z)$ und spiegelt ihn in $\varkappa$ nach ζ'; dann ist ζ' der zu z' gehörige Wert der Fortsetzung von $f(z)$ aus $\mathfrak{G}$ über k hinaus nach $\mathfrak{G}'$.
Das Wort „Kreisbogen“ ist beim Schwarzschem Theorem in seiner allgemeinen Bedeutung zu verstehen, nach welcher auch eine Strecke als Kreisbogen aufgefaßt wird (nämlich als Bogen eines Kreises mit unendlich großem Radius).

Beweis. Wir betrachten die durch die Formel

$$z = \frac{aw + b}{cw + d} \qquad \text{bzw.} \qquad \zeta = \frac{\alpha\omega + \beta}{\gamma\omega + \delta}$$

definierte Homographie L bzw. Λ, welche den Kreisbogen k bzw. $\varkappa$ in ein Stück l bzw. λ der Realachse einer neuen w- bzw. ω-Ebene überführt und das gegebene

Gebiet $\mathfrak{G}$ bzw. sein Spiegelbild $\mathfrak{G}'$ in k in das oberhalb der Realachse der w-Ebene liegende Gebiet $\mathfrak{H}$ bzw. das unterhalb dieser Realachse liegende Spiegelbild $\mathfrak{H}'$ von $\mathfrak{H}$ verwandelt.

Wenn z im Gebiet $\mathfrak{G}$ und gleichzeitig ζ gemäß der Relation $\zeta = f(z)$ variiert, bewegt sich w in $\mathfrak{H}$ und ω in der ω-Ebene; und ω ist eine Funktion von w:

$$\omega = \varphi(w).$$

Diese Funktion besitzt folgende zwei Eigenschaften:

1° $\varphi(w)$ verhält sich in $\mathfrak{H}$ regulär, 2° $\varphi(w)$ ist auf l reell und stetig.

(Während w die Strecke l durchläuft, eilt ζ stetig die Strecke λ entlang.)

Nach dem oben bewiesenen Satze von Schwarz läßt sich $\omega = \varphi(w)$ über l hinaus in das Gebiet $\mathfrak{H}'$ fortsetzen derart, daß konjugierten Argumentwerten w und $\bar{w}$ konjugierte Funktionswerte ω und $\bar{\omega}$ entsprechen. Wir haben damit eine Funktion $\omega = \Phi(w)$ gewonnen, welche in $\mathfrak{H}$ durch die Vorschrift $\Phi(w) = \varphi(w)$, in $\mathfrak{H}'$ durch die Vorschrift $\Phi(w) = \overline{\varphi(\bar{w})}$ definiert ist und sich in dem aus $\mathfrak{H}$ und $\mathfrak{H}'$ zusammengesetzten Gebiet regulär verhält.

Mithin ist auch $\zeta\left(=\dfrac{\alpha\omega+\beta}{\gamma\omega+\delta}\right)$ eine Funktion von $z\left(=\dfrac{aw+b}{cw+d}\right)$, welche sich in dem aus den beiden Teilen $\mathfrak{G}$ und $\mathfrak{G}'$ bestehenden Gebiet $\mathfrak{S}$ regulär verhält derart, daß ihr Wertevorrat in $\mathfrak{G}'$ die analytische Fortsetzung ihres Wertevorrats in $\mathfrak{G}$ darstellt.

Da in der Homographie L den Werten w und $\bar{w}$ zwei zu k spiegelbildlich liegende Punkte z und z', in der Homographie Λ den Werten ω und $\bar{\omega}$ zwei zu $\varkappa$ spiegelbildlich liegende Punkte ζ und ζ' entsprechen, so gehören bei der soeben im Gebiet $\mathfrak{S}$ erklärten funktionalen Abhängigkeit zwischen z und ζ zu zwei mit Bezug auf k spiegelbildlich liegenden Punkten z und z' die beiden zu $\varkappa$ spiegelbildlich liegenden Punkte ζ $[= f(z)]$ und ζ'.

Diese funktionale Abhängigkeit ist aber in $\mathfrak{G}$ durch die Formel $\zeta = f(z)$ erklärt, stellt daher für $\mathfrak{G}'$ die analytische Fortsetzung von $f(z)$ dar.

Damit ist das Schwarzsche Spiegelungsprinzip nachgewiesen.

§ 72. ANALYTISCHE FORTSETZUNG DURCH INTEGRALE

Oft läßt sich eine in einem Gebiet $\mathfrak{G}$ reguläre Funktion $f(z)$ vermöge eines bestimmten Integrals $F(z)$ analytisch fortsetzen, welches mit $f(z)$ im Gebiet $\mathfrak{G}$ übereinstimmt und sich in einem Gebiet regulär verhält, von dem $\mathfrak{G}$ nur ein Teil ist.

Zur Erläuterung des Verfahrens mögen zwei Beispiele genügen.

I. Gauß' hypergeometrische Reihe

Die von Gauß eingeführte hypergeometrische Reihe ist durch die Formel

$$g(z) = 1 + \frac{\alpha\cdot\beta}{\gamma}\cdot\frac{z^1}{1!} + \frac{\alpha(\alpha+1)\cdot\beta(\beta+1)}{\gamma(\gamma+1)}\cdot\frac{z^2}{2!}$$
$$+ \frac{\alpha(\alpha+1)(\alpha+2)\cdot\beta(\beta+1)(\beta+2)}{\gamma(\gamma+1)(\gamma+2)}\cdot\frac{z^3}{3!} + \cdots$$

definiert, in welcher α, β, γ drei beliebige Konstanten bedeuten, von denen aber keine negativ ganzzahlig sein soll.

Wie Cauchys Konvergenzmerkmal zeigt, ist der Konvergenzkreis der Reihe der Gaußkreis.

Wir stellen uns die *Aufgabe, die hypergeometrische Reihe über ihren Konvergenzkreis hinaus fortzusetzen.*

Zu dem Zwecke führen wir das Integral

$$F(z) = \int_0^1 \frac{p^{\beta-1}(1-p)^{\delta-1}}{(1-pz)^\alpha}\,dp \qquad \text{mit } \delta = \gamma - \beta$$

ein.

Da der Nenner des Integranden nur für $z = 1:p$ verschwindet und p ein positiver Echtbruch ist, so setzen wir voraus, daß z auf das Gebiet $\mathfrak{G}$ beschränkt bleibt, welches aus sämtlichen Punkten der z-Ebene mit Ausnahme der Punkte des Intervalls $[+1, +\infty]$ der positiven x-Achse besteht. Zweitens nehmen wir an, daß die Realteile der beiden Konstanten β und δ positiv ausfallen.

Unter diesen zwei Voraussetzungen ist, wie leicht nachzuprüfen, das Integral $F(z)$ in $\mathfrak{G}$ gleichmäßig konvergent und stellt deshalb (§ 54) eine in $\mathfrak{G}$ reguläre Funktion von z dar.

Wir zeigen jetzt, daß $F(z)$ für alle z des Gaußgebiets bis auf einen konstanten Faktor mit der hypergeometrischen Funktion $f(z)$ übereinstimmt.

Die Reihe

$$\frac{1}{(1-pz)^\alpha} = 1 + \alpha pz + \overset{2}{\alpha} p^2 z^2 + \overset{3}{\alpha} p^3 z^3 + \cdots,$$

in welcher $\overset{n}{\alpha}$ eine Abkürzung für den Bruch

$$\frac{\alpha(\alpha+1)(\alpha+2)\ldots(\alpha+n-1)}{n!}$$

bedeutet, konvergiert auf jeder Kreisfläche $|z| < 1$ gleichmäßig.

Demgemäß können wir in

$$F(z) = \int_0^1 \sum_\nu^{0,\infty} \overset{\nu}{\alpha} p^{\beta-1+\nu}(1-p)^{\delta-1} z^\nu\,dp$$

rechts gliedweise integrieren und bekommen wegen

$$\int_0^1 p^{\beta+\nu-1}(1-p)^{\delta-1}\,dp = \frac{\Gamma(\beta+\nu)\,\Gamma(\delta)}{\Gamma(\gamma+\nu)}$$

(§ 83)

$$F(z) = \sum_\nu^{0,\infty} \overset{\nu}{\alpha} \frac{\Gamma(\beta+\nu)\,\Gamma(\delta)}{\Gamma(\gamma+\nu)} z^\nu,$$

wobei die rechte Seite eine im Gaußgebiet reguläre Funktion von z darstellt.

Nun ist (§ 83)

$$\Gamma(\beta+\nu) = (\beta+\nu-1)(\beta+\nu-2)\ldots(\beta+1)\beta\Gamma(\beta),$$
$$\Gamma(\gamma+\nu) = (\gamma+\nu-1)(\gamma+\nu-2)\ldots(\gamma+1)\gamma\Gamma(\gamma),$$

mithin

$$F(z) = \frac{\Gamma(\beta)\,\Gamma(\delta)}{\Gamma(\gamma)}\left\{1+\frac{\alpha\cdot\beta}{\gamma}\cdot\frac{z^1}{1!}+\frac{\alpha(\alpha+1\cdot\beta(\beta+1)}{\gamma(\gamma+1)}\cdot\frac{z^2}{2!}\right.$$
$$\left.+\frac{\alpha(\alpha+1)(\alpha+2)\cdot\beta(\beta+1)(\beta+2)}{\gamma(\gamma+1)(\gamma+2)}\cdot\frac{z^3}{3!}+\cdots\right\}$$

oder

$$F(z) = \frac{\Gamma(\beta)\,\Gamma(\delta)}{\Gamma(\gamma)}\cdot g(z),$$

und diese Formel gilt für jedes $|z|<1$.
Demnach stimmt die in $\mathfrak{G}$ reguläre Funktion

$$f(z) = \frac{\Gamma(\gamma)}{\Gamma(\beta)\,\Gamma(\delta)}\cdot F(z)$$

mit der hypergeometrischen Funktion $g(z)$ im Gaußgebiet überein, und wir haben den

Satz von der Fortsetzung der hypergeometrischen Reihe:
Die Funktion

$$f(z) = \frac{\Gamma(\gamma)}{\Gamma(\beta)\,\Gamma(\delta)}\int_0^1 \frac{p^{\beta-1}(1-p)^{\delta-1}}{(1-pz)^{\alpha}}\,dp$$

bildet — unter der Voraussetzung positiver Realteile der beiden Konstanten β *und* $\delta=\gamma-\beta$ *— die analytische Fortsetzung der hypergeometrischen Reihe*

$$1+\frac{\alpha\cdot\beta}{\gamma}\cdot\frac{z^1}{1!}+\frac{\alpha(\alpha+1)\cdot\beta(\beta+1)}{\gamma(\gamma+1)}\cdot\frac{z^2}{2!}$$
$$+\frac{\alpha(\alpha+1)(\alpha+2)\cdot\beta(\beta+1)(\beta+2)}{\gamma(\gamma+1)(\gamma+2)}\cdot\frac{z^3}{3!}+\cdots$$

über deren Konvergenzkreis $|z|=1$ *hinaus auf die ganze z-Ebene, wofern aus dieser die Punkte des Intervalls* $[+1,+\infty]$ *der positiven Realachse durch einen Schnitt ausgeschieden werden.*

II. Riemanns Zetafunktion

Als zweites Beispiel einer durch ein Integral bewirkten analytischen Fortsetzung wählen wir die Riemannsche Zetafunktion, welche von Riemann ursprünglich durch die Reihe

$$\zeta(z) = \frac{1}{1^z}+\frac{1}{2^z}+\frac{1}{3^z}+\cdots$$

definiert wurde.
Diese Reihe konvergiert (wie z. B. aus Cauchys Integralkriterium folgt) absolut und gleichmäßig in jedem Gebiet, in welchem der Realteil x des Argu-

ments z den Wert $1+\delta$ überschreitet, wo δ eine beliebig kleine positive Zahl bedeutet.

Die durch die Reihe dargestellte Funktion $\zeta(z)$ verhält sich also in der Halbebene $\Re(z) > 1$ regulär.

Wir wollen diese Funktion auf die ganze Ebene analytisch fortsetzen.

Wir gehen dabei aus von der für die Gammafunktion in der ganzen positiven Halbebene $[\Re(z) > 0]$ gültigen Darstellung

$$\Gamma(z) = \int_0^\infty e^{-p} p^{z-1} \, dp$$

oder, wenn wir rechts p durch np ersetzen, wo n eine natürliche Zahl bedeutet,

$$\Gamma(z) = n^z \int_0^\infty e^{-np} p^{z-1} \, dp .$$

Um auf die Riemannfunktion $\zeta(z)$ zu kommen, schreiben wir diese Gleichung

$$\frac{1}{n^z} = \frac{1}{\Gamma(z)} \int_0^\infty e^{-np} p^{z-1} \, dp .$$

In dieser Relation lassen wir n sukzessiv alle natürlichen Zahlen von 1 bis a durchlaufen, addieren die entstehenden Gleichungen und erhalten

$$\Gamma(z)\, \mathfrak{S}_a = \int_0^\infty p^{z-1} e^{-p} \frac{1-e^{-ap}}{1-e^{-p}} \, dp ,$$

wo

$$\mathfrak{S}_a = \frac{1}{1^z} + \frac{1}{2^z} + \cdots + \frac{1}{a^z}$$

den a-ten Abschnitt der ζ-Reihe bedeutet. Damit wird

$$\Gamma(z)\, \mathfrak{S}_a = \int_0^\infty p^{z-1} \frac{e^{-p}}{1-e^{-p}} \, dp - \mathfrak{r} \qquad \text{mit } \mathfrak{r} = \int_0^\infty p^{z-1} \frac{e^{-ap}}{e^p - 1} \, dp .$$

Nun ist aber $e^p > 1 + p$, mithin wegen

$$\frac{1}{e^p - 1} < \frac{1}{p}$$

der Betrag von $\mathfrak{r}$ kleiner als

$$\left| \int_0^\infty e^{-ap} p^{z-2} \, dp \right| = \left| \int_0^\infty \frac{p^{z-2} e^{-p}}{a^{z-1}} \, dp \right| = \left| \frac{\Gamma(z-1)}{a^{z-1}} \right| .$$

Wegen $x > 1$ ist $\Gamma(z-1)$ endlich, $\lim\limits_{a\to\infty} a^{z-1} = \infty$ und

$$\lim_{a\to\infty} \mathfrak{r} = 0$$

oder

$$\lim_{a\to\infty} \Gamma(z)\, \mathfrak{S}_a = \int_0^\infty \frac{p^{z-1} e^{-p}}{1-e^{-p}} \, dp$$

oder

(1) $$\Gamma(z)\,\zeta(z)=\int_0^\infty \frac{p^{z-1}}{e^p-1}\,dp \qquad \text{mit } \Re z>1.$$

Diese Formel führt uns auf die Betrachtung des Integrals

(2) $$J(z)=\mathfrak{C}\int_{\mathfrak{k}} \frac{w^{z-1}}{e^{-w}-1}\,dw, \qquad [2\pi i\mathfrak{C}=1],$$

in welchem die komplexe Integrationsvariable $w=u+iv$ die Kontur $\mathfrak{k}$ durchläuft, die aus der von $-\infty-hi$ bis $-hi$ reichenden Realachsenparallele $\mathfrak{a}$, dem in der rechten Halbebene von $-hi$ bis $+hi$ verlaufenden Halbkreise $\mathfrak{b}$ vom echt gebrochenen Halbmesser h und der von $+hi$ bis $-\infty+hi$ verlaufenden Realachsenparallele $\mathfrak{c}$ besteht und der Integrandzähler w^{z-1} durch die Definitionsgleichung

$$w^{z-1}=e^{(z-1)\,lw}$$

und lw durch die Vorschrift

$$lw=lW+i\omega \qquad \text{mit } W=|w|,\quad -\pi\leqq\omega\leqq+\pi$$

bestimmt ist.

Wir zeigen zunächst, daß das Integral in jedem Gebiet $\mathfrak{G}(|z|<R)$ bei beliebig großem R gleichmäßig konvergiert.

Für den Betrag von w^z erhält man den Wert

$$P=|w^z|=e^{x\,lW-y\omega}=W^x e^{-y\omega},$$

für den Betrag von $e^{-w}-1$

$$|e^{-w}-1|=|e^{-u}\cos v-1-ie^{-u}\sin v|=\sqrt{1+e^{-2u}-2e^{-u}\cos v}$$
$$>\sqrt{1+e^{-2u}-2e^{-u}}=|e^{-u}-1|,$$

und dies ist auf $\mathfrak{a}$ und $\mathfrak{c}$ für $u=-2g-2\mathfrak{p}$, wo g eine große Positivzahl und $\mathfrak{p}$ ein von 0 bis ∞ wachsender positiver Parameter ist, gleich $(e^{g+\mathfrak{p}}-1)(e^{g+\mathfrak{p}}+1)$ also größer als $(e^{g+\mathfrak{p}}-1)\,e^{g+\mathfrak{p}}$.

Der Integrandbetrag ist daher kleiner als

$$\frac{P}{e^{g+\mathfrak{p}}-1}\cdot e^{-g-\mathfrak{p}}.$$

Wählen wir g so groß, daß für alle z aus $\mathfrak{G}$ $e^{g+\mathfrak{p}}-1$ den Wert P übersteigt, so wird der Integrand betraglich kleiner als $e^{-g-\mathfrak{p}}$, und der Teil unseres Integrals, in welchem die Integrationsvariable unterhalb $-2g$ liegt, wird betraglich kleiner als

$$2\int_0^\infty e^{-g-\mathfrak{p}}\,d\mathfrak{p}=2e^{-g},$$

kann also durch Wahl von g für *alle* z aus $\mathfrak{G}$ unterhalb jede noch so kleine Positivzahl ε herabgedrückt werden. Das heißt aber: das Integral $J(z)$ konvergiert gleichmäßig in jedem Gebiet $\mathfrak{G}(|z|<R)$ oder, da R beliebig groß angenommen werden kann:

das Integral $J(z)$ ist eine ganze transzendente Funktion von z.

Da nun nach Cauchys Hauptsatz $J(z)$ nicht von h abhängt, ist es eine Funktion *von z allein.*

Wir bringen jetzt $J(z)$ in Zusammenhang mit $\zeta(z)$.

Zu dem Zwecke zerlegen wir $2\pi i J$ in die drei Teile

$$\mathrm{I} = \int_{\mathfrak{a}}, \quad \mathrm{II} = \int_{\mathfrak{b}}, \quad \mathrm{III} = \int_{\mathfrak{c}},$$

wobei wir zugleich h gegen Null streben lassen.

Wir erledigen zuerst II.

Auf $\mathfrak{b}$ wandert ω von $-\varkappa$ bis $+\varkappa$, und wir haben ($w = he^{i\omega}$)

$$\mathrm{II} = i \int_{-\varkappa}^{+\varkappa} \frac{h^z e^{zi\omega}}{e^{-w} - 1} d\omega.$$

Wegen der Regularität von $w:(e^{-w}-1)$ im Gebiet $|w| < 2\pi$ liegt sicher für $|w| < \pi$ $w:(e^{-w}-1)$ betraglich unterhalb der endlichen Schranke E, mithin II betraglich unterhalb $\pi h^{x-1} E e^{\varkappa Y}$ (mit $Y = |y|$), welcher Ausdruck bei $x > 1$ und unbegrenzt abnehmendem h gegen Null strebt. Folglich ist

$$\lim_{h\to 0} \mathrm{II} = 0,$$

und wir brauchen uns nur noch um die beiden Integrale I und III zu kümmern. In I bzw. III ist bei $h \to 0$ $\omega = -\pi$ bzw. $\omega = +\pi$, ferner $w = -W$, und wir bekommen

$$\lim_{h\to 0} (\mathrm{I} + \mathrm{III}) = -\int_0^\infty \frac{W^{z-1} e^{-i\pi z}}{e^W - 1} dW + \int_0^\infty \frac{W^{z-1} e^{i\pi z}}{e^W - 1} dW$$

$$= 2i \sin \pi z \int_0^\infty \frac{W^{z-1}}{e^W - 1} dW.$$

So entsteht
$$J(z) = \frac{\sin \pi z}{\pi} \int_0^\infty \frac{W^{z-1}}{e^W - 1} dW.$$

Für $x > 1$ hat aber das rechts stehende Integral nach (1) den Wert $\Gamma(z)\,\zeta(z)$. Damit wird

$$J(z) = \frac{\sin \pi z}{\pi} \Gamma(z)\,\zeta(z), \qquad [x > 1].$$

Nun ist nach der Komplementformel der Gammafunktion (§ 83)

$$\Gamma(z)\,\Gamma(1-z) = \frac{\pi}{\sin \pi z}.$$

Folglich ergibt sich

$$\boxed{\zeta(z) = \Gamma(1-z)\,J(z)}. \tag{3}$$

Diese fundamentale Formel, die wir zunächst nur für $\Re z > 1$ hergeleitet haben, in welcher $J(z)$ eine durch (2) definierte ganze transzendente Funktion darstellt, $\Gamma(1-z)$ eine meromorphe Funktion mit den Einfachpolen

$$1, \quad 2, \quad 3, \quad 4, \ldots$$

ist, gestattet die Definition der Zetafunktion für die gane z-Ebene.
Ihr zufolge ist $\zeta(z)$ eine meromorphe Funktion, die nur dort Pole haben kann, wo $\Gamma(1-z)$ solche hat.
Von den aufgeführten Polen von $\Gamma(1-z)$ kommen aber für $\zeta(z)$ die Stellen

$$2, \quad 3, \quad 4, \ldots$$

nicht in Frage, da sich ζ hier ja regulär verhält.
Bleibt als einzige etwaige endliche Singularität von $\zeta(z)$ die Stelle

$$z = 1$$

übrig.

Nun ist nach (1)
$$J(1) = \int_{\mathfrak{C}} \frac{dw}{e^{-w}-1},$$

und dieser Wert ist seiner rechtsseitigen Gestalt zufolge das Residuum ϱ der Funktion

$$\frac{1}{e^{-w}-1} = -\frac{1}{w} + \cdots$$

an der Stelle $w = 1$. Nach der hier angedeuteten Laurententwicklung ist $\varrho = -1$, also

$$J(1) = -1\,.$$

Nach (3) ist nun [wegen $\Gamma(1+w) = w\Gamma(w)$]

$$(z-1)\,\zeta(z) = -\Gamma(2-z)\,J(z),$$

so daß wegen $\quad J(1) = -1 \quad$ und $\quad \Gamma(2-1) = 1$
in der Umgebung der Stelle $z = 1$ die Laurententwicklung

$$\zeta(z) = \frac{1}{z-1} + \cdots$$

gilt.
Die Zetafunktion hat also an der Stelle $z = 1$ einen Pol erster Ordnung.

Ergebnis:

Die durch die Reihe

$$\zeta(z) = \frac{1}{1^z} + \frac{1}{2^z} + \frac{1}{3^z} + \cdots$$

für die Halbebene $\Re z > 1$ definierte Riemannsche Zetafunktion ist eine meromorphe Funktion, die sich durch die Formel

$$\zeta(z) = \Gamma(1-z)\,J(z),$$

in welcher $J(z)$ das Konturintegral

$$J(z) = \int \frac{w^{z-1}}{e^{-w}-1}\,dw$$

bedeutet, als analytische Funktion für die ganze z-Ebene definieren läßt.
Die einzige endliche Singularität der Zetafunktion ist der Einfachpol $z = 1$ mit dem Residuum 1.

ZWEITER TEIL

Spezielle höhere Funktionen

Erster Abschnitt

Thetafunktionen

§ 73. JACOBIS THETAFUNKTIONEN

Eine der einfachsten und wichtigsten analytischen Funktionen der Variable v ist die Exponentialfunktion

$$z = e^{2i\pi v}.$$

Ihre vornehmste Eigenschaft ist die Periodizität; die Periode hat den einfachen Wert 1.

Auch ein Ausdruck von der Form

$$\sum c_n z^n$$

mit konstanten Koeffizienten stellt eine periodische Funktion mit der Periode 1 dar. Als allgemeinste derart gebaute periodische Funktion von v erhalten wir die Laurentreihe

$$\theta(v) = \sum_{-\infty}^{+\infty} c_n z^n.$$

Auch diese Funktion stellt – wofern sie im Endlichen überall gleichmäßig konvergiert — eine periodische Regulärfunktion von v mit der Periode 1 dar. Die einfachste Möglichkeit, die gleichmäßige Konvergenz zu erzielen, besteht darin, die Koeffizienten c_n als Glieder einer geometrischen Reihe anzunehmen, deren Quotient q betraglich ein echter Bruch ist. Dabei muß natürlich auch für *negative* Zeiger n in dem Reihengliede $c_n z^n$ c_n eine Potenz von q mit *positivem* Exponenten sein. Die einfachste Wahl, die dieses leistet, ist

$$c_n - q^{n^2}.$$

Auf diese Weise gelangen wir mühelos zur Funktion

$$\theta(v) = \sum_{-\infty}^{+\infty} q^{n^2} z^n \qquad \text{mit} \quad z = e^{2i\pi v} \quad \text{und} \quad |q| < 1$$

Wir behaupten: Die gefundene Reihe konvergiert absolut und gleichmäßig in jedem endlichen Gebiet $\mathfrak{G}$ des Arguments v.

Beweis. Der Betrag R des reziproken Wertes von q ist ein positiver unechter Bruch, desgl. der Betrag G, der den größten aller in $\mathfrak{G}$ möglichen Werte von $|z|$

und $|1:z|$ überschreitet. Wählen wir nun den Zeiger n so groß, daß der Bruch $G:R^n$ den beliebig klein vorgegebenen positiven Echtbruch $\mathfrak{e}$ unterschreitet, so ist für jeden größeren Zeiger N erst recht

$$G:R^N < \mathfrak{e}$$

und damit
$$q^{N^2} z^{\pm N} < G^N : R^{N^2} < \mathfrak{e}^N .$$

Die Reihe θ ist daher — von $2n-1$ Anfangsgliedern abgesehen — eine Minorante der geometrischen Reihe $2(\mathfrak{e}^n + \mathfrak{e}^{n+1} + \mathfrak{e}^{n+2} + \cdots)$, womit die behauptete Konvergenz gesichert ist.

Demnach ist $\theta(v)$ eine ganze transzendente Funktion von v mit der Periode 1. Wie z denken wir uns auch q als Exponentialfunktion

$$q = e^{i\pi\omega}$$

einer komplexen Größe

$$\omega = \varrho + i\sigma,$$

deren *Imaginärteil* σ wegen der Bedingung $|q| < 1$ *positiv* vorausgesetzt wird, und welche der *Modul* der Funktion $\theta(v)$ genannt wird.
Damit erscheint dann die Funktion θ als Funktion von *zwei* variablen Größen: dem Argument v und dem Modul ω:

$$\theta = \theta(v) = \theta(v, \omega) .$$

Wie die obige Konvergenzbetrachtung lehrt, verhält sich die Funktion θ auch in bezug auf die Variable ω in jedem Gebiet der ω-Ebene regulär, in welchem ω überall einen positiven Imaginärteil hat.

Funktionalgleichungen

Die Funktion $\theta(v)$ hat zwei Funktionalgleichungen:

$$\boxed{\theta(v+1) = \theta(v), \qquad \theta(v+\omega) = \theta(v) : qz},$$

von denen die erste ohne weiteres klar ist, die zweite aus

$$\theta(v+\omega) = \sum_{-\infty}^{+\infty} q^{n^2} q^{2n} z^n = \frac{1}{qz} \sum_{-\infty}^{+\infty} q^{m^2} z^m \qquad \text{mit} \quad m = n+1$$

folgt. Wir sehen:

Die Funktion $\theta(v)$ ändert sich bei Vermehrung des Arguments v um 1 *überhaupt nicht; bei Vermehrung des Arguments v um den Modul ω multipliziert sie sich mit dem „Periodizitätsfaktor"*

$$F = 1 : qz = q^{-1} z^{-1}.$$

Der Faktor F läßt sich auch schreiben

$$F = \iota^{2v+\omega},$$

wenn wir unter ι den Ausdruck $e^{-i\pi}$ verstehen, welche Verabredung auch für das Folgende gelten soll, so daß für Halbzahlen*) ν die Formeln

$$\iota^{\nu} = \sin \nu\pi : i, \qquad \iota^{-\nu} = -\iota^{\nu}, \qquad \iota^{\pm\frac{1}{2}} = \mp i$$

zu beachten sind.

Da in der Relation

$$\theta(v+\omega) = F \cdot \theta(v)$$

der Faktor F insofern eine untergeordnete Rolle spielt, als das Wesentliche der Relation die Reproduktion der Funktion $\theta(v)$ ist, wird auch wohl der Modul ω als eine „Periode" der Funktion $\theta(v)$ bezeichnet, so daß, wenn von „den Perioden" der Funktion $\theta(v)$ die Rede ist, die Zahlen 1 und ω gemeint sind (obwohl streng genommen ω keine Periode ist). Aus diesem Grunde heißt F auch der Periodizitätsfaktor.

Wenn man in $\theta(v)$ das Argument v um eine der drei „*Halbperioden*"

$$\mathfrak{a} = \frac{1}{2}, \qquad \mathfrak{b} = \frac{\omega}{2}, \qquad \mathfrak{c} = \frac{1+\omega}{2}$$

vermehrt, gelangt man zu drei ähnlich gebauten Funktionen.

Zunächst wird

$$\theta(v+\mathfrak{a}) = \sum q^{n^2} z^n e^{i\pi n} = \sum \iota^n q^{n^2} z^n,$$

sodann

$$\theta(v+\mathfrak{b}) = \sum q^{n^2} z^n q^n = q^{-\frac{1}{4}} z^{-\frac{1}{2}} \sum q^{\left(n+\frac{1}{2}\right)^2} z^{\left(n+\frac{1}{2}\right)}$$

oder

$$\theta(v+\mathfrak{b}) = f \sum q^{\nu^2} z^{\nu} \qquad \text{mit} \quad f = q^{-\frac{1}{4}} z^{-\frac{1}{2}},$$

wo der Summationszeiger ν alle Halbzahlen $\pm 0{,}5$, $\pm 1{,}5$, $\pm 2{,}5$, ... durchläuft,

endlich
$$\theta(v+\mathfrak{c}) = f \sum \iota^n q^{\nu^2} z^{\nu} \qquad \text{mit} \quad \nu = n,5$$

oder, da
$$\iota^{\frac{1}{2}} = e^{-i\frac{\pi}{2}} = -i$$
ist,

$$\theta(v+\mathfrak{c}) = if \sum \iota^{\nu} q^{\nu^2} z^{\nu}.$$

Damit haben wir im ganzen vier sog. *Thetafunktionen* bekommen:

$$\sum q^{n^2} z^n, \qquad \sum \iota^n q^{n^2} z^n, \qquad \sum q^{\nu^2} z^{\nu}, \qquad \sum \iota^{\nu} q^{\nu^2} z^{\nu},$$

wobei in den ersten beiden der Summationszeiger n *alle Ganzzahlen*, in den andern beiden der Summationszeiger ν *alle Halbzahlen* durchläuft.

Für ihre Benennung sind verschiedene Funktionszeichen im Gebrauch; die zweckmäßigsten Bezeichnungen sind — neben den weiter unten zu erörternden Benennungen von Heinrich Weber — die von Camille Jordan und Ernesto Pascal

$$\boxed{\begin{aligned} \vartheta_3(v) &= \sum q^{n^2} z^n, & \vartheta_2(v) &= \sum \iota^n q^{n^2} z^n, \\ \vartheta_1(v) &= \sum q^{\nu^2} z^{\nu}, & \vartheta(v) &= \sum \iota^{\nu} q^{\nu^2} z^{\nu} \end{aligned}}\,.$$

*) Halbzahlen sind die Zahlen $\pm 0{,}5$, $\pm 1{,}5$, $\pm 2{,}5$, ...

Diese vier wichtigen Funktionen wurden von C. G. J. Jacobi in seinem 1829 erschienenen Werke „Fundamenta nova theoriae functionum ellipticarum“ unter dem Namen „Thetafunktionen“ in die Analysis eingeführt. [Jacobi gebrauchte die nicht so praktischen Bezeichnungen ϑ_3, ϑ, ϑ_2, ϑ_1.]
Die sie darstellenden Reihen konvergieren sehr schnell, schneller als jede geometrische Progression.
Nach unserer obigen Entwicklung sind sie durch folgende Funktionalgleichungen miteinander verbunden:

$$\vartheta_2(v) = \vartheta_3(v + \mathfrak{a}), \qquad \vartheta_1(v) = \mathfrak{g}\vartheta_3(v + \mathfrak{b}), \qquad i\vartheta(v) = \mathfrak{g}\vartheta_3(v + \mathfrak{c}),$$

wo $\mathfrak{a}$, $\mathfrak{b}$, $\mathfrak{c}$ die drei Halbperioden $\frac{1}{2}$, $\frac{\omega}{2}$, $\frac{1+\omega}{2}$ sind und $\mathfrak{g}$ den „Definitionsfaktor“

$$\mathfrak{g} = q^{\frac{1}{4}} z^{\frac{1}{2}} = e^{i\pi\left(v + \frac{\omega}{4}\right)}$$

bedeutet.

Auch die neugebildeten Funktionen $\vartheta_2(v)$, $\vartheta_1(v)$, $\vartheta(v)$ sind wie unsere Ausgangsfunktion $\theta(v) = \vartheta_3(v)$ ganze transzendente Funktionen von v und erfreuen sich bei Vermehrung des Arguments v um 1 und um ω eines ähnlich einfachen Verhaltens wie $\vartheta_3(v)$. Es ist nämlich (mit $m = n + 1$, $\mu = \nu + 1$)

$$\begin{aligned}
\vartheta_2(v+1) &= \sum \iota^n q^{n^2} z^n = \vartheta_2(v),\\
\vartheta_2(v+\omega) &= \sum \iota^n q^{n^2} z^n q^{2n} = -q^{-1} z^{-1} \sum \iota^m q^{m^2} z^m = -F\vartheta_2(v),\\
\vartheta_1(v+1) &= \sum q^{\nu^2} z^\nu \iota^{-2\nu} = -\sum q^{\nu^2} z^\nu = -\vartheta_1(v),\\
\vartheta_1(v+\omega) &= \sum q^{\nu^2} z^\nu q^{2\nu} = q^{-1} z^{-1} \sum q^{\mu^2} z^\mu = F\vartheta_1(v),\\
\vartheta(v+1) &= \sum \iota^\nu q^{\nu^2} z^\nu \iota^{-2\nu} = -\sum \iota^\nu q^{\nu^2} z^\nu = -\vartheta(v),\\
\vartheta(v+\omega) &= \sum \iota^\nu q^{\nu^2} z^\nu q^{2\nu} = \iota^{-1} q^{-1} z^{-1} \sum \iota^\mu q^{\mu^2} z^\mu = -F\vartheta(v),
\end{aligned}$$

so daß wir folgende Tabelle haben:

$\vartheta_3(v+1) = \vartheta_3(v)$	$\vartheta_3(v+\omega) = F\vartheta_3(v)$
$\vartheta_2(v+1) = \vartheta_2(v)$	$\vartheta_2(v+\omega) = -F\vartheta_2(v)$
$\vartheta_1(v+1) = -\vartheta_1(v)$	$\vartheta_1(v+\omega) = F\vartheta_1(v)$
$\vartheta(v+1) = -\vartheta(v)$	$\vartheta(v+\omega) = -F\vartheta(v)$

$$F = \frac{1}{qz}.$$

Eine übersichtlichere Gestalt erhalten diese 4 Formelpaare bei Benutzung der Weberschen Bezeichnungen:

$$\vartheta_3 = \vartheta_{00}, \qquad \vartheta_2 = \vartheta_{01}, \qquad \vartheta_1 = \vartheta_{10}, \qquad \vartheta = \vartheta_{11}.$$

Sie lassen sich dann nämlich in ein *einziges* Formelpaar

$$\boxed{\vartheta_{rs}(v+1) = \iota^r \vartheta_{rs}(v), \qquad \vartheta_{rs}(v+\omega) = \iota^s F \vartheta_{rs}(v)}$$

zusammenziehen.

Dieses Formelpaar gibt uns zugleich die Gelegenheit, den Begriff der allgemeinen Thetafunktion festzulegen.

Unter einer *Thetafunktion* $\Theta(v)$ n-ter Ordnung versteht man eine ganze transzendente Funktion von v, welche die beiden Funktionalgleichungen

$$\Theta(v+1) = \iota^r \Theta(v), \qquad \Theta(v+\omega) = \iota^s F^n \Theta(v)$$

befriedigt. Dabei sind r und s zwei Konstanten, welche die *Charaktere* der Funktion heißen; der „Modul" ω ist ein komplexer Parameter mit positivem Imaginärteil, von welchem die Funktion ebenfalls abhängt, und F ist der Faktor $q^{-1} z^{-1}$ mit $q = e^{i\pi\omega}$, $z = e^{2i\pi v}$.

Nach dieser Definition sind die obigen Jacobischen Thetafunktionen Thetafunktionen *erster* Ordnung oder „*Einfache Thetafunktionen*" mit folgenden Charakteren:

Funktion	Charakteristik
$\vartheta_3(v) = \vartheta_{00}(v)$	0, 0
$\vartheta_2(v) = \vartheta_{01}(v)$	0, 1
$\vartheta_1(v) = \vartheta_{10}(v)$	1, 0
$\vartheta(v) = \vartheta_{11}(v)$	1, 1

Die vier Thetafunktionen $\vartheta_3(v)$, $\vartheta_2(v)$, $\vartheta_1(v)$, $\vartheta(v)$ werden auch *Hauptthetafunktionen* genannt.

Anmerkung. Da sich eine Potenz von $\iota\,[= e^{-i\pi}]$ bei Vermehrung des Exponenten um eine grade Zahl nicht ändert, so kann jeder der beiden Charaktere r und s einer Thetafunktion um eine beliebige grade Zahl vermehrt oder vermindert und das so entstehende neue Zahlenpaar als Charakteristik der Funktion genommen werden. Unsere nächste Aufgabe wird darin bestehen, auf die Übergänge zu achten, die bei den einfachen Thetafunktionen stattfinden, wenn das Argument v um eine Halbperiode

$$\mathfrak{a} = \frac{1}{2} \qquad \text{oder } \mathfrak{b} = \frac{\omega}{2} \qquad \text{oder } \mathfrak{c} = \frac{1+\omega}{2}$$

geändert wird.

Als Ergebnis dieser Untersuchung erscheint die folgende Zwölfformeltabelle:

$$\begin{array}{|ll|}
\hline
\vartheta_3(v+E\mathfrak{a}) = \vartheta_2(v) & \vartheta_2(v+E\mathfrak{a}) = \vartheta_3(v) \\
\vartheta_1(v+E\mathfrak{a}) = -E\vartheta(v) & \vartheta(v+E\mathfrak{a}) = E\vartheta_1(v) \\
\vartheta_3(v+E\mathfrak{b}) = f\vartheta_1(v) & \vartheta_1(v+E\mathfrak{b}) = f\vartheta_3(v) \\
\vartheta_2(v+E\mathfrak{b}) = Eif\vartheta(v) & \vartheta(v+E\mathfrak{b}) = Eif\vartheta_2(v) \\
\vartheta_3(v+E\mathfrak{c}) = Eif\vartheta(v) & \vartheta(v+E\mathfrak{c}) = Ef\vartheta_3(v) \\
\vartheta_2(v+E\mathfrak{c}) = f\vartheta_1(v) & \vartheta_1(v+E\mathfrak{c}) = -if\vartheta_2(v) \\
\hline
\end{array},$$

in welcher E die positive oder negative Einheit bedeutet ($E^2 = 1$) und der Faktor f den Wert

$$f = z^{-\frac{E}{2}} q^{-\frac{1}{4}} = \iota^{Ev + \frac{\omega}{4}}$$

hat.

Die letzte dieser Formeln ergibt sich z. B. folgendermaßen:

$$\vartheta_1(v + E\mathfrak{c}) = \sum q^{\nu^2} z^\nu \iota^{-E\nu} q^{E\nu} = \iota^{\frac{1}{2}} q^{-\frac{1}{4}} z^{-\frac{E}{2}} \sum \iota^n q^{n^2} z^n \qquad \text{mit } n = \nu + \frac{E}{2}.$$

Da n in der rechts stehenden Summe alle Ganzzahlen durchläuft, ist diese Summe $\vartheta_2(v)$ und $[\iota^{1/2} = -i]$

$$\vartheta_1(v + E\mathfrak{c}) = -if\vartheta_2(v).$$

Die andern 11 Formeln finden sich ähnlich.

Die Thetafunktionen als goniometrische Reihen

In jeder der vier obigen Thetareihen fassen wir je zwei Glieder mit reziproken Potenzen von z zusammen und finden so unter Benutzung der Abkürzung

$$w = 2\pi v$$

bei ϑ_3 $\quad q^{n^2}(z^n + z^{-n}) = q^{n^2}(e^{inw} + e^{-inw}) = 2q^{n^2}\cos nw,$

bei ϑ_2 $\quad \iota^n q^{n^2}(z^n + z^{-n}) = \iota^n q^{n^2}\, 2\cos nw = 2\cos n\pi \cdot q^{n^2}\cos nw,$

bei ϑ_1 $\quad q^{\nu^2}(z^\nu + z^{-\nu}) = 2q^{\nu^2}\cos \nu w,$

bei ϑ $\quad q^{\nu^2}(\iota^\nu z^\nu + \iota^{-\nu} z^{-\nu}) = \iota^\nu q^{\nu^2}(z^\nu - z^{-\nu}) =$

$$\frac{\sin \nu\pi}{i} q^{\nu^2}(z^\nu - z^{-\nu}) = 2\sin\nu\pi \cdot q^{\nu^2}\sin\nu w.$$

Daher wird

$$\boxed{\begin{aligned} \vartheta_3(v) &= \sum q^{n^2}\cos nw \\ \vartheta_2(v) &= \sum \cos n\pi \cdot q^{n^2}\cos nw \\ \vartheta_1(v) &= \sum q^{\nu^2}\cos \nu w \\ \vartheta(v) &= \sum \sin\nu\pi \cdot q^{\nu^2}\sin\nu w \end{aligned}}\,, \qquad w = 2\pi v,$$

wobei wieder der Summationszeiger n bzw. ν alle Ganzzahlen bzw. Halbzahlen durchläuft.

Schreibt man die Glieder dieser goniometrischen Reihen einzeln hin, so ergibt sich der Formelvierer

$$\boxed{\begin{aligned} \vartheta_3(v) &= 1 + 2q\cos w + 2q^4\cos 2w + 2q^9\cos 3w + 2q^{16}\cos 4w + \cdots \\ \vartheta_2(v) &= 1 - 2q\cos w + 2q^4\cos 2w - 2q^9\cos 3w + 2q^{16}\cos 4w + - \cdots \\ \vartheta_1(v) &= 2\,[\mathfrak{q}\cos\mathfrak{v} + \mathfrak{q}^9\cos 3\mathfrak{v} + \mathfrak{q}^{25}\cos 5\mathfrak{v} + \mathfrak{q}^{49}\cos 7\mathfrak{v} + \cdots] \\ \vartheta(v) &= 2\,[\mathfrak{q}\sin\mathfrak{v} - \mathfrak{q}^9\sin 3\mathfrak{v} + \mathfrak{q}^{25}\sin 5\mathfrak{v} - \mathfrak{q}^{49}\sin 7\mathfrak{v} + - \cdots] \end{aligned}}$$

mit $\qquad w = 2\pi v, \qquad \mathfrak{v} = \pi v, \qquad \mathfrak{q} = q^{\frac{1}{4}} = e^{\iota\pi\omega:4}.$

Aus dem Anblick des Formelvierers folgt:

Die drei Funktionen $\vartheta_1(v)$, $\vartheta_2(v)$, $\vartheta_3(v)$ sind grade Funktionen von v; die Funktion $\vartheta(v)$ ist eine ungrade Funktion von v.

Wenn der Imaginärteil σ des Moduls ω über alle Grenzen wächst, nähert sich q der Null, und wir bekommen die Grenzgleichungen

$$\lim_{\sigma\to\infty} \vartheta_3(v) = 1, \qquad \lim_{\sigma\to\infty} \vartheta_2(v) = 1,$$

$$\lim_{q\to 0} q^{-\frac{1}{4}} \vartheta_1(v) = 2\cos \pi v, \qquad \lim_{q\to 0} q^{-\frac{1}{4}} \vartheta(v) = 2\sin \pi v.$$

Nullstellen der vier Hauptfunktionen

Wir stellen uns die Aufgabe, *die Nullstellen der vier Hauptthetafunktionen zu bestimmen.*

Ist α eine Nullstelle von $\theta(v) = \vartheta_3(v)$, so bekommt man, den Funktionalgleichungen

$$\theta(v+1) = \theta(v), \qquad \theta(v+\omega) = F\,\theta(v)$$

entsprechend, weitere Nullstellen, indem man α um ± 1 oder um $\pm\omega$ vermehrt. Damit ist dann jeder Ausdruck von der Form

$$\alpha + h + k\omega,$$

wo h und k beliebige Ganzzahlen sind, eine Nullstelle von $\theta(v)$.

Demnach genügt es, die Nullstellen von $\theta(v)$ in einem beliebigen *Periodenparallelogramm* $\mathfrak{P}$ zu ermitteln, d. h. in einem Parallelogramm, dessen untere linke Ecke, A, beliebig liegt, dessen andere drei Ecken

$$B = A + 1, \qquad C = B + \omega, \qquad D = A + \omega$$

sind.

Man bekommt dann *alle* Nullstellen von $\theta(v)$, indem man die im Periodenparallelogramm liegenden Nullstellen um Linearkomposita $h + k\omega$ von 1 und ω mit beliebigen ganzzahligen Koeffizienten h und k vermehrt.

Wir wählen die Ecke A von $\mathfrak{P}$ so, daß der Rand $\mathfrak{p}$ des Parallelogramms keine Nullstelle enthält.

Dann ist nach Cauchys Nullstellensatz die Anzahl $\mathfrak{N}$ der in $\mathfrak{P}$ liegenden Nullstellen

$$\mathfrak{N} = \frac{1}{2i\pi}\int_{\mathfrak{p}} \varphi(v)\,dv \qquad \text{mit} \quad \varphi(v) = \frac{\theta'(v)}{\theta(v)}.$$

Daher ist

$$2i\pi\,\mathfrak{N} = \int_{AB} \varphi(v)\,dv + \int_{BC} \varphi(v)\,dv - \int_{DC} \varphi(v)\,dv - \int_{AD} \varphi(v)\,dv.$$

Nun ist folgendes zu beachten:

Wenn v von A bis B läuft, läuft $v+\omega$ von D bis C,

Wenn v von A bis D läuft, läuft $v+1$ von B bis C.

Mithin ist

$$2\,i\pi\,\mathfrak{N} = \int\limits_{AB} [\varphi(v) - \varphi(v+w)]\,dv + \int\limits_{AD} [\varphi(v+1) - \varphi(v)]\,dv.$$

Die hier in den eckigen Klammern stehenden Differenzen haben sehr einfache Werte.

Aus $\quad \theta(v+1) = \theta(v) \quad$ und $\quad \theta(v+\omega) = F\,\theta(v)$

folgt nämlich durch Differentiation

$$\theta'(v+1) = \theta'(v) \qquad \text{und} \qquad \theta'(v+\omega) = F\,\theta'(v) + F'\,\theta(v),$$

so daß sich durch Division

$$\varphi(v+1) = \varphi(v) \qquad \text{und} \qquad \varphi(v+\omega) = \varphi(v) - 2\,i\pi$$

ergibt.

Daher wird

$$2\,i\pi\,\mathfrak{N} = \int\limits_{AB} 2\,i\pi\,dv + 0 = 2\,i\pi(B-A) = 2\,i\pi$$

und

$$\mathfrak{N} = 1.$$

Die Funktion $\vartheta_3(v)$ hat also im Periodenparallelogramm genau *eine* Nullstelle. Um ihre Lage festzustellen, benutzen wir die Definitionsgleichung

$$i\,\vartheta(v) = \mathfrak{g}\,\vartheta_3(v+\mathfrak{c}), \qquad \left[\mathfrak{g} = q^{\frac{1}{4}}\,z^{\frac{1}{2}}\right]$$

und die aus der goniometrischen Reihe für $\vartheta(v)$ unmittelbar ablesbare Tatsache, daß $\vartheta(0) = 0$ ist. Damit wird $\vartheta_3(\mathfrak{c}) = 0$.

Demnach ist

$$\alpha = \mathfrak{c} = \frac{1+\omega}{2}$$

eine Nullstelle von $\vartheta_3(v)$. Nach obigem liefert der Ausdruck $\mathfrak{c} + h + k\omega$ bei beliebigem ganzzahligen h und k *alle* Nullstellen von $\vartheta_3(v)$.

Ersetzen wir weiter in den Formeln

$$i\,\vartheta(v) = \mathfrak{g}\,\vartheta_3(v+\mathfrak{c}), \qquad \vartheta_1(v) = \mathfrak{g}\,\vartheta_3(v+\mathfrak{b}), \qquad \vartheta_2(v) = \vartheta_3(v+\mathfrak{a})$$

v bzw. durch $h + k\omega$, $\mathfrak{a} + h + k\omega$, $\mathfrak{b} + h + k\omega$, so bekommen wir sämtliche Nullstellen von bzw. $\vartheta(v)$, $\vartheta_1(v)$, $\vartheta_2(v)$.

Ergebnis:

Die Nullstellen der vier Funktionen

$$\vartheta(v), \qquad \vartheta_1(v), \qquad \vartheta_2(v), \qquad \vartheta_3(v)$$

sind bzw.

$$h + k\omega, \qquad \frac{1}{2} + h + k\omega, \qquad \frac{\omega}{2} + h + k\omega, \qquad \frac{1+\omega}{2} + h + k\omega,$$

wo h und k beliebige Ganzzahlen bedeuten.

Alle diese Nullstellen sind einfach, und in jedem Periodenparallelogramm liegt genau eine.

Cauchys Produktformel

Wir stellen uns die Aufgabe, *die Funktion*

$$\vartheta_3(v) = \sum_{-\infty}^{+\infty} q^{n^2} z^n \qquad [|q| < 1, \; z \neq 0]$$

in ein unendliches Produkt zu verwandeln.

Da die Nullstellen der Funktion nur dort liegen, wo einer der beiden Ausdrücke

$$1 + q^m z, \qquad 1 + q^m z^{-1},$$

in denen m eine beliebige ungrade Zahl bedeutet, verschwindet, so wird das gesuchte Produkt im wesentlichen aus Faktoren von der Form $1 + q^m z$ und $1 + q^m z^{-1}$ bestehen.

Von dieser Erwägung ausgehend, betrachten wir das aus $2n$ Faktoren aufgebaute Produkt

$$f(z) = (1 + qz)(1 + qz^{-1})(1 + q^3 z)(1 + q^3 z^{-1}) \ldots (1 + q^m z)(1 + q^m z^{-1}),$$

in welchem m die n-te ungrade Zahl, $m = 2n - 1$, bedeutet.

Wie man bei paarweiser Multiplikation der Klammern feststellt, hat das Produkt die Reihenform

$$f(z) = C_0 + C_1(z + z^{-1}) + C_2(z^2 + z^{-2}) + \cdots + C_n(z^n + z^{-n}).$$

Zur Bestimmung der Koeffizienten $C_0, C_1, \ldots, C_n$ schreiben wir in der Ausgangsgleichung $q^2 z$ statt z und erhalten

$$f(q^2 z) : f(z) = (1 + q^{2n+1} z) : (q^{2n} + qz).$$

Hier ersetzen wir $f(z)$ und $f(q^2 z)$ gemäß der Reihenform, beseitigen die Brüche und finden durch den Vergleich der zu z^ν gehörigen Koeffizienten die Rekursionsformel

$$C_\nu(1 - q^{2n+2\nu}) = C_{\nu-1}(q^{2\nu-1} - q^{2n+1}).$$

Bilden wir sie für $\nu = 1, 2, 3, \ldots$, so gibt die Multiplikation der entstehenden ν Gleichungen

$$C_\nu = C_0 \, q^{\nu^2} \frac{(1 - \varkappa^n)(1 - \varkappa^{n-1}) \ldots (1 - \varkappa^{n-\nu+1})}{(1 - \varkappa^{n+1})(1 - \varkappa^{n+2}) \ldots (1 - \varkappa^{n+\nu})} \qquad \text{mit } \varkappa = q^2.$$

Um auch noch C_0 zu bekommen, bedenken wir, daß aus dem Anblick der Ausgangsgleichung unmittelbar

$$C_n = q \cdot q^3 \cdot q^5 \ldots q^m = q^{n^2}$$

folgt und erhalten so

$$C_0 = \frac{(1 - \varkappa^{n+1})(1 - \varkappa^{n+2}) \ldots (1 - \varkappa^{2n})}{(1 - \varkappa)(1 - \varkappa^2) \ldots (1 - \varkappa^n)}.$$

Damit haben wir

$$f(z) = \sum_{-n}^{+n} C_\nu z^\nu = C_0 \sum_{-n}^{+n} c_\nu q^{\nu^2} z^\nu$$

mit
$$c_\nu = \frac{(1 - \varkappa^n)(1 - \varkappa^{n-1}) \ldots (1 - \varkappa^{n-\nu+1})}{(1 - \varkappa^{n+1})(1 - \varkappa^{n+2}) \ldots (1 - \varkappa^{n+\nu})}.$$

Diese für das Produkt $f(z)$ gefundene Reihe vergleichen wir mit dem n-ten Näherungswert

$$\varphi(z) = \sum_{-n}^{+n} q^{\nu^2} z^\nu$$

der Thetafunktion $\vartheta_3(v)$.
Das gibt

$$f(z) - C_0\,\varphi(z) = C_0\, u$$

mit

$$u = \sum_{-n}^{+n} (c_\nu - 1)\, q^{\nu^2} z^\nu.$$

Bei der Abschätzung von $|u|$ kommt es zunächst auf die Bildung einer oberen Schranke für $|c_\nu - 1|$ an.
Nun ist

$$c_\nu - 1 = d_\nu : p_\nu,$$

wo p_ν den Nenner, d_ν den um p_ν verminderten Zähler von c_ν bedeutet. Wir nennen die Beträge von z, q, $\varkappa$, p_ν, d_ν, u bzw. Z, Q, K, P_ν, D_ν, U. Zunächst wird

$$P_\nu > (1 - K^{n+1})(1 - K^{n+2}) \ldots (1 - K^{n+\nu})$$
$$> 1 - (K^{n+1} + K^{n+2} + \cdots + K^{n+\nu}) > 1 - \frac{K^n}{1 - K}.$$

Wir wählen n so groß, daß $K^n : (1 - K) < \frac{1}{2}$ ist, und haben $P_\nu > 0{,}5$ oder

$$1 : P_\nu < 2.$$

Sodann liegt D_ν unterhalb des Ausdrucks

$$(1 + K^n)(1 + K^{n-1}) \ldots (1 + K^{n-\nu+1}) + (1 + K^{n+1})(1 + K^{n+2}) \ldots (1 + K^{n+\nu}) - 2.$$

Wegen $1 + x < e^x$ ist dieser Ausdruck aber kleiner als

$$e^{K^{n-\nu+1} + \cdots + K^n} + e^{K^{n+1} + \cdots + K^{n+\nu}} - 2,$$

und da die hier auftretenden Exponenten von e unterhalb $K^{n-\nu} : (1 - K)$ bzw. $K^n : (1 - K)$ liegen, so ist

$$D_\nu < A_\nu + B$$

mit

$$A_\nu = e^{K^{n-\nu} : (1-K)} - 1, \qquad B = e^{K^n : (1-K)} - 1.$$

Daher wird

$$U < \mathrm{I} + \mathrm{II}$$

mit

$$\mathrm{I} = 2 \sum_{-n}^{+n} A_\nu\, Q^{\nu^2} Z^\nu, \quad \mathrm{II} = 2 \sum_{-n}^{+n} B Q^{\nu^2} Z^\nu.$$

Bei hinreichend hohem n läßt sich B und damit auch (wegen der Konvergenz der Reihe $\Sigma Q^{\nu^2} Z^\nu$) II beliebig tief herabdrücken, ist sonach

$$\lim_{n \to \infty} \mathrm{II} = 0.$$

Um auch lim I zu bekommen, benutzen wir die bekannte Ungleichung $e^x - 1 < xe^x$ und haben zunächst

$$A_\nu < \frac{K^{n-\nu}}{1-K} \cdot e^{K^{n-\nu}:(1-K)}.$$

Da ferner $$e^{K^{n-\nu}:(1-K)} < e^{1:1-K}$$

ist, so liegt A_ν unterhalb der Schranke $EK^{n-\nu}$, wo E die endliche Größe $e^{1:(1-K)}:(1-K)$ bedeutet.

Demnach wird

$$\mathrm{I} < 2E \sum_{-n}^{+n} K^{n-\nu} Q^{\nu^2} Z^\nu$$

oder wegen $K = Q^2$

$$\mathrm{I} < 2EZ\,Q^{2n-1} \sum_{-n}^{+n} Q^{(\nu-1)^2} Z^{\nu-1} < 2\,EZ\,Q^{2n-1} \sum_{-\infty}^{+\infty} Q^{\nu^2} Z^\nu.$$

Wegen der Konvergenz der rechts stehenden unendlichen Reihe strebt die rechte Seite dieser Ungleichung mit unbegrenzt wachsendem n gegen Null, ist sonach auch

$$\lim_{n\to\infty} \mathrm{I} = 0.$$

Daher wird

$$\lim_{n\to\infty} U = 0,$$

und da

$$\lim_{n\to\infty} C_0 = \frac{1}{(1-q^2)(1-q^4)(1-q^6)\ldots}$$

ist, ergibt sich die gesuchte Formel:

$$\lim_{n\to\infty} \varphi(z) = P \lim_{n\to\infty} f(z),$$

in welcher P das unendliche Produkt

$$(1-q^2)(1-q^4)(1-q^6)\ldots$$

bedeutet. Sie enthält den

Satz von Cauchy:

Für jedes echtgebrochene $|q|$ und jedes endliche nichtverschwindende z ist

$$\boxed{\sum_{-\infty}^{+\infty} q^{n^2} z^n = P.\prod_1^\infty (1+q^{2n-1}z)(1+q^{2n-1}z^{-1})}$$

mit $$P = (1-q^2)(1-q^4)(1-q^6)\ldots .$$

Demnach hat das für die Funktion $\vartheta_3(v)$ gesuchte Produkt die Gestalt

$$\boxed{\vartheta_3(v) = P.\prod_1^\infty (1+q^{2n-1}z)(1+q^{2n-1}z^{-1})},$$

oder auch, indem wir für den Ausdruck unter dem Produktzeichen (wegen $z = e^{2i\pi v}$)

$$1 + 2\,q^{2n-1}\cos 2\,\pi v + q^{4n-2}$$

schreiben und $2\,\pi v$ wieder mit w abkürzen,

$$\boxed{\vartheta_3(v) = \sum_{-\infty}^{+\infty} q^{n^2}\cos n\,w = P\cdot\prod_1^\infty (1 + 2\,q^{2n-1}\cos w + q^{4n-2})},$$

wo die linke Seite auch

$$1 + \sum_1^\infty 2\,q^{n^2}\cos nw$$

geschrieben werden kann.

Um auch die andern drei Thetafunktionen $\vartheta_2(v)$, $\vartheta_1(v)$ und $\vartheta(v)$ in Produkte zu verwandeln, benutzen wir die drei Formeln

$$\vartheta_2(v) = \vartheta_3\left(v + \frac{1}{2}\right),\quad \vartheta_1(v) = q^{\frac{1}{4}}\,z^{\frac{1}{2}}\,\vartheta_3\left(v + \frac{\omega}{2}\right),\quad i\,\vartheta(v) = q^{\frac{1}{4}}\,z^{\frac{1}{2}}\,\vartheta_3\left(v + \frac{1+\omega}{2}\right).$$

Da die Vermehrung von v um $\frac{1}{2}$, $\frac{\omega}{2}$, $\frac{1+\omega}{2}$ z in bzw. $-z$, qz, $-qz$ überführt, so lauten die gesuchten Produktformeln

$$\boxed{\begin{aligned} \vartheta_2(v) &= P\cdot\prod_1^\infty (1 - q^{2n-1}z)\,(1 - q^{2n-1}z^{-1}) \\ \vartheta_1(v) &= 2\,q^{\frac{1}{4}}\cdot P\cos\pi v\cdot\prod_1^\infty (1 + q^{2n}z)\,(1 + q^{2n}z^{-1}) \\ \vartheta(v) &= 2\,q^{\frac{1}{4}}\cdot P\sin\pi v\cdot\prod_1^\infty (1 - q^{2n}z)\,(1 - q^{2n}z^{-1}) \end{aligned}},$$

in anderer Schreibung:

$$\boxed{\begin{aligned} \vartheta_2(v) &= P\cdot\prod_1^\infty (1 - 2\,q^{2n-1}\cos 2\,\pi v + q^{4n-2}) \\ \vartheta_1(v) &= 2\sqrt[4]{q}\cdot P\cos\pi v\cdot\prod_1^\infty (1 + 2\,q^{2n}\cos 2\,\pi v + q^{4n}) \\ \vartheta(v) &= 2\sqrt[4]{q}\cdot P\sin\pi v\cdot\prod_1^\infty (1 - 2\,q^{2n}\cos 2\,\pi v + q^{4n}) \end{aligned}}.$$

Vorzeichen der Thetafunktionen bei rein imaginärem Modul

Bei rein imaginärem Modul $\omega = i\sigma$ mit $\sigma > 0$, wo also q den positiven Echtbruch $e^{-\pi\sigma}$ bedeutet, bieten die Produkte der vier Thetafunktionen ein Mittel, die Vorzeichen der Funktionswerte für reelle und rein imaginäre Argumentwerte zu bestimmen.

Die erzeugenden Faktoren der unendlichen Produkte für die Funktionen $\vartheta_3(v)$, $\vartheta_2(v)$, $\vartheta_1(v)$, $\vartheta(v)$ haben die Form

$$g = 1 \pm 2\,s \cos 2\,\pi v + s^2,$$

wo s die Gestalt q^N mit natürlichem N hat. Nun ist

$$g = (1 - s)^2 + 2\,s\,[1 \pm \cos 2\,\pi v].$$

Da die eckige Klammer bei reellem v nicht negativ werden kann und $(1 - s)^2$ stets positiv ist, fällt jeder erzeugende Faktor bei reellem Argument positiv aus.

Für reelle Argumentwerte sind daher $\vartheta_3(v)$ und $\vartheta_2(v)$ stets positiv; $\vartheta_1(v)$ hat das Vorzeichen von $\cos \pi v$, *$\vartheta(v)$ hat das Vorzeichen von* $\sin \pi v$.

Bei rein imaginärem Argument, $v = i\varphi$, schreiben wir

$$\cos 2\,\pi v = \cos i\,2\,\pi\varphi = \operatorname{Cos} 2\,\pi\varphi.$$

Der erzeugende Faktor g wird

$$g = 2\,s\left[\frac{s + s^{-1}}{2} \pm \operatorname{Cos} 2\,\pi\varphi\right] = 2\,s\,[\operatorname{Cos} N\,\pi\sigma \pm \operatorname{Cos} 2\,\pi\,\varphi].$$

Da der hyperbolische Cosinus, $\operatorname{Cos} x$, mit zunehmendem x wächst, ist g sicher stets positiv, wenn $\varphi < \frac{\sigma}{2}$ oder $|\,v\,| < \frac{1}{2}\,|\,\omega\,|$ ist.

Im gradlinigen Intervall $v = 0$ bis $v = \frac{1}{2}\,\omega$ sind also $\vartheta_3(v)$ und $\vartheta_2(v)$ positiv, und, da der in $\vartheta_1(v)$ vorhandene Faktor $\cos \pi v = \operatorname{Cos} \pi\varphi$ ist, auch $\vartheta_1(v)$ positiv. Die Funktion $\vartheta(v)$, bei welcher der Faktor $\sin \pi v = i \operatorname{Sin} \pi\varphi$ auftritt, ist in dem genannten Intervall rein imaginär mit positivem Imaginärteil.

Wir merken uns:

Bei rein imaginärem Modul ω sind die drei Funktionen $\vartheta_1(v)$, $\vartheta_2(v)$, $\vartheta_3(v)$ für alle zwischen 0 und $\frac{1}{2}$ liegenden reellen und für alle zwischen 0 und $\frac{\omega}{2}$ liegenden (rein) imaginären Argumentwerte positiv.

Die Funktion $\vartheta(v)$ ist für alle zwischen 0 und $\frac{1}{2}$ liegenden reellen Argumentwerte positiv, für alle zwischen 0 und $\frac{\omega}{2}$ liegenden (rein) *imaginären Argumentwerte* (rein) *imaginär mit positivem Imaginärteil.*

Funktionswerte

Die Reihen und Produkte für die Thetafunktionen in Verbindung mit der Zwölfformeltabelle gestatten, die Werte der Thetafunktionen an den ausgezeichneten Stellen

$$v = 0, \qquad v = \mathfrak{a} = \frac{1}{2}, \qquad v = \mathfrak{b} = \frac{\omega}{2}, \qquad v = \mathfrak{c} = \frac{1 + \omega}{2}$$

zu ermitteln.

Am schnellsten ergibt sich $\vartheta(0)$. Aus der Reihen- wie Produktentwicklung von $\vartheta(v)$ folgt, wie wir schon wissen,

$$\boxed{\vartheta(0) = 0}.$$

Nunmehr bestimmen wir die Werte

$$\vartheta_1 = \vartheta_1(0), \qquad \vartheta_2 = \vartheta_2(0), \qquad \vartheta_3 = \vartheta_3(0)$$

der drei Funktionen $\vartheta_1(v)$, $\vartheta_2(v)$, $\vartheta_3(v)$ an der Stelle $v = 0$.
Aus den Reihen folgt

$$\vartheta_1 = 2(\mathfrak{q} + \mathfrak{q}^9 + \mathfrak{q}^{25} + \mathfrak{q}^{49} + \cdots) \qquad \text{mit } \mathfrak{q} = e^{\frac{i\pi\omega}{4}},$$

$$\left.\begin{aligned} \vartheta_2 &= 1 - 2q + 2q^4 - 2q^9 + 2q^{16} - + \cdots \\ \vartheta_3 &= 1 + 2q + 2q^4 + 2q^9 + 2q^{16} + \cdots \end{aligned}\right\} \quad \text{mit } q = e^{i\pi\omega},$$

aus den Produkten

$$\begin{aligned} \vartheta_1 &= 2\,\mathfrak{q}\,P\,P_1^2 &\quad \text{mit } P_1 &= (1+q^2)(1+q^4)(1+q^6)\ldots, \\ \vartheta_2 &= \phantom{2\,\mathfrak{q}\,}P\,P_2^2 &\quad \text{mit } P_2 &= (1-q)(1-q^3)(1-q^5)\ldots, \\ \vartheta_3 &= \phantom{2\,\mathfrak{q}\,}P\,P_3^2 &\quad \text{mit } P_3 &= (1+q)(1+q^3)(1+q^5)\ldots. \end{aligned}$$

Man beachte:

Die drei Produkte P_1, P_2, P_3 *haben das Produkt* 1:

$$\boxed{P_1\, P_2\, P_3 = 1}\,.$$

Beweis. Es ist

$$P_1 \cdot P_3 = (1+q)(1+q^2)(1+q^3)(1+q^4)\ldots,$$

$$P_2 \cdot P \;= (1-q)(1-q^2)(1-q^3)(1-q^4)\ldots,$$

mithin $\quad P_1\, P_3 \cdot P_2\, P = (1-q^2)(1-q^4)(1-q^6)\ldots = P$

oder $\quad P_1\, P_2\, P_3 = 1.$

Daher wird nun $\quad \vartheta_1\,\vartheta_2\,\vartheta_3 = 2\,\mathfrak{q}\,P^3.$

Das hier links stehende Produkt steht im engen Zusammenhang mit dem Werte ϑ' der Funktion $\vartheta'(v)$ an der Stelle $v = 0$.
Aus

$$\vartheta(v) = 2\,\mathfrak{q}\,P \sin \pi v \cdot \Pi \qquad \text{mit } \Pi = \prod_1^\infty (1 - 2q^{2n}\cos w + q^{4n})$$

folgt durch Ableitung

$$\vartheta'(v) = 2\,\mathfrak{q}\,P \sin \pi v \cdot \Pi' + 2\pi\mathfrak{q}\,P \cos \pi v \cdot \Pi$$

und hieraus durch die Substitution $v = 0$

$$\vartheta' = 2\pi\mathfrak{q}\,P \cdot P^2 = 2\pi\mathfrak{q}\,P^3.$$

Durch Vergleich dieses Wertes mit dem für $\vartheta_1\,\vartheta_2\,\vartheta_3$ gefundenen ergibt sich die bemerkenswerte Relation

$$\boxed{\vartheta' = \pi\,\vartheta_1\,\vartheta_2\,\vartheta_3.}\,.$$

Als erste Anwendung der vorstehenden Produktentwicklungen möge die Berechnung und Vereinfachung des Produkts der vier Hauptthetafunktionen dienen.

Wir schicken voraus, daß in den folgenden Produkten Π der Zeiger n von 1 bis ∞ läuft.

Es ist

$$\frac{\vartheta_3(v)}{\vartheta_3} = \frac{\Pi(1+q^{2n-1}z)(1+q^{2n-1}z^{-1})}{P_3^2},$$

$$\frac{\vartheta_2(v)}{\vartheta_2} = \frac{\Pi(1-q^{2n-1}z)(1-q^{2n-1}z^{-1})}{P_2^2},$$

mithin

$$\frac{\vartheta_2(v)\,\vartheta_3(v)}{\vartheta_2\,\vartheta_3} = \frac{\Pi(1-q^{4n-2}Z)(1-q^{4n-2}Z^{-1})}{P_2^2 P_3^2} \qquad \text{mit } Z = z^2.$$

Ebenso wird

$$\frac{\vartheta_1(v)\,\vartheta(v)}{\vartheta_1} = 2\,\mathfrak{q}\,P\cos\pi v \sin\pi v \cdot \frac{\Pi(1-q^{4n}Z)(1-q^{4n}Z^{-1})}{P_1^2}.$$

Darauf gibt die Multiplikation der beiden letzten Gleichungen

$$\vartheta(v)\,\frac{\vartheta_1(v)\,\vartheta_2(v)\,\vartheta_3(v)}{\vartheta_1\;\vartheta_2\;\vartheta_3} = \mathfrak{q}\,P\sin 2\pi v\,\Pi(1-q^{2n}Z)(1-q^{2n}Z^{-1}).$$

Wie man sofort sieht, ist die rechte Seite dieser Gleichung nichts anderes als die Hälfte von $\vartheta(2v)$. Damit entsteht die sehr bemerkenswerte Formel

$$\vartheta(v)\;\vartheta_1(v)\;\vartheta_2(v)\;\vartheta_3(v) = \frac{\vartheta_1\,\vartheta_2\,\vartheta_3}{2}\cdot\vartheta(2v)$$

oder

$$\boxed{\vartheta(2v) = 2\,\vartheta(v)\cdot\frac{\vartheta_1(v)\;\vartheta_2(v)\;\vartheta_3(v)}{\vartheta_1\;\vartheta_2\;\vartheta_3}}\,.$$

Mit Benutzung der für ϑ_1, ϑ_2, ϑ_3 und $\vartheta(0)$ gefundenen Werte und der Zwölfformeltabelle gewinnen wir ferner die *Werte der vier Thetafunktionen an den Stellen*

$$\mathfrak{a} = \frac{1}{2}, \qquad \mathfrak{b} = \frac{\omega}{2}, \qquad \mathfrak{c} = \frac{1+\omega}{2}:$$

$\vartheta_3(\mathfrak{a}) = \vartheta_2$,	$\vartheta_2(\mathfrak{a}) = \vartheta_3$,	$\boxed{\vartheta_1(\mathfrak{a}) = 0}$,	$\vartheta(\mathfrak{a}) = \vartheta_1$
$\vartheta_3(\mathfrak{b}) = f_0\,\vartheta_1$,	$\boxed{\vartheta_2(\mathfrak{b}) = 0}$,	$\vartheta_1(\mathfrak{b}) = f_0\,\vartheta_3$,	$\vartheta(\mathfrak{b}) = i f_0\,\vartheta_2$
$\boxed{\vartheta_3(\mathfrak{c}) = 0}$,	$\vartheta_2(\mathfrak{c}) = f_0\,\vartheta_1$,	$\vartheta_1(\mathfrak{c}) = i f_0\,\vartheta_2$,	$\vartheta(\mathfrak{c}) = f_0\,\vartheta_3$

mit

$$f_0 = q^{-\frac{1}{4}} = 1 : \mathfrak{q} = e^{-\frac{i\pi\omega}{4}}.$$

Differentialgleichung der Thetafunktionen

Da jede der vier Thetareihen in jedem endlichen Gebiet der v-Ebene, wie auch in jedem Gebiet der ω-Ebene mit positivem $\Im\omega$ gleichmäßig konvergiert, darf sie nach Weierstraß' Konvergenzsatz gliedweise differenziert werden.

Nun hat das allgemeine Glied der Reihe die Form

$$\Phi = c\varphi \qquad \text{mit} \quad c = \text{const} \quad \text{und} \quad \varphi = e^{\frac{n^2 i\pi\omega}{4}} \cdot e^{n i\pi v},$$

wo n eine natürliche Zahl bedeutet.
Aus

$$\frac{\partial\varphi}{\partial v} = n i\pi \cdot \varphi, \qquad \frac{\partial^2\varphi}{\partial v^2} = -n^2\pi^2 \cdot \varphi$$

und

$$\frac{\partial\varphi}{\partial\omega} = n^2 \frac{i\pi}{4} \cdot \varphi$$

folgt

$$4\pi i \cdot \frac{\partial\varphi}{\partial\omega} = \frac{\partial^2\varphi}{\partial v^2}$$

und hieraus

$$\frac{\partial^2\Phi}{\partial v^2} = 4\pi i \cdot \frac{\partial\Phi}{\partial\omega}.$$

Bedeutet also

$$\theta = \theta(v) = \theta(v, \omega)$$

eine der vier Reihen $\vartheta_3(v)$, $\vartheta_2(v)$, $\vartheta_1(v)$, $\vartheta(v)$, so liefert die zweimalige gliedweise Differentiation nach v und einmalige Differentiation nach ω im Hinblick auf die für Φ gefundene Differentialgleichung die Differentialgleichung

$$\boxed{\frac{\partial^2\theta}{\partial v^2} = 4\pi i \frac{\partial\theta}{\partial\omega}}\ .$$

Diese Differentialgleichung gilt für jede der vier Funktionen $\vartheta_3(v)$, $\vartheta_2(v)$, $\vartheta_1(v)$, $\vartheta(v$.

§ 74. THETAFUNKTIONEN HÖHERER ORDNUNG

Unter einer *Thetafunktion n-ter Ordnung* versteht man eine ganze transzendente Funktion $\Theta(v)$ des Arguments v mit den Funktionalgleichungen

$$\Theta(v+1) = \iota^r\,\Theta(v) \qquad \text{und} \qquad \Theta(v+\omega) = \iota^s F^n\,\Theta(v),$$

in denen r und s zwei Konstanten, die sog. *Charaktere*, sind, die Größe ω, der sog. *Modul*, ein variabler Parameter mit positivem Imaginärteil ist und

$$F = \iota^{2v+\omega} = q^{-1} z^{-1}$$

den Periodizitätsfaktor der Funktion $\vartheta_3(v)$ bedeutet.
Die Größen 1 und ω heißen die *Perioden*, die Faktoren ι^r und $\iota^s F^n$ die *Periodizitätsfaktoren* der Funktion $\Theta(v)$.
Die mehrmalige Vermehrung des Arguments v um die Perioden 1 und ω führt, wie leicht festzustellen, zur Formel

$$\boxed{\Theta(v+h+k\omega) = \iota^{rh+sk}\mathfrak{F}^n\,\Theta(v)}$$

mit $\mathfrak{F} = \iota^{2kv+k^2\omega}$ und ganzzahligem h und k.

Die Theorie der Thetafunktionen wird von drei Fundamentalsätzen beherrscht: dem Nullstellensatz, dem Satz von der Linearrelation und dem Transformationssatz, die wir jetzt herleiten wollen.

I. Nullstellensatz:

Eine Thetafunktion n-ter Ordnung von der Charakteristik (r, s) *hat im Periodenparallelogramm n Nullstellen, deren Summe dem Ausdruck*

$$n\frac{1+\omega}{2}+\frac{r\omega-s}{2}$$

kongruent ist.

NB. Zwei Zahlen heißen einander kongruent, wenn ihre Differenz ein Linearkompositum $h+k\omega$ der beiden Perioden 1 und ω mit ganzzahligen Koeffizienten h und k ist.

Beweis. Das Periodenparallelogramm $\mathfrak{P}$ mit den Ecken

$$A, \quad B=A+1, \quad C=B+\omega, \quad D=A+\omega$$

sei so gewählt, daß sein Rand $\mathfrak{p}$ keine Nullstelle der Thetafunktion $\Theta(v)$ enthält.

Nach Cauchys Stellensatz ist die Anzahl $\mathfrak{N}$ der in $\mathfrak{P}$ liegenden Nullstellen von $\Theta(v)$

$$\mathfrak{N}=\mathfrak{C}\int_{\mathfrak{p}}\Phi(v)\,dv \qquad \text{mit} \quad \mathfrak{C}=\frac{1}{2i\pi} \quad \text{und} \quad \Phi v=\frac{\Theta'(v)}{\Theta(v)},$$

die Summe $\mathfrak{S}$ der Nullstellen in $\mathfrak{P}$

$$\mathfrak{S}=\mathfrak{C}\int_{\mathfrak{p}}v\Phi(v)\,dv,$$

wobei beide Integrale im positiven Sinne über den Rand $\mathfrak{p}$ von $\mathfrak{P}$ zu erstrecken sind. Das erste der hier auftretenden Integrale schreibt sich (§ 14)

$$\mathrm{I}=\int_A^B[\Phi(v)-\Phi(v+\omega)]\,dv+\int_A^D[\Phi(v+1)-\Phi(v)]\,dv,$$

das zweite

$$\mathrm{II}=\int_A^B[v\Phi(v)-(v+\omega)\Phi(v+\omega)]\,dv+\int_A^D[(v+1)\Phi(v+1)-v\Phi(v)]\,dv.$$

Nun ist den Funktionalgleichungen zufolge

$$\Phi(v+1)=\Phi(v) \qquad \text{und} \qquad \Phi(v+\omega)=\Phi(v)-2i\pi n.$$

Daher wird

$$\mathrm{I}=n\cdot 2i\pi,$$

$$\mathrm{II}=2i\pi n\int_A^B(v+\omega)\,dv-\omega\int_A^B\Phi(v)\,dv+\int_A^D\Phi(v)\,dv$$

$$=2i\pi n\frac{B^2-A^2}{2}+2i\pi n\omega-\omega l\frac{\Theta(B)}{\Theta(A)}+l\frac{\Theta(D)}{\Theta(A)}.$$

Was den letzten Ausdruck anbelangt, so ist

$$B^2-A^2=(B-A)(B+A)=B+A=2A+1,$$

$$\Theta(B):\Theta(A)=\iota^{r}, \qquad \text{also} \qquad l\frac{\Theta(B)}{\Theta(A)}=-i\pi r,$$

$$\Theta(D):\Theta(A)=\iota^{s}F_{A}^{n}, \quad \text{also} \quad l\frac{\Theta(D)}{\Theta(A)}=-i\pi s-2i\pi nA-i\pi n\omega, \ [F_{A}=\iota^{2A+\omega}].$$

Folglich wird

$$\mathrm{II}=i\pi n+i\pi n\omega+i\pi r\omega-i\pi s.$$

Damit erhalten wir

$$\mathfrak{N}=n, \qquad \mathfrak{S}\equiv n\frac{1+\omega}{2}+\frac{r\omega-s}{2},$$

wo das Zeichen $\equiv$ „kongruent" heißt [*Gleich*heit kann nicht verbürgt werden, da die oben für $l\Theta(B):\Theta(A)$ und $l\Theta(D):\Theta(A)$ angegebenen Werte möglicherweise nur bis auf Vielfache von $2i\pi$ stimmen].

II. Der Satz von der Linearrelation

Thetafunktionen des Arguments v und Moduls ω heißen *verwandt*, wenn sie in der Ordnung und Charakteristik übereinstimmen.
Es gilt der fundamentale

Satz von der Linearrelation:

$(n+1)$ verwandte Thetafunktionen n-ter Ordnung sind linear abhängig.

Ausführlich: Sind $\Theta_1(v)$, $\Theta_2(v)$, $\ldots$, $\Theta_m(v)$ $m=n+1$ verwandte Thetafunktionen n-ter Ordnung, so gibt es m nicht sämtlich verschwindende Konstanten C_1, C_2, $\ldots$, C_m derart, daß identisch

$$C_1\Theta_1(v)+C_2\Theta_2(v)+\cdots+C_m\Theta_m(v)=0.$$

Beweis. Wir bilden das Linearkompositum

$$\Phi(v)=C_1\Theta_1(v)+C_2\Theta_2(v)+\cdots+C_n\Theta_n(v)$$

der n Funktionen $\Theta_1(v)$, $\ldots$, $\Theta_n(v)$ mit vorläufig noch unbestimmten konstanten Koeffizienten C_1, C_2, $\ldots$, C_n.
Wie leicht zu sehen, ist $\Phi(v)$ auch eine Thetafunktion, die den vorgelegten Thetafunktionen verwandt ist.
Sie hat demnach im Periodenparallelogramm ebensoviel Nullstellen wie z. B. $\Theta(v)=\Theta_m(v)$. Wir versuchen die Konstanten $C_1, C_2, \ldots, C_n$ so zu bestimmen, daß von den n Nullstellen $\alpha_1, \alpha_2, \ldots, \alpha_n$ der Funktion $\Theta(v)$ die ersten $(n-1)$, nämlich α_1, α_2, $\ldots$, α_{n-1}, auch Nullstellen von $\Phi(v)$ werden.
Wir haben dafür die $(n-1)$ homogenen Bedingungsgleichungen

$$a_{\mu 1}C_1+a_{\mu 2}C_2+\cdots+a_{\mu n}C_n=0, \qquad \mu=1,\ 2,\ \ldots,\ n-1$$

mit den Koeffizienten

$$a_{\mu\nu}=\Theta_\nu(\alpha_\mu).$$

Dabei haben wir die Nullstellen $\alpha_1, \alpha_2, \ldots, \alpha_{n-1}$ stillschweigend als einfach vorausgesetzt. Besitzt $\Theta(v)$ z. B. die dreifache Nullstelle $\alpha = \alpha_1 = \alpha_2 = \alpha_3$, so muß auch $\Phi(v)$ die dreifache Nullstelle α haben, also

$$\Phi(\alpha) = 0, \qquad \Phi'(\alpha) = 0 \qquad \text{und} \qquad \Phi''(\alpha) = 0$$

sein.

In diesem Falle bestimmen sich die Koeffizienten der drei ersten Zeilen unseres homogenen Gleichungssystems durch die Vorschriften

$$a_{1\nu} = \Theta_\nu(\alpha), \qquad a_{2\nu} = \Theta'_\nu(\alpha), \qquad a_{3\nu} = \Theta''_\nu(\alpha).$$

Nach dem Satze „Jedes Homogensystem mit weniger Gleichungen als Unbekannten hat stets eine eigentliche Lösung" gibt es n nicht sämtlich verschwindende Größen $C_1, C_2, \ldots, C_n$, welche die obigen $(n-1)$ Bedingungsgleichungen befriedigen.

Die mit Hilfe dieser Zahlen $C_1, \ldots, C_n$ konstruierte zu $\Theta(v)$ verwandte Thetafunktion $\Phi(v)$ hat also mit $\Theta(v)$ im Periodenparallelogramm die $(n-1)$ Nullstellen $\alpha_1, \alpha_2, \ldots, \alpha_{n-1}$ gemeinsam.

Wenn aber zwei verwandte Thetafunktionen — hier $\Theta(v)$ und $\Phi(v)$ — n-ter Ordnung im Periodenparallelogramm $(n-1)$ gemeinsame Nullstellen $[\alpha_1, \alpha_2, \ldots, \alpha_{n-1}]$ haben, dann haben sie nach dem Nullstellensatze auch die n-te Nullstelle $[\alpha_n]$ gemeinsam. Folglich:

Die beiden verwandten Thetafunktionen $\Theta(v)$ und $\Phi(v)$ haben *sämtliche* Nullstellen gemeinsam.

Daher ist die Funktion

$$\varphi(v) = \Phi(v) : \Theta(v)$$

überall regulär, und ihr Betrag vermag eine gewisse endliche Schranke E nicht zu überschreiten.

Nach Lionvilles Satze ist dann $\varphi(v)$ eine Konstante:

$$\varphi(v) = \text{const}.$$

Nennen wir diese Konstante $-C_m$, so wird

$$\Phi(v) = -C_m \Theta(v) = -C_m \Theta_m(v)$$

und damit

$$C_1 \Theta_1(v) + C_2 \Theta_2(v) + \cdots + C_m \Theta_m(v) = 0,$$

w. z. b. w.

III. Transformationssatz:

Ist $\Theta(V) = \Theta(V, \Omega)$ eine Thetafunktion n-ter Ordnung mit dem Argument V, dem Modul Ω und der Charakteristik (R, S), so führt die Transformation

$$V = \frac{e v}{c\omega + d}, \qquad \Omega = \frac{a\omega + b}{c\omega + d},$$

in welcher a, b, c, d vier Ganzzahlen mit der positiven Determinante

$$e = ad - bc$$

bedeuten, zu einer Thetafunktion $\theta(v) = \theta(v, \omega)$ mit dem Argument v, dem

Modul ω, *der Ordnung* $\boxed{n = N\mathfrak{e}}$

und der Charakteristik $\boxed{r = aR + cS + acN, \qquad s = bR + dS + bdN}$

derart, daß die Beziehung

$$\boxed{\iota^{cNVv}\Theta(V, \Omega) = \theta(v, \omega)}$$

gilt.

Beweis. Es handelt sich darum, die beiden Funktionalgleichungen

$$\theta(v+1) = \iota^{r}\theta(v), \qquad \theta(v+\omega) = \iota^{s}F^{n}\theta(v)$$

zu bestätigen, in denen F den Exponentialfaktor $\iota^{2v+\omega}$ bedeutet. Nun entspricht der Vermehrung des Arguments v um 1 bzw. ω die Vermehrung des Arguments V um $a - c\Omega$ bzw. $d\Omega - b$. [Es ist nämlich

$$\mathfrak{e}\frac{v+1}{c\omega+d} = V + a - c\Omega, \qquad \mathfrak{e}\frac{v+\omega}{c\omega+d} = V + d\Omega - b.]$$

Demgemäß hat man

$$\theta(v+1) = \iota^{cN(V+a-c\Omega)(v+1)} \cdot \Theta(V + a - c\Omega),$$

$$\theta(v+\omega) = \iota^{cN(V+d\Omega-b)(v+\omega)} \cdot \Theta(V + d\Omega - b).$$

Hier lassen sich auf den rechten Seiten die beiden rechten Faktoren auf Grund der obigen Relation

$$\Theta(V + h + k\Omega) = \iota^{hR+kS}\mathfrak{F}^{N}\Theta(V)$$

mit

$$\mathfrak{F} = \iota^{2kV+k^2\Omega}$$

umformen, wodurch dann nach einfachen Zusammenfassungen die rechten Seiten in $\iota^{r}\theta(v)$ und $\iota^{s}F^{n}\theta(v)$ übergehen, womit der Beweis der Transformationsformel

$$\iota^{cNVv}\Theta(V, \Omega) = \theta(v, \omega)$$

erbracht ist.

Anwendungen der Hauptsätze

1° Anwendungen des Satzes von der Linearrelation

I.

Die Quadrate der Hauptfunktionen $\vartheta(v)$, $\vartheta_1(v)$, $\vartheta_2(v)$, $\vartheta_3(v)$ sind, wie leicht festzustellen, Thetafunktionen zweiter Ordnung mit der Charakteristik (0, 0). Daher sind je drei von ihnen linear abhängig. So ist z. B.

$$\vartheta_3^2(v) = A\vartheta_1^2(v) + B\vartheta_2^2(v)$$

wie auch

$$\vartheta^2(v) = \mathfrak{A}\vartheta_1^2(v) + \mathfrak{B}\vartheta_2^2(v).$$

Um die unbekannten Koeffizienten A, B, $\mathfrak{A}$, $\mathfrak{B}$ zu bestimmen, setzen wir für v eine Nullstelle einer der rechts stehenden Funktionen, also einmal $v = \mathfrak{a}$, dann $v = \mathfrak{b}$. Das gibt

$$\vartheta_3^2(\mathfrak{a}) = B\vartheta_2^2(\mathfrak{a}), \qquad \vartheta_3^2(\mathfrak{b}) = A\vartheta_1^2(\mathfrak{b}),$$
$$\vartheta^2(\mathfrak{a}) = \mathfrak{B}\vartheta_2^2(\mathfrak{a}), \qquad \vartheta^2(\mathfrak{b}) = \mathfrak{A}\vartheta_1^2(\mathfrak{b})$$

oder $$A = \frac{\vartheta_1^2}{\vartheta_3^2}, \qquad B = \frac{\vartheta_2^2}{\vartheta_3^2}, \qquad \mathfrak{A} = -\frac{\vartheta_2^2}{\vartheta_3^2}, \qquad \mathfrak{B} = \frac{\vartheta_1^2}{\vartheta_3^2}.$$

Ähnlich finden sich auch die Koeffizienten der Relationen, die zwischen den drei Funktionen $\vartheta^2(v)$, $\vartheta_2^2(v)$, $\vartheta_3^2(v)$ wie auch zwischen den drei Funktionen $\vartheta^2(v)$, $\vartheta_3^2(v)$, $\vartheta_1^2(v)$ bestehen.

Als Ergebnis erscheint der Formelvierer

$$\boxed{\begin{aligned} \vartheta_3^2\vartheta_3^2(v) &= \vartheta_1^2\vartheta_1^2(v) + \vartheta_2^2\vartheta_2^2(v) \\ -\vartheta_1^2\vartheta^2(v) &= \vartheta_2^2\vartheta_3^2(v) - \vartheta_3^2\vartheta_2^2(v) \\ -\vartheta_2^2\vartheta^2(v) &= \vartheta_3^2\vartheta_1^2(v) - \vartheta_1^2\vartheta_3^2(v) \\ \vartheta_3^2\vartheta^2(v) &= \vartheta_1^2\vartheta_2^2(v) - \vartheta_2^2\vartheta_1^2(v) \end{aligned}}\,.$$

Aus der ersten dieser vier Formeln folgt noch durch den Ansatz $v = 0$ die

Formel der vierten Potenzen:

$$\boxed{\vartheta_3^4 = \vartheta_1^4 + \vartheta_2^4}\,.$$

II.

Wendet man die Funktionalgleichungen der Hauptfunktionen [und ihre Ableitungen] auf die Funktionen

$$\vartheta_{rs}(v)\,\vartheta_{\varrho\sigma}(v) \qquad \text{und} \qquad \vartheta_{rs}(v)\,\vartheta'_{\varrho\sigma}(v) - \vartheta_{\varrho\sigma}(v)\,\vartheta'_{rs}(v)$$

an, so zeigt sich, daß beide Thetafunktionen zweiter Ordnung mit den Charakteren $r + \varrho$ und $s + \sigma$ sind. Mithin sind beispielsweise die drei Thetafunktionen 2. Ordnung

$$\vartheta_2(v)\,\vartheta_3(v), \quad \vartheta_1(v)\,\vartheta(v), \quad \vartheta_1(v)\,\vartheta'(v) - \vartheta(v)\,\vartheta_1'(v)$$

mit derselben Charakteristik (0, 1) linear abhängig, so daß eine Relation von der Form

$$\vartheta_1(v)\,\vartheta'(v) - \vartheta(v)\,\vartheta_1'(v) = A\,\vartheta_2(v)\,\vartheta_3(v) + B\,\vartheta_1(v)\,\vartheta(v)$$

besteht.

Da nun die linke Seite dieser Relation eine grade Funktion von v darstellt und $\vartheta_2(v)\,\vartheta_3(v)$ auch grade, $\vartheta_1(v)\,\vartheta(v)$ dagegen ungrade ist, verschwindet B.

Um A zu bestimmen, setzen wir $v = 0$. Das gibt

$$\vartheta_1\,\vartheta' = A\,\vartheta_2\,\vartheta_3$$

oder wegen des Wertes $\pi\vartheta_1\vartheta_2\vartheta_3$ von ϑ' (§ 73)

$$A = \pi\,\vartheta_1^2\,.$$

Folglich ist

$$\vartheta_1(v)\,\vartheta'(v) - \vartheta(v)\,\vartheta_1'(v) = \pi\,\vartheta_1^2\,\vartheta_2(v)\,\vartheta_3(v)\,.$$

Auf die geschilderte Weise entstehen die drei Formeln

$$\boxed{\begin{aligned}\vartheta_1(v)\,\vartheta'(v)-\vartheta(v)\,\vartheta_1'(v)&=\pi\,\vartheta_1^2\,\vartheta_2(v)\,\vartheta_3(v)\\ \vartheta_2(v)\,\vartheta'(v)-\vartheta(v)\,\vartheta_2'(v)&=\pi\,\vartheta_2^2\,\vartheta_3(v)\,\vartheta_1(v)\\ \vartheta_3(v)\,\vartheta'(v)-\vartheta(v)\,\vartheta_3'(v)&=\pi\,\vartheta_3^2\,\vartheta_1(v)\,\vartheta_2(v)\end{aligned}}\,,$$

die insofern einfach zu merken sind, als sie durch zyklische Vertauschung auseinander hervorgehen.
Diese zyklische Vertauschung gilt nicht bei dem Formeltripel

$$\boxed{\begin{aligned}\vartheta_2(v)\,\vartheta_3'(v)-\vartheta_3(v)\,\vartheta_2'(v)&=-\,\pi\,\vartheta_1^2\,\vartheta_1(v)\,\vartheta(v)\\ \vartheta_3(v)\,\vartheta_1'(v)-\vartheta_1(v)\,\vartheta_3'(v)&=-\,\pi\,\vartheta_2^2\,\vartheta_2(v)\,\vartheta(v)\\ \vartheta_1(v)\,\vartheta_2'(v)-\vartheta_2(v)\,\vartheta_1'(v)&=+\,\pi\,\vartheta_3^2\,\vartheta_3(v)\,\vartheta(v)\end{aligned}}\,,$$

welches im übrigen ganz so wie das obige Tripel erhalten wird.
[Um z. B. in der Relation

$$\vartheta_2(v)\,\vartheta_3'(v)-\vartheta_3(v)\,\vartheta_2'(v)=\mathfrak{A}\,\vartheta_1(v)\,\vartheta(v)+\mathfrak{B}\,\vartheta_2(v)\,\vartheta_3(v)$$

$\mathfrak{B}$ zu bestimmen, bedenke man, daß die linke Seite eine ungrade Funktion von v ist. Da nun $\vartheta_1(v)\,\vartheta(v)$ ungrade, $\vartheta_2(v)\,\vartheta_3(v)$ aber grade ist, muß $\mathfrak{B}$ verschwinden.

Um $\mathfrak{A}$ zu finden, setze man $v=\mathfrak{c}=\dfrac{1+\omega}{2}$. Dadurch wird

$$\vartheta_2(\mathfrak{c})\,\vartheta_3'(\mathfrak{c})=\mathfrak{A}\,\vartheta_1(\mathfrak{c})\,\vartheta(\mathfrak{c}).$$

Nun ist aber $\vartheta_2(\mathfrak{c})=f_0\vartheta_1$, $\vartheta_1(\mathfrak{c})=-if_0\vartheta_2$, $\vartheta(\mathfrak{c})=f_0\vartheta_3$ mit $f_0=q^{-\frac{1}{4}}=e^{-i\pi\frac{\omega}{4}}$, und $\vartheta_3'(\mathfrak{c})$ findet sich aus

$$\vartheta_3(v+\mathfrak{c})=if\vartheta(v),\quad \vartheta_3'(v+\mathfrak{c})=if\vartheta'(v)+if'\vartheta(v)$$

zu

$$\vartheta_3'(\mathfrak{c})=if_0\,\vartheta'=\pi i f_0\,\vartheta_1\,\vartheta_2\,\vartheta_3.$$

Daher wird

$$\mathfrak{A}=-\,\pi\,\vartheta_1^2.]$$

Korollar

Durch Ableitung der Formeln des zweiten Tripels und den Ansatz $v=0$ entstehen die drei Modulformeln

$$\boxed{\frac{\vartheta_2''}{\vartheta_2}-\frac{\vartheta_3''}{\vartheta_3}=\pi^2\,\vartheta_1^4,\quad \frac{\vartheta_3''}{\vartheta_3}-\frac{\vartheta_1''}{\vartheta_1}=\pi^2\,\vartheta_2^4,\quad \frac{\vartheta_1''}{\vartheta_1}-\frac{\vartheta_2''}{\vartheta_2}=-\pi^2\vartheta_3^4}\,.$$

Nehmen wir z. B. die dritte Tripelformel! Ihre Ableitung wird

$$\vartheta_1(v)\,\vartheta_2''(v)-\vartheta_2(v)\,\vartheta_1''(v)=\pi\vartheta_3^2\,[\vartheta_3(v)\,\vartheta'(v)+\vartheta(v)\,\vartheta_3'(v)]\,,$$

der Ansatz $v=0$ liefert

$$\vartheta_1\vartheta_2''-\vartheta_2\vartheta_1''=\pi\vartheta_3^3\vartheta',$$

und diese Gleichung geht durch Benutzung der Formel $\vartheta' = \pi\vartheta_1\vartheta_2\vartheta_3$ über in

$$\vartheta_1'' : \vartheta_1 - \vartheta_2'' : \vartheta_2 = -\pi^2\vartheta_3^4.$$

Wendet man auf die Funktion

$$\Theta(v) = \theta(v)\theta''(v) - \theta'(v)\theta'(v),$$

in welcher $\theta(v)$ eine der vier Hauptthetafunktionen bedeutet, die Funktionalgleichungen der Hauptfunktionen an, so entstehen die beiden Formeln

$$\Theta(v+1) = \Theta(v), \qquad \Theta(v+\omega) = F^2\Theta(v),$$

wo F den Faktor $q^{-1}z^{-1} = \iota^{2v+\omega}$ bedeutet. Sie zeigen, daß $\Theta(v)$ eine Thetafunktion zweiter Ordnung mit der Charakteristik (0,0) ist. Nach dem Satze von der Linearrelation gilt also eine Beziehung von der Form

$$\Theta(v) = A\theta^2(v) + B\vartheta^2(v)$$

mit konstanten A und B, wo wir nur im Falle $\theta(v) = \vartheta(v)$ rechts statt $\vartheta(v)$ irgendeine andere, etwa $\vartheta_3(v)$, der Hauptfunktionen nehmen müssen.
Ist beispielweise $\theta(v) = \vartheta_2(v)$, so findet man A sofort durch den Ansatz $v = 0$ (wegen $\theta' = 0$) zu

$$A = \theta'' : \theta = \vartheta_2'' : \vartheta_2.$$

Zur Ermittlung von B haben wir die Gleichungen

$$\theta(v + \mathfrak{b}) = if\vartheta(v) \qquad \text{mit } f = \iota^{v+\frac{\omega}{4}}$$

und

$$\theta'(v + \mathfrak{b}) = if\vartheta'(v) + if'\vartheta(v).$$

Hier setzen wir $v = 0$, erinnern uns der Gleichungen $\vartheta(\mathfrak{b}) = if_0\theta$, $\theta(\mathfrak{b}) = 0$ und bekommen aus der obigen Beziehung durch den Ansatz

$$v = \mathfrak{b} = \frac{\omega}{2} \quad -\theta'(\mathfrak{b})\theta'(\mathfrak{b}) = B\vartheta(\mathfrak{b})\vartheta(\mathfrak{b}), \quad \text{also } f_0^2\vartheta'^2 = -Bf_0^2\theta^2, \text{ d. h.}$$

$$B = -\vartheta'^2 : \theta^2.$$

Damit entsteht die Formel

$$\theta^2\Theta(v) = \theta''\theta^2(v) - \vartheta'^2\vartheta^2(v).$$

Ganz ähnlich werden die andern drei Formeln gewonnen. Wir stellen die vier neuen Formeln folgendermaßen zusammen:

$$\boxed{\begin{aligned}
\vartheta_3^2\vartheta_3^2(v)\,\Delta\frac{\vartheta_3'(v)}{\vartheta_3(v)} &= \vartheta_3\vartheta_3''\vartheta_3^2(v) + \vartheta'^2\vartheta^2(v)\\
\vartheta_2^2\vartheta_2^2(v)\,\Delta\frac{\vartheta_2'(v)}{\vartheta_2(v)} &= \vartheta_2\vartheta_2''\vartheta_2^2(v) - \vartheta'^2\vartheta^2(v)\\
\vartheta_1^2\vartheta_1^2(v)\,\Delta\frac{\vartheta_1'(v)}{\vartheta_1(v)} &= \vartheta_1\vartheta_1''\vartheta_1^2(v) - \vartheta'^2\vartheta^2(v)\\
\vartheta_3^2\vartheta^2(v)\,\Delta\frac{\vartheta'(v)}{\vartheta(v)} &= \vartheta_3\vartheta_3''\vartheta^2(v) - \vartheta'^2\vartheta_3^2(v)
\end{aligned}}\,.$$

Dabei bedeutet $\Delta\varphi(v)$ die Ableitung von $\varphi(v)$ nach v.

III.

Das Additionstheorem der Hauptthetafunktionen

Die Funktion $\vartheta_2(v+\alpha)\vartheta_3(v-\alpha)$, in welcher v das Argument, α eine Konstante bedeutet, ist eine Thetafunktion zweiter Ordnung mit der Charakteristik (0,1) und damit den beiden Thetafunktionen $\vartheta_2(v)\vartheta_3(v)$ und $\vartheta_1(v)\vartheta(v)$ verwandt. Die drei genannten Funktionen sind deshalb linear abhängig:

$$\vartheta_2(v+\alpha)\,\vartheta_3(v-\alpha)=A\vartheta_2(v)\,\vartheta_3(v)+B\vartheta_1(v)\,\vartheta(v),$$

wo A und B gewisse Konstanten sind.
Um A zu bestimmen, setzen wir $v=0$; das gibt

$$A=\vartheta_2(\alpha)\,\vartheta_3(\alpha):\vartheta_2\vartheta_3\,.$$

Zur Bestimmung von B setzen wir (wegen $\vartheta_2(\mathfrak{b})=0$) $v=\mathfrak{b}=\frac{\omega}{2}$. Das gibt

$$\vartheta_2(\alpha+\mathfrak{b})\cdot\vartheta_3(\alpha-\mathfrak{b})=B\vartheta_1(\mathfrak{b})\cdot\vartheta(\mathfrak{b})$$

oder nach der Zwölfformeltabelle (§ 73)

$$if_2\vartheta(\alpha)\cdot f_3\vartheta_1(\alpha)=Bf_1\vartheta_3\cdot if\vartheta_2$$

mit $\qquad f_2=\iota^{\alpha+\frac{\omega}{4}},\qquad f_3=\iota^{-\alpha+\frac{\omega}{4}},\qquad f_1=\iota^{\frac{\omega}{4}},\qquad f=\iota^{\frac{\omega}{4}},$

folglich $\qquad B=\vartheta_1(\alpha)\,\vartheta(\alpha):\vartheta_2\vartheta_3.$

Unsere Linearrelation lautet also

$$\vartheta_2\vartheta_3\vartheta_2(v+\alpha)\,\vartheta_3(v-\alpha)=\vartheta_2(\alpha)\,\vartheta_3(\alpha)\,\vartheta_2(v)\,\vartheta_3(v)+\vartheta_1(\alpha)\,\vartheta(\alpha)\,\vartheta_1(v)\,\vartheta(v).$$

Auf die beschriebene Weise lassen sich folgende 10 Formeln gewinnen, in denen (wir schreiben jetzt u statt α) u und v zwei beliebige komplexe Größen bedeuten.

$$\begin{aligned}
\vartheta_1^2\,\vartheta_1(u+v)\,\vartheta_1(u-v) &= \vartheta_1^2(u)\,\vartheta_1^2(v)-\vartheta^2(u)\,\vartheta^2(v)\\
\vartheta_2^2\,\vartheta_2(u+v)\,\vartheta_2(u-v) &= \vartheta_2^2(u)\,\vartheta_2^2(v)-\vartheta^2(u)\,\vartheta^2(v)\\
\vartheta_3^2\,\vartheta_3(u+v)\,\vartheta_3(u-v) &= \vartheta_3^2(u)\,\vartheta_3^2(v)+\vartheta^2(u)\,\vartheta^2(v)\\
\vartheta_2^2\,\vartheta(u+v)\,\vartheta(u-v) &= \vartheta^2(u)\,\vartheta_2^2(v)-\vartheta_2^2(u)\,\vartheta^2(v)
\end{aligned}$$

$$\begin{aligned}
\vartheta_2\vartheta_3\vartheta_2(u+v)\,\vartheta_3(u-v) &= \vartheta_2(u)\,\vartheta_3(u)\,\vartheta_2(v)\,\vartheta_3(v)+\vartheta_1(u)\,\vartheta(u)\,\vartheta_1(v)\,\vartheta(v)\\
\vartheta_3\vartheta_1\vartheta_3(u+v)\,\vartheta_1(u-v) &= \vartheta_3(u)\,\vartheta_1(u)\,\vartheta_3(v)\,\vartheta_1(v)+\vartheta_2(u)\,\vartheta(u)\,\vartheta_2(v)\,\vartheta(v)\\
\vartheta_1\vartheta_2\vartheta_1(u+v)\,\vartheta_2(u-v) &= \vartheta_1(u)\,\vartheta_2(u)\,\vartheta_1(v)\,\vartheta_2(v)-\vartheta_3(u)\,\vartheta(u)\,\vartheta_3(v)\,\vartheta(v)
\end{aligned}$$

$$\begin{aligned}
\vartheta_2\vartheta_3\vartheta_1(u+v)\,\vartheta(u-v) &= \vartheta_1(u)\,\vartheta(u)\,\vartheta_2(v)\,\vartheta_3(v)-\vartheta_2(u)\,\vartheta_3(u)\,\vartheta_1(v)\,\vartheta(v)\\
\vartheta_3\vartheta_1\vartheta_2(u+v)\,\vartheta(u-v) &= \vartheta_2(u)\,\vartheta(u)\,\vartheta_3(v)\,\vartheta_1(v)-\vartheta_3(u)\,\vartheta_1(u)\,\vartheta_2(v)\,\vartheta(v)\\
\vartheta_1\vartheta_2\vartheta_3(u+v)\,\vartheta(u-v) &= \vartheta_3(u)\,\vartheta(u)\,\vartheta_1(v)\,\vartheta_2(v)-\vartheta_1(u)\,\vartheta_2(u)\,\vartheta_3(v)\,\vartheta(v)
\end{aligned}$$

Um eine bequeme Bezeichnung zu haben, nennen wir diese Zehnformeltabelle kurz das *Additionstheorem* der Thetafunktionen.

2° Anwendungen des Transformationssatzes

Die einfachsten Transformationen entstehen durch die Ansätze

$$\begin{pmatrix} a & b \\ c & d \end{pmatrix} = \begin{pmatrix} 1 & 1 \\ 0 & 1 \end{pmatrix} \quad \text{und} \quad \begin{pmatrix} a & b \\ c & d \end{pmatrix} = \begin{pmatrix} 0 & -1 \\ +1 & 0 \end{pmatrix},$$

bei denen die Koeffizienten a, b, c, d einfachste Ganzzahlen sind und ihre Determinante

$$\mathfrak{e} = 1$$

ist. Die zugehörigen Transformationsformeln lauten

$$V = v, \qquad \Omega = \omega + 1$$

bzw.

$$V = \frac{v}{\omega}, \qquad \Omega = -\frac{1}{\omega}.$$

I. Die Transformation $V = v,\ \Omega = \omega + 1$.

Nach dem Transformationssatze ist $\vartheta_3(V, \Omega)$ eine Thetafunktion erster Ordnung $\theta(v, \omega)$ mit der Charakteristik (0,1). Sie ist somit der Funktion $\vartheta_2(v, \omega)$ verwandt. Da aber zwei verwandte Thetafunktionen erster Ordnung linear abhängig sind, besteht eine Beziehung von der Form

$$\vartheta_3(V, \Omega) = A\,\vartheta_2(v, \omega).$$

Aus dieser kann man sogleich drei weitere Beziehungen erhalten, wenn man v sukzessiv durch $v + \mathfrak{a},\ v + \mathfrak{b},\ v + \mathfrak{c}$ ersetzt und dann die Zwölfformeltafeln des vorigen Paragraphen anwendet. So ergibt sich, $\iota^{-\frac{\omega}{4}} = e^{+\frac{i\pi}{4}} = +\sqrt{i}$ gesetzt,

$$\vartheta_2(V, \Omega) = A\,\vartheta_3(v, \omega), \qquad \vartheta_1(V, \Omega) = A\sqrt{i}\,\vartheta_1(v, \omega), \qquad \vartheta(V, \Omega) = A\sqrt{i}\,\vartheta(v, \omega).$$

Die Bestimmung der Konstante A erfolgt am einfachsten durch Einführung der unendlichen Reihe für die Funktion $\vartheta_2(v, \omega)$ bzw. $\vartheta_3(V, \Omega)$. Unsere erste Beziehung verwandelt sich dann in

$$\Sigma Q^{n^2} Z^n = A\,\Sigma \iota^n q^{n^2} z^n$$

mit

$$Q = \iota^{\Omega} = \iota^{\omega+1} = \iota q, \qquad Z = \iota^{2V} = \iota^{2v} = z.$$

Daher wird

$$\Sigma \iota^{n^2} q^{n^2} z^n = A\,\Sigma \iota^n q^{n^2} z^n,$$

woraus wegen $\iota^{n^2} = \iota^n$ folgt:

$$A = 1.$$

Ergebnis:

$$\boxed{\begin{array}{ll} \vartheta_3(v, \omega+1) = \vartheta_2(v, \omega), & \vartheta_2(v, \omega+1) = \vartheta_3(v, \omega) \\ \vartheta_1(v, \omega+1) = \sqrt{i}\,\vartheta_1(v, \omega), & \vartheta(v, \omega+1) = \sqrt{i}\,\vartheta(v, \omega) \end{array}}$$

mit

$$\sqrt{i} = \iota^{-\frac{\omega}{4}} = e^{+\frac{i\pi}{4}} = \frac{1+i}{\sqrt{2}}.$$

II. Die Transformation $V = \frac{v}{\omega}, \quad \Omega = -\frac{1}{\omega}$.

Nach dem Transformationssatze ist $\iota^{Vv}\vartheta_3(V, \Omega)$ eine Thetafunktion erster Ordnung $\theta(v, \omega)$ mit den Charakteren 0 und 0. Sie ist somit der Funktion $\vartheta_3(v, \omega)$ verwandt. Da aber zwei verwandte Thetafunktionen erster Ordnung linear abhängig sind, besteht eine Beziehung von der Form

$$\iota^{Vv}\vartheta_3(V, \Omega) = B\vartheta_3(v, \omega).$$

In dieser Relation ersetzen wir v sukzessive durch $v + \mathfrak{a}$, $v + \mathfrak{b}$, $v + \mathfrak{c}$ und erhalten unter Heranziehung der Zwölfformeltafel des vorigen Paragraphen die drei weiteren Relationen

$$\iota^{Vv}\vartheta_1(V, \Omega) = B\vartheta_2(v, \omega), \quad \iota^{Vv}\vartheta_2(V, \Omega) = B\vartheta_1(v, \omega), \quad i\,\iota^{Vv}\vartheta(V, \Omega) = B\vartheta(v, \omega).$$

Jetzt handelt es sich darum, die Konstante B zu ermitteln.

Wir setzen in den drei ersten Formeln $v = 0$ und multiplizieren sie miteinander.

Das gibt $\quad \vartheta_1(0, \Omega)\,\vartheta_2(0, \Omega)\,\vartheta_3(0, \Omega) = B^3\vartheta_1(0, \omega)\,\vartheta_2(0, \omega)\,\vartheta_3(0, \omega)$.

Wir differenzieren die vierte Formel nach v und setzen in der entstehenden Gleichung $v = 0$. Das gibt

$$i\vartheta'(0, \Omega) = \omega B\vartheta'(0, \omega).$$

Wir teilen die zweite der gefundenen Gleichungen durch die erste und erhalten

$$i \cdot \frac{\vartheta'(0, \Omega)}{\vartheta_1(0, \Omega)\,\vartheta_2(0, \Omega)\,\vartheta_3(0, \Omega)} = \frac{\omega}{B^2} \cdot \frac{\vartheta'(0, \omega)}{\vartheta_1(0, \omega)\,\vartheta_2(0, \omega)\,\vartheta_3(0, \omega)}.$$

Da jeder der beiden in dieser Gleichung rechts stehenden Brüche den Wert π hat, wird $\quad B^2 = -i\omega \quad$ und $\quad B = \sqrt{-i\omega}$.

Hier muß noch das Vorzeichen der Wurzel bestimmt werden.

Nun folgt aus der Relation $\iota^{Vv}\vartheta_3(V, \Omega) = B\vartheta_3(v, \omega)$ für $v = 0$ und rein imaginäres ω, $\omega = i\sigma$, also auch rein imaginäres Ω, $\Omega = i\mathfrak{S} = i : \sigma$

$$\Sigma Q^{n^2} = B\Sigma q^{n^2} \qquad \text{mit} \quad Q = e^{-\pi\mathfrak{S}}, \quad q = e^{-\pi\sigma},$$

daß B für rein imaginäres ω positiv ist.

Mithin ist $\sqrt{-i\omega}$ mit positivem Realteil zu nehmen.

Ergebnis:

$$\boxed{\begin{aligned} M\vartheta_3\left(\frac{v}{\omega}, -\frac{1}{\omega}\right) &= \sqrt{-i\omega}\,\vartheta_3(v, \omega) \\ M\vartheta_1\left(\frac{v}{\omega}, -\frac{1}{\omega}\right) &= \sqrt{-i\omega}\,\vartheta_2(v, \omega) \\ M\vartheta_2\left(\frac{v}{\omega}, -\frac{1}{\omega}\right) &= \sqrt{-i\omega}\,\vartheta_1(v, \omega) \\ Mi\vartheta\left(\frac{v}{\omega}, -\frac{1}{\omega}\right) &= \sqrt{-i\omega}\,\vartheta(v, \omega) \end{aligned}}, \qquad \left[\begin{aligned} M &= \iota^{Vv} \\ &= e^{-i\pi v^2 : \omega} \end{aligned}\right].$$

Dabei ist die Wurzel $\sqrt{-i\omega}$ mit positivem Realteil zu nehmen.

Zweiter Abschnitt

Weierstraß' elliptische Funktionen

§ 75. DOPPELTPERIODISCHE FUNKTIONEN

Unter einer *doppeltperiodischen* oder *elliptischen Funktion* versteht man eine meromorphe Funktion, die zwei primitive Perioden besitzt. Zwei Perioden ω_1 und ω_2 heißen *primitiv*, wenn jede Periode der Funktion ein Linearkompositum $h\omega_1 + k\omega_2$ von ω_1 und ω_2 mit ganzzahligen Koeffizienten h und k ist und ω_1 und ω_2 nicht Multipla einer Zahl sind.

Satz 1:

Eine doppeltperiodische Funktion $f(u)$ mit reellem Primitivperiodenverhältnis existiert nicht.

Beweis. Angenommen, die Funktion $f(u)$ besitze die beiden Primitivperioden ω_1 und ω_2 mit dem *reellen* Verhältnis $\omega = \omega_2 : \omega_1$.
Wir dürfen ω als positiv voraussetzen und nehmen außerdem $|\omega_2| > |\omega_1|$ an.
Wir setzen $\omega_2 = a$, $\omega_1 = b$ und wenden auf die Division $a : b$ den euklidischen Algorithmus an:

$$\begin{aligned} a &= Ab + c, \\ b &= Bc + d, \\ c &= Cd + e, \\ d &= De + f, \\ &\cdots\cdots \end{aligned}$$

wobei $A, B, C, \ldots$ Ganzzahlen sind und $c, d, e, \ldots$ Reste sein sollen, derart, daß jeder Rest betraglich höchstens die Hälfte seines Vorgängers ausmacht und auch $|c| \leqq |b| : 2$ ist.
Liest man die Algorithmuszeilen von oben nach unten, so stellt man sukzessiv fest, daß alle Reste $c, d, e, f, \ldots$ *Perioden* sind.
Nun unterscheiden wir zwei Fälle:

$$1^\circ \ \frac{a}{b} \text{ ist rational,} \qquad 2^\circ \ \frac{a}{b} \text{ ist irrational.}$$

Im ersten Falle bricht der Algorithmus irgendwo, etwa mit der 5. Zeile ab, so daß letztere

$$e = Ef$$

lautet. Liest man diesen Algorithmus von unten nach oben, so findet man sukzessiv, daß e, d, c, b, a alle Multipla von f sind. In diesem Falle sind also die beiden Perioden ω_1 und ω_2 Multipla der Periode f, was aber der Voraussetzung der Primitivität widerstreitet.
Im zweiten Falle bricht der Algorithmus nicht ab, kann man also, wenn man ihn weit genug fortsetzt, zu beliebig vielen betraglich beliebig kleinen Perioden gelangen.

Es sei nun p ein Punkt der u-Ebene derart, daß sich $f(u)$ in der Umgebung δ von p regulär verhält.
Wir bilden die unendlich vielen Reste $\varrho_1, \varrho_2, \varrho_3, \ldots$, welche betraglich unterhalb δ liegen, und setzen $p + \varrho_\nu = p_\nu$.
Da alle diese Reste Perioden sind, ist

$$f(p) = f(p_1) = f(p_2) = \ldots,$$

und da $|\varrho_\nu| < \delta$ ist, liegen alle Punkte $p_1, p_2, p_3, \ldots$ in der Umgebung δ.
Daher besitzt die Regulärfunktion $f(u) - f(p)$ in der Umgebung δ unendlich viele Nullstellen, eine Erscheinung, die nur möglich ist, wenn die Funktion $f(u)$ eine Konstante ist. Da aber bei unserem Satze der Fall $f(u) = \text{const}$ natürlich nicht einbegriffen ist, so widerstreitet auch der Fall eines irrationalen Periodenverhältnisses $a : b$ der Voraussetzung der Primitivität.
Damit ist unser Satz bewiesen.

Wenn also überhaupt doppeltperiodische Funktionen existieren, so muß das Primitivperiodenverhältnis nichtreell sein.

Satz 2:

Sind ω_1 und ω_2 Zahlen mit nichtreellem Verhältnis, so gibt es stets doppeltperiodische Funktionen $f(u)$ mit den Perioden ω_1 und ω_2.

Beweis. Wir konstruieren in der u-Ebene die Punkte $m\omega_1 + n\omega_2$, wo m und n unabhängig voneinander alle Ganzzahlen durchlaufen. Diese Punkte bilden ein sog. *Punktgitter*, welches am anschaulichsten hervortritt, wenn wir zu jedem „*Gitterpunkt*" oder „*Periodenpunkt*"

$$A = m\omega_1 + n\omega_2$$

das „*dem Punkte A zugeordnete Periodenparallelogramm*" $ABCD$ zeichnen, bei dem

$$B = A + \omega_1, \qquad C = B + \omega_2, \qquad D = A + \omega_2$$

ist. Die Gesamtheit dieser Parallelogramme bildet ein Netz parallelogrammatischer Maschen, dessen Knoten die Gitterpunkte sind.
Das dem Nullpunkt zugeordnete Parallelogramm (mit den Ecken $0, \omega_1, \omega_2, \omega_1 + \omega_2$) heißt das *Hauptparallelogramm* des Netzes.
Die denkbar einfachste doppeltperiodische Funktion ist die unendliche Reihe

$$f(u) = \sum{}' \frac{1}{(u - \mathfrak{p})^e},$$

in welcher e einen geeigneten positiven Exponenten bedeutet und $\mathfrak{p}$ alle Gitterpunkte oder Perioden

$$\mathfrak{p} = m\omega_1 + n\omega_2$$

durchläuft.
Wir zeigen, daß die unendliche Reihe für $e > 2$ in jedem Gebiet $\mathfrak{G}$ gleichmäßig konvergiert, welches dadurch entsteht, daß man aus einem beliebig weit ausgedehnten endlichen Gebiet die Umgebung δ (bei beliebig kleinem δ) jedes Periodenpunktes entfernt.

Wir vergleichen, unter x und y zwei reelle Variablen verstanden, den Ausdruck $s = |\omega_1 x + \omega_2 y|$ mit der positiven Wurzel $r = \sqrt{x^2+y^2}$. Wie man leicht feststellt, ist das Minimum des Quotienten $s:r$ eine (durch die Bestandteile der Perioden ω_1 und ω_2 leicht ausdrückbare) endliche *positive* Zahl E. Daher ist für jedes Zahlenpaar x, y

$$s \geqq \mathsf{E} r.$$

Dieser Ungleichung zufolge wird

$$\frac{1}{|\mathfrak{p}|^e} \leqq \frac{1}{\mathsf{E}^e r^e}.$$

Nun sei G der größte Wert von $|u|$ im Gebiet $\mathfrak{G}$. Wir achten nur auf die Glieder unserer unendlichen Reihe, in denen

$$\mathsf{E}\sqrt{m^2+n^2} > 2G, \qquad \text{also a. f.} \qquad |\mathfrak{p}| > 2G$$

ist. Sie bilden eine unendliche Reihe I, während die andern Glieder eine endliche Reihe II bilden.

Für jedes Glied aus I ist

wegen $\quad |u-\mathfrak{p}| \geqq |\mathfrak{p}| - |u| \quad$ und $\quad |u| < G < \dfrac{|\mathfrak{p}|}{2}$

$$|u-\mathfrak{p}| > |\mathfrak{p}| : 2,$$

mithin

$$\frac{1}{|u-\mathfrak{p}|^e} < \frac{2^e}{|\mathfrak{p}|^e}.$$

Nach der Ungleichung $s \geqq \mathsf{E} r$ ist

$$|\mathfrak{p}| \geqq \mathsf{E}\sqrt{m^2+n^2},$$

folglich

$$\frac{1}{|u-\mathfrak{p}|^e} < \frac{H}{\sqrt{m^2+n^2}^{\,e}} \qquad \text{mit } H = 2^e : \mathsf{E}^e$$

und, wenn I' die Summe der Beträge der Glieder von I bedeutet,

$$I' < H \sum \frac{1}{\sqrt{m^2+n^2}^{\,e}},$$

wo m und n unabhängig voneinander alle Ganzzahlen durchlaufen, jedoch der Fall $m = n = 0$ ausgeschlossen ist.

Wir nehmen von der rechtsstehenden Summe nur die Glieder mit nichtnegativen m, n und haben

$$I' < 4H \sum \frac{1}{\sqrt{m^2+n^2}^{\,e}}.$$

Da aber $\sqrt{m^2+n^2} > \dfrac{m+n}{2}$ ist, schreiben wir

$$I' < K \sum \frac{1}{(m+n)^e} \qquad \text{mit } K = 4^{e+1} : \mathsf{E}^e.$$

Nun ist die Anzahl der Fälle, in denen $m+n$ gleich einer festen natürlichen Zahl ν wird, $\nu+1$. Folglich wird

$$I' < K\sum' \frac{\nu+1}{\nu^e},$$

also wegen $\nu+1 < 2\nu$ erst recht

$$I' < 2K\sum' \frac{1}{\nu^{e-1}},$$

wo ν alle natürlichen Zahlen durchläuft.
Die rechtsstehende Reihe konvergiert für $e-1>1$ d. h. für $e>2$.
Für $e>2$ ist demnach die Reihe I eine Minorante der konvergenten Reihe

$$\sum' \frac{H}{\sqrt{m^2+n^2}^e} \qquad \text{(mit } e>2)$$

und stellt sonach eine in $\mathfrak{G}$ gleichmäßig (und absolut) konvergente Reihe dar. Daher ist I eine Regulärfunktion in $\mathfrak{G}$, und da sich II ebenfalls in $\mathfrak{G}$ regulär verhält, ist auch $I+II$ oder $f(u)$ eine in $\mathfrak{G}$ reguläre Funktion von u.
Da außerdem aus dem Anblick von $f(u)$ unmittelbar hervorgeht, daß $f(u)$ die Perioden ω_1 und ω_2 besitzt, so haben wir das Ergebnis:
Die Reihe

$$f(u) = \sum' \frac{1}{(u-\mathfrak{p})^e} \qquad \text{mit} \quad e>2,$$

in welcher $\mathfrak{p}$ *alle Perioden* $\mathfrak{p}=m\omega_1+n\omega_2$ *durchläuft, ist eine doppeltperiodische Funktion von* u.

Der einfachste Fall entsteht für $e=3$, und wir haben den

Satz 3:

Die Funktion

$$\mathfrak{q}(u) = \sum' \frac{1}{(u-\mathfrak{p})^3},$$

wobei $\mathfrak{p}$ *alle Perioden* $m\omega_1+n\omega_2$ *durchläuft, ist eine doppeltperiodische Funktion, welche im Endlichen als einzige Singularitäten die Pole dritter Ordnung* $m\omega_1+n\omega_2$ *mit beliebig ganzzahligen* m *und* n *besitzt.*

Mit diesem Ergebnis ist die Existenz und Konstruktion doppeltperiodischer Funktionen sichergestellt.
Wir wählen im folgenden die Zeiger der Primitivperioden ω_1 und ω_2 einer doppeltperiodischen Funktion stets so, daß der Quotient

$$\omega = \omega_2 : \omega_1$$

einen positiven Imaginärteil besitzt, daß also die konkave Drehung um den Nullpunkt, welche den Strahl $0\omega_1$ auf den Strahl $0\omega_2$ führt, im positiven Sinne erfolgt.

Grad einer doppeltperiodischen Funktion

Wie wir oben jedem Periodenpunkte $A = m\omega_1 + n\omega_2$ das Periodenparallelogramm $ABCD$ mit den Ecken

$$A, \quad B = A + \omega_1, \quad C = B + \omega_2, \quad D = A + \omega_2$$

entsprechen ließen, so ordnet man allgemein jedem Punkte A der u-Ebene — auch wenn er kein Periodenpunkt ist — das „*Periodenparallelogramm*" $ABCD$ mit den Ecken

$$A, \quad B = A + \omega_1, \quad C = B + \omega_2, \quad D = A + \omega_2$$

zu und bezeichnet es als das Periodenparallelogramm $[A]$, auch kurz als das Parallelogramm $\mathfrak{P}$.

Ist u ein beliebiger Innenpunkt von $\mathfrak{P}$, so stellt $v = u + \mathfrak{p}$, wo $\mathfrak{p} = x\omega_1 + y\omega_2$ eine beliebige Periode bedeutet, bei der die Ganzzahlen x und y nicht gleichzeitig verschwinden, einen Punkt außerhalb von $\mathfrak{P}$ dar. Ist umgekehrt v ein außerhalb von $\mathfrak{P}$ liegender Punkt, so gibt es genau ein Ganzzahlenpaar x, y derart, daß $u = v - \mathfrak{p}$ im Innern von $\mathfrak{P}$ liegt.

Man nennt zwei Punkte u und v, die sich nur um eine Periode unterscheiden, *einander kongruent modulis* ω_1, ω_2 und schreibt

$$u \equiv v \bmod \omega_1, \omega_2.$$

Wenn wie hier immer nur von denselben Ausgangsperioden ω_1, ω_2 und ihren ganzzahligen Kompositen die Rede ist, kann auf den Zusatz „modulis ω_1, ω_2" verzichtet und einfach

$$u \equiv v$$

geschrieben werden.

Wir können dann sagen:

Jeder Punkt außerhalb von $\mathfrak{P}$ ist genau einem Innenpunkte von $\mathfrak{P}$ kongruent.

Wir geben diesem Satze die einfachere und noch weiter reichende Fassung:

Jeder Punkt ist genau einem Punkte eines vorgelegten Periodenparallelogramms kongruent.

Um die Gültigkeit dieses Satzes verbürgen zu können, muß allerdings folgende Festsetzung getroffen werden:

Zum *Periodenparallelogramm* $[A]$ gehören *nur* die Innenpunkte und die auf AB und AD liegenden Randpunkte mit Ausnahme von B und D.

Die Notwendigkeit dieser Festsetzung leuchtet ein, wenn man bedenkt, daß zu jedem Punkte der Seite AB bzw. AD ein kongruenter Punkt der Seite CD bzw. BC existiert.

Da sich zwei kongruente Punkte um eine Periode unterscheiden, und da eine doppeltperiodische Funktion sich bei Vermehrung ihres Arguments um eine Periode nicht ändert, so gilt der wichtige

Satz:

An kongruenten Stellen besitzt eine doppeltperiodische Funktion gleiche Werte.

Fundamentalsatz:

Der ganze Wertevorrat einer doppeltperiodischen Funktion wird im Periodenparallelogramm angenommen.

Beweis. $\mathfrak{P}$ sei ein beliebiges Periodenparallelogramm, γ irgendein Wert, den die doppeltperiodische Funktion $F(u)$ etwa im Punkte $u = c$ annimmt. In $\mathfrak{P}$ gibt es genau eine Stelle $c' \equiv c$. Da $c' = c + \mathfrak{p}$ ist, wo $\mathfrak{p}$ eine gewisse Periode bedeutet, und da sich $F(u)$ bei Vermehrung des Arguments um $\mathfrak{p}$ nicht ändert, so ist

$$F(c') = F(c), \qquad \text{mithin} \quad F(c') = \gamma.$$

Folglich wird der Funktionswert γ an der Stelle c' des Periodenparallelogramms angenommen.

Satz:

Doppeltperiodische Funktionen ohne Pole gibt es nicht.

Beweis. Ist $F(u)$ eine doppeltperiodische Funktion mit den Perioden ω_1 und ω_2, die nirgends unendlich wird, so besitzen die Werte der Funktion in einem beliebigen Periodenparallelogramm betraglich eine endliche obere Schranke E. Wegen der Kongruenz jedes Punktes u der u-Ebene mit einem geeigneten Punkte u_0 des Periodenparallelogramms und der daraus resultierenden Gleichung $F(u) = F(u_0)$ liegen *sämtliche* Werte der Funktion betraglich unterhalb E. Daher ist $F(u)$ nach Lionvilles Satz eine ***Konstante***, ein trivialer Fall, der bei unserem Satze natürlich nicht gemeint ist.
Unter dem *Grade* einer doppeltperiodischen Funktion versteht man die Anzahl ihrer im Periodenparallelogramm liegenden Pole.
Es gilt folgender

Fundamentalsatz:

Eine doppeltperiodische Funktion nimmt im Periodenparallelogramm jeden Wert so oft an wie ihr Grad anzeigt.

Beweis. $F(u)$ sei eine doppeltperiodische Funktion mit den Perioden ω_1 und ω_2, γ ein beliebig vorgelegter endlicher Wert. Wir denken uns ein Periodenparallelogramm $\mathfrak{P}$ bzw. $ABCD$, auf dessen Rande $F(u)$ nirgends den Wert γ annimmt, sowie nirgends unendlich wird, und setzen $F(u) - \gamma = \mathfrak{F}(u)$. Dann stellt das über den Rand $\mathfrak{r}$ von $\mathfrak{P}$ erstreckte Integral

$$\tau \int_{\mathfrak{r}} \Phi(u)\, du \qquad \text{mit} \quad \Phi(u) = \mathfrak{F}'(u) : \mathfrak{F}(u)$$

nach Cauchys Stellensatz die Differenz $m - n$ dar, in welcher der Minuend bzw. Subtrahend die Anzahl der Nullstellen bzw. Pole der Funktion $\mathfrak{F}(u)$ in $\mathfrak{P}$ bedeutet. [Da $\omega = \omega_2 : \omega_1$ einen positiven Imaginärteil hat, folgen die Ecken A, B, C, D, A im positiven Umlaufssinne aufeinander.]
Nun ist

$$\int_{\mathfrak{r}} \Phi(u)\, du = \int_A^B \Phi(u)\, du + \int_B^C \Phi(u)\, du + \int_C^D \Phi(u)\, du + \int_D^A \Phi(u)\, du.$$

Da aber $\Phi(u)$ in den Punkten von BC bzw. CD dieselben Werte besitzt wie in den kongruenten Punkten von AD bzw. AB, so ist

$$\int_B^C \Phi(u)\,du = \int_A^D \Phi(u)\,du \qquad \text{und} \qquad \int_C^D \Phi(u)\,du = \int_B^A \Phi(u)\,du\,,$$

mithin

$$\int_{\mathfrak{r}} \Phi(u)\,du = 0$$

und folglich

$$m = n\,.$$

Damit ist der Satz bewiesen, denn m, als Nullstellenzahl von $\mathfrak{F}(u)$ in $\mathfrak{P}$ gibt an, wie oft $F(u)$ in $\mathfrak{P}$ den Wert γ annimmt, und n als Polzahl von $\mathfrak{F}(u)$ und damit von $F(u)$ in $\mathfrak{P}$ gibt den Grad von $F(u)$ an.

Da eine doppeltperiodische Funktion n-ten Grades jeden Wert im Periodenparallelogramm n-mal annimmt, heißt die Funktion *n-wertig.*

Die oben gefundene doppeltperiodische Funktion

$$\mathfrak{q}(u) = \sum \frac{1}{(u - \mathfrak{p})^3}$$

besitzt im Periodenparallelogramm $[\mathfrak{p}]$ nur den einen Pol $\mathfrak{p}$, und dieser ist dritter Ordnung.

Die Funktion $\mathfrak{q}(u)$ ist also eine doppeltperiodische Funktion *dritten* Grades.

Es gibt auch, wie wir sehen werden, doppeltperiodische Funktionen *zweiten* Grades. Jedoch besteht der

Satz:

Doppeltperiodische Funktionen ersten Grades gibt es nicht.

Beweis. Angenommen, $F(u)$ sei eine doppeltperiodische Funktion ersten Grades. Ist α eine Nullstelle der Funktion, so gilt in einer gewissen Umgebung der Stelle die konvergente Taylorentwicklung

$$F(u) = A(u-\alpha) + B(u-\alpha)^2 + C(u-\alpha)^3 + \cdots,$$

worin A wegen der *Einfachheit* der Nullstelle nicht verschwindet, und folglich in einer gewissen (andern) Umgebung der Stelle die Laurententwicklung

$$\mathfrak{F}(u) = 1 : F(u) = \frac{\mathfrak{A}}{u-\alpha} + \mathfrak{B} + \mathfrak{C}(u-\alpha) + \mathfrak{D}(u-\alpha)^2 + \cdots$$

gilt, in welcher $\mathfrak{A} = 1 : A$ nicht verschwindet.

Wir konstruieren ein Periodenparallelogramm $\mathfrak{P}$, in dessen Innern der Punkt α liegt, und betrachten in diesem die doppeltperiodische Funktion ersten Grades $\mathfrak{F}(u)$. Sie besitzt als solche in $\mathfrak{P}$ nur eine Singularität: den einfachen Pol $u = \alpha$. Nach Cauchys Residuensatz hat also das über den Rand $\mathfrak{r}$ von $\mathfrak{P}$ erstreckte Integral von $\mathfrak{F}(u)$ den Wert

$$\int_{\mathfrak{r}} \mathfrak{F}(u)\,du = 2\,i\pi R,$$

wo R das Residuum von $\mathfrak{F}(u)$ an der Stelle $u = \alpha$ ist.

Wegen der Periodizität von $\mathfrak{F}(u)$ verschwindet die linke Seite dieser Residuumformel, während die rechte Seite wegen $R = \mathfrak{A}$ von Null verschieden ist. Dieser Widerspruch verschwindet nur, wenn man das Nichtvorhandensein doppeltperiodischer Funktionen ersten Grades zugibt.

Der niedrigste Grad einer doppeltperiodischen Funktion ist also 2.

Um zu einer doppeltperiodischen Funktion zweiten Grades zu gelangen, brauchen wir nur, wie sich zeigen wird, die obige Funktion $\mathfrak{q}(u)$ dritten Grades:

$$\mathfrak{q}(u) = \sum \frac{1}{(u-\mathfrak{p})^3}$$

im Gebiet $\mathfrak{G}$ zu integrieren. Um dabei den Nullpunkt in das Integrationsgebiet einzubeziehen, betrachten wir statt $\mathfrak{q}(u)$ die Funktion

$$\mathfrak{Q}(u) = \mathfrak{q}(u) - \frac{1}{u^2} = \sum{}' \frac{1}{(u-\mathfrak{p})^3},$$

wobei das Summenzeichen Σ' bedeutet, daß $\mathfrak{p}$ alle *von Null verschiedenen* Perioden durchläuft.

Die rechtsstehende neue Reihe konvergiert in jedem Gebiet $\mathfrak{G}'$ gleichmäßig (und absolut), welches sich ergibt, wenn aus einem beliebig weit ausgedehnten endlichen Gebiet die kleine Umgebung δ jedes von Null verschiedenen Periodenpunktes herausgenommen wird.

Da die Reihe für $\mathfrak{Q}(u)$ in $\mathfrak{G}'$ gleichmäßig konvergiert, kann sie gliedweise integriert werden, und die durch diese Integration entstehende Reihe konvergiert in $\mathfrak{G}'$ wieder gleichmäßig.

Wir erhalten also für jeden in $\mathfrak{G}'$ vom Nullpunkte bis zum Punkte u verlaufenden Integrationsweg

$$\int_0^u \mathfrak{Q}(u)\,du = \sum{}' \int_0^u \frac{du}{(u-\mathfrak{p})^3} = -\frac{1}{2} \sum \left[\frac{1}{(u-\mathfrak{p})^2} - \frac{1}{\mathfrak{p}^2}\right].$$

Wir bilden nun, unter $\wp$ ein neues [von Weierstraß vorgeschlagenes] Funktionszeichen verstanden, die Funktion

$$\wp(u) = \frac{1}{u^2} + \sum{}' \left[\frac{1}{(u-\mathfrak{p})^2} - \frac{1}{\mathfrak{p}^2}\right],$$

(wobei $\mathfrak{p}$ alle nichtverschwindenden Perioden durchläuft) und wissen folgendes:

1° $\wp(u)$ ist eine meromorphe Funktion mit den Periodenpunkten als Polen,

2° die Ableitung von $\wp(u)$ ist

$$\wp'(u) = -2\,\mathfrak{q}(u),$$

3° wenn man das Argument u um ω_1 bzw. ω_2 vermehrt, wächst die Funktion $\wp(u)$ um eine Konstante C_1 bzw. C_2:

$$\wp(u+\omega_1) = \wp(u) + C_1 \qquad \text{bzw.} \qquad \wp(u+\omega_2) = \wp(u) + C_2.$$

(Die dritte Eigenschaft folgt ohne weiteres daraus, daß die Ableitung der Funktion $\wp(u+\omega_1) - \wp(u)$ bzw. $\wp(u+\omega_2) - \wp(u)$ wegen der Periodizität von $\mathfrak{q}(u)$ verschwindet.)

Es handelt sich jetzt darum, die beiden Konstanten C_1 und C_2 zu bestimmen. Dazu dient der

Satz:

Die Funktion $\wp(u)$ ist eine grade Funktion von u:

$$\wp(-u) = \wp(u).$$

Beweis. In einer gewissen Umgebung des Nullpunktes konvergiert die Reihe

$$\frac{1}{(u-\mathfrak{p})^2} - \frac{1}{\mathfrak{p}^2} = \frac{2}{\mathfrak{p}^3} u + \frac{3}{\mathfrak{p}^4} u^2 + \frac{4}{\mathfrak{p}^5} u^3 + \cdots.$$

Da das aus derartigen Potenzreihen zusammengesetzte Σ' in $\mathfrak{G}'$ gleichmäßig konvergiert, können wir Weierstraß' Doppelreihensatz (§ 53) anwenden und bekommen

$$\wp(u) = \frac{1}{u^2} + a_1 u + a_2 u^2 + a_3 u^3 + \cdots$$

mit
$$a_n = (n+1) \sum' \frac{1}{\mathfrak{p}^{n+2}}.$$

In dieser Reihe verschwinden die mit ungraden Zeigern behafteten Koeffizienten, insofern die Summe

$$\sum' \frac{1}{\mathfrak{p}^m}$$

für ungrades m verschwindet [jedes Summenglied $1 : (h\omega_1 + k\omega_2)^m$ hebt sich gegen das Summenglied $1 : (-h\omega_1 - k\omega_2)^m$].
Folglich wird

$$\wp(u) = \frac{1}{u^2} + a_2 u^2 + a_4 u^4 + a_6 u^6 + \cdots$$

mit
$$a_2 = 3 \sum \frac{1}{\mathfrak{p}^4}, \qquad a_4 = 5 \sum \frac{1}{\mathfrak{p}^6}, \qquad a_6 = 7 \sum \frac{1}{\mathfrak{p}^8}, \quad \cdots$$

wo $\mathfrak{p}$ alle nichtverschwindenden Perioden durchläuft, und wo die Reihe $a_2 u^2 + a_4 u^4 + \cdots$ in einem Kreise $\mathfrak{K}$ absolut und gleichmäßig konvergiert, dessen Radius unterhalb des kleinsten der Beträge $|m\omega_1 + n\omega_2|$ liegt.
In $\mathfrak{K}$ ist nun

$$\wp(-u) = \wp(u),$$

verschwindet also die Funktion $P(u) = \wp(-u) - \wp(u)$ überall. Da sich die Funktion $P(u)$ aber in $\mathfrak{G}'$ regulär verhält, verschwindet sie nach Riemanns Satze auch in $\mathfrak{G}'$ überall. Folglich ist für *jedes* u $P(u) = 0$ oder

$$\wp(-u) = \wp(u), \qquad \text{w. z. b. w.}$$

Setzt man nun in der Gleichung

$$\wp(u + \omega_1) = \wp(u) + C_1 \qquad \text{bzw.} \qquad \wp(u + \omega_2) = \wp(u) + C_2$$

für u den Wert $-\omega_1 : 2$ bzw. $-\omega_2 : 2$, so geht sie wegen der Gradheit von $\wp(u)$ in

$$C_1 = 0 \qquad \text{bzw.} \qquad C_2 = 0$$

über. Folglich ist

$$\wp(u+\omega_1)=\wp(u) \qquad \text{und} \qquad \wp(u+\omega_2)=\wp(u).$$

Die Funktion $\wp(u)$ ist doppeltperiodisch; sie hat [wie $\mathfrak{q}(u)$] *die Perioden ω_1 und ω_2.*

Sie besitzt gemäß der Gleichung

$$\wp(u)=\frac{1}{u^2}+\sum{}'\left[\frac{1}{(u-\mathfrak{p})^2}-\frac{1}{\mathfrak{p}^2}\right]$$

im Hauptparallelogramm nur den einen Pol $u=0$, und dieser ist von zweiter Ordnung.

Folglich: *Die doppeltperiodische Funktion $\wp(u)$ hat den Grad 2; sie ist zweiwertig.*

Die im vorstehenden betrachteten doppeltperiodischen Funktionen $\mathfrak{q}(u)$ und $\wp(u)$ gewannen wir mit Hilfe gewisser Partialbruchreihen.
Ein besonders bequemes Mittel, doppeltperiodische Funktionen zu erzeugen, bieten die Thetafunktionen.
Jeder Quotient von zwei Thetafunktionen ganzzahliger Charakteristik und gleicher Ordnung bildet z. B. eine doppeltperiodische Funktion.
Nehmen wir etwa die beiden Hauptfunktionen $\vartheta_1(v)=\vartheta_1(v,\omega)$ und $\vartheta_3(v)=\vartheta_3(v,\omega)$ und bilden aus diesen die Funktion

$$\varphi(v)=\vartheta_1(v):\vartheta_3(v)$$

des Arguments v. Wie aus den Funktionalgleichungspaaren

$$\vartheta_1(v+1)=-\vartheta_1(v), \qquad \vartheta_1(v+\omega)=F\vartheta_1(v)$$

und

$$\vartheta_3(v+1)=\vartheta_3(v), \qquad \vartheta_3(v+\omega)=F\vartheta_3(v)$$

mit

$$F=q^{-1}z^{-1}=\iota^{2v+\omega}$$

ohne weiteres hervorgeht, besitzt diese Funktion die beiden Perioden 2 und ω:

$$\varphi(v+2)=\varphi(v), \qquad \varphi(v+\omega)=\varphi(v).$$

Mit Hilfe der Thetafunktionen lassen sich auch sofort doppeltperiodische Funktionen des Arguments u mit den beliebig vorgelegten Perioden ω_1 und ω_2 gewinnen.

Wir wählen, wie schon verabredet, die Periodenzeiger so, daß

$$\omega=\omega_2:\omega_1$$

einen positiven Imaginärteil besitzt.
Dann ist z. B. der Quotient der Quadrate zweier Hauptthetafunktionen des Arguments

$$v=u:\omega_1,$$

etwa

$$\Phi(u)=\vartheta_3^2(v):\vartheta^2(v),$$

eine doppeltperiodische Funktion von u mit den Perioden ω_1 und ω_2.

In der Tat ist

$$\Phi(u+\omega_1)=\left[\frac{\vartheta_3(v+1)}{\vartheta(v+1)}\right]^2=\left[\frac{\vartheta_3(v)}{\vartheta(v)}\right]^2=\Phi(u)$$

und

$$\Phi(u+\omega_2)=\left[\frac{\vartheta_3(v+\omega)}{\vartheta(v+\omega)}\right]^2=\left[\frac{\vartheta_3(v)}{\vartheta(v)}\right]^2=\Phi(u),$$

also $\Phi(u+\omega_1)=\Phi(u)$ und $\Phi(u+\omega_2)=\Phi(u)$.

Bei dieser Bildung einer doppeltperiodischen Funktion von u durch Thetafunktionen von v erscheint die doppeltperiodische Funktion als Quotient von zwei ganzen transzendenten Funktionen, wobei dann die Nullstellen v des Nenners bzw. Zählers vermittels der Vorschrift

$$u=\omega_1 v$$

die Pole bzw. Nullstellen u der doppeltperiodischen Funktion von u liefern.

Transformation der Primitivperioden

$f(u)$ sei eine doppeltperiodische Funktion mit dem Primitivperiodenpaare ω_1, ω_2. Wir fragen:

Besitzt die Funktion außer dem vorgelegten Primitivperiodenpaare noch andere Primitivperiodenpaare?

Ein Periodenpaar Ω_1, Ω_2 unserer Funktion ist dann und nur dann primitiv, wenn es zwei Ganzzahlenvierer A, B, C, D und a, b, c, d mit positiven Determinanten

$$E=AD-BC \qquad \text{und} \qquad e=ad-bc$$

gibt derart, daß

$$1^\circ \begin{cases}\Omega_1=A\omega_1+B\omega_2\\ \Omega_2=C\omega_1+D\omega_2\end{cases} \qquad 2^\circ \begin{cases}\omega_1=a\,\Omega_1+b\,\Omega_2\\ \omega_2=c\,\Omega_1+d\,\Omega_2\end{cases} \qquad \text{ist.}$$

Die Positivität der genannten Determinanten ist deshalb erforderlich, weil aus den für die Periodenverhältnisse $\omega=\omega_2:\omega_1$ und $\Omega=\Omega_2:\Omega_1$ geltenden Gleichungen

$$\Omega=\frac{C+D\omega}{A+B\omega}, \qquad \omega=\frac{c+d\Omega}{a+b\Omega}$$

hervorgeht, daß diese Verhältnisse nur dann einen positiven Imaginärteil besitzen, wenn die Determinanten E und e positiv sind.

Durch Auflösung der beiden Gleichungspaare nach ω_1, ω_2 bzw. Ω_1, Ω_2 entsteht

$$\begin{cases}\omega_1=\dfrac{D}{E}\Omega_1-\dfrac{B}{E}\Omega_2\\[2ex] \omega_2=-\dfrac{C}{E}\Omega_1+\dfrac{A}{E}\Omega_2\end{cases} \qquad \text{bzw.} \qquad \begin{cases}\Omega_1=\dfrac{d}{e}\omega_1-\dfrac{b}{e}\omega_2\\[2ex] \Omega_2=-\dfrac{c}{e}\omega_1+\dfrac{a}{e}\omega_2\end{cases}.$$

Da aber aus einer Gleichung von der Form

$$x\,\omega_1+y\,\omega_2=\mathfrak{x}\,\omega_1+\mathfrak{y}\,\omega_2 \qquad \text{oder} \qquad x\,\Omega_1+y\,\Omega_2=\mathfrak{x}\,\Omega_1+\mathfrak{y}\,\Omega_2$$

mit *reellen* Koeffizienten x, y, $\mathfrak{x}$, $\mathfrak{y}$

$$x = \mathfrak{x} \qquad \text{und} \qquad y = \mathfrak{y}$$

folgt, so erhalten wir die Bedingungen

$$\left\{\begin{matrix} A = \frac{d}{e}, & B = -\frac{b}{e} \\ C = -\frac{c}{e}, & D = \frac{a}{e} \end{matrix}\right\} \qquad \text{und} \qquad \left\{\begin{matrix} a = \frac{D}{E}, & b = -\frac{B}{E} \\ c = -\frac{C}{E}, & d = \frac{A}{E} \end{matrix}\right\}.$$

Hieraus ergibt sich

$$E = AD - BC = \frac{ad - bc}{e^2} = \frac{1}{e} \qquad \text{und} \qquad e = \frac{1}{E}.$$

Die notwendige und hinreichende Bedingung für die Primitivität des Periodenpaares Ω_1, Ω_2 lautet also

$$E = e = 1,$$

und wir haben den

Satz:

Eine doppeltperiodische Funktion mit dem Primitivperiodenpaare ω_1, ω_2 besitzt noch unendlich viele andere Primitivperiodenpaare. Ein Periodenpaar Ω_1, Ω_2 ist dann und nur dann primitiv, wenn es die Form

$$\Omega_1 = A\omega_1 + B\omega_2, \qquad \Omega_2 = C\omega_1 + D\omega_2$$

hat, wo A, B, C, D vier Ganzzahlen mit der Determinante 1 *sind.*

Das Formelpaar

$$\left\{\begin{matrix} \omega_1 = a\Omega_1 + b\Omega_2 \\ \omega_2 = c\Omega_1 + d\Omega_2 \end{matrix}\right\} \qquad \text{oder auch} \qquad \left\{\begin{matrix} \Omega_1 = A\omega_1 + B\omega_2 \\ \Omega_2 = C\omega_1 + D\omega_2 \end{matrix}\right\}$$

bildet eine sog. *Periodentransformation.*

Reduzierte Periodenpaare

Wir konstruieren mittels zweier vorgelegter „Ausgangsperioden" λ und μ, deren Verhältnis $\mu : \lambda$ einen positiven Imaginärteil hat, das *aus ihnen aufgebaute Periodennetz*, d.h. das Netz oder Gitter der Periodenpunkte $\mathfrak{p} = m\lambda + n\mu$, indem wir m und n unabhängig voneinander alle Ganzzahlen durchlaufen lassen.

Wir beschreiben um den Nullpunkt O der Zahlenebene als Zentrum einen Kreis mit so kleinem Radius, daß außer O kein Periodenpunkt in seinem Bereiche liegt. Wir vergrößern diesen Kreis stetig, bis er, als Kreis $\mathfrak{k}_1$, durch einen Periodenpunkt ω_1 läuft, wobei außer den beiden Punkten ω_1 und $-\omega_1$ möglicherweise noch andere Periodenpunkte auf $\mathfrak{k}_1$ liegen. Jeder von diesen Periodenpunkten heißt „kürzeste Periode". [Von zwei nichtverschwindenden Perioden heißt diejenige die kürzere, die den kleineren Betrag besitzt.] Wir vergrößern den Kreis ständig weiter, bis er zum zweiten Male, als Kreis $\mathfrak{k}_2$, durch einen Periodenpunkt läuft, der aber mit O und ω_1 nicht kollinear ist.

Auf $\mathfrak{k}_2$ liegt außer dem genannten Periodenpunkte noch der entgegengesetzte Periodenpunkt, möglicherweise aber auch noch dieser oder jener andere Periodenpunkt. Wir drehen den von O ausgehenden, durch die Punkte ω_1, $2\,\omega_1$, $3\,\omega_1, \ldots$ laufenden Strahl $\mathfrak{s}$ im positiven Sinne um 90° in die Lage $\mathfrak{s}'$ und markieren auf $\mathfrak{k}_2$ denjenigen Periodenpunkt ω_2, welcher vom Strahl $\mathfrak{s}'$ den kürzesten Abstand hat. Diese Wahl kann nur auf eine einzige Weise vorgenommen werden, es sei denn, daß die Projektion P des Punktes ω_2 auf die Strecke $O\omega_1$ in die Mitte M dieser Strecke fällt, in welchem Falle es *zwei* Periodenpunkte auf $\mathfrak{k}_2$ gibt, die dem Strahl $\mathfrak{s}'$ möglichst nahe, d. h. also *gleich* nahe liegen. Einen von diesen suchen wir uns nach Belieben aus und nennen ihn ω_2 (der andere ist dann entweder $\omega_2 - \omega_1$ oder $\omega_1 - \omega_2$ oder $\omega_2 + \omega_1$).
Damit sind wir zu einem Paare (ω_1, ω_2) sog. *Minimalperioden* oder *reduzierter Perioden* gekommen, dadurch gekennzeichnet, daß ω_1 die überhaupt kürzeste aller Perioden und ω_2 die kürzeste aller Perioden ist, die nicht auf der Geraden $O\omega_1$ liegen.

Jedes reduzierte Periodenpaar (ω_1, ω_2) *erfüllt die Ungleichung*

$$|\,\omega_2 \pm \omega_1\,| \geqq |\,\omega_2\,| \geqq |\,\omega_1\,|,$$

in welcher sowohl das obere als auch das untere Vorzeichen gilt. [Die Ungleichung $|\,\omega_2 \pm \omega_1\,| \geqq |\,\omega_2\,|$ folgt daraus, daß die Perioden $\omega_2 \pm \omega_1$ dem von ω_2 auf $\mathfrak{s}'$ gefällten, der Geraden $O\omega_1$ parallelen Lote angehören, mithin dem Strahle $\mathfrak{s}'$ nicht näher liegen können als der Punkt ω_2 und folglich nicht kürzer als ω_2 sein können.]
Im Dreieck $O\omega_1\omega_2$ liegt nun außer den Ecken kein Periodenpunkt. Aber auch im Dreieck $\omega_1\omega_2\omega_3$ mit $\omega_3 = \omega_1 + \omega_2$ kann außer den Ecken kein Periodenpunkt liegen, da, wenn p ein solcher wäre, die Periode $\omega_3 - p$ im Dreieck $O\omega_1\omega_2$ liegen müßte. Folglich: Das Parallelogramm $O\omega_1\omega_3\omega_2$ enthält außer den Ecken keinen Periodenpunkt.
Es gilt der

Satz:

Jedes reduzierte Periodenpaar ist primitiv.

Um seine Richtigkeit einzusehen, haben wir nur zu zeigen, daß jede Periode Linearkompositum des reduzierten Paares (ω_1, ω_2) mit ganzzahligen Koeffizienten ist. Nun läßt sich jede Periode $\mathfrak{p}$ auf die Form $X\omega_1 + Y\omega_2$ mit reellen, zunächst nicht notwendig ganzzahligen Koeffizienten X und Y bringen. Wir zerlegen X bzw. Y in einen ganzzahligen Bestandteil x bzw. y und einen nicht negativen echt gebrochenen Rest ξ bzw. η und haben

$$\mathfrak{p} - x\omega_1 - y\omega_2 = \xi\omega_1 + \eta\,\omega_2.$$

Die linke Seite dieser Gleichung, mithin auch die rechte ist eine Periode. Da diese rechte Seite aber im Parallelogramm $O\omega_1\omega_3\omega_2$ liegt, dessen Inneres keinen Periodenpunkt enthält, muß sie Null sein, und wir haben

$$\mathfrak{p} = x\omega_1 + y\omega_2$$

mit ganzzahligem x und y, w. z. b. w.

Anzahl der reduzierten Periodenpaare

Wieviel reduzierte Paare gibt es?
Ist (ω_1, ω_2) ein reduziertes Paar, so bildet das „entgegengesetzte" Paar $(-\omega_1, -\omega_2)$ ebenfalls ein reduziertes Periodenpaar, und zwar mit *demselben* Periodenverhältnis wie das Paar (ω_1, ω_2).
Die reduzierten Paare seien außer dem obigen (ω_1, ω_2) (ω_1', ω_2'), (ω_1'', ω_2''), ...,

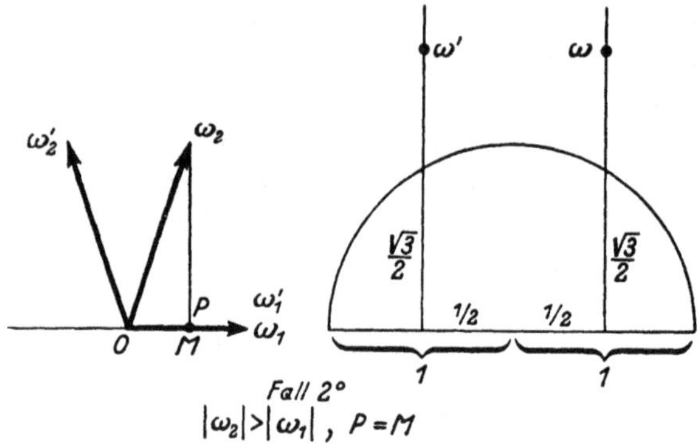

Abb. 52

wobei wir aber entgegengesetzte Paare immer nur als *ein* Paar zählen wollen.
Bei der Beantwortung unserer Frage spielt die Ausnahmeerscheinung, daß die Projektion P des Punktes ω_2 auf die Strecke $O\omega_1$ in die Mitte M dieser

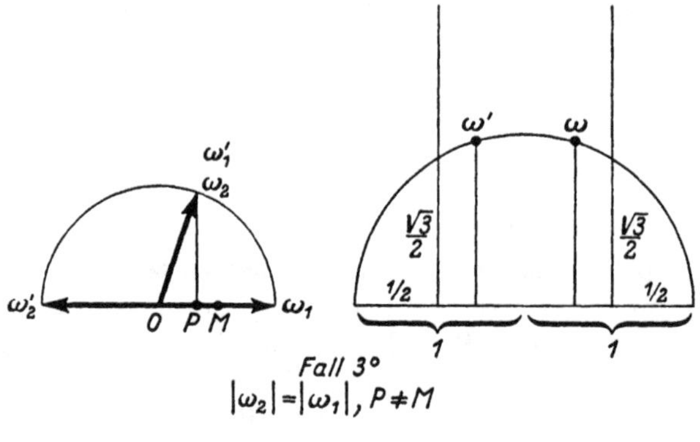

Abb. 53

Strecke fällt, eine ausschlaggebende Rolle. Demgemäß unterscheiden wir *vier* verschiedene Fälle:

1°	$\lvert\omega_2\rvert > \lvert\omega_1\rvert$	und	$P \neq M$,
2°	$\lvert\omega_2\rvert > \lvert\omega_1\rvert$	und	$P = M$,
3°	$\lvert\omega_2\rvert = \lvert\omega_1\rvert$	und	$P \neq M$,
4°	$\lvert\omega_2\rvert = \lvert\omega_1\rvert$	und	$P = M$.

Von diesen Fällen ist 1°, weil die bei weitem meisten Möglichkeiten umfassend, der allgemeine Fall, während 2°, 3° und 4° Ausnahmefälle darstellen. Es gilt der

Satz:

Im allgemeinen, also im Falle 1°, gibt es nur ein reduziertes Periodenpaar, das Paar (ω_1, ω_2); in den Fällen 2° und 3° gibt es je zwei reduzierte Paare,

$$(\omega_1, \omega_2) \qquad \text{und} \qquad (\omega_1', \omega_2')$$

mit

$$\omega_1' = \omega_1, \qquad \omega_2' = \omega_2 \mp \omega_1 \qquad \text{im Falle } 2°$$

(wo nur eins der beiden Vorzeichen gilt) und

$$\omega_1' = \omega_2, \qquad \omega_2' = -\omega_1 \qquad \text{im Falle } 3°;$$

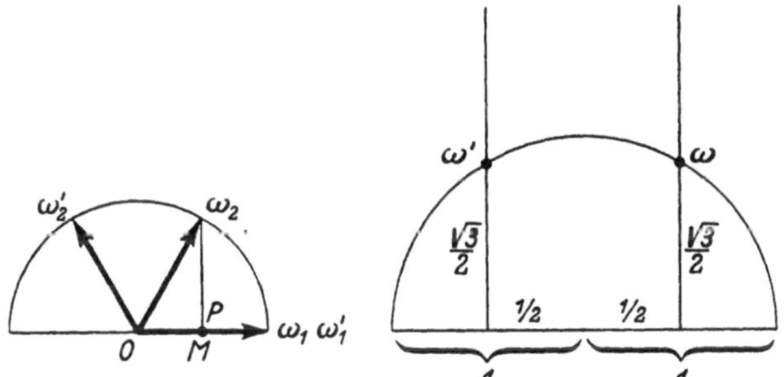

Fall 4°
$|\omega_2| = |\omega_1|$, $P = M$

Abb. 54

im Falle 4° endlich existieren sechs reduzierte Paare, die Paare

$$(\omega_1, \omega_2) \qquad \text{mit } \omega_2 = \frac{1 + i\sqrt{3}}{2}\,\omega_1 \text{ und } (\omega_1', \omega_2') \qquad \text{mit } \omega_1' = \omega_1,\ \omega_2' = \omega_2 - \omega_1$$

und die aus diesen beiden Paaren durch die positiven Drehungen 60° und 120° hervorgehenden weiteren vier Paare.

Der obige Satz „Jedes Minimalperiodenpaar (ω_1, ω_2) eines Periodennetzes erfüllt die Ungleichung

$$|\omega_2 \perp \omega_1| \geqq |\omega_2| \geqq |\omega_1|\text{“}$$

läßt sich umkehren:

Erfüllen zwei Zahlen ω_1, ω_2, deren Verhältnis $\omega = \omega_2 : \omega_1$ einen positiven Imaginärteil hat, die Ungleichung

$$|\omega_2 \perp \omega_1| \geqq |\omega_2| \geqq |\omega_1|,$$

so sind sie Minimalperioden eines Periodennetzes und zwar des aus den Punkten ω_1 und ω_2 aufgebauten Netzes.

Beweis. Wir konstruieren das aus den Perioden $x\omega_1 + y\omega_2$ (mit unbeschränkt variablen ganzzahligen x und y) bestehende Periodennetz mit dem Nullpunkt O.

Im Parallelogramm $O\omega_1\omega_3\omega_2$ (mit $\omega_3 = \omega_1 + \omega_2$) liegt kein Periodenpunkt des Netzes. Wegen $|\omega_1| \leqq |\omega_2|$ ist ω_1 die kürzeste aller Perioden, und wegen $|\omega_2 \mp \omega_1| \geqq |\omega_2|$ ω_2 die „zweitkürzeste", d. h. die kürzeste aller Perioden, die nicht mit O und ω_1 kollinear sind. [Wegen $|\omega_2 - \omega_1| \geqq |\omega_2|$ kann ω_2 nicht rechts von dem in M auf $O\omega_1$ errichteten Lote liegen, wegen $|\omega_2 + \omega_1| \geqq |\omega_2|$ nicht links von dem in der Mitte der Strecke $O, -\omega_1$ auf dieser Strecke errichteten Lote.]
Folglich bilden ω_1 und ω_2 ein reduziertes Periodenpaar.

Reduzierte Zahlen

Mit den reduzierten Periodenpaaren hängen eng zusammen die sog. *reduzierten Zahlen* oder *Reduzierten.*
Eine *reduzierte Zahl* ist eine Zahl $\omega = \varrho + i\sigma$ der oberen Halbebene, die die Ungleichungen

$$|\omega \pm 1| \geqq |\omega| \geqq 1 \qquad \text{(mit beiden Vorzeichen)}$$

befriedigt.
Bedeutet nämlich (ω_1, ω_2) ein Minimalperiodenpaar, so ist

$$|\omega_2 \pm \omega_1| \geqq |\omega_2| \geqq |\omega_1|.$$

Setzen wir also das „Verhältnis des Paares" $\omega_2 : \omega_1$ gleich ω, so haben wir wegen

$$|\omega \pm 1| \geqq |\omega| \geqq 1$$

in ω eine reduzierte Zahl vor uns.
Jedes Periodennetz erzeugt sonach im Verhältnis $\omega_2 : \omega_1 = \omega$ eines seiner reduzierten Periodenpaare eine reduzierte Zahl.

Satz:

Ein Periodennetz erzeugt im allgemeinen — nämlich im Falle 1° — *nur eine reduzierte Zahl, in jedem der Ausnahmefälle* 2°, 3°, 4° *erzeugt es genau zwei reduzierte Zahlen:*

im Falle 2° die Reduzierten ω und $\omega' = \omega - 1$ oder $\omega' = \omega + 1$,
im Falle 3° die Reduzierten ω und $\omega' = -1 : \omega$,
im Falle 4° die Reduzierten $\omega = \varepsilon = \dfrac{+1 + i\sqrt{3}}{2}$ und $\omega' = \varepsilon' = \dfrac{-1 + i\sqrt{3}}{2}$.
Was bedeutet *die Reduziertenbedingung*

$$|\omega \pm 1| \geqq |\omega| \geqq 1$$

geometrisch?
Nun, $|\omega| \geqq 1$ bedeutet, daß der Punkt z außerhalb oder auf dem Rande des Gaußkreises $[|\omega| = 1]$ liegt.

$|\omega - 1| \geqq |\omega|$ bedeutet, daß der Punkt $\omega = \varrho + i\sigma$ links von der Geraden $\varrho = \dfrac{1}{2}$ oder *auf* dieser Geraden liegt.

$|\omega+1| \geqq |\omega|$ endlich bedeutet, daß der Punkt ω rechts von der Geraden $\varrho = -\frac{1}{2}$ oder *auf* dieser Geraden liegt.

Damit gelangen wir mühelos zu dem Bereich $\mathfrak{R}$ der oberen Halbebene, welcher von dem zwischen den beiden Punkten $\varepsilon = \frac{+1+i\sqrt{3}}{2}$ und $\varepsilon' = \frac{-1+i\sqrt{3}}{2}$ liegenden Bogen des Gauß-kreises und den beiden außerhalb des Gaußkreises verlaufenden Teilen der durch die Punkte ε und ε' gehenden Parallelen zur Imaginärachse begrenzt wird.

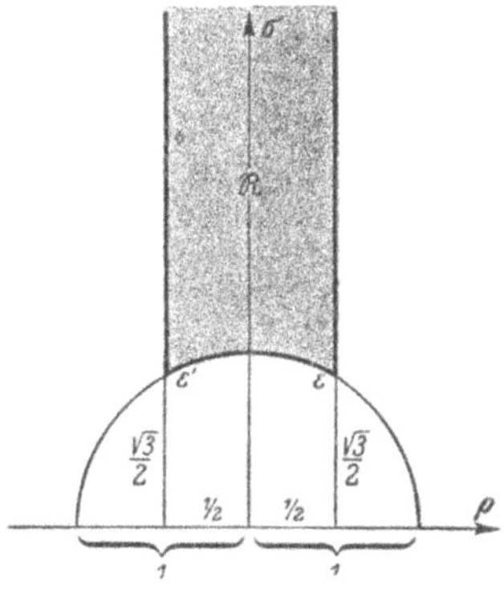

Abb. 55

Eine Zahl ist also dann und nur dann reduziert, wenn sie dem Bereich $\mathfrak{R}$ angehört.

Die reduzierten Zahlen sind untereinander und mit den nichtreduzierten Zahlen durch folgende Gesetzmäßigkeiten verknüpft:

Satz 1:

Jede Nichtreduzierte ist einer Reduzierten äquivalent).*

Satz 2:

Zwei Reduzierte sind stets inäquivalent, es sei denn, daß sie spiegelbildlich zur Imaginärachse liegende Randpunkte von $\mathfrak{R}$ sind.

Beweis zu 1. ω sei nichtreduziert. Wir konstruieren das aus den Ausgangsperioden 1 und ω aufgebaute Periodennetz. Dieses besitzt mindestens ein reduziertes und zugleich primitives Periodenpaar $\Omega_1 = c\omega + d$, $\Omega_2 = a\omega + b$, wo die Koeffizientendeterminante $ad - bc$ (wegen der Primitivität, s. o.) den Wert 1 hat.

Daher ist $$|\Omega_2 \pm \Omega_1| \geqq |\Omega_2| \geqq |\Omega_1|.$$

Wir setzen $$\Omega_2 : \Omega_1 = \Omega$$

und haben $$1^\circ \quad |\Omega \pm 1| \geqq |\Omega| \geqq 1, \qquad 2^\circ \quad \Omega = \frac{a\omega + b}{c\omega + d}.$$

1° lehrt, daß Ω reduziert ist, 2°, daß Ω der Nichtreduzierten ω äquivalent ist.

Beweis zu 2. ω und Ω seien zwei äquivalente Zahlen aus $\mathfrak{R}$, so daß

$$\Omega = \frac{a\omega + b}{c\omega + d} \qquad \text{mit} \quad ad - bc = 1$$

ist (a, b, c, d ganz).

*) Zwei Zahlen z und z' heißen äquivalent, wenn vier Ganzzahlen $\alpha, \beta, \gamma, \delta$ mit der Determinante $\alpha\delta - \beta\gamma = 1$ existieren derart, daß $z' = \frac{\alpha z + \beta}{\gamma z + \delta}$ ist. Im Gegenfalle heißen z und z' inäquivalent.

Wir setzen $\Omega_2 = a\omega + b$, $\Omega_1 = c\omega + d$ sowie $\omega_2 = \omega$, $\omega_1 = 1$ und konstruieren die beiden aus den Periodenpaaren (ω_1, ω_2) und (Ω_1, Ω_2) aufgebauten Periodennetze. Diese sind wegen der Bedingung $ad - bc = 1$ identisch. Anderseits sind wegen der Bedingungen

$$|\omega_2 \pm \omega_1| \geqq |\omega_2| \geqq |\omega_1| \qquad \text{und} \qquad |\Omega_2 \pm \Omega_1| \geqq |\Omega_2| \geqq |\Omega_1|$$

(ω_1, ω_2) und (Ω_1, Ω_2) reduzierte Periodenpaare dieses Netzes und $\omega = \omega_2 : \omega_1$ und $\Omega_2 : \Omega_1 = \Omega$ von diesem Netz erzeugte reduzierte Zahlen.
Daher ist entweder [ein Netz erzeugt höchstens zwei Reduzierte] $\Omega = \omega$ (was trivial ist) oder $\Omega = \omega \pm 1$ (Ω und ω liegen auf den parallelen Rändern von $\mathfrak{R}$ spiegelbildlich zur Imaginärachse) oder aber $\Omega = -1 : \omega$ (Ω und ω liegen auf dem Kreisbogen des Randes von $\mathfrak{R}$ spiegelbildlich zur Imaginärachse).

§ 76. DIE WEIERSTRASSSCHE $\wp$-FUNKTION

Die einfachste aller doppeltperiodischen Funktionen ist die Weierstraßsche $\wp$-Funktion; sie wurde deshalb von Weierstraß der Theorie der doppelt periodischen Funktionen zugrundegelegt.
Sie wird am bequemsten durch die Vorschrift

$$\wp(u) = \frac{1}{u^2} + \sum \left[\frac{1}{(u - \mathfrak{p})^2} - \frac{1}{\mathfrak{p}^2}\right]$$

definiert (§ 75), in welcher die Summe Σ über alle nicht verschwindenden Perioden $\mathfrak{p}$ der Funktion zu erstrecken ist.
Letztere sind Linearkomposita $\mathfrak{p} = m\omega_1 + n\omega_2$ der Primitivperioden ω_1 und ω_2 mit ganzzahligen Koeffizienten m und n.
Die $\wp$-Funktion besitzt in der Umgebung des Nullpunkts die Laurententwicklung

$$\wp(u) = \frac{1}{u^2} + a_2 u^2 + a_4 u^4 + a_6 u^6 + \dots$$

mit eingliedrigem Hauptteil und verschwindendem Freiglied (a_0), deren Koeffizienten die Werte

$$a_2 = 3\sum \frac{1}{\mathfrak{p}^4}, \quad a_4 = 5\sum \frac{1}{\mathfrak{p}^6}, \quad a_6 = 7\sum \frac{1}{\mathfrak{p}^8}, \quad \dots$$

haben.
Der Konvergenzradius des Nebenteils $a_2 u^2 + a_4 u^4 + \cdots$ ist der kleinere der beiden Beträge $|\omega_1|$, $|\omega_2|$.

Die $\wp$-Funktion ist eine grade Funktion, ihre Ableitung $\wp'(u)$ eine ungrade Funktion von u.
Die $\wp$-Funktion besitzt in jedem Periodenparallelogramm genau einen Pol, und zwar von zweiter Ordnung, welcher mit der dem Periodenparallelogramm angehörigen Ecke zusammenfällt, wenn die Parallelogrammecken Periodenpunkte sind. Sie ist also eine doppeltperiodische Funktion zweiten Grades und nimmt deshalb jeden Wert im Periodenparallelogramm genau zweimal an.

Ist c die Stelle des Hauptparallelogramms, an welcher die Funktion $\wp(u)$ den Wert γ annimmt: $\gamma = \wp(c)$, so findet man die zweite Stelle c', an welcher dies geschieht, indem man den Punkt c in einem geeigneten der drei Punkte $\frac{\omega_1}{2}$, $\frac{\omega_2}{2}$, $\frac{\omega_3}{2}$ mit $\omega_3 = \omega_1 + \omega_2$ spiegelt; das dem Hauptparallelogramm angehörige Spiegelbild ist c'.

Setzen wir nämlich $c = \frac{\omega_\nu}{2} + \tau$, also das Spiegelbild von c im Punkte $\frac{\omega_\nu}{2}$ $c' = \frac{\omega_\nu}{2} - \tau$, so ist in der Tat

$$\wp(c') = \wp\left(\tau - \frac{\omega_\nu}{2}\right) = \wp\left(\tau - \frac{\omega_\nu}{2} + \omega_\nu\right) = \wp\left(\tau + \frac{\omega_\nu}{2}\right) = \wp(c).$$

Die angegebene Konstruktion führt in jedem Falle zu einer *zweiten* Stelle des Hauptparallelogramms mit Ausnahme der drei Punkte

$$c = \frac{\omega_1}{2}, \quad \frac{\omega_2}{2}, \quad \frac{\omega_3}{2},$$

bei denen c' auf c fällt.

In jedem dieser drei Ausnahmefälle nimmt aber die Funktion den Wert $\wp(c)$ an der Stelle c *zwei*mal an.

In der Tat! In der Umgebung der Stelle $c = \omega_\nu : 2$ gilt die Taylorentwicklung

$$\wp(u) - \wp(c) = A(u-c) + B(u-c)^2 + \cdots$$

mit $A = \wp'(c)$. Wegen der Periodizität von $\wp'(u)$ ist aber $\wp'(c) = \wp'(-c)$, wegen seiner Ungradheit $\wp'(c) = -\wp'(-c)$. Folglich ist

$$A = \wp'(c) = 0$$

und

$$\wp(u) - \wp(c) = B(u-c)^2 + C(u-c)^3 + \cdots .$$

Die Funktion $\wp(u) - \wp(c)$ besitzt also im Punkte c eine Nullstelle zweiter Ordnung; anders ausgedrückt: die Funktion $\wp(u)$ nimmt den Wert $\wp(c)$ an der Stelle c *zwei*mal an.

Wir sprechen das Ergebnis unserer Betrachtung über die Zweiwertigkeit der $\wp$-Funktion folgendermaßen aus:

Zu jedem Punkte P des Hauptparallelogramms gehört genau ein zweiter Punkt, in welchem die $\wp$-Funktion denselben Wert wie in P annimmt; diesen Punkt findet man, indem man P in der Mitte des Parallelogramms oder einer Parallelogrammseite spiegelt, je nachdem P im Innern des Parallelogramms oder auf der Parallelogrammseite liegt.

Die $\wp$-Funktion nimmt also im Innern des Dreiecks mit den Ecken ω_1, ω_2, ω_3 dieselben Werte an, die sie im Innern des Dreiecks mit den Ecken 0, ω_1, ω_2 annimmt; ebenso nimmt sie auf der zweiten Hälfte einer Parallelogrammseite dieselben Werte an, die sie auf der ersten Hälfte dieser Seite annimmt.

Nullstellen der ungraden Ableitungen von $\wp(u)$

Wir sahen oben, daß die Funktion $\wp'(u)$ die drei Nullstellen $\omega_1:2$, $\omega_2:2$, $\omega_3:2$ besitzt. Wegen der Dreiwertigkeit der Funktion sind dies die *einzigen Nullstellen von* $\wp'(u)$ *im Hauptparallelogramm.* Sie sind alle drei *einfach.* Wir bezeichnen die n-te Ableitung von $\wp(u)$ mit $\wp_n(u)$.
Dann folgt aus der Ungradheit von $\wp_1(u)$, d. h. aus der Gleichung

$$\wp_1(-u) = -\wp_1(u)$$

durch sukzessive Ableitung nach u

$$\wp_2(-u) = \wp_2(u), \quad \wp_3(-u) = -\wp_3(u), \quad \wp_4(-u) = \wp_4(u), \quad \wp_5(-u) = -\wp_5(u), \cdots,$$

so daß für jeden *ungraden* Zeiger m

$$\wp_m(-u) = -\wp_m(u)$$

ist.
Ebenso folgt durch sukzessive Ableitung aus der Periodizität von $p(u)$, d. h. aus der Gleichung

$$\wp(u+\varphi) = \wp(u)$$

für *jeden* Zeiger m

$$\wp_m(u+\varphi) = \wp_m(u).$$

Mithin wird für ungrades m

$$1^\circ \quad \wp_m\left(-\frac{\omega_\nu}{2}\right) = -\wp_m\left(\frac{\omega_\nu}{2}\right), \qquad 2^\circ \quad \wp_m\left(-\frac{\omega_\nu}{2}\right) = \wp_m\left(-\frac{\omega_\nu}{2}+\omega_\nu\right) = \wp_m\left(\frac{\omega_\nu}{2}\right);$$

und aus diesen beiden Gleichungen ergibt sich

$$\wp_m\left(\frac{\omega_\nu}{2}\right) = 0 \qquad [\nu = 1, 2, 3].$$

Jede ungrade Ableitung der $\wp$*-Funktion hat sonach in den drei Punkten* $\frac{\omega_1}{2}$, $\frac{\omega_2}{2}$, $\frac{\omega_3}{2}$ *Nullstellen.*

Differentialgleichung der $\wp$-Funktion

Im Konvergenzkreise $\mathfrak{K}$ der Reihe

$$a_2 u^2 + a_4 u^4 + a_6 u^6 + \cdots$$

ist — von der Stelle $u = 0$ abgesehen —

$$\wp(u) = \frac{1}{u^2} + a_2 u^2 + a_4 u^4 + \ldots,$$

mithin
$$[\wp'(u)]^2 = \frac{4}{u^6} - \frac{8\,a_2}{u^2} - 16\,a_4 + (4\,a_2^2 - 24\,a_6)\,u^2 + \cdots$$

und
$$[\wp(u)]^3 = \frac{1}{u^6} + \frac{3\,a_2}{u^2} + 3\,a_4 + (3\,a_2^2 + 3\,a_6)\,u^2 + \cdots.$$

Hieraus folgt

$$\wp'^2 - 4\,\wp^3 = -\frac{20\,a_2}{u^2} - 28\,a_4 - (8\,a_2^2 + 36\,a_6)\,u^2 + \cdots.$$

Addieren wir zu dieser Gleichung das $20a_2$-fache der Ausgangsgleichung, so entsteht die Relation

$$\wp'^2 - 4\wp^3 + g_2\wp = -g_3 + \varphi(u),$$

wo

$$g_2 = 20a_2, \quad g_3 = 28a_4$$

und $\varphi(u)$ eine nach steigenden Potenzen von u^2 fortschreitende, in $\mathfrak{K}$ konvergente und sich hier regulär verhaltende Potenzreihe darstellt.

Die linke Seite der gefundenen Gleichung ist eine doppeltperiodische Funktion, die sich aber — wie aus der Regularität der rechten Seite in der Umgebung des Punktes $u = 0$ hervorgeht — im Hauptparallelogramm und damit überall regulär verhält, die mithin eine Konstante sein muß. Diese Konstante ist natürlich, wie die Substitution $u = 0$ lehrt, $-g_3$, und wir erhalten die Gleichung

$$\wp'^2 - 4\wp^3 + g_2\wp = -g_3$$

oder

$$\boxed{\wp'^2 = 4\wp^3 - g_2\wp - g_3},$$

wo natürlich $\wp$ und $\wp'$ Abkürzungen für $\wp(u)$ und $\wp'(u)$ sind.

Dies ist die *Differentialgleichung der ℘-Funktion*. Ihre Konstanten sind

$$g_2 = 20a_2 \qquad \text{und} \qquad g_3 = 28a_4$$

oder auch

$$g_2 = 60\sum{}' \frac{1}{\mathfrak{p}^4}, \qquad g_3 = 140\sum{}' \frac{1}{\mathfrak{p}^6}.$$

Wir benutzen sie zunächst zur Aufstellung einer *Rekursionsformel für die Koeffizienten* $a_2, a_4, a_6, \ldots$.

Die Differentiation der Differentialgleichung ergibt

$$\wp'' = 6\wp^2 - 10a_2.$$

Hier substituieren wir die Reihe für $\wp$ und die sich aus $\wp$ ergebende Reihe für $\wp''$ und setzen die beiderseitigen Koeffizienten von u^{n-2} einander gleich. Das gibt für $n > 4$

$$n(n-1)a_n = 12a_n + 6[a_{n-4}a_2 + a_{n-6}a_4 + \cdots + a_2a_{n-4}],$$

so daß

$$\boxed{a_n = \frac{6}{(n-4)(n+3)} \cdot [a_2a_{n-4} + a_4a_{n-6} + a_6a_{n-8} + \cdots + a_{n-4}a_2]}$$

wird, wobei n einen graden Zeiger bedeutet.

Dies ist die gesuchte Rekursionsformel. Sie gestattet, jedes Glied der Folge

$$a_6, a_8, a_{10}, a_{12}, \ldots$$

durch die vorhergehenden Glieder und a_2 und a_4 auszudrücken, gestattet also,

jede der Summen

$$\Sigma 1 : \mathfrak{p}^8, \quad \Sigma 1 : \mathfrak{p}^{10}, \quad \Sigma 1 : \mathfrak{p}^{12}, \ldots$$

durch die beiden Summen

$$\Sigma 1 : \mathfrak{p}^4 \qquad \text{und} \qquad \Sigma 1 : \mathfrak{p}^6$$

auszudrücken!

Beispielsweise ist

$$a_6 = \frac{1}{3} a_2^2 \qquad \text{oder} \qquad \Sigma 1 : \mathfrak{p}^8 = \frac{3}{7} (\Sigma 1 : \mathfrak{p}^4)^2$$

$$a_8 = \frac{3}{11} a_2 a_4 \qquad \text{oder} \qquad \Sigma 1 : \mathfrak{p}^{10} = \frac{5}{11} (\Sigma 1 : \mathfrak{p}^4) \cdot (\Sigma 1 : \mathfrak{p}^6) \quad \text{usw.}$$

Vielfach werden auch die beiden Koeffizienten g_2 und g_3 der Differentialgleichung der Entwicklung von $p(u)$ zugrunde gelegt und alle Koeffizienten $a_2, a_4, a_6, \ldots$ durch g_2 und g_3 ausgedrückt.

Das gibt

$$a_2 = \frac{g_2}{2^2 \cdot 5}, \quad a_4 = \frac{g_3}{2^2 \cdot 7}, \quad a_6 = \frac{g_2^2}{2^4 \cdot 3 \cdot 5^2}, \quad a_8 = \frac{3\, g_2 g_3}{2^4 \cdot 5 \cdot 7 \cdot 11}, \ \ldots .$$

Die beiden Fundamentalgrößen g_2 und g_3 heißen die *Invarianten* der p-Funktion.

Dieser Name erklärt sich folgendermaßen.

Es ist
$$g_2 = 60 \sum \frac{1}{\mathfrak{p}^4}, \qquad g_3 = 140 \sum \frac{1}{\mathfrak{p}^6},$$

wobei $\mathfrak{p}$ alle nicht verschwindenden Perioden

$$\mathfrak{p} = x\omega_1 + y\omega_2$$

mit ganzzahligem x und y durchläuft.

Wählt man nun statt ω_1 und ω_2 zwei andere Primitivperioden von der Form

$$\Omega_1 = a\,\omega_1 + b\,\omega_2, \quad \Omega_2 = c\omega_1 + d\,\omega_2,$$

wo die ganzzahligen Koeffizienten a, b, c, d die Determinante

$$ad - bc = 1$$

besitzen, so fallen die aus *diesen* Perioden gebildeten Größen

$$G_2 = 60 \sum \frac{1}{\mathfrak{P}^4}, \quad G_3 = 140 \sum \frac{1}{\mathfrak{P}^6}$$

[wo $\mathfrak{P}$ alle nicht verschwindenden Perioden $\mathfrak{P} = X\,\Omega_1 + Y\,\Omega_2$ mit ganzzahligem X und Y durchläuft] mit den Ausgangsgrößen g_2 und g_3 zusammen: die Größen g_2 und g_3 verhalten sich der Transformation $\Omega_1 = a\omega_1 + b\omega_2$, $\Omega_2 = c\omega_1 + d\omega_2$ gegenüber *invariant.*

In der Tat entspricht jeder Periode $\mathfrak{p} = x\omega_1 + y\omega_2$ genau eine Periode $\mathfrak{P} = X\,\Omega_1 + Y\,\Omega_2$ und umgekehrt, da der Ansatz

$$x\omega_1 + y\omega_2 = X\Omega_1 + Y\Omega_2$$

den Transformationsformeln

$$\Omega_1 = a\omega_1 + b\omega_2, \quad \Omega_2 = c\omega_1 + d\omega_2$$

gemäß zu jedem ganzzahligen Wertepaar x, y genau ein ganzzahliges Wertepaar X, Y liefert und umgekehrt.

Zusatz.

Die mit den neuen Primitivperioden Ω_1, Ω_2 konstruierte $\wp$-Funktion ist mit der Ausgangsfunktion $\wp(u)$ identisch:

$$\wp(u, \Omega_1, \Omega_2) = \wp(u, \omega_1, \omega_2).$$

Dieser hochwichtige Sachverhalt folgt ohne weiteres aus der Gleichung

$$\sum \frac{1}{\mathfrak{P}^n} = \sum \frac{1}{\mathfrak{p}^n}.$$

Wir kommen nun zu einer etwas anderen Gestalt der Differentialgleichung der $\wp$-Funktion.

Die Werte e_1, e_2, e_3

Die $\wp$-Funktion hat in der Mitte der ersten bzw. zweiten Seite des Hauptparallelogramms die Werte $e_1 = \wp\left(\frac{\omega_1}{2}\right)$, und $e_2 = \wp\left(\frac{\omega_2}{2}\right)$, in der Mitte des Parallelogramms den Wert $e_3 = \wp\left(\frac{\omega_3}{2}\right)$ mit $\omega_3 = \omega_1 + \omega_2$. Da diese Werte an den genannten Stellen je zweimal angenommen werden und $\wp(u)$ zweiwertig ist, sind e_1, e_2, e_3 untereinander *verschieden.*

Sie sind zugleich die Wurzeln der kubischen Gleichung

$$4x^3 - g_2 x - g_3 = 0.$$

Die Funktion $\wp'(u)$ verschwindet nämlich, wie schon oben gezeigt wurde, an den Stellen $\omega_1 : 2, \omega_2 : 2, \omega_3 : 2$, so daß wegen

$$\wp'\left(\frac{\omega_\nu}{2}\right) = 0 \qquad \text{und} \qquad \left[\wp'\left(\frac{\omega_\nu}{2}\right)\right]^2 = 4\left[\wp\left(\frac{\omega_\nu}{2}\right)\right]^3 - g_2\left[\wp\left(\frac{\omega_\nu}{2}\right)\right] - g_3$$

auch

$$4e_\nu^3 - g_2 e_\nu - g_3 = 0$$

wird.

Da nun identisch

$$4x^3 - g_2 x - g_3 = 4(x - e_1)(x - e_2)(x - e_3)$$

ist, schreibt sich die Differentialgleichung der $\wp$-Funktion auch

$$\boxed{\wp'^2 = 4(\wp - e_1)(\wp - e_2)(\wp - e_3)}.$$

Für die Wurzeln e_1, e_2, e_3 der kubischen Gleichung

$$4x^3 - g_2 x - g_3 = 0$$

gelten die Formeln

$$\boxed{e_1 + e_2 + e_3 = 0, \quad e_2 e_3 + e_3 e_1 + e_1 e_2 = -\frac{1}{4} g_2, \quad e_1 e_2 e_3 = \frac{1}{4} g_3}.$$

Sie verknüpfen die Größen

$$e_1 = \wp\left(\frac{\omega_1}{2}\right), \quad e_2 = \wp\left(\frac{\omega_2}{2}\right), \quad e_3 = \wp\left(\frac{\omega_3}{2}\right)$$

mit den beiden Invarianten

$$g_2 = 60 \sum{}' \frac{1}{\mathfrak{p}^4} \qquad \text{und} \qquad g_3 = 140 \sum{}' \frac{1}{\mathfrak{p}^6}\,.$$

Da nun die Diskriminante θ der kubischen Gleichung

$$a x^3 + b x^2 + c x + d = 0$$

mit den Wurzeln α, β, γ durch die Formel

$$\theta = a^4 (\beta - \gamma)^2 (\gamma - \alpha)^2 (\alpha - \beta)^2 = b^2 c^2 + 18\,abcd - 27\,a^2 d^2 - 4\,a c^3 - 4\,d b^3$$

definiert ist, so hat die Diskriminante der kubischen Gleichung

$$4\,x^3 - g_2 x - g_3 = 0$$

den Wert

$$\theta = 16\,(g_2^3 - 27\,g_3^2)\,.$$

Man bezeichnet aber gewöhnlich den einfacheren Ausdruck

$$D = g_2^3 - 27\,g_3^2$$

als Diskriminante unserer kubischen Gleichung. Es ist dann

$$\boxed{D = g_2^3 - 27\,g_3^2 = 16\,(e_2 - e_3)^2 (e_3 - e_1)^2 (e_1 - e_2)^2}\,.$$

Darstellung der Weierstraßschen $\wp$-Funktion durch Jacobis ϑ-Funktionen.

Die Funktion

$$\varphi(u) = \wp(u) - e_\nu \qquad (\nu = 1,\ 2,\ 3)$$

ist doppeltperiodisch und hat im Hauptparallelogramm den einzigen — zweifachen — Pol $u = 0$ und die einzige — ebenfalls zweifache — Nullstelle $u = \omega_\nu : 2$.

Es ist leicht, einen Thetaquotienten mit denselben Eigenschaften anzugeben: der Quotient

$$\psi(u) = \left[\frac{\vartheta_\nu(v)}{\vartheta(v)}\right]^2,$$

in welchem das Argument der Thetafunktionen $v = u : \omega_1$ und der Modul $\omega = \omega_2 : \omega_1$ ist, leistet bereits das Gewünschte.

Tatsächlich ist $\psi(u)$ periodisch mit den Perioden ω_1 und ω_2 (§ 75) und besitzt im Hauptparallelogramm den zweifachen Pol $u = 0$ und die zweifache Nullstelle $u = \omega_\nu : 2$.

[$\vartheta_1(v)$, $\vartheta_2(v)$, $\vartheta_3(v)$ hat bzw. die einfache Nullstelle $v = \frac{1}{2}$, $\frac{\omega}{2}$, $\frac{1+\omega}{2}$, was den u-Werten $u = \frac{\omega_1}{2}$, $\frac{\omega_2}{2}$, $\frac{\omega_3}{2}$ entspricht.]

Demnach verhält sich die doppeltperiodische Funktion $\varphi(u) : \psi(u)$ im Hauptparallelogramm *überall* regulär und muß daher eine Konstante K sein, so daß

$$\varphi(u) = K\,\psi(u) \qquad \text{ist.}$$

Um die Konstante K zu ermitteln, vergleichen wir die beiden Laurententwicklungen von $\psi(u)$ und $\varphi(u)$ in der Umgebung des Nullpunktes miteinander. Da $\vartheta_\nu(v)$ eine grade, $\vartheta(v)$ eine ungrade Funktion von v ist, so gelten in der Umgebung des Punktes $v=0$ die Entwicklungen

$$\frac{\vartheta_\nu(v)}{\vartheta_\nu}=1+\frac{1}{2}\frac{\vartheta_\nu''}{\vartheta_\nu}v^2+\cdots,$$

$$\frac{\vartheta(v)}{\vartheta' v}=1+\frac{1}{6}\frac{\vartheta'''}{\vartheta'}v^2+\cdots,$$

wo rechts nur grade Potenzen von v auftreten.
In der Umgebung des Nullpunktes ist demnach

$$\frac{\vartheta'}{\vartheta_\nu}\cdot\frac{\vartheta_\nu(v)}{\vartheta(v)}\cdot v=1+a v^2+b v^4+\cdots \qquad \text{mit } a=\frac{\vartheta_\nu''}{2\vartheta_\nu}-\frac{\vartheta'''}{6\vartheta'}.$$

Mithin hat $K\psi(u)$ in der reduzierten Umgebung des Punktes $u=0$ die Entwicklung

$$K\psi(u)=K\omega_1^2\frac{\vartheta_\nu^2}{\vartheta'^2}\left[\frac{1}{u^2}+\frac{2a}{\omega_1^2}+\cdots\right].$$

Für $\varphi(u)$ haben wir daselbst die Entwicklung

$$\varphi(u)=\frac{1}{u^2}-e_\nu+\cdots.$$

In beiden Entwicklungen folgen dem letzten $+$-Zeichen nur Potenzen von u mit positiven graden Exponenten.
Da die beiden rechts stehenden Laurententwicklungen wegen $\varphi(u)=K\psi(u)$ vollständig übereinstimmen, erhalten wir

$$K=\frac{1}{\omega_1^2}\frac{\vartheta'^2}{\vartheta_\nu^2} \qquad \text{und zugleich} \qquad e_\nu=\frac{1}{\omega_1^2}\left[\frac{1}{3}\frac{\vartheta'''}{\vartheta'}-\frac{\vartheta_\nu''}{\vartheta_\nu}\right].$$

Ergebnis:

Weierstraß $\wp$-Funktion läßt sich durch Jacobis ϑ-Funktionen ausdrücken.

Die dies leistende Fundamentalformel lautet

$$\boxed{\wp(u)=e_\nu+\frac{1}{\omega_1^2}\left[\frac{\vartheta'}{\vartheta_\nu}\frac{\vartheta_\nu(v)}{\vartheta(v)}\right]^2} \qquad \text{mit} \quad e_\nu=\frac{1}{\omega_1^2}\left[\frac{1}{3}\frac{\vartheta'''}{\vartheta'}-\frac{\vartheta_\nu''}{\vartheta_\nu}\right] \quad \text{und} \quad v=\frac{u}{\omega_1}.$$

Dabei darf ν ein beliebiger der drei Zeiger 1, 2, 3 sein.
Im Anschluß an den für e_ν angegebenen Wert wird noch

$$\omega_1^2(e_2-e_3)=\frac{\vartheta_3''}{\vartheta_3}-\frac{\vartheta_2''}{\vartheta_2},\quad \omega_1^2(e_3-e_1)=\frac{\vartheta_1''}{\vartheta_1}-\frac{\vartheta_3''}{\vartheta_3},\quad \omega_1^2(e_1-e_2)=\frac{\vartheta_2''}{\vartheta_2}-\frac{\vartheta_1''}{\vartheta_1};$$

und da die in diesem Gleichungstripel rechts stehenden Differenzen die Werte $-\pi^2\vartheta_1^4$, $-\pi^2\vartheta_2^4$, $+\pi^2\vartheta_3^4$ haben (§ 74), so entstehen die drei bemerkenswerten Relationen:

$$\boxed{e_2-e_3=-\frac{\pi^2}{\omega_1^2}\cdot\vartheta_1^4,\quad e_3-e_1=-\frac{\pi^2}{\omega_1^2}\cdot\vartheta_2^4,\quad e_1-e_2=+\frac{\pi^2}{\omega_1^2}\cdot\vartheta_3^4}.$$

Die Differentialgleichung der $\wp$-Funktion

$$\wp'^2 = 4\,\wp^3 - g_2\wp - g_3 \quad \text{oder} \quad \wp'^2 = 4(\wp - e_1)(\wp - e_2)(\wp - e_3)$$

ist eine Differentialgleichung erster Ordnung.
Die schon oben angegebene Differentialgleichung

$$\wp'' = 6\,\wp^2 - 10\,a_2$$

ist zweiter Ordnung.
Außer diesen beiden Gleichungen ist noch die Differentialgleichung

$$\wp''' = 12\,\wp\wp'$$

dritter Ordnung zu beachten.

Additionstheorem der $\wp$-Funktion

Die folgende Herleitung des Additionstheorems der $\wp$-Funktion geht aus von der Betrachtung der doppeltperiodischen Funktion

$$\varphi(u) = \frac{\wp'(u) - \wp'(c)}{\wp(u) - \wp(c)},$$

in welcher c irgendeine (nicht gerade dem Nullpunkte kongruente) Konstante bedeutet.
Diese Funktion kann nur dort Pole haben, wo entweder der Nenner verschwindet oder der Zähler unendlich wird.
Der *Nenner* verschwindet wegen seiner Zweiwertigkeit im Hauptparallelogramm nur an den Stellen a und b, die den Stellen c und $-c$ kongruent sind. Der Punkt a kommt nicht in Frage, weil hier Zähler und Nenner zugleich verschwinden, sich die Unstetigkeit also weghebt. Bleibt nur die Stelle b zu betrachten.
Wir setzen $\wp'(b) = p_1$, $\wp''(b) = p_2, \ldots,$ $u - b = w$ und haben in der Umgebung der Stelle b

$$\wp(u) - \wp(c) = p_1 w + \tfrac{1}{2}\,p_2 w^2 + \tfrac{1}{6}\,p_3 w^3 + \cdots,$$

$$\wp'(u) - \wp'(c) = 2\,p_1 + p_2 w + \tfrac{1}{2}\,p_3 w^2 + \cdots,$$

also

$$\frac{w}{2}\,\varphi(u) = \frac{1 + \frac{1}{2}\,q_2 w + \frac{1}{4}\,q_3 w^2 + \cdots}{1 + \frac{1}{2}\,q_2 w + \frac{1}{6}\,q_3 w^2 + \cdots} \qquad \text{mit } q_\nu = p_\nu : p_1.$$

Die Entwicklung des rechts stehenden Bruches nach Potenzen von w hat die Form

$$1 + A w^2 + B w^3 + \cdots$$

mit *fehlendem* Linearglied; und das gilt auch noch, falls p_1 verschwinden sollte, da dann auch p_3 verschwindet, p_2 dagegen nicht [die Nullstellen von $\wp'(u)$ sind einfach], mithin in diesem Ausnahmefalle

$$\frac{w}{2}\,\varphi(u) = \frac{1 + \frac{1}{6}\,p w^2 + \cdots}{1 + \frac{1}{12}\,p w^2 + \cdots} \qquad \text{mit} \quad p = p_4 : p_2$$

ist.

Die zur Stelle b gehörige Laurententwicklung der Funktion $\frac{1}{2}\varphi(u)$ hat demnach die Form

$$\frac{1}{2}\varphi(u)=\frac{1}{w}+Aw+Bw^3+\cdots \qquad [w=u-b]$$

mit *fehlendem* Freiglied und mit dem Residuum 1.

Der *Zähler* wird im Hauptparallelogramm nur an der Stelle $u=0$ Unendlich, und zwar von dritter Ordnung.

Aus den Entwicklungen

$$\wp(u)=\frac{1}{u^2}+a_2u^2+a_4u^4+\cdots,\quad \wp'(u)=-\frac{2}{u^3}+2a_2u+4a_4u^3+\cdots$$

ergibt sich für die Umgebung des Nullpunkts

$$-\frac{u}{2}\varphi(u)=\frac{1+\frac{1}{2}\wp'(c)u^3-a_2u^4-\cdots}{1-\wp(c)u^2+a_2u^4+\cdots}$$

und hieraus die Laurententwicklung

$$-\frac{1}{2}\varphi(u)=\frac{1}{u}+\wp(c)u+\cdots$$

wieder mit *fehlendem* Freiglied und mit dem Residuum 1.

Die doppeltperiodische Funktion $\varphi(u)$ besitzt demnach im Hauptparallelogramm nur die beiden einfachen Pole $u=0$ und $u=b\ [\equiv -c]$; sie ist zweiwertig.

Nun lautet die Laurententwicklung der Funktion $\wp(u)$ in der Umgebung der Stelle $u=0$

$$\wp(u)=\frac{1}{u^2}+a_2u^2+a_4u^4+\cdots,$$

die Laurententwicklung der Funktion $\wp(u+c)$ in der Umgebung der Stelle $u=b$ wegen $\wp(u+c)=\wp(w+b+c)=\wp(w)$

$$\wp(u+c)=\frac{1}{w^2}+a_2w^2+a_4w^4+\cdots,\qquad [w=u-b].$$

Derartige Laurententwicklungen besitzt aber nach obigem auch die doppeltperiodische Funktion

$$\Phi(u)=\frac{1}{4}\varphi^2(u)=\frac{1}{4}\left[\frac{\wp'(u)-\wp'(c)}{\wp(u)-\wp(c)}\right]^2.$$

Denn in der Umgebung der Stelle $u=0$ ist

$$\Phi(u)=\frac{1}{u^2}+2\wp(c)+\cdots$$

mit dem Freigliede $2\wp(c)$, in der Umgebung der Stelle $u=b$ ist

$$\Phi(u)=\frac{1}{w^2}+2A+\cdots,\qquad [w=u-b]$$

mit dem Freigliede $2A$.

Die doppeltperiodische Funktion

$$\psi(u)=\Phi(u)-\wp(u)-\wp(u+c)$$

verhält sich also in *allen* Punkten des Hauptparallelogramms regulär. Sie muß daher eine Konstante $\mathfrak{K}$ sein:

$$\psi(u) = \mathfrak{K}.$$

Um $\mathfrak{K}$ zu bestimmen, betrachten wir die Taylorentwicklung von $\psi(u)$ für die Umgebung des Nullpunkts; sie lautet wegen der Entwicklung

$$\wp(c+u) = \wp(c) + \wp'(c)\,u + \cdots$$

und der obigen Entwicklungen für $\Phi(u)$ und $\wp(u)$

$$\psi(u) = \wp(c) + \mathfrak{A}u + \mathfrak{B}u^2 + \cdots.$$

Daher ist
$$\mathfrak{A} = \mathfrak{B} = \cdots = 0$$
und
$$\mathfrak{K} = \wp(c).$$

Ergebnis:

Für zwei beliebige Argumentwerte u und c gilt die Formel

$$\Phi(u) - \wp(u) - \wp(u+c) = \wp(c).$$

Mit anderen Worten:

Für zwei beliebige Werte u und v des Arguments ist

$$\boxed{\wp(u+v) + \wp(u) + \wp(v) = \frac{1}{4}\left[\frac{\wp'(u) - \wp'(v)}{\wp(u) - \wp(v)}\right]^2}.$$

Diese berühmte Formel von Weierstraß bildet das Additionstheorem der $\wp$-Funktion.

§ 77. WEIERSTRASS' ZETA- UND SIGMAFUNKTION

Die wichtigste aller elliptischen Funktionen, die Weierstraßsche $\wp$-Funktion

$$\wp(u) = \frac{1}{u^2} + \sum\left[\frac{1}{(u-\mathfrak{p})^2} - \frac{1}{\mathfrak{p}^2}\right]$$

entsteht durch gliedweise Integration der Reihe

$$\mathfrak{q}(u) = \sum \frac{1}{(u-\mathfrak{p})^3},$$

welche in jedem Gebiete gleichmäßig konvergiert, das keinen Periodenpunkt enthält.

Es ist anzunehmen, daß man durch die gliedweise Integration der Reihe

$$\mathfrak{s} = \sum\left[\frac{1}{(u-\mathfrak{p})^2} - \frac{1}{\mathfrak{p}^2}\right],$$

welche in jedem Gebiete $\mathfrak{G}$ gleichmäßig konvergiert, das keinen von Null verschiedenen Periodenpunkt enthält, abermals zu einer wichtigen analytischen Funktion gelangen wird.

Wir integrieren von 0 bis u über einen beliebigen in $\mathfrak{G}$ verlaufenden Weg und bekommen

$$\int_0^u \mathfrak{s}\,du = -\sum\left[\frac{1}{u-\mathfrak{p}} + \frac{1}{\mathfrak{p}} + \frac{u}{\mathfrak{p}^2}\right],$$

wo die rechts stehende Summe über alle nicht verschwindenden Periodenpunkte auszudehnen ist, und die Ableitung der rechten Seite $\wp(u) - \frac{1}{u^2}$ ist.
Demgemäß bilden wir die Funktion

$$\boxed{\zeta(u) = \frac{1}{u} + \sum \left[\frac{1}{u - \mathfrak{p}} + \frac{1}{\mathfrak{p}} + \frac{u}{\mathfrak{p}^2}\right]},$$

die sog. *Weierstraßsche Zetafunktion,* als deren erste Eigenschaften die Relationen

$$\zeta'(u) = -\wp(u) \qquad \text{und} \qquad \lim_{u \to 0}\left[\zeta(u) - \frac{1}{u}\right] = 0$$

anzusehen sind.
Diese Eigenschaften gestatten sofort, die Laurententwicklung der neuen Funktion in der Umgebung des Nullpunkts anzugeben. Sie lautet

$$\zeta(u) = \frac{1}{u} + * - b_3 u^3 - b_5 u^5 - b_7 u^7 - \cdots$$

mit
$$b_3 = \sum \frac{1}{\mathfrak{p}^4}, \quad b_5 = \sum \frac{1}{\mathfrak{p}^6}, \quad b_7 = \sum \frac{1}{\mathfrak{p}^8}, \quad \ldots,$$

wobei der Konvergenzkreis der Reihe

$$b_3 u^3 + b_5 u^5 + b_7 u^7 + \cdots$$

durch den dem Nullpunkt nächstliegenden Periodenpunkt läuft.
Die Funktion $\zeta(u)$ verhält sich überall, außer in den Periodenpunkten, regulär. In den Periodenpunkten besitzt sie Pole erster Ordnung.
Für den entgegengesetzten Wert des Arguments erhalten wir

$$\zeta(-u) = -\frac{1}{u} + \sum \left[\frac{1}{-u - \mathfrak{p}} + \frac{1}{\mathfrak{p}} - \frac{u}{\mathfrak{p}^2}\right] = -\left\{\frac{1}{u} + \sum \left[\frac{1}{u + \mathfrak{p}} - \frac{1}{\mathfrak{p}} + \frac{u}{\mathfrak{p}^2}\right]\right\}$$

oder, da es erlaubt ist, in der Summe $\mathfrak{p}$ in $-\mathfrak{p}$ zu verwandeln,

$$\zeta(-u) = -\left\{\frac{1}{u} + \sum \left[\frac{1}{u - \mathfrak{p}} + \frac{1}{\mathfrak{p}} + \frac{u}{\mathfrak{p}^2}\right]\right\},$$

mithin
$$\boxed{\zeta(-u) = -\zeta(u)}.$$

Die Weierstraßsche Zetafunktion ist also eine ungrade Funktion von u.

Unter Zuhilfenahme des Riemannschen Satzes hätte man das auch aus der angegebenen Laurententwicklung ablesen können.

Die Ableitung der Zetafunktion ist die doppeltperiodische Funktion $-\wp(u)$:

$$\boxed{\zeta'(u) = -\wp(u)};$$

aber die Zetafunktion selbst ist nicht doppeltperiodisch.

Um ihr Verhalten bei Vermehrung des Arguments um eine der beiden Perioden ω_1, ω_2 zu erkennen, betrachten wir z. B. die Funktion

$$f(u) = \zeta(u + \omega_1) - \zeta(u).$$

Ihre Ableitung verschwindet, da

$$f'(u) = -\wp(u + \omega_1) + \wp(u) = 0.$$

Daher muß $f(u)$ eine Konstante sein:

$$\zeta(u + \omega_1) - \zeta(u) = \text{const}.$$

Um die Konstante zu ermitteln, setzen wir $u = -\frac{\omega_1}{2}$ und bekommen

$$\text{const} = \zeta\left(\frac{\omega_1}{2}\right) - \zeta\left(-\frac{\omega_1}{2}\right) = 2\,\zeta\left(\frac{\omega_1}{2}\right).$$

Die Untersuchung mit ω_2 verläuft analog. Demnach gilt das fundamentale Formelpaar

$$\boxed{\zeta(u + \omega_1) = \zeta(u) + 2\,\eta_1, \qquad \zeta(u + \omega_2) = \zeta(u) + 2\,\eta_2}$$

mit

$$\eta_1 = \zeta\left(\frac{\omega_1}{2}\right), \quad \eta_2 = \zeta\left(\frac{\omega_2}{2}\right).$$

Wenn das Argument u um eine der beiden Primitivperioden ω_1, ω_2 vermehrt wird, vermehrt sich die Zetafunktion um eine der beiden Konstanten

$$2\,\eta_1 = 2\,\zeta\left(\frac{\omega_1}{2}\right), \quad 2\,\eta_2 = 2\,\zeta\left(\frac{\omega_2}{2}\right).$$

Für die Vermehrung um eine beliebige Periode

$$\mathfrak{p} = m\omega_1 + n\omega_2$$

findet sich entsprechend

$$\zeta(u + \mathfrak{p}) = \zeta(u) + 2\,m\eta_1 + 2\,n\eta_2.$$

Die beiden neuen Konstanten η_1 und η_2 sind nicht unabhängig voneinander, vielmehr durch eine wichtige Relation miteinander verbunden. Um letztere zu finden, erstrecken wir das Integral der Zetafunktion über den Rand eines Periodenparallelogramms. Das Parallelogramm habe die Ecken

$$A, \quad B = A + \omega_1, \quad C = B + \omega_2 = D + \omega_1, \quad D = A + \omega_2,$$

und die Ecke A werde so gewählt, daß der Pol $u = 0$ im Innern des Parallelogramms liegt, der Rand des Parallelogramms also keinen Pol enthält. Unser Integral I zerfällt in vier Teile:

$$J = \int_A^B \zeta(u)\,du + \int_B^C \zeta(u)\,du + \int_C^D \zeta(u)\,du + \int_D^A \zeta(u)\,du$$

$$= \int_A^B \zeta(u)\,du + \int_B^C \zeta(u)\,du - \int_D^C \zeta(u)\,du - \int_A^D \zeta(u)\,du.$$

Hier substituieren wir im zweiten bzw. dritten Integral $u+\omega_1$ bzw. $u+\omega_2$ statt u und bekommen

$$J=\int_A^B \zeta(u)\,du+\int_A^D [\zeta(u)+2\,\eta_1]\,du-\int_A^B [\zeta(u)+2\,\eta_2]\,du-\int_A^D \zeta(u)\,du$$

oder
$$J=\int_A^D 2\,\eta_1\,du-\int_A^B 2\,\eta_2 du=2\,\eta_1(D-A)-2\,\eta_2(B-A)$$

oder
$$J=2\,(\eta_1\omega_2-\eta_2\,\omega_1).$$

Nach Cauchys Residuensatz ist aber das Integral I gleich dem $2\,\pi i$fachen Residuum der Funktion $\zeta(u)$ an der Stelle $u=0$, und da besagtes Residuum wegen der Entwicklung $\zeta(u)=1:u^2-b_3u^3-\cdots$ den Wert 1 hat, so ist

$$J=2\,i\pi.$$

Aus den beiden letzten Gleichungen folgt die

Relation zwischen den Konstanten η_1 und η_2:

$$\boxed{\eta_1\,\omega_2-\eta_2\,\omega_1=i\pi} \qquad \text{mit} \quad \eta_1=\zeta\left(\frac{\omega_1}{2}\right), \quad \eta_2=\zeta\left(\frac{\omega_2}{2}\right).$$

Weierstraß' Sigmafunktion

Die Weierstraßsche Funktion $\sigma(u)$ ist die einfachste analytische Funktion, welche in sämtlichen Periodenpunkten — und nur in diesen — des aus den Primitivperioden ω_1 und ω_2 konstruierten Periodennetzes einfache Nullstellen hat. Nach Weierstraß' Produktsatz (§ 53) hat sie die Form

$$\boxed{\sigma(u)=u\prod\left(1-\frac{u}{\mathfrak{p}}\right)e^{\frac{u}{\mathfrak{p}}+\frac{1}{2}\frac{u^2}{\mathfrak{p}^2}}},$$

wo in dem rechts stehenden Produkt $\mathfrak{p}$ alle nicht verschwindenden Perioden

$$\mathfrak{p}=m\omega_1+n\omega_2$$

durchläuft.

Sie ist eine ganze transzendente Funktion.

Verwandeln wir u in $-u$, so entsteht

$$\sigma(-u)=-u\prod\left(1+\frac{u}{\mathfrak{p}}\right)e^{-\frac{u}{\mathfrak{p}}+\frac{1}{2}\frac{u^2}{\mathfrak{p}^2}},$$

und, wenn wir hier statt $\mathfrak{p}$, was erlaubt ist, $-\mathfrak{p}$ schreiben,

$$\sigma(-u)=-u\prod\left(1-\frac{u}{\mathfrak{p}}\right)e^{\frac{u}{\mathfrak{p}}+\frac{1}{2}\frac{u^2}{\mathfrak{p}^2}}.$$

Daher wird
$$\boxed{\sigma(-u)=-\sigma(u)}.$$

Die Sigmafunktion ist eine ungrade Funktion von u.

Nach dem Korollar zum Produktsatz (§ 53) konvergiert die Summe der bezogenen Ableitungen der Faktoren des Produkts σ in jedem Gebiet, welches keinen Periodenpunkt enthält, gleichmäßig und stellt hier die bezogene Ableitung von $\sigma(u)$ dar.
Daher ist

$$\frac{\sigma'(u)}{\sigma(u)} = \frac{1}{u} + \sum \left[\frac{1}{u-\mathfrak{p}} + \frac{1}{\mathfrak{p}} + \frac{u}{\mathfrak{p}^2}\right],$$

und wir haben die

Fundamentalformel $$\boxed{\frac{\sigma'(u)}{\sigma(u)} = \zeta(u)},$$

welche den engen Zusammenhang der Sigmafunktion mit Weierstraß' Zetafunktion darstellt.

Die Zetafunktion ist demnach die bezogene Ableitung der Sigmafunktion.

Speziell in der Umgebung des Nullpunktes ist

$$\frac{\sigma'(u)}{\sigma(u)} - \frac{1}{u} = -\varphi(u)$$

mit $$\varphi(u) = b_3 u^3 + b_5 u^5 + b_7 u^7 + \cdots.$$

Da nun die linke Seite der gefundenen Gleichung die bezogene Ableitung von $\sigma(u) : u$ ist, so gilt die Formel

$$\frac{\sigma(u)}{u} = e^{-\Phi(u)}, \qquad [\Phi'(u) = \varphi(u)]$$

mit $$\Phi(u) = b_3 \frac{u^4}{4} + b_5 \frac{u^6}{6} + b_7 \frac{u^8}{8} + \cdots.$$

Sie liefert die Taylorsche Reihe für $\sigma(u)$:

$$\sigma(u) = u + * - c_5 u^5 - c_7 u^7 - c_9 u^9 - \cdots,$$

deren Koeffizienten sich alle durch die beiden „Invarianten" g_2 und g_3 ausdrücken lassen. Beispielsweise ist

$$c_5 = \frac{g_2}{2^4 \cdot 3 \cdot 5}, \quad c_7 = \frac{g_3}{2^3 \cdot 3 \cdot 5 \cdot 7}, \quad c_9 = \frac{g_2^2}{2^9 \cdot 3^2 \cdot 5 \cdot 7}, \quad c_{11} = \frac{g_2 g_3}{2^7 \cdot 3^2 \cdot 5^2 \cdot 7 \cdot 11}.$$

Diese Reihe konvergiert im Endlichen überall.
Die Funktion $\sigma(u)$ ist als ganze Funktion natürlich nicht doppeltperiodisch. Sie wird aber doch angesichts ihrer engen Beziehung zur ζ-Funktion und damit zur $\wp$-Funktion bei Vermehrung des Arguments um eine der beiden Perioden ω_1, ω_2 ein einfaches Verhalten zeigen.
Indem wir die bezogene Ableitung $[f'(u) : f(u)]$ einer Funktion $f(u)$ mit $f^*(u)$ bezeichnen, haben wir z. B.

$$\sigma^*(u + \omega_1) = \zeta(u + \omega_1), \qquad \sigma^*(u) = \zeta(u).$$

Die Subtraktion dieser beiden Gleichungen gibt wegen $\zeta(u+\omega_1) = \zeta(u) + 2\eta_1$

$$\sigma^*(u + \omega_1) - \sigma^*(u) = 2\eta_1,$$

und hieraus folgt, da die linke Seite dieser Gleichung die bezogene Ableitung des Quotienten $\sigma(u+\omega_1):\sigma(u)$, die rechte die bezogene Ableitung von $e^{2\eta_1 u}$ ist,

$$\frac{\sigma(u+\omega_1)}{\sigma(u)} = K e^{2\eta_1 u},$$

wo K eine Konstante bedeutet.

Letztere bestimmt sich durch den Ansatz $u = -\frac{\omega_1}{2}$ zu $K = -e^{-\eta_1\omega_1}$.

Die entsprechende Rechnung für den Argumentzuwachs ω_2 verläuft analog. Als Ergebnis erscheinen die

Funktionalgleichungen der Sigmafunktion:

$$\boxed{\sigma(u+\omega_1) = -F_1\sigma(u), \qquad \sigma(u+\omega_2) = -F_2\sigma(u)}$$

mit $\qquad F_1 = e^{\eta_1(2u+\omega_1)}, \quad F_2 = e^{\eta_2(2u+\omega_2)}.$

Aus ihnen folgt dann weiter durch wiederholte Anwendung dieser Formeln die Formel für die Vermehrung des Arguments um eine beliebige Periode $\mathfrak{p} = m\omega_1 + n\omega_2$

$$\sigma(u+\mathfrak{p}) = \iota^{m+n+mn}\mathfrak{F}\sigma(u) \quad \text{mit} \quad \mathfrak{F} = e^{H(2u+\Omega)} \quad \text{und} \quad \begin{Bmatrix} H = m\eta_1 + n\eta_2 \\ \Omega = m\omega_1 + n\omega_2 \end{Bmatrix}.$$

Bei Vermehrung des Arguments u um eine Periode multipliziert sich also die Sigmafunktion lediglich mit einem Exponentialfaktor, dessen Exponent eine Linearfunktion von u ist.

Von besonderer Bedeutung ist die Periode

$$\omega_3 = -\omega_1 - \omega_2.$$

Für sie wird noch

$$\sigma(u+\omega_3) = -F_3\sigma(u) \qquad \text{mit} \quad F_3 = e^{\eta_3(2u+\omega_3)}, \quad \eta_3 = \zeta\left(\frac{\omega_3}{2}\right).$$

[Die Größen η_1, η_2, η_3 sind durch die Relation

$$\eta_1 + \eta_2 + \eta_3 = 0$$

miteinander verbunden, da aus

$$\omega_1 + \omega_2 + \omega_3 = 0$$

und
$$\zeta\left(\frac{\omega_3}{2} + \omega_1 + \omega_2\right) = \zeta\left(\frac{\omega_3}{2}\right) + 2\eta_1 + 2\eta_2$$

$$\zeta\left(-\frac{\omega_3}{2}\right) = \zeta\left(\frac{\omega_3}{2}\right) + 2\eta_1 + 2\eta_2$$

oder
$$-\eta_3 = \eta_3 + 2\eta_1 + 2\eta_2$$

folgt.]

Demnach gilt für jeden der drei Zeiger $\nu = 1, 2, 3$ die Formel

$$\boxed{\sigma(u+\omega_\nu) = -e^{\eta_\nu(2u+\omega_\nu)}\sigma(u)}.$$

Aus ihr folgt noch

$$\boxed{\frac{\sigma\left(u+\frac{\omega_\nu}{2}\right)}{\sigma\left(u-\frac{\omega_\nu}{2}\right)}=-e^{2\eta_\nu u}}, \qquad [\nu=1,\ 2,\ 3].$$

Die Funktionen $\sigma_1(u)$, $\sigma_2(u)$, $\sigma_3(u)$.

Neben der Sigmafunktion

$$\sigma(u)=\sigma(u,\omega_1,\omega_2)=u\prod{}'\left(1-\frac{u}{\mathfrak{p}}\right)e^{\frac{u}{\mathfrak{p}}+\frac{1}{2}\frac{u^2}{\mathfrak{p}^2}}$$

führte Weierstraß die drei Funktionen

$$\boxed{\sigma_\nu(u)=e^{-\eta_\nu u}\cdot\frac{\sigma\left(u+\frac{\omega_\nu}{2}\right)}{\sigma\left(\frac{\omega_\nu}{2}\right)}}, \qquad \nu=1,\ 2,\ 3$$

ein.

Die drei Funktionen $\sigma_1(u)$, $\sigma_2(u)$, $\sigma_3(u)$ sind wie $\sigma(u)$ ganze transzendente Funktionen.

Während aber $\sigma(u)$ eine ungrade Funktion von u ist, sind $\sigma_1(u)$, $\sigma_2(u)$ und $\sigma_3(u)$ grade Funktionen von u.

In der Tat ist (s. o.)

$$\sigma_\nu(-u)=e^{\eta_\nu u}\cdot\frac{\sigma\left(-u+\frac{\omega_\nu}{2}\right)}{\sigma\left(\frac{\omega_\nu}{2}\right)}=e^{\eta_\nu u}\cdot\frac{-e^{-2\eta_\nu u}\sigma\left(-u-\frac{\omega_\nu}{2}\right)}{\sigma\left(\frac{\omega_\nu}{2}\right)}$$

$$=e^{-\eta_\nu u}\cdot\frac{\sigma\left(u+\frac{\omega_\nu}{2}\right)}{\sigma\left(\frac{\omega_\nu}{2}\right)}=\sigma_\nu(u),$$

also $$\sigma_\nu(-u)=\sigma_\nu(u).$$

Um die Potenzreihe für die Funktion $\sigma_\nu(u)$ zu bekommen, benutze man die Formeln

$$\sigma'(u):\sigma(u)=\zeta(u),\qquad \zeta'(u)=-\wp(u)$$

und die auf die erste dieser Formeln angewandte Leibnizsche Ableitungsregel

$$\{\sigma(u)\}^{n+1}=\{\sigma(u)+\zeta(u)\}^n,$$

in welcher der Exponent den *Wiederholungsindex* für die $(n+1)$-te bzw. n-te Ableitung bedeutet.

Das gibt $$\sigma_\nu(u) = 1 - \frac{1}{2} e_\nu u^2 - \frac{1}{48}(6 e_\nu^2 - g_2) u^4 - \cdots,$$

und diese Reihe konvergiert überall im Endlichen.

Funktionalgleichung von $\sigma_\nu(u)$

Aus $$\sigma_\nu(u) = e^{-\eta_\nu u} \frac{\sigma\left(u + \frac{\omega_\nu}{2}\right)}{\sigma\left(\frac{\omega_\nu}{2}\right)}$$

folgt bei Vermehrung des Arguments um ω_r, wo r einen der drei Werte 1, 2, 3 bedeutet, nach der Funktionalgleichung für $\sigma(u)$

$$\sigma_\nu(u + \omega_r) = e^{-\eta_\nu(u+\omega_r)} \cdot \frac{\sigma\left(u + \frac{\omega_\nu}{2} + \omega_r\right)}{\sigma\left(\frac{\omega_\nu}{2}\right)} = - e^{-\eta_\nu(u+\omega_r)} \cdot \frac{\sigma\left(u + \frac{\omega_\nu}{2}\right)}{\sigma\left(\frac{\omega_\nu}{2}\right)} \cdot e^{\eta_r(2u+\omega_\nu+\omega_r)}$$

$$= -\left[e^{-\eta_\nu u} \cdot \frac{\sigma\left(u + \frac{\omega_\nu}{2}\right)}{\sigma\left(\frac{\omega_\nu}{2}\right)} \right] \cdot e^{\eta_r(2u+\omega_r)} \cdot e^{\eta_r\omega_\nu - \eta_\nu\omega_r} = -\sigma_\nu(u) \cdot e^{\eta_r(2u+\omega_r)} \cdot e^{\eta_r\omega_\nu - \eta_\nu\omega_r}.$$

Hier ist also lediglich der Exponent $\eta_r\omega_\nu - \eta_\nu\omega_r$ zu beachten. Er hat für $r = \nu$ den Wert Null, für $r \neq \nu$ den Wert $\pm i\pi$. [Es ist z. B.

$$\eta_1\omega_2 - \eta_2\omega_1 = i\pi,$$

$$\eta_3\omega_1 - \eta_1\omega_3 = -(\eta_1 + \eta_2)\omega_1 + \eta_1(\omega_1 + \omega_2) = \eta_1\omega_2 - \eta_2\omega_1 = i\pi \text{ usw.}]$$

Daher hat der Schlußfaktor der rechten Seite unserer Gleichung den Wert $+1$ oder -1, je nachdem r gleich ν ist oder nicht.
Folglich lautet die gesuchte Funktionalgleichung

$$\boxed{\sigma_\nu(u + \omega_r) = \pm e^{\eta_r(2u+\omega_r)} \cdot \sigma_\nu(u)}.$$

Dabei gilt das obere oder untere Vorzeichen, je nachdem r von ν verschieden ist oder nicht.

Beziehung der vier Sigmafunktionen $\sigma(u)$, $\sigma_1(u)$, $\sigma_2(u)$, $\sigma_3(u)$ zu $\sigma(2u)$

Vermehrt man in den Funktionen

$$f(u) = \sigma(u) \cdot \sigma_1(u) \cdot \sigma_2(u) \cdot \sigma_3(u) \quad \text{und} \quad F(u) = \sigma(2u)$$

das Argument u um die Periode ω_1 bzw. ω_2, so erhält man auf Grund der Funktionalgleichungen der vier Sigmafunktionen die Formeln

$$f(u + \omega_1) = e^{\eta_1(8u+4\omega_1)} f(u) \quad \text{und} \quad F(u + \omega_1) = e^{2\eta_1(2\cdot 2u + 2\omega_1)} F(u)$$

bzw.

$$f(u + \omega_2) = e^{\eta_2(8u+4\omega_2)} f(u) \quad \text{und} \quad F(u + \omega_2) = e^{2\eta_2(2\cdot 2u + 2\omega_2)} F(u).$$

Aus ihnen folgt: Die Funktion

$$\varphi(u) = F(u) : f(u)$$

ist *doppeltperiodisch* mit den Perioden ω_1 und ω_2.
Da ferner $F(u)$ und $f(u)$ im Hauptparallelogramm *beide* genau die vier Nullstellen $0, \frac{\omega_1}{2}, \frac{\omega_2}{2}, \frac{\omega_1 + \omega_2}{2}$ *erster* Ordnung haben und sich im Hauptparallelogramm überall regulär verhalten, verhält sich ihr Quotient $\varphi(u)$ im Hauptparallelogramm überall regulär und ist deshalb eine Konstante K.
Die Konstante bestimmt sich durch die Wahl $u = 0$ zu $K = 2$.
Mithin erhalten wir die sehr bemerkenswerte Formel

$$\boxed{\sigma(2\,u) = 2\,\sigma(u)\;\sigma_1(u)\;\sigma_2(u)\;\sigma_3(u)}\,.$$

Beziehung der Funktionen $\sigma_1(u)$, $\sigma_2(u)$, $\sigma_3(u)$ zu $\wp'(u)$

Die Funktion

$$\varphi(u) = [\sigma_\nu(u) : \sigma(u)]^2$$

ist nach den Funktionalgleichungen der Funktionen $\sigma(u)$ und $\sigma_\nu(u)$ doppeltperiodisch:

$$\varphi(u + \omega_1) = \varphi(u), \qquad \varphi(u + \omega_2) = \varphi(u)$$

und hat im Hauptparallelogramm nur den einen (zweifachen) Pol $u = 0$ und die eine (zweifache) Nullstelle $u \equiv \omega_\nu : 2$.
Dieselben Eigenschaften besitzt die Funktion

$$\psi(u) = \wp(u) - e_\nu\,.$$

Daher ist die doppeltperiodische Funktion $\varphi(u) : \psi(u)$ im Hauptparallelogramm überall regulär; d. h. sie ist eine Konstante. Der Wert dieser Konstante findet sich leicht gleich Eins. Folglich gilt die wichtige Formel

$$\boxed{[(\sigma_\nu(u) : \sigma(u)]^2 = \wp(u) - e_\nu}\,.$$

Aus dieser Formel ergibt sich

$$\left[\frac{\sigma_1(u)}{\sigma(u)} \cdot \frac{\sigma_2(u)}{\sigma(u)} \cdot \frac{\sigma_3(u)}{\sigma(u)}\right]^2 = [\wp(u) - e_1] \cdot [\wp(u) - e_2] \cdot [\wp(u) - e_3]$$

oder, da die rechte Seite dieser Gleichung den Wert $[\wp'(u)]^2 : 4$ hat,

$$[\wp'(u)]^2 = 4\,[\sigma_1(u) \cdot \sigma_2(u) \cdot \sigma_3(u) : \sigma^3(u)]^2$$

und hieraus endlich

$$\boxed{\wp'(u) = -2 \cdot \frac{\sigma_1(u)\,\sigma_2(u)\,\sigma_3(u)}{\sigma^3(u)}}\,.$$

Zusammenhang zwischen $\sigma(u)$ und $\vartheta(v)$

Die Funktionalgleichungen der Sigmafunktion zeigen eine gewisse Ähnlichkeit mit denen der ungeraden Thetafunktion $\vartheta(v)$. Um diese Ähnlichkeit vollständig zu machen, setzen wir zunächst

$$v = u : \omega_1, \qquad \omega = \omega_2 : \omega_1$$

und behaften $\sigma(u)$ mit einem Exponentialfaktor von der Form

$$E = Ce^{-cu^2}$$

so beschaffen, daß die beiden Funktionalgleichungen bei beiden Funktionen übereinstimmen.

Es sei also $\qquad \varphi(v) = \varphi(v, \omega) = E\sigma(u) = Ce^{-cu^2}.\sigma(u)$,

und die Konstante C werde so gewählt, daß die Ableitungen der beiden Funktionen $\varphi(v)$ und $\vartheta(v) = \vartheta(v, \omega)$ an der Stelle $v = 0$ gleich sind.

Aus $\qquad \varphi'(v) = E\sigma'(u) \cdot \omega_1 - 2\,Ccu\,\omega_1\sigma(u)$

und $\sigma'(0) = 1$ ergibt sich dann

$$C = \vartheta' : \omega_1.$$

Die Konstante c wählen wir so, daß die gewünschte Übereinstimmung erreicht wird.

Nun ist

$$\varphi(v+1) = Ce^{-c(u+\omega_1)^2}\sigma(u+\omega_1) = -Ce^{(\eta_1 - c\omega_1)(2u+\omega_1)} \cdot e^{-cu^2}\sigma(u),$$

also wenn wir $\qquad c = \eta_1 : \omega_1$

wählen,

$$\varphi(v+1) = -\varphi(v).$$

Bei der Vermehrung von v um ω bekommen wir

$$\varphi(v+\omega) = Ce^{-c(u+\omega_2)^2}\sigma(u+\omega_2) = -\,Ce^{(\eta_2 - c\omega_2)(2u+\omega_2)} \cdot e^{-cu^2}\sigma(u)$$

oder, da $\eta_2 - c\omega_2$ wegen der Relation $\eta_1\omega_2 - \eta_2\omega_1 = i\pi$ den Wert $-i\pi : \omega_1$ hat,

$$\varphi(v+\omega) = -F\varphi(v)$$

mit $\qquad F = e^{-i\pi(2v+\omega)} = \iota^{2v+\omega}.$

Die Funktion $\varphi(v)$ hat demnach,

$$C = \vartheta' : \omega_1 \qquad \text{und} \qquad c = \eta_1 : \omega_1$$

gesetzt, genau dieselben Funktionalgleichungen wie die Funktion $\vartheta(v)$.
$\varphi(v)$ ist also mit $\vartheta(v)$ verwandt, und da beide Funktionen von erster Ordnung sind, besteht zwischen ihnen (§ 74) eine lineare Relation:

$$\varphi(v) = K\vartheta(v).$$

Da wir $\varphi(v)$ so konstruiert haben, daß die beiden Funktionen $\varphi(v)$ und $\vartheta(v)$ im Nullpunkte dieselbe Ableitung $[\varphi' = \vartheta']$ haben, so ist überdies $K = 1$ und φ mit ϑ identisch:

$$\varphi(v) = \vartheta(v).$$

Die Beziehung zwischen $\sigma(u)$ und $\vartheta(v)$ ist aufgedeckt; sie lautet

$$\boxed{\frac{\vartheta(v)}{\vartheta'} = \frac{e^{-\frac{\eta_1}{\omega_1}u^2}\sigma(u)}{\omega_1}}\,.$$

Um noch eine andere Schreibweise für die Konstante $c = \eta_1 : \omega_1$ zu bekommen, differenzieren wir die gefundene Beziehung dreimal nach u und setzen dann $u = v = 0$. Die entstandene Gleichung wird dann

$$c = -\frac{\vartheta'''}{\vartheta'} : 6\,\omega_1^2 .$$

Mit Benutzung dieser Schreibweise für c haben wir nun umgekehrt

$$\boxed{\frac{\sigma(u)}{\omega_1} = \frac{e^{-\frac{1}{6}\frac{\vartheta'''}{\vartheta'}v^2}\,\vartheta(v)}{\vartheta'}} .$$

So ist sowohl $\vartheta(v)$ durch $\sigma(u)$ und die zu $\sigma(u)$ gehörigen Konstanten als auch $\sigma(u)$ durch $\vartheta(v)$ und die zu $\vartheta(v)$ gehörigen Konstanten ausgedrückt.

Zusammenhang zwischen den Sigma- und Thetafunktionen

Die Funktion

$$\varphi(u) = [\sigma_\nu(u) : \sigma(u)]^2$$

ist, wie schon oben erwähnt, doppeltperiodisch mit den Perioden ω_1 und ω_2 und hat im Hauptparallelogramm nur den einen (zweifachen) Pol $u = 0$ und die eine (zweifache) Nullstelle $u \equiv \frac{\omega_\nu}{2}$.

Dieselben Eigenschaften besitzt die Funktion

$$\psi(u) = [\vartheta_\nu(v) : \vartheta(v)]^2 \qquad \text{mit} \quad v = u : \omega_1 .$$

Daher ist der Quotient

$$\psi(u) : \varphi(u)$$

der beiden Funktionen eine Funktion mit den Perioden ω_1 und ω_2, welche sich im Hauptparallelogramm überall regulär verhält. Eine solche doppeltperiodische Funktion kann aber nur eine Konstante K sein:

$$\psi(u) : \varphi(u) = K.$$

Um K zu bestimmen, haben wir lediglich zu beachten, daß die Koeffizienten von $1 : u^2$ in den zur Stelle $u = 0$ gehörigen Laurententwicklungen der beiden Funktionen $\varphi(u)$ und $\psi(u)$ die Werte

$$1 \qquad \text{und} \qquad \omega_1^2 \vartheta_\nu^2 : \vartheta'^2$$

haben. Das gibt

$$K = \omega_1^2 \vartheta_\nu^2 : \vartheta'^2$$

und

$$\left[\frac{\omega_1 \sigma_\nu(u)}{\sigma(u)}\right]^2 = \left[\frac{\vartheta' \vartheta_\nu(v)}{\vartheta_\nu \vartheta(v)}\right]^2 .$$

Hieraus folgt durch Radizierung

$$\boxed{\omega_1 \frac{\sigma_\nu(u)}{\sigma(u)} = \frac{\vartheta_\nu(v) : \vartheta_\nu}{\vartheta(v) : \vartheta'}} , \qquad [u = \omega_1 v] .$$

Durch diese fundamentale Formel wird ein *unmittelbarer Zusammenhang zwischen dem Sigmaquotienten* $\sigma_\nu(u):\sigma(u)$ *und dem Thetaquotienten* $\vartheta_\nu(v):\vartheta(v)$ und damit auch *zwischen* $\sigma_\nu(u)$ *und* $\vartheta_\nu(v)$ *selbst* hergestellt.
Sie kann sofort zu einer neuen Herleitung der Relation

$$\boxed{\sigma(2\,u)=2\,\sigma(u)\,\sigma_1(u)\,\sigma_2(u)\,\sigma_3(u)}$$

benutzt werden.
Man erhält zunächst

$$\omega_1^3\cdot\frac{\sigma_1(u)\,\sigma_2(u)\,\sigma_3(u)}{\sigma^3(u)}=\frac{\vartheta'^3}{\vartheta_1\,\vartheta_2\,\vartheta_3}\cdot\frac{\vartheta_1(v)\,\vartheta_2(v)\,\vartheta_3(v)}{\vartheta^3(v)}$$

und hieraus auf Grund der Formel (§ 73)

$$\vartheta(2\,v)=2\,\vartheta(v)\cdot\frac{\vartheta_1(v)\,\vartheta_2(v)\,\vartheta_3(v)}{\vartheta_1\,\vartheta_2\,\vartheta_3}\,,$$

$$\omega_1^3\cdot\frac{\sigma_1(u)\,\sigma_2(u)\,\sigma_3(u)}{\sigma^3(u)}=\vartheta'^3\cdot\frac{\vartheta(2\,v)}{2\,\vartheta^4(v)}\,.$$

Diese Formel schreiben wir unter Einführung von $\sigma(2\,u)$

$$2\,\omega_1^3\cdot\frac{\sigma(u)\,\sigma_1(u)\,\sigma_2(u)\,\sigma_3(u)}{\sigma(2\,u)}=\vartheta'^3\cdot\frac{\vartheta(2\,v)}{\sigma(2\,u)}\cdot\left[\frac{\sigma(u)}{\vartheta(v)}\right]^4.$$

Nun ist (s. o.)

$$\frac{\sigma(u)}{\vartheta(v)}=\frac{\omega_1}{\vartheta'}\cdot e^{cu^2}\qquad[\text{mit}\quad c=\eta_1:\omega_1]\,,$$

mithin die rechte Seite der gefundenen Gleichung

$$\vartheta'^3\cdot\frac{\omega_1^3}{\vartheta'^3}=\omega_1^3\,.$$

Folglich wird

$$\sigma(2\,u)=2\,\sigma(u)\,\sigma_1(u)\,\sigma_2(u)\,\sigma_3(u)\,,\qquad\text{w. z. b. w.}$$

Dritter Abschnitt

Modulfunktionen

§ 78. DIE MODULFUNKTION $J(\omega)$

Die in der Theorie der Weierstraßschen $\wp$-Funktion auftretenden Fundamentalgrößen

$$g_2=g_2(\omega_1,\omega_2)=60\sum{}'\frac{1}{(m\,\omega_1+n\,\omega_2)^4}\quad\text{und}\quad g_3=g_3(\omega_1,\omega_2)=140\sum{}'\frac{1}{(m\,\omega_1+n\,\omega_2)^6}\,,$$

[wo m und n alle nicht gleichzeitig verschwindenden Ganzzahlen durchlaufen], sind Regulärfunktionen sowohl von ω_1 als auch von ω_2, solange die Argumente ω_1 und ω_2 auf Gebiete beschränkt bleiben, für die der Imaginärteil σ des Quotienten $\omega_2:\omega_1=\omega=\varrho+i\sigma$ eine *positive*, im übrigen aber beliebig kleine untere Schranke σ_0 nicht unterschreitet, da der Beweis, den wir im § 75 für die Regularität der Funktion $\wp'(u)$ geführt haben, auch für die beiden obigen Summen seine Kraft behält. Die Grundlage des Beweises war nämlich die Existenz eines *positiven* Minimums des Quotienten $|\omega_1 x + \omega_2 y| : \sqrt{x^2+y^2}$, und bei nicht verschwindendem σ ist dieses Minimum positiv.

Die Funktionen $g_2(\omega_1, \omega_2)$ und $g_3(\omega_1, \omega_2)$ besitzen außerdem die Eigenschaft der Invarianz gegenüber linearen Periodentransformationen

$$\Omega_1 = a\,\omega_1 + b\,\omega_2, \qquad \Omega_2 = c\,\omega_1 + d\,\omega_2$$

mit ganzzahligen Koeffizienten a, b, c, d von der Determinante $ad - bc = 1$:

$$g_2(\Omega_1, \Omega_2) = g_2(\omega_1, \omega_2), \qquad g_3(\Omega_1, \Omega_2) = g_3(\omega_1, \omega_2).$$

Durch Potenzierungen und Division können wir aus g_2 und g_3 eine Funktion von ω allein bilden, die Funktion

$$g(\omega) = \frac{g_2^3}{g_3^2} = \left[\frac{60}{\omega_1^4}\sum\frac{1}{(m+n\,\omega)^4}\right]^3 : \left[\frac{140}{\omega_1^6}\sum\frac{1}{(m+n\,\omega)^6}\right]^2,$$

also

$$g(\omega) = \frac{g_2^3}{g_3^2} = \frac{27}{343}\left[\sum\frac{1}{(m+n\,\omega)^4}\right]^3 : \left[\sum\frac{1}{(m+n\,\omega)^6}\right]^2.$$

Die Funktion $g(\omega)$ verhält sich in jedem Gebiet der oberen Halbebene $(\sigma > 0)$ regulär, in dem g_3 nicht verschwindet, und ist gegenüber allen Lineartransformationen

$$\Omega = \frac{a\omega + b}{c\omega + d}$$

mit ganzzahligen Koeffizienten a, b, c, d von der Determinante 1 invariant:

$$g(\Omega) = g(\omega).$$

M. a. W.: In äquivalenten Punkten hat $g(\omega)$ gleiche Werte.

Aus der Definitionsformel für $g(\omega)$ folgt noch:

Die Funktion $g(\omega)$ ist eine gerade Funktion von ω.

Um eine Funktion von ω zu bekommen, die sich *überall* in der oberen Halbebene regulär verhält, bedenken wir, daß die Diskriminante

$$D = g_2^3 - 27\,g_3^2 = 16\,(e_2 - e_3)^2\,(e_3 - e_1)^2\,(e_1 - e_2)^2$$

wegen der paarweisen Verschiedenheit der Größen $e_\nu = \wp\left(\frac{\omega_\nu}{2}\right)$ nicht verschwinden kann, und bilden daraufhin die Funktion

$$\boxed{J(\omega) = \frac{g_2^3}{D} = \frac{g_2^3}{g_2^3 - 27\,g_3^2}},$$

die mit g durch die Relation

$$\frac{1}{J} + \frac{27}{g} = 1$$

verknüpft ist, also dort, wo g unendlich wird, den einfachen Wert 1 annimmt.

Die Funktion $J(\omega)$ verhält sich in der oberen Halbebene regulär und nimmt in äquivalenten Punkten gleiche Werte an. Sie ist wie g eine gerade Funktion von ω.

Sie ist mit den Funktionen ϑ_1, ϑ_2, ϑ_3 durch die symmetrische Formel

$$\boxed{J(\omega) = \frac{1}{54}\,\frac{(\vartheta_1^8 + \vartheta_2^8 + \vartheta_3^8)^3}{\vartheta_1^8\,\vartheta_2^8\,\vartheta_3^8}}$$

verknüpft.

Der *Beweis* beruht auf den Relationen

$$e_2 - e_3 = -\frac{\pi^2}{\omega_1^2}\vartheta_1^4, \qquad e_3 - e_1 = -\frac{\pi^2}{\omega_1^2}\vartheta_2^4, \qquad e_1 - e_2 = \frac{\pi^2}{\omega_1^2}\vartheta_3^4 \quad (\S\ 76)$$

und

$$g_2 = -4(e_2e_3 + e_3e_1 + e_1e_2), \quad D = 16(e_2 - e_3)^2(e_3 - e_1)^2(e_1 - e_2)^2 \quad (\S\ 76).$$

Zunächst ist [wegen $e_1 + e_2 + e_3 = 0$]

$$(e_2 - e_3)^2 + (e_3 - e_1)^2 + (e_1 - e_2)^2 - 2(e_1 + e_2 + e_3)^2 = -6(e_2e_3 + e_3e_1 + e_1e_2) = \tfrac{3}{2}g_2,$$

also

$$\boxed{g_2 = \frac{2}{3}\,\frac{\pi^4}{\omega_1^4}(\vartheta_1^8 + \vartheta_2^8 + \vartheta_3^8)},$$

sodann

$$\boxed{D = 16\,\frac{\pi^{12}}{\omega_1^{12}}\vartheta_1^8\,\vartheta_2^8\,\vartheta_3^8}.$$

Die beiden letzten Gleichungen ergeben sofort die obige Formel.

Die Funktion $J(\omega)$ gehört zu den sog. *Modulfunktionen.*

Zur Erfassung des Begriffs „Modulfunktion" müssen wir etwas weiter ausholen.

Wenn man in einer Funktion $f(\omega)$ das Argument ω durch

$$\omega' = \frac{a\omega + b}{c\omega + d}$$

ersetzt, wo a, b, c, d Konstanten sind, so daß $f(\omega)$ in

$$f(\omega') = f\left(\frac{a\omega + b}{c\omega + d}\right) = \varphi(\omega)$$

übergeht, so sagt man, man habe auf die Funktion $f(\omega)$ die *Transformation* oder *Substitution*

$$S = \begin{pmatrix} a & b \\ c & d \end{pmatrix}$$

angewandt und schreibt

$$f\,S = \varphi.$$

Wir betrachten hier nur Transformationen, deren Koeffizienten a, b, c, d Ganzzahlen mit der Determinante

$$ad - bc = 1$$

sind. Solche Substitutionen heißen *Modulsubstitutionen* oder *Modultransformationen*.

Ist

$$\Sigma = \begin{pmatrix} \alpha & \beta \\ \gamma & \delta \end{pmatrix}$$

eine zweite Modulsubstitution, und wenden wir sie auf die Funktion $\varphi(\omega)$ an, so ergibt sich

$$\varphi \Sigma = \varphi \left(\frac{\alpha\omega + \beta}{\gamma\omega + \delta} \right) = \psi(\omega) .$$

Den beschriebenen Übergang von f nach ψ kann man auch in *einem* Schritte ausführen, indem man nämlich auf f die Transformation

$$\Pi = \begin{pmatrix} A & B \\ C & D \end{pmatrix}$$

mit

$$\left\{ \begin{array}{ll} A = a\alpha + b\gamma & B = a\beta + b\delta \\ C = c\alpha + d\gamma & D = c\beta + d\delta \end{array} \right\}$$

anwendet.

Auch Π ist eine Modulsubstitution, da

$$AD - BC = (ad - bc)(\alpha\delta - \beta\gamma) = 1$$

ist.

Die Substitution Π heißt das Produkt der beiden Transformationen S und Σ (in dieser Reihenfolge), und man schreibt deshalb

$$\Pi = S \cdot \Sigma = S\Sigma .$$

Im allgemeinen stimmen die beiden Transformationen $S\Sigma$ und ΣS nicht miteinander überein.

Ein besonders wichtiger Fall liegt vor, wenn die Funktion $f(\omega)$ durch gewisse Modultransformationen nicht geändert wird. Die Funktionen $g(\omega)$ und $J(\omega)$ z. B. bleiben ungeändert, wenn irgendeine Modulsubstitution auf sie angewandt wird.

Man faßt alle Substitutionen S_1, S_2, S_3, ..., welche die Funktion $f(\omega)$ ungeändert lassen, so daß

$$fS_1 = fS_2 = fS_3 = \cdots = f$$

ist, zu einem System $\mathfrak{S}$ zusammen.

Das System $\mathfrak{S}$ bildet eine Gruppe, die sog. Gruppe der Funktion f. Um den Sinn dieses Satzes klarzulegen, setzen wir kurz auseinander, was unter einer Gruppe zu verstehen ist.

Eine *Gruppe* ist ein System von Elementen A, B, C, ... mit folgenden vier Eigenschaften:

1° Es gibt eine Vorschrift, mittels welcher aus je zwei Elementen S und T des Systems ein Element des Systems gewonnen werden kann, welches das

Produkt der Elemente S und T — in dieser Anordnung! — genannt und $S \cdot T$ oder ST geschrieben wird.
2° Es gilt das *Assoziativgesetz*: Sind R, S, T drei Elemente des Systems, so ist

$$RS \cdot T = R \cdot ST.$$

Jedes dieser beiden Produkte wird daraufhin einfach RST geschrieben.
[Das Kommutativgesetz $ST = TS$ braucht *nicht* zu gelten.]
3° Das System enthält ein Element E, das sog. *Einheitselement*, so beschaffen,

$$ES = SE = S$$

ist.
4° Zu jedem Element S des Systems gibt es ein zweites, „*inverses*", Element $\bar{S}$*), derart, daß

$$S\bar{S} = \bar{S}S = E$$

ist.
Eine Gruppe mit mehr als einem Element heißt *eigentlich.*
Unser Satz lautet also ausführlich:

Das System $\mathfrak{S}$ der Modulsubstitutionen, welche eine vorgelegte Funktion ungeändert lassen, bildet eine Gruppe.

Beweis. 1° Sind S und Σ zwei Transformationen von $\mathfrak{S}$, so läßt auch ihr Produkt $\Pi = S\Sigma$ f ungeändert.
2° Mit Hilfe der obigen Formeln für die Ermittlung des Produkts

$$\begin{pmatrix} A & B \\ C & D \end{pmatrix} = \begin{pmatrix} a & b \\ c & d \end{pmatrix} \cdot \begin{pmatrix} \alpha & \beta \\ \gamma & \delta \end{pmatrix}$$

der beiden Faktoren S und Σ bestätigt man leicht die Gültigkeit des Assoziativgesetzes.
3° Das System besitzt das Einheitselement

$$E = \begin{pmatrix} 1 & 0 \\ 0 & 1 \end{pmatrix}.$$

4° Jede Substitution $S = \begin{pmatrix} a & b \\ c & d \end{pmatrix}$

des Systems $\mathfrak{S}$ besitzt eine Inverse:

$$\bar{S} = \begin{pmatrix} d & -b \\ -c & a \end{pmatrix}.$$

Damit ist das System $\mathfrak{S}$ als Gruppe erkannt.
Eine aus Modulsubstitutionen bestehende Gruppe wird man zweckmäßig eine *Modulgruppe* nennen. Wir haben nun folgende

Definition:

Eine *Modulfunktion* ist eine in der oberen Halbebene analytische Funktion von ω, die durch die Substitutionen einer eigentlichen Modulgruppe und nur durch diese Substitutionen ungeändert bleibt, und man sagt „die Funktion gehört zu der Gruppe".

*) Statt $\bar{S}$ schreibt man meist S^{-1}, statt $\bar{S}\,\bar{S}$, $\bar{S}\,\bar{S}\,\bar{S}$ usw. S^{-2}, S^{-3}, ..., insofern $S^{-2} \cdot S^2 = E$, $S^{-3} \cdot S^3 = E$, ... ist. [S^2 ist natürlich SS, S^3 ist SSS u.s.f.]

Die Funktion $J(\omega)$ ist die einfachste und wichtigste aller Modulfunktionen. Wir konstruieren das *Urgebiet* der Funktion.

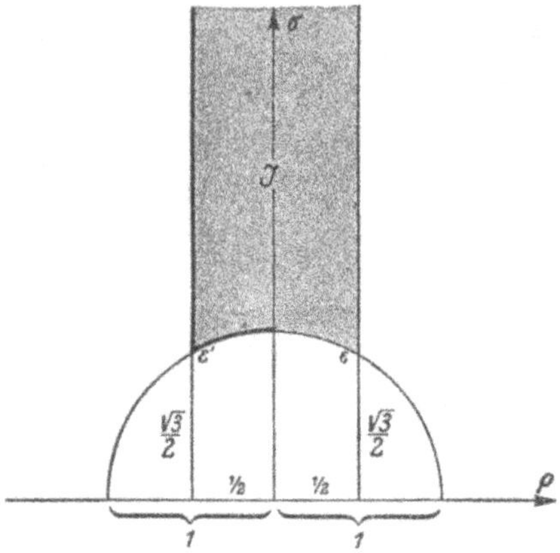

Abb. 56

Unter dem *Urgebiet einer Funktion* versteht man ein Gebiet, in welchem die Funktion ihren ganzen Wertevorrat annimmt, derart, daß zu verschiedenen Stellen des Gebiets auch verschiedene Funktionswerte gehören.

Das Urgebiet $\mathfrak{J}$ der Funktion $J(\omega)$ ist nichts anderes als der Bereich $\mathfrak{R}$ der reduzierten Zahlen ω mit Ausnahme seiner rechts von der Imaginärachse liegenden Randpunkte. Es besteht sonach aus allen Zahlen $\omega = \varrho + i\sigma$ der oberen Halbebene, die die Ungleichungen

$$|\omega \pm 1| \geqq |\omega| \geqq 1$$

befriedigen mit der zusätzlichen Bedingung, daß ω im Falle eines Gleichheitszeichens in der Ungleichung einen negativen Realteil ϱ hat.

Es gilt folgender

Fundamentalsatz:

Die Funktion $J(\omega)$ nimmt in ihrem Urgebiet jeden Wert genau einmal an; ausgenommen den Wert 1, der zweimal, beidemal an der Stelle i, und den Wert 0, der dreimal, alle dreimal an der Stelle $\frac{-1+i\sqrt{3}}{2}$, angenommen wird.

Der Beweis dieses außerordentlich wichtigen Satzes beruht auf Cauchys Nullstellensatz: „Die Anzahl der Nullstellen einer in einem Bereich regulären und auf dem Bereichrande nicht verschwindenden Funktion ist gleich dem in Vollwinkeln gemessenen Winkelzuwachs, den die Funktion erfährt, wenn das Argument den Bereichrand im positiven Sinne durchläuft."

Den in Vollwinkeln gemessenen Zuwachs, den der Winkel einer Funktion f erfährt, wenn das Argument den Weg $\mathfrak{w}$ durchläuft, wollen wir im folgenden kurz mit $f\mathfrak{w}$ bezeichnen.

Da sich der Bereich $\mathfrak{R}$ bis ins Unendliche erstreckt, werfen wir zunächst einen Blick auf das Verhalten der Funktion $J(\omega)$ bei unbegrenzt wachsendem $|\omega|$.

Wenn wir in dem Ausdruck

$$J(\omega) = \frac{1}{54}(\vartheta_1^8 + \vartheta_2^8 + \vartheta_3^8)^3 : \vartheta_1^8 \vartheta_2^8 \vartheta_3^8$$

die Werte

$$\vartheta_1 = 2(\mathfrak{q} + \mathfrak{q}^9 + \mathfrak{q}^{25} + \cdots) \qquad \text{mit } \mathfrak{q} = q^{\frac{1}{4}} = e^{\frac{i\pi\omega}{4}},$$

$$\left.\begin{aligned} \vartheta_2 &= 1 - 2q + 2q^4 - 2q^9 + - \cdots \\ \vartheta_3 &= 1 + 2q + 2q^4 + 2q^9 + \cdots \end{aligned}\right\} \qquad \text{mit } q = e^{i\pi\omega},$$

substituieren, so erhalten wir die Entwicklung

$$1728\,J(\omega)=\frac{1}{Q}+744+196884\,Q+\cdots \qquad \text{mit} \quad Q=q^2$$

oder, etwas bequemer geschrieben,

$$C\,J(\omega)=\frac{1}{Q}+a+b\,Q+c\,Q^2+\cdots \qquad \text{mit } C=1728.$$

Da der Betrag $1:e^{2\pi\sigma}$ von Q bei unbegrenzt wachsendem σ unbegrenzt abnimmt, $|1:Q|$ also unbegrenzt zunimmt, so wächst $|J(\omega)|$ mit unbegrenzt wachsendem σ über alle Grenzen.
Wir begrenzen deshalb den Bereich $\mathfrak{R}$ nach oben hin durch eine geeignete von der Realachse um $\sigma=h$ entfernte Strecke $\mathfrak{s}$, die vom rechten Randpunkte A' zum linken Randpunkte A läuft, und nennen den unterhalb $\mathfrak{s}$ liegenden Teil des Bereichs $\mathfrak{R}$ $\mathfrak{R}'$.
Wir wollen die Lage der Strecke $\mathfrak{s}$ näher ausmachen.
Γ sei ein beliebig vorgegebener (endlicher) Wert, von dem wir weiter unten zeigen wollen, daß er von der Funktion J angenommen wird. Wir *legen* $\mathfrak{s}$ *so hoch*, daß für alle auf und außerhalb $\mathfrak{s}$ liegenden Punkte von $\mathfrak{R}'$ $|J|>|\Gamma|$ ausfällt. Dann kann außerhalb $\mathfrak{R}'$ keine Nullstelle von $J(\omega)-\Gamma$ liegen, so daß wir uns nur um Punkte des Bereiches $\mathfrak{R}'$ zu kümmern brauchen.
Um aber auch mit dem Winkelzuwachs von $f(\omega)=J(\omega)-\Gamma$ längs der Strecke $\mathfrak{s}$ keine Schererei zu bekommen, schreiben wir

$$f(\omega)=\mathfrak{C}\,R\,S$$

mit

$$\mathfrak{C}=1:C,\quad R=Q^{-1}=e^{-2i\pi\omega}=e^{2\pi\sigma}\cdot e^{-2\pi\varrho i},\quad S=1+a'Q+b'Q^2+\cdots,\quad a'=a-C\Gamma,$$

und *wählen h so groß*, daß für jedes $\sigma\geqq h$

$$|S-1|<\varepsilon$$

ausfällt, wo ε eine sehr kleine positive Zahl [etwa $\varepsilon<10^{-1000}$] bedeutet.
Dann ändert sich der Winkel von S bei der Bewegung des Punktes ω längs der Strecke $\mathfrak{s}$ so gut wie gar nicht, und wir haben einfach

$$f\mathfrak{s}=R\mathfrak{s},$$

mithin, da der Winkel von R $-2\pi\varrho$ ist und ϱ von $+\frac{1}{2}$ bis $-\frac{1}{2}$ läuft,

$$f\mathfrak{s}=1.$$

Wir zerlegen den Weg, den der Punkt ω bei der Umlaufung des Bereichs $\mathfrak{R}'$ durchmißt, mit andern Worten den Rand $\mathfrak{r}'$ des Bereichs $\mathfrak{R}'$ in 5 Teile; diese sind

1° die Strecke $\mathfrak{a}$ vom Punkte A bis zum Punkte $E=\dfrac{-1+i\sqrt{3}}{2}$,

2° der Gaußkreisbogen $\mathfrak{b}$ vom Punkte E bis zur Stelle $M=i$,

3° der Gaußkreisbogen $\mathfrak{b}'$ vom Punkte M bis zur Stelle $E'=\dfrac{+1+i\sqrt{3}}{2}$,

4° die Strecke $\mathfrak{a}'$ vom Punkte E' bis zur Stelle A',
5° die Strecke $\mathfrak{s}$ vom Punkte A' bis zum Punkte A.
Der Rand $\mathfrak{r}'$ besteht also aus den 5 sukzessiven Teilen $\mathfrak{a}$, $\mathfrak{b}$, $\mathfrak{b}'$, $\mathfrak{a}'$, $\mathfrak{s}$.
Wir unterscheiden nun zwei Fälle:

I. Die Funktion $J(\omega)$ nimmt den Wert Γ auf $\mathfrak{r}'$ nicht an.
II. Die Funktion J nimmt den Wert Γ auf $\mathfrak{r}'$ an.

Im ersten Falle läßt sich der Nullstellensatz ohne weiteres anwenden. Für die Anzahl $\mathfrak{N}$ der in $\mathfrak{R}'$ liegenden Nullstellen von $f(\omega) = J(\omega) - \Gamma$ finden wir

$$\mathfrak{N} = f\mathfrak{r}' = f\mathfrak{a} + f\mathfrak{b} + f\mathfrak{b}' + f\mathfrak{a}' + f\mathfrak{s}.$$

Da aber in zwei symmetrisch zur Imaginärachse liegenden Randpunkten ω auf $\mathfrak{a}$ und $\omega' = \omega + 1$ auf $\mathfrak{a}'$ sowie ω auf $\mathfrak{b}$ und $\omega' = -1 : \omega$ auf $\mathfrak{b}'$

$$f(\omega') = f(\omega)$$

ist [Äquivalenzeigenschaft der Funktion $J(\omega)$], so hebt sich $f\mathfrak{a}'$ gegen $f\mathfrak{a}$, ebenso $f\mathfrak{b}'$ gegen $f\mathfrak{b}$, und es bleibt

$$\mathfrak{N} = f\mathfrak{s},$$

oder wegen des obigen Wertes von $f\mathfrak{s}$

$$\mathfrak{N} = 1.$$

Der Fall II ist nicht so einfach zu erledigen. Wir erleichtern uns aber den Beweis durch folgende Vorüberlegung.

Hat eine Funktion $f(z)$ in der Umgebung der Stelle $z = c$ die Taylorentwicklung

$$f(z) = A(z-c)^n + B(z-c)^{n+1} + C(z-c)^{n+2} + \cdots$$

mit $$A \neq 0 \qquad \text{und} \qquad n \geqq 0,$$

so schreiben wir

$$f(z) = A\varphi\psi$$

mit

$$\varphi = (z-c)^n, \quad \psi = 1 + \alpha(z-c) + \beta(z-c)^2 + \cdots, \quad \left[\alpha = \frac{B}{A}, \ \beta = \frac{C}{A}, \ldots\right].$$

Nun durchlaufe das Argument z im positiven Sinne einen um den Mittelpunkt c beschriebenen Kreisbogen $\mathfrak{b}$ mit dem Zentriwinkel ζ, den wir hier in Vollwinkeln messen. Der Radius des Bogens sei so klein, daß $|\psi - 1|$ auf $\mathfrak{b}$ unterhalb einer sehr kleinen positiven Zahl ε liegt (etwa $\varepsilon = 10^{-1000}$). Dann ändert sich der Winkel von ψ bei der Bewegung von z auf $\mathfrak{b}$ so gut wie nicht, und wir haben

$$\psi\mathfrak{b} = 0.$$

Daher ergibt sich aus

$$f\mathfrak{b} = \varphi\mathfrak{b} + \psi\mathfrak{b}$$
$$f\mathfrak{b} = \varphi\mathfrak{b}.$$

Wenn aber z den Bogen $\mathfrak{b}$ durcheilt, ändert sich der Winkel von φ um $n\zeta$.

Folglich ist $$f\mathfrak{b} = n\zeta,$$
und wir haben die

Regel:

Der Zuwachs, den der Winkel einer Regulärfunktion $A(z-c)^n + B(z-c)^{n+1} + \cdots$ erfährt, wenn das Argument z einen zum Zentriwinkel ζ mit dem Scheitel c gehörigen Kreisbogen von hinreichend kleinem Radius durchläuft, ist $\pm n\zeta$, je nachdem der Bogen im positiven oder negativen Sinne durcheilt wird. Als Einheit des Winkelmaßes dient dabei der Vollwinkel.

Der Funktionswert Γ werde also jetzt in einem Randpunkte von $\mathfrak{R}'$ angenommen, womit aber der Fall, daß er auch noch in einem andern Punkte von $\mathfrak{R}'$ angenommen wird, nicht ausgeschlossen sein soll.

Zu jedem Randpunkte P, in welchem $J(P) = \Gamma$ ist, gehört übrigens ein äquivalenter Randpunkt $P' = P + 1$ bzw. $P' = -1 : P$, in welchem J auch den Wert Γ annimmt. Nur beim Punkte $M = i$ läßt sich kein zweiter derartiger Punkt M' angeben, da $-1 : M$ mit M koinzidiert.

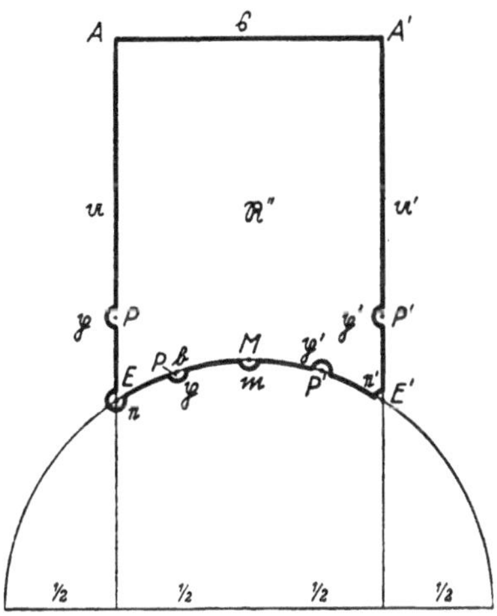

Abb. 57

Wir konstruieren einen neuen Bereich $\mathfrak{R}''$ mit dem Rande $\mathfrak{r}''$:

Wir beschreiben folgende Kreisbögen, deren Endpunkte alle auf dem Rande $\mathfrak{r}'$ von $\mathfrak{R}'$ liegen, mit dem gemeinsamen äußerst kleinen Radius ϱ [$\varrho < 1000^{-1000}$]:

1° um jeden Randpunkt P auf $\mathfrak{a}$ oder $\mathfrak{b}$ einen Halbkreis $\mathfrak{p}$ nach außen, um den äquivalenten Randpunkt $P' = P + 1$ bzw. $P' = -1 : P$ den Halbkreis $\mathfrak{p}'$ nach innen,

2° um den Punkt $E = \dfrac{-1 + i\sqrt{3}}{2}$ den Kreisbogen $\mathfrak{e}$ mit dem Zentriwinkel $^5/_6$ [300°] nach außen, um den äquivalenten Punkt $E' = \dfrac{+1 + i\sqrt{3}}{2}$ den Kreisbogen $\mathfrak{e}'$ mit dem Zentriwinkel $^1/_6$ nach innen,

3° um den Punkt $M = i$ den Halbkreis $\mathfrak{m}$ nach außen (vgl. Figur).

Der Rand $\mathfrak{r}''$ des Bereichs $\mathfrak{R}''$ entsteht aus dem Rande $\mathfrak{r}'$ von $\mathfrak{R}'$, indem man die zwischen den Endpunkten der kleinen Kreisbögen liegenden Stücke des Randes $\mathfrak{r}'$ entfernt und an ihre Stelle besagte Kreisbögen setzt. Dann liegen also die Punkte E und M sowie die Punkte P innerhalb, der Punkt E' und die den Punkten P äquivalenten Punkte P' außerhalb des neuen Bereichs $\mathfrak{R}''$.

In der Umgebung eines beliebigen Punktes c, in welchem $J(\omega)$ den Wert Γ annimmt, gilt nun die Formel

$$f(\omega) = J(\omega) - \Gamma = \mathfrak{A}(\omega - c)^n + \mathfrak{B}(\omega - c)^{n+1} + \cdots,$$

wo der Exponent n anzeigt, wie oft $J(\omega)$ den Wert Γ in c annimmt; n ist die zur Stelle c gehörige „Vielfachheit" und stets $\geqq 0$.

Wir bestimmen jetzt die Werte, welche $J(\omega)$ in den beiden Punkten $E = \dfrac{-1 + i\sqrt{3}}{2}$ und $M = i$ annimmt.

Wir schreiben die beiden Invarianten $g_2(\omega_1, \omega_2)$ und $g_3(\omega_1, \omega_2)$

$$g_2 = \frac{60}{\omega_1^4} S(\omega), \qquad g_3 = \frac{140}{\omega_1^6} \mathfrak{S}(\omega)$$

mit
$$S(\omega) = \sum \frac{1}{(m + n\omega)^4}, \qquad \mathfrak{S}(\omega) = \sum \frac{1}{(m + n\omega)^6}.$$

Nun ist wegen $E^3 = 1$ und $E^2 + E + 1 = 0$

$$S(E) = \sum \frac{E^8}{(mE^2 + n)^4} = \sum \frac{E^2}{(\mu + \nu E)^4} \qquad \text{mit} \begin{Bmatrix} \mu = n - m \\ \nu = -m \end{Bmatrix},$$

mithin
$$S(E) = E^2 S(E)$$

und folglich
$$S(E) = 0.$$

Hieraus ergibt sich

$$\boxed{g_2 = 0 \quad \text{und} \quad J(E) = 0}, \qquad \left[\omega = \omega_2 : \omega_1 = E = \frac{-1 + i\sqrt{3}}{2}\right].$$

Ferner ist wegen $i^2 = -1$

$$\mathfrak{S}(i) = \sum \frac{i^6}{(n - mi)^6} = -\sum \frac{1}{(\mu + \nu i)^6} \qquad \text{mit} \begin{Bmatrix} \mu = n \\ \nu = -m \end{Bmatrix},$$

mithin
$$\mathfrak{S}(i) = -\mathfrak{S}(i)$$

oder
$$\mathfrak{S}(i) = 0.$$

Hieraus folgt

$$\boxed{g_3 = 0 \quad \text{und} \quad J(i) = 1}, \qquad [\omega = \omega_2 : \omega_1 = i].$$

Demnach nimmt die Funktion $J(\omega)$ an den Stellen $E = \frac{-1 + i\sqrt{3}}{2}$ und $E' = \frac{1 + i\sqrt{3}}{2}$ den Wert Null, an der Stelle $M = i$ den Wert Eins an.

Auf Grund dieses Resultats zerfällt der Fall II in drei Unterfälle:

$$1^\circ\ \Gamma \neq 0 \ \text{und} \ \neq 1, \qquad 2^\circ\ \Gamma = 0, \qquad 3^\circ\ \Gamma = 1.$$

Erster Unterfall

Die Anzahl $\mathfrak{N}$ der Nullstellen von $f(\omega) = J(\omega) - \Gamma$ in $\mathfrak{R}''$ ist

$$\mathfrak{N} = f\mathfrak{r}'' = f\mathfrak{s} + f\mathfrak{p} + f\mathfrak{p}' + \cdots,$$

wo wir die zur rechten Seite gehörigen Summanden, die sich wie im Falle I wegheben, gar nicht erst hinschreiben, und wo auch die Summanden $f\mathfrak{e}$, $f\mathfrak{m}$, $f\mathfrak{e}'$ fehlen, da sie nach der obigen Regel verschwindende Größen sind [die zur Stelle E, E', M gehörige Vielfachheit ist Null].

Da sich jedes Glied von der Form $f\mathfrak{p}'$ gegen $f\mathfrak{p}$ wegen der ungleichsinnigen Durchlaufung der Bögen $\mathfrak{p}$ und $\mathfrak{p}'$ weghebt, bleibt

$$\mathfrak{N} = f\mathfrak{r}'' = f\mathfrak{s} = 1.$$

$J(\omega)$ nimmt im Bereich $\mathfrak{R}''$ jeden Wert nur einmal an.

Zweiter Unterfall

Wir bekommen, die verschwindenden Werte $f\mathfrak{m}$, $f\mathfrak{p}+f\mathfrak{p}'$, ... gleich fortlassend,

$$\mathfrak{N}=f\mathfrak{s}+f\mathfrak{e}+f\mathfrak{e}'.$$

Die zur Stelle E gehörige Vielfachheit sei n. Dann ist die zur Stelle E' gehörige Vielfachheit auch n, da man aus der Taylorreihe

$$f(\omega)=A(\omega-E)^n+\cdots$$

der Funktion $f(\omega)$ für die Umgebung der Stelle E durch den Ansatz $\omega'=\omega+1$ wegen $f(\omega')=f(\omega)$ sofort die Entwicklung

$$f(\omega')=A(\omega'-E')^n+\cdots$$

für die Umgebung des Punktes E' bekommt.
Daher wird

$$f\mathfrak{e}=\frac{5}{6}n, \quad f\mathfrak{e}'=-\frac{1}{6}n \quad \text{[Uhrzeigersinn von } \mathfrak{e}'\text{!]}$$

und

$$\mathfrak{N}=1+\frac{2}{3}n.$$

Da aber $f(\omega)$ wegen seiner n-fachen Nullstelle E wenigstens n Nullstellen in $\mathfrak{N}''$ hat, muß $\mathfrak{N}\geqq n$, mithin $1+\frac{2}{3}n\geqq n$ oder

$$\frac{n}{3}\leqq 1$$

sein. Diese Bedingung ist wegen der Ganzzahligkeit von $\mathfrak{N}$ nur durch $n=3$ zu erfüllen. Folglich ist

$$\mathfrak{N}=3.$$

Die Funktion $J(\omega)$ nimmt den Wert Null nur an der Stelle E des Urgebiets an und zwar genau dreimal.

Dritter Unterfall

Jetzt wird

$$f\mathfrak{e}=0, \quad f\mathfrak{e}'=0$$

und

$$\mathfrak{N}=f\mathfrak{s}+f\mathfrak{m}.$$

Bedeutet m die zur Stelle M gehörige Vielfachheit, so ist

$$f\mathfrak{m}=\frac{1}{2}m.$$

Folglich wird

$$\mathfrak{N}=1+\frac{1}{2}m,$$

und, da doch $\mathfrak{N}\geqq m$ sein muß,

$$\frac{1}{2}m\leqq 1.$$

Wegen der Ganzzahligkeit von $\mathfrak{N}$ wird $m=2$ und

$$\mathfrak{N}=2.$$

Die Funktion J nimmt den Wert 1 im Urgebiet nur an der Stelle i an und zwar genau zweimal.

Damit ist der Beweis des Fundamentalsatzes erbracht.

Die Gleichung $J(\Omega) = J(\omega)$

Wir sind jetzt imstande, die Lösung der Gleichung $J(\Omega) = J(\omega)$ anzugeben, in welcher ω als Bekannte, Ω als Unbekannte fungiert.

Jede Zahl der oberen Halbebene ist genau einer Zahl des Urgebiets $\mathfrak{I}$ äquivalent. Sind ω' und Ω' die in $\mathfrak{I}$ liegenden zu ω und Ω äquivalenten Zahlen, so ist zunächst

$$\Omega = \frac{a\Omega' + b}{c\Omega' + d} \qquad \text{und} \qquad \omega' = \frac{\alpha\omega + \beta}{\gamma\omega + \delta}$$

(mit ganzzahligen a, b, c, d; $\alpha, \beta, \gamma, \delta$ und den Determinanten $ad - bc = 1$, $\alpha\delta - \beta\gamma = 1$).

Da aber die Funktion J in äquivalenten Punkten gleiche Werte annimmt, ist

$$J(\Omega') = J(\omega').$$

Aus dem Fundamentalsatz folgt weiter

$$\Omega' = \omega'$$

und hieraus
$$\Omega = \frac{a\omega' + b}{c\omega' + d}.$$

Ersetzen wir in dieser Gleichung ω' durch $(\alpha\omega + \beta) : (\gamma\omega + \delta)$, so nimmt sie die Form

$$\Omega = \frac{A\omega + B}{C\omega + D}$$

$$\text{mit} \quad \left\{\begin{array}{ll} A = a\alpha + b\gamma, & B = a\beta + b\delta \\ C = c\alpha + d\gamma, & D = c\beta + d\delta \end{array}\right\} \quad \text{und} \quad AD - BC = 1$$

an.

Die Gleichung $J(\Omega) = J(\omega)$ hat also unendlich viele Lösungen Ω. Eine Zahl Ω ist dann und nur dann Wurzel der Gleichung, wenn sie zu ω äquivalent ist.

In anderer Ausdrucksweise:

Die Funktion $J(\omega)$ ist eine Modulfunktion; sie gehört zur Gruppe der Modulsubstitutionen.

§ 79. DIE MODULFUNKTIONEN λ UND μ

Um noch ein anderes Beispiel einer Modulfunktion zu haben, betrachten wir die beiden wichtigen Modulfunktionen

$$\lambda(\omega) = \frac{\vartheta_1^4}{\vartheta_3^4} \qquad \text{und} \qquad \mu(\omega) = \frac{\vartheta_2^4}{\vartheta_3^4},$$

die sich wegen der Formel der vierten Potenzen (§ 74) zu 1 ergänzen:

$$\lambda(\omega) + \mu(\omega) = 1.$$

Sie stehen mit $J(\omega)$ in einem einfachen Zusammenhange.
Ersetzen wir nämlich in der Formel

$$J(\omega) = \frac{1}{54} \cdot \frac{(\vartheta_1^8 + \vartheta_2^8 + \vartheta_3^8)^3}{\vartheta_1^8 \vartheta_2^8 \vartheta_3^8}$$

ϑ_1^8 und ϑ_2^8 durch $\lambda^2 \vartheta_3^8$ und $\mu^2 \vartheta_3^8$, so entsteht

$$J(\omega) = \frac{1}{54} \frac{(\lambda^2 + \mu^2 + 1)^3}{\lambda^2 \mu^2}$$

oder, wenn man bedenkt, daß wegen $\lambda + \mu = 1$ $\lambda^2 + \mu^2 = 1 - 2\lambda\mu$ ist,

$$\boxed{J(\omega) = \frac{4}{27} \frac{(1 - \lambda\mu)^3}{\lambda^2 \mu^2}}.$$

Die Modulgruppe der Funktionen λ und μ

Wir suchen die Modulsubstitutionen, welche die Funktion $\lambda(\omega)$ [und damit auch $\mu(\omega)$] unverändert lassen.
Zu dem Zwecke studieren wir die Einwirkung einer beliebig vorgelegten Modulsubstitution

$$S = \begin{pmatrix} \alpha & \beta \\ \gamma & \delta \end{pmatrix}$$

auf λ und μ.
Zunächst stellen wir fest, daß wegen der Bedingung $\alpha\delta - \beta\gamma = 1$ die Elemente einer Zeile und ebenso die Elemente einer Spalte nicht beide gerade sein können sowie daß aus demselben Grunde nicht alle vier Elemente ungerade sein können. Demgemäß enthält die Substitution mindestens *ein* gerades Element und höchstens *zwei* gerade Elemente.
Sonach lassen sich die Modulsubstitutionen in *sechs* Klassen einteilen, die folgendermaßen gekennzeichnet sind:

1. Klasse, nur das 1. Element (α) ist gerade,
2. Klasse, nur das 2. Element (β) ist gerade,
3. Klasse, nur das 3. Element (γ) ist gerade,
4. Klasse, nur das 4. Element (δ) ist gerade,
5. Klasse, die beiden Hauptdiagonalelemente sind gerade,
6. Klasse, die beiden Nebendiagonalelemente (β, γ) sind gerade.

Die Substitutionen der 6. Klasse — wir wollen sie *Sondersubstitutionen* nennen — sind besonders wichtig:
Die Sondersubstitutionen bilden eine Gruppe. In der Tat erkennt man aus der Formel

$$\begin{pmatrix} a & b \\ c & d \end{pmatrix} \begin{pmatrix} \alpha & \beta \\ \gamma & \delta \end{pmatrix} = \begin{pmatrix} A & B \\ C & D \end{pmatrix}$$

mit

$$\left\{ \begin{matrix} A = a\alpha + b\gamma & B = a\beta + b\delta \\ C = c\alpha + d\gamma & D = c\beta + d\delta \end{matrix} \right\},$$

daß das Produkt

$$\Pi = S\Sigma$$

von zwei Sondersubstitutionen

$$S = \begin{pmatrix} a & b \\ c & d \end{pmatrix} \quad \text{und} \quad \Sigma = \begin{pmatrix} \alpha & \beta \\ \gamma & \delta \end{pmatrix}$$

auch eine Sondersubstitution ist. Usw.

Die einfachsten Modulsubstitutionen sind die vier „*Elementarsubstitutionen*"

$$\mathfrak{A} = \begin{pmatrix} 1 & 1 \\ 0 & 1 \end{pmatrix}, \quad \overline{\mathfrak{A}} = \begin{pmatrix} 1 & -1 \\ 0 & 1 \end{pmatrix}, \quad \mathfrak{B} = \begin{pmatrix} 1 & 0 \\ 1 & 1 \end{pmatrix}, \quad \overline{\mathfrak{B}} = \begin{pmatrix} 1 & 0 \\ -1 & 1 \end{pmatrix}$$

und die wegen der Periodizität ihrer Potenzen eine besondere Rolle spielende Substitution

$$\mathfrak{C} = \begin{pmatrix} 0 & -1 \\ 1 & 0 \end{pmatrix}.$$

[Es ist $\mathfrak{C}^2 = \begin{pmatrix} -1 & 0 \\ 0 & -1 \end{pmatrix}$, $\mathfrak{C}^3 = \begin{pmatrix} 0 & 1 \\ -1 & 0 \end{pmatrix} = \overline{\mathfrak{C}}$, $\mathfrak{C}^4 = \begin{pmatrix} 1 & 0 \\ 0 & 1 \end{pmatrix}$, $\mathfrak{C}^5 = \mathfrak{C}, \ldots$]

Übrigens läßt sich $\mathfrak{C}$ durch die Elementarsubstitution, sowie jede Elementarsubstitution durch eine andere Elementarsubstitution und $\mathfrak{C}$ ausdrücken. Z. B.:

$$\mathfrak{C} = \mathfrak{B}\overline{\mathfrak{A}}\mathfrak{B}, \quad \mathfrak{B} = \mathfrak{C}\overline{\mathfrak{A}}\overline{\mathfrak{C}}.$$

Für die Potenzen der Elementarsubstitutionen gelten die einfachen Formeln

$$\mathfrak{A}^n = \begin{pmatrix} 1 & n \\ 0 & 1 \end{pmatrix} \quad \text{und} \quad \mathfrak{B}^n = \begin{pmatrix} 1 & 0 \\ n & 1 \end{pmatrix},$$

wie man leicht feststellt, wenn man sukzessive $\mathfrak{A}^2, \mathfrak{A}^3, \ldots, \mathfrak{B}^2, \mathfrak{B}^3, \ldots, \overline{\mathfrak{A}}^2, \overline{\mathfrak{A}}^3, \ldots, \overline{\mathfrak{B}}^2, \overline{\mathfrak{B}}^3, \ldots$ berechnet. In diesen beiden Formeln kann also n eine beliebige positive oder negative Ganzzahl sein.

Wir verabreden bei dieser Gelegenheit, daß eine Potenz einer Substitution mit geradem (ungeradem) Exponenten kurz eine Geradpotenz (Ungeradpotenz) der Substitution heißen soll. Jede Geradpotenz einer Elementarsubstitution ist eine Sondersubstitution.

Nun enthält, wie oben erkannt wurde, die beliebig vorgelegte Substitution

$$S = \begin{pmatrix} \alpha & \beta \\ \gamma & \delta \end{pmatrix}$$

wenigstens *ein* gerades Element. Die Zeile, in der es steht, heiße die Hauptzeile der Substitution. Enthält die Substitution zwei gerade Elemente, so heiße ihre *erste* Zeile die Hauptzeile.

Wir multiplizieren nun S mit der Geradpotenz $\mathfrak{A}^n$ oder $\mathfrak{B}^n$, je nachdem das erste oder zweite Element der Hauptzeile das betraglich kleinere ist, wobei wir n so wählen, daß in der Hauptzeile des entstehenden Produkts nunmehr das zweite bzw. erste Element das betraglich kleinere ist. Die zugehörige Formel lautet

$$S\mathfrak{A}^n = \begin{pmatrix} \alpha & \beta \\ \gamma & \delta \end{pmatrix} \begin{pmatrix} 1 & n \\ 0 & 1 \end{pmatrix} = \begin{pmatrix} \alpha & \beta + n\alpha \\ \gamma & \delta + n\gamma \end{pmatrix} = \begin{pmatrix} \alpha_1 & \beta_1 \\ \gamma_1 & \delta_1 \end{pmatrix} = S_1$$

bzw.

$$S\mathfrak{B}^n = \begin{pmatrix} \alpha & \beta \\ \gamma & \delta \end{pmatrix} \begin{pmatrix} 1 & 0 \\ n & 1 \end{pmatrix} = \begin{pmatrix} \alpha + n\beta & \beta \\ \gamma + n\delta & \delta \end{pmatrix} = \begin{pmatrix} \alpha_1 & \beta_1 \\ \gamma_1 & \delta_1 \end{pmatrix} = S_1.$$

Wir wollen diesen Übergang von der Ausgangssubstitution S zu einer neuen Substitution S_1 mit betraglich kleineren Hauptzeilenelementen kurzweg „Reduktion“ nennen. [Die beiden Elemente der neuen Hauptzeile können, weil ungleichartig, nicht gleich, auch nicht betraglich gleich sein.] Durch die Reduktion wird die Parität der Substitutionselemente nicht geändert.

Nach der Reduktion von S auf S_1 reduzieren wir S_1 auf S_2, dann S_2 auf S_3 usf. Wegen der dauernden betraglichen Abnahme der Hauptzeilenelemente, müssen wir schließlich auf eine Substitution $\mathfrak{S}$ stoßen, die in der Hauptzeile eine Null und in der diese Null nicht enthaltenden Diagonale zwei Einheiten aufweist, in der Hauptdiagonale die Einheiten ε und ε, in der Nebendiagonale die Einheiten ε und $-\varepsilon$ (mit $\varepsilon^2 = 1$). Diese Substitution $\mathfrak{S}$ hat also eine der vier Formen

$$\mathfrak{S}_1 = \begin{pmatrix} 0 & -\varepsilon \\ \varepsilon & \nu \end{pmatrix}, \quad \mathfrak{S}_2 = \begin{pmatrix} \varepsilon & 0 \\ \nu & \varepsilon \end{pmatrix}, \quad \mathfrak{S}_3 = \begin{pmatrix} \varepsilon & \nu \\ 0 & \varepsilon \end{pmatrix}, \quad \mathfrak{S}_4 = \begin{pmatrix} \nu & -\varepsilon \\ \varepsilon & 0 \end{pmatrix},$$

wo aber ν nicht notwendig gerade zu sein braucht. Sie selbst wird folgendermaßen weiter umgeformt

$$\mathfrak{S}_1 \cdot \mathfrak{A}^{-\varepsilon\nu} = \begin{pmatrix} 0 & -\varepsilon \\ \varepsilon & \nu \end{pmatrix} \begin{pmatrix} 1 & -\varepsilon\nu \\ 0 & 1 \end{pmatrix} = \begin{pmatrix} 0 & -\varepsilon \\ \varepsilon & 0 \end{pmatrix} = \mathfrak{E}^{\varepsilon},$$

$$\mathfrak{S}_2 \cdot \mathfrak{B}^{-\varepsilon\nu} = \begin{pmatrix} \varepsilon & 0 \\ \nu & \varepsilon \end{pmatrix} \begin{pmatrix} 1 & 0 \\ -\varepsilon\nu & 1 \end{pmatrix} = \begin{pmatrix} \varepsilon & 0 \\ 0 & \varepsilon \end{pmatrix} = \mathfrak{E}^2 \text{ oder } \mathfrak{E}^4,$$

$$\mathfrak{S}_3 \cdot \mathfrak{A}^{-\varepsilon\nu} = \begin{pmatrix} \varepsilon & \nu \\ 0 & \varepsilon \end{pmatrix} \begin{pmatrix} 1 & -\varepsilon\nu \\ 0 & 1 \end{pmatrix} = \begin{pmatrix} \varepsilon & 0 \\ 0 & \varepsilon \end{pmatrix} = \mathfrak{E}^2 \text{ oder } \mathfrak{E}^4,$$

$$\mathfrak{S}_4 \cdot \mathfrak{B}^{\varepsilon\nu} = \begin{pmatrix} \nu & -\varepsilon \\ \varepsilon & 0 \end{pmatrix} \begin{pmatrix} 1 & 0 \\ \varepsilon\nu & 1 \end{pmatrix} = \begin{pmatrix} 0 & -\varepsilon \\ \varepsilon & 0 \end{pmatrix} = \mathfrak{E}^{\varepsilon},$$

Das Ergebnis unserer Überlegung bildet die Formel

$$S\, G_1 G_2 \ldots G_m = \mathfrak{S} = \mathfrak{E}^e \mathfrak{F}^\nu,$$

in welcher $G_1, G_2, \ldots, G_m$ Geradpotenzen von Elementarsubstitutionen sind, e eine der vier Zahlen 1, 2, 3, 4, ν eine Ganzzahl und $\mathfrak{F}$ eine Elementarsubstitution ist.

Wir multiplizieren die gefundene Gleichung sukzessiv mit $\mathfrak{G}_1 = \overline{G}_m$, $\mathfrak{G}_2 = \overline{G}_{m-1}$, $\ldots$, $\mathfrak{G}_m = \overline{G}_1$ und bekommen folgende

Darstellung einer beliebigen Modulsubstitution:

$$\boxed{S = \mathfrak{E}^e\, \mathfrak{F}^\nu\, \mathfrak{G}_1\, \mathfrak{G}_2 \ldots \mathfrak{G}_m}.$$

In ihr ist e eine der vier Zahlen 1, 2, 3, 4, ν eine gewisse Ganzzahl, $\mathfrak{F}$ eine Elementarsubstitution, und $\mathfrak{G}_1, \mathfrak{G}_2, \ldots, \mathfrak{G}_m$ sind Geradpotenzen von Elementarsubstitutionen.

Bei z. B.

$$S = \begin{pmatrix} 6 & 11 \\ -41 & -75 \end{pmatrix}$$

bekommt man sukzessiv

$$S\,\mathfrak{A}^{-2}=\begin{pmatrix}6 & 11\\ -41 & -75\end{pmatrix}\begin{pmatrix}1 & -2\\ 0 & 1\end{pmatrix}=\begin{pmatrix}6 & -1\\ -41 & 7\end{pmatrix}=S_1,$$

$$S_1\,\mathfrak{B}^{6}=\begin{pmatrix}6 & -1\\ -41 & 7\end{pmatrix}\begin{pmatrix}1 & 0\\ 6 & 1\end{pmatrix}=\begin{pmatrix}0 & -1\\ 1 & 7\end{pmatrix}=\mathfrak{S},$$

$$\mathfrak{S}\,\mathfrak{A}^{-7}=\begin{pmatrix}0 & -1\\ 1 & 7\end{pmatrix}\begin{pmatrix}1 & -7\\ 0 & 1\end{pmatrix}=\begin{pmatrix}0 & -1\\ 1 & 0\end{pmatrix}=\mathfrak{C},$$

mithin
$$S=\mathfrak{C}\,\mathfrak{A}^{7}\,\mathfrak{B}^{-6}\,\mathfrak{A}^{2}.$$

Die Formel lehrt, daß *sich jede Modulsubstitution durch die Elementarsubstitutionen $\mathfrak{A}$ und $\mathfrak{B}$ ausdrücken läßt.*
Wenn wir also die Einwirkung einer vorgelegten Modulsubstitution auf die Funktionen λ und μ untersuchen wollen, müssen wir zuvor die Wirksamkeit der Elementarsubstitutionen betrachten.
Diese läßt sich aber leicht mit Hilfe der Transformationsformeln von § 74 eruieren. Dort war

für
$$\Omega=\omega+1,\qquad \text{also}\qquad S=\begin{pmatrix}1 & 1\\ 0 & 1\end{pmatrix}=\mathfrak{A}$$

$$\vartheta_1(0,\Omega)=\sqrt{i}\,\vartheta_1(0,\omega),\qquad \vartheta_2(0,\Omega)=\vartheta_3(0,\omega),\qquad \vartheta_3(0,\Omega)=\vartheta_2(0,\omega)$$

und

für
$$\Omega=-1:\omega,\qquad \text{also}\qquad S=\begin{pmatrix}0 & -1\\ 1 & 0\end{pmatrix}=\mathfrak{C}$$

$$\vartheta_1(0,\Omega)=\sqrt{-i\omega}\,\vartheta_2(0,\omega),\ \vartheta_2(0,\Omega)=\sqrt{-i\omega}\,\vartheta_1(0,\omega),\ \vartheta_3(0,\Omega)=\sqrt{-i\omega}\,\vartheta_3(0,\omega).$$

Folglich wird

$$\left.\begin{matrix}\vartheta_1^4\\ \vartheta_2^4\\ \vartheta_3^4\end{matrix}\right\}\mathfrak{A}=\left\{\begin{matrix}-\vartheta_1^4\\ \vartheta_3^4\\ \vartheta_2^4\end{matrix}\right.\qquad\text{und}\qquad \left.\begin{matrix}\vartheta_1^4\\ \vartheta_2^4\\ \vartheta_3^4\end{matrix}\right\}\mathfrak{C}=-\omega^2\cdot\left\{\begin{matrix}\vartheta_2^4\\ \vartheta_1^4\\ \vartheta_3^4\end{matrix}\right..$$

Daraus ergibt sich

$$\left\{\begin{matrix}\lambda\mathfrak{A}=-\lambda:\mu\\ \mu\mathfrak{A}=\ \ 1:\mu\end{matrix}\right\}\qquad\text{und}\qquad\left\{\begin{matrix}\lambda\mathfrak{C}=\mu\\ \mu\mathfrak{C}=\lambda\end{matrix}\right\}$$

und aus diesen zwei Formelpaaren

$$\left\{\begin{matrix}\lambda\overline{\mathfrak{A}}=-\lambda:\mu\\ \mu\overline{\mathfrak{A}}=\ \ 1:\mu\end{matrix}\right\}\qquad\text{und}\qquad\left\{\begin{matrix}\lambda\overline{\mathfrak{C}}=\mu\\ \mu\overline{\mathfrak{C}}=\lambda\end{matrix}\right\}.$$

Um die Einwirkung von $\mathfrak{B}$ und $\overline{\mathfrak{B}}$ zu finden, schreiben wir (s. oben)

$$\mathfrak{B}=\mathfrak{C}\,\overline{\mathfrak{A}}\,\overline{\mathfrak{C}}$$

und wenden sukzessiv $\mathfrak{C}$, $\overline{\mathfrak{A}}$, $\overline{\mathfrak{C}}$ an. Das gibt

$$\left\{\begin{matrix}\lambda\mathfrak{B}=\ \ 1:\lambda\\ \mu\mathfrak{B}=-\mu:\lambda\end{matrix}\right\}\qquad\text{und}\qquad\left\{\begin{matrix}\lambda\overline{\mathfrak{B}}=\ \ 1:\lambda\\ \mu\overline{\mathfrak{B}}=-\mu:\lambda\end{matrix}\right\}.$$

Für die *Quadrate der Elementarsubstitutionen* erhalten wir nun

$$\lambda\mathfrak{A}^2=\lambda,\quad \lambda\overline{\mathfrak{A}}^2=\lambda,\quad \lambda\mathfrak{B}^2=\lambda,\quad \lambda\overline{\mathfrak{B}}^2=\lambda,$$
$$\mu\mathfrak{A}^2=\mu,\quad \mu\overline{\mathfrak{A}}^2=\mu,\quad \mu\mathfrak{B}^2=\mu,\quad \mu\overline{\mathfrak{B}}^2=\mu.$$

Die Quadrate der Elementarsubstitutionen lassen also die Funktionen λ und μ unverändert.
Dasselbe leistet das Quadrat der Substitution $\mathfrak{C}$.
Damit läßt auch jede Geradpotenz einer Elementarsubstitution oder von $\mathfrak{C}$ λ und μ unverändert.

Die vorstehenden Ergebnisse setzen uns instand, den wichtigen Satz zu beweisen:

Eine Modulsubstitution läßt die Funktion λ (und damit auch μ) dann und nur dann unverändert, wenn sie eine Sondersubstitution ist.

Beweis. Wenn S eine Sondersubstitution ist, kann bei der Reduktion nur einer der beiden Fälle $\mathfrak{S}_2$ und $\mathfrak{S}_3$ eintreten und muß ν gerade sein. Folglich ist dann

$$S=\mathfrak{C}^e\mathfrak{E}^\nu\,\mathfrak{G}_1\,\mathfrak{G}_2\ldots\mathfrak{G}_\mu$$

mit $e=2$ oder 4 und geradem ν.

Da dann aber sowohl $\mathfrak{C}^e$ als auch die Geradpotenz $\mathfrak{E}^\nu$ der Elementarsubstitution $\mathfrak{E}$, als auch jede der Geradpotenzen $\mathfrak{G}_1, \mathfrak{G}_2, \ldots, \mathfrak{G}_\mu$ λ ungeändert läßt, läßt auch die Sondersubstitution S die Funktion λ ungeändert.
Ist S aber keine Sondersubstitution, so liegt entweder einer der Fälle $\mathfrak{S}_2$, $\mathfrak{S}_3$ mit *ungeradem* ν, $\nu=2r+1$ vor oder einer der Fälle $\mathfrak{S}_1$, $\mathfrak{S}_4$, wo dann ν sowohl gerade als auch ungerade sein kann.
Bei der ersten dieser beiden Möglichkeiten haben wir

$$S=\mathfrak{C}^e\mathfrak{E}\cdot T$$

mit $e=2$ oder 4 und $T=\mathfrak{E}^{2r}\cdot\mathfrak{G}_1\mathfrak{G}_2\ldots\mathfrak{G}_m$.

$\mathfrak{C}^e$ läßt λ unverändert, $\mathfrak{E}$ verwandelt es dann in $-\lambda:\mu$ oder $1:\lambda$ und schließlich T als Sondersubstitution in $-\lambda:\mu$ bzw. $1:\lambda$.

Daher ist *nicht* $\lambda S=\lambda$.

Bei der zweiten Möglichkeit hat S eine der beiden Formen

$$S=\mathfrak{C}^\varepsilon\cdot T,\qquad S=\mathfrak{C}^\varepsilon\,\mathfrak{E}\cdot T,$$

wo T wieder ein Produkt von Geradpotenzen von Elementarsubstitutionen, d. h. eine Sondersubstitution ist.
Im ersten Falle wird wegen $\lambda\mathfrak{C}^\varepsilon=\mu$ $\lambda S=\mu T=\mu$, im zweiten $\lambda S=\mu\mathfrak{E}\cdot T=(1:\mu$ oder $-\mu:\lambda)\,T=1:\mu$ oder $=-\mu:\lambda$; in *keinem* dieser beiden Fälle aber ist

$$\lambda S=\lambda.$$

Der bewiesene Satz läßt sich folgendermaßen umkehren:

Aus
$$\lambda(\Omega) = \lambda(\omega)$$
folgt
$$\Omega = \frac{\alpha\omega + \beta}{\gamma\omega + \delta},$$
wo die Substitution
$$S = \begin{pmatrix} \alpha & \beta \\ \gamma & \delta \end{pmatrix}$$
eine Sondersubstitution ist.

Beweis. Wir wählen eine Zahl ω_1 beliebig (etwa $\omega_1 = 1$), darauf eine zweite $\omega_2 = \omega_1 \omega$ und lenken unser Augenmerk auf die $\wp$-Funktion
$$\wp(u) = \wp(u, \omega_1, \omega_2)$$
mit den beiden Perioden ω_1, ω_2.

Die zugehörigen Größen
$$e_1 = \wp\left(\frac{\omega_1}{2}\right), \quad e_2 = \wp\left(\frac{\omega_2}{2}\right), \quad e_3 = \wp\left(\frac{\omega_3}{2}\right)$$
(mit $\omega_3 = \omega_1 + \omega_2$) sind mit den Funktionen
$$\vartheta_1, \quad \vartheta_2, \quad \vartheta_3$$
von ω durch das Formeltripel
$$e_2 - e_3 = -\frac{\pi^2}{\omega_1^2}\vartheta_1^4, \qquad e_3 - e_1 = -\frac{\pi^2}{\omega_1^2}\vartheta_2^4, \qquad e_1 - e_2 = \frac{\pi^2}{\omega_1^2}\vartheta_3^4$$
verknüpft, so daß sich für unsere Funktion $\lambda(\omega)$ die weitere Darstellung
$$\boxed{\lambda(\omega) = \frac{e_3 - e_2}{e_1 - e_2}}$$
ergibt.

Nun ist z. B.
$$e_1 = \frac{4}{\omega_1^2} + \sum{}' \left[\frac{4}{(\omega_1 - 2\mathfrak{p})^2} - \frac{1}{\mathfrak{p}^2}\right],$$
wo wie üblich $\mathfrak{p}$ alle nicht verschwindenden Perioden $m\omega_1 + n\omega_2$ durchläuft, mithin
$$\omega_1^2 e_1 = f_1(\omega),$$
wo $f_1(\omega)$ eine Funktion von ω allein ist.

Wir bestimmen zwei Zahlen Ω_1 und Ω_2 nach den Vorschriften
$$\Omega_1^2 e_1 = f_1(\Omega), \qquad \Omega_2 = \Omega\,\Omega_1$$
und nennen die Größen, die aus e_1, e_2, e_3, g_2, g_3 entstehen, wenn wir ω_1 und ω_2 durch Ω_1 und Ω_2 ersetzen, E_1, E_2, E_3, G_2, G_3, die Größe, die aus $\lambda(\omega)$ entsteht, wenn ω durch Ω ersetzt wird, Λ.

Dann ist zunächst wegen $\Omega_1^2 E_1 = f_1(\Omega)$
$$E_1 = e_1$$
und weiter wegen $\Lambda = \lambda$
$$\frac{E_3 - E_2}{E_1 - E_2} = \frac{e_3 - e_2}{e_1 - e_2}.$$

Darauf erhalten wir im Hinblick auf die Relationen

$$E_1 + E_2 + E_3 = 0 \qquad \text{und} \qquad e_1 + e_2 + e_3 = 0$$

für E_2 und E_3 die beiden Bestimmungsgleichungen

$$E_2 + E_3 = e_2 + e_3 \qquad \text{und} \qquad \frac{E_3 - E_2}{e_1 - E_2} = \frac{e_3 - e_2}{e_1 - e_2}.$$

Sie liefern

$$E_2 = e_2, \quad E_3 = e_3.$$

Daher ist nunmehr

$$E_1 = e_1, \qquad E_2 = e_2, \qquad E_3 = e_3$$

und, da die beiden Weierstraßschen Fundamentalgrößen g_2, g_3 bzw. G_2, G_3 eindeutig von e_1, e_2, e_3 bzw. E_1, E_2, E_3 abhängen, identisch

$$\wp(u, \Omega_1, \Omega_2) = \wp(u, \omega_1, \omega_2).$$

Aus dieser Identität folgt, daß das aus dem Periodenpaare Ω_1, Ω_2 aufgebaute Netz der Periodenpunkte mit dem aus dem Paare ω_1, ω_2 aufgebauten Gitter völlig übereinstimmt. Daher ist (§ 75)

$$\Omega_1 = A\omega_1 + B\omega_2, \quad \Omega_2 = C\omega_1 + D\omega_2,$$

wo A, B, C, D vier Ganzzahlen mit der Determinante $AD - BC = 1$ bedeuten. Schreiben wir das gefundene Gleichungspaar

$$\Omega = \frac{D\omega + C}{B\omega + A}$$

und setzen noch $\alpha = D$, $\beta = C$, $\gamma = B$, $\delta = A$, so haben wir

$$\Omega = \frac{\alpha\omega + \beta}{\gamma\omega + \delta} \qquad \text{mit} \quad \alpha\delta - \beta\gamma = 1.$$

Die Modulsubstitution

$$S = \begin{pmatrix} \alpha & \beta \\ \gamma & \delta \end{pmatrix}$$

führt sonach λ in sich selbst über:

$$\lambda S = \lambda$$

und ist deshalb (wie oben gezeigt wurde) eine *Sonder*substitution, w. z. b. w.

Zusammenfassung:

Die Formel

$$\lambda(\Omega) = \lambda(\omega)$$

gilt dann und nur dann, wenn

$$\Omega = \frac{\alpha\omega + \beta}{\gamma\omega + \delta}$$

ist, wo α und δ ungerade, β und γ gerade Zahlen der Determinante $\alpha\delta - \beta\gamma = 1$ bedeuten.

Mit anderen Worten:

Die Funktion $\lambda(\omega)$ ist eine Modulfunktion; sie gehört zur Gruppe der Sondersubstitutionen.

Wir haben gezeigt, daß die Gleichung

$$\lambda(\omega) = \lambda(\omega_0),$$

wo ω_0 eine vorgelegte Konstante bedeutet (mit positivem Imaginärteil natürlich), unendlich viele Lösungen ω hat, und daß diese alle die Form

$$\omega = \frac{a\omega_0 + b}{c\omega_0 + d}$$

haben, wo a und d beliebige ungerade, b und c beliebige gerade Zahlen von der Determinante $ad - bc = 1$ sind.

Es ergibt sich die Frage nach den Lösungen der Gleichung

$$\lambda(\omega) = \varkappa,$$

in welcher $\varkappa$ eine gegebene Konstante darstellt.

Um das Vorhandensein solcher Lösungen zu beweisen, gehen wir von der Formel

$$\lambda(\omega) = \frac{e_3 - e_2}{e_1 - e_2}$$

aus. Da die Größen e_1, e_2, e_3 paarweise verschieden sind, kann es nicht vorkommen, daß unsere Modulfunktion $\lambda(\omega)$ einen der beiden Werte 0 und 1 annimmt. Deshalb müssen wir die beiden Fälle

$$\varkappa = 0 \qquad \text{und} \qquad \varkappa = 1$$

als illusorisch von unserer Betrachtung ausschließen.

Unsere Frage lautet also präziser:

Besitzt die Gleichung $\lambda(\omega) = \varkappa$ für jedes von 0 und 1 verschiedene $\varkappa$ eine Lösung ω?

Um diese Frage zu beantworten, setzen wir

$$e_1 - e_2 = 1, \quad e_3 - e_2 = \varkappa,$$

mithin im Hinblick auf $\qquad e_1 + e_2 + e_3 = 0$

$$e_1 = e_2 + 1, \quad e_3 = e_2 + \varkappa, \quad e_2 = -\frac{\varkappa + 1}{3},$$

womit zunächst einmal e_1, e_2, e_3 bestimmt sind:

$$3e_1 = 2 - \varkappa, \quad 3e_2 = -\varkappa - 1, \quad 3e_3 = 2\varkappa - 1.$$

Darauf berechnen wir

$$g_2 = -4(e_2e_3 + e_3e_1 + e_1e_2), \quad g_3 = 4e_1e_2e_3$$

und die nicht verschwindende Größe

$$D = g_2^3 - 27g_3^2 \qquad [= 16(e_2 - e_3)^2(e_3 - e_1)^2(e_1 - e_2)^2]$$

und fragen, ob es zwei Perioden ω_1 und ω_2 gibt derart, daß die aus ihnen gebildeten Weierstraßschen Fundamentalgrößen

$$\mathfrak{g}_2(\omega_1, \omega_2) = 60 \sum{}' \frac{1}{\mathfrak{p}^4} \qquad \text{und} \qquad \mathfrak{g}_3(\omega_1, \omega_2) = 140 \sum{}' \frac{1}{\mathfrak{p}^6},$$

(wo $\mathfrak{p}$ alle nicht verschwindenden Perioden

$$\mathfrak{p} = m\omega_1 + n\omega_2$$

durchläuft) die Bedingungen

$$\mathfrak{g}_2 = g_2 \qquad \text{und} \qquad \mathfrak{g}_3 = g_3$$

erfüllen.

Bei der Beantwortung dieser Frage unterscheiden wir drei Fälle:

$$1^\circ \; g_2 = 0, \qquad 2^\circ \; g_3 = 0, \qquad 3^\circ \; g_2 \neq 0, \; g_3 \neq 0.$$

Im ersten Falle leisten (§ 78)

$$\omega_1 \qquad \text{und} \qquad \omega_2 = E\omega_1 \qquad \text{mit} \quad E = \frac{-1 + i\sqrt{3}}{2}$$

das Gewünschte, wenn ω_1 gemäß der Gleichung

$$g_3 = \frac{140}{\omega_1^6} \sum{}' \frac{1}{(m + nE)^6}$$

festgelegt wird.

Im zweiten Falle heißt die Lösung

$$\omega_1 \qquad \text{und} \qquad \omega_2 = i\omega_1,$$

wenn ω_1 gemäß der Gleichung

$$g_2 = \frac{60}{\omega_1^4} \sum{}' \frac{1}{(m + ni)^4}$$

bestimmt wird.

Im dritten, allgemeinen Falle notieren wir für ω_1 und ω_2 die beiden Bestimmungsgleichungen

$$\frac{\mathfrak{g}_2(\omega_1, \omega_2)}{\mathfrak{g}_3(\omega_1, \omega_2)} = \frac{g_2}{g_3} \qquad \text{und} \qquad \frac{\mathfrak{g}_2^3(\omega_1, \omega_2)}{\mathfrak{g}_3^2(\omega_1, \omega_2)} = \frac{g_2^3}{g_3^2}.$$

Wir führen ω_1 und $\omega_2 : \omega_1 = \omega$ als neue Unbekannten ein und bringen wegen der Formel

$$J(\omega) = \frac{\mathfrak{g}_2^3}{\mathfrak{D}} = \frac{\mathfrak{g}_2^3}{\mathfrak{g}_2^3 - 27\,\mathfrak{g}_3^2}$$

die Bestimmungsgleichungen auf die Form

$$3\,g_3\omega_1^2 \sum{}' \frac{1}{(m + n\,\omega)^4} = 7\,g_2 \sum{}' \frac{1}{(m + n\,\omega)^6}, \qquad J(\omega) = g_2^3 : D.$$

Die zweite dieser Gleichungen liefert unendlich viele Lösungen ω, darunter eine einzige aus dem Urgebiet von $J(\omega)$. Irgendeine dieser Lösungen auswählend und in der ersten Gleichung substituierend, finden wir ω_1 aus dieser Gleichung und schließlich ω_2 aus $\omega_2 = \omega\omega_1$.

Wir verbuchen als Zwischenergebnis:

Zu jedem Wertepaar g_2, g_3 mit nicht verschwindendem $D = g_2^3 - 27\,g_3^2$ gibt es mindestens ein Periodenpaar (ω_1, ω_2) derart, daß die aus ihm gebildeten

Weierstraßschen Fundamentalgrößen

$$\mathfrak{g}_2 = 60 \sum' \frac{1}{(m\omega_1 + n\omega_2)^4} \qquad \text{und} \qquad \mathfrak{g}_3 = 140 \sum' \frac{1}{(m\omega_1 + n\omega_2)^6}$$

mit ihm übereinstimmen:

$$\mathfrak{g}_2 = g_2, \qquad \mathfrak{g}_3 = g_3.$$

Die oben gestellte Frage ist damit bejahend beantwortet.

Wir denken uns demgemäß die beiden Perioden auf Grund der Bedingungen $\mathfrak{g}_2 = g_2$ und $\mathfrak{g}_3 = g_3$ bestimmt und konstruieren mit ihnen die $\wp$-Funktion

$$\wp(u) = \wp(u, \omega_1, \omega_2).$$

Dann müssen die drei Größen

$$p_1 = \wp\left(\frac{\omega_1}{2}\right), \qquad p_2 = \wp\left(\frac{\omega_2}{2}\right), \qquad p_3 = \wp\left(\frac{\omega_3}{2}\right)$$

mit den obigen Größen

$$e_1, \quad e_2, \quad e_3$$

— wenn auch nicht gerade in dieser Reihenfolge — übereinstimmen.

Das gibt für das Tripel p_1, p_2, p_3 folgende 6 Möglichkeiten:

$3p_1$	$2-\varkappa$	$2-\varkappa$	$2\varkappa-1$	$2\varkappa-1$	$-\varkappa-1$	$-\varkappa-1$
$3p_2$	$2\varkappa-1$	$-\varkappa-1$	$2-\varkappa$	$-\varkappa-1$	$2-\varkappa$	$2\varkappa-1$
$3p_3$	$-\varkappa-1$	$2\varkappa-1$	$-\varkappa-1$	$2-\varkappa$	$2\varkappa-1$	$2-\varkappa$

woraus für $\lambda(\omega) = (p_3 - p_2) : (p_1 - p_2)$ folgende 6 Möglichkeiten entstehen:

$\lambda(\omega)$	$1 : \left(1 - \frac{1}{\varkappa}\right)$	$\varkappa$	$\frac{1}{1-\varkappa}$	$\frac{1}{\varkappa}$	$1-\varkappa$	$1 - \frac{1}{\varkappa}$.

Nur im zweiten dieser 6 Fälle haben wir sofort

$$\lambda(\omega) = \varkappa.$$

Aber auch in den andern 5 Fällen sind wir, und zwar mit Hilfe der obigen Transformationsformeln für die Elementarsubstitutionen $\mathfrak{A}$ und $\mathfrak{B}$ und die Substitution $\mathfrak{C}$ imstande, eine Lösung der Gleichung

$$\lambda(x) = \varkappa$$

anzugeben.

Im ersten Falle ist $\lambda(\omega') = 1 - \frac{1}{\varkappa}$ [mit $\omega' = \omega : (\omega + 1)$], dann $\mu(\omega') = 1 : \varkappa$, dann $\mu(\omega'') = \varkappa$ [mit $\omega'' = \omega' + 1$], endlich $\lambda(x) = \varkappa$ [mit $x = -1 : \omega''$].

Im dritten Falle ist $\lambda(\omega') = 1 - \varkappa$ [mit $\omega' = \omega : \omega + 1$], dann $\mu(\omega') = \varkappa$, dann $\lambda(x) = \varkappa$ [mit $x = -1 : \omega'$].

Im vierten Falle ist $\lambda(x) = \varkappa$ [mit $x = \omega : (\omega + 1)$].

Im fünften Falle ist $\mu(\omega) = \varkappa$, also $\lambda(x) = \varkappa$ [mit $x = -1 : \omega$].

Im sechsten Falle ist $\mu(\omega) = 1 : \varkappa$, dann $\mu(\omega') = \varkappa$ [mit $\omega' = \omega + 1$], dann $\lambda(x) = \varkappa$ [mit $x = -1 : \omega'$].

Ergebnis:

Die Gleichung

$$\lambda(\omega) = \varkappa$$

besitzt für jedes von 0 *und* 1 *verschiedene* $\varkappa$ *unendlich viele Lösungen* ω.
Hat man eine von ihnen, ω_0, *gefunden, so findet man alle andern durch die Formel*

$$\omega = \frac{\alpha\omega_0 + \beta}{\gamma\omega_0 + \delta},$$

in welcher α *und* δ *beliebige ungerade,* β *und* γ *beliebige gerade Zahlen der Determinante* $\alpha\delta - \beta\gamma = 1$ *sind.*

Vierter Abschnitt

Jacobis elliptische Funktionen

§ 80. DIE ELLIPTISCHEN FUNKTIONEN $sn u$, $cn u$, $dn u$

Unter den elliptischen Funktionen $sn\, u$, $cn\, u$, $dn\, u$ versteht man drei analytische Funktionen

$$x = sn\, u, \qquad y = cn\, u, \qquad z = dn\, u$$

des Arguments u, welche die „*elliptischen Differentialgleichungen*"

$$x' = yz, \qquad y' = -xz, \qquad z' = -k^2 xy$$

befriedigen [wo k^2 eine von 0 und 1 verschiedene Konstante bedeutet] und an der Stelle $u = 0$ die Werte $x = 0$, $y = 1$, $z = 1$ besitzen.

Es gilt folgender

Fundamentalsatz:

Die elliptischen Differentialgleichungen besitzen genau eine Lösung.

Der Beweis besteht aus zwei Schritten. Im ersten Schritt zeigen wir, daß die elliptischen Differentialgleichungen nicht *mehr* als eine Lösung haben können, im zweiten Schritt, daß sie diese eine Lösung auch tatsächlich besitzen.

1. Schritt

Wir beweisen zunächst den

Hilfssatz:

Jede Lösung x, y, z der elliptischen Differentialgleichungen befriedigt die pythagoreischen Relationen

$$\boxed{y^2 + x^2 = 1} \quad \text{und} \quad \boxed{z^2 + k^2 x^2 = 1}.$$

Beweis. Setzen wir $y^2 + x^2 = \varphi$, $z^2 + k^2 x^2 = \psi$,
so wird $\qquad \varphi' = 2\,[yy' + xx']$, $\quad \psi = 2\,[zz' + k^2 xx']$.

Ersetzen wir hier rechts x', y', z' gemäß den Differentialgleichungen, so verschwindet jede eckige Klammer. Folglich sind φ und ψ Konstanten. Der Ansatz $u = 0$ liefert für beide den Wert 1.

Lehrsatz:

Mehr als eine Lösung können die elliptischen Differentialgleichungen nicht besitzen.

Beweis. Sind x, y, z und X, Y, Z *zwei* Lösungen, so daß mit $\varkappa = k^2$

$$x' = yz, \qquad y' = -xz, \qquad z' = -\varkappa xy,$$
$$X' = YZ, \qquad Y' = -XZ, \qquad Z' = -\varkappa XY$$

ist, so gilt nach den pythagoreischen Relationen das Gleichungspaar

$$\left.\begin{aligned} x'^2 &= 1 - \varkappa_1 \; x^2 + \varkappa x^4 \\ X'^2 &= 1 - \varkappa_1 \; X^2 + \varkappa X^4 \end{aligned}\right\} \text{mit } \varkappa_1 = 1 + \varkappa.$$

Aus ihm folgt durch Elimination von $\varkappa_1$

$$X^2 x'^2 - x^2 X'^2 = (1 - \varkappa X^2 x^2)(X^2 - x^2).$$

Durch Ableitung des Gleichungspaares findet sich

$$x'' = -\varkappa_1 x + 2\varkappa x^3,$$
$$X'' = -\varkappa_1 X + 2\varkappa X^3$$

und hieraus durch Elimination von $\varkappa_1$

$$X x'' - x X'' = -2\varkappa X x (X^2 - x^2).$$

Aus den beiden gefundenen Relationen folgt durch Division

$$\frac{X x'' - x X''}{X^2 x'^2 - x^2 X'^2} = \frac{-2\varkappa X x}{1 - \varkappa X^2 x^2}$$

oder
$$\frac{X x'' - x X''}{X x' - x X'} = \frac{-2\varkappa X x (X x' + x X')}{1 - \varkappa X^2 x^2}.$$

In dieser Gleichung stellt jede Seite die bezogene Ableitung ihres Nenners dar. Daher muß der Quotient der beiden Nenner eine Konstante sein:

$$\frac{X x' - x X'}{1 - \varkappa X^2 x^2} = \text{const} = C.$$

Für $u = 0$ wird $x = X = 0$, $x' = X' = 1$; mithin ist

$$C = 0.$$

Hieraus folgt weiter

$$X x' - x X' = 0$$

oder
$$\frac{X'}{X} = \frac{x'}{x},$$

oder auch
$$X : x = \text{const} = 1$$

oder endlich
$$X = x.$$

Die beiden pythagoreischen Relationen liefern dann

$$Y = Ey, \qquad Z = Fz \qquad \text{mit} \quad E^2 = F^2 = 1.$$

Hieraus ergibt sich schließlich noch durch den Ansatz $u = 0$ $E = +1$ und $F = +1$, also

$$Y = y \qquad \text{und} \qquad Z = z.$$

Damit ist gezeigt, daß die Lösung X, Y, Z mit der Lösung x, y, z übereinstimmen muß. Die elliptischen Differentialgleichungen können eben nur *eine* Lösung besitzen.

2. Schritt

Wie wir im § 79 gezeigt haben, besitzt die Gleichung

$$\lambda(\omega) = \varkappa,$$

in welcher $\lambda(\omega)$ den Quotienten $\vartheta_1^4 : \vartheta_3^4$ bedeutet, für jedes von 0 und 1 verschiedene $\varkappa$ eine Lösung ω [sie besitzt sogar unendlich viele Lösungen]. Es existiert also sicher eine Zahl ω mit positivem Imaginärteil, für die

$$\vartheta_1^4 : \vartheta_3^4 = k^2$$

ist. Für die mit diesem ω gebildeten Werte ϑ_1, ϑ_2, ϑ_3 gilt nun der

Satz:

Die Lösung der elliptischen Differentialgleichungen lautet

$$\boxed{x = snu = \frac{\vartheta_3}{\vartheta_1} \cdot \frac{\vartheta(v)}{\vartheta_2(v)}, \qquad y = cnu = \frac{\vartheta_2}{\vartheta_1} \cdot \frac{\vartheta_1(v)}{\vartheta_2(v)}, \qquad z = \frac{\vartheta_2}{\vartheta_3} \cdot \frac{\vartheta_3(v)}{\vartheta_2(v)}}$$

$$\textit{mit} \quad u = 2Kv \qquad \textit{und} \qquad K = \frac{\pi}{2}\vartheta_3^2.$$

Beweis. Es ist

$$x' = \frac{dx}{du} = \frac{dx}{dv}\frac{dv}{du} = \frac{\vartheta_3}{\vartheta_1} \cdot \frac{\vartheta_2(v)\,\vartheta'(v) - \vartheta(v)\,\vartheta_2'(v)}{\vartheta_2^2(v)} \cdot \frac{1}{2K}.$$

Da aber der Zähler des rechtsstehenden mittleren Bruches nach § 74 den Wert $\pi\vartheta_2^2\vartheta_1(v)\,\vartheta_3(v)$ hat, ergibt sich

$$x' = \frac{\vartheta_2}{\vartheta_1} \cdot \frac{\vartheta_1(v)}{\vartheta_2(v)} \cdot \frac{\vartheta_2}{\vartheta_3} \cdot \frac{\vartheta_3(v)}{\vartheta_2(v)}$$

oder

$$x' = yz.$$

Die andern beiden Differentialgleichungen

$$y' = -xz \qquad \text{und} \qquad z' = -k^2xy$$

werden genau so bewahrheitet.

Die Gleichung

$$\lambda(\omega) = \varkappa = k^2$$

besitzt außer der hier zur Erzeugung der Funktionen

$$x = sn\,u, \qquad y = cn\,u, \qquad z = dn\,u$$

benutzten Lösung ω noch unendlich viele andere Lösungen Ω, die, wie wir wissen, mit ω durch die Homographie

$$\Omega = \frac{\alpha\omega + \beta}{\gamma\omega + \delta}$$

zusammenhängen, wo α und δ ungerade, β und γ gerade Zahlen von der Determinante 1 sind. Jedes derartige Ω erzeugt aber, da ja die elliptischen Differentialgleichungen nur eine einzige Lösung besitzen, genau dieselben Funktionen

$$x = sn\, u, \quad y = cn\, u, \quad z = dn\, u$$

wie das oben ausgewählte ω.

Wollen wir die Abhängigkeit der Funktionen x, y, z von ω zum Ausdruck bringen, so schreiben wir zweckmäßig

$$x = sn(u, \omega), \quad y = cn(u, \omega), \quad z = dn(u, \omega).$$

Es gelten dann also die Identitäten

$$sn(u, \Omega) = sn(u, \omega), \quad cn(u, \Omega) = cn(u, \omega), \quad dn(u, \Omega) = dn(u, \omega)$$

mit $\Omega = \dfrac{\alpha\omega + \beta}{\gamma\omega + \delta}$, $\alpha\delta - \beta\gamma = 1$, $\left\{\begin{matrix}\text{ungeradem } \alpha \text{ und } \delta \\ \text{und geradem } \beta \text{ und } \gamma\end{matrix}\right\}$.

Als erste wichtige Eigenschaft der so konstruierten Funktionen sn, cn, dn vermerken wir:

Die Funktionen $sn\, u$, $cn\, u$, $dn\, u$ verhalten sich überall regulär, wo nicht gerade u das $2K$-fache einer Nullstelle v von $\vartheta_2(v)$ ist.

Speziell verhalten sich alle drei Funktionen in der Umgebung des Punktes $u = 0$ regulär.

Um die diesbezüglichen Taylorentwicklungen zu bekommen, braucht man nur die sukzessiven Ableitungen der Formeln

$$x' = yz, \quad y' = -xz, \quad z' = -\varkappa xy$$

zu bilden und in ihnen $x = 0$, $y = 1$, $z = 1$; $x' = 1$, $y' = 0$, $z' = 0$; $x'' = 0$, $y'' = -1$, $z'' = -\varkappa$; ... zu setzen. Indem wir von jeder Entwicklung nur die drei ersten Glieder hinschreiben, erhalten wir

$$\begin{aligned} sn\,u &= u - \frac{1+\varkappa}{6} u^3 + \frac{1 + 14\varkappa + \varkappa^2}{120} u^5 + \cdots \\ cn\,u &= 1 - \frac{1}{2} u^2 + \frac{1 + 4\varkappa}{24} u^4 + \cdots \\ dn\,u &= 1 - \frac{\varkappa}{2} u^2 + \frac{4\varkappa + \varkappa^2}{24} u^4 + \cdots. \end{aligned}$$

Der gemeinsame Konvergenzradius dieser Reihen ist das K-fache des kleinsten Betrages, den der Ausdruck $2m + (2n + 1)\omega$ bei variablen ganzzahligen m und n haben kann.

Aus den Definitionsformeln für $sn\, u$, $cn\, u$, $dn\, u$ wie auch aus dem Anblick dieser Reihen folgt:

Die Funktion $sn\, u$ ist eine ungerade Funktion, die Funktionen $cn\, u$ und $dn\, u$ sind gerade Funktionen von u.

Die Konstante der elliptischen Differentialgleichungen

$$k = \frac{\vartheta_1^2}{\vartheta_3^2}$$

wird gewöhnlich der *Modulus* oder *Modul* der elliptischen Funktionen sn, cn, dn genannt. In der Theorie der elliptischen Funktionen ist dieser Modul eine beliebige Konstante, bei den Anwendungen der elliptischen Funktionen auf geometrische und physikalische Probleme kann man ihn im allgemeinen als positiven echten Bruch voraussetzen. Für die in ϑ_1 und ϑ_3 steckende Größe ω würde das bedeuten, daß sie, den Reihenentwicklungen

$$\begin{Bmatrix} \vartheta_1 = 2\,\mathfrak{q} + 2\,\mathfrak{q}^9 + 2\,\mathfrak{q}^{25} + \cdots \\ \vartheta_3 = 1 + 2\,q + 2\,q^4 + 2\,q^9 + \cdots \end{Bmatrix} \quad \text{mit} \quad \begin{Bmatrix} \mathfrak{q} = e^{i\pi\omega:4} \\ q = e^{i\pi\omega} \end{Bmatrix}$$

entsprechend, rein imaginär ist:

$$\omega = i\,\sigma.$$

Es wird daher von Wichtigkeit sein, *zu beliebig vorgegebenem echtgebrochenem k das zugehörige reinimaginäre ω anzugeben, für welches*

$$\lambda(\omega) = \vartheta_1^4 : \vartheta_3^4 = k^2$$

ist.

Wir führen die Lösung dieser Aufgabe auf elliptische Integrale zurück. Wir beginnen unsere Betrachtung mit der

Darstellung der beiden Größen

$$K = \frac{\pi}{2}\vartheta_3^2 \qquad \text{und} \qquad K' = -i\omega K$$

als elliptische Integrale.

ω sei ein beliebiger, aber fester rein imaginärer Wert des Moduls ω der Hauptthetafunktionen,

$$x = snu = \frac{\vartheta_3}{\vartheta_1}\cdot\frac{\vartheta(v)}{\vartheta_2(v)}, \quad y = cnu = \frac{\vartheta_2}{\vartheta_1}\cdot\frac{\vartheta_1(v)}{\vartheta_2(v)}, \quad z = dnu = \frac{\vartheta_2}{\vartheta_3}\cdot\frac{\vartheta_3(v)}{\vartheta_2(v)}$$

die Lösung der elliptischen Differentialgleichungen

$$x' = yz, \qquad y' = -xz, \qquad z' = -k^2xy$$

mit $\quad k^2 = \vartheta_1^4 : \vartheta_3^4, \qquad u = 2\,Kv, \qquad 2\,K = \pi\vartheta_3^2.$

Außerdem werde die positive Größe $-i\omega K$ durch den Buchstaben K' bezeichnet.

Nun ist $\quad x' = \dfrac{dx}{du} = yz = \dfrac{\vartheta_2^2}{\vartheta_1\vartheta_3}\cdot\dfrac{\vartheta_1(v)\,\vartheta_3(v)}{\vartheta_2^2(v)}.$

Durchläuft u das Intervall $(0, K)$, also v das Intervall $(0, \frac{1}{2})$, so sind $\vartheta_1(v)$, $\vartheta_2(v)$, $\vartheta_3(v)$ alle drei positiv. Daher ist auch x' im Intervall $(0, K)$ positiv, und wir erhalten die Gleichung

$$du = \frac{dx}{\sqrt{(1-x^2)\,(1-k^2x^2)}}$$

mit positivem Vorzeichen der Quadratwurzel.

Während u von 0 bis K läuft, wächst x dauernd von 0 bis 1. [Nach § 73 ist $\vartheta(\frac{1}{2}) = \vartheta_1$, $\vartheta_2(\frac{1}{2}) = \vartheta_3$.] Daher ergibt sich durch Integration

$$\boxed{K = \int_0^1 \frac{dx}{\sqrt{(1-x^2)(1-k^2x^2)}}}$$

und natürlich auch, wenn das Argument nur bis zur Stelle u, die Funktion $sn\,u$ bis zum Werte x ansteigt,

$$\boxed{u = \int_0^x \frac{dx}{\sqrt{(1-x^2)(1-k^2x^2)}}},$$

welche Gleichung die *Umkehrung der Funktion*

$$x = sn\,u$$

bildet.

Durchläuft u das rein imaginäre Intervall $(0, iK')$, also v das rein imaginäre Intervall $\left(0, \frac{\omega}{2}\right)$, so sind [§ 73] $\vartheta_1(v)$, $\vartheta_2(v)$, $\vartheta_3(v)$ wieder alle drei positiv, während $\vartheta(v)$ und damit auch x rein imaginär mit positivem Imaginärteil bleibt.

Setzen wir also

$$u = ip, \quad du = i\,dp, \quad x = i\xi, \quad dx = i\,d\xi,$$

so wird
$$dp = \frac{d\xi}{\sqrt{(1+\xi^2)(1+k^2\xi^2)}}$$

wieder mit positivem Wurzelzeichen.

Während u imaginär von 0 bis iK', also p von 0 bis K' läuft, wächst ξ dauernd von 0 bis ∞ $\left[\text{es ist } \vartheta_2\left(\frac{\omega}{2}\right) = +\infty\right]$. Daher wird durch Integration

$$K' = \int_0^\infty \frac{d\xi}{\sqrt{(1+\xi^2)(1+k^2\xi^2)}}.$$

Wendet man auf dieses Integral die Substitution

$$\xi = \frac{\mathfrak{x}}{\sqrt{1-\mathfrak{x}^2}}, \quad d\xi = \frac{d\mathfrak{x}}{\sqrt{1-\mathfrak{x}^2}^3}$$

an, so erhält es die der obigen Form für K ähnliche Form

$$\boxed{K' = \int_0^1 \frac{d\mathfrak{x}}{\sqrt{(1-\mathfrak{x}^2)(1-k'^2\mathfrak{x}^2)}}},$$

wobei
$$k^2 + k'^2 = 1$$
ist.

Ein Integral von der Form

$$\int \frac{dx}{\sqrt{(1-x^2)(1-k^2x^2)}}$$

heißt ein *elliptisches Integral* (erster Gattung) und, wenn das Integrationsintervall von 0 bis 1 reicht, ein *vollständiges elliptisches Integral.* Die Konstante k wird der *Modul des Integrals* genannt.

Das Integral

$$u = \int_0^x \frac{dx}{\sqrt{(1-x^2)(1-k^2x^2)}}$$

wird meist durch die Substitution

$$x = \sin\varphi$$

auf die trigonometrische Form

$$u = \int_0^\varphi \frac{d\varphi}{\sqrt{1-k^2\sin^2\varphi}},$$

das vollständige Integral also auf die Form

$$K = \int_0^{\pi/2} \frac{d\varphi}{\sqrt{1-k^2\sin^2\varphi}}$$

gebracht.

Die obere Grenze φ des Integrals wird die Amplitude von u genannt und

$$\varphi = am\, u$$

geschrieben. Aus $x = \sin\varphi$ wird dann

$$x = \sin am\, u,$$

aus $y = \sqrt{1-x^2} = \cos\varphi$

$$y = \cos am\, u$$

und aus $z = \sqrt{1-k^2x^2} = \sqrt{1-k^2\sin^2\varphi}$, welche Wurzel $\Delta\varphi$ abgekürzt wird,

$$z = \Delta\, am\, u.$$

Die von Jacobi stammenden Schreibungen

$$x = \sin am\, u, \qquad y = \cos am\, u, \qquad z = \Delta\, am\, u$$

wurden dann später von Gudermann zu den heute allgemein verwandten Schreibweisen

$$x = sn\, u, \qquad y = cn\, u, \qquad z = dn\, u$$

vereinfacht.

Als Ergebnis unserer Untersuchung erscheint der

Satz:

Bei rein imaginärem ω und bekanntem $\varkappa = k^2 = \vartheta_1^4 : \vartheta_3^4 = \lambda(\omega)$ läßt sich ω als i-facher Quotient zweier vollständigen elliptischen Integrale darstellen:

$$\omega = i\,\frac{K'}{K}$$

mit
$$K = \int_0^{\pi/2} \frac{d\varphi}{\sqrt{1 - \varkappa \sin^2\varphi}}, \qquad K' = \int_0^{\pi/2} \frac{d\varphi}{\sqrt{1 - \varkappa' \sin^2\varphi}}$$
und
$$\varkappa' = 1 - \varkappa.$$
Sind umgekehrt $\varkappa$ und $\varkappa' = 1 - \varkappa$ positive Echtbrüche,
$$K = \int_0^{\pi/2} \frac{d\varphi}{\sqrt{1 - \varkappa \sin^2\varphi}} \quad \text{und} \quad K' = \int_0^{\pi/2} \frac{d\varphi}{\sqrt{1 - \varkappa' \sin^2\varphi}}$$
die zugehörigen vollständigen elliptischen Integrale, so hat die Gleichung
$$\lambda(\omega) = \varkappa$$
sicher die Lösung
$$\omega = i\,\frac{K'}{K}.$$

Beweis. Wir nennen den Bruch $iK' : K$ ω und bilden mit diesem Werte als Modul die vier Hauptfunktionen $\vartheta_3(v)$, $\vartheta_2(v)$, $\vartheta_1(v)$, $\vartheta(v)$ und die aus ihnen abgeleiteten elliptischen Funktionen *sn u, cn u, dn u* sowie die beiden positiven Echtbrüche
$$\mathfrak{k} = \vartheta_1^4 : \vartheta_3^4 = \lambda(\omega) \quad \text{und} \quad \mathfrak{k}' = 1 - \mathfrak{k}$$
und die zugehörigen vollständigen elliptischen Integrale
$$\mathfrak{K} = \int_0^{\pi/2} \frac{d\varphi}{\sqrt{1 - \mathfrak{k} \sin^2\varphi}}, \quad \mathfrak{K}' = \int_0^{\pi/2} \frac{d\varphi}{\sqrt{1 - \mathfrak{k}' \sin^2\varphi}}.$$
Dann ist nach obigem Satze
$$\omega = i\,\frac{\mathfrak{K}'}{\mathfrak{K}}.$$
Daher gilt die Gleichung
$$\mathfrak{K}' : \mathfrak{K} = K' : K.$$
Nun betrachten wir die Funktion
$$\mathfrak{F}(p) = \int_0^{\pi/2} \frac{d\varphi}{\sqrt{1 - p' \sin^2\varphi}} : \int_0^{\pi/2} \frac{d\varphi}{\sqrt{1 - p \sin^2\varphi}} \qquad \text{mit} \quad p' = 1 - p$$
des zwischen 0 und 1 liegenden positiven Parameters p.
Mit zunehmendem p wird $\sqrt{1 - p \sin^2\varphi}$ kleiner, $\sqrt{1 - p' \sin^2\varphi}$ dagegen größer, wächst also der Nenner von $\mathfrak{F}(p)$, während der Zähler fällt. Daher ist $\mathfrak{F}(p)$ eine ständig fallende Funktion von p. [$\mathfrak{F}(0)$ ist ∞, $\mathfrak{F}(1)$ ist 0.]
Nun ist
$$\mathfrak{K}' : \mathfrak{K} = \mathfrak{F}(\mathfrak{k}) \quad \text{und} \quad K' : K = \mathfrak{F}(\varkappa),$$
mithin
$$\mathfrak{F}(\mathfrak{k}) = \mathfrak{F}(\varkappa),$$
und hieraus folgt
$$\mathfrak{k} = \varkappa$$
oder
$$\lambda(\omega) = \varkappa,$$
w. z. b. w.

Das Additionstheorem der elliptischen Funktionen *sn*, *cn*, *dn*

Es handelt sich um die Aufgabe,

$$sn(U+V), \quad cn(U+V), \quad dn(U+V)$$

durch

$$sn U,\ cn U,\ dn U,\ sn V,\ cn V,\ dn V$$

auszudrücken.

Ausgehend von den Definitionen

$$sn U = \frac{\vartheta_3}{\vartheta_1}\cdot\frac{\vartheta(u)}{\vartheta_2(u)}, \qquad cn U = \frac{\vartheta_2}{\vartheta_1}\cdot\frac{\vartheta_1(u)}{\vartheta_2(u)}, \qquad dn U = \frac{\vartheta_2}{\vartheta_3}\cdot\frac{\vartheta_3(u)}{\vartheta_2(u)}$$

$$\text{mit} \quad U = 2Ku$$

lösen wir die Aufgabe unter Zurückführung auf das Additionstheorem der Thetafunktionen.

Es ist

$$sn(U+V) = \frac{\vartheta_3}{\vartheta_1}\cdot\frac{\vartheta(u+v)}{\vartheta_2(u+v)} \qquad \text{mit } \begin{Bmatrix} U = 2Ku \\ V = 2Kv \end{Bmatrix}.$$

Um die Formeln des Additionstheorems der Thetafunktionen anwenden zu können, müssen wir den rechtsstehenden Bruch mit $\vartheta_2(u-v)$ erweitern:

$$sn(U+V) = \frac{\vartheta_3}{\vartheta_1}\cdot\frac{\vartheta(u+v)\,\vartheta_2(u-v)}{\vartheta_2(u+v)\,\vartheta_2(u-v)}.$$

Hier formen wir Zähler und Nenner des rechtsstehenden Bruches nach den Formeln 9 und 2 der Zehnformeltafel von § 74 um:

$$sn(U+V) = \frac{\vartheta_2^2}{\vartheta_1^2}\cdot\frac{\vartheta_3\vartheta_1\vartheta_2(u-v)\,\vartheta(u+v)}{\vartheta_2^2\vartheta_2(u+v)\,\vartheta_2(u-v)} =$$

$$\frac{\vartheta_2^2}{\vartheta_1^2}\cdot\frac{\vartheta_2(u)\,\vartheta(u)\cdot\vartheta_3(v)\,\vartheta_1(v)+\vartheta_3(u)\,\vartheta_1(u)\cdot\vartheta_2(v)\,\vartheta(v)}{\vartheta_2^2(u)\,\vartheta_2^2(v)-\vartheta^2(u)\,\vartheta^2(v)} =$$

$$\frac{\vartheta_2^2}{\vartheta_1^2}\cdot\frac{\dfrac{\vartheta(u)}{\vartheta_2(u)}\cdot\dfrac{\vartheta_1(v)}{\vartheta_2(v)}\cdot\dfrac{\vartheta_3(v)}{\vartheta_2(v)}+\dfrac{\vartheta(v)}{\vartheta_2(v)}\cdot\dfrac{\vartheta_1(u)}{\vartheta_2(u)}\cdot\dfrac{\vartheta_3(u)}{\vartheta_2(u)}}{1-\dfrac{\vartheta^2(u)}{\vartheta_2^2(u)}\cdot\dfrac{\vartheta^2(v)}{\vartheta_2^2(v)}}.$$

Nun ersetzen wir die Brüche

$$\frac{\vartheta(u)}{\vartheta_2(u)}, \quad \frac{\vartheta_1(u)}{\vartheta_2(u)}, \quad \frac{\vartheta_3(u)}{\vartheta_2(u)}$$

durch

$$\frac{\vartheta_1}{\vartheta_3}\,sn U, \quad \frac{\vartheta_1}{\vartheta_2}\,cn U, \quad \frac{\vartheta_3}{\vartheta_2}\,dn U,$$

ebenso die entsprechenden Brüche mit v und erhalten

$$\boxed{sn(U+V) = \frac{sn U\, cn V\, dn V + sn V\, cn U\, dn U}{1-k^2\, sn^2 U\, sn^2 V}}$$

mit

$$k^2 = \vartheta_1^4 : \vartheta_3^4.$$

Die gefundene Formel ist das *Additionstheorem der Funktion sn.*

Um das Additionstheorem der Funktion cn zu bekommen, schreiben wir

$$cn(U+V) = \frac{\vartheta_2}{\vartheta_1} \cdot \frac{\vartheta_1(u+v)}{\vartheta_2(u+v)}$$

und erweitern rechts wieder mit $\vartheta_2(u-v)$:

$$cn(U+V) = \frac{\vartheta_2}{\vartheta_1} \cdot \frac{\vartheta_1(u+v)\,\vartheta_2(u-v)}{\vartheta_2(u+v)\,\vartheta_2(u-v)}.$$

Durch Anwendung der Formel 7 und 2 der Zehnformeltafel wird hieraus

$$cn(U+V) = \frac{\vartheta_2^2}{\vartheta_1^2} \cdot \frac{\vartheta_1(u)\,\vartheta_2(u)\cdot\vartheta_1(v)\,\vartheta_2(v) - \vartheta_3(u)\,\vartheta(u)\cdot\vartheta_3(v)\,\vartheta(v)}{\vartheta_2^2(u)\,\vartheta_2^2(v) - \vartheta^2(u)\,\vartheta^2(v)}$$

$$= \frac{\vartheta_2^2}{\vartheta_1^2} \cdot \frac{\dfrac{\vartheta_1(u)}{\vartheta_2(u)}\cdot\dfrac{\vartheta_1(v)}{\vartheta_2(v)} - \dfrac{\vartheta(u)}{\vartheta_2(u)}\cdot\dfrac{\vartheta_3(u)}{\vartheta_2(u)}\cdot\dfrac{\vartheta(v)}{\vartheta_2(v)}\cdot\dfrac{\vartheta_3(v)}{\vartheta_2(v)}}{1 - \dfrac{\vartheta^2(u)}{\vartheta_2^2(u)}\cdot\dfrac{\vartheta^2(v)}{\vartheta_2^2(v)}}.$$

Wir ersetzen die im Zähler und Nenner des langen Bruchstrichs stehenden Brüche wie oben und bekommen das *Additionstheorem der Funktion cn:*

$$\boxed{cn(U+V) = \frac{cn\,U\,cn\,V - sn\,U\,sn\,V\,dn\,U\,dn\,V}{1 - k^2\,sn^2U\,sn^2V}}.$$

Ganz ähnlich ergibt sich das *Additionstheorem der Funktion dn:*

$$\boxed{dn(U+V) = \frac{dn U\,dn\,V - k^2 sn U\,sn\,V\,cn U\,cn\,V}{1 - k^2 sn^2U\,sn^2V}}.$$

Mit dem Additionstheorem stehen im engen Zusammenhang die beiden folgenden Formelgruppen, welche das Verhalten der Funktionen sn, cn, dn beschreiben, wenn das Argument um einen der beiden Werte $2K$ und $2iK'$ bzw. um einen der drei Werte K, iK', $K+iK'$ vermehrt wird, und deren Ableitung sich am bequemsten mittels der Funktionalgleichungen der Thetafunktionen bzw. der Zwölfformeltabelle von § 73 vollzieht. Dabei ist lediglich zu beachten, daß einer Vermehrung des Arguments u um

$$2K,\quad 2iK';\qquad K,\quad iK',\quad K+iK'$$

eine Vermehrung des Arguments v um

$$1,\quad \omega;\qquad \frac{1}{2},\quad \frac{\omega}{2},\quad \frac{1+\omega}{2}$$

entspricht.

I. Die Argumentszuwächse $2K$ *und* $2iK'$

$sn(u+2K) = -sn\,u$	$sn(u+2iK') = sn\,u$
$cn(u+2K) = -cn\,u$	$cn(u+2iK') = -cn\,u$
$dn(u+2K) = dn\,u$	$dn(u+2iK') = -dn\,u$

.

II. Die Argumentszuwächse K, iK', $K+iK'$.

$$sn(u+K)=\frac{cn\,u}{dn\,u} \qquad sn(u+iK')=\frac{1}{k}\cdot\frac{1}{sn\,u}$$

$$cn(u+K)=-k'\cdot\frac{sn\,u}{dn\,u} \qquad cn(u+iK')=-\frac{i}{k}\cdot\frac{dn\,u}{sn\,u}$$

$$dn(u+K)=k'\cdot\frac{1}{dn\,u} \qquad dn(u+iK')=-i\cdot\frac{cn\,u}{sn\,u}$$

$$sn(u+K+iK')=\frac{1}{k}\cdot\frac{dn\,u}{cn\,u}$$

$$cn(u+K+iK')=-i\frac{k'}{k}\cdot\frac{1}{cn\,u}$$

$$dn(u+K+iK')=ik'\cdot\frac{sn\,u}{cn\,u}$$

.

Nullstellen und Pole der Funktionen *sn, cn, dn*

Die Nullstellen von $\vartheta(v)$, $\vartheta_1(v)$, $\vartheta_3(v)$ sind bzw.

$$v=m+n\omega,\qquad \frac{1}{2}+m+n\omega,\qquad \frac{1+\omega}{2}+m+n\omega,$$

wo m und n alle Ganzzahlen durchlaufen.

Folglich sind die

Nullstellen von	$sn\,u$	$cn\,u$	$dn\,u$
bzw.	$2mK+2niK'$	$(2m+1)K+2niK'$	$(2m+1)K+(2n+1)iK'$.

Alle diese Nullstellen sind *einfach.*

Die Nullstellen von $\vartheta_2(v)$ sind die Zahlen von der Form $\frac{\omega}{2}+m+n\omega$. Folglich:

Die *drei Funktionen* $sn\,u$, $cn\,u$, $dn\,u$ *besitzen dieselben Pole,* die Stellen

$$2\,mK+(2\,n+1)\,iK',$$

wo m und n beliebig ganzzahlig gewählt werden dürfen.

Alle diese Pole sind *einfach.*

In anderer Ausdrucksweise:

Die drei Funktionen snu, cnu, dnu *sind meromorphe Funktionen von* u, *die im Endlichen nur die einfachen Pole*

$$2\,mK+(2\,n+1)\,iK'$$

(mit beliebigen ganzzahligen m und n) *besitzen.*

Periodizität der Funktionen *sn, cn, dn*

Aus den sechs Formeln

$$sn(u+2\,K)=-sn\,u \qquad sn(u+2\,iK')=sn\,u$$

$$cn(u+2\,K)=-cn\,u \qquad cn(u+2\,iK')=-cn\,u$$

$$dn(u+2\,K)=dn\,u \qquad dn(u+2\,iK')=-dn\,u$$

ergibt sich sofort der

Fundamentalsatz:

Die drei Funktionen sn u, cn u, dn u sind doppeltperiodisch:

sn u hat die Perioden	$4\,K$	*und*	$2\,i\,K'$
cn u hat die Perioden	$2\,K+2\,iK'$	*und*	$2\,K-2\,iK'$
dn u hat die Perioden	$2\,K$	*und*	$4\,i\,K'$.

Konstruiert man zu jeder der drei Funktionen das Hauptperiodenparallelogramm, so stellt man in jedem Parallelogramm zwei einfache Nullstellen (•, •) und zwei einfache Pole (✱, ✱) fest.
Konstruiert man das Netz der Gitterpunkte

$$2\,mK+2\,niK',$$

so weist jedes Gitterrechteck einen Pol und eine Nullstelle jeder der drei Funktionen auf.

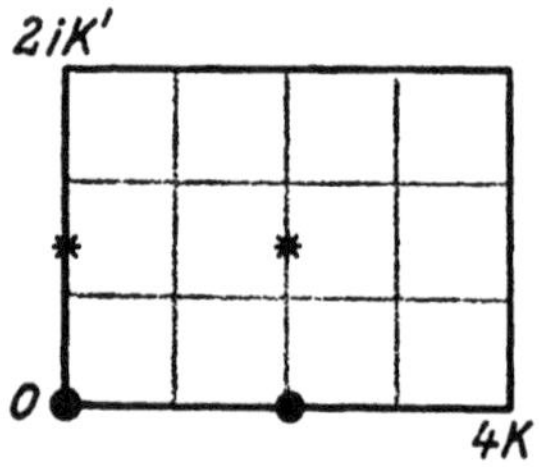

Abb. 58

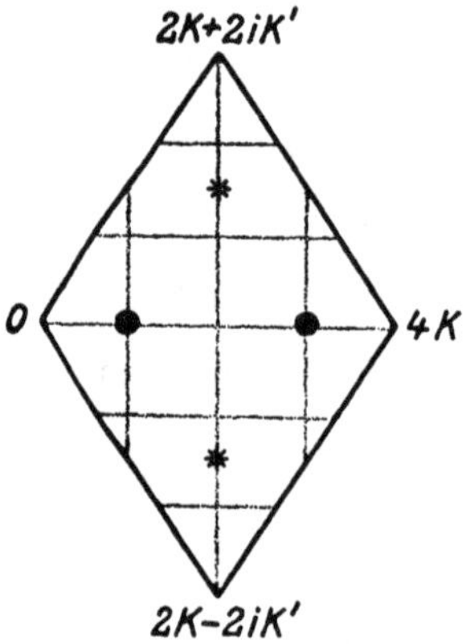

Abb. 59

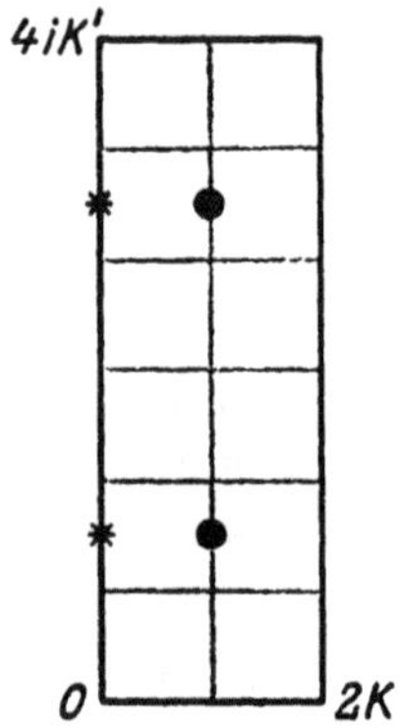

Abb. 60

Die Funktionen *sn, cn, dn* für rein imaginäres Argument

Wir schreiben (mit $u=2\,Kv$)

$$x=sn\,u=sn(u,\omega)=\frac{\vartheta_3}{\vartheta_1}\cdot\frac{\vartheta(v)}{\vartheta_2(v)}=\frac{\vartheta_3(0,\omega)}{\vartheta_1(0,\omega)}\cdot\frac{\vartheta(v,\omega)}{\vartheta_2(v,\omega)}$$

(und ähnlich y und z) und wenden auf den rechtsstehenden Bruch die Transformationsformeln

$$\iota^{Vv}\vartheta_3(V,\Omega)=h\,\vartheta_3(v,\omega),\qquad \iota^{Vv}\vartheta_2(V,\Omega)=h\,\vartheta_1(v,\omega),$$
$$\iota^{Vv}\vartheta_1(V,\Omega)=h\,\vartheta_2(v,\omega),\qquad \iota^{Vv}i\vartheta(V,\Omega)=h\,\vartheta(v,\omega)$$

an, in denen

$$V=v:\omega,\qquad \Omega=-1:\omega,\qquad h=\sqrt{-i\omega}$$

ist.
Dadurch entsteht

$$i\,\frac{\vartheta_3(0,\Omega)}{\vartheta_1(0,\Omega)}\cdot\frac{\vartheta(V,\Omega)}{\vartheta_2(V,\Omega)}=\frac{\vartheta_3(0,\omega):\vartheta_1(0,\omega)}{\vartheta_2(0,\omega):\vartheta_1(0,\omega)}\cdot\frac{\vartheta(v,\omega):\vartheta_2(v,\omega)}{\vartheta_1(v,\omega):\vartheta_2(v,\omega)}.$$

Hier ist die rechte Seite $sn(u, \omega) : cn(u, \omega)$, während die linke Seite $i\, sn(U, \Omega)$ ist, wenn

$$U = 2\,\mathfrak{K} V \qquad \text{mit } \mathfrak{K} = \frac{\pi}{2}\vartheta_3^2(0, \Omega)$$

gesetzt wird. Daher gilt die Formel

$$i\, sn(U, \Omega) = sn(u, \omega) : cn(u, \omega).$$

Was die neu eingeführte Größe $\mathfrak{K}$ anbetrifft, so ist nach der ersten der obigen vier Transformationsformeln

$$\mathfrak{K} = \frac{\pi}{2}\vartheta_3^2(0, \Omega) = -i\omega \cdot \frac{\pi}{2}\vartheta_3^2(0, \omega) = -i\omega K,$$

mithin, da $-i\omega = K' : K$ war,

$$\mathfrak{K} = K'.$$

[Ordnen wir dem $\mathfrak{K}$ eine Größe $\mathfrak{K}'$ zu, wie wir dem K die Größe K' entsprechen ließen, so wird

$$\mathfrak{K}' = -i\Omega\mathfrak{K} = iK' : \omega,$$

also

$$\mathfrak{K}' = K\,].$$

Damit wird

$$U = 2\,\mathfrak{K} V = 2\,K'v : \omega = -2\,iKv,$$

d. h.

$$U = -iu,$$

und die gefundene Formel erhält die Gestalt

$$sn(iu, \Omega) = i\, sn(u, \omega) : cn(u, \omega).$$

Führen wir dieselbe Rechnung für die beiden Funktionen $y = cn(u, \omega)$ und $z = dn(u, \omega)$ durch, so ergeben sich die Formeln

$$cn(iu, \Omega) = 1 : cn(u, \omega) \qquad \text{und} \qquad dn(iu, \Omega) = dn(u, \omega) : cn(u, \omega).$$

Zusammenstellung der gefundenen drei Formeln:

$$\boxed{sn(iu, \Omega) = i\frac{sn(u, \omega)}{cn(u, \omega)}, \qquad cn(iu, \Omega) = \frac{1}{cn(u, \omega)}, \qquad dn(iu, \Omega) = \frac{dn(u. \omega)}{cn(u, \omega)}}\,.$$

In diesen drei Formeln sind die beiden Parameter ω und Ω durch die Relation

$$\Omega\omega = -1$$

miteinander verknüpft.

Wegen der Symmetrie dieser Relation kann man natürlich auch schreiben

$$sn(iu, \omega) = i\frac{sn(u, \Omega)}{cn(u, \Omega)}, \qquad cn(iu, \omega) = \frac{1}{cn(u, \Omega)}, \qquad dn(iu, \omega) = \frac{dn(u, \Omega)}{cn(u, \Omega)}.$$

In den elliptischen Differentialgleichungen wie auch in der Umkehrungsrelation

$$u = \int_0^x \frac{dx}{\sqrt{(1 - x^2)(1 - k^2 x^2)}}$$

tritt der Parameter ω nicht selbst, sondern die von ihm gemäß der Beziehung

$$\varkappa = k^2 = \lambda(\omega) = \vartheta_1^4 : \vartheta_3^4$$

abhängige Größe k^2, der sog. Modul der Funktionen sn, cn, dn, auf.

Legt man den Nachdruck nicht auf ω, sondern auf k, so schreibt man entsprechend

$$sn\,u = sn(u, k).$$

Da ferner nach § 79

$$\lambda\,\mathfrak{C} = \mu \qquad \text{oder} \qquad \lambda(\Omega) = \mu(\omega)$$

ist, so gehört zu Ω der Modul

$$k' = \lambda(\Omega) = \mu(\omega) = 1 - \lambda(\omega) = \vartheta_2^4 : \vartheta_3^4,$$

der mit k durch die Relation

$$\boxed{k^2 + k'^2 = 1}$$

verknüpft ist. Damit tritt an Stelle der Schreibung $sn(u, \Omega)$ die Schreibweise $sn(u, k')$.

Betont man also bei den Funktionen sn, cn, dn [neben ihrer Abhängigkeit vom Argument u] die Abhängigkeit vom Modul k, so schreibt sich unser Formeltripel

$$\boxed{sn(i\,u, k) = i\,\frac{sn(u, k')}{cn(u, k')}, \qquad cn(i\,u, k) = \frac{1}{cn(u, k')}, \qquad dn(i\,u, k) = \frac{dn(u, k')}{cn(u, k')}}$$

mit

$$k^2 + k'^2 = 1.$$

Beziehung zwischen Jacobis sn-Funktion und Weierstraß' $\wp$-Funktion

Vorgelegt sei die Funktion

$$sn\,u = sn(u, \omega)$$

mit den Perioden $4\,K$ und $2\,iK'$, wo

$$K = \frac{\pi}{2}\vartheta_3^2, \qquad K' = -i\omega K$$

ist.

Wir stellen uns die Aufgabe, die Funktion $sn u$ mit Weierstraß' $\wp$-Funktion in Verbindung zu bringen.

Ein unmittelbarer Vergleich zwischen $sn\,u$ und $\wp(u)$ ist nicht gut zu ziehen, da $sn u$ im Punkte $u = 0$ eine einfache Nullstelle, $\wp(u)$ dagegen einen zweifachen Pol besitzt.

Darum bilden wir die Funktion

$$f(u) = \frac{1}{sn^2\,u},$$

die wie die $\wp$-Funktion im Nullpunkte einen Pol zweiter Ordnung hat. Sie ist außerdem doppeltperiodisch, hat sogar einfachere Perioden als die sn-Funktion, nämlich die Perioden

$$\omega_1 = 2K \qquad \text{und} \qquad \omega_2 = 2iK'.$$

Mit diesen beiden Perioden konstruieren wir nun die Funktion

$$\wp(u) = \wp(u, \omega_1, \omega_2).$$

Die beiden doppeltperiodischen Funktionen $f(u)$ und $\wp(u)$ besitzen im Hauptparallelogramm (mit den Ecken $0, \omega_1, \omega_2, \omega_3 = \omega_1 + \omega_2$) als einzige Singularität den zweifachen Pol $u = 0$, und die Hauptteile ihrer Laurententwicklungen für die Umgebung dieses Pols lauten beide $1 : u^2$.
Daher verhält sich die doppeltperiodische Funktion

$$f(u) - \wp(u)$$

im Hauptparallelogramm überall regulär und muß somit eine Konstante sein:

$$f(u) - \wp(u) = C.$$

Um die Konstante zu bestimmen, bedenken wir, daß die Entwicklung von $sn u$ in der Umgebung des Nullpunktes

$$sn u = u - \frac{\varkappa_1}{6} u^3 + \cdots \qquad [\varkappa_1 = 1 + \varkappa],$$

die von $f(u) = 1 : sn^2 u$ also

$$f(u) = \frac{1}{u^2} + \frac{\varkappa_1}{3} + a u^2 + \cdots$$

lautet, wo $1 : u^2$ den Hauptteil, $\varkappa_1 : 3$ das Freiglied der Laurententwicklung bedeutet.
Der Vergleich mit der Entwicklung

$$\wp(u) = \frac{1}{u^2} + * + a_2 u^2 + \cdots$$

zeigt, daß $f(u) - \wp(u)$ die Entwicklung

$$f(u) - \wp(u) = \frac{\varkappa_1}{3} + (a - a_2) u^2 + \cdots$$

hat, daß also die Konstante den Wert $C = \varkappa_1 : 3$ hat.

Folglich wird

$$\boxed{1 : sn^2 u = \wp(u) + \frac{1 + \varkappa}{3}}, \qquad [\varkappa = k^2].$$

In dieser Formel ist die Funktion $\wp(u)$ mit den Perioden $\omega_1 = 2K$ und $\omega_2 = 2iK'$ zu denken.

Beziehung zwischen $sn u$ und $\vartheta_2(v)$

Die Definitionsformel

$$sn u = \frac{\vartheta_3}{\vartheta_1} \cdot \frac{\vartheta(v)}{\vartheta_2(v)}, \qquad [u = 2Kv]$$

für snu stellt eine Beziehung zwischen den Funktionen snu, $\vartheta(v)$, $\vartheta_2(v)$ dar. Es gibt auch eine Beziehung zwischen den Funktionen snu und $\vartheta_2(v)$ allein, die wir noch herleiten wollen. Dazu benutzen wir die Formel

$$\vartheta_2^2\,\vartheta_2^2(v)\,\Delta\,\frac{\vartheta_2'(v)}{\vartheta_2(v)}=\vartheta_2\,\vartheta_2''\,\vartheta_2^2(v)-\vartheta'^2\,\vartheta^2(v)$$

von § 74, in welcher der Operator Δ die Ableitung $\left(\frac{d}{dv}\right)$ nach v bedeutet. Wir schreiben sie

$$\Delta\,\frac{\vartheta_2'(v)}{\vartheta_2(v)}=\frac{\vartheta_2''}{\vartheta_2}-\frac{\vartheta'^2\,\vartheta_1^2}{\vartheta_2^2\,\vartheta_3^2}\cdot\frac{\vartheta_3^2\,\vartheta^2(v)}{\vartheta_1^2\,\vartheta_2^2(v)}\,,$$

ersetzen den ersten Faktor des Subtrahenden der rechten Seite dieser Gleichung, gemäß den Formeln

$$\vartheta'=\pi\,\vartheta_1\,\vartheta_2\,\vartheta_3,\qquad \vartheta_1^4:\vartheta_3^4=k^2,\qquad \pi\,\vartheta_3^2=2\,K,$$

durch $4\,K^2k^2$, den zweiten durch sn^2u und haben die angekündigte Beziehung

$$\boxed{4\,K^2\,k^2\,sn^2\,u=\frac{\vartheta_2''}{\vartheta_2}-\Delta\,\frac{\vartheta_2'(v)}{\vartheta_2(v)}}\qquad \text{mit}\quad \Delta=d:dv.$$

Schreiben wir noch

$$\vartheta_2(v)=\xi(u)\qquad\qquad \text{mit}\quad u=2\,Kv,$$

also

$$\vartheta_2'(v)=\xi'(u)\cdot 2\,K,\qquad \vartheta_2''(v)=\xi''(u)\cdot 4\,K^2,$$

so erhält sie die Form

$$\boxed{k^2\,sn^2\,u=\frac{\xi''}{\xi}-D\,\frac{\xi'(u)}{\xi(u)}}\,,$$

in welcher $\xi(u)$ die als Funktion von u aufgefaßte Funktion $\vartheta_2(v)$ und D das Differentiationszeichen $\frac{d}{du}$ bedeutet.

§ 81. BERECHNUNG DES LEGENDREINTEGRALS

Es möge noch auseinandergesetzt werden, wie man den Wert des Legendreintegrals

$$\int_0^\varphi\frac{d\varphi}{\Delta\varphi}\qquad\qquad \text{mit}\quad \Delta\varphi=\sqrt{1-k^2\sin^2\varphi}\,,$$

in welchem der Modul k einen positiven Echtbruch bedeutet, numerisch ermitteln kann.

Das im folgenden entwickelte Berechnungsverfahren beruht auf der Landenschen Substitution.

Die Substitution von Landen

Wir gehen aus von dem Legendreintegral J mit der oberen Grenze oder *Amplitude* Φ und dem Modul M, welches wir abgekürzt mit $\overline{\Phi, M}$ bezeichnen, so daß die Gleichung

$$J = \overline{\Phi, M} = \int_0^{\Phi} \frac{d\Phi}{\sqrt{1 - M^2 \sin^2 \Phi}}$$

besteht.

Wir zeichnen einen Kreis $\mathfrak{k}$ vom Zentrum Z und Halbmesser 1 und nehmen auf dem waagrechten Durchmesser AB zwischen A und Z den Punkt O so an, daß $ZO = M$ ist. In O tragen wir den variablen Winkel Φ an OZ an und nennen den Schnittpunkt des freien Schenkels mit $\mathfrak{k}$ P. Wir verbinden A mit P und nennen die Neigung der Verbindungslinie gegen AB φ.

Die Landensche Substitution besteht darin, im Integral J an Stelle der Integrationsvariable Φ die Veränderliche φ einzuführen.

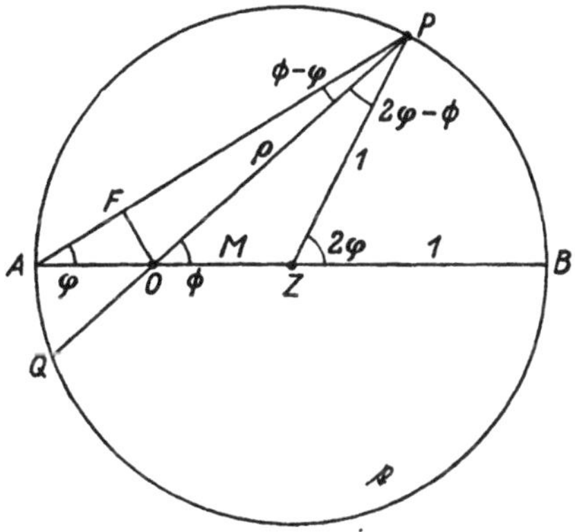

Abb. 61

Um die durch unsere Figur vermittelte Beziehung zwischen Φ und φ analytisch darzustellen, führen wir den Radiusvektor $OP = \varrho$ und die Kreissehne $POQ = 2s$ ein. Der auf das Dreieck ZOP angewandte Cosinussatz liefert uns ϱ als Funktion von φ:

$$\varrho^2 = 1 + M^2 + 2M \cos 2\varphi = 1 + M^2 + 2M(1 - 2\sin^2 \varphi),$$

$$\varrho = (1 + M)\,\Delta\varphi \qquad \text{mit } \Delta\varphi = \sqrt{1 - m^2 \sin^2 \varphi}\,, \qquad m = \frac{2\sqrt{M}}{1+M}\,.$$

Die Halbsehne s findet sich aus dem rechtwinkligen Dreieck ZPN, in welchem N die Mitte der Sehne PQ und die Kathete $ZN = M \sin \Phi$ ist, zu

$$s = \Delta\Phi \qquad \text{mit } \Delta\Phi = \sqrt{1 - M^2 \sin^2 \Phi}.$$

Die gewünschte Beziehung zwischen Φ und φ erhalten wir entweder durch Anwendung des Sinussatzes auf das Dreieck ZOP, in welchem der bei O gelegene Winkel $2\varphi - \Phi$ ist:

$$\sin(2\varphi - \Phi) = M \cdot \sin \Phi$$

oder durch Anwendung der Tangensregel auf die beiden rechtwinkligen Dreiecke, in die das Dreieck AOP durch das von O auf die Seite AP gefällte Lot OF zerfällt, und die die Winkel φ und $\Phi - \varphi$ enthalten:

$$\operatorname{tg}(\Phi - \varphi) : \operatorname{tg}\varphi = \frac{OF}{FP} : \frac{OF}{FA} = FA : FP = OA : OB$$

oder

$$\operatorname{tg}(\Phi - \varphi) = m' \cdot \operatorname{tg}\varphi \qquad \text{mit } m' = \frac{1-M}{1+M}.$$

Die erste der gefundenen Beziehungen gestattet, φ zu berechnen, wenn Φ gegeben ist; die zweite liefert Φ bei gegebenem φ.
Um die Substitution ausführen zu können, benötigen wir noch das Verhältnis $d\Phi : d\varphi$. Dieses beschaffen wir uns entweder rechnerisch oder — bequemer — aus nebenstehender Figur, in welcher wir uns den mit $d\varphi$ markierten Winkel unendlich klein zu denken haben. Der auf das schraffierte Dreieck angewandte Sinussatz ergibt sofort

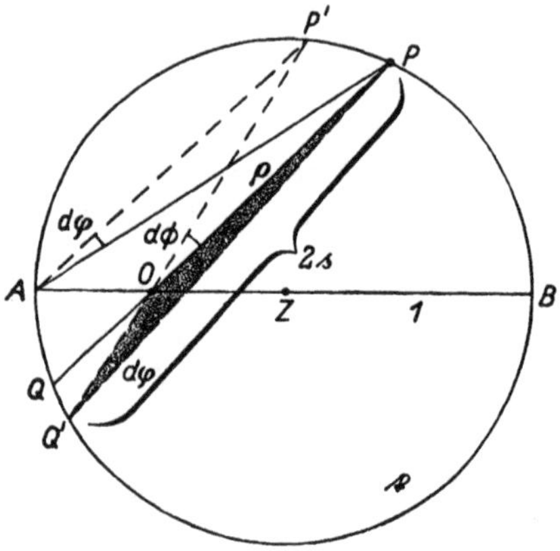

Abb. 62

$$d\Phi : d\varphi = 2s : \varrho$$

oder
$$\frac{d\Phi}{\Delta\Phi} = \frac{2}{1+M} \cdot \frac{d\varphi}{\Delta\varphi},$$

und hieraus wird

$$\boxed{\int_0^{\Phi} \frac{d\Phi}{\Delta\Phi} = \frac{2}{1+M} \int_0^{\varphi} \frac{d\varphi}{\Delta\varphi}}$$

oder

$$\overline{\Phi, M} = \frac{2}{1+M} \cdot \overline{\varphi, m} \qquad \text{mit} \quad m = \frac{2\sqrt{M}}{1+M}.$$

Dies ist die berühmte *Formel von Landen.* Sie gestattet, ein vorgelegtes Legendreintegral $\overline{\Phi, M}$ in ein Legendreintegral $\overline{\varphi, m}$ von *kleinerer* Amplitude φ und *größerem* Modul m zu verwandeln.
[Daß $m > M$ ist, folgt sofort aus

$$m = \frac{2}{1+M} \cdot \sqrt{M} > \sqrt{M} > M.]$$

Schreibt man Landens Formel

$$\overline{\varphi, m} = \frac{1}{1+m'} \cdot \overline{\Phi, M} \qquad \text{mit} \quad m' = \sqrt{1-m^2} \qquad \text{und} \quad M = \frac{1-m'}{1+m'},$$

so sieht man, daß sie auch umgekehrt die Verwandlung eines Legendreintegrals $\overline{\varphi, m}$ in ein Legendreintegral $\overline{\Phi, M}$ von *größerer* Amplitude Φ und *kleinerem* Modul M gestattet.

Berechnung eines Legendreintegrals mittels Landens Substitution

Das folgende Rechenverfahren besteht darin, ein vorgelegtes Legendreintegral $J = J_0$ gemäß der obigen Landenschen Formel sukzessiv in neue Legendreintegrale J_1, J_2, $J_3, \ldots$ überzuführen, wobei jedes neue Integral aus dem vorhergehenden durch Modul*vergrößerung* oder *-verkleinerung* bestimmt wird, je nachdem der vorgelegte Modul größer oder kleiner als $\sqrt{\frac{1}{2}}$ ist. (Ist der Ausgangsmodul zufällig *gleich* $\sqrt{\frac{1}{2}}$, so kann nach Belieben einer der beiden Wege eingeschlagen werden.)

Je nachdem wir nun das Verfahren der Modulvergrößerung oder -verkleinerung anwenden, schreiben wir das vorgelegte Integral

$$J = J_0 = \overline{\Phi, M} = \overline{\Phi_0, M_0} \qquad \text{oder} \qquad J = J_0 = \overline{\varphi, m} = \overline{\varphi_0, m_0},$$

bestimmen den folgenden Modul M_1 bzw. m_1 nach dem Rezept

$$M_1 = \frac{2\sqrt{M}}{1+M} \qquad \text{bzw.} \qquad m_1 = \frac{1-m'}{1+m'} \qquad \text{mit } m' = \sqrt{1-m^2},$$

die neue Amplitude Φ_1 bzw. φ_1 nach der Vorschrift

$$\sin(2\Phi_1 - \Phi) = M \sin \Phi \qquad \text{bzw.} \qquad \operatorname{tg}(\varphi_1 - \varphi) = m' \operatorname{tg} \varphi$$

und haben für das neue Integral

$$J_1 = \overline{\Phi_1, M_1} \qquad \text{bzw.} \qquad J_1 = \overline{\varphi_1, m_1}$$

die Formel

$$J = J_0 = \frac{2}{1+M_0} J_1 \qquad \text{bzw.} \qquad J = J_0 = \frac{1}{1+m_0'} J_1.$$

Für den Übergang von J_1 nach J_2 wird ebenso

$$J_1 = \frac{2}{1+M_1} J_2 \qquad \text{bzw.} \qquad J_1 = \frac{1}{1+m_1'} J_2,$$

worauf

$$J_2 = \frac{2}{1+M_2} J_3 \qquad \text{bzw.} \qquad J_2 = \frac{1}{1+m_2'} J_3$$

folgt usw.

Was die *Konvergenz der Modulfolge*

$$M,\ M_1,\ M_2,\ M_3, \ldots \qquad \text{bzw.} \qquad m,\ m_1,\ m_2,\ m_3, \ldots$$

anbetrifft, so ist

$$\frac{1-M_1}{1-M} = \frac{(1-\sqrt{M})^2}{(1-M)(1+M)} = \frac{1-\sqrt{M}}{(1+\sqrt{M})(1+M)}$$

bzw.

$$m_1 = \frac{1-m'}{1+m'} = \frac{1-m'^2}{(1+m')^2} = \frac{m^2}{(1+m')^2},$$

mithin

$$\frac{1-M_1}{1-M} < \frac{1}{(1+M)^2} \qquad \text{bzw.} \qquad m_1 < m^2,$$

ebenso

$$\frac{1-M_2}{1-M_1} < \frac{1}{(1+M_1)^2} < \frac{1}{(1+M)^2} \qquad \text{bzw.} \qquad m_2 < m_1^2 < m^4,$$

$$\frac{1-M_3}{1-M_2} < \frac{1}{(1+M_2)^2} < \frac{1}{(1+M)^2} \qquad \text{bzw.} \qquad m_3 < m_2^2 < m^8$$

usw.

Durch Multiplikation der Ungleichungen der linken Spalte ergibt sich

$$\frac{1-M_n}{1-M} < \frac{1}{(1+M)^{2n}},$$

während die rechte Spalte die Ungleichung

$$m_n < m^{2^n}$$

liefert. *Jede der beiden Folgen konvergiert*:

$$\lim_{n\to\infty} M_n = 1, \qquad \lim_{n\to\infty} m_n = 0,$$

die zweite sogar außerordentlich rasch.
[Diese Konvergenz besteht übrigens auch, wenn der Ausgangsmodul die Ausgangsannahme bezüglich $\sqrt{\frac{1}{2}}$ nicht erfüllt.]
Wegen dieser Konvergenz erreicht die Rechnung praktisch bald, etwa mit $M_n = 1$ bzw. $m_n = 0$, ihr Ende, und wir haben

$$J_n = \int_0^{\Phi_n} \frac{d\Phi}{\sqrt{1-\sin^2\Phi}} = l\,\mathrm{tg}\left(\frac{\pi}{4}+\frac{\Phi_n}{2}\right) \qquad \text{bzw.} \qquad J_n = \int_0^{\varphi_n} \frac{d\varphi}{\sqrt{1}} = \varphi_n.$$

Durch Multiplikation der n aufgestellten Gleichungen für $J_0, J_1, J_2, \ldots, J_{n-1}$ ergibt sich dann

$$J = \frac{2}{1+M_0}\cdot\frac{2}{1+M_1}\cdots\frac{2}{1+M_{n-1}}\cdot J_n$$

bzw.
$$J = \frac{1}{1+m_0'}\cdot\frac{1}{1+m_1'}\cdots\frac{1}{1+m_{n-1}'}\cdot J_n,$$

womit die geforderte numerische Auswertung von J vollzogen ist.
Die Übergangsformel für die Amplituden

$$\sin(2\Phi_{\nu+1}-\Phi_\nu) = M_\nu \sin\Phi_\nu \qquad \text{bzw.} \qquad \mathrm{tg}\,(\varphi_{\nu+1}-\varphi_\nu) = m_\nu'\,\mathrm{tg}\,\varphi_\nu$$

ist der logarithmischen Rechnung direkt zugänglich.
Um auch die Moduln und Multiplikatoren $2:(1+M_\nu)$ bzw. $1:(1+m_\nu')$ der logarithmischen Rechnung zugänglich zu machen, setzt man, unter Einführung des Hilfswinkels $2\alpha_\nu$,

$$\cos 2\alpha_\nu = M_\nu \qquad \text{bzw.} \qquad \sin 2\alpha_\nu = m_\nu$$

und hat, der Formel

$$M_{\nu+1} = \frac{2\sqrt{M_\nu}}{1+M_\nu} \qquad \text{bzw.} \qquad m_{\nu+1} = \frac{1-m_\nu'}{1+m_\nu'}$$

entsprechend,

$$\sin 2\alpha_{\nu+1} = M_{\nu+1}' = \frac{1-M_\nu}{1+M_\nu} = \frac{2\sin^2\alpha_\nu}{2\cos^2\alpha_\nu}$$

bzw.
$$\sin 2\alpha_{\nu+1} = \frac{1-\cos 2\alpha_\nu}{1+\cos 2\alpha_\nu} = \frac{2\sin^2\alpha_\nu}{2\cos^2\alpha_\nu},$$

mithin in jedem der beiden Fälle

$$\sin 2\alpha_{\nu+1} = \mathrm{tg}^2\,\alpha_\nu$$

sowie als Multiplikator $\dfrac{2}{1+M_\nu}$ bzw. $\dfrac{1}{1+m_\nu'}$ den Wert

$$\sec^2\alpha_\nu \qquad \text{bzw.} \qquad \tfrac{1}{2}\sec^2\alpha_\nu.$$

Damit ergibt sich folgendes endgültige

Rechenrezept:

Um den numerischen Wert des Integrals

$$J=\int_0^{\varphi}\frac{d\varphi}{\sqrt{1-k^2\sin^2\varphi}}$$

zu finden, setzt man für

$$k \geqq \sqrt{\tfrac{1}{2}} \qquad \textit{bzw.} \qquad k \leqq \sqrt{\tfrac{1}{2}}$$

$$k=\cos 2\alpha_0 \qquad \textit{bzw.} \qquad k=\sin 2\alpha_0,$$

bestimmt eine Reihe von Hilfswinkeln $\alpha_1, \alpha_2, \ldots,$ *nach der Vorschrift*

$$\sin 2\alpha_{\nu+1}=\operatorname{tg}^2\alpha_\nu,$$

sowie eine Reihe von Amplituden $\varphi_1, \varphi_2, \ldots$ *nach der Vorschrift*

$$\sin(2\varphi_{\nu+1}-\varphi_\nu)=\cos 2\alpha_\nu \sin\varphi_\nu \qquad \textit{bzw} \qquad \operatorname{tg}(\varphi_{\nu+1}-\varphi_\nu)=\cos 2\alpha_\nu \operatorname{tg}\varphi_\nu,$$

bis α_n *ganz von selbst verschwindet, und hat*

$$J=(\sec\alpha_0 \sec\alpha_1 \ldots \sec\alpha_{n-1})^2\cdot L$$

mit

$$L=l\operatorname{tg}\left(\frac{\pi}{4}+\frac{\varphi_n}{2}\right) \qquad \textit{bzw.} \qquad L=\varphi_n:2^n.$$

Die Abhandlungen von J. Landen stehen in den Philosophical Transactions von 1771 und 1775.

In der berühmten Abhandlung „Determinatio attractionis etc.“, in welcher das Problem der säkularen Störungen gelöst wird (Commentationes societatis regiae scientiarum Gottingensis recentiores, Vol. IV, 1820), hat Gauß gezeigt, daß das vollständige Integral

$$K=\int_0^{\pi/2}\frac{d\varphi}{\sqrt{1-k^2\sin^2\varphi}}$$

ohne Zuhilfenahme der Logarithmentafel, *durch bloßes Quadratwurzelziehen*, berechnet werden kann!

Die diesbezügliche Gaußsche Formel entsteht folgendermaßen:

Wir betrachten das Integral

$$G=\int_0^{\pi/2}\frac{d\varphi}{\sqrt{a^2\cos^2\varphi+b^2\sin^2\varphi}},$$

in welchem wir uns die Konstanten a und b als Halbachsen einer Ellipse mit der astronomischen Exzentrizität (Formzahl) ε vorstellen, so daß $b=a\varepsilon'$ mit $\varepsilon'=\sqrt{1-\varepsilon^2}$ ist.

Zwischen G und dem Legendreintegral $\overline{\frac{\pi}{2},\ \varepsilon}$ besteht die Beziehung

$$aG=\overline{\frac{\pi}{2},\ \varepsilon}\,.$$

Wenden wir auf $\overline{\frac{\pi}{2}, \varepsilon}$ die Landensubstitution

$$\operatorname{tg}(\varphi_1 - \varphi) = \varepsilon' \operatorname{tg} \varphi$$

an, so wird, da der Amplitude $\varphi = \frac{\pi}{2}$ die Amplitude $\varphi_1 = \pi$ entspricht,

$$\overline{\frac{\pi}{2}, \varepsilon} = \frac{1}{1+\varepsilon'} \cdot \overline{\pi, \varepsilon_1} \qquad \text{mit } \varepsilon_1 = \frac{1-\varepsilon'}{1+\varepsilon'}$$

oder, da das Integral $\overline{\pi, \varepsilon_1}$ doppelt so groß ist wie $\overline{\frac{\pi}{2}, \varepsilon_1}$,

$$\overline{\frac{\pi}{2}, \varepsilon} = \frac{2}{1+\varepsilon'} \cdot \overline{\frac{\pi}{2}, \varepsilon_1}.$$

Daher gilt die Formel

$$a \cdot \frac{1+\varepsilon'}{2} \cdot G = \overline{\frac{\pi}{2}, \varepsilon_1}.$$

Hier ersetzen wir links den Koeffizienten

$$a \cdot \frac{1+\varepsilon'}{2} = \frac{a + a\varepsilon'}{2} = \frac{a+b}{2}$$

durch a_1, und das rechts stehende Integral schreiben wir ähnlich wie oben

$$\overline{\frac{\pi}{2}, \varepsilon_1} = a_1 G_1 \qquad \text{mit } G_1 = \int_0^{\pi/2} \frac{d\varphi}{\sqrt{a_1^2 \cos^2\varphi + b_1^2 \sin^2\varphi}},$$

wobei dann $b_1 = a_1 \varepsilon_1'$ oder

$$b_1^2 = a_1^2 \varepsilon_1'^2 = a^2 \left(\frac{1+\varepsilon'}{2}\right)^2 \cdot \frac{4\varepsilon'}{(1+\varepsilon')^2} = a^2 \varepsilon' = ab,$$

also

$$b_1 = \sqrt{ab}$$

ist.

Damit entsteht die Gaußsche Formel

$$G = G_1$$

oder

$$\boxed{\begin{gathered}\int_0^{\pi/2} \frac{d\varphi}{\sqrt{a^2 \cos^2\varphi + b^2 \sin^2\varphi}} = \int_0^{\pi/2} \frac{d\varphi}{\sqrt{a_1^2 \cos^2\varphi + b_1^2 \sin^2\varphi}} \\ a_1 = \frac{a+b}{2}, \qquad b_1 = \sqrt{ab}\end{gathered}}.$$

Aus a_1 und b_1 bilden wir ebenso

$$a_2 = \frac{a_1 + b_1}{2}, \qquad b_2 = \sqrt{a_1 b_1}$$

und haben wieder

$$\int_0^{\pi/2} \frac{d\varphi}{\sqrt{a_1^2 \cos^2\varphi + b_1^2 \sin^2\varphi}} = \int_0^{\pi/2} \frac{d\varphi}{\sqrt{a_2^2 \cos^2\varphi + b_2^2 \sin^2\varphi}}$$

und so fort.

Nach der obigen Konvergenzbetrachtung nähert sich der Modul ε_n (die Formzahl der Ellipse mit den Halbachsen a_n und b_n) mit unbegrenzt wachsendem n — in Wirklichkeit schon nach wenigen Schritten — der Null, so daß

$$\lim a_n = \lim b_n = g$$

und

$$\lim \int_0^{\pi/2} \frac{d\varphi}{\sqrt{a_n^2 \cos^2\varphi + b_n^2 \sin^2\varphi}} = \frac{\pi}{2} : g$$

wird. Der gemeinsame Grenzwert g der Ellipsenhalbachsen a_n und b_n heißt das *arithmetisch-geometrische Mittel der Ausgangszahlen a und b.*

Ergebnis:

Gauß' Vorschrift zur Berechnung des Integrals

$$G = \int_0^{\pi/2} \frac{d\varphi}{\sqrt{a^2 \cos^2\varphi + b^2 \sin^2\varphi}} :$$

Man bestimme sukzessiv die arithmetischen und geometrischen Mittel

$$a_1 = \frac{a+b}{2}, \quad b_1 = \sqrt{ab}; \quad a_2 = \frac{a_1+b_1}{2}, \quad b_2 = \sqrt{a_1 b_1};$$

$$a_3 = \frac{a_2+b_2}{2}, \quad b_3 = \sqrt{a_2 b_2}; \cdots$$

Nach wenigen Schritten wird $a_n = b_n = g$, und es ist

$$\boxed{G = \frac{\pi}{2} : g}.$$

§ 82. ANWENDUNGEN DER ELLIPTISCHEN FUNKTIONEN

Geradlinige Bewegung des Zentrums einer rollenden Ellipsenscheibe

Aufgabe. Die Kurve zu bestimmen, auf der eine Ellipsenscheibe rollen muß, damit das Scheibenzentrum eine Gerade beschreibt.

Lösung. Die elliptische Scheibe habe die Halbachsen a und b und den Mittelpunkt M, die gesuchte Kurve, auf welcher die Scheibe rollt, heiße $\mathfrak{C}$. Die Gerade g, die der Punkt M bei der Rollbewegung beschreibt, laufe oberhalb der Kurve $\mathfrak{C}$ waagrecht von links nach rechts. Wir rechnen die Bewegung von dem Augenblicke an, wo der Hauptscheitel A der Ellipse die Kurve $\mathfrak{C}$ berührt und das Ellipsenzentrum M sich in dem um a oberhalb der Berührungsstelle A liegenden Punkte O der Geraden g befindet. Wir wählen O als Ursprung eines rechtwinkligen Koordinatensystems, dessen x-Achse mit g zusammenfällt, dessen y-Achse von O über A nach unten läuft.

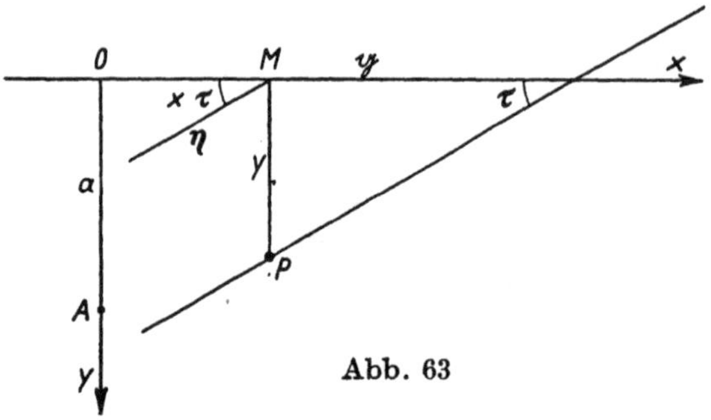

Abb. 63

In dem Augenblicke, wo das Scheibenzentrum den Weg $OM = x$ zurückgelegt hat und die Scheibe die Kurve $\mathfrak{C}$ im Punkte $P(x, y)$ berührt, ist dieser Punkt momentaner Drehpunkt, so daß M lotrecht über P liegt. Die zu dieser Scheibenstellung gehörige gemeinsame Ellipsen- und Kurventangente $\mathfrak{T}$ habe gegen g die Neigung τ, so daß die gemeinsame „Steigung" von Ellipse und Kurve

$$p = \operatorname{tg}\tau = -\frac{dy}{dx}$$

ist.

Führen wir den zum Ellipsenhalbmesser y konjugierten Halbmesser η ein, welcher der Tangente $\mathfrak{T}$ parallel läuft, so gelten bekanntlich die Relationen konjugierter Halbmesser:

$$y^2 + \eta^2 = a^2 + b^2 \qquad \text{und} \qquad y\eta\cos\tau = ab.$$

Nunmehr folgt aus der Formel $\sec^2\tau - \operatorname{tg}^2\tau = 1$

$$a^2b^2p^2 = y^2\eta^2 - a^2b^2 = (y^2+\eta^2)\,y^2 - y^4 - a^2b^2 = (a^2+b^2)\,y^2 - y^4 - a^2b^2$$
$$= (a^2 - y^2)(y^2 - b^2)$$

oder

$$dx = -\frac{ab}{uv}\,dy \qquad \text{mit} \left\{\begin{aligned} u &= \sqrt{a^2-y^2} \\ v &= \sqrt{y^2-b^2} \end{aligned}\right\}.$$

Dies ist die Differentialgleichung der gesuchten Kurve $\mathfrak{C}$.

Durch Integration ergibt sich

$$x = ab\int_y^a \frac{dy}{uv}.$$

Hier führen wir die neue Integrationsvariable φ gemäß der Vorschrift

$$y = a\Delta\varphi = a\sqrt{1 - k^2\sin^2\varphi} \qquad \text{mit} \quad k = \varepsilon = \frac{e}{a} = \frac{\sqrt{a^2-b^2}}{a}$$

ein. Vermöge der Gleichungen

$$u = e\sin\varphi, \qquad v = e\cos\varphi, \qquad dy = -a\,k^2\,\frac{\sin\varphi\cos\varphi}{\Delta\varphi}\,d\varphi$$

wird dann

$$x = b\int_0^\varphi \frac{d\varphi}{\Delta\varphi}.$$

Durch Umkehrung folgt $\varphi = am\,\frac{x}{b}$ und

$$\boxed{y = a\,dn\,\frac{x}{b}}$$

als Gleichung der gesuchten Kurve $\mathfrak{C}$. Dabei ist der Modul der elliptischen Funktion dn die numerische Exzentrizität der elliptischen Scheibe.

Das Pendel

Wir betrachten die *Schwingungen eines l* cm langen *Fadenpendels*, dessen Kugel die Masse *m gr* besitzt.

Wir legen den Ort des Pendels zur Zeit t durch den Winkel ϑ fest, den der Faden [im Moment t] mit seiner lotrechten Ruhelage bildet, und rechnen die die Pendelkugel bewegende Kraft in der Richtung positiv, in welcher ϑ wächst.

In dem Augenblicke, wo der Faden mit seiner Nullage den Winkel ϑ bildet, ist die bewegende Kraft $-g\,m \sin\vartheta$, während die Beschleunigungskraft $ml\ddot{\vartheta} = ml\frac{d^2\vartheta}{dt^2}$ ist. Nach der dynamischen Grundgleichung lautet also die Bewegungsgleichung des Pendels $ml\ddot{\vartheta} = -gm \sin\vartheta$ oder

$$\boxed{\ddot{\vartheta} = -c^2 \sin\vartheta} \qquad \text{mit } c = \sqrt{\frac{g}{l}}\,.$$

Wir multiplizieren sie mit $\dot{\vartheta}$ und bekommen

$$\dot{\vartheta}\ddot{\vartheta} = -c^2 \sin\vartheta \cdot \dot{\vartheta}.$$

Hier ist die linke Seite der Anstieg von $\frac{1}{2}\dot{\vartheta}^2$, die rechte der von $c^2 \cos\vartheta$. Daher gilt die Gleichung

$$\tfrac{1}{2}\dot{\vartheta}^2 = c^2(\cos\vartheta - \cos\alpha),$$

wenn α die Amplitude des Winkels ϑ bedeutet, d. h. den Winkel, bei dessen Erreichung das Pendel mit der Geschwindigkeit $\dot{\vartheta} = 0$ umkehrt.

Wir schreiben

$$\cos\vartheta = 1 - 2\sin^2\frac{\vartheta}{2}, \qquad \cos\alpha = 1 - 2\sin^2\frac{\alpha}{2}$$

und bekommen

$$\dot{\vartheta} = 2c\sqrt{\sin^2\frac{\alpha}{2} - \sin^2\frac{\vartheta}{2}}\,.$$

Hier liegt es nahe, eine neue Variable φ gemäß der Formel

$$\sin\frac{\vartheta}{2} = k\sin\varphi \qquad \text{mit } k = \sin\frac{\alpha}{2}$$

einzuführen. Die Bewegungsgleichung verwandelt sich dadurch in

$$\frac{\dot{\varphi}}{\Delta\varphi} = c \qquad \text{mit } \Delta\varphi = \sqrt{1 - k^2\sin^2\varphi}$$

oder in

$$c\,dt = \frac{d\varphi}{\Delta\varphi}\,.$$

Die Integration dieser Gleichung von 0 bis t bzw. von 0 bis φ gibt

$$ct = \int_0^\varphi \frac{d\varphi}{\Delta\varphi}.$$

Hieraus folgt

$$\varphi = am\, ct, \qquad \sin\varphi = sn\, ct$$

und

$$\boxed{\sin\frac{\vartheta}{2} = k\, sn\, ct},$$

durch welche Formel der Winkel ϑ als Funktion der Zeit t dargestellt wird. Wir multiplizieren diese Gleichung noch mit $2\,l$, bedenken, daß $2\,l \sin\frac{\vartheta}{2}$ den Ausschlag der Pendelkugel zur Zeit t darstellt, also $2\,lk = 2\,l\sin\frac{\alpha}{2}$ den Maximalausschlag a — die Schwingungsweite — bedeutet, und haben

$$\boxed{x = \alpha\, sn\, ct}.$$

Der Ausschlag der Pendelkugel ist eine elliptische Funktion der Zeit t. Der dabei das Argument t behaftende Faktor c hat den Wert

$$c = \sqrt{g:l}$$

ist also, wie es ja auch sein muß, eine reziproke Zeit. Der zur elliptischen Funktion sn gehörige Modul k hat den Wert

$$k = \sin\frac{\alpha}{2},$$

wo α die Winkelschwingungsweite bedeutet.

Nennen wir die Schwingungsperiode T, so daß zum Zeitpunkt $T:4$ der Winkel $\vartheta = \alpha$ bzw. $\varphi = \frac{\pi}{2}$ gehört, so wird

$$c\frac{T}{4} = \int_0^{\pi/2} \frac{d\varphi}{\Delta\varphi} = K,$$

mithin

$$\boxed{T = 4\sqrt{\frac{l}{g}}\,K}.$$

Die Schwingungsdauer des Pendels wird gefunden, indem man die (falsche) Galileische Schwingungsdauer $4\sqrt{\frac{l}{g}}$ *mit dem vollständigen elliptischen Integral*

$$K = \int_0^{\pi/2} \frac{d\varphi}{\sqrt{1 - k^2\sin^2\varphi}} \qquad \left[k = \sin\frac{\alpha}{2}\right]$$

multipliziert.

Die elastische Kurve

Wenn ein überall gleich dünner elastischer Stab, etwa eine dünne Weidengerte, durch zwei waagerechte, gleich große, aber entgegengesetzt gerichtete, in den Stabenden angreifende Kräfte gebogen wird, so entsteht eine sog. *elastische Kurve*. Wir betrachten hier nur die elastische Kurve, bei welcher die Verbindungslinie der Stabendpunkte A und B waagerecht läuft, der Mittelpunkt M des Stabes lotrecht unter dem Mittelpunkt O von AB liegt und die Verbindungslinie BA die elastische Kurve AMB zu einem Umlauf ergänzt.

Wir wählen ein rechtwinkliges Koordinatensystem mit dem Ursprung O, mit OA als x-Achse und OM als y-Achse und legen den Ort eines beliebigen Stabpunktes P durch seine Koordinaten x, y fest, die wir uns als Funktionen des vom tiefsten Kurvenpunkte M aus gerechneten Bogens $MP = t$ denken.

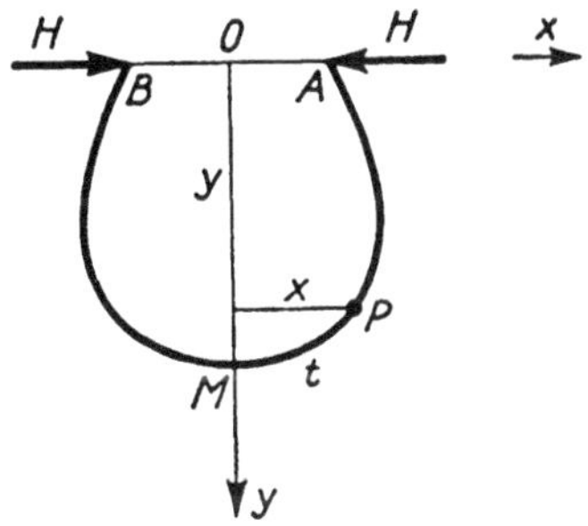

Abb. 64

Der Betrag jeder der beiden den Stab biegenden Kräfte sei H.

Die Krümmung $\mathfrak{K}$ des Stabes an der Stelle P ist um so größer, je stärker das von der Kraft H ausgeübte Drehmoment $D = Hy$ ist; sie ist diesem Drehmoment proportional, so daß die Gleichung

$$\mathfrak{K} = c^2 y$$

statt hat, in welcher c^2 eine Proportionalitätskonstante bedeutet.

Die in P an die elastische Kurve gelegte Tangente habe die Horizontalneigung ϑ.

Da die Krümmung den Wert

$$\mathfrak{K} = \frac{d\vartheta}{dt} = \dot{\vartheta}$$

hat, außerdem

$$\sin\vartheta = -\frac{dy}{dt} = -\dot{y}$$

ist, so ergibt sich für die elastische Kurve die Relation

$$\boxed{\ddot{\vartheta} = -c^2 \sin\vartheta}\,.$$

Dies ist genau dieselbe Gleichung wie die Bewegungsgleichung des Pendels. Sie hat daher die Lösung

$$\sin\frac{\vartheta}{2} = k\,sn\,ct \qquad \text{mit} \quad k = \sin\frac{\alpha}{2}\,,$$

wo α das Maximum von ϑ, d. h. die (stumpfe) Horizontalneigung der in A an den Stab gelegten Tangente bedeutet.

Gleichzeitig gilt, unter $2l$ die Länge des Stabes verstanden, die Gleichung

$$cl = K = \int_0^{\pi/2} \frac{d\varphi}{\sqrt{1 - k^2 \sin^2\varphi}}\,.$$

Nun ist einerseits
$$\cos\frac{\vartheta}{2} = dn\, ct,$$
anderseits
$$\cos\frac{\vartheta}{2}\cdot\dot{\vartheta} = 2\, ck\, cn\, ct\, dn\, ct,$$
mithin
$$\mathfrak{K} = 2\, ck\, cn\, ct$$
und weiter
$$y = \frac{2k}{c}\, cn\, ct.$$

Um auch x als Funktion von t darzustellen, berücksichtigen wir die Gleichung
$$\dot{x} = \frac{dx}{dt} = \cos\vartheta = 1 - 2\,k^2\, sn^2\, ct$$
oder, wenn wir die neue Variable
$$u = ct$$
einführen,
$$c\frac{dx}{du} = 1 - 2\,k^2\, sn^2\, u.$$

Nun besteht aber (§ 80) zwischen $sn\, u$ und $\xi(u) = \vartheta_2(v)$ [mit $u = 2\,K\,v$] die Beziehung
$$k^2\, sn^2\, u = \frac{\xi''}{\xi} - \frac{d}{du}\frac{\xi'(u)}{\xi(u)}.$$
Daher gilt die Gleichung
$$c\frac{dx}{du} = 1 - 2\frac{\xi''}{\xi} + 2\frac{d}{du}\frac{\xi'(u)}{\xi(u)}.$$
Durch Integration wird aus ihr
$$cx = \left(1 - 2\frac{\xi''}{\xi}\right)u + 2\frac{\xi'(u)}{\xi(u)}.$$
Die Gleichung der elastischen Kurve in Parameterdarstellung lautet demnach
$$\boxed{cx = \left(1 - 2\frac{\xi''}{\xi}\right)u + 2\frac{\xi'(u)}{\xi(u)}, \qquad cy = 2\,k\, cn\, u}.$$
Hierin ist
$$u = ct, \qquad \xi(u) = \vartheta_2(v) \qquad [\text{mit } u = 2\,K\,v]$$
und t die Bogenlänge.

Problem des rotierenden Seils

Welche Form nimmt ein dünnes Seil an, welches um die waagerechte Verbindungslinie seiner festen Endpunkte schnell rotiert?

Lösung. Die Endpunkte des Seils seien A (links) und B (rechts). Wir wählen A als Ursprung eines rechtwinkligen Koordinatensystems, dessen x-Achse von A nach B läuft, dessen y-Achse in der (rotierenden) Seilebene liegt, so zwar, daß jeder der Stelle A benachbarte Seilpunkt eine positive Ordinate hat. Die

Koordinaten x und y eines beliebigen Seilpunkts P denken wir uns etwa als Funktionen der Bogenlänge s, d. h. der Länge s des von A bis zur Stelle P reichenden Seilstücks. Die Längeneinheit des Seils habe die Masse $\mu\, gr$, die Drehschnelle sei ω.

Wir achten auf die kreisförmige Bewegung des Bogenelements $PQ = ds$. Die zur Aufrechterhaltung seiner Bewegung erforderliche Zentralkraft hat den Wert

$$Z = \mu\,\omega^2\, y\, ds;$$

sie wird durch die in den Endpunkten P und Q von ds herrschenden Seilspannungen erzeugt, insofern wir die Winkelgeschwindigkeit ω so groß annehmen, daß die Schwere vernachlässigt werden kann.

Wir zerlegen die Seilspannung T in eine Horizontalkomponente $U = U(s)$ und eine zu AB senkrechte Komponente $V = V(s)$, so daß

$$U = T x', \qquad V = T y'$$

ist, wo der Strich die Ableitung nach s bedeutet.

Nun wirken auf das Seilelement ds im ganzen vier Kräfte:

1° In P die Spannung U nach links, in der Richtung BA.

2° In P die Spannung V senkrecht zu AB, in der Richtung PP', wo P' die Projektion von P auf AB bedeutet.

3° In Q die Spannung $U + U'ds$ nach rechts.

4° In Q die Spannung $V + V'ds$ in der Richtung $P'P$.

Da das Seilstückchen ds keine Bewegung in der Richtung AB ausführt, ist $U'\,ds = 0$ oder

$$U' = 0$$

oder

$$U = \text{const} = H.$$

Die Horizontalspannung des Seils ist konstant.

Die Zentralkraft Z wird durch den Überschuß $-\,V'\,ds$ der Kraft V über die Kraft $V + V'\,ds$ hervorgebracht, so daß

$$Z = -\,V'\,ds$$

ist. Aus den beiden für Z gefundenen Werten folgt

$$V' = -\,\mu\omega^2 y.$$

Nennen wir die Steigung der Seilkurve an der Stelle P p, so folgt aus

$$V : U = p$$

$$V = Up \qquad \text{oder} \qquad V = Hp, \qquad \text{mithin}$$

$$V' = Hp' = H\frac{dp}{ds}.$$

Die Vergleichung der beiden für V' gefundenen Werte gibt schließlich

$$p' = -\mathfrak{C}\, y \qquad \text{mit } \mathfrak{C} = \mu\omega^2 : H.$$

Damit ist das physikalische Problem auf eine Differentialgleichung zurückgeführt.

Um diese zu integrieren, multiplizieren wir sie mit

$$y' = \frac{dy}{ds} = \frac{p}{\sqrt{1+p^2}}$$

und erhalten

$$\frac{p\,p'}{\sqrt{1+p^2}} = -\mathfrak{C}\,y\,y'.$$

Die linke Seite der neuen Gleichung ist die Ableitung von $\sqrt{1+p^2}$, die rechte die Ableitung von $-\frac{1}{2}\mathfrak{C}\,y^2$. Folglich gilt die Relation

$$\sqrt{1+p^2} = -\tfrac{1}{2}\mathfrak{C}\,y^2 + \mathfrak{K},$$

wo $\mathfrak{K}$ eine gewisse positive Konstante bedeutet. Wir setzen

$$\mathfrak{C} = \frac{2}{c^2}, \qquad \mathfrak{K} = \frac{C^2}{c^2}$$

und bekommen

$$\sqrt{1+p^2} = \frac{C^2 - y^2}{c^2}.$$

Hier ist $C^2 - y^2 > c^2$, also erst recht

$$C^2 > c^2.$$

Weiter wird nun

$$p^2 = \frac{(C^2-y^2)^2 - c^4}{c^4} = \frac{(C^2+c^2-y^2)\,(C^2-c^2-y^2)}{c^4}$$

oder, wenn wir

$$C^2 + c^2 = a^2 \qquad \text{und} \qquad C^2 - c^2 = b^2$$

setzen,

$$p = \frac{\sqrt{(a^2-y^2)\,(b^2-y^2)}}{c^2}.$$

Da $y^2 < a^2$ ist, muß auch $y^2 < b^2$ sein, so daß $y : b$ ein echter Bruch ist. Wegen $p = dy : dx$ schreibt sich die gefundene Gleichung

$$\frac{dx}{c^2} = \frac{dy}{\sqrt{(a^2-y^2)\,(b^2-y^2)}}$$

oder durch Einführung der neuen Variable φ, gemäß der Gleichung

$$y = b \sin\varphi$$

$$\gamma\,dx = \frac{d\varphi}{\Delta\varphi}$$

mit $\qquad \gamma = a : c^2, \qquad \Delta\varphi = \sqrt{1 - k^2\sin^2\varphi}, \qquad k = b : a.$

Durch Integration folgt

$$\gamma x = \int_0^\varphi \frac{d\varphi}{\Delta\varphi}$$

und hieraus durch Umkehrung

$$\varphi = am\,\gamma\,x \qquad \text{und} \qquad y = b\,sn\,\gamma\,x.$$

Ergebnis:

Das rotierende Seil hat in kartesischen Koordinaten die Gleichung

$$\boxed{y = b\, sn\, \gamma x}$$

mit $\gamma = a : c^2, \qquad k = b : a.$

Der gefundenen Kurvengleichung und dem Umstande entsprechend, daß die Ordinate y in A und B verschwinden muß, setzt sich die Seilkurve im allgemeinen aus mehreren Halbwellen zusammen, von denen jede die Länge

$$\frac{\lambda}{2} = 2\, K : \gamma = \frac{2}{\gamma} \cdot \int_0^{\pi/2} \frac{d\varphi}{\Delta\varphi}$$

hat.

Wir betrachten hier nur den einfachsten Fall, in welchem die Seilkurve nur eine Halbwelle darstellt. Die Länge der Strecke $A\,B$ sei $2\,l$, die des Seils $2\,L$. Dann ist zunächst, da im Kurvenscheitel $\gamma x = K$ sein muß

(1) $$l = \frac{1}{\gamma} K = \frac{1}{\gamma} \int_0^{\pi/2} \frac{d\varphi}{\Delta\varphi}.$$

Um auch einen Ausdruck für L zu bekommen, berechnen wir zunächst die Länge s des vom Anfangspunkte A bis zur Stelle $P(x, y)$ reichenden Kurvenbogens.

Nach der obigen Gleichung

$$\sqrt{1 + p^2} = \frac{C^2 - y^2}{c^2}$$

ist $$\frac{ds}{dx} = \frac{c^2 + b^2 - b^2 \sin^2\varphi}{c^2} = 1 + \frac{b^2}{c^2}\, o^2 \qquad \text{mit } o = \cos\varphi.$$

Hier drücken wir $b^2 : c^2$ durch k aus.

Aus $$k^2 = \frac{b^2}{a^2} \qquad \text{und} \qquad k'^2 = \frac{a^2 - b^2}{a^2} = \frac{2\,c^2}{a^2}$$

ergibt sich $$b^2 : c^2 = 2\,k^2 : k'^2 \qquad \text{mit } k'^2 = 1 - k^2.$$

Wir setzen zur Abkürzung $2\,k^2 : k'^2 = \mathfrak{a}$ und bekommen

$$\frac{ds}{dx} = 1 + \mathfrak{a}\, o^2,$$

mithin wegen $\gamma\, dx = d\varphi : \Delta\varphi$

$$ds = \frac{1}{\gamma}\, \frac{1 + \mathfrak{a}\, o^2}{\Delta\varphi}\, d\varphi$$

und $$s = \frac{1}{\gamma} \int_0^{\varphi} \frac{1 + \mathfrak{a}\, o^2}{\Delta\varphi}\, d\varphi.$$

Folglich wird

(2) $$L = \frac{1}{\gamma} \int_0^{\pi/2} \frac{1 + \mathfrak{a}\, \mathfrak{o}^2}{\Delta\varphi} d\varphi .$$

Aus (1) und (2) ergibt sich für das Verhältnis

$$\varepsilon = \frac{L - l}{L + l}$$

der Wert

$$\varepsilon = \int_0^{\pi/2} \frac{\mathfrak{a}\, \mathfrak{o}^2}{\Delta\varphi} d\varphi : \int_0^{\pi/2} \frac{2 + \mathfrak{a}\, \mathfrak{o}^2}{\Delta\varphi} d\varphi = k^2 \cdot \int_0^{\pi/2} \frac{\mathfrak{o}^2}{\Delta\varphi} d\varphi : \int_0^{\pi/2} \Delta\varphi \, d\varphi ,$$

und wir erhalten die Formel

$$\frac{L - l}{L + l} = k^2 \cdot \frac{\int_0^{\pi/2} \frac{\mathfrak{o}^2}{\Delta\varphi} d\varphi}{\int_0^{\pi/2} \Delta\varphi \, d\varphi} .$$

In ihr sind L und l bekannte Größen, während der Modul k des elliptischen vollständigen Integrals K unbekannt ist. Die gefundene Bestimmungsgleichung für k hat aber nur eine einzige Lösung, da der Zähler des auf der rechten Seite stehenden Bruches eine mit k zunehmende, der Nenner eine mit k abnehmende Größe, die rechte Seite selbst also eine mit k wachsende Größe darstellt. Und da die rechte Seite der Gleichung für $k = 0$ den Wert 0, für $k = 1$ den Wert 1 hat, so gibt es genau *einen* echtgebrochenen Wert von k, welcher die Gleichung befriedigt. Diesen denken wir uns — etwa durch ein Näherungsverfahren — ermittelt und das zugehörige vollständige Integral K berechnet.

Darauf liefert (1) die unbekannte Konstante γ

$$\gamma = K : l$$

und das Gleichungspaar

$$a : c^2 = \gamma , \qquad b^2 : c^2 = 2\, k^2 : k'^2$$

das Verhältnis

$$\frac{a}{b^2} = \frac{\gamma\, k'^2}{2\, k^2} = \frac{K\, k'^2}{2\, l\, k^2} .$$

Ersetzen wir hier b^2 durch $a^2 k^2$, so finden wir

$$a = \frac{2\, l}{K\, k'^2} \qquad \text{und} \qquad b = k\, a .$$

Schließlich finden wir

$$c^2 = a : \gamma = 2\, l^2 : k'^2 K^2$$

und aus $c^2 = 2\, H : \mu\omega^2$ die Horizontalspannung

$$H = \frac{l^2 \mu\, \omega^2}{k'^2 K^2} .$$

Fünfter Abschnitt

Eulers Gammafunktion und Riemanns Zetafunktion

§ 83. DIE GAMMAFUNKTION

Die Gammafunktion wurde zuerst von Euler eingeführt (Institutiones calculi integralis, Vol. I) und für positives Argument p durch die Gleichung

$$\Gamma(p) = \int_0^\infty e^{-x}\, x^{p-1}\, dx$$

definiert. Sie stellt für jedes endliche positive p einen endlichen Wert dar. Um das einzusehen, zerlegen wir das Integral in die beiden Teile

$$I = \int_0^1 e^{-x} x^{p-1}\, dx \qquad \text{und} \qquad II = \int_1^\infty e^{-x} x^{p-1}\, dx.$$

In I ist $e^{-x} < 1$, mithin

$$I < \int_0^1 x^{p-1}\, dx = \int_0^1 \frac{x^p}{p} = \frac{1}{p},$$

in II für jedes natürliche n $e^x > x^n : n!$, also $e^{-x} < n! : x^n$ und, wenn außerdem $n > p + 1$ ist, $e^{-x}\, x^{p-1} < n! : x^2$, folglich

$$II < n! \int_1^\infty \frac{dx}{x^2} = n!.$$

Demnach ist

$$\Gamma(p) < n! + \frac{1}{p},$$

wo n die kleinste oberhalb $p + 1$ liegende natürliche Zahl bedeutet.

Verwandlung der Gammafunktion in ein unendliches Produkt

Wir verschaffen uns zwei Schranken für $\Gamma(p)$.

I. Untere Schranke

Nach der Ungleichung der Exponentialfunktion ist für jede natürliche Zahl n

$$e^{-\frac{x}{n}} > 1 - \frac{x}{n}, \qquad \text{mithin} \qquad e^{-x} > \left(1 - \frac{x}{n}\right)^n.$$

Hieraus folgt

$$\Gamma(p) = \int_0^\infty e^{-x}\, x^{p-1}\, dx > \int_0^n x^{p-1} \left(1 - \frac{x}{n}\right)^n dx.$$

Um das rechts stehende Integral auszuwerten, substituieren wir für $1-\frac{x}{n}$ die neue Variable y und bekommen

$$\int_0^n x^{p-1}\left(1-\frac{x}{n}\right)^n dx = n^p \int_0^1 y^n (1-y)^{p-1} dy.$$

Bekanntlich hat das hier rechts stehende Integral den Wert

$$n!:p\,(p+1)\,(p+2)\ldots(p+n),$$

so daß

$$\Gamma(p) > n^p \cdot \frac{n!}{p(p+1)\,(p+2)\ldots(p+n)}$$

wird.

II. Obere Schranke

Nach der Ungleichung der Exponentialfunktion ist für jedes positive P

$$e^{\frac{x}{P}} > 1+\frac{x}{P}, \qquad \text{mithin} \qquad e^{-x} < 1:\left(1+\frac{x}{P}\right)^P.$$

Hieraus ergibt sich

$$\Gamma(p) < \int_0^\infty \frac{x^{p-1}}{\left(1+\frac{x}{P}\right)^P} dx.$$

Substituieren wir in dem hier rechtsstehenden Integral $1+\frac{x}{P}=y$, so verwandelt sich unsere Ungleichung in

$$\Gamma(p) < P^p \int_0^1 y^{P-p-1}(1-y)^{p-1} dy.$$

Um das hier rechts stehende Integral auswerten zu können, denken wir uns P so gewählt, daß $P-p-1$ eine natürliche Zahl n ist. Das Integral hat dann wie oben den Wert $n!:p(p+1)\,(p+2)\ldots(p+n)$, und wir bekommen

$$\Gamma(p) < (n+p+1)^p \cdot \frac{n!}{p(p+1)\,(p+2)\ldots(p+n)}.$$

Setzen wir noch zur Abkürzung

$$\mathfrak{p}_n = \frac{n!\,n^p}{p(p+1)\,(p+2)\ldots(p+n)},$$

so erscheint als Ergebnis unserer Untersuchung die folgende

Ungleichung der Gammafunktion:

$$1 < \frac{\Gamma(p)}{\mathfrak{p}_n} < \left(1+\frac{p+1}{n}\right)^p.$$

Da die rechte Seite dieser Ungleichung bei unbegrenzt wachsendem n gegen die Einheit konvergiert, erhalten wir die fundamentale Formel

$$\boxed{\Gamma(p) = \int_0^\infty e^{-x} x^{p-1} dx = \lim_{n\to\infty} \frac{n!\,n^p}{p\,(p+1)\,(p+2)\ldots(p+n)}},$$

welche die *Verwandlung der Eulerschen Gammafunktion in ein unendliches Produkt* anzeigt.
Diese Formel benutzt Gauß, um die Gammafunktion aus dem positiven Reellen ins Komplexe fortzusetzen. Gauß definiert die Gammafunktion für beliebige komplexe Argumentwerte z durch die Gleichung

$$\Gamma(z) = \lim_{n \to \infty} \frac{n!\, n^z}{z(z+1)(z+2)\ldots(z+n)}$$

(Commentationes societatis regiae scientiarum Gottingensis recentiores, T. II, 1812).
Wir zeigen, daß die so definierte Funktion $\Gamma(z)$, außer an den Stellen

$$z = 0, \quad -1, \quad -2, \quad -3, \quad \ldots,$$

eine überall im Endlichen reguläre Funktion von z darstellt.

Wir setzen
$$\mathfrak{z}_n = \frac{n!\, n^z}{z(z+1)(z+2)\ldots(z+n)},$$

schreiben
$$f_1 = \mathfrak{z}_1 \quad f_2 = \frac{\mathfrak{z}_2}{\mathfrak{z}_1}, \quad f_3 = \frac{\mathfrak{z}_3}{\mathfrak{z}_2}, \quad \ldots, f_n = \frac{\mathfrak{z}_n}{\mathfrak{z}_{n-1}}, \ldots$$

und haben
$$\Gamma(z) = \lim_{n \to \infty} f_1 f_2 f_3 \cdots f_n.$$

Wir achten auf den m-ten Faktor des unendlichen Produkts $f_1 f_2 f_3 \ldots$:

$$f_m = \mathfrak{z}_m : \mathfrak{z}_n, \qquad (m = n+1).$$

Er hat den Wert
$$f_m = \frac{(m:n)^z}{1 + \frac{z}{m}}.$$

$\mathfrak{G}$ sei irgendein im Endlichen liegendes, aber beliebig großes Gebiet, z ein beliebiger Punkt dieses Gebiets und g eine positive Ganzzahl, die den größten Wert, den der Betrag Z von z in $\mathfrak{G}$ annehmen kann, übersteigt. Wir betrachten nur Faktoren f_m, deren Index oberhalb $2\,g$ liegt. Die übrigen Faktoren sind nur in endlicher Anzahl vorhanden und haben auf die etwaige Konvergenz oder Divergenz des unendlichen Produkts $f_1 f_2 f_3 \ldots$ keinen Einfluß.
Wir untersuchen den Überschuß φ_m von f_m über die Einheit:

$$\varphi_m = f_m - 1 = \left[\left(\frac{m}{n}\right)^z - 1 - \frac{z}{m}\right] : \left[1 + \frac{z}{m}\right].$$

Der Nenner dieses Bruches liegt betraglich oberhalb 0,5, insofern

$$\left|1 + \frac{z}{m}\right| \geqq 1 - \frac{Z}{m} > 1 - \frac{g}{m} > \frac{1}{2}$$

ist.
Für den Zähler $\mathfrak{z}$ schreiben wir

$$\mathfrak{z} = e^{Lz} - 1 - \frac{z}{m} = \left(L - \frac{1}{m}\right) z + \mathfrak{r} \qquad \text{mit } L = l\,\frac{m}{n}$$

und
$$\mathfrak{r} = \frac{1}{2!} L^2 z^2 + \frac{1}{3!} L^3 z^3 + \cdots.$$

Der Betrag von $\mathfrak{r}$ liegt unterhalb von

$$\frac{1}{2}L^2Z^2\left[1+\frac{1}{1!}LZ+\frac{1}{2!}L^2Z^2+\cdots\right]=\frac{1}{2}L^2Z^2e^{LZ}.$$

Nun ist $L<1:n$, mithin $e^{LZ}<2$ [da $e^{LZ}<e^{Z:n}$ und $n\geqq 2g$, also $e^{Z:n}<\sqrt{e}$ ist].

Daher ist
$$|\mathfrak{r}|<g^2:n^2.$$

Der Betrag des ersten Gliedes von $\mathfrak{z}$ liegt wegen $L-\frac{1}{m}<\frac{1}{n}-\frac{1}{m}=\frac{1}{mn}$ unterhalb $g:n^2$.

Damit ergibt sich

$$|\mathfrak{z}|<(g+g^2):n^2$$

und
$$|\varphi_m|<\frac{E}{n^2} \qquad \text{mit } E=2\,(g+g^2).$$

Dementsprechend schreiben wir jetzt

$$f_m=1+\varphi_m \qquad \text{mit } \varphi_m=\Theta_m\cdot\frac{E}{n^2} \text{ und } |\Theta_m|<1.$$

Da nun die Reihe
$$\sum_1^\infty\frac{1}{n^2}$$

konvergiert, so konvergiert die Reihe

$$\sum_{2g+1}^\infty\varphi_m$$

in $\mathfrak{G}$ absolut und gleichmäßig.

Nach Weierstraß' Produktsatz (§ 53) konvergiert dann das unendliche Produkt

$$f_{2g+1}\cdot f_{2g+2}\cdot f_{2g+3}\cdots$$

im Gebiet $\mathfrak{G}$ gleichmäßig und stellt hier eine Regulärfunktion dar.

Dasselbe gilt auch für das unendliche Produkt

$$\Gamma(z)=f_1f_2f_3\cdots$$

in jedem die Stellen

$$z=0,\ -1,\ -2,\ -3,\ \ldots$$

nicht enthaltenden endlichen Gebiete $\mathfrak{G}$. An den genannten Ausnahmestellen wird $\Gamma(z)$ von erster Ordnung unendlich.

Das Ergebnis unserer Untersuchung ist der

Satz von Gauß:

Die Gammafunktion

$$\Gamma(z)=\lim_{n\to\infty}\frac{n!\,n^z}{z(z+1)(z+2)\cdots(z+n)}$$

verhält sich im Endlichen überall regulär mit Ausnahme der Stellen

$$z=0,\ -1,\ -2,\ -3,\ \ldots,$$

an denen sie einfache Pole besitzt.

Funktionalgleichungen der Gammafunktion

Am einfachsten ergeben sich die beiden *Funktionalgleichungen Eulers:*

$$\boxed{\Gamma(z+1) = z\,\Gamma(z), \qquad \Gamma(z)\,\Gamma(1-z) = \frac{\pi}{\sin \pi z}}\,.$$

Aus $$\Gamma(z) = \lim_{n\to\infty} \frac{n!\,n^z}{z(z+1)(z+2)\ldots(z+n)}$$

und $$\Gamma(z+1) = \lim_{n\to\infty} \frac{n!\,n^{z+1}}{(z+1)(z+2)\ldots(z+1+n)}$$

folgt sofort durch Division

$$\Gamma(z+1) : \Gamma(z) = z \lim_{n\to\infty} \frac{n}{n+z+1} = z$$

oder $$\Gamma(z+1) = z\,\Gamma(z).$$

Die Funktionalgleichung $\Gamma(z+1) = z\,\Gamma(z)$ liefert sofort den Wert von $\Gamma(z)$ für jedes positiv ganzzahlige z. Zunächst folgt aus der Definition von $\Gamma(z)$ $\Gamma(1) = 1$, darauf aus der Funktionalgleichung sukzessiv $\Gamma(2) = 1$, $\Gamma(3) = 2!$, $\Gamma(4) = 3!$ usw. allgemein

$$\boxed{\Gamma(p) = (p-1)!}\,, \qquad (p \text{ positiv ganz}).$$

Aus $$\Gamma(1+z) = \lim_{n\to\infty} \frac{n!\,n^{1+z}}{(1+z)(2+z)\ldots(m+z)}$$

und $$\Gamma(1-z) = \lim_{n\to\infty} \frac{n!\,n^{1-z}}{(1-z)(2-z)\ldots(m-z)},$$

wo m eine Abkürzung für $n+1$ ist, folgt durch Multiplikation

$$\Gamma(1+z)\,\Gamma(1-z) = \lim \frac{1}{\left(1-\frac{z^2}{1^2}\right)\left(1-\frac{z^2}{2^2}\right)\ldots\left(1-\frac{z^2}{m^2}\right)} \cdot \lim \frac{n^2}{m^2}\,.$$

Nun ist (§ 57)

$$\sin z = z\left(1-\frac{z^2}{\pi^2}\right)\left(1-\frac{z^2}{2^2\pi^2}\right)\left(1-\frac{z^2}{3^2\pi^2}\right)\ldots \text{ in inf}$$

oder $$\sin \pi z = \pi z\left(1-\frac{z^2}{1^2}\right)\left(1-\frac{z^2}{2^2}\right)\left(1-\frac{z^2}{3^2}\right)\ldots\,.$$

Daher ist der erste der beiden rechts stehenden Limiten $\pi z : \sin \pi z$; und da der zweite Limes den Wert 1 hat, entsteht die sog. *Komplementformel der Gammafunktion*

$$\boxed{\Gamma(1+z)\,\Gamma(1-z) = \pi z : \sin \pi z}\,,$$

die sich wegen $\Gamma(z+1) = z\,\Gamma(z)$ auch

$$\boxed{\Gamma(z)\,\Gamma(1-z) = \pi : \sin \pi z}$$

schreiben läßt.

Durch sukzessive Anwendung der Formel $\Gamma(z+1)=z\Gamma(z)$ ergibt sich noch

$$\Gamma(z+p)=(z+p-1)\Gamma(z+p-1)=(z+p-1)(z+p-2)\,\Gamma(z+p-2)=\cdots,$$

so daß bei positivem ganzzahligem p

$$\boxed{\Gamma(z+p)=(z+p-1)(z+p-2)\ldots z\Gamma(z)}$$

ist.

Diese Relation dient beispielsweise dazu, die Gammafunktion eines unechten Bruches auf die eines echten zurückzuführen. So ist z. B.

$$\Gamma(3{,}7)=2{,}7\cdot 1{,}7\cdot 0{,}7\cdot\Gamma(0{,}7)$$

sowie

$$\Gamma(-3{,}7)=\Gamma(0{,}3):3{,}7\cdot 2{,}7\cdot 1{,}7\cdot 0{,}7.$$

Die zweite Eulersche Funktionalgleichung kann dann weiter verwandt werden, um die Gammafunktion eines zwischen $\frac{1}{2}$ und 1 liegenden reellen Arguments auf die eines zwischen 0 und $\frac{1}{2}$ liegenden Arguments zurückzuführen.

Setzt man in ihr speziell $z=\frac{1}{2}$, so erhält man

$$\boxed{\Gamma(\tfrac{1}{2})=\sqrt{\pi}}\,.$$

Durch Übertragung dieses Ergebnisses auf die Formel für $\Gamma(z+p)$ folgt noch

$$\Gamma(p{,}5)=0{,}5\cdot 1{,}5\cdot 2{,}5\ldots\,q{,}5\cdot\sqrt{\pi}\qquad\text{mit } q=p-1.$$

Residuen der Gammafunktion

Die zweite Eulersche Funktionalgleichung kann ferner dazu benutzt werden, das Residuum R_g von $\Gamma(z)$ im Pol $z=-g$ zu bestimmen [wo g eine nichtnegative Ganzzahl bedeutet].

Es ist

$$R_g=\lim_{\varepsilon\to 0}\varepsilon\Gamma(z+\varepsilon)\qquad\text{mit } z=-g.$$

Nach der Funktionalgleichung hat man aber

$$\Gamma(z+\varepsilon)=\frac{\pi}{\sin\pi(z+\varepsilon)\cdot\Gamma(1-z-\varepsilon)}=\frac{\iota^g\pi}{\sin\pi\varepsilon\cdot\Gamma(g+1-\varepsilon)}.$$

Daher wird

$$\lim_{\varepsilon\to 0}\varepsilon\Gamma(z+\varepsilon)=\frac{\iota^g}{\Gamma(g+1)}\cdot\lim\frac{\pi\varepsilon}{\sin\pi\varepsilon}=\frac{\iota^g}{\Gamma(g+1)},$$

mithin wegen $\Gamma(g+1)=g!$

$$\boxed{R_g=\iota^g:g!}\,.$$

Das Residuum der Gammafunktion im Pol $-g$ hat den Wert $\iota^g:g!$.

Nullstellen der Gammafunktion

Die zweite Eulersche Funktionalgleichung kann auch noch dazu verwandt werden, den bemerkenswerten Satz zu beweisen:

Die Gammafunktion hat keine Nullstellen

Beweis. Wäre $z = \alpha$ eine Nullstelle von $\Gamma(z)$, so könnte zunächst α keine Ganzzahl sein, da für ganzzahliges positives α $\Gamma(\alpha) = (\alpha - 1)!$, für nichtpositives α $\Gamma(\alpha) = \infty$ ist. Folglich verschwindet $\sin \pi\alpha$ nicht, und aus

$$\Gamma(\alpha) \cdot \Gamma(1-\alpha) = \pi : \sin \pi\alpha$$

würde $\Gamma(1-\alpha) = \infty$ folgen. Da aber $1-\alpha$ nicht ganzzahlig ist, kann $\Gamma(z)$ an der Stelle $1-\alpha$ *nicht* unendlich werden. Der Widerspruch verschwindet nur, wenn man zugibt, daß $\Gamma(z)$ nirgends verschwindet.

Die Kombination der beiden Eulerschen Funktionalgleichungen

$$(-z)\,\Gamma(-z) = \Gamma(1-z) = \pi : \sin \pi z\, \Gamma(z)$$

gestattet, die Gammafunktion negativen Arguments durch die positiven Arguments auszudrücken:

$$\boxed{\Gamma(-z) = \frac{-\pi}{z \sin \pi z\, \Gamma(z)}}\,.$$

Funktionalgleichungen von Gauß

Wir stellen uns zunächst die Aufgabe, das Produkt

$$P = \Gamma\left(\frac{1}{p}\right) \cdot \Gamma\left(\frac{2}{p}\right) \ldots \Gamma\left(\frac{p-1}{p}\right)$$

zu ermitteln, in welchem p eine positive Ganzzahl bedeutet.

Wir schreiben

$$\left\{\begin{array}{l} P = \Gamma\left(\frac{1}{p}\right) \cdot \Gamma\left(\frac{2}{p}\right) \ldots \Gamma\left(\frac{p-2}{p}\right) \cdot \Gamma\left(\frac{p-1}{p}\right) \\ P = \Gamma\left(\frac{p-1}{p}\right) \cdot \Gamma\left(\frac{p-2}{p}\right) \ldots \Gamma\left(\frac{2}{p}\right) \cdot \Gamma\left(\frac{1}{p}\right) \end{array}\right\},$$

multiplizieren auf Grund der Relation $\Gamma(z) \cdot \Gamma(1-z) = \pi : \sin \pi z$ spaltenweise und bekommen

$$P^2 = \pi^{p-1} : \mathfrak{p} \qquad \text{mit } \mathfrak{p} = \sin\frac{\pi}{p} \cdot \sin\frac{2\pi}{p} \ldots \sin\frac{(p-1)\pi}{p}.$$

Zur Berechnung von $\mathfrak{p}$ benutzen wir die Identität

$$\frac{z^p - 1}{z-1} = (z-\varepsilon_1)(z-\varepsilon_2)\ldots(z-\varepsilon_{p-1}) \qquad \text{mit } \varepsilon_\nu = \cos\nu\frac{2\pi}{p} + i \sin\nu\frac{2\pi}{p}.$$

Der Betrag des Faktors $z - \varepsilon_\nu$ hat für $z = 1$ den Wert

$$|1-\varepsilon_\nu| = \sqrt{\left(1-\cos\nu\frac{2\pi}{p}\right)^2 + \left(\sin\nu\frac{2\pi}{p}\right)^2}$$

$$= \sqrt{2\left(1-\cos 2\frac{\nu\pi}{p}\right)} = 2\sin\frac{\nu\pi}{p},$$

der Betrag der rechten Seite der Identität für $z=1$ also den Wert $2^{p-1}\mathfrak{p}$. Da nun die linke Seite der Identität für $z=1$ den Betrag p hat, so wird

$$2^{p-1}\mathfrak{p}=p$$

und

$$P=o^{\frac{p-1}{2}}:\sqrt{p},$$

ausführlich:

$$\boxed{\Gamma\left(\frac{1}{p}\right)\Gamma\left(\frac{2}{p}\right)\dots\Gamma\left(\frac{p-1}{p}\right)=o^{\frac{p-1}{2}}:\sqrt{p}} \qquad \text{mit } o=2\pi.$$

Diese erste Gaußsche Funktionalgleichung ist nur ein Spezialfall einer allgemeineren Funktionalgleichung, welche über den Wert des Produkts

$$\Pi=\Gamma\left(z+\frac{1}{p}\right)\Gamma\left(z+\frac{2}{p}\right)\dots\Gamma\left(z+\frac{p-1}{p}\right)$$

Auskunft gibt, in welchem z irgendeine komplexe Zahl, p eine positive Ganzzahl bedeutet.

Um diese allgemeine Gaußsche Funktionalgleichung zu bekommen, machen wir zunächst darauf aufmerksam, daß aus

$$\Gamma(x)=\lim_{n\to\infty}\frac{n!\,n^x}{x(x+1)(x+2)\dots(x+n)}$$

und

$$\Gamma(y)=\lim_{n\to\infty}\frac{n!\,n^y}{y(y+1)(y+2)\dots(y+n)}$$

die Hilfsformel

$$\frac{\Gamma(x)}{\Gamma(y)}=\lim_{n\to\infty}\frac{y(y+1)(y+2)\dots(y+n)}{x(x+1)(x+2)\dots(x+n)}\cdot n^{x-y}$$

folgt, in welcher x und y zwei beliebige komplexe Zahlen sein können.

In der Hilfsformel setzen wir $x=z+\frac{\nu}{p}$, $y=\frac{\nu}{p}$ und erhalten

$$\frac{\Gamma\left(z+\frac{\nu}{p}\right)}{\Gamma\left(\frac{\nu}{p}\right)}=\lim_{n\to\infty}\frac{\frac{\nu}{p}\left(\frac{\nu}{p}+1\right)\left(\frac{\nu}{p}+2\right)\dots\left(\frac{\nu}{p}+n\right)}{\left(z+\frac{\nu}{p}\right)\left(z+\frac{\nu}{p}+1\right)\left(z+\frac{\nu}{p}+2\right)\dots\left(z+\frac{\nu}{p}+n\right)}\cdot n^z$$

oder

$$\frac{\Gamma\left(z+\frac{\nu}{p}\right)}{\Gamma\left(\frac{\nu}{p}\right)}=\lim_{n\to\infty}\frac{\nu(\nu+p)(\nu+2p)\dots(\nu+np)}{(pz+\nu)(pz+\nu+p)(pz+\nu+2p)\dots(pz+\nu+np)}\cdot n^z.$$

Diese Formel denken wir uns für die p Werte $\nu=1, 2, 3, \dots, p$ sukzessiv notiert und die entstandenen p Zeilen miteinander multipliziert, wobei die Faktoren im Zähler und Nenner des rechts auftretenden langen Bruchstriches so anzuordnen sind, daß sie je eine arithmetische Reihe bilden. Das gibt, $n+1=m$ und $mp-1=N$ gesetzt,

$$\frac{\Pi\cdot\Gamma(z+1)}{P}=\lim\frac{1\cdot(1+1)\cdot(1+2)\ldots(1+N)}{(pz+1)(pz+2)\ldots(pz+1+N)}\cdot n^{pz}$$

$$=\lim\frac{1\cdot(1+1)(1+2)\ldots(1+N)}{(pz+1)(pz+2)\ldots(pz+1+N)}\cdot N^{pz}\cdot\lim\frac{n^{pz}}{N^{pz}}.$$

Der erste der beiden rechtsstehenden Limiten ist nach der Hilfsformel $\Gamma(pz+1):\Gamma(1)=pz\Gamma(pz)$, der zweite $1:p^{pz}$. Folglich wird

$$\frac{\Pi}{P}=\frac{\Gamma(pz)}{\Gamma(z)}:p^{pz-1},$$

ausführlich

$$\frac{\Gamma\left(z+\frac{1}{p}\right)\cdot\Gamma\left(z+\frac{2}{p}\right)\ldots\Gamma\left(z+\frac{p-1}{p}\right)}{\Gamma\left(\frac{1}{p}\right)\cdot\Gamma\left(\frac{2}{p}\right)\ldots\Gamma\left(\frac{p-1}{p}\right)}=\frac{\Gamma(pz)}{\Gamma(z)}:p^{pz-1}.$$

Ersetzen wir hier den Nenner der linken Seite durch seinen obigen Wert, so entsteht schließlich

Gauß' Funktionalgleichung:

$$\boxed{\Gamma(z)\,\Gamma\left(z+\frac{1}{p}\right)\Gamma\left(z+\frac{2}{p}\right)\ldots\Gamma\left(z+\frac{p-1}{p}\right)=o^{\frac{p-1}{2}}\,p^{\frac{1}{2}-pz}\cdot\Gamma(pz)},\quad o=2\pi.$$

Die oben angegebene Formel

$$\Gamma\left(\frac{1}{p}\right)\Gamma\left(\frac{2}{p}\right)\ldots\cdot\Gamma\left(\frac{p-1}{p}\right)=o^{\frac{p-1}{2}}:\sqrt{p}$$

ist nur ein spezieller Fall von ihr, den man sofort erhält, wenn man $z=1:p$ setzt.

Für $p=2$ nimmt die Funktionalgleichung die Form an:

$$\Gamma(z)\,\Gamma(z+\tfrac{1}{2})=\sqrt{\pi}\,2^{1-2z}\,\Gamma(2z)$$

oder

$$\boxed{\Gamma\left(z+\frac{1}{2}\right)=2\sqrt{\pi}\cdot\frac{1}{4^z}\cdot\frac{\Gamma(2z)}{\Gamma(z)}}.$$

Dies ist *Legendres Verdopplungsformel.*

Wenn man z durch $z:2$ ersetzt, kann man auch schreiben

$$\Gamma\left(\frac{z}{2}\right)\Gamma\left(\frac{z+1}{2}\right)=2\sqrt{\pi}\,\Gamma(z):2^z.$$

Weierstraß' Zerlegung der reziproken Gammafunktion in Primärfaktoren

Da $\Gamma(z)$ nirgends verschwindet und im Endlichen nur die Pole $z=0,\ -1,\ -2,\ldots$ als Singularitäten hat, ist die reziproke Gammafunktion $1:\Gamma(z)$ eine ganze transzendente Funktion mit den einzigen (einfachen) Nullstellen $0,\ -1,\ -2,\ \ldots$.

Die einfachste ganze transzendente Funktion mit den einfachen Nullstellen $0, -1, -2, -3, \ldots$ ist (§ 56) das Weierstraßsche unendliche Produkt

$$W(z) = z \prod_{\nu}^{1,\infty} \left(1 + \frac{z}{\nu}\right) e^{-\frac{z}{\nu}}.$$

Es steht also zu vermuten, daß $W(z)$ und $1 : \Gamma(z)$ in einfacher Weise zusammenhängen.

Nun ist $W(z)$ der Grenzwert des Produkts

$$z \cdot \left(1 + \frac{z}{1}\right) e^{-\frac{z}{1}} \cdot \left(1 + \frac{z}{2}\right) e^{-\frac{z}{2}} \cdots \cdot \left(1 + \frac{z}{n}\right) e^{-\frac{z}{n}},$$

$1 : \Gamma(z)$ der Grenzwert des Produkts

$$z \cdot \left(1 + \frac{z}{1}\right) \cdot \left(1 + \frac{z}{2}\right) \cdots \cdot \left(1 + \frac{z}{n}\right) : e^{z l n}.$$

Folglich ist $1 : W(z)\,\Gamma(z)$ der Grenzwert von

$$e^{\gamma_n z}$$

mit
$$\gamma_n = \frac{1}{1} + \frac{1}{2} + \frac{1}{3} + \cdots + \frac{1}{n} - l n.$$

[Daß $\lim\limits_{n \to \infty} \gamma_n$ existiert, beruht auf der bekannten Ungleichung

$$\frac{1}{m} < l \frac{m}{n} < \frac{1}{n},$$

in welcher n und $m = n + 1$ zwei positive Zahlen bedeuten.

Setzen wir in der rechten Seite der Ungleichung sukzessiv für n die Werte $1, 2, \ldots, n$, so ergibt sich durch Addition der entstehenden n Ungleichungen

$$l m < \frac{1}{1} + \frac{1}{2} + \cdots + \frac{1}{n}.$$

Mithin ist γ_n eine positive Größe.

Ferner erhalten wir für $\gamma_m - \gamma_n$ den Wert

$$\gamma_m - \gamma_n = \frac{1}{m} - l \frac{m}{n},$$

d. h. einen *negativen* Wert.

Daher nimmt γ_n mit fallendem Zeiger n ab. Da es aber positiv bleibt, strebt es gegen einen bestimmten Grenzwert. Dieser Grenzwert ist die sog. *Eulersche oder Mascheronische Konstante* γ. Sie hat den Zahlwert

$$\gamma = 0{,}57721\ 56649\ 01532\ 86060 \ldots.$$

Weiter unten wird sich zeigen, daß

$$\gamma = -\Gamma'(1)$$

ist.

Nunmehr wird

$$1 : \Gamma(z)\, W(z) = e^{\gamma z}$$

oder $$\boxed{\frac{1}{\Gamma(z)} = e^{\gamma z} z \prod_{\nu}^{1,\infty} \left(1 + \frac{z}{\nu}\right) e^{-\frac{z}{\nu}}},$$

wo γ die Eulersche Konstante ist.

Diese fundamentale Formel stellt die von Weierstraß angegebene *Zerlegung der ganzen transzendenten Funktion* $1 : \Gamma(z)$ *in ein Produkt von Primärfaktoren* dar.

Die Reihe für $D^2 l\Gamma(z)$

Oben wurde gezeigt, daß das unendliche Produkt

$$\Gamma(z) = f_1 f_2 f_3 \ldots$$

mit $$f_1 = \frac{1}{z(z+1)} \qquad \text{und} \qquad f_m = \frac{(m:n)^z}{1 + \frac{z}{m}}, \qquad [m = n + 1 > 1]$$

in jedem die Stellen $0, -1, -2, -3, \ldots$ nicht enthaltenden endlichen Gebiet $\mathfrak{G}$ gleichmäßig konvergiert und hier sich regulär verhält.

Nach dem Korollar zum Weierstraßschen Produktsatz (§ 53) konvergiert die Summe der bezogenen Ableitungen der Faktoren des Produkts in jedem Bereiche $\mathfrak{B}$ von $\mathfrak{G}$ gleichmäßig und stellt hier die bezogene Ableitung von $\Gamma(z)$ dar.

Nun ist die bezogene Ableitung von f_1

$$f_1' : f_1 = -(2z+1) : z(z+1) = -\frac{1}{z} - \frac{1}{z+1},$$

die von f_m

$$f_m' : f_m = l\frac{m}{n} - \frac{1}{z+m}.$$

Mithin wird in $\mathfrak{B}$

$$\frac{\Gamma'(z)}{\Gamma(z)} = -\frac{1}{z} - \frac{1}{z+1} + \sum_{n}^{1,\infty} \left(l\frac{m}{n} - \frac{1}{z+m}\right).$$

Da diese Reihe in $\mathfrak{B}$ gleichmäßig konvergiert, kann sie hier gliedweise differenziert werden, und es entsteht die bemerkenswerte Entwicklung

$$\boxed{\frac{d^2 l\Gamma(z)}{dz^2} - D^2 l\Gamma(z) = \frac{1}{z^2} + \frac{1}{(z+1)^2} + \frac{1}{(z+2)^2} + \frac{1}{(z+3)^2} + \cdots},$$

welche in jedem die Punkte $0, -1, -2, -3, \ldots$ nicht enthaltenden Bereiche gleichmäßig konvergiert.

Die Reihe von Legendre

Ersetzen wir in der für $\Gamma'(z) : \Gamma(z)$ gefundenen Formel z durch $z+1$, so schreibt sie sich

$$\frac{\Gamma'(1+z)}{\Gamma(1+z)} = -\frac{1}{z+1} - \frac{1}{z+2} + \sum_{n}^{1,\infty} \left(l\frac{m}{n} - \frac{1}{z+1+m}\right),$$

und wenn wir nun die für jedes nicht verschwindende ganzzahlige g und jedes echtgebrochene $|z|$ gültige Entwicklung

$$\frac{1}{z+g}=\frac{1}{g}-\frac{1}{g^2}z+\frac{1}{g^3}z^2-\frac{1}{g^4}z^3+-\cdots$$

benutzen, erhalten wir die Doppelreihe

$$\frac{\Gamma'(1+z)}{\Gamma(1+z)}=\left\{\begin{array}{l} -1+z-z^2+z^3-+\cdots \\ -\frac{1}{2}+\frac{1}{2^2}z-\frac{1}{2^3}z^2+\frac{1}{2^4}z^3-+\cdots \\ +\left(l\frac{2}{1}-\frac{1}{3}\right)+\frac{1}{3^2}z-\frac{1}{3^3}z^2+\frac{1}{3^4}z^3-+\cdots \\ +\left(l\frac{3}{2}-\frac{1}{4}\right)+\frac{1}{4^2}z-\frac{1}{4^3}z^2+\frac{1}{4^4}z^3-+\cdots \\ +\left(l\frac{4}{3}-\frac{1}{5}\right)+\frac{1}{5^2}z-\frac{1}{5^3}z^2+\frac{1}{5^4}z^3-+\cdots \\ \cdots\cdots\cdots\cdots\cdots\cdots\cdots\cdots \end{array}\right\},$$

welche in jedem innerhalb des Gaußkreises liegenden Bereiche absolut und gleichmäßig konvergiert. Nach Weierstraß' Doppelreihensatz gestattet die Doppelreihe die spaltenweise Summation. Damit wird für $|z|<1$

$$\frac{\Gamma'(1+z)}{\Gamma(1+z)}=-\gamma+S_2z-S_3z^2+S_4z^3-+\cdots \quad \text{mit } S_n=\frac{1}{1^n}+\frac{1}{2^n}+\frac{1}{3^n}+\cdots.$$

Da die linke Seite dieser Gleichung die Ableitung von $l\Gamma(1+z)$ ist, so erhalten wir durch Integration die im Innern des Gaußkreises konvergente *Taylorentwicklung für den Logarithmus der Gammafunktion:*

$$\boxed{l\Gamma(1+z)=-\gamma z+\frac{S_2}{2}z^2-\frac{S_3}{3}z^3+\frac{S_4}{4}z^4-+\cdots}\,.$$

Sie ist zur numerischen Berechnung von $\Gamma(1+z)$ nicht recht geeignet, da die Koeffizienten S_n mit wachsendem Zeiger n nur langsam abnehmen.
Um zu einer rascher konvergierenden Reihe zu gelangen, nehmen wir noch die Reihe

$$l\Gamma(1-z)=\gamma z+\frac{S_2}{2}z^2+\frac{S_3}{3}z^3+\frac{S_4}{4}z^4+\cdots$$

zu Hilfe und haben

$$l\frac{\Gamma(1-z)}{\Gamma(1+z)}=2\left[\gamma z+\frac{S_3}{3}z^3+\frac{S^5}{5}z^5+\cdots\right].$$

Diese Gleichung subtrahieren wir von

$$l\frac{1+z}{1-z}=2\left[z+\frac{1}{3}z^3+\frac{1}{5}z^5+\cdots\right]$$

und erhalten

$$l\frac{1+z}{1-z}+l\frac{\Gamma(1+z)}{\Gamma(1-z)}=2\left[(1-\gamma)z-\frac{S_3-1}{3}z^3-\frac{S_5-1}{5}z^5-\cdots\right].$$

Um hier $l\Gamma(1-z)$ wieder zu beseitigen, logarithmieren wir die Formel

$$\Gamma(1+z)\,\Gamma(1-z) = \pi z : \sin \pi z$$

und ersetzen daraufhin $l\Gamma(1-z)$ durch

$$l\Gamma(1-z) = l\frac{\pi z}{\sin \pi z} - l\Gamma(1+z)\,.$$

Das gibt dann endgültig

$$\boxed{l\Gamma(1+z) = (1-\gamma)z - \frac{S_3-1}{3}z^3 - \frac{S_5-1}{5}z^5 - \cdots + \frac{1}{2}\left[l\frac{\pi z}{\sin \pi z} - l\frac{1+z}{1-z}\right]}\,.$$

Dies ist die für jedes $|z| < 1$ konvergente *Legendresche Entwicklung von* $l\Gamma(1+z)$.

Sie gestattet auf Grund der von Legendre auf je 16 Dezimalen berechneten Werte $S_3, S_5, S_7, \ldots, S_{35}$ die numerische Bestimmung von $\Gamma(1+z)$ und damit auch von $\Gamma(z)$ für echtgebrochene $|z|$.

Sie gestattet auch die Berechnung der Eulerschen Konstante γ, insofern sie für $z = -\frac{1}{2}$ wegen $\Gamma(\frac{1}{2}) = \sqrt{\pi}$ in

$$1-\gamma = l\,3 + \frac{S_3-1}{3} : 2^2 + \frac{S_5-1}{5} : 2^4 + \cdots$$

übergeht.

Die vier nächsten Koeffizienten der Reihe für $l\Gamma(1+z)$ haben die Zahlwerte

$$\frac{S_3-1}{3} = 0{,}0673523, \qquad \frac{S_5-1}{5} = 0{,}0073855,$$

$$\frac{S_7-1}{7} = 0{,}0011928, \qquad \frac{S_9-1}{9} = 0{,}0002232.$$

Die Konvergenz der Legendreschen Reihe (für echtgebrochene $|z|$) ist recht zufriedenstellend, zumal der Rest der Reihe wegen der Ungleichung

$$S_{2n+1} - 1 < (S_{2n-1} - 1) : 4$$

bequem abgeschätzt werden kann.

Beziehung der Gammafunktion zur Betafunktion

Die Gammafunktion steht in einer einfachen Beziehung zur Betafunktion, einer von Euler eingeführten Funktion zweier reellen Argumente, die wir hier aber gleich für komplexe Argumente definieren.

Sind $z = x + iy$ und $w = u + iv$ zwei komplexe Argumente, so wird die Betafunktion durch die Vorschrift

$$B(z, w) = \int_0^1 p^{z-1} q^{w-1}\, dp \qquad \text{mit } p + q = 1$$

definiert, wobei die Integrationsvariable p das reelle Intervall $[0, 1]$ durchläuft.

Die Betafunktion stellt für jedes im Endlichen liegende Gebiet der beiden Argumente z und w, in dessen Punkten z und w positive Realteile haben, eine Regulärfunktion von z und w dar.

Beweis. Da der Integrand nur an den Integrationsgrenzen unendlich werden kann und zwar nur dann, wenn x und u Echtbrüche sind, so genügt es (§ 54), die gleichmäßige Konvergenz des Integrals für echtgebrochene x und u nachzuweisen.

Da ferner das Integral durch die Vertauschung von p mit q in sich selbst übergeht:

$$\int_0^1 q^{z-1} p^{w-1} dq = \int_0^1 p^{z-1} q^{w-1} dp$$

oder

$$\boxed{\mathsf{B}(z, w) = \mathsf{B}(w, z)},$$

so genügt es sogar, die gleichmäßige Konvergenz für die Nachbarschaft der Stelle $p = 0$ klarzustellen.

Nun ist der Betrag des Integranden $p^{x-1} q^{u-1}$.

Wenn wir also zeigen können, daß zu jedem noch so kleinen positiven ε ein Intervall $[0, h]$ (mit $h < 1$) existiert derart, daß für alle z und w des Gebiets $[x > \delta,\ u > \delta]$, wo δ eine positive, sonst aber beliebig kleine Zahl bedeutet,

$$\int_0^h p^{x-1} q^{u-1} dp < \varepsilon$$

ausfällt, ist die Gleichmäßigkeit der Konvergenz dargetan.

Nun ist zunächst

$$q^{u-1} = \left(\frac{1}{q}\right)^{1-u},$$

und, indem wir $h < \frac{1}{2}$ wählen, haben wir $q > \frac{1}{2}$ oder $1 : q < 2$ und

$$\left(\frac{1}{q}\right)^{1-u} < 2^{1-u} < 2,$$

das heißt

$$q^{u-1} < 2.$$

Daraufhin wird

$$\int_0^h p^{x-1} q^{u-1} dp < 2 \int_0^h p^{x-1} dp = 2 \frac{h^x}{x}.$$

Weiter folgt aus $x > \delta$

$$\frac{1}{x} < \frac{1}{\delta} \qquad \text{und} \qquad h^x < h^\delta,$$

so daß

$$\frac{h^x}{x} < \frac{h^\delta}{\delta}$$

ist.

Wir brauchen also h nur so klein zu nehmen, daß

$$\frac{2 h^\delta}{\delta} < \varepsilon$$

ausfällt, und die Ungleichung

$$\left| \int_0^h p^{z-1} q^{w-1} dp \right| < \varepsilon$$

ist für alle z und w unseres Gebiets bewiesen, womit dann zugleich die Gleichmäßigkeit der Konvergenz des Integrals

$$\int_0^1 p^{z-1} q^{w-1} dp$$

und damit die Regularität der Funktion $B(z, w)$ dargetan ist.
Wir suchen jetzt die zwischen der Betafunktion und der Gammafunktion bestehende Beziehung.
Dabei nehmen wir zunächst z und w als *positiv* an.
Es sei also, unter (λ, μ) ein positives Zahlenpaar verstanden,

$$B(\lambda, \mu) = \int_0^1 p^{\lambda-1} q^{\mu-1} dp, \qquad [p+q=1].$$

Durch die Substitution

$$p = \sin^2 \varphi, \qquad q = \cos^2 \varphi, \qquad dp = 2 \sin \varphi \cos \varphi \, d\varphi$$

verwandeln wir unser Integral zunächst in

$$B(\lambda, \mu) = 2 \int_0^{\varkappa} \sin^{2\lambda-1} \varphi \cos^{2\mu-1} \varphi \, d\varphi,$$

wobei $\varkappa$ den Kreisquadranten $\pi : 2$ bedeutet.
Sodann verwandeln wir die beiden Integrale

$$\Gamma(\lambda) = \int_0^\infty e^{-p} p^{\lambda-1} dp \qquad \text{und} \qquad \Gamma(\mu) = \int_0^\infty e^{-p} p^{\mu-1} dp$$

durch die Substitutionen $p = \mathfrak{x}^2$ und $p = \mathfrak{y}^2$ in

$$\Gamma(\lambda) = 2 \int_0^\infty e^{-\mathfrak{x}^2} \mathfrak{x}^{2\lambda-1} d\mathfrak{x} \qquad \text{und} \qquad \Gamma(\mu) = 2 \int_0^\infty e^{-\mathfrak{y}^2} \mathfrak{y}^{2\mu-1} d\mathfrak{y}$$

und gelangen durch die Multiplikation dieser beiden Integrale zum Doppelintegral

$$\Gamma(\lambda) \cdot \Gamma(\mu) = 4 \int_0^\infty \int_0^\infty e^{-(\mathfrak{x}^2+\mathfrak{y}^2)} \mathfrak{x}^{2\lambda-1} \mathfrak{y}^{2\mu-1} d\mathfrak{x} \, d\mathfrak{y},$$

welches geometrisch den vierfachen Rauminhalt des Körpers darstellt, dessen Grundfläche der erste Quadrant der $\mathfrak{x}\mathfrak{y}$-Ebene, dessen Deckfläche die Fläche

$$\mathfrak{z} = e^{-(\mathfrak{x}^2+\mathfrak{y}^2)} \mathfrak{x}^{2\lambda-1} \mathfrak{y}^{2\mu-1}$$

ist.
Die Berechnung dieses Volumens gestaltet sich einfach, wenn wir statt der kartesischen Koordinaten $\mathfrak{x}, \mathfrak{y}$ polare

$$\mathfrak{x} = \mathfrak{r} \cos \vartheta, \qquad \mathfrak{y} = \mathfrak{r} \sin \vartheta$$

zugrunde legen. Dann wird nämlich

$$\Gamma(\lambda)\cdot\Gamma(\mu)=4\int_0^\infty\int_0^\varkappa e^{-\mathfrak{r}^2}\mathfrak{r}^{2(\lambda+\mu)-1}\cos^{2\lambda-1}\vartheta\sin^{2\mu-1}\vartheta\,d\vartheta\,d\mathfrak{r}$$

oder auch

$$\Gamma(\lambda)\cdot\Gamma(\mu)=2\int_0^\infty e^{-\mathfrak{r}^2}\mathfrak{r}^{2(\lambda+\mu)-1}\,d\mathfrak{r}\cdot 2\int_0^\varkappa \cos^{2\lambda-1}\vartheta\sin^{2\mu-1}\vartheta\,d\vartheta\,.$$

Nun ist (s. oben) der erste Faktor der rechten Seite $\Gamma(\lambda+\mu)$, der zweite $\mathsf{B}(\lambda,\mu)$. Folglich wird

$$\Gamma(\lambda)\cdot\Gamma(\mu)=\Gamma(\lambda+\mu)\cdot\mathsf{B}(\lambda,\mu),$$

und wir haben die gesuchte Beziehung:

$$\mathsf{B}(\lambda,\mu)=\frac{\Gamma(\lambda)\cdot\Gamma(\mu)}{\Gamma(\lambda+\mu)}.$$

Wir haben sie zwar nur für positive Argumentwerte λ,μ hergeleitet; sie gilt aber, wie wir sogleich sehen werden, auch für beliebige komplexe Argumentwerte z und w mit positiven Realteilen.

In der Tat, die Funktion

$$f(z,w)=\mathsf{B}(z,w)-\frac{\Gamma(z)\cdot\Gamma(w)}{\Gamma(z+w)}$$

der beiden komplexen Argumente z und w verhält sich überall im Endlichen, wo die Realteile von z und w positiv sind, regulär; und da sie auf den positiven Realachsen $x>0$, $u>0$ überall verschwindet $[x=z=\lambda,\ u=w=\mu]$, verschwindet sie nach Riemanns Satze überall, ist also identisch

$$\boxed{\mathsf{B}(z,w)=\frac{\Gamma(z)\,\Gamma(w)}{\Gamma(z+w)}}$$

für jedes z und w mit positivem Realteil.

§ 84. RIEMANNS ZETAFUNKTION

Definition

Die Riemannsche Zetafunktion wird gewöhnlich durch die Reihe

$$\zeta(z)=\frac{1}{1^z}+\frac{1}{2^z}+\frac{1}{3^z}+\cdots$$

definiert, in welcher $z=x+iy$ das komplexe Argument bedeutet.

Die Reihe konvergiert in jedem rechts von der Geraden $x=1$ liegenden Gebiete absolut und gleichmäßig und stellt mithin hier eine Regulärfunktion dar.

Beweis. δ sei eine beliebig kleine positive Größe und

$$x\geqq\mu=1+\delta.$$

Dann ist
$$\left|\frac{1}{n^z}\right| = \frac{1}{n^x} \leqq \frac{1}{n^\mu},$$
so daß
$$S_\mu = \frac{1}{1^\mu} + \frac{1}{2^\mu} + \frac{1}{3^\mu} + \cdots$$
eine Majorante von $\zeta(z)$ ist.

Nun ist nach der Schrankenformel für den Differenzenquotient der Potenz
$$\frac{\delta}{m^\mu} < \frac{1}{n^\delta} - \frac{1}{m^\delta} < \frac{\delta}{n^\mu} \qquad \text{mit} \quad m = n + 1.$$
Notiert man diese Schrankenformel für $n = 1, 2, 3, \ldots$, und addiert die entstehenden Zeilen, so ergibt sich
$$\delta(S_\mu - 1) < 1 < \delta S_\mu$$
oder
$$\boxed{\frac{1}{\delta} < S_\mu < \frac{1}{\delta} + 1}.$$
Daher konvergiert die Reihe S_μ, und hieraus folgt unmittelbar die behauptete absolute und gleichmäßige Konvergenz der Reihe $\zeta(z)$ für alle $x \geqq 1 + \delta$.

Die gefundene Ungleichung lehrt noch die wichtige *Limesgleichung der Zetafunktion:*
$$\boxed{\lim_{\delta \to 0} \delta \zeta(1 + \delta) = 1}.$$
M. a. W.: Die Reihe
$$\frac{1}{1^{1+\delta}} + \frac{1}{2^{1+\delta}} + \frac{1}{3^{1+\delta}} + \cdots \qquad (\delta > 0)$$
konvergiert um so schwächer, je kleiner δ wird, und wird für verschwindendes δ unendlich groß von erster Ordnung.

Die durch die unendliche Reihe
$$\frac{1}{1^z} + \frac{1}{2^z} + \frac{1}{3^z} + \cdots$$
definierte Funktion $\zeta(z)$ läßt sich, wie schon Riemann gezeigt hat, auf die ganze z-Ebene analytisch fortsetzen (§ 72).

Diese analytische Fortsetzung wird durch die Formel
$$\zeta(z) = \Gamma(1 - z) J(z)$$
bewirkt, in welcher $J(z)$ das Konturintegral
$$J(z) = \mathfrak{C} \int_{\mathfrak{k}} \frac{w^{z-1}}{e^{-w} - 1} dw$$
bedeutet, wobei (§ 72) die Kontur $\mathfrak{k}$ aus der von $-\infty - hi$ bis $-hi$ reichenden Realachsenparallele $\mathfrak{a}$, dem in der rechten Halbebene von $-hi$ bis $+hi$ laufenden Halbkreise $\mathfrak{b}$ vom echt gebrochenen Halbmesser h und der von $+hi$ bis $-\infty + hi$ reichenden Realachsenparallele $\mathfrak{c}$ besteht.

Die durch diese Formel definierte Funktion $\zeta(z)$ verhält sich überall im Endlichen regulär mit Ausnahme des Punktes $z = 1$, wo sie einen einfachen Pol mit dem Residuum 1 besitzt, und stellt in der Halbebene $x > 1$ die Reihe

$$\frac{1}{1^z} + \frac{1}{2^z} + \frac{1}{3^z} + \cdots$$

dar. Sie ist damit die analytische Fortsetzung dieser Reihe auf die ganze z-Ebene.

Wegen des Verhaltens der Zetafunktion an der Stelle $z = 1$ haben wir nunmehr die oben nur für Argumentwerte mit unechtgebrochenem positivem Realteil bewiesene, für jedes z gültige

Limesgleichung der Zetafunktion:

$$\boxed{\lim_{z \to 1} (z - 1)\, \zeta(z) = 1}\,.$$

Zusatz:

Auch die alternierende Reihe

$$\frac{1}{1^z} - \frac{1}{2^z} + \frac{1}{3^z} - \frac{1}{4^z} + - \cdots$$

kann zur Definition der Zetafunktion für Argumentwerte z mit unecht gebrochenem positiven Realteil x benutzt werden. Für solche z ist nämlich

$$\left(1 - \frac{2}{2^z}\right)\left(\frac{1}{1^z} + \frac{1}{2^z} + \frac{1}{3^z} + \cdots\right) = \left\{\begin{matrix} \frac{1}{1^z} + \frac{1}{2^z} + \frac{1}{3^z} + \frac{1}{4^z} + - \cdots \\ \quad - \frac{2}{2^z} \qquad - \frac{2}{4^z} \qquad - \cdots \end{matrix}\right\}$$

$$= \frac{1}{1^z} - \frac{1}{2^z} + \frac{1}{3^z} - \frac{1}{4^z} + - \cdots.$$

Daher gilt für $x > 1$ die Formel

$$\zeta(z) = \left(\frac{1}{1^z} - \frac{1}{2^z} + \frac{1}{3^z} - + \cdots\right) : \left(1 - \frac{2}{2^z}\right).$$

Funktionswerte

Wir stellen einige wichtige Funktionswerte von $\zeta(z)$ zusammen.

Zunächst erinnern wir an die Formel

$$2\, S_n = -\, \iota^{\frac{n}{2}} \frac{o^n}{n!} \mathfrak{B}^n \qquad \text{mit } o = 2\pi$$

für gerades n aus § 58. Sie liefert den Wert der Zetafunktion für jedes positive grade n:

$$\boxed{2\, \zeta(n) = -\, \iota^{\frac{n}{2}} \frac{o^n}{n!} \mathfrak{B}^n} \qquad \text{mit } o = 2\pi,$$

also z. B.

$$\zeta(2)=\frac{\pi^2}{6}, \qquad \zeta(4)=\frac{\pi^4}{90}, \qquad \zeta(6)=\frac{\pi^6}{945}, \qquad \zeta(8)=\frac{\pi^8}{9450}.$$

Ähnlich gebaute einfache Formeln für positives ungrades n sind noch nicht bekannt. Doch sind die Zahlwerte von $\zeta(n)$ für alle natürlichen Zahlen von 2 bis 70 von dem Mathematiker Stieltjes bis auf 32 Dezimalen berechnet worden (Acta mathematica, V. 10.).
Beispielsweise ist

$$\zeta(3)=1,\ 20\ 20\ 56\ 90\ 32\ldots .$$

Um die *Werte von* $\zeta(z)$ *für nichtpositive ganze* z zu bekommen, benutzen wir die unten hergeleitete Riemannsche Funktionalgleichung

$$\zeta(1-z)=2\zeta(z)\cdot\cos\varkappa z\cdot\Gamma(z):o^z \qquad \text{mit } o=2\pi, \quad 2\varkappa=\pi.$$

In ihr setzen wir zunächst $z=1+\varepsilon$ mit kleinem $|\varepsilon|$ und erhalten

$$\zeta(-\varepsilon)=-\pi\cdot\varepsilon\zeta(1+\varepsilon)\cdot\frac{\sin\varkappa\varepsilon}{\varkappa\varepsilon}\cdot\Gamma(1+\varepsilon):o^{1+\varepsilon}.$$

Beim Grenzübergange $\varepsilon\to 0$ entsteht wegen $\lim \varepsilon\zeta(1+\varepsilon)=1$

$$\boxed{\zeta(0)=-\tfrac{1}{2}}\,.$$

Darauf nehmen wir für z eine ungrade natürliche Zahl $m>1$, so daß $m-1=n$ eine positive grade Zahl ist. Das gibt

$$\zeta(-n)=\cos m\varkappa\cdot\Gamma(m)\cdot 2\zeta(m):o^m$$

und damit

$$\boxed{\zeta(-n)=0} \qquad \text{für } n=2, 4, 6, 8, \ldots$$

oder

$$\boxed{\zeta(-2)=\zeta(-4)=\zeta(-6)=\cdots=0}\,.$$

Endlich nehmen wir für z eine positive grade Zahl n $(n=2, 4, 6, 8, \ldots)$. Dann ist

$$\zeta(1-n)=\cos n\varkappa\cdot\Gamma(n)\cdot 2\zeta(n):o^n,$$

mithin wegen

$$2\zeta(n)=-\iota^{n/2}\,o^n\mathfrak{B}^n:n! \qquad (\S\,58)$$

$$\zeta(1-n)=\iota^{n/2}\cdot(n-1)!\cdot-\iota^{n/2}\,\mathfrak{B}^n:n!$$

oder

$$\boxed{\zeta(1-n)=-\mathfrak{B}^n:n} \qquad (n=2, 4, 6, 8, \ldots).$$

Das gibt z. B.

$$\zeta(-1)=-\frac{1}{12}, \quad \zeta(-3)=+\frac{1}{120}, \quad \zeta(-5)=-\frac{1}{252}, \quad \zeta(-7)=+\frac{1}{240}, \quad \cdots .$$

Eulers Produktsatz:

Für jedes z, dessen Realteil x die Einheit überschreitet, ist

$$\boxed{\zeta(z) = \prod \frac{1}{1-\frac{1}{p^z}}},$$

wo im Produkt Π der Zeiger p alle Primzahlen durchläuft.

Beweis. Zunächst stellen wir fest, daß das Produkt Π in jedem endlichen Gebiet $x > 1 + \delta$, wobei die positive Zahl δ beliebig klein sein darf, absolut und gleichmäßig konvergiert.

Der Produktfaktor lautet nämlich

$$\frac{p^z}{p^z-1} = 1 + \varphi_p \qquad \text{mit } \varphi_p = \frac{1}{p^z-1}.$$

Aus $|p^z - 1| \geqq p^x - 1$ folgt nun zunächst

$$\left|\frac{p^z}{p^z-1}\right| < \frac{p^x}{p^x-1} < 2,$$

so daß

$$|\varphi_p| = \left|\frac{p^z}{p^z-1}\right| \cdot \left|\frac{1}{p^z}\right| < \frac{2}{p^x}$$

und folglich

$$\Sigma |\varphi_p| < 2 \sum \frac{1}{p^{1+\delta}}$$

ist.

Da die rechtsstehende Reihe konvergiert, so konvergiert $\Sigma |\varphi_p|$ und damit Π in unserem Gebiet absolut und gleichmäßig, so daß sich Π hier regulär verhält.

Nun ist

$$\frac{1}{1-\frac{1}{p^z}} = 1 + \frac{1}{p^z} + \frac{1}{p^{2z}} + \frac{1}{p^{3z}} + \cdots,$$

und die Multiplikation aller Reihen dieser Form, die entstehen, wenn p alle Primzahlen durchläuft, welche die natürliche Zahl N nicht überschreiten, gibt

$$\prod{}' \frac{1}{1-\frac{1}{p^z}} = \sum{}' \frac{1}{n^z},$$

wo im Produkt Π' p alle Primzahlen durchläuft, die die Zahl N nicht überschreiten, in der Summe Σ' n alle natürlichen Zahlen durchläuft, deren Primfaktoren die Zahl N nicht übersteigen.

Da zu den hier vorkommenden Zahlen n zunächst einmal die Zahlen von 1 bis N gehören, so ist

$$\sum{}' \frac{1}{n^z} = \sum_1^N \frac{1}{n^z} + \sum_M^{\infty}{}' \frac{1}{n^z} \qquad \text{mit} \quad M = N + 1.$$

Folglich wird

$$\left| \Pi' \frac{1}{1-\frac{1}{p^z}} - \sum_1^N \frac{1}{n^z} \right| < \sum_M^\infty{}' \frac{1}{n^x}.$$

Diese Ungleichung lehrt, daß

$$\lim_{N\to\infty} \Pi \frac{1}{1-\frac{1}{p^z}}$$

existiert, sowie daß dieser Limes den Grenzwert $\zeta(z)$ hat:

$$\zeta(z) = \Pi \frac{1}{1-\frac{1}{p^z}},$$

wo rechts p alle Primzahlen durchläuft.
Als unmittelbare Anwendung der Eulerschen Produktformel erscheint der

Satz:

Die Zetafunktion besitzt in der Halbebene $x > 1$ keine Nullstelle.

Funktionalgleichung der Zetafunktion

Von Riemann stammt die bemerkenswerte *Funktionalgleichung der Zetafunktion*

$$\boxed{\frac{\zeta(1-z)}{2\,\zeta(z)} = \frac{1}{o^z} \cdot \cos \varkappa z \cdot \Gamma(z)} \qquad \text{mit } o = 2\pi, \quad 2\varkappa = \pi$$

Ihre Ableitung erfolgt am bequemsten mittels unserer Grundformel

$$\zeta(z) = \Gamma(1-z)\, J(z),$$

in welcher $J(z)$ das Konturintegral

$$J = J(z) = \tau \int_{\mathfrak{k}} \frac{w^{z-1}}{e^{-w}-1}\, dw$$

über die Kontur $\mathfrak{k}$ bedeutet (s. o.).
Neben J betrachten wir das Hilfsintegral

$$H = H(z) = \tau \int_{\mathfrak{c}} \frac{w^{z-1}}{e^{-w}-1}\, dw,$$

in welchem der Integrationsweg $\mathfrak{c}$ ein um den Punkt $w = 0$ im Uhrzeigersinn beschriebener Kreis vom Halbmesser $R = N,5$ ist, wo N eine große natürliche Zahl bedeutet. Der Kreis $\mathfrak{c}$ schneidet die Kontur $\mathfrak{k}$ an zwei Stellen A und B mit den Ordinaten $-h$ und $+h$. Wir bilden den (in A beginnenden) aus den rechts der Strecke AB liegenden Teilen $\mathfrak{s}$ von $\mathfrak{k}$ und

$\mathfrak{t}$ von $\mathfrak{c}$ bestehenden im Uhrzeigersinn beschriebenen Umlauf $\mathfrak{u}$ und das Integral

$$S = S(z) = \tau \int_{\mathfrak{u}} \frac{w^{z-1}}{e^{-w}-1}\, dw = \mathfrak{S} + \mathfrak{T}$$

$$\text{mit } \mathfrak{S} = \tau \int_{\mathfrak{s}} \frac{w^{z-1}}{e^{-w}-1}\, dw, \qquad \mathfrak{T} = \tau \int_{\mathfrak{t}} \frac{w^{z-1}}{e^{-w}-1}\, dw.$$

Nach Cauchys Residuensatz ist S gleich der entgegengesetzten Summe der Residuen der Funktion

$$f(w) = \frac{w^{z-1}}{e^{-w}-1}$$

für ihre innerhalb von $\mathfrak{u}$ liegenden Singularitäten. Letztere liegen an den Stellen

$$w = \pm oi, \quad \pm 2oi, \quad \pm 3oi, \quad \ldots, \quad \pm Noi \qquad \text{mit } o = 2\pi.$$

Das Residuum von f an den Stellen $\pm noi$ hat wegen $1:(e^{-w}-1) = -1:w + \ldots$ bezw. den Wert

$$-(noi)^{z-1} = -\frac{e^{\varkappa i(z-1)}}{n^{1-z}\, o^{1-z}}, \qquad -(-noi)^{z-1} = -\frac{e^{-\varkappa i(z-1)}}{n^{1-z}\, o^{1-z}},$$

so daß die Summe dieser beiden Residuen

$$-\frac{2\cos\varkappa(1-z)}{n^{1-z}\, o^{1-z}} = -\frac{2\sin\varkappa z}{n^{1-z}\, o^{1-z}}$$

ist. Daher wird

$$S = \frac{2\sin\varkappa z}{o^{1-z}} \cdot \sum_{1}^{N} \frac{1}{n^{1-z}}.$$

Lassen wir jetzt in der Gleichung

$$S = \mathfrak{S} + \mathfrak{T}$$

R unbegrenzt wachsen, so strebt, *wofern wir z negativ annehmen,*

S gegen den Grenzwert $2\sin\varkappa z \cdot \zeta(1-z) : o^{1-z}$,

$\mathfrak{S}$ „ „ „ $J = J(z) = \zeta(z) : \Gamma(1-z)$,

$\mathfrak{T}$ „ „ „ Null,

und wir erhalten die für jedes negative z gültige Formel

$$\frac{2\sin\varkappa z \cdot \zeta(1-z)}{o^{1-z}} = \frac{\zeta(z)}{\Gamma(1-z)}.$$

In ihr verwandeln wir z in $1-z$ und bekommen

$$\text{für } z > 1 \qquad \frac{\zeta(1-z)}{2\,\zeta(z)} = \frac{1}{o^{z}} \cdot \cos\varkappa z \cdot \Gamma(z).$$

Diese zunächst nur für jeden rechts von $z = 1$ liegenden Punkt z der Realachse bewiesene Formel überträgt sich nun nach Riemanns Erweiterungssatz ohne weiteres auf jeden Punkt der z-Ebene, womit Riemanns Funktionalgleichung bewiesen ist.

Symmetrieform der Funktionalgleichung

Für zwei Komplementärzahlen) u und v gilt die Formel*

$$\boxed{\frac{\zeta(u)\,\Gamma\left(\frac{u}{2}\right)}{\sqrt{\pi}^{\,u}} = \frac{\zeta(v)\,\Gamma\left(\frac{v}{2}\right)}{\sqrt{\pi}^{\,v}}}\,.$$

Beweis. Die rechte Seite dieser Formel ist

$$\frac{\zeta(v)\,\Gamma\left(\frac{v}{2}\right)}{\sqrt{\pi}^{\,v}} = \frac{\zeta(1-u)\,\Gamma\left(\frac{1-u}{2}\right)}{\sqrt{\pi}^{\,1-u}}\,.$$

Ersetzt man hier rechts

$$\zeta(1-u) \qquad \text{durch} \qquad 2\,\zeta(u)\,\frac{\cos \varkappa u}{(2\,\pi)^u}\,\Gamma(u)\,,$$

$$\Gamma\left(\frac{1}{2}-\frac{u}{2}\right) \qquad \text{durch} \qquad \sqrt{4\,\pi}\,\frac{\Gamma(-u)}{\Gamma\left(-\frac{u}{2}\right)}\cdot 2^u,$$

sodann noch $\Gamma(-u)$ und $\Gamma\left(-\frac{u}{2}\right)$ auf Grund der Formel

$$\Gamma(-w) = \frac{-\pi}{w \sin \pi w\; \Gamma(w)}\,,$$

so nimmt die rechte Seite die Gestalt

$$\frac{\zeta(u)\,\Gamma\left(\frac{u}{2}\right)}{\sqrt{\pi}^{\,u}}$$

an, womit die Formel bewiesen ist.

Man achte darauf, daß jede Seite der symmetrischen Funktionalgleichung eine im Endlichen überall analytische Funktion ihres Arguments mit den einzigen Polen 0 und 1 ist, daß sie sich also durch Multiplikation mit uv in eine *ganze transzendente Funktion* verwandeln läßt.

Zetafunktion und Eulerkonstante

Wir betrachten die Reihe

$$\mathrm{F}(w) = g_1 + g_2 + g_3 + \cdots,$$

deren n-tes Glied

$$g_n = \frac{1}{n^{1+w}} + \int_n^m \frac{dq}{q^{1+w}} \qquad \text{mit} \quad m = n+1$$

*) Zwei Zahlen heißen komplementär, wenn ihre Summe der Einheit gleicht.

heißt, und in welcher w eine komplexe Variable bedeutet, deren Realteil u nicht negativ ist. Sie hat an der Stelle $w=0$ den Wert

$$F(0)=\sum\left(\frac{1}{n}-l\frac{m}{n}\right)=\gamma,$$

wo γ die Eulersche Konstante ist. ($\gamma=0{,}5772156649\ldots$.)
Um über die Konvergenz der Reihe Auskunft zu erhalten, schreiben wir

$$\int_n^m \frac{dq}{q^{1+w}}=\left(\frac{1}{n^w}-\frac{1}{m^w}\right):w$$

und bekommen

$$g_n=\frac{1}{n^w}\left[\frac{1}{n}-\left\{1-\left(\frac{n}{m}\right)^w\right\}:w\right].$$

Hier ersetzen wir $\left(\frac{n}{m}\right)^w$ durch

$$e^{wl\frac{n}{m}}=e^{-wl\frac{m}{n}}=1-wL+\frac{w^2L^2}{2!}-+\cdots \qquad \text{mit} \quad L=l\frac{m}{n}$$

und finden für den Subtrahend S der eckigen Klammer

$$S=L-\frac{wL^2}{2}\left(1-\frac{wL}{3}+\frac{w^2L^2}{3\cdot 4}-+\cdots\right).$$

Da der Betrag der hier stehenden runden Klammer den Wert

$$1+WL+\frac{W^2L^2}{2!}+\cdots=e^{WL} \qquad \text{mit} \quad W=|w|$$

nicht überschreitet, so liegt er *für echt gebrochene* W unterhalb $e^L=m:n$, und wir können schreiben

$$S=L+\frac{1}{2}\Theta\frac{m}{n}WL^2 \qquad \text{mit} \quad |\Theta|<1.$$

Da ferner $L<\frac{1}{n}$ ist, liegt $\frac{m}{2n}L^2$ unterhalb $\frac{m}{2n^3}$, also sicher unterhalb $\frac{1}{n^2}$, und es wird

$$S=L+\frac{\theta}{n^2} \qquad \text{mit} \quad |\theta|<1.$$

Damit schreibt sich die eckige Klammer

$$[\quad]=\frac{1}{n}-L-\frac{\theta}{n^2}.$$

Nun ist $L>\frac{1}{m}$, also $\frac{1}{n}-L<\frac{1}{n}-\frac{1}{m}=\frac{1}{mn}<\frac{1}{n^2}$

und

$$|[\quad]|<\frac{2}{n^2}.$$

Damit wird (wegen $n^u \geqq n^0 = 1$)

$$|g_n| < \frac{2}{n^2}.$$

Die Reihe $F(w)$ konvergiert demnach absolut und gleichmäßig für $u \geqq 0$. Sie ist in diesem Gebiet daher stetig, und wir haben

$$\lim_{w \to 0} F(w) = F(0) = \gamma.$$

Anderseits ist

$$\Sigma g_n = \sum \frac{1}{n^{1+w}} + \int_1^\infty \frac{dq}{q^{1+w}} = \zeta(1+w) - \frac{1}{w}.$$

Folglich gilt die Limesgleichung

$$\lim_{w \to 0} \left[\zeta(1+w) - \frac{1}{w}\right] = \gamma$$

oder

$$\lim_{z \to 1} \left[\zeta(z) - \frac{1}{z-1}\right] = \gamma.$$

Hierbei muß allerdings vorerst noch vorausgesetzt werden, daß sich z auf einem *in der Halbebene* $x > 1$ verlaufenden Wege der Stelle $z = 1$ nähert. Doch können wir uns von dieser einschränkenden Voraussetzung befreien. Da die Stelle $z = 1$ ein Pol der Zetafunktion ist und das Residuum der Funktion an dieser Stelle den Wert 1 hat, so gilt in der Umgebung der Stelle die Laurententwicklung

$$\zeta(z) = \frac{1}{z-1} + a_0 + a_1(z-1) + a_2(z-1)^2 + \cdots.$$

Aus ihr folgt für *jeden* im Punkte $z = 1$ mündenden Weg

$$\lim_{z \to 1} \left[\zeta(z) - \frac{1}{z-1}\right] = a_0.$$

Die oben hergeleitete Limesgleichung zeigt, daß das Freiglied a_0 der Laurententwicklung die Eulerkonstante γ ist, und so gilt allgemein für jeden im Punkte $z = 1$ mündenden Weg

$$\boxed{\lim_{z \to 1} \left[\zeta(z) - \frac{1}{z-1}\right] = \gamma}.$$

Nullstellen der Zetafunktion

Satz 1:

Die Zetafunktion besitzt in der Halbebene $x > 1$ keine Nullstellen.

Der Beweis dieses Satzes folgt unmittelbar aus Eulers Produktformel

$$\zeta(z) = \prod \frac{1}{1 - \frac{1}{p^z}},$$

welche ja für jedes unecht gebrochene x gültig ist. Das rechts stehende Produkt konvergiert für jedes $x >$ absolut und besitzt keinen verschwindenden Faktor, kann daher nirgends in der genannten Halbebene verschwinden.

Satz 2:

Die Zetafunktion besitzt (abgesehen von den Punkten $z = -2, -4, -6, \ldots$) in der Halbebene $x < 0$ keine Nullstellen.

Aus der obigen Formel

$$\zeta(-n) = \cos m\varkappa \cdot \Gamma(m) \cdot 2\zeta(m) : o^m \qquad \text{mit } m = n + 1$$

lesen wir ab, daß $\zeta(-n)$ an den Stellen $n = 2, 4, 6, 8, \ldots$, also $\zeta(z)$ an den Stellen $z = -2, -4, -6, -8, \ldots$ dieselben *einfachen Nullstellen* wie $\cos \varkappa m$ an den Stellen $m = n + 1 = 3, 5, 7, 9, \ldots$ besitzt.

Die damit erkannten Nullstellen

$$z = -2, -4, -6, \ldots$$

der Zetafunktion nennt man ihre *trivialen* Nullstellen.

Andere Nullstellen als die eben genannten kann die Zetafunktion in der Halbebene $x < 0$ nicht besitzen.

Bedeutet nämlich $\mathfrak{z} = -p - iy$ einen beliebigen von $z = -2, -4, -6, \ldots$ verschiedenen Punkt der Halbebene $x < 0$ [so daß $p > 0$], so gehört der Punkt $z = 1 - \mathfrak{z} = (1 + p) + iy$ der Halbebene $x > 1$ an. Mithin kann die rechte Seite der Funktionalgleichung

$$\zeta(\mathfrak{z}) = \zeta(1 - z) = 2 \cos \varkappa z\, \Gamma(z)\, \zeta(z) : o^z$$

nicht verschwinden; folglich auch nicht die linke.

Satz 3:

Die Zetafunktion hat auf der Geraden $x = 1$ keine Nullstelle.

In Zeichen:

$$\zeta(1 + iy) \neq 0 .$$

Beweis. $z = 1 + iy$ sei ein beliebiger Punkt der Geraden $x = 1$, $Z = 1 + \delta + iy$ mit $\delta > 0$ ein rechts von z liegender Punkt. Dann gilt die Gleichung

$$\zeta(Z) = \frac{1}{1^Z} + \frac{1}{2^Z} + \frac{1}{3^Z} + \cdots = \prod \frac{1}{1 - \frac{1}{W}} \qquad \text{mit} \quad W = p^Z,$$

wobei der Zeiger p alle Primzahlen durchläuft.

Nun ist für $|w| < 1$

$$\frac{1}{1 - w} = e^{w + {}^1/_2 w^2 + {}^1/_3 w^3 + \cdots},$$

wie man aus der Gleichheit der Ableitungen der beiden Seiten dieser Formel sofort erkennt. Daher wird

$$\zeta(Z) = \prod \frac{1}{1 - \frac{1}{W}} = e^{\Sigma Z_p^n},$$

wobei in der Doppel-Summe ΣZ_p^n der Ausdruck

$$Z_p^n = 1 : n p^{nZ}$$

für jede Primzahl p und jede natürliche Zahl n zu bilden ist.
Ebenso ist für $\mu = 1 + \delta$

$$\zeta(\mu) = e^{\Sigma \mu_p^n} \qquad \text{mit} \quad \mu_p^n = 1 : n p^{n\mu}$$

und für $\mathfrak{Z} = Z + iy = 1 + \delta + 2\,iy = \mu + 2\,iy$

$$\zeta(\mathfrak{Z}) = e^{\Sigma \mathfrak{Z}_p^n} \qquad \text{mit} \quad \mathfrak{Z}_p^n = 1 : n p^{n\mathfrak{Z}}.$$

Wir bestimmen die Beträge der drei Werte $\zeta(Z)$, $\zeta(\mu)$, $\zeta(\mathfrak{Z})$. Dazu benutzen wir die ohne weiteres ersichtliche Formel

$$|\, e^{a+b+c+\cdots} \,| = e^{\Re a + \Re b + \Re c + \cdots}.$$

Nun ist der Winkel von p^{nZ} $\varphi = nylp$, der von $p^{n\mathfrak{Z}}$ 2φ. Folglich ist

$$\Re Z_p^n = \frac{\cos\varphi}{N}, \qquad \Re \mathfrak{Z}_p^n = \frac{\cos 2\varphi}{N} \qquad \text{mit} \quad N = n p^{n\mu}.$$

Die gesuchten Beträge sind sonach

$$|\zeta(Z)| = e^{\Sigma \cos\varphi : N}, \qquad |\zeta(\mu)| = e^{\Sigma 1 : N}, \qquad |\zeta(\mathfrak{Z})| = e^{\Sigma \cos 2\varphi : N}.$$

Aus den drei letzten Gleichungen ergibt sich

$$|\zeta(\mu)|^3 \; |\zeta(Z)|^4 \; |\zeta(\mathfrak{Z})| = e^{\Sigma \Phi : N} \qquad \text{mit} \quad \Phi = 3 + 4\cos\varphi + \cos 2\varphi,$$

wobei der Ausdruck Φ für jedes φ eine nichtnegative Größe:

$$\Phi = 2\,(1 + \cos\varphi)^2$$

darstellt. Daher ist die rechte Seite der gefundenen Gleichung größer als 1, und es wird

$$|\zeta(\mu)|^3 \; |\zeta(Z)|^4 \; |\zeta(\mathfrak{Z})| \geqq 1.$$

Indem wir uns weiterhin auf δ-Werte des Intervalls (0, 1) beschränken, wird nach der Formel

$$\frac{1}{\delta} < \zeta(\mu) < \frac{1}{\delta} + 1, \qquad (\mu = 1 + \delta)$$

$$\zeta(\mu) < \frac{2}{\delta}, \qquad |\zeta(\mu)|^{3/4} < \frac{2}{\delta^{3/4}},$$

und die obige Ungleichung verstärkt sich zu

$$\left|\frac{\zeta(Z)}{\delta}\right| > \frac{1}{2\sqrt[4]{\delta}\,\sqrt[4]{|\zeta(\mathfrak{Z})|}}.$$

Wäre nun für irgendein nicht verschwindendes y $\zeta(z)=0$, so müßte dieser Ungleichung zufolge

$$\left|\frac{\zeta(Z)}{\delta}\right|=\left|\frac{\zeta(z+\delta)}{\delta}\right|$$

mit unbegrenzt abnehmendem δ über alle Grenzen wachsen [da ja $\zeta(\mathfrak{Z})$ endlich bleibt], während doch

$$\left|\frac{\zeta(Z)}{\delta}\right|=\left|\frac{\zeta(Z)-\zeta(z)}{Z-z}\right|$$

dabei gegen den endlichen Grenzwert $\zeta'(z)=\zeta'(1+iy)$ konvergiert.
Dieser Widerspruch verschwindet nur, wenn man zugibt, daß (für $y \neq 0$)

$$\zeta(1+iy) \neq 0$$

ist.
Daß $\zeta(z)$ übrigens an der Stelle $z=1$ nicht verschwinden kann, folgt ja schon aus $\zeta(1)=\infty$.
Damit ist unser Satz bewiesen.
Wir fügen hinzu:

Satz 4:

Die Zetafunktion hat auf der Geraden $x=0$ ebenfalls keine Nullstelle.

Dies folgt unmittelbar aus der Funktionalgleichung

$$\zeta(1-z)=2\cos\varkappa z\,\Gamma(z)\,\zeta(z):o^z,$$

indem man in ihr $z=1+iy$ setzt.
Aus den bisherigen Angaben über die Nullstellen der Zetafunktion geht hervor, daß alle nichttrivialen Nullstellen im Innern des von den beiden Imaginärachsenparallelen $x=0$ und $x=1$ begrenzten Streifens liegen. In seiner berühmten Abhandlung „Über die Anzahl der Primzahlen unter einer gegebenen Größe" (Monatsberichte der Berliner Akademie, November 1859) hat es Riemann als wahrscheinlich bezeichnet, daß alle nichttrivialen Nullstellen der Zetafunktion auf der Streifenmittellinie $x=\frac{1}{2}$ liegen. Später hat man auch gefunden, daß unendlich viele Nullstellen auf dieser Mittellinie liegen (Hardy), sowie daß in dem durch die Geraden $y=\pm 200$ aus dem Streifen herausgeschnittenen Rechteck *nur* auf der Mittellinie $x=\frac{1}{2}$ Nullstellen vorhanden sind.
Die endgültige Bestätigung der Riemannschen Vermutung steht also noch aus.
Eingehende Darstellungen unseres Wissens über die Zetafunktion findet man in den Büchern: Landau, „Handbuch der Lehre von der Verteilung der Primzahlen" sowie „Vorlesungen über Zahlentheorie", Bd. 2; Bieberbach, Funktionentheorie, Bd. II; Titchmarsh, „The Zeta-Function of Riemann", Ingham, „The Distribution of Prime Numbers".

SACHREGISTER

www.ingramcontent.com/pod-product-compliance
Lightning Source LLC
LaVergne TN
LVHW080746300926
849162LV00008BA/1770